全新校訂版

偉大的海

THE GREAT SEA

A HUMAN HISTORY *of* THE MEDITERRANEAN

地中海世界人文史

大衛・阿布拉菲雅 DAVID ABULAFIA 作

宋偉航 譯

AGORA

廣場

譯音暨繫年體例說明

這一本書涵蓋的時間這麼長，譯音的問題自然特別難纏；原則要從一而終也就窒礙難行。在此只能盡量做到確實又明瞭。古希臘名稱的拉丁文拼法，雖然有長久的歷史，有的卻荒唐離譜，所以我選擇不用，除非像埃斯奇勒斯（Aeschylus），改用另一種拼法不是專家會認不出來，那就另當別論。所以，希羅多德（Herodotus）我用Herodotos，索福克里斯（Sophocles）我用Sophokles，著名的拜占庭（Byzantine）科穆寧王朝（Comnenus）我也用Komnenos，而不用Comnenus。時間再往後推，這樣的作法就更麻煩了。古城帖薩羅尼迦（Thessalonika）到了鄂圖曼（Otoman）帝國時代，變成了薩洛尼迦（Salonika），再到現代又變成了帖薩羅尼基（Thessaloniki）；至於埃彼達諾（Epidamnos）、杜爾拉勤（Dyrrhachion）、杜爾拉瑾（Dyrrachium）、杜拉佐（Durazzo）、杜拉斯（Durrës），指的全是阿爾巴尼亞（Albania）境內的同一處地方，只是名稱因時而異就是了，所以，我在書中也採取與時俱變的對策，依時代選用當時通用的名稱。希伯來、土耳其、阿拉伯的名稱，一樣有這樣的麻煩。克羅埃西亞（Croatia）和蒙地內哥羅（Montenegro）沿岸一帶，我自然以斯拉夫（Slav）名稱為重，因為斯拉夫名稱是現在通行的用法。所以，杜布羅尼克我在書裡用Dubrovnik，而不用拉古薩（Ragusa）；不過，（由於找不到同樣好聽的名稱來指稱當地的人）當地人我就又叫他們作拉古薩人（Ragusans）。

另一個問題一樣是爭論不休，莫衷一是，也就是繫年到底要用基督紀元的BC和AD，還是現代版的BCE和CE，或者是乾脆（像李約瑟〔Joseph Needham〕提議的那樣）簡簡單單用個＋和－來表示就好。由於後來的變體指的意思和BC、AD根本就沒有差別，所以，改用後來的變體有什麼好處，這我就搞不懂了。至於有人要是看BC和AD不順眼（BC：Before Christ／基督誕生前／主前；AD：Anno Dominiare／主的年份／主後），那就不妨自行另作他解吧，把BC和AD看成別的意思，像是把BC想作是Backward chronology（落伍的年表），AD則是Accepted date（同意的日期），未嘗不可！

序

「地中海史」這幾個字擺在一起可以有多種意思。我這一本書寫的便是「地中海的歷史」，而不是「地中海周邊陸地上的歷史」，重點還特別放在穿梭於地中海面，住在臨海港口、島嶼的人群身上。我寫的主題，在地中海這一帶逐步整合成為單一的商業、文化甚至（在古羅馬帝國統治之下）政治區域的過程，各地整合的程度固然不會一致，整合的不同階段也會因為戰亂、因為瘟疫，而以潰散崩裂告終。我將這一過程劃分為五大階段。「第一代地中海區」，在西元前一二〇〇年左右瓦解，也就是特洛伊據稱陷落的時候。繼起的「第二代地中海區」，延續到西元五世紀前後告終。接下來的「第三代地中海區」，現形的步調很慢，最後因為黑死病（1347）大流行而風雨飄搖，岌岌可危。再來的「第四代地中海區」，就不得不面對大西洋愈來愈強勁的競爭，最後落入大西洋強權國家的宰制，終至於一八六九年蘇伊士運河開通之時結束。自此而後，「第五代地中海區」淪為通往印度洋的走廊，迄至二十世紀後半葉才意外又找到了新的定位。

「地中海區」（Mediterranean）一詞在我的用法，絕對只限於那一片海洋、臨海的岸邊，外加海中的島嶼，特別是渡海起迄點的幾處重要港市，如此而已。這樣的用法，比起研究地中海歷史的偉大先驅，費南德・布勞岱爾（Fernand Braudel；1902-1985），涵蓋面要小很多；只是，有的時候還是免不了要擴展到地中海區以外的地方。不過，布勞岱爾筆下的「地中海區」，還有繼踵其後的諸多學者大多也是，指的除了滿滿是水的那一大塊窪地之外，還會擴張到地中海岸沿線之外很遠的地方。而且，現今學界依然偏向於將栽種橄欖樹的農作區或是注入地中海的河流流域，作為勾畫「地中海區」的參照點。這樣也就表示這些流域當中的社會也一定要納入考慮——這些社會以定居為多、以傳統為重，所生產的糧食、原料是跨地中海商業的主力商品；而這時，可就連從來沒見過大海的旱鴨子也要在地中海區的歷史插上一腳了。內陸地區當然不可略而不論，畢竟有事都出在內陸，產品也是來自內陸或是行經內陸；但是，這一本書的重點還是放在腳踩過海水的人身上，最好是常常來往於海面的人，有直接參與跨文化貿易的，有從事宗教暨其他思想運動的，或者是涉足海上軍事衝突的，爭奪海路航權的主控權的等等。

這一本書的篇幅已經相當長了，卻還是有兩難的抉擇，終究必須有所取捨。而「或許」，「大概」，「可能」，「差不多」這樣的用語，使用的頻率也比實際該用的要少一點；尤其是寫古地中海區的時候，有許多地方確實都要加上這樣的修飾語才好，但也可能會害讀者如墜五里霧。帶動地中海區整體或是泰半面貌改變的人、事、歷程，才是我寫作此書的重點，而不在為地中海區周邊寫一系列微歷史（micro-history），雖然後者可能還相當有趣。也因此，依我判斷在長遠的歷史發展當中算是重要的事，才會是我著墨的焦點所在，像是迦太基建城，杜布羅尼克崛起，巴巴里海盜（Barbary corsairs）的衝擊，蘇伊士運河開鑿等等。宗教之間的交會碰撞也要空出篇幅才行，那自然就要花費不少工夫談穆斯林和基督徒的衝突。不過，猶太人一樣理當多多關注，因為猶太人在中古時代早期可是以商人之姿躍居歷史舞台的要角，等到了現代的早期，又再舊戲重演一次。寫到上古的古典時代（classical antiquity）時，每一世紀所佔的篇幅我大致平均分配，因為我可不想寫出來的書像金字塔一樣，前人古事匆匆帶過，只顧著火速衝刺，想要快快來到寫來比較得心應手的現代。不過，每一章標示的時代起迄點，用得極為寬鬆，有時，同一時期在地中海區遙對的兩端所出的事，可能會在不同一章寫到。

我們現今所知的地中海區，是由古代的腓尼基人、希臘人、伊特魯里亞人，中古時代的熱那亞人、威尼斯人、加泰隆尼亞人，以及西元一八〇〇年前好幾世紀的荷蘭、英格蘭、俄羅斯海軍打造出來的。其實，有說法指西元一五〇〇年後，地中海區在大區域的世界事務和商業活動，重要性已經與日俱減，到了西元一八五〇年後，更是無可置疑。這話說的不是沒有道理。我在大部份的篇章都會選一、兩處地方作為焦點，選的都是我認為最適合用來說明大地中海區發展的地方，例如特洛伊、科林斯、亞歷山卓、薩洛尼迦等等。不過，重點始終都在這些地方貫穿地中海區的聯繫，可以的話，促成隔海互動的人群或是進行隔海互動的人群也需要談及。這樣的的結果便是魚，還有漁人，我提到的次數會比一些讀者想的要少。魚，以在水面下過日子為多；漁夫呢，一般是從港口出海，撈捕魚獲（一般是會出海到離母港有一段距離的水域），再回到母港。他們一般不會以海的另一頭作為出海的目的地；可是，要到了海的那一頭才有機會接觸到別的人群和文化呢。至於漁人帶回家的魚獲，一般應該會再加工，像是鹽漬或是醬醃，甚至做成味道刺激的魚醬。所以，帶著這些產品到外地作買賣的行商，常常需要記上一筆；至於新鮮魚貨，想必常常就是討海人的主食了。只是，老實相告，相關的資料少之又少；所以，那就要等到二十世紀初年開始出現潛水艇大戰的時候，我才會把注意力從地中海水面上轉移到水面底下。

寫了這樣一本書，只願讀者捧書展讀的時候，興味盎然一如我提筆寫作，其樂無窮。我先是有幸獲邀寫作這樣一本書，之後備受多方賢達鼎力襄助、打氣，我欠下的人情債自然既深且鉅：有企鵝出版集團（Penguin Books）的Stuart Proffitt，我在A. M. Heath的經紀人Bill Hamiltonm，還有美國紐約牛津大學出版社（Oxford University Press）的主編Peter Ginna和Tim Bent，對我也鼓勵有加。寫這樣一本書還有很特殊的樂子，也就是有幸造訪或是再訪我在書中提到的幾處地方，而在地中海區內、外許多地方，盡享友朋作東招待的榮寵：像直布羅陀博物館的Clive和Geraldine Finlayson伉儷，對我熱忱相迎，一如既往，不僅容我再訪直布羅陀，還任我越過直布羅陀海峽到修達來了一次奇襲。Charles Dalli、Dominic Fenech，他們在馬爾他大學歷史系的同事，英國駐馬爾他大使閣下暨「英國文化協會」（British Council）的Mrs Archer和Ronnie Micallef，個個堪稱馬爾他好客的模範。馬爾他駐突尼西亞（Tunisia）大使閣下Vicki-Ann Cremona，也在突尼斯和馬赫迪耶展示他無與倫比的東道主本色。Mohamed Awad，好客之名果然絕不虛傳，帶我在他心愛的古城亞歷山卓大開眼界。Edhem Eldem帶我在伊斯坦堡還有亞歷山卓尋幽探祕，直闖意想不到的角落。杜布羅尼克「克羅埃西亞歷史學會」（Croatian Historical Institute）的Relja Seferović，在杜布羅尼克，在蒙特內哥羅的新赫塞格和科托，在波士尼亞和赫塞哥維納的特雷比涅等等地方，無不傾力相助。Eduard Mira不吝在瓦倫西亞現場和我分享他對中古時代瓦倫西亞的知識；Olivetta Schena邀我到卡格里亞利參加已故好友、也是著名地中海歷史學家Marco Tangheroni的追思會，我也因此有幸順道到古城諾拉一探該地究竟。再往外圍走遠一點，赫爾辛基大學歷史系和芬蘭外交部邀我為他們講解我對地中海歷史的看法，而我去的那城市有一道宏偉的堡壘常為人叫作「北方直布羅陀」（譯註1）；Francesca Trivellato不吝將她研究利佛諾的出色論文，在出版之前讓我搶先讀過。Roger Moorhouse為我指認出一批合用的插圖，這樣的插圖往往上天下地也未必找得到。Bela Cunha堪稱文字編輯的模範生。我太太Anna陪我走遍雅法，內夫德澤克、台拉

譯註1：「北方直布羅陀」（Gibraltar of the North）——歐洲有兩處古要塞都有這樣的美名，一是盧森堡（Luxembourg）的「盧森堡要塞」（Fortress of Luxembourg），再來是芬蘭首都赫爾辛基的「芬蘭堡」（Suomenlinna），而盧森堡的名號比芬蘭響亮。

維夫、突尼斯、馬赫迪耶，還有一大片塞浦路斯島，一同探險。家裡原本就堆滿了中古時代地中海相關的書籍，這下子又因為要寫這一本書，古代和現代的地中海圖書往上堆了一重又一重，這些，在在多虧Anna多方忍耐。我女兒Bianca和Rosa在我走訪地中海大小角落的旅途當中，始終是我開心的旅伴，還拿雜七雜八的材料像摩里斯科人（Moriscos）、〈巴賽隆納進程〉（Barcelona Process）來餵我。

對於劍橋、聖安德魯斯、杜倫、雪菲爾、瓦萊塔、法蘭克福等地聽我演講的聽眾，對我叫賣「地中海區歷史要怎麼寫」的回應，無不助我良多，萬分感激。我在劍橋的良師益友，有給我參考資料的，也有給我建議的，例如Colin和Jane Renfrew伉儷，Paul Cartledge，John Patterson，Alex Mullen，Richard Duncan-Jones，William O'Reilly，Hubertus Jahn，David Reynolds，暨其他多人不及詳述。Roger Dawe甚至慷慨拿他譯的《奧德賽》（*Odyssey*）出色譯本和評注送我。Charles Stanton幫我讀過初稿，為我點出幾處錯誤，無庸贅言，書中若有錯，一切責任在我。Alyssa Bandow和我有過長談，熱烈討論古代經濟，幫我釐清了不少想法。世上再也找不到學院有如劍橋、牛津，可以供人盡情和各式各類學科中人琢磨心中的想法。身在凱斯學院（Caius），有同儕相互切磋，還不僅是一批歷史學者而已呢，而是Paul Binski、John Casey、Ruth Scurr、Noël Sugimura、（才剛離開的）Colin Burrow等一流學界菁英。我對大家的砥礪琢磨，感激無法言表。Victoria Bateman也看過我的文稿，在此一併要謝謝她的指教；Michalis Agathacleous當我的嚮導，陪我走遍塞浦路斯南部，對我的助益無以復加。The Classics Faculty Library還格外慷慨，我需要的他們不會不給。Mark Statham 以及Gonville and Caius College Library的職員也是如此。在我蒐集資料的最後階段，竟然還因為火山爆發而困在義大利的那不勒斯（Naples）走不了——可不是維蘇威（Vesuvius）！承蒙Frederick II University 的Francesco

Senatore還有他可愛的同事（Alessandra Perricioli、Teresa d'Urso、Alessandra Coen，另有多人不及詳述），熱心款待，甚至撥一間研究室供我使用，大家不時相聚暢談。火山灰散不久，拜Katherine Fleming之助，我有幸在「石園」（VillaLa Pietra）內的一場聚會和大家討論這一本書的主題，又得到諸多指點——「石園」是紐約大學（New York University）在佛羅倫斯的分部。後來，二〇一〇年六月，挪威的卑爾根為了慶祝霍爾堡獎（Holberg Prize）頒給Natalie Zemon Davis，舉辦了一場學術研討會。經籌備單位慇懃相邀，在挪威我得以再將這一本書的〈結語〉修得更整飭、周全。

這一本書獻給我的諸多先人，數百年來，他們穿梭地中海，往返兩岸：從卡斯提亞到聖地的采法特和提比利亞，士麥納則是中途站。之後，有我祖父，從提比利亞往西；之後，有我祖母隨行，從提比利亞返航。另也包括我的先人雅各・畢拉布（Jacob Berab），從卡斯提亞的馬奎達渡海抵達采法特。另外，一個個（阿布拉菲雅）（Abulafia）、阿波拉菲奧（Abolaffio），一個個波拉菲（Bolaffi），或在利佛諾或是散居義大利各地。這一本書的書名，取自地中海的希伯來名稱，是猶太人望見地中海時口中誦念祈福的禱文：「讚美你，主啊，我們的上帝，世界的君王，創造了大海。」（Blessed are you, Lord our God, king of the Universe, who made the Great Sea）。

大衛・阿布拉菲雅（David Abulafia）

二〇一〇年十一月十五日，寫於劍橋

導論

一片大海，眾稱紛紜

地中海於英語、於羅曼語族（romance languages）的名稱，意思是「在大陸之間」。但在今天、在過去，這一片大海另有不少別的名稱。古羅馬人叫它「我們的海（our Sea），土耳其人叫它「白色海」（Akdeniz），猶太人叫它「大海」（Yam gadol），日耳曼人叫它「居中海」（Mittelmeer），還有古埃及人說的「大片綠」（Great Green）——但未必就指地中海。現代作家又再為它壯大聲勢，拈出各色封號。例如「內海」（Inner Sea），「環繞之海」（Encircled Sea），「友善的海」（Friendly Sea），還是好幾支宗教的「虔誠之海」（Faithful Sea），第二次世界大戰期間甚至有「傷心之海」（Bitter Sea）的說法。「敗壞的海」（Corrupting Sea），說的則是幾十支微生態系（micro-ecology）因為毗鄰的關係，彼此互通有無而致出現變化。「液體大陸」（Liquid Continent）說它真的很像大陸，有一定的幅員，有明確的邊界，環擁多支民族、文化、經濟體。所以，這樣的一片水域，一開始為它好好分疆劃界，就很重要了。「黑海」波濤拍打的海岸，盛產穀物、奴隸、毛皮、果類，早從古代開始便是輸入地中海區的物產；但是，黑海是地中海商人滲透進去的地方，黑海一帶的居民反倒未能在地中海區的政治、經濟、宗教變遷當中攪和一下——黑海一帶的人，聯繫走的是陸路，眼睛看的是巴爾幹半島、中亞大草原、高加索的方向，使得沿岸的多支文明塑造出來的眼界和性格，迥異於地中海區。這在亞得里亞海就不一樣了。亞得里亞海一帶，因為在古代有史匹納地區的伊特魯里亞人、希臘人，在中古和現代早期有威尼斯人、拉古薩人，時代拉得更近便是提耶斯塔商人的緣故，因而在地中海區的商業、政治、宗教活動涉入極深。所以，這一本書為地中海區劃定範圍的原則便是：自然地理為主、人工劃界為輔，西到直布羅陀海峽，東到達達尼爾海峽——這裡偶爾會再往君士坦丁堡的方向拉過去一點，因為君士坦丁堡是銜接黑海、白海的橋樑——往南就是埃及亞歷山卓到中東加薩（Gaza）、雅法一線的沿岸地區。接下來，本書的地中海區於其界內、沿邊，還會將港市也加進來，尤其是文化交會、融合的港市——像利佛諾，士麥納，提耶斯塔等地——至於大大小小的島嶼當然也包括在內，但會以居民的眼界是朝外看的島嶼為主，就是因為這樣，科西嘉島的人在書裡才會比附近的馬爾他人要難找一點。

這樣的看法，比起其他學者劃定的地中海區可能窄了一點，用起來卻一定比較容易從一而終。一般寫地中海的歷史，題材向來放在地中海周邊的陸地上面，當然，兩岸的跨海互動也會順便關心一下。這樣的書，有兩部的成績特別突出。佩若格林・霍登（Peregrine Horden）和尼可拉斯・普塞爾（Nicholas Purcell）二〇〇〇年出版的大部頭《敗壞的海》（*Corrupting Sea*），探討地中海沿邊陸地的農業史，見解格外豐富，也認為談地中海區的歷史應該要將沿邊海岸往內陸推進至少十英里的地帶也包括進去。他們的論證勾劃出幾點地中海交流的基本特徵：「四通八達」，連起不同的點；經濟緊縮時有緩衝的作用。只是，歸根結柢，他們關心的主要在陸地而非地中海面上的事。還有，為地中海寫史，人人頭頂無不罩著費南德・布勞岱爾的龐大陰影。布勞岱爾寫的《腓力二世時代地中海暨地中海世界》（*The Mediterranean and the Mediterranean World in the Age of Philip II*），於一九四九年問世，堪稱二十世紀見解最為獨到、影響最為深遠

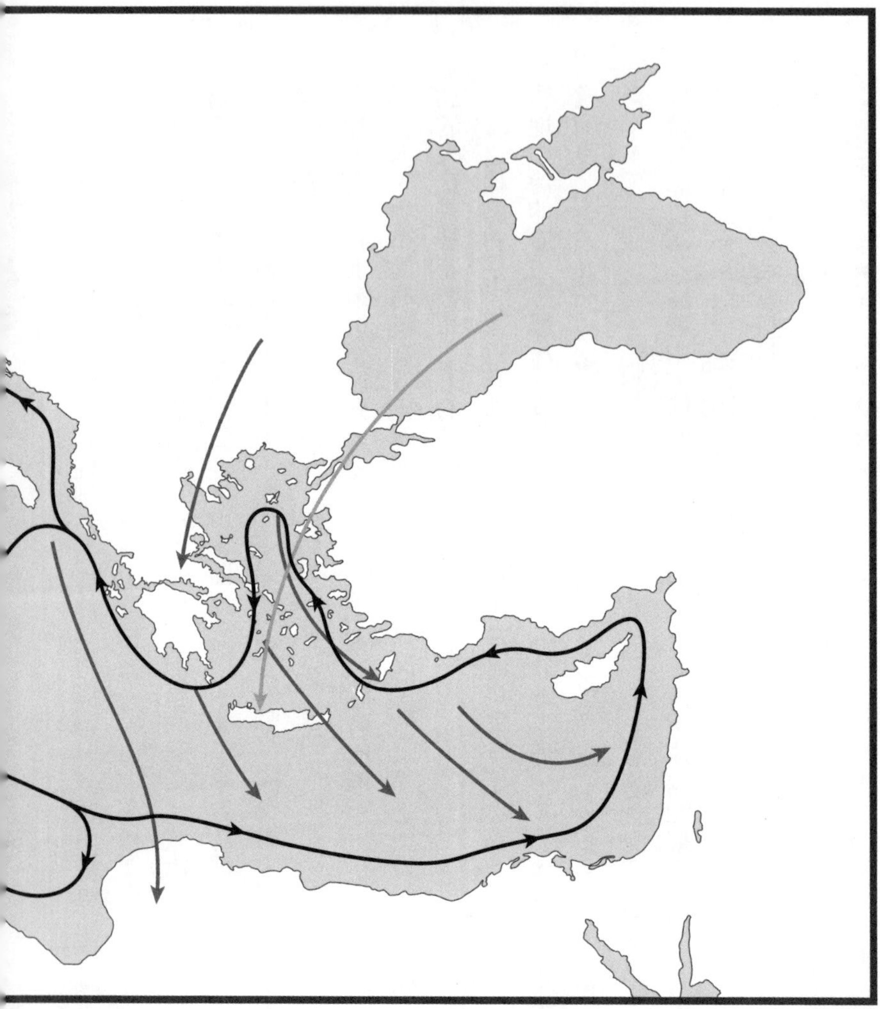

的歷史著作。布勞岱爾自一九五〇年代以降指導過好幾十位學者研究地中海歷史，而且，不限於他個人選中的時代，還往前、往後延伸，地域一樣不限於地中海，大西洋等其他海域也包括在內。迄至晚年，布勞岱爾已然是德高望重的史學大老，在巴黎「法國高等研究院」（École Pratique des Hautes Études）雄踞名字很神祕的「第六系」（sixth section），於各方敬重的「年鑑學派」（Annales）歷史學家當中呼風喚雨。不過，他的理念發芽、茁壯的速度很慢。

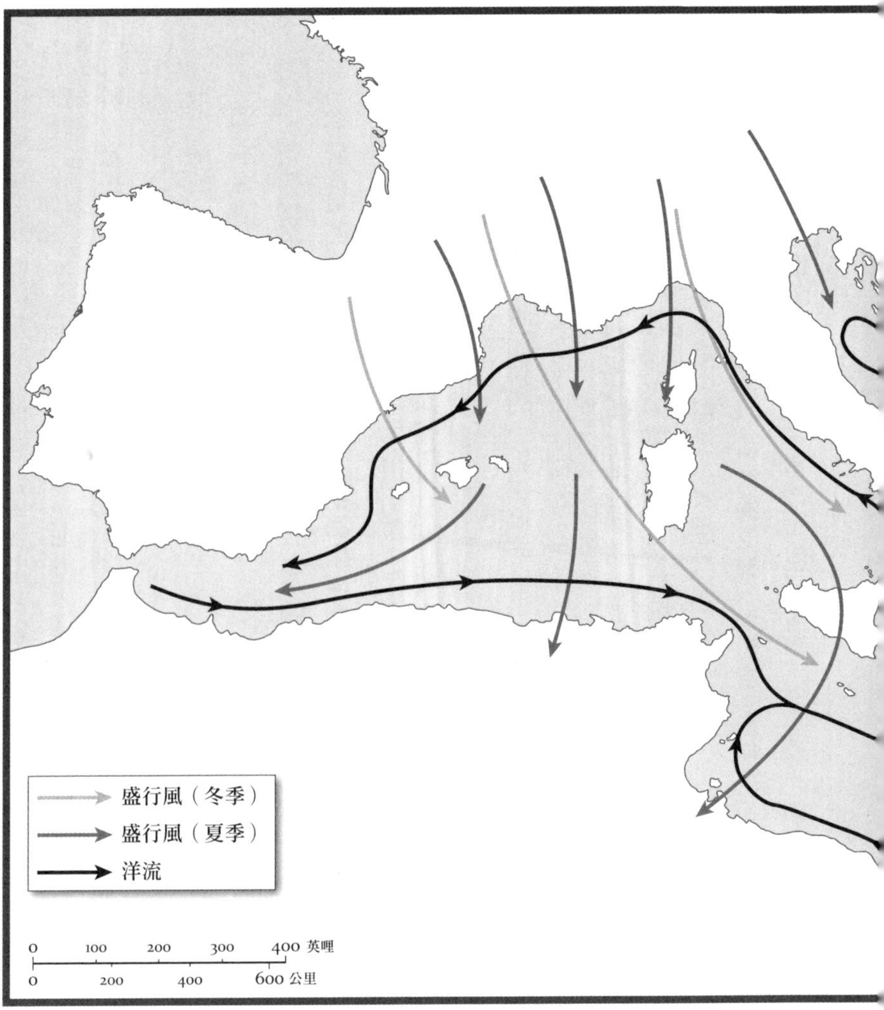

許多法國知識份子，例如大詩人、散文家保羅・梵樂希（Paul Valéry），一九四五年便已棄世，但在生前就迷上了所謂的「地中海文明」，認為這文明為法蘭西、西班牙、義大利共有，而且不僅在歐洲大陸的本土海岸看得到，這幾國在北非、中東的殖民地一樣看得到。布勞岱爾的著作，便是他在法國、阿爾及利亞、巴西，還有後來在德國的戰俘營當中，歷經長年的思索反芻，先是鑽研當時眾多法國史家專注的過往政治，再走過梵樂希提出來的地

中海文明說，而後來到以地理為基礎的歷史寫作。布勞岱爾展露百科全書博大精深的功力，總綰地中海整體的歷史，不以十六世紀為限，而針對地中海周邊的社會有何交流互動提出了新穎的見解，震動學界。布勞岱爾的切入點是以這樣的假設為核心的：「變化一概走得很慢」，「人類受困於命運的牢籠，自身根本無能為力」[1]。但我在這一本書卻要就這兩點提出相反的看法。布勞岱爾提出來的，或可以叫作地中海的「水平式歷史」（horizontal history），目的在檢視特定的時代，循此找出地中海歷史的特點。我這一本書卻是要寫地中海的「垂直式歷史」，強調時移事轉的變化。

布勞岱爾看政治史的態度近乎輕蔑，視之為「事件史」（histoire évènementielle）[2]。在他眼中，地中海於其界內發生的一切，決定在地中海的地理。政治、戰爭被他壓到書的末尾；他著作的功力是展露在別的地方的，展露在他了解地中海周邊陸地的山川地貌，展露在他了解地中海本體的重要特徵——風向，洋流；而出海的人不就是要看這些因素再決定航線的嘛。布勞岱爾的「地中海」，其實朝內陸推得很遠，周邊陸地的經濟只要有哪裡會受制於地中海的狀況，都算在內。他在書中幾處地方，連〔波蘭的〕克拉科夫、〔非洲西北角的〕馬德拉群島也都算進去。約翰・普萊爾（John Pryor）就跟著他的路線走，也亟力強調風向、洋流設下的限制，主張中古時代和現代早期的航海人就是因為這樣，才覺得順著北非的海岸行船是很難走的路線，也強調春、秋兩季之間因為風向適合航行，這時節大海是否能夠暢行無阻就很重要了。對於這一點，霍登和普塞爾則是認為水手本來就知道遇到風向、洋流不對的時候要隨機應變，開出新的航線來走；但是，要是有別的利益考量——像是商業或是政治的利益——加進來，他們一樣會放掉舊的航線改走新的[3]。也就是說，人類還是有技巧和機智可以和大自然一搏的。

這一片大海的自然特徵，當然不可以不當一回事看。由於地中海是四面由陸地環抱的內海，因此產生了幾大特性。在地質年代的遠古時期，地中海是完全封閉的大水窪，後來在一千兩百萬年前到五百萬年前期間，由於水量蒸發得差不多了，大水窪就變成了空盪盪往下沈的大沙坑。再後來，大西洋的海水衝破陸地灌進來，據估計，大沙坑應該不出兩年就重新灌滿了海水。只是，這一塊海域水量蒸發的速度，比起陸地水系為它補充水量的速度要快得多；只要想一下那一帶的河流有多小，就不會覺得奇怪了。西西里島和薩丁尼亞島的河流水量都不多，〔義大利中部〕台伯河和亞諾河雖然留名史冊，但是水量一樣不多。亞諾河在盛夏的時候，還會變成只剩佛羅倫斯往上游過去才有水的涓滴細流呢。尼羅河的水系龐大，倒是確實為地中海掖注了不少水量；〔義大利北部〕波河、〔法國〕隆河也有不小的掖注。歐洲的河流當中，以多瑙河和俄羅斯的水系對地中海的水量有間接的貢獻，因為，貫穿那一片大陸的好幾條大支流都是黑海的水源。結果，黑海水量過多，蒸發不及便形成湍流，急急沖過君士坦丁堡灌進愛琴海的東北角。不過，這也只能補充地中海損失水量的百分之四而已。地中海因為蒸發而損失的水量，補充的水源主要還是在大西洋這邊。大西洋平穩注入地中海的冷冷海水，和地中海外流的海水，多少會中和一下。地中海的海水由於蒸發的關係，比較鹹，因此也比較重，大西洋朝內流的海水便會浮在地中海朝外流的海水上層[4]。所以，地中海兩頭都有開口，也就是地中海還可以稱其為海的必要條件了。至於地中海的第三道開口：蘇伊士運河，作用就比較小了，因為這一條海道是很窄的運河。不過，蘇伊士運河倒還是為地中海引進紅海和印度洋的原生魚類。

大西洋注入地中海的洋流阻擋了中古時代的航海人穿過直布羅陀海峽出地中海，卻擋不了維京人、十字軍以及其他人等從直布羅陀海峽進入地中海。大型洋流從直布羅陀順著非洲海岸往東掃過以色列、黎巴嫩，繞行塞浦路斯島，然後次第在愛琴海、亞得里亞海、提雷尼亞海轉上一圈，再沿著法國、西班牙海岸回到「赫丘力士之柱」（直布羅陀海峽入口）。[5]船隻一般在地中海航行是不會太費力的，但一遇上這些洋流就有大麻煩了，至少在人力划槳、風力揚帆的年代會很麻煩。在地中海行船遇上逆風，利用洋流的力量不時頂風轉向，已知確實是可行的對策。這地區的天氣系統一般是由西朝東走的，所以，春季的風向有利於船隻從巴塞隆納前往比薩一帶，將貨物朝薩丁尼亞島、西西里島、黎凡特運送過去。地中海西部在冬季雖然是由北大西洋的天氣系統獨擅勝場，但在夏季，就換成了滯留在亞速群島的大西洋副熱帶高壓稱雄了。地中海冬季潮濕、風大的天氣，最大的特色便是（從西北方向來的）密斯特拉風（mistral），灌進普羅旺斯谷地，帶進寒冷的空氣。不過，密斯特拉風在這一帶的近親也不少，像是義大利和克羅埃西亞一帶吹的「布拉風」（bora），或是「屈拉蒙塔納風」（tramontana）。約翰・普萊亞還指出普羅旺斯外的「獅子灣」，名稱便是來自密斯特拉風狂嘯的聲勢一如獅吼[6]。雖然地中海在現代的印象是沐浴在麗陽下的大海，但是，地中海入冬颳起的風雨之討厭、危險，絕對不可小覷。北非撒哈拉沙漠不時會發展出低壓系統，朝北推送，就成了惱人的焚風，（義大利叫作）「西洛可」（scirocco）、（加泰隆尼亞叫作）「夏洛克」（xaloc），或是（以色列，埃及的）「哈姆辛」（hamsin）說不定還會挾帶大量的撒哈拉紅沙倒在地中海周邊的陸上。只要海上航行還有賴於風帆作動力，銳不可當的北風就會害船隻沿北非行駛變得十分危險，因為北風會把船隻打向地中海南岸的沙洲和暗礁。至於地中海北岸，就（像普萊爾注意到的一樣）因為泰半是陡峭一點的斜坡，在航海人這邊自然比較討喜；其他的小海灣、海灘也是一樣。只不過，海盜也愛找隱蔽的角落、罅隙藏身，這些小海灣長久以來自然也就像是海盜的愛巢[7]。從西往東，也就是中古時代有名的「黎凡特貿易」（Levant trade），對於春季從熱那亞或是馬賽出航的船隻會比較好走；船隻出海後沿著地中海的北岸行經西西里島、克里特島、繞過塞浦路斯島，就可以抵達埃及了。在汽船問世之前，抄捷徑從克里特島直接駛向尼羅河口，還不是標準作法。而地中海的風向、洋流是不是從古到今都一樣沒變，當然也沒人敢說一定。不過，古典時期和中古時期的文獻有不少地方都提到這一類西北風，叫作「波烈亞斯」（Boreas），明白表示布拉風確實有十分長遠的歷史。

氣候變遷對地中海沿岸陸地的生產力，應該會有嚴重的影響，導致重挫地中海的穀物貿易。穀物貿易在古代、中古時代可是絕頂重要，要過很久才會從第一的寶座退下來的。西元十六、十七世紀氣候變冷，應該可以解釋地中海區的耕地為什麼會荒廢，從北歐進口穀物為什麼突然變得很平常，荷蘭和日耳曼商人插手地中海又為什麼變得更強悍。沿岸地區旱化（desiccation），確實可能表示氣候有了變化；但是，另有一點也很重要：在地中海這一帶，人為的結果一樣清晰可見。西元十一、十二世紀，又一波阿拉伯人入侵北非，應該也是水壩、灌溉疏於管理的原因，以致於危及農業。羅馬帝國晚期，小亞細亞經濟衰落之所以加劇，也和栽種葡萄、橄欖樹的梯田荒廢有關；沒有植被護住土壤，土壤沖刷到河流，便會造成淤積[8]。再到現代的時期，水壩，特別是上埃及的「亞斯文水壩」，改變了水流注入地中海的模式，連帶影響到地中海的洋流和濕度。改變尼羅河季節周期的其實是人；埃及的經濟活動因之跟著改變，再也無法回頭；古埃及人歸諸神力的年度洪泛也就一併告終。然則，地理學家艾佛瑞・葛洛夫（Alfred Grove）和生態學家奧利佛・瑞肯（Oliver Rackham），卻認為人類對地中海環境的影響沒有平常想的那麼大；因為，地中海沿邊陸地的自然環境就算遇上氣候等等變遷以及人為的濫用，生命力的韌性看起來足以從中復原。他們強調，人類是沒有能力決定氣候變遷的，或者說在二十世紀以前絕難做到。侵蝕，即使有人力插上一腳，也還是自然而然的事——早在恐龍的世紀便有自然侵蝕這樣的事。人為的破壞在伐林這方面倒是常見記載，對西西里島、塞浦路斯島、西班牙海岸沿線的影響確實很嚴重。早年伐木的需求是為了要有木材造船，後來砍樹是為了清出空地以便興建城鎮、村莊或是進行擴張。不過在這一點，同樣可以強調自然的新生力量無處不在。葛洛夫和瑞肯對於地中海的未來卻沒那麼樂觀，因為水源和魚群都已經過度利用，有些地區還有沙漠化的危險；假如全球暖化的預言可靠，而且只要有一半成真，那麼情況還可能會更加危殆[9]。回顧地中海的歷史，看到的是人類和大自然共榮共生，只是，這樣的關係恐怕即將告終。

這一本書並沒有要否認風向、洋流也是重要的因素，只是寫書的主旨還是在將人類穿梭地中海的經驗，或是定居在港市、島嶼但是生活所需來自海洋的人群的經驗，拉到臺前作主角。人力發揮的力量之於塑造地中海的歷史，比布勞岱爾生前勉強承認的還要重要。這一本書隨目可見政治面的決定：像是派遣海軍征伐〔西西里島〕敘拉古、迦太基，阿卡、〔塞浦路斯島〕法馬古斯塔，或是〔義大利半島西邊〕梅諾卡島、馬爾他島。這些地方有的為什麼會是戰略要地，確實泰半和地理有很大的關係——不僅是風向、海浪以及其他限制條件——新鮮食物、飲水弄上商船，維持個兩個禮拜大概可以，但是大量裝載到戰艦就太累贅了；戰艦本來就空不出來多少地方可以存放這類補給。這麼一件簡單的事，就是在說控制一片汪洋大海是十分艱鉅的挑戰，至少在航行還要仰賴風力輔助的年代是如此。要是沒有辦法停靠友港，取得補給，維修船隻，任一海上霸權旗下的戰艦再多，也沒辦法將航路牢牢置於手中。因此，為了爭奪地中海而衍生出來的衝突，就必須看作是為了爭奪地中海的海岸、港口、島嶼，而不是單純為了爭奪一片汪洋大海[10]。由於海盜的威脅幾乎無時不有，為了應付海盜，往往也必須和海盜還有海盜的主子做一些骯髒的交易，回報賄賂、禮物什麼的，以求他們對商船放行。所以，「前進陣地」這樣的地點便是無價之寶了。科孚島單憑它的位置，數百年來，凡是想要控制亞得里亞海出入口的，無不要搶下這一塊寶地才行。所以，先有加泰隆尼亞人，後有不列顛人，都在地中海佔有屬地，連起一條通道，以利爭奪這一區域的經濟、政治利益。但也奇怪，挑中來作港口的地方每每不是良港：優良的地理條件，不是唯一的考慮。亞歷山卓的水域少有風平浪靜的時候，其實不利船隻進出。中古時代的巴塞隆納，所謂的港口頂多就是一片沙灘。比薩的港口，也只是在亞諾河口開了幾條窄窄的的下錨地而已，甚至到了西元一九二〇年代，船隻開到雅法，還必須在外海卸貨才行。〔西西里島〕墨西拿的海港則是離急流太近了，而且水勢之湍急，在古典文獻當中甚至被封作「史姬拉」和「卡勒碧迪絲」（譯註2）這一對雙胞怪獸[11]。

人類的歷史需要探討非理性，就如同對於理性的探討；個人或是群體所作的決定迢隔數百甚至千年後很難理解，需要探討；就算回到當時還是很難理解，一樣需要探討。像蝴蝶振翅輕顫，一些小小的決定卻可能觸發莫大的效應。西元一〇九五年教皇在法國克萊蒙的講辭，滿紙籠統卻慷慨激昂的辭藻，引發十字軍東征長達五百年。鄂圖曼土耳其這邊帶兵的兩位將領水火不容，時生齟齬；基督徒這邊的將領卻是一呼百應；鄂圖曼帝國的海陸大軍因此意外落敗，這便是西元一五六五年在馬爾他島出的事——而且，在那當口，西班牙馳援竟然拖拖拉拉，沒趕上，害得西班牙差一點就丟了他們珍貴的領地西西里島周邊的制海權。有多場戰爭都是逆勢求勝；例如〔古希臘斯巴達名將〕呂山德（Lysander）、〔亞拉崗海軍將領〕羅赫・德・勞利亞（Roger de Lauria）、〔英國海軍名將〕何瑞修・納爾遜（Haratio Nelson），這幾位傑出的海軍將領一舉改寫地中海的政治版圖，打壞了雅典、那不勒斯、拿破崙法國的帝國夢。而富

譯註2：「史姬拉」（Scylla）和「卡勒碧迪絲」（Charybdis）——荷馬史詩提過的希臘神話海怪，希臘神話以史姬拉為梅西納海峽北邊靠義大利半島的礁岩，卡勒碧迪絲是西西里島外海的漩渦，所以，between Scylla and Charybdis的意思就是進退維谷，腹背受敵。

商巨賈呢，一己私利向來擺在基督信仰的理想之前。賭盤的輪一轉，結果難以逆料；可是，轉動輪盤的是人類的手。

目錄

第三部：第三代地中海世界　西元六〇〇年—西元一三五〇年

第一部

第一代地中海世界

The First Mediterranean,

22000 BC — 1000 BC

第一章

孤立和隔絕

西元前二二〇〇〇—西元前三〇〇〇年

一

早在地中海岸開始出現人跡之前的數百萬年，這一片汪洋便已開闢成形；迄至人類開始渡海尋找棲地、食物暨其他生活所需，這一片汪洋就成了夾在「陸地之間的大海」，連起遙遙相對的海岸。今天的羅馬附近有一處遺址，應是獵人營地，由遺跡判斷，遠古時代地中海岸有人棲居，時代可以回溯到四十三萬五千年前；〔法國〕尼斯附近的泰拉阿瑪達（Terra Amata），有用樹枝蓋的一頂簡單茅屋，屋子正中央還有一口大灶——吃的東西有犀牛肉、大象肉，還有野鹿、兔子、野豬。[1]古代人類第一次冒險出航渡海是什麼時候，迄今未明。在雅典的「美國古典研究學會」（American School of Classical Studies）於二〇一〇年宣佈他們在克里特島發現石英製手斧，時代可以推到西元前十三萬年以前，顯示遠古的人類是找到了方法渡海，但也有可能是這些人遇到了暴風雨，隨著漂流物意外被沖到這一帶來的[2]。在直布羅陀洞窟發現的遺跡，也證明二萬四千年前，有另一支人類在那裡隔海遙望，看到了對岸北非岸邊的〔摩洛哥〕「穆瑟山」：一八四八年，史上第一次發現尼安德塔人的遺骨，為一名女性，而她便住在直布

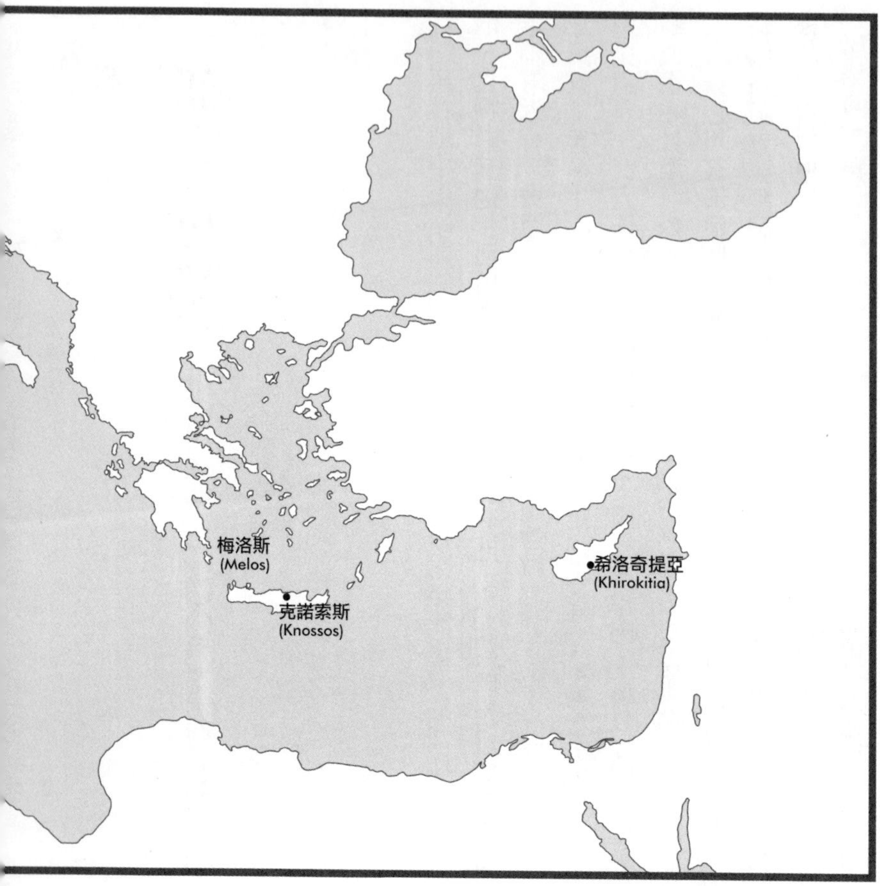

羅陀巨巖側壁的山洞當中。由於最早發現的骨頭一開始還未能辨認出是另一支人種的遺骸，所以，還要等到八年之後，在德國尼安德河谷挖出類似的遺骨，這一支人種才有了名字：「尼安德塔人」（Neanderthal Man），但這一支人種其實應該叫作「直布羅陀女人」（Gibraltar Woman）才對。直布羅陀的尼安德塔人對於沖刷他們土地的波濤，也懂得善加利用，因為，他們吃的東西便有貝類和甲殼類動物，甚至還有烏龜和海豹——雖然那時還有一道平原隔開他們住的巖洞和海洋[3]。不過，沒有證據指出海峽另一頭的摩洛哥

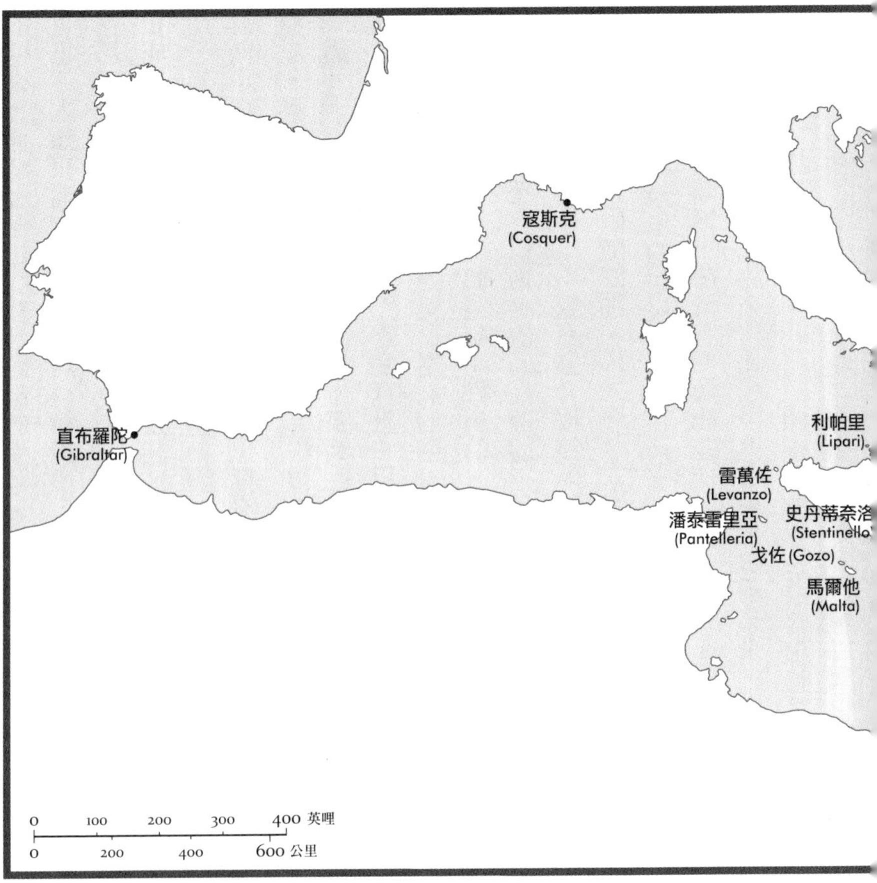

有尼安德塔人聚居，棲居摩洛哥的是「智人」（homo sapiens sapiens），也就是我們所屬的這一支人種。直布羅陀海峽顯然把兩支人種隔在兩地。

在舊石器時代早期、中期（Lower Middle Palaeolithic）（就是以前說的「舊石器時代、中石器時代」〔old and Middle Stone Age〕）的漫長年歲當中，渡海穿越地中海可能是很罕見的事，雖然現在地中海有幾座島嶼在那時還有陸橋相通，只是後來陸橋因為海平面上升而沈到水底。馬賽附近的寇斯基（Cosquer）洞窟，有智人在西元前二萬七千年留下了雕刻，還有西元前一萬九千年前留下的壁畫。洞窟現在是沈在水底深處沒錯，但在巖洞還可以住人的那時候，地中海的海岸還要再往外推幾英里。人類有能力短程渡海的可靠證據，最早出現在舊石器時代晚期，也就是西元前一萬一千年前後。在那時候，旅人踏上希臘基克拉德斯群島中的梅洛斯島，尋找火山玻璃黑曜石（obsidian）。黑曜石可以製成石器，邊緣可以磨得比燧石銳利。西西里島已經發現了好幾十處同一時期的舊石器時代遺址，以沿岸分佈居多。居民吃了大量的軟體動物，雖然，他們一樣獵捕狐狸、野兔和野鹿為食。逝者的遺體他們也會好好處理，像是抹上一層赭石，有的時候還會為逝者戴上附有裝飾的項鍊才下葬。他們住在埃加迪群島，群島在西西里島極西的海域（在他們那時候，這群島可能還是和西西里島相連的幾塊小小岬角）。西元前一萬一千年左右，其中一處地方雷萬佐，有一處巖洞內的壁面留下了用刻、用畫的裝飾。用刻的圖像有鹿、有馬，活潑生動，不乏寫實感。用畫出的圖像，就是簡化概要的人形，推斷年代應該是後來住進巖洞的人留下來的。西西里島巖洞的壁畫，證明那裡曾有狩獵採集社會。從其他證據又可以看出，他們善於利用燧石和石英岩製造順手好用的工具。他們舉行的儀式，有感應巫術（sympathetic ritual）一類的法術，以求順利獲取獵物。他們打獵的工具有弓、箭、矛，住的是巖窟、洞穴，但也會在空地紮營過夜。他們分佈得很零散；不管有過什麼簡陋的舟船可用，他們的祖先到過西西里島，只是，他們的後代倒是未曾進一步探索眼前的那一片大海[4]。

西西里島最早的居民過的生活型態，相較於舊石器時代晚期數百世代散居在地中海周邊地區的人群，縱使兩相隔絕，卻沒有明顯的差別。這並不是在說他們的生活一點也不複雜；拿澳洲或是亞馬遜雨林的狩獵採集遊牧民族來作比較，就看得出數千年來，不論技術水準是高是低，他們都有繁複的神話和儀式，將家族和群體拉在一起。即使有改變也來得很慢，還未必稱得上是「改進」，因為，洞窟畫家展現的那類技藝並不難擁有，失去也同樣容易。西元前八千年左右出現過暖化的現象，進展極為緩慢，植物群、動物群因此出現變化，逼得這些一小撮、一小撮的人群有時不得不遷移它處，尋找他們習慣的獵物，有時還要鼓勇另覓替代品作為食物，特別是海裡現成就有的。由於冰帽融化，海平面也逐漸上升，而且多達一百二十公尺；地峽因此變成島嶼，海岸大致退縮到目前的位置，現代地中海的輪廓也就變得比較好認。只不過，這一切都推進得很慢，絕非立即可見[5]。

這一小撮、一小撮漂泊不定的人群，少有社會分化的現象；他們四處尋找食物，往他們到得了的山頭、海灣前進，聚落一地換過一地，前進後退，蜿蜒而行。然而，等到大家對某個地方熟悉起來了，就會依該地的條件調整飲食和習慣。既然他們會將逝者下葬，也會裝飾所住的洞穴，就表示他們可能對定居的地方真的有了依戀。石器偶爾也有換人使用，或是從一個社群轉手到另一個社群的狀況，或是因為部落之間的交戰而落入對方手中。不過，基本上，他們都是自給自足的小社會，單靠大海、陸地給與的野生動物、魚類、莓果維生即可。雖然人類的群落始終不大，不管哪一時期，西西里一整個島加起來的總數說不定只是幾千人而已，但是，氣候變遷以及人力干預對動物群落的影響，還是日趨嚴重；大型動物開始消失，特別是野馬。野馬可是早在西西里島還和義大利本島有陸地相連的時候，就搶在人類之前，先來到西西里島落腳定居的呢。雷萬佐的洞窟壁畫就畫有這些野馬，野馬也是那些穴居人類盛宴的來源。

西元前五千年左右，進入了所謂「中石器時代」（Mesolithic）的過渡期。這時候的工具一步步變得愈來愈精巧，只是豢養牲畜、製作陶器或是耕作穀物等等事情都還沒有出現，西西里島的史前居民，飲食就轉而以海產為重。他們在海中撈得到鯛魚、鱸魚，多處考古遺跡也找到大量軟體動物的甲殼，有的還刻了圖案，塗上紅色赭石作裝飾。西元前六四〇〇年的時候，後來我們叫作突尼西亞的地方，已經出現了「卡普薩文化」（Capsian culture）。貝類在「卡普薩文化」佔有極為重要的地位。卡普薩文化所在的沿岸地帶，都留有大大的貝塚遺跡[6]。再往東去，到了愛琴海一帶，舊石器時代晚期和中石器時代的航海人偶爾會沿著基克拉德斯群島到梅洛斯島一線的列島航行，蒐集黑曜石，運回他們在希臘本島的洞穴，例如距離梅洛斯島一百二十公里處的佛朗克西（Franchthi）洞穴。他們坐的小船可能是用蘆葦做的，拿小小的銳利石塊或是他們發明的「細石器」（microlith）就可以切削成型。那時由於海平面還在往上升，各個島嶼之間的距離比現在要短[7]。中石器時代的西西里島也看得到黑曜石，那是從西西里島東北海岸外海的火山群島利帕里（Lipari）取得的。渡海一事，在這時候已經開始。只限當地往返，偶一為之而已，但是有目的：目的在蒐集貴重材料，以便製作上好的工具。絕對不是「貿易」；那時候說不定根本就沒人定居在梅洛斯或是利帕里這樣的島上，就算真的有人定居島上，那時候應該還沒有「所有權」這樣的觀念，所以也不會有人認為島上隨目可見的火山玻璃是歸他們所有的東西。西西里島或是希臘本島那邊弄到黑曜石的人，並不是要拿去製作利刃，送回內陸交到鄰近人群的手中。「自給自足」（autarky）是他們的準則。這還要等到跨入新石器（Neolithic）時代那時候，才找得到常態證據，得以證明那時候的人會為了取得所要的產品而作有目的的遠行。在那時代，社會開始劃分階級，變得比較複雜，人和土地的關係也有了翻天覆地的鉅變。

二

所謂「新石器時代革命」，到後來涵蓋全球每一支人類群體的這一場革命，指的是自西元前一千年開始，一支支人類群體陸續各自在掌握食物來源這一件事上有了重大的發現。懂得馴養牛群、山羊、綿羊、豬隻，等於是為肉類、乳品、製造武器的骨頭找到了穩定的來源，假以時日，還連縫製衣物的纖維也有了。之後，還弄懂了莊稼是可以依季節的週期來挑選和栽種的，好幾類麥子就開始成了農耕的作物，由半野生的「二粒小麥」（emmer）打頭陣，一路發展，推進到（地中海區種的）早期小麥和大麥。最早的陶器一開始是採模鑄而不是手拉坯，在這時候也開始用來盛放食物。工具還是用燧石、黑曜石、石英作材料，但是已經愈做愈小，分類愈來愈細。這樣的趨勢，先前在中石器時代就已經看得到了。這表示專業分工的情況愈來愈多，連帶出現一批技術工匠，形成社會階級。他們的技術看似簡單，實則不然，絕對需要長期的複雜訓練，不輸日本的生魚片師傅。新石器時代的社會也有充份的條件可以創造出構造複雜、階級分化的政治體制，例如君主政體。社會一樣也可以依身份和勞動力，劃分出階級地位。

密集的聚落之得以發展成型，定居不動，建起防禦的壁壘，靠的固然是在地的資源得以供應無虞，但不表示就不需要遠地來的物資作供輸。最早的一處人類聚落，〔巴勒斯坦〕耶律哥出現在西元前八千年左右。在西元前第八千年紀初期的居民大約是二千人，他們用的黑曜石，便是來自安納托利亞半島而不是地中海地區。約從西元前一萬年開始，以南（Eynan）——也叫作艾因・馬哈拉（Ayn Mallaha）——居民便在現今以色列北部耕種作物，輾磨穀粉，也有閒暇和意願在石頭上面刻畫概要但是優雅的人像。隨著地中海東部因為有新的食物來源，人口滋長，為了爭奪資源，社群之間的衝突便比以前頻繁許多，武器用在人類同胞身上的機會也開始大於獵捕動物了[8]。衝突造成遷徙。安納托利亞半島或是敘利亞一帶的人，開始朝塞浦路斯島、克里特島的方向外移。到了西元前五六〇〇年，塞浦路斯島上的希洛奇提亞已經出現數千人定居落戶的社區，所用的瓶罐不是用陶土做的，而是用石材雕刻出來的。這些史上第一批塞浦路斯人，還從外地輸入黑曜石。不過，他們的心力主要還是放在耕種莊稼和豢養牲口上。他們的屋子是用泥磚蓋在石砌的地基上，臥室架高在上層的樓廊，祖先的墓室就挖在屋內的地下。最早的新石器時代聚落——克里特島的克諾索斯，時代約當西元前七千年，雖然沒那麼搶眼，但是，克里特島聚落急劇增生，卻是從這裡開始的，到了青銅時代（Bronze Age），克里特島就會稱霸地中海東部。來到克里特島定居的人，是從小亞細亞海岸帶來穀物種籽和牲畜的，因為，在克里特島上找不到這些牲畜的野生品種。他們種小麥、大麥、扁豆，但沒有製陶的手藝；他們還要再過五百年才會有這一樣技術。紡織，他們則是在西元前第五千紀的前半葉就在做了。沒有陶藝，表示他們應該是隔絕的社會，沒有從他們東邊的鄰居那裡學到製陶的技術。他們的黑曜石則是從梅洛斯島輸入的，梅洛斯島就在克里特島西北不遠的地方。不過，克里特島的居民一般是不會往大海看的：在克諾索斯考古遺址最底層挖出來的少少幾顆海貝，看得出水蝕的痕跡，可見得這些海貝是在殼內的軟體動物死後很久才被人蒐集來當裝飾品用的[9]。不過，和外界有所接觸，還是開始改變早期克里特居民的生活了。克里特人約當是在西元前六五〇〇年前後開始製陶，做出來的陶器又焦又黑，和同一時期安納托利亞半島的陶器樣式有一些類似。克里特島的製陶技術不像是本土逐步發展出來的，而像是全盤由外輸入。新石器時代後期，島上進一步在其他地方也出現了聚落，例如南部的費斯托斯（Phaistos）。只是，聚落拓展的歷程耗時長達三千年，這期間，克里特島上的居民也逐漸將眼光朝外推向大海。克里特島最後生成的燦爛文明，最好看作是兩件事交會的結果：也就是克里特島的本土文化慢慢在演變，有強烈自我認同，但和外界接觸也日漸頻繁，而從外界取得新的技術和模式，依據他們特有的癖好調整，以符合他們的需要。

蓋住屋的石塊地基，這時候已經是永久定居的住處，石磨、石臼當然要做得出來才行。陶匠也要有工具才能製模、燒陶。由於專業分工的關係，對於特定工具的需求增多，黑曜石的需求跟著提高。而黑曜石的吸引力不止一樁，足以抵銷取得不易的麻煩。像是容易切削成薄片，切出來的薄片還特別鋒利。梅洛斯島有幾處黑曜石礦場，開採的歷史長達一萬二千年，在青銅時代早期臻至鼎盛——只是青銅時代應該是以鐵器比較流行才對的啊。不過，黑曜石備受青睞，在於價格低廉。金屬在青銅時代早期還比較少見，製造紅銅（copper）和青銅的技術也不普及，不容易採用。即使新石器時代的村落當中專業分工的情況增加，梅洛斯島上的採石活動長久以來卻一直是零零散散的，沒有一絲商業色彩。雖然梅洛斯島上也出現了人類的聚落，位在費拉考皮（Phylakopi）。但是，該聚落是在梅洛斯島採石活動盛行之後很久才建立起來的，而且還是在黑曜石礦開始沒落的時候繁榮起來的。所以，最早在費拉考皮落戶聚居的那些人，並不是採集黑曜石的商人，而是捕撈鮪魚的漁人[10]。梅洛斯島沒有哪裡特別算得上是可當作港口之處，來找黑曜石的人，只要找到合適的小海灣便靠岸泊船，找到黑曜石礦後，自己動手敲下一塊塊火山玻璃就是了。

三

要在新石器時代的歐洲找到教人驚奇的龐大建築群，就要往西邊的方向去找證據；也就是往馬爾他島和戈索島的神廟、聖殿去找；這些建築群的年代甚至比埃及的金字塔還要早。馬爾他島的神廟是由渡海來到島上的人群蓋起來的；他們憑一已之力在島上建立起自己的文化。英國著名的考古學家柯林・阮福瑞（Colin Renfrew），就發覺「馬爾他島在五千年前出了十分特別的事，在地中海世界大概再也找不到類似的狀況，甚至連地中海世界以外的地方也看不到」。這社會約在西元前三五〇〇年左右臻至鼎盛[11]。以前的「擴散論」（diffuisionism）認為他們的神廟應該多少學自很遠的東邊蓋起來的金字塔或是守閣（ziggurat），顯然是大錯特錯。不過，他們的神廟縱使不是學來的，地中海區內也沒有別的文化起而效尤。馬爾他島約在西元前五七〇〇年時出現人類的聚落，有可能是從北非移入的，但以西西里島移入的機會更大。他們的文化就反映在馬爾他島時代最早的鑿壁陵墓。早期移居馬爾他島的人群來時作過準備，隨身帶了「二粒小麥」、大麥、扁豆，到了之後，清理出一塊塊地方作為耕作用的農地，因為馬爾他的列島原本可是大片密林遍佈的，只是後來幾乎全都不見了。他們從西西里島周邊的多座火山小島弄到工具，潘泰雷里亞島（Pantelleria）和利帕里群島上的黑曜石便是他們取材的對象。馬爾他的海島文化從西元前四一〇〇年起開始演變出獨特的風貌。之後，大概就是在西元前三六〇〇的那一千年間，島上開始挖掘大規模的地下墓室（hypogea），作為集體墓葬之用，顯示當時島上的社群已經擁有堅強的歸屬意識。戈索島上的吉坎提亞（Ggantija），馬爾他島上的塔辛（Tarxien），都已經在興建大規模的建築群。他們在巖壁雕鑿出大大的凹洞，入口有莊嚴的門面裝飾，前方開闢出前庭，屬於封閉式結構，有屋頂、有門廳、有走廊、有隔間，偏好將半圓形的房間排成苜蓿葉的形狀。他們建築的目的是要蓋出高大聳峙的神廟，有人從海上來，從遠處就看得到神廟矗立在群島之上，例如馬爾他島南部的哈賈因神廟，峭拔的巖壁直插入地中海[12]。

這些建築蓋得很慢，施工期拖得很久，頗像中古時代歐洲人蓋大教堂，只是施工的計畫比歐洲的教堂雜亂[13]。怪的是沒有窗戶，不過木製的嵌板應該用得很多，只是現在只剩石塊做的嵌板留下來。這些石塊常有豪邁的雕刻圖案作裝飾，像是螺旋紋。馬爾他島的史前文化有的不僅是偉岸的建築而已。神廟內原有高大的雕像，只是現在只剩斷片。照情況看，他們敬拜的應該是和生殖多產有關的「地母」（Mother Goddess）。塔辛就有一尊女性雕像，近兩公尺高，是他們崇拜的主神；而在地中海西部，那時期根本找不到哪裡有類似的情況。塔辛神廟有幾間內室，還看得到當年的祭祀儀式留下的明顯痕跡。塔辛一處祭壇有一塊挖出來的洞，洞內找到一柄燧石匕首，祭壇周圍還有牛隻和綿羊的骨頭。在遺址中也挖出貝殼，證明海產在該地飲食佔有重要的地位。雕刻的圖案當中也看得到類似船隻的潦草圖形[14]。這些建築和雕刻全都沒用到金屬工具，金屬要到西元前二五〇〇年左右才會傳進馬爾他島。

馬爾他島的文化一如其地理，都是與世隔絕的世界。馬爾他列島在新石器時代，人口據估計不超過一萬。依他們這樣的勞動力，卻有辦法建造出六座大型的神廟，小型的神廟就更多了，可見這一片列島應該劃分成為好幾區。這樣就不由得教人想到這裡應該找得到戰爭的遺跡——例如矛頭一類的東西。可是，至今找不到一點這類證據：這裡是和平的社會[15]。馬爾他和戈索這兩座島嶼在那時候說不定是聖地，地中海中部一帶的人民對這兩地只有頂禮膜拜的份兒，很像狄洛斯（Delos）在古典希臘世界的地位。塔辛的神廟有一塊石板開了一個洞，可能便是他們領受神諭的證據。只是，外人來此的證據卻幾乎遍尋不著，這就很特別了。假如這兩座島嶼真的是聖地，那麼，這兩處聖地可能一直不許一般人接近，只限土生土長的馬爾他人住在島上服事地母。他們的地母不僅見於他們刻出來的大神像、小雕像，也反映在神廟的造型上面，例如波浪起伏的圓渾輪廓，狀如子宮的內室通道等等。

這裡的文化是怎麼走到終了的，和如何開始一樣是費解的謎。長久的和平在西元前十六世紀中葉告終。他們的神廟文化看不出來有走下坡的跡象，看到的反而是戛然而止。侵略者來到了島上，完全沒有建造大型碑塔的技術，卻有另一大優勢——青銅做的武器。從挖掘到的土製紡輪、碳化布料的遺跡來判斷，他們懂得紡紗、織布，所以應該是從西西里島和義大利半島東南部來的[16]。到了西元前十四世紀，他們又被另一波來自西西里島的移民取代。只是，馬爾他島原先獨樹一幟的特色，在這時候已經蕩然無存；外來的移民及其後代盤踞前人留下的大型建築遺址；留下遺址的民族，卻已經從地球消失。

四

馬爾他島的情況千百年都不見多少變化，西西里島卻無定性。像西西里島這種來往便利的大塊陸地，資源的類別又多，想來也理當如此。利帕里群島上的黑曜石引來人群遷移到這一區域定居，也將他們原有的文化帶到這一帶，史丹蒂奈洛就是這樣。史丹蒂奈洛位在敘拉古附近，於西元前第四千紀初年繁榮起來；那時，馬爾他島上的神廟還在蓋呢。史丹蒂奈洛的遺址遍佈小屋，遺址周圍廣達二百五十公尺，圈在一條壕溝裡面，壕溝內挖出的遺物有陶器和簡單的獸首人像。這是相當熱鬧的小村，有自己的工匠，周邊的鄉野和海岸線也由他們掌握，供他們取用糧食。這些村民的聚落和義大利半島東南部所見遺址十分類似，他們的祖先顯然出身自那一地帶。

從史丹蒂奈洛最初的文化到紅銅、青銅出現，時隔三千年之久。這裡改變的速率並不快，遷徙的活動也是忽起忽落——到這時候為止，地中海區始終未曾湧現大遷徙潮席捲這一海域。不過，正因為這一帶的文化接觸是慢速滲透的模式，因而創造出一些共通的文化元素。新石器時代西西里島居民的生活型態，依史丹蒂奈洛遺址所見，和地中海區其他人群有許多相同的特徵。這不是說他們說的全是同一種語言（由於沒有文字紀錄，也就沒能為他們的語言留下蛛絲馬跡），也不是說他們全來自同一祖先。不過，他們倒是全都身處相同的經濟、文化變遷潮中，走向農業耕作、豢養家畜、製作陶器的道路。從敘利亞到阿爾及利亞，從西班牙到安納托利亞，諸多考古遺址都挖掘出類似的陶器，製作粗糙、刻有圖案。利帕里群島於此期間也不再單單是黑曜石的天然大倉庫任人挖掘，而是開始有人定居下來了。落戶的居民展現的愛好、習性，和史丹蒂奈洛大同小異。一望無際的大海在這時候也根本不算是路障了。移民者還再往南推進。突尼西亞的考古遺址一樣挖出類似史丹蒂奈洛作法的陶器；從西西里島到北非一帶，一樣挖掘出潘泰雷里亞出產的黑曜石[17]。

利帕里群島因為控制了黑曜石的供輸，而享有特別高的生活水準。一批陶器時代由前而後排起來，要是看得出來樣式出現變化，是不是就等於定居的人群組成也不一樣？這是怎麼吵也找不到定論的問題。族群不變，流行的樣式還是可以變的；任誰只要對現代的義大利多加注意一下，就很清楚這其中的道理。火焰紋飾的陶器是西元前第六千紀特有的產品，而在這之前的陶器卻是素面的褐色或黑色，出色的地方在於打磨得特別光滑，製作的手法仔細而且精準。到了西元前第五千紀末了，波浪、鋸齒紋飾或是螺旋紋飾的陶器就取而代之了，這樣的紋飾和義大利半島南部還有巴爾幹半島遺址發現的室內裝飾十分類似。這樣的流行，同樣又被新的花樣取代，素面的紅陶在西元前第四千紀早期出現，開啟了所謂的「狄亞那文化」（Diana culture），歷時長久。「狄亞那文化」的名稱起自這文化（於利帕里群島）最重要的遺址地名。無論如何，重點在於這些島嶼社會變遷的速度都很慢，並且穩定持衡[18]。

航海人利用來往於亞得里亞海、愛奧尼亞海或西西里海峽的途徑，運送物資、供應產品，不過，載的東西多數容易受損——在他們本來也就只要陶器和黑曜石不會壞就好。至於這些遠古的討海人坐的是怎樣的船，現在頂多只能猜一猜。要出海，大概要拿皮革作船隻的蒙皮才好防水。船隻應該也不會太小，因為要載的不僅是男男女女，還有牲畜和瓶罐[19]。從時代晚一點的證據來看，也就是基克拉德斯陶瓷上的粗糙圖畫，可知那時代的船隻吃水比較淺，浪一大容易不穩，動力靠的是人力划槳。拿一種叫「莎草船」（Papyrella）的蘆葦船實地作測試，就會發現這樣的船走得很慢——頂多「四節」——遇到壞天氣速度就更慢了。要從阿提卡所在的希臘本島出海到基克拉德斯群島的梅洛斯，沿途以跳島的方法前進，每每也要花上一星期的時間才到得了[20]。

地中海在這時期還是有一些島嶼少有人居，巴利亞利群島和薩丁尼亞島便是這樣。馬約卡（Majorca）和梅諾卡兩座島嶼在西元前第五千紀早期便已經有人定居，陶藝則是要到第三千紀中期才會輸入。期間可能偶爾還有中斷，因為早期的移居人口也懂得有時候不與天爭。薩丁尼亞島最早的居民看似以豢養牲口維生，他們養的牲畜應該就是他們一起帶著遷移到島上來的[21]。北非海岸地帶就找不到大型建築，找不到繁榮興盛的遺跡可以媲美馬爾他島。定居地中海岸的住民，他們的冒險不會超出岸上眼力所及的漁場以外。尼羅河三角洲和西邊的費雍是在西元前第五千紀出現了農業社群，但這是局部的現象，而不是地中海區整體的發展。也就是說，埃及那裡的農業之得以出現，純屬在地的居民身處多水——甚至應該說是泡水——的地區，對自然環境發揮創造力，而締造出這樣的成就；「下埃及」起碼有好幾百年的時間就始終是封閉的世界。馬爾他島、利帕里群島、基克拉德斯群島依然是地中海區極為特別的島嶼社會，各有其十分特殊的角色。其中兩地是石器材料的出處，另一地還神祕得很，是一支儀式繁複的宗教崇拜的重鎮。

第二章

紅銅和青銅

西元前三〇〇〇年—西元前一五〇〇年

一

有關史前社會演變的見解，一般是下述兩大觀點其中之一。一是「擴散論」，現在不再流行了。這觀點把出現新樣式、新技術歸之於人群遷移和貿易往來。另一觀點則是強調社會內部本身的因素會促成改變和成長。向社會內部尋找改變因素，自然對於族裔來源的探究興趣不高。這一部份反映的是大家發覺把「種族」和語言、文化輕易劃上等號，和實地的情事並沒有關聯。族群可以生成，語言可以假借，重要的文化特徵例如殮葬習俗可以出現突變，這些未必需要有外力介入。同理，把所有的社會變遷一概視作是內部演進的結果，而貿易日盛在此只有推波助瀾的功能而已，同樣不對。地中海區的海岸、島嶼在史前時代人煙稀少，聚落之間多的是大片荒野隔在當中，這樣的荒野便是尋找糧食的人群、被流放的軍頭，或是要到神廟去朝聖的信徒，可以在遠離家鄉的異地打造新聚落的地點。要是早先就有人居住，新來的外人固然常把他們趕走或是消滅，但是，外來的族群同樣常常與他們通婚。至於哪一支人群的語言會成為主流，原因至今依然無解。

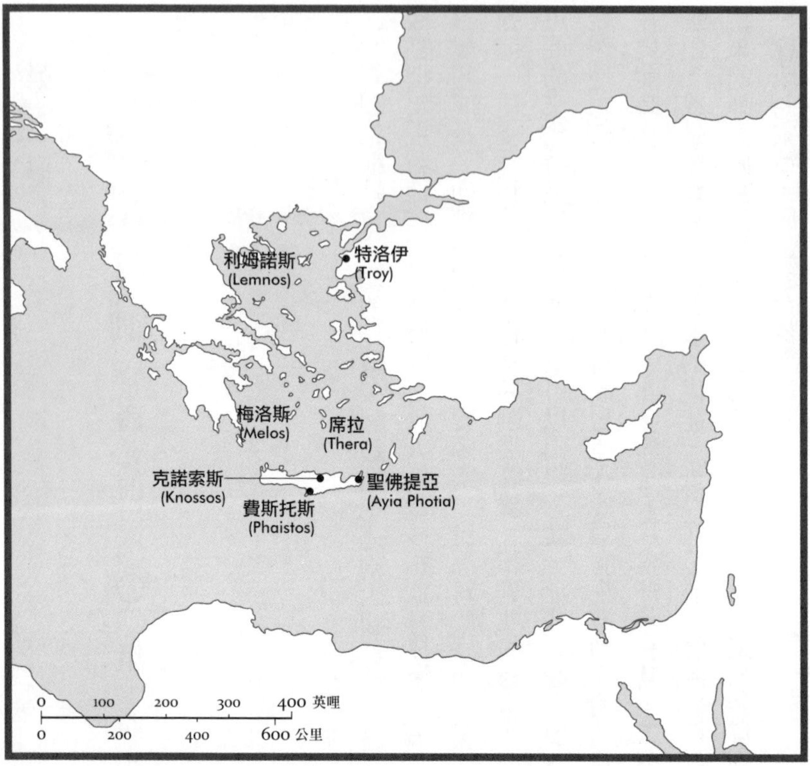

基克拉德斯群島從青銅時代早期（約當自西元前三千年起算）開始，便是一支豐富、昌盛文化的大本營。幾座主要島嶼在這時候都已經有人定居；有的村落十分繁榮，像梅洛斯島上的費拉考皮就是。有幾座島上的小村落，還是從最早的一兩戶小人家發展出來的[1]。黑曜石礦場並未荒廢，紅銅則在基克拉德斯群島西部找得到，從這裡又再可以朝克里特島運送。基克拉德斯群島的物產在這時期依然朝外輸出，方向十分固定：往南到愛琴海南部。就是不會往北方去，可見當時的海域並非無處不去，而要看別的區域提供給基克拉德斯島民的是什麼。而基克拉德斯群島的居民看起來不太像會從外地輸入東西到村子裡來，考古遺址的遺物，來自東部地區的少之又少。不過，要是把考古紀錄看作是大致完整的歷史紀錄，那可就犯了常見的大錯；紡織品、糧食、奴隸、用容易壞的材料例如木頭做成的物品，無疑全都來過基克拉德斯群島，只是，在西元前第三千紀那時候，來到群島是不是就可以正式叫作「貿易」，依然是現今吵不出結果的問題。

基克拉德斯群島的文化，也不再以基克拉德斯群島為限，而開始朝南散佈，就在考古學家說的E B I，也就是「青銅時代早期第一階段」，克里特島東北部的聖佛提亞（Ayia Photia）一地，就出現了新聚落。依他們殮葬的形式來看，出自基克拉德斯群島的成份要大於克里特島。但是，因此說這地方是基克拉德斯群島名正言順的「殖民地」，就過於篤定了。其實，這反而像是基克拉德斯群島的移民在克里特島落地生根，也一直維持他們原本習以為常的生活罷了。到了E B II，也就是西元前二五〇〇年左右，出自基克拉德斯群島的物品已經滲透到聖佛提亞之外的地方了，連克里特島的工匠也開始模仿起他們。此外，他們的文化還開始朝東北方向傳送，傳到達達尼爾海峽附近才剛興起的小城特洛伊（Troy），經由特洛伊的來往關係，又再朝安納托利亞半島內陸以及黑海延伸過去；特洛伊在當時說不定是重要的錫礦所在[2]。

有這樣的情況，是因為當時有一樣東西愈來愈重要，要是掌握在擁有政治權力的人手裡，等於如虎添翼：這就是「青銅」。當時因為這一項合金的市場需求，而建構了一張路線網，穿梭在愛琴海面，將特洛伊與其他的島嶼連結起來。用青銅、紅銅鑄造成的容器、台座，閃閃發亮，在在昭告物主擁有財富、擁有權勢。但是，抵禦敵人保衛安全，就還是要靠青銅武器才行。誰擁有這樣的武器，無疑就可以當上稱霸一方的軍頭。在基克拉德斯群島西端的奇斯諾斯島，或在希臘本島的阿提卡，都找得到紅銅。古代的冶金匠人發現質地較軟的紅銅加進錫，煉成合金，可以加強硬度。所以，將青銅所需的這兩樣元素放在一起，搭起交易的網路，就表示穿越愛琴海的交通網再發展下去，終究會成為所謂的貿易路線——也就是依季節建立起一條條固定的來往通道，年復一年，以交易為目的，以船隻往返穿梭在各中途站。但要是進而將他們說成是以經商為業，完全靠貿易的營收在過活，可能走的太遠了。無論如何，地中海區都因此而活絡起來，來自四面八方的人往返穿梭於地中海面，有尋找所需物資的人，有急著將物資脫手的人；至於物資，同樣來自四面八方。

基克拉德斯群島就盤踞在這一張路線網當中。而他們並非廣納百川，匯聚四面八方的影響，反而自行發展出獨樹一幟的藝術。只是，「藝術」一詞用在這裡要加條件，因為他們創作出來的東西都有明確的功能，即使那些功能到今天後人破解不了。「基克拉德斯藝術」對現代藝術家有很大的影響力——用柯林・阮福瑞的話來說，就是「形式之簡潔震撼人心」，因為他們對人身的比例、對「和諧」的感覺愈來愈注意，是同一時期其他文化推出來的巨型雕像都無法相提並論的，例如馬爾他島、埃及古王國時期或是美索不達米亞[3]。他們有小小的人物雕像，簡化概要的外形在現代人看起來還比較像小提琴，而不像人。他們也有大到像真人高度的音樂家雕像。像小提琴的小人像是時代較早的作品，約當西元前三千年左右。雕像以女性佔絕大多數，顯示他們可能有崇拜「地母」的信仰。人稱「薩里亞哥胖女士」（Fat Lady of Saliagos）的雕像，碩大渾圓的臀部，可能像馬爾他島的神像一樣和生殖崇拜有關聯。帕洛斯島（Paros）生產的白色大理石是他們使用的材料，不過，留下來的雕像有殘存的顏料，證明當年這些雕像應該都塗得五顏六色[4]。

他們的雕像都和殮葬有關，有一處墓穴就找到了十四個「人偶」作陪葬。有時找到的是破的，可能是他們繁複的殮葬儀式會有的作法吧。至於這些人像是代表逝者嗎？他們雕刻人像可能有好幾種功能，尤其是他們雕刻人像有數百年的歷史（基克拉德斯群島的青銅時代早期，可是從西元前三千年起算的，延續達十二世紀這麼久）。其他的解釋包括這些雕像是「招魂使」（psychopompoi），也就是接引亡靈進入冥府的嚮導，或是作為活人獻祭的替代品，甚或是陪葬品，為逝者在另一世界提供性服務或是奏樂娛樂。這些雕像也證明他們的社會已經分化出技術工匠這樣的階級。從墓穴也看得出來他們有複雜的分級社會組織，有主、從之別。固定往來於愛琴海的小船必定也要雇用男性勞動力來擔任划槳手，但是，把船划到愛琴海之外，應該就不太可能了。至於利用風帆作動力的船隻，看起來要等到西元前第二千紀才會出現。以人力划槳的小船，在俗稱「平底煎鍋」（frying pan）的古文物上面就看得到，「平底煎鍋」是黏土做的泥盤，刻著類似蜈蚣昂首一類的紋飾[5]。

二

特洛伊城對地中海歷史的影響有兩重。一重是特洛伊從青銅時代開始便是愛琴海通往安納托利亞半島和黑海的中途站。另一重則是特洛伊的故事不僅深植希臘歷史意識的核心——希臘人自稱特洛伊城毀於他們之手——也深植羅馬歷史意識的核心，因為羅馬人自稱是特洛伊流亡難民的後代。史上真正的特洛伊城在一八六八年之後，便和神話當中的特洛伊城攪和在一起拆解不開了。德國富商海因利希・施里曼（Heinrich Schliemann）一心要證明《伊里亞德》（*Iliad*）的故事為真，鍥而不捨，終於在該年證明希薩利克有一座小丘，距離達達尼爾海峽匯入愛琴海的海口四英里，正是荷馬史詩所述古城的遺址[6]。雖然有學者主張史上根本就沒有特洛伊戰爭這樣一回事，因此，再去證明特洛伊城何在純屬無稽。然而，往東又挖出西臺人的文獻之後，希薩利克（Hisarlik）是否真的埋有古城的遺跡，就很難再認真質疑下去了。而這古城，甚或算是一個小小國家吧，古典時代的希臘人有叫它「Troié」（特洛伊），也有叫它「Ilios」（伊里奧斯）。後來陸續在這裡定居的人，有古典時代的希臘人在這裡蓋起新的城市伊里雍（Illion），有君士坦丁皇帝考慮蓋新羅馬時，一開始想到的地點也是這裡而非拜占庭。也就是說，他們同都認定這裡應該便是特洛伊古城無誤。更值得一提的是這一處遺址的歷史，追溯起來特別長，可以回溯到古典時代文人寫的「特洛伊戰爭」（西元前一一八四年）之前還要更久。早在青銅在地中海東部一帶散佈之初，這裡的歷史就已經開始了；歷經重建再重建，到了一九六一年，在小丘遺址作考古挖掘的現代學者，就有卡爾・畢里根（Carl Blegen）在九大地層當中又再劃分出了四十六層文化層[7]。

在特洛伊城那裡可是找不到新石器時代的先人。最先在那裡定居的人，對青銅已經相當熟悉，說不定還已經在作錫的貿易。最早的特洛伊城，「特洛伊第一期」（Troy I, C. 3000 — C. 2500 BC），只是小小的聚落，大概一百公尺寬而已，但後來發展成防護嚴密的城堡，有石砌的瞭望塔樓和三層壁壘[8]。在這期間，城牆幾經大規模重建，直到「特洛伊第一期」末尾，因為一場大火而為城堡畫下句點。不過，看得出來他們在城牆內已經可以過定居的農業生活，由留下來的紡錘輪盤，看得出來他們是在考古出土的大灶旁紡織布匹的。由此又可以合理推論，早期的特洛伊人也作布料買賣，布匹的原料是綿羊毛，綿羊則養在城牆下方的平地。「特洛伊第一期」留下來的屋舍，由狀況最好的一棟來看，長度近二十公尺，有朝西的門廊，住的可能是社區領袖帶著他一大家子的人。早期的特洛伊居民會做小小的人像，以女性為多；吃的東西除了肉類、穀物，還有貝類、鮪魚、海豚肉。這時期還沒挖掘到金屬製武器，不過，從找到的磨石可知他們用的紅銅、青銅工具常常需要磨利。奢侈品倒是還沒找到出土的證據，留下來的裝飾品都是用骨頭、大理石或是上色的石頭做出來的。出土的大量陶器，看起來毫不起眼，色彩陰暗，一般都沒有裝飾，輪廓倒還不失優雅[9]。

早期特洛伊算是那一帶文化世界中的一部份，這文化世界涵蓋的區域遠達安納托利亞半島之外。往西，在不遠的利姆諾斯島上，波利奧克尼（Poliochni）一地也有類似的社群——有些人說波利奧克尼是「歐洲最古老的城市」，在列斯佛斯的泰爾米（Thermi）同樣也有[10]。但是，要是由這裡再進一步去推測這些地區最早的居民來自何處，或是講哪一種語言，恐怕收穫不大。其實，特洛伊和波利奧克尼若是以貿易站的性質崛起，主要在保護穿越愛琴海通往內陸的貿易路線，那麼，這些地方招徠的可能就是四面八方的人馬了；海港城市向來如此。希薩利克的地理位置在現在雖然離海較遠，但在史前時代，特洛伊的位置卻就在緊臨大海灣的岸邊（荷馬看來知道這一處地方）；這海灣是到後來才漸漸淤塞起來的[11]。所以，特洛伊那時是海洋城市，位居要衝：逆風的時節，船隻會一連幾個禮拜進不了達達尼爾海峽，只能滯留在海灣裡，城堡裡的居民自然可以提供船上人員所需的服務，作起生意牟利。只是，這些當然不是一蹴可幾的事。在「特洛伊第一期」的時代，船隻行經特洛伊城堡可能還是時有時無的事，不容易掌握。到了「特洛伊第二期」（Troy II, C. 2500 — C. 2300 BC），特洛伊就有更雄偉、防禦更強固的堡壘了，規模比較大，有高大的城門，也有寬敞的廳堂，四周可能還有木柱環繞。這時候的特洛伊人應該一樣還是在務農、織布——考古挖掘找到一根紡錘，上面還有一截碳化的線頭留著[12]。他們有構造精密的武器，不是買的就是自製。他們的青銅武器想來應該是進口來的；質地偏軟的紅銅武器也看得到，還可能是當地人自己做的，所用的金屬則是隔著愛琴海運送進來的。

雖然這時期的特洛伊城已經升格到用手拉坯在製作陶器——這是「特洛伊第一期」看不到的——畢

里根卻不喜歡他們的陶器，覺得他們是「性格陰沈、嚴肅的民族，不太喜歡歡樂和明亮」[13]。不過，特洛伊人在這時期做的細長高腳酒杯是不是真的那麼呆板無趣，沒有個性，純屬個人品味問題。此外，特洛伊還有大型的瓶罐是遠從基克拉德斯群島運來的，裡面應該裝著橄欖油或葡萄酒。愛琴海和安納托利亞半島沿岸一帶也挖出過陶器，和特洛伊做的很像。所以，照這情況，是很容易推論這些陶器是從特洛伊輸入的；但更有可能的情況是這類陶器樣式反映的是共通的文化特徵，特洛伊只是同在這一文化圈當中。其實，波利奧克尼這地方和特洛伊城有許多共同的特色，面積還是特洛伊城的兩倍大。這些愛琴海聚落的財富，遠遠落後於埃及和美索不達米亞的諸多城市，也找不到證據顯示他們已經發明出文字。文字這工具到了一定時候，可就是貿易、記帳的一大助力。儘管如此，特洛伊城和波利奧克尼還是漸漸融入那一帶交錯的貿易世界當中，加入一條條固定的商業路線，蜿蜒穿行陸地和海上。這就為「特洛伊第二期」的上流階級帶來了龐大的財富。最明確的證據便是施里曼挖掘出來的著名「普萊姆寶藏」(Treasure of Priam)。

「普萊姆寶藏」密藏在蘇聯人的庫房長年不為人知，害得學者失去大好的研究機會，沒辦法搞清楚這到底是什麼名堂——這名堂有時感覺很像是施里曼當年故意發明出來的[14]。施里曼拿他歷次挖掘出來的古物劃分成好幾批，其中一批他叫作「大寶藏」，而且推定和一場圍城戰有關（假如真有那一場圍城戰的話）——只是那一場圍城戰比他說的要晚上一千年才會出現。這一批寶藏的做工確實不同凡響，其中的女用飾品和金製、銀製器皿都教人驚艷；像有一個黃金打造的船形醬料碟，有一頂金線編製、他認為是女性頭飾的東西，還有數以千計的黃金珠子和幾條銀製項鍊。寶藏中還有很多東西是由別的材料做成的，像是幾柄儀式玉斧，幾顆水晶圓柄，水晶圓柄原先可能是鑲在權杖上的。有的東西顯然是由特洛伊當地人做出來的；再有些就一定是從外地弄來的了，例如黃金。這些在在強力宣示他們的社會當中，有一批人經由他們城市的對外貿易，而累積起了財富，成為富裕的的上流階級，也成為這城市的統治階級。特洛伊不僅是貿易的集散地，極有可能也是厚羊毛料這一類產業的中心。他們另一項出口品，可能便是附近艾達山（Ida）砍來的木材，提供鄰近地區造船、蓋屋使用。他們那一帶多的是農地和牲口。從遺址挖掘出來的獸骨來看，特洛伊這時候還沒演變成日後遠近馳名的養馬中心。不過，特洛伊城那時是算是僻處邊疆的聚落。往東邊再過去那邊的西臺帝國，他們的歷代國王從來就沒看重過地中海區。西臺國王的眼光，向來牢牢鎖定在亞洲西部山陵起伏、富含礦藏的內陸。

特洛伊崛起的過程並非一直都順風順水的。到了「特洛伊第三期」（Troy III；「特洛伊第二期」在西元前二二五〇年前後遭大火焚毀之後重建起來的），那裡的聚落就沒「特洛伊第二期」那麼富裕，居民也多半擠在山丘上，過得侷促得多。這時期烏龜肉在他們的饍食當中位居要角，利姆諾斯島上的波利奧克尼看似數度遭外人攻擊，到了西元第三千紀，面積和財富都已經縮小了。再到西元前二一〇〇年，特洛伊又再被毀，這一次可能是戰爭的關係吧。等到重建為「特洛伊第四期」時，情況也沒好上多少，一樣是彎彎曲曲的狹仄街道在屋舍之間繞來繞去。亞洲西部大範圍的變化，也影響到地中海東部：安納托利亞半島中部、東部一帶，先是西臺帝國，之後約在西元前一七五〇年左右又有新興起的阿尼塔（Anitta）帝國，都是底格里斯河、幼發拉底河一帶的貿易中心。原本是金屬輸入愛琴海北端的貿易路線，生意就這樣被拉到安納托利亞那一頭去了[15]。黃金世紀過去之後，便是一陣衰退期，長達三百年，甚至更久。不過，到了「特洛伊第五期」要結束的時候，也就是約當西元前一七〇〇年，情況已在好轉；住屋變得比較整潔，居民吃的也以牛肉、豬肉多過先人的烏龜湯。只是，這時期貿易、文化最突出的發展，又再回到地中海東部的幾處島嶼——也就是克里特島和基克拉德斯群島。

三

克里特島上的米諾斯文明（Minoan civilization），是第一支重要的地中海文明，是地中海世界第一支富裕、識字、以城市為基礎、藝術文化蓬勃發展的地中海文明。由於埃及舊王朝早先便已有高級文明興起，這樣的說法看似會被推翻。不過，埃及人把地中海岸看作是他們世界的外緣，他們的世界是以尼羅河為界，而不是尼羅河再過去的汪洋大海。米諾斯人就不一樣了，他們在地中海面穿梭往返，十分活躍。大海在他們的文化諸多方面也佔有突出的地位——像他們陶器、瓷器上的紋飾，說不定連崇拜海神波塞頓也可以算在內。米諾斯人幾乎可以確定是安納托利亞半島遷徙過來的移民後裔，可是，米諾斯人創造出來的文明，於藝術、宗教崇拜、經濟活動、社會組織，都有獨特的個性。而且，米諾斯人還有偉大的君主米諾斯，留下了傳奇故事，將他們的成就烙在後世的記憶當中。米諾斯之名，也因為現代考古學家而成為他們文化的標籤。修昔底德（Thucydides）也寫過米諾斯國王在地中海世界打造第一支海上帝國的過程，也就是所謂的「海上霸權」（thalassokratia）；可見，克里特島早年的事蹟，有一些到了西元五世紀那麼晚的時候，都還殘存在雅典的記憶未曾消失。雅典人也記得他們以前定期要以年輕男子作犧牲獻給克里特國王；西元前第二千紀期間，克里特島上的儀式還看得到這類獻祭殘存的遺形[16]。

克諾索斯最早的人類聚落，時代可以回溯到新石器時代，西元前第三千紀還沒過去，那裡就已經發展出獨有的藝術風格了。青銅時代早期，克里特島的陶器樣式和鄰近地區的差別就已經愈來愈大了。那時期的陶器，史稱「米諾斯早期第二階段」（C. 2600 — 2300 BC），最大的特色是燒出來的斑駁紋，這是他們從燒陶抓到的竅門。此外，他們對器皿的外形輪廓也特別用心，做出來的造型格外秀麗，裝飾也特別生動（有大股、大股的渦卷紋和流洩的波浪紋），克里特早期的陶器就這樣和安納托利亞半島同時代的作品漸行漸遠。外來的影響也不是沒有。到了西元前二〇〇〇年，克里特島的人已經在用象牙和石塊製作印章，顯示上層階級迫不急待要對自己的財產宣示所有權。有些裝飾主題，例如獅子，顯然就是從外地來的靈感，抽象的圖案每每也帶著埃及或是近東印章的影子——他們和敘利亞以及尼羅河口的貿易往來，在那時候已經相當頻繁[17]。

至於早期的米諾斯人是要看作是才華洋溢、土生土長的本地人，還是看作外來移民隨身引進了近東的文化因子，其實沒有必要作這種非此即彼的選擇。克里特島在那時期是數支文化交會的十字路口，所以，必定會從四面八方招徠人群移入定居。古典時代的文獻記載，從荷馬以降，便常細數住在島上形形色色的民族，像「豪邁的埃特奧克里特人」，也就是「正宗的克里特人」；還有「英勇的培拉斯戈人」（譯註3），凡是流浪的民族都被他們叫作是培拉斯戈人。克里特島以及希臘本島的地名只要帶有「希臘前」（pre-Greek）時期語言的字尾，例如「-nthos」、「-ssa」，可能就是早在希臘人來到之前便已定居該地的民族留下來的。有「-nthos」字尾最教人難忘的一個，應該就是「labyrinth」」（迷宮）這一個字了，在古典時代的文人筆下，是和克諾索斯的米諾斯皇宮緊緊綁在一起的。至於有「-ssa」字尾的名稱，用來指大海的這一個字，「thalassa」就包括在內[18]。然而，語言和基因是不相干的兩回事；所以，與其賣

譯註3：「豪邁的埃特奧克里特人」（great-hearted Eteo-Cretans）、「英勇的培拉斯戈人」（noble Pelasgian）——出自荷馬史詩《奧德賽》第十九章第一七二至一七七行，此處中譯採用楊憲益譯本。「埃特奧」（Eteo）是希臘文正宗、道地的意思。

力去把他們劃歸為「原生種群」（native stock），有其特立獨行的才華，還不如將他們看作是一支國際型民族，有兼容並蓄的特質，收納諸多文化，反而因此不受拘束，創作出他們獨樹一幟的藝術，有別於其他任何地方。這樣一支民族不受褊狹的樣式、技法傳統羈束，迥異於周邊一些鄰近的文化，特別是埃及，埃及人可是數千年少有改變的。

要說克里特島的文化是出自本土的昌盛文明，最明確的證據便在克諾索斯的宮殿建築。克諾索斯距海六英里，約在西元前一九五〇年前後重建為雄偉的宮殿；南邊的費斯托斯和東邊的馬利亞（Mallia），約在同一時期也都蓋起了宮殿（米諾斯中期第一階段）。但克諾索斯的宮殿始終是諸多宮殿中的至尊。至於這反映的是克諾索斯的政治或宗教有無與倫比的地位，還是單純因為克諾索斯在那一帶握有的資源比較豐富，在現在就不甚明朗了。雖然有說法指克里特島依各處宮殿所在劃分為幾塊諸侯國，不過，怎樣都只是說法而已。連「宮殿」這樣的用語用得準不準都有疑問：這些建築說不定是神廟群。話說回來，要是說米諾斯人他們用的分類，和現代有識之士劃分得一清二楚的分類一樣，可就不對了[19]。克諾索斯遺址先前就有過小型的建築群，所以，後來蓋起豪華堂皇的宮殿，並不是新來的移民奪得大權之後主動要蓋的，而是島上既有的文化自然衍生的產物。蓋宮殿反映的是經濟繁榮，是克里特島藉此鞏固他們位居地中海東部十字路口的要衝地位，藉此確認他們是羊毛、紡織品的大宗來源。而他們蓋的宮殿，也有意在模仿外地的皇宮建築；埃及便有雄偉的皇宮和神廟，規模足可與之比美，牆面一樣有壁畫，廳堂有柱廊。不過，克里特島的宮殿，於設計、樣式和功能，都和埃及大異其趣[20]。

克諾索斯的宮殿多次遇上火災和地震而受損，在它兩百年的歷史當中，宮殿內部也有多次變化。不過，就宮殿內部作幾筆速寫，倒還是可以供我們管窺一二。人稱「酒甕窖」（Vat Room）的地方，是在舊宮殿的地底下挖出來的，存放的高腳酒杯和手工藝品數量教人咋舌，時代約當西元前一九〇〇年左右，這些可能都是宗教儀式使用的器物。有的陶器出自克里特島的高地區，但也有外地輸入的特產，例如幾塊象牙、彩陶、鴕鳥蛋，顯示克里特島和埃及、敘利亞有所接觸。可想而知，宮中應該也有很多來自梅洛斯島的黑曜石。所以，米諾斯人在舊宮殿時期顯然朝北和基克拉德斯群島，往南、往東和黎凡特、尼羅河，都有來往。舊宮殿的遺址挖出過一個紡織機的壓錘，形式很特別，顯示克諾索斯可能也是某一類特殊布料的生產中心，織出來的布料外銷到鄰近地區。克里特島以外的地方要找到這樣的紡織壓錘，可得等到約當西元前一七五〇年以後了。有一種特別大的甕，叫作「畢托斯」（pithos），半埋在土裡，用來儲存橄欖油、穀物和其他東西，或者是宮裡自己要用，或者是要作銷售。克里特人特產的薄胎陶，技術格外精良，輸出到埃及、敘利亞等地。有些是直接就在宮中自設的作坊裡面製作。不過，宮殿群四周可是有真正的市鎮，因為這裡不論怎麼怎樣都符合「文明」的標準，其文化連同所有的專門工藝，有很大的比重是以城市為中心而發展出來的。克諾索斯有衛星城，卡特桑巴（Katsamba）和艾姆尼索（Amnisos），當作進出的海港之用，艾姆尼索在埃及的文獻當中也記上過一筆。米諾斯的船隊便是在這兩處海港建造、停泊，（從出土陶器可知）他們的貿易長征也是從這裡出發前往伯羅奔尼撒半島、多德卡尼斯群島——羅德島也包括在內——之後再到米利都，說不定還有特洛伊[21]。遲至二十世紀之初才有海洋考古學家第一次發現米諾斯的船難遺物。遺址位在克里特島東北方。船身長十或十五公尺，載了幾十個雙耳細頸瓶和大瓶罐，這些容器是船隻沿著克里特島海岸航行時用來裝酒或油用的，時代約當在西元前一七〇〇年左右。船隻的木造結構已經完全朽爛，不過，有一顆克里特印章刻著一艘單桅船，有鳥首船頭和高翹的船尾。這一艘遇難的船，可能原來也就是這一副模樣[22]。

克里特島由於有文字，因此他們和外界的來往，對外界獨有的反應，也就有證據留下傳世。刻有象形符號的印章約從西元前一九〇〇年開始出現，所以，克里特島的文字發展和島上興建宮殿的第一階段，兩相貼合得相當一致。再到了舊宮殿時期末尾，就湧現了大量文獻，例如貨物收訖或是庫藏的清單，農民呈獻給君主或是克諾索斯神祇的貢品等等。文書在那時候最主要的功能就是記帳；而在書記背後顯然還有效率高、要求也高的管理階層。他們有幾個符號很像埃及人用的象形文字，顯示克里特島的書記應該也向埃及文字取經、找靈感。大概是因為克里特語言的語音不同吧，克里特島上實際演變出來的符號就很「不埃及」了。所以，書寫這樣的事，或許是取法於埃及，但書寫發展出來的文字系統，就不是那樣子了。

克里特島的第一宮殿期在西元前十八世紀末了的時候，因為大火和大地震而告結束。費斯托斯還必須從頭開始重建。那時，一名男祭司、一名女祭司外加一名年輕男子一起到朱克塔斯山（Jouktas）上的聖殿，希望平息眾神怒氣，不要再震得天搖地動了。但在他們以年輕男子進行「人祭」之後，聖殿的屋頂塌陷，把平白拿年輕男子作獻祭的其他人一併給活埋進去[23]。只要還沒忘記雅典那邊也會把年輕男女獻給牛頭怪米諾陶（Minotaur）為食，就沒理由去懷疑克里特島的米諾斯人一樣也會以活人為祭。克諾索斯的新宮殿在歷經數次重建未果之後，這時候終於屹立在島上了，雖然免不了又再數度遇上火劫、地震，今日世人卻得以一窺究竟——因為有亞瑟・埃文斯爵士（Sir Arthur Evans）在一九〇〇年前後以想像力重建起當年的模樣，例如生動鮮艷的壁畫，迂迴錯落的眾多宮室，散佈好幾層的「皇居」，寬敞的大院，以及約略想得出大概的多種典禮，或是儀式、或是運動的「跳公牛」（bull-leaping），還有向女神波蒂妮亞（Potnia）作獻祭的大遊行隊伍[24]。這一新宮殿時期，約當西元前一七〇〇年到一四七〇年，而且還是以連番大地震和火山爆發壯烈結束；席拉島（Thera）上的基克拉德斯文明同樣也因這一連串天災而告滅亡。遺址所見的壁畫，有些描繪的是當時以宮廷為中心的蓬勃文化：有一面壁畫畫的是宮中的婦女散坐在應該是中庭的地方，不少都還袒胸露乳。不過，倒也不宜被這些繪畫牽著鼻子走，因為，這些畢竟是利用小塊殘片發揮過人的腦力重建起來的作品。大多數人看了都會驚呼讚歎，欣羨米諾斯文化何等快樂、和平，還很敬重女性。但也千萬別把現代人的價值觀硬套在這樣的壁畫上面。我們看到的壁畫描寫的終究是上流階級的生活——他們或是王侯的廷臣，或是一批男女祭司。而這宮殿會不會是神廟？或者是兼作神廟？在這裡確實是該問的問題。這些殿宇內的宮廷文化是繞著宗教崇拜在打轉的，其中，「持蛇女神」（snake godess）還佔有特別重要的地位；她可能是冥府之神。女神在這裡和其他早期地中海文化一樣，居於統御的地位。

和外界來往在這時期愈來愈重要。克諾索斯遺址挖出過一頂埃及條紋大理石做的蓋子，時代約當西元前一六四〇年左右。兩百年後，埃及宰相雷赫米雷（Rekhmire）位在路克索（Luxor）的墓室，也有克弗悌烏（Keftiu）送上獻禮的壁畫，訪客穿的就像克里特人，及膝裙，上半身赤裸，而「克弗悌烏」的名字也很像基督教《聖經》中的「加非托爾」（Caphtor）。《聖經》裡的加非托爾，指的就是克里特人。壁畫有標題：「克弗悌烏陸上暨大海中央小島的王公送來禮物」。克里特人收到的回禮，則有象牙，石罐裝的香水，黃金，以及雙輪戰車的組裝板——可不是粗糙的自己動手做套組，而是尊貴、華麗的御駕[25]。不過，克里特島倒是從來沒被外來的工藝淹沒，米諾斯的藝術風格也從來未曾被外來的格式滲透。米諾斯人對自家的風格頗為自負，從克諾索斯幾件最著名的出土古物就看得出來他們的風格，像是袒胸露乳的持蛇女神小人像，造型優雅、有章魚紋飾的高腳酒杯。其實，進行文化輸出的，正是米諾斯文化：希臘本島製作的精美陶器，也有和米諾斯文化同一類的圖案和造型，像章魚紋飾在那裡就看得到。

克里特人就是在這時期放棄了象形符號，改用起音節式的「線形文字A」（Linear A）來記錄他們的財產，「線形文字A」沒有象形符號那麼美觀，但寫起來比較便利。他們寫下這些文獻所用的語言，似乎是「盧威語」（Luvian）。盧威語是和西臺人有關的一支印歐語系（Indo-European）語言，也用在安納托利亞半島西岸沿線一帶；假如在特洛伊找到的一顆印章上的銘文可以算是蛛絲馬跡的話，那麼，西元前十二世紀的特洛伊也講這一支語言[26]。盧威語是安納托利亞半島的盧威人流傳下來的語言，通行於各地宮廷，作正式會話之用。不過，克里特島上也有人在講這語言，不等於克里特人有一部份或是全部都是安納托利亞半島盧威人的後裔；這裡的要點就在於米諾斯創造出來的文明，不單是有安納托利亞半島的影子而已（和特洛伊人不一樣）。

四

克里特宮殿重建的時期，適逢基克拉德斯群島也爆發新一波的能量，特別是席拉島上的阿克羅提里（Akrotiri）。這時代約當西元前一五五〇年至一四〇〇年間。住在席拉島的人，可能有基克拉德斯群島的本土居民，有克里特島人，或也有愛琴海沿邊海岸的各色族群。他們到席拉島，為的是梅洛斯的黑曜石。席拉島也出產番紅花：有一面壁畫就有番紅花收成的畫面。然而，愛琴海地區一樣是透過克里特島和阿克羅提里這樣的克里特藩屬來取得異地的特產——像是聖甲蟲，彩陶小人像，埃及、敘利亞出產的珠子等等。阿克羅提里就此發展成為重要的貿易中樞，輸入許多克里特島的陶器。阿克羅提里的建築樣式取法克里特島，牆面漂亮的壁畫描繪一列列船隊駛進港口，船上坐的都是穿短裙的克里特人，港口的屋舍都蓋到兩或三層樓高。船隻看似在運送戰士，戰士的穿著則是希臘本島流行的樣式。席拉島在那時候就像在克里特島的高級文明，還有希臘本島日漸崛起的邁錫尼希臘文化之間，充當銜接的橋樑，顯見米諾斯人已經將商業控制權擴展到克里特島以外的地方去了，說不定連政治控制權也是[27]。

到了西元前一五二五年之後，這一帶就有不少不安的跡象，顯示這裡確實有危險。阿克羅提里正好位在火山口邊，這一座火山很大、半沈在地底。這時期，小地震的頻率增加很多。有一次來了大地震，阿克羅提里的居民還趕忙大撤退；因為先前在西元前一五〇〇年左台，席拉島遇上人類史上有數的超級火山大爆發，小島震到裂開，在波濤間留下現今所見往外凸的半月形席拉島[28]。克里特島一樣有「地震形變」（seismic change）的情況，而且有形、無形皆具。西元前一五二五年前後，幾次地震震得克諾索斯受創嚴重，以致於後續一段時期，宮殿有不少地方大概都已棄而不用。之後，席拉火山大爆發，噴發出濃密的火山灰，遮蔽太陽，可能長達數年之久才沈落地面，克里特島東部因此蓋上厚厚一層火山灰達十公分。農業受創嚴重，中斷太久又再引發長年饑荒。朱克塔斯山上的阿克罕（Arkhanes）有小型的米諾斯宮殿，不少宮室因此改挪作儲藏室使用。火山爆發為這一帶全都帶來嚴重的破壞，維持糧食供應不中斷就比以前還要急迫，所以也不可能像以前一樣單靠鄰近地區來彌補短缺就好了。當時的情勢有多危急，由克諾索斯一處叫「北屋」（North House）的建築當中殘存的恐怖景象，可以窺豹一斑。約莫就在這時期，「北屋」裡有四或五名兒童被殺，身上的肉被剜到見骨，顯然就是以活人為祭加上以活人為食的結果[29]。米諾斯人希望這樣可以平息眾神的怒氣，神祇的怒氣卻好像日益高漲。

克里特島派出使節團前往埃及路克索的法老宮廷，也就是在這時期。他們到埃及去的目的，可能不是希望弄到象牙、猩猩、孔雀等回禮返鄉，而是希望尼羅河谷地的穀物也可以供法老在克里特島上的盟友一飽飢腸。席拉火山爆發是削弱了克里特島的社會和經濟力量，但是尚未將之摧毀，克諾索斯的財富和勢力即使略減，他們的文明還延續了約五十年的時間。這一次大破壞，只是為更廣、更深的一連串變化起了個開頭而已。地中海東部的政治、經濟、文化、民族歸屬，都會因為這一連串的變化而致改觀，說不定連地中海西部的一些地區也未能倖免。

第三章
商人和豪傑

西元前一五〇〇年—西元前一二五〇年

一

西元前一五〇〇年前後，克里特島不僅深陷重大的經濟危局，也出現政治動盪的巨變。這時期，一支希臘王朝君臨島上；那時島上有許多聚落像阿克罕，早已經荒廢無人，只剩克諾索斯還盤踞在雄偉的宮殿當中苟延殘喘。一處又一處米諾斯聚落遭到摧毀，地震和大火固然是原因，但從希臘來的侵略者也難辭其咎。由於沒人真的知道要怪在什麼頭上，便再各自發揮巧思，把各家的解釋綜合起來。有說是希臘人眼看克里特深陷水深火熱，便趁機攫掌大權。有說是克里特人那時正需要強人出頭領導大家，便轉投希臘懷抱。不過，要是說米諾斯人的克里特島是被日漸壯大的邁錫尼希臘吸收進去，應該也可以。希臘之前在青銅時代早期、中期的貿易網內，始終只是小配角，但這時候已經崛起為愛琴海政治權力的中心，說不定連商業權力中心也算得上。邁錫尼文化、霸權的幾處重鎮，就落在希臘東部海岸沿線外加略往內陸推進一點的幾處聚落：從北方的伊奧寇斯（Iolkos; Volos），穿過奧克梅諾、底比斯、邁錫尼、提林斯，再南下到西南方的皮洛斯（Pylos）。繁榮的跡象早在西元前十五世紀初期便已明顯可見，那時期

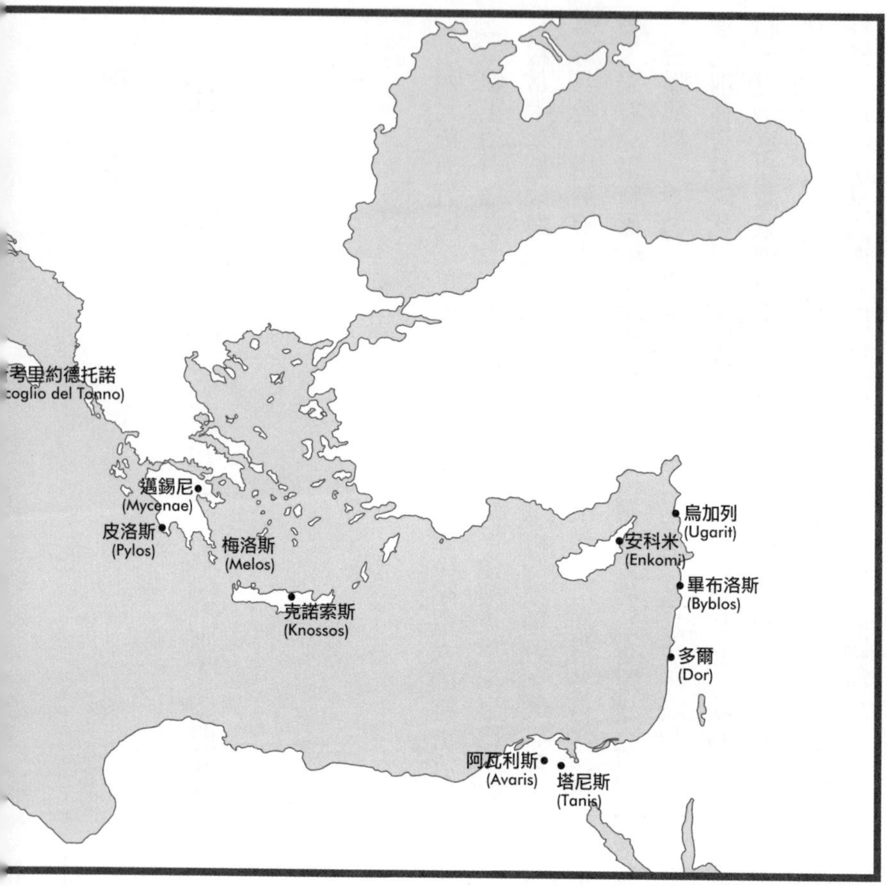

的邁錫尼歷代國王都已經葬在「圓墓群A」（Grave Circle A；後世給的名稱），臉上戴著鍛金面具，面具看似重現死者生前留鬍子的面容，可以想見他們說不定是在模仿埃及法老下葬所戴的面具，只是法老的面具比他們的不知華麗多少[1]。儘管如此，邁錫尼「多金寶地」的特殊地位和名聲倒是維持不墜。假如要相信荷馬講的「船隊清冊」（夾帶在《伊里亞德》當中的口傳古謠）（譯註4）可以作證據的話，那麼，到了西元前十二世紀，這一個個小國一般都還奉「wanax」（大王）為首領，也就是奉邁錫尼國王為王[2]。

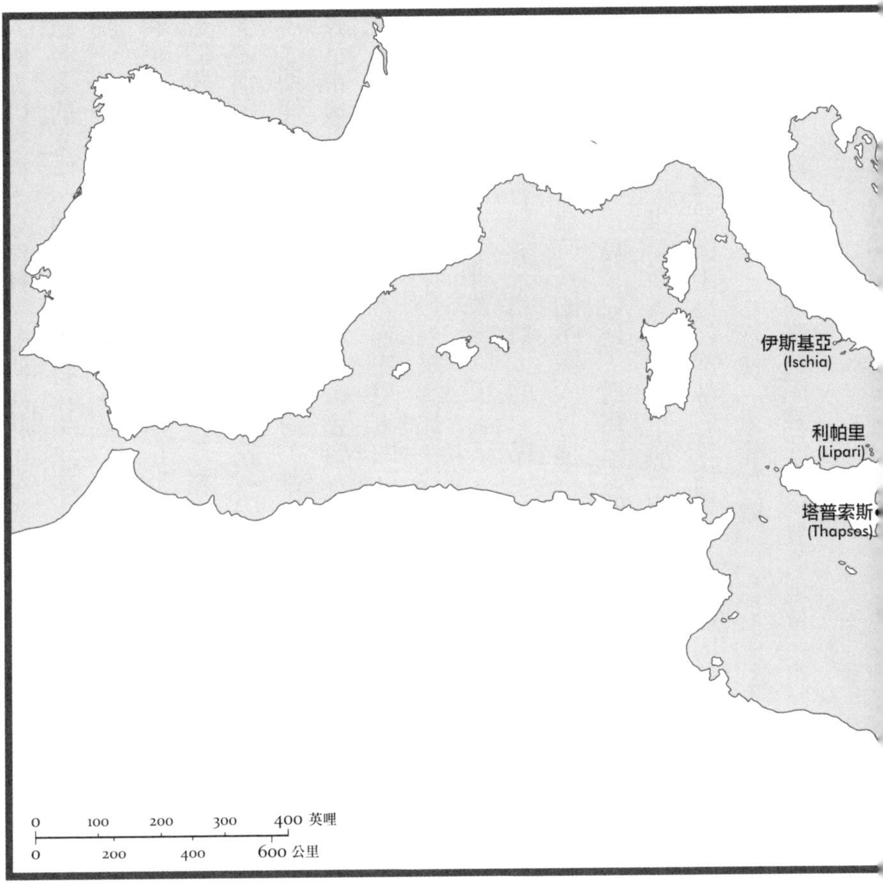

古代文獻描述到米諾斯人，都和邁錫尼人夾纏不清，一部份原因就在於克里特藝術在希臘本島藝術烙下的痕跡太重；邁錫尼人製作的東西像是陶瓷，只有等到他們的陶匠願意自己嘗試設計造型和紋飾的時候，邁錫尼藝術的個性才會開始浮現。另一部份原因，也在於邁錫尼看來是攻下了克里特島；克諾索斯被出身希臘本島、講希臘語言的上流階級佔領，以致於米諾斯人和邁錫尼

譯註4：「船隊清冊」（Catalogue of Ships）——指荷馬史詩《伊里亞德》第二卷中後段出現一大堆率軍參戰的各地首領，一般認為不是《伊里亞德》原有，但是提供了寶貴的地理、人文材料可供後世利用。

人的界線變得十分模糊。即使如此，承先啟後的接續關係還是一清二楚；邁錫尼人用來書寫他們所講希臘方言的文字，便是將克里特島米諾斯人發明的音節式「線形文字A」修改而成的——「線形文字B」於一九五〇年代由麥可・凡楚斯（Michael Ventris）和約翰・查德威克（John Chadwick）解讀成功[3]。邁錫尼人在克諾索斯重組，在皮洛斯茁壯，留下寫在泥版上的詳細文獻，記載他們治下的臣服民族進獻給他們國王和神祇的貢品。即使是在希臘南部，依留下來的器物來看，他們的宗教崇拜和米諾斯人也沒多少差別：幾顆印章上面刻的女神像和祭司像，一只杯子還有一片壁板上面刻了「跳公牛」運動或儀式——即使這些東西真像有些人說的，雖在希臘出土卻在克里特島做成，那麼，這些東西出現在希臘，就表示希臘人對邁錫尼人的公牛儀式頗有興趣[4]。希臘古典時代崇拜的男女神祇名稱，也透露這些和希臘前時代確有淵源，有的在邁錫尼人的文字紀錄當中也找得到。貿易一樣看得出來承續的關係，希臘人和克里特人的貨物都會運送到羅德島、敘利亞、特洛伊，只是，這時期的航線拉得比較長，深入地中海遠達西西里島和義大利半島。

邁錫尼人有別於米諾斯人的一點，在邁錫尼人好戰的性格。邁錫尼人的學習能力很強，面對既有文化全心投入。古典時代的希臘人說他們的建國先人是從別的地方來到希臘的，像佩洛普王（Pelops）就是出身安納托利亞半島。只是，邁錫尼人的祖先還是埋骨在山陸起伏的巴爾幹半島南部的。邁錫尼人善於建造防禦工事。米諾斯人在克里特島蓋的一座座宮殿，防禦都流於鬆散，這在邁錫尼時代就成了很罕見的事——伯羅奔尼撒半島西南部的皮洛斯就是明顯的例子。皮洛斯的防禦說是固若金湯也差不多，因為他們養了一大批船隊——活像「木桅如牆」（wooden walls），德爾斐的神諭後來就用這幾個字形容雅典的船隊。大海在邁錫尼的文明固然佔有重要的地位，可是，陸上作戰和圍城之重要，絕不亞於大海——

這由他們的藝術可見一斑。邁錫尼城和提林斯城（Tiryns）兩地的堡壘殘存的大片厚實擋土牆，更是教人咋舌。邁錫尼的牆面有一部份竟然厚達七公尺。提林斯城挖鑿的狹窄隧道現在依然可以通行。隧道穿過厚實的石砌牆面，依古典時代的文獻，時人於嘖嘖稱奇之餘，忍不住直指唯有獨眼巨人（Cyclops）才有此鬼斧神工。由「線形文字B」的泥版也看得出來戰車對他們這種尚武的社會有多重要。他們在泥版細細條列他們擁有的戰車，荷馬提到古代的時候，也說過曾有社會滿目盡是青銅武器和野豬長牙做成的頭盔，只是已經消失不存[5]。他們的著名將領墓中都有大量青銅武器作陪葬，不過，薄如紙張的黑曜石箭矢他們也很熟悉；他們用的黑曜石是從梅洛斯島和利帕里群島弄來的。

我們說的「邁錫尼人」到底是怎麼稱呼自己的，是很重要的問題。「邁錫尼人」是現代為青銅時代的希臘文明安上的標籤；放在西元前十四世紀，這名稱大概只能用在穆奇奈（Mukenai）這一處聚落的居民身上；穆奇奈的聚落（說是小鎮也不太夠格），是由一座要塞外加周邊幾座小村組成的。穆奇奈地名用的是複數形〔字尾：ai〕，這時期還有別的地名也是這樣（特別是雅典，Athenai），說不定就是在反映這類大聚落其實是小村的集合體[6]。他們的社會由戰士階級統治，這階級在西元前十四世紀的時代過得已是非常奢華的生活。陪葬品不僅有武器，還有金製、銀製的酒杯，鑲嵌精緻的儀式用小刀，鑲嵌的是狩獵的畫面。歷史學家講的「邁錫尼貿易」，指的便是這些早期的希臘軍事頭目的政治勢力範圍之內人群所從事的貿易活動。至於這範圍內的商人、農人講的是不是希臘語，那就只能隨人去猜，沒一個準了。其實，那時有許多人應該是能講多種語言的克里特人，住在通行「線形文字B」的克諾索斯和費斯托斯一帶。西臺人的文獻內有鄰近地區叫「阿亥亞瓦」（Ahhiyawa）的，埃及人的記載也有鄰近地區叫「埃克威什」（Ekwesh）的。可見「阿克亥瓦」（Akhaiwoi）即使不是他們給自己安上的名稱，起碼也是外地人給他們安上的名稱。這「阿克亥瓦」在古典時期的希臘，就叫作「阿克亥亞」（Akhaioi）了，也就是「阿該亞人」（Achaeans）。那時期的外地人對他們可是極為重視，認為他們是很重要的區域強權[7]。邁錫尼的商人以米諾斯人建立起來的貿易聯絡網為基礎，和富藏銅礦的塞浦路斯島，來往始終不斷（塞浦路斯島的線形文字，直到古典時期都還在用）；羅德島、米利都、安納托利亞半島沿岸、敘利亞沿岸等地，一樣有他們作生意的形蹤。傑森和他那一幫「阿爾戈水手」的故事要是有一丁點兒史實作基礎的話，那麼，邁錫尼商人和黑海那一帶應該也有來往。「格里東雅岬角沈船」（Gelidonya wreck）是西元前十三世紀在土耳其南部外海留下的沈船遺物，就可以為我們說明些許邁錫尼貿易世界的情狀。沈船的遺物大多已被洋流沖走，可是船貨就太重，海水沖不動。像是重達半噸的紅銅錠，還有青銅製的貨物和印章等等，顯示這一艘船應該去過敘利亞和塞浦路斯島。另一處時代早一點的沈船遺址，發現於土耳其外海的烏魯布倫（Uluburun），所載的紅銅量還要更多，此外還有錫，佔紅銅份量十分之一，這就更有意思了，因為，二者正好是製造青銅的比例[8]。

邁錫尼貿易有一大特色，便是和義大利半島有來往，這是克里特島的米諾斯人沒做過的事。西西里島東部發現過幾具「希臘青銅中期」（Middle Helladic）的陶器，這些陶器和希臘本島同一時期的陶器有不少類似的地方。由此判斷，希臘本島和西西里島有來往最早應該可以回溯到西元前十七世紀那麼遠。這倒未必是說兩地有頻繁、直接的聯絡，說不定最多只是偶有接觸罷了。這些陶器經由一重又一重的中途站，從希臘本島走過愛奧尼亞海，繞過義大利半島的腳跟、腳趾頭，最後落腳在西西里島[9]。兩地來往頻繁的鐵證，要再晚一點才找得到。那時，大批青銅時代晚期的陶瓷輸出到利帕里群島，大批黑曜石則反過來從那裡輸出到希臘。來往兩地的商人還留下彩陶珠飾，這就顯然是從埃及那邊來的了，也就表示當時已經有貿易網涵蓋地中海東部、中部的大片區域。不過，等到克諾索斯落入邁錫尼人手中那時候，黑曜石的魅力已經漸趨黯淡；地中海區從東到西，外加安納托利亞半島，都在探勘新的紅銅和錫的礦脈。邁錫尼的水手會遠航到伊斯基亞島及附近小一點的島嶼維瓦拉（Vivara），為的也是要找金屬礦藏。他們在這裡留下了一些陶瓷，之後繼續往托斯卡尼海岸（這裡有錫礦）還有薩丁尼亞島（他們在這裡留下一些紅銅錠）前進[10]。由席拉島上的壁畫所畫船隻，可知那時航海技術已有長足的進步：除了人力划槳，這時候也已經懂得借助風帆作輔助，而舷牆蓋得較高的大型船隻也禁得起較大的風浪折騰。再者，這一定還要加上他們當時對於地中海東部、中部各地的沙洲、暗礁、洋流，應該也是知之甚詳才對，否則他們絕對沒有辦法安全通行於希臘各島嶼之間再往西一路到西西里島去。不過，緊貼海岸線航行，應該還是那時期盛行的作法，因為，把邁錫尼陶器出土遺址連起來，可會從多德卡尼斯群島一路連到義大利半島腳跟，繞過腳背，再連到西西里島去。

既然和義大利半島搭起密切的聯繫，海外貿易站隨之興起[11]。邁錫尼人雖然運了一大堆陶器到利帕里群島，連一種特大號的畢托斯甕（Pithoi）也有，現在卻找不到證據可以證明利帕里群島曾是邁錫尼人治下的子民。不過，利帕里島的居民和北方還要更遠的陸地卻真的有來往，最遠可達托斯卡尼北部的魯尼（Luni）[12]。利帕里群島的吸引力愈來愈大，不僅在於該地的黑曜石礦，而在於利帕里那一帶也是穿越西西里島周圍水域往北前進的重要中途站。畢托斯甕之所以是當時的標準貨品，不在於畢托斯甕是漂亮的東西，而在於畢托斯甕是裝東西的容器——裝的可能以橄欖油為多，因為橄欖油是希臘各地在那時候最暢銷的出口商品。從利帕里群島一處墓地挖出過一條琥珀項鍊，經過比對，應該是出自亞得里亞海北部而非地中海東部。這些在在表示邁錫尼人雖然不是穿梭地中海中部各水域僅此唯一的商人，在當時卻是最有錢的商人。此外，利帕里群島的居民住的是緊挨島上火山斜坡搭建的木頭小屋，在他們眼中，奢侈品是琥珀、玻璃珠，而不是金、銀做的飾品。

西西里島東部外海有一座小島塔普索斯（Thapsos），島上的聚落就證明他們擁有精緻的進口文化，而且源頭就是在邁錫尼人那裡。落腳在島上的人蓋出了方格狀的小鎮，一條條街道寬度可達四公尺，寬敞的屋舍蓋在大大的中庭四周。他們的墓穴也擺滿了出自希臘各地的希臘青銅晚期器物，顯見這「遺址應該稱得上是外人的殖民地」[13]。確實，像塔普索斯島上這樣子規劃聚落住屋的，找得到最相近的地方，就是在邁錫尼世界的另一頭，塞浦路斯島法馬古斯塔附近的安科米（Enkomi）。兩相比較，簡直像是有人畫了一張貿易殖民地的造鎮藍圖，然後在邁錫尼世界的兩頭各找一處地方讓藍圖化身為真的小鎮。塔普索斯島上挖出過許多小小的邁錫尼香水瓶[14]。塔普索斯也正是產業重鎮，專門生產香油，供應「國際」市場所需。不過，塔普索斯不僅是邁錫尼的遠親而已。塔普索斯島上也生產許多西西里島樣式的粗糙灰色陶器，顯示塔普索斯島上的居民是混雜的族群。同一時期，另有一處邁錫尼人的聚落，位在現今〔義大利南部海岸〕塔蘭托附近的斯考里約德托諾（Scoglio del Tonno），就是亞得里亞海的貨物向外輸出的港口，特別是義大利半島南部的紅銅。斯考里約德托諾也是通往西西里島航運的小中途站[15]。地中海就是在邁錫尼文明的時期，在穿梭地中海的水手眼中變成放大很多的。

二

現今敘利亞、黎巴嫩一線的海岸，在邁錫尼人眼中，可比未曾開發的西方要重要得多[16]。到了西元前十四世紀，作海上貿易的商人已經在敘利亞一帶的烏加列和畢布洛斯，還有蓋澤到萊基什一帶的迦南海岸留下大量的邁錫尼陶製瓶罐（屬於後世所謂的「風格屬於希臘青銅晚期第三階段」）。黎凡特貿易網也在這時期開始成型，相當蓬勃，足以撐起幾座富裕的城市，供來自愛琴海、迦南、塞浦路斯島、西臺、埃及等等地區的本地人、外地人混居共處[17]。黎凡特一帶的海港和尼羅河三角洲的來往歷史還要更久；埃及底比斯的凱那姆（Kenamun）古墓現在已經無存，不過墓中有壁畫畫出埃及港口卸貨的景象，迦南商人在一旁監工，貨物有布匹、紫色染料（黎凡特海岸的特產，以骨螺*murex*殼為材料製作而的）、油、酒、牛等等。

烏加列（Ugarit）是重要的貿易中心，從西元前第三千紀開始就很繁榮；期間一度淪為埃及的屬國，還有一位國王尼克馬杜（Niqmadu）入贅法老王室。黎巴嫩山區的雪松，便是由烏加列供應到埃及——木材在埃及本土是很稀罕的。烏加列便像是橋樑。橋的一頭是美索不達米亞世界。他們便從美索不達米亞學來奇奇怪怪的楔形文字，再加以變造成他們用的。另一頭則是地中海東部的陸地——尼羅河三角洲，愛琴海，克里特島（在烏加列的碑版上面用的名稱叫作「卡布突里」Kabturi）。特別是塞浦路斯島，這地方遠在他們上百英里之外，是埃及、希臘兩地貨物的轉運站[18]。在烏加列也發現一片塞浦路斯的音節文字泥版，顯示有來自塞浦路斯島的商人就住在烏加列城才對。住在烏加列城的居民，出身形形色色，在所多有。例如埃及人叫作「馬利亞奴」（maryannu）的傭兵，意思是「青年豪傑」，他們便來自安納托利亞半島和希臘世界。也有行政官員的名字不像是本地人——烏加列附近住的是講迦南語的人，腓尼基和希伯來（Hebrew）的語言便是從迦南語演變出來的。城內還有一名特任官，專門負責管理外地商人。外地商人在城內的居住權、購屋權都設有限制。從西元前十三世紀留下來的一面象牙盒蓋，看得出來米諾斯文化對烏加列的藝術有所影響。盒蓋有女神的人像，在烏加列的特色加入了米諾斯畫家慣用的技法

[19]。烏加列的文學相當昌盛，有幾首宗教詩保留在泥版上面，和後來的希伯來宗教詩的相似處十分突出。這些接觸也為愛琴海世界的藝術重新注入了活力。邁錫尼的世界一旦將克諾索斯吸收進去，內涵就更加豐富；有克里特人的工藝作品，也有希臘本有的創作。希臘作品在這時候已經相當精良，可以和他們模仿的米諾斯範本比美。克里特島的精美紡織品也在內——「線形文字B」的泥版上寫的「ri-no」，便是古典時代希臘文「linon」的早期拼法，也就是「linen」（麻布）。在這時候，愛琴海一帶要是有商人、居民往外遷移，到地中海東部的海岸地帶找地方落腳定居，形成小小的殖民地，也不是不可能的事了。而既然有商人、有貨物，傭兵自然帶著武器、盔甲後腳馬上跟到。地中海東部的特徵雖然是由貿易帶頭作改變，徹底扭轉這一帶面目的卻是戰爭。戰爭破壞這一帶陸地的貿易和高級文化，而為這地區引進（後文即將提及的）漫漫不去的寒冬。

寫到目前為止，西西里島的窮困村民佔去的關注比法老統治的子民要多。法老那邊不太提起，在此可能要作一下解釋。埃及人將下埃及的沼澤地和尼羅河沿岸天然灌溉的一長條土地統一起來之後，創造出以城市為主的複雜社會。埃及人早在西元前第三千紀蓋金字塔時，便已展現他們組織龐大人力的功力。他們為王室製作的藝術品，還有黃金和半貴重金屬製作的華麗器物，連克里特島米諾斯人最好的作品，比起來也大為遜色。埃及藝術對克里特島壁畫的影響，在題材或許看不出來，但在技法卻無可置疑。早期的希臘世界是把埃及器物當寶貝看的；埃及的政治影響力在迦南到敘利亞一線的海岸地帶也都看得到，尤其是在畢布洛斯（Byblos）那裡。埃及人為了找到錫、木材、紅銅這類重要的必需品，而必須將勢力擴張到西奈半島之外。然而，一想到埃及的海上貿易，最先蹦入腦海的卻是他們往南去的路徑——西元前第二千紀晚期從紅海朝「龐特土地」（land of Punt）南下的貿易長征，便帶回象牙、黑檀這樣的奢侈品，獻與宮中的法老[20]。雖然有幾位法老在下埃及大舉建設——基督教《聖經》便記載前人曾為法老蓋很大的「積貨城」，而且沿用法老名字也叫「拉姆西斯」（譯註5）——西元前一五七〇年後，埃及的勢力大致集中在上埃及。不過，拉姆西斯城——古埃及文的名稱是「庇拉姆西斯」（Pyramesses）——在西元前十三世紀一度確實是埃及的都城，那時期的幾位法老都在迦南和亞洲西部一帶積極經營，自然需要在大展身手的舞台找一處距離近一點的大本營作根據地。

西元前一五七〇年，希克索王朝在統治下埃及和中埃及（Middle Egypt）超過兩百年之後，終於被趕出埃及。希克索統治者遭後世詆毀，指他們為粗魯不文的亞洲人（他們出身何地，至今依然是不解之謎）。然而，為埃及引進重大創新的人，像是戰車、青銅盔甲，也正是他們[21]。不論他們是挾大軍征服埃及，還是慢慢滲透到最後奪下政權，他們擁有的技術優勢都不是埃及本地人所能比擬的。他們和鄰近的敘利亞、克里特島也始終維持來往未曾斬斷，這對他們取得必要的補給、維持軍事機器運轉順暢，是不可或缺的條件。希克索王朝統治埃及結束之後，有一段時期埃及藝術爆發出非凡的活力，圖唐卡門（Tutankhamun）法老墓中挖掘出土的器物便是最好的明證。即使到了西元前一三四〇年前後，信奉異教的法老阿肯那頓（Akhenaten）改在阿瑪納山（Tell el-Amarna）為他信奉的太陽神另建新的都城，但他還的地點離上埃及傳統的法老權力中心還是相當近。古埃及人心目中最重要的水域，既不是地中海，也不是紅海，而是尼羅河。地中海是他們眼界的極限，雖然法老統治的埃及也需要地中海東部區域的資源，但法老統治的埃及不論於經濟還是政治，卻都算不上是地中海區的強權。唯有待西元前四世紀亞歷山卓

譯註5：見基督教《聖經》〈舊約〉〈出埃及記〉第一章第十一節，中文聖經譯名為「蘭塞」。

奠基，埃及人才在地中海的岸邊擁有一座大城，眼光可以遙望希臘世界了。不過，在這期間，外地來的商客到埃及去，還是多於埃及的商客到海外去。〔埃及法老〕薩胡拉（Sahure）遺址的浮雕，年代約當西元前二四〇〇年左右，刻劃的水手群像以亞洲人佔大多數，出海的船隻看似也是以黎凡特的船隻為樣本而建造出來的——有的說不定還開得進尼羅河可以朝上游去，既當戰船也當貨船使用。整體而言，埃及人的船隻都是靠外地來的人在建造、管理、行駛的，至少穿越地中海的船隻是如此[22]。

「大片綠」（Great Green）一詞就是出現在這時期的埃及文獻當中，可是，這一個詞可以指稱好幾處水域——費雍湖（Lake Fayyum）便是其一；尼羅河也一樣；這名稱他們偶爾也用來形容「紅海」。西元前第二千紀後半葉，「Y-m」這一個字用來指海洋——也包括地中海——只是偶一為之而已；這一個字的字源還是出自閃族（Semite），「yam」在希伯來文就是指「大海」。地中海在古埃及人的心中還沒那麼重要，不需要為它指定專有名詞[23]。尼羅河三角洲是有港口、有船隻來往於敘利亞，像是三角洲東邊支流末端的塔哈魯（Tjaru；今名：赫布亞山Tell Hebua）。塔哈魯在希克索王朝時代便已是出海港，後來在十八王朝幾位新的君主期間又再重建。西元前十五世紀期間，塔哈魯在圖特摩斯四世（Thutmose IV）在位的時候是一位總督的督府所在，這位總督也受封為「域外皇家信使」，他的一大責任便是在西奈半島的沙漠開採綠松石。埃及這一時期的珠寶飾品泰半都會用上綠松石。但是，塔哈魯那裡挖出來的陶器卻是源自敘利亞和塞浦路斯島，而兩地又都是盛產木材的地方，木材可是埃及極為需要的產物，由此可見塔哈魯應該也是埃及和外界貿易的重要中心。不過，更重要的地方還是在阿瓦利斯（Avaris）這裡。阿瓦利斯一樣是在尼羅河三角洲東部。早在西元前十八世紀，阿瓦利斯的居民便有許多是從迦南移入的人口，軍人、水手、工匠都在內。希克索王朝拿阿瓦利斯當首都，阿瓦利斯在希克索王朝治下佔地超過二十萬平方公尺。希克索王朝滅亡之後，阿瓦利斯並未隨之衰落[24]。阿瓦利斯在希克索王朝滅亡後才建起來的宮殿，裝飾的壁畫呈現克里特島的風格，進一步證明克諾索斯的克弗悌烏和埃及法老的宮廷頗有來往[25]。

埃及另有一處港口地位一樣愈來愈重要，即塔尼斯（Tanis）。西元前十一世紀早期，埃及曾經從南部腹地深處的卡納克（Karnak）派出使節，到畢布洛斯去見迦南國王，卻出師不利。他的任務是要為埃及爭取木材供應，以便重建一艘河船獻給大神阿蒙（Amun）。這一位特使是「守門長老」（Elder of the Portral），也就是掌管神廟的高官。溫納蒙此人，留下過一篇出使記。埃及有一處墓穴挖出一份莎草紙抄本，他的出使記因此而得以傳世。他在出使記中說他在西元前一〇七五年四月二十日從塔尼斯出發[26]。他這一次出使，從一開始就風波不斷：尼羅河三角洲在那時候，怎樣都輪不到勢單力孤的法老拉姆西斯十一世（Ramesses XI）來發號施令。那裡的地方官塞曼迪斯，也不覺得埃及法老的事情值得他專門派一艘船送溫納蒙到畢布洛斯去。所以，他安排溫納蒙去搭乘一名地方船長的船。這船長叫作孟格貝，即將啟程進行貿易長征，所帶的手下都是敘利亞人。他們的航道是貼著海岸線走的，途中曾停泊在多爾；多爾（Dor）是在現今海法的南邊，是當時人稱「切克爾人」（Tjekker）的重要據點；而切克爾人便是「海民」（Sea Peoples）的一支，於後文會再討論到[27]。當地的總督相當客氣，送溫納蒙麵包、酒和肉類。可是，孟格貝的手下卻有一名水手眼看溫納蒙帶了不少財物準備購買木材而心生貪念。溫納蒙帶的財物包括好幾磅重的銀塊，幾個黃金器皿各有一磅重以上。那人趁機偷走溫納蒙的財物逃得無影無蹤。溫納蒙去找總督告狀，當然囉，總督說那小偷要是多爾本地人，他會負責賠償溫納蒙。只是，在那當口，他能做的頂多就是進行調查。這一調查就是氣死人的九天，毫無所獲，溫納蒙最後認定他除了繼續上路朝北去，別無他法可想。待他到了畢布洛斯，又弄了一些銀子到手，和他被偷的數量差不多。那是他在孟格貝的船上發現有人藏匿的東西。這顯然是別人的財物，但他也毫不客氣，堅持要扣下銀子，等船主把水手從他那邊偷走的財物賠償給他之後他才要歸還。

畢布洛斯的國王齊克巴奧爾，卻比多爾的總督還更不合作。他連接見一下溫納蒙也不肯，溫納蒙從港口送口信給他，接到的回覆竟是短短幾個字要他走開；「畢布洛斯的總督差人來說，『馬上從我的港口滾出去！』」[28]日復一復，始終如此，總計達二十九天。到了九月，溫納蒙擔心他會困在這裡直到來年春天可以行船的時候才有辦法走人（所以，看來他們那時候是有停航期，連緊貼著迦南海岸走的航道也是如此）。後來，畢布洛斯國王提醒溫納蒙，有一回他可是要和溫納蒙同樣的特使一等就是七年才走得了人的！溫納蒙便決定在另一艘準備出航的船上訂下船位——那時孟格貝原本搭的船已經扔下他，出航到下一處停靠港去了。可是，突然間，就在宮中祭拜巴力神（Baal）的時候，國王的一名廷臣見到了異象，國王一時亢奮，在興頭上便決定他應該要接見埃及大神阿蒙的信使才對。至少這是官方的說法，但溫納蒙私心卻認為國王要他進宮的目的其實是，這樣一來他的財物暫時就不會在手邊，二來是會耽誤到他的船期，國王便可以趁他人在宮中的時候派人打劫他的銀子。可是，溫納蒙也幾乎別無選擇。所以，那一份莎紙草抄本就寫他還是進了國王的大殿，看見齊克巴奧爾坐在殿中，「背對窗戶，敘利亞大海的浪濤就打在他的後腦。」[29]這國王對埃及法老或是對眼前這一位大神阿蒙的大祭司可沒有一點敬意，一個勁兒斥責溫納蒙拿不出國書——溫納蒙把國書留在塔尼斯沒帶過來。國王也譏笑埃及水手比起他敘利亞的同胞，根本就是無能的蠢蛋。國王齊克巴奧爾堅持畢布洛斯有二十艘船在和埃及作生意，西頓那裡甚至多達五十艘。溫納蒙則以埃及的官方說法作說明，指那些船只要和埃及作生意，就不真的算是外國的船隻，而是由法老保護航行的船隻。兩人唇槍舌劍，搶著要在口頭佔上風；齊克巴奧爾這國王顯然也喜歡趁埃及國力衰頹的時候好好侮辱一下埃及和埃及國王。他承認他們以前的國王是會照埃及的要求提供木材，可是，他本人卻要埃及有所回報。國王下令宮中去將帳簿拿來——這件事情很有意思，顯示他們的行政管理相當嚴密——以帳簿證明埃及確實送過大量銀子給他們[30]。溫納蒙這時按捺不住脾氣，也開始斥責國王不尊重泱泱大國埃及，不尊重眾神的國王。

不過，溫納蒙倒還知道講氣話也沒什麼好處，所以，他還是送了口信回埃及，要求趕快送厚禮給齊克巴奧爾。埃及那邊對他的要求看得十分慎重，送了一批貴重的財物，像是黃金和白銀做的花瓶，還有不少基本的民生必需品，像牛皮、亞麻布、魚、扁豆、繩索，另外還有五十卷莎紙草——這就可以讓齊克巴奧爾再多多記帳了[31]。只是，溫納蒙向齊克巴奧爾要的東西，可沒那麼容易就給得出來。國王齊克巴奧爾派出三百人外加三百頭牛去砍木頭、運木材。齊克巴奧爾還親自來到岸邊監督木材裝載上船，也為溫納蒙送去新的親善表示：美酒，一頭山羊，還有一位埃及歌姬好撫慰溫納蒙的心靈。溫納蒙終於獲准坐上畢布洛斯人駕駛的船隻離開。他在途中遇到多爾的海盜想要劫船，僥倖逃過，卻又遇上暴風雨而被吹到塞浦路斯島去。塞浦路斯島上的民眾群起圍攻溫納蒙，幸獲好心的女王解圍，才沒有送命[32]。留傳下來的文獻對於接下來的事沒有多作著墨。不過，這故事從頭到尾都有為自己開脫的味道，像是拿一個理由又一個理由來解釋為什麼出使遠地卻未能完成使命——他要的木材到底有沒有送到埃及，根本就講得不清不楚。這一篇出使記想當然不會寫到地中海東部一帶日常的貿易往來，卻還是彌足珍貴，因為，這是這一帶第一篇海上貿易旅行的記載，所寫的政治刁難也是往後出使外國宮廷的使節想要達成使命，卻很可能陷入的羅網。

埃及是這一帶最富強的霸權，卻一樣會有強敵。安納托利亞半島中部的西臺帝國，坐擁的金屬礦藏教人望而生畏，在敘利亞是對埃及勢力的一大威脅。拉姆西斯二世（Ramesses II）急欲重振埃及在這一帶的勢力；埃及的國力在信奉異教的阿肯那頓法老統治期間因為動盪頻仍而告衰頹。西臺眼見有機可乘，便開始動員盟邦，他們在亞洲西部的藩屬例如呂底亞人（Lydians）和達達尼亞人（Dardanians；這名稱後來被荷馬拿去用在特洛伊人身上）都在列。西元前一二七四年七月，數以千計的戰車投入卡迭什（Kadesh）的戰事。雖然拉姆西斯二世照例說這一場軍事較量是埃及這邊大獲全勝。只是，連他這樣大言不慚的法老，都掩飾不了兩敗俱傷而且同屬重創的事實，因為，西臺這一方在開戰之初勢如破竹，掃平了大片埃及軍隊[33]。戰事延續到西元前一二五八年，雙方終於承認戰局頂多算是平手，兩邊簽下條約，在大馬士革附近以一條線劃分雙方於敘利亞的勢力範圍，之後，雙方維持了半世紀的穩定時局。然而，卡迭什之役可以看作是此後連番巨變之始，環環相扣的事件此起彼落。如特洛伊陷落（想來應該是九十年後），邁錫尼要塞接連城破人亡，尤其是神祕的「海民」崛起，在在都在這連番巨變推演之列。

第四章

海民和陸民

西元前一二五〇年—西元前一一〇〇年

一

以特洛伊城陷落、以海民為題材而寫就的作品，汗牛充棟。這兩件事都在同一波動盪的劇變當中，影響遍及地中海東部，說不定連地中海西部也牽連在內。特洛伊城在西元前八世紀末了之時再度改頭換面，希薩利克的小丘建起了史上有數的雄偉城市，而將特洛伊城推進到「特洛伊第六期」（Troy VI）。這一期的特洛伊城迭經小規模重建，而屹立到西元前十三世紀末止。這時期，特洛伊堡壘的城牆厚達九公尺，說不定還不止。沿邊開了數道高大的城門供人進出，還有宏偉的高大瞭望塔樓；這些流傳於後人的記憶當中，可能便是荷馬靈感的源頭。城內的屋舍有兩層樓高的華廈，內附中庭。堡壘之內住的是城內的上流階級，過的生活有他們講究的格調，但沒有同時代邁錫尼、皮洛斯或是克諾索斯等地喜歡的豪奢打扮[1]。特洛伊所在的平原在當時還直接延伸到岸邊，經由考古挖掘，發現在堡壘下面還有一座下城，面積是堡壘的七倍大，也就是十七萬平方公尺左右，約當希克索王朝在阿瓦利斯的首都大小[2]。特洛伊的財富來源，有一樣便是他們養的馬。馬匹的遺骨在這時期開始出現。荷馬史詩中的特洛伊人，便被他

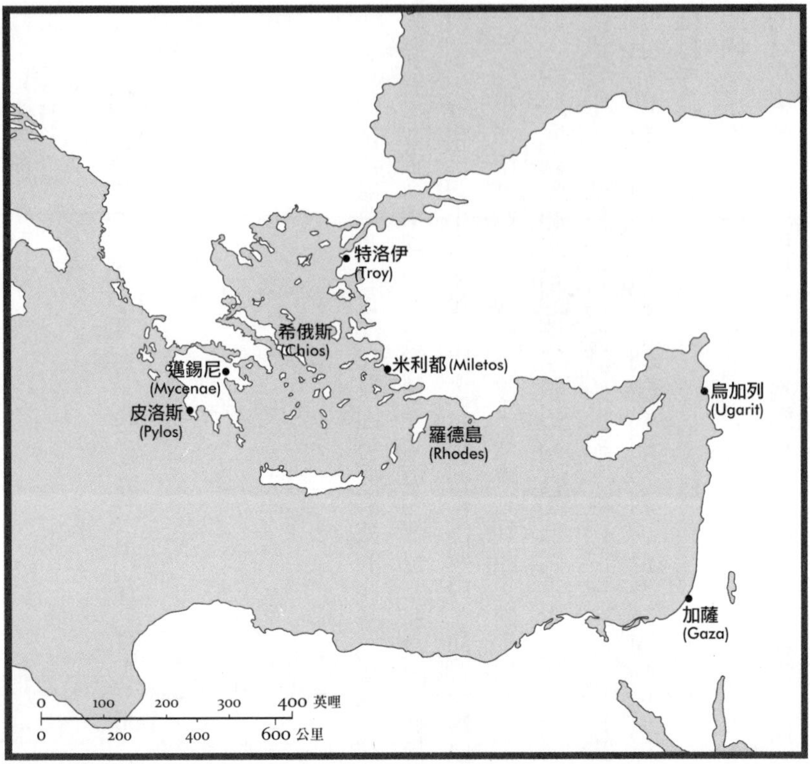

套上善於馴馬的美名。雖然荷馬選中這一個字應該是考慮到韻腳的緣故，但也符合考古出土的證據，不失精準。在他們那時代，大帝國耗費人力、物力打造雙輪戰車，一口氣派出數百輛戰車在卡迭什戰役疾馳衝向不歸路——或者依《聖經》記載，直奔向紅海深處（譯註6）——馴馬師當然就是炙手可熱的人物。

古人對於特洛伊人到底是哪一支民族，意見紛歧。古羅馬人自稱是特洛伊人的後裔，確信特洛伊人絕對不可以單單看作是希臘人的一支。不過，荷馬倒是讓他們講希臘語。這問題若要得到解答，從他們的陶器切入的機會最大。特洛伊的陶器不可以簡單叫作「特洛伊人的」就好。他們的陶器是落在當時更大一支文化當中的，那文化散佈在安納托利亞半島多處地區。特洛伊人雖然會從希臘人那裡買進一些希臘青銅時代的陶器來用，不過，「特洛伊第六期」和「第七期A」出土的陶器，特洛伊人的仿製品也算在內的話，只有百分之一是邁錫尼樣式的陶器。由這些證據，可知他們應該也是在西臺世界外圍發展的民族，講的語言是類似西臺語言的魯威語。魯威語（Luvian）是安納托利亞半島西側這一帶民族講的語言，如前所述，可能也就是克里特島泥版上的「線形文字A」[3]。由西臺文獻可知他們和西臺國王確實會互通文書，只是兩邊都沒有文書流傳下來。唯一可見的是考古挖出一截短短的殘篇，「特洛伊第七期B」的一顆印章上面有魯威語的楔形文字（「特洛伊第七期」的時代是在西元前十二世紀，不過，印章的時代可能還要更老）；由用字看得出來印章屬於一名書記和他妻子所有[4]。特洛伊城算是西臺世界而不是邁錫尼世界的前哨站。放眼全球，特洛伊城在當時算不上是多重要的地方；衡諸區域，它卻在愛琴海北部的貿易路線佔據要衝的地位，也因此成為眾所覬覦的寶地[5]。

西元前十三世紀，西臺的統治者對於他們在安納托利亞半島靠地中海岸這邊的勢力是否能夠維持長久不墜，漸感憂心。他們的目標是要贏過埃及。他們那時正和埃及在爭奪敘利亞北部。不過，他們另有別的勁敵需要提防：阿亥亞瓦的國王，也就是邁錫尼世界的「大王」。特洛伊城離他們是嫌遠了一點，但是，只要有軍事援助就不無助益；西臺在卡迭什戰役期間便已經從亞洲西部的藩屬叫過援兵了。阿亥亞瓦到西臺之間有幾處算是火藥庫的地方，米拉萬達，或叫作米利都，便是其一。米拉萬達曾是米諾斯人的貿易中心，在這時候變成了邁錫尼人在小亞細亞海岸的盟邦——起碼有的時候是吧。西臺帝國對他

譯註6：《聖經》〈舊約〉〈約書亞記〉第二十四章第六節至第七節：「我從埃及把你們的祖先領出來，埃及人用戰車馬兵追趕他們。你們的祖先來到紅海的時候，他們向我求救，我用一層黑暗把他們和埃及人隔開。我使水淹沒埃及人，把他們吞滅了。」（現中修訂版）

們兩邊結盟十分火大，便在西元前一三二〇年派出大軍壓境，消滅了米拉萬達[6]。所以，小亞細亞海岸在那時候算是西臺動盪不安的邊疆，效忠的關係本來就反覆無常，偏偏又有邁錫尼的戰士插手攪和，弄得火上加油。

當時便有一個興風作浪的頭痛人物，是個傭兵隊長，身世不明，叫作皮亞馬拉杜。西臺國王曾經在西元前一二五〇年左右去信阿亥亞瓦國王，對皮亞馬拉杜頗有怨言。先前他們雙方對於威魯薩（Wilusa）到底是誰的勢力範圍有過齟齬但是已經和好，所以那時西臺又把阿亥亞瓦視作盟邦了。「威魯薩」這名稱，和特洛伊城在希臘的另一名稱「伊里奧斯」（Ilios）或是最早的名稱「威里奧斯」（Wilios），也拉得上關係[7]。小亞細亞沿岸一帶在這時期顯然是由一堆亂七八糟的小諸侯割據稱王，有的有時效忠西臺，有時又投向阿亥亞瓦國王的庇蔭，搖擺不定。這時期，威魯薩有一位國王叫作亞拉山杜（Alaksandu）——這樣的名字不禁教人覺得和亞歷山大（Alexander;Alexandros）有一點像。而把海倫拐走的那個帕里斯（Paris），另一名字就是亞歷山大。還有一位傭兵首領，旗下有上百輛戰車和眾多步兵，當時人稱「阿亥亞來的」（man of Ahhiya）阿塔拉席奧亞（Attarssioya），他這名字就和阿伽曼儂（Agamemnon）、梅勒雷烏斯（Menelaus）兩兄弟的父親，阿特雷烏斯（Atreus），像得出奇。阿塔拉席奧亞看似把麾下的小小軍隊矛頭對準了塞浦路斯島；而塞浦路斯島那時在埃及和西臺兩方之間到底歸入誰的名下，可是有重大的利害關係[8]。這些名字當然不能證明荷馬史詩所述屬實，不過，荷馬或是荷馬的前人在講故事的時候，應該是有一大堆現成的安納托利亞人名可供他們選用。威魯薩國王亞拉山杜以前是和西臺帝國對抗的，這時則和西臺簽下條約。威魯薩只是亞述瓦聯盟四國之一，威魯薩的歷代君主對西臺帝國的政策不時會變，引申出去，他們對邁錫尼的政策也就一樣不時會變。不過，威魯薩卻曾出兵卡迭什戰役支援西臺帝國這邊。亞述瓦地區（Assuwa）有另一國家叫作塔洛伊薩（Taruisa），這就教人不禁要想到特洛伊去了[9]。綜合古代提到亞述瓦的文獻，可知這地區位在安納托利亞半島極西一帶，而且，威魯薩和塔洛伊薩的所在位置，就在伊里奧斯／特洛伊附近。西臺首都發現過一首詩，以魯威語寫於西元前十六世紀，內有「高聳的威魯薩」（steep Wilusa）這樣的字眼；荷馬也拿同樣的用語來形容伊里奧斯。所以，威魯薩和塔洛伊薩說不定是同一處城市，或者是靠得很近的兩座城市一度擁有一位共主；類似荷馬史詩吟唱阿伽曼儂既是阿爾戈斯城的國王，也是邁錫尼城的國王。不過，希薩利克一定是荷馬說的「伊里奧斯」、維吉爾說的「特洛亞」（Troia），不會錯。

邁錫尼人和安納托利亞人會為了爭奪小亞細亞西部的土地、城鎮而興兵作戰，這一點沒有理由去懷疑。特洛伊戰爭便是兩邊歷次軍事衝突流傳後世的記憶，只是，歷次戰爭被後人合而為一，把希臘戰矛曾經指向的數座城池也同樣合併作一處就是了。雖然有一些史家認為十年的圍城之戰，衡諸當時的條件，難以置信。不過，這其實不是一開打就經年不止或是以十年算作一回的戰爭，而是一開打就拖上好幾十年，打打停停，期間不時講和一下的戰爭；於此，西臺的外交文書都留下過記載。一般而論，這並不是邁錫尼和西臺兩邊的大王在打的仗，而是興風作浪的傭兵首領在打的仗，一個個為了自身最大的利益不時換邊站；也看不出來他們有理由要忠於各自所屬的民族。他們打的是低層級、地方性的軍事衝突，只是偶爾難免觸發大規模戰爭，像西臺帝國覺得不展示他們在米利都的統治權不行那時候一樣。伊里奧斯／特洛伊的繁榮，倒是未曾因為這些麻煩而受損；其實，「特洛伊第六期」時代還因為位居貿易路線要衝，從地中海到安納托利亞半島一帶，舉凡金屬、布料等等還有很重要的馬匹，熙來攘往，絡繹於途，因而容易招來貪心的軍頭覬覦想要拿下該地作囊中寶物。

不過，「特洛伊第六期」倒是毀於另一項因素，而和人心的貪婪無關。特洛伊所在的地方容易有強烈地震。西元前一二五〇年前後，該地就有強震來襲，特洛伊城被震得四分五裂。南面的城牆往外倒，東面的城牆有一段完全坍塌。屋舍倒塌的瓦礫堆，有的地方竟然堆到一公尺半高[10]。不過，最重要的那一圈城牆倒還完整[11]。關於下城，後人了解的原本就少之又少，不論下城被地震震成什麼模樣，經過這些事後，上城的舊上流階級看來是沒再住在上城的華廈了。新的屋舍就直接蓋在「特洛伊第六期」的廢墟上面，蓋得比較密集，這樣，堡壘裡面至少可以多擠進一些人。並且，特洛伊在這些新蓋的屋子裡還埋了儲藏東西用的大甕，這是以前從沒見過的，可見他們已經注意到積穀防災有多重要了。他們從邁錫尼進口陶器的數量一路下滑，顯示他們和邁錫尼的貿易關係也日趨衰落。特洛伊城在這時候已過了鼎盛的巔峰。不過，他們可不是獨自憔悴。邁錫尼城在這時候一樣處境艱難，他們的下城在西元前一二五〇年前後遭外敵進攻，堡壘必須加強防禦，所以蓋起了一道城牆貫穿科林斯地峽，希望擋下外敵。至於他們這時候的外敵是同在邁錫尼世界的其他城邦君主，還是在邁錫尼世界之外，並不清楚[12]。到了西元前十三世紀，他們在海岸沿線還蓋起了數座瞭望塔樓，以便有外敵入侵的時候可以向皇宮示警。只是，即使如此，邁錫尼世界的幾處重鎮到了西元前一二〇〇年前後，大多已經飽嚐劫掠的荼毒；提林斯和皮洛斯便是這樣。皮洛斯城內的居民有一次眼看大禍即將臨頭，便向眾神獻上牲禮，以求消災解厄。有一塊「線形文字B」的泥版便有一行文字記的是用作牲禮的畜類，其中包括一名男子和一名女子，可能就是用來作人祭用的——阿伽曼儂和女兒艾菲吉奈雅（Iphigeneia）演出的古希臘傳奇，寫的就是這樣的習俗。當時破壞之廣，連黎凡特一帶的海岸地區也不得倖免：烏加列的國王派軍援助西臺帝國，外國船隊便趁他們軍力空虛的時候集結在敘利亞外海，想趁虛而入。烏加列國王情急之下，趕緊去信塞浦路斯島，警告盟國塞浦路斯國王。只是，寫在泥版上的信卻沒來得及送出去——三千多年之後，泥版還放在窯內準備燒製。不出幾天，甚至幾小時吧，烏加列這一處大貿易中心便遭敵軍摧毀，此後始終未能復興[13]。阿拉拉城（Alalakh）位在靠內陸一點的地方，鄰近現在土耳其／敘利亞邊界，於西元前一一九四年滅亡之後便始終未再重建。不過，阿拉拉城的港口阿敏納（al-Mina）倒是重建了起來，也有邁錫尼人的器物出土，年代有母邦滅亡之前的，也有滅亡之後的[14]。阿拉拉王國在親西臺、親埃及兩派之間翻來覆去，始終沒辦法從政治危機當中脫身。西臺帝國的都城，位處安納托利亞半島內陸的巴厄斯柯（Boğazköy）也約在同一時期滅亡，不過，原因倒可能是內亂的關係。儘管如此，西臺帝國由帝國中樞開始崩潰，表示帝國再也無力保護他們地中海的藩屬，雖然烏加列緊急報訊，塞浦路斯島還是受創嚴重，多處城鎮慘遭夷平——這已是希臘難民或是侵略者大舉湧入之後的事，這些希臘人還隨身帶來了他們使用的古體線形文字以及早期的希臘文字。克里特島有部份居民在這時期是朝內陸遷徙的，移居到島上人力可及的高處，像是卡爾菲（Karphi）、弗羅卡斯特羅（Vrokastro）等地方。

後來，約當到了古典時代〔埃及亞歷山卓〕的學者伊拉托斯帖尼斯（Eratosthenes）為特洛伊城陷落推訂的時間（西元前一一八四年）前後，特洛伊又再遇上劫難，這一次是全城毀於大火。有一個倒楣的特洛伊人想要逃離火場未成，留下的骨骸在「特洛伊第七期A」的廢墟當中挖掘出土[15]。所以，假如特洛伊城真的毀於希臘軍隊之手，那麼，希臘軍隊凱旋之時，也是希臘本島城鎮盛期逝去之時。「特洛伊第七期A」衰亡，不算是盛產黃金的邁錫尼人和善於馴馬的特洛伊人之間的衝突，而是兩大沒落強權的戰爭。至於摧毀特洛伊的強敵，是否便是希臘各城城由「大王」阿伽曼儂統一號令所組成的聯軍，現在也無史可稽。要是說攻下特洛伊城的強敵，只是一批希臘人外加別處來的流民和傭兵組成的烏合之眾，也未嘗不可。他們既可以是攻打邁錫尼城和皮洛斯城的同一批人，也可以是邁錫尼和皮洛斯兩地城陷之後的武裝難民。從這樣的角度來看，「特洛伊陷落」這一件事，便是積漸的進程，始自西臺帝國偕同從西臺號令的嘍囉，對上希臘偕同希臘號令的嘍囉的戰爭。「特洛伊第六期」城破的大難，導致特洛伊國力大為削弱，不僅此後無力對抗強敵以攘外，看起來連養活居民以安內都有問題（他們屋內埋的畢托斯大甕便是證據）。特洛伊的堡壘在西元前一一八四年前後落入敵手，導致城內又再多出大片地區遭到破壞；自此而後，特洛伊城的國力便一路下滑。在這裡就要再提起一些根本的問題了：地中海東部在這時期到底是怎樣的情況呢？青銅時代晚期的連番動亂，是一刀將此前、之後一分為二的劇變，抑或只是本來就注定要沒落的特洛伊城在這時候緩步走上衰亡的漫漫長途？克里特島和特洛伊城有考古證據，指那時候的人比以前重視儲存糧食，可見那時期的饑荒應該比以前頻繁。這也連帶會逼得居民往外遷移，去找糧食供應更富足的地方。再者，「沒落」一說，可以有很多意思：大帝國分裂導致一統的政治勢力不再；市場需求削減以致貿易緊縮；生活水準下降，不僅政治菁英如此，而且幾乎社會全體都不例外。這問題，還是應該以身份不明的侵略者為中心來看，這就帶我們再往下去談一談傳奇和歷史的分野了。

二

地中海東部沿岸一帶的領土爭奪戰打得方酣的時期，驍勇善戰的士兵投身軍旅一度能有大好的前程；要是找不到慧眼能識英雄而出頭天，那也可以變身去當原始版的維京海盜，燒殺擄掠，為所欲為。在塔尼斯城找到過一份銘文，寫的是拉姆西斯二世自稱殲滅一支人稱「沙達納」（Shardana）的族群。這一批「沙達納」在外海拿埃及船隻當獵物大肆掠奪；但沒多久，「沙達納」便被拉姆西斯二世收編到他的軍中，西元前一二七四年的卡迭什大戰，戰場上就看得到他們衝鋒陷陣的身影。西元前一一八九年流傳下來的莎紙草紙卷，也寫有拉姆西斯三世（Ramesses III）自誇自擂，說他將進犯轄下王國的來敵盡數剷除，宛如灰飛煙滅——卻又自承也有大批來敵被他重新編配到堡壘要塞去了[16]。由考古挖掘顯示，有的沙達納人奉命前往阿卡灣替法老戍守穿過迦南的御道。所以，這些人等於是強盜變官兵。沙達納人精於使劍、用矛，頭戴造型怪異的牛角頭盔[17]。雖然有人對標悍的沙達納戰士展臂歡迎，但是多半對他們投以猜疑的目光。例如「阿比魯」（apiru），或叫作「哈比魯」（habiru），在時人眼中便是專愛作亂的沙漠遊民，只是不時也會受雇當一當傭兵。他們這名字可能和「希伯來」（Hebrew）是同源詞，但不是只用於一支小小的閃族而已[18]。而比較窮的族群，像是遊牧、逃難、流亡的族群，眼看埃及坐擁財富會被吸引過來分一杯羹，當然也是意料中事。地中海區在青銅時代晚期由於經濟惡化，更逼得這些族群鋌而走險。遇到這樣的時局，克里特島和安納托利亞半島的居民不向外尋找新天地、新工作、新機會，那才奇怪。

從西元前十三世紀晚期到十二世紀中期，「特洛伊第六期」、「第七期A」先後滅亡之前，下埃及也處於強敵環伺、多方包夾的險境。最早的威脅來自西方民族所在的土地。一大群利布人（Libu），也就是古利比亞人（Libyan），攜家帶眷，連同牲口、金銀財寶、家具也一併帶著走，由國王梅利里率領，在西元前十三世紀晚期朝東集體遷徙；「他們成天到處遊走，掙扎奮鬥，只為了當天可以填飽肚皮；他們到埃及來，為的只是要為一張張嘴尋找糊口的糧食」——這是埃及法老麥倫普塔（Merneptah）在〈埃及底比斯〉卡奈克神廟保存下來的一長段銘文當中寫過的句子。利布人是跟著他們在北非的盟邦，梅什威什人，還有外地來的傭兵一起直闖埃及的。而且，既然來到當時世上最富有的國度邊緣，自然想要賴著不走。要是埃及人不歡迎他們呢，那就硬闖。這在麥倫塔普法老看來，是可忍孰不可忍！所以，西元前一二二〇年四月，法老的大軍在尼羅河三角洲西部朝利布和隨行的盟友進攻，戰事拖得很久，打得十分艱苦，但到最後，法老還是把利布人的梅利里國王打得潰不成軍。梅利里國王率眾倉皇逃回祖國，「扔下他的弓，箭筒，草鞋在身後不管」。麥倫塔普法老自稱殺了六千名以上的利布人，他們的盟友被殺的至少有六千的一半[19]。不過，這只是一波入侵的開始，然而，與其說他們是進犯，還不如說他們只是想要遷移入境。再過幾十年，會有另一批人駕著牛車前來，只不過這一次是從東邊過來的——也就是「海民」，備受這一時期史家矚目，卻只是範圍拉得更大、人數更多的人口大遷徙當中的一環而已。而且，這一波人口大遷徙，尋求長期移居的人口多過投機的傭兵；陸上族群也多過航海的人。

而利布人需要幫忙的時候，也知道該找誰幫忙。所以，梅利里國王從他們說的「海洋國家」找到幾支異族特遣隊來助陣——「海洋國家」的說法出自碑版銘文。其中一支援兵叫作「盧卡」（Lukka），出自安納托利亞半島，呂奇亞（Lycia）這名稱就是從他們來的（但不足以證明他們已經定居在呂奇亞那地區）。呂奇亞人最晚從西元前十四世紀起，就以當海盜、當戰士而成為人人聞之色變的眼中釘、肉中刺。利布人叫來的援兵當中，也有一些沙達納（Shardana）或其他民族的人：依埃及這邊的說法，擊潰梅利里國王一戰，總計有二二〇一名阿克威什（Ekwesh）人、七二二名托許（Tursha）人、二〇〇名席克里什（Shekelesh）人，命喪埃及大軍之手[20]。埃及法老麥倫普塔經過此役，相信這一帶的問題已經被他根除了，十分自豪，記載他不僅在西邊直達利比亞一帶大舉殘暴進行掃蕩，連東邊的地區、民族他也不放過，信誓旦旦指稱「以色列已成焦土，再無種籽」（這是埃及文獻第一次提到以色列，而且，看他那意思顯然也希望是最後一次）。麥倫普塔法老貫徹到底的綏靖大計，可是連迦南地區也涵蓋在內。他說他在那裡「將眾害剷除盡淨」；阿什克隆（Ashkelon）和蓋澤也為他納入治下。到最後，他說：

> 眾人可以暢行於途而安全無虞。堡壘供人通行無阻，水井任遊人自行取用。城牆、城垛在麗陽之下平靜安睡，迨至衛兵醒來。巡捕也可高枕無憂，一覺天明。沙漠邊防的衛戍也大可隨意逐草地而棲無妨。[21]

看來，在他御前確實是有宣傳高手在為他效力；只是，現在倒沒理由去相信他誇耀的天下太平，會比他誇耀的以色列焦土更為可信。無論他實現了何等太平的天下，只維繫了一段時光。不出三十年，西元前一一八二年，埃及法老拉姆西斯三世便遇上了另一波西方來的侵略，只不過這一次利布人未能再越洋召集北方的盟邦前來相助。然而，入侵的大軍卻遠較前朝麥倫普塔法老那時更教人膽寒：假如埃及確實像他們說的，殺敵之數達一萬二千五百五十三人，那麼，入侵的利布大軍就極可能超過三萬以上了——這數目不包括眷屬在內[22]。由埃及的浮雕可見當年有些入侵的外敵，這時反而身在埃及大軍之列了。像是戴牛角頭盔的，應該就是沙達納人；頭戴羽飾的士兵，就很像西元前十二世紀在塞浦路斯島的小型器物看得到的人像了；而短裙戰士那一身裝束，便很像其他地方傳世雕刻上面的席克里什人[23]。

假如拉姆西斯三世留下的記載可信，那麼，這一次就是埃及大勝；但要說起和平，還是遙遙無期。西元前一一七年左右，北方的民族大舉發兵（利布人於西元前一一七六年又再對埃及發動攻擊，導致二千一百七十五名梅什威什戰士葬身沙場）。埃及的梅迪內哈布神廟有一段很長的銘文，寫下埃及版的戰紀。在埃及筆下的戰記當中，最突出的一點是，戰爭的風雲不僅席捲埃及一帶的地中海岸，還把更廣大的區域籠罩進去：

> 域外諸國於所在島嶼共商密謀，突然之間，各方大地陷入動盪，四散於戰火當中。無一國家得以擋在他們的大軍之前。哈提人（Hatti）、寇德人（Kode）、卡爾喀美什（Carchemish）、阿爾扎瓦（Arzawa）、阿拉西亞（Alasiya；塞浦路斯）諸國，無不盡遭剷除。

他們所經之處，無不橫遭因為大軍肆虐而化作黃沙，恍若「該地從來未曾建國」。之後，他們再從敘利亞和迦南一帶朝埃及本土推進[24]。埃及人說這一次人禍不僅殃及埃及，連埃及的宿敵西臺帝國也難逃池魚之殃——這所言不虛，因為，西臺這陸地型大帝國就是在這時候分崩離析的。入侵埃及的那幾支民族是巴勒席（Peleshet）、切克爾、席克里什、丹炎（Denyen），還有威席什（Weshesh）。他們組成聯軍，「染指各處，遍及大地周邊」。埃及人下筆寫成這樣，目的在勾起蝗蟲過境的印象。他們從陸地、海上分頭進擊，逼得埃及不得不從他們的地中海岸以及東部的邊疆迎敵。埃及和旗下的沙達納藩屬打的陸上戰爭，就必須和駕駛西臺式戰車（一車三戰士）的軍隊正面對決。所以，入侵大軍所能動員的人力、物力算是不小，連昂貴的馬匹也為數頗多。而他們也和利布人一樣，舉家出動，帶著婦孺老少搭乘大型的牛車同行。

至於從海上入侵埃及的敵軍，最先遇上的就是柵欄和火堆：「一個個被拖上岸，遭眾人圍堵，撲倒在沙灘上面」[25]。但在別的埃及文獻，有的記載是入侵的敵軍直闖尼羅河三角洲上面河道縱橫的入海口。埃及這邊也備了幾艘戰船，準備將入侵的敵軍趕向岸邊，困在埃及弓箭手的射程當中。依浮雕的圖畫來看，埃及的戰船似乎是河船改裝成的，敵軍的船艦則類似敘利亞商人的船隻。雙方的船隻都有風帆，不過，船隻行駛應該還是風帆和人力划槳並用。海民搭乘的船隻在船首、船尾都有鳥頭作裝飾，這樣的特徵在斯基洛斯（Skyros）出土的西元前十二世紀邁錫尼陶罐圖畫當中也看得到。另一常見的特徵則和巴勒席人連在一起，但有時也和丹炎、切克爾、席克里什等民族連在一起：除了短裙之外，巴勒席人戴的頭盔還有像羽毛一樣的東西，造型有一點像高頂帽。入侵的外敵儘管敗於埃及之手，但他們的實力倒不以海上的兵力為主，而是在陸上的軍力。他們大多以步兵為主力，武器用的是長矛和突刺劍。拿這樣的武器上戰場，效率顯然會好過西臺、埃及他們用的戰車；戰車不僅貴，多半還不耐打。沙達納人用的圓盾也極適合近身肉搏。雖然西臺人已經開始在製作一些小鐵器，但是，這一批入侵的民族還沒有鐵製的武器可用。但他們有的是紀律、決心以及（恰似字面所示）鋒利的刀刃。邁錫尼晚期有一具陶罐，人稱「戰士陶罐」，上面刻的紋飾是一小隊士兵手執長矛、圓盾，腿有護脛，身著短裙，頭上戴的是沙達納和盟軍戰士特有的牛角頭盔[26]。法老雇用沙達納人來當傭兵算是高招，因為，這表示埃及這邊也有門道可以借敵人的武器和戰術來禦敵。

埃及人在碑版和莎草紙上提過的民族，要是有辦法分辨是哪一支民族的話，對於地中海區的動亂就可以清楚一點了。關於這些文獻提到誰是誰，現代的懷疑派對這問題無不退避三舍，他們認為幾個子音哪算得上充份的證據（西臺文獻中的阿亥亞瓦就是這樣）；名字怎樣都比民族還要容易搬家[27]。只是，埃及文獻中的名字，只要拿來和荷馬史詩、基督教《聖經》還有其他後世記載的名字作一下比較，就知道既然找得出來那麼多類似的地方，要說是偶爾得見的巧合，實在太過牽強。一、兩處類似是可以叫作巧合，但是超過六個，應該就可以叫作證據了。像「丹炎」這名字就很像「達奈瓦」（Danawoi, Danaoi, Danaan德內恩），荷馬有時用這名字來指特洛伊城外紮營的希臘人。「丹炎」聽起來也很像「達恩人」（Danite）〔《聖經》：但人〕；他們是住在雅法附近的航海民族，依照基督教《聖經》〈約書亞書〉和〈士師記〉所述，顯然他們繼十一支部族之後也加入了以色列[28]。這些民族四散流離，西元前九世紀時，土耳其南部在卡拉太北（Karatepe）地方，據說便有一位「丹能尼央（Dannuniyim）的國王」[29]。先前在埃及的銘文當中，也已經看過「D-r-d-n-y」這樣的記載，也就是「達達尼亞人」。「切克爾」的發音也類似「袞克里恩」（Teucrian）。袞克里恩人是達達尼亞人在安納托利亞半島的鄰邦，有一部份定居在現今以色列北部的海岸，溫納蒙行經該地時便遇見過他們。有些學者一扣住發音約略類似，就把梅利里的盟邦席克里什發配到西西里島去；把阿克威什發配到阿亥亞瓦去，結果害他們變成了邁錫尼人。托許（T-r-s-w）則被發配到托斯卡尼，結果變成五百年後才看得到的提雷諾人（Tyrsenoi），也就是〔義大利半島中北部〕伊特魯里亞人。這些標籤說的是人的族裔、部落或是出身地，只是等到這些標籤擠進埃及人的象形文字，母音就全不見了，以致很難重現原形[30]。所以，抓個大概的印象就是到了西元前一二〇〇年，地中海東部備受搖擺不定、變來變去的海盜、傭兵聯盟荼毒，甚至偶爾還有辦法組成人多勢眾的海上或陸上聯軍，劫掠皮洛斯、烏加列這類大城，說不定還對特洛伊發動戰爭，導致「特洛伊第七期A」城破國滅。搞不好有時他們連自己的老家也不放過，照樣回頭去打；（從後來希臘的傳奇故事可知）畢竟他們多的是被家鄉趕出來的人。打劫老家，有時也會引發另一波戰士出走潮，拿塞浦路斯島、烏加列甚至尼羅河三角洲作目標，搶奪財貨來彌補自己在老家被搶的損失。在這些人當中，找得出來有塔洛伊薩來的人，塔洛伊薩是鄰接威魯薩的地區。「托許」人這一名稱，以「塔洛伊薩」這地方來解釋最為恰當，不太可能是後來的伊特魯里亞人；換言之，特洛伊人既是海民的一支，也是海民的受害人。

三

埃及雖然力抗侵略，沒被外敵征服，但是，尼羅河三角洲卻已不再牢牢握於法老的手中。從溫納蒙的出使記可知，這地方在西元前十一世紀算是獨立的地區，當地的首領根本不受法老節制，對於上埃及宗主國的大人、主子，只是在口頭上虛應故事罷了。再往北方推過去，西元前一二〇〇年前後的事，並未導致邁錫尼文化立即崩塌殆盡，但要是希臘的傳奇故事還有根據的話，那麼，這些事在政治倒是造成了極大的破壞。其實，那時也不是沒有地方逃過了破壞的劫難。這樣的地方最重要的一處，便是雅典。雅典在邁錫尼時代雖然還不是第一流的城市——那時他們在衛城那裡還有人在住，墓地也還在下方的凱拉美科斯墓場——但是雅典可能因為有天然的屏障，而逃過一劫。雅典不僅有壁面陡峭的堡壘外加最高的那一層「巒石牆」（Cyclopean wall），他們的水源供應也不虞匱乏，撐得過長期的圍城戰[31]。連邁錫尼城在大半城區被毀之後，也有好一陣子照樣有人居住。在希臘北部、色薩利境內、愛琴海的幾座島嶼等地區，情況都還算平和；羅德島位居一條貿易路線的中樞，多德卡尼斯群島製作的高品質「希臘青銅時代晚期」陶器，都是由這一條路線運送到希臘、義大利半島南部和敘利亞去的；傳統的紋飾依然十分流行，例如章魚母題。希俄斯島上的安博里奧是邁錫尼的貿易中樞，十分繁榮。特洛伊城的經歷也很類似：「特洛伊第七期A」滅亡之後，原地重又蓋起新的城市，只是繁華已經大不如前。

希臘北部還有一片地區未受戰火摧殘，顯示攻擊人口匯集的市鎮的人是從南方跨海來的；不過，有的島嶼未受影響，又顯示也有侵略是從北方來的。希臘有傳說指北方的希臘多利安人曾經南侵，但為雅典奮勇擊退。由於也有說法指多利安人是雅典宿敵斯巴達人的祖先，雅典人把這傳說看得太重，超過考古證據所能支持的。研究邁錫尼滅亡首要的專家就說：「然而，真要是這樣的話，就不只該有入侵的證據，也應該有入侵者的證據」[32]。但他只找得到兩樣新發明：一樣是劈刺劍，另一樣是前端彎成弧狀的別針，叫作「樂弓狀別針」（violin-bow fibula）。地中海東部出現新式刀劍，確實足以解釋特洛伊城、邁錫尼城或是敘利亞沿岸城市何以連番被進犯的強敵所敗，但未足以證明在那時期有大規模的侵略戰爭，況且，邁錫尼人也拿得到同類的刀劍。至於別針，在這時期的地中海中部、東部各地，連遠在西邊的西西里島，都看得到類似的設計變化；這反映的主要是品味有所變化，說不定還反映生產技術有所進步。然而，要是改拿方言作證據，那麼事情就很清楚了；多利安人說的希臘方言滲透到了伯羅奔尼撒半島。在此期間，希臘本島的邁錫尼難民也落腳在塞浦路斯島上定居下來，為這一座島嶼注入第一波希臘族群。他們不僅人多勢眾，還把他們講的方言也引進塞浦路斯島——在塞浦路斯以外的地方，他們講的方言只在偏遠的阿卡迪亞流傳下來。語言學的證據也終於有一次從考古證據這邊取得了直截了當的佐證，因為，遷徙到塞浦路斯島的希臘人也將邁錫尼城一帶流行的陶器樣式一併帶到島上，此後流傳久遠未歇；人稱「希臘式」（á la grecque）的「室墓」，也是因為他們而在島上流行起來[33]。

不過，他們的古老文化是在改變，只是所得的證據不太容易解讀。像是墓葬的樣式從家族石室墓轉型為單層或雙層石板圍出來的「石砌墓」，表示的到底是人口組成在變、流行在變，還是人力、物力不足而無法再像以前那樣蓋家族陵墓呢？還有爭論。前人的舊技術漸告失傳，從陶器也看得出來。考古學家為他們作品貼上的標籤是「次邁錫尼」（Sub-Mycenaean），帶有貶意。愛琴海地區的邁錫尼文明終究逃不過這一波影響，未到西元前一〇〇〇年，米利都和安博里奧（Emborio）的幾處貿易中心已經破壞得很嚴重了，地中海東部跨海運送的貨物數量銳減，海上的活動備受海盜侵擾；這些海盜被後來的希臘傳說稱作是「提雷尼亞人」。雖然對於這樣的關鍵年代，學者注意的焦點難免都在地中海東部，但是，也有證據指地中海中部一樣有空窗期。西西里島於西元前十三世紀中期，是「戰事、恐懼開始的時代」，不過，他們面對的威脅來自義大利半島而非遠方的海民[34]。依西西里島出土的希臘青銅時代晚期遺物來判斷，他們和希臘的來往約在西元前一二〇〇年左右開始減少，到了西元前一〇五〇年說不定就停止了[35]。

外地人朝希臘南部陸地遷徙，這不像埃及遇上的攻擊那樣有組織，搞不好連入侵也算不上，也就是他們並非武裝的敵軍，頂多就是住在今天伊庇魯斯和阿爾巴尼亞一帶的北部希臘人，像涓滴細流一樣慢慢朝南邊不斷滲透。由他們的活動，證實當時是有一波潮流講究的是更簡單、更樸素的生活。只是，這樣的生活也導致希臘地區在地中海世界殘存的貿易地位大為削弱。不過，貿易來往倒是未曾斷絕。西元前十一世紀，雅典的貨物依然穿梭於愛琴海區：偏重線條的「原始幾何樣式」陶器在米利都（這時已重回希臘人掌握）和士麥納舊城（這時是希臘人的新居地）都找得到，而雅典便是這類陶器的重要生產中心，有些的風格和燒製手法還相當精緻。找到這些陶器，顯示希臘人已經在重建他們的貿易網路，循海路將小亞細亞和希臘本島連接起來。希臘昌盛的愛奧尼亞文明，就是以此為基礎於西元前八世紀崛起。

四

十九世紀末葉發現過一份莎草紙，人稱「阿曼尼摩比術語」（onomastikon of Amenope），依據紙上所載，巴勒席人要擺在巴勒斯坦南部，切克爾人要擺在巴勒斯坦中部（溫納蒙的出使記也可以作證），沙達納人要擺在巴勒斯坦北部，而且都相當符合考古證據——阿卡有海民定居，阿卡又可能是埃及設立的據點，派傭兵駐守[36]。海民和這一帶的關係十分緊密，其中一支巴勒席人還因此把名字留在這一地區。「巴勒席」這名字，一如衣索匹亞猶太人用的衣索匹亞閃語當中的「法拉沙」（Falasha），都是指「外人」或是「浪人」；「巴勒席」在《聖經》的希伯來文作「Pelishtim」，他們住的地方在希臘文變成「Palaistina」，再後來就成了「Philistine」（非利士人）和「Palestine」（巴勒斯坦）。這一詞也可以連到「Pelasgian」（培拉斯科人）；這一個詞的意思就含糊得不得了，在後來的希臘文獻當中用來指愛琴海地區前希臘（pre-Greek）時期的多支民族；有的據說住在克里特島——所以，它和閃語名詞的意思一樣，還是指「外人」或是「浪人」。要是再加上考古證據，便有可能進一步確認誰是非利士人了。在非利士人遺址，例如現今以色列境內的阿什達德（Ashdod）挖出來西元前十二、十一世紀的陶器，風格就類似邁錫尼世界的希臘青銅時代晚期作品；最相近的，在塞浦路斯島上被發現，只是發現地未必等於源出地，因為塞浦路斯島動不動就遭海民劫掠，兼屬邁錫尼人徙居的目的地[37]。由這發現，表示有一波移民潮約當自西元前一三〇〇年起開始在緩緩推進，只是間或會被動亂期的大破壞打斷。埃及的法老發現埃及要是不准遷徙的人群落腳定居，很可能逼得他們拿起武器作亂；但要是歡迎他們入境，或者用兵力鎮懾，他們倒是可以在境內安居樂業，許多人還可以加入法老的大軍和沙達納人並肩共事。

埃及挑中來讓非利士人入境定居的地區，是加薩以北的海岸地帶；四大聚落的中心是加薩、以革倫（Ekron）、阿什克隆（Ashkelon）和阿什達德（Ashdod）。「原始非利士人」來到阿什達德，引進邁錫尼陶器的技術和風格（他們那裡的邁錫尼樣式瓶罐，不是進口來的，而是以當地黏土在當地製造出來的）。邁錫尼世界的傳統樣式，就以非利士人（和克里特人）保存得最久；邁錫尼的傳統樣式在希臘那邊，紋飾反而流於簡單、概要。在以色列的蓋澤、西岸（West Bank）的艾敦山（Tell Aytun）還有其他地方發現的器物，最常見的設計是一種長頸鳥，有些鳥頭還轉向後看；這樣的設計結合斜條紋、細紅條紋等多種紋飾，十分優雅[38]。加薩走廊挖掘出來的陶器，以及他們與眾不同的人形泥棺，也看得出來埃及藝術的影響。非利士人既然投身埃及軍旅，他們會借用埃及人的樣式來創作，很難說有什麼好奇怪的；但在他們的創作上，邁錫尼的影響力卻凌駕一切，怎樣也遮掩不住他們最早是從哪裡來的。

由於他們邁錫尼風格的陶器皆屬在地自製，可見這一批跨海移入的人群不僅是士兵和海盜而已。他們的遷徙規模較大，一個個攜家帶眷的，隊伍中不單是戰士，連陶匠也在內。位在現今台拉維夫的古城奎西利山（Qasile），便是古非利士人的聚落，發展成葡萄酒和橄欖油的農業貿易中心。非利士人遷移至此，並未因此帶動這地區和愛琴海的通商來往跟著大幅度上揚；其實還是反效果，幾座貿易大城因此毀滅，迦南沿岸地帶的古老生活形態隨之消失。食材的貿易依然暢旺，畢竟有短缺的地方還是要和有盈餘的地方互通有無。但是，邁錫尼文明盛期風行的奢侈品交易，這時可就大幅萎縮了，遊走各地的行商也找不到堂皇的宮殿可以讓他們販賣尊貴的行頭。

非利士人來自希臘世界[39]。他們是阿伽曼儂和奧德修斯的族人，遷移到這一帶時講的是希臘語——或也可能是盧威語。這一帶出土的古物有兩個印章上面有幾道刻痕，類似線形文字A或B的音節文字。《聖經》一再強調非利士人來自加非托爾（克里特島），顯然就是反映當地流傳的說法。耶利米（Jeremiah）說非利士人是「加非托爾沿海來的遺民」（《聖經》〈耶利米書〉，47：7）。大衛王有殺死非利士巨人歌利亞的故事，而歌利亞這一號人物就教人忍不住要連到希臘人去。歌利亞的甲冑依《聖經》裡的描述加上邁錫尼城出土的「戰士陶罐」紋飾合起來看，確實很像當時希臘人穿戴的甲冑[40]。大衛在非利士人當中以流亡的身份過了一陣子，後來身邊的侍衛明顯就像是出身克里特島的人了（《聖經》裡提到的基利提人Cherethites）。

非利士人在巴勒斯坦定居下來之後，許多便不再以航海為業，轉行當起農夫、工匠，未幾也講起了閃語族的語言，拜起了迦南的神，雖然他們一開始可是把原本崇拜的男女神祇一併帶著遷徙的。阿什達德的考古遺址挖出過幾尊彩繪的小人像，人像雙手舉起，據信應該是愛琴海的地母，而且很像邁錫尼世界找到的泥塑人偶[41]。以革倫遺址的內部也挖出幾座他們蓋的禮拜聖壇，內有愛琴海樣式的大灶，只是他們的禮拜聖壇的外觀也正逐漸轉變成迦南的神廟[42]。這裡挖出過鐵刃小刀，應該是用於神廟儀式；《聖經》也說他們管制鐵礦供應，免得鐵製品的好處遭以色列人染指，但其實當時的鐵製品主要以貴重物品為限，例如鐵製的手鐲，這在當時是最時髦的飾品。非利士人絕對不像現代用語所指的那樣只懂得劫掠、只懂得破壞。他們在巴勒斯坦海岸一帶創造出活潑昌盛的城市文明，留下他們源出邁錫尼文明的印記，流傳久遠。非利士人的事蹟說的是一群傭兵、移民，縱使佔據別人的的土地，土地遭佔的民族長久以往依然可能藉由文化反敗為勝，而將入侵的外人吸納到迦南的閃語族文化當中。非利士人扔下地中海轉投向內陸，佔據迦南南部山腳下的幾處聚落例如以革倫，日後以革倫會以榨橄欖油知名。但是非利士人也會在這一帶發現他們和「以色列的子民」相處不來。

五

提到以色列，這問題就要拉到台前來了：青銅時代晚期的動亂狂潮，席捲的是否不只是非利士人，而連以色列人也身不由己跟著在作大遷徙？上帝透過先知阿摩司（Amos）問道：「我豈不是領以色列人出埃及地，領非利士人出迦斐託〔Caphtors〕？」[43]相信以色列出埃及記有史可稽的人，一般都把這時間劃歸在西元前一四〇〇至一一五〇年間：《聖經》有關以色列子民來到埃及的記載（先不管離開埃及這一件事），有許多細節比對起其他證據，都還算吻合——像是講閃語的民族流徙各地尋找糧食，宮廷偶爾看得到講閃語的大臣，都和《聖經》寫的約瑟故事沒有多大的差別。而在埃及的戰車深陷紅海的爛泥之後，據傳是摩西唱的雄壯〈紅海之歌〉顯然就有非常古老的歷史，所描述的戰車戰也符合海民活躍的年代[44]。〈紅海之歌〉也提到有遊牧的族群「阿皮魯」（apiru）或是「哈皮魯」（habiru）出現在埃及東邊一帶——烏加列城陷落一事，這一支民族說不定就插上了一腳。烏加列城的國王生前向外緊急求援的信函，看似也提到了這一批人。至於臣服於埃及的子民一樣看得到——有些應該還是戰俘——而透著以色列人據傳在埃及身陷長期奴役的影子。這些證據要是看得謹慎一點的話，那就可以看作是和荷馬一樣在回頭講述幾百年前的社會；也就是根據口述歷史和傳說，外加從鄰近民族的記載當中擷取材料，是可以讓古代的以色列人，對先人長期滯留埃及之後再躲過法老戰車追殺的驚險歷程，描繪得詳細又生動。同理，要是說這一章所談的大遷徙潮又再引發出許多小遷徙潮，這也是有力的論證；幾支閃語族從埃及外移便是小遷移潮當中的一波，只是近東的文獻對此都略而不提（埃及法老麥倫普塔簡單提過幾句，是僅此唯一的例外）。也因此，以色列人便是那些遊牧的「阿皮魯」，他們一度重拾遊牧的生活，後來不願再臣服於法老的統治，而改投向他們自己的神，作祂順服的子民。

以色列的子民進入迦南地後，當然沒有摧毀耶律哥，也沒有摧毀艾伊（Aï）。這兩座城市早在他們之前幾百年就已經城破人滅了。他們進入迦南地後，反而是帶著他們放牧的綿羊、山羊（但沒有豬隻）落腳在山間的村落，和他們的上主立下約定，也允許別的部落、民族，例如「達恩」（Danite）人加入他們的陣容[45]。非利士人於當年甘心樂意改當起迦南人，一起信奉當地人崇拜的〔半人半魚〕「大袞」等等神祇；這時候的達恩人也一樣，甘心樂意當起了希伯來人，信奉起以色列的上主。以色列人在這時期和地中海區的來往，除了有達恩人這一支部落，除了有非利士人已經從加非托爾來到這一小塊土地的邊緣，導致以色列人和非利士人的關係日趨緊張之外，其他便微不足道了。在非利士人也開始從事農耕，融入當地的迦南族群之後，便開始動腦筋要朝內陸推進，想要染指更多的土地，這樣便和以色列人有了直接的衝突。要是《聖經》記載正確的話，那雙方的衝突是在西元前一〇〇〇年左右達到高峰。到了掃羅王暨兒子雙雙死於以色列和非利士人打的一場慘烈大戰之後，以色列這一方就有賴一直身處敵營大衛王出馬，突破非利士強權，以新近擄獲的要塞耶路撒冷為大本營，據傳在這一帶稱霸稱王，統領全境。以色列人的軍事勢力雖然日盛，幾處西元前十一世紀的遺址卻少有奢侈品的遺跡，和地中海一帶國家的貿易也很少見。即使如此，卻不宜就此將以色列人置之度外，因為，此後會有很長的一段時間，以色列人對地中海周邊民族的歷史都有舉足輕重的影響。依《聖經》記載給人的印象，地中海東部有許多定不下來的部落和民族，沒有一支在亞洲和非洲交界的這一地帶定居長久的。

所謂的「海民」，未必每一支都來自海上，他們遷徙的規模也未必像埃及文獻要別人想的那般龐大。話雖如此，也絕不可以因此小看海上民族和陸上民族的衝擊；陸上民族當時之活躍，顯然不亞於海上民族。這時期的一場場動亂禍患，都是這世界分崩離析的癥兆。政治動盪連帶引發經濟危機；斲喪元氣的大饑荒便是其中的一樁。《聖經》寫到以色列人和非利士人的戰爭時，簡單提過鬧瘟疫的事，可能也表示當時的動亂有一大原因便是出現了「腺鼠疫」（bubonic plague）或是類似的傳染病大流行。所以，這一場大難也要從查士丁尼皇帝時代的大瘟疫、還有黑死病（Black Death）相同的源頭去找來由。而這樣子看的話，地中海東部要是同遭瘟疫席捲，無一處倖免，應該不足為奇。只是，這樣的時期有太多事情只能臆測，作這樣的臆測可能就屬過當。地中海東部於青銅時代末了之時，向來被人說成是「史上一大恐怖轉捩點」，天災人禍之盛，遠甚於羅馬帝國衰亡的階段，「堪稱古代史上最悲慘的亂世」[46]。「第一代地中海」的世界——從西邊的西西里島拉到東邊的迦南，從南邊的尼羅河三角洲伸到北邊的特洛伊城——就此急速崩塌，分裂。地中海世界要再重新整合為一大貿易湖，從直布羅陀海峽一路延伸到黎巴嫩，還需要花上數百年的時間。

第二部

第二代地中海世界

The Second Mediterranean,

1000 BC — AD 600

第一章

販賣紫色的行商

西元前一〇〇〇年—西元前七〇〇年

一

西元前十二世紀歷經連番大難之後，復興之路走得十分緩慢。愛琴海沿邊陸地衰頹到怎樣的地步，今人無法明瞭，不過損失十分慘重：書寫的技藝失傳，只剩塞浦路斯島上的希臘難民還有此一技在身；米諾斯和邁錫尼陶器獨樹一幟的渦卷紋飾失傳，同樣只剩塞浦路斯島一地孤傳；貿易萎縮，宮殿傾圮。這樣的「黑暗時代」，不是愛琴海區獨有的現象。往西邊去，遠到利帕里群島一樣有動亂的跡象，因為西西里島上的舊秩序在西元前十三世紀遇上一波大破壞而告葬送；利帕里群島的居民則是因為擁有強固的防禦工事，才有幸保住他們些許的繁榮[1]。埃及那邊，法老的權勢同樣大幅削弱，尼羅河一帶之所以沒有更大的破壞，全是因為外來的侵略勢力消退散去，改找新的地方落腳定居，而不是因為埃及本身有實力趕走他們。

到了西元前八世紀，新的貿易網開始出現，將東方的文化朝西方牽引，遠達伊特魯里亞和西班牙南部。這一新興的貿易網，最奇特的一點在於它並不是因為帝國擴張，以橫掃千軍的勢力搭建起來的——

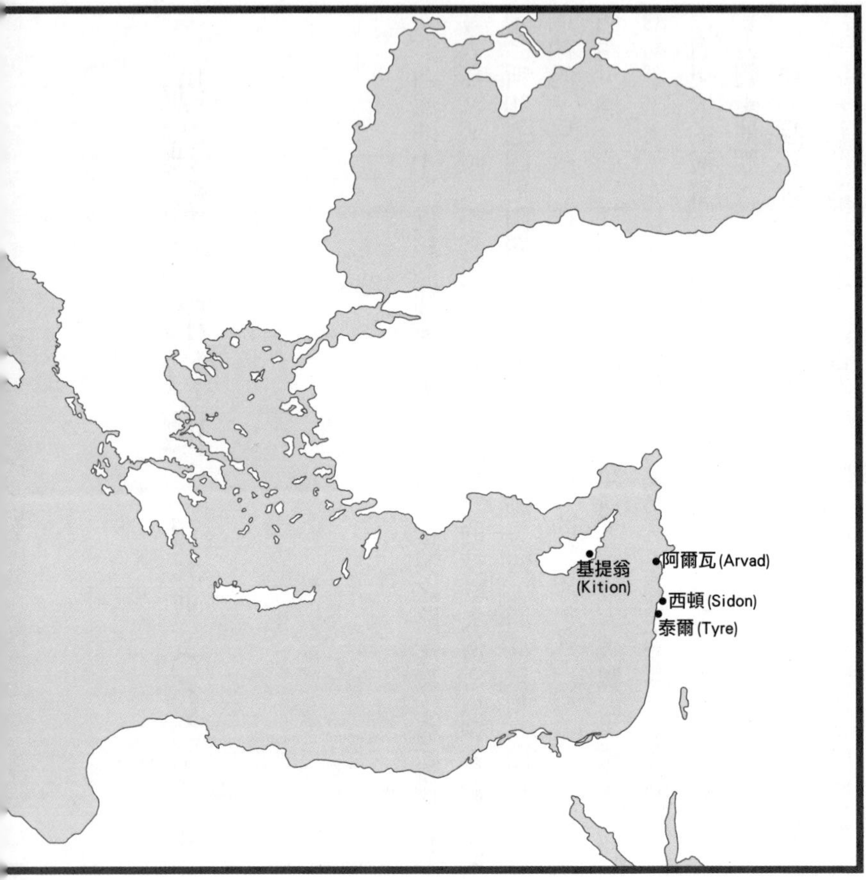

亞述人在亞洲西部橫掃千軍的霸權，便是如此——而是由一支支商人群體組織起來的。例如希臘人便在有意無意之間追隨他們邁錫尼先人的腳步，朝西西里島、義大利半島前進。伊特魯里亞有海盜和商人崛起，而他們出身的那一片土地，還是史上頭一遭有城市興起。而新興的勢力當中，還是以黎巴嫩的迦南商人竄起的氣勢最猛。希臘人叫他們「腓尼基人」（Phoinikes; Phoenicians）——荷馬就嫌他們重商、重利，很是討厭[2]。世人鄙視「商人」的漫長歷史，於焉開始。他們的名稱來自骨螺殼淬取的紫色染料，這是迦南海岸

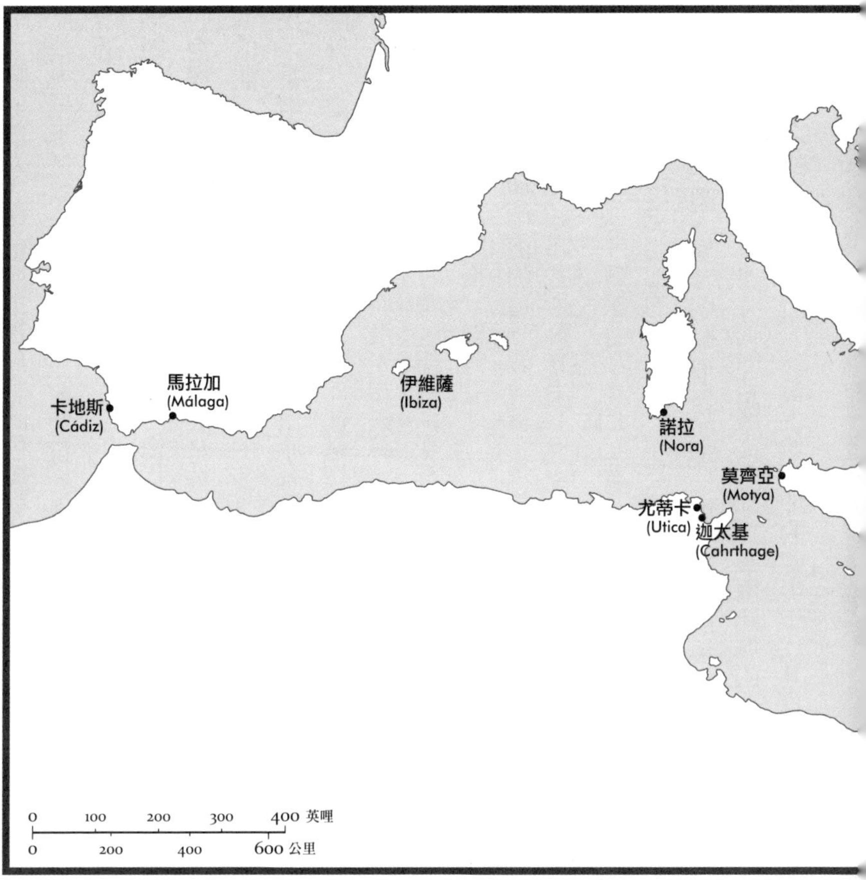

一帶最珍貴的特產。不過，希臘人也承認他們用來打造新文字體系的字母，是拿腓尼基人的字母作藍本的；上古的希臘、義大利藝術在創作力發酵的時期，也是以腓尼基地區的藝術樣式作為啟發的源頭。

雖說黎巴嫩海岸沿線一帶的大城小鎮一起共有文化和貿易，「統一」的感覺卻不多：「海上貿易才是他們領域的分界線，而不是領土」[3]。然而，考古學家依常規把黎凡特沿岸的迦南居民所屬年代拉到西元前一〇〇〇年前後，結果就把他們說成是腓尼基人了。[4]只是這種習慣作法，就把很重要也很棘手的問題遮蓋掉了：腓尼基人的多處城市是什麼時候發展成地中海的大貿易中心的呢？又是怎麼發展出來的？特別是腓尼基人是不是以黎凡特海岸先前的貿易中心，例如畢布洛斯、烏加列，作為他們發展的墊腳石？[5]如前所述，烏加列約在西元前一一九〇年滅亡，海岸一帶由多爾來的切克爾人遷入定居。所以，貿易一定有中斷的情形；像是克里特島和愛琴海從貿易地圖消失，就表示以前在西邊的老市場已不復可得。海上還有海盜肆虐，專門拿商人開刀。只是舊迦南地的重要特點並未消夫，有時生命力還特別強韌[6]。像是迦南的語言反而成了定居黎凡特一帶的多支民族通用的標準語言，例如愛琴海來的非利士人，希伯來的農民，泰爾和西頓市鎮的居民。迦南原有的宗教信仰也一併為他們接收，只是略作修改——唯獨一支民族除外。這一支民族希伯來人，即使選擇不和大家同道也未必不相為謀，因為他們還是有人會跟著迦南人的宗教習俗進行祭拜，而被先知嚴辭譴責。以色列人對於腓尼基人的祭祀也很熟悉，有時在作獻祭的時候也拿親生的長子作牲禮，招致《聖經》的先知還有後世的羅馬作家震驚又震怒：「不可把自己的兒女當祭物燒獻給邪神摩洛」[7]。

所以，在地中海的這一塊角落，承先啟後的關係比起希臘或是西西里島都要牢固一點。西元前十一世紀，這一帶的繁榮確實不如以往，但不算是完全沒落。然而，即使說腓尼基人在西元前十世紀擁有強大的商業勢力，也不等於在說他們已經主宰海上的貿易。他們有別的路徑需要探索，而且，把他們的紫色染料賣給伊拉克北部的亞述人，才是精明的生意經。亞述人那時可是一方之霸，坐擁財富和銳不可當的武力，腓尼基人何苦朝隔海對岸那些窮愁潦倒的民族去叫賣呢[8]。不過，早期腓尼基人在希臘人眼中倒不是這樣子的。古典時代的希臘文獻都寫泰爾建城的時代是在特洛伊城陷落之前幾年，也就是西元前一一九一之前幾年。然而，泰爾古城遺址的確切年代其實還要古老得多，而且，依埃及法老的外交文書來看，泰爾城的國王阿比密基（Abi-milki）是西元前十四世紀的重要人物。羅馬人堅持腓尼基人在泰爾據稱建城的時間之後不到百年，便已在西邊很遠的地方建起了殖民地：〔西班牙西岸〕卡地斯（Cádiz）建於西元前一一〇四年，位在北非的尤蒂卡和利克蘇斯（Lixus）也在同一時期建城。這樣子似乎顯示腓尼基人才沒把所謂的「黑暗時代」降臨當一回事，依然開闢出他們的貿易路線，織成網路。所以，《聖經》才會寫到在遠遠的西邊有一處地方叫作塔席施（Tarshish），而這地名的發音和古典希臘文獻寫的「塔提索斯」（Tartessos）很像。雖然有幾份羅馬時代的文獻同都提到卡地斯建城的時間極早，但其實他們不過是把史家維利烏斯・佩特庫魯斯（Marcus Velleius Paterculus）的說法重新再說一遍而已。維利烏斯・佩特庫魯斯是古羅馬奧古斯都皇帝同時代的人，而那時代和他說的事情可是相隔達一千一百年之久；至今也沒有考古證據可以支持年代這麼早的說法。即使在腓尼基地區，西元前十一、十世紀的考古紀錄也少得出奇——這固然是因為現代的黎巴嫩城市人口都很稠密，要往地底下去作考古挖掘十分不易，但也是因為黎凡特一帶的城市備受海民劫掠荼毒，破壞得十分嚴重。

《聖經》始終都說泰爾〔推羅〕國王的財富、權勢可以倒推到西元前十世紀。依〈列王記〉（Book of Kings）的記載，泰爾王希蘭和以色列王所羅門交好、結盟（所羅門王在西元前九六〇年左右讓位），最後雙方立約，保障泰爾人取得穀物、橄欖油供應不虞匱乏，泰爾則以提供木材、工匠作為回報，協助以色列在新的都城耶路撒冷蓋神廟[9]。《聖經》對這一座神廟的描述再也找不到可相比擬的，這是腓尼基人早期樣式的禮拜聖壇，符合哈佐（Hazor）還有其他地方挖掘出土的地基遺址樣式：外院有祭壇，聖所入口兩側各有立柱拱衛，入內後穿過一間較大的前殿到裡面的「至聖所」（Holy of Holies）。泰爾挖掘出土的以色列雙耳細頸瓶（amphorae）容量可達二十四公升，證明希伯來人早年立約所訂的糧食貿易到了西元前第九、第八世紀都未廢止[10]。據說所羅門王為了回報泰爾王協助興建神廟，特地在以色列北部劃出幾處聚落給泰爾王。依《聖經》的說法，這些地方叫作「城市」；只是，《聖經》也說希蘭王看了並不中意，所以，所羅門王的土地仲介帶希蘭王去看的厚禮顯然太過誇大[11]。以色列人在非利士人聚落東邊的山區牧羊、種大麥，這樣幾百年後，也培植出了自有的實力。他們知道泰爾城缺乏適合農耕的腹地。泰爾城在那之後一、兩百年，居民的人數應該有三萬之譜；這麼大的城市要活得下去、茁壯成長，唯有向外取得穩定的穀物供應才有辦法。山區的森林就在泰爾城的後方，群木高聳，多的是品質優良的木材。泰爾城要是希望養得活城內的居民，就必須善加利用這一片森林進行商業交易，和外人互通有無[12]。另外，希伯來人也看中了腓尼基人的骨螺殼。他們雖然不可以吃殼內的螺肉，卻奉他們上主的命令，要將服裝的穗飾用骨螺殼萃取出來的染料染色。骨螺殼染料所謂的「紫色」，其實差異很大，從鮮藍色到紅鏽色都有，全看加工是怎麼做的。泰爾和鄰近的城市因此擁有兩大優勢：一是他們出產這麼一樣十分珍貴的奢侈品，是亞洲西部的紡織品貿易市場極為重視的原料；另一是他們擁有極為重要物產，是建屋、造船外加無以計數的小型家用品不可或缺的材料。所以，泰爾和鄰近的城市之所以發達興旺，不單是因為位處亞洲和歐洲的中介地帶，還因此他們也有自家的特產可以送進市場叫賣。

腓尼基人的城市在西元前十一至第九世紀期間擁有最大優勢，不再受強權支配，即使同為腓尼基人的城市，彼此也並無臣屬關係、各自獨立。埃及勢力在迦南地區急劇衰落，正是腓尼基人千載難逢的機會，可以遂行己意，圖謀他們的大業不受干預。只是，亞述大軍在西元前九世紀從東邊來到他們這一帶，卻逼得他們急踩煞車：亞述大軍橫掃沿岸城市，「如同餓狼進了羊圈」（譯註7），風捲殘雲之勢，最終連以色列王國也被他們併入他們的腹地。不過，亞述人還算聰明，看出腓尼基的城邦可以當他們財富的活水源頭；只要泰爾和鄰近的腓尼基城市貿易活動不斷，他們便有歲貢可以收取。泰爾在那時候只是腓尼基海岸沿線多處獨立的城邦之一，卻是外地人例如希臘人、希伯來人最熟悉的腓尼基城邦，也是腓尼基人在西邊最大的殖民地迦太基城的母邦——迦太基城據說建於西元前八一四年。泰爾城君主的統治權有時也延伸到西頓去，荷馬史詩和《聖經》都叫泰爾的君主「西頓人的國王」（荷馬史詩從來沒用過「腓尼基人」這樣的名稱，從頭到尾他都叫他們「西頓人」）[13]。這樣一來，泰爾好像變成了特殊份子。但其實就好幾方面來分析，泰爾怎樣都是腓尼基人標準的貿易中心。泰爾和腓尼基人後來拓建的幾處殖民地，還有北邊的阿爾瓦（Arvad），也是，地理位置同都在島嶼上面。泰爾就是因為地理位置擁有良好的屏障，而有「Tzur」（Tyre）之名，意思是「巨巖」或「堡壘」。這要等到亞歷山大大帝在西元前四世紀晚期建起了一條堤道，將泰爾城連到本島，泰爾方才和那一帶的海岸銜接起來直到現在。這幾座小島都擁有天然屏障，只是水源供應也始終是當地人的煩惱。古典希臘晚期就有記載寫阿爾瓦有一條輸水管，從陸上供應飲水到島上。不過，這幾座島嶼當然也有補給船負責供水，或是利用水槽儲存雨水備用[14]。到了亞歷山大大帝的時候，泰爾島上已經自建了兩座港口，一座面朝北方的西頓，另一座面朝埃及；還有一條運河連通兩座港口[15]。西元前六世紀時，希伯來的先知以西結就把泰爾城想作是一艘華美的船，由黑門山的柏木和黎巴嫩的雪松建起來的；有銀、鐵、錫、鉛從希臘還有西邊運送進來，穀物、蠟、蜂蜜、牛脂、香膏則從猶大（Judah）王國這邊運送過去[16]。只是，以西結也沮喪作出了預測，說泰爾人的華美船隻正駛向遇難的命運。他的描述，為地中海和亞洲西部勾畫了一幅海上環遊記，或說是航線圖也可以，

譯註7：「如同餓狼進了羊圈」（like a wolf on the fold）—— 出自英國著名詩人拜倫勳爵（Lord Byron）的詩作〈辛奈克里覆滅〉（The Destruction of Sennacherib），辛奈克里是亞述國王，以大軍橫掃巴比倫和猶大王國暨建立尼尼微（Nineveh）著稱。

而把泰爾當作是世界各地貨物集中的輻湊點——諸如西邊的塔席施（Tarshish），北邊的雅凡（Javan）或愛奧尼亞（Ionia），還有圖非勒（Tubal）等等神祕的地方和島嶼。

泰爾這般光榮的地位，也是一步步往上爬才建立來的。來往於塞浦路斯島、埃及、安納托利亞半島南部的短程航行，即使在烏加列滅亡之後的黯淡時期也未曾斷絕。只不過埃及於西元前十一世紀艱困的經濟情勢，還是害得泰爾的地位大為削弱，畢竟泰爾和尼羅河三角洲可是關係匪淺。西頓則因為注意力主要放在亞洲內陸，繁榮因而勝過泰爾[17]。也因此，法老治下的埃及和亞洲西部的悠久文化。對腓尼基藝術的影響會比較明顯，也是意料中事。因之興起的風格，便是亞述和埃及兩邊薈萃融合的結晶[18]。例如以色列王國的都城撒馬利亞挖掘出歐姆利國王於西元前八世紀留下來的幾塊象牙嵌板，就有埃及風格的鮮明烙印：兩個天使般的人物面對面站立，翅膀往前收攏，臉部沒有遮掩，頭戴埃及典型的條紋頭飾。雖然那時象牙以來自紅海那邊運過來的居多，或是取道埃及，但還是會往西邊運送；腓尼基人以銀和象牙製作的器物，在羅馬南方的普萊內斯特（Praeneste；帕雷斯特里納Palestrina）便看得到，時代約當西元前七世紀左右。所以，腓尼基人應該也漸漸向地中海中部、西部打開了新的航海路線網。

腓尼基製品最精美的，有一部份應該是要呈獻到強權大國的君主御前作貢品的。伊拉克北部貝拉巴（Balawat）宮遺址的青銅大門，現存大英博物館，是西元前九世紀為亞述王沙曼納瑟三世（Shalmanasar III）而建的。銅門浮雕刻畫的是泰爾王以瑟巴（Ithobaal），命人將大批貢品裝載上數艘船隻，船隻停泊在泰爾城的一處港口，還附有銘文鄭重說明：「本人收到泰爾暨西頓人民以船隻送來的貢物」。只不過這一批貢物不可能從泰爾以船運送到伊拉克北部一帶。所以，這一塊青銅浮雕刻畫的是出海的迦南人因為周游地中海而累積的財富[19]。這一點由亞述納西帕爾（Assurnasirpal）的碑文記載可以得證：亞述納西帕爾是亞述王國的國王，死於西元前八五九年。他於碑文自稱他從泰爾、西頓、阿爾瓦還有其他沿海城市，取得「銀、金、鉛，青銅器皿，鮮艷的彩色羊毛製成的衣物，亞麻衣物，一隻大猴子，一隻小猴子，楓木，黃楊木，象牙，還有一隻海中生物納希魯（nahiru）。」在這一段看到的是既有外地來的、也有日常用的商品，有從地中海另一頭運來的，也有在腓尼基本地生產的，另外還有罕見物品像是猴子；這猴子可能是經由紅海運過來的[20]。經由紅海進入地中海的貿易，在《聖經》也沒忘記下一筆：所羅門王和希蘭王曾經從伊拉特（Eilat）派船出海到奧菲爾（Ophir）去[21]。

腓尼基人雖然四處作生意，卻不鑄造錢幣，只是，他們作生意也不是單靠以物易物[22]。遇到高額帳務，他們就用銀錠或是銅錠來支付，有時也用貴重金屬做的酒杯來收費或是付費，所以，這樣的酒杯在當時想來應該也是當作重量標準在用的吧！這樣的事在《聖經》也看得到。《聖經》寫過約瑟把一個酒杯藏在他弟弟便雅憫（Benjamin）的糧袋裡；溫納蒙出使記的故事也有[23]。一有了重量標準，例如謝克爾（shekel），便清楚證明腓尼基人即使不用貨幣一樣可以操作所謂的市場經濟；或是換個說法，他們對貨幣經濟十分熟悉，只是，他們用的多種貨幣當中就是不包括鑄造而成的錢幣。腓尼基人還要再過久一點，等到新建起殖民地迦太基城，他們才會開始鑄造錢幣；而迦太基人鑄造錢幣的目的，也是在推動他們和西西里島還有義大利半島南部希臘人的貿易而已，因為那些希臘人就是愛用錢幣，沒辦法。[24]不過，金屬倒是腓尼基人在地中海貿易的基石。腓尼基人建立的貿易據點，後世可以確認的最早一處，離腓尼基人的家鄉並不遠：就在盛產紅銅的塞浦路斯島拉納卡（Larnaka）附近，建立於西元前九世紀。希臘人叫它基提翁（Kition），希伯來人叫它基廷（Kittim）。但在腓尼基人那邊，通常只是簡單叫它「新城」（Qart Hadasht），再後來他們在北非新建迦太基城（Carthage）和西班牙卡塔赫納城（Cartagena），也還是一樣都叫「新城」[25]。基提翁在腓尼基人的重要任務便是建立殖民地，將統治權朝周邊地區擴張；西元前八世紀就有銘文指「新城」的總督是泰爾王派出來代行視事的，拜的是「黎巴嫩巴力」（Baal Libnan），也就是黎巴嫩的上主。不過，基提翁也有一座很大的神廟，祭拜女神阿絲妲特（Astarte）[26]。塞浦路斯島是大穀倉，吸引力不亞於島上的銅礦。腓尼基人要是沒有穩定的糧食供應──不僅需要以色列的糧食產區作糧源，也包括塞浦路斯島在內──腓尼基人是撐不起自家城市的繁榮盛景的，腓尼基人的財富大增，將反映在人口的成長，資源需求的壓力也同樣會加大。只不過泰爾人說來也不幸，經營塞浦路斯島過於出色，招徠亞述人覬覦，以致塞浦路斯島一度落入亞述的薩爾貢二世（Sargon II）統治，即使時間很短暫但已經彰顯出亞述王國抵達了地中海岸。依銘文記載，薩爾貢君臨塞浦路斯島，便是以基提翁為根據地；他一連幾年收受塞浦路斯島呈獻貢物，但不干涉島上的事務，因為他的目的只在求得島上的財富[27]。塞浦路斯島產銅，薩爾貢是戰士國王，對這一點好處當然不會視而不見。後來，亞述在塞浦路斯島的勢力衰落，才有可能西頓城和泰爾城的魯利王（Luli）於危急之際從泰爾城逃到塞浦路斯島上避難；這一件事還製作成浮雕作紀念，刻劃狼狽受辱的國王坐在一艘腓尼基船上急忙逃難[28]。不過，塞浦路斯無論如何都是那一帶聯絡網中最重要的一地，腓尼基商人因為有塞浦路斯島，才得以經常前往羅德島和克里特島。

到了西元前九世紀，腓尼基人在地中海的跨海貿易已經起飛。至於腓尼基人起飛是搶在希臘商人之前，搶在其他神祕族群之前──例如這時期在愛琴海和提雷尼亞海一帶的人都提過的「提雷尼亞人」──確實還有爭論。但是，不論是哪一民族最先抵達義大利半島，沿著北非海岸一路前行開闢出長程航海路線，這一功勞確實非腓尼基人莫屬。

二

腓尼基人早年開創出來的貿易帝國若要追索一下大致的輪廓，最好是挑西元前八〇〇年前後，坐船在地中海走上一圈[29]。這一趟航程也應該要穿過直布羅陀海峽到卡地斯，再往卡地斯西邊多走一段才好，因為，腓尼基人在地中海的貿易有一大特色，便是這些商人雖然是從地中海最東邊出發，地中海最西邊的出口他們一樣會利用到，而由那出口就可以到達大西洋。要是將地中海的的盛行風和洋流放進去考慮，加上他們必然只能在晚春到初秋這一段不算長的適航期間出海，他們唯一能走的航線便是朝北，經過塞浦路斯島、羅德島、克里特島，然後穿過愛奧尼亞海到西西里島南部、薩丁尼亞島南部、伊維薩島（Ibiza; Eirissa）和西班牙南部。他們貫穿愛奧尼亞海所走的路線，是看不見陸地的航程；從薩丁尼亞島到巴利亞利群島走的拋物線也是。邁錫尼人也曾龜步繞行愛奧尼亞海的外緣，經過伊薩卡（Ithaka）來到義大利半島的腳跟，沿途留下陶器作線索。黎凡特區的陶器在義大利半島南部卻遍尋不著，因此像是無聲的證辭，說明腓尼基人對海上航行的自信有多強。腓尼基人西行的船隻一旦到了〔西班牙南部海岸〕馬拉加一帶的水域，往往就走得不太順了。直布羅陀海域的天候變幻莫測，既有大西洋灌進來的強勁洋流，還有濃霧和逆風此起彼落，難以捉摸。這就表示船隻到了那裡可能要枯候很久，才有辦法找時機小心穿過直布羅陀海峽，朝卡地斯以及別的貿易前哨站前進。幸好從大西洋那一頭進入地中海比反方向要容易，因為原本妨礙船隻出地中海的風向和洋流，這下子反而是船隻航行可以利用的助力。腓尼基人朝泰爾城返航的旅程，走的是沿北非那一長條海岸線前進的路徑。只是，即使如此，依然有必須十分小心的地方：沿線有不少沙洲、堤岸暗藏危險；這一條長途航程，沿線也不像塞浦路斯島、西西里島、薩丁尼亞島等盛產金屬的島嶼有那麼多的貨品可以交易[30]。不過，倒還是有迦太基城可供水手仰望；一來迦太基城坐擁幾處相當大的港口可提供他們船隻庇護，二來迦太基城擁有軍力可以保障船隻安全，畢竟這些異地水域離家鄉不止遙遠，還有伊特魯里亞和希臘海盜橫行肆虐呢。

腓尼基人坐的船隻，可以從尼尼微等多處亞述宮殿的淺浮雕圖畫為藍本重建起來。海洋考古學家也已經挖出一些腓尼基船隻的殘骸：西西里島西部就有幾艘迦太基船隻可作參考，時代很晚，西元前三世紀。在非利士人的古代阿什克隆港口西邊三十三海里處，另外找到兩艘腓尼基船隻的殘骸，比較殘破，裡面有西元前八世紀晚期的陶器[31]。由這些遺物得到的整體印象，可知腓尼基人和迦太基人愛用的船型比希臘人用的要重，和畢布洛斯、烏加列早年穿梭地中海東部以降的船型，承續的關係要明顯得多。不過，腓尼基人還是推出過幾樣重要的發明；例如他們狀如鳥嘴的尖銳船頭撞角，用在古典時代的海戰，人人聞之色變，希臘人、伊特魯里亞人、羅馬人當然就抄過去用。腓尼基人研究出龍骨的設計，巧妙為船身加重，讓船隻可以負載大量貨物渡海航行但又不致於失衡翻覆。以瀝青為船隻撚縫的技術，據信也是腓尼基人發明出來的。這是長途航海的船隻必需要有的防水條件。

這些事情加起來，顯示這時期航行地中海的貨船的載運量加大了許多。船隻本身的尺寸比起畢布洛斯的古船倒未必大上多少。西元前一二〇〇年左右的烏加列艦隻，有的載重可達四十五噸，腓尼基人的船，最大的載重也只比這多一點[32]。腓尼基人的船隻更精良的地方在於穩定。就是因為穩定，腓尼基人要把航程拉到大西洋邊的港口，例如卡地斯和〔北非摩洛哥〕摩加多爾（Mogador）那麼遠的地方，才不致像是癡人說夢。說不定連繞行非洲一圈也確實可行——希羅多德將此壯舉放在西元前六世紀。腓尼基人用在長程、中程貿易航線的船隻，是船體呈圓凸狀的大肚船，長度是寬度的三或四倍，長度可達三十公尺；不過，阿什克隆挖到的船隻殘骸大概只有這一半的長度[33]。依照貝拉巴宮青銅大門（Balawat gates）的浮雕，腓尼基人的船有上揚的船首，以馬頭作裝飾（說不定是在向類似波塞頓的神祇致敬；波塞頓也愛馬）[34]；船首可能還會畫上眼睛。船尾在過了後甲板處，一條條舖板就收攏成魚尾狀。船桅掛有一張方形船帆，依《聖經》先知的說法，通常是以黎巴嫩的雪松木做的。有的船也配備人力划槳。方向舵是插在左舷邊的一支寬面槳。這樣的船給人的感覺像是相當堅固，負載量也大，十分適合用於穀物、葡萄酒、橄欖油的貿易，而不是單單運送小量珍貴奢侈品的快艇類船隻。兩艘古代沈船殘骸也證實了這樣的看法可信，兩艘船合起來載了近八百具雙耳細頸瓶的葡萄酒，總重量（假如每一瓶都裝滿酒的話）達二十二噸。他們當然也有小一點的船，外觀差別不大，用在短程的貿易航線，來往於腓尼基貿易網內四散的港口之間。這類小型船隻約只有阿什克隆沈船一半大小；西班牙南部水域找到的幾艘這類船隻殘骸，就可以一窺堂奧。船隻載的是鉛錠、籐編器物，以及西班牙南部土產的陶器[35]。這些船算是地中海一帶早之又早的流動貨船。他們的貿易網既作基本民生必需品的生意，例如糧產，也有高價貨品，像是在西班牙南部和伊特魯里亞的王公陵墓當中找到的象牙器物和銀製大盌[36]。至於作戰，他們就發明出另一類型的船，特點在船頭有尖銳的青銅撞角，讓腓尼基戰船的船長可以拿船狠狠去撞對手。這一類戰船的船身，長度就是寬度的七倍了，也配有前桅。腓尼基人的戰船和圓凸船腹的貨船另一不同的地方，在於戰船用的是人力划槳來操縱行進，尤其是海戰的時候[37]。

在西部發現的腓尼基器物，時代最早的是一面刻有銘文的碑版，發現於薩丁尼亞島南部，叫作「諾拉石碑」（Nora Stele），時代為西元前九世紀晚期。銘文提到蓋了一座神廟獻給叫作「朴美」（Pumay）神；「朴美」這名字也出現在另一常見的腓尼基名字當中，「朴美—亞頓」（Pumay-yaton），也就是希臘文的這一名字：「畢馬龍」（Pygmalion）。這一塊碑文是在「be-shardan」做的，也就是在「在薩丁尼亞島」做的。所以，薩丁尼亞島在當時已經叫這名字了。由於薩丁尼亞島南部盛產多種上等的金屬，包括鐵和銀，腓尼基人會出現在那裡自然不足為奇。說不定豎立「諾拉石碑」的人，就是腓尼基在島上拓荒的先民。不過，由他們在薩丁尼亞島蓋神廟來看，他們應該有意長久定居，因為腓尼基移民安家落戶的第一步，一般便包括蓋神廟。腓尼基人開始建立大型聚落，留下長遠的影響，就是以諾拉（Nora）以南的地中海區作起點。

三

腓尼基人建立的大型聚落，以迦太基城最為突出。維吉爾樂得把迦太基建城的時代往前推到特洛伊戰爭期間，伊尼亞斯（Aeneas）晉見迦太基女王蒂朵（Dido；伊麗莎Elissa）那時候。只是，維吉爾的《伊尼亞德》（*Aeneid*）是有關羅馬古往今來的沈思錄，所以，他在書裡為共和羅馬前所未見的強敵安插上一角，不足為奇。其他古典時期的文人對於迦太基城誕生，紛紛提出別的說法，連猶太裔史家約瑟夫斯（Josephus）也不落人後；「蒂朵／伊麗莎」在他筆下照樣上場，只是變成暴君哥哥畢馬龍殺害蒂朵的丈夫希拉克里斯（Herakles）神的大祭司，逼得她出亡海外——希臘人把希拉克里斯神和迦南神梅勒夸特（Melqart, Melk-Qart），也就是「城邦之神」，合而為一。蒂朵逃難的第一處停泊港，是塞浦路斯島的基提翁，也是「新城」之一。但後來她決定再朝西走，還糾集了八十名年輕女子出任神妓，希望找到大家最後的落腳處後，腓尼基的宗教崇拜可以延續不墜[38]。蒂朵一行人出海直接朝北非行駛，最後在現今的迦太基遺址上岸。不過，他們還不是第一批抵達該地區的腓尼基人；他們上岸時，已經有鄰近尤蒂卡來的一群男子等在該處迎接他們。定居該地的利布人，一樣熱忱歡迎蒂朵一行人落腳。最早開始把伊麗莎叫成「蒂朵」的，就是當地這些人——「蒂朵」的意思是「浪民」。當地人不會排斥腓尼基人定居，可是，要是想買地，利布人的國王就沒那麼慷慨了。他說蒂朵（伊麗莎）想買地的話，頂多可以買一張牛皮遮得住大小的地。女王的反應也很精明，她把一張牛皮裁成一條條極細的帶子，再拿帶子將畢爾沙山的外圍圈住，就成了；畢爾沙山就這樣成了迦太基城的衛城。這樣的建城傳說固然迷人，但也頂多是希臘文人想要為迦太基城中央的那一座山丘名字起源找解釋罷了，因為「byrsa」一詞在希臘文的意思就是「動物皮革」。但其實他們聽到的字是迦南語的「brt」，意思是「堡壘」。利布國王雖然被蒂朵用計反將一軍，但他對蒂朵依然極為傾心，一定要將她娶進宮。只是，蒂朵對亡夫念念不忘，為了躲過逼婚，便投身火葬柴堆自焚殉身。自此而後，腓尼基移民便開始奉她為神進行祭拜[39]。這樣的故事雖然有宣傳意味，但有兩大要點不容忽略。一是女王自焚的說法始終未變，經由維吉爾還再傳進古典時代和之後的歐洲文學主流。另一大要點是有些小細節看來還算正確：年代——約當首次「奧林匹亞」（Olympiad）舉行之前三十八年（七七六＋三十八＝八一四），依考古證據可知腓尼基人正是在這一段時期移入該地區的。而迦太基的上流階級還一直自稱為「bene Tzur」，意思是「泰爾的子孫」或乾脆說是「泰爾人」。後來的古典時代文人也記載迦太基城定期會呈獻貢物到泰爾城的梅勒夸特神廟。蒂朵犧牲自己的情節，也有可能是後人在描述腓尼基世界確實發生過的事情，還是迦太基城的人特別熱衷的事情：人祭，建城的時候舉行，用以祈求梅勒夸特神多加保佑。

只是說也遺憾，迦太基城遺址找不到有哪一件遺物的時代可以確認為西元前八世紀前半葉的；當地的考古紀錄當中時代最早的是墓葬，大約起自西元前七三〇年，陶器殘片的時代大概是從西元前七五〇年開始。特別的是那裡時代最早的遺物，竟然是希臘人的幾何紋器皿，出自愛琴海的尤比亞島。不過，後文便會提及尤比亞人那時才剛在〔義大利半島西南海岸〕那不勒斯灣建立起一處殖民地，所以，這些器皿有的可能是從那不勒斯灣來的[40]。由此可見，迦太基城早期絕對不是隔絕在希臘人日漸拓展的貿易、殖民世界之外的。荷馬看不起西頓來的商人，便是腓尼基人踩到希臘貿易地盤的結果。另有一點特別值得一提：那裡出土的希臘陶器是埋在神廟下面的「托非特」（tophet）當作奠基獻祭用的，而「托非特」是以孩童進行人祭的處所；這在後文會再談到。

迦太基城迅速崛起，成為腓尼基殖民地中的翹楚。一般對此的解釋是迦太基城有優越的地理位置，利於商人來往於西班牙南部。然而，在古迦太基遺址的底層，卻很難看出有來自西班牙的遺物。其他解釋就強調迦太基是泰爾流亡難民的庇護所，是塞浦路斯島上基提翁移民的落腳處，是黎凡特海岸一帶城市日益繁榮，以致人口過剩不得不外移的目的地；迦太基另也吸納了許多當地的柏柏人（Berbers）。不過，迦太基繁榮的真正關鍵不在西班牙，也不在母邦腓尼基，而是在迦太基的大門：迦太基周邊農業之昌盛，曾教古典時代的文人大為驚艷，動筆描寫迦太基周邊的一處處別業、莊園。迦太基學者馬戈（Magon）於西元前五或四世紀寫下的農業論著，後來還被羅馬元老院下令譯成拉丁文和希臘文[41]。迦太基貴族的財富來自穀物、橄欖油、葡萄園，而和紫色染料、雪松林、象牙嵌板沒有關係，這一點和泰爾人不同。這些全都符合大肚船留下來的考古證據；如前所述，這樣的船隻比較適合運送大型瓶罐裝運的油、酒和一袋袋的穀物，而不是昂貴的奢侈品。迦太基在西元前六〇〇年之前顯然早就是繁華的大城了。如此繁榮，要是當地沒有充足的糧食供應作後盾，絕難想像。迦太基崛起之勢銳不可當，就是因為迦太基就站在自家貿易網的輻湊點上。迦太基的貿易網涵蓋腓尼基人在那一地區的其他聚落。偏向內陸的尤蒂卡和海岸的距離不算遠，年代也比迦太基城古老，卻始終沒辦法和迦太基競爭。西西里島那邊的莫齊亞就不一樣，它在有些方面就比迦太基要更像泰爾或是阿爾瓦，而被人說成是「腓尼基移民聚落的模範」[42]。莫齊亞建於西元前八世紀，位在西西里島西端不遠的一座小島上面，也就是現代的馬沙拉附近。莫齊亞的小島夾在大小正好的格蘭德島和西西里島海岸之間，堪稱坐擁優良的天然屏障[43]。莫齊亞另一近似泰爾城的特色，便是他們有紫色染料作坊。所以，莫齊亞不單是貿易站而已，它也是產業中心，甚至連鐵製品也包括在內。莫齊亞的鼎盛期是在西元前七世紀；而他們以兒童作人祭也是在這時期愈來愈常見；只是，何以如此，原因就不甚明瞭了。莫齊亞人和泰爾人一樣，治下都沒有廣大的腹地。但是，這樣反而刺激他們去和西西里島西部的原始住民伊利米人（Elymians）交好。伊利米人距離莫齊亞最近的重要聚落是埃利克斯（Eryx；埃利斯Erice）那裡的神廟。神廟矗立在西西里島西部一處山巔，俯視下方的海岸。莫齊亞人需要的穀物、橄欖油和葡萄酒，就是從伊利米人那裡來的，這些都是西西里島西部盛產的貨物。莫齊亞人也能使用特拉帕尼（Trapani）廣大的潔白鹽田，鹽田就在埃利克斯神廟的下方。有鹽，就可以保存魚獲不壞。西西里島外海每逢季節一到便有大量鮪魚湧現。魚類製品是迦太基人的特產，例如味道很臭的魚醬「嘉露」（garum），大家就說是他們發明出來的，古羅馬人嗜之如狂。不過，腓尼基人從來就沒有意思要征服鄰近地區。進行移民開拓聚落只是要作貿易、產業的中心，他們從來未曾要在西西里島西部建立他們的政治統治權。

不過，腓尼基人拓展領土的野心，倒是真的越過了西西里這一座島。薩丁尼亞島南部在西元前七五〇年後，便有一小撮腓尼基人的殖民地開始形成。他們的目的不僅在提供安全的港口，也在控制周邊的鄉野，可能是為了保障基本民生必需品供應無虞吧。這些聚落大多是典型的腓尼基人據點，建在朝外海突出去的地峽上面，像塔洛斯（Tharros）和諾拉便是這樣。而在蘇爾奇斯（Sulcis）考古遺址挖到最底層，也和迦太基城遺址的情況一樣，有尤比亞島出產的希臘陶器[44]。腓尼基人也朝內陸推進，佔領了幾座島上的古老碉堡「努拉格」（nuraghe）；不過，他們和薩丁尼亞原有住民的關係，怎麼看都應該算是和睦相處。薩丁尼亞人也樂得有機會拿他們的金屬、穀物，和住在蘇爾奇斯的富有商人作生意。薩丁尼亞島算是由腓尼基人和迦太基人掌握，由西元前一五四〇年前後的事情可以作證明；迦太基人和伊特魯里亞人約當在那時候，於科西嘉島阿拉利亞城（Alalia）的外海，歷經激烈的海戰，擊退了來犯的〔安納托利亞半島西岸〕佛奇亞希臘人。這一次海戰，保住了科西嘉和薩丁尼亞兩島不致落入希臘人的版圖。而且，以薩丁尼亞島盛產各式各類的金屬和農產品來看，這一場勝仗也大大增強了腓尼基人在地中海西部的勢力。雖然佛奇亞（Phokaia）的希臘人還是在馬賽建立起了據點，但是，只要迦太基的強權地位不墜，地中海西端的水域就不是希臘強大的殖民攻勢所能滲透的；所以，西班牙南部和摩洛哥，就只有腓尼基人可以盡量利用。不過，這一處處聚落只是腓尼基人移居的目的地，而不是他們海上航程去過的地方。泰爾人留下的影響，證據散見於義大利半島、西班牙等地挖掘出來的多處墓室，有的墓室埋有雕花銀器，上有動物圖案的紋飾。這類雕花銀器在西元前六世紀，是義大利半島中部極為珍視的器物。不過，腓尼基人和迦太基人是自由的行商還是政府的買辦，就不太清楚了。有時君主會派商人出使任務而給與佣金作為報酬，像他們為亞述王做事便是這樣。不過，一旦來到了遠在天邊的西方，他們就可以自行其是了。一開始，他們還是為伊特魯里亞和自己那邊的迦太基宮廷供貨。但再到了西元前五〇〇年左右，他們已經靠自己的投資搭起了貿易網，可以直接獲利，這時要他們再為別人作嫁，自然就沒有興趣了。

地中海極西這一帶，吸引力也愈來愈大。希臘文人如史特拉波（Strabo）於西元第一世紀早期留下來的著作，就強調西班牙南部的銀礦有多重要。地中海近直布羅陀海峽一帶的海岸，密集分布了一些腓尼基人的據點：如蒙蒂亞（Montilla）、馬拉加、阿穆涅卡（Almuñéear），還有現在埋在太陽海岸（Costa del Sol）混凝土下的其他據點。有些據點彼此相隔不過幾小時甚至幾分鐘的腳程而已，和當地的經濟、社會大多有密不可分的關係。不過，馬拉加附近一處遺址挖到西元前六世紀早期伊特魯里亞人細膩光潔的陶器，就證明他們對外的來往範圍應該拉得還要更廣[45]。伊維薩有一處腓尼基人早期殖民的聚落，隔海遠遠就看得到伊比利半島的陸地，兩邊常以金屬交換橄欖油、葡萄酒。不過，在艷陽之下閃耀光芒的鹽田，在伊維薩的歷史當中始終是他們很重要的資產。伊比利半島上的小鎮托斯卡諾斯（Toscanos）建於西元前七三〇年左右，在此便可以作為教材來談。托斯卡諾斯這聚落在西元前七世紀中期至晚期人口頂多一千五百人，鎮上多是工匠在打造鐵製、銅製器物，只是到了西元前五五〇年，小鎮不知為何已經荒廢。小鎮大體的狀況，是不大不小的腓尼基貿易站，專門供應伊比利半島當地居民所需；放在腓尼基大貿易網內去看，不算特別重要。但是，要是想了解伊比利半島的居民因為從東方有外人來到，雙方有所接觸而致改頭換面，那麼這一處小鎮就相當重要了。

腓尼基人在這一帶的重要據點其實是落在直布羅陀海峽之外的，也就是卡地斯那裡——也就是後來的卡地斯。由於卡地斯的貿易利潤是注入腓尼基人的地中海貿易網的，因此，早期的卡地斯在地中海歷史就有一席之地。卡地斯一如腓尼基人闢建的諸多聚落，也是蓋在外海的小島上面，只是傳統將卡地斯建城的時間定在西元前一一〇四年，可就提早了三百年。卡地斯建城後也蓋起了傳統要蓋的梅勒夸特神廟，西塞羅後來寫過該地有人祭的習俗——可能是在春天作這樣的獻祭，迦南神話指梅勒夸特每年於春天復生。卡地斯的梅勒夸特神廟十分富有，除了是禮拜聖壇，也是貴重財貨的倉儲中心——這在早期地中海貿易世界是很正常的事。而卡地斯這一座梅勒夸特神廟，需要儲藏的東西可就多了，因為，希羅多德時代開始被人叫作「塔提索斯」（Tartessos）的那地方，他們財富的門戶就是卡地斯。塔提索斯幾乎早在遠古的時代，就已經是學者爭論不休的問題，直到今日依然未解。有人認為塔提索斯指的是城市，有人認為是河流，如今，一般認為這名字是指西班牙南部的一處王國或是地區，住的是伊比利半島原有的民族。塔提索斯那裡，或說是瓜達基維爾河（Guadaquirir）沿邊一帶的土地吧，吸引人的地方在於銀礦：「塔提索斯就等於銀」[46]。假如希羅多德的話可信，那麼就有一位希臘商人，薩摩斯人寇雷厄斯（Kolaios of Samos）於西元前七世紀中期乘船被暴風雨吹離航線，漂流到西班牙南部，歸程時從塔提索斯帶了六十泰倫（talent；泰倫頓talentum）的銀子回到家鄉，折合約為二千公克。寇雷厄斯晉見過當地國王，國王的名字據傳為「阿岡索尼奧烏斯」（Arganthonious），不可盡信，不過，頭幾個字母的意思倒就是「銀」。

依照後世很晚才有的記載，〔希臘歷史學家〕西西里人狄奧多羅斯（Diodoros the Sicilian）在西元前一世紀說過，將伊比利半島的銀子朝東邊運送到希臘和亞洲的人不是伊比利半島的本地人，而是腓尼基人。腓尼基人為了換取銀子，載運橄欖油和腓尼基工匠製作的產品例如首飾、象牙製品、小瓶香油和紡織品，作為交換。他們也傳授塔提索斯人採礦、提煉、加工的技術，時代可以上推到西元前八世紀。他們用的方法十分精密。雙方的關係並不像某一位西班牙學者趕時髦而說的那樣，是「殖民者」偏向剝削、利用的「不公平交易」[47]。樂在工作的，可是塔提索斯當地人，而且開採、提煉、融鑄的不僅是銀，還有金和銅，礦場遍及西班牙南部和葡萄牙。即使執迷於「殖民論」的人，也承認「生產的每一層面」無不控制在伊比利半島本地人的手中，「當地的資源就牢牢握在當地人的手中」，從採礦到鑄造無不如此；伊比利半島的上流階級獲利並不亞於腓尼基來的商人。當地的工藝匠人也開始採用腓尼基人的樣式，王公貴族累積的財富也供得起他們去過豪奢的生活。西方因為和東方接觸而扭轉了傳統社會的面貌，在伊比利半島這裡清晰可見；即使放大到伊特魯里亞那裡去，也依然如此。腓尼基人不僅勢力的觸角伸得很遠，在他們的勢力圈內，他們還有餘力將遠地的政治、經濟拉抬到新的高度。他們已經開始扭轉地中海各地的面貌。

塔提索斯這地方也動不動就被人拿來和富含金屬礦藏的塔席施上等號——也就是希伯來《聖經》屢屢提到的「他施」。《聖經》中約拿（Jonah）為了避開耶穌而從雅法前往他施。寫這故事的人顯然很清楚他說的他施是遠之又遠的地方，是遠渡重洋所能到達的極限。以賽亞（Isaiah）也曾含淚就泰爾〔推羅〕發出預言，從他施出發、取道基廷（塞浦路斯島上的基提翁）的船隻，即將得知家鄉被毀：「痛哭吧，你們家鄉的泰爾港已經被毀滅了，房屋和海港也被摧毀了，你們的船隻從基提〔基廷〕回航的時候，就會聽到這消息。」[48]

四

腓尼基人的貿易系統，如前所述，不太用得到錢幣。把事情一五一十清楚記下來，對他們才重要得多。腓尼基商人都是認得字的，用的是簡單的線形文字，好學又好寫，也是現代大多字母的始祖（這裡說的字母是狹義的用法：大致以一音對應一字母為準）[49]。讀、寫的技能在遠古主要是祭司的行當，因為埃及人可見的三種文字，發音組合都很複雜，只有訓練有素的人才看得懂。連「線形文字B」的音節文字也很累贅，而希臘文由於不太能夠簡單就拆成子音加母音的音節，用起「線形文字B」就更麻煩了。例如腓尼基文字用來代表房屋的符號是「b」，因為他們叫房屋「bet」，開頭是「b」。腓尼基人用的二十二個字母，從「aleph」（ox；公牛）開始，就算不是每一個也有很多都是這樣子來的。腓尼基字母脫穎而出的竅門，在於完全排除母音不管；母音是希臘人才開始用的。所以，「Mlk」既可以表示現在式的他現在統治（He rules），也可以表示過去式的他先前統治過（He ruled），至於是前者、後者，全要看母音，這就有賴讀者仔細留意，自動去補上母音作決定了。現今所知的腓尼基文字，時代最早的當推畢布洛斯國王阿希蘭（Ahiram）石棺上的銘文，時代是西元前十世紀。腓尼基人用的字母是不是他們從無到有發明出來的，並不是重點（西奈半島一帶有比他們時代還要早的文字，腓尼基人的字母有幾個可能便是從他們那裡學來的）。重點是在腓尼基人將字母傳播到地中海各處，不僅在他們殖民的聚落看得到，例如諾拉石碑，還流傳到鄰近地區，像愛奧尼亞的希臘人就把他們的字母學去用，還把他們覺得多餘的字母，例如希臘語言沒有的「喉塞音」，轉成母音來用，也把大部份的符號都作了巧妙的改動，重新設計[50]。

腓尼基人用他們的文字是否有何文學成就，至今依然是謎。烏加列的迦南人寫下出色的宗教詩，和《聖經》的〈詩篇〉很像。迦太基人也寫下大部頭的農業專著。一般人對腓尼基人以文字留下的創作都不太看重，認為以因襲為多。畢竟他們的美術仿效埃及、亞述的樣式，確實十分清楚，像他們的象牙雕刻就是這樣。這樣的作法，當然是從近東到地中海各地的消費者所要的作法：他們才不要他們用的器物帶著唯利是圖的迦南城市印記，他們要的是尼羅河、底格里斯河、幼發拉底河等輝煌帝國的文明印記。腓尼基人當然深諳客戶的需求何在，連遠在極西的塔提索斯和托斯卡尼地方的人要什麼他們也瞭若指掌。腓尼基文化傳播地中海區各處，遠及西班牙南部，靠的不僅是他們的移民聚落，也靠他們和當地居民作生意。這也是史上頭一次有來自東方的航海人，漂洋渡海到那麼遠的地方去，遠遠超過早先邁錫尼人坐船從希臘西部龜步繞行海岸，終於撐到義大利半島和西西里島的極限。

腓尼基人外移殖民雖然會和當地人通婚，卻從來未曾失去他們源自地中海東部的獨特文化，未曾忘記自己是誰，也未曾不把自己當「泰爾人」或是「迦南人」看。這在他們始終奉行人祭的習俗，證明得再清楚不過。人祭的習俗是他們從迦南地帶過來的，《聖經》和古典時代的文人對這樣的習俗深惡痛絕；《聖經》多次抨擊拿孩童作人祭的習俗，以撒（Isaac）原本要當祭品獻給上帝，未成，便是一例。但是人祭在在腓尼基人的新殖民地卻有增無減，特別是迦太基、蘇爾奇斯、莫齊亞等地。迦太基城南有一處「托非特」（tophet），現在還可以供人參觀。孩童在那一處「托非特」作為獻給巴力神（Baal）的祭品有六百年的歷史。該城最後兩百年的歷史期間，總計有二萬具古甕裝滿了孩童的骨頭（偶爾也找得到動物的骨頭），換算下來，就是一年平均是一百甕，還別忘了一具甕裝得下好幾個孩童的骨頭。托非特是他們很特別的祭祀處所。那裡的古甕有許多遺骨看起來像是死胎、早產或是自然流產的死嬰。像他們那樣的社會，嬰兒的死亡率一定很高。別的遺骨有很多想必也是自然死亡的孩童所留。所以，托非特也等於是早夭兒童的墳場。他們一旦長到成人，身後就不再作火化而是改行土葬[51]。也因此，他們雖然真的會以人作獻祭，像《聖經》和古典文獻指證歷歷的記載，但是，那麼多古甕裝著嬰兒燒焦的骨頭，教人直接聯想到的頻率雖然很高，實際的人祭次數絕對要少很多。他們應該只有在十分危急的時候，人祭的次數才會增加，因為人祭是求神息怒的最敬禮。有兩位希臘史家寫過迦太基在西元前三一〇年遭敘拉古僭主圍困的時候，城內的父老認為他們必須祈求巴力神息怒才行，因為城裡的貴族都拿奴隸的孩子作獻祭的牲禮而不用親生的長子，才會惹得巴力神大為不悅。結果，五百名貴族人家的孩童就成為牲禮，獻給動怒的神祇。西元前四世紀有一塊迦太基人的托非特石碑流傳下來，刻有一名祭司頭戴類似土耳其氈帽、扁扁的頭飾，身穿透明長袍，抱著一名孩童朝祭壇走去。依照古典文獻和《聖經》的記載，獻祭的作法是將活生生的孩童放在巴力神像伸出來的雙手上面，活生生的孩童會從神像手中掉落，摔進下方火光熊熊的大火爐內[52]。他們的祖先從黎巴嫩外移到北非、西西里島、薩丁尼亞島，數百年後，以兒童作人祭是他們向巴力神、梅勒夸特神還有腓尼基的諸多神祇，證明他們是神的奴僕、是泰爾人所用的方式。所以，腓尼基人的藝術作品——特別是迦太基人的作品——或許欠缺原創力，但他們可是對自己是誰，有牢不可破的自覺。

第二章
奧德修斯的後人
西元前八〇〇年—西元前五五〇年

一

早期的希臘人對自己是誰的自覺，是不是和腓尼基人一樣牢固，很難判斷。唯有待西元前六世紀波斯人在東方蠢蠢欲動，進犯的陰影愈來愈大，伯羅奔尼撒半島、阿提卡和愛琴海講希臘語的各色人馬，才開始強調大家有什麼共同點；到了他們和西邊的伊特魯里亞人、迦太基人的海軍數度發生衝突，戰況慘烈，「希臘」（Hellas）的身份自覺才更鞏固了[1]。但在早期，他們自認是愛奧尼亞人、多利亞人、艾奧洛斯人和阿卡迪亞人，怎樣就不是希臘人（Hellenes）。還有斯巴達人，「多利亞人」這名號的自負後人，自認是剛從北邊南下的移民。雅典人也是，認定他們是更早以前未曾被人征服過的希臘人後代。愛奧尼亞人隔著愛琴海在希俄斯、列斯佛斯，還有亞洲海岸等地的新聚落蓬勃發展，十分興旺。所謂「希臘人」，單單愛講希臘眾神的故事和英雄豪傑的傳奇，並不算數。這些故事、傳奇在別的地方，一樣是大家共用的「通貨」，尤其是伊特魯里亞人。另外，把住在我們現在說的希臘境內的人一概劃歸為希臘人，希臘人才不甘心。因為在諸多群島、海岸地帶的族群當中，有一些先前民族殘留的遺民，只是希臘

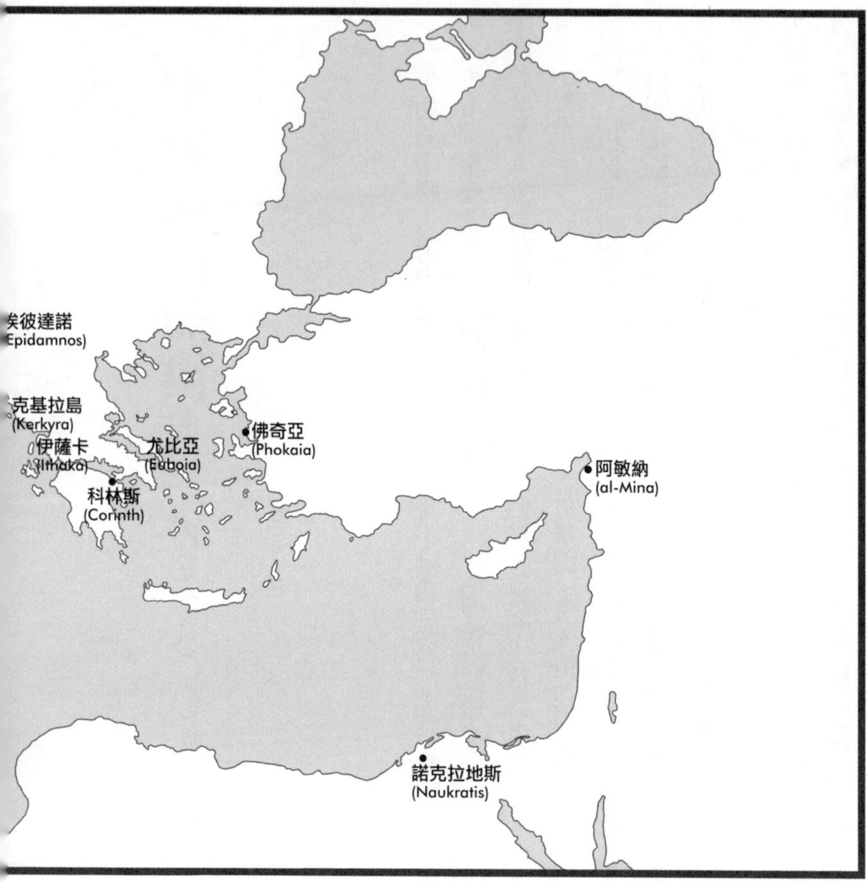

人對他們不太熟悉，而把他們一股腦兒全部叫作「培拉斯戈人」（Pelasgians）或是「提雷尼亞人」（Tyrsenians）。此外，講希臘語的人也不時從愛琴海和伯羅奔尼撒半島往外遷移到小亞細亞，到西西里島、義大利半島和北非；他們留在小亞細亞，可是超出兩千五百年的時間。

這樣的大離散（diaspora）是怎麼出現的、什麼時候出現的，又為什麼會出現，始終是地中海鐵器時代早期的幾大難解謎團。於今可以確定的就是這樣的大離散改變了這一帶，引進了新的貨物、神祇、樣式、理念還有民族，最遠西可

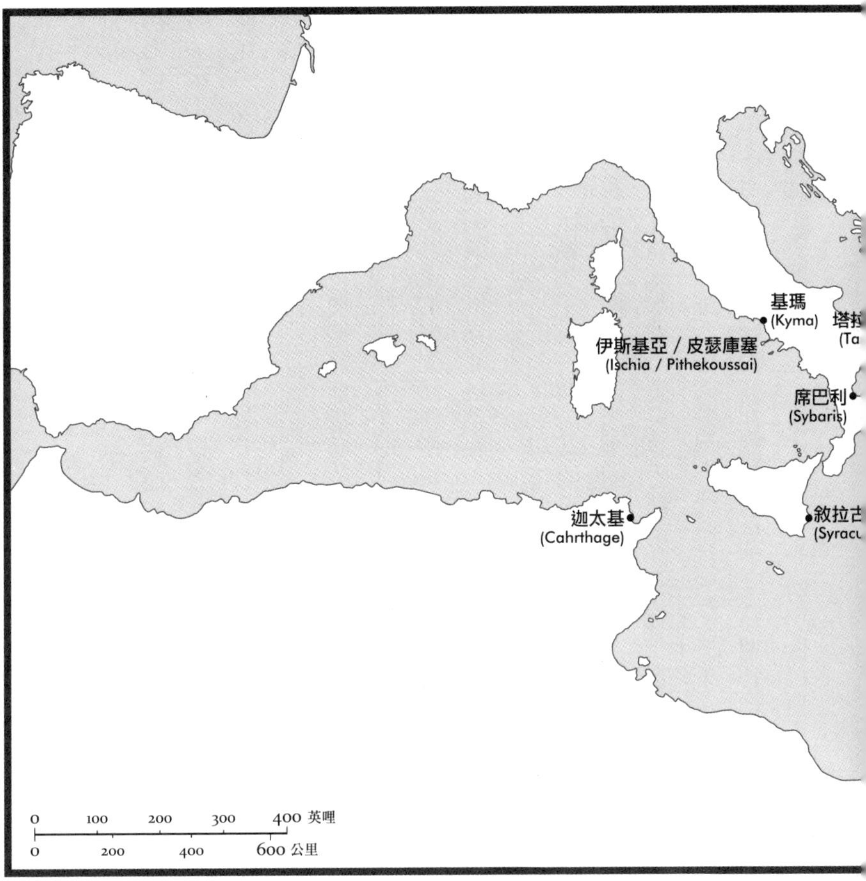

達西班牙，東到敘利亞。這些人、事、物的大流動、大遷徙，都被希臘人記在祖先的故事當中，一則又一則常常盤根錯結、扞格矛盾的故事，描述古代先人在地中海四處散播種籽的傳奇；根據傳說，有時他們一上船就被帶到好幾百英里外的地方。只是，這樣的傳奇說的恐怕以講故事、傳播故事的那時代要多於故事主人翁據傳生活的那遙遠古代[2]。他們也因此迷上了為古代祖先的來歷作考證，而將一堆地名、人名連到祖先身上，結果就是他們祖先的活動有了語源和人事時地作根據可以勾勒成形。只是，如今已經知道這些語源有誤，人事時地也多屬幻想。

特洛伊城陷落，不僅導致邁錫尼和皮洛斯的英雄國度崩塌，也為希臘人標記為他們出海探險之始。此後，希臘人開始在地中海乘風破浪，四處遨遊，甚至超出地中海的水域之外。水手身在汪洋大海遇上形形色色的生物，像是唱歌的妖姬賽蓮（Siren）、女巫瑟西（Circe）、獨眼巨人，無不暗藏形形色色的凶險，水手必須冒死一搏。荷馬的史詩《奧德賽》還有其他從特洛伊返鄉的豪傑——這一群人他們叫作「諾斯托」（Nostoi），意思是「返鄉遊子」——屢屢身陷驚濤駭浪，但他們歷險的處處重洋到底是哪裡，就始終眾說紛紜了。史詩中的地理範圍都說得很含糊。波塞頓，海上興風作浪之神，對奧德修斯極度不滿，千方百計就是要把奧德修斯搭乘的單薄小船打成碎片；「天神都可憐奧德修斯，唯獨波塞頓，始終懷恨在心」，因為奧德修斯殺死了波塞頓的怪物兒子，獨眼巨人波利菲摩斯（Polyphemos）[3]。在海上漂流的旅人，不論是西邊的奧德修斯還是在利比亞和埃及的斯巴達人梅內羅斯（Menelaos），終究還是要踏上歸鄉路。外面的廣大世界滿是誘惑，有食蓮族（Lotus Eaters）住的島嶼，有獨眼巨人住的洞穴，只是，無一處可以取代王后佩妮洛琵（Penelope）紡織相伴的火爐。王后除了枯候失蹤的夫君返鄉，還要力抗宮中鬧酒的眾多求婚男子。古典時代的希臘文人評論起荷馬的史詩，無不認為《奧德賽》中提到的那麼些地名，絕對有很多是他們認得出來的，尤其是義大利半島南和西西里島一帶的水域：史姬拉和卡勒碧迪絲作怪的那一片詭譎水域，後來終於判定是海流湍急的墨西拿海峽。食蓮族住的島嶼，看起來很像是杰爾巴島，就在今天突尼西亞的外海。克基拉（Kerkyra；科孚島）呢，想來大概就是阿爾奇努（Alkinoös）國王的領土；奧德修斯曾經滯留在國王的島上，將他各地歷險的故事講給國王聽。奧德修斯是在島嶼的岸邊撞船，被國王美麗的女兒諾希卡所救。當時奧德修斯即使狼狽不堪，赤身露體，諾西卡還是看出他

I. **奈德拉遺址，馬爾他島**

馬爾他島的奈德拉（Mnajdra）有幾座古代神廟遺址，時代從西元前第四千紀到第三千紀，神廟靠得很近，緊臨懸崖峭壁，俯瞰山腳的大海。位在中央的大神廟，興建的時代最晚。馬爾他島的這幾座神廟是地中海區歷史最為古老的大型建築。

2. **〈沉睡女子〉**

〈沉睡女子〉身長十六公分，現藏馬爾他島瓦雷塔國家考古博物館，可能是地母／大地女神，也可能是馬爾他島和戈佐島的擬人化身，兩塊隆起的部份代表這兩座島嶼。

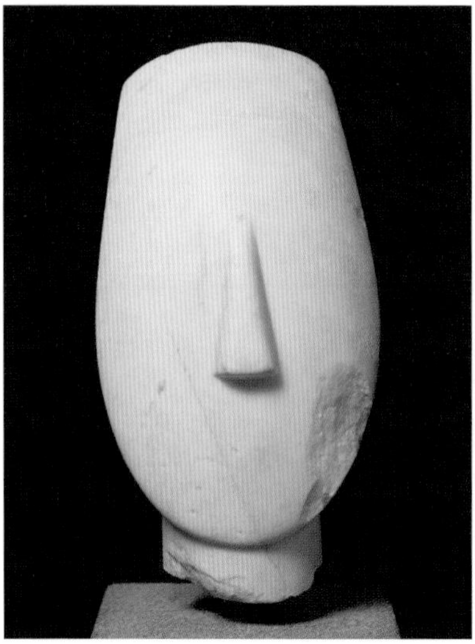

4. **女性頭像，基克拉德早期第二階段**（西元前二七〇〇年至二四〇〇年）
基克拉德群島凱洛什遺址出土的女性頭像，以當地生產的大理石雕刻而成，時代約當西元前第三千紀前半期。看似乾淨簡潔，但別被騙了，因為原本可能塗得五彩繽紛。

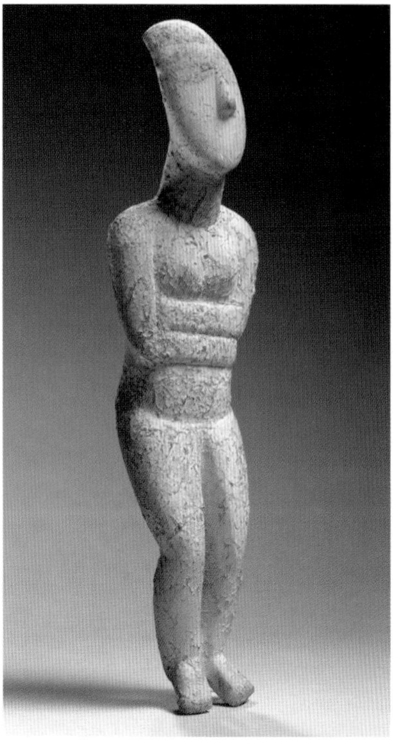

3. **基克拉德人像，西元前二七〇〇年左右**
基克拉德流傳下來的小人像幾乎全是女性，可能代表陪伴死者的人，像是僕傭或是來世的魂靈。

5. **章魚瓶，西元前一五〇〇年左右，克諾索斯，克里特島**
西元前一五〇〇年製造於克里特島，邁諾斯文明的古文物當中，有幾只陶罐運用章魚的身軀和觸角勾畫流暢、自然的圖樣，相較於埃及和敘利亞的作風，海島風格獨樹一幟。

6. **埃及壁畫，法老宰相列赫米雷墓室，西元前一四二〇年左右，上埃及**
西元前一四二〇年前後的壁畫，出自法老宰相列赫米雷（Rekhmire）於上埃及的墓室。列赫米雷的職責包括安排鄰邦進貢，圖中描繪的就是進貢的排場，還寫道「天下無不臣服於陛下」。有的貢品看似從克里特島來的，例如油罐、酒瓶；其他貢品和動物就是從南方來的了。

7. **阿克羅提里壁畫，席拉，西元前十六世紀**
席拉（Thera）古城的阿克羅提里（Akrotiri）遺址在西元前一五〇〇年左右毀於火山大爆發，城滅之前，是重要的貿易、航運中心。這一面漂亮的壁畫繪製於西元前十六世紀，繪畫港口人力划槳的船隻從地中海返航或是出海的情景。

9. 非利士早期泥塑面具，出土自以色列北部貝特謝安石棺

早期的非利士人沒有愛琴海祖先坐擁的黃金可以做面具供死者戴在臉上，所以他們為領袖做泥像。這面具是在以色列北部貝特謝安（Beth She'an）出土的一具石棺上的。

8. 黃金死者面具，麥錫尼，西元前一五〇〇年左右

麥錫尼出土的黃金死者面具，時代約當西元前一五〇〇年，埋在一位王公的墓中。麥錫尼，荷馬的史詩中的「多金寶地」，由講希臘語的武士貴族統治，他們後來也拜倒在邁錫尼文化的裙下。他們死者面具可能是在模仿埃及法老的面具，只是埃及法老的面具華麗得太多了。

11. 上埃及哈布城神廟楣飾

上埃及哈布城（Madinat Habu）西元前十二世紀初期的神廟，楣飾的雕刻出現腓士人的形影，神廟的楣飾雕刻是在紀念拉姆西斯三世打敗所謂的「海民」。

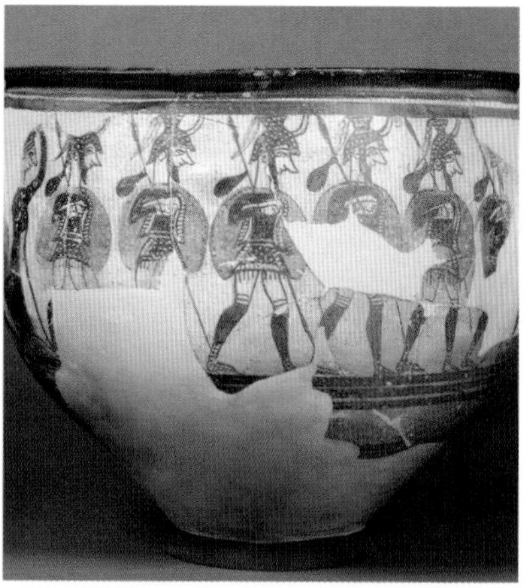

10. 戰士陶罐，西元前十二世紀，邁錫尼

這一具麥錫尼西元前十二世紀的戰士陶罐，畫了一隊士兵，頭戴牛角盔，恰似古埃及人口中四處侵略的傭兵「沙達納」（Shardana）。他們其他的裝備就近似荷馬史詩英雄所拿的盔甲。

13. 石碑，西元前四〇〇年左右，迦太基

這一塊石碑是在西元前四〇〇年前後在迦太基刻製而成的，從他頭飾的獨特造型來看，據信刻的是個祭司。他正抱著一個孩子準備進行犧牲祭祀。

12. 腓尼基銘文，諾拉，薩丁尼亞島南部

西元前九世紀晚期，腓尼基商人在薩丁尼亞南部的諾拉（Nora）建立起殖民地，蓋了一座神廟獻神，留下一段銘文作為紀念，而成為地中海西部閃族字母銘文傳世年代最早的幾段之一。

15. 腓尼基銀幣

這一枚腓尼基銀幣上有一艘腓尼基船和一頭希臘人說的希波坎（hippocamp）「海馬怪」。

14. 腓尼基模型船

腓尼基模型船，做成燈具，於西元二三二年在現今黎巴嫩境內的「宙斯貝瑟美利」（Zeus Beithmares）神廟供奉作為獻神的貢品。雖然年代偏晚，還是可以讓後代世人一窺古代腓尼基和迦太基的船隻模樣。

16. **奇吉罐，西元前六〇〇年左右，維伊附近出土**
奇吉罐（Chigi Vase）紋飾描繪作戰的希臘步兵，這一類士兵也叫作「盾甲勇士」（hoplite）。這一只陶罐在現今羅馬北部的維伊出土，年代約當西元前六〇〇年。伊特魯利亞的王公買進的科林斯陶器數量極大，通常還非常漂亮。

17. **亞述貝拉瓦宮青銅大門，約為西元前九世紀**
取自古亞述位於現今伊拉克北部的貝拉瓦宮（Balawat）的一扇青銅大門，年代為西元前九世紀。腓尼基人先走海路再走陸路運送貢品到亞述王朝的宮中。

18. 狄奧尼修斯雙耳廣口杯，西元前六世紀晚期
西元前六世紀晚期由雅典著名工匠艾克塞奇亞斯（Exekias）繪製黑彩圖樣，外銷到伊特魯利亞的伏勒奇（Vulci），由後世從墓中挖出。這樣的廣口杯是當淺底酒杯使用，黑彩圖樣描畫的是酒神狄奧尼修斯（Dionysos）被伊特魯利亞海盜抓去，結果後來海盜變成海豚。

19. 塔奎尼亞壁畫，西元前六世紀晚期
塔奎尼亞（Tarquinia）出土的「漁獵墓壁畫」（Tomb of the Hunting and Fishing），年代為西元前六世紀晚期。這一面伊特魯利亞壁畫當中快樂的景象，透著愛奧尼亞希臘藝術的強烈影響。

20.馬西里亞納習字版，伊特魯利亞，西元前七世紀

這一塊石版是在伊特魯利亞（Etruria）的馬西里亞納阿勒貝尼亞（Marsiliana d'Albegna）挖掘出土的，年代是西元前七世紀。用途可能是在字母教學，遠古希臘字母傳入伊特魯利亞，這一塊石版是最早的證據。字母是由右往左寫的，和腓尼基文字一樣，字母中有好幾個被伊特魯利亞人放棄不用，例如Δ（delta），因為伊特魯利亞的語言沒有這樣的發音，用不到。

21. 黃金碑版，皮爾希，西元前六世紀晚期

「此乃國王，席法利・維利亞納斯（Thefarie Velianas），奉獻給優尼—阿絲妲特（Uni-Astarte）女神的神廟暨神像所在……」。一九六四年，伊特魯利亞海岸的皮爾希（Pyrgi）挖掘出三面黃金碑版，兩面刻的是伊特魯利亞文字，一面刻的是腓尼基文字，記下卡埃雷（Caere）國王在西元前六世紀末所作的一次奉獻。

22. 伊特魯利亞陶製頭盔

敘拉古僭主伊耶羅一世（Hieron I）於西元前四七四年在現今那不勒斯附近的基瑪（Kyma），在海上打敗伊特魯利亞人之後，拿一頂敵軍的陶製頭盔作貢品奉獻給奧林比亞的宙斯廟，還刻上銘文：「伊耶羅，迭諾美尼斯（Deinomenes）、敘拉古、宙斯之子：基瑪的提雷尼亞人」。

出身高貴[4]。只是，阿爾奇努國王到底是誰呢？又到底住在哪裡（時代大概是西元前七〇〇年前後）？荷馬講起地理，從來就沒講清楚過。把《奧德賽》當作是古代希臘水手航行地中海用的「貝德卡」（Baedeker）旅遊指南（譯註8），確實教人心動；也有學者、航海家十分認真，認為奧德修斯歷險的故事內含歷史事實，所以跟著奧德修斯走過的航線走上一回[5]。只是，荷馬講的那一片又一片大海，是他將時人關於地中海、黑海的記述綜合起來而描摹出來的，說不定連大西洋的海水也加進了他精心特調的「四海雞尾酒」。例如艾亞亞（Aiaia），也就是女巫瑟西住的島嶼，依照地名來看似乎位在東邊，面向黎明。與荷馬時代相近的詩人海希奧德（Hesiod）卻另作他想，認為瑟西的島嶼一定是在義大利半島附近。地中海的地圖到了詩人的手底下，可是隨便他們怎麼捏塑都可以[6]。

特洛伊城陷落之後的動盪，捲得之後數百年人口不斷大遷移，希臘人和鄰近的民族都熟悉這些故事，而挑出一名先人，將大遷移的故事濃縮為先人的生命歷程，作為縮影。這樣的故事數度舊調重彈，推演到後來還認為特洛伊城破之後亡命天涯的伊尼亞斯（另譯埃涅阿斯）其人便是古羅馬人的始祖。伊尼亞斯的歷險故事也一樣向奧德修斯的生平事蹟借了不少材料來撐場面，最明顯的就是他到地府一遊的事。但也有伊特魯里亞人相信他們是奧德修斯的後代——他們叫他尤里西（Ulisè），拉丁文的尤里西斯（Ulyssesy）就是這樣來的——或者是伊尼亞斯的後代。希臘和特洛伊城的英雄豪傑，就此成為大部頭地中海傳奇中的篇章，不再由希臘人獨享著作權。畢竟荷馬的史詩只說了一小部份的故事：《伊里亞德》講的只是特洛伊圍城期間的幾天時間；《奧德賽》講的只是一名英雄在海上漂流多年，而他的兒子一樣

譯註8：「貝德卡」（Baedeker）——日耳曼的卡爾・貝德卡（Karl Baedeker: 1801—1859），於一八二七年成立「貝德卡出版社」，開風氣之先，最早推出旅遊指南，肆後「貝德卡」成為旅遊指南的俗名。

尋找父親多年。其間多的是空白可以填補，也多的是口述的傳說可以供希臘作家取用。從西元前七世紀的海希奧德到雅典的大劇作家，在所多有，講出了一則又一則淒涼的故事，如阿伽曼儂返鄉、邁錫尼陷入權力鬥爭、阿伽曼儂倒臥血泊身亡等等。特洛伊的成套傳奇史詩傳播之快，最明顯的證據就是瓶罐上的繪畫、銅鏡的雕刻還有其他器物的紋飾，描畫的不僅是荷馬傳唱的故事，還有特洛伊戰爭的其他人事以及後續盪漾的餘波——時代還可以推到西元前七世紀。明顯出自《奧德賽》情節的畫面，在西元前六○○年後的希臘陶器上面也找得到，賽蓮妖姬的故事便包括在內；再晚一點還找得到女巫瑟西[7]。

《奧德賽》有一特徵不太尋常：不僅是主人翁從海上登陸的地點看得大家如墜五里迷霧，連他的家鄉所在也好像地理錯亂。伊薩卡位在邁錫尼世界的極西端，早期要是有邁錫尼商人想要勇闖義大利半島南部，應該就是拿這裡當作起跳點。伊薩卡再朝西走，就有克基拉夾在伊薩卡和其他愛奧尼亞海的島嶼之間；從克基拉再走一段短短的航程渡海，就到了義大利半島的南部，也就可以繼續前往斯巴達人位在塔拉斯（Taras；塔蘭托）的殖民地。塔拉斯這一處斯巴達人的殖民地建於西元前七○六年，和斯科里約德托諾（Scoglio del Tonno）遺址靠得很近。義大利南部當地的居民在這之前幾百年就已經弄到大批邁錫尼人的陶器了。西元前八○○年後，位於愛琴海西部的科林斯、尤比亞島上出產的陶器也開始流入伊薩卡；〔伊薩卡南部濱海〕小鎮艾托斯挖掘出許多科林斯的瓶罐，顯然是科林斯人拿這小鎮當作貿易的中途站。艾托斯有一座神廟，供水手以克里特島製造的琥珀珠子、青銅護身符、黃金飾品來祭拜神祇[8]。雖然施里曼使盡力氣要在伊薩卡挖出奧德修斯的宮殿，在伊薩卡卻幾乎找不到遺跡可以證明這裡一度是繁榮的邁錫尼重鎮。不過，青銅時代末期的大動亂並未撼動這一座島嶼的根基，歷史悠久的大廟依然昌盛，古老的居民和社會習俗始終如常。奧德修斯這一位返鄉遊子的故事寶庫，比另一部《還鄉遊子》

（*Nostoi*）存世的還要豐富，或許可以由此來作解釋。〔伊薩卡西北角的〕波利斯有一座神廟祭拜的是奧德修斯，起造時代為西元前八世紀中期。之後數百年，希臘人便一直相信當初蓋這神廟是要紀念奧德修斯終於返鄉，起造地點便是奧德修斯返鄉之後持三腳青銅祭壇獻與眾神的地點。信奉奧德修斯的後人一樣也在神廟留下他們獻祭的青銅祭壇，現今已經挖掘出土了好幾具[9]。

荷馬也知道愛琴海之外的水域已經由商人打通。他讚美海盜的剽悍，不齒商人唯利是圖的手段。他把腓尼基商人說成是「欺詐成性的騙子，壞事做盡」，都是一幫「狡詐」的「惡棍」[10]。荷馬緬懷昔日以物易物的時光，最完美的不是商人之間的交易，而是貴族戰士之間禮尚往來：「他送給墨奈勞斯（Menelaos）兩具白銀浴缸，一對三腳銅鼎，十泰倫頓的黃金」〔《奧德賽》第四卷〕。荷馬勾勒的英雄社會行事遵循的是傳統倫理法則，以致於摩西・芬利（Moses Finley）不禁想像在希臘商人崛起之前應該另有商業世界叫作「奧德修斯世界」[11]。可是，荷馬本人的說法卻模稜兩可。史詩中的王公貴族也可以身兼商人，連神祇也可以扮作商人現身。《奧德賽》方才開卷，就赫見女神雅典娜（Athena）化作貴族商人的模樣，出現在奧德修斯兒子泰勒馬科斯（Telemachos）面前，「我叫孟泰斯（Mentes），父親是聰明的安奇阿洛（Anchialos）。愛航海的塔佛斯人是我在統治。現今率船帶著夥伴來到此地，準備劃過洋面閃爍如酒的大海，前往口操他種語言的異邦，前往泰莫斯換取青銅；我船上戴著晶亮的鐵。」[12]泰莫斯這地方，一般認為是在義大利半島南部；但其實要說是任何地方都可以。因為，荷馬的雷達幾乎不太會掃到義大利那邊去。荷馬偶爾是會提到西西里島，但是，大多出現在《奧德賽》第二十四卷，而這一卷要不是後人偽託荷馬之名寫來幫史詩收尾的，便是荷馬即使真有此卷傳世，也是錯漏百出的殘篇。

《奧德賽》詩中最著名的一段，是荷馬描述奧德修斯帶著一干船員遇到了獨眼巨人。這一段可以看作是在說希臘人縱使有文化作層層粉飾，遇到陌生、原始的民族，心底深處依然恐懼。要荷馬分辨文明人和野蠻人的差別在哪裡，何難之有！因為獨眼巨人「驕蠻暴虐、無法無天」，不思耕作勞動，只想靠天吃飯，「沒有議事的集會，沒有法規」，幽居深山的洞穴，不與人交往，「不管別人的一切」[13]。嗜吃人肉，不敬拜神明[14]。尤有甚者，獨眼巨人完全不懂通商的好處：「沒有船頭塗得血紅的海船，沒有造船的工匠製作堅固的木船，讓他們航行於世間諸多城市，像隔海對岸的人一樣，駕船出海做各式各類的事。」[15]雅典娜就大不相同，她建議泰勒馬科斯要「準備一條最好的快船，配置二十名划槳手」，出發去探問他父親的音訊，說他住的島嶼原本就是練達的航海技術人人兼而有之的地方。[16]像他們那樣的社會，乘船出海本來就是簡單自然的事。他們社會對外的活動力很強，也已經開始和別的地中海社會接觸。希臘人和腓尼基人兩邊不論是協力合作還是競爭較勁，不僅在他們自己的土地帶動起了文藝再生，也在海外遠處建立起興盛的城市社會，影響超乎他們移居的土地之外，對地中海的其他民族在在投下了深遠的烙印。

二

愛琴海一帶的希臘人（特別是尤比亞島上的人），和提雷尼亞海（或譯第勒尼安海）濱海地帶開始有所來往，被一些學者大力抬舉為史上重要的時刻，「其於西方文明意義之深遠，遠古時代其他進展幾乎無一能及」[17]。這時刻之重要，不僅在於希臘商人和移民終於滲透到義大利半島去，也在希臘人於本土的家鄉現已壯大為興盛的貿易重鎮了。尤比亞島上的城市衰落之後，科林斯繼起，稱霸這一帶的貿易網，將他們生產的精美瓶罐大量朝西運送，數以千計，回程帶的就是金屬、穀糧之類的原料。雅典繼科林斯之後，在西元前五世紀也登上類似的霸主寶座。希臘人的國度就是因為有這些外來的原料和對外的往來，才有本錢在青銅時代的文明式微之後，掀起他們自己的文藝復興，將希臘工匠畫家以他們偏好的特有樣式所做的器物，向外廣為傳佈，連遠在西邊的伊比利半島和伊特魯里亞的居民都以希臘人的藝術作為本土創作的參考。假如把希臘的文明史當成雅典、斯巴達勃興的歷史來寫，卻對地中海中部、西部的水域不多著墨，就像是把義大利的文藝復興歷史劃定在佛羅倫斯和威尼斯兩地〔其他完全不管〕。

希臘人和〔義大利西岸〕那不勒斯灣初次接觸，就依維瓦拉島（Vivara）出土的陶器遺物來判斷，時代可以回溯到邁錫尼的時期。西元前七五〇年左右，尤比亞人就在鄰近的伊斯基亞島上建立起了一處據點。現在找不到跡象可以說這時候的希臘人有意追隨他們青銅時代先人的腳步來到這一帶；但無妨，反正希臘人在義大利半島的鐵器時代建立起來的最早聚落，竟然深入提雷尼亞海域那麼遠的地方，確實不太尋常。沒多久，義大利半島緊跟著也有了聚落，就在同一處大海灣的基瑪那裡。[18]等再過個半世紀，斯巴達人在塔拉斯也會建起他們的殖民地。塔拉斯就在義大利半島的腳跟那邊，離愛奧尼亞群島和科林斯灣的航程相當便捷。初次落腳義大利半島試行殖民，挑中這裡看起來是合理得多了。不過，腓尼基人據稱早在先前便已揚帆駛向北非，穿越直布羅陀海峽到達塔提索斯了。踏上航程這麼長、這麼艱辛的旅程，有其理由，也就是要尋找金屬礦源——或者是托斯卡尼和薩丁尼亞島的銅鐵，或者是薩丁尼亞島和西班牙南部的銀吧。有一份時代很晚的希臘文獻記載了腓尼基人前往塔提索斯的航程，對於那麼遠的西邊居然有那麼豐富的財貨艷羨萬分，寫到那些商人把橄欖油往西方運送，換回來「銀子之多，他們收不了、裝不下，結果啟程的時候，不得不把他們的每一樣東西都用銀子鑄造，連船隻下的錨也一樣用銀子去做」[19]。希臘人和腓尼基人在這幾片水域也留下了雙方來往相善的證據，足以證明這一片海洋得以劃出幾條航路，應該多少算是他們兩邊合力促成的事吧，縱使幾座大型殖民地，例如迦太基城和基瑪，始終各自保有自己民族獨有的歸屬（但那時在希臘本島的城市就不能說是希臘人的了，而要說是尤比亞人的，多利人的，或者是愛奧尼亞人的）。

連接起尤比亞和伊斯基亞的那一條航路，在兩端都有謎團尚待解答。走過「黑暗時代」，蕭條那麼長久之後，為什麼會是尤比亞島拔得頭籌，崛起成為海外貿易、移民的第一處重要中心，始終無法找到清楚的解釋[20]。尤比亞島地形狹長、林木蓊鬱，依偎在希臘本島的一側，和希臘本島的距離頂多幾英里罷了——即使那麼窄，海希奧德卻寫過他渡海時怕得不得了，滿心無法理喻的恐懼。尤比亞崛起最可能的解釋，便是尤比亞島上的兩大城市凱爾奇斯和艾雷特利，坐擁優良的天然資源，那時已經開始利用他們的資源和雅典、科林斯一帶作貿易。尤比亞島盛產木材，這是造船不可或缺的材料。其實，「荷馬頌歌」（Homeric Hymns）——禮讚希臘眾神的詩歌集，寫於西元前七或六世紀，用的是荷馬史詩一類的格律——當中有一首讚美詩是獻給阿波羅的，就形容尤比亞島「以造船知名」。葡萄酒是尤比亞島的另一重要資源——早期的希臘字「woinos」傳到義大利半島，被伊特魯里亞人轉了個音，結果被羅馬人聽成「vinum」（酒）[21]。尤比亞島上的城市凱爾奇斯，由名字即可想見該地區應該盛產銅礦（希臘文：Khalkos）；尤比亞島上的列夫肯迪遺址，就挖出了鑄造青銅祭壇三腳底座所用的鑄模，時代應該是西元前十世紀晚期。列夫肯迪（Lefkandi）那時十分繁榮，那裡的考古遺址就挖出過一棟佔地很廣的建築，一頭還有一座半圓型壁龕。建築物的大小是四十五公尺乘十公尺，年代不晚於西元前九五〇年，是在石砌地基上面用泥磚蓋起來的，屋頂搭的則是茅草。這是一位將領的墓地，將領遺骸所穿的亞麻大氅還有殘片留存，鐵劍和長矛也還在墓室當中。陪他下葬一起前往來世的還有三匹馬。該墓地另外也葬了一名女子，墓室中找到黃金打造的首飾和青銅、鐵鑄的別針。[22]

尤比亞人倒沒有將力氣全用在經營伊斯基亞。其實，他們的目標是要將凱爾奇斯和艾雷特利亞打造為地中海東、西兩邊貿易的中途站。早在西元前十一世紀晚期，敘利亞海岸地帶的陶瓷就已經出現在列夫肯迪了；西元前八二五年前後在阿敏納建立起來的貿易站，更加鞏固了他們和敘利亞一帶的關係。這一處遺址在第二次世界大戰之前由李奧納・伍利爵士（Sir Leonard Woolleyo）進行考古挖掘，明確證明這地方是尤比亞人的商業重鎮，是他們向四面八方發展的貿易和產業中心——往東是朝亞述興盛的帝國去，往南是朝海岸地帶的泰爾和西頓去，他們另也會渡海朝「雅凡」（Yavan）人的土地去，也就是希臘人那邊。[23]距離近一點的就是他們和塞浦路斯島的來往了，由塞浦路斯又可以再前往敘利亞、安納托利亞半島南部和尼羅河三角洲的大城小鎮。尤比亞這地方是沿海地帶多支文化的輻湊點；腓尼基人在基提翁的殖民地和希臘來的移民、商人共處堪是和樂。尤比亞的幾處遺址另也挖出過來自塞浦路斯島的一個青銅權杖頭飾，來自埃及或是黎凡特區的黃金、彩陶、琥珀、水晶製品[24]。前述列夫肯迪大將墓中找到的精細布料殘片，顯示做工精良的紡織品也是這地方的一大吸引力，而敘利亞海岸有出產布料和染料的名聲，自然會將希臘人的眼光帶向黎凡特。這些在在將尤比亞島推向西元前九世紀希臘世界繁榮之最的寶座——已經半希臘化的塞浦路斯島不算在內的話。至於這些貨物是哪些人帶進尤比亞島的，現在就不甚明瞭了。早在凱爾奇斯和艾雷特利亞兩地的水手於西元前八世紀在伊斯基亞建立起殖民地之前，尤比亞島就已經相當繁榮。從塞浦路斯和黎凡特來到尤比亞島的商人，說不定根本不是希臘人，而是腓尼基人；這樣也就可以解釋何以最早的希臘詩人會那麼了解腓尼基商人和他們精明的生意頭腦。

另一個待解謎團就是尤比亞人在他們和塞浦路斯、黎凡特的交易當中能夠要到什麼？他們打通了往西邊的航線，也就等於打通了金屬礦產的供應管道，例如銅鐵，由於當時尤比亞人對東方財貨的需求極為殷切，尤比亞本島的資源顯然就不敷所需。只是，他們用來履行責任的物品：像是一袋袋穀物，裝滿酒、油的雙耳細頸瓶，裝滿香油的封口小罐，大多沒在地底留下明確的形跡。而他們的陶器得以出現在以色列王國或是安納托利亞半島南部的西里吉亞（Cilicia）那麼遠的地方，說是因為遠地人欣賞他們的設計未嘗不可。不過，重點應該還是在瓶罐裡的內容物。再來，等到後來這方面的貿易變得十分頻繁，東邊來的奢侈品愈來愈多，支付的壓力就逼得他們必須再多方尋找金屬和其他財貨的來源，當作支付的貨款。這也就驅使尤比亞人再往提雷尼亞海域推進。他們和薩丁尼亞島上應該有直接或是間接的往來。由尤比亞人製作的陶器，或者起碼算是尤比亞樣式的陶器，在島上留有遺跡可以為證。托斯卡尼海岸和內陸的鐵礦還是更好的目標；他們這一帶原來就有的多處繁榮小村，沒多久就會滙聚成伊特魯里亞人豐富的城市文化。所以，尤比亞人開始逐步和提雷尼亞海域周邊陸地上的居民來往，先是由腓尼基人作中介，之後改為出動自己的船隻。

伊斯基亞島便是尤比亞人相中的據點，還莫名其妙給這地方取了這樣的名字，「皮瑟庫塞」（Pitheoussai），意思是「猴子地」。島上吸引人的特點，一是他們的葡萄園，再來就是地理位置落在安全的外海——尤比亞商人以此為據點，可以朝外輻射，往義大利半島中部還有義大利的群島搜尋所需的物產。[25]西元前七五〇至七〇〇年間，現今叫作拉科阿梅諾（Lacco Ameno）這地方，曾是十分昌盛的商業和產業據點，於其遺址挖出來的遺物有兩件很不尋常，點出了這一處遙遠的殖民地和希臘世界的關係。一件是一個酒杯，在羅德島製作，埋在一名小男孩的墓中，小男孩死時大概只有十歲。酒杯打造完成之後還添上一段口氣輕鬆的銘文作為裝飾：

涅斯特（Nestor）有漂亮酒杯，任誰拿這酒杯喝酒，情慾即刻襲上心頭，愛上花冠愛芙黛蒂（Aphrodite）。[26]

《奧德賽》詩中提過「涅斯特酒杯」（Nestor's cup），指它以黃金打造，但是倒進杯內的酒會有黃金所無的奇效[27]。這一段銘文有不少突出的地方。銘文用的文字是凱爾奇斯居民愛用的希臘字母。這算是佐證，支持一些學者所說銘文並非酒杯在羅德島製作之時便已刻上，而是後來由尤比亞島上的希臘人再行添加上去的。他們是從移居尤比亞島的腓尼基人那裡學到這些字母的；尤比亞人又再將字母往西邊傳到義大利半島的幾支民族那邊，再由義大利半島民族的版本（而不是在希臘世界稱霸的阿提卡版本），演生出伊特魯里亞字母，伊特魯里亞字母又再孕生出羅馬字母。酒杯上的六步格（hexameter）銘文，是荷馬經典之外，西元前八世紀僅此唯一存世的詩句。銘文當中提到涅斯特（Nestor），進一步證明特洛伊戰爭在遠古希臘人的生活、在希臘人的腦海，據有中心的地位。尤比亞人和羅德島的聯繫，不論是直接還是透過凱爾奇斯、艾雷特利亞作中介，由伊斯基亞島上挖出許多羅德島製作的細頸圓瓶（aryballoi）可以得證；這些都是他們用來裝香油的瓶罐，葬禮時倒光了內裝的香油，就隨手棄置在墓場。

拉科阿梅諾遺址另一突出的發現，是一只「雙耳廣口盃」（Krater），盃口有船難的圖畫。這是這一類型器物存世最早的一個，也是義大利遺址所見時代最早的人物敘事畫；再者，這還是當地人做出來的。畫中有一艘船，類似後來科林斯陶器上面畫的船隻，翻覆在海面，一個個水手落海掙扎游泳求生，但有一人已經淪為波臣，另一人即將葬身於一尾巨魚的魚腹。由於另一畫面畫了一隻吃得腹脹如鼓的大魚筆直挺立，看來這一名水手未能於魚口求生。畫中的景象在《奧德賽》詩中，在其他歸鄉遊子的故事當中，完全找不到蛛絲馬跡可以對應。所以，這畫的可能是當地流傳而廣為時人熟知的故事，講的是真有其人的水手出海再也未能回家。墓穴遺址挖出來的其他遺物，也證明海上交通對皮瑟庫塞居民有多重要。有些瓶罐是從伊特魯里亞南下的，素面光潔的黑陶叫作「布凱羅」（bucchero），優雅的美感來自瓶罐的外形，而不靠紋飾。他們和東邊的來往特別活躍，西元前八世紀中後期，該地的墓穴有三分之一埋有黎凡特出品或是黎凡特風格影響的器物[28]。有一座孩童墓穴挖出過一個聖甲蟲護身符，上面刻著埃及法老波寇里斯（Bocchoris）的名字，由此來作斷代，時間大概就是西元前七二〇年前後。塔奎尼亞（Tarquinia）挖出來的伊特魯里亞人遺址，有一只彩陶上面也有同一位法老的名字，因而可以推斷當時的海上交通是從埃及開始，可能透過腓尼基人或是敘利亞海岸阿敏納的殖民地，前往希臘，然後轉入提雷尼亞海。皮瑟庫塞倒絕對不是航路的終點，因為海上的行商並未就此停住，而是繼續前行，來到富含金屬礦藏的托斯卡尼海岸。遠赴海外的腓尼基商人，後來生意反而比居留在黎凡特的同胞還要興旺。尤比亞人也一樣，在遙遠的西邊建立起自己的貿易世界，連起敘利亞、羅德島、愛奧尼亞，最後再把科林斯連到皮瑟庫塞，興隆昌盛。

皮瑟庫塞的居民都是商人，但也是工匠，男女都有。遺址中挖出過一塊鐵渣碎塊，可能出自〔義大利西北海岸〕艾爾巴島（Elban），就提點出他們和伊特魯里亞來往的這一線有多重要，因為伊斯基亞是沒有金屬礦藏的。考古挖掘也找到了坩鍋，由殘存的短短幾截金屬線頭和鑄錠可以推知，青銅器物和鐵器一樣都是他們生產的物品。僑居皮瑟庫塞這裡的人工作都十分勤奮，人數估計得準的話，在西元前八世紀晚期大概在四千八百人至九千八百人。原本以貿易站起家的小聚落，就這樣發展成粗具規模的小鎮了。來這裡落腳定居的不僅是希臘人，還有一些腓尼基人和義大利半島的人。考古挖掘到一具罐子，裝了嬰屍的遺骸，罐子上有看似腓尼基文字的符號[29]。皮瑟庫塞雖然是希臘人建的殖民地，但也不宜就此認定來此定居的人只以希臘人為限，或是只以尤比亞島來的人為限。外來的工匠要是能夠引進樣式和技術，當然歡迎；不論是科林斯的陶匠還是腓尼基人的雕刻師都好；科林斯的陶匠在西元前七二五年左右開始落腳在附近的基瑪，腓尼基雕刻師的手藝也正可以滿足義大利半島對東方物品的饑渴胃口。所以，皮瑟庫塞很快就成為「東方派」樣式流入西方的管道。皮瑟庫塞人注意到伊特魯里亞南部的村莊日漸壯大，像維伊（Veii）、卡耶雷（Caere）、塔奎尼亞等地方對東方貨物的需求便極為殷切，皮瑟庫塞的商人自然會針對伊特魯里亞這些早期居民的需求來供貨，換取伊特魯里亞北部出產的金屬。至於他們是不是注意到伊特魯里亞南邊隔著台伯河有幾座小村圍攏在七座小丘周圍，那就不甚明朗了。

三

修昔底德寫過尤比亞島上的城市陷入「利蘭丁戰爭」（Lelantine War）泥淖的過程，指出這一場戰爭是伯羅奔尼撒戰爭之前，希臘人同室操戈最嚴重的一場內鬥。只是，這一場戰爭現在已經無法斷代，而且，怎麼打起來的，相關的細節也少之又少。有可能是為了爭奪利蘭托平原地底的銅鐵礦藏吧，也有可能是為了爭奪平原地上的葡萄園和大牧場[30]。無論如何，尤比亞到了西元前七〇〇年已經盛況不再。尤比亞從孕生到茁壯，速度和強度率皆領袖群倫。但在別的重鎮如科林斯相繼崛起壯大為他們的勁敵之後，尤比亞就再也無法維持繁榮的優勢了。荷馬先前就說過該城市富有（aphneios）。[31]西元前五世紀的守舊派詩人品達（Pindar），在他寫的「奧林匹亞頌歌」（Olympian Odes）就頌讚「我將認識幸運的科林斯，波塞頓位在地峽的門廊」[32]。科林斯在西元前五世紀的人口和領土，大概只有雅典的三分之一，卻懂得善加發揮地理優勢，利用跨愛琴海的商業貿易為他們掙得優厚的利潤，至於希臘往西邊去到亞得里亞海、愛奧尼亞海、提雷尼亞海的貿易，利源就更大了。科林斯還腳跨北希臘到伯羅奔尼撒半島的通路，因而也可以從穿越地峽的陸上貿易獲利[33]。西元前九〇〇年左右，科林斯可能還只是位居科林斯衛城陡峭堡壘下方的幾座小村而已，村民卻已經和外面的廣大世界有了來往，尤比亞島已經有「原始幾何樣式」的科林斯陶器。等再到西元前八〇〇年，德爾斐也已經出現大量的科林斯陶器，都是時人到德爾斐神廟還願的獻禮。[34]再到西元前八世紀中期，皮瑟庫塞一樣出現大量科林斯來的陶器，還從那裡循貿易路線再送到伊特魯里亞早期的村莊[35]。西元前七世紀，科林斯人在地峽的兩邊都開闢了港口，一邊是在科林斯灣的列凱翁（Lechaion），另一邊是在肯凱萊（Kenchreai），從這裡可以穿過薩隆灣（Saronic Gulf）到達愛琴海——這裡的水域比較平靜，只是從科林斯出發耗時會久一點。至於他們另外蓋起的一條大滑道「狄奧寇斯」（diolkos），重要就不亞於兩處港口了，因為科林斯人可以利用成隊的奴隸把船從一邊的港口循滑道拖到另一邊的港口去。也只有亞里斯多芬尼斯（Aristophanes）這人才有那樣的想像力，把狄奧寇斯滑道和性行為相比：「你搞什麼地峽？你那一根上上下下推得比科林斯人在狄奧寇斯推他們的船還多！」[36]東、西兩邊，像是〔安納托利亞半島西邊〕希俄斯、薩摩斯和〔義大利半島〕伊特魯里亞之間，來往十分活躍，由科林斯城內挖掘出土的陶瓷可以作證[37]。修昔底德也說科林斯確實是造船中心，「據說希臘建造的第一艘『三列槳座戰船』（triremes）就是在科林斯下水的」[38]。

科林斯僭主佩里安德（Periandros）於西元前六二五至六〇〇年間，曾和小亞細亞海岸的航海城市米利都君主訂下條約，試圖建立起聯盟網，涵蓋面遠達愛奧尼亞和埃及——僭主佩里安德的侄子庫普塞勒什（Kypselos），別名叫作普薩美提克（Psammetichos），用的是埃及法老的名字〔Psamtik II〕，佩里安德和這一位法老就有商業往來。尼羅河三角洲的諾克拉地斯一建起了愛奧尼亞的貿易聚落，科林斯出品的陶器旋即出現在該地[39]。到了西元前六世紀中葉，縱使競爭者眾，科林斯陶器已經是義大利半島和西西里島希臘人採購的首選。西元前八世紀末期，迦太基人先是模仿科林斯的陶器樣式，後來面對正宗科林斯陶器來勢洶洶，乾脆投降。伊特魯里亞商人的眼光十分厲害，出手只買最好的貨色，例如西元前六五〇年左右的奇吉罐（Chigi vase），便為一般人認定是存世科林斯陶器當中最精美的一只。雅典還要等到西元前六世紀，出口陶瓷到義大利半島的貿易，才輪得到他們在市場上面稱霸[40]。

不論科林斯的陶器有多優雅，絕對沒有人會相信科林斯和西邊、東邊建立的興盛貿易，單靠科林斯陶器的市場需求就撐得起來的。科林斯城內劃歸陶器製作的區域並不算大。科林斯的陶器在商船上面，大多還是用來裝容易壞的貨品當作壓艙物用的；那時大概是以染成緋紅、藍紫、火紅、藍綠等等五顏六色的鮮艷地毯、毛毯、細亞麻布才是貴重貨品[41]。生產這類貨品需要染料，因此，他們和腓尼基紫色染料商人的來往關係就至關重要了。黎凡特的阿敏納是重要的現貨市場（emporium），便是雙方來往的一大接點；希臘人、腓尼基人、阿拉姆人等等諸多民族在此混居作生意[42]。不過，科林斯的實力還是在它的繽紛面貌。農產品、牧產品、木材、精細的器皿、紅陶瓦（terracotta tile）等等，都在科林斯商人經手之列，紅陶瓦還大量運送到德爾斐神廟去，以致德爾斐的建築物幾乎無一處沒有科林斯出產的黏土屋瓦——用大理石作屋瓦的除外。小型青銅器物是他們偏好的出口品，青銅、鐵製的武器和盔甲也是；科林斯早在西元前七〇〇年就已經以武器、盔甲而馳名了[43]。

成功的代價，就是招嫉；列凱翁便數度因為科林斯和鄰邦作戰而陷落到敵人的手中。不過，科林斯的對外政策，一般以盡可能和周邊鄰邦和平相處為重，直到西元前五世紀末期爆發伯羅奔尼撒戰爭為止。畢竟海上、陸上出現衝突對貿易城鎮都不是好事。不過，科林斯人對外貿易用的是不是科林斯人的船，就沒那麼清楚了。科林斯城內挖掘出大批迦太基製造的雙耳細頸瓶，製作年代約從西元前四六〇開始，顯示科林斯和地中海西部暢旺的糧食貿易是由科林斯人和迦太基人共享的。有學者認為裝在這些雙耳細頸瓶內運到科林斯去的貨品，主要是以魚的內臟加工製成的魚醬「嘉露」，而且出產地可以遠達腓尼基人在摩洛哥大西洋岸的寇亞斯（Kouass）成立的貿易站[44]。西元前八世紀晚期到三世紀中期，在科林斯製作的雙耳細頸瓶在地中海西部各地全找得到，連遠在極西的艾爾赫西拉斯（Alqeciras）、伊維薩都不例外，義大利半島南部和希臘人在昔蘭尼加（Cyrenica；位於北非利比亞）的聚落也一樣。這些細頸瓶是做來裝東西用的。有這些瓶罐，就表示該地區有穀物、葡萄酒、橄欖油的興旺貿易。希臘本島的航海城市由於人口增加，對於西西里島這一類大糧產區的貿易需求也就增加，流寓西邊的希臘人連上家鄉的生命線，就這樣穿過科林斯灣搭了起來。科林斯也將治下地區多出來的油酒，賣給西西里島甚至更往西邊去的買家。[45]

遠古地中海區的經濟，因為科林斯崛起，要問的問題就更廣了。摩西・芬利認為他們財富建立的基礎是在農業以及民生必需品的地方貿易。他堅持奢侈品的貿易在當時規模還太小，未足以促成科林斯能有那樣的經濟成長，後來的雅典應該也是這樣。芬利緊扣人類學家提出的「禮物交換」（gift exchange）說，認為在這時期，「交換禮物」先於「追求利潤」。不過，證據卻明白指向反方向[46]。例如科林斯人在西元前六世紀中葉起開始使用銀幣，義大利半島南部也挖掘出幾處窖藏銀幣，顯示這些銀幣是由東邊往西邊送過去的，時代可以早到西元前六世紀末期。最早堪稱錢幣的通貨，那時早就已經出現在愛琴海各地，出現在〔小亞細亞西部〕呂底亞。至於科林斯是從哪裡學來要使用銀幣的，即使我們找得到明確的答案，他們是從哪裡取得銀礦卻依舊不明。其實，科林斯人鑄造錢幣最主要的動機，可能是要為使用他們兩處港口以及狄奧寇斯滑道的商人訂下一致的課稅標準[47]。無論如何，到了西元前六〇〇年那時候，商人應該不只是交換禮物的中介而已。

科林斯早期歷史有兩位人物，可以為我們證實這樣的看法。一位是佩里安德，他父親率眾起義，推翻先前統治科林斯城的巴奇亞王朝[48]。佩里安德統治科林斯的時期，是西元前六二七至五八五年；期間，科林斯的經濟臻至鼎盛。只是，希羅多德卻在他身上套了許多劣行惡跡，搞得他活像徹頭徹尾的「暴君」。（譯註9）據稱他的妻子梅麗莎（Mellissa）便是慘死於他手下，之後還遭他姦屍。後來，他因為兒子死於克基拉島，盛怒之下抓了克基拉島上三百名男童為奴，發配到利比亞進行去勢。亞理斯多德則認為他是嚴酷僭主的典型。不過，亞理斯多德另也寫過佩里安德以市場、港口的稅收作為國庫收入的來源，治國相當公正。甚至還有一些人將他加進古代希臘七賢之列。[49]後來又有文獻——只是文獻的年代確實相隔久遠——信誓旦旦指他痛恨奢侈，說他把科林斯富家仕女鍾愛的華服放火燒掉，也立法禁止奴隸買賣，因為他認為他的子民本來就應該多多勞動才對[50]，對好逸惡勞甚為不齒。這裡的重點在於這是隔了很久以後的人在回顧先人的政策，而這一位先人治國，卻是以聚斂財富為要。

譯註9：作者此處「暴君」用的是 tyrant，也正是當時所謂「僭主」的英文。

另一位也需要一提的人物，是巴奇亞王朝的貴族德瑪拉托斯（Demaratos），他一生的事功要等到很晚才有人為他作出詳述：古羅馬奧古斯都皇帝時代的作家，哈利卡納索斯人狄奧尼修斯（Dionysios of Halikarnassos），而且還不算是最可靠的作家。德瑪拉托斯的王朝因科林斯內亂而被推翻，據信他逃到了塔奎尼亞，時代約當西元前六五五年。他在塔奎尼亞迎娶當地的貴族女子為妻，生下一子，取名塔奎因（Tarquin），後來成為羅馬第一位伊特魯里亞國王。德瑪拉托斯出亡海外，據說還帶了一批工匠隨行[51]。這樣一來，當然就是一波科林斯人的大流散，大批人口四散海外，由巴奇亞王室居間推動，於各地廣建殖民聚落。西元前七三三年左右他們在西西里島拓建出一處殖民聚落，未幾，成為西西里島上最強盛的希臘城邦敘拉古。約當同一時期，他們也在克基拉島上建起殖民地，但和當地人的關係有時不太融洽[52]。科林斯人在〔希臘本島西岸〕伊庇魯斯往北到伊里利亞海岸一線建起的幾處殖民聚落，克基拉也算在列，而克基拉又在埃庇達諾斯（Epidamnos；現今阿爾巴尼亞的杜拉斯）拓建起他們自己的殖民地。克基拉和敘拉古兩地，算是捍衛當時前往亞得里亞海以及橫渡愛奧尼亞海域貿易的門神。亞得里亞海的殖民地，又是取得巴爾幹半島內陸銀礦的門戶——這一點應該可以解釋科林斯鑄造他們精美錢幣所用的銀礦來自何處。西元前四世紀初，敘拉古的僭主狄奧尼修斯一世（Dionysios I of Syracuse）企圖奪取地中海中部水域，而「決心在亞得里亞海遍植他的城市」，愛奧尼亞海岸自然在內，「這樣他才能夠保障伊庇魯斯的航線安全無虞，有他自己的城市，船隻也才找得到避風港」。[53]關於敘拉古和克基拉這兩地建城，都有類似的問題需要一問：這二地建城為的是要保護貿易路線，還是要吸收科林斯城養活不了的過剩人口？[54]殖民地居民鞏固好他們在新據點的勢力後，就可以開始推動民生必需品的貿易，像是穀物，進一步減輕家鄉資源分配的壓力。所以，殖民其實反而讓母邦得以充份發展，不受羈束。

所以，這問題最終就是雞生蛋還是蛋生雞了。在這樣的時期，驅使希臘城市的居民往海外發展的動機很多。在社會階級的頂端有政治流亡人士，往下一點，有商人和船東，他們的眼光就始終鎖定在搜尋新市場了，再下來就有工匠，他們也早就知道即使在義大利半島、法國南部那麼遠的地方，他們產品的市場需求也在急遽上升。再來就是有人想要在西邊的陸地上找到農地可以讓他們耕種了。也就是說，殖民並非家鄉無以為生的癥兆，而是財富增加的癥兆，是希望既有的繁榮能夠更上層樓，而想以科林斯等等城邦以及他們在地中海一帶打造的興旺姊妹市為基礎，推動更宏大的發展。然而，就像科林斯的君主德瑪拉托斯流寓海外那樣，地平線之外雖然另有新的天地，但是，希臘人在那裡頂多只是當地權貴的客卿罷了。而這些當地民族，最重要的就屬伊特魯里亞人了。

第三章

提雷尼亞人稱霸

西元前八〇〇年—西元前四〇〇年

一

伊特魯里亞人之重要，不僅在他們的彩繪墓室有活潑生動的風格，看得作家D. H.勞倫斯（D. H. Lawrence）心醉神迷，也不僅在於他們獨特的語言起源始終成謎，同樣不在他們於早期羅馬留下了深刻的烙印。伊特魯里亞一帶的文明，是地中海西部因東部文化的刺激而孕生的最早文明。伊特魯里亞文化有時被人貶作因襲為多，有研究希臘藝術的頂尖學者為伊特魯里亞人貼上的標籤還是「粗魯不文的野蠻人」（artless barbarians）；[1]他們的作品只要符合希臘的創作標準，就會被劃歸為希臘藝術家的作品，不合標準的就棄如敝屣，因為不合標準便是他們藝術能力低下的鐵證。只不過伊特魯里亞的藝術縱使悖離完美的古典標準，一般人對於勞倫斯讚歎的活潑、生動，大多心有戚戚。然而，這裡的重點就在希臘和東方傳過來的影響在伊特魯里亞投下了極深的烙印，在地中海東部形形色色的文化朝西邊傳播，在先前邁錫尼人幾乎沒去過的義大利半島中部也和東邊的愛琴海、黎凡特區建立起了密切的商業來往。這些還只是更壯闊的一波運動當中的局部而已，薩丁尼亞島和西班牙的地中海岸地區也都籠罩其間，只是情況

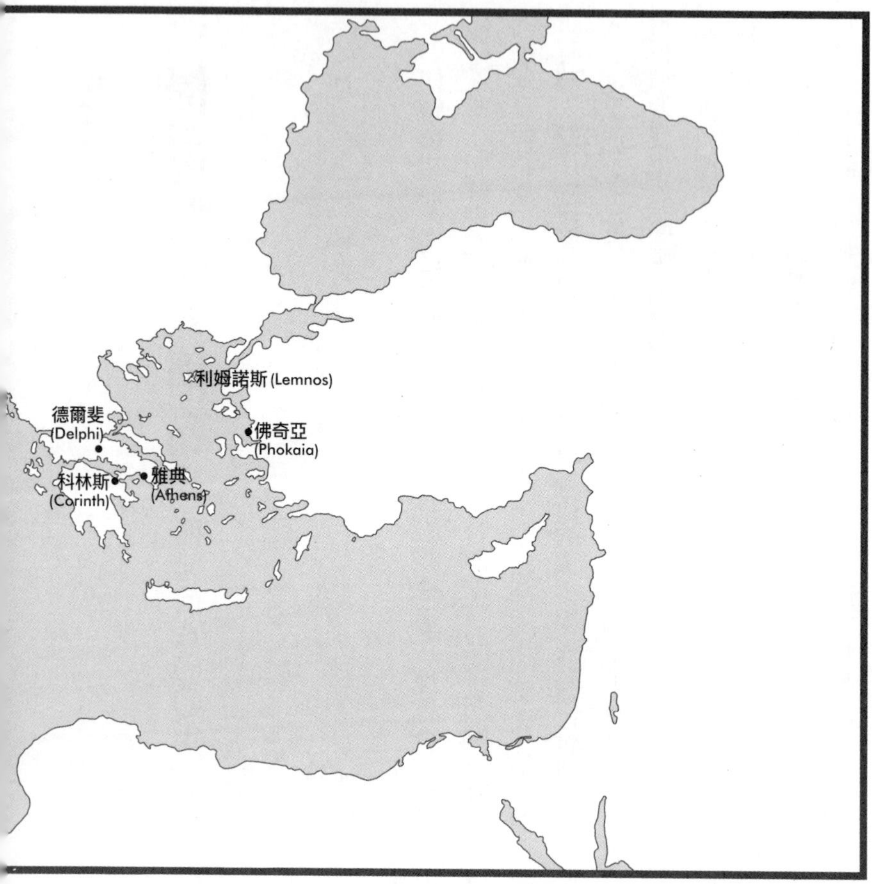

互有不同。

伊特魯里亞人勢力崛起——義大利半島首度興起了本土的城市，打造起他們的海上強權，在義大利半島中部和黎凡特搭起貿易的橋樑——永遠地將地中海區的文化地理改寫成另一番面貌。地中海西部的海岸一線興起一處處高度複雜的都市社會，腓尼基人和愛琴海的產品需求始終不減，新的藝術風格興起，融本土和東方的傳統於一爐。貫通伊特魯里亞和東方的幾條新貿易路線，不僅希臘和腓尼基商人絡繹於途，連希臘和腓尼基的眾多神祇也隨之而來。而徹底征服義大利半島中部民心的，是希臘

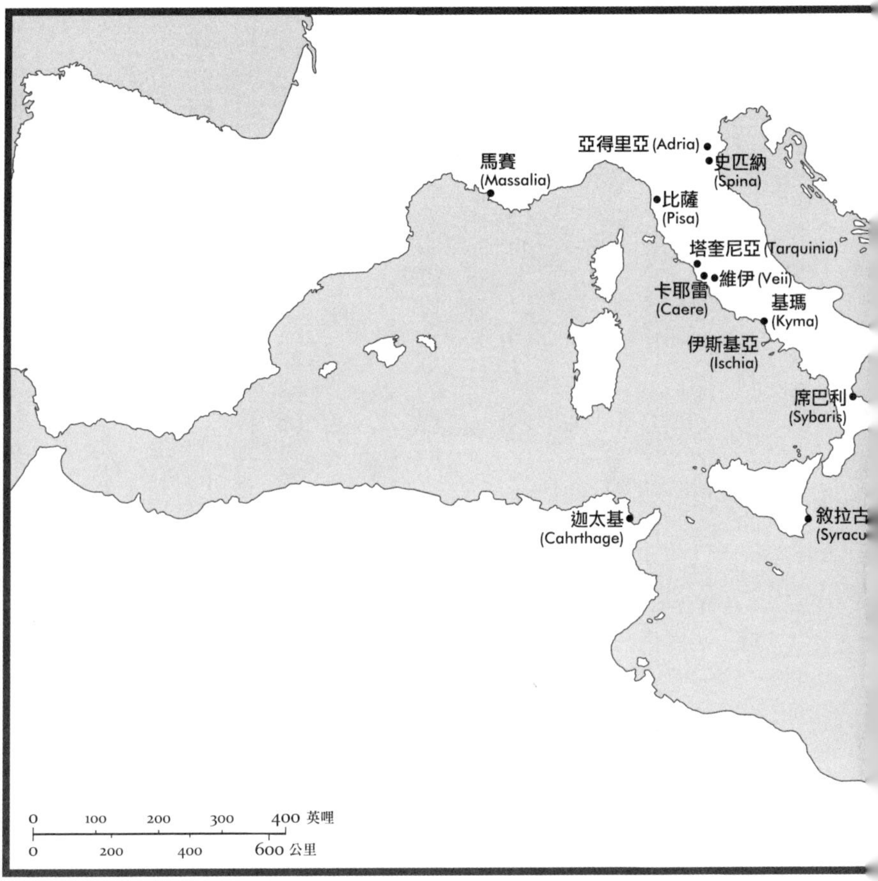

的眾神祇——連同奧林帕斯（Olympus）山上全套的神話、特洛伊城的故事、英雄豪傑的傳說等等，一併都帶了過來。科林斯、雅典的漂亮瓶罐，先後在這一帶打出大眾市場；其實，希臘最精美的瓶罐絕大部份還是在伊特魯里亞的墓中出土的，而不是希臘那邊。迦太基城也一樣，他們早年的繁榮大多便仰賴距離不遠的義大利半島中部有大片的市場可以讓他們去作生意。當時迦太基人有特權可以在伊特魯里亞的城市任意出入，這樣的關係有雙方訂下的一連串條約作證明（其中一份條約，是西元前五〇九年迦太基人和羅馬簽訂的）。迦太基人在北非和西西里島作生意的對象，他們的文化在迦太基人的眼中算是比較落後的；但他們在伊特魯里亞遇到的，就算是情投意合的貿易夥伴了，而且，迦太基人和西西里島的希臘人爭奪地中海中部的時候，伊特魯里亞人也是迦太基的強大盟友。

伊特魯里亞人特別惹人注意，是因為據稱他們罩在兩大「謎團」當中：一是他們身世的問題，二是因他們的身世而來的語言問題。他們的語言和遠古世界的其他語言都找不到關係。古代的歷史學家說，伊特魯里亞人是從地中海東部外移到義大利半島來的，張冠李戴，各唱各的妄論。希羅多德的說法尤其寶貴，因為由他說法可以捉摸得出來西元前五世紀時出身愛奧尼亞的希臘人是怎麼看地中海區的民族和地域關係的，而且是極為通行的看法。[2]他說伊特魯里亞人的大遷移是在呂底亞國王阿提斯（Atys）在位時的事——換言之，是在他之前很久很久的事。希羅多德說棋盤遊戲是呂底亞人發明的，但跳棋不算在內。而他們發明棋盤遊戲的理由，是遇上了嚴重的饑荒。他們一開始的對策，是吃一天餓一天，餓肚子的那一天便用下棋轉移注意力：「他們就這樣撐了十八年」。只是，饑荒的問題愈演愈烈，所以，國王便將饑荒地帶的人口劃分為兩半，再以抽籤決定哪一半可以留在呂底亞，另一半必須離開，而由阿提斯的兒子提雷諾（Tyrsenos）領軍，到海外尋找新天地過活。抽籤必須遷移的人群來到〔安納托利亞半島海岸〕士麥納，造船出海，行經許多地方，最後來到〔義大利中部〕翁布里亞人（Umbrians）住的地方落腳，建立起幾座城市，還依帶領他們的王子提雷諾之名，自稱為「提雷諾」（Tyrsenoi）人。[3]「Tyrsenos」這一個字，便是希臘人指稱伊特魯里亞人單數的標準用字——要是用雅典人講的阿提卡方言，就是「Tyrrhenos」。這樣的故事，講的又是一群人流徙到遙遠的他方去了；希臘文人最愛講這樣的故事。古羅馬有幾位大詩人便相信伊特魯里亞人是從東方遷移過去的——例如維吉爾，賀拉斯

（Horaceo），奧維德（Ovid）、卡圖魯斯（Catullus）；影響最大的幾位散文作家也是——像西塞羅（Cicero），塔奇圖斯（Tacitus），塞內卡（Seneca）。所以，看來這是伊特魯里亞人和呂底亞人都有的堅定看法。西元二十六年，羅馬皇帝提貝流士（Tiberius）決定在小亞細亞選一處城市建宏偉的大神廟。〔安納托利亞半島西部〕薩地斯城（Sardis；《聖經》：撒狄）為了要說服羅馬人以他們那裡為蓋神廟的首選，便提醒羅馬的元老院，伊特魯里亞人可是他們幾百年前送出去殖民的人，由此證明薩地斯和義大利始終關係匪淺。[4]

鑽研古文物的狄奧尼修斯，和希羅多德同樣出身〔土耳其西岸〕哈利卡納索斯（Halikarnassos），寫作盛期正逢奧古斯都在位的時期。但他卻和希羅多德不同，一心要證明伊特魯里亞人根本就不是東方來的移民，反而是義大利半島土生土長的民族——他叫作「土著」（autochthonous），就是當地原本的住民。為此他提出了一套複雜的論證，指希臘人和羅馬人有密切的親緣。[5]他這看法在二十世紀的修正派（revisionism）歷史學家當中風行一時；雖然希羅多德的說法廣為世人接受，但在他們看來卻只在皮毛搔到癢處，禁不起推敲。希羅多德認為東方對於伊特魯里亞早期的藝術、文化有莫大的影響；但是，這一路的影響卻是在腓尼基人和希臘人於西元前八世紀、七世紀開始朝提雷尼亞海域滲透的時期，烙得最為深刻，而這時代可是比希羅多德假設東方人外移到伊特魯里亞的時代要晚了很多。呂底亞的語言（源出自魯威語），和伊特魯里亞人的語言也找不到絲毫的關聯——這一點，狄奧尼修斯也已經注意到了。[6]現代的義大利考古學家馬西莫・帕洛提諾（Massimo Pallottino）雖然稱讚狄奧尼修斯能見人所未見，但是，堅決主張這一問題的重點不在伊特魯里亞人出身哪一支「種族」，而在於伊特魯里亞的文明是陶鑄諸多文化的元素於一爐的：他們既廣納起源和語言各不相同的多支本土民族，也涵蓋腓尼基和希臘遷入的外國商人[7]。要是真有從東邊來的，頂多就是幾個小亞細亞的傭兵將領率部眾四處浪遊，後來在義大利半島中部統治過幾處小地方罷了。塔奎尼亞和卡耶雷的上流階級自西元前六五〇年起對東方樣式的宏偉墳墓忽然有了興趣，說不定可以由此來求解答。「塔奎因」（也作塔赫那「Tarchna」）這名字，和安納托利亞半島掌管暴風雨的神祇「塔渾」（Tarhun）很像；而「塔渾」這名字，幾百年前便已經用來指阿爾扎瓦（Arzawa）地區的民族和地方了，阿爾扎瓦又位在特洛伊城的附近。至於伊特魯里亞人說的語言，應該是地中海原生的一支非常古老的方言，在義大利半島始終流傳不輟，但在別的地方就被北邊、東邊入侵來的外族講的印歐語系（Indo-European）語言淘汰掉了，例如拉丁文。也有學者想要借助血型和DNA來解開這謎團。[8]而有幾項研究便指〔義大利半島中北部〕托斯卡尼穆洛（Murlo）一地的現代居民，和黎凡特的居民有相當多共同的基因，而穆洛在古代便曾是伊特魯里亞人的重鎮。托斯卡尼中部的牛群，也比大家想的要更「東方」一點。科學家因此推測東邊遷移過來的不僅是人，還有他們養的牲畜。[9]無論如何，早從伊特魯里亞的時代起，東方來的人要落腳在托斯卡尼的城鎮定居下來，機會多的是。像在古羅馬帝國時期加入軍團就可以；中古時代時淪為奴隸一樣可以。這些在在督促歷史學家要把注意力集中在真正的問題上面：不必去管伊特魯里亞人是從哪裡來的，而要多想一想他們獨特的文化是怎麼在義大利興起的。

而說伊特魯里亞文明崛起無關乎人口大遷移，不等於在說伊特魯里亞地區和地中海東部的關係無關緊要。其實，以這觀點說明伊特魯里亞文明崛起，反而是在強調遷移，只是遷移的不是一支支民族，而是器物、審美的標準、宗教崇拜等等從東方往西方作遷移。雖說這裡有過民族大遷移大概屬於子虛烏有，但是歷史文獻和考古挖掘卻還是有充份的證據，指零星的人口確實有過遷移。例如科林斯來的德瑪拉托斯據說便是古羅馬國王塔奎因一世（Tarquin I）的父親。再如西元前七世紀的希臘著名陶匠亞理斯多諾托斯（Aristonothos），他就是在伊特魯里亞地區的卡耶雷城製作陶器[10]。希臘人和腓尼基人不僅引進陶瓷工藝和奢侈品，還有新的社會習俗。酒會、喪宴（包括酒宴時斜倚在長椅上的習慣），可能就是從敘利亞人那邊學來的。性行為一樣是在伊特魯里亞的本土習俗加入了希臘人的作風：像希臘文「蓋尼米德」（Ganymede）就被伊特魯里亞人按照老習慣壓縮成「katmite」一字，再被羅馬人的拉丁文變成「catamitus」，也就是孌童或男寵（catamite），還加上尖刻的指控，說伊特魯里亞人就愛男色與少年愛（pederasty），但也不解何以在別的地方只限男性參加的宴會，在他們這裡卻給女性特別高的地位。[11]

二

伊特魯里亞人很早就被人指控是海盜。「荷馬頌歌」就有一首把伊特魯里亞人和海盜明白連在一起，說酒神狄奧尼修斯（Dionysos）站在海邊一塊岬甲上頭，形貌是俊俏的年輕男子，長髮隨風飛揚，一襲紫色的華美長袍。可是啊，

> 未幾，華美的船上有一群男子，海盜！迅速渡過暗酒色的大海，原來是提雷尼亞人。噩運招來了他們。他們一見到他，相互點頭示意就飛撲向前，抓住他帶到船上，人人喜不自勝。[12]

可是他身上的鐐銬卻掉了下來，船上的舵手馬上就想到他應該是神，不是凡人，便說：「別踫他，免得他氣起來會召來狂風暴雨。」可是船長卻回答他說，「我看他不過是要去埃及或塞浦路斯或極北（Hyperborea）甚至更遠罷了。反正到最後他一定會供出哪些人是他朋友，他們的財寶又在哪裡。」狄奧尼修斯因此要船上長出盤繞的葡萄藤蔓，蓋住一整艘船，葡萄酒在船中央流洩。狄奧尼修斯又再召來一頭大熊，嚇得水手紛紛跳入海中變成海豚。不過，酒神饒過舵手一命，也表明他便是「放肆嘶喊的狄奧尼修斯」。狄奧尼修斯和海盜的故事是瓶罐彩繪畫家很愛畫的題材。雅典技巧最高明的畫家，艾克塞奇亞斯（Exekias）也不例外。有一只他做的雙耳扁平盃（kylix），就畫了狄奧尼修斯斜倚在小船裡面，小船的桅桿長出葡萄藤蔓高聳在張開的船帆上方，小舟四周有七隻海豚迴游。圖畫是以黑彩畫在紅底的酒盃內面，時代約當西元前五三〇年左右。[13]酒盃有艾克塞奇亞斯的簽名。不過，這一只酒盃最特出的一點，還是酒盃是在伊特魯里亞一座大城伏勒奇（Vulci）的大墓園中挖到的。伏勒奇的居民最愛希臘上等的陶器了。即使這故事把伊特魯里亞人說得如此不堪，但是並不妨礙他們對艾克塞奇亞斯所做的酒盃的喜愛。

「荷馬頌歌」裡的狄奧尼修斯好像站在地中海東部某處海岸的岬角上面，因為，海盜猜他可能是要前往黎凡特或是黑海再過去的「極北」。希臘的水域有提雷尼亞人在活動，在現今有利姆諾斯島的考古證據可以為證，在古代也有史家認為愛琴海的島嶼和海岸有一些聚落便是這些人在住的。[14]希羅多德和修昔底德都說過愛琴海北部海岸的阿索斯山（Mount Athos）周邊，還有從阿索斯山遙望就看得到的利姆諾斯島上，都有提雷尼亞人和培拉斯戈人居住，但在雅典人侵之後，於西元前五一一年被驅逐出去。[15]依這樣的說法，地中海早期的貿易、航海歷史，就要作明顯的更動了，也就是希臘人和腓尼基人早期可不是沒有競爭對手，而且這競爭對手竟然還牽涉到伊特魯里亞人的身上去。（有一位聰明過了頭的法國學者還說，狄奧尼修斯和海豚的故事說的其實是伊特魯里亞人企圖主宰地中海的葡萄酒貿易。）[16]伊特魯里亞人（在希臘文）一概叫作「提雷諾」；只是，這未必是在說「提雷諾」就等於是伊特魯里亞人。「提雷諾」顯然是他們泛指野蠻海盜的通稱。[17]

這樣的說法當然很容易被人說成是古代史家講起前希臘民族又在天馬行空、胡思亂想，不值一哂。只是，他們胡思亂想也不是完全與事實不相干。利姆諾斯島上在卡米尼亞（Kaminia）便挖出一面墓碑，據信年代為西元前五一五年前後，墓碑上有粗糙的雕刻，刻的是手攜長矛、盾牌的戰士，附有長長的銘文，用的是希臘字母但寫的不是希臘語言。由於另還有幾段銘文殘片也是用這同一類非希臘語言寫成，被修昔底德說是住在利姆諾斯島上的「提雷尼亞人」，他們說的語言顯然就由這一塊墓碑的銘文來傳世了。這語言和遠在義大利半島中部的伊特魯里亞銘文語言有相似之處，但不相等。[18]卡米尼亞墓碑是在紀念「佛奇亞人霍雷伊斯」（Holaies the Phokaian）。霍雷伊斯是個高官，死於四十歲之年（有人認為是六十歲）。霍雷伊斯顯然在愛奧尼亞海岸的佛奇亞還有愛琴海周邊別的地方擔任傭兵[19]。不過，愛琴海那一帶的提雷尼亞人，除了所講的語言以及愛當海盜這兩點之外，其他怎麼看都不像是伊特魯里亞人。利姆諾斯島的美術、工藝也沒有模仿伊特魯里亞文化的跡象。要不是有古典時期的歷史學家提出這些說法，要不是還有這幾段銘文，利姆諾斯島的居民和伊特魯里亞人會有什麼關係還確實看不出來；這一帶既找不到伊特魯里亞人的陶器碎片，也找不到絲毫跡象可以直接指明這些地方講的是類似的方言。[20]利姆諾斯島上於米里納（Myrina）城外有一處西元前七世紀的神廟遺址（現在竟然和一家度假飯店合體，怪哉），一條條甬道、一間間房間蓋得像迷宮，不論是在希臘還是在義大利半島，都找不到看起來和這很像的。所以，愛琴海一帶的提雷尼亞人當中是有人講的語言類似伊特魯里亞人，說不定也和伊特魯里亞人一樣愛當海盜，但卻保持相當守舊的文化，而且，後文便會提到，義大利半島的提雷尼亞人還將伊特魯里亞的文化改頭換面，推上文明先驅的寶座。

希臘人一遇到別的民族大概就忍不住要畫框框把人家塞進去，拿嚴格的界線去作劃分。但是，現實的情況卻是利姆諾斯島和阿索斯山這樣的地方，其實是新舊文化的交會點。遠古的習俗甚至語言，有的時候就是會在這樣的地方傳承下去。地中海那麼長的海岸、那麼多的島嶼，有助於人口的流動與交流，而無助於將人固著在單一定點。那時的情況就是一群又一群不同民族的人散居在地中海各處的島嶼和海岸，之後還有上千年的時間始終如此，沒有改變。古希臘文人把地中海的人群作嚴格的劃分，徒然扭曲現實而已。

三

從守舊的利姆諾斯島轉到伊特魯里亞南部的塔奎尼亞，等於是進入了新天地，因為這一帶有橫渡地中海而來的強大刺激，結果出現了翻天覆地的變化。這一番劇變早在西元前十世紀便已開始，那時已有精緻文化自義大利半島西部海岸往內陸傳播，因為最靠近地中海的陸地最早和地中海東部的幾支文化有密切接觸。首先是好幾座村莊在一座山丘頂上開始分疆劃地，蓋起一棟棟小屋。這地方後來會壯大為一座大城，羅馬人叫作「塔奎尼」（Tarquinii）[21]。這名字用的是複數，和其他幾處伊特魯里亞人的城市一樣（Veii〔維伊〕，Volsinii〔佛勒西尼〕，Vulci〔伏勒奇〕，Volaterrae〔佛拉泰雷〕），說不定就表示這些地方匯聚的是多方的源頭。這些村莊興起的前都市（pre-urban）文化，於現在給的名稱叫作「維拉諾瓦」（Villanova），聽起來現代感十足。這是因為「維拉諾瓦」是現在義大利波隆那（Bologna）郊區的地名。由於考古學家是在維拉諾瓦挖出大火葬場，首度確認出這一支文化獨特的面貌，便拿這地名為這文化命名了。維拉諾瓦文化是在伊特魯里亞南部沿海一線同時並起的，再漸漸朝北擴散到現在的托斯卡尼，然後越過亞平寧山脈（Apennines）傳到波隆那。但這一支文化是在伊特魯里亞的幾處航海城市當中出現大躍進，首度發展出城市文明的。這幾處城市都擁有財富、完善的組織、識字的菁英階級、雄偉的神廟、技術精良的工匠。伊特魯里亞文明從海岸城市朝內陸傳播；後來興起的大都市中心，例如佩魯賈（Perugia），就要等到內陸的居民逐漸融入伊特魯里亞文化之後才會崛起。[22]從這角度來看，伊特魯里亞這一支「民族」確實是因遷移而生成的，不過，這裡說的遷移，是指在義大利半島境內從地中海海岸朝亞平寧山脈遷移，進而越過亞平寧山脈，而且遷移的是文化的風格，而不是人群。

維拉諾亞文化的技術，以青銅製的帥氣羽冠頭盔堪稱最出色的樣本，製作的技術類似同一時期中歐的青銅工藝。由這樣的頭盔，明顯可見戰士在維拉諾瓦文化的村落社會佔有何等的地位[23]。而名門貴冑的殮葬方式從火化變成埋在狹窄的豎坑當中作土葬，並不是因為人口大遷徙的緣故，而是因為和海外文化接觸而致風俗轉變。到最後，這類豎坑還會變得氣派得多，像塔奎尼亞和切維泰里（Cerveteri）隆起的墓塚還有彩繪壁畫的墓室。他們早期的武士貴族有一人已經辨認出來，只是少了名號，因為沒找頌辭銘文，目前也沒找到維拉諾瓦文化有文字的證據。一八六九年，塔奎尼亞城郊的大墓場傳出消息：挖出了一具很大的石雕棺槨。這是西元前八世紀晚期的墓穴，冠上的名稱叫作「戰士墓」（Warrior's Tomb）。[24]墓中出土的器物證明地中海東部的物品已然傳播到這一帶，成為塔奎尼亞王公的珍寶。墓中挖出十四隻希臘樣式的瓶罐，有幾隻是希臘流寓海外的陶匠在義大利半島製作出來的，不過樣式設計透著克里特島、羅德島、塞浦路斯島的氣味[25]。他們和地中海東部的來往範圍相當大，墓中挖出來的一個聖甲蟲戒指便可以為證。這個銀質加青銅材料做成的戒指，在聖甲蟲腹部刻了一頭腓尼基樣式的獅子。[26]

他們和外地來往走的是海路。維拉諾瓦時期有幾艘陶船存世，船首做成鳥頭狀，學者推測這樣的陶船是維拉諾瓦海盜和商人墓中的陪葬品，因為真船沒有辦法連同死者火化的骨灰一同下葬。[27]西元前七世紀早期，流寓卡耶雷的希臘陶匠亞理斯多諾托斯在一隻雙耳廣口杯燒出生動的海戰圖畫作裝飾，可能便是描畫希臘人和伊特魯里亞人的海戰；一邊的人馬坐的是低平的划槳船，另一邊坐的則是比較笨重的商船。[28]維拉諾瓦人從海外帶回來了什麼，不僅看他們進口的物品，由他們在本土自製的物品也可以推知一二。因為他們的青銅武器就反映出愛琴海一帶的影響，尤其是陶器的樣式。他們在傳統的維拉諾瓦樣式當中加入了希臘特色，做出來的紋飾瓶罐有西元前九世紀希臘一帶的幾何風格。他們的首飾也開始有精緻的顆粒紋飾，這種焊珠手法後來成為伊特魯里亞金飾的標記。這手法是他們從黎凡特區學來的（青出於藍後來還勝於藍呢）[29]。他們的青銅器物，有的甚至在現代亞美尼亞（Armenia）烏拉爾圖（Urartu）的青銅鑄造工藝也找得到相近的作品[30]。不過，伊特魯里亞人繁榮的基礎，其實還是在大量金屬的買賣。伊特魯里亞盛產銅鐵等多種金屬，伊特魯里亞人就是有賴這些礦產，才得以從希臘和黎凡特進口愈來愈多大宗貨品，因為除此之外，他們幾乎沒有精緻產品可以進行交易（他們精細的布凱羅黑陶倒不是沒有市場，希臘、西西里島和西班牙都找到他們製作的這類黑陶）。艾爾巴島還有對面隔海遙望的波普隆尼亞（Populonia）海岸盛產鐵礦；波普隆尼亞是伊特魯里亞唯一真正濱海的大城。往內陸多走一點，佛爾泰拉（Volterra）和維圖隆尼亞（Vetulonia）則是盛產銅礦[31]。西元前七世紀，亞諾河口附近的比薩（Pisa）

已經興起一處繁盛的新聚落，這一帶的運輸交通便大多往比薩這裡匯流。[32]伊特魯里亞人經由比薩和薩丁尼亞島的居民進行金屬交易；薩丁尼亞的陶匠甚至還有移居到維圖隆尼亞來的。[33]他們可能是以奴隸的身份落腳維圖隆尼亞，因為提雷尼亞海域通商盛行之後，掠奴、販奴便成為另一獲利的重要手段。鹽是這地區的另一資產；伊特魯里亞的城市維伊，就和靠得很近的羅馬城在台伯河口爭奪食鹽供應的控制權。葡萄酒是伊特魯里亞商人特別愛作的生意，主要是從提雷尼亞海輸出到現今法國的南部。[34]

一待希臘人在伊斯基亞附近落戶，爭奪這一帶物質財富的競爭就更激烈了。但是，早在希臘人落戶之前好幾十年，於西元前八世紀就已經有義大利半島中部和希臘世界作密切接觸的最早證據了。希臘遺址便挖出過維拉諾瓦文化的胸針和別針，還有許多維拉諾瓦青銅工匠製作的盾牌和頭盔碎片[35]；說不定還是由希臘文人說的「提雷尼亞」船隻運送到希臘來的。伊特魯里亞人和愛奧尼亞海、和科林斯城建立起來往之後，早期的伊特魯里亞人便也開始做起他們版本的「原始科林斯樣式」陶器了。塔奎尼亞及鄰近城市權力最大的貴冑，要的是地中海東部來的珍品；那樣的東西才能匹配彰顯他們的權勢和地位：像是腓尼基商人帶來的駝鳥蛋，刻有人面獅身〔sphinx斯芬克斯〕、黑豹、蓮花等等「東方」母題的象牙和黃金飾板，有埃及紋飾的彩陶、玻璃器物（但這些大多應該是腓尼基人做的仿冒品）。[36]

從東方來的輸入品，有一樣會改變義大利半島的面貌。這就是從希臘人傳到伊特魯里亞人這邊的字母，至於源頭是在希臘本島還是落腳在皮瑟庫塞和基瑪的第一批希臘移民，就不清楚了。從伊特魯里亞人用的字母來看，他們的字母應該是從尤比亞人用的希臘字母版本演變來的。希臘字母傳到義大利半島，走的是貿易的路線，而且來得很早。伊特魯里亞最重要的考古發現，是一九一五年在馬西里亞納——阿勒比尼亞（Marsiliana d'Albegna）挖掘出來西元前七世紀的一面碑版。碑版在邊緣潦草刮出全套字母，依照傳統的順序排列，而且字體十分古拙[37]。碑版發現時還附了一枝針筆（stylus），碑版上也有殘留的蠟。所以，他們弄這些東西的目的明白就是要學寫字。[38]伊特魯里亞人的標準字母就是從這樣的字母範本演變出來的，通常是由右寫到左（和腓尼基字母還有一些希臘早期字母一樣）；鄰近的諸多民族又再從他們的字母各自發展出自家的字母，尤其是羅馬人。

由早期的銘文可以看出許多海上來往的狀況。希臘和伊特魯里亞的商人都留下了交易紀錄，在今天法國西南部的佩許馬荷（Pech Maho）挖出過一塊西元前五世紀的鉛版，就看得到這樣的紀錄。鉛版一面寫的是伊特魯里亞文，提到過一處叫作「馬塔萊亞」（Mataliai）的地方，也就是現在的馬賽。這一塊鉛版後來又再廢物利用，再用希臘文記下別的交易：從安波里翁（Emprion）的人那邊買下幾艘船。安波里翁是希臘人在「西班牙東北角」加泰隆尼亞（Catalonia）海岸的一處據點。卡耶雷的海港皮爾希（Pyrgi）位於羅馬北邊的海岸，挖出過三片黃金版塊，顯示腓尼基人也來過伊特魯里亞的航海城市（極有可能是迦太基城的人）。其中兩片寫的是伊特魯里亞文字，另一片則是腓尼基文字，記的是「君臨奇斯拉的王」（Cisra，就是卡耶雷）塞法里・維里安納（Thefarie Velianas）所作的獻祭，時代約當西元前五〇〇年。國王獻祭的是一座神廟，獻給伊特魯里亞的女神「優尼」（Uni），一般認為優尼在希臘那邊等於女神赫拉（Hera），在羅馬這邊等於女神朱諾（Juno），但在伊特魯里亞卻等同於腓尼基人的女神阿絲妲特。[40]他們那裡也有從希臘到此一遊的人：塔奎尼亞挖出一面西元前五七〇年左右的石碑，半月形，代表船錨，上面刻了銘文：「此碑屬愛基納的阿波羅（Aiginetan Apollo）所有，奉索斯特拉托斯（Sostratos）之命所製」。所用的語言是雅典附近愛基納（Aigina）島上的希臘方言。這一位索斯特拉托斯，一定就是希羅多德筆下那一位和塔提索斯貿易的希臘大商人。[41]伊特魯里亞人從來未曾針對外地來的商人、移民或是外人崇拜的神祇設下壁壘；他們反而還樂於接納，樂於向外人學習。[42]

四

伊特魯里亞人的文化、政治甚至風景，在西元前七世紀中葉因為「東方化」的藝術樣式的鋒頭強壓維拉諾瓦的古老文化，而告改頭換面。希臘先前也同樣因為愛奧尼亞和腓尼基商人居中穿梭，和黎凡特的關係愈來愈密切，而走上類似的蛻變道路。從東方越過重重海洋掃向伊特魯里亞的文化潮流當中，其實就包括愛奧尼亞。所以，希臘和其他東方來的影響並不容易一分為二，以致這裡出現了展翅的動物雕像昂然護衛逝者的墳頭，而且風格愈來愈華麗；死者長眠之地也不再是簡單的墓穴，而變成堂皇的墓室，往往還仿造自生前的居所。塔奎尼亞時代最早的豪華墓室，是突出於地表的廣濶圓形建築，上有尖頂，入口門楣有石灰華材料製作的石版，刻劃另一世界的神祇和精靈。但是，蓋這樣的建築也是在誇耀新興的王公貴冑有本錢為逝者蓋這麼氣派的宅第。他們的靈感很可能就是從地中海東部像呂底亞、呂奇亞、塞浦路斯島那一帶的同類墓室來的。貴冑人家興建彩繪壁畫墓室，自西元前六世紀中葉以降便是塔奎尼亞特有的作法，不過，鄰近城市也看得到時代還要更早的相同作法。二〇一〇年考古學家還宣布他們找到了一座墓室，轟動一時。墓室應該是王室所有，墓室內有一間前廳的部份壁面也有彩繪壁畫，而且時代屬於西元前七世紀中葉。和這一墓室最相似的，是同一時期於塞浦路斯島東部薩拉米斯（Salamis）發現的希臘墓室。[43]由於塔奎尼亞時代最早的壁畫墓室，看得出來希臘愛奧尼亞傳來的藝術影響十分強烈，所以，要是問那些畫家是不是來自愛奧尼亞的希臘人也是合理的問題。工匠在他們那邊顯然不作外來、本土的明確劃分。卡耶雷城出土過幾幅西元前六世紀的墓室壁畫，現藏巴黎羅浮宮與大英博物館，畫中鮮明的勾勒線條，造型組織，精心佈置的構圖，不僅風格出處直指愛奧尼亞那邊，題材也幾乎可以確定出自希臘神話：帕里斯的裁判，艾菲吉奈雅的犧牲（譯註10）。塔奎尼亞的彩繪墓室的裝飾題材，通常是家族宴飲，但也看得到希臘神話的故事：像阿基里斯（Achilles）就出現在「公牛墓室」（Tomb of the Bulls）的壁畫裡，「男爵墓室」（Tomb of the Baron）畫的神祕隊伍，就徹底徹尾是希臘的風格了。有一道楣飾畫的是一列男子身後領著馬匹，一名蓄鬚男子由年輕男子相陪和一名仕女或是女神相會。用色簡潔，紅、綠、黑以灰白底色相襯，所畫的人物無不透著強烈的愛奧尼亞特色——像服飾，連愛奧尼亞的「突突里」（tutuli）圓錐帽也在畫中出現了；而人物也有肉團團的四肢。D.H.勞倫斯一九二〇年代參觀塔奎尼亞的墓室壁畫，就（像大多數參觀的訪客一樣）被「漁獵墓室」（Tomb of Hunting and Fishing）壁畫異常生動的奇特畫面迷得心盪神馳：鳥群飛翔，裸身男子潛入海中，漁人垂降繩索下水。這樣的畫面，怎麼看都像伊特魯里亞人特有的韻味，而不是希臘藝術。不過，義大利半島南部的波塞頓尼亞（Poseidonia；另名佩斯頓 Paestum）發現的彩繪墓室，壁畫也有潛水的畫面，顯示這樣的題材應該是希臘畫家一般都有的基本功。

其他藝術分支多半也是這樣的情形；而由藝術領域勾劃出來的心靈世界尤其如此。科林斯和雅典製作的黑紋紅陶，遠在伊特魯里亞的陶匠也開始模仿，水準參差不齊。後來，希臘那邊黑紋紅陶的製作技巧推陳出新，原本是在紅底陶面畫上黑色紋飾改由更細膩的技巧取代，變成紅色陶面上的紋飾泰半留空不再上色，其餘的底面反而塗黑。伊特魯里亞人從雅典輸入這類新式器皿，數量多得嚇人，他們自己也愛仿製。[44]只是，伊特魯里亞人的守舊觀念也很牢固。即使雅典那邊的古典風格已經發展至鼎盛，推動雕刻、繪畫的表現更趨活潑、「和諧」，伊特魯里亞人這邊的口味卻還是偏向古樸或是「仿古」[45]。他們從希臘人那邊買過來的陶器未必都是上等貨。史匹納是位於〔義大利半島北部〕波河河口的伊特魯里亞聚落，當地挖掘出來的陶器到目前為止幾乎全來自希臘，尤以阿提卡的希臘陶器為多，只是有些品質實在很差，恰似當時一名阿提卡畫家受封的稱號——「拙劣之最」。[46]不過，他們陶器的彩繪題材一律是希臘神話的主題，這才是最重要的一點。義大利的民族已經開始接收希臘世界的神話和宗教思想，以前拜樹林、拜水頭的舊信仰雖然還是相當興盛，但是義大利半島民族無以名狀的神祇，已經開始套上奧林匹亞眾神的身形、外貌，甚至喜怒無常的性情。維伊遺址有一座大神廟，屋頂的橫樑有真人大小的阿波羅（Apollo）、赫米斯（Hermes）等多位神祇的彩繪塑像作裝飾，時代約當在西元前五〇〇年左右，由紅陶塑成，出自著名的伊特魯里亞雕塑家佛卡（Vulca）之手。流暢飄逸的線條感，不單單是全盤學自希臘人而已；而為屋頂橫樑作這麼盛大的裝飾，卻是伊特魯里亞人獨有的手法，和希臘人沒有關係。只不過佛卡刻劃的是希臘的傳說，和伊特魯里亞人倒沒有關係。所以，這樣的作品是「義大利加希臘加東方」的合成結晶，也正是我們說的「伊特魯里亞藝術」。伊特魯里亞人的占卜術，同樣是合成的結晶，是他們將近東傳來的作法和義大利本土的習俗合而為一的成果。伊特魯里亞有一類術士專門解讀獻祭動物的肝臟出現的癥象，他們叫作「腸卜僧」（haruspex），他們的功力就無人能出其右。直到西元四一〇年，哥德人攻向羅馬，兵臨城下了，城內的人還在要求伊特魯里亞的占卜師幫忙指點迷津。

譯註10：帕里斯的裁判、艾菲吉奈雅的犧牲——帕里斯的評判（Judgement of Paris），指的便是帕里斯為了得到人間最美女子海倫（Helen）而將天上「最美女神」的金蘋果判給愛神愛芙黛蒂，點起了洛伊戰爭的導火線，艾菲吉奈雅則是出兵攻打特洛伊的大將阿伽曼儂的長女，在長征的海上遇到狂風大浪，為了求風平浪靜，阿伽曼儂不惜犧牲艾菲吉奈雅進行人祭。

五

希臘和伊特魯里亞人的關係也有政治這一面，而政治這一面的關係就沒有文化、宗教、貿易那麼平順了。最晚從西元前八世紀起，義大利半島中部的民族和希臘人就不時在海上交戰。在奧林匹亞、在德爾斐都有這方面的證據出土：西元前八世紀的維拉諾瓦頭盔，就是希臘人從落敗敵人那邊搶來，再拿來獻給他們的神祇的。[47]伊特魯里亞的討海人在法國南部的外海水域，和希臘愛奧尼亞來的佛奇亞人常起衝突，不過，雙方偶爾也有合作的時候；像佛奇亞人在那一帶就建了一處殖民地（也就是未來的馬賽）。[48]希羅多德寫過佛奇亞人和伊特魯里亞人打過一場大戰，地點在科西嘉島上的阿拉利亞城外，時間約當西元前五四〇年前後。佛奇亞的六十艘船列陣對抗迦太基人的六十艘船外加卡耶雷的六十艘船。雖然絕非勢均力敵，佛奇亞人還是以少勝多，只是艦隊受創嚴重，佛奇亞人最後不得不從科西嘉島大撤退。希羅多德還寫道卡耶雷人將佛奇亞戰俘以亂石處死，殺了很多人。過了沒多久，卡耶雷人發覺凡是走過屠殺地點的人都會變瘸，而且不僅人類，牲畜也是如此。卡耶雷人困惑不解，便差了特使去找德爾斐的阿波羅祭司祈求指點。祭司要他們定期舉行競技賽會，紀念死去的佛奇亞人。卡耶雷人敬謹奉行，直到希羅多德的時代都未中斷。伊特魯里亞人的墓室壁畫也常以類似的葬禮競技賽會作為題材入畫。[49]卡耶雷人和德爾斐神廟的關係始終沒斷，卡耶雷人在德爾斐設的財寶庫地基，也已經挖掘出土。像德爾斐這種以希臘人為尊的禮拜聖壇，卡耶雷人其實還是「獲准」入內的第一支「蠻族」。[50]伊特魯里亞人同時還得以自由開採科西嘉島上的鐵、蠟、蜂蜜等等物產。不過，這時期伊特魯里亞人的船運在提雷尼亞海的北部找不到敵手，才是比他們的天然資源還要重要的條件。[51]

提雷尼亞海的南部就是另一番景況了。基瑪的希臘人對於伊特魯里亞人的勢力——不止海上，也包括陸上——特別留意提防，因為伊特魯里亞人在內陸也有兩座大城，卡普阿（Capua）和挪拉（Nola）；沿海也至少有一市鎮落入了伊特魯里亞人掌握——龐貝[53]。基瑪還必須向西西里島上的希臘殖民地求助才有辦法打贏伊特魯里亞人。敘拉古的僭主伊耶羅一世（Hieron I）在西元前四七四年出兵助陣，打贏這一仗，不僅扭轉了地中海西部的政治局勢，也改變了那一帶的商業面貌。伊耶羅把這一點看得很清楚：薛西斯一世（Xerxes I）的波斯遊牧大軍才剛被希臘軍力擋了回去，所以，他要是出兵擊潰伊特魯里亞人，在打敗蠻族就一樣有大貢獻。再者，敘拉古的勝績，不僅是伊耶羅在基瑪一役戰勝而已；六年前，敘拉古艦隊在伊耶羅前一任的僭主耶羅（Gelon）率領之下，把他們在地中海西部的另一大強敵迦太基打得落花流水。耶羅打敗迦太基這一仗，據說和史上波斯慘敗的另一場著名大戰——希臘在薩拉米斯打敗強敵波斯——是在同一天。[53] 戰役過後沒有多久，希臘詩人品達便以伊特魯里亞人在基瑪慘敗的戰役作主題，寫下禮讚伊耶羅一世「於埃特納（Etna），稱雄戰車競技」的頌歌：

> 求您恩准啊！我說，克羅諾斯（Kronos）之子，就讓腓尼基人、提雷尼亞人作戰的呼號留在他們老家吧：不是已經看過他們有多自大，結果害得船艦在基瑪落得有多悽慘！敘拉古的君主打得他們落花流水，一個個年輕人從快船被扔下海——希臘的小漁船也掙脫了他們奴役的負枙。[54]

伊耶羅一世在奧林匹亞獻上一具伊特魯里亞人的圓頂頭盔，頭盔署名為：「伊耶羅，迭諾美尼斯（Deinomenes）、敘拉古、宙斯之子：基瑪的提雷尼亞人」；頭盔現藏大英博物館。不過，品達把伊特魯里亞人和迦太基人連起來（「腓尼基人」作戰的呼號），卻是時代錯亂。不管怎樣，迦太基人和伊特魯里亞人的關係在基瑪一役前二十年就已經開始削弱。依考古證據，迦太基從伊特魯里亞進口商品的貿易來往明顯出現中斷，時代不早於西元前五五〇年，不晚於五〇〇年。[55]雷吉翁（Rhegion；後來的雷吉奧Reggio）僭主安納西拉斯（Anaxilas）是迦太基的希臘盟友，也因為伊特魯里亞人兵臨城下，而在墨西拿海峽蓋起一道城牆，專門抵擋伊特魯里亞人。伊特魯里亞人的船艦沒有外援，攻城未果，便轉而南下攻向利帕里群島。利帕里群島從史前時代開始便已建立起來的地位，在那時候依然未見衰落，還是雄踞地中海西部、東部兩邊交易中心的寶座。[56]所以，西元前五世紀早期，伊特魯里亞人在地中海西部日趨孤立。

即使伊特魯里亞人在西元前五世紀末年看似又活躍了起來，提雷尼亞海卻已經完全落入敘拉古的掌握。西元前四五三至四五二年，敘拉古突擊卡耶雷城外的海岸，在盛產鐵礦的艾爾巴島佔領過一陣子，擄獲許多奴隸——提雷尼亞海盜好不容易終於是以自己的錢幣作報酬了。[57]伊特魯里亞人和敘拉古因為有這樣的過節，積下的宿怨直到伯羅奔尼撒戰爭時期都還未能解開，這一點會在下一章談到。雅典人進攻敘拉古的時候，對伊特魯里亞人仇視敘拉古的積怨自也瞭然於心。[58]西元前四一三年，伊特魯里亞人派出三艘大型戰船開往敘拉古，協助雅典艦隊作戰。修昔底德就把這一件事說得簡潔扼要：「有些提雷尼亞人因為痛恨敘拉古而加入戰事」。[59]這樣的提雷尼亞人並不多，但至少有一次，〔雅典的〕戰局是靠他們才轉危為安。幾百年後，塔奎尼亞的權貴史普林納（Spurinna）家族，得意的立碑刻文頌揚他們的先人，其中一位便是西元前四一三年參與西西里島戰役的海軍將領。[60]

六

希臘和伊特魯里亞的來往，需要義大利半島南部一座城市居中過渡，而這城市以居民生活豪奢逸樂知名。席巴利（Sybaris）是希臘人的一大貨物集散地。科林斯、愛奧尼亞、雅典等地的貨物，在穿山越海轉運到波塞頓尼亞送上伊特魯里亞人的商船之前，便是集中在席巴利這裡，直至西元前五一〇年席巴利因為在地方結怨遭嫉而滅亡為止。[61]席巴利和伊特魯里亞的友好關係特別有名——或說是臭名吧；西元二世紀有一位文人，諾克拉地斯人雅典奈奧斯（Athenaios of Naukratis），就說席巴利的貿易聯盟分朝兩方向延伸得很遠，一是朝西到伊特魯里亞那邊，一是朝東到小亞細亞海岸的米利都：

> 席巴利人身穿米利都羊毛織的大氅，兩地因此孕育出城邦的友誼。義大利半島諸多民族，席巴利人獨鍾伊特魯里亞人。東方諸多民族，席巴利人獨鍾愛奧尼亞人，因為他們一如席巴利人，酷愛豪奢逸樂。[62]

身處西邊〔殖民地〕的希臘人則是中介的身份：伊特魯里亞人看上的不是他們的產品，而是他們在愛琴海世界的同胞製作的產品。

雅典在勁敵環伺當中維持優勢的手法，便是原有的聯絡網要是因為戰爭或是貿易齟齬而斷絕的話，他們馬上另闢蹊徑。基瑪一役是伊特魯里亞人在地中海西部的制海權步向終結之始。之後，提雷尼亞海域便不再像是他們自家的水塘了，而必須和迦太基人、〔義大利半島南岸〕「大希臘」（Magna Graecia）一帶的希臘人，還有新興的勁敵如羅馬人、佛齊人（Volscians），一起共享。佛齊人是出身義大利半島中部山區的民族，可是看來才藝相當出眾，當起海盜搶劫商船一樣虎虎生風。伊特魯里亞人眼看海上的商機不再，便改弦易轍，爭奪起內陸的市鎮，而握有了佩魯賈（原先是翁布里亞人的重鎮，翁布里亞人是拉丁人Latins的一支），波隆那（原先是維拉諾瓦人的城市，文化和最早的伊特魯里亞文化相近），還有波河谷地的幾座城市，例如曼托瓦（Mantua）。[63]這就表示他們可以打通新的貿易路線，將地中海東部的貨物從亞得里亞海邊的幾處港口，穿越義大利半島運送到各地。西元前七世紀和六世紀，在現今義大利馬爾凱（Marches）一帶出現奇特的現象，有一支叫皮切尼（Picenes）的民族文化極為昌盛，而他們就是從海上接收希臘來的影響，從陸上接收伊特魯里亞來的影響，才締造出燦爛盛世的。[64]但是，過了西元前五〇〇年之後，亞得里亞海就成了義大利半島通往希臘陸地最主要的來往途徑了；即使走這樣的路線，等於要穿越亞平寧山脈，而這一段陸上旅程會比較花錢，但是對航海的人依然算是方便的。因為這樣子走，船隻可以從科林斯灣出發，繞過愛奧尼亞群島，停靠在希臘人位於阿波羅尼亞（Apollonia）和埃庇達諾斯的殖民地，然後循陸路穿越皮切尼人的領土，前往亞得里亞和史匹納。亞得里亞和史匹納兩地是義大利半島東北部在泥灘和淺灘上面新近興起的港口，和後來興起的城市費拉拉（Ferrara）和拉文納（Ravenna）距離很近。義大利文藝復興時期，艾斯帖（Este）家族的費拉拉公爵耗費極大心力馴養上好的駿馬；而在希臘遠古和古典時期，這地區早就已經因為養馬而把希臘人吸引過來。[65]

要是將史匹納說成是伊特魯里亞人建的城市但有眾多希臘移民，可以；要是說是希臘人建的城市但有眾多伊特魯里亞移民，同樣可以。史匹納的居民是伊特魯里亞人、希臘人、義大利半島東北部來的威尼人（Veneti），還有多支其他民族雜處的城市。史匹納說不定還是內陸城市費爾西納（Felsina，伊特魯里亞人叫作的波隆納）的外港：從波隆納出土的一面西元前五世紀後期的石碑，上面刻了一艘戰船，主人是費爾西納城一戶姓凱克納（Kaikna）的家族的人。他們既然有船，那要把船放在哪一處港口，除了亞得里亞海岸像史匹納這樣的港口，很難再想得到別的地方。史匹納和亞得里亞有大批說義大利語（Italic）和凱爾特（Celtic）語的奴隸可以供應希臘人和伊特魯里亞人；而在伊特魯里亞人朝波河谷地推進殖民的時候，凱爾特人也越過阿爾卑斯山脈南下入侵，兩相衝突，奴隸的人數只會有增而無減。史匹納建城規劃成方格狀，這是伊特魯里亞人特別偏愛的設計；但是流入亞得里亞海的幾條運河，卻為史匹納蒙上日後「伊特魯里亞加希臘」的威尼斯格調。考古學家已經在史匹納的大墓園挖出超過四千處的墓室，大量希臘瓶罐隨之出土，許多的年代還是西元前五世紀和四世紀初期。在那之後，史匹納和雅典的來往就被切斷，逼得史匹納不得不退而求其次，改用伊特魯里亞人的窯爐燒出來的拙劣陶器。[66]波河三角洲的沖積平原是生產力極高的農地，只是沖積地形的土壤不會沈積不動，這就是問題了。由於沖積的土壤在西元前四世紀愈堆愈遠，導致史匹納跟著離海愈來愈遠。於此同時，凱爾特人又入侵義大利，一波波攻勢推進到西元前三九〇年終於兵臨羅馬城下，而為這一塊區域帶來嚴重的後果，因為大批侵略者就此落腳定居。[67]所以，史匹納的盛世不算久，但卻相當耀眼。史匹納聲勢鵲起，也是周邊大勢所趨，亞得里亞海全區於當時便像是大商場，希臘人的器物隨處可見。

城市於伊特魯里亞興起，因此絕對不單是提雷尼亞海一帶的現象而已；人群和貨物在亞得里亞海一樣暢行無阻。伊特魯里亞人連同希臘人、腓尼基人一起重新塑造了地中海的風貌，創造出來交錯的交通網，罩住地中海全區。

第四章

海絲佩莉迪花園

西元前一〇〇〇年—西元前四〇〇年

一

我們現在叫作「義大利」的地區，當初和地中海東部因接觸而感受到的衝擊，各地大不相同。希臘文化在西西里島本土民族的日常生活當中——像是西坎人（Sikans）、西庫爾人（Sikels）、伊利米人——滲透的速度比較慢，但在義大利半島中西部的托斯卡尼和拉丁姆（Latium）一帶的民族當中傳播得就比較快了。不論是希臘人還是迦太基人，在西西里島和當地族群泰半保持距離。薩丁尼亞島上富含礦藏，幾百年來文明一直相當昌盛，最顯著的特徵就是石砌的碉堡塔樓「努拉格」（nuraghi）散落島上各處。塔樓周邊看來是村落環繞，以島上富饒的農產作為根基，發展得十分繁榮。這樣的塔樓從西元前一四〇〇年左右便已開始興建，直到進入鐵器時代很久了都還在建。[1]島上在邁錫尼時期和外界略有接觸，有地中海東部來的商人來到島上尋找銅產。早在西元前第二千紀，由安蓋盧—魯尤（Anghelu Ruju）的墳墓遺址可以推知島上本土菁英的財富多寡；安蓋盧—魯尤位在薩丁尼亞西北部阿爾蓋羅（Alghero）附近，西歐新石器時代晚期和青銅時代早期挖掘出土的遺物，就以這一帶的墳墓遺址最為豐富，顯示該地和西班

牙、法國南部地區、地中海東部都有來往。[2]西班牙來的影響，以遺址挖出來「鐘杯」（Bell Beaker）文化廣口瓶是一條線索。另一西班牙影響的線索就是在語言。薩丁尼亞人沒有留下文字紀錄，可能是他們本來就沒有文字，也可能是他們作紀錄用的是容易腐壞的材料，以致未能存世。不過，從地名來看倒是可以推知一二，許多現在都還通行。薩丁尼亞人用的語言也是。他們的語言是一支很獨特的晚期「通俗拉丁文」（vulgar Latin），在諸多方言當中加入了一些前拉丁文（pre-Latin）的字詞。看來這些「努拉格」民族講的語言，不

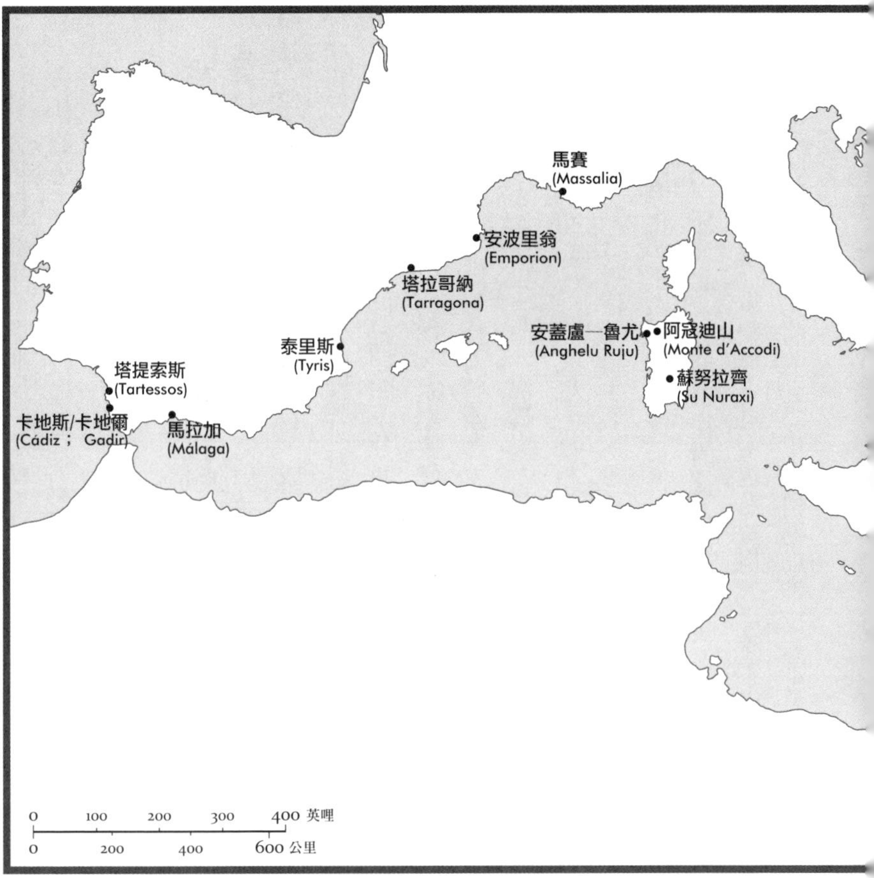

論一支還是多支，都和非印歐語系的巴斯克語（Basque）有關。薩丁尼亞人說的小綿羊「bitti」，近似巴斯克人說的小山羊「bitin」[3]。這樣的證據透露的不是伊比利半島有大批人群遷移到薩丁尼亞島，而是地中海西部原本就有一支語族，講這語族語言的族群在西班牙、法國南部、地中海西部幾座島嶼，還有北非的部份地區，都找得到。

早在西元前第二千紀，薩丁尼亞人便已經以壯觀的鑿壁陵墓作為死者安息的處所。巖壁依照死者生前的居所雕鑿成形，有甬道連通數間墓室，有門框、飛檐、以及其他裝飾，應該也都是仿自死者生前的居所。這樣的陵墓在薩丁尼亞島上現在叫作「精靈屋」（domus de janas）。不過，古代的薩丁尼亞人也會建造壯觀的聖所，例如北部薩沙里（Sassari）附近的阿寇迪山（Monte d'Accodi），就蓋了一座攔腰折半的金字塔狀建築，前有一條寬大的坡道供人通行，可能建於西元前十五世紀，大概是作祭拜之用。

碉堡興建的地點大多離海岸略拉開一點距離，許多還選在山丘頂上，綜合種種條件來看，顯示他們興建碉堡的目的主要是作防禦：防禦偷羊賊，防禦海賊，尤其要防禦滋事作亂的薩丁尼亞鄰邦。碉堡也像是大保險櫃，紅銅、青銅的礦石，或是做成小人像、武器的成品，都可以儲藏在內。位於薩丁尼亞南部小鎮巴魯米尼（Barumini）的遺址蘇努拉齊（Su Nuraxi），佔地廣大的建築群便是很好的例子。這處遺址在西元前八世紀到六世紀期間十分興旺。蘇努拉齊連城堡在內，總計有六十座左右的小屋，都有石砌的地基，小屋環繞中央的露天廣場興建。其中有一座大型建築，據信是議事廳，內有一條石塊長椅，幾塊凹室也裝了燈座。蘇努拉齊曾遭迦太基人攻破，後於西元前五世紀重建。迦太基人在蘇努拉齊南邊不遠的卡利亞里（Cagliari）有一處據點。依遺址找到的紅陶、青銅和鐵做的器物來看，重建後的蘇努拉齊還是十分興旺的重鎮。[4]薩丁尼亞島是極為分散的社會，一座座堡壘便是一個個小諸侯的據點。不過，腓尼基人、迦太基人、伊特魯里亞人等外來勢力，在島上卻滲透得很慢，島上的文明並未因為和外界接觸而有急遽的變化，不像早期的伊特魯里亞人一開始和希臘人、腓尼基人接觸就改頭換面。[5]他們和義大利半島、西班牙、北非等地來往的交互作用比較不明顯。薩丁尼亞社會留給人的印象就是頑強守舊——他們直到西元前三世紀還在島上建努拉格，那時不僅迦太基人，連羅馬人也往往和他們為敵。像阿爾蓋羅附近時代約當西元前七五〇年的帕勒馬維拉（Palmavera）遺址，隨處可見塔樓、階梯、密道、城牆，加上繞著努拉格蓋起來的村落也都有防禦工事，可見那時期入侵的腓尼基人已在島上有了據點，逼得在地的島民必須以更堅固的建築來對抗更精明的敵人。薩丁尼亞島上的古代信仰，一樣標示那時代的社會有多守舊；希臘或是腓尼基的神祇在薩丁尼亞島上根本就找不到立足之地。島民信奉的始終以聖水神井和公牛崇拜為宗。[6]

薩丁尼亞人不算是城市居民。他們典型的聚落是圍繞著堡壘蓋起來的村落。薩丁尼亞島上的城市，都是外來的腓尼基人和迦太基人興建起來的。迦太基人和薩丁尼亞島民的關係雖然未必一直都很平順，但不等於努拉格式文明便是將外界隔絕在外的。木材就是他們從外界進口的物資，而且是從波羅的海循不明的路線一路迢遙運送過來，最後抵達蘇努拉齊的。薩丁尼亞的島民對黃金的興趣不大，他們島嶼南部的銀礦還要等到西元十四世紀才會充份開採。薩丁尼亞島上出土的希臘陶器（邁錫尼陶器殘片不算），最早的年代是西元前八世紀。西元前七世紀，愛奧尼亞也有一具陶罐出現在蘇努拉齊。科林斯的陶器只在薩丁尼亞南部的遺址才找得到，伊特魯里亞人的陶器（模仿希臘陶器的製品也算在內）卻在島上各地都找得到；他們和外界接觸的強度，由此應該可以推斷出一些端倪。[7]伊特魯里亞的陶器在薩丁尼亞島民的眼中顯然就是漂亮的舶來品，拿他們自己的銅錠去換，輕易就買得到。

開採銅礦在薩丁尼亞島民不成問題，可是，要將紅銅陶煉成硬度大一點的的合金青銅，所需的錫礦就必須從西班牙和法國南部進口了。薩丁尼亞人用青銅製作的小人像，不僅於地理對外散播，也隨著時間流傳後世：他們的長腿人像就先迷住了維圖隆尼亞的伊特魯里亞鑄造工匠，維圖隆尼亞那裡便找到不少長腿人像，通常還是出自薩丁尼亞本土匠人之手。等後來再到了二十世紀，這樣的人像又引來瑞士著名雕刻家賈柯梅蒂（Alberto Giacometti）青睞。薩丁尼亞島上有七百具這類人像存世，時代從西元前八世紀到六世紀不等。長腿人像刻劃的像是真實世界的戰士、弓箭手、工匠、牧羊人，只是女性的人像比男性罕見。他們有時也做動物的塑像，說不定也會做神像，很可能就用在當地的崇拜上。[8]他們做的塑像也是航海活動的直接證據，因為在幾座伊特魯里亞的港口就找到了幾具他們做的小船塑像，據信時代自西元前八世紀開始。其中一艘小船的船首做成鹿頭的形狀，舷邊也有幾具獸首、鳥頭作裝飾。另一艘船腹圓凸的小船，有一隻猴子蹲伏在裡面，猴子就很可能是迦太基人從非洲帶回來的。[9]

二

義大利半島南部的希臘人是愛奧尼亞、阿提卡、伯羅奔尼撒半島通往伊特魯里亞新興城市的橋樑。愛奧尼亞落在遠地的一處殖民地，馬賽里亞（Massalia）——地點就在現今的法國馬賽——也是一樣，是他們家鄉所在的希臘世界通往地中海極西海岸的橋樑。[10]在這裡，同樣是由小亞細亞海岸的佛奇亞人打前鋒，而在西元前六〇〇年左右建立起他們的殖民地，大概有六百名成人抵達，未幾便和本土族群通婚。古代的馬賽發展得很快，於西元前六世紀期間佔地約達五十公頃。[11]古馬賽的輝煌盛世是在它建城的頭五十年。西元前六世紀中葉，波斯人入侵愛奧尼亞，逼得佛奇亞人朝外遷移，只想離宿敵波斯愈遠愈好。希羅多德說波斯人下令佛奇亞城要拆掉一道城牆，還要把城內一棟建築交給波斯總督作為臣服的表示。佛奇亞人表示他們有意思照做，但希望能有一天的停火時間讓他們商量一下。只是，佛奇亞人卻利用停火的時間把財產全數裝上船，出海往希俄斯開去，之後還一路往西，先到科西嘉島，然後落腳馬賽。他們就這樣交出一座鬼城給波斯國王。[12]

儘管如此，馬賽里亞這裡卻沒有因此變成愛奧尼亞復國志士群聚的大本營。馬賽里亞這裡很特別，該地的居民眼看同胞力抗伊特魯里亞人卻垂下眼瞼來個相應不理。對於這一點的解釋，就是馬賽里亞居民和地中海西部的諸多民族向來關係匪淺，不僅是伊特魯里亞人，北非、西班牙一帶的迦太基人還有粗魯一點的利古里亞人（Ligurians）也都在內——利古里亞人是住在義大利半島西北部、法國南部的民族[13]。馬賽里亞又是聯絡西歐凱爾特民族的接觸點，所以，希臘、伊特魯里亞的陶器等等貨品都是從馬賽里亞這裡朝北輸運到高盧（Gaul）的中心地帶去的。同一時間，希臘人、伊特魯里亞人、迦太基人在這一帶也是肩並肩在作生意的。先前提過的佩許馬荷（Pech Maho），是迦太基商人的貿易站，但也看得到其他民族出入。馬賽里亞出土的鉛版有伊特魯里亞人留下的潦草銘文，就將這一點提點得很明白了。不過，吸引商人往法國南部前進的，倒不是鉛礦而是錫礦，因為他們要的是法國西北部甚至不列顛群島的錫礦。腓尼基水手便曾經從卡地斯航行到這些地方去。塞納河（Seine）沿岸找到一些希臘和伊特魯里亞的青銅器、陶器，特別是在〔法國勃艮地〕維斯（Vix）發現一具很大的希臘青銅雙耳廣口甕，年代約當西元前五三〇年左右，就對當時貨物深入高盧內陸所走的綿長路線勾勒出一二（雖然個別的商人未必一路走到底）。[14]這一具調酒用的大盌，也指出了馬賽里亞的一大優勢便是酒類的貿易。這一具大盌可以裝一千一百公升的液體，希臘人的習慣作法是一份酒對上二份水。西元前六世紀其實是希臘貿易在地中海西端的黃金盛世。愛奧尼亞在科西嘉島上的殖民地雖然才剛萌芽就被伊特魯里亞人、迦太基人活生生扼殺，但在馬拉加還有西班牙南部其他地方，還是有小型聚落存在過一陣子，比較著名的便是安波里翁——安波里翁在當時是首屈一指的現貨市場，現在叫作「安普里耶斯」（Empúries）。從羅德島來的商人可能也在安波里翁附近建了「羅得」（Rhode）這樣一座城市，也就是現在加泰隆尼亞的「羅澤斯」（Roses）。

馬賽里亞和地中海東部的來往始終未斷；地中海東部的青銅鑄造作坊極為需要西邊這裡的錫礦。馬賽一帶的考古挖掘，找到大量西元前六世紀的希臘陶器，出自尤比亞、科林斯、雅典、斯巴達、愛奧尼亞的陶器都有，連離馬賽里亞較近的伊特魯里亞的陶器也有。馬賽里亞的富商也遠道前往希臘的德爾斐供奉財寶庫。[15]所以，馬賽里亞這一帶絕對不是殖民的邊陲。法國南部文化還因此被希臘同化。羅馬時代晚期有一位作家，查士丁（Justin），歸結前人作家龐培烏斯・特洛古斯（Pompeius Trogus）的話（特洛古斯寫的《腓力史話》〔*Phillippic Histories*〕已經失傳），寫道：

> 因此，高盧人從馬賽里亞居民那邊學到了比較文明的生活形態，先前的野蠻習性或是棄而不用或是改得較為雅馴。他們也從馬賽里亞人那裡學會耕作土地，學會市鎮要築起城牆。之後，他們開始習慣依照法律行事而不是暴力；再之後，他們學會修剪葡萄藤蔓，學會栽種橄欖樹；那裡的人、事都蒙上燦爛的光彩，那不像是希臘搬到了高盧那裡，而像是高盧移植到希臘這裡來了。[16]

這一番稱頌當然是幾百年後才寫下來的，當年是不是真的由希臘人將橄欖樹和葡萄園引進高盧，不無疑問。[17]不過，要說希臘人和伊特魯里亞人有助於推廣葡萄園密集開發，也引進了進步的壓榨橄欖油和釀酒的技術，應該還算中肯。約翰・博德曼爵士（Sir John Boardman）堅持「〔法國〕勃艮地的第一杯葡萄酒，便是從馬賽來的希臘葡萄酒」；〔法國南部〕隆格多克（Languedoc）和普羅旺斯許多考古遺址都挖出來雅典、腓尼基、伊特魯里亞來的酒甕，也可以支持博德曼的論點。[18]查士丁說的沒錯：不需要用羅馬軍團那樣的人馬去征服這地方，就可以將這地方帶進希臘的文化圈。

這一帶和地中海西部其他地方一樣，於西元前五〇〇年前後那一陣子走到了重要的關口。一來是因為希臘人和伊特魯里亞人之間的政治對立愈來愈嚴重，導致經由提雷尼亞海域作過渡的商業來往因之減少。再來就是法國北部、東部的文化中心，一般通稱為「哈施塔特文化」（Hallstatt culture），光輝已經黯淡，改由再往東邊過去的凱爾特人領土躍居昌盛的新歐陸文化中樞，也就是所謂的「拉登文化」（La Tène Culture）。伊特魯里亞人取道阿爾卑斯山脈東部的隘口，對拉登文化有很大的影響。這表示連通地中海到北歐的貿易路線往東偏移，隆河谷地對地中海上等貨品的需求也告萎縮。[19]往馬賽里亞運送的阿提卡陶器自然減少，不過，到了世紀近末了時，這方面的貿易又見起色。只是，希臘人已經沒有辦法再將葡萄酒和上等貨從馬賽里亞往內陸送——這一點才比較重要。而在西端，西班牙海岸一帶的商業活動卻是由迦太基人在主宰。先前已經提過，希臘世界面對這樣的情勢，一大對策便是日漸仰賴亞得里亞海靠北邊走的航路，循此連通到新興的史匹納城。馬賽里亞之失，史匹納之得。他們的另一對策便是拿馬賽里亞作為母邦，沿普羅旺斯和隆格多克海岸啟動新一波的殖民潮，阿格德（Agde）便是他們創立的殖民地。不過，他們在這邊最出名的分支，尼凱亞（Nikaia；就是後來的尼斯 Nice），可能要晚到西元前三世紀才建立起來。[20]

三

希臘化最出眾的例證，有一處是在西班牙。古代的希臘文學，例如海希奧德的作品，指地中海極西之處是傳奇怪獸的居處，像是長了三個頭的吉里昂（Geryon）；神祕的海絲佩莉迪花園（Garden of the Hesperides）也是在那裡；頂住天庭的赫丘力士、阿特力士之柱（Pillars of Hercules Atlas）一樣是在那裡。[21]先前已經提過最早來到這一帶的是腓尼基人，還航行到地中海外在卡地斯建立起重要的據點。希臘人那邊，打前鋒的還是佛奇亞人和他們的鄰邦，由薩摩斯的寇雷厄斯這一位水手在西元前七世紀中葉率先出航——據說塔提索斯國王甚至曾經力邀佛奇亞人移居到他的領土去。[22]只是寇雷厄斯一行人在大海出了差錯，由史實判斷，他們抵達的地方應該是科西嘉島才對。西元前六世紀至四世紀期間，希臘人在西班牙定居或是貿易的身影，比起迦太基人要少得多；而迦太基人算不算是他們的競爭對手，也不得而知。在安波里翁的希臘人和迦太基人作的是金屬貿易；安波里翁於西元前四世紀鑄造的錢幣除了有西西里島的希臘母題，也加進了迦太基人的母題。安波里翁的居民卻也可能為迦太基人招募傭兵，幫迦太基人攻打西西里島的希臘人；安波里翁本身也未曾擴張他們治下直接控制的領土。安波里翁的財富不是來自當地原有的資源，而是建立在他們和富含金屬礦藏的西班牙南部作生意，而且還是由迦太基商人居間作中介的。[23]不過，希臘人的文化影響力輕易就超越過迦太基。只是，希臘人在加泰隆尼亞的據點雖然有幾處依然蓬勃發展，希臘人在安達魯西亞（Andalucía）的據點，例如位於現代馬拉加附近的麥納吉（Mainake），很快就衰落下去，那一帶也就重回腓尼基人的懷抱。富藏銀礦的塔提索斯在西元前五〇〇年的時候，可能已經過了巔峰期，但還是有別的商機；迦太基人就利用他們在地中海西部打的幾場勝仗，於西元前五〇九年和羅馬簽訂條約，客氣但是堅定拒絕羅馬人及其盟邦進入地中海西部的幾處大片水域活動。

只是封鎖海域，往往只會自食惡果，因為既會招徠海盜橫行，執行起來的代價也極為高昂。《海上環遊記行》（*Periplus*）可能是西班牙牢牢落入迦太基人壟斷之前，由一名希臘水手編寫出來的航海手冊，描述從〔西班牙西北角〕加利西亞（Galicia）到直布羅陀海峽的一線海岸地帶，一路寫到馬賽里亞，馬賽里亞大概便是他的基地所在。他的目的無疑是在記下加利西亞錫礦對外供輸的航海路線。這一位水手堪稱馬賽里亞的希臘大航海家皮席亞斯（Pytheas）的先驅；皮席亞斯在西元前四世紀發現通往不列顛群島的航路。[24]這一份手冊寫於西元前六世紀或者是略晚一點，流傳到了後世，在西元四世紀晚期被一個叫阿維艾努斯（Avienus）的異教作家放進他寫的一首冗贅劣詩當中。[25]阿維艾努斯在詩中一遍又一遍指他引用的古代文獻描述的那一處地方，就位在西班牙海岸，只是衰敗成為廢墟。所以，阿維艾努斯的詩作應該看作是他將他讀到的古代文獻和後代旅人的見聞錄雜糅一氣而寫出來的。有些地方沒寫到，像是希臘人建的殖民地羅得，顯示那些地方在那一位古代希臘水手寫下《海上環遊記行》的時候尚未建城，也證明《海上環遊記行》的年代確實十分古老。阿維艾努斯用了很長的篇幅描寫塔提索斯，塔提索斯在西元前五世紀的時候已經沒落。阿維艾努斯確信他寫的塔提索斯便是卡地斯，堅持那地方「如今已小，如今已廢，如今已是荒塚」[26]。阿維艾努斯描述塔提索斯居民和鄰邦作生意，描述迦太基人來到那裡的水域；他也指出有一片山頭閃閃發亮，富藏錫礦，應該有古代商人慕名而來。[27]他的文章也提到西班牙南部幾處傾圮的腓尼基城市，認為在他之前的那一位水手是在西元前六世紀晚期乘船行經那一帶的市鎮的。他還提到有的腓尼基聚落那時已經落入迦太基移民的手中。[28]阿維艾努斯將希臘文獻譯成拉丁韻文，加進後世的材料，弄出了這樣一份複寫本，很難拆解字裡行間層疊交錯的古與今。[29]阿維艾努斯寫到塔拉哥納（Tarragona）和瓦倫西亞這幾處重要的西班牙本土市鎮時，倒是寫對了；他叫瓦倫西亞「泰里斯」（Tyris）——這名字後來就由圖里亞河（Turia）留下來用了；圖里亞河在二十世紀進行人工改道之前，是貫穿瓦倫西亞市的河流。但是阿維艾努斯寫到巴塞隆納城的時候，原本這地方就名稱的起源應該是要往前追溯到迦太基人那裡去才對的，他卻將建城的時代往後拉了很多。他寫西班牙海岸沿邊有幾支剽悍的民族，以奶、酪為食，「像野生的畜生」，勾勒出「伊比利」這名稱底下掛的形形色色民族混雜的圖像——考古證據也證實伊比利半島確實沒有單一的「民族」可言，而是散佈多支部落和小國。[30]

希臘人、迦太基人和伊比利的民族有密切的來往，結果孕生出一支文明，有精湛的美術成就，有不算小的城市，也有書寫的能力。伊比利的文明在西班牙之外少見聞問，然而，伊比利居民創造的文明，精緻的程度卻超越地中海西部的每一支本土民族，唯獨伊特魯里亞人例外而已。[31]他們算是希臘和腓尼基文化經由貿易、移民的長程航線朝西邊滲透的第二例，而他們移入的文化勢力也和本土的石雕、金屬鑄造等等才藝融會出燦爛的文明。不過，伊比利的居民比伊特魯里亞的居民要難以歸納出共性；伊特魯里亞人有同屬一支民族的團結感，自稱「拉斯納」（Rasna）。伊比利半島上的安達魯西亞、瓦倫西亞沿海地區還有加泰隆尼亞，便各有各的鮮明文化差異；部族很多，沒有統一的政治；連他們講的語言是否相同或是相關也不甚明朗。現今存世的語言和伊比利古語有關聯的，就屬巴斯克人和柏柏人說的語言最有可能。伊比利半島的居民到了內陸，就和別的族群融合，一般將之歸入「凱爾特人」，不僅現代學者這樣子放，連阿維艾努斯也是（「凱爾特」是很模糊的名稱，不過強調是歐陸的文化傳統而不是地中海的文化傳統）。[32]「伊比利」這名稱因此算是統稱，指西元前七世紀到二世紀的多支民族，身處政治動盪的世界，遭迦太基人、希臘人到最後是羅馬人，連番以商人、征服者的身份進襲。

希臘人在伊比利半島上的聚落，和他們在西西里島、義大利半島南部的情況類似，有的會和本土族群劃分人我，例如安波里翁。只是時日一久，經由通婚和其他接觸，市鎮內族群融合的程度可能還是相當高。離安波里翁不遠在烏拉斯特雷（Ullastret），便是重要的伊比利市鎮，規劃良好，有四道城門，在西元前四世紀時期佔地還廣達四萬平方公尺。不過，伊比利居民和殖民的外人之間的關係，不應看作注定就要為敵。有幾則例子就可以說明伊比利半島的民族還是懂得拿希臘等地來的外人當作他山之石，進行攻錯，兩相融合，但不減他們固有的個性。伊比利眾多民族所用的文字，大體還算一致，只在西班牙西南部出現過變體；許多字應該還是從希臘文字衍生而來，無可置疑——是希臘文，不是腓尼基文。伊比利半島的人說也奇怪，拿了別人的字母來用卻又要加進不少音節符號，例如「ba」、「be」、「bi」、「bo」、「bu」，字母「c」和「d」也是這樣的情況。但還有更怪的：做出這樣字母的人，原有的發明天份之後竟然消失無蹤。現代西班牙的兩大特徵，起源就是由希臘人帶進伊比利來的——伊比利半島因為希臘人移入，葡萄園和橄欖油日益風行，卻遭羅馬詩人馬提亞爾（Martial）指斥加泰隆尼亞的葡萄酒品質實在太差。無論如何，伊比利半島的居民偏愛的一直是啤酒，葡萄酒每每就是從伊特魯里亞進口品質較好的產品。[33]

伊比利半島另一文化假借的例子，表現在他們的墓葬。他們一直偏好火葬。安達魯西亞的圖土吉（Tutugi）有多處墓葬出土，年代自西元前五世紀開始，有簡單到只埋骨灰罈的，有豪華到蓋起雄偉的墓園，隔出好幾間墓室和廊道，牆面還有壁畫的。建築的母題看得到愛奧尼亞樣式的支撐柱。這類壯觀的陵墓顯然埋葬的是上流階級，還帶著伊特魯里亞一帶的風格，顯現出義大利的影響。而富豪貴冑下葬有貴重的珍寶陪葬，自然也跟義大利還有地中海東部的習俗一樣。〔西班牙西北角〕托雅（Toya）有一座三重墓室的陵墓，挖出來的陪葬品有青銅製的提桶、首飾，還有一輛雙輪戰車。[34]本土文化和外來影響融合的第三例，在雕塑就看得到。伊比利半島的雕刻家以石灰岩為材料，做出近乎實體大小的牛、馬、鹿，動物的主要特徵還表達得很豪放，教人讚歎。他們偏好高浮雕（high relief），存世的雕塑作品有許多當年應該都是神廟和其他禮拜聖壇的的外部裝飾。[35]希臘樣式的影響屬於漸次滲透，衍生的風格從來就不全像是希臘風格。即使在西元前四世紀那時候也是如此，伊比利雕塑最著名的作品，可能就是出自這時代——「艾爾切仕女像」（Dama de Elche）。這是女祭司或女神的胸像，披戴華麗的首飾。容貌雖然肖似希臘的古典樣式，其他可就和西班牙出土的女性實體大小人像極為相近了。[36]她的首飾可能也和迦太基人的樣式有關。[37]可是她穿的袍服，褶紋就和其他類似雕像的褶紋一樣，純屬伊比利半島的典型。希臘人和伊特魯里亞人的藝術創作向來樂見裸體，伊比利則否：伊比利半島只找到一件瓶罐的彩繪紋飾有裸體男子，是在安波里翁找到的，而那裡是希臘人稱霸的地方。[38]

由陶器可以看出貿易的來往關係；至於瓶罐的彩繪，透露的就是文化的影響了——或許是表現在所用的圖像，或許是表現在當地人相中的哪一個希臘神祇、英雄。伊比利半島的人和義大利半島不同。伊比利的居民並未拜倒在希臘或是腓尼基的信仰之下。不過，沿海地帶還是有些許跡象顯示當地同樣信奉狄蜜特（Demeter）、阿絲妲特還有幾個外來的神祇。圖土吉一座墓室出土的一尊條紋大理石人像，顯然便是腓尼基的女神。[39]在瓶罐彩繪方面，伊比利展現了特別獨到的創意，而不單單像伊特魯里亞人那樣，習慣抄襲希臘的樣式就好。瓦倫西亞市附近的里利亞（Liria）遺址出土的黑紋紅陶，畫的便是舞蹈和戰爭的景象，人物以流暢的線條勾勒半抽象的輪廓，動感表露無遺，空處能畫的便一定畫上渦卷、圓圈、花朵等等紋飾，不肯留空。[40]源生自西元前六世紀希臘陶藝的幾何花紋，在安達魯西亞徘徊到西元前四世紀都未消失，不過，泰半依照伊比利買家的需求作了改良，像是偏愛鳥獸花草的紋飾。所以，伊比利半島沒有一種「伊比利風格」可言，可是，他們創作的源頭倒可以說是從希臘來的，希臘、腓尼基的船隻從地中海東邊帶來什麼，他們接收之後，再作調整。

最後，伊比利人並不是以商人的身份於西班牙境外知名，而是教人膽寒的戰士。西元前四八〇年，西西里島希美拉（Himera）城的僭主，便召募他們為他作戰。不過，他們在西元前五世紀末年也出動和迦太基軍隊一起進攻西西里島上的幾處希臘城邦。迦太基在西元前三九五年被敘拉古的希臘僭主打敗之後，原本為迦太基作戰的伊比利戰士，有許多便轉而投入敘拉古僭主的麾下。亞里斯多芬尼斯約當在這時期寫下一齣喜劇，甚至提到了這些伊比利戰士，博得滿堂彩，因為，當時傳說伊比利戰士一個個身上都長滿了毛。他們著名的軍刀，也是他們當傭兵的時候，從希臘人、伊特魯里亞人那邊學會使刀用劍，而從他們的刀劍改良來的。[41]以傭兵身份替外人打仗得來的報酬和戰利品，想必為伊比利造就出許多富翁。伊比利半島的墓室挖掘出來那麼多財寶，應該也和這一點脫不了關係。可是話說回來，伊比利半島興盛繁榮，主要還是來自西班牙的天然物產，尤其是金屬礦藏。伊比利半島得天獨厚，不論是從西班牙內陸往南朝海岸運送的貨運，還是從卡地斯以及大西洋其他海港出發穿過直布羅陀海峽，以及依照阿維艾努斯所說的路線航行的船運，伊比利人都可以從中得利。地中海全區在這時期到處可見希臘、伊特魯里亞、或是迦太基的船隻航行，而身在地中海西端的民族，在雅典卻是亞里斯多芬尼斯筆下的笑柄，西邊的一支支民族也都以東邊的希臘作為引領他們風潮的風格、時尚之都，先是以科林斯為尊，繼而奉雅典為師。

第五章

海上爭逐定霸權

西元前五五〇年—西元前四〇〇年

一

地中海海岸在中東幾大強權眼中——例如西臺（Hittites）帝國、亞述（Assyria）帝國甚至法老統治的埃及——大概就是帝國擴張的天然界線。亞述人確實偶爾會拿威逼恫嚇來要塞浦路斯島乖乖就範，埃及也是；畢竟塞浦路斯島富含木材、礦藏等天然資源，太過寶貴了，沒辦法放過。不過，爭奪地中海東部控制權最賣力的莫過於波斯。波斯在西元前六世紀征服了安納托利亞半島和黎凡特，還一度進犯希臘。而那一次希臘擊退波斯大軍，堪稱特洛伊城陷落之後希臘最大的勝績。希臘這一次勝利，不僅是軍事上的重大成就，也是政治上的重大成就，因為，這一次是希臘本島還有愛琴海群島諸多城邦齊心協力，共同對抗波斯的成果；連敘拉古也接獲出兵相助的要求——他們擊退了來自迦太基的威脅，迦太基出兵可能就是波斯人煽動的。希臘人大肆紀念這一次勝利，建起好幾座勝利紀念碑。德爾斐就有一具青銅蛇形柱，現今樹立在伊斯坦堡的競技場（HippodRome）中。紀念碑上刻了西元前四七九年參與普拉泰亞（Plataia）一役擊潰波斯大軍的三十一座希臘城邦，而這麼長的名單還不算完整呢。[1]「希臘民族大會」

（Congress of the Hellenes）就此誕生。「希臘人」（Hellene）這名稱，原先是荷馬用來指阿基里斯率領的從人，後來也漸漸開始用來指稱講同一種語言、信奉同一批神祇、過同一類型生活的這些人。[2]自此流傳開來諸多故事，其中共鳴最大的，當屬希羅多德筆下生動活潑的戰記，他將這一場大戰的前因後果描述成希臘群雄力抗波斯暴君，捍衛眾人自由。埃斯奇勒斯寫的劇作《波斯人》（*The Persians*），西元前四七二年在雅典演出，同樣在劇中表示希臘救亡圖存，端繫於他出身的這一座城市：

艾朵莎（Atossa）女王：你說，那麼多有人住的地方，大家叫雅典的那座城，到底在哪裡？
將領：很遠那裡，我們的太陽大神往下沈，最後的光輝消逝的地方。
艾朵莎：所以說，我兒子那麼急著要搶到的地方，在那麼遠的西邊？
將領：正是，因為只要雅典要到了手，希臘那邊沒有一處地方不會聽命於他。[3]

至於希臘人力抗波斯是真的為自由而戰嗎？現在頗有疑問。西元前五世紀末年，斯巴達和雅典兩大城邦打起了伯羅奔尼撒戰爭，戰事打得正酣之際，兩邊可都不時就想要拉攏一下波斯人來幫忙的——所以，聽命於波斯未必始終都是可恥的事。這故事後來還會愈講愈龐雜，先有希羅多德寫史，後有時代比他晚得多的普魯塔克（Plutarch）在羅馬時期為雅典、斯巴達的英雄豪傑立傳。波斯國王率領大軍進犯希臘，其實陣中便有許多是希臘人，而不論他們甘願與否，他們是和希臘同胞自相殘殺。波斯人的統治不時是會擾民一下，像是徵稅徵兵之類的。但是，波斯一般的政策是：只要城邦乖乖奉上土地或是水源作貢物，不囉嗦，大半就不太會去管你，彼此相安無事。

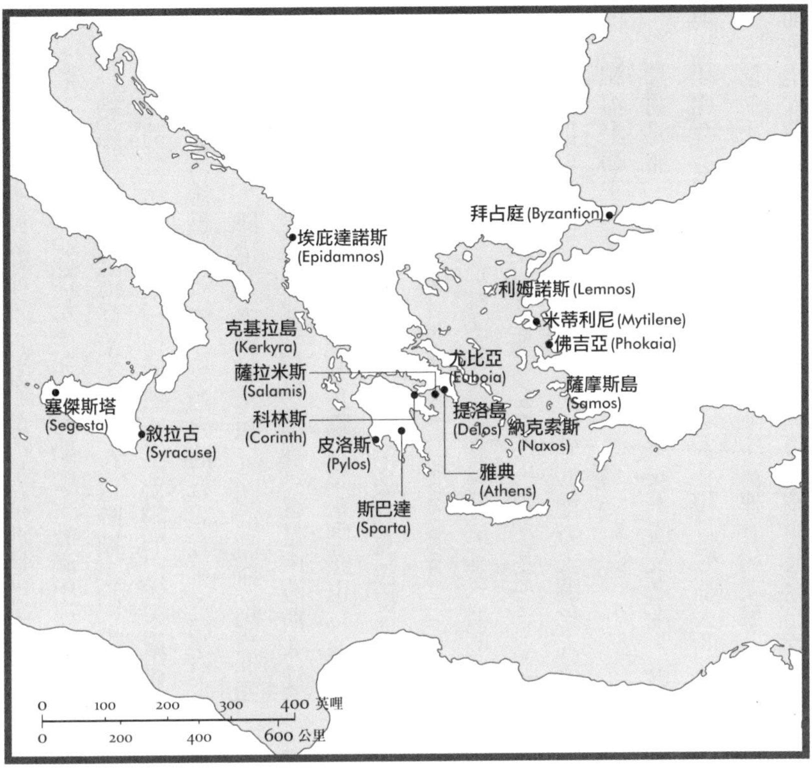

從希臘人這邊的角度來看，波斯開始教人頭痛，起自西元前五四六年波斯攻佔呂底亞王國（Lydia）的時候。當時的呂底亞國王克羅伊瑟斯（Kroisos;Croesus）以富有知名。波斯國王居魯士（Cyrus）廣邀愛奧尼亞一帶的希臘城邦加入他的陣營，一起推翻呂底亞帝國。呂底亞當時是愛奧尼亞希臘城邦名義上的共主。可是，愛奧尼亞的希臘城邦拖到呂底亞都已經滅亡了才表態有意考慮，為時已晚。愛奧尼亞各城邦先前只是呂底亞名義上的子民；到了這時候，居魯士可不想再給他們這麼寬大的條件了。希臘有幾處城邦是向波斯稱臣，因而有義務要提供軍隊。他們的負擔在居魯士在位時期並不算重，之後卻日益加重，因為後來的波斯君主一個個好大喜功，發動大戰的軍費跟著水漲船高。其他城邦的居民則聽從希臘本島的建議，集體遷徙，特別是佛吉亞人。例如米提亞迪（Miltiades），他後來會在雅典成為名將，但在這時候卻是率領五艘船艦，載滿出亡的難民和城內盡數的財富從佛吉亞島出發，而且不巧還有一艘船被腓尼基海盜搶了去。在這時期，中東幾處大帝國的土地對波斯人可是比希臘還要重要得多。西元前五三九年，巴比倫被居魯士攻陷，後來還在《聖經》的〈但以理書〉（Book of Daniel）寫成生動的故事流傳後世。之後，於西元前五二五年，居魯士之子岡比西斯二世（Cambyses II）接著攻下了埃及。於此同時，腓尼基人的城市也一一向波斯帝國低頭。這對腓尼基人的城市未必全是壞事。穿過泰爾、西頓、繞過愛奧尼亞的貿易路線，就是由波斯人注入新活力的。波斯於地中海的海軍也是以腓尼基人為骨幹。不過，愛奧尼亞的希臘人想來應該也為波斯的皇家軍海打造過船艦。西元前五二五年前後，愛奧尼亞一帶有一位君主，薩摩斯的波利克拉提斯（Polykrates of Samos），是岡比西斯二世的盟友，麾下可以動員一百艘「五十槳帆船」（penteconter）（配置五十名划槳手的帆船）和四十艘三列槳座戰船（配置三列划槳手的帆船）；這樣的船艦也都是腓尼基人發明出來的。西元前四九九年，腓尼基人就派出二百艘三列槳座戰船去打納克索斯（Naxos）。[4] 換言之，一支艦隊要發揮功能需要好幾千名水手，所以，波利克拉提斯很可能還需要從薩摩斯以外的地方去調集人手。也因此希羅多德才會忍不住想他是不是應該拿他去和海上霸主米諾斯相提並論。[5]

昔蘭尼加一帶的希臘城邦在波斯攻下埃及之後，也接受波斯宗主國的地位，波斯帝國就這樣擴張到現代利比亞這麼遠的地方來了。迦太基和腓尼基人的其他城市一樣，對波斯所向披靡的勝績似乎心有戚戚。這並不是說波斯的目的是在地中海建立起霸權。希臘人曾經提醒他們在西西里島的同胞，他們住的那一座大島也有危險。但是，歐洲境內波斯最擔心的一塊地區，還不是希臘，而是現在烏克蘭這一大片土地。那裡住的是遊牧的西徐亞人（Scythians），不論希臘還是波斯都把他們看作是沒有文明的蠻族。波斯國王大流士一世（Darius I）於西元前五一三年就曾出兵打過他們。愛琴海北部一些希臘族群外加別處的族群這時也給波斯找麻煩，波斯人就拿凶殘的手段回敬，於西元前五〇九年攻佔利姆諾斯，屠殺眾多島民。波斯另也垂涎尤比亞島，這一座島嶼可是以天然物產豐富而知名的。[6]而自西元前四九九年起，愛奧尼亞就不平靜，有時還有希臘本島的城邦撐腰一起作怪，而引發腓尼基人多次兇狠報復，以血洗、劫掠向宿敵希臘一吐長年的怨氣。不過，等到愛奧尼亞一帶鬧叛亂的力氣愈來愈弱，波斯這邊的回應出人意表，竟然對他們體貼起來，不僅同意希臘人施行他們的民主政治，還要各城邦互簽貿易協定，消弭衝突。波斯的大王十分清楚他在他信奉的「火神」（Ahura Mazda）面前，是應該負起仁民愛物、促進和平的責任。只是，愛奧尼亞一帶的繁盛依然就此大不如前[7]。

二

西元前四八六年，波斯由薛西斯一世繼任大統，波斯先前堅定包容對待異己的政策就此幡然一變，成了以鐵腕鎮壓去對待波斯的公敵。所以，波斯的大王這時對於支持愛奧尼亞的希臘人就很想好好教訓一頓。腓尼基人和埃及人都接獲購買大量繩索的訂單，要用這些繩索來建兩道浮橋（boat bridge）（譯註11），橫跨「希拉海」（Hellespont）〔達達尼爾海峽〕連通兩端。他們要的繩索想必一定要異常堅固，

譯註11：浮橋（boat bridge）——以繩索串起多艘小船浮於水面以供通行。

才擋得住洶湧強勁的水流。由於波斯先前有艦隊在〔馬其頓半島〕阿索斯山的大海角外受到重挫，薛西斯一世便下令開通一條隧道，鑿穿山腰。隧道開鑿完成之後，沿線又再設立一處處糧食站，供波斯大軍可以循線穿過色雷斯（Thrace）。希臘人眼看情勢如此，十分明瞭這一場戰爭在海上打的比重和陸上相當。斯巴達因此榮膺重任，扛起海軍總司令一職——由此又再證明斯巴達人打海戰的實力從來就不應該小看。不出所料，不少希臘人忍不住要「投米」（Medize），倒向米底亞人（Medes）和波斯人那邊，免得薛西斯一世的大軍攻過來夷平他們的城市，奴役他們的人民。德爾斐的琵昔雅神諭（Pythian Oracle）則指示雅典人要棄守家園，朝西邊遷移。經進一步祈求，琵昔雅便再多給一點提示，模糊提到有「木牆」（Wooden Walls）熬得過波斯大軍進攻，也暗示薩拉米斯會大難臨頭——薩拉米斯位在雅典往西過去一點的地方。

雅典和波斯的陸上戰事，於西元前四八〇年在窄窄的溫泉關（Thermopylai）演出驚心動魄的大戰。三百名斯巴達勇士力戰波斯大軍，因為寡不敵眾而告全數陣亡。之後，波斯大軍橫掃希臘本島北部和東部，雅典城雖然已經人去城空，一樣慘遭洗劫，連衛城上的幾座古老神廟也難逃毒手。[8]希臘人在海戰獲勝的機會倒是大一點，因為，波斯的艦隊大多是由腓尼基人的三列槳座戰船組成，速度快，船身輕。希臘這邊動員起船身較重的三列槳座戰船，不無戰勝的希望。腓尼基人或許可以拿船多勢眾來稱勝，但是，雙方作戰的水域，希臘人可是比他們要熟悉得多的。[9]西元前四八〇年，希臘聯軍在薩拉米斯絆住波斯艦隊，伯羅奔尼撒半島原本注定逃不掉波斯大軍全面進犯的命運，因之往後拖延了一陣子。薩拉米斯這島嶼在東邊有一道很窄的海峽，隔開阿提卡本島，西邊面向埃萊夫西斯（Eleusis）海灣外面的海峽就比較寬了。希臘、波斯雙方的艦隊就是在東邊狹窄的海峽中對決。希臘艦隊總計有二百多艘適航的船隻（有的估計則是三百八十艘），以雅典為主力，面對六百至一千二百艘的波斯敵船。所以，希臘這邊務必誘敵深入薩拉米斯和希臘本島之間的狹窄水道，把腓尼基人的船艦困在那裡。[10]希臘這邊外加還耍了一招奧德修斯「欺敵」戰術，戰術因而得逞。也就是他們要一名雅典間諜向波斯人通報，說希臘人密謀要趁夜色掩護朝西方偷偷溜之大吉。波斯這邊聽了，便派腓尼基人去巡守西邊的出口。可是，希臘人根本按兵不動，待天色大亮，奉命巡守希臘逃生出口的腓尼基人對一夜無事大感不解。希臘這邊卻已經在東邊的海峽向留守的腓尼基艦隊開戰。科林斯的船隊升起船帆，狀似要朝西邊逃向埃萊夫西斯，實則是在當誘餌，要牽動敵軍走勢。這時，敵軍方才驚覺船隊困在窄窄的海峽當中不得動彈。波斯的薛西斯一世那時正端坐在薩拉米斯灣高處的黃金寶座，準備欣賞波斯海軍對大希臘聯軍窮追猛打，大獲全勝，卻反見他這邊的二百艘腓尼基戰船外加多艘波斯船隻，慘遭希臘聯軍擊沈或俘虜，希臘聯軍的損失只有四十艘艦左右而已。[11]原本身在波斯陣營的愛奧尼亞希臘人，在這當口面對希臘本島的同胞也避而不戰，匆匆駕船離開，走為上策。這一場戰事的勝績頗為特別，因為，希臘聯盟並未打算乘勝追擊將波斯海軍徹底擊潰——波斯這邊說不定還有上千艘各式船艦安然無恙，附近的陸上也還有波斯大軍駐防。可是，薩拉米斯一役，卻證明了薛西斯一世根本無力深入希臘本島拿下南部地區。愛琴海終究是斯巴達和雅典的天下，雅典和斯巴達兩方聯手，終究沒讓愛琴海淪為波斯人的內海。翌年，希臘聯軍又在普拉提亞（Plataia）拿下一場陸上的勝利，證明希臘聯軍禦敵的陣勢牢不可破。過了沒多久，希臘人稍稍改動一下曆法，就說同在薩拉米斯大勝的這一天，敘拉古也由僭主耶羅統率大軍，把進犯西西里島的迦太基人打得潰不成軍——迦太基人進攻西西里島，可能是要為波斯和腓尼基聯軍開闢第二戰線。希臘人特地要小手段去強調波斯領頭的大軍在東、西兩邊的戰線同時落敗，主意何在，顯而易見。

這一場「波斯戰爭」（Persian War）鞏固了斯巴達的道德高度，因為他們在溫泉關奮勇殉難。同時也鞏固了雅典的道德高度，因為他們犧牲了自己的城邦任由波斯人肆虐，而在阿提卡的水域打贏了海戰。不論雅典還是斯巴達，之後又都能夠再傳海上捷報，特別是薩摩斯島一役協助薩摩斯島民掙脫波斯的統治。另外在薩摩斯附近的馬凱爾（Mykale），他們也在西元前四七九年的海戰當中火燒波斯艦隊。愛奧尼亞一樣因為有他們而掀起叛變。所以，薛西斯一世大動干戈卻得不償失，到頭來，手上有的比他發動戰事之初還要少。埃斯奇勒斯將他刻劃成不自量力的悲劇人物，竟然有膽子向希臘眾神叫陣，害得波斯、希臘兩方人民同蒙其害。埃斯奇勒斯也認定希臘這邊作戰，為的是要捍衛最基本的理想：自由！

右翼主打前鋒，依次循序前進，
其後艦隊船首接著船首，集體破浪，
此時乍然一聲暴喝，「上！希臘子民，上！
解救希臘，解救你的妻、你的家鄉！
解救你眾神的高壇，解救你父祖的墓葬！
如今，成敗完全在此一舉！」[12]

三

雅典重建之後更顯輝煌，也成為捍衛民主的急先鋒——不過，他們的民主僅限男性自由民享有，諸多「客籍」（metic）居民，也就是外地來的人，不在此內。雅典這時也躍升成為區域性帝國的總座，利用海軍在愛琴海各島嶼遂行其統治意志。[13]斯巴達則是專心在伯羅奔尼撒半島南部經營霸權，由一小撮戰技出眾的斯巴達菁英戰士——「盾甲勇士」（hoplites）——帶領充當農奴的從屬（helot，奴隸）和臣屬的盟邦（perioikoi，邊民）。斯巴達就像修昔底德形容過的，「不過是一堆村子罷了」，看不到宏偉的紀念碑。雅典就大不相同了，修昔底德認為單從紀念碑來看，雅典感覺就好像比它真正的實力還要強上一倍。[14]

雅典新興起的帝國是由信仰綁在一起的。這一帶水域勢力最強大的信仰，就屬聖地狄洛斯島上的阿波羅信仰了。狄洛斯島位在基克拉德斯群島的中央位置，約當愛琴海橫寬近半的地方。愛奧尼亞一帶的希臘人不論住在哪裡，來往都很方便：像薩摩斯在東北東方，希俄斯在北北東方。薩摩斯的波利克拉提斯這一位大海盜就很重視狄洛斯這地方，還將緊靠狄洛斯的里尼亞（Rheneia）島獻給狄洛斯的阿波羅。他於西元前五二二年過世前不久，打造了一條大鐵鍊將里尼亞島和狄洛斯島拴在一起。[15]狄洛斯島也招來鄰近數座島嶼居民青睞，例如納克索斯的島民就以他們遠近馳名的上好大理石雕製出一座露台供奉在島上，叫作「雄獅露台」（Terrace of the Lions）。愛奧尼亞的居民也學愛琴海一帶的希臘同胞，一起膜拜狄洛斯的阿波羅神，以示團結一致。阿波羅崇拜的儀式不僅是犧牲獻祭，還包括盛大的儀典如體育競技、歌舞演出等等。修昔底德引述過一首題獻給光輝阿波羅神（Phoibos Apollo）的古詩：

> 但最主要的，光輝的神啊，您還是以在狄洛斯島最為開心。

島上的愛奧尼亞人，一個個身穿飄逸的長袍，成群結隊，
走上您神聖的道路，攜妻帶子隨行在側，
拿出拳擊、舞蹈、歌唱等等承歡於您之前，
依序出場競技之時，無不呼喊您的名字。[16]

有這樣的信仰重鎮位居愛琴海的正中央，希臘諸多城邦要立誓結盟，選中的地點自然非此莫屬，西元前四七七年，「狄洛斯聯盟」（Delian League）於焉成立，對外宣示的目標是要在薛西斯一世撤軍之後繼續對波斯施壓。而會提議聯盟總部應該設在的狄洛斯島的那一方，顯然就是雅典。這樣不僅是在承認狄洛斯聖地的地位，也可以將大家的注意力從雅典主導聯盟轉移到別處——狄洛斯神廟的財寶庫一開始還設在島上雅典所屬的神殿內，但在西元前四五四年就往外搬到雅典城去了，因為狄洛斯聯盟不過是雅典推行自家政策的棋子，在那時候已經是昭然若揭的事了。聯盟的執政團本來應該由愛奧尼亞和愛琴海群島各城邦推選組成，這時也已經變成由雅典單方面指派。[17]狄洛斯聯盟之神聖，雅典不僅全然相信，也充份利用。

雅典在他們本土實施的民主，相較於他們在海外擴張出去的大帝國當中實施的民主，作法少有不一致的情形。英格蘭史家約翰・席利爵士（Sir John Seeley）的座右銘「帝國暨自由」（imperium et libertas），也就是這意思。[18]雅典人很清楚他們何以要建立帝國，他們的目的絕非單單是壓制波斯的勢力就好。雅典城的存亡，有基本的民生需求必須先行滿足；而他們需要的物資，要到外面去找地方來供應；再者，他們從外地取得資源的長程航線，也需要據有要衝才好進行保護，這和物資的源頭一樣重

要。在這當中，最大的挑戰還是在糧食供應這問題。雅典城邦在西元前五世紀期間的規模有多大，至今莫衷一是。有一說指西元前五世紀末年，雅典城邦和阿提卡屬地的居民總計為三十三萬七千人左右，這應該是合理的估計。[19]這麼多人，單靠當地的資源絕對無法支應民生所需。依阿提卡一帶的地形，乍看希望不大，不過，那裡還是有一些地區看得到密集的農業，亞里斯多芬尼斯也寫過雅典人從周邊的鄉下買得到形形色色的農產：胡瓜、葡萄、蜂蜜、無花果、蕪菁，甚至不是當令的作物他們也種得出來，害得節令到底是什麼時候，都教人一時摸不著頭腦。[20]不過，依希臘古典時代的證據來看，阿提卡自有的資源大概可以養活八萬四千人——總之，最多不會超過十萬六千人。[21]所以，雅典勢必要從外地再進口糧產才行，而且，大多應該來自遠地如尤比亞島、黑海（或叫作「龐土」Pontos；黑海南岸地帶）和西西里島。雅典所需的糧產有半數需要自外地進口；也因此，他們需要船隻和糧商，才好保障城邦的居民都可以填飽肚皮（但也可想而知，他們因此容易淪為箭靶）。

古希臘著名演說家艾舒格拉底（Isokrates）於西元前三八〇年左右寫過雅典是由「屯墾兵」（klerouchoi）負責管理生產糧產的莊園。所謂「屯墾兵」，就是雅典發派到帝國所屬領土去殖民的人。這是必要的對策，因為「以我們人口的比例，我們的土地很小，但要統領的帝國又很大；我們擁有的戰船不僅是其他城邦合計總數的兩倍，戰力還足以對抗再兩倍的戰船」。[22]他強調尤比亞島之重要——「我們對尤比亞島控制之嚴，甚於自己的城邦」，雅典早在西元前五〇六年就已經攻下凱爾奇斯眾多大家族的土地，切割成一小塊、一小塊分給他們四千位公民。六十年後。伯里克里斯（Perikles）又再劃分了一次。[23]不過到了西元前四一一年，伯羅奔尼撒戰爭這一大劫將近末了的時候，尤比亞島終於掙脫了雅典掌控。修昔底德說「尤比亞島對他們〔希臘〕的用處比阿提卡還要大」，所以，失去尤比亞島比在西西里島戰敗還更教希臘人驚慌，雖然西西里島也是希臘十分依賴的穀倉。[24]

一般之所以認為黑海始終是雅典的重要穀倉，是根據西元前四世紀以來的證據在說的。[25]在西元前四世紀以前，文獻當中有關黑海穀物的記載，只是偶一得見，反映的是愛琴海地區遇到了非常時期，出現穀物欠收。雅典城邦要向海外另覓糧源的時候，愛琴海地區、色雷斯、利姆諾斯、尤比亞、列斯佛斯等等都是顯而易見的選擇。列斯佛斯（Lesbos）當地由二萬人耕作的農產，便由三千名雅典人笑納。這些雅典受惠人拿出來的交換條件，則是只要島上一部份原有的居民繼續當他們的農奴[26]。由此可見雅典的政策應該是在建立有系統、有組織的穀物貿易，而不是單靠糧商在愛琴海地區內、外四處碰運氣、打游擊、找到糧源就好。[27]這作法受惠的以有錢人家為多，因為，他們在雅典帝國的海外「屬地」（chôra）都分配到了土地。[28]

四

雅典對於異己並不寬貸。西元前四七〇年，納克索斯人想要脫離雅典掌握，雅典就將原先要納克索斯進貢的船隻改成金錢。這樣的政策後來擴及雅典的盟邦。由幾份存世的貢物清冊清楚可見雅典在愛琴海地區是用什麼手法在申張他們的主權。不過，伯羅奔尼撒聯盟（Peloponnesian League）的勢力倒是足可和狄洛斯聯盟分庭抗禮；伯羅奔尼撒聯盟涵蓋希臘本島南部，由斯巴達出任霸主。修昔底德談過兩大聯盟有何差別：

斯巴達人不要求盟邦進貢，而是用心在盟邦扶植寡頭統治，要他們依照斯巴達的利益來施政就好。雅典就不一樣，他們逐步接管盟邦的艦隊（希俄斯和列斯佛斯的艦隊倒未包括在內），也要盟邦以金錢取代貢物。29

所以，斯巴達和盟邦的關係是協力合作，雅典卻是以宗主國的地位君臨藩屬。然而，雅典的盟邦對於雅典統御之英明，卻也十分折服。在希臘之外很遠的地方，雅典當然也有鞭長莫及之處，卻照樣展現非凡的駕馭功力——雅典深諳海外的勝利也是鞏固他們在海內稱霸的利器。西元前四六六年，雅典大將基蒙（Kimon）率領盟邦聯軍在小亞細亞的歐里梅敦河（Eurymedon）口外海，將波斯多達二百艘的艦隊打得近乎片甲不留。雅典聯軍除了奮勇抵禦波斯大軍，還撥出自家的二百艘船艦遠赴埃及，義助埃及反抗波斯統治（西元前四五九年），只是，他們馳援埃及一事以難堪落敗作為收場。十年後，狄洛斯聯盟再派基蒙率領艦隊到波斯稱霸的塞浦路斯島去找人家麻煩。雅典在這期間還是一再恫嚇敵手和亂黨，加強他們在尤比亞島箝制的力道。至於和他們爭奪這一帶霸權的最強對手，顯而易見就是斯巴達，雅典和他們則是在西元前四四六年談成了和平協議。由於雅典、斯巴達兩方執著的方向不同——雅典人要的是他們在愛琴海地區的江山他人無從染指，斯巴達要的是他們在伯羅奔尼撒半島的霸權他人無從撼動——所以，兩邊的勢力範圍要劃分清楚並不困難。而兩邊真的會有衝突，其實還是因為轄下有小城邦起了爭執，鬧到後來把頭頭雅典和斯巴達都一起扯了進去。

伯羅奔尼撒戰爭爆發的導火線，應該回溯到亞得里亞海出的事情，也就是伊里利亞人（Illyrians）領土邊緣的一處戰略要衝，小鎮埃庇達諾斯。從科林斯灣朝伊特魯里亞人、希臘人在史匹納、亞得里亞殖民地運送貨品的貿易路線，在當時已經愈來愈重要了；雅典對這一條路線的重視也與日俱增。埃庇達諾斯正好就是這一條貿易路線的中途站。埃庇達諾斯是從克基拉（也就是科孚島）外移的科林斯人建立起來的殖民地，所以算是科林斯子城中的子城，而且，也像諸多希臘城邦一樣，因為城市中的貴族、民主兩派內鬥相殘而分裂（西元前四三六—四三五年）。埃庇達諾斯城內的民主派，因為遭貴族派偕同蠻族盟友伊里利亞人聯手圍攻，而向克基拉城求援。克基拉明白表示愛莫能助。[30]克基拉城自認擁有可觀的海軍實力。他們有一百二十艘船艦，這可是僅次於雅典的規模。因此，他們和埃庇達諾斯的母邦科林斯，在海上是較勁的對手。也因此，他們和科林斯的關係絕對只冷不熱。科林斯這邊認為克基拉對母邦該有的禮數都沒做到，克基拉則自認為「財力足可以和希臘最富有的城邦平起平坐，軍力甚至超過科林斯」。[31]等到科林斯回應子城的子城——埃庇達諾斯——求援，派出殖民的人馬馳援，雙方的關係就更形惡化。[32]克基拉認為科林斯干預埃庇達諾斯，侵犯到了他們的水域，兩座城市就這樣演生出莫名其妙的衝突。克基拉轉向雅典求援，因為克基拉認為雅典以其強大的艦隊，應該擋得下科林斯僭越的野心——克基拉給雅典的說法是，「科林斯攻擊我們，為的是要舖路，好進一步打到你們這裡來。」[33]。克基拉還要求加入雅典領導的聯盟。但是，克基拉他們也很清楚，斯巴達和雅典先前為了維持狄洛斯聯盟和伯羅奔尼撒聯盟勢力平衡，達成過幾次協議，依照協議的條款，他們想要靠向雅典，很可能會被雅典看作不妥：

> 希臘有三處地方的海軍都很強大——雅典，克基拉，科林斯。要是科林斯先拿下了我們這裡，你們也任由科林斯將我們的海軍納入他們旗下，那你們要打的，可就是克基拉加上伯羅奔尼撒半島兩邊的艦隊了。但要是你們容許我們加入你們的聯盟，開戰的時候，

你們有的就不僅是你們原有的艦隊，還可以加上我們的艦隊。[34]

由這一段話來看，燃起戰火顯然勢所難免。西元前四三三年，雅典派出船艦開往席波塔（Sybota），馳援克基拉；席波塔就位在克基拉和希臘本島之間。科林斯連同盟邦已經有一百五十艘船艦在席波塔和克基拉這邊的一百一十艘船艦對陣。雅典派出船艦馳援，影響主要在心理的層面：雅典的分遣隊開到席波塔之際，正好就是雙方交火的時候。科林斯這邊的艦隊一見雅典有船艦開到，趕忙撤退，唯恐之後會有雅典的大批艦隊跟進，雖然根本就沒有。斯巴達這邊倒很聰明，以作壁上觀為對策。[35]

修昔底德對戰爭、政治有濃厚的興趣，尤其關心雅典、斯巴達雙方衝突期間，雅典政治決策於背後到底有什麼考量。但是，還是有一些謎團他一直解不開來：雅典在愛琴海地區都已經建立起帝國了，怎麼竟然還要去管希臘西部愛奧尼亞海和亞得里亞海的閒事呢？還有，雅典、科林斯、寇奇亞決定涉險開戰，其中牽扯的商業利益到底有多大？科林斯和雅典對於西元前五世紀亞得里亞海域打開來的新商機，絕對不會看不出來。雅典公民大會有過另一決議：出兵圍困波提戴亞（Potideia），背後的考量絕對就有經濟因素。波提戴亞是科林斯人在〔希臘東北角〕凱基狄奇（Chalkidiki）半島的殖民地，也是雅典的盟邦，距離現代城市帖薩羅尼基（Thessaloniki）不遠。〔希臘中北部〕色薩利（Thessaly）是通往幾處雅典糧產供應地的門戶，色薩利落入誰的手中，等於決定了由誰控制愛琴海北部的群島，例如稱臣於雅典的利姆諾斯島。還有，不滿雅典的怨言傳到伯羅奔尼撒聯盟耳中的聲浪日益高漲，連雅典的盟邦內部往往也嘖有怨言，例如夾在阿提卡和伯羅奔尼撒半島之間的愛基納島（Aigina），就埋怨雅典派駐島上的軍隊損及他們的自主。[36]換言之，確實有另一批希臘人眼看雅典要將他們的聯盟扭曲成帝國，不免納悶雅典要是這樣子一路走下去會是走到哪裡去。後來，斯巴達決定應該由他們率先發難。只是斯巴達也有許多人不願意開戰，因此，開戰一事就要交付公民大會投票表決，而一開始，高喊開戰的聲浪是不是會壓過綏靖求和這一邊，可不算明朗。[37]

雅典和斯巴達打的這一場仗，在第一階段「阿希達穆斯戰役」（Archidamian War, 431 — 421 BC），雅典這邊倒還有辦法證明他們在海戰確實高人一等。西元前四二八年，雅典針對列斯佛斯爆發的一場叛亂，進行強力軍事鎮壓；那是列斯佛斯島的大城米蒂利尼（Mytilene）密謀要推翻雅典在島上的統治，擴張自己的海上軍力。[38]米蒂利尼人對斯巴達說，雅典「對我們的海軍頗為忌憚，惟恐我們的海上軍力集合起來加入你們或是別的陣營」，「假如你們全心全意支持我們，你們就會多出來一個擁有強大海軍的城邦（這是你們目前最需要的）」。[39]伯羅奔尼撒聯盟毫不猶豫就同意米蒂利尼加入，但還是擋不下雅典，雅典人終究將米蒂利尼搶了回去。之後的那一場盛名遠播或是臭名遠播的大辯論，就聞得到雅典式民主自私自利不管他人死活的氣味了：幾位將領如克里昂（Kleon）提出來的殘酷議案，竟然獲雅典公民大會同意：米蒂利尼城的成年男子一律處死，獨留婦孺發配為奴。雅典派出一艘三列槳座戰船，火速前往列斯佛斯執行此令。不過，雅典人這邊也不是沒有轉寰的餘地，所以，忽一轉念便再派出一艘三列槳座戰船追出去，要撤回處死的敕令。第二艘船緊追在第一艘後面，始終沒能真的追上，但還是及時趕到救下米蒂利尼全城的人。所以，雅典他們施行的確實是帝國的集權統治；雅典真的像他們眼中的叛軍亂黨堅持的看法一樣，正在逐步剝奪旗下盟邦獨立自主的權利，不再視之為平起平坐的同儕。

一場伯羅奔尼撒戰爭打下來，既因人性的殘酷也因疾病流行而致死亡的人數極大。西元前四三〇年，希臘爆發傳染病，可能是腺鼠疫，導致雅典蒙受重創。地中海的航線向來是傳染病大流行的暢通途徑。西元六世紀查士丁尼大帝時期傳染病大流行，還有後來在十四世紀肆虐歐洲的黑死病，相關的文獻較為詳細，記下的慘況就點出了這一點。古希臘的傳染病由於被人看作是神祇在懲罰世人的罪孽，因此也不會特別注意相關的病理問題。

西元前四二五年，雅典在皮洛斯建立據點，想要將戰火帶進伯羅奔尼撒半島。皮洛斯是古國涅斯特（Nestor）〔在伯羅奔尼撒半島〕以前的都城。雅典有了皮洛斯作根據地，就可以干擾運送到斯巴達的貨物。[40]這樣一來，就有四百二十名斯巴達的盾甲勇士困在皮洛斯對岸的斯法克特里亞（Sphakteria）島上進退不得，生死一線看似繫於這一場大戰的結果。這一批人大概占斯巴達菁英戰力的十分之一。所以，搶救他們對於斯巴達是極為要緊的大事。斯巴達為此和雅典將領敲定局部停火的協議，由斯巴達人在這一帶水域的船艦，總計約六十艘，先向雅典輸誠，作為人質，以備兩方繼續將協商完成。有這樣的發展，看似戰爭終於有結束的一天。只是，一待斯巴達的代表團親身出席雅典的公民大會，就發覺他們實在無法將實質的勝利拱手讓給敵方。[41]所以，兩邊的戰火終究未能止息。雅典將領克里昂還使出奇招，親率一支特遣隊到皮洛斯招降困在斯法克特里亞島上的那一批斯巴達盾甲勇士——這一次，斯巴達將士沒有重演溫泉關的壯烈事蹟。[42]

戰火旋即漫延到愛琴海和克基拉周邊的水域之外。雅典何以會在西元前四二七年在西西里島開啟另一戰場，至今依然教人費解。修昔底德認為雅典這樣子做的目的，是在防止西西里島的糧產運送到伯羅奔尼撒半島，而且，雅典人在這時節也已經開始指望「他們是不是有機會也拿下西西里島，納入勢力範圍」。[43]雅典歷來習慣統治小島組成的群島，一時沒有多想西西里其實是很大的島嶼，企圖染指西西里島控制權的勁敵也不少。迦太基就是可能的勁敵，但以敘拉古的威脅較為直接，因為他們是多利人外移殖民的城邦，擁有強大的艦隊，很可能加入戰事而站到伯羅奔尼撒半島那一邊去。[44]在這當口，自古以來的效忠關係就站到了臺前。依照修昔底德的記載，西西里島上的殖民人口分成兩派，涇渭分明。一邊是愛奧尼亞人，支持雅典的聯盟。另一邊是多利人，憑直覺當然支持斯巴達的聯盟。李奧蒂尼（Leontini）是愛奧尼亞在西西里島東部開闢的殖民地，因為和敘拉古作戰而向雅典求援，雅典派出二十艘船相助。雅典進兵這一帶，很快便捲起了連勝皆捷的旋風，像為李奧蒂尼解圍便是一捷，墨西拿海峽就此牢牢被他們握於掌下。雅典志在必得的信心隨之大增。而且，敘拉古也沒有意料當中強大。所以，西西里島看似應該是雅典的囊中物跑不掉了。結果，懷抱這樣的假設簡直是自討苦吃。

雅典和斯巴達的衝突進入第二階段後，西西里島的問題又站到臺前來了。雅典在西西里島上的聯盟網，橫貫全島，連西部的希臘化伊利米人也在雅典的聯盟網內。塞傑斯塔（Segesta）或叫「艾格斯塔」（Egesta），城中的居民那時才剛開始蓋他們那一座華麗的神廟，該神廟屹立至今依然存在。塞傑斯塔的居民就奉雅典為他們的保護國，協助他們對抗敘拉古及其盟邦。所以，南邊源出多利人的城邦塞利農特（Selinous; Selinunte）進攻塞傑斯塔的時候，塞傑斯塔便派出特使到雅典求援（西元前四一六—四一五年）。西西里島上另有一座古城也留下相當大的神廟存世，便是塞利農特。塞傑斯塔的特使向雅典強調這只是敘拉古和多利裔希臘人要稱霸西西里全島的第一步而已，而且，他們這說法還不是沒有憑據——敘拉古先後幾位僭主確實有稱雄西西里全島的野心。雅典原本就有重開西西里島戰線的想法，這樣的說法無異火上加油。[45]塞傑斯塔早有準備要好好回報一下雅典出手相助，就送了六十泰倫未鑄幣銀錠作為厚禮。雅典的諸位使節也由塞傑斯塔以金、銀杯盤饗以醇酒美饌，返回雅典時，滿腦子都是塞傑斯塔富裕得不得了，納入旗下，在雅典當然等於如虎添翼。只不過塞傑斯塔人的金杯銀盤為數其實不多，當時是大家輪流使用的，也就是跟著雅典使節輪番在各家作客的時候，依次送到各家去用。[46]儘管如此，還是足以教貪心的雅典人上鉤。所以，雅典的公民大會投票決議派遣六十艘船艦到西西里島。率兵的將領有一位是阿爾西比亞德斯（Alkibiades），他先前就大聲呼籲雅典應該遠征西西里島。他日後還會在雅典、斯巴達、波斯這三方陣營之間倒來倒去，到頭來卻在伯羅奔尼撒戰爭將近末了的時候，被雅典人奉為救亡圖存的救星。[47]不管怎樣，阿爾西比亞德斯這一次卻沒有機會到西西里島去施展長才，因為他被指控做出一件怪事，犯下了褻瀆罪：他們說他把散佈雅典城內的多尊陽具崇拜雕像「赫米斯柱」（herm），趁夜色毀了容。有鑑於情勢如此，阿爾西比亞德斯覺得留在雅典比投身斯巴達還要危險，所以便投奔敵營去了。

西元前四一五年，雅典終於對敘拉古發動攻擊。敘拉古的地勢易守難攻，因為這座城蓋在一塊突起的巖脊上面，正好擋在他們「大港」（Grand Harbour）的出入口。城北則是一大片、一大片沼澤地、採石場和空曠的荒野。交戰的兩方人馬就是在城北這裡分頭想辦法要蓋城牆把這一大片地圍住。敘拉古蓋城牆為的是自衛，要把雅典人擋在外面。雅典人蓋城牆為的是進攻，要把敘拉古人困在城內耗盡補給。但是兩邊對陣都不是單打獨鬥：斯巴達派來了援軍，雅典也向非希臘人——也就是伊特魯里亞人和迦太基人——請求海上支援。伊特魯里亞人是派出了幾艘船艦盡到了該盡的道義；迦太基這邊可就以作壁上觀為樂了，因為，萬一雅典真的在西西里島稱雄，那給他們找的麻煩可不小於敘拉古。[48]斯巴達派出將領古利普斯（Gylippos），率領一小支艦隊和陸軍抵達西西里島，打翻了雅典的如意算盤。兩邊一交戰，敘拉古的艦隊堅守大港不退，最後終究擊潰了雅典的海軍（雅典搬來的幾支救兵也包括在內）[49]。敘拉古海上捷報未久，在陸上也跟著稱勝：七千名雅典士兵遇俘，押送到敘拉古的採石場，扔在那裡任他們在大太陽下自生自滅，所以，這樣便又多了好幾千人死於中暑和饑餓。許多人也淪為奴隸。不過，依普魯塔克所述，他們不是沒有門路可以重獲自由——只要背得出來歐里庇得斯（Euripides）的詩句就好。歐里庇得斯的劇作，西西里島的希臘人無不瘋魔。[50]雅典人的西西里島遠征記，就這樣以人命的浩劫作為收場，對雅典打擊之重，不下於傳染病大流行。雅典人的西西里島遠征記也以政治大難收場，不僅獨尊的地位折損嚴重，連阿爾西比亞德斯也變成了斯巴達人的客卿——在他那一代雅典的政治人物當中，能力最強的一位就是他了。

雅典為了打斷伯羅奔尼撒半島的糧食供應，跑到西西里島去開戰，結果得不償失，落得自家的糧食供應反而備受威脅。西元前四一一年，斯巴達和波斯搭上線，想要組成聯盟，讓腓尼基人的船艦可以開進愛琴海。波斯那邊的立場模稜兩可，因為，波斯也在和雅典眉來眼去。所以，要是先讓希臘自家人鬧內鬨，打得筋疲力竭，波斯再來坐收漁利，應該就可以予取予求了。所以，腓尼基人在西元前四一一年答應要派到斯巴達去的艦隊，始終不見蹤影。伯羅奔尼撒半島這邊倒是靠自家的海軍實力搶下了希拉海〔達達尼爾海峽〕的控制權，也在拜占庭這一座戰略要衝之地煽風點火，引發叛變的動亂。希拉海的幾回合海戰，證明斯巴達人的海戰經驗生澀，雅典的海軍就是靠這一點才有辦法在激戰當中略佔上風。只是，雅典每一回合的勝仗，都得來不易，只要有一回合的海戰沒打贏就很可能全盤皆輸。[45]西元前四〇六年，夾在希俄斯和亞洲大陸之間的阿吉努薩（Arginoussai），由雅典以破竹之勢打贏了漂亮的大勝仗，一百五十五艘船艦只折損了二十五艘。但緊接著，雅典卻平白把勝利的凱旋扔進水裡，因為他們把打贏勝仗的幾位海軍將領交付審判，理由是他們未能將溺斃的雅典水兵屍體打撈起來，所以犯了褻瀆罪。

斯巴達人對此也不是沒有對策：加緊打造他們自家的艦隊就是了。[52]他們知道單單橫行阿提卡，大肆蹂躪，不足以打敗雅典；雙方的大戰，還是要在海上決定最後的勝負。斯巴達的海軍實力早在西元前六世紀就足以威脅薩摩斯的波利克拉提斯了，所以，斯巴達人在海軍之用心絕對不可小覷。斯巴達人也下工夫去調集盟邦和藩屬支援，徵調奴隸來當划槳手。斯巴達和雅典的大戰打到後期，斯巴達這邊最出色的「海軍總司令」（nauarchos），有一位就叫作呂山德。呂山德由於戰功彪炳，任期屆滿依法不得續任的時候，還奉派出任副總司令，輔佐名義上的總司令，率軍出海，繼續斯巴達人擊敗雅典的未竟大業。斯巴達和雅典的大戰終於分出明確的勝負，就是靠他在山羊溪（Aigospotamoi;405 BC）將雅典打得落花流水，雅典的海軍幾乎不是淪為戰俘就是沈沒入海。[53]雅典因此求和，帝國也告崩塌；轉而由斯巴達躍升為希臘世界的帝國霸權。只是在西元前第四世紀初年，斯巴達不論於陸地還是海上，依然必須艱苦奮鬥才得以將稱雄的寶座穩穩坐下去。[54]

所以，伯羅奔尼撒戰爭打下來的結果，便是將愛琴海從雅典人的內海變成斯巴達人的內海。不過，這一場大戰在亞得里亞海和西西里島一帶，一樣引發連番劇烈的餘震。這一場大戰，帝國稱雄的野心和民生經濟的問題夾纏不清，無法拆解，特別是這一問題——從西西里島、愛琴海、黑海一帶輸入糧食到雅典暨其他城市的供應路線應該由誰控制。無論如何，到了西元前四世紀末，城邦的時代已經日薄西山，地中海東部的政治和經濟版圖，糧食流向的路線圖也包括在內，都因為馬其頓出了一位國王對自身的神性深信不疑，四處征伐，而告幡然改觀。下一波爭奪地中海水域的大戰，即將在地中海西部點起戰火，因為，迦太基的區域霸權已經連番出現對手，挑戰也日益強勁。北非海岸的兩座城市，迦太基和亞歷山卓，於接下來的兩百年間，便會躍居地中海政治、文化史中擅場的主角。

第六章

地中海角大燈塔

西元前三五〇年—西元前一〇〇年

一

西元前三三三年，馬其頓國王亞歷山大三世（Alexander III）以希臘人自居，但在雅典頗受猜忌，卻將威脅希臘長達數百年的波斯君主打得抱頭鼠竄，為希臘一雪長年宿仇的恥辱。亞歷山大在奇里奇亞隘口（Cilician Gates）之外的伊索斯（Issos）擊潰了人多勢眾的波斯軍隊。可是他沒有乘勝追擊、尾隨落敗潰逃的波斯國王大流士三世（Darius III）攻進波斯的心臟地帶。因為他很清楚，波斯於地中海沿岸的勢力一定要掃蕩乾淨才行。所以，接下來亞歷山大轉為一路南向，橫掃敘利亞和巴勒斯坦，拿下過去供應波斯艦隊的一座座腓尼基人城市，下手毫不留情。泰爾城負隅頑抗長達七個月，連他建好了一條寬大的防波堤，把泰爾這一座島嶼城市連接到大陸上去，泰爾還是不肯認輸。亞歷山大大怒，一待拿下泰爾，城內居民大多不是被殺就是發配為奴，要不釘上十字架處死。[1]他繞過耶路撒冷，選擇穿過加薩的路徑，因為他在這階段真正的目標是埃及。埃及自從〔西元前五二五年〕被波斯國王岡比西斯二世攻下之後，便一直由波斯派任的總督（satrap）統治，到這時候已經近二百年了。亞歷山大征服這一大片土地，

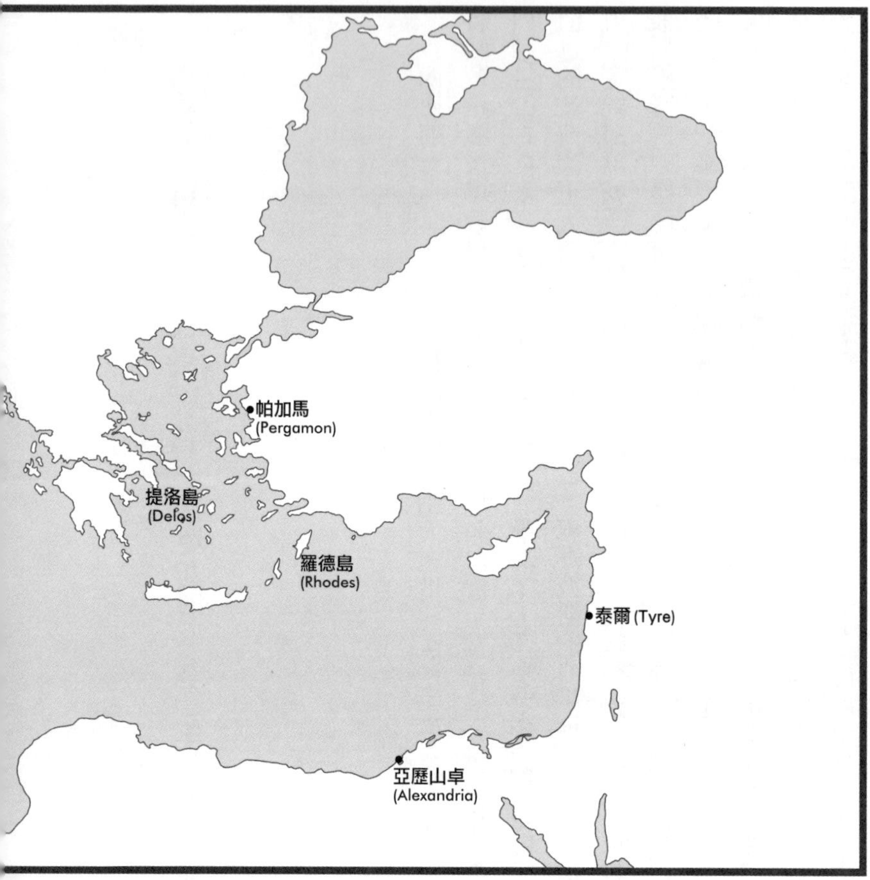

不僅會改變埃及的面貌，也會改變地中海東部地區整體的面貌。亞歷山大揚威埃及的結果，就是埃及不再只朝內看他們窩居的尼羅河谷地，而改向外，看向地中海區。[2]西元前三三一年，亞歷山大決定在埃及極北的一角建一座城市，地點選在一塊石灰岩地形的巖脊上面，有一灣淡水湖將內陸的沖積平原隔開——這樣的位置算不上是座落在埃及境內，倒像是毗鄰在埃及邊界，日後的拉丁文獻叫這城市：「Alexandria ad Aegyptum」（鄰接埃及的亞歷山卓）也正是這樣的意思。這也就表示亞歷山卓以地中海城市的特質強過埃

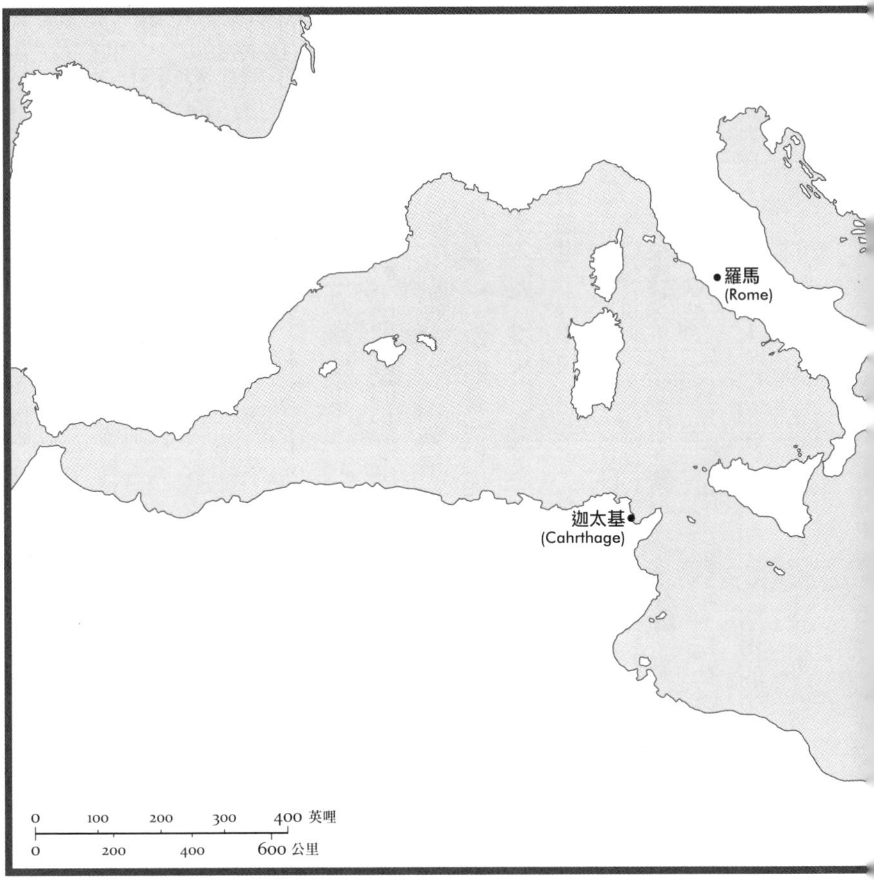

及城市，此後二千多年始終都未改變，直到二十世紀城內的外僑集體遭到驅逐為止。亞歷山卓於其二千多年的歷史當中，有大半的歲月都是地中海數一數二的偉大城市。

亞歷山大征伐不斷的動機，當然包括榮冠加身。[3]那時他才剛在下埃及的古都孟斐斯（Memphis）加冕為法老，在巡視過亞歷山卓的建城地點之後，便去拜見了神祇宙斯阿蒙（Zeus Ammon），在那以後，他就喜歡將自己想作是宙斯阿蒙之子，而不是馬其頓國王腓力二世（Phillip II）之子——腓力二世先征服了雅典，亞歷山大才有基礎建立他的帝國。他對荷馬的作品極為癡迷，（依照普魯塔克的說法）荷馬曾經在他夢中顯靈，提醒他《奧德賽》有一段詩文講到埃及沿岸有一座小島叫作「法洛斯」（Pharos），擁有良港。他了解建立亞歷山卓作為貿易中心有多重要；為他立傳的阿利安（Arrian）也信誓旦旦指他於建城的設計涉入極深。有一次不巧他們手邊的粉筆不夠用，沒辦法在地上把城牆的外圍畫完，亞歷山大的一名建築師就提議用大麥粉取代，只是，要從馬其頓大軍帶的軍糧去拿就是了。到最後，還是由麵粉招來了一群飛鳥，才把建城的界線畫好。[4]亞歷山卓也和地中海世界新蓋的城市一樣，街道作方格狀規劃，到現在依然留下不少鮮明的當年痕跡，只是，古代的寬闊大道後來變窄很多，水線以上的古城留下的也少之又少——亞歷山卓在西元前四世紀晚期的古城風貌，就沒有一絲蛛絲馬跡傳世了。亞歷山卓建城之初，最特出的一點便是氣派恢宏：從西到東橫貫三英里（五公里），從北到南縱貫的長度則是一半：所以呈狹長形，據說是在模仿古希臘斜披肩小斗篷「克拉米斯」（Chlamys）的形狀。[5]兩處港口是規劃的重點，佔有突出的位置，由一條長長的防波堤隔開，將荷馬史詩〔《奧德賽》，第四卷〕也提到過的法洛斯島連接到新建的城市。

亞歷山大沒多久便將埃及扔到身後，一路穿過波斯，高奏凱歌朝印度前進，而在亞歷山卓建城八年之後，於巴比倫逝世，得年只有三十二歲。[6]他腦中橫跨「希臘—波斯」總攬兩大民族高級文化的帝國夢，也隨之而逝。亞歷山大生前打下的帝國江山，由麾下三大將領瓜分，分別盤據馬其頓王國和希臘，敘利亞和東方，以及埃及。亞歷山大要在埃及邊緣一角打造偉大城市的夢想，就有賴雄踞埃及的將領開創的王朝代他接力完成了。「救星」（the saviour）托勒密一世索托（Ptolemy I Soter;367/366 BC — 283/282 BC）憑實力登上埃及法老大位，也將希臘和埃及兩邊的領導、管理思想融於一爐。傳世的托勒密王朝雕像，就是極為老派的法老形象（但也偶爾看得到希臘的髮式冒出來），起造的神廟也是循上古埃及的樣式興建，拜的是埃及的神祇。[7]托勒密王朝的君主一樣習慣迎娶姊妹為后，沿襲以前法老長久以來的習俗——只是，希臘人對此可大不以為然。不過，希臘文化蓬勃復甦，傳佈地中海各地，幾處最繁榮的文化中心當中，亞歷山卓照樣躋身其間。「希臘化」（Hellenistic）文化最特出的的一點，就是不屬希臘專有；希臘化的藝術風格散見迦太基、伊特魯利亞，希臘化的思想也擄獲了猶太人、敘利亞人、埃及人。希臘化文化往往被人看作是古代雅典的古典文化隳敗的庸俗降格版，特色就是美術和建築的縟麗作風，可以說成是古希臘的巴洛克風格。然而，希臘科學、文化史上最著名的人物，卻就是出自希臘化世界，尤其是亞歷山卓（而不是希臘本土）：例如數學家歐幾里德（Euclid），發明家阿基米德（Archimedes），喜劇作家米南德（Menander），到後來還有羅馬時代早期出身亞歷山卓的猶太哲學家斐洛（Philo）和醫生蓋倫（Galen）。這一波開放的新希臘文化得以在地中海區傳揚開來，亞歷山卓應居首功；這一座港市，確實堪稱地中海文化的燈塔。

托勒密王朝的宗教政策寓創新於傳統，尤其特出。托勒密王朝早期的幾位君主，雄心、精力、求知慾都特別旺盛，廣納各地文化，管理起埃及的經濟民生也獨具遠見。亞歷山卓發展成活躍的大城，功勞是在托勒密王朝的君主，而不是建城的亞歷山大大帝。托勒密一世（d.283/2）和托勒密二世費勒代佛斯（Ptolemy II Philadelphoso,d.246），為亞歷山卓招徠各色族群，希臘人、敘利亞人、埃及人、猶太人無不薈萃一地。許多來到亞歷山卓的猶太人還是忠心不貳的士兵，對亞歷山大大帝崇拜之至；此後，「亞歷山大」便一直是猶太人愛取的名字。猶太人當然有他們特有的宗教崇拜，托勒密王朝的歷代君主也無意干預。亞歷山卓於東區便有一塊不小的區域叫「三角洲」（Delta），成為猶太人活動的集中地；地中海沿岸第一處大型猶太聚落，也就此成形。古代的以色列人以內陸鄉居為主，被非利士人和其他定居海岸地帶的民族團團圍住。也因此，他們在之前的地中海歷史，始終搶不到臺前的中心位置。然而，亞歷山卓建城之後，猶太人的信仰和文化開始在地中海區逐漸散播開來。如斐洛偏重摩西（Moses）立法的角色，強調摩西傳下來的十誡的倫理價值。猶太教強大的倫理教誨，加上整飭的律法體系，連同一神論（monotheism）的知性訴求，在之後幾百年間為猶太教招徠愈來愈多的信徒和同道。日後猶太聖傳還會將這時代刻劃成希臘、猶太兩方精神文化對峙的年代，往往衝突還很激烈，一路推進到西元前二世紀，終於在敘利亞和巴勒斯坦〔亞歷山大大帝遺下的三分江山之一〕演生出反抗塞琉古（Seleucid）君主的「馬加比起義」（Maccabean revol;167 BC—160 BC）。塞琉古王朝在埃及的勁敵托勒密王朝，深諳尊重猶太信仰的重要。塞琉古的君主顯然就不懂得這中間的道理，只想強制消弭猶太人的習俗，例如割禮，還要在猶太人的神廟舉行異教的犧牲祭拜。猶太人紀念猶太〔馬加比〕起義的光明節（Hanukkah），日後也成為慶祝猶太人徹底揚棄希臘化文化的節慶。馬加比起義當然是在宣洩反希臘化的情緒，但有這樣的情緒，正好表示那時猶太人希臘化的程度有多深——例如參加奧林匹亞競技、學習希臘哲理就會備受抨擊。亞歷山卓的猶太居民講希臘語而不是阿拉姆語（Aramaic）的人，極為普遍，以致後來就像後文所說，連《聖經》也不得不出現希臘文的版本。此外，亞歷山卓建城後兩百年，希臘人和猶太人於城中相處一直頗為融洽。猶太人於城內多處會堂（synagogue）的題獻銘文，還不忘紀念一下托勒密王朝的治績，疾聲頌揚托勒密君主，不過，他們倒是始終沒有鬆口附和異教神廟稱頌托勒密君主的「神聖」。[8]

至於亞歷山卓的其他居民，托勒密一世就為他們引進了新的宗教崇拜「塞拉比斯」（Sarapis），尤以希臘人崇拜最力。塞拉比斯神的起源有一部份和埃及有關，它是公牛神「阿皮斯」（Apis）加上掌管轉世來生的「奧薩里斯」（Osiris）神合體而演生出來的（所以啊，這名稱其實應該是〔O〕sir-apis才對）。不過，塞拉比斯有許多特徵倒也是從希臘的神祇來的：例如狄奧尼修斯、宙斯，甚至地府冥王黑帝斯（Hades）——奧薩里斯的特徵和黑帝斯就對應得起來。塞拉比斯和希臘的醫藥之神阿斯克雷皮奧斯（Asklepios）也有關聯。他的畫像常見頭上頂著量穀盆，可見他也和埃及的豐收祭祀以及日漸擴張的穀物貿易脫不了關係。所以，這一位集大成的神祇既可以畫成希臘樣式，也可以畫成埃及樣式。[9]據稱為塞拉比斯出生地的孟斐斯，就有托勒密王朝為他蓋了一座壯麗的神廟，「薩拉皮廟」（Sarapeion / Serapaeum）所用的裝飾據稱是「純粹希臘樣式」的雕刻，不過，亞歷山卓的塞拉比斯廟倒是四面環擁純屬埃及樣式的人面獅身像，有幾具現今依然存世。有記載曰：「憑空創造出一個新的神祇，依我們看甚為古怪，但在那時候似乎見怪不怪」[10]，可見塞拉比斯在亞歷山卓甚孚人望。希臘人倒不會把自家的神祇當作純屬希臘所有，視為禁臠；他們對於自家的神祇在別的民族那邊被人改頭換面，向來不以為忤。所以，塞拉比斯創生，算是埃及神祇和希臘信徒打成了一片。希臘人問的不是「怎麼你們的神和我們的不一樣？」而是「你們的神怎麼和我們的一樣？」塞拉比斯這一集大成的特性，顯示奧林匹亞山上的十二位神祇，在時人心中並不是非此即彼，切得一清二楚的。眾神化身為人（例如荷馬史詩所述），也只是時人想要釐清一大堆糾結在一起的神格特質而用的手法罷了。也就是因為這樣，塞拉比斯有的時候才會晉級到希臘或是埃及神祇的三巨頭之列。這演變到後來，還出現塞拉比斯在畫中成為宇宙唯一的真神，上帝，而和亞歷山卓的基督徒全力一搏。[11]

二

埃及於托勒密一世、二世治下，次要的創新便是在法洛斯島上蓋起了他們的大燈塔。「Paros」（法洛斯）一字之後也流傳入希臘文、拉丁文、羅曼語族，指的意思很簡單，就是「燈塔」。法洛斯島上蓋起了這樣一座燈塔，立即躍居世界奇觀之林，羅德島的太陽神巨像（Colossus）也一併入列（譯註12）；於後文會再提及。蓋這樣的大型建築目的是在宣揚國威，但也強調出國威的基礎泰半建立在貿易。亞歷山卓的建城藍圖很早就畫上了燈塔，西元前二九七年開始施工，迄至西元前二八三年為止。當初興建燈塔也是不得不爾：港口岸邊多的是沙洲，入夜無法分辨，白天不易判別。亞歷山卓假如要躋身地中海貿易中心的寶座，就有必要加強入港水道的安全。由托勒密王朝下令興建的這一宏偉建築，矗立在拍岸波濤之上，高達一百三十五公尺（四百四十英尺），分成三層，底層是正方形的基座，朝上略微收束，撐起一層平台，平台上是八角形的瞭望塔樓，頂著圓形環拱的列柱迴廊，最高處是一尊宙斯的巨大神像。塔樓有多面大鏡子，可以將燈塔的光線打向好幾英里之外的海面——據估計達四十英里開外，算是合理的算法。至於燈塔本身的光線是怎麼點起來的，至今始終成謎。雖然十五世紀晚期，馬木路克（Mamluk）在燈塔原址建起堡壘，規模較小但是宏偉依舊，存世的古燈塔建築有一部份就包括進去，後世的水底考古挖掘也挖出了可觀的古燈塔殘址，但這一座法洛斯確實的外觀和操作方式，後人依然摸不著頭腦。

這麼一座大燈塔蓋得起來，要不是因為托勒密王朝掌握了龐大的資源，應該殆無可能——其實亞歷山卓應該也是。而他們的成就，不僅在於充份利用手中的資源，更在於他們懂得隨亞歷山卓的貿易逐步擴展而放大手中的資源。其實有幾位論者便堅信亞歷山卓的財富，出自埃及內陸的部份絕對不亞於出自地中海的貿易。希臘的地理學家斯特拉波就認為：「從運河送進該城市的物品，遠遠超過從海上送過來的；所以，河港還遠比海港要富裕」，不過，他寫作的年代是西元第一世紀，遠在托勒密一世、二世的黃金盛世之後好幾百年了。[12]亞歷山卓的對外交通可以兵分兩路，所以也破天荒將埃及連向地中海去了；而從地中海，又再可以連上地中海外的路線——像是經由紅海通往印度——也就讓亞歷山卓在印度洋、地中海之間的幾處貿易集散地當中穩居龍頭的寶座，歷久不衰，兩千年的時間只偶爾退位過幾次。

托勒密的君主對於維持亞歷山卓的經濟活力，頭腦極為精明——埃及的經濟活力當然也連帶包括在內。他們知道單靠亞歷山卓未足以將海上航線牢牢置於掌握之下。所以，他們下足了工夫要將腓尼基人的幾處城市也納入掌握，即使因此要和塞琉古王朝正面衝突也在所不惜。而且，維持轄下有艦隊可用，就必須再將政治勢力遠遠拉到埃及之外，拉到盛產木材的地區：像是塞浦路斯島、黎巴嫩、安納托利亞半島南部等等。而反過來，要是沒有這樣的艦隊，他們一樣無法將這些地區牢牢置於掌握之內。[13]海上的軍備大賽就此展開，而且，不僅是埃及、敘利亞兩邊的一支支艦隊旗下的船隻數量愈來愈多，船身的體積也愈來愈大。到了西元前四世紀，兩邊有時同都可以調動三百艘以上的船艦。腓尼基人的造船廠便利用黎巴嫩出產的雪松木，為塞琉古國王打造出一支龐大的艦隊。埃及這邊於托勒密二世時期，艦隊船隻也多達三百三十六艘戰船，其中包括二百二十四艘「四列槳座船」（quadrireme）、三列槳座船和較小的戰船，另外還有許多巨無霸級的船艦，像是有十七艘是五列槳座船（quinquireme），其他依每一列槳座估

譯註12：「世界奇觀」這樣的說法，起自西元前第二、第一世紀希臘文人愛寫的旅遊指南，臚列當時壯觀的建築，例如文中提過的猶太哲學家費羅就寫過地中海東部沿海的七大奇觀，算是開啟了後世動輒表列「七大奇觀」的先河。

計的划槳手人數來看，則還要更大：有五艘是「六列」，三十七艘「七列」，三十艘「九列」，十四艘「十一列」，往上推到兩艘最大的是「三十列」。後來，托勒密四世費羅佩陀（Ptolemy IV Philopator）還會造出「四十列」槳座的戰船。這可能是一種巨無霸級的雙體船（camataran）[14]。只不過他們將戰船套上這樣的名稱，是真的名副其實有那樣的規模，還是用來表示「比先前最大的戰船還要大」而已，尚待破解。而且，托勒密四世建的「四十列」槳座船從來就沒上過戰場，說不定根本就沒辦法上戰場。不過，換個角度，這樣的船艦卻能大大展示埃及的希臘法老坐擁何等的財富、氣派何其威武！這一艘船的長度超過一百三十公尺，寬度超過十六公尺，據說搭配的人力是四千名划槳手，船上的戰鬥和非戰鬥人員則達三千名以上。這樣的船艦，單單是飲水、糧食補給，大概就需要再動用一支小型的補給船隊才有辦法。[15]不過，大到這地步的船艦應該不單是耀武揚威而已。鄰近以色列阿特利特（Atlit）的海底，打撈到一具西元前二世紀的船頭撞角，可就長達二又四分之一公尺，重達四百六十五公斤。[16]

托勒密王朝除了需要木材打造艦隊，另也需要尋覓金、銀、錫、鐵的礦源；鐵這一原料，西臺人、非利士人、希臘人、迦太基人無不愛用來製造武器和工具，埃及人卻很奇怪，幾百年都沒去注意鐵這材料。說不定是因為埃及的土壤在尼羅河洪泛之後特別鬆軟，不太需要加上鐵掌的重型耕犁就可以耕地。不過，埃及倒還是有相當興旺的金屬產業，金、銀、青銅製的盤子，在紡織品、陶器之外，還有他們的特產：玻璃，也發展為亞歷山卓的大宗出口品。[17]莎草紙是埃及另一特產，早自溫納蒙的時代起，也就是西元前十一世紀起，便已經是鄰近地區大宗輸入的產品了。到了這時候，埃及製造的莎草紙在地中海地區傳佈得更廣。最愛埃及這些產品的地區，有一處便是迦太基城，迦太基的人還拿托勒密的重量標準用在錢幣上面。迦太基對托勒密王朝之重要，也在於西班牙和薩丁尼亞島那邊的銀礦運送到埃及，就是要由迦太基作輸入的管道。[18]托勒密王朝和羅德島的關係也很緊密，羅德島在西元前三世紀也是重要的貿易集散地，地位不下於亞歷山卓。所以，亞歷山卓躋身為地中海全區的一大重要商業中樞，不僅是因為托勒密王朝早期的成就在這一帶領袖群倫，也在於這一座港市打入希臘化世界貿易網的速度很快。

托勒密二世國王御前有一位官員，羅德島人阿波羅尼奧斯（Apollonios of Rhodes）名字出現在好幾份埃及沙漠出土的莎草紙上。其中一份寫的是一艘船的貨物清單，於西元前三世紀中葉從敘利亞，要運送到亞歷山卓給阿波羅尼奧斯家的人。清單記下許多當時交易的各色貨品。有黑海來的堅果，這向來是地中海貿易路線的熱門商品。有希俄斯出品的乳酪；還有橄欖油，無花果，蜂蜜，海綿和羊毛等等。船上另也載了野豬肉、鹿肉、山羊肉。不過，船上貨物最大宗的，是酒——有一百三十八只雙耳細頸瓶和六只半身長的雙耳細頸瓶，裝的是普通葡萄酒；另外五只雙耳細瓶和十五只半身雙耳細瓶，裝的是甜葡萄酒。[19]而他們的交易，也都有仔細、精確的稅制。托勒密王朝從前朝法老那裡繼承來一套嚴密的貿易管制法，而且完全沒有意思要鬆綁。船隻停靠有指定的港口，船貨也要作嚴格的檢查。他們用的商務稅制有很古老的歷史，後來連羅馬、拜占庭和阿拉伯人也都繼續沿用。這稅法叫作「從價稅」（ad valorem），依貨物的估價抽成，有的高達百分之五十（葡萄酒和橄欖油），有的只要三分之一或是四分之一。貨運不僅在沿岸的港口要課稅，到了內陸沿尼羅河岸朝亞歷山卓運送，一路上在幾處海關站口一樣都要課稅。[20]雖然這樣子運到亞歷山卓的碼頭時，貨物的價格一定往上飆漲不少，但是，埃及的穀物和其他產品於市場的需求一般都很強勁，出口之後在地中海東部還是找得到買主的。亞歷山卓的商人也在印度洋往地中海的貿易來往當中當起中間人，獲利尤其豐厚。雖然先前在諾克拉地斯等地有希臘商人已經在幹這一行，但這時期來往的規模又已擴大了許多。黃金、乳香、沒藥，是往紅海送的三大珍品。西元前二七〇

／二六九年，托勒密二世費勒代佛斯重新開放尼羅河三角洲通往西奈半島西部幾處湖泊的運河（現在則是由蘇伊士運河連通），因而開闢出一條通往紅海的貿易路線。印度來的商品在亞歷山卓變得司空見慣，托勒密王朝也因為有從北非和印度運來的大象可以供軍中差遣，軍力變得更加強大。[21]有一份存世的埃及莎草紙，就有一艘貨船的貨物清單，貨船叫作「阿波羅神主號」（Hermapollo），從印度洋載運來了六十箱的甘松香（spikenard）、五公噸的各式香料、二百三十五噸的象牙和黑檀。[22]地中海地區熱絡暢旺的香料貿易就此建立起來，亞歷山卓也始終是首屈一指的貿易中心，即使後來葡萄牙在西元十五世紀末年打通南非開普頓通往印度洋的航路，亞歷山卓的地位依然未見衰落。

然而，亞歷山卓的商業主力還是在穀物。原因之一，就在於唯有這樣，亞歷山卓自家人才吃得飽。當時有幾條運河已經開鑿完成，可以將亞歷山卓腹地的馬雷奧提斯湖（Mareotis；現名馬里奧湖 Lake Mariout）連到尼羅河三角洲。所以，亞歷山卓的糧食供應不成問題。只是，托勒密王朝深知穀物在國際向來不缺市場。雅典城講起糧食供應，或許是把眼光看向博斯普魯斯海峽（Bosphorus），羅德島那裡卻愛向埃及人買大麥供應他們自家以及諸多貿易夥伴的需求。[23]托勒密王朝也沒想到他們的地位竟然還異常牢靠，因為，依他們繼承的政權，埃及的土地泰半皆屬於法老所有。所以，他們便有依據可以向農民徵收很高的土地租金，也就是要他們繳交一半的糧產給國王。尼羅河洪泛過後的土地極為肥沃，課徵這麼重的租金，在當時完全不過份。至於外銷市場一樣出現了新商機：黑海一帶因為凱爾特（Celtic）和西徐亞（Scythian）等部族連番入侵，危及雅典和其他城邦仰賴的糧食供輸路線。托勒密王朝眼看有機會從穀物貿易再增加財富，自然賣力去提高埃及糧產的質和量。他們也擴大農耕地區，鼓勵農民多用鐵製農具，提高耕作效能和產量：「鐵製工具於埃及農耕使用之普遍，幾乎可謂革命」。[24]水利灌溉也作了改良，灌溉用的新發明有一樣叫作「阿基米德螺旋抽水機」（Archimedes screw），迄今依然廣為埃及農民（fellahin）所用，而當時的人可是叫它作「蝸牛」（kochlias）的[25]。之前，波斯人已經引進一種新品種的大麥，優於埃及人傳統耕種的幾類品種。早在亞歷山大大帝在世的時候，埃及便已在利用這一優勢了。而葡萄園開墾，在亞歷山卓對面的海岸地帶也拓展得極為興盛，應該也釀造出了一些出色的葡萄酒。但更重要的或許就是榨油業的發展了，因為在托勒密王朝之前，橄欖樹在埃及並不普遍。托勒密王朝的種種措施，為埃及打下了另一波繁榮的基礎，而且一直延續到拜占庭的時代。

三

托勒密王朝要花錢，不愁沒機會。亞歷山大大帝的遺體在運送至敘利亞途中，被托勒密的君主半路攔截，搶回亞歷山卓，以壯盛的儀式歸葬於市中心，教王朝增光不少——之後，找出亞歷山大大帝下葬的地點，便一直是亞歷山卓居民茶餘飯後最愛做的消遣，今天依然如此。不過，亞歷山卓是生機蓬勃的城市，城內最偉大的建築會座落在城北的廣大宮殿群當中，順理成章。托勒密王朝在那裡開設了一對毗連的機構，既坐實了他們對學術的深切擁護，也宣示他們做不到最大、最好，絕不輕易出手的決心：一座是「繆斯廟」（Mouseion），也就是後世所稱的museum（博物館），另一座是「亞歷山卓圖書館」（Library of Alexandria），由埃及人以莎草紙打造出當時前所未見的豐富文獻收藏。建繆斯廟——就是獻祭給繆斯的神廟——這樣的構想不算新穎，雅典人就有幾座著名的繆斯廟可以讓他們當範本，托勒密一世也曾向一位博學的雅典人請益：法利隆人狄米提里歐斯（Demetrios of Phaleron）。不過，亞歷山卓的繆斯廟，不論是創建的雄心、歷史之悠久或是影響之深遠，無不罕見其匹。這裡不僅是禮拜會堂，供人怡情養性，薰陶音樂、哲學、藝術素養的地方；這裡另也是高級學術的殿堂，像牛津的「萬靈學院」（All Souls College）一樣，學者大多不兼教職，可以全心全力去鑽研文學、科學、哲學。依照斯特拉波的記載，廟內甚至還有一間交誼廳；廟內的人員可以一起共進晚餐。繆斯廟有政府撥款作經費，也由國王任命一名祭司負責掌管廟內事務。[26]

亞歷山卓的第二大學術機構：圖書館，一樣頗為神祕。這一座圖書館並非開放公共使用的圖書館，唯有德高望重的學者可以獲准入內使用，館內有廂房供學者共同研究，切磋琢磨。圖書館得以問世，起自托勒密一世這樣的決定：「世上每一國家凡有文獻值得細審詳閱，無不收入館內典藏。」[27]雖然繆斯廟的興建宗旨，據稱以希臘人的學問為限，圖書館顯然就怎麼看都將觸角遠遠伸到希臘世界之外的地方去，只不過非希臘文的文獻可能泰半都先迻譯為希臘文才收入館藏——像是埃及文的法老歷代記、希伯來文的《聖經》、印度文的故事集等等。圖書館由法利隆人狄米提里歐斯掌理，安穩座落在佔地廣闊的托勒密宮殿群中，後繼的館長也都是幹才。但沒多久，薩拉皮廟那邊就出現了圖書館的「分館」，而且似乎比較平易近人，只是，分館的藏量大概只達總館的十分之一：四萬二千八百卷莎草紙卷，總館的庫藏則是則有四萬軸「雜卷」（mixed books）和九萬軸「專卷」（unmixed books）（譯註13）。[28]有些卷軸一卷抄錄好幾部著作，但是篇幅較長的著作——亞歷山卓著名的詩人，奇里尼人卡利馬科斯（Kallimachos of Cyrene），對此拈出過這樣的名言：「書大，罪大」（mega biblion, mega kakon）——就拆成幾卷分別抄錄。不過，依存世的證據看得出來當時有質量難以兩全的問題。托勒密王朝下定決心，大作家的最好作品絕不放過：所以，他們連哄帶騙要雅典人把埃斯庫羅斯、索福克勒斯、歐里庇得斯等人作品傳抄的母本都送到亞歷山卓供他們傳抄，只是，送到了就被他們扣留下來不再還給人家，即使因此必須賠掉巨額的押銀也在所不惜。[29]至於繆斯廟的學者，則把心力集中在為上古和古典希臘的大詩人作分類和編輯，例如莎芙（Sappo）和品達，對於名氣較小但是文筆極好的古典作家還有富有才情的同輩作家，卻置之不理。例如卡利馬科斯的作品，每每就要從埃及大漠的黃沙挖出來的莎紙草殘篇當中去找才有。[30]所以，繆斯廟和圖書館之於建立希臘古典時代作家經典寶庫，至關重要。上古和古典時代的希臘，因此得以登上聖殿，奉為文學創作的寶貴年代，只是，希臘化的亞歷山卓文學卻因此淪為祭品。

但要是因此而貶低托勒密王朝時代亞歷山卓自家的文學創作，卻也不對。奇里尼人卡利馬科斯和羅德島人阿波羅尼奧斯，二人同都任職於亞歷山卓圖書館，卡利馬科斯還發明出圖書館的編目法。不過，兩人也都留下著作，影響歷久不衰。卡利馬科斯以格言知名，阿波羅尼奧斯則是模仿荷馬史詩體例寫下《阿爾戈號傳奇》（*Argonautika*），記述傑森（Jason, Easun 伊阿宋）尋找金羊毛（Golden Fleece）、愛上美蒂亞（Medea）的冒險故事。不過，他絕對沒把荷馬的史詩體例寫成打油詩，反而有本事把故事寫得像是他本人身歷其境，直接向讀者講述親身的見聞，手法不凡。而且，他辭藻華麗的風格也頗令人陶醉。他描寫傑森據說行經的地中海各地水域以及歐陸的河水流域，可見在他那年代，亞歷山卓的地理學者和民族誌學者的著述對他的影響應該不小，只不過他也實在難以掙脫荷馬地理學的影響，以致後來頻遭〔古〕羅馬論者嘲笑他寫錯的地方。[31]

亞歷山卓圖書館論其建築的規模及其收藏之宏富，確實獨樹一幟，但也不算舉世無匹。位在小亞細

譯註13：所謂「雜卷」（mixed books）、「專卷」（unmixed books），一般的推測是一卷莎草紙卷要是抄錄多部著作就叫作「雜卷」，只有一部著作就叫作「專卷」。

亞海岸的帕加馬（Pergamon），歷代國王同樣為他們的圖書館廣納天下群書。據說托勒密二世惟恐帕加馬的圖書館坐大，還下了禁令，不准莎草紙外銷到帕加馬。不過，帕加馬他們的圖書館也有對策，他們改向動物皮革動腦筋，把羊皮紙拿來作書卷使用——所以就有了「帕加馬紙」（pergamenon）一詞。[32]在亞歷山卓這一邊，圖書館的收藏先是快速累積，但之後就慢慢走下坡了。有自然耗損的因素，有不法盜取的因素（圖書館的藏品不得外借），再加上長年下來間或有管理不善的時期，甚至後來蓋烏斯・朱利烏斯・凱撒（Gaius Julius Caesar）在亞歷山卓的碼頭放火燒掉好幾座藏書的庫房——可能是館外的書庫之類——亞歷山卓圖書館那時已經盛況不再。[33]雖然亞歷山卓圖書館被毀一事，歷來都愛牽連西元六四二年阿拉伯人入侵，但是，一般倒是同意到了阿拉伯人來的時候，應該也沒剩多少可以讓人家去摧毀了；現在也找不到這座偉大的圖書館有何原始收藏流傳後世，真是可惜！[34]

史上有多位古代作家同都寫過，下令將希伯來文《聖經》譯成希臘文的是托勒密二世——這也是托勒密王朝不會拒斥其他民族智慧最明確的證據。[35]有一則故事就很出名：耶路撒冷的大祭司派出七十二位猶太智者到亞歷山卓，在圖書館內隔在七十二間小房間裡，各自獨力將〈摩西五書〉（Pentateuch）譯成希臘文。七十二人譯出了七十二份譯文，每份一字不差，史稱「七十士譯本」（Septuagint）。[36]但其實「七十士譯本」是在數十年間漸次出現的。會有這樣的譯本，不僅是因為托勒密王朝暨他們的學者想要一窺《聖經》堂奧，也因為僑居亞歷山卓的猶太人講希臘語的人數愈來愈多，連大哲學家斐洛（Philo Judeaus）此人講的希伯來語是不是流利，也不甚清楚呢。而「七十士譯本」根據的希伯來文《聖經》，有幾處地方和後來國際通用的版本，也就是猶太人留存下來的「馬索拉版」（Masoretic）希伯來文《聖經》，有所不同。而且，猶太《聖經》刪去的偽經也出現在他們的譯本當中，這就耐人尋味了。因為這些偽經，例如人稱「所羅門智訓」（The Wisdom of Solomon）這一卷，透著濃厚的希臘化哲學氣味——進一步證明僑居亞歷山卓的猶太人並不是自絕在希臘化文化之外，反而是樂於接納的。「七十士譯本」也是亞歷山卓對地中海文化史的一大貢獻，後來被君士坦丁堡的基督徒採用作為《舊約》《聖經》的版本。其實，亞歷山卓的猶太人文化在拜占庭基督教中保存的還比猶太人自家要多，斐洛豐富的著述也是一樣。

希臘學者在托勒密王朝的亞歷山卓治學而且成就斐然的，輕易即可臚列成冊。其中幾位影響最大的人，卻也是生平最隱晦的：像是歐幾里德（Euclid）是真有其人，還是一群數學家組成的會社呢？伊拉托斯帖尼斯（Eratosthenes）在西元前三世紀算出地球的直徑，出奇精準，他就在亞歷山卓圖書館擔任館長。薩摩斯人阿里斯塔克斯（Aristarchos of Samos）是另一位提出創見的科學家，他推斷地球應該是繞著大陽旋轉的，但在當時沒人認真在看他這學說。後來到了羅馬時代，另一位同樣出身亞歷山卓的學者克勞狄烏斯・托勒密（Claudius Ptolemy）也發表學說以地球為宇宙的中心，這時對後世的影響就很大了，以致早先阿里斯塔克斯的創見聲勢消退得就更厲害。亞歷山卓的醫學傳統也十分蓬勃。為了探索人體構造，他們不僅作屍體解剖，還以死刑犯進行活體解剖。阿基米德（Archimedes）一生長壽（287—212 BC），可能只在亞歷山卓居停過短暫時期，但他和亞歷山卓的數學家，如伊拉托斯帖尼斯，聯絡倒是始終未斷。[37]阿基米德一生的事功，可以說是托勒密一朝沈迷機巧器械的寫照。阿基米德發明出來的機器，有一具狀似模擬宇宙的模型，就在〔克里特島東北角〕安地奇席拉島（Antikythera）外海的海床被後世挖掘出來。[38]亞歷山卓的科學研究也不是當地人才有的興趣而已。這些人的發現和發明有不少對後世都有長遠的影響，進一步證明希臘化文化的強大生命力，亞歷山卓則是穩居龍頭寶座。

四

亞歷山卓不能以孤例來看。亞歷山卓繁榮的商業活動，建立在他們和地中海東部的來往，往西方拉過去，最遠起碼也到迦太基城。地中海東部另有一地，也在雅典沒落留下了缺口時，崛起補位，躍居為航海暨商業的強權：這地方就是羅德島。即使羅德島外的世界因為﹝亞歷山大大帝逝後﹞馬其頓王國的將領鬧內鬨而致急速分裂，島上源出自希臘的貴族依然有能耐擋下勁敵，維持獨立的地位。安提戈王朝大將狄米提里歐斯（Demetrius Poliocretes; 337 — 283 BC）（譯註14）曾於西元前三〇五年想要拿下羅德島，但為島上的居民力拚而擋下。狄米提里歐斯從敘利亞帶來四萬人馬，圍住羅德島連番侵犯長達一年，最終還是被羅德島民堅忍不拔的決心逼退——這是羅德島史上數次著名圍城戰中的第一次。羅德島的居民為了紀念這一次勝利，還在島上建了一尊太陽神赫利奧斯（Helios）的巨大雕像，巍然跨足羅德島港兩岸，這也是史上另一尊巨像奇觀，峻工於西元前二八〇年。羅德島人甚至將領土權擴張到愛琴海東部群島、小亞細亞海岸，而為他們取得重要的人力、物力來源。[39]他們於人力的需求極為殷切，因為他們有好幾支龐大的艦隊需要維持；有好幾處水域的海盜需要掃蕩，也很費力氣。雅典的海上霸權衰落，海盜自然橫行。西元前二〇六至二〇三年，盤據克里特島的海盜就耗費羅德島人很大的工夫才鎮壓了下去。[40]羅德島人信守一大原則：凡有他們通行的海域，沒人可以稱霸作主宰；在各方角力之間維持海上的均勢，是他們全力以赴的目標。所以，他們雖然和埃及的托勒密王朝有密切的商業、政治關係，但是，要是埃及海軍企圖稱霸地中海東部的水域，他們一樣願意支持塞琉古王朝作為抗衡。而他們還不必像托勒密、塞琉古兩王朝一樣打造大而無當的巨無霸船艦，就達得到目標。羅德島愛用的船艦，有一類叫作「三列槳帆船」（triemiolia），這是他們從「三列槳座戰船」改良出來的，可以同時並用風帆和划槳，特別適合用來追海盜。羅德島人也善於利用上古版的「希臘火」（Greek fire）〔發明於中古時期〕，也就是利用長桿子將液態燃劑投擲到敵船甲板，進行火攻。[41]

托勒密王朝雖然坐擁壯觀的作戰船隊，亞歷山卓的商業交通還是由羅德島的商船在作主宰。順風的話，羅德島的商船只需要三或四天就可抵達埃及，即使入冬，往羅德島去的回程也未停駛，只是慢得多罷了。[42]狄奧多羅斯寫過：「羅德島人的收入泰半來自航向埃及的商船」；又說，「要是說他們的城市是由埃及的王國在養活的，未嘗不可」。[43]埃及要往北送的穀物，多半由羅德島的商船運輸，送達埃及的大批葡萄酒也是從羅德島運過來，因為羅德島上各地都開闢了大片葡萄園。亞歷山卓四周挖掘出來上萬具羅德島出品的雙耳細頸瓶，瓶耳上的烙印便是兩地作這買賣的實物證據。[44]這些酒甕在愛琴海各地的考古遺址都找得到，北到黑海、西到迦太基城和西西里島都有。古代文獻也曾就羅德島貿易的年度總值作過估計，西元前二〇〇年左右的數字，折合約五千萬希臘德拉克馬幣（drachmai）：依百分之二進

譯註14：原文指狄米提里歐斯（Demetrios）是塞琉古國王（Seleucid king），有誤，西元前三〇五年圍困羅德島的狄米提里歐斯，是亞歷山大逝世之後割據一方的馬其頓將領「獨眼」安提戈努斯（Antigonus I Monophthalmus；382 — 301 BC）之子狄米提里歐斯（Demetrius Poliocretes；337 BC — 283 BC），狄米提里歐斯後於西元前二九四年即位為馬其頓國王，史稱狄米提里歐斯一世。由於狄米提里歐斯圍困羅德島時，尚未稱王，還是其父創建的安提戈王朝（Antigoniids）的王公，故將原文的「塞琉古國王狄米提里歐斯」改作「安提戈王朝大將狄米提里歐斯」。緊接的一句：「狄米提里歐斯帶來四萬人馬」，原文是「狄米提里歐斯從敘利亞帶來四萬人馬。由於先前其父於「巴比倫之戰」（Babylonia War；311 — 309 BC）大敗於塞琉古王朝，敘利亞、巴勒斯坦一帶原有的屬地盡數落入塞琉古王朝手中，教塞琉古王朝就此站穩腳跟，於東邊稱雄。所以，幾年後狄米提里歐斯去打羅德島，大概很難從敘利亞去弄到人馬，幾經斟酌，決定將「敘利亞」之說刪去。不過，同一段後來又再提到塞琉古王朝的時候，就未必有問題了。

出口通行稅計算，當時每年稅收為一百萬德拉克馬幣。[45]羅德島的錢莊業者遍佈地中海東部和中部，進行貸款業務，為地中海區的商業網上油。羅德島錢幣的重量標準，廣為愛琴海群島各處的城鎮沿用。這些在在為羅德島人掙得了各方敬重，而非敵意。西元前二二七或二二六年，羅德島因為大地震而受創嚴重，西西里島、埃及、小亞細亞、敘利亞等地的君主無不馳援。

希臘化世界另一重要的貿易、金融中心，是狄洛斯島。狄洛斯島一開始是羅德島人用來作為他們區域貿易的清算中心的。[46]到了西元前一六八年開始，羅馬人因為先前失策，和馬其頓國王開戰，結果打得難分難解，進退不得，便開始插手攪和愛琴海的貿易，不再把羅德島看作是盟邦（暨重要的貿易夥伴），也就把羅德島貶成他們的衛星國，要他們俯首聽命，派出艦隊支援羅馬攻打馬其頓。羅德島的反應略嫌冷淡，羅馬為了報復，元老院便煽動比較聽話的另一盟邦雅典，出兵拿下狄洛斯島。但是附上兩項條件：一是島上原有的住民要盡數驅逐出去，二是狄洛斯島之後必須是自由港。狄洛斯島就這樣換了一批住民，成為商人匯聚的社區，許多還是義大利南部來的移民，這樣也保證了這一帶和西邊的通商關係不僅可以維持不輟，還更鞏固。狄洛斯島上的居民人口於西元前一〇〇年前後據估計增加到三萬人。羅德島的生意就這樣被拉走不少，衰落得十分嚴重，據稱羅德島的商業收益值未幾就跌落到一萬五千德拉克馬。狄洛斯島的貿易蓬勃發展，該島原本就已名聞遐邇的聖殿，名聲跟著更加響亮。狄洛斯島上的考古挖掘挖出了幾處大面積的商業區，看不出來有城牆堡壘，因為狄洛斯島的聖地之名就等於是保護色。遺址中找到幾處義大利半島商人的「市集廣場」（agorai）。不僅有列柱迴廊、敞廊、店舖、營業處，還有神廟獻祭商人崇拜的神祇，例如掌管大海的波塞頓或是眾神信使赫耳墨斯。義大利半島的商人偏愛香水和油膏貿易，便也經由敘利亞間接搭上納巴泰人（Nabataean）的貿易路線，深入阿拉伯半島的乳香和沒藥產地。奴隸買賣也很興旺，都是些海盜肆虐的受害人；海盜在西元前二世紀末愈來愈猖獗，連奇里奇亞（Cicilia）海盜也在地中海東部重振聲勢——反映的當然是羅德島勢力衰頹日甚；羅德島先前在安納托利亞半島外海維護治安的工作頗見成效。到了羅馬時代，狄洛斯島已經有了「全世界最大的現貨市場」之名了。[47]

狄洛斯島之幸，雖然和羅德島之不幸脫不了關係，不過，狄洛斯島鵲起，也進一步證明了地中海東部的貿易、商業網於西元前第三、第二世紀，先是由羅德島主導，後由狄洛斯島帶領，日漸整合為組織整飭、管理完善的體系。狄洛斯於這體系引進新的貿易夥伴，將體系擴張到〔義大利半島〕那不勒斯灣，納入了波佐利（Puteoli）的商人。希臘化世界於當時就政治而言，是分裂成三大塊的——希臘、敘利亞、埃及——但就商業而言，卻日漸融合成一塊大貿易區。不過，少了很重要的一樣要件：迦太基城在西元前第二世紀中葉起在這裡的地圖就找不到了。所以，這時就有必要將時間倒流回去，看看這是怎麼回事，了解一下羅馬那些偏僻的山地人是如何在西元前一百年之前就在希臘人的水域稱霸。

第七章 迦太基非滅不可

西元前四〇〇年—西元前一四六年

一

雅典和斯巴達兩邊為了爭奪愛琴海，大戰打得正酣的時候，再往西邊也有別的衝突把希臘人的城邦捲入生死存亡的奮鬥。迦太基城在它那一帶的地中海水域堪稱一大海上強權，不亞於雅典在東邊的地位。西元前四一五年雅典進攻敘拉古時，迦太基樂得作壁上觀。迦太基人看出希臘人正在鬧分裂，忙著內鬥，沒那閒工夫去管腓尼基人在西西里島的貿易站。依迦太基人的觀點，不管什麼，只要可以削弱希臘人在西西里島的勢力，在他們是多多益善。但反過來，雅典勢力真的毀於一旦，他們也會有麻煩的，所以，一到這樣的當口他們的反應就很快了。敘拉古虎伺眈眈，企圖稱霸西西里島，也不是第一次的事。只是，真正讓人頭痛的麻煩角色還是僑居塞傑斯塔的伊利米人。伊利米人先是把雅典人請來搞得天下大亂還不夠，這時又向迦太基求救，要迦太基幫他們對付宿仇：僑居塞利農特的希臘人。迦太基人有充份的理由對塞傑斯塔伸出援手。塞傑斯塔周邊密佈布尼克人（Punic）——也就是就是迦太基人——殖民地，而以帕諾羅莫斯（Panormos；巴勒摩Palermo）、莫齊亞為犖犖大者。塞傑斯塔於西元前四一〇年主

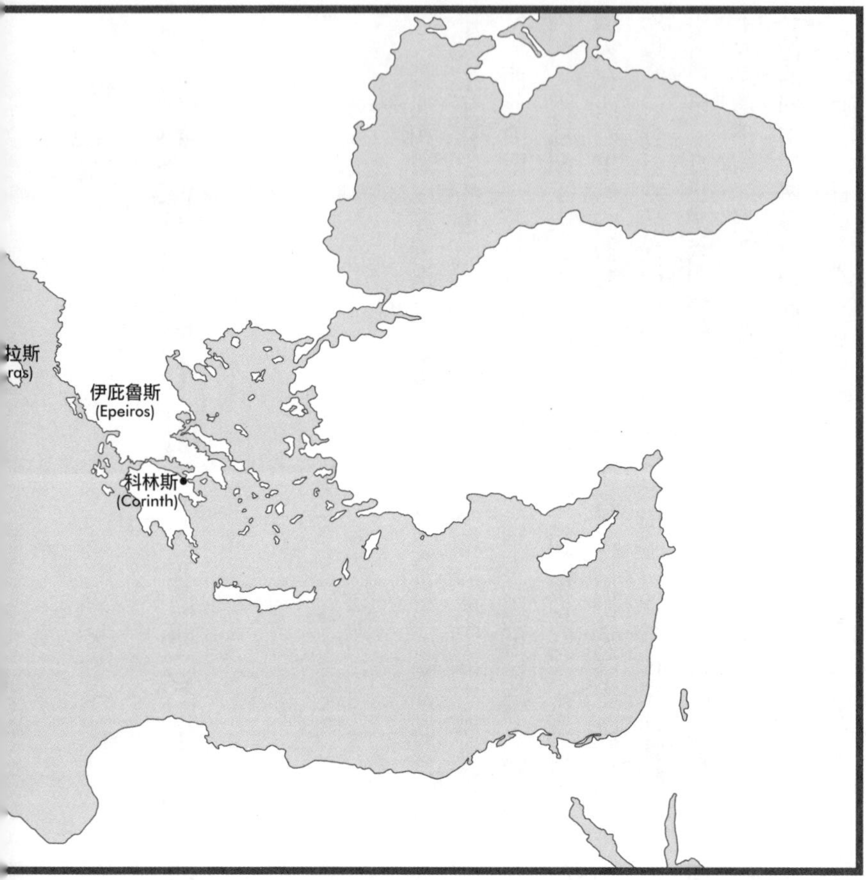

動表示要投靠迦太基當藩屬，換取保護，迦太基的公民大會知道西西里島西部由他們的城邦進行大一統的時機到了。[1] 塞傑斯塔求援是劃時代的一刻，迦太基領軍的諸多盟邦和貿易站原本只是鬆散的邦聯，在這之後就蛻變成了迦太基人的帝國，統御的子民不僅是腓尼基人，還包括臣服於迦太基的其他民族；有「利布人」（古利比亞人），這是希臘作家筆下替北非柏柏人冠上的名號；有伊利米人，有西西里島上的西庫爾人和西坎人，薩丁尼亞島和伊比利半島上的民族更不在話下。

迦太基城的上流階級當中

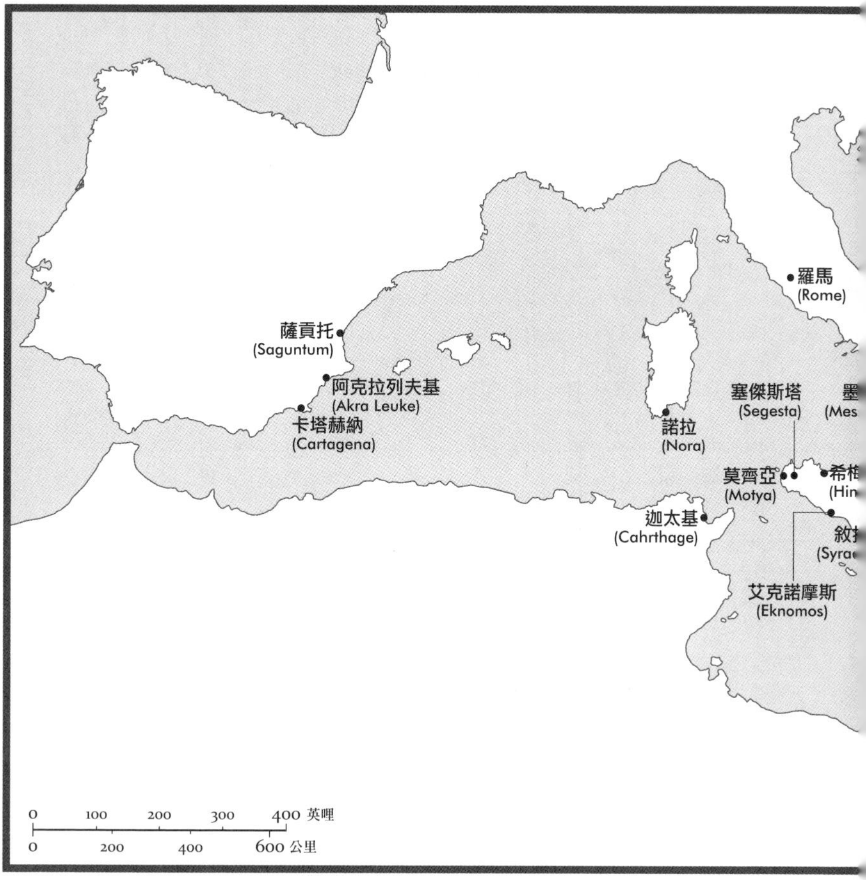

另有別的私人因素作在作祟，才促成這樣的發展。迦太基城當時由一批貴冑世家當權，在元老院中呼風喚雨。其中一名顯要——他有個很常見的名字，叫漢尼拔（Hannibal）——據說因為祖父漢米卡（Hamilcar）西元前四八〇年在〔西西里島〕希美拉一戰死於敘拉古軍隊之手，因此對全天下的希臘人都有不共戴天的深仇大恨。西元前四一〇年，威震八方的漢尼拔領軍輕鬆奪下勝利，將塞利農特人趕出塞傑斯塔人的領土，緊接著在四〇九年調集義大利半島南部、北非、希臘和伊比利半島的軍隊，大舉揮兵入侵。色諾芬

（Xenophon）這一位史家啊，最愛學修昔底德卻總是像東施效顰，他就說漢尼拔帶的人馬有十萬之譜。不過，他說的大概比實際數目多出一倍。[2]漢尼拔的大軍借助精密的攻城武器——是拿他們在近東常見的攻城武器作樣本而做成的——僅僅圍城九天就攻破了塞利農特的城牆。城內的居民負隅頑抗，付出的代價極為慘重：總計有一萬六千名塞利農特居民被處死，五千人發配為奴。之後，漢尼拔的下一步就是血洗希美拉，還以三千名男性戰俘在西元前四八〇年漢尼拔祖父戰死的地點當作犧牲進行人祭，以慰亡魂。[3]這時期的迦太基人不單單是橫掃千軍就滿足，他們還決心要在西西里島建立穩固的主權，敘拉古就是這樣成了祭品的。不過，這倒還不是腓尼基人對抗希臘人的「種族」戰爭：迦太基人派了使節團派到雅典城，那時雅典和斯巴達的大戰〔伯羅奔尼撒戰爭〕正打到最後階段，對迦太基人熱忱相迎；畢竟他們那時亟需盟友，不論是誰都好。[4]而且，一待希臘世界重現和平，雅典和迦太基也可望從相互來往的貿易當中獲利。

所以，西元前四〇七年，迦太基人派出一百二十艘三列槳座船，載運十二萬名士兵——假如色諾芬筆下這些嚇人的數字還可信的話——入侵西西里島。不過，即使兵力這麼強大，迦太基人還是花了七個月的時間圍城，才把阿格里真托（Akragas）滿城的人餓到投降。城內的藝術珍品全被劫掠一空，包括一具黃銅打造的公牛像——有傳說指西元前六世紀阿格里真托有一位僭主曾把多人塞進牛腹活活烤死。[5]迦太基人四處劫掠的收穫，教他們大開眼界，品味也開始轉向希臘風格，所以，到了西元前三世紀，希臘的藝術和建築已經牢牢嵌入迦太基城。西西里島西部既然已經由迦太基人直接統治，迦太基人的征伐矛頭便轉而朝東，對準了〔西西里島〕南岸的傑拉（Gela）；只要拿下了傑拉，就可以打通前往敘拉古之路。傑拉人眼見情勢不妙，望風而逃。敘拉古有鑑於希臘人那邊兵敗如山倒，便趕緊求和。迦太基人這邊由於調動陸上、海上大軍，所費實在不貲，自然也樂於只要條件夠好就談和。他們攻佔的西西里島西部、東南部地區，還是由他們控制，但是歡迎外逃的希臘人返鄉；至於西西里島東部的希臘人和西庫爾人則維持獨立，畢竟迦太基已經達到了主要的幾項目標。

因這一場衝突而受害的，民主制度也在其中。敘拉古再度淪落到僭主治下，這一次是活得滿久的狄奧尼修斯一世（Dionysios I），由他開啟了一代眾所畏懼的王朝。有故事說西西里島有一名僭主，自知不得人心，卻發現有老婦不時就到城裡的神廟祈禱祝他長壽，十分驚訝。他召來老婦，問她為什麼要替他祈福。老婦毫無懼色，回答說她覺得他是可怕的暴君，但她記得她很年輕時的那一位僭主很可怕，之後繼任的僭主比先前的又多可怕幾分，再之後繼任的又再多可怕幾分；所以，她才為當前這一位僭主祈福，因為她知道這一位僭主一死，繼任的人絕對可怕到難以想像。僭主聽她坦誠相告，相當佩服，賜給她一袋黃金作獎賞。所以，這些僭主治國單靠弱肉強食的蠻力，也懶得去擺立憲君主的樣子。不過，他們也有品味、有文化，早年那幾代的西西里島僭主還贏得詩人品達的美譽，新世代的僭主也栽培出像柏拉圖這樣的大哲學家。柏拉圖於西元前三八八或三八七年造訪過敘拉古，據說之後又再回去過幾次，希望開導狄奧尼修斯一世之後的幾位僭主，徹底奉行柏拉圖哲學的原理來治國理政。[6]柏拉圖和敘拉古君主往來的精采書信，如今雖然大多不足採信，應屬後世偽造，但柏拉圖和敘拉古朝中來往，卻點出了這時期地中海區四處流通的不僅是希臘人的貨物而已，還包括希臘的思想。

狄奧尼修斯一世是向迦太基人求和，不過，在西元前三九八年重啟希臘和迦太基戰端的，一樣也是狄奧尼修斯一世，他還拿下了西西里島西部腓尼基人首屈一指的屬地，莫齊亞。莫齊亞城破之後，居民盡數遭到屠殺，連婦孺也沒留下活口送進奴隸市場。至於僑居莫齊亞的希臘商人則以叛國通敵的罪名，釘上十字架處死。[7]這是莫齊亞這一座城市歷史的終點，卻是另一場慘烈戰禍的起點——迦太基人於西元前三九六年派出龐大艦隊攻向敘拉古的港口。敘拉古再次面臨城破人亡的威脅。但是敘拉古也再次利用他們的港口擁有地理天險的優勢，既將來敵的船艦各個擊破，也於陸地對敵軍發動攻勢。迦太基統帥希米科（Himilco）眼看敗陣難免，便暗地和狄奧尼修斯一世談和，盡可能將將迦太基士兵偷偷撤走，扔下伊比利、西庫爾、利比亞盟邦的軍隊不管。當時傳說一身長毛的伊比利人是職業傭兵，便為敘拉古的武裝勢力吸收。但這還不是最嚴重的，迦太基人在北非的屬地出現騷動，大批奴隸、亂黨集結在現今突尼斯（Tunis）那邊，而那裡可是緊臨著迦太基城，所以，一時間迦太基頗有招架乏力之勢。雖然叛亂後來散去，但是迦太基也已經像被政治大地震震垮了一般。僅剩的對策，便是將先前簽訂和約而拿下來的幾座希臘城市，再割讓給敘拉古的僭主；不過，難堪歸難堪，卻還不算沒留下一點面子：布尼克人的聚落依然在迦太基人的掌握當中。狄奧尼修斯一世倒是志得意滿，分兵去突擊地中海的其他地區：西元前三八四年，他對伊特魯里亞城市卡耶雷的外港皮爾希（Pyrgi）發動奇襲，搶走大批財寶，價值達一千五百泰倫，足足可以養一批大軍了。狄奧尼修斯一世很可能亟需以此樹立威望，因為，該年他派去出席奧林匹亞競技賽會的特使團，被譏諷為僭主的代表，連波斯國王也不如。狄奧尼修斯一世四處征伐，不在建立敘拉古帝國，只是想以鐵腕建立他個人的權勢；連雅典人心底也看出這一點，而叫他「西西里島執政官（archon）」[8]。狄奧尼修斯一心要重啟戰端，好將西西里全島都搶到手。所以，敘拉古和迦太基在西元前三七五年就爆發了一連串戰事，最後導致迦太基大軍損失一萬五千名兵力——其中三分之二戰死，三分之一被俘為奴。但是，迦太基人捲土重來，還是打敗了狄奧尼修斯一世，殲滅一萬四千名敘拉古大軍。最後的結果是迦太基人在西西里島西部長期握有的屬地，有一部份最終還是保了下來，甚至先前被漢尼拔搶下來的希臘人城市，有幾處也重回了迦太基人的懷抱。

二

迦太基和敘拉古兩方的關係，雖然透著濃重的敵意，兩邊大戰的結果卻將迦太基和希臘世界綁得更緊。迦太基在這時候不管怎樣都算是和腓尼基世界分道揚鑣了。有鑑於迦太基和希臘本土、西西里島、義大利半島的希臘人城市，來往又變得十分頻繁、熱絡，迦太基和泰爾、西頓在西元前四世紀末年的貿易關係還能有多重要，就大有疑問了。迦太基這邊連他們信奉的梅勒夸特神（Melqart），也和希臘人的赫拉克勒斯神（Herakles）合體。迦太基人認為他們因為洗劫西西里島一座供奉女神狄蜜特（Demeter）的神廟，觸怒了女神，所以將女神的信仰迎進迦太基，甚至還要城內的希臘居民協助他們依照希臘祭拜的禮俗舉辦奉獻神廟的儀式。[9]迦太基人一般也學希臘文——兩邊關係特別壞的時候，迦太基一度禁止人民學希臘文、講希臘語。所以，希臘語文在當地上流階級當中已是第二語言，這一件事也就是最牢靠的鐵證。這一批菁英份子勤於開墾北非海岸的沃土，常在遠地坐擁興隆的莊園，盛產穀物、水果、葡萄酒。腓尼基人先前沿北非海岸建立起來的多處小鎮，這時已是臣服於迦太基城的城邦。迦太基人和當地人通婚的愈來愈多，連迦太基權傾一時的的貴冑也跟上流風，有的和當地的柏柏國王是姻親，有的親戚關係還連到西西里島的顯赫希臘人家那邊去。這時的迦太基城已是國際都會，居民大約有二十萬，附有廣大的郊區，也有商港和軍港。

迦太基人於西元前四世紀始終緊盯著敘拉古的動向不放，雙方爭奪北非和西西里島之間的水域，當然還有西西里本島。西元前三四四至三四三年，科林斯的艦隊司令泰摩利昂（Timoleon）出馬搶救敘拉古，就點出了這一帶的海峽有多重要。泰摩利昂的名聲，主要建立在他用計暗殺兄長，登上科林斯僭主的大位。普魯塔克記載泰摩利昂在另外兩名同謀共犯刺殺他兄長時，還掩面痛哭。[10]所以，敘拉古貴族當中對狄奧尼修斯朝中無情的政策心有不滿的人，看到這一位泰摩利昂，就覺得像是理想的結盟對象了。由於敘拉古一開始是科林斯人所建，所以敘拉古的人要是想要求援，依然覺得應該要回頭去找科林斯才對，雖然科林斯城那時已不再是希臘世界的政治、經濟領袖，能提供的援助也只是小小一支船隊而已。迦太基派出船隻要擋下泰摩利昂的船隊，卻還是讓泰摩利昂突圍而出。結果，迦太基便又再陷入烽火的大劫：西元前三四一年，三千名迦太基人死於西西里島西部的戰事，迦太基的將領哈斯德魯巴（Hasdrubal）回國後被送上十字架處死，這是〔迦太基〕當時作戰不力的標準刑罰。迦太基並未因此失去西西里島西部的領土，但是，蒂莫里昂雷卻因此聲勢鵲起，躍上西西里島首要權貴的寶座，在島上各地的希臘城市扶植貴族政治，幾乎無一遺漏。「僭主」這一類君主就此失勢達二、三十年，但是，西西里島的希臘人似乎因此而懂得團結合作有其必要，這可能才是比較重要的事。[11]

後來到了普魯塔克的時代，普魯塔克死於西元一二〇年，泰摩利昂已經被時人捧為希臘的英雄，眾神的愛將，「重挫僭主暴政的銳氣」，而將西西里島從布尼克蠻族的勢力當中解救出來。但泰摩利昂其實和他先前的僭主沒有多大差別。他是借傭兵之力才得以攫掌大權的；他鎮壓西西里島各城邦的小僭主，為的是替敘拉古長年備受挑戰的霸權鞏固地位。但他還是有瑕不掩瑜的地方：他還懂得老了以後要主動去職比較好，那時他已為白內障所苦，在敘拉古民間也頗孚人望。另一瑕不掩瑜的地方，是在他主政期間，西西里島各地的經濟泰半欣欣向榮。毀壞的城市紛紛重建，幾處因迦太基戰爭而破壞殆盡的城市也在內：阿格里真托和傑拉就這樣得以重生。至於其他希臘人的小型聚落一樣繁榮成長，這也同樣重要。西西里島南部的斯科納瓦克（Scornavacche）就有希臘人的小聚落，在西元前四〇五年因為西庫爾人進犯而被毀，但到了這時不僅已經復興，還躍居為陶瓷生產中心。[12]斯科納瓦克得以復興，不僅新移民有功，原有的西庫爾—希臘居民一樣也有功勞。泰摩利昂從希臘本土、義大利半島南部的希臘城市帶過來的移民，說不定多達六萬人。西西里島和雅典之間的穀物貿易，在西元前四世紀晚期愈來愈頻繁。從這一時期散見西西里島的大量科林斯錢幣來看，橫渡愛奧尼亞海去到科林斯的商業往來應該格外興盛，西西里島的農產品也可以循此輸入希臘本島。[13]不過，要是把這一番新興的榮景完全歸功於泰摩利昂，卻也不對。地中海中部貿易復甦，在西元前四世紀期間本來就是擴大的走勢。伯羅奔尼撒戰爭期間爆發的瘟疫，疫情在這時期已經趨緩，人口隨之增加。迦太基城和西西里島的希臘城市和平相處的時期也不短，足以讓他們往東、西兩邊去重建貿易網。所以，迦太基人和雅典的商業往來十分熱絡，也努力經營他們與西班牙的貿易關係，發揮最大的價值。

迦太基和敘拉古最後一次嚴重衝突，爆發於西元前三一一年。迦太基於西西里島西部的將領漢米卡（Hamilcar）遇上難纏的敵手，阿加托克利斯（Agathokles）。阿加托克利斯費了幾番手腳終於推翻泰摩利昂的憲法，當上敘拉古的僭主。他和前人一樣，決心要把西西里島全境納入敘拉古治下。漢米卡盱衡局勢，認為大家要是有共識，就讓西西里島東部和中部由敘拉古稱霸，對迦太基最為有利。迦太基人擔心的是阿加托克利斯看似對阿格里真托有非份之想。阿格里真托距離迦太基在西西里島西部的一些聚落很近。西元前三一一年，阿加托克利斯率領大軍朝阿格里真托前進，迦太基這邊總計五、六十艘的艦隊也適時抵達，阿加托克利斯的攻勢因而受阻。翌年，反而是漢米卡派出一萬四千名軍力登陸西西里島（其中只有七分之一真的是迦太基城的公民），加上還有島上不滿阿加托克利斯野心的地方勢力相助，攻勢橫掃西西里島如入無人之境。敘拉古的僭主這下子知道他自不量力，西西里島的戰事他已經全盤皆輸。他在島上的領地只剩敘拉古這一座城池。不過，他還有財力和軍力：總計三千名希臘傭兵，外加三千名從義大利半島利誘來的伊特魯里亞、薩莫奈（Samnite）、凱爾特等民族的傭兵。然後他再加上八千名他在當地召募來的兵力，全部送上六十艘戰船，於西元前三一〇年八月率領艦隊開航，突破迦太基海軍的封鎖，抵達迦太基附近的海岸。阿加托克利斯靠岸之後，作出極為大膽的決定，他先要大軍全員上岸，再放火把船艦燒光（因為沒有足夠的人力留守），然後率隊開拔朝迦太基城前進，在現今的突尼斯附近扎營。[14]這樣一來，等於是迦太基遭敘拉古軍隊圍困，敘拉古也遭迦太基軍隊圍困。

迦太基由於有直通海邊的地利之便，因此，沒有龐大的海上軍力絕對攻不下來。所以，即使阿加托克利斯攻佔了北非沿岸幾塊地區，也沒辦法要迦太基投降。不過，損失肥沃的良田和果園，也一定教迦太基城受創嚴重。只是，阿加托克利斯的大軍才一登陸對迦太基人發動攻勢，他旗下的利布人盟軍就落荒而逃了——可能有一萬人之譜——義大利半島和希臘來的傭兵則有三千人戰死沙場。至於阿加托克利斯其人，確實就像這一針見血的評價，「既無亞歷山大大帝的天資也沒亞歷山大大帝的物資」。[15]但他起碼還知道這一點：不求和不行。所以，可想而知，西西里島的版圖又回到以前的老樣子，西部那一頭由迦太基人統治，東部和中部還是握在希臘人的手中。[16]不過，這一次落敗卻不是阿加托克利斯政治生命的終點，頗教人意外。他用「西西里國王」這樣的頭銜來鞏固他的權力。「國王」這新奇的頭銜是他從希臘那邊學來的；希臘那邊首開先例用「國王」〔Basileus〕頭銜的是馬其頓國王腓力二世和亞歷山大大帝父子，之後歷代以此頭銜稱雄地中海東部。阿加托克利斯這時候也為他稱霸的野心另尋出路，主要落在亞得里亞海那邊。他先是和〔希臘本島西岸〕伊庇魯斯的皮洛斯（Pyrrhos）聯姻——他是亞歷山大大帝的表親，將才不下於亞歷山大——繼而又和埃及的托勒密王朝聯姻。他還出兵拿下愛奧尼亞海的克基拉和雷夫卡斯（Leukas）島，兩度入侵義大利半島南部而將統治權擴張至該地。只是他在身後卻未留下明顯的功績：既未能如他所願建立起一支王朝，麾下的海洋帝國在他於西元前二八九年遭到暗殺之後，也未能延續下去。[17]

阿加托克利斯真正的遺澤，反而是他不共戴天的宿仇迦太基不僅長治久安還繁盛興榮。羅馬人向迦太基要求重簽商約；先前那一次是在西元前五〇九年簽的。迦太基人在西元前五〇九年那時候只當羅馬人是伊特魯里亞友邦當中還算有用的鄰邦罷了。但到了這時候，他們打交道的就是義大利半島上的強權，而且，之後不出幾世代，進而還會想要將迦太基人的勢力徹底從西西里島剷除。至於何以至此，那就必須再度將時光倒流一下。

三

到了西元前三〇〇年，羅馬已經在義大利半島脫穎而出成為重要強權——其實應該說是於義大利半島獨大的強權——這是他們在陸地四處征戰的結果。羅馬沒有稱雄海上的野心，他們和迦太基在西元前三四八年重簽商約，就表示羅馬人飄洋過海的身份是商人，而不是攜槍佩劍的軍人。他們簽的商約保證他們不會晃到迦太基人的勢力範圍去，特別是西西里島。不過，在饑荒特別嚴重的時期，例如西元前四九三年，確實有穀物是從西西里島一路送到羅馬來的。[18] 羅馬人早年關心的焦點在打敗鄰近的部族，例如佛齊人（Volscians）。佛齊人當時不斷從亞平寧山脈朝南方滲透，想要到羅馬南方在拉丁姆寬闊的平野落腳定居。羅馬人在西元前三九〇年也因為高盧人（Gallic）入侵而面臨嚴重威脅，還留下過著名的故事：晚上鵝群的叫聲救了全城一命〔阿利亞戰役 battle of Allia〕。羅馬人和伊特魯里亞的關係就複雜得多了，他們之間共有的文化淵源很多，不過，西元前三九六年，伊特魯里亞數一數二的大城維伊被羅馬人徹底摧毀，開啟了伊特魯里亞南部領土向羅馬稱臣的第一階段。[19]維伊和羅馬的距離，走路就到；維伊城破之後，伊特魯里亞人的其他城市未再被毀，而是被拉進羅馬的勢力圈中。富有的卡耶雷在西元前二五三年喫了敗仗之後，成為羅馬的附庸，也失去了海岸地帶部份領土，卡耶雷的海港皮爾希（Pyrgoi）便在其間，皮爾希在先前是希臘和迦太基兩邊商人聚居落腳的地方。所以，羅馬沿著伊特魯利亞南部海岸擴張勢力不出幾十年，便有能力發動大批艦隊在西西里島外海的水域打敗迦太基人的海軍，絕非浪得。羅馬人除了佔領伊特魯利亞沿岸地帶的前哨站，也開始在奧斯提亞（Ostia）興建他們自有的外港，只是奧斯提亞一開始的用途是將希臘人於義大利半島的屬地土和伊特魯里亞的產物輸送到台伯河，供應羅馬城所需。[20]

商船來來去去，羅馬的作戰船隊卻幾乎像是憑空就冒了出來還武備周全。羅馬對海上來的威脅反應向來純屬被動：西元前三三八年，從拉丁（Latin）海岸的安廷恩（Antium; 安齊奧 Anzio）來了一群佛齊海盜突擊台伯河口，但被擊退，羅馬還從他們摧毀的海盜船把鳥嘴狀船頭（rostrum）拆下來帶回去當戰利品，拿到羅馬供人演講的廣場論壇擺在台上展示。「Rostrum」一直用來代表演講的講台，就是這樣子來的。[21]幾年後，西元前三一〇年左右，羅馬和義大利南部的斯巴達殖民城市塔拉斯簽下協議，明訂羅馬人的船隻不得進入塔蘭托灣，就此劃分塔拉斯的勢力範圍，保護塔拉斯的貿易利益——塔拉斯可是希臘人在義大利半島南部的一大重鎮，兼「義大利奧泰聯盟」（Italiote League）的領袖。[22]雖然羅馬和塔拉斯簽訂協議可以視作親善的表示，但需要作這樣的協議，更有可能的解釋便是羅馬人在陸上討伐薩莫奈人暨其他敵人的戰火，已經燒得離希臘人的城邦愈來愈近了，因此需要劃出界線來區別一下地盤。條約、合約暨其他法律文件的內容，往往包括未必立即出現或是未必真有可能的情況，而且，目前尚無證據可以說明羅馬那時已經有意要配置大批作戰船隊。只是，西元前三一一年羅馬還是指派了「duumviri navales」（兩名海軍人手，譯註15）負責建造一支艦隊（classis），也要負責維護。[23]不過，當時這一支艦隊可能很小。

討伐薩莫奈人的戰爭，把羅馬的軍隊拉得愈來愈往南進，因為羅馬想要兩側包抄薩莫奈人驍勇善戰的龐大軍隊。待羅馬將領率領的十艘船艦於西元前二八二年駛進塔蘭托灣，塔拉斯的希臘人就毫不客氣開戰了，以致羅馬人的小小船隊折損掉一半。羅馬人卻沒有因此卻步，還是在小城圖里尤（Thourioi；圖里Thurii）建起要塞。圖里尤一樣是在塔蘭托灣內，還曾因為內陸盧坎尼亞（Lucania）地區的居民屢次侵襲他們，而向羅馬要救兵。塔拉斯和羅馬反目，不是因為他們唯恐羅馬掌握海上大權，因為十艘小船哪比得上希臘幾處航海城市可以調集的數百艘船艦。塔拉斯眼中真正的威脅是羅馬軍隊在陸上近處出沒，可能打散「義大利奧泰聯盟」，搞得希臘人在義大利半島南部的城邦兄弟反目鬧內鬨。[24]塔拉斯因為怕羅馬坐大，而轉向亞得里亞海的方向，請求伊庇魯斯的皮洛斯出兵支援。皮洛斯自稱是阿基里斯的後代，所以他出兵對抗羅馬就頗有特洛伊戰爭的餘韻了，羅馬人那時也已經自吹自擂，說他們羅馬城的地

譯註15：duumviri navales——原意就像作者附註的two naval men（兩名海軍人手），日後於海軍職稱引申作「海軍雙司令」。由於羅馬城一開始並不重視海軍建制，所以作者特別點出原意為two naval men，譯文也緊扣字面處理。

基是特洛伊人伊尼亞斯的後代蓋起來的。不過，皮洛斯是不是自命為地中海未來的霸主，有志要打造西方的帝國，建立他的表親在東方短暫打造過的那般廣闊的帝國，就不無可疑了。他貪圖的，很可能只是巴望西邊的希臘人要是眼看他麾下的傭兵軍團既有方陣又有大象，威風凜凜，不知願意供奉多少財寶。而塔拉斯人擔心的事也真的應驗了，義大利南部各城邦雖然願意加入皮洛斯那邊，但他們一樣願意投靠羅馬。皮洛斯率軍直搗義大利半島，原先支持羅馬的城邦有幾處就見風轉舵倒向另一頭去了。皮洛斯於西元前二八〇至二七五年間主宰義大利半島南部、中部的一切。只是，他那連番「皮洛斯勝利」（Pyrrhis victories）沒為他帶來多少好處，沒過幾年，帶著一肚子火去養精蓄銳的羅馬人已經從他手中又拿下了塔拉斯。義大利半島南部的希臘人城市還是一切如常，偶爾朝羅馬的方向點頭示好即可（像是為〔代表羅馬的〕女神蘿瑪Roma發行特別幣）。[25]只要羅馬還自奉為扎根在拉丁姆地區的陸上強權，他們便無意也無力再往南部深入去控制那一帶的市鎮。他們是建立了幾處聚落：在那不勒斯南邊有佩斯頓（Paestum；波塞頓尼亞 Poseidonia），在伊特魯利亞有寇薩（Cosa），還有阿里米農（Ariminum；里米尼 Rimini）。這幾處地方都是岸邊的據點，目的在維護羅馬在義大利半島沿岸的陸上、海上聯絡得以暢通無阻，他們的重點還是偏向保護內陸的腹地，例如鄰接薩莫奈的邊疆，新興的貝內文頓（Beneventum；貝內文托 Benevento）殖民地可能竊佔那裡進行墾殖。[26]

布尼克戰爭（Punic Wars, 264 — 146 BC）倒是將縮在義大利半島殼中的羅馬趕了出來。迦太基曾經加入對抗皮洛斯的戰爭，在西元前二七六年打贏過一場大海戰，將皮洛斯旗下上百艘船艦擊沈三分之二。[27]第一次布尼克戰爭是在西西里島和北非開打，羅馬的勢力因此首度橫渡過大海。第二次布尼克戰爭則將羅馬的人馬拉向西班牙，雖然主要的戰場還是在義大利本土，因為漢尼拔經由阿爾卑斯山脈打進義大利半島。第三次布尼克戰爭打的時間很短，但將羅馬捲進北非攪和得更深，最終導致迦太基城在西元前一四六年滅亡。這中間奇怪的是看不出羅馬有何明確的意圖，至少一開始沒有。羅馬開戰的目的並不是要迦太基亡國。羅馬和迦太基簽有歷史悠久的條約，雙方也沒有明顯的利益衝突。[28]第一次和第二次布尼克戰爭之間，兩方有過一段承平歲月，就算互信再難也至少重建起了關係。只是戰爭打到最後，是羅馬崛起，成為地中海的強權，主宰的勢力範圍不僅包括滅亡的迦太基廢墟，同年甚至擴展到希臘本島的大片地區。「一時興起」就打下了帝國的江山，說不定就是一例。羅馬之所以打造大型作戰船隊，是在看清楚情勢，不這樣子做，第一次布尼克戰爭就打不下去之後，方才開始打造的。羅馬和迦太基兩座城邦就這樣一起捲入連番的衝突，有幾場還是上古時代有數的大規模海戰；連年的烽火導致陸地、海上死傷數以萬計。史家拿布尼克戰爭來和二十世紀的第一次世界大戰相比，並非無的放矢。第一次世界大戰也是一連串小型的事件點燃導火線，結果轟然引爆戰火延燒大片地區。[29]第一次世界大戰絕非德國和英法聯軍的對峙而已，布尼克戰爭一樣不是迦太基和羅馬兩大城邦的衝突而已。其他利益瓜葛很快就浮上水面：伊比利半島的市鎮，北非的幾位國王，薩丁尼亞的部落酋長，還有第一次布尼克戰爭期間西西里島的幾處希臘人城市。漢尼拔攻向羅馬的大軍，內有從高盧、伊特魯里亞、薩莫奈徵召來的兵員。羅馬派去攻打迦太基人的艦隊，內有大批船艦——說不定應該說是絕大部份——是由希臘以及義大利半島中部、南部的其他盟邦提供的。將這幾場大戰冠上「布尼克」的稱呼，是誤以為這大戰的基調就是迦太基和羅馬長年較勁對立的歷史推著雙方走向對決的殊死戰，但是未必。[30]

四

布尼克戰爭歷時之長，戰況之激烈，手段之殘暴，在在教古代歷史學家驚詫。波利比烏斯（Polybius）是為羅馬崛起記下史錄的希臘歷史學家，生前因為有幸得到布尼克戰爭一名大將欣賞，下筆得力不少。他就認為第一次布尼克戰爭是有史以來最壯烈的戰事。時間之長，從西元前二六四年打到二四一年，輕易就將特洛伊戰爭比了下去。第二次布尼克戰爭（218-201）一樣打得天昏地暗，資源耗竭，戰火掠過之處，農業無不毀於一旦。[31]羅馬和迦太基打仗，起自遠在羅馬之外的爭執，而兩大城邦出面干預是否符合各自的最大利益，也根本不清不楚。開戰的危局起自西西里島一角尖端上的墨西拿。那裡被一小撮坎帕尼亞（Campania）傭兵攻下。這些傭兵先前曾在敘拉古僭主阿加托克利斯麾下作戰，有「馬梅爾第尼」（Mamertine）的綽號，也就是「戰神（Mars）子弟」的意思。他們在西元前二八〇年代來到西西里島，在西西里島東部橫行肆虐，到處作亂惹得天怒人怨。羅馬會捲進去，是因為他們在義大利本島的戰事打得太順利，已經推進到雷吉翁一帶了。雷吉翁（Rhegion; Reggio）是墨西拿正對面的希臘人城市，羅馬人在西元前二七〇年拿下此地。所以，西西里島於是進入羅馬人視線之內，不過，這不等於在說羅馬因此有意要進攻西西里島。敘拉古的新一任僭主伊耶羅二世（Hieron II），打敗作亂的馬梅爾第尼。這一群傭兵驚慌之餘，趕忙分頭送信到羅馬城和迦太基城，同時向兩地求援。伊耶羅二世的勢力不容小覷，他和埃及的托勒密王朝君主有商業、外交的往來，而且遵循他們重要的傳統，不僅資助希臘奧林匹亞競技，他還親身與會參加比賽。[32]馬梅爾第尼求援之際，事有湊巧，迦太基人正好有艦隊就在附近，駐紮在利帕里群島。艦隊的將領說服馬梅爾第尼傭兵，讓他派兵去駐防墨西拿。[33]

馬梅爾第尼傭兵可是不愛聽人指揮的，所以念頭一轉，就改投向羅馬的懷抱，要求羅馬馳援協助他們對抗迦太基人。不過，羅馬的元老院也不會輕易任令羅馬投入遠在半島之外的衝突。波利比烏斯說許多羅馬人擔心迦太基人會將西西里島全部拿下，屆時，迦太基人就會開始進犯義大利本土。[34]另有說法指出羅馬的元老院並不願意參戰，而是由公民大會投票決定要開戰的。即使如此，他們要打的目標也不是迦太基城。羅馬將軍揮兵西西里島，打的是伊耶羅二世還有迦太基人。他的任務是要保護墨西拿，對抗馬梅爾第尼傭兵的敵人。所以，指它揮兵渡海的目的是要征服西西里島，將島上的布尼克勢力掃蕩乾淨，純屬倒果為因。羅馬出兵的目的是要恢復該地區的均勢。結果是馬梅爾第尼傭兵還是靠自己將駐防在墨西拿的迦太基軍隊趕走，迦太基該名將領回到迦太基城也被釘上十字架處死，以昭炯戒（*pour encourager les autres*）。由於羅馬這邊發覺駐防在利帕里群島的迦太基艦隊太多，他們的軍隊很難穿過墨西拿海峽；羅馬將領對於隔在義大利本島和西西里島之間的驚濤駭浪，也沒多少航行的經驗。所以，羅馬軍隊對馬梅爾定尼傭兵提供的直接支援會變成有一搭沒一搭的，也不教人意外。而羅馬人的援軍即使真的到了，也只是逼得敘拉古的僭主伊耶羅二世和迦太基聯手組成邪惡聯盟罷了。羅馬人由於船艦太少，寸步難行。羅馬的將領阿庇烏斯・克勞狄烏斯（Appius Claudius）便轉向塔拉斯、維利亞（Velia）、那不勒斯和其他希臘人的城市徵調船隻，湊出三列槳座戰船和五十列槳座的「槳帆戰船」（pentekonter）組成的艦隊。[35]據說克勞狄烏斯的艦隊根本不堪迦太基一擊，之後，迦太基人還送了倨傲的口信給羅馬：接受休兵的條件，不然就要你們連在海裡洗手也沒辦法。[36]即使贏成這樣，迦太基還是樂於媾和。

羅馬心高氣傲，才不理會，而且，到了西元前二六三至二六二年，他們已經有至少四萬名的人馬在西西里島備戰。敘拉古的僭主伊耶羅二世頗為折服，決定要支持有勝算的一方，便從迦太基轉而投向羅馬這一邊（這一換邊，後來為他掙得了豐厚的報酬）。羅馬人這邊終於抓到了經由海路運送大隊人馬的門路，這一點才重要得多了。羅馬的陣營當中不全是羅馬人或拉丁人——還有許多是義大利聯邦中的盟軍。迦太基這邊的陣營，則有大批阿格里真托的利古里亞、伊比利、高盧來的傭兵。[37]羅馬這邊是打贏的一方，在「墨西拿」城內洗劫一空，二萬五千名居民販賣為奴，緊接著進行現在看來也算實際的計劃——要將迦太基人從西西里島盡數趕光。[38]然而，這不表示羅馬自認是西西里島這塊殖民地的主子。羅馬的野心沒那麼大。只要西西里島的穀物輸送羅馬供應無虞，在羅馬那邊就是於願足矣；羅馬城的人口在那時期增加得飛快。縱使幾世代後羅馬的貴人派（Optimates）再瞧不起商人，羅馬這一場仗只要打到好像真的打得贏，那他們就有充份的經濟理由一直打去了。[39]

羅馬終究需要有像樣的戰船才行。波利比烏斯說羅馬直到這時候才開始打造自家的艦隊。[40]羅馬原先多半仰賴希臘盟邦或是伊特魯里亞的藩屬提供船隻，到了這時政策大轉彎，不再只靠那「兩名海軍人手」維護十或十二艘船就好，轉而開始打造快得多的戰船。至於他們是怎麼辦到的，這個謎團可就是比斯巴達竟然也有戰船還要更大了。斯巴達有鄰邊的希臘本島的城邦可以去借相關的專才一用，其中幾處還正落在斯巴達的勢力範圍之內。但在西元前二六一或二六〇年這時候，羅馬人的決議可是要建造一百艘五列槳座船和二十艘三列槳座船。羅馬先前擄獲過一艘迦太基人的五列槳座船，是可以拿來作為造船的樣本沒錯。[41]但是，羅馬的艦隊建成之後，人手要從哪裡去弄來呢？提雷尼亞海和愛奧尼亞海水象向來凶險，駕船在這樣的海域乘風破浪，所需的基本的航海技術又是要從哪裡去學來？一根根橫樑、各種形狀的木材，又要怎樣像拼圖一樣拼湊出一艘艘船？還有，他們怎麼有辦法在六十天內從伐木開始到順利造好船艦——老普林尼（Elder Pliny）後來的聲稱——都是一個又一個難解的謎團。才砍下來的木材未經風化，乾燥之後會收縮，用來造船可是會帶來很棘手的問題的。波利比烏斯老實招認他們的船「造得很糟，很難駕駛」，應該算是可信。[42]瀝青和船索也必須訂購或是訂製。據說羅馬的水手是先在陸上緊急惡補，在旱地學會划槳後才放膽出海的。考古挖出來的迦太基戰船遺骸，木材上有布尼克字母，布尼克字母也可以當數字使用，可見迦太基人的船隻是依編號組裝起來的。有了這樣的證據，就為羅馬人快速打造出艦隊的說法添加了幾分可信。至於羅馬人的艦隊裝配線在奧斯提亞還是義大利半島南部的希臘人城市，如今不得而知；但無論如何都要耗費鉅資才辦得到。羅馬人在一開始的遲疑消褪之後，就轉而全力投入對抗迦太基的戰事。只不過羅馬人到底是為了什麼打這一仗，這時候還是不甚清楚。總之打這一仗，事關榮譽。

羅馬人這樣子趕工打造出來的艦隊作戰效能有多好，一樣還是懸案。他們在利帕里群島第一次下水試俥，結果一敗塗地。司令官被堵在利帕里的港口內，進退不得；他的手下驚慌失措，竟然棄船跑掉。不過，接下來很快就逆轉過來了，在同一水域的米萊（Mylai）試俥大獲成功。而這一次還有新的發明助陣。那是一種抓鉤，叫作「渡鴉爪」（Korax），在歷史上使用期雖短，但很出名。這武器有一具活動跳板可以拉高，朝各方向旋轉，彌補羅馬船隻機動性不足的問題。活動跳板下面有很沈的尖銳鐵製長釘，不僅可以鉤住敵船，還可以切入敵船的甲板。[43]用這工具的目的在讓羅馬水兵登上迦太基船隻做他們做得最好的事：近身肉搏。羅馬人對出海還是很不放心，怎樣就是要想辦法將坐船拿撞角去打仗的海戰變成陸戰代替品，因而拿戰船作裝甲步兵肉搏的場地。兩方推出的作戰船隊，陣容一年比一年壯盛，一年比一年厲害。依照波利比烏斯的記載，西元前二五六年在西西里島西部艾克諾摩斯（Eknomos）打的那一場大海戰，羅馬以二百三十艘船艦迎戰三百五十艘（但以二百艘更為可能）迦太基船艦和十五萬名水兵，「大概是有史以來最大的一場海戰」。[44]羅馬和迦太基的惡戰，後來在西元前二四一年於西西里島西邊埃加迪群島（Egadian）外海打的那一場關鍵戰事，交戰兵力的數目只約略減少一點。而由於戰事、風雨必定造成船隻嚴重受損，加上船隻長年出海也會有天然耗損，可見當時的造船廠應該是竭盡全力在趕工，才補得上船隻的耗損量。船艦動輒數以百計當然教人咋舌，之後好幾百年都看不到這樣的規模。然而，從古典時期作家筆下寫出來的相關數字老是理不清楚的狀況來看，相關數字確實很容易灌水。現代的歷史學家一樣被這些數字騙得暈頭轉向，這樣的數字唯有以各類型船隻全部算在內的總數來看，而不單是拿流線造型的三列或五列槳座戰船的數量來計算，才比較合理——也就是像運補船也要加進去，水兵、馬匹還有最重要的補給品都需要有船運送，畢竟戰船沒有飲水和大量食物補給，出海絕對撐不過兩天（另外，他們從賣力作生意的中立商人那裡，一般也能再弄到一點補給；海戰開打時，這樣的商人通常就把船停在戰船目視所及的岸邊，等著大撈一筆油水。）

羅馬這邊多虧有「渡鴉爪」這樣的武器幫了大忙，而在艾克諾摩斯之戰贏得了大勝。羅馬的艦隊也很快就抓到訣竅，知道怎樣在侷促的船艦隊伍當中排出作戰的陣式。所以，羅馬這邊的難題是在戰事方酣之際還要維持陣式不亂。他們海戰用的陣式，當然會以他們陸戰固定在用的陣式為本。他們用的陣式，相較於迦太基海軍在海面散佈得較為鬆散的佈置，是佔有優勢，因為，布尼克那邊的將領仰仗的優勢是他們船艦的機動性比較強，有利於追逐敵船。布尼克那邊有敏捷的優勢，也喜歡以撞角朝敵船側腹甚至船尾發動奇襲，撞壞或是撞沈敵船。布尼克艦隊在艾克諾摩斯可能就是想要將羅馬艦隊團團圍住，對羅馬船艦的側腹或是船尾給與致命的一擊。[45]換言之，艾克諾摩斯之戰在海上戰術史之重要，不僅在於交戰的船艦、水兵數目龐大，也在於交戰的雙方對於海上作戰該怎麼打，想法大相逕庭，因而是眾所樂道的史例[46]。

羅馬在艾克諾摩斯拿下勝績，就為羅馬打開了西西里海峽的大門，讓羅馬可以直達北非。羅馬這時的大計，就是要大軍直指迦太基帝國的心臟。不過，羅馬揮兵迦太基，事先倒是未曾認定他們拿得下迦太基城，遑論要他們城破國滅。西元前二五六年，羅馬艦隊送達一萬五千名兵力登陸阿斯比斯（Aspis）；阿斯比斯位在迦太基略往東去的地方。羅馬大軍在附近的農莊、小鎮大肆劫掠，據報俘獲二萬人為奴，不過，許多原本就是迦太基抓去的羅馬、義大利俘虜，再被羅馬虜獲自然獲釋。只不過羅馬軍隊守不住他們在北非拿下的據點，終於還是在西元前二五五年頹喪返航，離開北非，但還是帶了至少三百六十四艘船艦回西西里島。[47]羅馬人不諳海戰門道，自討苦吃之處，還遠大於迦太基海軍帶來的戰火。羅馬將領根本不聽艦上舵手的建議——當舵手的應該不會是羅馬人。舵手指稱在那時節緊貼著西西里島岸邊航船十分危險，因為西西里島沿岸每年在那時候最出名的就是不時會有猛烈的暴風雨驟然來襲；但羅馬人硬就是要沿路炫耀他們的旌旗，認為這樣西西里島南岸沿邊的市鎮就會嚇得望風披靡，拜倒在羅馬號令之下。果不其然，海上忽起狂風大浪，羅馬船艦屬於低舷的構造，洶湧的浪頭一高就會打上舷緣。結果龐大的艦隊就這樣被大浪擊沈，只有八十艘逃過一劫，官兵溺斃者高達十萬人，說不定佔義大利半島人力的百分之十五。所以，再引一次波利比烏斯的說法，「海上一次死難如此之眾，史冊前所未見。」[48]

羅馬和迦太基這一次大戰的最後一幕，是西元前二四一年在西西里島西邊埃加迪群島外海的海戰。重新建軍的羅馬艦隊大敗迦太基，總計一百二十艘左右的迦太基船艦不是沈沒就是被俘，逼得迦太基不求和不行。羅馬提出的賠償條款十分苛刻，只是倒還看不出來他們有意思要剝奪迦太基城的生存權。落敗的迦太基城必須支付八十噸銀塊的賠償金（三千二百泰倫），分期十年攤還，但更重要的是迦太基必須宣告不再染指西西里島暨島外群島。迦太基是承諾不再派遣戰船進入義大利半島水域，也不再攻擊敘拉古僭主伊耶羅二世——伊耶羅二世這牆頭草，在這時候可是羅馬的堅定盟友了。[49]其實，這一場大戰真正得利的一方，就是伊耶羅二世，因為羅馬把治理西西里島的大權全交給了他。羅馬無意直接統治西西里島。這一場大戰的目標，在羅馬這邊浮現得很慢，直到戰事末了，羅馬看到的頂多就是剷除迦太基的軍力罷了。至於迦太基的商船，還是可以暢行地中海區。說實在的，羅馬向他們要到的那一大筆銀子，真想要到手，不讓他們的商船在地中海四處游走還真不行。

五

第一次布尼克戰爭有必要多費一點篇幅，因為這一場大戰是羅馬艦隊建軍的劃時代一刻。至於第二次布尼克戰爭，古代史家眾口同聲認為第一次布尼克戰爭自然而然的結果，就是要打第二次。迦太基落敗之後，發現他們既有外憂，北非內陸的努米底亞（Numidia）君主對他們施加的壓力愈來愈強。也有內患，他們據守薩丁尼亞島的傭兵爆發一次嚴重的兵變；迦太基派去的司令遭傭兵刺殺，島上的迦太基人也遭傭兵搜捕、殺害。迦太基另外派軍隊到薩丁尼亞島去鎮壓叛亂，到了島上卻一併加入兵變的行列。不過，鬧到後來，叛變的傭兵還是被迦太基驅逐。他們逃到伊特魯利亞，向羅馬求援，而元老院也有意馳援。當時有五百名義大利的商人因為暗地提供物資給叛變的傭兵，遭迦太基逮捕，惹得羅馬大為不快。迦太基要是可以重新恢復他們在薩丁尼亞島上的權威，迦太基當然高興；但是羅馬的立場也十分堅定，以致迦太基不得不後退一步，而於西元前二三八年不僅交付羅馬一千二百泰倫的銀子，還連薩丁尼亞島也交到了羅馬手中[50]。羅馬就這樣三兩下就將主權擴張到地中海區兩座最大的島嶼上面；其中，薩丁尼亞島還沒動用一兵一卒，單靠威脅就要到了手。迦太基那時國蔽兵疲，沒力氣和羅馬爭論。不過，羅馬人的治理除了布尼克商人常去的幾處港口和海岸據點之外，真的伸到其他地方去了嗎？這一點不無可疑。薩丁尼亞這地方根本沒人征服得了；島上數以千計的聚落以努拉格（Nuraghi）為中心，集結在一個個獨立的軍閥麾下。薩丁尼亞人從來就不聽迦太基的，同樣也不會聽羅馬的。羅馬還要等到西元前一七七年才有辦法在島上拿下一場大勝。[51]羅馬的興趣主要在薩丁尼亞島是戰略要地，擁有薩丁尼亞島，就保證可以控制提雷尼亞海。他們垂涎的不是薩丁尼亞這一座島，而是島上擁有安全良港的海岸線，可供他們的艦隊停泊、進行補給，排除掉海盜和布尼克戰船威脅之虞。所以，羅馬這時候已經開始以制海權為基準在規劃他們的地中海戰略了。

六

羅馬拿下西西里島和薩丁尼亞島——或說是將迦太基勢力從這兩座島嶼剷除——卻也讓迦太基將其野心朝向西邊。迦太基這時手中只剩馬爾他島、伊維薩，還有北非、西班牙南部的幾處貿易站而已。漢米卡・巴卡（Hamilcar Barca）就是在西班牙那邊建起帝國的，論規模和野心都遠遠超過幾百年前腓尼基人建立起來的商業聚落網。漢米卡要的就是領土的統治。對此，古代史家提出的問題便是：漢米卡是把他攻佔下來的領土視作他個人的江山，還是迦太基人擴張勢力——掌握〔西班牙西南部〕塔提索斯古城的銀礦也算在內——施展手腳的新舞台呢？說不定二者都有吧。漢米卡的家族「巴卡氏」（Barcids），在迦太基城勢力特別強大。但是，迦太基是共和的政體，這就表示巴卡氏的勢力不會橫行無阻。迦太基人在西班牙屬地發行希臘式錢幣，幣面鑄造的人像究竟是神像，像是梅勒夸特神，還是希臘化樣式、頭戴花冠的君主，現在都還有爭論。巴卡氏數代好像在營造他們新一代「亞歷山大」的形象，是在西邊攻城掠地一統江山的帝王。[52]有一則故事很有名但也可能純屬傳說，無論如何，故事都把漢米卡決心要將迦太基從羅馬的枷鎖當中解放出來說得十分清楚：西元前二三七年，漢米卡在離開迦太基前往西班牙前夕，準備好牲禮祭拜他們的主神巴力哈蒙（Baal Hamon），還把幼子漢尼拔叫到身邊，要他伸出一隻手搭在動物牲禮上面，立誓「絕對不向羅馬人示好」。[53]

漢米卡到了西班牙，會把重心放在爭奪西班牙南部的產銀區，不教人意外。但在這裡和薩丁尼亞島上一樣，所謂的「控制權」要小心看待。他和伊比利民族、〔伊比利半島講凱爾特語言〕凱爾特伊比利民族（Celtiberian）的部落首領交好結盟，逐步擴建軍隊，到了西元前二二八年，他旗下大概已經有了五萬六千名戰士可以實際參戰。巴卡氏另一建立控制權的手段就是建城——漢米卡在西班牙的勢力先是由女婿「賢君」哈斯德魯巴（Hasdrubal the Fair）繼承，後來哈斯德魯巴遇刺身亡，才由漢米卡的親生兒子漢尼拔繼位。阿克拉列夫基（Akra Leuke）建城，便要歸諸漢米卡，一般認為這古城就在現代阿利坎特（Alicante）城的地底下面。西元前二二七年，哈斯德魯巴靈機一動，在海岸線再往南邊一點的地方也建了一座城市，離銀產地還要更近。迦太基人在取地名、取人名的時候，說也奇怪，特別沒有創意，所以，叫漢尼拔、叫哈斯德魯巴的人無以計數。也因此，「賢君」哈斯德魯巴新建的這一處城市，又被他叫作「新城」了——但在現代叫作「卡塔赫納」（Cartagena）。不過打從波利比烏斯的時代開始，史家為了不想和母邦的名稱混淆，常常叫這城市「新迦太基」（*Qart Hadasht*）。[54]哈斯德魯巴還在城裡的一座山頭上面為他自己蓋了一棟大宮殿，保證城裡的人不會忘了他這個人；這一座新城是蓋在好幾座山丘上面。不過卡塔赫納的地理形勢有更重要的一點，就是和北非的交通極為便利，因而在迦太基人連通西班牙的一連串港口、要塞當中成為樞紐。

迦太基人和羅馬人再度出現爭端，其實是在西班牙更偏北一點的地區：小城薩貢托（Saguntum），也就是現代瓦倫西亞的海岸地帶。漢尼拔圍困薩貢托很長一陣子後，終於在西元前二一九年底攻破小城——這一座小城也算是投靠羅馬尋求保護的藩屬。薩貢托是在羅馬政治、商業範圍之外很遠的偏僻小城，羅馬人竟然會對那麼遠的一個小地方有興趣，顯見他們對迦太基人在西班牙耗費十八年的力氣所鞏固起來的勢力，已經開始擔心了。這一次的問題關鍵再一次和戰略有關：羅馬人可不願被迦太基人從兩翼包抄，也容不下迦太基人鞏固勢力，重返薩丁尼亞島和西西里島。「賢君」哈斯德魯巴先前代表迦太基和和羅馬達成過非正式協議，針對布尼克在西班牙握有的地區，限定迦太基人不得越過埃伯羅河（Ebro）以北——埃伯羅便是通往薩貢托北部的捷徑。[55]眼看迦太基重振聲勢，羅馬覺得必須及早遏止。而漢尼拔決定揮軍越過阿爾卑斯山脈，將戰線拉到羅馬大門口，可以將衝突從巴卡氏所在的西班牙或是迦太基二十三年前吃下敗仗的水域拉到羅馬那邊去。但是這樣並未足以擋下羅馬進攻西班牙。羅馬大軍由格奈尤斯・普布里烏斯・西比奧（Cnaeus Publius Scipio）率領，以多達二萬五千人的兵力，經海路抵達西班牙，開拔到歷史悠久的商業據點安波里翁。他的軍隊和迦太基人在海上交火，由他勉強打贏這一仗，但是他的艦隊比起前一次的布尼克戰爭可就小得多了：羅馬這邊指揮的艦隊，大概是三十五艘左右。只是好景不常，沒多久凱爾特盟軍變節他靠，就換成羅馬這邊步履蹣跚了。

另一新的大戰舞台是在希臘本島北部。馬其頓的國王腓力五世眼看漢尼拔在義大利南部的坎尼（Cannae）大敗羅馬人（西元前二一六年），欣羨之餘便起而效尤，也興兵對抗羅馬。羅馬同時有那麼多條前線要打仗，左支右絀之餘，就是讓腓力五世在在阿爾巴尼亞海岸外海打贏了幾場海戰。羅馬這時還是以他們在義大利的軍事戰略為基準點來看待馬其頓興兵來犯的問題。羅馬惟恐他們會丟掉亞得里亞海南部海岸，就派了一支軍隊到布倫狄辛（Brundisium；布林狄西Brindisi）去攔截馬其頓人，免得他們登陸。[56]馬其頓死守不退，羅馬也沒辦法恫嚇他們屈服。羅馬這時也就看出來了他們在地中海的版圖擴張後，原先他們根本看不到的鄰邦這時也教他們遇到了，甚至會有衝突。

西塞羅筆下的西西里島是：「我們皇冠鑲的第一顆寶石，我們劃歸行省的第一處地方」。因為這時羅馬人開始覺得在西西里島這樣的地區打造非正式的帝國，已經不敷所需。羅馬對敘拉古僭主伊耶羅二世禮遇有加，西元前二三七年還讓他以元首身份出訪羅馬作國是訪問，而伊耶羅也以二萬蒲式耳（bushel）的西西里穀物回贈羅馬。羅馬樂見西西里島的南部和東部由他掌握。但是北部和西部就不一樣了，羅馬在這一帶和迦太基人打過幾場慘烈之至的海戰，到了西元前二二七年，這一帶已經交由羅馬「執政官」（praetor）治下。羅馬人在島上派駐了軍隊和艦隊留守，但他們需要食糧果腹，巡行地中海中部的海軍船艦也需要補給口糧。也因此，羅馬決定為穀糧課稅訂下比較正規的制度。西元前二一五年，年邁的伊耶羅二世逝世之後，動盪的野火紛起，敘拉古也爆發動亂。[57]城內仇視羅馬人的派系癡心妄想布尼克人會站在他們那邊，協助他們鞏固敘拉古在西西里全島的治權，渾似迦太基人才不會想要來分一杯羹——怎麼可能！[58]倒是迦太基確實有本事，真的趁機在島上重振起聲勢，駐軍數以萬計，而以阿格里真托作為布尼克人的一大重要據點。然而，西元前二一三年羅馬調動大軍傾力對付的目標，卻是指向敘拉古。敘拉古在那時是島上最大的城市，也是羅馬新一波亂源所在。只是羅馬要封鎖敘拉古的港口，船艦擺出來的陣式卻空出寬寬的間隔，讓迦太基的艦隊可以長驅直入，安然穿過。不過，西元前二一二年迦太基人一支多達七百艘商船的龐大使節團由一百五十艘戰船護航，想要開進敘拉古，想當然就發現他們想得太美！話說回來，海上封鎖在這時期還是幾乎做不到的事，特別是要對付海港開口很寬、海堤很長的城市。而敘拉古和迦太基人能把羅馬的艦隊打得七零八落，算是多虧他們樂於聽從大發明家阿基米德的意見。阿基米德最愛設計新機械，像有一件機器就把羅馬人的船艦直接從水上吊起，用力搖晃，晃得一個個水手撲通落水。再有一件機器有多面大鏡子將西西里島烈日的熾熱光線反射到敵艦的木材，引燃火勢，燒掉船隻。不過，羅馬人也是韌性十足，在西元前二一二年重新拿下敘拉古，阿基米德據說就是埋頭在沙上描畫他精巧的新發明時，慘遭羅馬人痛下毒手而遇害。[59]翌年，羅馬人把阿格里真托從迦太基人手中又再搶回去，再下一年，羅馬人甚至誇口西西里全島連一個自由的迦太基人也找不到了。[60]此番勝利帶來的額外紅利不僅在軍事、政治，也包括文化：敘拉古的金銀財寶被羅馬人劫掠一空，希臘人的雕像也被運回羅馬作凱旋大遊行，連帶刺激羅馬人對希臘優異的文化愈來愈嚮往。

這一次戰事又拖了十年，才由西西里島之外出的幾件事情決定最後的勝負；然而，要不是有西西里島的幾場勝利作基礎，羅馬最後的戰果有不少大概也會付諸流水。例如格奈尤斯・普布里烏斯・西比奧在西邊發現一處很大的潟湖，就緊接在新迦太基城邊，可供羅馬軍隊涉水而過，結果便因此在西元前二〇九年攻下了新迦太基城。不過，雙方的戰事這時期正逐漸朝北非聚焦，羅馬也終於在西元前二〇二年於〔非洲西北角海岸〕扎馬（Zama）之役打敗漢尼拔——漢尼拔雖然在義大利半島四處征戰，縱橫半島多年，肆虐破壞，卻未能達到預訂的目標。羅馬有辦法將數千人馬從西西里島運送到北非，固然是他們打敗漢尼拔的關鍵，但是羅馬和努米底亞國王結盟，也是贏得勝利的保證。羅馬這一次戰勝，也贏得了地中海的控制權，這一點由迦太基人和羅馬最後簽訂的屈辱條約可以得證——迦太基只准保留十艘三列槳座船；至於迦太基夙負盛名的大型五列槳座船就更不在考慮之列了。依羅馬史家李維（Livy）記載，總計有五百艘戰船被羅馬人從迦太基的圓形大港拖出去燒毀。迦太基這一次當然又要再付出巨額賠款才行，他們在非洲之外的每一處屬地盡數割讓給羅馬人，在非洲的領地也有部份割讓給努米底亞人。漢米卡・巴卡早年在西班牙苦心經營來的屬地，就這樣全部割讓給了羅馬。迦太基也不准興兵到非洲境外作戰——所以，迦太基實際形同降格為羅馬的藩屬國。這樣的條件一般是用在羅馬在義大利半島的鄰邦，這時用在迦太基，簡直就是去勢。[61]羅馬就這樣原本無意求取大位，到最後卻一路登上了一呼百諾的主宰寶座。

七

羅馬人雖然打敗了漢尼拔，但在地中海中部卻還有許多棘手的難題尚待解決。羅馬後來又跟馬其頓王國打了兩場仗，逼得馬其頓不得不接受羅馬為宗主國。往南，羅馬在希臘中部和「埃托利亞同盟」（Aetolian League）打仗；往東，羅馬和塞琉古王朝的軍隊交鋒，也就是亞歷山大大帝死後在敘利亞攘奪到大權的希臘將領。[62]等再到了西元前一八七年，羅馬的勢力已經從巴卡氏先前在西班牙打下的領地一路延伸，橫越地中海直達黎凡特區。潛在的強敵不是沒有，例如埃及的托勒密王朝便擁有壯盛的艦隊。

不過，有史以來，地中海全區無論何地同都感受得到同一國家強勁的政治震波，這是頭一次。迦太基人對於周遭的衝突，以默不作聲明哲保身，信守他們和羅馬簽下的屈辱條約。〔羅馬人打塞琉古王朝的〕「敘利亞戰爭」（Syrian War;192—188 BC）期間，迦太基甚至將僅剩的艦隊派到他們遠古先人出身的水域去〔協助羅馬〕打仗。迦太基遠在國外的屬地散佈眾多廣闊農莊，所生產的穀物也是羅馬陸上、海上大軍糧食補給的來源。[63]西元前一五一年，迦太基付清了他們欠羅馬的賠款。也就是在這時，迦太基和努米底亞高齡八十好幾的國王馬西尼薩（Masinissa）起了衝突。迦太基人這時相信他們已經完全掙脫了羅馬的枷鎖，可以自行決定攻打馬西尼薩。羅馬那邊想的卻不一樣。欣欣向榮、重振雄風的迦太基，即使對羅馬擁有的西西里島、薩丁尼亞島或是西班牙沒有直接的威脅，在羅馬眼中，對他們統御大半個地中海，依然算是間接的威脅。老加圖（Cato the Elder）這位大保守派出任迦太基和馬西尼薩雙方的官方調人，去過一趟迦太基後，就認定羅馬若要求個安穩的未來，唯有待迦太基徹底滅亡方才可得。他對此還十分執著；在羅馬元老院演講，動輒就要抨擊一下迦太基，而且每一次演講作結，即使內容和迦太基完全無關，他也一定拿這一句話作結尾：「還有，依在下淺見，迦太基非滅不可。」[64]羅馬人的威逼恫嚇就此開始。迦太基先是接獲羅馬的敕令要他們提供人質，迦太基依命行事。接著，迦太基再獲敕令要交出庫藏的武器，他們有的二千具弩砲也包括在內，迦太基還是依命行事。再下來，羅馬下達的第三道敕令就實在教人難為了。迦太基獲令要全城人口棄城他去，往內陸遷移至少十英里，地點自選。[65]要是羅馬覺得他們讓迦太基人自己選擇遷徙的地點是寬大的表示，那就是在自欺。迦太基這一次拒不從命，戰爭就此爆發。由羅馬的第三道敕令明白可見這一次開戰事關迦太基的生死存亡，大不同於先前兩次戰事。羅馬大軍由西比奧・埃米利安努斯（Scipio Aemilianus;185 — 129 BC）率領，朝北非開拔；西比奧・埃米利安努斯是先前迎戰漢尼拔的大將老西比奧的繼孫。這一次在西西里島或是西班牙就再也沒人跟著依樣打拳擊了，畢竟迦太基的勢力範圍大為縮水，兩地同都遠遠落於其外。迦太基人雖然展現了非凡的本事，打造出一支新艦隊，卻還是在海上被封鎖，在陸上被圍城，最後在西元前一四六年春天城破國滅。西比奧將城內居民盡數俘虜為奴，夷平泰半城區（至於他是不是真的在地上灑鹽，代表迦太基永世不得再起，其實不得而知）。

三次布尼克戰爭延續近一百二十年，影響幅度遠遠超過地中海的西部和中部：迦太基陷落該年，羅馬也將希臘牢牢置於掌握之下，從而掀開了羅馬和埃及、敘利亞兩地君主激烈競爭的序幕，三路人馬搶著要當地中海東部的霸主。二十多年來，羅馬先是和馬其頓王國、繼而和希臘城邦組成的幾支聯盟纏鬥，終於在西元前一四六也拿下了科林斯城。羅馬視科林斯城為反羅馬陣營的中樞，但科林斯有諸多商業優勢加上兩座港口，卻也不容羅馬否認。所以，全城就被羅馬當作戰利品來處理。城內居民全數發配為奴，華美而且多半十分古老的藝術作品付諸拍賣。一船又一船的雕像、畫作送往羅馬，羅馬貴族因之而對希臘藝術更加狂熱。城市滅亡所留下的文化效應，南轅北轍！布尼克的文明在迦太基城破國滅之後，在北非苟延殘喘，淪為通俗文化。希臘文明在科林斯城陷落之後，卻朝西邊傳佈。[66]兩邊的戰事在羅馬人的意識烙下的印記，又是另一番模樣。維吉爾在奧古斯都皇帝時代寫下迦太基建城的女王蒂朵和特洛伊城亡命海外的難民伊尼亞斯以死亡作結的糾葛。兩人剪不斷、理還亂的關係，確實唯有蒂朵的迦太基投身火葬堆的烈焰方才得解：

> 男人呻吟，夾雜尖叫、哭喊

哀號的女聲直竄圓拱的雲漢。
嘈雜吵鬧，不下於——泰爾古城垣〔韻？〕
新迦太基現今，為仇敵燒成熾焰——
滾落的瓅瓦，夾著鍾愛的廳舍，
捲入眾神廟堂沖天的火舌。[67]

第八章 古往今來一吾海

西元前一四六年—西元一五〇

一

羅馬和地中海的關係在迦太基城和科林斯城陷落之前，就已經有了重大的變化。這關係可以分為兩條路線來看。一路的關係是政治；在第三次布尼克戰爭之前，羅馬的勢力範圍已經明顯擴張，西起西班牙，東到羅德島，只差羅馬元老院沒在海岸地帶和各處群島直接行使治權就是了。另一路的關係是商業，羅馬商人和地中海各個角落因為商業的關係，拉起了日益緊密的紐帶。只是，元老院和商人畢竟是截然不同的兩種人。羅馬貴族一如荷馬史詩中的英雄豪傑，就愛自誇未曾沾染商業貿易而玷污雙手，商業在他們心目當中是和耍手段、搞投機、不誠實連在一起的。商人不說謊、不耍詐、不賄賂，怎麼賺得了錢？富商巨賈不過是頂尖的賭徒，靠的是投機冒險、貪圖僥倖才聚斂來財富的。[1]不過，對商人有這般高傲輕慢的態度，卻擋不下羅馬人不去作生意，連老加圖和西塞羅這樣的顯貴也無法倖免，不過，他們當然是透過掮客作中間人，而他們的掮客，就泰半屬於「新羅馬人」這一類了。

羅馬拿下義大利半島後，將羅馬「公民」的身份授與治下許多市鎮當中的居民，並且派從部隊除役

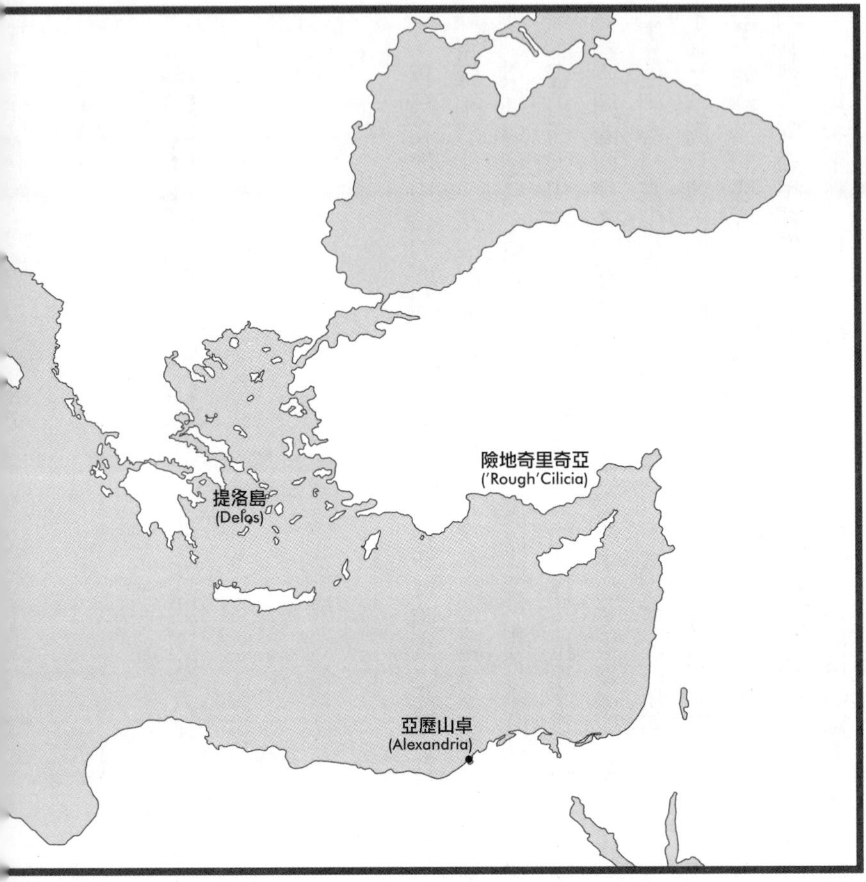

的老兵去建立羅馬直轄的殖民地。「羅馬人」一詞也就漸漸和「住在羅馬」這樣的條件脫鉤，何況住在羅馬城內的人也不全有羅馬公民的身份。有投票權才算是公民，但是女子和奴隸就沒有投票權。西元前一年，羅馬城內的奴隸大概有二十萬人，約佔全城人口總數的五分之一。這一大群人的經歷，是地中海民族史的重要組成。迦太基城和科林斯城的俘虜可能會被發派去農莊下田耕作，不僅離鄉背井過苦日子，還不知妻孥的命運。在伊比利半島，俘虜就是發派到西班牙南部的銀礦去工作，苦境一樣難以言喻。不過，要是拿得出

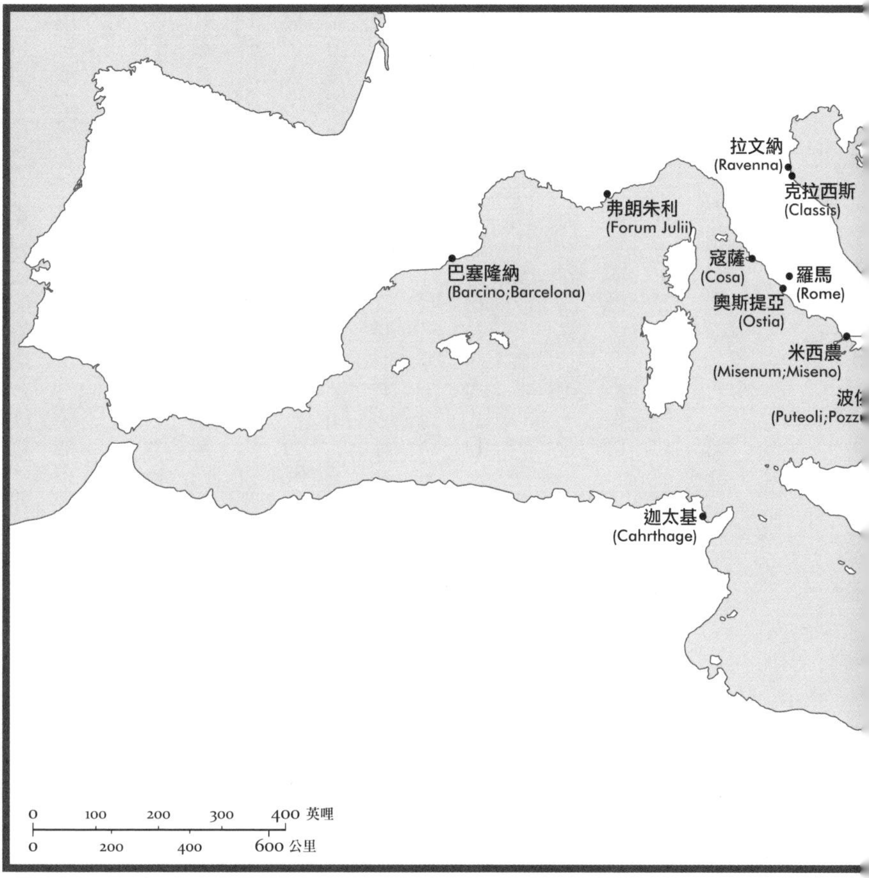

才藝，倒不是沒有可能發派到貴族人家去當希臘文的家教，或是為主人作商業中間人，甚至遠行到海外去從事貿易（雖然在亞歷山卓不無可能沈淪在酒池肉林而不見蹤影）。奴隸也可以把錢存為「特有產」（peculium），也就是奴隸也可以存「私房錢」——但和奴隸別的東西一樣，依法還是屬於奴隸主名下所有——因此，奴隸說不定到後來還是有錢得以替自己贖身，或是奴隸主懂得感恩圖報，會為了答謝偏愛的奴隸而釋放奴隸自由——但一般還是要看奴隸主子高興。〔奴隸成為〕自由人若是開起了錢莊或是商行，不無機會當上巨富，享受羅馬公民的好處。所以，希臘、敘利亞、北非、西班牙來的一大批又一大批移民蜂擁朝羅馬聚流之後，希臘語原本就是地中海東部的標準溝通憑藉，理所當然也跟著在羅馬城中許多地區成為日常通行的語言了。詩人盧坎（Lucan）在西元一世紀發過牢騷：「城裡人哪算得上是羅馬本地人，都是人類的雜碎：簡直就是種族大雜燴，就算想打內戰，也沒有誰算是城裡人而打得起來的。」[2]他是帶著勢利眼在講這樣的話沒錯，但話裡不無自怨自艾：他出生於西班牙南部哥多華（Córdoba），小時候被人帶到羅馬來。甚至連元老院那一級的貴胄都被自由人的子孫滲透進去，名門世家出身的伊特魯里亞人、薩莫奈人、拉丁人就更不在話下。[3]喜劇作家普勞圖斯（Titus Maccius Plautus）寫的劇作多的是狡滑的商人和機伶的奴隸，有一齣戲就穿插了幾段北非的布尼克語來提味添色。由於羅馬城及其幾處外港招徠大批外國行商，所以語言就混得更形雜亂了。例如有泰爾人；泰爾曾是腓尼基人數一數二的大城，他們的商人在奧古斯都皇帝時期已經在貿易圈重拾以往舉足輕重的角色。也有猶太人；他們在這時候也多出來不少船主和水手。還有義大利南部的人；因為那不勒斯灣那時在羅馬的物資供輸網路佔有特殊的地位，這在後文便會提到。所以，所謂的「羅馬商人」，指的是「羅馬保護的商人」，而不是「經商的羅馬人」。

羅馬於地中海世界嶄露頭角，憑藉三大因素：那麼大的城市所需的民生物資供應無虞，物資有港口可以送達，供應物資的商人有所保護——所以，這就要打擊海盜。在地中海東部神出鬼沒的海盜，對於亞歷山卓、狄洛斯（Delos），還有羅馬其他貿易夥伴建立起來的貿易網是否能夠維持安穩，是很大的威脅。

二

海盜是看哪裡繁榮就往哪裡去的。西元前二世紀貿易發達的榮景，正是海盜猖獗的絕佳溫床，羅德島和狄洛斯島都沒有海上的軍力可以掃蕩地中海東部的走私船，尤其是羅德島衰落之後更是嚴重。而海盜在西邊為禍之烈，並不亞於東邊。西元前一二三至一二一年，梅特路斯・巴利亞利庫斯（Metellus「Balearicus」）就是因為在巴利亞利群島鎮壓該處特別難纏的海盜，成效斐然，名號才多出了「巴利亞利庫斯」這一截的。巴利亞利群島那時已在羅馬治下，該處海盜坐的小船頂多只能說是舢舨吧，但是，他們划槳出海，對於過往船隻卻像是芒刺在背，討厭之至。[4]布尼克人的首都迦太基城陷落之後，再也沒有迦太基的商人在這一帶海域扛起巡防的責任。羅馬人也才開始體認到海上巡防的責任已經落在他們頭上，也開始認真看待這樣的責任。西元前七十四年，年輕的羅馬貴族蓋烏斯・朱利烏斯・凱撒，於前往羅德島途中遭海盜俘虜——他是要到羅德島去學修辭學的（他這人的學養不錯）。海盜知道中了大獎，肉票值得勒索贖金，所以對他相當禮遇。不過，凱撒還沒真的獲釋竟然有膽子放話刺激他們，說他日後一定回來把他們殺得片甲不留。後來，凱撒也真的召集了一支小艦隊逮到了先前俘虜他的海盜，一一送上十字架。由於當初海盜待他如上賓，他便也投挑報李，在他們釘上十字架前就先切斷他們的喉管。[5]

海盜靈活的小型船隊以克里特島、義大利半島、土耳其東南部險峻的海岸地帶作為巢穴，鎖定船運航線伺機下手行搶。土耳其這塊陡峭山地還有個巧妙的名稱，叫作「險地奇里奇亞」（Rough Cilicia），就在塞浦路斯島的正北方，羅德島東邊幾百英里外。由於伊特魯里亞一帶的大城紛紛式微，透過那些地方進行的貿易隨之衰落，以致伊特魯利亞的船主也開始改用不太正規的作法來想辦法賺錢。羅德島有碑版上的銘文記載了一個叫瑪克拉提斯（Timakrates）的人，有三位兒子，都因為和肆虐地中海東部的提雷尼亞海盜交手而喪命。[6]有時連海軍也慫恿民間的武裝民船巡行水域，搜尋特定的敵船來要買路錢。斯巴達君主納維斯（Nabis）在西元前二〇〇年前後就在做這樣的事。他和克里特島的海盜結盟，狼狽為奸，任由海盜去打劫運送物資到羅馬的船隻。[7]盤據西西里島的羅馬叛將，例如塞克斯圖斯・龐培烏斯（Sextus Pompeius），名將龐培之子，也曾發動自己旗下的船隻去攔截前往羅馬的運糧船——這對塞克斯圖斯・龐培烏斯而言可是舉手之勞，除了西西里島，薩丁尼亞島一樣在他掌握之下。[8]群島、海岸港口的領主對於通過旗下水域的商船會徵收通行稅，若有不從就暴力相向。海盜也需要有地方卸下他們搶到手的財貨、奴隸，因此亟需幾處小港的居民願意和他們同流合污才行。所以，像〔安納托利亞半島南岸〕阿塔利亞（Attaleia）這樣的地方就招徠了無以計數的銷贓戶、妓女、走私客、老千。奇里奇亞海盜甚至還有辦法在〔安納托利亞半島南岸〕托魯斯山脈（Taurus Mountains）的南麓一帶供養起好幾處聚落。他們講盧威語，社會屬氏族部落，男、女子嗣同受重視，由長老「提然諾」（tyrannoi）負責管理部落。[9]海盜船上的人手都是出身山區的人，往山下移居到海岸邊，上船討生活。不過，要不是有海岸一帶出身西代（Side）和阿塔利亞的水手大力協助，他們應該學不到航海的技能。依照地理學家斯特拉波的說法，西代那裡的人讓奇里奇亞海盜在他們的碼頭拍賣奴隸，而不管他們心裡十分清楚那些俘虜原本應該都是自由人。[10]普魯塔克寫過他們建的輕巧小船，由他們駕駛起來，效能奇佳：

> 他們的船在船頭有鍍金的桅桿；船帆有紫色的織花，船槳包著銀板，好像很以炫耀他們的不法勾當為樂。一千人在岸邊不外就是唱歌跳舞、吃喝狂歡。[11]

到了西元前六十七年，海盜已經侵門踏戶到了羅馬城的大門口，港口奧斯提亞和義大利沿岸地帶備受海盜侵襲。[12]普魯塔克就又說過：

海盜的勢力已將地中海各地納入他們掌握，任他們予取予求，沒留下一處供人安全航行、通商。這一點尤其教羅馬忍不下去，覺得貿易的市場因此極度受限，長此以往陸上必定陷入缺糧、饑荒的困境，所以，最後終於決定派龐培出馬，去將各處的海域從海盜手中收復回來。[13]

那時龐培已經在羅馬城的權力鬥爭當中力壓群雄（或說是樹敵無數，就看是站在哪一方來看）。[14]對於海盜肆虐的難題，他有心要斬草除根，徹底解決。西元前六十六年，他將地中海劃分為十三區，一步步逐區將海盜剷除。他首先處理的是羅馬近處的海盜，待提雷尼亞海域的海盜掃蕩乾淨之後，他便率艦隊到西西里島、北非和薩丁尼亞島繞上一圈，在西塞羅說的「國家三大穀倉」派駐守軍駐防，保障羅馬自家的生命線。[15]據說這工作他四十天就大功告成。再之後，他已經準備就緒，要給奇里奇亞那裡迎頭痛擊。只是他的戰功傳揚的速度跑在他的艦隊前面，他的艦隊才剛開到奇里奇亞海岸目視所及之的水域，一座座城鎮便聞風投降；所以，海上、陸上都只有零星的戰事而已。[16]龐培的艦隊大概有五十艘戰船和五十艘運輸船，不算太大，只是，奇里奇亞人用的輕巧快船絕非對手，而且，龐培要是說他要五百艘船，羅馬的公民大會也絕對二話不說投票就給。[17]龐培的目標不在殲滅海盜，而在消滅海上行搶的歪風。所以，他對敵人並未大開殺戒，而是納降招安，重新安置，配給農地令他們集體遷徙。[18]元老院先前的議案是支持龐培肅清海盜以三年為期，龐培肅清海盜的大戰維時只有三個月便算是大功告成了。自此而後，海盜只算小討厭，不再是危及羅馬物資供輸的大禍害。

龐培利用肅清海盜的戰爭作為跳板，將羅馬統治擴張至敘利亞和巴勒斯坦大片地區，而這地區要維持穩定，不僅有賴羅馬的大軍，也有賴地方上君主認清他們和羅馬結盟才是保障他們手中治權的上上之策。[19]龐培卻沒有意思要將東邊收歸他個人專屬的地盤。羅馬的疆域會擴張到地中海東部，只是羅馬權貴捉對廝殺，引發一連串腥風血雨的內戰，而帶出來的副產品罷了。先是龐培對上凱撒，再來是布魯圖斯（Marcus Junius Brutus）對上馬克・安東尼（Mark Anthony）和屋大維，之後安東尼和屋大維反目——後來的奧古斯都・凱撒。西元前四十八年，龐培這一派的人馬和凱撒的人馬在希臘東北部的法爾薩盧斯（Pharsalus）對陣（凱撒提起敵方的死傷，說「全是他們自找的」）[20]龐培逃往埃及，中計走入陷阱，以為來到了安全的庇護所，才一上岸就被亂刀刺死。地中海東岸唯一不在羅馬掌握的大塊領土就是埃及，而這埃及「毀了是損失，兼併是風險，治理是麻煩」。[21]只是，凱撒追殺龐培，在宿敵死後兩天踏上埃及海岸，才剛到就看出他有機會為羅馬在埃及培植勢力，風情萬種、足智多謀（但可能不怎麼漂亮）的女王克麗奧佩特拉（Cleopatra）正與弟弟托勒密十三世（Ptolemy XIII）爭權，凱撒借此時機表示願意給與一臂之力。所以，便像前文提過的那樣，凱撒砲轟亞歷山卓，稱了心願，但也落下了毀掉整座或是大半個圖書館的罪名。之後，女王雖然還算獨立的君主，但是凱撒以保護女王的名義，派出了羅馬軍隊駐守埃及。不論凱撒算不算征服埃及，埃及的女王克麗奧佩特拉倒是真的收服了凱撒。克麗奧佩特拉生下一子，取名為托勒密・凱撒（Ptolemy Caesar）。克麗奧佩特拉前往羅馬時也將幼子一併帶去，時人也就認定孩子應該是凱撒的親骨肉。羅馬大將軍的兒子日後可能即位當上埃及法老，看得羅馬的政治人物心頭一驚，覺得凱撒說不定也有稱帝的野心——縱使歷史學家大多主張「凱撒遇刺是因為他先前做過的事，而不是因為他想要去做的事。」[22]

凱撒在西元前四十四年遇刺身亡之後，羅馬的政爭似乎讓埃及有脫離羅馬勢力的機會。凱撒的繼承人屋大維和凱撒的部將安東尼，雖然在西元前四十二年合力在愛琴海北岸附近的腓立比（Philippi）一役擊敗刺殺凱撒的政敵，為凱撒之死復仇，但是兩人的關係卻也惡化。凱旋一方的領袖自命為「三雄」（Triumvirs），瓜分羅馬世界，屋大維握有西半部，安東尼據守埃及和東半部，雷比達（Lepidus）分到北非。他們的目的倒不在真的將羅馬的領土分為三塊，而是要鞏固新政權，重新建置各省。安東尼將幾座腓尼基城市、「險地奇里奇亞」，還有塞浦路斯全島（西元前五十八年由羅馬兼併）分給克麗奧佩特拉。奇里奇亞並非不值一顧的地方，因為那一帶長久以來一直是木材的大產地；腓尼基和塞浦路斯島也同樣不是敝屣。只是，羅馬又有一位大將安東尼，也拜倒在克麗奧佩特拉風情之下了。詆毀他的人說他自命為埃及未來的國王。只是他是否真的想以亞歷山卓作為泛地中海帝國的新都城呢？他打敗亞美尼亞人後，在亞歷山卓舉辦羅馬式的凱旋大遊行，場面之壯盛，埃及前所未見。[23]此後屋大維和安東尼之間猜忌日益明顯，內鬥爭權也化暗為明，走上開戰。

屋大維爭奪權位的一大勝利，卻不是在埃及打贏的，而是西元前三十一年在希臘西北部的亞克興角（Actium）海上打贏的，地點鄰近愛奧尼亞群島。安東尼的艦隊比較大，補給線也比較好，一路可以拉到埃及。他缺的，就是他眼中視作盟友的那些人相挺的情義。由於盟友臨陣脫逃，安東尼遭屋大維的艦隊圍堵，最後只勉強帶了四十艘突圍，逃回亞歷山卓。[24]這一仗真的是轟轟烈烈的大戰嗎？現今不明，不過，屋大維倒是拿這一仗當宣傳戰，打得虎虎生風。

青年凱撒，挺立船尾，甲冑熠熠生輝，
羅馬人和他們的眾神作戰便由他指揮；
閃亮的額角吐出火光直達遠方；
朱利烏斯之星高懸在他頭頂上方。

另一邊則是罪大惡極的安東尼：

對面列陣以待，安東尼烏斯隊中夾雜
蠻族的援軍，東方國王的兵馬，
近的有阿拉伯人，遠的如巴克特利亞族，
語言扞格嘈雜，陣仗錯亂侷促；
還有，俗麗的袍服夾雜爭權奪勢
緊隨不捨的噩運啊——那埃及的妖婦妻室（Sequitur，nefas，Aegyptia coniunx）[25]

此後千年，亞克興角一役就這樣一直為人奉為世界史的一大轉捩點。屋大維在義大利向來少了一些威望和擁戴，因為這一場戰役，終於樹立起來。這一次勝仗，確保地中海東部還會在羅馬麾下三百年，直到君士坦丁堡崛起為「新羅馬」，方才開創出新的權力制衡。

安東尼戰敗之後，在埃及苟延殘喘了一年，等到屋大維的部隊從東、西兩方夾擊，安東尼因為兵敗而自殺。數日之後，埃及最後一位法老克麗奧佩特拉也自盡相隨。至於她是不是真的利用毒蛇角蝰自盡，毒發身亡，純屬枝微末節。重點在於這樣一來，屋大維也成為埃及的新主子，而且看得出來，他即刻明瞭他這一搶可是搶來了什麼寶藏。所以，他以法老之姿君臨埃及，再怎樣也要將埃及劃歸為他私人的地盤，他派遣總督代他治理埃及，直接對他負責，而不是對「羅馬元老院暨公民大會」（Senatus Populusque Romanus）——名義上擁有至高無上的權威。[26]屋大維深知埃及最大的寶藏不在翡翠，不在斑岩，而在尼羅河的麥穗。

羅馬掃蕩海盜，在地中海東部攻下大片領土，還有連番的內戰，在在於地中海的政治、經濟掀起了劇烈的震盪。自此而後，從直布羅陀海峽到埃及、敘利亞、小亞細亞一帶海岸，這一大片水域的安全一概在羅馬人的掌握之下；地中海統整為羅馬人的內海就此大功告成，全程歷時達一百一十六年。第一階段是從迦太基、科林斯兩大城邦滅亡到西元前六十六年討伐奇里奇里的戰役。之後的第二階段就短得多了，以屋大維攻下埃及劃上句點。屋大維的勁敵紛紛落敗之後，屋大維就變身為「奧古斯都．凱撒」，頭銜為「第一公民」（Princeps），也就是羅馬世界的領袖。羅馬連番的內戰由他贏得最後的勝利，常常被人認為是新秩序成形、羅馬帝國誕生的時刻；替他當宣傳專員的詩人、史家如維吉爾、賀拉斯、李維等人，對此自然也大力吹捧，推波助瀾。不過，新的帝國秩序也是因為羅馬的治權朝外擴張，東邊遠達埃及，因而建立起來的。地中海先前就已經是吾海（our sea,mare nostrum）了，不過，這時的「吾」所指的「羅馬」，遠大於「羅馬元老院暨公民大會」。羅馬的公民、自由民、奴隸還有盟邦，無不蜂擁穿行地中海區：商人、士兵、俘虜，循海面縱橫交錯的航線你來我往，背負的文化則以希臘化文化為主——希臘化文化已經深入羅馬骨髓。詩人、劇作家如維吉爾、普勞圖斯、泰倫斯（Terence）等人筆下的觀念、題材、格律在在取法希臘範式。東方傳來的主題日漸融入羅馬文化；在亞歷山卓的街頭巷尾早就是老嫗能解的，這時也在羅馬城內蔚為流行。例如伊西絲（Isis）崇拜，就被〔努米底亞柏柏人〕阿普雷歐斯（Apuleius）寫進諷刺小說《金驢記》（*The Golden Ass*；*Asinus aureus*；又名《變形記》，*Metamorphoses*）；「以色列的神」（God of Israel）也早在西元七〇年羅馬人攻破耶路撒冷之前，就由猶太商人和俘虜帶進羅馬城了。這樣一面龐大的勢力網，中心便是羅馬城，擁擠嘈雜的國際都會，有上百萬居民需要養活。羅馬取得埃及，為穀物供應取得了保障，也等於是為帝國統治的昌盛取得了保障。

三

穀物貿易不僅是羅馬商人因之獲利而已。西元前五年，奧古斯都・凱撒廣發穀物給羅馬三十二萬名男性公民，也得意地在一塊大公告碑版的銘文寫下這一件事，紀念他締造的勝績和成就；因為，贏得羅馬人愛戴之重要，不亞於贏得海上、陸上的戰事。[27]「麵包和競技場」（bread and circuses）的年代就此掀開序幕；籠絡羅馬人民此後成為羅馬皇帝精通的技巧——只是烘焙的麵包還要等到西元三世紀才真的上場發放給人民，那時的羅馬皇帝奧勒留（Lucius Domitius Aurelianus）開始以麵包取代穀糧。[28]西元前一世紀末，地中海幾處首要的穀物產地，如西西里島、薩丁尼亞島、北非等地，也就是龐培費心要保護的地區，都已經由羅馬控制。結果，義大利半島中部耕作穀糧的農地反而開始縮減。西元前二世紀晚年，羅馬護民官提貝流士・格拉古（Tiberius Gracchus）已經在抱怨伊特魯利亞那一帶的大農莊莊主只知道拿畜牧獲利，而不思耕種。[29]羅馬已經不需要再看義大利彆扭古怪的天色來求糧源，可是，遠距離遙控西西里島和薩丁尼亞島，卻非易事，由羅馬和〔盤據西西里島的龐培之子〕叛將塞克斯圖斯・龐培烏斯的戰爭就可知一二。所以，他們的貿易體系就必須改良得愈來愈精密，以求保障羅馬的糧源和其他物資運輸可以順暢無虞。而且，奧古斯都大興土木改造羅馬城，建起多座雄偉的宮殿矗立帕拉提尼（Palatine）丘，奢侈品的需求隨之激增，例如絲綢、香水、印度洋來的象牙、希臘的精美雕像、玻璃器皿、地中海東部來的雕花金屬器皿等等。先前在西元前一二九年，攻下迦太基城的羅馬名將西比奧・埃米利安努斯，曾經率領羅馬使節團前往埃及。埃及國王托勒密八世（Ptolemy VIII）以豪華盛大的餐宴款待貴賓，卻以一襲絲織的及膝束腰袍服（tunic）嚇壞眾人，因為這一件絲袍（絲料說不定還是從中國來的）通體透明，國王肥墩墩的身材在羅馬貴賓面前不僅一覽無遺，連下體也一清二楚。不過，西比奧嚴肅刻苦的性格，當時在羅馬貴族已經不流行了。[30]就連同樣嚴肅刻苦的老加圖也投資船運業，買下百分之二的股份，還懂得將投資分散在多批航次，也派他的自由人心腹昆提歐（Quinto）隨船出海當他的買辦。[31]

從狄洛斯島建制為自由港（168 — 167 BC）起，到西元二世紀這期間，地中海的海上交通大為蓬勃。如前所述，海盜的麻煩在西元前六十九年之後銳減，海上航行變得安全得多了。不過，有一點很有意思：最大的船隻（排水量二百五十噸以上）大多屬於西元前第一和第二世紀的年代；而不論哪一時代，都以排水量不到七十五噸的船隻佔大多數。大船可以配備武裝衛隊，縱使航行的速度追不上小船，但比較有能力自衛，抵禦海盜。但在海盜勢力消退之後，就換小船吃香了。小船能載的雙耳細頸瓶頂多就是一千五百具，大船能載的就可以多達六千具甚或不止，而且，直到中古時代晚期都還找不到真的能把古代的這種大船比下去的。[32]而從船貨種類之單純，就能掌握得到當時海上貿易規律的節奏：半數的船隻載的全是一種貨物，或者是葡萄酒，或是橄欖油，或者是穀物。散裝貨物以船運渡海的運量還要更大。海岸地區要是有港口可以通達，農地往往就會變成專門種植適合該地土壤的作物，民生必需品就改由固定來往的行商負責供應就好。「羅馬和平」（*Pax Romanas*），也就是鎮壓海盜，將治權擴展至地中海各處而開啟的承平歲月，為貿易提供了安全的保障。

寇薩是伊特魯里亞海岸線外一塊岬角上的小港，卻留下可觀的的證據，供人一窺當時船貨在地中海各處穿梭的動態。寇薩鎮上有幾處作坊，在羅馬帝國時代初期因為一戶貴族人家帶動，而做出了數以千計的雙耳細頸瓶。這一戶人家塞斯蒂（Sestii），就這樣把他們的小鎮變成了興隆的產業中心。馬賽附近的大康格盧島（Grand-Congloué）有沈船遺物找到了寇薩出品的雙耳細頸瓶：總計一千二百具瓶罐，大半都有SES的標記，也就是塞斯蒂家的家徽。另一批沈船遺物壓在這一批遺物下面，年代為西元前一九〇至一八〇年，就有羅德島和愛琴海別的地方出品的雙耳細頸瓶了，外加大量義大利半島南部出品的餐具，都是準備要運到高盧南部或是西班牙去的。這類貨物送達港岸之後可以再深入內陸運送到很遠的地方；散裝的糧食就是以在沿岸或是海岸近處便消化掉的為多，因為這類貨物入港後要再往內陸運送較為不易，成本也較高昂——經由河運倒是除外。水路運輸比陸路不知要便宜多少，這一點在那時代可是連羅馬離岸這麼近的城市都是個問題呢；這一點於後文會再提及。[33]

穀物是糧食貨品的主力，特別是西西里島、薩丁尼亞島、北非、埃及生產的硬粒小麥（tricicum durum）——硬粒小麥比軟質小麥乾燥，保存的期限也就長一點。不過，真正的行家愛的是西利戈麵粉（siligo），這是拿斯佩耳特裸麥（naked spelt）磨製成的軟質麵粉。[34]以麵包作主食只能填飽肚皮而已，加上乳酪、魚或蔬菜做成麵包配菜（companaticum），就擴充了飲食的內容。蔬菜不利運輸，醃漬過的除外；至於乳酪、橄欖油、葡萄酒，在地中海各地便都找得到市場，以海路運送鹽醃的肉類，則泰半專門供應羅馬軍隊作為軍糧補給。[35]魚醬「嘉露」也日漸風行，這是拿魚的內臟做成的醬料，很臭，當時裝在雙耳細頸瓶內行銷地中海各地。巴塞隆納在大教堂附近的考古遺址，就在規模不算大的帝國城鎮當中挖出一座嘉露工廠，佔地還不小。[36]順風的話，從羅馬城到亞歷山卓航行約需十天的工夫，距離約為一千英里；然而回程要是遇上天候不佳，時間就可以拖長到六倍，但是當船主的人當然希望三個禮拜左右可以走完。十一月中旬到翌年的三月上旬，最好不要出海航行；九月中旬到十一月上旬，三月到五月底，這兩段時節出海也比較危險。這幾段時節是「停航期」，直到中古時代末了多少還是地中海航運奉行的鐵律。[37]

塔爾速人保羅（Paul of Tarsus）在〔《聖經》新約〕〈使徒行傳〉（Acts of the Apostles）當中便為冬季行船出岔留下過生動的記載。保羅被羅馬人抓去，在安納托利亞半島南岸關進一艘亞歷山卓的運糧船，要從邁拉（Myra）前往義大利。但那時候適航季已經快要過去，船期已經因風向問題而耽誤了，等再到船隻行駛到克里特島外海時，海象已經凶險萬狀。可是船長卻不肯停靠克里特島過冬，不顧一切就是要繼續航行，冒險闖進風狂雨驟的海面，結果船隻在海上被狂風大浪打得東倒西歪，這樣子一連折騰了兩禮拜，好不悽慘。船上的水手「為了減輕船的載重，又把船上的麥子拋進海裡」。一幫水手千辛萬苦終於把船開到了馬爾他島，擱淺在岸邊，船身也被大浪打到受損。保羅說住在島上的土人對他們很好〔〈使徒行傳〉，28〕，大家都保住了性命，但也全體困在馬爾他島上長達三個月。馬爾他島有傳說指保羅利用流落此地的期間，帶領島民皈依基督教，但是保羅寫的馬爾他島土人卻好像很好騙，很純樸——保羅治好了酋長父親的病，土人就把他當成神明。一待海象改善，有一艘從亞歷山卓來的船一樣在島上避冬的，便讓大家一起全上了他們船。保羅這才得以又再出發，經過敘拉古到達義大利半島南端的雷吉翁，抵達雷吉翁之後再過一天，他們的船就從雷吉翁到了那不勒斯灣的波佐利。他最先搭乘的那一艘運糧船要到義大利半島，大概就是以波佐利為目的地。保羅從波佐利又再到了羅馬（而且依基督教的說法，最後他是在羅馬遭到斬首）。[38]

羅馬政府沒有像後來中古時代的威尼斯共和國一樣打造國家的商船船隊，這一點教人意外。運送穀物到羅馬的商人，縱使穀物出產自羅馬皇帝名下在埃及和其他地區的莊園，他們大多數還是民間的自營商。[39]西元前二〇〇年前後，運糧船的排水量平均是三百四十噸至四百噸，換算載重量就是五萬「斗」（modius）。「斗」是那時候的穀物計量單位，現在的一噸約等於當時的一百五十斗。有些大型船隻的載重可達一千噸，但是，前文已經提過，當時還有無以計數的小型船隻在地中海的水域四處穿行。羅馬在那時期每年大概需要四千萬斗的穀物，所以，每年開春到入秋的航行季，平均要有八百艘普通載重量的貨船抵達羅馬才敷民生所需。西元第一世紀期間，〔猶太裔史家〕約瑟夫斯認定北非生產的穀物足以供應羅馬城八個月的用量，埃及供應的穀物則是羅馬城四個月的用量。[40]這些加起來，足足超過羅馬每年發放給二十萬名男性公民所需的一千兩百萬斗穀物。[41]北非中部在第二次布尼克戰爭之後，便已在供應羅馬所需的穀物了；該地前往義大利半島的航程又短、又快，先天就比亞歷山卓的長途航線要安全得多。[42]

〔義大利中部海岸〕奧斯提亞有一處敞廊（portico），來自北非沿岸穀物輸出城市的大批商人便齊聚該處談生意，那地點現在叫作「行商廣場」（Piazzale delle Corporazioni）[43]。那時北非的土壤尚未因為地質旱化、侵蝕而削弱地力，夏天的乾季之後是冬天的雨季，算是很理想的氣候周期，對該地的農業相當有利。[44]連羅馬皇帝也在那裡看出了大好機會：尼祿（Nero）便將那一帶六位大地主的莊園收歸國有，老普林尼也將羅馬買下非洲省（大致等於現在的突尼西亞）一半土地的功勞，歸在尼祿名下。[45]那一大片繁榮的地區原本以供應當地城市內需為主，特別是迦太基城，就這樣一下子把供應範圍拉大了許多，變成供應地中海中部民生所需，特別是羅馬城和義大利半島的需求。不僅是羅馬治下的領土囊括在這貿易網中，連茅利塔尼亞（Mauretania）獨立的幾位國王也被拉進貿易網內。北非也有別的物資可以往羅馬運送：例如無花果（老加圖還說三天就送得到），羅馬的有錢人家桌上才看得到的松露和石榴，還有羅馬競技場要用的獅子和花豹。[46]從西元二世紀開始，羅馬皇帝還策動北非農人去佔〔地力較差的〕「邊際耕地」（marginal land）來耕作，因為義大利半島的農產減少，連義大利本土的人口都不夠吃了，遑論帝國其他地區的人口。羅馬皇帝哈德良派駐北非的地方官就寫過：「我們的君主勤於政事不倦不怠，一以維護民生所需為念，下令全境凡適於種植橄欖樹、葡萄園或穀物之處，一律開墾作為農地」。[47]當時北非一帶已有灌溉和築壩等工事，便於貯存冬雨分配使用，建立起來的體系直到西元十一世紀才因為阿拉伯人頻頻進犯而告解體。北非就這樣興起了混合型農業經濟，製陶產業也相當興盛——從那裡外銷到海外的「非洲紅泥釉陶」（African red-slip ware）就是重要的證據，勾畫出羅馬帝國後來的貿易模式。[48]所以，北非農業走向密集化、商業化，是由羅馬促成的。地中海也就此成為整合完善的貿易區，羅馬的權勢觸角於此海域無遠弗屆。

從羅馬皇帝金庫的角度來看，埃及的穀物優點多於北非的穀物。埃及的穀物不單供應羅馬而已，地中海東部和愛琴海一帶有大片地區依然是由埃及在供應穀糧。亞歷山卓在時人眼中是極為可靠的穀物貨源，尼羅河年年洪泛是糧產的保證。但現在叫作摩洛哥、阿爾及利亞、突尼西亞、利比亞那一帶的北非穀物，在羅馬帝國那時代的供應量就時有波動，商人還必須兵分多路，從很多大產地去分頭採購。[49]但最重要的一點，在那樣的年代，即使是肥沃的農產地如西西里島，偶爾也會鬧饑荒，因此，羅馬帝國的穀物供應不是單靠一處不太牢靠的產地就好；連埃及那樣的地方，照樣出現罕見的饑荒，教人心驚膽戰呢。[50]地中海全區的穀物供應源頭既然全都在羅馬的掌握當中，那麼一時一地有所短缺就是小煩惱罷了。羅馬衣食無虞；皇帝也樂於用錢幣宣揚他們發放穀糧的德政。西元六十四至六十六年，尼祿就發行了幾款青銅錢幣，異常優美，直截了當舖陳羅馬的糧政（他自命是品味的標竿，錢幣這麼優美，自不意外）——穀神凱莉斯（Ceres）手握麥穗，側身面對手拿豐饒角（cornucopia）的女神安諾娜（Annona，意思是「收成」），兩位女神之間擺了一具祭壇，壇上擺了一具量穀器，背景看得出來還有一艘穀物船的船尾。[51]

四

葡萄酒和橄欖油運到義大利半島之後，還是一樣，上岸後要再想辦法送到羅馬，羅馬離岸只有十英里，卻因為台伯河彎彎曲曲，羅馬又沒有良港，地利的優勢大減。奧古斯都皇帝在位時的對策，是先將穀物運到那不勒斯灣。那不勒斯灣在波佐利有防衛良好的大型海港——普泰奧里現在是那不勒斯的郊區，叫作波佐利（Pozzuoli）。上岸的穀物先在普泰奧里分裝上小型的船隻，再沿著坎帕尼亞和拉丁海岸一帶運到台伯河，因為從伊特魯利亞的寇薩到拉丁姆鄰接坎帕尼亞地帶的蓋耶塔（Gaeta），一路都沒有良港可用。也因此尼祿才會決定開鑿一條運河，寬度足以讓兩艘五列槳座船交會通過，將奧斯提亞港連通到那不勒斯灣。這樣就可以避開義大利半島沿岸不易通行有時還很危險的航道。這一項大工程困難重重重，無以為繼之後，羅馬於台伯河口的幾處港口就不得不作擴建了。奧斯提亞是最重要的一處，當地留到現在的大片遺跡也是他們和北非、高盧、東方有商業來往的明證；後文會再談一談奧斯提亞。

運糧船隊即將進港的時候，波佐利會先收到消息：

> 今天，毫無準備，幾艘亞歷山卓的報訊船（tabellariae）突然就進入眼簾。他們向來會派這樣的船走在面前，通知港口船隊即將抵達。坎帕尼亞人可是很高興看到這些船的，波佐利全城的人蜂擁擠到碼頭，依索具來找亞歷山卓的船隻，爭睹其真面目。[52]

他們會這樣子找亞歷山卓來的船，是因為亞歷山卓來的運糧船隊有特製的船帆只限他們使用，「每一艘船都會將這一面帆高掛在桅杆上面」。羅馬皇帝卡利古拉（Caligula）對於亞歷山卓的船隊選擇普泰奧里為航運基地，相當得意，還曾經力勸猶太王公希律・亞基帕（Herod Agrippa）不要走布林迪西、希臘、敘利亞一線的航道回猶太（Judaea）去，而要改道從普泰奧里出發——亞歷山卓來的船長開船像在駕駛雙輪戰車可是出名的呢。而希律・亞基帕從波佐利出發後，果真不出幾天便抵達埃及了。[53]波佐利還以當地出產的水泥出名，是以火山灰做成，義大利半島各地的混凝土都在用他們出產的水泥。他們水泥最重要的用途是在為港口建突碼頭和防波堤，以便最大的船隻也可以進出。[54]普泰奧里那時已是奢侈品的貿易中心，例如希臘來的大理石，埃及落入羅馬手中之後便還有埃及的莎草紙和玻璃。波佐利的商人在狄洛斯島相當活躍，像來了一支義大利南部派出來的貿易特遣隊似的。因為有狄洛斯島的這一層關係，許多奴隸就是這樣流入義大利半島的。波佐利一如羅馬，迎進了各形各色的族群。有泰爾來的商人，還建起小小的腓尼基殖民地；有納巴泰人（Nabataeans），他們是從巴勒斯坦往東再過去的那一帶沙漠來到此地的；有埃及人，還在該地引進了埃及的塞拉比斯的信仰。[55]腓尼基人在波佐利一度擁有強大的勢力，但是到了西元一七四年，他們已衰落到極為艱難的境地，還去信泰爾要求家鄉父老代為支付他們的商行、庫房租金，他們說波佐利要的租金比別的國家都高：

以前在波佐利的泰爾人要負責這些開銷，那時的人數多，也有錢。但如今我們只剩一小撮人在這裡，由於我們在這裡有神廟，供我們拜我們的神，必須負責出錢維持祭拜的牲禮和儀式，以致沒有多餘的錢來付貿易站的租金，總計是一年十萬「狄納瑞厄斯」（denarius）銀幣。[56]

波佐利也有祭拜朱彼特（Jupiter）、朱諾（Juno）、密涅娃（Minerva）的神廟，是由「在亞歷山卓、亞細亞和敘利亞」作生意的人蓋起來的。[57]城內的有錢人家也會出錢蓋一些華美的公共建築。佩特羅尼烏斯（Petronius）在他的邪書《好色男子》（*Satyricon*）當中姑隱其名的那一座坎帕尼城市，可能便是波佐利。佩特羅尼烏斯是尼祿朝中的親信，他在這小說當中安排重獲自由的奴隸特里馬奇歐（Trimalchio）作主角，靠航海致富，又因航海破產（「涅普敦（Neptune）一天之內吞掉我三千萬塞斯泰修（sesterce）銀幣」），不得已從頭開始，又再攢下不知幾百萬的塞斯泰修銀幣的身家而退休享福去了。[58]

無論羅馬的自由人是否真能像虛構的特里馬奇歐那般飛黃騰達，羅馬的自由人在港口的商業圈中佔據要津不乏其人，證據十分明確。古城龐貝就挖出過一套難得一見的蠟版，記載的是金融交易，好幾個人的名字都有瑟畢修斯（Sulpicius）這一個字；他們是在波佐利開錢莊的家族。總計有一百二十七份文獻存世，大多落在西元三十五到五十五年間。[59]有一份記的是一筆一千狄納瑞厄斯銀幣的借款，借方是梅勒雷烏斯（Menelaus），他是來自小亞細亞卡利亞（Caria）生而自由的希臘人，貸方是奴隸普里穆斯（Primus），他是普布里烏斯・阿提烏斯・塞維路斯（Publius Attius Severus）的代理人。塞維路斯的名字也在截然不同的另一地方出現過：伊比利半島裝了嘉露魚醬要運往羅馬的雙耳細頸瓶上就刻有他的名字。梅勒雷烏斯還有自己的貨船，這一筆借款看似是從波佐利運送一批寄售魚醬到羅馬的預付款。[60]這些在在表示波佐利和廣大的地中海世界有所來往：有一位希臘船長在這裡落戶，這船長又和羅馬一位富商在作西班牙魚醬的買賣。至於有奴隸普里穆斯這樣的人作為塞維路斯的心腹，跑到羅馬之外的遠地當起他的代理商，也絕不是什麼稀奇的事。雅典於其鼎盛時期，開錢莊的希臘商人對波佐利一些通行的金融手法本來就很熟悉了。真正稀奇的是他們的金融作業在這時候涵蓋地中海全區，從西班牙的嘉露工廠到一路延伸到埃及。信用（credit）不僅包括以硬幣或是商品支付預付款，「credit」一字（在拉丁文的意思是「他相信」）也帶有信任的意思。合作和信任在「羅馬和平」的年代，確實是比較容易，比較有效。

波佐利點石成金靠的其實是穀物：在這時期，據估計每年大概有十萬噸的穀物以這裡作為集散地。[61]而為了處理這麼大的穀物貨運量，便再為奴隸和支薪勞工衍生出無數的工作可做：不論穀物是以麻袋裝運還是倒進瓶罐當中，在貨船抵達義大利海港之後，都要先從船上卸下，轉送到小型船隻或是平底駁船，以便轉運到羅馬去。貨物要先稽查品質，當然也要課稅。運達的穀物或是貯藏在港口或是貯藏在羅馬城內。而穀物貯藏可不是簡單的事，一定要做好衛生措施以免出現長霉、長蟲、養老鼠等等危險狀況；也就是說要注意通風，維持適當的溫度。[62]穀物商人必須向倉庫租用庫房。有些倉庫還大得不得了，像羅馬古城內的「嘉巴倉儲」（Horrea Galbana），單單是地面層就隔出了一百四十間庫房。在奧斯提亞岸邊的「葛蘭迪倉儲」（Grandi Horrea），地面層有六十間庫房。[63]有誰想要賣東方來的奢侈品，例如經過亞歷山卓運來的印度商貨，波佐利也是上好的市場，因為由波佐利可以前往拜亞（Baiae）、赫庫拉紐（Herculaneum）、斯塔畢耶（Stabiae）等地，這幾處地方都是元老院貴族的夏季別墅聚集處；波佐利離那不勒斯也很近，那不勒斯那時依然十分繁榮；那不勒斯的衛星城，例如龐貝，更不在話下。

不過，奧斯提亞由於位居台伯河口，日後逐漸取代波佐利成為船貨轉運到羅馬的主要停靠口岸。奧斯提亞的歷史，可以回溯到西元前五世紀羅馬和維伊兩地爭奪台伯河口鹽田那時期，只是，長久以來始終不過是台伯河口一塊泊錨地而已。奧古斯都皇帝和提貝流士兩位皇帝在位期間，雖然都想要有所建設，但是直到皇帝克勞狄烏斯繼位，才真的看到官方在羅馬附近的港口大興土木，興建所需的設施。西元四十二年，羅馬開始在台伯河口北邊兩英里之外建造新港，而且簡單就叫作「波圖斯」（Portus）〔「港口」之意〕。那時蓋新港的目的倒不在搶波佐利的鋒頭，而是要為羅馬提供安全的穀物供輸路線。但不幸克勞狄烏斯皇帝於港口建的消波塊和防坡堤不太夠用，西元六十二年，突如其來一場暴風雨，打壞了港內二百艘船隻。之後未滿百年，圖拉真皇帝將奧斯亞的波圖斯港擴建，在克勞狄烏斯皇帝原先建的港口內再多建一處更安全、更壯觀的六角形港口。繼圖拉真之後即位的皇帝哈德良，港區又有大片倉儲區和商店區進行重建。奧斯提亞就這樣滿目盡是堅固的磚造集合式大樓，一棟棟都有幾層樓高——流露中產階級的氣味，直到西元四世紀始終未失。在奧斯提亞碼頭上岸的移民，窮一點的有許多反而是轉向改到羅馬城內租屋落戶的。[64]

五

屋大維攫掌羅馬大權之後，地中海沿邊海岸以及各水域的島嶼，無處不在羅馬直接統治或是勢力範圍之內；這時的地中海確實算是羅馬人的「吾海」。[65]屋大維稱勝，為羅馬帝國開啟了一段光輝燦爛的時期，二百多年的承平歲月遍及地中海各地。當然不是沒有海盜偶爾作亂一下，例如北非最西邊的茅利塔尼亞人，羅馬在那一帶的勢力算是比較薄弱。西元一七一至一七二年，摩爾人（Moors）海盜屢屢突襲西班牙和北非，皇帝馬庫斯・奧勒留（Marcus Aurelius）為了對付海盜的威脅，還擴建艦隊。不過，羅馬海軍真的和海盜交火，卻常在離地中海很遠的水域，因為羅馬帝國遠在不列顛群島，遠在萊茵河（Rhine）、多瑙河（Danube）水岸，都派出了大型艦隊去壓制四下流竄的日耳曼強盜。而且，羅馬這帝國即使心臟地帶出現動亂，也未足以動搖地中海和平的根基。西元六十八至六十九年，羅馬帝國於尼祿自殺之後陷入內亂，史稱動盪的「四帝並起之年」（Year of the Four Emperors），四帝之一的奧托（Otho），曾經徵召數千名水手助他擋下爭取大位的勁敵，也就是後來把他推下皇帝寶座的維特里烏斯（Vitellius）。駐防在拉文納和米西農（Misenum）的兩支羅馬海軍是奧托登基的靠山，兩地離波佐利都很近。西元六十九年，維斯帕先（Vespasian）之所以終於在帝位爭奪戰中底定大勢，坐上皇帝寶座，一樣動用到海軍，但是作法不一樣。由於他的根據地是在埃及，所以，他先是封鎖通往羅馬的穀物運輸，然後在他的兵力逼進羅馬之時，釋出他扣押的穀物，發放給羅馬人民，宣示仁心德政，徹底摧毀了維泰留（Vitellius）爭雄的號召。[66]後來，羅馬的陸上軍團要是奉派出征遠地去討伐地方的叛亂，例如北非，那就要由海軍扛起捍衛皇帝的責任了。西元一一五至一一六年，猶太叛變的亂事蔓延，範圍廣大，圖拉真便同時派出數支艦隊前往昔蘭尼加、敘利亞、埃及等地進行鎮壓。[67]戰船上的水兵抵達目的地後，有時也必須登陸殺敵，不過，像布尼克戰爭那樣的大規模海戰，是文學創作的材料，可不是水兵預料會身歷其境的場面。

不意外地，羅馬海軍贏得的矚目，遠不如希臘幾處城邦的海軍，或是羅馬從不放鬆、從不留情的那一隻手臂，羅馬龐大的陸上軍團。一般認為在「羅馬和平」的年代，海軍當然沒多少用武之地。而且，投身海軍也不如加入陸軍光榮。西元二世紀有陸軍軍團的士兵自願要轉入海軍，結果被軍方以言行不端加以懲處。[68]但是，羅馬的海軍還是有許多人以身為海軍為榮。西元二世紀有一份埃及莎草紙存世，就記載有個叫山普羅紐斯（Sempronius）的人因為兒子蓋烏斯聽信他人的話，未能如他所願加入海軍，大為傷心：「你給我注意，別聽別人說三道四，要不然我就不認你這個兒子……你進好的軍種才會有好的發展」。[69]不過，海軍艦隊招募的人選於社會是有重大影響的。地中海的水手來自羅馬世界各地，龍蛇雜處，連內陸地區來的人也看得到，例如多瑙河邊的帕諾尼（Pannonia）；出身希臘那邊的人，想當然也有很多；埃及人的數目也不小，而且不僅是落戶在埃及的希臘人，還包括埃及本土的族裔。他們會將各自信奉的神祇帶入軍中，所以，羅馬海軍便有眾多水兵信奉〔埃及〕塞拉比斯神，而且不論是否出身埃及：「塞拉比斯是海上之雄，商船、戰船無不由他領路。」[70]眾神雜處混同，本來就純屬羅馬世界特有。不過，別的方面也不是沒有壓力。羅馬軍中以拉丁文為指揮語言，從軍的人自然會取拉丁文的名字將自己拉丁化、羅馬化：

阿庇安（Apion）致埃皮麥科斯（Epimachos）父親大人，在此問候。首先祝您健康長壽，萬事順利，和姊姊、外甥女、弟弟一家和樂。感謝上主塞拉比斯又再救我度過海上的難關……在此奉上一張尤克雷蒙（Eukremon）為我畫的小像。我現已改名為安東尼烏斯・馬克西穆斯（Antonius Maximus）」。[71]

幾年後，他娶妻生子，三個孩子中有兩個取的是拉丁名字，一個是希臘名字，「安東尼烏斯・馬克西穆斯」這時對塞拉比斯神的興趣也降低了不少，因為這時他為姊姊祈福拜的是「這裡的神」。[72]

羅馬海軍沒那麼尊貴，是因為說它是軍力還不如說它是警力。雖然羅馬海軍不會派船艦去護送商船——一來是因為商船是民間在經營的，二來是少有這樣的必要——但有這樣的常備武力，有助於保障民間航線安全。單單是在那不勒斯灣附近的米西農、在拉文納，還有幾處海岸據點像是普羅旺斯一帶的弗朗朱利（Forum Julii；佛雷祝斯 Fréjus），有羅馬艦隊駐防就等於是有安全的保障。迦太基城滅亡後於西元前二十九年重建，成為貿易和行政中心，正式的名稱叫作「尤莉亞和睦女神迦太基殖民地」（Colonia Iulia Concordia Karthago）。這迦太基殖民地雖是羅馬帝國在北非數一數一的大城（撇開亞歷山卓不算的話），羅馬卻未派艦隊駐防。[73]但在凱撒利亞（Caesarea；謝爾徹 Cherchel）往西再過去，就有羅馬海軍駐守了，因為再過去便是茅利塔尼亞，那裡不時會有麻煩。[74]所謂「羅馬和平」在地中海其實就是：不靠耀武揚威、大動干戈壓制敵人，以綏靖求和平——「他們趕盡殺絕，說這樣子就和平了」，塔奇圖斯拿這說法諷刺羅馬大軍在歐洲北部的行徑——而是以懷柔的手段招祥致和。他們也知道必須維護船隊戰備精良，至少到西元三世紀中葉他們都還做得到。羅馬海軍的船隻，用的是古典時代晚期傳統的四列槳座戰船和五列槳座戰船；目前也沒有證據看得出來在拜占庭時代之前，船隻的設計有何重大的突破。所以，羅馬的海軍遇到的就是傳統的老問題了：船身的舷緣太低，一般出水的高度勉強構得上四公尺而已：所以，浪頭一高，船身就會被浪頭打下去，同時也不利冬天出海。[75]羅馬人也用海軍的船隊護送官員到帝國各地，只是，他們的加列戰船（galley）不像中古時代的船隻也當商船使用；這一來是因為船身設計的關係，二來是羅馬皇帝不願意當個商人。

羅馬帝國將米西農和拉文納打造成他們首要的海軍司令總部，歷史可以回溯到奧古斯都皇帝那時候。[76]米西農是羅馬在地中海西部的作戰指揮中心，但是出任務也會擴大到東邊去。由於從埃及運送過來的穀物以波佐利港口為目的地，等於就在米西農隔壁，米西農自然會隨時留意這一條航線的動靜。羅馬人將米西農後方的一塊內陸湖挖通連到海邊，這樣艦隊就多了一處安全的內港。港口沿邊成排都是羅馬富家的別墅，皇帝提貝流士在世最後的歲月還是在此度過。[77]拉文納就不一樣了，拉文納的艦隊要出海巡邏（克羅埃西亞西岸）達爾馬提亞（Dalmatia）海岸，那一帶的海岸向來是海盜、土匪最愛的巢穴；愛琴海也在他們巡弋的範圍內。拉文納文四周都是潟湖（拉文納現在的海岸線和古代相隔了數英里的距離），不是港口的理想地點；所以拉文納的港口是建在兩英里外叫克拉西斯（Classis）的地方，「Classis」的意思就是「艦隊」。克拉西斯和拉文納之間以運河連通。拉文納有一面西元六世紀的鑲嵌壁畫，就是以克拉西斯港入畫；克拉西斯港的重要地位維持得相當久。只是往日的榮光如今只剩現今克拉西（Classe）這地方的「聖阿波里納利」（Sant'Apollinare）教堂內一面又一面的鑲嵌壁畫，琳瑯滿目，像是教堂長了一層五彩繽紛的痂，時代同樣是西元六世紀。[78]羅馬帝國以散佈提雷尼亞海地區和亞得里亞海北區的多處指揮所為中樞，監視地中海動靜，成效非常出色。

西元二世紀的貿易商大概沒辦法相信地中海大一統的態勢也有分裂的一天。當時的政治大一統，是地中海由羅馬帝國統治；經濟大一統，是貿易商得以自由在地中海各地來來去去不受干擾；文化大一統，是希臘化文化獨擅勝場，不論用的是希臘文還是拉丁文，都不脫希臘化文化的勢力範圍；即使宗教說是大一統也差不多，要不也可以說是同中存異吧，地中海區各民族常常借用彼此崇拜的神祇——不過猶太人和基督徒不在此內。「吾海」因大一統而得以暢行無阻，進而促成文化大融合，幅度之深、之廣，前無古人，後無來者。

第九章

信仰新興與舊有

西元元年—西元四五〇年

一

奧斯提亞就和羅馬世界任一處港市一樣，民族混居，既多又雜。奧斯提亞郊區於一九六一年因為要建一條公路從羅馬通向它迎進世界的大門——費尤米奇諾（Fiumicino）機場，結果挖出考古的重大發現：奧斯提亞猶太會堂，歐洲猶太會堂存世最古老的一座。會堂建築最早的部份，年代是西元一世紀，不過，會堂於四世紀作過大整修或是部份重建。猶太會眾於此會堂祈禱的歷史，起碼長達三百年未曾中斷。會堂中有一塊西元二世紀的碑版，銘文寫的是有個叫敏第斯・佛斯托斯（Mindis Faustos）的人，出資為會堂的《妥拉經卷》（Sefer Torah）奉獻一具約櫃（Ark）。銘文以希臘文字為主，夾了一些拉丁文字；羅馬的猶太人由於和東方的關係密切，所以還是以希臘文作他們日常使用的語言。會堂和和連接的廂房面積合計達八百五十六平方公尺，由遺址留下來的種種跡象，看得出來這是大型的會堂，會眾應該相當富有，多達數百人。這樣的會堂不僅是猶太人祈禱的處所，這一大片建築在西元四世紀的時候還有一座大灶，可能是要用來烘烤逾越節用的無酵餅用的，也有一具水禮池。側邊的幾間廂房大概是作讀經教室

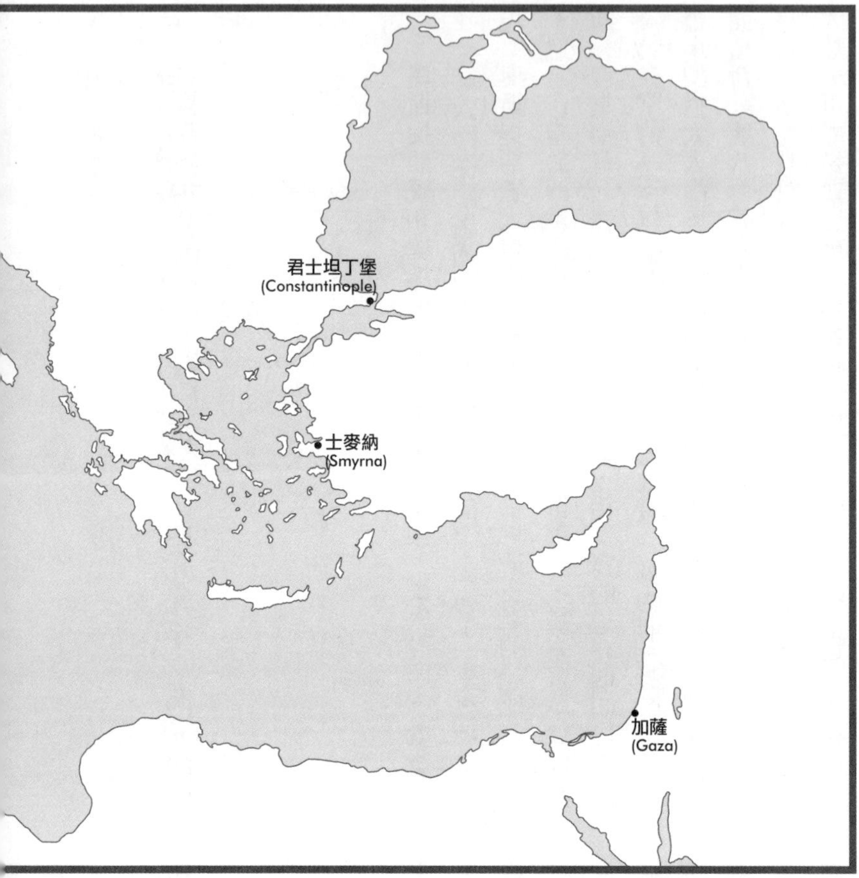

以及教會長老開會、召開猶太法庭所用。有一道雕花楣飾刻的是古傳耶路撒冷聖殿（Temple of Jerusalem）的七燭燈台（menorah），過猶太新年時吹的羊角號（shofar），還有「住棚節」（Feast of Tabernacles）的符號：香櫞以及加了裝飾的棕櫚枝。[1]奧斯提亞那裡風行的東方教派不單是猶太教而已。城中別的地方還有一座磚造的小神廟，已知是拜塞拉比斯神的寺廟；廟地有一塊院子，地面有黑、白二色的尼羅河風景鑲嵌畫。城內遺址找到的銘文有很多都提到伊西絲崇拜；另外還有幾座神廟拜的是「密特拉」（Mithras），這是羅

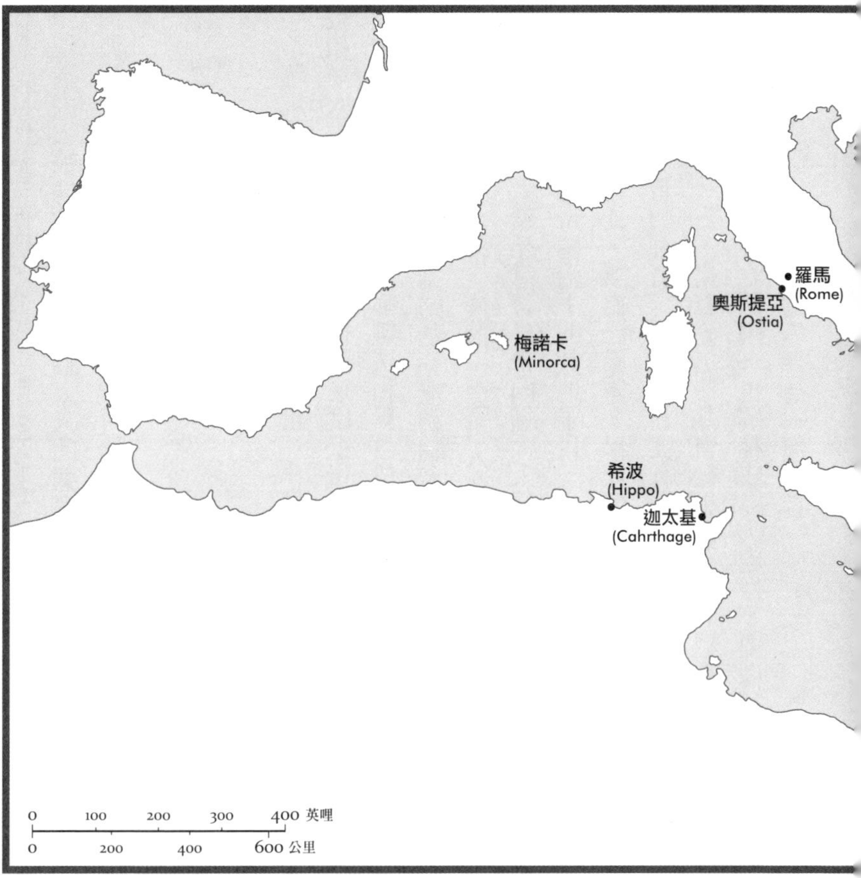

馬軍中廣為崇拜的神祇。奧斯提亞也有拜地母姬貝莉（Cybele）的信徒，其男性信徒據說舉行祭祀時，於癲狂失神之際會自宮。2

古代歷史悠久的宗教信仰從猶太地區或是尼羅河一帶，經由通商的貿易路線，遷移到義大利半島和其他地區，和地中海東部的希臘化文化交際匯流，因而也出現了變化。地中海地區的行旅有時傳播的還不是古老的宗教，而是新興的信仰。塔爾速人保羅在前往羅馬途中，就教時人見識到了他崇拜的信仰。同在羅馬這城市，有另一線傳承還可以回溯到一樣是從東方來的旅人，也就是保羅的同門信徒西門・彼得（Simon Peter）。保羅奔波於敘利亞、小亞細亞、希臘和義大利，四處宣揚有一位猶太人被他的門徒奉為猶太人的彌賽亞（Messiah），實則是道成肉身的上主（God Incarnate）。地中海波瀾壯濶的宗教革命種籽慢慢育成之後，終於就此種下。

二

羅馬時代晚期兩大明顯的變化，一是日耳曼人入侵，一是羅馬皇帝明訂基督教為國教。基督教因異教和猶太人強力對抗，傳揚的速度很慢。源生自東方的教派，經由地中海輕易即能傳播各地，只是，不論猶太教或是基督教，都無法和異教信仰傳播之廣相提並論；羅馬人對這一點就再清楚不過了。羅馬人還把猶太人和基督徒劃歸為「無神論者」，因為猶太人和基督徒明白否認異教崇拜的神祇存在。他們也不肯供奉神格的皇帝。然而，羅馬人在地中海東部的勢力愈來愈大後，倒是留意特別為猶太人網開一面；畢竟猶太人還願意替皇帝向猶太人信奉的神獻上犧牲，所以，羅馬就當猶太人宣示效忠的方法特別怪就是了。羅馬帝國治下的其他子民，便一律要依規定向神格的皇帝獻上犧牲。由於基督徒拒不相從，結果淪為法外之徒，讓自己暴露在慘死競技場的險境。聖保羅和後繼的基督門徒亟力在猶太人之外的族群當中傳揚基督的福音，建立基督徒社群，聲勢日益壯大，到後來羅馬人對這一批信徒再也無法簡單劃歸為猶太人的一支。還有，這些基督徒也沒有遵守猶太教規，像基督徒就說「割禮」指的是心靈的層次而不是肉身，把「不吃豬肉」也解釋成為人處世不要像豬一樣。迫害反而益發鞏固基督徒的決心；被羅馬人處死的信徒，他們還尊奉為「殉教者」（martyr）。猶太教認為死人骨頭不潔，基督徒拋棄這樣的觀念，反而發展出崇拜殉教者遺骸的儀式。甚至還有狂熱的信徒認為殉教者身受的折磨根本就是錯覺，因為基督會麻痺他們的身軀，教他們無懼獅子的利爪；也有別的信徒以痛苦、折磨為喜樂，因為這表示贏得了基督的恩寵，因而獲得永生。[3]

雖然猶太人舉行猶太教儀式的權利，在羅馬帝國通常是有保障的，只是羅馬的政策也不是一成不變。例如羅馬城內出過一件詐騙案，四個騙子謊稱要為耶路撒冷聖殿收獻金，被揭穿後，當時的皇帝提貝流士便將羅馬城內四千名猶太人流放到薩丁尼亞島以示懲戒——薩丁尼亞島歷來是羅馬流放人犯的地點。四名騙子誆騙的人當中，有一人是元老的妻子，她對猶太教倒是頗為傾心（這在當時並不罕見）。後來，〔提貝流士之後〕行事瘋瘋癲癲的皇帝卡利古拉剝奪了亞歷山卓猶太人的公民權，再後來才由繼任的皇帝克勞狄烏斯下令復權。不過，至今倒還沒有證據看得出來「大離散」（diaspora）後，四散各方的猶太人有哪裡曾經團結起來抵抗當權者的。亞歷山卓的街頭出現動亂，起因在猶太人和希臘人互看不順眼很久了，和政府的政策無關；希臘人一直覺得羅馬政府對猶太人太過厚愛。但在巴勒斯坦就不一樣了，那裡的壓力便逼得大批猶太人被迫或是自願橫渡地中海朝四面八方另覓新天地。從地中海史的角度來看，羅馬皇帝提圖斯（Titus）於西元七〇年燒燬耶路撒冷聖殿，哈德良於西元一三一年摧毀耶路撒冷城，二者何以重要就在這一個詞「大離散」。西元七〇年羅馬弭平猶太叛變之後，搗毀猶太人的聖殿不太可能原本在羅馬的打算之列，不像猶太史家約瑟夫斯說的那樣。不過，一待聖殿真的燒燬了，劫掠一空，才剛登基的皇帝維斯帕先和兒子提圖斯就看出帶著這些輝煌的戰利品來一次盛大的凱旋大遊行，可以創造出多大的政治優勢。提圖斯還在「提圖斯凱旋門」（the arch of Titus）內壁的浮雕留下這一次遊行的場面；這一面著名的浮雕現今依然佇立在古「羅馬廣場」（Roman Forum）的南端。[4]耶路撒冷城內眾多猶太人也遭俘為奴，發配到義大利半島甚至更遠的地方。

羅馬不准猶太人在耶路撒冷恢復犧牲獻祭的儀式，這一點倒是比較不尋常了。羅馬拿下聖殿，不等於佔地廣闊的聖殿、宏偉的立柱迴廊就此完全付諸一炬（外圍的牆面有大片留了下來，存世至今）。做過大規模修復，猶太人的崇拜儀式應該是可以重新開始的。「猶太戰爭」過後羅馬加諸猶太人的特別稅，遇到宅心仁厚、很老才當上皇帝的涅爾瓦（Nerva）也獲減免；所以，看起來猶太人恢復祭祀像是指日可待。[5]只是，涅爾瓦之後即位的圖拉真皇帝是戰功彪炳的名將，治國的手腕轉趨嚴厲，他在統治末年對於敘利亞、埃及和昔蘭尼加等地的猶太人掀起的叛變（AD 115—16），都施展鐵腕，無情鎮壓。而猶太人被逼得橫渡地中海四下星散，原先泰半以巴勒斯坦和亞歷山卓為限的緊張關係，便跟著朝四面八方擴散。猶太人多次起義期間，巴勒斯坦一帶比較起來還算平靜的呢。繼圖拉真登基的哈德良祭出來的對策，就更是不留一絲餘地了。他將重建的耶路撒冷改名為「埃利亞都城」（Aelia Capitolina），獻給「都城山朱彼特」（Jupiter Capitolinus），還下令行過割禮的男子不准入城。哈德良打定主意要好好對付猶太人和以色列的神，使出來的手段相較於羅馬歷來尊重外人宗教的作風，南轅北轍。巴勒斯坦於西元一三二至一三六年間爆發的亂事十分激烈，但沒有用，雖然一時間像是贏了，甚至可能連犧牲祭祀的儀式都重新舉行過，但到最後還是以大敗收場，慘遭哈德良的大軍殘暴屠殺，因此而送命的猶太人說不定高達六十萬人。[6]這樣的發展，當然一樣在地中海的大片地區掀起震盪：不計其數的猶太人又再朝西邊流散，有的是被官府發配為奴，有的是倉皇離鄉逃難。一百年後，西班牙那裡確定已經有猶太人定居。[7]耶路撒冷慘敗的效應不僅在政治，也在人口組成。猶太教於「第二聖殿期」（Second Temple period,530 BC—70 AD）近末尾時已經出現質變，像法利賽（Pharisees）這樣的派系開始質疑古聖殿祭司的權威。耶路撒冷聖殿被毀，進一步刺激變化加劇，而且是俗家的拉比（rabbi）這樣的文人、賢士領軍，而非高居聖殿裡的祭司。猶太會堂原本就不新奇，此時也躍居為猶太人讀經、禱告的會所。

迫害基督徒也是一波接著一波，洶湧不斷。尼祿於西元一世紀已經將羅馬大火怪在基督徒頭上，只是，要不是這一場大火，他也沒機會把羅馬部份城區重建成金碧輝煌、宏偉壯觀。西元三世紀中葉，幾位羅馬皇帝又在帝國各地掀起迫害基督徒的狂風。托斯卡尼一帶的海港寇薩，便有碑銘頌揚羅馬皇帝德西烏斯（Decius）「除穢復聖」（restitutor sacrorum），顯然是在讚美皇帝熱衷捕殺基督徒。基督徒要避開迫害不是沒有方法：人前作妥協狀，在公開的場合隨羅馬人一起行禮如儀〔德西烏斯令子民一概必須對羅馬皇帝行奠酒獻祭的儀式〕，私底下則關起門來作自己的禮拜。基督信徒對於這樣的對策是否正確還有更嚴重的問題要面對——凡有教士屈服於〔皇帝戴克里先〕「以經換命」的詔令，乖乖向羅馬官方交出《聖經》（*donaverunt*），是否還有資格擔任教士？大家見解不一，進而引發互控和分裂。西元四世紀在北非相當昌盛的「多納派教會」（Donatist Church）便自認相較於求和派，他們才是真正基督信仰的標竿。遇上羅馬官方扔出來的生死難題，基督徒另一條出路就是「變成猶太人」：「禮拜六進猶太會堂，禮拜日進基督教堂」，這作法於西元三九〇年代在安提阿（Antioch）備受反猶宣道的猛烈抨擊。[8]到了西元三九〇年代，佔上風的當然是基督徒，不過，基督教和猶太教的分野，在地中海各地的外人看起來倒沒那麼清楚（其實連許多猶太人、基督徒自己大概也說不清楚），絕對不是基督教正統派（Orthodoxy）的幾位先知，例如居普良（St. Cyprian），挺著一肚子火氣要大家相信的那樣。基督教對猶太教嚴辭抨擊，是因為兩邊鬥得太慘，有怨氣要吐，倒不是有哪一方存心要棒打落水狗。但是兩邊都沒給對方留下餘地。只不過大眾對於教義的枝節倒是沒有多大的興趣，吸引他們的可能還是在兩邊差距不大的一些道德準則和信仰的嚮往——例如愛鄰如愛己，或是在此人世要是沒能得到天父的獎賞，那就在永生的來世再獲補償。許多猶太人對於教規說不定看得還相當寬鬆，畢竟他們的教義還在巴比倫尼亞塔木德經院（Tamuldic Academies in Babylonia）當中作推敲和琢磨，所以，猶太教信徒要在宗教、派系之間來回移動，比較容易。

基督教殉道士庇沃紐（Pionius）因為羅馬皇帝德西烏斯政策遭到迫害，在士麥納殉道，有關他生平暨受審的記載，不時提到他在士麥納的公共廣場被捕時，圍觀叫囂的群眾有「希臘人、猶太人、婦女」。當時猶太人和異教徒同時在歡度各自的節慶，猶太人這邊可能是「抽籤節」（Purim），異教徒那邊大概是「酒神節」（Dionysia），兩邊過的節不同，但是對於喝醉可都一樣不太多管。庇沃紐在這樣的時候卻怎樣也不肯和異教崇拜攪和在一起。但在這樣的節慶，猶太人和「外邦人」（Gentiles）每每混在一起，難分你我，不管猶太拉比發過多少禁令都沒用。[9]那一地區在士麥納以及別的地方都有不少猶太人，頗受敬重，招徠許多人皈依猶太教，另還有不少所謂的「敬畏神者」（God-fearer），沒有皈依猶太教但會參加猶太教儀式。所以，所謂「猶太社群」，就族裔而言其實是相當雜的。[10]

至於基督徒當中的異端份子，在許多基督徒眼中是屈辱，在猶太人這邊卻是得意了。當然，有人看作是異端的，便有看作是正統。但還是有一些算是真的走到極端去的。庇沃紐釘在十字架上，垂死之際，發現在他身邊的另一人犯是「馬吉安派」（Marcionite）的信徒——馬吉安派是源自基督教的教派，但視猶太人信奉的神為撒旦（Satan），拒不接受希伯來《聖經》作為他們《聖經》。[11]主流基督教信仰不管和猶太人有多少歧見，倒還接受希伯來《聖經》作為基督教的《聖經》，沒有意思要修正經文，認為希伯來《聖經》當中有基督復臨的預言，對之極為看重，只是解讀和猶太人大異其趣就是了。聖奧斯丁

（St. Augustine）認為猶太人身負聖籍的傳承使命，是奉神的旨意在負責照看他們上主的「財產，只是這樣不等於他們懂得他們保存的到底是什麼」。[12]

猶太人和基督徒在地中海的水面也有交會的時候。貨船老闆當然會有猶太人，慣常往來的海港就包括加薩。猶太拉比曾經爭辯加薩的猶太人是否可以參加當地敬拜希臘神祇的儀式，再度顯示在希臘化晚期以及在羅馬世界，猶太人和異教信徒的分野往往不甚清楚。[13]不過，從事航運的猶太人有些對於敬神禮拜的事情倒是可能到講究到吹毛求疵。西元四〇四年，小亞細亞一名主教從亞歷山卓乘船要到他的座堂去。猶太人在亞歷山卓有他們自己的船主行會（navicularii），旗下的船隻數量極多。主教搭乘的船隻由阿馬蘭圖斯（Amarantus）這位船長負責，他和他帶的水手都是猶太人，而主教可是曾經撰文譏刺猶太人的。船隻出海後，禮拜五入夜，船長便放手任船隨海潮漂流，嚇得主教擔心性命不保。那是安息日（Sabbath）前夕，船長說依法，只有在乘客有性命之憂的時候他才可以出手駕船。乘客可能會沒命了，不管什麼猶太律法當然幾乎都可以不管。依記載所述，也教人納悶這一艘船怎麼還開得到目的地：桅索壞掉，所以船帆打不開，船長還把備用的錨給賣掉。由同一時期記在《猶太教律法書》《塔木德》中的拉比辯論，可知猶太人那時對於穿越他們說的「大海」（Great Sea）來來去去，已經習以為常。猶太拉比除了仔細審視商業法的問題，也爭辯猶太人在安息日渡海是否正當，而在理當休息的這一天，人在茫茫大海又可以做哪些事情（像是打水，甚至在甲板上散步）。[14]

三

君士坦丁（Constantinus）皈依基督教，歷來認為這是在西元三一二年十月，他在羅馬城外的米維歐橋（Pont Milvio）打敗勁敵馬克西提烏斯（Maxentiuso）之後做的事。雖然米維歐橋之役戰勝，但他還需要再過十三年才得以獨霸羅馬帝國，當上僅此唯一的皇帝。其實，他是直到西元三三七年臨死之際，才在病床上受洗的。不過，他在西元三一三年發佈「米蘭敕令」（Edict of Milan），撤消不准基督徒作禮拜的禁令，他在君士坦丁堡打造的新羅馬未幾也會成為基督教的城市，沒有異教神廟聖殿玷污。西元三二五年他在〔安納托利亞半島〕尼凱亞（Nicaea）親自主持大公會議，與會的眾多主教辯論極為激烈，力圖解決「三位一體」到底何謂這棘手的神學問題，而由並非神學家的皇帝本人居中調解。會議的結果便是已經分裂的基督教會又再出現新的大裂痕，雖然「尼凱亞信經」（Nicaean Creed）此後成為「正教」（Orthodox Christianity）的基石。君士坦丁大帝自認是「〔基督〕教會外的主教」；不過，他也是「大祭司」（pontifex maximus），亦即羅馬帝國的最高祭司。或者是因為他知道宗教改革必須循序漸進吧，或者是因為他本人對異教信仰、基督教信仰有混淆的地方吧，總之，他對異教儀式之注重不下於基督教，甚至在舉行「新羅馬」的奉獻大典時，還出現怪事——基督的十字架竟然擺在太陽神的馬車上。他在老羅馬城建的凱旋門，存世至今，富麗的裝飾找不到有何題材和他的新信仰有關係，反正元老院的衮衮諸公對他的新信仰也很反感。不過，勢氣恢宏的「聖伯多祿大殿」（Basilica d San Pietro），也確實是在他的手中打下地基的，遇到一大片異教徒的墓園擋路，也被他毫不留情硬切過去；所以，墓園現在就壓在聖伯多祿大殿後來在文藝復興時期弄出來的「喇叭槍」（blunderbuss）下面了。再多戳破一點他的矛盾：他鑄造的錢幣有銘文：「SOLINVICTVS」（不滅太陽）。還有，他明令禁止民間再找腸卜師問卜——腸卜師是伊特魯里亞的占卜師，以解讀祭祀牲禮內臟作預言——違者處死，但他明令閃電要是打中了羅馬的皇宮，那就一定要找占卜師來問卜。那時羅馬也曾嘗試要將異教徒和基督徒拉在一起：軍中奉命祈禱時的禱告文，祈禱的神要說是「為皇帝以及皇帝敬畏神的兒子帶來勝利的神」，但不明指到底是哪一個神。當時故意採用緩慢漸進的對策，確實是有現實的考量；畢竟膜拜皇帝的習俗，扎根扎得很深了，不容易去掉，再者，以他耗費近二十年工夫在爭奪皇帝大位，而異教徒的敬拜儀式又明白宣示他們對神格皇帝不變的忠誠，所以，一時間要他明令追隨他的異教徒割捨掉這樣的敬拜儀式，難矣。[15]

基督教在地中海世界傳播開來，得力於君士坦丁的政策自然無待多言，但也談不上因此就暢行無阻了。皇帝樹立的「榜樣」遇到的大難題，就是非正統的基督教派紛紛興起，不願接受君士坦丁規定的折衷式「尼凱亞信條」。敘利亞和埃及有「基督一性論派」（Monophysite），尤以「科普特教會」（Coptic Church）為知名。歐洲大陸的蠻族當中也有「亞流派信徒」（Arians）；亞流派在正統派眼中是旁出的偏門，不肯承認聖父和聖子在「三位一體」當中有平等的地位。其他小教派更是無以計數，例如馬吉安派和多納派，他們和基督徒鄰居頻生齟齬的根源，還要回溯到君士坦丁授與基督教合法地位之前去找。地中海面也看得到這些信仰的流派，星星點點在朝四面八方移動，有的收在蠻族傭兵或是來犯亂軍的行囊當中，有的藏在朝聖旅人或是逃避迫害的流民心中；就這樣，在迦太基，或在安提阿，或在亞歷山卓，教派傾軋教派。

另一難題在於異教信仰打死不退。君士坦丁之後的羅馬皇帝，只有一人放棄基督信仰：朱利安「叛教者猶利安」（Julian）。朱利安曾赴雅典攻讀新柏拉圖（New-Platonic）哲學，待他於西元三六〇年登上皇帝大位，已經背棄基督教了。他既然厭惡基督教，他對猶太人要求准許他們在耶路撒冷重新進行犧牲祭祀，對於異教徒要求重新開放神廟，自然就偏向允許。[16]他甚至還想建立一支異教「教會」，設立獨立的大祭司。這簡直像是在挖苦基督教的主教，因為基督教就有主教露了幾手工夫，示範在帝國四處各創各的崇拜該怎麼做。[17]朱利安的統治期很短，以在東邊和波斯人作戰為主。不過，異教信仰並未隨他過世而匍匐受死。而是要等到西元六世紀，查士丁尼一世（Justinian I）鎮壓雅典古老的學派，關閉學園，從異教觀點研究行哲學典籍的學風方才戛然而止。所謂「異教信仰」（paganism），最好不要看作是一套信仰體系來理解，而應想作是一支支地區性的信仰，類型多，內涵雜，界線並非一成不變，也沒有明確的信條或是神授的經籍。[18]這樣的異教信仰數量又多，基督教縱使樹立起道德法則作為招徠，重視行善，也容得下「猶太人、希臘人、奴隸、自由人」，依然難以匹敵。基督教的崇拜儀式在不同的區域也會有加進地方崇拜的異教成份，所以，有地方信仰的神就這樣變成了基督教的聖徒（東方的武士聖徒身上的希拉克里斯色彩，可不止一點點）。異教和基督教之間的界線不是一刀就劃得開的；異教崇拜於地中海沿岸各地始終都有強大的勢力。如北非、西班牙在西元七〇〇年前後遭伊斯蘭人進犯的時候，異教信仰在那一帶便還是穩如泰山。

羅馬對付基督教之外的信仰，用的是這一樣殺手鐧：毀掉他們的神廟和禮拜會堂。西元四〇〇年前後，加薩因地利之便，既有蓬勃發展的海港，也是重要的學術中心，因為加薩所在的貿易路線可以由地中海經過畢爾謝巴（Beersheba）、佩特拉（Petra），前往阿拉伯沙漠的納巴泰人城鎮。[19]羅馬皇帝下令關閉異教神廟，詔令到了加薩卻沒人搭理；地方上有他們的利益考量，這絕對壓過君士坦丁堡來的詔令；加薩居民絕大多數還是信奉異教的。[20]在那裡厲行嚴酷苦修的主教波斐利（Porphyry），他只管得到一座教堂，相當丟臉，因為異教徒到處都有宏偉的神廟供他們膜拜，多到數不清楚，有拜太陽神的，也有拜愛芙蒂黛（Aphrodite）、雅典娜的，還有當地人叫作「瑪納」（Marna）的神，算是宙斯在當地的化身。

祭拜瑪納神的神廟瑪奈翁（Marneion），格外富麗堂皇：建築蓋成圓形，有圓拱頂蓋，沿邊環繞兩圈立柱迴廊。波斐利主教將這情況向君士坦丁堡宗主教申訴，該宗主教便是人見人畏的金口若望（John Chrysostom）。君士坦丁堡便發佈命令，關閉神廟，可是皇帝派來的特使收到賄賂，十分滿意，就讓瑪奈翁神廟繼續開放使用。這下子波斐利覺得他不親自出馬求見皇帝直接請願不行了。所以，他來到君士坦丁堡，見到了皇后尤朵席雅（Eudoxia），打動了皇后，西元四〇二年大軍朝加薩開拔。羅馬的軍隊以十天時間大肆燒燬、搗毀小一點的神廟，劫奪寶藏。之後，目標轉移到瑪奈翁神廟。異教徒在廟中堵住幾扇大門，想要保護廟產。帝國的軍隊便在大門塗上豬油和瀝青，然後放火。軍隊將神廟洗劫一空之後，再搜遍城內，找得到的神像一概搗毀。皇后尤朵席雅還出錢在瑪奈翁神廟的廢墟重建起基督教堂，瑪奈翁神廟廢墟找到的大理石版也改用來鋪路，這樣異教徒走路就會踩在他們神殿的遺跡上面了，教他們痛上加痛。尤朵席雅還從尤比亞運來三十二支綠色大理石柱用在教堂建築上面。西元四〇七年教堂落成，在復活節進行奉獻。依波斐利聖徒傳記的記載，那時有許多異教徒跟著改宗，皈依基督教。[21]但也有異教徒訴諸暴力，有一次波斐利還被迫爬到加薩城的平頂屋頂逃命（就算他奉行苦修，也不等於他有意願要殉道）[22]。基督教只是加薩城內眾多崇拜當中的一支而已，也多的是異教徒、猶太人、撒馬利亞人（Samaritan），基督徒在城內既非人最多、也非勢最眾。基督徒佔上風，就只是有官方的一紙敕令作靠山罷了。異教徒和猶太人的優勢，則在帝國之大。天高皇帝遠，加薩或是巴利亞利群島的情勢到底如何，君士坦丁堡一般可是鞭長莫及。

四

基督教傳播的第三道障礙，是猶太教的氣勢始終不滅。先是耶路撒冷被提圖斯和哈德良兩位羅馬皇帝摧毀，後來君士坦丁又選基督教而捨猶太教，這時要是認定猶太教應該一蹶不振，也算是自然而然的想法。只不過猶太教古老的源流，歷久依然未衰。猶太教的道德法則較諸基督教相去不遠：與耶穌同時代的猶太拉比老希雷里（Rabbi Hillel）就有這樣的體察：「己所不欲，勿施於人——一整部律法書說的，可以用這一句話來作總結，其他就全屬評註了」。皈依猶太教，隨時歡迎（連奴隸也不例外，奴隸便常跟著他們皈依猶太教），他們才不會沒事找事去管別人懂多少教義，是否乖乖遵守。[23]所以，到了西元五世紀，猶太教在地中海區的勢力依然可以和基督教分庭抗禮，衝突時起、互爭第一的寶座也就不足為奇。基督徒皇帝也三番兩次禁止奴隸行割禮，禁止猶太人出任公職。由於認為猶太教已經日薄西山，西元五世紀初，羅馬皇帝甚至立法不准猶太人興建新的會堂，只准保留既有的建築。[24]這意思就是隨猶太教去土崩瓦解就好。

爭奪世人性靈的大戰在地中海的偏遠角落打成怎樣，希波（Hippo）的聖奧斯丁有朋友梅諾卡主教塞維路斯（Severus of Minorcao）寫過一封很特別的信，可以窺豹一斑。他在信中寫到西元四一八年梅諾卡猶太人集體皈依基督教的事[25]。塞維路斯認為梅諾卡島這小島雖然沒多重要：「少人聞問之處，地方小，乾燥又貧瘠」，但猶太人絕對是梅諾卡社會最強大的族群。猶太人多集中在小島東部的瑪戈納（Magona），也就是現在的瑪俄（Maó），也叫作瑪翁（Mahón）；基督徒則集中在小島西部的哈莫納

（Jamona），就是現在的丘達德拉（Ciutadella）。塞維路斯說猶太人要是住到哈莫納來，身家性命一定會有危險——有誰膽敢一試，準會生病，甚至橫遭天打雷劈。話雖如此，梅諾納島上最顯赫的人物，卻都是猶太人，尤其是席奧多羅斯這一號人物，他在瑪戈納「不論財富還是俗世的名望，不僅在猶太人中無人能及，連基督徒也無人望其項背」[26]。席奧多羅斯的弟弟梅勒修斯（Meletius）娶的是李托流士伯爵（Count Litorius）之女，阿泰蜜席雅（Artemisia）。李托流士伯爵是當時的名將，是西元五世紀羅馬第一名將佛拉維烏斯・埃提烏斯（Flavius Aetius）的副手，駐防高盧期間曾率匈人（Huns）傭兵力退來敵。[27]有這樣的姻親關係，不等於李托流士也是猶太人，尤其是依他那時期的羅馬帝國法律，不可能坐視猶太人坐上如此的高位。不論他個人信的是哪一支宗教，他的女兒倒是奉行猶太教儀式。猶太人和基督徒在梅諾卡島上的緊張關係，被塞維路斯在信中故意誇大不少；依諸多證據來看，顯然兩邊相處應該還算平和，直到西元四〇〇年都是如此。塞維路斯也講到小島居民有「隨性來往的老習慣」，有「長久的感情」，卻說這樣其實是「犯罪的」。[28]君士坦丁堡訂下的法律，顯然沒辦法將席奧多羅斯和他的猶太家族從地方領袖的地位拉下來。

這是地中海西部風雲萬般難測的時期。哥德王阿拉里克（Alaric the Goth）已經於西元四一〇年攻進羅馬，之後，西哥德人（Visigoths）的大軍入侵西班牙，其他蠻族如汪達爾人（Vandals）、蘇維比人（Suevi）、阿蘭人（Alans），也紛紛搶進羅馬帝國西部如入無人之境。這些蠻族無一擁有海上的軍力，可是，即使遠如梅諾卡島也備感威脅深重。西元四一六年，新發現的聖斯德望（St Stephen）聖髑巡迴抵達梅諾卡島，瑪戈納的基督徒無不興奮，亟力盡地主之誼。[29]聖斯德望據稱是基督徒「第一位殉道者」，「第一位替天主討伐猶太人」。聖斯德望的遺骨那時剛在耶路撒冷發現未久〔西元四一五年〕，之後從耶路撒冷出發，橫渡地中海抵達西班牙和北非，巡迴多處地方供信徒膜拜。梅諾卡島便是聖斯德望聖髑巡遊地中海暫停的一站，小島還因此出現天翻地覆的劇變（猶太人集體皈依基督教）。[30]聖斯德望的聖髑出土，也被耶路撒冷的基督徒拿來大加發揮，向當地的猶太人施壓。就在聖斯德望遺骨發現之前，耶路撒冷的猶太大祭司賈瑪利耶里六世（Gamaliel VI），原有相當於羅馬帝國總督的傳統榮銜，被羅馬皇帝下詔褫奪，同時明令不得再對皈依猶太教的信徒行割禮，不得再蓋新的禮拜會堂。西元四一四年，亞歷山卓宗主教據說曾經將他教區內的猶太人盡數驅逐出境，地中海東部各地一樣頻傳強迫猶太人改宗基督教、沒收猶太會堂等等情事。[31]聖斯德望的聖髑來到梅諾卡島，教該地的基督徒信心更加昂揚。基督徒（塞維路斯也包括在內）和席奧多羅斯這猶太人都有夢，塞維路斯主教知道一定是在預示猶太人大批改宗皈依基督。小島瀰漫末日來臨的氣氛：猶太人皈依，難道不就是在預告基督再次降臨？塞維路斯寫道：

> 使徒預測的時間說不定真的到了，外邦人就要全數歸向上帝，以色列也會完全得救。說不定天主就是希望從世界的邊緣點燃起火花，這樣，全世界才會燒起愛的火焰，燒掉不信者的叢林。[32]

基督徒用的手法可不講究。他們指控猶太人偷偷屯積武器準備用來對付基督徒。西元四一七年二月二日，基督徒集結在哈莫納，開始橫貫小島的長征，總計三十英里，不過，這樣一趟走下來在他們應該不算辛苦，畢竟他們滿腦子都是光榮的使命，不是嗎？塞維路斯向猶太人要求查看他們的會堂是不是私藏了武器，猶太人這邊是勉強答應了，但是塞維路斯還沒來得及開始檢查就爆發了動亂。基督徒衝進猶太會堂放火，但也沒忘記有貴重物品要搶——銀器（後來歸還），《托拉經卷》（這一項他們就決定不還了）。至於武器呢，證明是純屬虛構。塞維路斯承認基督徒攻擊猶太人的暴動起自一名基督徒意圖行竊，「並非出之於對基督的愛，而是出之於對劫財的愛」。翌日，第一名猶太人改宗皈依基督，他叫魯本。其餘的猶太人長考三天，席奧多羅斯還找基督徒辯論兩支宗教的真假，但是爭辯到最後他還是被各方說法磨到不得低頭，畢竟面對這樣的事，現實的考量不亞於神學的思辨——魯本提醒他，「你要是還想活得安全、有地位、有財富，那就信基督」。席奧多羅斯提出條件：唯有在他絕大多數的同胞都願意跟他一起走向洗禮盤，他才願意皈依；絕大多數的猶太人也真的跟他一起去。[33]還是有人賴得比較久。席奧多羅斯的弟媳阿泰蜜席雅在她丈夫改宗之後拒不相從，還躲進洞穴，但在僕人為她送來飲水，嚐起來有蜂蜜的味道，她就恍然大悟，有神蹟！便也乖乖就範。[34]

由於塞維路斯寫的信函是這類事情僅此唯一的傳世記載，因此很難看穿他寫的字面背後到底是怎樣的情況。有些重點倒是值得特別注意：猶太人在當時的政治絕非無足輕重，猶太女性也有其搶眼的角色。而基督徒從哈莫納到瑪戈納的長征，說不定一開始根本就沒有挑釁的意思。這由一段記載可見端倪：猶太人聽到基督徒集體唱起《詩篇》（Psalm）第九章，也張嘴跟著合唱，「美妙異常」。[35]由此很難不作這樣的推論：猶太人和基督徒在聖斯德望的聖髑駕臨梅諾卡小島之前，關係可不僅是平和而已，連猶太教、基督教之間的界線也不是劃得一清二楚。這一點，正是基督教的主教不高興的地方。暴動逼得梅諾卡島的猶太人不得不改宗，但也因為雙方長年熟悉的關係，也減輕了改宗的衝擊。[36]以尼凱亞會議結論為範本的一神論，是開始在地中海獨擅勝場了，但是，排外的特性不僅逼得異教信徒不得不就戰鬥位置，連另一信仰的一神論也要站上戰鬥位置才行了。

第十章

合久而後又再分

西元四〇〇年—西元六〇〇年

一

自從愛德華・吉朋（Edward Gibbon）寫下《羅馬帝國衰亡史》（*Decline and Fall of the Roman Empire*）以來，羅馬的大帝國是何以衰亡、何時衰亡又真的是衰亡的嗎，等等問題便一直是歷史學家皓首窮經在追索的問題。有人便發現對這樣的問題至今看得到至少二百一十種解釋，有的老實說還真的滑天下之大稽（「被閃族同化」semitization、同性戀、男子氣概不再）。[1]認為是蠻族入侵毀掉羅馬——既指羅馬城，也指羅馬帝國——這說法一度失寵，後來又再得寵。[2]有的歷史學家堅持「羅馬衰亡」是全盤錯誤的看法，他們強調羅馬的遺緒源遠流長，始終未斷。[3]不過，從地中海的角度來看，這一片「大海」到了西元八〇〇年確實已經四分五裂了。這樣一來，就表示四分五裂的過程應該長達好幾百年，而罪魁禍首大概有這幾個：西元五世紀還有之後的幾支日耳曼蠻族，西元七世紀的阿拉伯征服者，羅馬將領爭權內鬥就更不在話下，像有爭區域霸權的，有搶皇帝寶座的。顯而易見，羅馬衰亡是找不到單一「起因」的，也因此是十幾二十件問題加起來，積重難返，硬生生壓垮了舊秩序，而將「第二代地中海」扯得分崩離析。

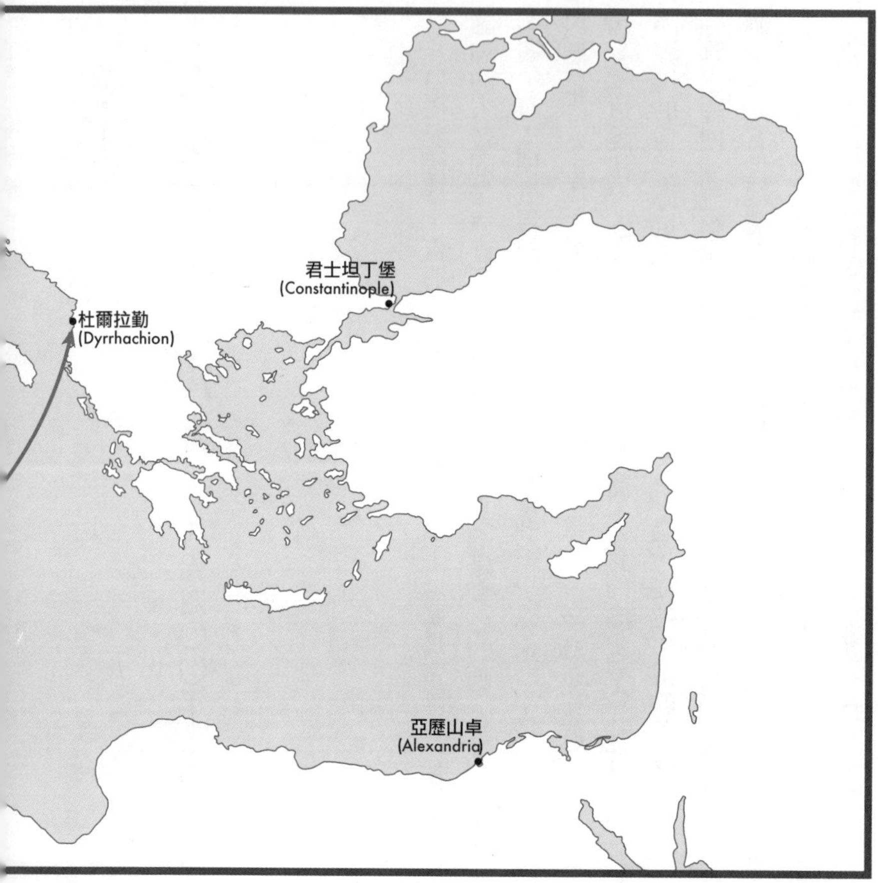

從西元四〇〇年到八〇〇年，這麼長一段時期地中海不論經濟還是政治都是分裂的狀態。羅馬皇帝認為治理地中海沿岸地帶，外加萊茵河以西、多瑙河以南的大片歐洲內陸，實非一人所能獨扛。所以，從西元二八四年起統治帝國的皇帝戴克里先（Diocletianus），就把大本營設在東邊的尼科米底亞（Nikomedeia），國政則交由一組「共治皇帝」（co-emperoe）一起承擔。他先是在西邊增設一位「奧古斯都」（羅馬皇帝的頭銜），再於西元二九三至三〇五年間陸續增設兩位副手「凱撒」，而形成了「四帝共治」（Tetrarchy）。[4]戴克

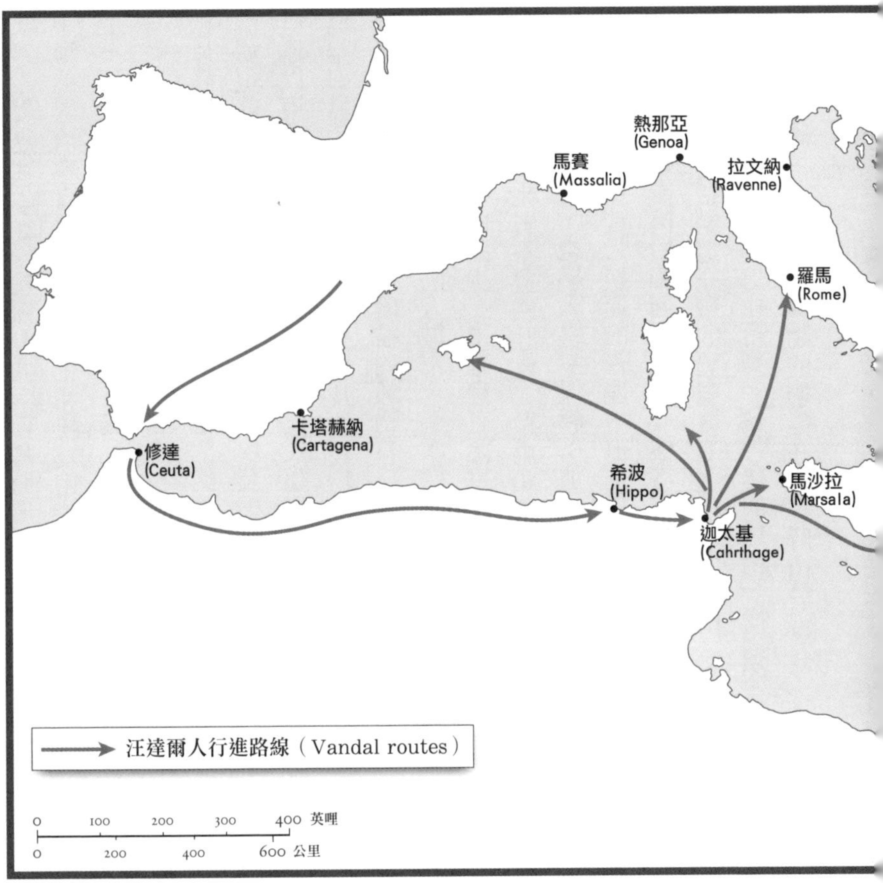

里先駐驛尼科米底亞，等於是君士坦丁後來於西元三三〇年決定建立「新羅馬」的序曲。君士坦丁到羅馬自稱的先人發源地特洛伊城，視察過遺址之後，卻轉而相中了拜占庭這一處大現貨交易中心，因為拜占庭既有良港，又位居黑海通往地中海的貿易路線要衝。這時期另一翻江搗海的劇變，當然就是基督教數百年皆為地下宗教的命運幡然一變，由君士坦丁正式授與合法的地位。

義大利半島一直是西半部共治皇帝的根據地，直到西元四七六年羅馬的末代皇帝，人如其名的羅姆魯斯「小皇帝」（Augustulus），被日耳曼大將奧多亞塞（Odoacer）罷黜為止。但那時羅馬帝國的權力中心早已東移，而且東移也不過是在承認當時地中海的經濟現實罷了。希臘化和托勒密時代的貿易圈在東邊依然相當興盛，亞歷山卓、加薩、﹁小亞細亞﹂以弗所（Ephesos）等地海港繁忙如昔，而且，這邊除了有貿易路線作聯繫，還有共通的希臘文化作基礎。雖然拿城市為主的東半部和鄉村為主的西半部作比較，可能失之簡化，因為東半部的內陸人口一樣以農人和牧人居多。但是，東半部的城鎮集中在地中海東部海岸，農業類型也比較繁茂，所形成的經濟體也就比較複雜。羅馬帝國晚期埃及出品的華麗紡織品，至今在博物館依然欣賞得到；奢侈品在西西里島以東的地區流通較大。而偏向民生必需品的貨物到了這時期，分配的模式也異於往常。君士坦丁堡奠基引發的一大效應，便是埃及的穀物就從老羅馬改道轉向新羅馬了。[5]這樣的轉變在西元三三〇年看似無關緊要。畢竟羅馬所需的穀物有三分之二是由北非輸入。北非一帶是十分繁榮的地區，迦太基城那時依然是地中海有數的大城市，僅次於羅馬和亞歷山卓。假如羅馬帝國的人口於西元三世紀、四世紀因為傳染病的關係而減少——確實有此可能——那麼羅馬帝國在北非的行省經濟力始終未衰，便可以保證西半部的首都絕對不會餓肚皮。羅馬和迦太基城的元老和騎士階級北非省區的莊園比以前還要更大。[6]世襲的船主行會，也納入皇室保護；加入行會既享有減免賦稅的特權，也可晉升到騎士階級。雖然皇帝的金庫不會直接涉入航運的管理，但是皇帝眷顧船主行會，也保證穀物的運輸得以維持順暢不墜。北非農夫也很重視橄欖樹和葡萄園，一樣當作是收入的來源；銷往義大利半島還有其他地方的橄欖油、葡萄酒十分暢旺，帶動這一帶的繁榮。「非洲紅泥釉陶」不僅成為地中海區陶器的主力，還深入高盧內陸，甚至遠達不列顛群島也找得到。往外送的貨物，換到的是義大利生產的磚石往內送。倒不是北非人不懂得怎麼製磚，而是外送穀物的船隻在回程時由於沒有了滿船的大麥，磚塊就是上好的壓艙物。[7]北非在那時期榮景輝煌，尤其是迦太基城。城中規劃良好，有格子狀的街道配置，還有富麗雄偉的建築——迦太基人尤其鍾愛他們的半圓形廣場，連蠻族兵臨城下也沒辦法把迦太基人從競技場上的節目拉開。迦太基人最自豪的是他們的港口，因為舊迦太基城的圓形港口後來修復，在皇帝圖拉真時期又再加蓋了氣派的六角形外港。迦太基的六角形外港和圖拉真在奧斯提亞附近蓋的六角形波圖斯港是同一模子印出來的。這兩座「布尼克港口」現在依然勾勒得出來大致的輪廓。[8]

北非也算是平靜的地區。從西元三世紀以降，羅馬帝國外圍的邊境頻遭蠻族進犯。在遙遠的不列顛群島，多位〔羅馬帝國派任的〕「薩克遜海岸伯爵」（count of the Saxon shore）也必須自組防衛軍隊，對抗從北海下來的日耳曼強盜。即使西元四〇〇年前後，大群大群的哥德人、蘇維比人以及其他日耳曼民族，在高盧、義大利半島、西班牙長驅直入，四處橫行，連羅馬城也在西元四一〇年被蠻族攻破，北非一帶卻始終能夠維持安居樂業而不墜。[9]出身北非的學者聖奧斯丁，後來當上希波主教，於西元四三〇年逝世。他對羅馬淪陷到蠻族的手中，可想而知是極為震駭。他在大受刺激之餘，提筆寫下了畢生傑作，《上帝之城》（*The City of God*），一座天堂的「城市」在他筆下遠遠超越了羅馬不堪一擊的俗世城邦和帝國。然而，希波城和迦太基城起碼還有「大海」這一道天險作屏障。那些橫行的蠻族所知都是戰士，不是水手。哥德人攻到義大利半島就卡在那裡了，連從〔南端的〕卡拉布里亞（Calabria）跨海到西西里島都沒輒。其他蠻族，如汪達爾人、阿蘭人，則是往西邊到西班牙的山區去。所以，實在看不出來蠻族對北非能威脅到哪裡去。

汪達爾人是日耳曼民族的一支，一度定居在現今波蘭的南部一帶，他們信奉的是亞流派基督教，和大多數蠻族一樣，遵奉的信條主張聖子不是和聖父同等地位、同為永生的，而是從聖父來的。汪達爾人的名稱後來雖然變成破壞的代稱，但「vandalism」（故意破壞）一字卻是在西元一七九四年才問世的，是由法國一位主教看到他們大革命期間革命黨人恣意破壞，有感而發才拈出這樣一個字的。[10]汪達爾人當然以財寶堆積如山為樂，汪達爾國王也不太願意將聚斂來的金銀釋出到經濟體去——這在經濟學家叫作「囤積」（thésaurisation）。阿蘭人就不一樣，他們起源自高加索（Caucasus），遷徙至歐洲東南部，講伊朗語（Iranian），風俗習慣和汪達爾人大相逕庭——例如他們就不蓄奴。兩支人馬門不當、戶不對，但還是結盟，一起西進達西班牙，瓜分土地，但在西元四一六年慘遭哥德大軍首領瓦利亞（Wallia）攻擊、屠殺——瓦利亞還師出有名，打的是那時才剛成立但曇花一現的「哥德—羅馬」聯盟之名。蠻族一般善於彼此對打而不善於和羅馬對打。盤據貝提卡（Baetica）地區的汪達爾人，據說幾乎被瓦利亞的大軍殺光；貝提卡約當在現在的安達魯西亞（Andalucía）。汪達爾人和阿蘭人慘敗至此，之後，倖存的餘眾就必須另覓他處落腳了。他們在歐陸闖盪的目標在征服，定居，而不在燒殺擄掠之後逃之夭夭。所以，這時候他們選中的目的地北非，看起來倒是相當合理，因為北非近在咫尺。西元四二九年夏，他們由不良於行但是鐵石心腸的國王蓋薩里克（Geiseric）率領，朝直布羅陀海峽前進。

丹吉爾（Tangier）周圍地區，也就是羅馬帝國的廷吉塔尼亞（Tingitania）省，是由羅馬在西班牙隔海統治的，也是羅馬帝國在茅利塔亞國王稱霸的這一帶唯一的據點。茅利塔尼亞這國家和羅馬帝國的關係，一般倒還一直表面相敬如賓，私下小心提防。這地方在羅馬眼中的價值不如北非其他地區，結盟的關係比較鬆散，羅馬也不強求。[11]汪達爾人和阿蘭人的首領蓋薩里克也一樣，他有興趣的是要拿下北非最富庶的地區。迦太基城就像是塊福地，入目盡是麥田和橄欖樹，感覺比西班牙南部還要富裕[12]。不過，要拿下迦太基城，蓋薩里克可必須先把他的人馬帶過直布羅陀海峽，戰士加上婦孺可是多達十八萬人（由這數字可見他們在貝提卡幾乎盡數遭到殲滅的說法，誇張得厲害）。[13]但他又沒船可用，那一帶的水域多的是船隻來來去去，但許多能夠載運的人數頂多七十人吧。就算蓋薩里克真的弄到了所需的幾百艘小船，也要耗掉他一個月的時間，才有辦法將人馬全部運送過海。無論如何，他到底是從哪裡弄到船的，到現在都還是未解的謎。他率隊走的路線，是由大西洋這一邊的海岸，由西班牙最南端的塔里法（Tarifa）橫渡直布羅陀海峽，來到丹吉爾和修達之間的海灘。短短一段航程，一趟又一趟，船隻穿過的水域連夏天也是波濤洶湧的時候居多，但是，汪達爾和阿蘭人竟然還是到了渡海到了廷吉塔尼亞。只是他們並未久留，而是再開拔，循陸路往東前進。大概頂多三個月的時間吧，他們的大隊人馬在西元四三〇年五月或是六月已經抵達希波。[14]希波負隅力抗達十四個月；汪達爾人打圍城戰的經驗不多，希波又有羅馬建的城牆提供堅固的保護——這是未雨綢繆的上好例子，因為「羅馬和平」相當長，漫漫歲月輕易就可以教城市的防禦鬆懈下來。困在城中朝外張望的人群當中，有一位就是希波的主教聖奧斯丁，不過，圍城的困局尚未過去，他便撒手人寰了。當時他說不定在想：滿腦子異端信仰的蠻族都已經摧毀羅馬了，這下子連他所屬的省區也在劫難逃。

希波淪陷到蠻族手中，馬上就建立起新的亞流教派，還有近五百名天主教的主教因為不肯放棄尼凱亞會議的訓諭，而被逐出他們一般都很小的教區。但這作法就和亞流派包容天主教徒的慣例背道而馳了。[15]蠻族攻向迦太基城的一刻終於到來，但是蓋薩里克耐性十足，迦太基城在西元四三九年才淪陷，那時迦太基周邊的羅馬領土都已經在汪達爾人的手中。汪達爾人以迦太基城作為他們王國的新都。不過，汪達爾人到非洲可不是來毀滅一切的；舊秩序對他們頗有大用。蓋薩里克知道他不應該僅僅是自己族人的國王——也就是不僅是「rex Vandalorum et Alanorum」（汪達爾阿蘭國王）而已，這是他的正式頭銜。[16]西元四四二年，汪達爾人和羅馬談妥條約，蓋薩里克依約握有完整的領土主權（territorial sovereignty）。[17]而這地區的經濟也看不出來因為由汪達爾人統治而有所衰退，就算蓋薩里克聚斂的黃金絕大部份都留在他的財庫裡也一樣。建設工程並未中斷，東方的商人依然帶著拜占庭的錢幣來到迦太基城，北非商人也一樣往東方去；迦太基城雄偉的商港重新整修。[18]地中海東部的雙耳細頸瓶進口到迦太基的數量，在汪達爾人統治時期還增加了很多。迦太基人用的餐具也是當地上好的紅泥釉陶。北非生產的穀物既然不再被羅馬徵調過去，可以由當地商人經營，自然帶動起了新的經濟事業。[19]汪達爾人酷愛東方的絲綢、澡堂、宴會、劇院，愛撐蒿駕平底船，雅好拉丁詩歌，羅馬化的程度不輸哥德人——哥德人在義大利半島安定下來後，就開始美化起他們中央政府所在的拉文納。[20]不過，汪達爾也和哥德人一樣，縱使非洲首要的通用語是拉丁語，布尼克語居次，他們的日耳曼姓名卻始終不改，像古恩特蒙德（Gunthamund）、瑟拉薩蒙德（Thrasamund）兩位國王這一類名字就代代相傳不斷。而汪達爾人征服北非，對北非的農村生活也好像全不相干；汪達爾王國於北非內陸的莊園有木簡帳冊流傳下來，就是明證；這一套珍貴的木簡帳冊叫作「阿爾貝提尼木簡」（Albertini tablets）[21]。由木簡可見北非舊有的體系不僅留存下來，還絲毫未曾折損。群聚北非西北部的羅馬人、布尼克人、摩爾人提供汪達爾人所需的航運，汪達爾人的王國方才有以為繼。[22]船運當然供作貿易，但必要時也運送軍隊。西元五三三年，格里梅爾（Gelimer）國王弄了一百二十艘船，派到薩丁尼亞島，想要擊潰島上叛變的總督。汪達爾人用不到傳統的戰船，遇到需要跨海出征的時候，他們需要的僅僅是把人馬、兵器送到大海另一邊就可以了。[23]

汪達爾王國不可以單單視作搶下羅馬帝國非洲行省的地方勢力而已。早在他們攻進非洲之前，汪達爾人便已經派出分遣隊去突襲巴利亞利群島，後來在西元四五五年將巴利亞利群島併吞下來。[24]這時，羅馬帝國先是戰功彪炳的大將埃提烏斯於西元四五四年遇害，離明君還差得遠的西羅馬皇帝瓦倫提安尼三世（Valentinian III）緊接著也在翌年遇刺，機會的大門立即敞開。[25]汪達爾人旋即發動他們史上最大膽的遠征，而在西元四五五年六月兵臨羅馬城下。他們的目的不在對天主教徒進行亞流派聖戰，而在洗劫。攻入城中的汪達爾人接獲命令，不得破壞，不得殺人，但要全力搜刮財物，尤其是皇家的財物。汪達爾人離開羅馬城時，帶走了大量的財物，其中包括眾多奴隸（他們對待奴隸毫不留情，隨意拆散夫妻、子女）。依據幾份文獻記載，當年羅馬皇帝提圖斯從耶路撒冷聖殿搶過來的猶太教大燭台還有一些黃金器皿，這時就在汪達爾人搶走的寶藏之列。這些東西就被汪達爾收藏在迦太基城內當作戰利品，直到西元五三四年拜占庭收復迦太基城為止。[26]蓋薩里克於西元四五五或四五六年也攻下了科西嘉島，以該島作為建船木材的供應地——被判處流放的天主教主教，就是被發配到科西嘉島去當伐木工人的。汪達爾在這一時期也以薩丁尼亞島為攻佔目標，但在西元四六八年失守，直到西元四八二年前後才又收復。汪達爾將他們非洲領地的摩爾人（Moors）遣送到島上定居，當時叫他們「巴爾巴里奇諾人」（Barbarikinoi），薩丁尼亞島東北部的荒山野地，巴爾巴吉亞（Barbagia），名稱就是從這些人來的。至於進攻西西里島，汪達爾人也毫不客氣，早在西元四四〇年便已洗劫西西里島，下手毫不留情，西元四六一或是四六二年又再度洗劫過一遍，之後，年年都要光臨西西里島大搶特搶一番。他們一度從羅馬人手中拿下西西里島的控制權，不過，就在蓋薩里克死前的一陣子（蓋薩里克在橫行歐洲燒殺擄掠五十年後，於西元四七七年逝世），汪達爾人和日耳曼軍閥奧多亞賽達成了協議。奧多亞賽那時才剛在幾個月前罷黜了西羅馬最後一位皇帝，稱王義大利半島。奧多亞賽以進貢換取西西里島，只在西端的馬沙拉周邊留下一小塊地方由汪達爾人直接擁有。不過，還是有那麼一陣子時間，汪達爾人憑其威震八方的氣勢，看似要將地中海西部的三大穀倉，北非、西西里島、薩丁尼亞島，全部納入掌握當中。[27]但在這之後，汪達爾覺得他們從西西里島、從義大利半島搾的油水已經差不多了，便開始把打劫的矛頭指向希臘海岸、達爾馬提亞海岸，愛奧尼亞群島當中的扎金索斯（Zakynthos）就這樣被他們破壞殆盡；那時是蓋薩里克統治的末年。

汪達爾人打下的航海帝國，有其極為突出的特色。迄今史上還沒有證據指他們會煽動海盜在海上作亂，也看不出來汪達爾的國王會直接插手貿易。他們搶下羅馬帝國的幾座大穀倉後，心裡知道他們的手已經掐在羅馬帝國的咽喉上面；史上記載義大利半島於西元四五〇年出現饑荒，說不定就是因為汪達爾人干擾穀物運輸才致惡化甚至引發的。汪達爾人不常和羅馬帝國的艦隊直接交火，因為那一類的海戰在這時期已經相當罕見（不過，蓋薩里克在西元四六〇年代倒還有辦法摧毀拜占庭兩支艦隊）。雖然汪達爾帝國的鼎盛期，便是打下帝國江山的蓋薩里克在位的時期，汪達爾人在蓋薩里克西元四七七年逝世之後六十年，勢力依然相當可觀。到了西元五〇〇年時，義大利半島是由信奉基督教亞流派的東哥德人（Ostrogoths）在統治，北非則由一樣屬於亞流派的汪達爾人統治，西班牙和高盧南部一樣還是由同屬亞流派的西哥德人統治。新羅馬建立之後一百五十年，地中海的政治、民族、宗教地理已經改頭換面。合久必分之勢，已然如箭出鞘。

二

這一番合久必分，必須從幾條路線來理解。地中海東、西兩邊本來就有漸漸解離的趨勢。兩邊同都連番遇劫，東邊雖然受創嚴重，但是復原得比西邊快，比西邊充份。蠻族大舉入侵的年代，對拜占庭早期一樣帶來嚴重的打擊，但在西邊的打擊卻是帝國的皇權就此消失。東邊的帝國雖然有哥德人、斯拉夫人（Slavs）、波斯人、阿拉伯人連番大舉來襲，西元七世紀甚至還有進犯的敵軍兵臨君士坦丁堡牢不可破的城下，皇權卻始終得以苟延殘喘，未曾斷絕。西元七世紀期間，希臘泰半還都是在幾支斯拉夫部族的治下。不過，地中海區的經濟卻還另有強敵來勢兇猛，類型很不一樣。西元五四〇年代，瘟疫開始出現，可能是腺鼠疫或肺鼠疫（pneumonic plague）之類的傳染病，於病理類似十四世紀的黑死病。[28]查士丁尼時期的瘟疫，也和後世的黑死病一樣，一口氣折損大量人口，說不定高達拜占庭人口的百分之三十，尤以城市人口為多。地中海東部冬季乾冷的氣候，容易造成乾旱和饑荒。說不定再往東去的地區也有類似的氣候變遷，導致東亞原本殘存的風土性瘟疫往西邊移動、擴散。[29]此外，羅馬帝國晚期氣候出現冷卻期，也可能導致土壤地力敗壞；原本為了耕種葡萄園、橄欖園而開墾出來的梯田荒廢之後，又再引發山崩和沖蝕。不過，在此有雞生蛋、新生雞的問題：葡萄園、橄欖園荒廢，表示市場需求下降，而市場需求下降，一定也有原因。另一觀點是地中海周邊人口膨脹，對糧食的需求增加，導致土地過度利用，樹木和其他植被的土壤因此剝蝕，結果便是表土被水沖刷到河口，造成淤積。接二連三的生態變故就這樣破壞了他們賴以維生的土地，導致一次次的饑荒和乾旱（那時代的人根本無法理解他們做的事會有怎樣的後果）。可想而知，地中海周邊的人口數應該在瘟疫來襲之前便已開始在減少了。這一帶要是有地區的人口因為糧食短缺，加上惡性較輕的地區性傳染病侵襲，免疫力大幅降低，等到瘟疫來襲，自然就承受不住，打擊也就更重。[30]這些說法看似純屬假設，但是，北非、小亞細亞的以弗所、希臘的奧林匹亞、薩丁尼亞島的諾拉，還有義大利半島西北部的魯尼（Luni），這幾個地方累積起來的證據，已經足以證明淤積確實出現過。[31]

拜占庭皇帝查士丁尼一世在位期間，儘管瘟疫蔓延，還是痛下工夫要重建羅馬帝國在地中海全境的統治權。瘟疫來襲之前，查士丁尼已經拿回迦太基城（西元五三四年），也砸下大錢進行建設，城內著名的圓形港口就加蓋了一座廊柱大門，城牆、壕溝也逐一就位，畢竟百年前出的事情就說明了即使北非的城市也禁不起陸上的強攻。汪達爾王國瓦解之後，義大利半島就由查士丁尼手下的軍事奇才貝利撒流士（Belisarios）將軍指揮，開啟了「哥德戰爭」（Gothic Wars）。拜占庭大軍長驅直入攻進西西里島，拿下迦太基城後不過區區兩年，羅馬人便以經典的老招數——鑽地道進城——收復了那不勒斯失土。查士丁尼將收復義大利半島的失土視為特別的榮耀；拉文納先前被東哥德國王當作都城，在查士丁尼手中重新再由羅馬帝國派出來的高官坐鎮，也就是重新作為「總督」（exarch）的駐地。那不勒斯的海港也增建堡壘，因為貝利撒流士雖然為皇帝奪回了那不勒斯，查士丁尼的哥德死對頭卻還是橫衝直撞，荼毒各處。[32]拜占庭從東邊伸過來的長手臂，甚至拉長到熱那亞周邊的海岸線——那一帶還是在這時候首度出現經濟活動的徵象，日後，熱那亞還會在中古時代躍居地中海貿易的重要中心。[33]查士丁尼也不怕拉出多條戰線同時作戰，對西班牙南部一樣派出大軍，硬生生從西哥德對手的嘴邊搶回卡塔赫納周邊地帶這一塊肥肉。由於薩丁尼亞島和巴利亞利群島也在拜占庭治下，查士丁尼就得以從拜占庭帝國的心臟地帶建起一條聯絡線，一路往西拉到修達和直布羅陀海峽。

查士丁尼企圖重建泛地中海（Pan-Mediterranean）羅馬帝國的壯舉，適逢經濟凋敝的時期，以致君士坦丁堡能夠調度的資源十分窘迫。義大利半島已經因為戰事和瘟疫而百廢待舉。[34]瘟疫橫行過後，縱使人口銳減，他們還是樂觀投入建設，改善港口設施，加強港埠的防禦工事。為了鞏固君士坦丁堡和義大利之間的聯絡，杜爾拉勤（就是以前的埃庇達諾斯）城邊蓋起了一圈雄偉的城牆和瞭望塔樓，有一部份現在都還看得到。杜爾拉勤位於「伊格納提亞大道」（Via Egnatia）的一頭；伊格納提亞大道是走陸路通往君士坦丁堡的路線。但是經由海路通往愛琴海的路線他們也未偏廢，科林斯因為瘟疫肆虐，人口所剩無幾，其中又大多往外逃到愛琴海的島嶼愛基納去避難，不過，島上照樣在推動類似的工程。[35]迦太基城也是這般榮枯參半的景況。所以，整建港口不等於經濟復甦。東方運送過來的雙耳細頸瓶，在拜占庭收復迦太基城後，數量竟然大幅降低。從東方伸過來的政權鞏固下來，往東方過去的貿易來往卻反而減弱，真是諷刺。貿易衰落的原因，可能就在於拜占庭又再想要將穀物貿易劃歸國家控制。[36]

西元六世紀也是地中海東部各地境遇不一、悲喜有別的時期。以弗所衰落得很厲害，雅典和德爾斐也是，亞歷山卓倒還是維持相當蓬勃的活力，居民約有十萬人，直到六世紀中葉都未改變。至於另外一些地區，倒是湧現新的活水泉源。西元七世紀，克里特島的哥蒂納（Gortyna）在大地震後就有豪華的新建築點綴起市容，進而躋身為繁榮的陶器產業重鎮。克里特島和塞浦路斯島同樣都有的優勢，在於斯拉夫人入侵的腳步並沒有踏上這兩座島嶼。考古挖掘出來成堆西元七世紀初期的金幣，便是這些地方繁榮昌盛的見證。愛琴海有幾座島嶼像薩摩斯、希俄斯，是難民為了逃避入侵的斯拉夫人而爭相湧入的地點。在其他地方人口減少的時期，這些島嶼卻因為難民爭相湧入，反而注入了蓬勃的活力。[37]〈羅德海法〉（Rhodian Sea Law）也躍居為拜占庭帝國內外通行的標準海事法。[38]拜占庭帝國和北疆的蠻族一樣，又再遇上希臘世界長久以來的死對頭波斯的皇帝，處心積慮對他們發動一波波威脅。波斯進犯，對地中海海岸線上的諸多城市造成極大的破壞。〔安納托利亞半島西部〕薩地斯一直是氣勢雄偉的地區首府，有大理石鋪的街道，敞廊林立，還有規模在地中海區數一數二的猶太大會堂——直到西元六一六年為止。薩地斯（Sardis）毀於波斯大軍之後，只剩燒燬的廢墟，始終未能重建。帕加馬先前以圖書館知名，也淪落到相同的命運。[39]

儘管有連番劫難，古老的貿易網有一部份還是保住了命脈，甚至重現活力。波河谷地的穀物在拜占庭重建治權之後，便由克拉西斯的港口往外輸出。以前北非雖然是那不勒斯所需穀物的大宗來源，但是那不勒斯和北非的關係這時反而變得疏遠。這一點，由那不勒斯西元六世紀的考古層中挖出來的非洲紅陶數量，相較於之前是呈下降的曲線，就估算得出來。[40]那不勒斯的非洲紅泥釉陶器物數量減少，卻也看出東西是反方向的趨勢——地中海東邊來的陶器出現在那不勒斯的數量相當可觀，薩摩斯島的雙耳細頸瓶就在內。希臘本土因為落入斯拉夫人統治而陷入經濟崩潰的大難，薩摩斯島卻是群島中繁榮依舊的地點之一。[41]其實，約有六百具薩摩斯的陶器出現在羅馬、拉文納、敘拉古、迦太基等地，所以，拜占庭在義大利半島、北非這邊新收復的領土，和地中海東部之間的來往顯然不僅沒斷，甚至還可能更為強固。義大利半島南部、西西里島一帶和外面世界的來往依舊如昔；統治義大利半島南部的倫巴底（Lombard）君主甚至還有能力鑄造金幣。亞得里亞海就像是拜占庭帝國邊陲的湖泊。同樣在這時期，亞得里亞海北端幾處小小的泥巴港，第一次看得出來有了動靜，日後威尼斯（Venice）就會從這幾處泥巴港的聚落當中孕育生成。但再往西過去，情勢就艱困一點了。魯尼衰落得十分嚴重，始終未再復甦。西元六〇〇年前後，魯尼的居民只能用鉛來鑄造錢幣。[42]熱那亞和拜占庭多少也有一些聯繫，不過，可能以政治多過商業。馬賽在地中海西部的幾處貿易中心當中還是一馬當先，領袖群倫，但是比起以前的希臘大城可就遜色得多了。西元六世紀期，東邊來的雙耳細頸瓶數量變少很多，西元六〇〇年時數量只有西元五〇〇年時的四分之一，到了西元七世紀，雙耳細頸瓶還根本就不見蹤影了。反而是北非來的雙耳細頸瓶在西元六世紀上演捲土重來的戲碼。所以，地中海西部中距離的貿易還是會經過馬賽。地中海西部和東邊的來往也不是完全斷絕，都爾人額我略（Gregory of Tours），也就是為高盧殘忍暴虐的梅羅文加（Merovingian）國王寫史的都爾主教，提過該地有葡萄酒是從加薩和勞迪嘉（Laodicea）這兩處敘利亞—巴勒斯坦（Syro-Palestinian）港口運送來的。[43]法國南部外海的克羅斯港（Port Cros）找到沈船遺物，斷代為額我略主教的時代，就為這說法提出再明白不過的證據：船上有愛琴海和加薩出品的雙耳細頸瓶。[44]

這一時期到現在總計有約八十處沈船遺址已經作了確認。西元六〇〇年前後，一艘船在法國南部外海沈沒，船上載了瀝青、北非的陶器、加薩的雙耳細頸瓶、寫了潦草希臘文的大水罐等等。船身建得很隨便，薄薄的甲板，榫頭還接不太準——這樣的船不沈才怪。船也不大，排水量不到五十噸，載重頂多八千斗小麥，只佔之前羅馬穀物船載重量的一小部份而已。[45]西元第六和第七世紀的船隻，都比先前羅馬帝國的船要小。土耳其外海在雅瑟島（Yassi Ada）找到的一艘沈船，年代約當西元六二六年，用的釘子比羅馬人造船用的重量要輕，排水量超過五十噸，一樣造得很隨便，「撐得到賺夠了錢就好」。[46]可是這船卻有齊全的伙房，蓋有磚瓦屋頂，由伙房內的東西——碗盤杯子——可知這艘船來自愛琴海或者是君士坦丁堡。[47]考古找到的沈船，偶爾也有載的是比較貴重的貨品。西西里島馬爾扎梅米（Marzameni）找到的沈船，年代約為西元五四〇年，載的就是重達三百噸的綠色和白色大理石。這一船載的是一整座教堂的內部裝潢，類似拉文納和利比亞的教堂所見。這些精美的物品漂洋渡海，是要為羅馬帝國的宗教大一統作宣傳：教堂的設計一模一樣，表示羅馬世界的皇帝僅此查士丁尼大帝，於其治下，神學僅此唯一。[48]由地中海東部的沈船遺物，看得出來縱橫於群島和海岸之間的聯絡比較頻繁。土耳其西南部海岸外海在伊斯坎迪布努（Iskandil Burnu）找到的沈船，年代為西元六世紀晚期，載的是加薩釀造的葡萄酒，還有猶太潔食（kosher）砂鍋菜用的鍋子，所以，這艘船的船主很可能是猶太人（像阿馬蘭圖斯的故事，也就是西元五世紀初年那一位猶太船長）。[49]

拜占庭的損益報表，既有嚴重的經濟衰退，也有活力始終未絕，特別是地中海東部群島最為明顯。腺鼠疫大流行引發人口結構大地震過後，這樣的結果也是可想而知。地中海的商業版圖就此重新畫過，以前的貿易重鎮隱退，新的貿易重鎮更加活躍。但是，經濟生命力殘存的節瘤依然還在拜占庭帝國的地中海內，為西元八世紀、九世紀的復甦埋下契機。只是再往西過去，復甦的腳步就慢得多也困難得多了。

第三部

第三代地中海世界

The Third Mediterranean,

600 — 1350

第一章

地中海的大水槽

西元六〇〇年—西元九〇〇年

一

地中海的統一態勢，到了西元六世紀已經土崩瓦解。不論於政治還是商業，地中海都不再是羅馬人的「吾海」了。有學者想證明地中海依貿易圈而言，始終不失統一體的性質，至少也一直維持到西元七世紀伊斯蘭征服這一帶為止（伊斯蘭於西元七一一年侵入西班牙），甚至直到法蘭克帝國（Frankish Empire）朝中既搞亂倫又愛殺人的查理曼（Charlemagne）拿下義大利半島和加泰隆尼亞之時都算。[1]也有學者認為地中海復甦開始的時間，比前幾世代歷史學家想的都要早得多，在西元十世紀甚至提早到九世紀就已經走出谷底了。[2]要是放在地中海東部的拜占庭帝國來看，是很難反駁這樣的說法；拜占庭原本就展現了相當的韌性。放在伊斯蘭世界也是如此；在那時期，伊斯蘭世界可是從敘利亞、埃及一路拉到西班牙和葡萄牙去的。但要是放在地中海西部來看，就較為費解。要是說這裡有史家看成是萎縮的，別的史家卻看成是擴張，不算誇張，對於這樣的狀況，合理的解釋就是不同的區域，差別可能極大；可是，地中海的統一是否真的失去而又復得，還有何時失去、何時復得，這問題就依然無解了。地中海在上古時期

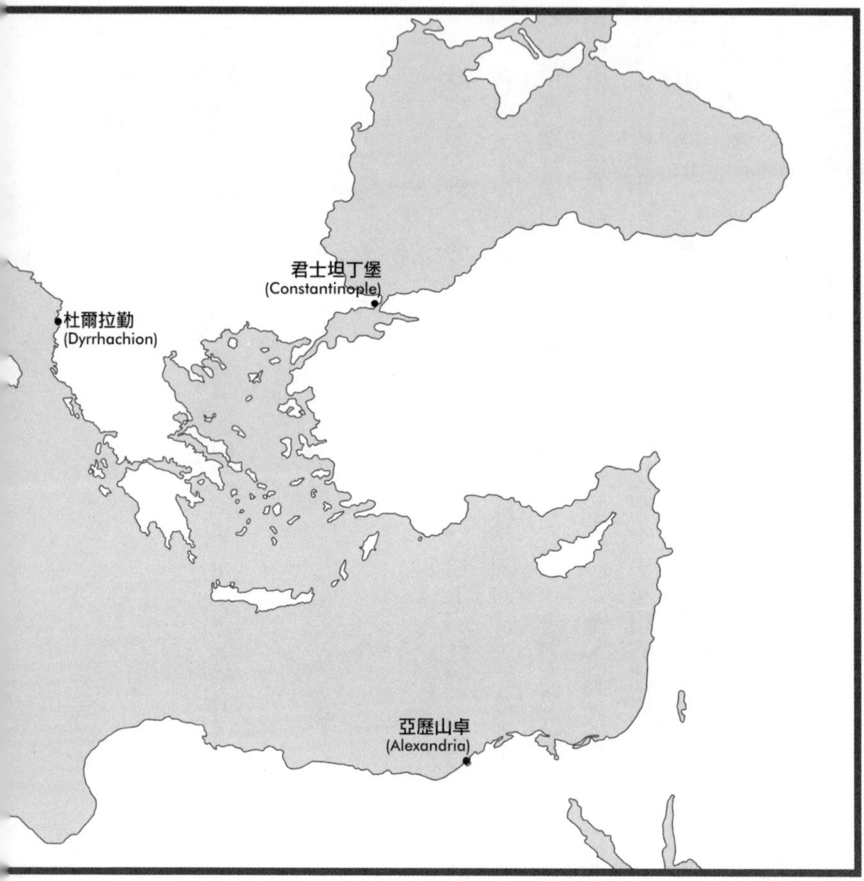

整合為一大貿易圈，之後再整合為一大政治圈，耗時長達數百年，從西元前十世紀的黑暗時代一直延續到羅馬帝國興起。「第三代地中海」也是如此，整合的過程慢得氣死人；政治的完全統合不曾成功，不論是阿拉伯人四處征伐還是之後很久土耳其人又重來一次，再大的工夫都未能重新締造一次。

拜占庭帝國於大陸上的領土雖然被斯拉夫人暨其他勁敵大片、大片削去，但還是保住了幾樣難得的資產沒丟失。西西里島、義大利半島南部、塞浦路斯島、愛琴海群島都還在拜占庭治下，所以，拜占庭帝

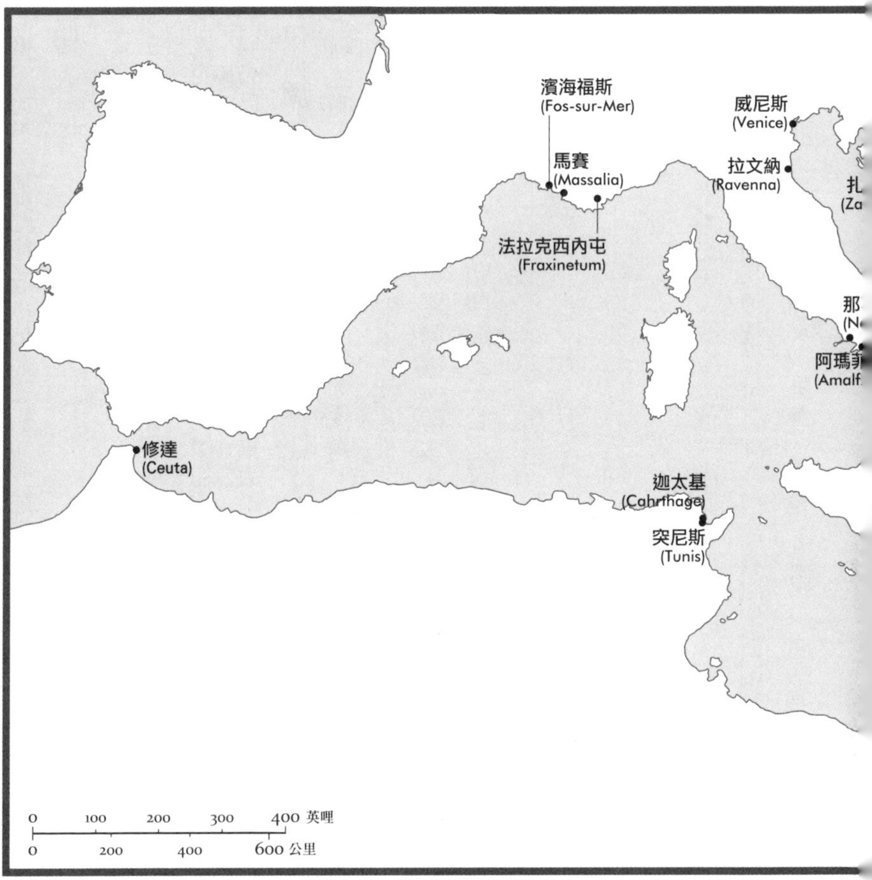

國還是可以從幾處島嶼的金、銀礦藏來聚財。[3]連薩丁尼亞島和馬約卡島也在拜占庭的宗主權下。不過，縱橫地中海的聯絡網是否依然暢通，就不得而知了。埃及還在君士坦丁堡的勢力範圍內，君士坦丁堡的城區雖然縮小很多，但是穀物泰半還是要靠埃及那邊供應。〔都爾人額我略寫的〕歐洲西部史傳當中，除了寫到猶太商人還有「敘利亞」商人的記載，證明腓尼基人的後裔在泛地中海貿易網中依然佔有一席之地。拜占庭帝國知道不僅是北方南下的蠻族對他們構成重大威脅，東方的幾處勁敵也是。不過，波斯人雖然在西元七世紀攻下了耶路撒冷，佔領過短短一陣時間，但是，摧毀拜占庭帝國在敘利亞和埃及勢力的，卻不是波斯人。

要是跟著敘利亞商人尋找香水、香料貨源以便賣到地中海區而走的貿易路線，一路往東深入，越過沙漠民族納巴泰人的領土來到紅海東岸，再往內陸推進一點，那裡就有一支宗教、政治強權已經開始在嶄露頭角，即將永遠改寫地中海北岸和南岸的關係。穆罕默德生前，穆斯林的目標是在帶動阿拉伯半島的異教民族皈依伊斯蘭，至於信奉猶太教的阿拉伯部族，或是被征服或是皈依。眾多阿拉伯部族統一在「伊斯蘭」大旗之下——「伊斯蘭」的本義就是「順從」，就算不是順服於真主阿拉，也要順服於崇拜真主阿拉的人——由早期的「先知代表」哈里發（Khalifa;caliph）也就是先知穆罕默德的傳人，登高一呼，爆發猛烈的軍事、政治能量。就在穆罕默德逝世之後沒幾年，伊斯蘭大軍便已攻下耶路撒冷和敘利亞，再於西元六四一年由大將阿穆・伊本・阿斯（'Amr ibn al-'As）率領，蜂擁攻向埃及。只是伊本・阿斯不改本性，又是早早就和他的主子哈里發有了齟齬。信奉唯一真主是伊斯蘭的教義宗旨，但是，信奉唯一真主的穆斯林世界，沒多久就裂痕處處了。

伊斯蘭不是孕育自地中海，但是伊斯蘭自孕生伊始，便和地中海的其他一神信仰對手，猶太教和基督教，有來有往——伊斯蘭和異教信仰一樣有來往，不過算是交惡吧，因為異教不在伊斯蘭包容之列，伊斯蘭包容的其他宗教，只有猶太教、基督教還有波斯的祆教（Zoroastrianism）。伊斯蘭在敘利亞的基督徒眾當中贏來了不少人改宗皈依，因為他們有許多都是一性論教派基督徒，倍受希臘教會迫害，本來就心有怨懟。東方的基督教派也有許多信徒看出伊斯蘭和基督教頗有類似之處，也漸漸被伊斯蘭這一支新宗教吸收、同化。穆斯林叫耶穌「爾薩」（Isa），承認他是排名在穆罕默德之後的第二大先知，也承認他是童女所生之子（Virgin Birth），但堅持「爾薩」只是人，不是神。[4]伊斯蘭還有別的規矩也和猶太教的儀式頗為相近，特別是禁食豬肉、每日皆須禱告數次（伊斯蘭五次，猶太教三次），也都沒有祭司階級負責主持宗教儀式；猶太教原有的祭司在聖殿期過後就形同絕跡了。穆斯林認為希伯來《聖經》還有《新約》聖經都是訛誤的經書，指稱預言最高先知降世的經文被改過了，但也承認猶太人和基督徒崇拜的主和穆斯林是一樣的，他們說猶太信徒和基督信徒是「有經的人」（Peoples of the Book）。由此進而產生了順民（dhimmi）的觀念，也就是臣服的基督徒和猶太人只要繳交「吉茲亞稅」（jizyah），也就是人頭稅，就得以保有原本的信仰，但不得向穆斯林傳教。其實順民繳的稅是伊斯蘭國政的重要支柱。而當兵只限穆斯林才有資格，順民不必服兵役，所以，順民是以繳稅在維持伊斯蘭國家的戰爭機器。也因此，埃及境內的〔信奉基督教的埃及人〕科普特人（Copts）和北非的柏柏人要是全都快快改宗皈依伊斯蘭，反而會有問題，因為會侵蝕「哈里發國」（caliphate）的稅基。所以，以包容的政策對待順民，不是沒有道理，畢竟順民這一類人，依著名的中東史專家柏納德・路易斯（Bernard Lewis）的說法，雖然「是二等國民——終究還是國民」。換言之，順民也是伊斯蘭社會固有的一份子，而不是外來的少數民族——其實在西元第七、八世紀，在阿拉伯半島之外，所謂的順民可是多數了，沿著敘利亞海岸一帶到埃及，甚至遠到西班牙，無不如此，東邊的大片土地例如波斯，更不在話下。

〔西元六四二年〕埃及竟然會被兵力才一萬二千人的阿拉伯軍隊攻陷，若是從科普特人對正教拜占庭帝國深具敵意這角度來看，就比較說得通了。埃及失守對君士坦丁堡當下的打擊，便是從尼羅河運送穀物餵飽新羅馬居民的貿易路線，被切斷了。到了西元六七四和七一七年，君士坦丁堡兩度被阿拉伯人圍困，但此時，阿拉伯人待在北非，他們立足埃及，放眼尋找下一目標，看的方向不是往地中海這邊來的，而是朝南邊看向努比亞（Nubia）。攻下那一片鄰近紅海的土地，可以鞏固他們在阿拉伯半島既有的勢力範圍。穆罕默德逝世之後頭幾年，阿拉伯人向外擴張的焦點以伊拉克和伊朗一帶為主，因為波斯是那一地區最大的強權，而且毗連阿拉伯半島的北疆。所以，他們一開始的目標並非沿著地中海南岸一路推進，為帝國打下大片江山。他們在地中海區進行征伐在他們像是餘興節目，是他們在努比亞那裡吃了排頭之後才轉換方向，朝西攻向昔蘭尼加（Cyrenaica），結果打進了柏柏族的領土。[5]

他們這一轉向，事後來看算是明智。只要昔蘭尼加和非洲省還在拜占庭帝國手中，就等於是冒險讓拜占庭以這些地方為根據地，發動戰爭，收復失土。阿拉伯人要是想制敵機先，就必須拿下北非海岸線以及沿線各海港。而要做到這一點，就有賴於葉門（Yeman）那一帶剛派過來的大批特遣隊外加柏柏族人一起出手相助才行了。柏柏族人是北非的原始部族，有住在羅馬化城市當中的，也有在鄉野部落務農的，信奉的宗教則有好幾支。阿拉伯人也需要一支艦隊。至於早在西元六五四年就有「阿拉伯」海軍在羅德島外海打敗過拜占庭，這紀錄頂多只能說是他們有辦法雇到當地的基督徒幫他們駕船；而那時所謂海戰，大概就是一群希臘人和另一群「希臘人加敘利亞人加科普特人」扭打成一團罷了。阿拉伯人和柏柏人的關係也不是一直都很融洽，信異教的柏柏部族會改信伊斯蘭，可是，一待阿拉伯人走遠到地平線之外，他們馬上回頭去拜他們原來在拜的神。有一支部族據說就這樣改信伊斯蘭達十二次。[6]柏柏人信基督教、猶太教的，同樣不在少數；卡希娜女王（Queen Kahina）可能便是信猶太教的柏柏人，在後世的傳說留下驍勇善戰的名聲。[7]北非柏柏人於西元七世紀改信伊斯蘭，推動得很快、很輕鬆，也維時不久；但還是足以讓阿拉伯人帶著柏柏人的戰士一起到處搜刮戰利品。而那時，阿拉伯人對於拜占庭城市迦太基周圍真正想打的目標，他們已經開始要認真對付了。從西元六六〇年代開始，阿拉伯人陸續拿下了老羅馬非洲省的幾處次要城市，他們叫羅馬人的非洲省為「阿非利奎亞」（Ifriqiya）。他們在攻佔的地區設立自己的要塞，地點選中離地中海不算近的凱魯元（Qayrawan）。他們拿下凱魯元，是看上凱魯元離內陸較近，便於他們盯著自己的駱駝，對於利用大海倒是沒多大興趣。西元六九八年，迦太基城被阿拉伯人的軍隊從陸地包抄，君士坦丁堡又未能提供該給的奧援，阿拉伯人從敘利亞等地方調集來的四萬人軍力就能把迦太基城團團圍住；柏柏人說不定也有一萬二千人加入圍城戰。迦太基城位處貿易中心、帝國重鎮的輝煌歷史，真要說落幕，就是在這一次淪陷到阿拉伯手中，而不是將近七百五十年前被羅馬帝國攻陷的那時候。阿拉伯人想不出來迦太基城對他們有什麼用處，就改在附近的突尼斯另外建立了新城。拜占庭帝國就這樣又丟掉了一塊最富裕的屬地。查士丁尼大帝雖然拿下了富藏銀礦的西班牙，但在西元六三〇年代又已經因為西哥德人蠶食鯨吞而所剩無幾了，只剩下修達、馬約卡、薩丁尼亞島幾處地方還由拜占庭帝國保有些許鬆散的權威。拜占庭帝國於地中海西部的勢力，不管怎麼看，已是蕩然無存。

二

伊斯蘭的征伐，教研究地中海歷史的學者陷入矛盾。一來，伊斯蘭連戰皆捷，等於是把地中海的統一切得七零八落；然而，伊斯蘭卻也因此為建立跨越地中海新的統一局面奠下了基礎。只是，伊斯蘭新建立的統一，並未涵蓋地中海全區，因為伊斯蘭的貿易網和聯絡網大半侷限在地中海的南岸和東岸。他們和君士坦丁堡、小亞細亞、拜占庭治下的愛琴海，外加拜占庭在義大利半島勉強維持宗主權的幾座海港，特別是威尼斯和阿瑪菲，都有密切的貿易往來。但是，高盧南部以及義大利半島的居民遇到的穆斯林就教人寢食難安了，因為他們改行當起了掠奴強盜。歐洲西部和伊斯蘭世界之間轉手的貨物，這時變成以奴隸為大宗，一般經由地中海的航路——陸路也有貿易路線可以將奴隸從歐洲東部運送到西班牙，中途還會繞進法蘭德斯（Flanders）開在修道院內的去勢醫療站。海盜盤桓不去，或許可以看作是貿易並未斷絕的明證，因為，要是沒人可以當獵物，當海盜就無利可圖。不過，〔穆斯林海盜〕「薩拉森」（Saracen）手中的受害者，恐怕大多還是掠奴強盜在義大利半島南部和法國南部海岸抓到的旱鴨子。另還有三項貨物——莎草紙，黃金，紡織精品——縱使據信幾百年來一直是貿易的重要品項，這時卻特別闕缺席。比利時歷史學家亨利・皮朗（Henri Pirenne）根據這樣的情況，認為西元七世紀、八世紀應該算是地中海區上古時代的終點，在這時期，地中海的貿易衰退到只剩少之又少的涓滴細流。[8]只不過莎草紙絕大部份是在埃及製造，這麼古老的產品從西歐絕跡，改由歐洲地區製造的羊皮紙取而代之，其實可以看作是莎草紙已經不再是跨地中海貿易的商品項目。位在羅馬的教廷是當時少數幾處還在用莎草紙的機構，他們一直用到西元十世紀、十一世紀。畢竟羅馬擁有地利之便，因為羅馬離那不勒斯灣、薩雷諾（Salerno）海灣還在用的幾處港口很近，而那裡的港口又和君士坦丁堡、伊斯蘭地區頗有來往。

但也不是沒有證據可以說明這時期的地中海貿易就算不如以往興旺，也還算暢通。西元七一六年，高盧的法蘭克國王席佩里克二世（Chilperic II）免掉〔法國北部〕寇比修道院（Corbie Abbey）的僧侶大筆稅金，也特准他們從隆河三角洲的濱海福斯港（Fos-sur-Mer）進口莎草紙暨其他東方貨品。不過，席佩里克二世這樣的決定，純粹是再次確認以前就有的優惠而已，未必可以證明濱海福斯港那時的港務依然十分興旺。[9]濱海福斯港在鼎盛時期往北方輸運的貨物，可不僅是西班牙皮革還有莎草紙而已（每年五十刀「quire」），其他還有十萬磅的橄欖油、三十大桶臭烘烘的嘉露魚醬、三十磅胡椒、胡椒運量五倍的孜然（cumin），還有大量的無花果、杏仁、橄欖——假如這麼些貨物真的送到的話。[10]如前所述，地中海西北部只有區區幾處港口未曾完全沒落，濱海福斯港附近的馬賽便是其一。依考古研究可知馬賽這港埠在西元六世紀其實還是在往上成長的，和迦太基城以及周邊地區的來往在西元六〇〇年後也一直相當穩定。馬賽當地甚至還有黃金鑄幣廠，證明該地和地中海貿易的聯繫還在，因為歐洲西部可是找不到可靠的黃金來源。[11]只是到了西元十一世紀末年，馬賽就承受了很大的壓力。迦太基城淪陷到阿拉伯人手中，表示馬賽和北非的聯繫被切斷了。黃金供應枯竭，金幣鑄造也就無以為繼了。至於東方的雙耳細頸瓶，同樣不再出現。

西元九世紀的阿拉伯文人伊本・胡爾達茲比赫（Abu'l Qasim ibn Khurdadbih）[12]，寫過一群「羅達尼亞」（Radhaniyyah）或叫「羅達奈」（Radhanites）的人。他們是能講多種語言、不畏冒險犯難的猶太商人。[12]他寫過這些商人會走的四條路線。有橫越大陸，穿過高盧、經過布拉格（Prague）到達白保加爾人（White Bulgars）的王國——白保加爾人的王國在黑海北邊擁有大片開闊的領土。有從普羅旺斯渡海到埃及，之後沿著紅海南下到印度。再來也有從黎凡特的安提阿到伊拉克、印度、錫蘭，再出海前往遠東。不過，也有從西班牙出發，沿著北非海岸前往黎凡特的——這樣的路線走陸路就比海陸要容易，因為海路有潟湖、逆風、海洋等等因素會作怪。[13]羅達奈商人從尼羅河三角洲回來的路線，可能會坐船到君士坦丁堡，或者是再找路線回高盧。由胡爾達茲比赫寫的這些路線來看，可以想見羅達奈商人應該是香料商，帶著調味料、香水、藥品行走各地。不過，依他們和北邊的聯繫，他們也可能攜帶鐵製武器、動物皮毛、奴隸往南到地中海來，這裡有穆斯林買家就缺鐵製品，會很樂意買下北邊來的鐵劍。[14]除了羅達奈商人之外，奴隸販子也很多，基督徒、穆斯林都有。迄至西元九六一年，穆斯林聚居的〔西班牙〕哥多華城內，總計有一萬三千七百五十名「撒夸里巴」（Saqaliba），也就是斯拉夫奴隸。那時期日耳曼民族和斯拉夫民族在現今東德境內的溫德人（Wends）土地交戰，所以，奴隸不僅源源不絕而且為數不少。像〔拉丁文的〕sclavus（「奴隸」）、〔英文的〕slave，便點出了這一大批數之不盡的奴隸和斯拉夫民族的淵源。斯拉夫邊疆也有奴隸送到敘利亞和埃及來，黑海那邊也有徹克西亞（Circassia）奴隸南送。[15]這些奴隸的命運雖然悲慘，可是，縱使是熬過去勢之痛而活下來的奴隸，相較於幾百年後被人押送橫渡大西洋來到美洲的大量黑奴，也未必可以相提並論。體格強壯的年輕男子可以逃過去勢一劫，送進哥多華阿拉伯大公（emir）的禁衛軍中當差，有的還可以步步高升，當上高階將領呢。但是女奴可就會被送進不見天日的後宮（harem），美少年則落入孌童王公的手上成為男寵。有一名商人就符合「羅達奈」標籤的條件：薩拉戈薩人亞伯拉罕（Abraham of Saragossa；活動於西元九世紀前半葉），西班牙猶太人，因為獲得法蘭克皇帝虔誠路易（Louis the Pious）的寵信而財源廣進。他活躍於西元八二八年前後，別人要付的通行費他可以免，還公然獲准購入外國奴隸在法蘭克帝國境內轉賣。不過，西元八四六年，猶太商人就被〔法國〕里昂的總主教指控投機，不肯多走一些路到普羅旺斯以外的地方去找貨源，而是把基督徒奴隸賣給哥多華的〔阿拉伯人〕買家。[16]

羅馬的海軍勢力是以肅清海盜為基礎建立起來的，穆斯林的海軍勢力反而是以當海盜為基礎建立起來的。正是如此，希臘人、科普特人、柏柏人、西班牙地區的人才爭相加入穆斯林的艦隊，而穆斯林的艦隊無疑也要靠他們才有人手撐起來。結果，西方的航運船隻就任由穆斯林君主旗下的海盜予取予求。九世紀有一名阿拉伯文人寫過基督徒的船隻在地中海航行，要是目的地是別的基督徒領土，便是穆斯林海盜堂而皇之打劫的目標。船隻一旦遇劫，會有船長堅持他的航行權有穆斯林君主保護，例如安達魯西亞的阿拉伯大公，那麼海盜也會要求船長出示書面證明。[17]雖然西元七一一年阿拉伯人和柏柏人入侵西班牙的戰事，沒怎麼用到海軍；除了渡過直布羅陀海峽這一關之外。但是，之後於西元八世紀，穆斯林艦隊在地中海西部出沒的信心就愈來愈強了。迦太基城在西元六九八年滅亡之後，海盜一時特別猖狂，拜占庭海軍雖然還算輕易便能將海盜的氣焰壓下，但對於西西里島以西的海域，卻有鞭長莫及之憾，以致穆斯林的艦隊可以大大方方對那一帶的群島、海岸線下手。巴利亞利群島、薩丁尼亞島、利古里亞海岸等地，在那時期即使和拜占庭帝國的關係十分淡薄，也還是承認拜占庭為宗主國。[18]

這一帶的情勢在西元八〇〇年前後惡化得很快，處處凶險。地中海西部水域不時爆發小型的衝突。這樣的衝突，一般看作是為了擋下阿拉伯人入侵的勢力；阿拉伯人那時正打算要拿下地中海多處島嶼。不過，穆斯林的海上勢力往往是以掠奪戰利品為最主要的目標（像是搶俘虜，搶來的人可以送到奴隸市場販賣），倒不在於擴張伊斯蘭的領土。基督徒這邊同樣很想要虜人為奴，爭奪戰利品，只是，基督徒這邊明顯處於守勢。再者，正因為西方在這時候已經有一大強權願意出手對抗穆斯林的海上勢力，所以海上的對峙愈來愈張，海盜也愈來愈大膽。西元七九八年，阿拉伯海軍攻擊巴利亞利群島——阿拉伯人當初進攻西班牙的時候，沒把這裡放進目標。巴利亞利群島的居民知道君士坦丁堡已經無力提供支援，便轉向高盧和義大利半島北部的君主求助，也就是〔法蘭克帝國的〕查理曼，而擁立查理曼為新的共主。查理曼派軍馳援，阿拉伯二度襲擊巴利亞利群島的時候，就被擊退了。[19]查理曼還要兒子虔誠路易打造一支艦隊，戍守隆河三角洲，也下令建造新的海岸防禦工事，保衛法國南部和義大利西北部的海港。法蘭克帝國的熱那亞伯爵哈杜馬（Hadumar,count of Genoa）率艦隊抵擋進攻科西嘉的阿拉伯人，力戰而死。

科西嘉和薩丁尼亞兩島外海的戰事未止，法蘭克帝國的艦隊司令布夏德（Burchard）率軍摧毀十三艘敵艦。同一時期，地中海於西西里島西邊以及北非一帶的水域則有威尼斯人的艦隊在巡防（稍後會再論及）。伊斯蘭統治的西班牙地區，也就是「安達魯斯」（al-Andalus），他們派出來的船艦也在威尼斯或是拜占庭號令的其他船艦手中吃下幾場不小的敗仗。夾在西西里島和北非之間的蘭佩杜薩（Lampedusa）島，雖然很小但位處戰略要衝，西元八一二年，有十三艘阿拉伯船隻進攻該島，便為拜占庭的海軍殲滅。沒過多久，北非那邊便認為鬧到這地步也應該要懸崖勒馬了，便和拜占庭派駐西西里島的總督格里戈利歐斯（Gregorios）談妥了十年的停火協議。[20]西西里島西邊由基督徒的海上勢力控制；拜占庭在地中海中部這邊多年放不下來的重擔，這時終於可以鬆一口氣了——阿拉伯人連番突擊西西里島和〔義大利半島南端〕卡拉布里亞，對沒有屏障可恃的沿海城鎮、村莊造成極大的破壞。

可是拜占庭也真倒楣，穆斯林覺得他們能從西西里島得到的應該不止是奴隸和戰利品，便於西元八二七年發動侵略，終於逐步將全島收歸北非的阿格哈拉比（Aghlabid）王朝大公統治。薩丁尼亞和科西嘉兩島也又再成為他們攻擊的靶子，法蘭克帝國的回應便是對北非海岸發動海上大戰。問題是法蘭克帝國的海軍缺乏長久的基地，所以，縱使法蘭克他們連戰皆捷，後來卻只是因為在〔突尼西亞東部海岸〕蘇昔（Sousse）吃了一場敗仗，也足以逼得法蘭克帝國從北非撤退。無論如何，法蘭克帝國在西元八一四年查理曼死後，國力已過了鼎盛的高峰，繼位的虔誠路易又因為要對付內鬥爭權的勁敵，無法專心處理地中海西部的事情。西元八四〇年代，阿拉伯人在馬賽、阿爾勒（Arles）、羅馬等地如入無人之境，愛搶就搶。拜占庭帝國和法蘭克帝國一東一西都自稱在義大利半島南部擁有主權，卻在西元八四七年被穆斯林海軍攻下〔義大利東南部海岸〕海港巴里（Bari），建立起大公國（emirate），害得拜占庭和法蘭克兩方顏面盡失。巴里的阿拉伯人大公國延續至西元八七一年，才因為法蘭克和拜占庭兩處帝國終於懂得合作要維持久一點，才被趕了出去。[21]西元九世紀，阿拉伯海盜在這一帶的連番攻勢多屬淺嘗即止，一直到十世紀才得以在普羅旺斯海岸沿線，還有往內陸推進一點的法拉克西內屯（Fraxinetum，拉加德法內〔La Garde-Freinet〕），建立起幾處根據地。阿拉伯海盜對基督徒在普羅旺斯對外的貿易路線是嚴重的威脅，這也是穆斯林奴隸和戰利品的一大來源。[22]

三

穆斯林節節進逼，拜占庭帝國與之交戰互有勝負。西元七一八年他們在君士坦丁堡城下力退阿拉伯人，八世紀初期他們在地中海派駐多支艦隊巡防，只是幾處地方爆發叛變，尤其是西西里島那邊，導致他們對地中海跨海航線的控制權數度告急。從西元六世紀開始，拜占庭的海軍已經以道蒙式快船（dromôn）為主力。道蒙式快船是從加列戰船（war galley）改良來的，而且船身愈做愈大，但始終是地中海區各地通用的標準戰船，一直用到十二世紀。這一型戰船的特點是改用三角帆（lateen），不再用方形帆，槳座移到主甲板下面，而且船身用的（可能）還是骨架結構，而不是殼體結構。一開始是由一小隊划槳手負責划槳，總計五十人，一邊一人，也就是屬於「單列槳座戰船」（monoremes）。後來演變為「雙列槳座」（bireme），每一具槳由兩名划槳手負責，數目可以高達一百五十人。[23]穆斯林艦隊也有類似的戰船，但是遇上的難題就很大了：北非海岸由於散佈暗礁、岩石、沙洲，所以順著海岸線走的東西向航線困難重重，迫使船隻必須偏北一點，改用跳島式的路線前進。這也是在搶劫、掠奴之外，穆斯林海軍入侵巴利亞利群島、薩丁尼亞島、西西里島一帶水域的另一大原因。[24]拿「擁水自重」來說這時期的海軍，只是這時代艦隊作業的簡寫版。這時期的加列戰船一定要有友港可以停靠進行補給，否則無法巡行海域有效執行任務。從拜占庭帝國的心臟地帶遙控遠航在外的艦隊，根本就行不通，上上之策就是在海運所在的邊界建立起拜占庭的基地。[25]塞浦路斯島和克里特島北邊的水域，拜占庭的海軍是想辦法弄到了手（但是一度被阿拉伯人搶去），他們和愛琴海以及外圍地區的聯繫，也才因此得以維持不斷。但在拜占庭帝國的邊緣地帶情況就危險得多了，特別是亞得里亞海一帶。

拜占庭帝國在這一區遇到的麻煩主要還不在阿拉伯人，阿拉伯人搶到海港巴里還是晚一點的事。他們的麻煩主要在法蘭克人。到了西元八世紀末年，義大利半島有大片、大片的土地已經落入法蘭克帝國治下，包括拜占庭先前在這一帶的省區（於西元七五一年陷落），總督府在拉文納的「遠方行省」（Exarchate）。西元七九〇年代，法蘭克帝國的海軍依然在亞得里亞海近處的海域出沒，查理曼還擊潰了阿瓦爾人（Avars）建立的龐大、富庶帝國，將現今斯洛凡尼亞（Slovenia）、匈牙利、巴爾幹半島北部等地的大片地區併吞到他的帝國。西元七九一年，法蘭克人拿下伊斯特里亞半島（Istria）。伊斯特里亞半島位於亞得里亞海北端，地勢崎嶇，那時於名義依然是由拜占庭帝國統治。[26]法蘭克帝國連番征戰，自然一步步和拜占庭帝國的利益有了直接的衝突。法蘭克和拜占庭兩邊的嫌隙，在查理曼於西元八〇〇年耶誕節在羅馬加冕為西羅馬帝國皇帝之後，益形加重，雖然甫登基的羅馬皇帝本人對於加冕一事淡然處之，視為一樁小事。拜占庭那邊認為羅馬帝國真正的傳人應該是他們那邊，對這一點一直十分敏感，直到西元一四五三年拜占庭滅亡也始終沒變。而且，查理曼還覺得他應該連西西里島也一併拿下才對；這樣的話傳到拜占庭那邊，只是火上加油。查理曼甚至好像也和巴格達的阿拔斯（Abbasid）王朝哈里發哈倫・阿爾拉希（Harun ar-Rashid）在暗通款曲。哈倫・阿爾拉希可是既送了一頭大象給查理曼表示尊敬，也奉上耶路撒冷「聖墓教堂」（Church of Holy Sepulchre）的鑰匙；對於聖墓教堂，拜占庭那邊可是自稱擁有保護權的。

從君士坦丁堡的角度來看亞得里亞海，是他們抵禦敵人的海、陸大軍直搗拜占庭帝國心臟的第一道防線。所以，重兵防衛杜爾拉勤到帖薩羅尼迦的「伊格納提亞大道」，有軍事方面的考量，這和它也是重要的貿易路線倒沒有多大的關係。[27]拜占庭帝國因此下了很大的工夫，防守達爾馬提亞和阿爾巴尼亞一帶的海岸線，抵禦法蘭克人、斯拉夫人、阿拉伯人以及其他敵人進犯、劫掠。雖然這一帶有不少華麗的拜占庭早期鑲嵌藝術流傳後世，例如伊斯特里亞半島的市鎮波雷奇（Poreč），但這一帶卻是以拉丁教堂佔絕大多數，居民講的語言是也是「中古拉丁語」（Low Latin），現已失傳的達爾馬提亞語就是從他們講的中古拉丁語發展出來的。[28]拜占庭的影響力也擴展到「上亞得里亞海」（Upper Adriatic）於義大利半島的那一邊，一路延伸過一大片半月形地帶，掃過葛拉多（Grado）的潟湖、沼澤，沿著義大利半島海岸再穿過一連串沙洲——當地人叫作「瀝地」（lidi）——直達寇瑪奇歐（Comacchio）的港口，到了那裡就離拉文納不遠了。拜占庭丟了拉文納的總督府，不等於他們喪失了所有義大利半島的版圖。而且，縱使寇瑪奇歐這裡住的魚比人多，生產的鹽比麥多，他依然是拜占庭的重大資產。

這一帶什麼都不太穩定，只見水和泥在爭地。皮亞維河（Piave）、波河、阿地傑河（Adige）連同無數小溪都在這裡傾倒淤泥。依照西元六世紀文人卡西奧多羅斯（Cassiodorus）所述，早年定居在這一片沼澤地的人，過的日子像「水鳥，一下在海上，一下在陸地」，財產只有魚和鹽，但他也承認真要說的話，鹽也有可能比黃金還要貴重：每個人都需要鹽才能活命，但是人沒有黃金也能活命。卡西奧多羅斯將這些沼澤居民勾劃的十分美好，說「吃的、住的，大家都一模一樣，這樣才不會看了別人的灶就心生嫉妒，世俗橫行的罪惡自然不會近身。」[29]只是蠻族入侵改變了這裡的一切，倒不是因為蠻族攻下了潟湖區，而是潟湖區在稱之為倫巴底人（Lombard）的日耳曼蠻族入侵的時候變成難民藏身的庇護所。人口遷徙當然不是一夕之間的事，不過，一座座小村莊陸續冒了出來，散佈在寇瑪奇歐、伊拉克里亞（Eraclea）、耶所羅（Jesolo）、妥切羅（Torcello），還有「里佛阿托」（Rivo Alto；高堤）周邊的一小撮小島——「Rivo Alto」後來縮短成「Rialto」（里亞托）。〔威尼斯〕妥切羅的小村有幾家玻璃作坊，年代可以回溯到西元七世紀。倫巴底君主還賜與寇瑪奇歐特權，年代說不定有西元七一五年那麼早。有一座小島葛拉多，還是一位「宗主教」（patriarch）的座堂所在，該宗主教有氣派十足的稱號，管轄的教區遍及一塊塊潟湖。只不過「主教」（bishop）也一個個像雨後春筍冒出來——每一聚落，不論大小，都有一名主教，氣派的教堂也在西元八、九世紀開始興建，明白顯示貿易應該相當昌盛。[30]這裡的主教和達爾馬提亞那裡一樣，雖然政治效忠的是君士坦丁堡那邊，宗教儀式跟的卻是拉丁這一邊。拜占庭派駐的〔義大利遠方行省〕總督還在的時候，這裡的居民是以拉文納馬首是瞻，由那裡指點政治的風向，給與軍事的保護，而且早在西元六九七年，拜占庭的總督便已指派軍事將領，也就是「將軍」（dux），負責防衛潟湖區。[31]西元七五一年拜占庭派駐的總督失守之後，潟湖區反而因為地處偏遠這樣的條件而有了不同的身價。這一片窮鄉僻壤，在這時節頓時變成正宗的羅馬帝國在義大利半島北部並未消聲匿跡的鐵證。

法蘭克帝國在西元八世紀晚期來到義大利後，潟湖區的居民一度很想投靠新的羅馬皇帝查理曼算了。查理曼的大軍近在咫尺，查理曼也可以拿倫巴底（Lombardy）暨其外圍地區的貿易特權來向他們招安。法蘭克人也已經因為傾心古典文化而掙得了威望；原本粗野的蠻族本色，稜稜角角磨得比較平滑了。瀉湖區和達爾馬提亞一帶就這樣出現了「親法蘭克派」和「親拜占庭派」兩邊。到了西元九世紀初，拜占庭帝國決定要堅守城池，派艦隊到上亞得里亞海，也就和該水域的法蘭克軍隊交上了火。西元八〇七年，瀉湖區大半已為拜占庭收復，兩年後，拜占庭圍困寇瑪奇歐；寇瑪奇歐那時依然效忠法蘭克帝國。這樣一來引發的惡果便是招來了法蘭克的海陸大軍朝該地區集結；查理曼還派出了兒子領軍，也就是義大利國王丕平。丕平帶來大軍，嚇得拜占庭艦隊望風而逃，瀉湖區落得全無防禦，十分危急。丕平指揮軍隊圍困瑪拉莫科（Malamocco）的大片海濱，想要從這裡突破，攻進里佛阿托還有瀉湖區內的聚落。傳世的記載內容不一，不過，看起來丕平未能如願。西元十四世紀〈威尼斯共和國〉總督安德烈亞・丹多羅（Doge Andrea Dandolo）寫的史傳指那裡的居民拿一條條麵包轟炸法蘭克軍隊，要向他們證明圍城根本沒用，吃的還多著呢。只是，和圍城戰連在一起的故事太多了，不需要相信。[32] 法蘭克和拜占庭兩邊都認為這一場戰事害他們分身乏術，沒辦法處理更迫切的事，因而有意願談和。查理曼也知道只要他略微讓步一下，拜占庭那邊再不願意也應該會承認他的皇帝頭銜。所以，西元八一二年，談和的方案浮現了，法蘭克帝國尊重拜占庭帝國在瀉湖區的宗主權，但拜占庭也不會阻擋瀉湖區的居民每年向法蘭克進貢三十六磅的銀子，拜占庭也提供海軍協助法蘭克對抗達爾馬提亞的斯拉夫人。進貢在瀉湖區的居民眼中算不上什麼了不起的負擔，因為談和為他們打通了進入義大利市場的特權，亞得里亞海這一塊小角落就可以充當西歐和拜占庭的聯絡管道，坐享東、西兩大帝國的保護。這樣的地位絕無僅有，商人當然要充份利用。

威尼斯這一座城市就是這樣從瀉湖、從查理曼在亞得里亞海的戰爭當中翩然崛起，於地理、於政治、於商業都壯大為獨立的個體。瀉湖區捲入法蘭克、拜占庭兩大帝國的衝突，激得原本散沙一般的民眾集中到找得到屏障的幾座小島；那裡有一道長長的瀝地可以擋下海上來的敵人，和海岸線的距離也拉得夠遠，足以抵抗陸上來的敵人。這些威尼斯人便由這裡漸漸再朝外散佈到里亞托周邊最近的幾座小島，拿長長的木樁插進濕答答的爛泥深處作為基柱，再以伊斯特里亞半島運過來的木材蓋起木屋。威尼斯早期還不是大理石建的城市，城裡連主教也沒有——離他們最近的主教位在卡斯帖羅（Castello），卡斯帖羅位於里亞托周圍聚落東側的邊緣。[33]威尼斯人不僅在亞得里亞海駕船是專家，在波河三角洲開舢舨或撐蒿駕平底船一樣精通。不過，城內有幾支家族興起，將「dux」演變成的「doge」（總督）一職牢牢置於掌握。不過，這些家族大多是在內陸擁有農場的人家，因為那時經商還不是威尼斯人的主業，城內的上流階級對於農稼的興趣自然還在。[34]

不過，即使威尼斯尚未開始整合為單一的市鎮，當地人和遠地的貿易來往就已經開始了。雖然鹽、魚、木材的貿易絕對不可低估，但是，威尼斯人竟然在東、西方不算大的奢侈品貿易當中找到一席之地，開創起事業。競爭對手也不多，西元八世紀時，連羅馬也不太拿得到從地中海運送過來的貨物。奢侈品輸入的數量很小，可是利潤很高，既因為風險大的關係，也因為威尼斯人帶回來的貨品相當罕見：絲綢，珠寶，金器，聖髑。[35]他們將這些貨物賣給倫巴底的王公貴族、法蘭克帝國的國王，還有酷愛奢侈品的主教，地點以波河谷地暨其鄰近地區為主。上亞得里亞海的考古遺址就挖出了拜占庭的錢幣，偶爾也有阿拉伯錢幣。波隆那附近在雷諾（Reno）河邊就挖到一堆錢幣，時代為先前法蘭克帝國和拜占庭帝國海戰的時期；雷諾河就是流入潟湖區的諸多水道之一。那一袋錢幣有拜占庭的錢幣、義大利南部的錢幣、伊斯蘭的金幣全混在一起，拜占庭的錢幣是從君士坦丁堡來的，伊斯蘭的金幣另還攙雜了埃及和北非的金幣。這就表示這些錢幣是搭乘河船的商人帶在身上的，而該商人的來往關係又橫越地中海各處。威尼斯的商船偶爾也會受雇搭載國家的使節往返君士坦丁堡。[36]這時候馬賽既已經走下坡，威尼斯自然躍居為重要的大港，地中海西邊和東邊的聯絡；商業、外交、宗教的聯絡，就由威尼斯居中維繫。

從東方來到威尼斯的外地人，迄至這時期最重要的一個，是死了很久的猶太人，叫作馬可（Mark），據說《福音書》（*Gospels*）有一部便是他寫的，亞歷山卓的基督教會也是由他建立。西元八二八至八二九年間，幾位在亞歷山卓的威尼斯商人偷了他的遺骨塞進一具木桶，拿豬肉蓋住遺骨作掩飾，就這樣把贓物從穆斯林海關關員的法眼面前偷偷運出了——他不肯往豬肉下面去檢查——假如聖髑真的偷渡成功，這不就是聖人表示同意的確證嗎？[37]聖馬可的聖髑就這樣偷偷送到威尼斯總督府蓋的禮拜堂（chapel）內收藏。一直等到西元十一世紀，這小禮拜堂才再大幅擴建，蓋成宏偉的長方形「大殿」（basilica），而且直到十九世紀一直是威尼斯總督的禮拜堂，而不是教會的座堂（cathedral）。威尼斯收藏了聖馬可（St. Mark）的聖髑，不僅因此成為朝聖客匯流的中心，害亞歷山卓大為失色，也表示威尼斯把亞歷山卓古老的尊崇光環搶了過去，而躋身基督教宗主教座堂的所在。[38]由於威尼斯和君士坦丁堡的關係密切，威尼斯便在西羅馬帝國的榮光消逝之地，立意要作撐起拜占庭文化的樑柱。爾後，威尼斯人開始創造的，不僅是在水上蓋起來的獨特城市，他們也在創造獨特的文化，獨特的政體，懸盪在西歐、拜占庭和伊斯蘭之間。

四

東、西兩方所剩無幾的聯絡，先是威尼斯、後由阿瑪菲陸續站上中樞的位置，就透露了傳承斷缺的幅度有多大。這些是新建的市鎮。先前的羅馬帝國土崩瓦解，傾塌之猛烈，連地中海西部歷史悠久的貿易重鎮都從商業版圖消失殆盡。地中海東部這邊倒不一樣。亞歷山卓熬過西元六世紀的危機，在伊斯蘭征服埃及之後，依然是繁榮的貿易中心。到了八世紀晚期，拜占庭帝國明顯出現全面復甦的徵兆：但在西部這邊，復甦的速度就很慢了。地中海統一在羅馬治下的時期，各地欣欣向榮、來往熱鬧的景象，已是永不復見了。在羅馬統治時期，各地來往的不僅是商業貿易而已：有宗教思想從東邊匯流到帝國的皇都；有藝術樣式在各地相互模仿，也有士兵和奴隸是從很遠的出生地來到這裡的。在「黑暗時代」，奴隸依然被人押送到這裡、那裡，只是數目較少。但從東方流向西方的文化影響，就沾染上了異域的色彩；畢竟從君士坦丁堡宮廷送出來的厚禮，一路穿越難得平靜的海域，只要挺得過海盜和漏水船的折騰，就送得到西邊的蠻族國王手中。

歷史學家要是真的算過這時期地中海運輸的流量，就不得不承認八世紀的流量比九世紀要少。而且，之所以如此，似乎不僅在於八世紀的文獻失傳，因為，沈船存世的證據在這時期一樣也比較貧乏。[39]這兩世紀總計四百一十件旅行紀錄，只有四分之一的年代是西元八世紀，行旅中有傳教士、朝聖客、難民、使節，以特殊行程居多，只有二十二件分辨得出來是商旅。穆斯林商人當然不肯踏進非教徒（infidel）的土地，所以我們知道的這些商人，不是寫為猶太人就是敘利亞人；用這樣的稱呼，大概意思不外就是「商人」。[40]使節在歐洲西部和拜占庭之間來來往往，身負的使命在打通政治、商業、宗教等等的關節，當然不是因為這些聯絡已經十分暢旺。西元八、九世紀的阿拉伯錢幣在西歐雖然找得到，但以西元八世紀末年流入的數量較大。因為，那時查理曼正在大舉擴張法蘭克帝國的領土，涵蓋達西班牙北部和義大利半島的南部。拜占庭的錢幣唯有到了西元九世紀中葉才開始大量出現。[41]其實，這些阿拉伯錢幣有許多根本就是歐洲出品，也就是在穆斯林統治的西班牙地區鑄造出來的。

地中海東、西兩部還有南、北兩岸要重新建立起跨海的聯絡，還是得靠商人才行，也就是要等到一群群商人發現不受阻攔地漂洋渡海成為可能的時候。至於他們是否得以在海上暢行無阻，決定因素可就多了，諸如他們信奉的宗教，他們用來控制風險、保證獲利的法律，他們跨越大片地區溝通的能力等等。到了西元十世紀，這樣的商人不僅在伊斯蘭領土找得到，在義大利半島部份地區也有。

第二章
跨越宗教的壁壘
西元九〇〇年—西元一〇五〇年

一

穆斯林的領土擴大，涵蓋摩洛哥、西班牙，最後連西西里島也加進去，表示地中海南半部變成了穆斯林統治的湖泊，自然也就打開了耀眼的貿易新契機。衡諸相關的史料，就屬猶太商人一枝獨秀。而他們之所以鶴立雞群，是因為掙扎求生反而因為機緣巧合才有以致此？還是他們真的比科普特人、敘利亞的基督徒，或是北非、西班牙、埃及等地的穆斯林城裡的人都要出色？現在不得而知。要是說非穆斯林商人確實有明顯的優勢，可不是沒有道理。穆斯林受制於教令（fatwa）而處處受限，像是不准住在非教徒的領土，甚至來往於非教徒領土作生意也不行。這樣幾百年下來，就等於地中海區的穆斯林城市領袖必須敞開大門歡迎基督徒和猶太商人，而他們城內的穆斯林對於踏進義大利半島、加泰隆尼亞或是普羅旺斯，卻有所顧忌。

後世對這時期的猶太商人會了解這麼多，原因在於他們的信函、商業文書有數百件流傳下來，保留在人稱〈開羅書閣〉（Cairo Genizah）的檔案當中。西元七世紀中葉，阿拉伯人入侵埃及，在現今開羅城

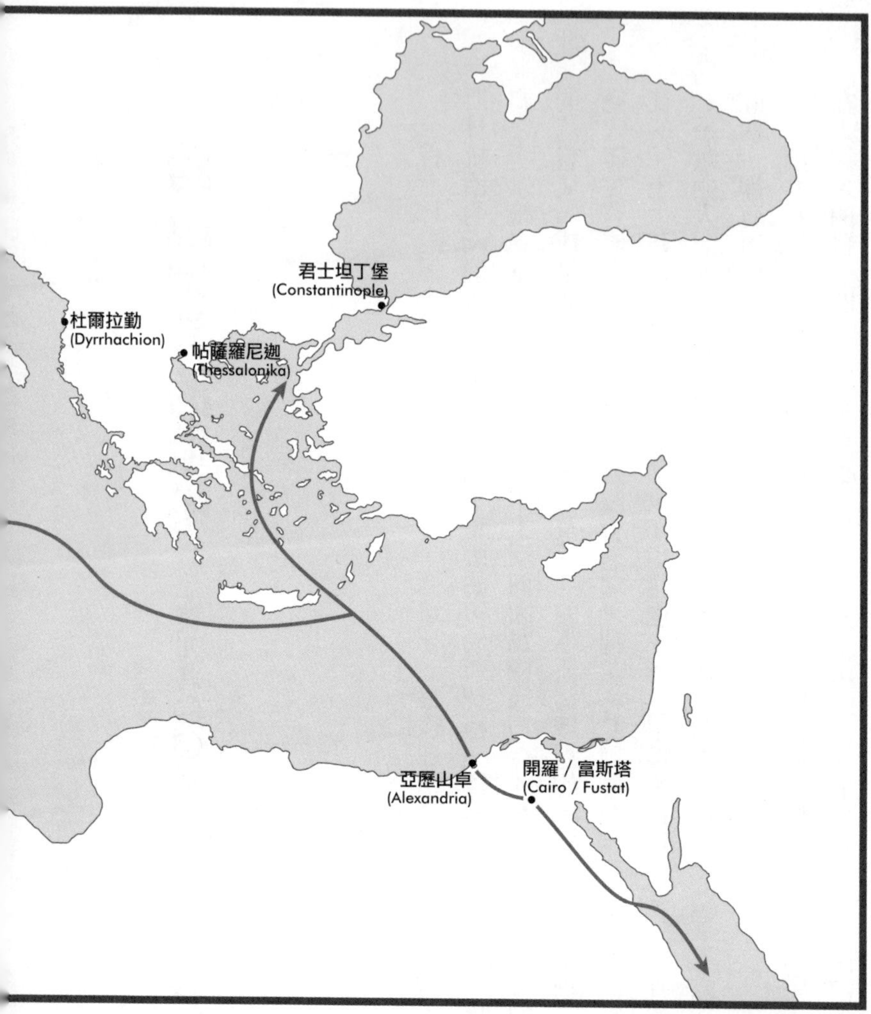

區邊緣的富斯塔（Fustat）（「壕溝」意）建立起據點，後來才將首都再搬到新開羅大堡壘周圍。[1]老開羅（也就是富斯塔）就成了開羅的猶太人、科普特人聚居的地區；西元十一世紀，一批猶太人重建「本伊斯拉大會堂」（Ben Ezra Synagogue），在上層蓋了貯藏室，叫作「書閣」（Genizah），要靠梯子才上得去。他們不再用得到的文件、手抄本，全扔進那裡塞著。只要是寫了「主」這字樣的文件，他們都不毀棄，引申開來，就成了只要用希伯來文寫下來的文件，他們一概不丟。所以

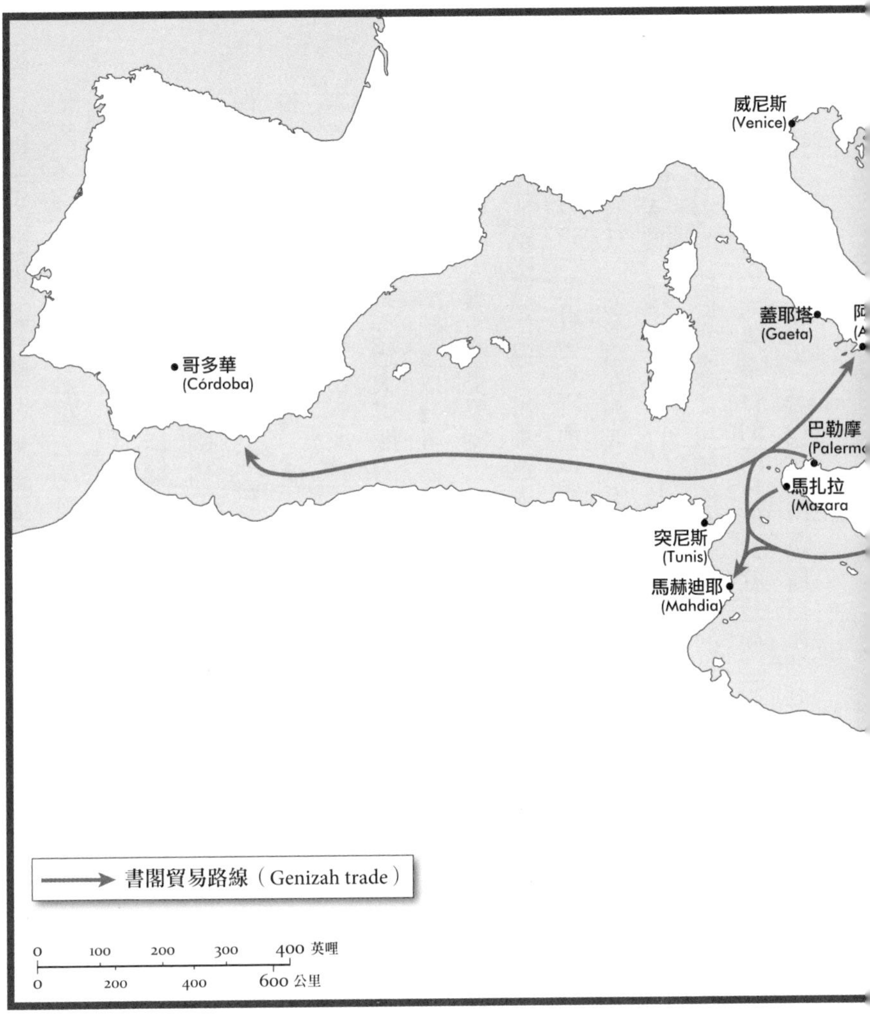

才有人說「書閣」的檔案根本就是「存檔的反義詞」，因為他們的目的只是把不可以銷毀的文件扔到那裡放著，像是「埋」在上空，而沒有意思要蓋一處進出方便的庫房存放文獻供人好好檢索。[2]這些文獻是在西元一八九六年引起學者注意的，當年有一兩名蘇格蘭女子拿了一份希伯來文文獻給英國的劍橋大學，文獻看似〈便西拉智訓〉（Wisdom of Ben Sira；Ecclesiasticus）的希伯來文版，先前只在希臘文版的《七十士譯本》中看得到，而且被猶太人（還有新教徒）發配到不屬正典的

「次經」（Apocrypha）裡去。不論這一份文獻是失傳的希伯來正本重見天日，還是從希臘文正本迻譯成希伯來文的，在當時都是重大的發現。當時劍橋的《塔木德》講師，所羅門・謝希特（Dr. Solomon Schechter）博士極其興奮，親自到開羅跑了一趟，商量收購會堂書閣的藏品，而將藏品四分之三都帶回到劍橋大學。他買回來的以斷簡殘篇為多，撕破的，踩過的，揉皺的，亂七八糟一堆混在一起，花了一百年才整理好；剩下沒買回劍橋的，也一件件陸續送進市場去賣，落得文獻星散各地，從俄羅斯的聖彼得堡到美國的紐約都有。[3]書閣藏品內有極多商人的書信（多半沒有繫年，唉！），還有許多中古時代猶太名人寫的信札，尤其是摩西・邁莫尼德（Moses Maimonides）這一位西班牙哲學家，還有西班牙詩人猶大・哈列維（Judah ha-Levi）。[4]

在學者開始研究猶太書閣的通商書信之前，伊斯蘭世界於中古時代的商業活動，也只能從史傳中的記載、法律案件的紀錄以及考古所得的證據來抽絲剝繭作推斷了。所以，發現這一份檔案保存下來，固然是很重要的大事，歷史學家史洛摩・多夫・高伊坦（Shlomo Dov Goitein）的決定，也是同等重要的大事。他在耶路撒冷住過，後來進入美國普林斯頓大學作研究。他決定鑽研這一份檔案，希望重建他說的「地中海社會」的社會和經濟樣貌。但他用「地中海社會」這樣的說法就有問題了，因為在書閣傳世文獻所屬的時代，大多落在西元九五〇至一一五〇年這大致的期間，所以，這些「書閣猶太人」在地中海世界的貿易網，到底有多大的代表效力？甚至連本伊斯拉會堂的猶太會眾在埃及猶太教信徒當中有多大的代表效力，都很難說呢。他們的會堂遵循的是古老的「巴勒斯坦派」（Palestinian）禮拜儀式，後來義大利和日耳曼猶太人奉行的禮拜儀式就是從這演變來的。當地另一所會堂奉行的則是「巴比倫派」（Babylonian）儀式，這一派儀式與巴勒斯坦派分庭抗禮，不僅包括伊拉克地區的猶太人，其他同樣遵循

23. 歐羅洛的塔樓，薩丁尼亞島

薩丁尼亞島中部歐羅洛（Orolo）一地的碉堡塔樓，「努拉格」（nuraghe），是薩丁尼亞島上保存最好的一座史前堡壘。這樣的堡壘一度薩丁尼亞島上數以千計，許多周圍還環繞一座座小村，像這一座努拉格便是。這一座努拉格建於西元前一五〇〇年至九〇〇年，之後一直有人居住，長達好幾百年。

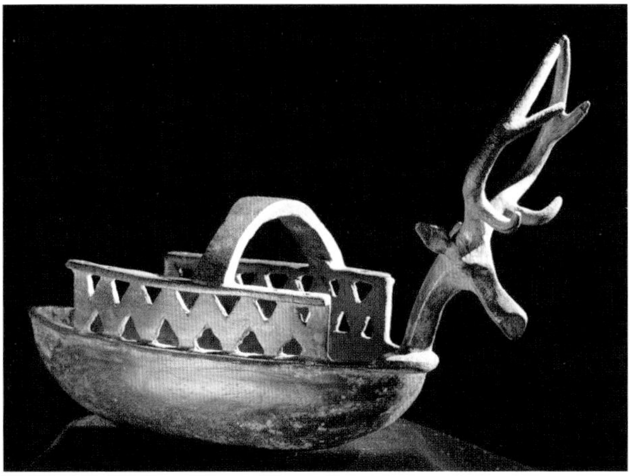

24. 薩丁尼亞銅船，西元前六〇〇年左右

上古的薩丁尼亞人便懂得利用島上的礦物，也是技術極精湛的銅匠。這一艘銅船製作的年代是西元前六〇〇年左右，可能是做來當燈具使用。遠到伊特魯利亞的維圖隆尼亞（Vetulonia）都找得到這類工藝製品。

26. 亞歷山大大帝胸像

這是亞歷山大大帝死後製作的胸像，追奉他為太陽神。亞歷山大大帝在西元前三三一年曾到埃及太陽神阿蒙的神廟祭拜，也要埃及人奉他為阿蒙太陽神一樣作崇拜。亞歷山大大帝死後，古埃及的宗教觀和希臘人的宗教觀在托勒密王朝治下開始融合。

25. 佩里安德胸像

佩里安德（Periandros）於西元六二七至五八五年間是科林斯的君主，大力推動科林斯的經濟發展。他治國雖有鐵石心腸的名聲，但也以智慧、公正的美名作中和。

28. 塞拉比斯胸像

古埃及的托勒密一世大力鼓吹崇拜提倡塞拉比斯（Sarapis）神。薩拉皮斯神是阿皮斯（Apis），加上轉生冥王奧薩里斯（Osiris）還有另外幾個希臘的神祇，宙斯和狄奧尼修斯就包括在內，合成出來的。

27. 「艾爾切仕女」胸像

伊比利亞半島古代雕像，最有名的就屬「艾爾切仕女」（Dama de Elche），這是女祭司或是女神的胸像，戴了華麗的首飾，年代為西元前四世紀。胸像明顯有希臘影響，但是，相較於伊比利亞半島古代的燦爛文明留下來的真人大小雕像，也有近似之處。

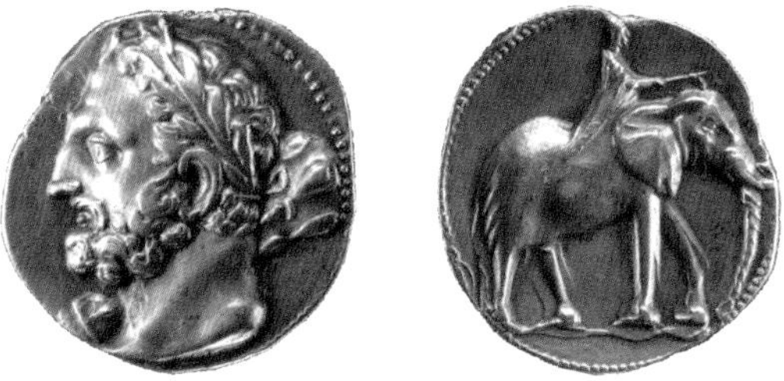

29.**迦太基梅勒夸特神像錢幣**
西元前三世紀，迦太基將軍漢米卡・巴卡，漢尼拔）的父親，在西班牙打造出他的帝國，發行錢幣，錢幣上有他自己的頭像或是頭戴花冠的梅勒夸特神的頭像。目的可能是要將他和這一位布尼克神祇劃上等號，而腓尼基人的梅勒夸特又被人想作是希臘人的希拉克里斯。

30.**青銅尼祿頭像錢幣**
尼祿頭像青銅錢幣，紀念穀物貿易順暢：女穀神凱莉斯（Ceres）手握麥穗，側身面對手拿豐饒角（cornucopia）的女神安諾娜（Annona）；圖案當中還看得出來有一具祭壇，上面擺了一具量穀器，另外還有一艘穀物船的船尾。

31. **克麗奧佩特拉頭像錢幣**
克麗奧佩特拉，托勒密王朝末代君主，文化素養深厚但是治國下手毫不留情。她和朱利斯・凱撒、馬克・安東尼兩人的情仇到最後為她的王朝招來了噩運，為羅馬佔領埃及舖路。

32. **尼祿時代錢幣，紀念奧斯提亞港落成**
奧斯提亞興建新港落成紀念幣，古羅馬皇帝尼祿發行。幣面上的一艘艘縮小版船隻，分從不同視角刻劃，十分出色。

33. 古羅馬時代五列槳座船浮雕，普萊內斯特（帕雷斯特里納）
一艘大型羅馬戰艦，或叫作「五列槳座船」（quinquireme），於西元前三十一年蓄勢待發，準備加入於亞克興角的海戰。這一塊浮雕出自普萊內斯特，也就是現今羅馬東南方的帕雷斯特里納（Palestrina）。

34. 那不勒斯附近港口壁畫，畫的可能是普泰奧里港口
這一面出眾的壁畫畫的是那不勒斯附近一處港口船隻進出的情景，港口可能是普泰奧里，壁畫是在史塔畢耶一棟屋子的牆壁發現的，於西元七十九年埋在維蘇威火山爆發的火山灰下。

35. **鑲嵌壁畫，克拉西斯的拜占庭艦隊，西元6世紀**
拉文納聖阿波里納利大殿（basilica of Sant'Apollinare）內一面西元六世紀的壁畫，描繪拜占庭艦停泊在克拉西斯港內，港口的防禦堡壘十分雄偉。克拉西斯是拉文納的外港。

36. **奧斯提亞猶太會堂飛檐，西元二世紀**
奧斯提亞猶太會堂的一塊飛檐，浮雕刻的是猶太教用的七燭燈台，是羅馬帝國晚期代表猶太教的符號之一。這一座會堂自西元一世紀起使用至四世紀。

37. **奧斯提亞猶太會堂的銘文**
西元二世紀的銘文，紀念敏第斯・佛斯托斯（Mindis Faustos）出資為會堂的《律法書》造了一具約櫃。銘文以希臘文為主，外加幾個拉文字。希臘是當時住在羅馬的猶太人通用的語言。

38. **黃金祭壇面板，聖馬可大殿，威尼斯**

十二世紀伊始，這一具金碧輝煌的黃金祭壇（Pala d'Oro），也叫作「金旗」（Golden Standard），就擺在威尼斯聖馬可大殿的大祭壇。祭壇這一面的圖樣是聖馬可的聖髑在西元八二八年從亞歷山卓偷出來，由船隻運送到威尼斯的情景。

39. **阿瑪菲一景，一八八五年**

一八八五年一張阿瑪菲的風景照片，拍下了雄踞懸崖峭壁頂端的小鎮，阿瑪菲在中古時代早期是商業十分蓬勃的貿易中心，不過，即使在聲勢鼎盛的十一世紀，阿瑪菲頂多也只算是小村而已，商人用的船隻就靠在海灘上面，就像照片所示。阿瑪菲到現在還是很小的鎮，不過峭壁再往上去的那一座女修院，現在倒是已經改建為豪華旅館了。

40. **馬約卡圓盆**

這類上釉的圓盤是比薩城中幾座羅馬式教堂的外牆都看得到的裝飾，映照陽光熠熠生輝，宣示比薩商人深入穆斯林土地經商的豐功偉業，製造這類圓盤的技術就是要到穆斯林的地盤去找才有的。這一只圓盤可能是從馬約卡島來的，畫了一艘穆斯林的船隻揚帆御風，還有一艘小船隨行。

這一派儀式的猶太信徒也都在內，伊比利半島的西法拉（Sephardi）猶太人更不在話下。埃及另外也有許多「聖經派」（Karaite）的猶太人，他們就不承認《塔木德》為聖經，另外撒瑪利亞人也不在少數。無論如何，本伊斯拉會堂的猶太人朝突尼西亞的有錢猶太人大灌迷湯，幫他們套上一大堆榮銜，勸服許多人一起加入他們的會堂。或許就是因為這緣故，書閣文獻當中提及橫渡地中海前往突尼西亞和西西里島的資料，比其他前往西班牙或伊拉克的資料都要多。

二

書閣文獻記的不僅是住在富斯塔的人過的日子。當地的猶太人和海外的親人、朋友、貿易中間商通信，也都收在檔案當中，這些海外飛鴻就這樣遍及了地中海大半的地區，安達魯斯、西西里島、拜占庭帝國都涵蓋在內；不過，他們和信基督教的西方聯絡就不算多了。[5]檔案提及穆斯林商人的地方很多。走陸路運輸的貨物，一般便交給穆斯林商人承攬（北非海岸沿線的陸路交通相當繁忙）。這是因為許多猶太人對於走陸路遇上安息日會比較麻煩，要是跟著大隊商旅一起行動，會很難避開安息日也要活動。走海路遇上安息日就簡單一點了，只要不挑安息日出海就可以了。[6]說不定就是這麼簡單，也就是說，單純因為宗教信仰的緣故而寧走海路而避開陸路，使得書閣猶太人特別大膽進取，無懼出海遠航在地中海東飄西盪。他們就這樣和同宗的菁英份子，以共有的風俗習慣，締結起綿密交織的社會網，一條條紐帶在地中海面縱橫交錯——有兩家橫跨富斯塔和巴勒摩兩地相互聯姻，有商人在好幾處港口同時都有房產，甚至妻室。西元十一世紀從富斯塔送出去的一封信，便可勾勒出他們聯絡網涵蓋的幅員有多遼闊。有個叫伊本・易尤（ibn Yiju）的人寫信給他在西西里島的兄弟約瑟夫，向他提親，要將自己的女兒嫁給約瑟夫的兒子，也告知他的兒子在他離家遠赴葉門期間身亡。[7] 所以，這固然真的可以說是「地中海社會」，但也超出了地中海的範圍之外，因為埃及是將地中海的貿易圈連接到印度洋的橋樑，走一段短短的陸路就可以到達紅海的港口阿伊達布（Aydhab）。所以，商人的行腳還會將地中海西部的貿易網拓展到葉門和印度那邊去。東方的香料便是透過埃及一路注入地中海的。

穆斯林掌控的地中海地區欣欣向榮的發展，書閣猶太人算是躬逢其盛，擁有絕佳的立足點可以好好利用。埃及是那一帶的經濟發電機，亞歷山卓跟著復甦，鵲起成為跨海貿易暨聯絡網的一大中樞。亞歷山卓經由尼羅河、沙漠一路連到紅海的交通路線，也以開羅為重要的中途站，所以開羅跟著也繁榮起來。開羅未幾也成為一國之都；法蒂瑪王朝（Fatimid dynasty）在西元九六九年將權力中心從突尼西亞往東移到開羅，建立起哈里發國，與另兩位勁敵：巴格達的阿拔斯哈里發國，哥多華的伍麥亞（Umayyad）哈里發國，三足鼎立，爭奪大位。法蒂瑪王朝屬於伊斯蘭的「什葉派」（Shi'ites），但是很清楚他們統治的人口當中「遜尼派」（Sunni）穆斯林還要更多，信基督教的科普特人和猶太教信徒也不少，所以施政還懂得籠絡民心。他們舉起什葉派大旗，不過是要向地中海和東邊的遜尼派宿敵示威罷了。法蒂瑪王朝在中東稱雄，是因為他們經由埃及輸運紅海運送上來的貨物而財源廣進，這由他們鑄造的金幣十分精美可見一斑。只是法蒂瑪王朝之得，卻是阿拔斯王朝之失。阿拔斯王朝以前靠波斯灣通往底格里斯河和幼發拉底河的貿易路線致富，過得極為奢華，到這時只能眼睜睜看著他們的利潤縮水，金幣貶值。書閣猶太人把東方的奢侈品賣給他們在地中海的顧客，就是利用這幾條紅海的貿易路線。[8]

這些猶太商人專精幾類貨品貿易，倒是不太插手穀物的買賣。不過，那一帶的穀物貿易一定十分興隆，因為伊斯蘭世界建立起來之後的一大效應，便是黎凡特和北非的多處城市開始復甦——其實有幾處算是在全新的基礎上打造起來的，例如要塞城富斯塔和凱魯元，還有穿越撒哈拉沙漠的黃金運輸路線上的港市，如馬赫迪耶和突尼斯。城鎮的居民有很多基本的民生物資和原物料都需要由外地進口才得以維持，產業所需的布匹和金屬也都是如此。城鎮上的專業工匠十分發達，既生產貨品外銷，也自遠地買進糧食。突尼西亞人到後來需要自西西里島進口穀物來養活，而生產亞麻布和棉布紡織品作外銷（或說是書閣猶太人代他們進行外銷），此外，布匹所用的原料，棉花，還是從西西里島買回來的。有兩處地方隔著一片大海建立起共生的關係，這在地中海隨處可見；例如伊斯蘭統治的西班牙就從北非的摩洛哥進口穀物，也將他們的產品——紡織品、陶器、金屬器物——賣到摩洛哥。只要可以的話，埃及人甚至還會像先前幾百年那樣，轉向拜占庭治下的塞浦路斯島和小亞細亞尋求他們苦缺的木材貨源。[9]

經濟擴張帶來的商機，書閣商人自然充份利用。猶太律法的規定，他們覺得綁手綁腳，所以一般是跟隨穆斯林的商業準則。依穆斯林的作法，經商的風險是要由後方不管事的股東來扛，而不是在第一線行商的買辦，而和猶太拉比規定的正好相反。[10]這也就表示年輕一輩的商人可以從當買辦或當大貿易商的代理起家，而不必擔心生意作垮了會一無所有。[11]對於跨海支付帳款，他們也用相當精密的手法在處理：各類信用狀，匯票，支票，都已見使用，這些對於四處遊走的行商有必要清償欠款、買進貨物或是支付開銷的時候，等於是他們的命脈。[12]亞麻和絲綢是他們很熱衷的買賣，一匹匹絲綢布料在他們往往也等於是投資，平日收在倉庫裡，有需要時可以拿出來換現金救急。他們的亞麻貨源來自埃及，輸出到西西里島和突尼西亞，絲綢有的就來自西班牙或西西里島。西西里島當地會仿製波斯絲綢——在伊斯蘭世界仿製原產貨的商標，是司空見慣的事，不應視作仿冒，而是獻上敬意。[13]書閣商人都是絲綢專家，看得出來絲綢的等級，知道上好的西班牙絲綢到了埃及的進口港，每一磅可以開到三十三個第納爾幣（dinar）的價格，品質不佳的西西里島絲綢每一磅的價格就可以壓低二個第納爾幣。[14]亞麻交易的數量就比絲綢大得多了，精紡紗、無紡紗都有，還有一類布料摻了部份亞麻一起織進去，名字還是從富斯塔來的，叫作「fustian」（粗斜紋布）。這名稱也被義大利商人用在全天下的亞麻布和棉布上面，也不管是哪裡出品的，連日耳曼的產品他們也這樣子叫，最後這名字自然也打進了現代歐洲各支語言當中。

書閣文獻的世界，還伸展到當時已知世界的西端。雖然安達魯斯這地方，也就是穆斯林統治的西班牙，不算是書閣商人作生意的重心所在，但是他們和出身西班牙的同行來往的文書當中，還是十分常見。有的人在通商文書當中被安上「阿安達魯西」（al-Andalusi）或「阿西法拉」（ha-Sefardi）的標籤，意思是「西班牙人」，也在地中海四面八方行走作生意。像雅各・阿安達魯西（Jacob al-Andalusi）家族，他們在西元十一世紀住的地方就涵蓋西西里島、突尼西亞還有埃及。[15]再如遠近馳名的大商人哈勒豐・本・尼森奈爾（Halfon ben Nethanel）於西元一一二八至三〇年，人在西班牙，之後於一一三二至三四年，人就跑到了印度，而後於一一三八至三九年回到安達魯斯。[16]西西里島是書閣貿易網的一大輻湊點。西元九世紀穆斯林攻下西西里島時，第一座淪陷到敵軍手中的城市，是西西里島西部的馬扎拉。馬扎拉就成為埃及通往西西里島航運的大終點站，另外，也會有小型船隻從馬赫迪耶以及別的突尼西亞港口載運貨物渡海往這裡來。船隻抵達馬扎拉後，貨物就會再搬上大型船隻朝東邊的方向轉運過去。來往於安達魯斯、西西里島、埃及的船隻有的很大，西元一〇五〇年便有十艘大型船隻從巴勒摩抵達亞歷山卓，每一艘都載了約五百名乘客。馬扎拉的埃及亞麻布料市場相當出名，在埃及的貿易商都會急著知道馬扎拉的亞麻市價，這樣他們才知道要運多少亞麻到西邊去。絲綢走的方向就反過來了，絲綢在埃及新娘的嫁妝用得很多，還有許多其他精細布料也是；枕頭、床單、地毯，還有一種蓋住新娘頭髮的「蔓狄悠」（mandil）長頭紗，都需要用到精美的布料。[17]西西里島還有許多地方有大片地區都是牧草，因此西西里島也生產上好皮革，自然不奇怪，有的皮革還會鍍金。綿羊奶製作的乳酪也是西西里島出產的珍品[18]，外銷甚至遠達埃及，有的甚至還是未熟成的鮮乳酪。

但這不等於穆斯林統治的西西里島相當平靜。西西里島東邊有拜占庭的進攻（拜占庭的皇帝一心要收復這一顆君士坦丁堡之珠），內鬥爭權的大公也會交火。西元十一世紀初年有一封哀婉的信送回埃及，講到有個叫約瑟夫・本・薩繆爾（Joseph ben Samuel）的人在拜占庭軍隊進攻西西里島時的悽慘遭遇。他生於突尼西亞，但是住在埃及，也在埃及結婚成家，但在巴勒摩也有房產。他遇到船難，落得身無寸縷也身無分文，流落北非的海岸。幸好他在的黎波里（Tripoli）找到欠他錢的一名猶太人，要回欠款後，購置新衣，然後出發前往他在巴勒摩的住處，到了卻發現房子被鄰居拆了。他在信中抱怨他沒錢把這人抓進衙門打官司。話雖如此，他卻還是有辦法寄了十磅重的絲綢和一把金幣回埃及。他願意冒死穿過拜占庭海軍的砲火回埃及接妻小跟他一起回巴勒摩，但他不知妻子是否願意，抑或是他乾脆和妻子離婚算了。那時有習俗是四處行走的商人會簽下有條件的離婚書，免得萬一命喪他鄉又無人見證，會害得妻子卡在妾身不明的狀況進退失據，因為依猶太法律這時妻子不得改嫁。所以，他事先簽好的離婚書，妻子這時候要是想要執行也可以，但他不甘心，說他還是深愛妻子，當初簽下離婚書只是擔心他到了海外不知上主還有命運會怎麼對待他的。他又再哀怨寫道：

> 唉，主啊，主啊，我的上主，我那小兒子！請妳依照妳的信仰好好關愛他，我很清楚應

該怎樣。等他長大一點，請讓他跟老師好好學一點東西。[19]

書閣文獻有關船運的資料十分豐富。大多數的船主都是穆斯林。押貨的商人最好要提早上船，在出海前就先盯著自己的船貨；一般的慣例是啟程出海前一天就要上船，出海前一晚就待在船上竟夜禱告、寫臨別信，交待事情。出海的行程排訂的時間表不可盡信。船隻臨要出海的時候，可能會因為暴風雨、有海盜或甚至官府出面干預，不得不先暫緩，困在港內動不了。巴勒摩港口就有一艘在航海季快要過去的時候要出港到西班牙去，卻被官府扣押，害得整船的乘客受困一整個冬季。有人就在信裡抱怨他困在巴勒摩「手腳都要斷了」——但別把字面當真。船隻出海之後，航程要走上多久也很難講。西元一〇六二年有一艘船從亞歷山卓開往馬扎拉，走了十七天。但另有信說有個叫培拉亞・易尤（Perahya Yiju）的商人要從巴勒摩到（西西里島的）墨西拿（墨西拿這地方他討厭得很，覺得那裡好髒），他搭的船就一下這裡、一下那裡，跳來跳去足足坐了七天才到。從亞歷山卓到（安達魯西亞的）阿勒梅里亞（Almería），搭小型船的話要超過兩個月才到得了；另還有一艘船走了五十天竟然才走到巴勒摩。可是，這一段航程只走十三天就到也不是不可能。[20]乘客上船要自備舖蓋、刀叉、碗盤，有的人還乾脆睡在他們押運的貨物上面，要是貨物當中有亞麻布匹的話，大概就不會太難捱。船上沒有隔出客艙，待在船上的時間都必須耗在甲板上。信中不太看得到他們講伙食的事，大概吃得很簡單吧。[21]依史家高伊坦歸結的印象，船難並不常見——歷史學家抓住船難就捨不得放手，是因為寫到船難的事，難免特別生動。安然到岸的船當然在所多有，書閣文獻裡的人也不怕出海。那時走海路大概還沒有陸路危險。沿北非海岸線航行的時候，船長一般不會把船開到看不見陸地的距離外，陸上也常有瞭望台監看船隻的動向——不過，看來是為了自身的安全著想為主，倒未必單純是想著關稅的進帳。船隻的動向會回報到亞歷山卓。船貨運送是否一路順風，商人也會急著掌握消息。

關於書籍、學者的動向，證據也很豐富，當然都和猶太民族有關，顯示貿易路線運送的不僅是亞麻，還有思想。西元一〇〇七年左右，摩洛哥那邊發了一封信到巴格達，徵詢一項宗教論點，由往東邊去的駱駝商隊當中的穆斯林商人代轉。[23]這樣的事猶太人這邊做得到，穆斯林那邊應該也很容易。至於希臘醫學、哲學的著作，一樣透過西班牙南部的篩選，傳播到廣大的地中海區域。狄奧斯科里德（Dioskorides）寫的醫學著作於西元十世紀傳到哥多華的時候，確實沒人看得懂。不過，那裡哈里發的御醫，猶太人哈什代・伊本・夏普魯特（Hasday ibn Shaprut），據說和一名希臘修士的同事，兩人合力做出了一份阿拉伯文版。從西班牙到埃及、敘利亞這一線，不是沒有經濟、文化、宗教一統的現象。伊斯蘭的領土雖然有什葉、遜尼兩支派系鬧宗教分裂，也有伍麥亞、阿拔斯、法蒂瑪三處哈里發鬧政治分裂，但在貿易、文化依然互有交流。穆斯林朝聖客橫渡地中海到伊斯蘭聖地麥加的人潮始終未斷，在這方面的助益不下於分屬不同宗教派系的商人四處游走。只是歐洲西部的基督徒倒是大多置身事外。西元十世紀、十一世紀期間，義大利半島和普羅旺斯的拉丁商人對於探進這幾處水域依然戒慎恐懼。只有一小撮基督教城市膽敢派船進入穆斯林治下的水域，他們還懂得唯有放膽和穆斯林對手合作才是發達的祕訣。其中之一便是威尼斯；威尼斯早期的歷史先前已經提過。另一處城市則是興盛的海港阿瑪菲，雖然所在的地理位置實在很奇怪：緊貼著索倫托半島（Sorrentine peninsula）的陡峭群山。

三

阿瑪菲堪稱地中海歷史的一大未解奇案。羅馬南邊要是有哪一處市鎮有實力嶄露頭角，成為義大利半島的貿易重鎮，應該就是那不勒斯這一座熱鬧城市。那不勒斯有亞麻紡織工業，有通往內陸的便捷交通，單憑佔地廣闊這一點就是過人的地理條件。那不勒斯還有源遠流長的貿易史，西元六、七世紀走過蕭條但未頹敝。可是，在阿瑪菲崛起的期間，也就是約當西元八五〇至一一〇〇年，那不勒斯卻硬生生被阿瑪菲搶去了鋒頭，讓出國際貿易重鎮的寶座，而且，這阿瑪菲還是找不到過往歷史的市鎮，是在西元六、七世紀緊貼著一座瞭望塔樓便像旱地拔葱一般憑空崛起。[24]小小的鎮上只有一條大街彎彎曲曲朝上爬，窄窄的巷弄塞在屋舍之間迂迴穿梭，怎麼看都不像會有本錢和那不勒斯一較高下。[25]阿瑪菲的港口在清晨幾乎頂不到順風可以出海，對這裡的航運一定是不小的束縛。[26]一些史家就因為這樣而端出了「阿瑪菲神話」（myth of Amalfi），怎樣就是不肯相信阿瑪菲在基督徒、猶太人尤其是穆斯林的筆下始終都是西元第十暨十一世紀西方的重要貿易集散地，並非捏造。就有一位義大利史家將阿瑪菲寫成是「商人絕跡」的城市；也因此，阿瑪菲的居民便是在崎嶇陡峭的山坡上面種葡萄、種菜在養家活口的，貿易不過是他們賺外快的手法而已。[27]然而，要建造遠洋船隻行駛到別的大陸去，可是既費工、又花錢的的事，足以帶動起商業拓展的動能。

小小的阿瑪菲鎮只是環節之一。「阿瑪菲人」這名稱其實像是商標，是套在出身義大利南部各地的商人、水手身上的通稱，特別是攀附索倫托半島幾處崖頂而建起來的一票小鎮上的居民。拉維洛

（Ravello）、史卡拉（Scala）就掛在阿瑪菲小鎮的頭上，沒有自家的港口，自然就要他們的商人坐阿瑪菲的船出海作生意。阿特拉尼（Atrani）離阿瑪菲只要走五分鐘的路就到，兩鎮之間由一塊大岩石露頭作分界。邁尤尼（Maiori）和米諾尼（Minori）位於通往薩雷諾的短短海岸路線上面，切塔拉（Cetara）則是一支漁船船隊的基地。總而言之，索倫托半島南部海岸全線，從波西塔諾（Positano）到卡瓦（La Cava）建立西元一〇二五年的「至聖三一」（Santissima Trinità）大修道院，全都是掛在「阿瑪菲」這名字下面的。而拿這樣的阿瑪菲比作四處沼澤地的威尼斯，乍聽奇怪其實還算貼切。威尼斯也是由幾處小聚落湊和起來的，只是他們那裡的天險是海水，而不是峭拔的山壁和險峻的懸崖，但同樣牢不可破。阿瑪菲和威尼斯兩地的人都自認是以庇護所起家的，是躲避入侵蠻族的難民棲身的地方。阿瑪菲由歷任總督帶領，發展成組織鬆散、零星分佈的城市，而阿瑪菲的總督對於遠在天邊的拜占庭宗主權也只願意承認個大概就是。在那年頭，北非來的薩拉森海盜四處橫行，打家劫舍，阿瑪菲零落的聚落便和威尼斯人星散在一座座潟湖的形勢，有異曲同工的優勢。

阿瑪菲人有能力建置海軍，可以回溯到西元八一二年便已初現端倪。該年，他們和〔坎帕尼亞一帶〕蓋耶塔的水手——蓋耶塔是當時地中海貿易圈中相當繁榮的城市——都接獲拜占庭派駐西西里島的總督詔令，要他們出力共同抵禦穆斯林進犯；穆斯林進犯的攻勢都已經深入到〔義大利西岸外海〕伊斯基亞和彭扎（Ponza）那麼遠的地方來了。到了穆斯林入侵西西里島，穆斯林海軍肆無忌憚地突襲羅馬城，城內的聖伯多祿大殿和「城外聖保祿大殿」（St. Paul's-without-the-Walls）同遭洗劫，情勢就愈來愈危險了。三年後〔西元八四九年的奧斯提亞之役〕，義大利半島南部一支艦隊克服萬難在奧斯提亞外海打敗了敵方的海軍，之後數百年這一場海戰一直為後人標舉為羅馬生死存亡之戰——〔義大利文藝復興盛期〕畫家拉斐爾在梵諦岡宮中便為他的主公李奧十世，畫下這一場海上的勝仗；這一場勝仗當時在位的教皇，和李奧十世同名，也就是李奧四世[28]。李奧四世為了拉攏阿瑪菲的民心靠向他那邊，授與阿瑪菲自由使用羅馬幾處港口的權利。不過，阿瑪菲的商人一定自問：這有啥用？他們總要先深入西西里島、突尼西亞還有更遠的地方，拿到了當時羅馬教廷依然十分熱衷的奢侈品，才有辦法和羅馬作生意啊！所以，阿瑪菲和蓋耶塔兩處地方的人便選擇和穆斯林那邊打交道，也不管教皇威脅要將他們逐出教會——反正，即使他們的性靈沒有得救，物質也至少得救了。到了西元九〇六年，蓋耶塔的執政官（consul）名下的財產就包括金幣、銀幣、銅幣、珠寶、絲綢，教堂的大理石裝潢配件，還有土地、牲口，這些全都詳列在他的遺囑裡。[29]本篤會（Benedictine order）在義大利南部內陸的卡西諾山（Montecassino）總會修道院，就由阿瑪菲商人負責供應所需物品，當修道院的掮客四處幫修道院作買辦，遠達耶路撒冷那一頭。「馬其頓半島」阿索斯山（Mount Athos）於眾多女修院當中夾了一所本篤會的修道院，也是由阿瑪菲的商人出資支持，當時希臘教會、拉丁教會還保有些許和氣。

遠在天邊的君士坦丁堡也不吝向阿瑪菲這裡示惠，像是拿寫滿華麗辭藻的詔書授與阿瑪菲總督暨地方要人冠冕堂皇的頭銜，例如「禁衛隊長」（protospatarius）（「禁衛隊長」這樣的頭銜依理應該是軍事將領才對）。[30]不過，當地有一家族，潘塔李歐尼（Pantaleoni），卻掙得了君士坦丁堡皇帝的垂青。西元十一世紀，潘塔李歐尼家族有人送了華麗的青銅大門給卡西諾山修道院、阿瑪菲大教堂、城外聖保祿大殿。[31]這樣的大門不過是潘塔李歐尼家族從東邊帶回來的眾多奢侈品中最華麗的。阿瑪菲的商人需要在拜占庭的領土建立據點以利通商貿易，西元十世紀他們在君士坦丁堡就擁有多處碼頭和貨倉。[32]越過亞得里亞海來到對岸，阿瑪菲人和威尼斯人一樣，在拜占庭防禦堅固的要塞杜爾拉勤城內也是人多勢眾。[33]從杜爾拉勤穿過帖薩羅尼迦到君士坦丁堡的伊格納提亞大道，是這兩地來的商人急於好好利用的交通路線。

阿瑪菲人甚至再往東去那邊——法蒂瑪哈里發的領土——都留下了長久不去的印記。阿瑪菲的商人在耶路撒冷成立了一所救護站（hospice）。耶路撒冷城中除了愈來愈難做的聖髑交易，幾乎找不到別的商機。不過，阿瑪菲商人既然身為卡西諾山修道院的買辦，自然請得動本篤會的修士出面照顧傷病的朝聖客。從歐洲來聖地的朝聖客，人數愈來愈多——一般取道義大利半島南部的海港。阿瑪菲商人成立的不起眼小醫院，乃逐漸壯大為「耶路撒冷聖若望醫院騎士團」（Hospitaller Order of St. John of Jerusalem），所屬的武裝修士後來還擊退土耳其人保住了羅德島和馬爾他島。醫院騎士團自西元十一世紀創始以降，一脈相傳，可以一直傳遞到現在以羅馬為總部的「馬爾他獨立主權騎士團」（Sovereign Military Order of Malta），沒有間斷。[34]有傳說指西元一〇九九年第一次十字軍東征（1096－1099）圍困耶路撒冷全城的時候，城內就有阿瑪菲商人。穆斯林下令要他們朝十字軍的烏合之眾扔石頭，他們不得已只好照辦。結果，神蹟出現，扔出去的一顆顆石頭在半空中變成一粒粒圓麵包，正好讓餓得半死的基督徒大軍一飽饑腸。然而，阿瑪菲商人生意做得那麼發達，說穿了便是因為他們夾在基督徒、穆斯林兩邊的衝突當中，能不選邊就不選邊站。

西元十世紀期間，阿瑪菲商人在富斯塔（老開羅）還有一塊殖民地。西元九九六年，他們當中有人被控放火燒了法蒂瑪哈里發的造船廠，引發暴動，結果多達一百六十名義大利的商人在暴動中遇害。[35]阿瑪菲商人住在富斯塔的時候，也和猶太商人建立起交情，書閣收藏的信函當中不時看得到叫作「瑪夫」（Malf）的地方。書閣商人遠行到阿瑪菲，賣的是胡椒。縱使有「種族迫害」（pogrom）作梗，阿瑪菲商人還是靠他們和法蒂瑪哈里發的關係，大發利市；[36]連他們在北非的貿易利潤都有辦法變現，鑄成金幣。

西方一旦走上了復甦的上坡路，只要像阿瑪菲商人那樣願意和穆斯林敵人打交道，就賺得到錢。不過，義大利半島有另兩處城市，熱那亞和比薩，卻也開始證明手法要是再強悍一點，盈利還會更高。

第三章

翻江搗海的巨變

西元一〇〇〇年—西元一一〇〇年

一

比薩和熱那亞何以興起，幾乎和阿瑪菲這小鎮的謎團一樣費解。比薩和熱那亞的謎團甚至還更難纏，因為這兩地竟然有能耐肅清肆虐地中海西部的海盜，﹝從義大利半島﹞拉出長長的貿易路線，由一處處商人、移民的殖民地支撐起來，一路往東延伸到聖地、埃及、拜占庭。但是，如果替比薩和熱那亞兩地的發展歷程勾畫一下輪廓線，卻是天差地別。熱那亞在西元七世紀是拜占庭總督的駐地所在，但在安安靜靜傳了兩、三百年後，突然在西元九三四至三五年間被北非闖過來的撒拉森強盜攻入城內大肆搜刮而告中斷。[1]熱那亞沒有特別突出的物產可恃，由於位處利古里亞阿爾卑斯山脈（Ligurian Alps）一側的山麓，還被隔在盛產穀物的平原區外面。熱那亞沿海一線偏愛生產的物產是葡萄酒、栗子、香草、橄欖油，熱那亞就是從他們生產的香草和橄欖油調配出風味絕佳的紫蘇醬，他們叫作「青醬」（pesto）。只是這樣一款青醬代表更多的是貧困，並非財富。熱那亞的港口歷經好幾百年改善，迄至中古時代晚期已經相當完備，但是船隻入港最好的保護卻還是沿著熱那亞東西向的海岸停泊，以降低天候風浪摧折的機

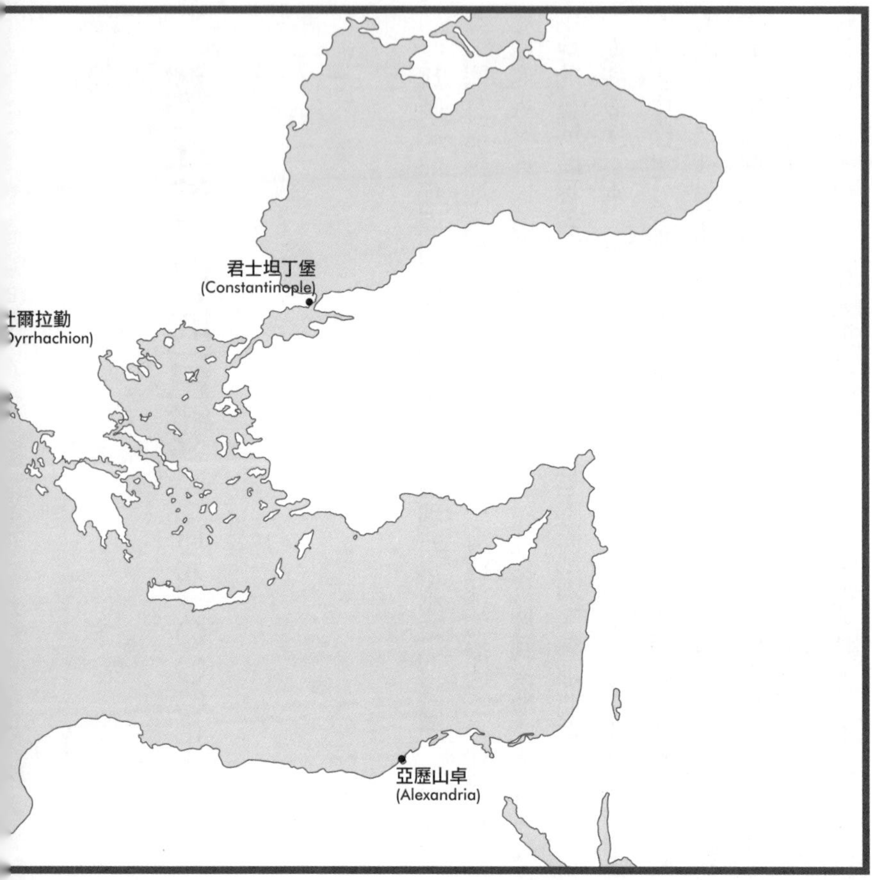

會；所以該地的船隻絕大多數便集中在那裡。[2]熱那亞不是產業中心，造船除外。熱那亞人要努力奮鬥才生存得下去，也把他們的海外貿易視作家鄉存活下去的關鍵。隨著城市日益壯大，他們對外來的小麥、醃肉、乳酪的依賴也日益加重。熱那亞就這樣從毫不起眼的小鎮開始茁壯，以最大的企圖心打造出前工業時代世上有數的龐大貿易網。

比薩的情況就大相逕庭了。比薩這一座城市橫跨亞諾河兩岸，離海不過數英里，只不過亞諾河的入海口是一片濕答答的爛泥塘，害得比薩沒有良港可用。比薩的資源，明顯

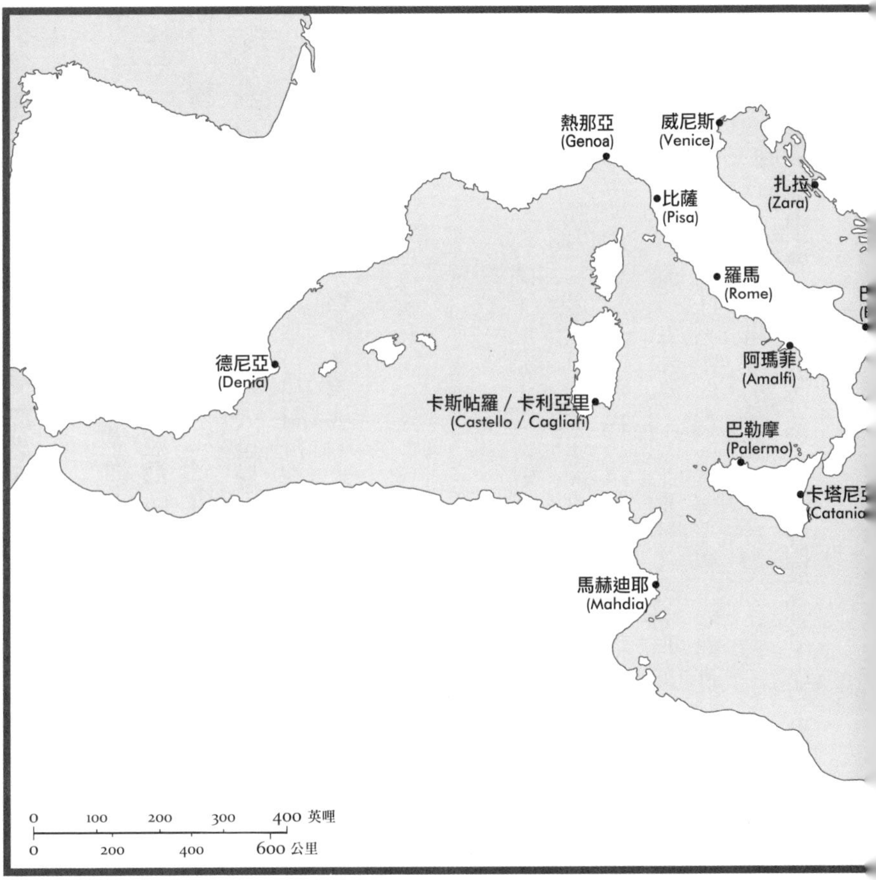

可見是在他們的平野；一路延伸到海邊，種滿了麥作，臨近海岸線還有大群綿羊放牧，供應比薩羊毛、皮革、肉類、奶製品。比薩的居民比較沒理由要像熱那亞那樣擔心一日三餐要從哪裡來。但反過來，比薩地處低平的托斯卡尼海岸，比起熱那亞所在的崎嶇利古里亞，遇上藏身普羅旺斯和薩丁尼亞巢穴的穆斯林海盜發動突擊，也就少了天然的屏障可以抵擋。所以，等到比薩的海軍終於有模有樣的時候，他們的首要大敵就是穆斯林了。西元九八二年，比薩派出不少船隻隨日耳曼〔神聖羅馬帝國〕皇帝奧圖二世的大軍一起出征，南向遠達卡拉布里亞，企圖壓制肆虐西西里島的穆斯林強盜。到了下個世紀，比薩和熱那亞就把注意力集中在掃蕩提雷尼亞海的撒拉森海盜。想要達到目標，顯而易見的對策就是要在薩丁尼亞島上設立指揮所。西元一〇一三年，統治〔西班牙東岸〕德尼亞（Denia）和馬約卡島的西班牙穆斯林軍閥穆加希（Mujahid）率海陸大軍攻到薩丁尼亞島，就遇上了比薩和熱那亞他們派出士氣高昂的新建軍力，奮勇迎敵。[3]穆加希的軍隊登陸薩丁尼亞島之後，先不管他到底有沒有意思要征服全島，他的軍隊幾乎可以確定才來到岸邊的幾處前哨站就不太過得去了。到了西元一〇一六年，比薩和熱那亞已經將穆加希趕出薩丁尼亞島，而讓兩地舉起基督徒對抗穆斯林強敵的聖戰大旗，更加威風。這時期基督徒和穆斯林的勢力分佈慢慢出現了變化。穆斯林領地中央集權的態勢漸趨裂解，比薩和熱那亞的艦隊也就趁勢而起。

二

比薩和熱那亞對薩丁尼亞了解得愈多，就愈清楚薩丁尼亞島的價值在哪裡。薩丁尼亞島上放牧的綿羊極多，到了西元十二世紀，比薩和熱那亞已經開始把薩丁尼亞島看作是自家的第二片鄉野。島上盛產穀物，品質中等，南邊還有大潟湖可以轉作鹽田。而把薩丁尼亞人抓來當奴隸，比薩人和熱那亞人也不覺得有何良心不安；薩丁尼亞人在他們眼中不過是原始部落罷了。薩丁尼亞人講的是一支後期拉丁語，保留在一批難得一見的莊園帳冊裡面流傳下來；帳冊裡記的是綿羊、山羊、馬匹，還有他們那社會從努拉格的上古時代起一路上就少有變化，十分特別。薩丁尼亞始終維持農牧社會，遠離大海；與世隔絕，又不真的屬於地中海。他們的政治、宗教制度都是上古的面貌。西元十世紀有過幾位小王侯，或叫作

「仲裁官」（judge），是早已鞭長莫及的拜占庭權威死而未殭的殘跡。不過，拜占庭帝國在薩丁尼亞島不是一息不存。島上的教會奉行的是希臘儀式的變體，西元一一〇〇年以前，島上至少還有幾座教堂是套用希臘的十字架樣式蓋起來的。羅馬教廷對他們這樣的習俗嚴加抨擊，也鼓勵修士從義大利半島本土移居到島上來，卡西諾山的本篤會修士也在其中。[4]這些變化推動薩丁尼亞島上的社會跟著蛻變，他們叫作「maiorales」的權貴世家開始和熱那亞人、比薩人聯姻，也輕易就買得到義大利本土的產品，連壺罐、鍋具都用進口的。薩丁尼亞農民的生活水準卻因為疾病、營養不良、死亡率高，景況一直都很低迷。但也等於島上必須供養的人口較少，穀物輸出自然變多。比薩和熱那亞對待薩丁尼亞的手法，只有這兩個字可以形容：剝削。

西元十二世紀，熱那亞人便常常派船到薩丁尼亞島去作生意；島上生產的民生物資物美價廉，保證投資一定獲利。任誰手上有一點閒錢——例如繼承些許遺產的寡婦——都會拿出五或十磅的熱那亞銀幣，投資在跑薩丁尼亞線的長途貿易，這是很安穩的投資，幾個月後說不定就拿得回來六或十二磅。[5]薩丁尼亞島算是比薩和熱那亞的境外殖民初體驗。兩座城市也用心爭取島上的仲裁官投靠，以便維持控制。西元一一〇〇年前後，比薩和熱那亞便常常各自透過兩地的大教會居中牽線。薩丁尼亞島南部卡格里亞利的仲裁官馬里亞納・托奇托里奧（Mariano Torchitorio），就這樣將薩丁尼亞島南部的領土贈與熱那亞的聖羅倫佐（San Lorenzo）大教堂。不過，托奇托里奧也頗有遠見，因為他沒忘記要比薩那邊一樣收到厚禮。[6]即使如此，兩大之間難為小，想要慫恿鷸蚌相爭來收漁翁之利，也只有短期的效果。比薩和熱那亞勢力太大，難以抵擋。比薩就在島上建起了好幾座大教堂、女修院，採用比薩醒目的特有建築樣式：外牆貼滿長條狀的黑白二色大理石；比薩強大的影響力，沒有比這表達得更清楚的了。薩卡吉歐聖三一修道院（Santa Trinità di Saccargio）興建於西元十二世紀頭幾年，便是薩丁尼亞島北部這類建築的典型，有斑馬黑白條紋似的門面和側牆。薩丁尼亞島在努拉格時代之後首度出現防禦完善的城鎮，也是由比薩人和熱那亞人在島上建起來的。比薩由卡格里亞利仲裁官默許，佔領卡格里亞利一處陡峭的山嶺，興築起高牆，圈地似的蓋起一塊比薩專區，供比薩來的士兵和商人居住，安全無虞。西元一一〇二年前後在薩丁尼亞西北部興建起來的阿爾蓋羅（Alghero），則要歸功於熱那亞的多里亞（Doria）家族。西元十二、十三世紀，雖然教廷和神聖羅馬帝國皇帝堅決主張薩丁尼亞（至少於理論上）是屬於他們的領土，熱那亞和比薩還是挺了下去，保住他們在薩丁尼亞島的控制權。不過，重點還是在島上的人是哪一邊的。所以，熱那亞和比薩兩方有志一同，都要在島上搶到愈多的土地作為地盤愈好。結果就是兩邊爆發嚴重的衝突。比薩和熱那亞掀起戰火，最常見的起因反倒不是在義大利本土有齟齬，而是在薩丁尼亞這一座島上有爭端。到了西元一二〇〇年，薩丁尼亞周邊的水域大多已經不見穆斯林海盜的形跡，反而是義大利海盜橫行——比薩人搶奪熱那亞人，「vice versa」反之亦然。

三

比薩和熱那亞得以創建自家的艦隊，一大原因在於義大利北部的中央集權瓦解。當時所謂的「義大利王國」（kingdom of Italy），充其量只是名義如此而已，〔有名無實的〕義大利國王從西元十世紀起便一直是日耳曼人出任，國王同時還有權力連同西羅馬帝國皇帝的冠冕也一起戴——西羅馬帝國在西元九六二因教皇為〔日耳曼國王〕奧圖一世（Otto I）加冕而重現人間。但是皇帝分封到地方上的子爵（viscount）

權力萎縮，地區和市鎮的日常政事落入地方顯貴手中。等到進入西元十二世紀，這些顯貴便開始組織起來，形成自治社區——後代史家用的詞彙是「公社」（commune）、「共和城邦」（city-republic），但他們自己用的稱呼各式各樣，像熱那亞用的就是「同行」（compagna; company），依字面就是「一起分食麵包（pane）的人」。其實，自西元一一〇〇年起，熱那亞的政府管理很像是商行的董事會在管事。「同行」組成的期限只有短短幾年，組成的目的在專門解決特定的問題，像是組織十字軍艦隊，或是有政治衝突出現，而熱那亞出現政治衝突有的時候可是會以暗殺和街頭械鬥來了結的。所謂的「公社」在有些事情算是公共機構，人人都包括在內，但在另一些很重要的事情，就變成私人的結社了，只是在十二世紀的熱那亞，「公」、「私」的分別不甚清楚就是了。熱那亞城內到處是小圈圈劃地為「王」，有修道院的產業，有貴族的領地，一塊塊享有豁免特權的土地，後來漸漸地收歸「同行」的幾位主官管理。這些主政者都有響亮的頭銜，叫作「執政官」（consul），可見他們曉得羅馬共和的制度，只是他們第一次成立的「同行」，就一口氣冒出來六位執政官同時主事。[7]他們的選舉也和古代的羅馬一樣，由真正擁有實權的人小心操縱，在這時期有實權的人也一定出身貴族階級。[8]

熱那亞的貿易帝國就是在這些貴族手中建立起來的；比薩的發展也大致如此。只是，這些人到底是何方神聖，就是很難處理的問題了——不是說他們姓什名啥，熱那亞的多里亞家族和史賓諾拉（Spinola）家族，比薩的維斯康提（Visconti）家族、阿利耶塔（Alliata）家族，史料的記載不時便會看到——而是他們的財富、權勢到底是從貿易還是從土地來的？義大利半島的公社城市一來把地方上的小貴族吸納過來，他們原本就習慣市鎮生活，另也把一些晚近的新貴也招徠過來，而新興階級就要靠經商、紡織工廠或是錢莊賺得的財富撐起來了。到了西元十二世紀，這兩類人在比薩和熱那亞已經因為通婚混得難解難分。畢竟聯姻可以為古老世家注入財富的新血；而在陸上、海上立下戰功名、留青史的古老家族，商人圈中數一數二的富豪要是得以加入，自然也認為是莫大的榮幸。兩邊就此牢牢團結在一起。這樣一批權貴當然不想將權力分給工匠、士兵，雖然城中的公民以他們佔大多數。公社興起不等於城市轉型為民主共和的體制，反而是顯示寡頭政治（oligarchy）獨擅勝場——甚至因此引發熱那亞派系在慘烈街頭惡鬥。不過，政治派系在間歇的械鬥之餘，也有商機供人聚斂前所未見的財富。城內的上流階級投資海外貿易，航線的終點愈推愈遠。他們不僅於城內置產，也經營起鄉間的莊園，甚至朝外擴張，跨海到薩丁尼亞島上買下大片土地。城內的政府對這些事情幾乎不聞不問，除非當海外結盟影響到貿易的時候，只是，對外結盟又是由主宰貿易的同一幫人在決定。[9]

西元一一〇〇年左右，義大利北部各地都看得到這樣的趨勢，比薩和熱那亞只是列名最早孕育出貴族制公社的首批城市之中。內陸興起了城市，特別是廣大的倫巴底平原，對於地中海的情勢也有重大的影響，因為內陸興起的城市壯大為海外奢侈品的重要市場。城內的上流階級也組織起產業，生產愈來愈精美的布料和金屬器物運送出海，換取城內需求愈來愈大的絲綢和香料。熱那亞、比薩還有義大利半島東岸的威尼斯發現他們能夠提供消費者〔內需市場〕，這是老一代的阿瑪菲商人所沒有的緊密、常態關係的消費者市場。此外，這些城市還開始將眼光投向阿爾卑斯山脈之外。日耳曼南部的宮廷、城市都愛威尼斯轉運過來的貨物。西元十二世紀，還有日耳曼商人來到威尼斯，在城內打下日耳曼人專屬貨倉的地基，也就是日後的「日耳曼商館」（Fondaco dei Tedeschi），一連幾百年都是日耳曼商人在這裡經商的根據地。[10]熱那亞商人也開始沿著隆河往上到香檳區的新興市場尋找商機。他們在香檳區買得到最好的法蘭德斯羊毛布料，沿隆河往下運送可達地中海。一大片貿易網就此漸漸成型，以熱那亞、比薩、威尼斯的海外貿易為主幹，但是歧出的分支爬滿了西歐。

這一番商業革命背後還有通商、簿記方法的重大演進作為支撐。後人對這時期的熱那亞經濟、社會了解這麼多，理由就在於有大批熱那亞公證人保存的文獻流傳下來，時代自西元一一五四年起，契約、遺囑、土地買賣等等交易的紀錄都看得到。[11]這類公證檔案存世的最早一份，是一本十分厚重的帳本，寫在亞歷山卓進口的平滑粗厚紙張上面，物主是個叫喬凡尼・斯奇里巴（Giovanni Scriba）的人，這名字的意思就是「書記約翰」（John the Scribe），十二世紀中葉熱那亞城中最有權勢的幾支家族，都是他的客戶。[12]他們的交易手法也愈來愈精密——這一點應該可以說是逼不得已吧，因為天主教會公開反對一切嗅起來有厚利銅臭味的事情。而教會說的「厚利」，涵蓋的幅度極大，從相當於敲詐的高利貸到單純的經商利潤都包括在內。為了避開教會懲罰，他們只好多想一些手法出來規避；教會的懲罰最重是可以破門除籍，趕出教會的。所以，借貸可以用一類貨幣出借，再以另一貨幣歸還，這樣，利息就可以藏在貨幣的兌換率裡。不過，商人一般以從事他們叫作「合股」（societa）的為多。這是由匿名合夥人投資四分之三的股份，另一具名股東投資四分之一，由該股東負責長途跋涉，前往說好的地點代表兩人作生意，完成後生意的利潤由兩人對分。這是初入行的年輕人為自己累積資本的好方法。不過，另一作法後來變得更為常見：「代銷」（commenda），也就是四處奔波的行商不必出本錢，只要有力氣、有本事把貨物賣出去就好，再收取四分之一的利潤作為報酬。這樣的作法有助於將財富分散到貴族的菁英圈子之外，商人階級也就此興起，忙忙碌碌、有企圖，無畏於海上的危險、遠赴異國的港口。[13]熱那亞人、比薩人遙望地中海，看到的盡是處處商機，無所不在。

四

控制住老家附近的水域是企圖積極經略拜占庭和伊斯蘭世界的根本前提。所以，威尼斯必須先肅清亞得里亞海的海盜。那時〔義大利東南海岸〕海港巴里還在穆斯林酋長的手裡（西元八四七至八七一年）。西元八八〇年，威尼斯在海上下的工夫終於有了回報，東邊的拜占庭皇帝賜與威尼斯一項特許權表達感謝。西元九九二年，威尼斯又再出力協助拜占庭，這一次就收到貿易權作為謝禮了。[14]比薩和熱那亞人沒有遠在希臘的皇帝那般位高權重的靠山可以依附，那就只有自食其力。西元一〇六三年，比薩的艦隊突擊穆斯林治理下的巴勒摩港口，摧毀了他們幾艘敵艦，搶下港口的大鐵鏈。這一條鐵鏈貫穿巴勒摩港，目的在攔下入侵的敵人的船隻，例如比薩。比薩的軍力雖然只到碼頭、並未深入，但是搶回來的戰利品還是很多。[15]比薩人也沒忘記要拿他們的戰利品讚美上帝，因為他們分出來一些捐給了比薩才剛開始建的聖母（Santa Maria）大教堂。這一座城市繁榮興盛的象徵，除了這一座華麗的大理石教堂，大概也找不到更好的代表了。

他們三番兩次這樣和穆斯林交手，打到後來便產生他們打的是對抗穆斯林聖戰的意識。戰勝穆斯林，搶到大批戰利品，外加當時還講不清楚的所謂「精神報酬」，便是天主賜與他們的獎賞。而物質和精神報酬在當時也沒有明確的界線。這由西元一〇八七年的幾件事情看得十分清楚。那時比薩和熱那亞對突尼西亞海岸的馬赫迪耶城發動攻擊。[16]馬赫迪耶位處岬角，是由法蒂瑪哈里發所建；法蒂瑪哈里發後來也攻下了埃及。尼日河在廷巴克圖（Timbuktu）再過去的那一大截拐彎地區淘採到的金屑，取道運送的大城便包括馬赫迪耶。金屑由駱駝商隊運送穿過撒哈拉沙漠抵達地中海，注入伊斯蘭領土的經濟體。控制馬赫迪耶，在當時可能也看作是控制西西島幾處海峽的必要條件，而將西西里島周邊的海峽控制在手裡，便等於握有了前往地中海東部、西部的自由通行證。因此，基督徒征戰的目標，便一直包括馬赫迪耶這地方；西元十二世紀諾曼人（Normans）的國王、十四世紀法國的十字軍等等都是這樣。但在十一世紀晚期，馬赫迪耶正處於繁榮的的巔峰。書閣商人常去那裡銷售來自東方的胡椒和埃及的亞麻等等產品。[17]西元一〇六二至一一〇八年，馬赫迪耶由一位穆斯林大公塔敏（Tamin）統治。塔敏活力充沛，不僅靠貿易賺錢，也藉海上搶奪發財，屢屢襲擊卡拉布里亞的尼科泰拉（Nicotera）和西西里島的馬扎拉。[18]對於近鄰，這位酋長徹頭徹尾是個大禍害。埃及的法蒂瑪王朝作出愚蠢的誤判，縱虎歸山，放貝都人的兩支大軍自由，也就是巴努希拉爾（Banu Hillal）和巴努蘇雷姆（Banu Sulaym）兩部落，法蒂瑪原本的盤算是他們應該能將突尼西亞那一帶送回埃及的懷抱，結果貝都人反倒害得局勢亂上加亂，鄉間因為他們橫行肆虐而破壞殆盡，害得北非的居民到頭來反而要依賴西西里島進口的穀物來維生，此前好幾百年突尼西亞可都是地中海的麵包籃呢。[19]西元十三世紀早期，阿拉伯歷史學家阿里・伊本・阿勒—阿帖（Ali ibn al-Athir）便寫道基督徒企圖拉攏諾曼人在西西里島的伯爵羅傑一世，要他加入遠征馬赫迪耶的陣容（羅傑一世窮盡四分之一世紀的心力，一直在西西里島擴張基督徒的勢力），可是，「羅傑屁股一抬，放了一聲響屁」，抱怨這可是多大的折騰：「糧食的貿易會從西西里島的手中落入他們那裡，我每年從穀物買賣賺到的錢不就全丟給了他們」。[20]

就算沒有伯爵羅傑一世助陣，義大利半島派出來的聯軍照樣在西元一〇八七年鼓起昂揚的鬥志，朝北非的馬赫迪耶開拔。教皇維篤三世（Victor III）還在羅馬接見遠征軍將領，遠征軍在羅馬也不忘買一買

「朝聖包」（pilgrim's purse），證明他們見識過聖伯多祿的大殿。買「朝聖包」這樣的事教現代研究十字軍歷史的學者大為興奮，因為，不少學者一直認為從西元一〇九五年第一次十字軍東征對外宣傳的說法來看，當時是把十字軍當作朝聖客在看待的；因此他們的看法沒錯：「朝聖和聖戰顯然合而為一」。[21]義大利的基督教聯軍重現他們在巴勒摩的戰績，對馬赫迪耶造成極大的破壞，大肆劫掠，但是沒有攻佔該城——可能他們原本就沒有這意思。他們拿下的戰利品，足供他們在比薩市中心的寇特維奇亞（Cortevecchia）蓋起聖西斯托（San Sisto）教堂，教堂的門面還用他們從馬赫迪耶搶回來的陶瓷作裝飾。[22]此外，比薩人還委託作家以拉丁文寫詩紀念這一場勝利。〈比薩勝利頌〉（*Carmen in victoriam Picasorum*）充斥《聖經》的意象，引用以色列子民對抗異教鄰人的故事。馬赫迪耶人，他們叫作「Madianiti」，在詩人筆下化身成為古代的米甸人（Midianite），比薩人則自封為〔猶太馬加比起義〕馬加比家族（Maccabees）的後裔，甚至再往前推到摩西那裡去。「且看哪！希伯來人又再攻下埃及，歡喜慶祝法老落敗；他們越過大海，恍若走在滴水全無的陸地；連最堅硬的石塊摩西也汲得出水來」。[23]這一首詩瀰漫狂熱的情緒，殲滅異教徒的神聖使命凌駕純屬商業的考量。

不過，比薩和穆斯林倒也不是自始至終一概相互為敵，由比薩人拿伊斯蘭的陶瓷去裝飾他們蓋的幾座教堂可見一斑。[24]這些伊斯蘭陶瓷有平滑晶亮、五彩繽紛的釉彩，迥異於西歐比較樸素的產品，貼在教堂的外牆，映著陽光便像珠寶一樣燦爛生輝。[25]比薩幾座教堂的鐘塔和正面外牆嵌的大盌（bacino），說的迷人故事不僅是戰爭，還有通商以及他們對東方器物何等迷戀。建於西元十一世紀的教堂，外牆便看得到精美的埃及陶瓷。馬赫迪耶戰役之前、之後，比薩那裡都有西西里島和突尼西亞來的器皿。摩洛哥也有大量樸素一點的陶器運送到比薩，綠色、褐色居多，塗的是泛藍的釉彩。比薩人十分習慣用這類裝飾，即使他們在十三世紀發展出自有的上釉陶瓷產業之後很久，依然不改教堂鐘塔要嵌大盌的習慣。而義大利半島這邊從穆斯林世界買回來的不僅是陶瓷器物而已，他們也借鑑穆斯林的製陶技術，為文藝復興時代的義大利奠下了「馬約利卡陶」（maiolica）的基礎。

比薩附近的葛拉多有一座聖皮耶羅（San Piero）教堂，正面牆上嵌的一具大盌，上面畫了一艘三桅帆船，掛的是三角帆，船頭的雕刻稜角鮮明，船尾高高翹起。這是穆斯林統治時期的馬約卡船，樣式畫得十分簡要[26]，但還是隱約有一點像伊斯蘭稱霸地中海南部水域時期航行於西班牙、非洲、西西里島的那一類凸腹大肚的貨船。它也符合猶太人的書閣文書描寫的一種船身十分寬闊的船隻，叫作「昆巴」（qunbar；意：大鵝），既載沈重的貨物也載乘客。[27]另一具大盌畫的船就小一點，有槳也有帆，和另一艘雙桅船並排，這一艘雙桅船可能就是一種又長、又低、流線型、航速快的加列戰船。[28]對於這些，還是一樣又要靠書閣的的猶太信函來幫忙。書閣的信函提過一種輕型的加列艦，叫作「古拉」（ghurab），這一個字是指長劍鋒利的刀刃，在此應該是指快船如劍破浪。但有另外一種船也可能是畫裡這一種船身又長、又低的艦艇，叫作「夸利」（quarib），這是可以出海航行的平底船，從突尼西亞行駛到敘利亞不成問題。[29]

五

地中海的穆斯林霸權連番遇到挑戰，在西元十一世紀末年推進到了轉捩點。基督徒勢力朝穆斯林稱霸的地中海擴張，早在羅伯·季斯卡（Robert Guiscard de Hauteville）和弟弟羅傑·德·霍圖維勒（Roger

De Hauteville）率軍攻進西西里島之後，於西元一〇六〇年代就已經開始了。德・胡都維勒兄弟是諾曼人，騎士出身，之前在義大利南部已經在倫巴底一帶和拜占庭的領地攻占下大片地區，劃出自己的勢力範圍了。西元一〇六一年，也就是早在兩兄弟拿下拜占庭「倫巴底」（Longobardia）省首府巴里之前十年，他們就已經在西西里島的三位穆斯林大公鬥得不可開交的時候，渡過墨西拿海峽跑去插上一腳，而穆斯林那時候對諾曼人能有多大的威脅多半還未察覺。那時是有一位穆斯林大公，伊本・阿勒—哈瓦斯（ibn al-Hawas），為了保護自己的妹妹，而將她安置在山丘頂上的小城埃納（Enna）。她是卡塔尼亞（Catania）的穆斯林大公伊本・阿徹—廷納（ibn ath-Thimnah）的妻子；這大公權勢極盛但很討人厭，妻子還備受虐待。伊本・阿徹—廷納揮軍進攻妻子所在的小城，想要奪回妻子未果，走投無路之餘，便向諾曼人求援；德・霍圖維勒家的羅伯和羅傑兩兄弟也同意相助。兩人率兵抵達西西里島，起碼表面上是對卡塔尼亞的穆斯林大公提供軍援，並非侵略，但暗地裡利用這一次結盟的機會，為他們逐步侵吞全島打基礎。他們先是拿下墨西拿城，接著在西元一〇七二年攻佔巴勒摩——不過，征服全島還要等到一〇九一年攻下諾托（Noto）才算大功完全告成。他們有能耐運送士兵、馬匹渡過墨西拿海峽，確實厲害。羅傑就此成為西西里島伯爵，娶進薩伏納（Savona）的貴族女子為妻——薩伏納地處義大利半島西北部；她嫁到西西里島來的時候，還有為數極多的利古里亞暨義大利其他地區民眾，隨行移民到西西里島。這些移民後來就叫作「倫巴底人」（Lombardi）了。有了這一次遷入，西西里島拉丁化的緩慢進程隨之開始，而且直到二十世紀西西里島東部還有幾處小鎮聽得到利古里亞義大利語的方言。30

不過，西西里島的特色變得倒不怎麼快。西元十二世紀大半的時期，西西里島的人口還是穆斯林、希臘人、猶太人和拉丁居民混雜一氣；穆斯林在西元一一〇〇年左右還佔多數，希臘人只略比穆斯林要少一點，猶太人大概就佔總人口的百分之五，拉丁移民則不論是諾曼人還是倫巴底人都不到百分之一。希臘人多半聚集在西西里島東北部埃特納火山周邊叫作「瓦爾德莫內」（Val Demone）的那一帶，尤以墨西拿為多，那裡後來在諾曼人統治時期成為西西里島的重要造船廠。西西里島上每一支民族都還享有不小的自治權：像是可以自由舉行各自的宗教儀式，這一點在例如埃納被諾曼人征服的城市簽訂的「降書」當中，便有明文記載。再來各民族也各有法庭負責審理同門宗教民眾的案件。伯爵保證一定提供臣服民眾該有的保護。穆斯林和猶太人則需要付「吉西亞稅」（gesia），也就是人頭稅，也只是沿用之前穆斯林向「有經的人」課徵「吉茲亞」人頭稅的舊制而已，但這時候基督徒免去此稅，換由穆斯林那一邊要繳。

羅伯・季斯卡征服義大利半島南部的拜占庭行省暨鄰近幾處倫巴底采邑，惹得拜占庭皇帝極為憤怒。羅馬教皇和希臘正教會的關係在西元十一世紀期間不斷惡化，因為教皇開始強調教廷的權威遍及基督教世界全體。諾曼人在義大利半島四處征伐的勝績，可能導致義大利南部脫離擁戴希臘正教的圈子。雖然西元一〇五四年基督教「東西教會大分裂」（Eastern Schism），一般視為西邊的天主教會、東邊的正教會分裂決定性的時刻，但是一〇五四年的事件不過是一連串爭執當中的一刻而已。教皇使節亨拜樞機（Humbert of Silva Candida）在君士坦丁堡的聖索菲亞大教堂（Hagia Sophia），拿教皇的破門令狠狠砸向大祭台上的君士坦丁堡宗主教，與宗主教的主子：拜占庭皇帝。拜占庭在〔義大利半島東側〕阿普利亞（Apulia）地區的海岸城鎮處理拉丁和希臘兩邊對峙的手腕十分高明，做到了巧妙的平衡。拉丁這邊的主教一般比較樂於接受君士坦丁的權威而不是他們西邊的統治者，連教皇他們也不太想理會，至少在政治事務如此。諾曼人羅伯、羅傑兄弟率眾入侵之後，就導致拉丁人彼此反目，希臘人彼此反目。諾曼人先是征服位在義大利半島腳拇指上的卡拉布里亞，繼而再渡海拿下西西里島，成千上萬的希臘人就此落入羅伯的弟弟羅傑治下。諾曼人於西元一〇七一年拿下巴里之後，羅伯開始將征伐的矛頭指向亞得里亞海對岸，也就是義大利半島對面的拜占庭領土，敵意更加強烈。羅伯認為杜爾拉勤和愛奧尼亞群島是重要的門戶，打通之後，他在兒子襄助之下，也就是有一頭金髮、高個兒的博希蒙一世（Bohemond I），應該就可以深入拜占庭疆土。羅伯以皇帝米凱伊・杜卡斯（Michael Doukas）遭到拜占庭罷黜、流放當作討伐拜占庭帝國的藉口，他要出面主持正義。在隨員當中安插一名逃亡的僧侶，指該僧侶是皇帝米凱伊，還要這僧侶穿上皇室華服在杜爾拉勤城牆之前隨壯盛的隊伍遊行示眾，收服民心。但是這一位「米凱伊」，依史家安娜・科穆寧（Anna Komnene）的說法，馬上就被聚集在城垛圍觀的城內民眾叫囂怒斥為冒牌貨。只是安娜不這樣說才怪，因為她是拜占庭當朝皇帝阿列修斯一世（Alexios I Komnenos）的女兒。阿列修斯・科穆寧創建的興盛王朝，文治、武功都有很大的成就，為拜占庭帝國開啟了輝煌的中興盛世。很難不同意安娜的懷疑——羅伯有奪取君士坦丁堡大位的野心。羅伯攻入阿爾巴尼亞，只是他點燃戰火的第一步，之後，就會延著伊格納提亞大道直搗拜占庭帝國的心臟。

西元一〇八一至八二年，羅伯打造了一支艦隊，船身足以載運龐大的攻城塔，攻城塔用獸皮蓋住作掩護，運上船準備對杜爾拉勤發動海上攻勢。他的兒子博希蒙則在靠南邊一點的沿海城鎮瓦羅納（Valona）登陸，由陸地發動攻勢。當時正逢夏季，海象應該相當平靜。可是安娜・穆科寧卻寫拜占庭蒙天主眷顧，派出極為猛烈的狂風暴雨把羅伯的艦隊打得七零八落，潰不成軍。等到烏雲散去，在船上搭起來的攻城塔因為蓋住的獸皮吃水太重而被壓垮在甲板上面。船艦因此下沈，進水，羅伯和他少數人馬僥倖生還，被沖到岸上。即使遭遇厄運，頑強的羅伯・季斯卡依然不改其志，並不認為這是天譴，堅決發動新的攻勢。[31]羅伯糾集殘部圍困杜爾拉勤，甚至弄來了幾具更大的攻城塔，高度還超過了城牆。杜爾拉勤的城牆建得極為厚實，據拜占庭文獻記載，厚度甚至可容兩輛雙輪戰車並肩行駛——不過，這比較像荷馬史詩才有的景象，不太符合西元十一世紀歐洲戰爭的實況；在那時期，雙輪戰車早就絕跡不知多久了。而羅伯要攻下杜爾拉勤，唯有靠有人變節、有人耍詐。最後，有一名阿瑪菲的商人偷偷開啟城門，迎進來犯的敵軍。[32]

阿列修斯一世面對強敵入侵帝國西部的麻煩，他自有妙計。他的艦隊沒有戰力可以開拔到遠地而且取勝——拜占庭的海上軍力僅限於愛琴海域。至於陸地上面，麻煩也夠多了：東有塞爾柱土耳其人（Seljuk Turks）攻向他們小亞細亞的東部邊境，北有斯拉夫人在巴爾幹半島作亂，更別提內有亂黨就在君士坦丁堡城內作怪。拜占庭寧可採取外交而非交戰，只是，單憑外交顯然沒辦法讓羅伯・季斯卡就範。因此，他們把外交手腕施展到另一個地方：威尼斯。威尼斯的商人一直擔驚受怕，唯恐海上的軍事衝突會害得亞得里亞海的貿易出口再也無法航行。諾曼人要是在阿爾巴尼亞打贏了，亞得里亞海的通路就會落入義大利南部艦隊的掌握。不管由誰控制亞得里亞海南部的西岸，東岸絕對不可以同時落入該人手裡——這才是威尼斯人最樂見的狀況。所以，威尼斯同意出兵到杜爾拉勤外海，協助君士坦丁對抗羅伯・季斯卡的大軍。威尼斯派出來的船艦載了成堆的大木樁，木樁打上許多長釘。這些木樁的功用是要拿去撞敵船，把敵船打出洞來。結局是由拜占庭這邊收復了杜爾拉勤。羅伯・季斯卡在義大利半島的大本營那邊由於也出了麻煩，使得他不得不撤軍，留下兒子博希蒙在阿爾巴尼亞多待了一陣子搗蛋搞破壞。等到羅伯重新投入戰場時，已經又老又病，在〔愛奧尼亞群島〕凱法隆尼亞（Kephalonia）島一戰，死於小港費斯卡多（Fiskardo），時間是西元一〇八五年。費斯卡多這地名就是從羅伯・季斯卡的綽號來的，意思是「大滑頭」。阿列修斯一世滿朝聽到他的死訊雖然鬆了一口氣，但這不表示義大利南部的君主取道阿爾巴尼亞入侵拜占庭的攻勢，就此打住。

另一方面，威尼斯於這時期也派出信使到皇帝阿列修斯一世朝中求見。西元一〇八二年，阿列修斯發布「黃金詔書」（Golden Bull），賞賜威尼斯諸多厚禮，但也不忘強調威尼斯人都是他的子民（duli）。阿列修斯的厚禮當中，最貴重也最教人側目的是授與威尼斯人在拜占庭帝國全境貿易一概免稅，唯獨黑海和塞浦路斯島兩地例外。拜占庭皇帝的目的，是要維繫君士坦丁堡掌握地中海通往黑海咽喉的特殊地位。君士坦丁堡要的香料和奢侈品是從地中海來的，北邊的產品如動物毛皮、琥珀等等則要從黑海南下。威尼斯人甚至在「金角灣」（Golden Horn）獲賜零星的小塊領地，包括一處碼頭，也有他們獨立的教堂（外加烘焙作坊）。[33]阿列修斯一世於一〇八二年賜下的特權，像是在地中海區樹立起「金本位」的榜樣，爾後義大利半島的城市每逢貿易夥伴要和他們商量提供海上軍援等等情事，就會拿這榜樣作標準。

至於此後拜占庭帝國的經濟落入威尼斯暨其他義大利商人的掌握，幅度有多大，看法可就言人人殊了。長遠來看，義大利商人的蹤跡可能對拜占庭的農作生產及布料外銷有促進的功效。[34]但於西元一一〇〇年前後，威尼斯人在拜占庭帝國的活動依然極為少見。威尼斯商人在拜占庭世界作生意的幾大目的地，竟然都離老家不遠，頗教人意外；像是拜占庭從諾曼人手中收復的杜爾拉勤；還有科林斯，威尼斯人不必取道愛琴海，只消借道科林斯灣的古老港口列凱翁（Lechaion）就到得了。威尼斯商人再從這些地方運送酒、油、鹽還有穀物回頭去供應他們興隆的城市所需，這些沒那麼貴重的食材在威尼斯的需求可是一路在往上爬的。[35]在大多數威尼斯商人的眼中，有絲綢、珠寶、金屬製品的君士坦丁堡那地方啊，像是遠在天邊。只不過既然都獲頒這麼些特權了，他們也就開始動腦筋要善加挖掘這些特權的潛力，好好發揮。這在他們看是理所當然的權利，因為他們依然自認是東羅馬帝國遠在邊疆小角落裡的子民，而且以身為帝國的子民為豪。威尼斯在西元十一世紀後半葉重建起來的聖馬可大殿（Basilica of St. Mark），建築樣式和裝飾風格散發鮮明的拜占庭氣味，明白取法君士坦丁堡的「聖使徒大殿」（Basilica of the Apostles）。威尼斯人蓋聖馬可大殿，回溯的歷史淵源可是遍及東方的名錄，不想有所遺漏，因為他們可是十分得意大殿和亞歷山卓拉得上關係，聖馬可的宗主教座堂就是位在亞歷山卓，聖髑則供奉在威尼斯的聖馬可大殿。[36]

到了西元十一世紀末年，比薩和熱那亞聯手肅清地中海西部的穆斯林海盜，攻勢愈來愈猛烈，也已經在薩丁尼亞島取得版圖。同一時期，威尼斯這邊則是在拜占庭帝國佔有一席之地，而且是一枝獨秀的地位。穆斯林在地中海的霸權自此再也不是理當如此，尤其是第一次十字軍東征的海、陸大軍踏上征途之後。

第四章

賺得皆上主所賜

西元一一〇〇年—西元一二〇〇年

一

西元一〇九五年，教皇烏爾班二世（Urban II）於現今法國中部的克雷蒙講道，結果平地掀波，攪起天翻地覆的劇變，徹底改寫歐洲的政治、宗教、經濟版圖。他講道的主題是基督教世界積壓的一重又一重恥辱：穆斯林在他們統治的東方迫害基督徒，基督徒大軍在戰場慘敗於土耳其人，耶路撒冷聖墓教堂受辱（一〇〇九年毀於法蒂瑪哈里發之手），基督釘上十字架而後復活的聖地竟然陷入異教徒的掌握。[1]烏爾班教皇的講辭原本的目的是在招募，也就是要號召法國南部的義勇兵朝東方打過去，協助拜占庭帝國對抗土耳其的軍隊，卻被聽成在呼籲基督教世界的騎士不要再自相殘殺（他們確實是在自相殘殺，所以有害他們的性靈），而應該將力氣用來對抗異教徒，團結起來組成神聖的朝聖團，拿起武器，即使死於偉大的征途也必得永生。這是騎士階級難得的機會，以他們最拿手的事來代替教會規定的補贖聖事——也就是作戰殺敵，這樣的事有誰比得過他們？而且這一次還是為了服事天主。不過，參加十字軍戰役可以免去先前所有的罪孽，其實是到了後來才漸漸變成教會的正式信條；只是當時一般人都將教皇奉耶穌基

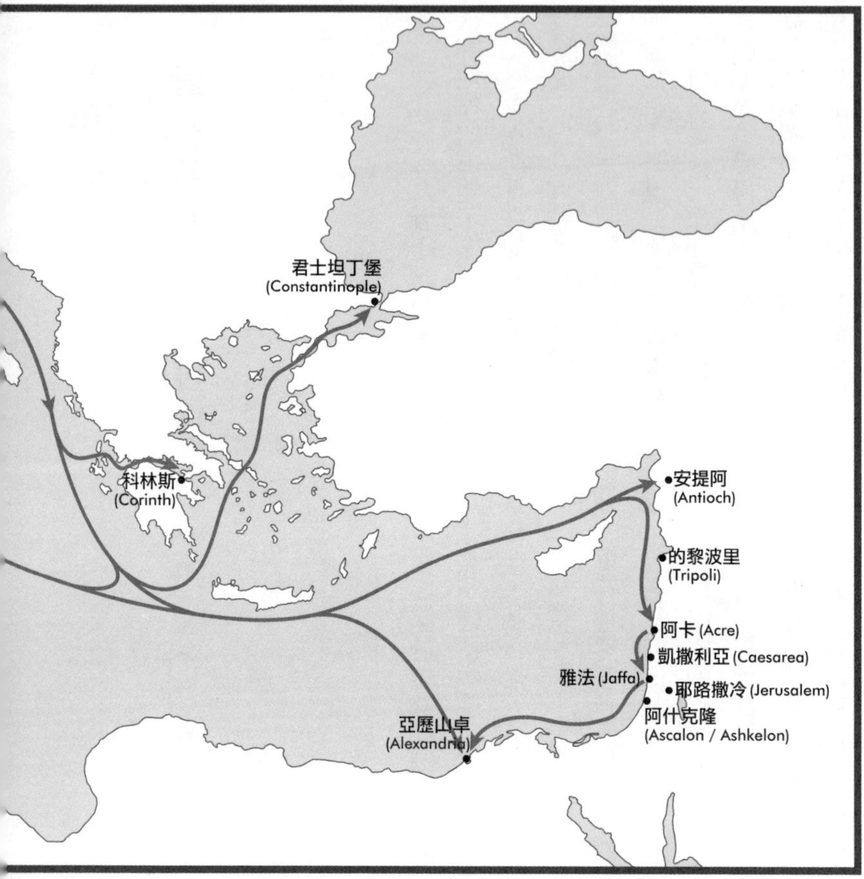

督之名所作的提議想成這樣，結果搶在訂定教會法規的律師們慎思熟慮得出定論之前。

第一次十字軍東征走的主要路線是繞過地中海，循陸路穿過巴爾幹半島和安納托利亞半島。隊伍中有許多人看到的海，從來就沒比君士坦丁堡那裡看得到的博斯普魯斯海峽還要大。這要等到眾人最後走到敘利亞時才改觀，但那時候隊伍的人數已經因為戰事、疾病、疲憊虛脫而銳減。[2]即使到了東方，他們的作戰目標不是海岸城市，而是聖城耶路撒冷。因此，當一次十字軍東征在一〇九九年攻下耶路撒冷之後，反而是弄出了一塊飛地。

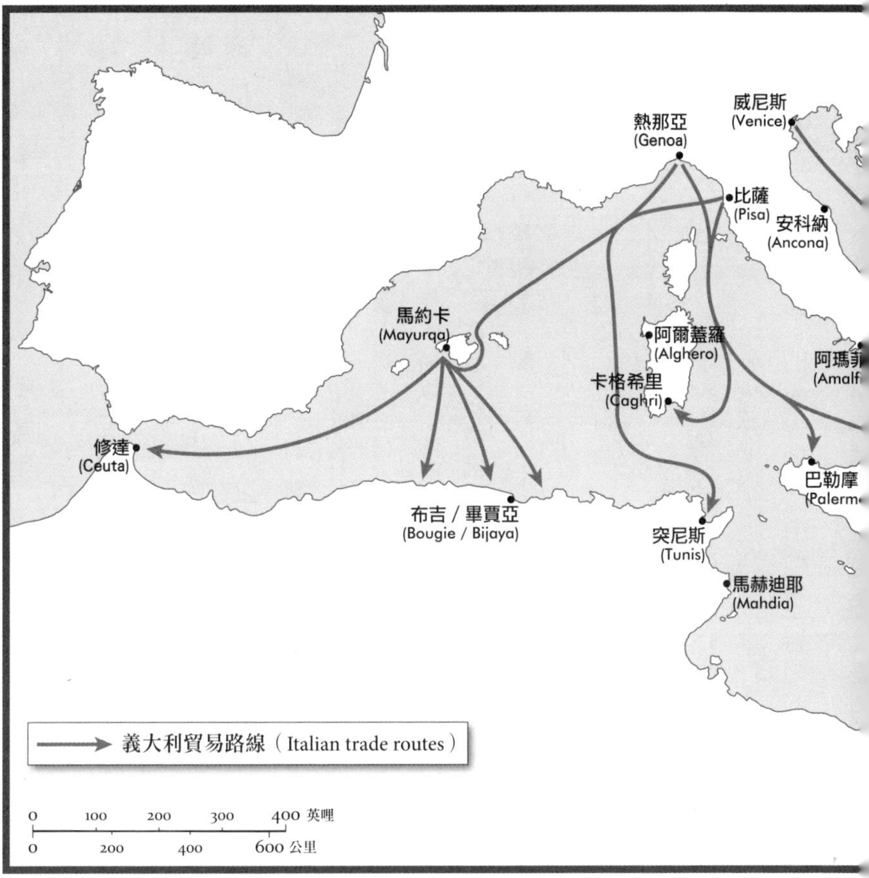

由後文可知，這衍生出來的問題，只能靠義大利半島的海上軍力出面來解決了。另有一支東征的隊伍從阿普利亞出發，是由羅伯・季斯卡的的兒子博希蒙組織起來的。拜占庭帝國難免懷疑他暗裡是不是又在繼續推動他父親生前未竟的計劃，企圖攻佔拜占庭的領土。所以，待他率領大軍抵達君士坦丁堡後，拜占庭就強逼他必須承認拜占庭皇帝的權威，自承為「lizios」，也就是絕對「臣服」（liegeman）。這是西方的封建名詞，拜占庭使用這樣的詞彙，是認為博希蒙依照他們民族本有的習俗來宣誓效忠，比起要他依照拜占庭的法律來立誓，約束力可能更大。到了西元一〇九八年，博希蒙在安提阿自立為大公（Prince）——安提阿那時才剛被土耳其人從拜占庭手中搶過去沒多久——拜占庭朝中就千方百計要他承認他的公國是隸屬在拜占庭宗主權下的采邑。一大堆亂七八糟的烏合之眾，往往軍備還不精良，竟然有能耐在一〇九八年攻下安提阿，在一〇九九年攻下耶路撒冷，確實教人驚歎。不過，拜占庭寧可將這樣的成績看成是化外之民一時走運罷了，而不太願意看作是基督旨意的勝利。從君士坦丁堡的角度看過來，第一次十字軍東征的結果不全然不好。因為，來自西方的騎士佔據了鄰接拜占庭領土邊界的敏感地帶，而且是塞爾柱土耳其人和法蒂瑪哈里發兩邊在搶的那一片土地。

諾曼人博希蒙加入十字軍東征有其宗教動機，這一點固然不宜低估；但是，他這人務實，一眼就看出十字軍和地中海的聯繫一斷，沒有了基督徒的艦隊給與後援，協助他們和西方的補給線維持暢通，不管他們攻下什麼都留不住。所以，他有必要和義大利半島的海上軍力建立關係。熱那亞和比薩兩地因為〔法國〕格勒諾布魯（Grenoble）和奧宏治（Orange）的主教都轉達了教皇烏爾班的講辭，掀起了東征熱，這成了博希蒙可以借重的一點。熱那亞的公民頂著東征熱，認為埋掉大家的歧見此其時矣，便決議要組織「同行」，團結一致，聽從六位執政官指揮——該「同行」的成立宗旨，便在為十字軍打造船艦、裝備武器。有人認為十字軍東征在熱那亞人的眼中，單純只是作生意的機會而已；不管十字軍攻下哪裡，他們都要搶到貿易的特權，而且，一定要比得上威尼斯人從拜占庭帝國那裡得到的優惠。對於這樣的觀點，歷史學家長久以來一直爭辯不休。只是啊，熱那亞人並沒有辦法預知十字軍的成果，但他們還是樂意暫時把生意擱在一邊，全心全意地投入去為十字軍打造艦隊；他們打造出來的艦隊可是要派到很遠的地方，而且很可能因為海上的戰事或是風浪而有去無回的。驅策他們的，應該是神聖的熱忱。熱那亞參加第一次十字軍東征的人當中，有一位史家卡法洛（Caffaro di Rustico da Caschifellone），依他編的史記，早在這一次十字軍東征之前，熱那亞就有一艘船〈波梅拉號〉（*Pomella*），於西元一〇八三年搭載過法蘭德斯伯爵羅伯一世（Robert I of Flanders）以及布庸人高德佛伊（Godfrey of Bouillon）到亞歷山卓。高德佛伊是第一位統治耶路撒冷的拉丁人。羅伯和高德佛伊又再從亞歷山卓幾經困難，抵達耶路撒冷的聖墓，那時他們便已開始夢想終有一天要為基督教世界收復聖墓。[3]這樣的故事純屬虛構，但是傳達出當時熱那亞菁英心底的感覺，他們認為他們的城市注定要在收復耶路撒冷的戰役扮演重要的角色。

西元一〇九七年七月，十二艘加列戰船和一艘小一點的船從熱那亞出發。這一支艦隊的人馬總計是一千兩百人，佔去了熱那亞男性人口相當大的比例，當時熱那亞城的總人口說不定只有十萬。[4]還有，這一支艦隊竟然知道要到哪裡去找十字軍，而在敘利亞北部的外海和十字軍聯絡上了。那時安提阿的圍城戰還沒結束，熱那亞的艦隊在聖西米雍（St. Symeon）港口外海下錨。聖西米雍港是安提阿城的外港，從青銅時代開始便一直是這地區通往地中海的門戶。[5]一〇九八年六月，十字軍攻下安提阿，博希蒙便將安提阿城內一座教堂，教堂附近的三十棟屋舍，外加一座貨倉、一口井，全賜與十字軍陣營中的熱那亞人作為獎賞。熱那亞人在安提阿當地就以這塊地為核心，發展出商人聚居區。[6]這也是熱那亞人從十字軍建立的國家手中得到賞賜的第一件。一〇九九年初夏，熱那亞的顯赫世家安布里亞奇（Embriachi）家族，有幾人率船在雅法外海下錨，為當時圍困耶路撒冷的十字軍帶來支援。他們把坐來的船拆掉，拿拆下來的木材運到耶路撒冷，供圍城的十字軍建造攻城器械。後來，一一〇〇年八月，二十六艘加列戰船和四艘補給船載了三千人從熱那亞出發。[7]他們和出身法國北部、在新建立的耶路撒冷王國稱王的鮑德溫一世（Baldwin I of Jerusalem）取得了聯絡，開始朝海岸地帶進攻；因為維持西歐通往耶路撒冷的補給綫暢通，等於是四周為敵人包圍的王國的命脈。只是，攻勢推進的速度很慢。西元一一〇一年五月，他們攻陷了海岸古城凱撒利亞，將之洗劫一空。[8]熱那亞的領袖們分發戰利品的時候，每一位水手都分到了兩磅胡椒，證明即使是黎凡特地區這樣的一座小港，香料也可以多到什麼地步。他們也把凱撒利亞大清真寺內掛的一具綠色大盌拿走；他們相信這大盌是耶穌在「最後的晚餐」的時候用過的，而且是翡翠所製——幾百年後發現不對，因為有人失手砸了大盌，這才發覺原來是玻璃所製。[9]由於這一具大盌幾乎可以確定是西元一世紀由羅馬工匠燒製的精美器皿，因此當時他們對於大盌出處的直覺判斷，也不全算是錯。他們搶了大盌之後，帶回熱那亞作凱旋大遊行。大盌現在依然收藏在熱那亞作展覽，備受矚目，以這大盌為世上僅有的幾個「聖杯」寶座候選之一。[10]

搶到這一具綠色大盌在熱那亞人眼中真是天大的戰利品，跟他們搶到諸多通商特權大概不相上下，在他們城邦的年鑑向來都愛細數道來，當作神恩的賞賜。十字軍於所到之處建立起來的國家（耶路撒冷，的黎波里，安提阿），熱那亞一定和各國的君主交好，無一遺漏。這一處處國家都需要協助才能控制敘利亞和巴勒斯坦一帶的多處海港。西元一一〇四年，十字軍拿下港市阿卡，熱那亞的財運更顯氣勢如虹，因為阿卡除了堪稱良港，由那裡通往內陸的交通也很方便。接下來近兩百年，阿卡便是義大利的商人與聖地通商的最大根據地。熱那亞提出文件證明耶路撒冷的君主答應他們，凡屬他們協助征服的城市，該城市的三分之一土地歸他們，沿巴勒斯坦海岸一路過去皆在此列。只是熱那亞拿出來的文書未必人人都信以為真。即使不真，至少證明了他們的野心。[11]甚至像「巴比倫尼亞」這地方也被他們要到了三分之一的所有權。這裡說的「巴比倫尼亞」，是當時歐洲給埃及開羅安上的名稱。當時歐洲也一直在盤算要連法蒂瑪統治的埃及也要一併進攻。熱那亞除了這些斬獲之外，另外還加上法律轄免權，而且從刑事法一路延伸到財產權；這樣一來，各地君主日常的司法權就管不到熱那亞人了。[12]熱那亞堅持他們獲准在耶路撒冷的聖墓教堂之內以燙金銘文紀念他們榮獲的一樣樣特權。不論他們要刻的燙金銘文是否真的刻下去了，他們決意要將他們名下的特權如此昭告世人，可見對於他們在耶路撒冷王國要到的特殊治外法權，他們的維護之情有多殷切；而耶路撒冷王國不曾建立具備重要性的自家海軍。[13]

二

熱那亞可不是沒有競爭對手。比薩人對十字軍東征也很熱心，在一○九九年派出一支艦隊供他們的總主教戴因貝特（Daimbert of Pisa）指揮。他們出力幫忙的成果是艦隊於一○九九年拿下雅法，他們也得以在雅法建立起貿易根據地。[14]義大利半島三大城為十字軍出力，最後加入的是威尼斯。眼看西邊來的十字軍蜂擁擠進君士坦丁堡城內，饑腸轆轆又裝備不足，威尼斯人心裡頭很清楚拜占庭的皇帝對這景象絕對無法平心靜氣；他們也有同胞在法蒂瑪治下的亞歷山卓經商，他們可不想害同胞遇上危險。再者，看到熱那亞藉十字軍東征弄到那麼多好處，他們終於派出了二百艘船艦向東邊開航。威尼斯艦隊停靠的第一站，是小亞細亞南部又小又破的小鎮邁拉（Myra）。他們一進城就忙著挖聖尼閣（St. Nicholas）的遺骸。聖尼閣是水手的主保聖人（patron saint）。巴里有一群水手在一○八七年從邁拉偷了聖尼閣的骨頭回去，在巴里蓋起一座宏偉的白色巨石大殿供奉聖尼閣的骨頭。威尼斯人對於巴里人來了這麼一招，又妒又羨。歐洲朝聖客要到聖地去，巴里的地理位置原本就是很好的出發點，再加上弄來了聖尼閣的骨頭，也跟著變成重要的朝聖重地。威尼斯人在邁拉挖到的人類遺骸，足供他們在威尼斯的海濱蓋起他們的聖尼閣教堂（Church of San Niccolò）作為供奉。[15]邁拉一事過後，他們便把注意力拉回到十字軍東征來。他們主要協助十字軍進攻海法；西元一一〇〇年十字軍攻陷海法，不僅大肆劫掠，還大肆殺戮，眾多穆斯林和猶太人慘死城內。[16]攻下海法之後，從寇梅里山（Mount Carmel）到阿卡的這一彎海岸，便都落入十字軍的掌握。到了西元一一一〇年，巴勒斯坦海岸泰半已在十字軍手中；不過，阿什克隆（Ascalon）直到一一五三年倒還是始終都在埃及人治下。[17]埃及人保有阿什克隆，對義大利半島這邊其實反而有利，因為，只要敵方的海上軍力還在聖地的海岸一線盤桓不去，耶路撒冷就需要來自義大利的艦隊協防；而耶路撒冷愈是需要他們的艦隊，他們就愈有辦法從耶路撒冷朝廷搾出油水。

義大利半島的人在這時期確實有理由為自己高興。承平歲月，貿易當然欣欣向榮；但是，戰亂的年頭一樣有大好的商機：搶戰利品，搶奴隸，提供軍需補給（往往還是在交火的兩頭一起賺），當海盜去搶奪敵船，不一而足。不過，既要支持耶路撒冷的拉丁國王，又要維繫其他的來往關係和責任，尤其是對埃及和拜占庭帝國那邊，想要抓到平衡點左右逢源，十分不易。拜占庭的皇帝已經開始懷疑他給威尼斯人的好處是不是太多了。西元一一一一年，拜占庭賜與比薩有限的通商特權，之後在一一一八年，威尼斯先前在一〇八二年獲頒的「黃金詔書」，在阿列修斯・穆科寧一世的兒子，也就是繼位為帝的約翰二世（John II Komnenos）手中，就落得無疾而終。威尼斯人的眼睛會往別處瞄，拜占庭皇帝也就不該大驚小怪了。威尼斯人因此又開始對十字軍東征熱心起來，聖地求援，他們便派出陣容龐大的艦隊開往聖地助拳。西元一一二三年，法蒂瑪哈里發的海軍在阿什克隆外海多數遭到擊沈入海。[18]威尼斯接著圍困泰爾城，當時泰爾城還在穆斯林的手中，但在翌年便落入到十字軍的手中了。威尼斯人在這裡享有高度特權的地位，不僅得到泰爾城區的三分之一，連城外的幾座莊園也被他們拿去，外加此後他們協助拿下的每一處市鎮，他們一定會拿到一座教堂、一座廣場、一具大灶、一條街道的所有權。貿易稅一概全免。官方甚至宣佈：「國王陛下暨其王公所屬每一處領地，每一位威尼斯人率皆自由一如其於威尼斯城內」。[19]泰爾城就這樣成為威尼斯人在敘利亞—巴勒斯坦海岸一線的重要根據地。法蒂瑪王朝的艦隊並非就此偃旗息鼓，偶爾還是會突然撒潑一下，只是，埃及海軍這時候已經找不到基地可以進行補給。有一次埃及有幾位水手想要上岸找一點飲水，也被效忠拉丁國王的弓箭手趕跑。[20]法蒂瑪朝通往黎巴嫩森林地區的交通也被斬斷；黎巴嫩的森林千百年來一直是黎凡特造船廠的重要木材來源。阿什克隆海戰一役雖然未將法蒂瑪王朝的海軍盡數消滅，但也是重大的轉捩點：穆斯林的船運肆後再也無力挑戰基督徒艦隊的霸權。地中海東部的海上路權，就此落入比薩、熱那亞、威尼斯的掌握。這三座城市早早就加入到十字軍東征的行列，不僅讓他們在聖地一帶的不少城市當中搶到專有的地盤，也讓他們支配了地中海大片、大片的水域。

最後，連拜占庭皇帝也領教到威尼斯人氣勢之盛，不是他擋得下來的了。他再不情願也還是在西元一一二六年批准了威尼斯人的特權。[21]而威尼斯人也真的有助於刺激拜占庭的經濟。[22]雖然威尼斯人都不繳稅，無法挹注皇帝的金庫，但是和威尼斯人作生意的拜占庭子民倒是可以，經年累月下來，拜占庭的商業稅收不減反增。只是，拜占庭的皇帝未必個個都有腦筋把眼光看到自己金庫立即顯而易見的收入之外。有一群人享盡特權卻不繳稅，終究還是激起了仇外情緒。[23]到了一一四〇年代，拜占庭皇帝曼努耶里一世（Manuel I Komnenos）再度掀起針對威尼斯人的攻擊，但是換了戰術。他注意到從義大利半島湧入君士坦丁堡的人很多，有的落戶為僑民，當起了都市人（bourgesioi,bourgeois；布爾喬亞），有的只是來作海外貿易的，這樣的人就是比較麻煩的了。曼努耶里一世便在金角灣鄰近的地方徵收日耳曼人和法國商人的土地，圈出一塊區域作為威尼斯人的特區，這樣子要控制威尼斯的商人比較容易。

三

義大利半島北部的商人崛起，造成先前在十一世紀稱雄地中海貿易的其他人，也就是阿瑪菲商人、書閣商人的失勢。出身阿瑪菲的商人不僅在拜占庭宮中失寵，甚至僑居君士坦丁堡的僑民也必須向威尼斯人納稅。之所以如此，顯而易見的理由就是威尼斯能給的阿瑪菲沒能給，也就是打敗羅伯・季斯卡海軍的大型艦隊。阿瑪菲原本還撐得住，多半還算是獨立在諾曼人的統治之外，直到在西元一一三一年為止。即使如此，阿瑪菲在拜占庭朝廷上的地位已經大不如前，因為阿瑪菲的地理位置距離幾位諾曼君主在義大利半島南部的要塞實在太近——薩雷諾便近在咫尺，坐小船就到得了。[24]不過，阿瑪菲並非無足輕重。西元一一二七年，阿瑪菲便和比薩談妥了親善協議。可是，比薩在一一三五年和日耳曼人聯手，侵略義大利南部還有西西里島新建立的諾曼人王國。當時的西西里島國王羅傑二世（Roger II）同意阿瑪菲的船隻可以離港去攻擊他們遇到的敵船——羅傑麾下這一批新加入的子民，看來應該是在作夢看能不能遇到落單的比薩商船，有滿滿的奢侈品可以讓他們去搶。可是，比薩的海軍竟然趁阿瑪菲的船隻出海之後，攻入阿瑪菲的港口，在阿瑪菲城內大肆搜刮，搶走大批戰利品；後來，他們在一一三七年又再搶了一次。[35]阿瑪菲經此打擊，海上貿易網縮減到只剩提雷尼亞海域，涵蓋巴勒摩、墨西拿、薩丁尼亞島等地，在義大利南部陸上的貿易倒是發展得相當興旺。內陸有許多城市都出現了小小的阿瑪菲人聚居區，例如貝內文托。[26]到了一四〇〇年，阿瑪菲已經成為一大貨源中心，雖然他們以精細的紙張聞名，但是也供應不新奇但屬於必要的民生物資，例如葡萄酒、橄欖油、豬油、羊毛、亞麻布等等。[27]阿瑪菲在蛻變外衣之下，有著令人側目的連續性。阿瑪菲人一直都理解他們不能單靠大海為生，索倫托半島陡峭山丘的葡萄園不曾廢耕，也從來沒有只是以買賣為業。[28]

不過，西元十二世紀地中海地區出現的大變化，還是將阿瑪菲擠到邊緣去了；畢竟阿瑪菲的地理位置離義大利北部和阿爾卑斯山北邊的新興商業中心太遠了。熱那亞、比薩、威尼斯輕易便可以到達法國和日耳曼地區，倫巴底平原更不在話下，因而得以和遠地的法蘭德斯大布匹生產中心往來，販賣法蘭德斯的精美羊毛布料給埃及的買家，也就成了熱那亞人固定的獲利來源。阿瑪菲的商人代表的則是比較古老的一類行商，小小一撮商人從伊斯蘭世界和拜占庭帝國高度文明的大城鎮，攜帶價格昂貴的少量奢侈品，送達西歐同樣小小一撮富有的王公貴族和高級教士的手中。之後，阿瑪菲、拉維洛（Ravello）以及鄰近市鎮的上流階級，再利用他們祖傳的簿記、會計知識，打進西西里島王國的文官體制當差，還有幾個人在朝中一路平步青雲的呢。他們的上流階級對於東方藝術母題的興趣也始終未減。拉維洛的魯佛羅（Rufolo）家族建於十三世紀的一座宮殿，就取法伊斯蘭的建築樣式。阿瑪菲大教堂連同遠近馳名的「天堂迴廊」（Cloister of Paradise），便有伊斯蘭和拜占庭樣式的風味。[29]不過，採用東方的藝術主題不等於接納其宗教和文化。阿瑪菲和威尼斯一樣，異國風情代表的是財富、尊貴和家族榮譽，也包含了緬懷阿瑪菲（還有威尼斯）當年主宰東、西交通的眷戀。

這一時期另有一批商人、行旅的光環同樣大為褪色：猶太的書閣商人。西元一一五〇年左右，原本源源不絕塞進開羅書閣的商業文書開始漸漸枯竭。[30]等再過了西元一二〇〇年，埃及之外的記載幾乎就看不到了。書閣涵蓋的廣大貿易世界，從安達魯斯到葉門到印度，到了這時候已經縮減到只剩尼羅河谷地和三角洲而已。這時期他們遇上的連番政治災禍，還包括伊斯蘭的阿勒摩哈德（Almohad）教派崛起於摩洛哥和西班牙，因為猶太人不見容於這一支伊斯蘭派系。從阿勒哈摩德稱霸的西邊領土被迫出亡的猶太難民當中，有一位便是哲學家醫生摩西．邁莫尼德。[31]不過，書閣商人遇到的最大困難，卻是義大利半島商人崛起。威尼斯和熱那亞兩地並不歡迎猶太人落戶——有一位西班牙猶太旅人寫過，西元一一六〇年左右，熱那亞只找得到兩個猶太人，這兩人是從摩洛哥的修達移民到熱那亞來的。[32]隨著義大利人控制地中海交通的氣勢愈來愈盛，穆斯林商人的船運被基督徒攻擊的機會也愈來愈高，以前的航運老路線在書閣商人的眼中，吸引力也就愈來愈低了。書閣猶太人從拜占庭前往埃及的海上老路線，在義大利的海上軍力壯大之後，也落入了義大利船商的掌握——而且義大利人不論是在拜占庭帝國的皇帝那邊，還是在法蒂瑪王朝的哈里發這邊，都有辦法要到特許的優惠。

猶太商人之所以失去重要性，另有一個重要因素。西元十二世紀晚期，由穆斯林商人組成的商會「卡林米」（Karimis）興起，拿下紅海南下葉門和印度的貿易路線控制權，猶太商人此前兩百年在這一帶的通商路線可是極為活躍。而由這些路線可以延伸出去，來到地中海區。東方來的香料和香水，送達埃及紅海岸邊的阿伊達布港後，就改走陸路轉運到開羅，之後再送上船，沿尼羅河載運到亞歷山卓。西元一一八〇年代，有個特立獨行的十字軍將領，雷諾．德．夏提雍（Reynaud de Châtillon）挾艦隊的勢力侵逼紅海——目的是要攻進麥地那和麥加好好搶上一番——之後，紅海就不准非穆斯林行旅再踏進一步了。紅海一帶的貿易也由卡米林商會一直控制到西元十五世紀初期。[33]不過，義大利商人經埃及君主居中牽線，和卡米林商人組成了龐大的合夥事業，保障胡椒和其他香料輸入地中海的貨源暢旺無虞。原本商人從西班牙南部可以一路順利走到印度的大貿易網，這時就這樣拆成了兩半：地中海這一半是基督徒的，印度洋那一半是穆斯林的。

法蒂瑪王朝以及後繼的阿尤比王朝（Ayyubids）——阿尤比王朝最著名的君主就是庫德名將薩拉丁——對貿易能為他們帶來的稅收興趣愈來愈濃厚。這倒不是因為他們有重商主義的精神，而是因為他們發現貿易，尤其是香料貿易，賺的錢可以支付軍費。西元一一九一至九二年，十二個月內，單憑所謂的「肯姆稅」（Khums），也就是五一稅，阿尤比王朝就在尼羅河各港口從基督徒商人的手中徵收到二萬八千六百一十三第納爾金幣。這表示從這些港口外銷的貨物值，超過十萬第納爾甚多，而當時可是十分艱困的時期，既有薩拉丁攻下了耶路撒冷，還有第三次十字軍東征正一路推進，義大利半島的城市外加法國、加泰隆尼亞南部的市鎮也都派出艦隊朝聖地開拔。[34]他們課徵的雖然叫作「五一稅」，但是針對香料實際收取的稅率卻高於五分之一，例如葛縷子（caraway）、孜然、芫荽（coriander）等等香料，因為埃及政府很清楚西歐人對於這些產物的需要有多殷切。西元十二世紀晚期，阿拉伯的海關官員，阿勒—馬赫祖米（al-Makhzumi），編了一本稅務手冊，詳列埃及各港口通關的各色貨物。他在手冊當中記下來的農產品，類別比書閣文書記過的要多很多；像是由〔亞歷山卓附近〕迭米亞塔（Damietta）外銷的就有雞、穀物、明礬，明礬還是埃及政府獨賣的產品。歐洲的紡織品製造商對明礬的需求量愈來愈大，因為他們需要這種不透明的灰色粉末作為定色劑和去污劑。[35]還有亞麻，埃及一樣是大產地，政府抽的稅也很重。翡翠出口，埃及政府的管制則是日趨嚴格。至於黃金，就是從法老的墳墓裡偷出來的了。另外還有一種十分珍貴的藥材，西方叫作「木乃亞」（mommia）——就是木乃伊（mummy）搗成粉。從尼羅河三角洲的港口入關的貨物則有木材，這就是埃及短缺得十分嚴重的物資了。運到亞歷山卓的物資有鐵、珊瑚、橄欖油、番紅花（saffron），全都由義大利商人轉運到東邊去。[36]這些商品有些可以劃歸為戰略物資；所以，義大利北部城市的艦隊既供應穆斯林軍備，又出力——或說是出「面」吧——扛起在海上捍衛耶路撒冷拉丁王國的重責大任，就看得教皇宮中愈來愈擔心。阿拉伯文獻寫過一種盾牌，叫作「亞納維亞」（Janawiyah），就是從「熱那亞」一地的發音來的，可見他們用的這類盾牌至少有一些是從義大利非法弄過去的。[37]

有時緊張的情勢也會沸騰，導致義大利商人被抓。不過，法蒂瑪王朝、阿尤比王朝都不敢冒險破壞財政收入的基礎。有一次，一群比薩水手在比薩的船上攻擊穆斯林乘客，殺光男子，擄走婦孺為奴，還將貨物全都偷光。埃及政府為了報復，便將境內的比薩商人囚禁起來。沒多久，於一一五四至五五年間，比薩派了使節到埃及的法蒂瑪王朝，雙方重修舊好，也保證給與商人安全通行的權利。[38]把埃及看得比聖地還要重要的，不是只有比薩人而已。西元一一七一年前，威尼斯人簽訂的商約有近四百件存世，其中過半簽的都和君士坦丁堡的貿易有關，這不足為奇，可是，和埃及有關的商約也有七十一份，多過他們和耶路撒冷的拉丁王國簽訂的相關合約。[39]這還只是湊巧流傳下來的而已，其他佚失無存的一定多得多，但也足可看出東方貿易的誘惑有多強勁。

君士坦丁堡、亞歷山卓、阿卡或是巴勒摩等地因為君主們之間的爭吵，害得商人進不去的時候，非洲西北部就趁勢招徠了義大利半島商人青睞。所以，比薩和熱那亞的商人會到馬格里布（Maghrib）的港口去買皮革、羊毛、細瓷器皿，到摩洛哥買的穀物也越來越多。特別重要的一樣商品是黃金；駱駝商隊走遍一整片撒哈拉沙漠，將金屑送達馬格里布的市鎮。[40]西元十二世紀中葉，北非這一帶由強硬嚴謹的伊斯蘭阿勒摩哈德派統治。阿勒摩哈德教派有自己的柏柏人哈里發，被遜尼派伊斯蘭視為極度偏激的異端；阿勒摩哈德派幾乎盡數推翻的阿勒穆拉比王朝（Almoravids），便是遜尼派伊斯蘭。阿勒摩哈德教派主要的思想是要回歸到最為純淨的伊斯蘭信仰，基本的信條就是真主絕對唯一（Oneness）——連說出真主的本性，例如慈悲，也等於不了解真主的本質。雖然統治西班牙和北非的阿勒摩哈德派哈里發敵視境內信奉猶太教、基督教的少數族群，但卻相當歡迎外國來的商人，視之為財源。西元一一六一年，熱那亞派了使節團到摩洛哥去晉見阿勒摩哈德哈里發，談好十五年期的和平協議，保障熱那亞人在阿勒摩哈德領土可以帶著財貨，絕對不受干擾。西元一一八二年熱那亞運送到修達的貨物，在熱那亞記載有案的貿易額中佔百分之二十九，略比諾曼人統治的西西里島要多一點，不過，要是把布吉（Bougie）和突尼斯也加進來算的話，北非在熱那亞的海外貿易就居首位，約佔百分之三十七[41]。

熱那亞人在突尼斯、布吉、馬赫迪耶以及北非海岸的其他城市，一定購置「商館」（fonduk）供大家一起使用——所謂「商館」，就是貨倉加商社加住所。突尼斯現存的幾座古代商館建築都是十七世紀留下來的，分屬義大利人、日耳曼人、奧地利人、法國商人所有。[42]義大利人和加泰隆尼亞人的商館甚至擴張成一整片商業區。熱那亞的公證人皮耶托羅・巴蒂佛琉（Pietro Battifoglio）留下他一二八九年的公證文件存世，就看得出來熱那亞旅居突尼斯的人數之多、活力之旺盛，有商人、軍人、教士，也有墜落風塵的女子對於客棧堆滿酒桶十分自豪，阿勒摩哈德派的君主也很高興從這些地方得到稅收。

四

熱那亞和威尼斯有幾位大商人的生平和事蹟，利用流傳後世的貿易合約大概可以勾勒出個輪廓。當時的社會階級在頂端的是顯貴家族，例如熱那亞的德拉佛伊塔（della Volta），該家族有多人都當過熱那亞的執政官，主導共和國的外交政策——也就是對諾曼人統治的西西里島、拜占庭帝國、穆斯林統治的西班牙等地決定戰或和。既然貴族們對於海外貿易投資也很熱衷，他們有一大優勢就是能夠透過談判得出的政治條約為他們帶來他們汲汲營營的商業利益。[43]熱那亞的大家族自成其小圈圈，像一支支關係緊密的宗族，宗族內的共同利益凌駕在個人切身的利益之上。[44]代價是熱那亞的派系傾軋極為慘烈，相互爭奪執政官等等政府要職。威尼斯卻是另一極端；威尼斯的貴族一般會盡力節制派系內鬥，奉總督為眾人的領袖，同樣地威尼斯的貴冑世家如齊亞尼（Ziani）、提耶波羅（Tiepolo）、丹多羅（Dandolo），不僅掌控了政府重要的官職，幾處有利可圖的通商地點，例如君士坦丁堡和亞歷山卓也都在他們手中。他們興旺發達，當地的都市上層中產階級也可連帶沾光，其中可是有許多都是絕頂出色的商人。顯貴家族和平民商賈之間不僅有血統出身這一條分界線，貴族還有本錢聚斂多種資產，萬一遇到戰禍導致貿易貨源枯竭，他們還有城裡和鄉下的產業或是利用包稅（tax farm）來賺錢。他們的地位比起平民出身的商人要穩固很多，也比較持久。因此，商業革命所創造的財富，也使得原本的上流階級更加富有，讓他們在十二世紀的大航海城市中的主導地位更形鞏固而非削弱。

在文獻當中可以找得這時期的兩位「新貴」其生平翔實的記載。羅曼諾・邁拉諾（Romano Mairano）是威尼斯人，在一一四〇年以小本經營起家，奔波於希臘各地作遠洋貿易，落腳處以君士坦丁堡的威尼斯人聚居區為主。[45]之後，他開始往更遠的地區探進，亞歷山卓和聖地都在他的行程當中。他的事業，勾畫出當時威尼斯商人主宰拜占庭帝國通往伊斯蘭領土各航路的情況。他們在拜占庭境內的貿易根基也很穩固，行走於君士坦丁堡和希臘一帶其他小城市。[46]到了一一五八年，羅曼諾・邁拉諾的生意已經做得十分發達，聖地的「聖殿騎士團」（Knights Templars）就由他負責供應五萬磅的鐵。他不僅經商，後來也成為顯赫的船主。後來拜占庭皇帝曼努耶里一世懷疑威尼斯人對他的死對頭西西里國王示好，因而轉向對付威尼斯人，他的運道卻好像依然扶搖直上。但無論如何，威尼斯人在拜占庭經濟擁有的強大勢力——或說是希臘人以為威尼斯人擁有強大的勢力——都讓威尼斯人逐漸成為希臘人憎恨的焦點。邁拉諾不是不知道這一點，所以在一一六〇年代開始在威尼斯經營事業。他在第一任妻子過世之後續弦，結果變得更有錢，因為他再娶的妻子帶來了極為豐厚的妝奩。邁拉諾和薩巴斯提安諾・齊亞尼（Sebastiano Ziani）合作，一起造出威尼斯商船船隊當中最大的一艘——薩巴斯提安諾・齊亞尼後來還會當上威尼斯的總督。他們合建的這一艘船叫作〈寰宇號〉（*Totus Mundus*），希臘文是「Kosmos」，由他帶到君士坦丁堡去。他和拜占庭皇帝的關係似乎頗有好轉，曼努耶里一世甚至發佈詔令，宣佈凡有威脅威尼斯人者，一律處以吊刑。不過，曼努耶里一世的目的只在製造安全的假象，西元一一七一年三月，曼努耶里一世心知民氣可用，便針對威尼斯人發動類似「水晶之夜」（Kristallnacht）的動亂，數以千計的威尼斯人在他們的聚居區內被捉，數百人遇害，財產遭到充公。僥倖逃得出去的人逃到威尼斯人專用的碼頭，邁拉諾帶到君士坦丁堡來的〈寰宇號〉就停在那裡，正準備啟程出航，蓋滿了泡過醋的獸皮，以免火弩和石頭打過來會受損。〈寰宇號〉終於撐到了阿卡，帶來僑民遇害的噩耗，只是羅曼諾・邁拉諾的財產也已經蕩然無存，說不定還因為建造〈寰宇號〉這一艘大船而欠下大筆的債務。兩年後，他的〈寰宇號〉又出現在安科納（Ancona），安科納那時因為宣誓效忠曼努耶里一世，而被曼努耶里的死對頭日耳曼皇帝紅鬍子腓特烈（Frederick Barbarossa）發兵圍困。威尼斯在這時候會把紅鬍子看得比曼努耶里還要重要，不教人意外，何況他們也很擔心安科納聲勢鵲起，那時在亞得里亞海一帶的貿易活動儼然可以和威尼斯分庭抗禮了。威尼斯人乖乖幫忙紅鬍子砲擊安科納，只是安科納挺過了砲火，沒被日耳曼人攻下。47

到了這時候，羅曼諾・邁拉諾已經年近半百了，必須從頭開始再起爐灶。而他除了再度轉向貴族齊亞尼家尋求奧援之外也別無他法。當上總督的薩巴斯提安諾・齊亞尼已經過世，改由其子皮耶托羅投資一千磅的威尼斯金幣，供邁拉諾出船到亞歷山卓去尋覓商機。邁拉諾帶了一大批木材上船，才不管羅馬教皇三令五申，痛斥商人不得進行戰爭物資的買賣。威尼斯和君士坦丁堡的關係雖然很糟，但他照樣派船到北非、到埃及、到耶路撒冷王國去作胡椒和明礬的生意。西元一一八七至八九年間，新任的拜占庭皇帝重新開放威尼斯人的通商權，還給與極為優厚的條件，他也已經準備好要回君士坦丁堡大顯身手。羅曼諾・邁拉諾即使年紀老大還是繼續投資埃及和阿普利亞的貿易，然而在一二〇一年時，他又遇上資金短缺的問題，只好向侄子借錢；不久後就棄世了。[48]所以，他這一生的貿易之路大起大落，發達時盛極一時，落魄時一無所有，人到中年都還要倉皇逃命。

薩雷諾人所羅門（Solomon of Salerno）是另一位經商際遇一樣起伏不定的人。他雖然是出身義大利南部，但在北部的熱那亞經商，而且和羅曼諾・邁拉諾一樣，搭上了城裡的貴族，建立起密切的關係。[49]他和西西里國王也有私交，據說他還是國王的心腹親信，像是國王忠心不貳的子民。不過，根據他在緊鄰熱那亞的郊區買地，也為女兒安排嫁入熱那亞貴族人家的親事，看來頗有要當熱那亞人的樣子，不要南方的老家薩雷諾了。他看出薩雷諾、阿瑪菲以及鄰近的市鎮已經被熱那亞、比薩、威尼斯這幾處更為進取的貿易重鎮遠遠超前，而他得以致富的地方也就是熱那亞。他從薩雷諾來到熱那亞時，連妻子伊麗艾妲（Eliadar）也一併帶過來。伊麗艾妲同樣是很精明的生意人，熱那亞這裡也沒有什麼規矩會阻撓婦女拿錢投資在海外貿易的。所羅門和伊麗艾妲兩人就這樣組成很厲害的生意搭檔，放眼地中海全區搜羅商機。所羅門和羅曼諾・邁拉諾一樣，從來不怕遠行到天涯海角去追尋財富。一一五六年就有千載難逢的大好機會從埃及、西西里島還有西方在向他們招手。該年夏天，他決定要好好利用一下法蒂瑪王朝比較開放的政策，而答應代理一批投資客到亞歷山卓去談生意，之後再沿尼羅河南下到開羅，他在那裡可以買到東亞來的香料，包括紫膠（lac），這種樹脂可以當作亮光漆或是染料使用，還有蘇木（brazilwood），這是紅色染料的原料。還有許多事情把所羅門朝別的方向拉。同一年，他就在想辦法向一名熱那亞人要債，索討二又三之二磅的西西里金幣，這在當時算是一筆鉅款；此人在熱那亞大使和西西里島國王商談合約的時候趁機在西西里島捲款潛逃。[50]他到東方跑這樣一趟，一去就是將近兩年的時間，留伊麗艾妲在家管理他們熱那亞、佛雷硯斯（Fréjus）、巴勒摩的三角貿易網。

所羅門從東方回來之後，眼光投向西邊，而和馬約卡、西班牙、西西里島，還有他以前極為孰悉的埃及，投入巨額的資金。有一份文獻記下了他交派的一趟貿易航程，等於是把地中海環遊一圈。當時手筆比較大的生意常會走這樣的路線：「先到西班牙，之後再到西西里島或是普羅旺斯或是熱那亞，再從普羅旺斯到熱那亞或是西西里島；他要的話，還可以從西西里島到羅馬尼亞（Romania；這裡指的是拜占庭帝國），然後回到熱那亞，或是拐到西西里島再回到熱那亞。」[51]熱那亞的顯貴家族對所羅門與埃及進行的長途貿易，迫不及待都要投資，才不理會合約裡有條款註明他搭的船到了埃及可能會轉賣；因為義大利半島那裡不僅運送木材到亞歷山卓供那裡的造船廠使用，他們還會把一整艘建好的船開過去，讓法蒂瑪王朝的艦隊立即可用。這時候的所羅門，事業之發達無以復加；雖然他是外人，但女兒艾兒妲（Alda）和城裡的望族安薩多・馬龍尼（Ansaldo Mallone）的兒子訂下了婚約。所羅門有自己的公證人幫他記載生意的往來，他的書信文獻還堂而皇之留下「所羅門宮」的字句，顯見他度日之豪奢。不過，他也和羅曼諾・邁拉諾一樣，政治情勢的變化，並非他所能控制。熱那亞雖然在西元一一五六年和西西里國王交好；但是，為他們帶來巨富厚利、供他們取得大量小麥、羊毛的這一位盟友，他們在一一六二年卻不得不放棄。日耳曼皇帝紅鬍子腓特烈的大軍就緊貼在熱那亞旁邊虎伺眈眈，逼得熱那亞覺得不加入腓特烈進攻西西里島的大軍不行。這時，安薩多・馬龍尼取消了兒子和所羅門女兒這門有利的親事。所羅門和伊麗艾妲的事業帝國剎時風雲變色，岌岌可危。

不過，他們和西西里島的來往還有契機。一一六二年九月，熱那亞背棄西西里島而倒向日耳曼人之後數月，西西里島上一位重要的穆斯林伊本・哈穆德（ibn Hammud），他是西西里島上的穆斯林領袖，派出了密使求見所羅門。伊本・哈穆德拿出一筆款項向他預訂貂皮斗篷、銀杯等等多種豪華商品。西西里島有阿拉伯文獻生動描寫伊本・哈穆德其人：「才不甘心銀幣放著生鏽」。他有錢得不得了，西西里島國王威廉一世眼看伊本・哈穆德被人套上變節的罪名，還趁機敲他竹槓，判他罰款二百五十磅金幣，這在當時可是鉅款。[52]所羅門就因為還有諸如此類的交情，而得以繼續作他的生意，只不過依他逐利的方向和專才，當時的情勢在他算是前景黯淡無光。熱那亞和耶路撒冷國王屢有爭執，熱那亞前往聖地的貿易因此被禁，往地中海東部去的交通又因為熱那亞和西西里國王決裂而比以前還要難走；地中海由西往東的幾條通道在那時都是掌握在西西里島艦隊手裡的。所羅門便偕同妻子和熱那亞其他商人一樣，轉個方向，從地中海東邊看向西邊，改和位居現今阿爾及利亞的重要港口布吉作起了生意。所羅門在西元一一七〇年前後過世。他原想藉由聯姻高攀熱那亞貴族人家的野心，在他生前早已被政治變局摧毀。只要他，還有他的後人，還沒爬到貴族階級安身，他們的地位就永遠不會安穩。他在熱那亞城郊買下的土地，市值為一〇八磅熱那亞銀幣，他的財富大多建立在現金、借貸、投資和投機買賣上面。城裡的貴族就不一樣，他們的財富是牢牢扎根在城裡、鄉下的產業上面。正因為如此，城裡的貴族才有根基撐過變局，這是薩雷諾人所羅門和羅曼諾・邁拉諾這樣的商人所沒有的。然而，那時代的商業革命，卻要由貴族和商人雙方攜手合作才創造得出來的。

第五章
飄洋渡海的營生

西元一一六〇年—西元一一八五年

一

西元十二世紀期間，未曾有遠洋船長的日記或是航海日誌流傳下來，從西班牙到東方朝聖的猶太人和穆斯林倒是留下了橫渡地中海的生動記載。杜德拉人本雅明（Benjamin of Tudela）是出身納瓦拉（Navarre）小鎮的猶太拉比，約於一一六〇年啟程開始地中海的環遊之旅。[1]他留下的日記主要以希伯來文為猶太讀者描寫旅程的見聞，行腳涵蓋地中海一帶的陸地、大片歐洲地區，亞洲甚至遠達中國，他還特地記下所到之處猶太居民的人數。他的遊記寫的地中海旅程是真人真事的行腳，飄洋過海從君士坦丁堡南下到達敘利亞海岸皆屬身歷其境的見聞；但是當寫到地中海之外的地方，明顯是以文獻的記載和民間的傳說作基礎了，而且隨他想像力跑得愈遠，下筆就愈離奇。不過，看情況他應該是真的到過耶路撒冷，親眼看過據說大衛王歸葬的錫安山墓地，寫下他激動讚歎的心情。基督徒遠赴聖地朝聖的熱潮愈演愈烈，也帶動猶太人跟著往那方向去朝聖；他們縱使蔑視十字軍，還是進入到他們的勢力範圍。[2]本雅明的旅程自納瓦拉開始，穿過亞拉崗（Aragon）王國，沿著埃伯羅河到達塔拉哥納，看到「巨人和希

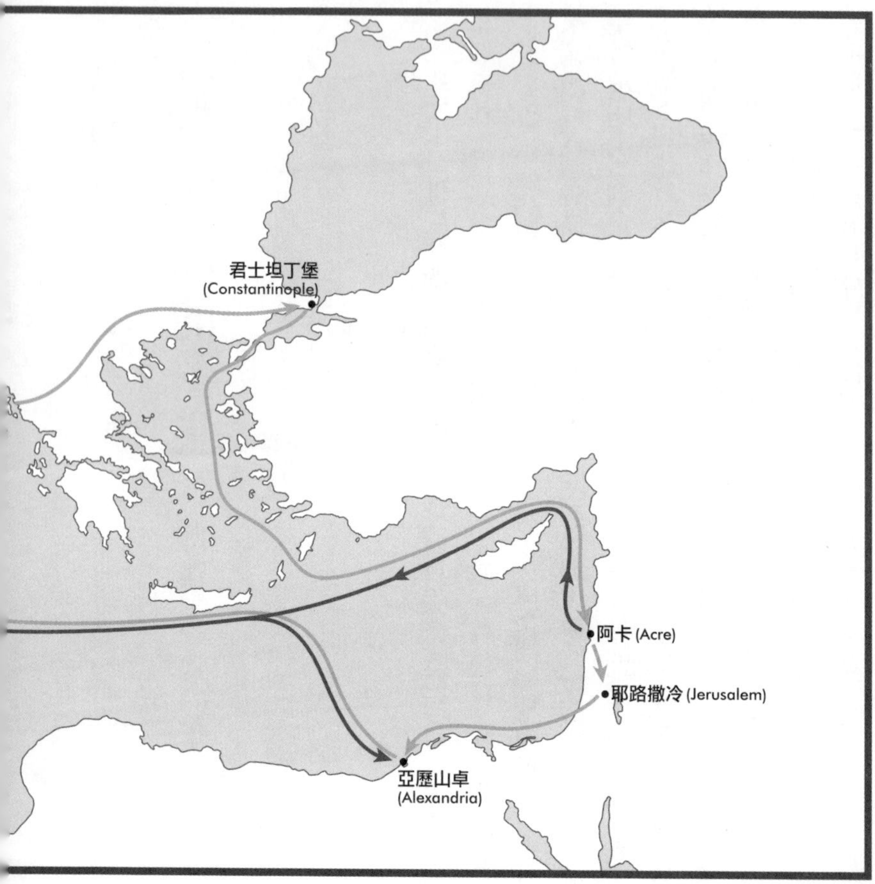

臘人」建起來的宏偉古要塞，驚歎不已[3]。之後，他從塔拉哥納前往巴塞隆納，「漂亮的小城」，滿是一個個睿智的猶太拉比和來自四面八方的商人，舉凡希臘、比薩、熱那亞、西西里島、亞歷山卓、聖地、非洲都有。本雅明筆下也留下珍貴的證據，證明巴塞隆納早早就有跡象把它的觸角向地中海各地伸過去。[4]那時另有一處地方同樣招徠了世界各地的行商，他說連英格蘭那邊也不乏其人；那地方就是〔法國〕蒙佩利爾（Montpellier），「不管哪一國家的人在那裡都找得到，由熱那亞人和比薩人居中牽線作起生意」。[5]

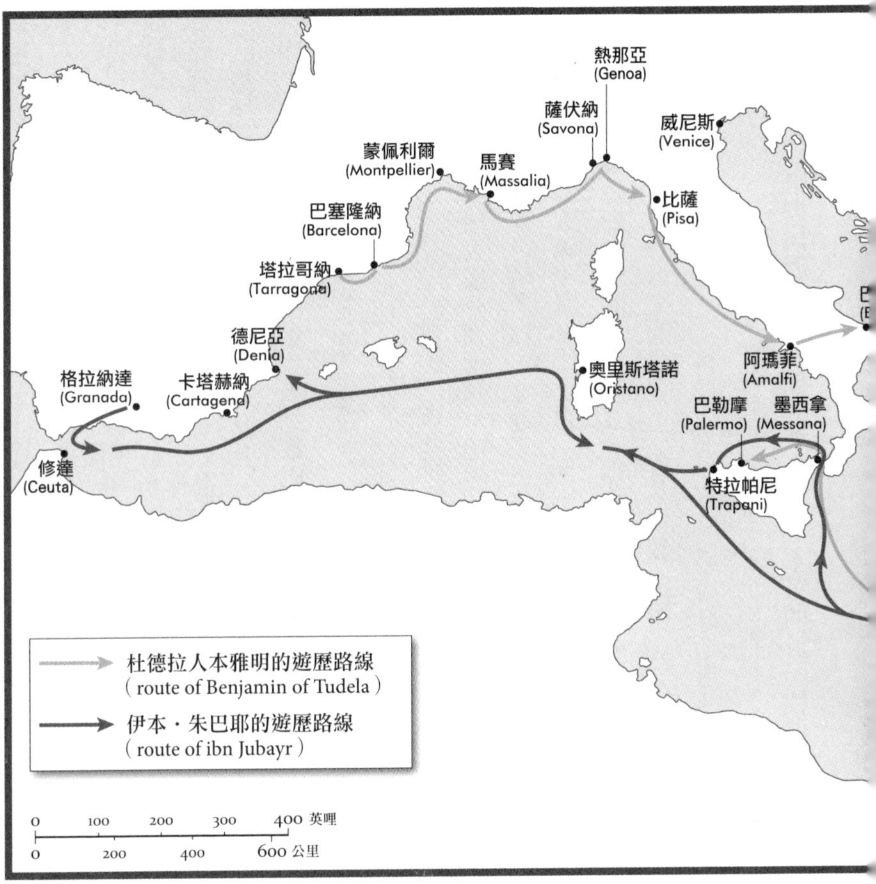

從馬賽走海路到熱那亞要四天的時間。[6]他寫熱那亞這地方「由一道城牆圍住，城內的居民不是由國王而是由仲裁官在統治，而且仲裁官是根據居民的意願指派。」他還堅持「大海就是由熱那亞人在統治」；他這裡指的固然是貿易，但也一樣指海盜，因為他提到熱那亞人會對穆斯林和基督徒居住的地方（拜占庭便包括在內）發動突襲，搶回來的戰利品教他咋舌。由熱那亞出海，兩天就到比薩，不過，熱那亞老是在和比薩打仗；他說他們在城內「蓋了上萬座塔樓」，各路人馬各擁塔樓相互對陣。[7]他也到過巴里，卻發現那裡在一一五六年被〔西西里王國〕國王威廉一世攻破之後已經淪為荒城（後文會再提及）。[8]他渡海到科孚島，說科孚島當時一樣是由西西里國王在統治。之後，他又精神抖擻上路，沿陸路取道底比斯前往君士坦丁堡，一直走到〔現今土耳其〕加里波里（Gallipoli）才回頭往地中海的方向走。他跳過一座座愛琴海的島嶼，來到塞浦路斯島，島上「有些叫伊比鳩魯派（Epikukrsin,Epicureans）的異端猶太人，不管哪裡的以色列人對他們都是拒絕往來的，而他們的行徑」就教他十分震驚，因為他們的安息日竟然不包括禮拜五晚上，但包括禮拜六晚上。[9]而有這樣的教派，可見的地中海東部地區許多小教派依然相當昌盛——當本雅明再往南走，來到黎巴嫩海岸之後，遇到的教派就還更危險得多了：伊斯蘭「伊斯瑪儀」（Ismaili）的「暗殺派」（Assassins），但是他有辦法避開他們，安然抵達吉布列（Gibelet；畢布洛斯Byblos）。吉布列是熱那亞人在黎凡特建立的根據地，也正像他注意到的一樣，是由熱那亞貴族安布里亞柯（Embriaco）家族的人統治。他在那裡發現一座古老的神廟，甚感驚奇，廟裡有一尊神像端坐王座，兩具小一點的女性人像分列兩側。顯然這便是古以色列人鬥爭過的古代異教崇拜，但那裡也有新興的異教崇拜。他從這裡再度啟程，穿越了德魯茲（Druze）戰士據守的土地。他把德魯茲戰士描寫成無法無天的異教徒，還搞亂倫、換妻什麼的。[10]

本雅明雲遊四海期間到過埃及，亞歷山卓港口的設施也教他大為驚艷：有燈塔，遠在一百英里外他就看到了；有世界各地來的商人，「各基督教王國全都在此」，威尼斯、托斯卡尼、阿瑪菲、西西里島、希臘、日耳曼、法蘭西、英格蘭、西班牙、普羅旺斯等等；從穆斯林土地來的人也很多，例如安達魯斯和馬格里布。[11]印度的商人從他們那邊帶來了各色香料，〔聖經〕「以東」（Edom，指基督教世界）的商人爭相搶購。「每個民族都有專屬的客棧」。[12]本雅明於歸程取道西西里島返鄉，西西里王國宮中的富麗盛景，會在下一章寫到。

二

本雅明此人在今天大概會被稱為「古物專家」。羅馬、君士坦丁堡、耶路撒冷等地的古代建築，他一看就著迷。只要遇到猶太人聚居，他一定會動筆記下來，本雅明眼睛抓細節的功夫也很厲害，一路邂逅的各色人群無不看得他興味盎然。因此寫到聖地的時候，他自然就化身為嚮導，帶領讀者四處參觀耶路撒冷、希伯侖（Hebron）和提比利亞（Tiberias）等地的猶太神廟還有拉比墳墓，倒是把基督教的幾處聖地略過不提。他這一番長途跋涉，私底下的目的極有可能就是要到聖地朝聖，只是，一路上不時別的興趣冒出來就是了。穆罕默德・伊本・阿哈瑪・伊本・朱巴耶（Muhammad ibn Ahmad ibn Jubayr）這一位也差不多，他寫下遊記的時間約當在本雅明之後二十五年。[13]他是一一四五年生於瓦倫西亞，後來當上格拉納達（Granada）總督的祕書，該總督是阿勒摩哈德哈里發，阿布杜・阿勒—穆敏（Abd al-Mu'min）的兒子。雖然總督出身良好（阿勒摩哈德家世）、受到好的教養，卻偏愛小酌幾杯，硬是要伊本・朱巴耶也喝幾口看看。伊本・朱巴耶打死也不敢不聽從主子的命令，所以，生平頭一遭喝下了酒。不過，等到總督發覺他這位祕書喝酒之後心情大壞，馬上拿酒杯裝了七杯滿滿的金幣作為補償。

伊本・朱巴耶有了這一筆錢，決定它最好的用處就是當作前往麥加朝聖的旅費，西元一一八三年二月，伊本・朱巴耶出發了，離開西班牙一去就是兩年以上。[14]他在修達找到一艘正準備前往亞歷山卓的熱那亞船隻。上船後的第一段航程，卻是帶他沿安達魯斯的海岸往回頭走，遠到德尼亞（Denia）。之後再從德尼亞出海到伊維薩、馬約卡、梅諾卡，在離開摩洛哥後十四天，抵達了薩丁尼亞島：「這一趟渡海走的速度還真了得。」[15]他這一趟海上航程，也橫渡了幾條政治的疆界。船隻從阿勒摩哈德統治的摩洛哥行駛到巴利亞利群島，巴利亞利群島的統治者偏偏就是阿勒摩哈德的長年宿敵，遜尼派的阿勒穆拉比王朝。之後，船開到了薩丁尼亞島，在這裡就由比薩的海上勢力稱霸了。然而，這一趟旅程真正害他擔心自身安危的，還不是人，而是大自然。他搭的船在薩丁尼亞海域遇上了狂風暴雨，但是船終究還是抵達了薩丁尼亞島西部的奧里斯塔諾（Oristano）。有些乘客在此下船去補充補給。其中一人是個穆斯林，在市場上看到八十名穆斯林男女被人當作奴隸叫賣，十分難過。[16]之後，伊本・朱巴耶搭乘的船趁著順風出港。這是個錯誤，因為撞上了另一場大風暴，猛烈到幾張主帆根本派不上用場，其中一面甚至被狂風吹破，張起船帆的桅杆也有一根被強風吹斷。「船上有基督徒的船長，還有在海上見多了風浪的幾個穆斯林，全體同意生平從沒見過這麼猛的暴風雨。言語未足以形容猛烈的慘況。」[17]不過，即使遇到這麼惡劣的天候，他們終究還是抵達了目的地西西里島，因為他們的船走的航線一般叫作〔西西里島到科西嘉島再到薩丁尼亞〕「列島路線」，這是充份利用海流和風向的西進路線。[18]他們要是多待一下，冬天吹的西北風會有利於他們的航程；至於早春的氣候就變化莫測，盛行風說換方向就換方向。[19]他們的船繞過西西里島，在埃特納只作遠觀，一路直朝克里特島前進，摸黑抵達克里特島時，距離他們從修達出發已經過了約莫四個禮拜。他們又從克里特島南下直直穿過利比亞海，朝北非海岸前進。到了三月二十九日，亞歷山卓的燈塔遙遙在望。一整趟航程花了三十天，比起「書閣文書」中的記載不算特別長。[20]

和在海上一樣，到了岸上也有考驗正等著。他們到達亞歷山卓，海關官員登船作檢查，船上乘客的身家資料逐一登記下來，鉅細靡遺，船貨也仔細清點。穆斯林還必須支付慈善稅，也就是「天課」（zakat）。即使他們全身上下有的只是朝覲（haji）能帶的東西，也無法免除這項義務。另有一位身份尊貴的乘客阿哈瑪・伊本・哈桑（Ahmad ibn Hassan），格拉納達來的醫生。他被衛兵帶走，帶進官署，盤問他西方目前的狀況，回答船貨的相關問題。盤問船上重要的乘客，是地中海港口的例行公事——伊本・朱巴耶在他返回西班牙途中暫停巴勒摩時，遇上的盤查還更詳細。[21]接著，對乘客進行搜身檢查，一個個被仔細到過份的官員搜得面紅耳赤：

> 海關裡擠得水洩不通，不管大小，所有的貨物每一樣都要攤開來檢查，亂扔在一起，海關人員把手伸進大家的腰際檢查是不是藏了什麼東西。物主還要立誓說再也沒有別的東西沒作申報。這樣搞了一陣子下來，手亂摸、人亂擠的結果就是有許多東西會憑空不見。[22]

伊本・朱巴耶忍不住犯嘀咕，要是公正、仁慈的蘇丹薩拉丁知道有這樣的事情就好了，他一定會下令禁止。

不過，伊本・朱巴耶對亞歷山卓倒是讚賞不已。上古或是中古時代的亞歷山卓市區，現今在地上幾乎找不到什麼遺跡了。但在伊本・朱巴耶那時候，亞歷山卓的地下層就還比地上層要壯觀：「地底下的建築和地上的建築一樣，只是更漂亮，更堅固」，有水井，還有水道穿流在城內的屋舍和巷弄底下。他注意到街道上有一根根高聳的立柱，「直往上竄，遮蔽天空，立起這樣的柱子是為了什麼緣故和理由，沒人說得清楚。」他聽人說柱子是古代哲學家在用的，但是，他倒認為這些是天文觀測台的柱子。亞歷山卓圖書館的遠古記憶化成了寓言故事。他看到燈塔大為傾倒，燈塔頂上有一座清真寺，他還爬了上去祈禱。他聽說城內總計有一萬二千座清真寺——總之，就是很多、很多的意思——寺內的伊斯蘭經師「伊瑪目」（imam）都由政府支付薪俸。既然是伊斯蘭世界數一數二的大城，城內理所當然到處都是伊斯蘭學校「馬德拉沙」（madrasa）、慈善醫院、澡堂；政府還會派人到病人家中檢視病情，回報給醫生，由醫生負責照料。每天也固定發送兩千條麵包給外地來的旅客。公家的資金不夠付麵包錢時，薩拉丁還會自掏腰包補足差額。[23]稅負很輕，不過猶太人和基督徒必須付標準的順民「第米」（dhimmi）稅。伊本・朱巴耶讚美起阿尤比王朝的蘇丹，好像怎麼都嫌不夠。這便有一點奇怪了，因為阿尤比王朝屬於遜尼派，和〔朱巴耶所屬〕阿勒摩哈德派的信仰頗有差距，和阿勒摩哈德派的關係也不平順。

伊本・朱巴耶又再從亞歷山卓出發，沿著尼羅河往上游去，前往紅海和麥加，直到一一八四年九月才回到地中海邊，從大馬士革往海岸走，經過戈蘭高地，抵達耶路撒冷拉丁王國境內的阿卡。他走過穆斯林群聚但屬於法蘭克人所有的土地，提卜寧（Tibnin），他說那裡「是叫作女王的那一頭母豬的地，而這母豬又是阿卡主子那一頭豬他媽」。也就是說，那一塊地是屬於拉丁耶路撒冷王國的皇太后所有。[24]伊本・朱巴耶堅拒誘惑，不走近一步，而和同行的朝聖客在九月十八日進入阿卡，還表示極為盼望阿拉摧毀該城。遊客到了這裡，又再需要通關一次，而這裡的海關就有很大的院子，這樣才有地方讓新來的駱駝商隊進去。裡面有石製長椅，是給一批基督徒職員坐的，他們講的是阿拉伯語，寫的是阿拉伯文，手裡的筆所用的墨水瓶，瓶架是用黑檀和黃金做的。他們是一位包稅商的手下，該包稅商給國王一大筆錢，換到了經營這一處海關的權利。這是中古時代地中海區的通行作法，伊本・朱巴耶去的那一座海關大樓也幾乎可以確定就是「廊柱客棧」（Khan al-'Umdan），一棟佔地廣闊的拱廊建築，四面立柱迴廊圍住正中央的大院子，現在依然佇立在阿卡的港口附近，雖然，在土耳其人統治期間有過大幅改建。[25]樓上有地方供旅客通關之後存放貨物。不過，海關官員做事十分徹底，即使旅客通報未帶任何貨品，官員也照樣要檢查行李。相比之下，在亞歷山卓那裡，「通關全程就既文明又有禮，看不到絲毫粗魯或是不公」。[26]

阿卡即使早在西元一一八四年，就已經是很大的港口了，日後，等到義大利和其他歐洲地區的商人從一一九〇年開始獲賜一大堆新的特權之後，阿卡將變得更大。西方的商人榮獲這些特權，是因為一一八七年薩拉丁攻陷耶路撒冷暨大多數十字軍王國之後，他們在阿卡危急之際派出海軍相助因而得到了回報。比薩就因此得以將他們的生意從雅法移到阿卡來；雅法太靠南邊了，沒辦法讓他們充份發揮黎凡特貿易的優點。往北移到阿卡，前往大馬士革和內陸的交通就方便得多了。阿卡倒沒有特別好的良港。船隻要停泊在港口的入口（地中海的港口大多如此），入口可以拉起長鐵鍊關閉起來，貨物則必須靠舢舨從海岸運送過來：「大船進不了港口，必須停在港外，只有小船才進得了」。天氣要是不好，還得把船拖上岸才行。中古時代的商人挑選貿易站，不會以良港作為先決條件——巴塞隆納、比薩、墨西拿便是明證。不過，伊本・朱巴耶說：「此地之偉大，直追君士坦丁堡」，指的就不是阿卡的面積，而是阿卡是穆斯林和基督徒商人薈萃之地，大家或是搭船或是跟隨駱駝商隊來到阿卡，「道路、街頭摩肩擦踵，萬頭鑽動，行走其間幾乎腳不著地」。伊本・朱巴耶還是老習慣，動輒用咒罵掩蓋讚歎：「那裡不信神的、不虔誠的被烈火燒死，到處都是豬和十字架」，這裡說的豬，兼指污穢的基督徒和不潔的動物，「又臭又髒，充斥穢物和糞便」。[27]十字軍把清真寺改建成基督教堂自然是他大為哀慟的事，但他也寫道這一座原本是伊斯蘭「聚禮清真寺」（Friday Mosque）的基督教堂，還是留下一塊角落供穆斯林作禮拜。法蘭克帝國來此的移民和當地原有居民的關係沒有多緊張，不像阿勒摩哈德派的伊本・朱巴耶或是初來乍到的十字軍巴望的那樣；剛到阿卡的十字軍看到城內一派輕鬆和睦，就很困惑。敘利亞北部謝扎爾（Shayzar）的老酋長烏薩瑪・本・蒙克德（Usamah ibn Munqidh; AD 1095－1188），寫過一本回憶錄傳世，透露當時穆斯林和基督徒皆能跨越信仰的鴻溝和氣相處。他認識一名法蘭克騎士，該騎士在他筆下「是我的知交，始終陪伴在我身側，後來甚至開始叫我作『兄弟』」。[28] 耶路撒冷王國境內的法蘭克人幾乎未曾從穆斯林文化那邊吸收什麼過去。反之，這時期在西班牙和西西里島，兩邊的文化便有大幅度交流；不過，〔穆斯林伍麥亞王朝征服西班牙之後，伊斯蘭、基督教〕「和睦」（convivencia）倒是不成問題。伊本・朱巴耶對於穆斯林身處基督教王國，極不自在，他寫道，「在阿拉眼中，身為穆斯林，伊斯蘭的領土明明就有路走，就絕對沒有藉口待在異教徒的國家不走，路過除外。」[29]

儘管如此，基督徒的船隻依然是最安全、最可靠的，所以，伊本・朱巴耶要回西方去，選的船就是由一位熱那亞水手負責駕駛，「航海的本事精明老到，當起船長也很高明」。他們出航的打算是要等到十月東風起的時候；那時節東風一起，可以一連維持兩個禮拜左右。至於其他時節，除了四月中到五月底，吹的便都是西風了。一一八四年十月六月，伊本・朱巴耶和其他穆斯林乘客登船準備出海，同行的還有二千名基督徒朝聖客，都是從耶路撒冷來的——不過，伊本・朱巴耶估計的人數這麼多，單用一艘船來載，看似不太可能。基督徒和穆斯林在船上雖然同在一處甲板，但會稍作迴避：「穆斯林挑的地方會離法蘭克人遠一點」，伊本・朱巴耶還表示他好希望真主快快幫穆斯林擺脫這些同船的基督徒。他和其他穆斯林先把東西在船上安置好，在等順風的期間，每天會回陸地上過夜，這樣睡得比較舒服。只是這樣一來，害得他差一點出大紕漏。十月十八日，天氣不算太好，不像是可以出船的日子，伊本・朱巴耶還在岸上睡覺，他的船竟然就啟程出海了。伊本・朱巴耶和朋友為了趕上他們的船，雇了一艘有四人划槳的大型船隻，載他們去追已經出海的船。船上可是載了他們的家當，他們也已經付清了費用。在波濤洶湧的海面追船相當危險，但是到了傍晚，他們趕上了熱那亞人的船。之後，一連五天都是順風，航行十分順利，直到海面開始颳起西風。船長指揮船隻來來回回頂風轉向，避開最壞的情況，可是，十月二十七日，終究沒能躲過強風，打下來把一枝張著船帆的桅杆打斷，掉入海中，水手只好緊急補做新的。[30]等到風勢停歇下來，大海便像「玻璃打磨得平平滑滑的宮殿」，伊本・朱巴耶借用《古蘭經》的句子作這樣形容。[31]十一月一日入夜之後，船上的基督徒慶祝「萬聖節」，不論男女老少一個個手持蠟燭，聆聽禱告和講道，「一整艘船從上到下被燭光照得透亮」。[32]伊本・朱巴耶看起來又大為感動，但還是老樣子嘴硬不肯承認。

伊本・朱巴耶的日記為當時乘船渡海的船上生活留下的記載，再無文獻能出其右。他寫穆斯林或是基督徒死於海上的航程，一概按照歷史悠久的古法，從甲板推入海中進行海葬。依熱那亞的海事法，死於海上的乘客留下的財物一律歸船長所有：「死者真正的繼承人絕對沒有辦法取得他們理所應得的遺產，對這樣的事，我們極為驚訝」。[33]船隻於航行途中不會停靠在哪裡進行補給，雙方虔誠的朝聖客許多人幾天後便會發覺生活所需短缺。不過伊本・朱巴耶力言船上有許多新鮮的食品可以購買，「這一艘船就像在城裡一樣，大家需要的商品一應俱全」。有麵包，飲水，水果（像他們就有西瓜、無花果、木梨、石榴），堅果，鷹嘴豆，豌豆，乳酪，還有其他林林總總不一而足。老經驗的熱那亞水手顯然知道船上會出現「壟斷市場」，所以盡可能在船上多塞補給品以備所需。後來他們的船被風勢送到拜占庭帝國所有的一處島嶼，乘客紛紛向島上的居民購買肉類和麵包。伊本・朱巴耶坐的船在行經克里特島途中，又再遇到幾次暴風雨相伴隨行，害得乘客開始擔心他們說不定要待在希臘的哪一座島還是北非的哪一處海岸過冬了——那也要人沒先死才行。但其實他們不過是被強風又吹回克里特島的方向罷了。伊本・朱巴耶感慨之餘，不禁引用起一位阿拉伯詩人的句子，一開始是：「大海滋味何其苦澀，倔強難馴」。[34]等到伊本・朱巴耶發覺秋天其實有一陣子時間從東往西的航程還算安全，便又再說：

> 不同的旅行各有適合的季節，出海航行也就要找到合宜的時間和公認的時節才好。實在不應該像我們一樣挑在冬天的月份魯莽出海。但不管怎麼說，這樣的事也只有交到真主的手中了。[35]

他一點也不需要這麼悲觀。沒多久，就有五艘從亞歷山卓來的船隻映現在他們眼簾。這一支小型艦隊開進愛奧尼亞群島當中的一處海港，補給肉類、油類，還有用小麥和大麥作材料但是烤得太焦的黑麵包，「大家爭先恐後要買，才不管價格有多貴——說真的，他們賣的東西沒一樣便宜——也要感謝真主賜下這些東西」。[36]

等到他們的船隻再度離港，時序已經是十一月底，航程因為入冬的關係愈來愈難捱。來到義大利半島南部的外海，「騰翻的波浪不斷朝我們打過來，嚇得心臟跟著一跳」。不過，他們終究在（義大利半島南端）卡拉布里亞登陸了。船上的基督徒有許多覺得再也撐不下去，因為除了捱風浪折磨之外，還要挨餓受凍。伊本・朱巴耶和同行的友人每天也只有比一磅略多一點的發潮硬餅乾（ship biscuit）可吃。決定離船上岸的人把身上剩下的糧食全賣給留在船上的人，穆斯林他們甚至願意拿一個第爾納銀幣買一塊餅。[37]等到他們的船走到西西里島附近，應該如釋重負的感覺卻馬上就煙消雲散。墨西拿海峽的大浪翻得像沸騰的水，因為海水要從義大利半島、西西里島之間硬擠過去。強風吹得船隻朝墨西拿岸邊靠過去，一面船帆還卡住了沒辦法動彈，所以收不下來。船隻就這樣被強風推得朝淺灘一路衝過去，結果龍骨卡住海床，就這樣擱淺了。船上有一具舵壞了，幾隻錨也沒有用處，船上的人，不管是穆斯林還是基督徒，這時只有聽天由命，交由各自的上主發落。幾位屬於貴胄一級的乘客被水手送上附載的大艇（longboat），不過大艇上岸之後的回程，卻被大浪打壞。後來島上來了一艘艘小船準備搭救受困的乘客，只是一個個水手都不安好心：船主要求乘客出高價才願意相救。西西里島國王那時剛到墨西拿來監督建造艦隊的事情，聽到船隻遇難的消息，趕到岸邊，看見小船的行徑十分不滿，就下令由他代為出資一百小金幣「塔里」（tari），要小船也將幾位付不起高價的穆斯林救上岸來。伊本・朱巴耶對於真主有先見之明，及早將國王弄到墨西拿來，十分佩服：「要不是這樣，我們也不會蒙恩得救」。[38]困在船上的人確實是因為國王威廉二世才保住一命，因為就在船隻擱淺翌日，船身就斷了。

儘管歷經九死一生，伊本・朱巴耶還是覺得墨西拿港進出容易，因而不住稱讚。船隻在那裡可以直接開到海灘，不需要動用接駁船隻將乘客和貨物轉運上岸——只要搭個長條厚木板就可以了。「一艘艘船沿碼頭排好，像一匹匹駿馬在圍欄或馬廄裡拴得好好的」。[39]不過，為了回到安達魯西亞，他還是必須走陸路橫越一整座島到特拉帕尼，到了那裡再另外找熱那亞的船隻由海路回到西班牙。這在平常是不成問題的，可是，國王〔威廉二世〕竟然下令封港，不准船隻出海：「看來是他正在造一支艦隊，沒等到他的艦隊建好開走，沒有船可以出海。唉，祈求真主破壞他的計劃，祈求真主教他達不到目的！」伊本・朱巴耶這時又想到西西里島國王這一支艦隊預定前往的目的地，應該就是拜占庭帝國，因為西西里島上傳言很多，都在說威廉二世國王的宮中有一位年輕人，國王還準備將這年輕人送上拜占庭皇帝的寶座，接下羅伯・季斯卡百年之前未竟的大業，將之完成。[40]遇到封鎖，當然討厭，不過，真要打動國王的官員，也絕對不會找不到門路，多的是歷史悠久的老方法。那時有三艘船準備同時出海往西邊去，伊本・朱巴耶在一艘船上找到船位，接著，熱那亞的船主賄賂王室的官員，讓他在船隻出海的時候睜一隻眼、閉一隻眼。西元一一八五年三月十四日，三艘船就這樣子出海了，行經埃加迪群島來到西西里島西邊，停在一處小港法維尼亞納（Favignana），在這裡遇到了另一艘船，船上有熱那亞人馬可帶著北非的朝聖客從亞歷山卓回來。這些人，伊本・朱巴耶本人幾個月前在麥加就遇見過了。老友相逢，大家一起共飲同歡。之後，就變成四艘船一起出海航向西班牙。只是，風向似乎又在逗他們玩了，因為他們的船又被吹到薩丁尼亞島去了，之後再往南吹，最後好不容易可以回頭，朝該走的方向行駛，經過薩丁尼亞島來到伊維薩、德尼亞，最後是卡塔赫納，伊本・朱巴耶在這裡終於重新踏上西班牙的土地，而在一一八五年四月二十五日回到他在格拉納達的家。最後，他引用阿拉伯詩人傳達疲憊的詩句，為他這一趟遠遊紀實作結：「她一把扔掉手中的杖，站定在那裡，一如旅人走到了旅程的終點」。[41]

伊本・朱巴耶碰到天氣這種事，運氣實在不太好，船隻擱淺在墨西拿海岸可不是天天都會上演的天災。他遇到的橫逆、船上搭載的人數和生活的苦況，當然都被他誇大了不少。但他的旅程有許多大概都是他那年代典型的狀況，尤其是穆斯林和基督徒同乘一艘熱那亞人開的船這樣的事。他寫船上的一切都歸熱那亞的船長在「管」，但這樣的大船，船長一般不會是船主。熱那亞人投資船運是用買股份的方式，一般都很小，小到六十四分之一，所以，貿易船的所有權是分散得很廣的。主動型投資人會分散風險，同時買幾艘船的股份。他們用在這類股份的名稱叫作「loca」（「地方」的意思），而且是可以買賣、繼承的，頗為類似現代的「權益」（equity）。[42]他們的股份沒有固定的價格，因為每一艘船的狀況都不一樣，每一艘船的股份數量也不一樣。股份通常可以用三十磅熱那亞幣上下就買得到。熱那亞中產階級繼承到的財產價值，也大概就是這樣的數字，到手後，一般人也大概會想要拿去投資賺錢。船運的股東群中也有一小群是婦女。船運股東有多人還和熱那亞的政治脫不了關係；城內幾支權貴世家的人便都在內，例如德拉佛伊塔和安布里亞奇。持有船運股份，可以從乘客付的旅費、從商人租下倉庫船位的租金產生收益。一艘船的股份總值，有高達二千四百八十磅的，這是西元一一九二年一艘船的總價。但也有低到九十磅的，這樣的一艘船想當然是快要報廢、需要大翻修的了。[43]

當時的船隻分成兩大類。「輕型加列艦」（light galley）這一類用在作戰，也是官方載送使節出使外邦宮廷的船艦，但和上古時代一樣，風浪一大就頂不住，一般也要在近海處沿海岸線航行，不宜深入到脫離視線的外海；風力不足或是臨要進港的時候，也需要借用人力划槳作輔助的動力。加列艦有一根主桅加一面斜掛的三角帆，船頭或作鳥嘴狀或作突刺狀，而不是撞角。划槳手的人數在二十到八十之間，都是自由公民的身份。槳座也不像十六世紀之後常見的那樣由多人一起划動一支大槳，而是兩名划槳手同坐一張長凳各划一支木槳，而且木槳一長一短。這樣的槳座構造後來威尼斯人叫作「簡易型」（alla sensile）。[44]這類型船艦的優點在快速，輕易就可以跑贏圓凸的大肚船。當時許多加列艦都是私人所有，但是戰時，城市的「公社」有權徵用，想來應該會給與豐厚的報酬。[45]熱那亞流傳下來的文獻提過另一種大肚帆船，而且就用拉丁文簡單叫作「navis」，就是「海船」的意思，提到的頻率比加列艦要多很多。至於體型小一點的船，提到的就不多了，像他們叫作「barca」（三桅帆船）的船，因為這樣的船只用在沿岸的短程航線，或是渡海到科西嘉島、薩丁尼亞的航程，載運的貨物量不多，需要投資的錢也不多。[46]大型的「海船」，長度可達二十四公尺，寬度可達七點五公尺。到了十三世紀初年，這「海船」說不定已經有兩支、甚至三支主桅桿，裝的是三角帆，不過伊本・朱巴耶也明白說過，水手會看風向改裝四角帆。到了西元一二〇〇年，這樣的船開始造得比較高，有二或三層甲板，但是下層的甲板會很擠；改建成這樣的目的在增加貨物的容積量，而不在提高乘客的舒適度。[47]地中海那時期的船隻還沒用上「尾舵」，依然是以希臘人、伊特拉斯坎人自古以來就愛用的「舵槳」為主。堅固的羅馬加列艦用在穀物運輸的歷史十分悠久，不過在中古時期，船身都造得比較輕，船身側翻作維修也費神得多。

大多數的船隻都還能夠安抵目的地，所以，投資船運不會是壞投資，只要多分散風險到幾艘船去就好。這表示他們的城鎮要是派到海外的船隻數目偏低，像是阿瑪菲和薩伏納（薩伏納離熱那亞不遠），那麼處境就比較不利了，因為商人會沒有辦法將投資分散得廣一點。所以，有一些人，像是薩雷諾的所羅門，到熱那亞、比薩、或是威尼斯走上一遭之後，就會覺得在那裡作生意應該會好一點。這樣一來，連帶的影響就有好幾重了。這三座大城的貿易欣欣向榮，潛在的競爭對手根本無法匹敵。熱那亞和比薩稱霸他們那一帶的地中海貿易，到了十二世紀晚期的時候，權勢甚至大到可以規定普羅旺斯各港口開往黎凡特的船隻只能搭載朝聖客和其他乘客，不得載運貨物。[48]

不管什麼東西、不管什麼人，一到了船上也只能擠在一起。旅客必須頂著星光露宿入眠，拿自己的行李當枕頭和舖蓋。到了十三世紀，貨物可以送到甲板下面，船上在頭、尾兩處也隔出了船艙，所以，願意多付錢的人在船上可以過好一點，也等於中古時代的頭等艙吧。[49]那時坐船飄洋渡海很不好受，許多人靠的是信念，才熬得過地中海的長途航程。像是朝聖客的信仰，朝聖客相信海上的逆境是在考驗他們有多虔誠，最後終究會為他們贏得天主的讚許。再來，有商人的信心，相信他們抓得準風險，有能耐遠行到地中海南部、東部，甚至身歷險境也依能夠安然獲利歸來。那時代的商人同樣知道，他們要是賺到了錢，都要拜天主的慈恩——所以他們說「*proficuum quod Deus dederit*」，賺得的皆屬天主所賜。

第六章
帝國有衰也有興
西元一一三〇年—西元一二六〇年

一

在義大利半島周邊海域巡行的海軍，不是只有比薩、熱那亞、威尼斯三地的艦隊而已。〔諸曼人〕羅傑一世，當時人稱「大伯爵」（Great Count），征服西西里島的大業到了西元一〇九一年算是大功告成。西西里島在諸曼人治下欣欣向榮；墨西拿由於在熱那亞、比薩通往阿卡、亞歷山卓的貿易路線佔有中途站的地理優勢，因而招徠眾多拉丁商人落腳。伊本・朱巴耶就說墨西拿是「異教徒商人的大市場，世界船隻輻湊的中樞」，也指墨西拿是大兵工廠，西西里島的艦隊便是在墨西拿建造出來的。[1]島上生產的瀝青、鐵、鋼，多數由國王留作己用，因為造船所需的原物料必須控制在手中。[2]羅傑一世的兒子羅傑二世，冷血無情但是年富力強，從幾位堂兄弟手中搶下義大利南部的大片地區；一一三〇年，他還由教皇親自加冕，坐上西西里島新出爐的國王寶座，這一件事之重要可不亞於爭奪領土。羅傑二世有主宰地中海的雄心，自認是希臘僭主的繼承人，力主他絕非篡位之輩，而是古代王國的中興之主。[3]遇到公開露面的場合，他也愛穿拜占庭皇帝的朝服或是阿拉伯大公的長袍。他以最精緻的希臘鑲嵌壁畫裝飾他的宮廷

禮拜堂，富麗堂皇的木樑屋頂則由阿拉伯工匠負責打造。他還委任修達逃難在外的穆斯林王公艾德里西（Muhammad al-Idrisi），替他撰寫地理誌（連同附屬的地圖），讓他可以特別仔細去思索地中海暨其外的廣大世界。

除了宣傳，他也有名實相符的作為。西元一一四七至四八年，也就是第二次十字軍東征期間，他就把注意力轉向拜占庭帝國。第二次十字軍是第一次十字軍在敘利亞北部建立的公國埃德薩（Edessa），被穆斯林攻陷，而於一一四七年由教皇號召推動的。羅傑二世主動提供艦隊給十字軍作助力，

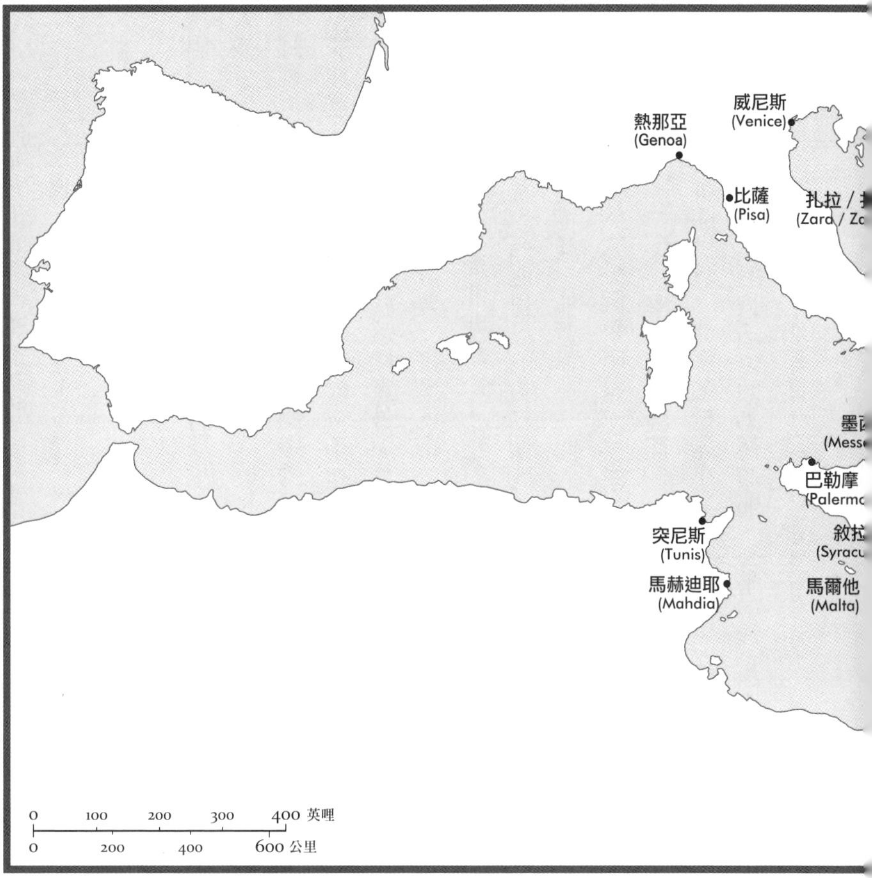

卻因為他的死對頭，日耳曼國王康拉德三世（Conrad III）施壓，而為十字軍所拒。羅傑二世便把他的艦隊挪作他用。西元一一四八年，由於第二次十字軍的大批人馬通過拜占庭境內，拜占庭皇帝曼努耶里一世必須費心處理，羅傑二世覺得有機可乘，便發動海軍搶下科孚島，再攻向科林斯和雅典，地面上的部隊則直搗內陸，從底比斯抓了幾十個猶太絲織工匠送回他宮中的作坊替他紡織布匹。有拜占庭史家對征伐過後返航的西西里島加列戰艦，作過生動的描述：

> 假如有誰看過西西里島的三列槳座船裝了那麼多的精美物品，吃水吃到成列的木槳都沒入水裡，一定會說這不是海盜船而是商船，載了各式各類的貨物。[4]

這樣一來，引發反彈也是意料中事。威尼斯人驚覺亞得里亞海的出口落入了羅傑二世的掌控，馬上派出海軍馳援曼努耶里一世。曼努耶里一世別無他法可想，即使他覺得拜占庭給威尼斯的通商特權已經太多了，還是不得不再延長威尼斯人的特權。等到威尼斯人在科孚島圍城戰的期間搞了什麼花樣傳到了他耳裡——他們拿曼努耶里一世黝黑的長相來取笑，找了一名非洲黑人穿上華麗的長袍，要他坐上一艘皇家旗艦，裝模作樣演出拜占庭宮中舉行的聖典，作怪搞笑——他對威尼斯人的猜忌就更深了。[5]〔西西里島國王〕羅傑二世就這樣意外逼得拜占庭和威尼斯同都覺醒，發現他們有多厭惡對方。羅傑二世進攻希臘雖是閃電戰的奇襲，打了就跑，但他的目的也是在向海外擴張，企圖建立起長久的帝國，北非便在他的目標之列。[6]而北非政治、經濟正逢動盪，正是他大好的機會，可以巧妙利用一番。由於那裡遇上了嚴重的饑荒，西西里島的穀物便成了羅傑二世手中最好用的籌碼，供他利誘北非穆斯林的大公一個接一個承認他的權威，他還在一一四六年派出一支艦隊進攻的黎波里，不費吹灰之力就拿下該地。[7]兩年後，馬赫迪耶的大公阿勒哈桑（al-Hasan）出現不服從的跡象，他便派出旗下大將海軍司令安提阿人喬治（George of Antioch）率領艦隊出征。安提阿人喬治是希臘的基督徒，腦筋機敏，能力出色，先前曾在馬赫迪耶大公御前供職。他率艦抵達小島潘泰雷里亞的外海，遇到一艘馬赫迪耶的船隻，發現船上備有信鴿。喬治強迫該船船長送信回馬赫迪耶，告訴大公西西里島確實派出了艦隊出海，不過目的地是拜占庭帝國。阿勒哈桑接獲信鴿報訊，認為所言應該不假。結果，一一四八年六月二十二日，破曉時分，西西里艦隊遠遠浮現在水平面，朝馬赫迪耶直駛而來，阿勒哈桑大驚失色，落荒而逃，馬赫迪耶就這樣輕易就被喬治的部隊拿下來了，入城之後，喬治給全軍將士兩小時的時間在城內盡情掠奪。

之後，喬治將西西里島王國的宗主權擴張到馬赫迪耶，甚至安排借款給馬赫迪耶的商人及早重新開張作生意。仲裁官也由地方居民當中挑出人選派任，供穆斯林繼續依照他們自有的法律過日子。外國商人紛至沓來，繁榮跟著重現。這一連串勝利在羅傑二世眼中，只是建立他心目中基督教「非洲王國」（Kingdom of Africa）的第一階段。他也打算要基督徒集體遷入馬赫迪耶，因為過去五百年基督教在這一帶已經逐步消聲匿跡了。[8]不過，他的戰略計劃還要更大，環繞在他王國周圍的海域他一併都要納入掌握之下——他在西元一一二七年便已先行將馬爾他島攻下來了（先前他的父親羅傑一世在一〇九〇年便攻下過一次），也迫不及待要將勢力範圍牢牢嵌入希臘西邊的愛奧尼亞群島。[9]拿下這些據點，有利於他在王國周圍建立起一道防衛線（cordon sanitaire，防疫線），擋下敵方的艦隊進犯他統治上的島嶼，不管他們是幫拜占庭帝國當打手的威尼斯人，還是幫日耳曼皇帝當打手的比薩人。揮兵西班牙海岸發動海上攻勢，也在他的盤算之內。當羅傑二世在一一五四年過世，其實只差了一點就可以建立起他心目中幅員廣大的海上帝國了。[10]羅傑二世本人並不隨艦隊出海遠征，而是把大權交給他的頭號愛將安提阿人喬治。喬治在那時候已經打出了傲氣十足的名號，「大公中的大公」（emir of the emirs）。後來到了西元一一七七年，有個莫迪卡人威廉（William of Modica）受命出任「幸運的皇家艦隊」的將軍，也稱之為「amiratus」。「Amiratus」這一個字於十三世紀在法蘭西、西班牙等多處地區打進他們的語言而且和海軍連在一起，就是從這裡來的。而這樣一個字的起源會連到西西里島人用的阿拉伯文，也反映出西西里島海軍在十二世紀地中海中部獨霸一方的地位。[11]

西元一一五四年後，羅傑二世的兒子「昏君」威廉一世把西西里王國縱橫地中海區的經緯總攬於手中的功夫，比起他的父王就略遜一籌。面對拜占庭軍隊入侵阿普利亞，還有威尼斯的海軍作為他們的奧援，威廉一世老實承認北非的屬地恐怕守不住，這說不定顯示他這人的判斷力還不錯。總之，他們在北非的幾座城市嗅到了威廉一世在老家遇到了麻煩，就知道他們的命運繫於阿勒摩哈德教派的穆斯林了；這一支穆斯林在摩洛哥一帶擴張極為快速。阿勒摩哈德教派的哈里發本人親自率軍於一一五九年攻向馬赫迪耶。一一六〇年一月，阿勒摩哈德人攻破馬赫迪耶的城牆，對城內的基督徒和猶太人下達生死令，他們只能在伊斯蘭信仰和乖乖受死之間二選一。[12]這一次的大翻轉，全都怪在威廉一世頭上，害他被罵得很慘。但其實他（或者是他的軍師）在對外關係方面還是有些手腕。威廉一世打敗拜占庭進犯的大軍，和曼努耶里一世達成協議，拜占庭皇帝就此破天荒第一次勉強承認西西里島王國的正統地位。

穿梭在地中海東、西兩邊運送貨物和朝聖客，拉得比以前還要長的海上航線，由熱那亞、比薩、威尼斯那邊拿下控制權，西西里島這邊把提雷尼亞海通往東方以及亞得里亞連接東方這性命攸關的海上通道，掌握在手中。西西里王國的海軍在這一帶海域稱雄，卻教義大利北部的城市陷入兩難，進也不是，退也不是。除非他們願意坐視自家的船隻被西西里的海軍任意宰割，否則他們就必須和巴勒摩的朝廷套交情。只是，他們又因為有拜占庭和日耳曼皇帝兩邊需要安撫，以致動輒就被拉到反方向去。西元一一五六年，熱那亞和西西里國王威廉一世談妥了協議。對於雙方此次的協議，幫熱那亞城寫史的人寫的是「長久以來，世界各地許多智者都說，熱那亞向來就是有本事要到比原先預期的還要多、還要好。」[13]西西里島的威廉一世要熱那亞保證絕對不會出兵協助西西里島的敵人進犯他的王國。[14]熱那亞取道墨西拿運送來自亞歷山卓與聖地的貨物，則獲得減免賦負的優惠，雙方這一次協議的重點不僅保障了通往東方航路的安全，並且熱那亞可以從西西里島出口某些貨物。同樣地，熱那亞本身也需要西西里島的農產品。熱那亞人口愈來愈多，城裡的人總需要吃飽，西西里島的小麥不論產量或是品質都勝過薩丁尼亞島；況且，薩丁尼亞那裡的貨源，熱那亞還得去和比薩人爭。他們簽的協議書，詳述熱那亞人購入小麥、鹽醃豬肉（出自西西里島西北部，那一帶的居民以基督徒為主）、羊毛、綿羊皮、棉花（主要來自阿格里真托一帶）的方式。[15]此後數百年，熱那亞都仰賴西西里島的穀物，讓熱那亞人以低廉的價格，便宜的運費，運回去供應欣欣向榮的家鄉。熱那亞人還從西西里島進口大量原棉到義大利北部，為那一帶的棉花產業打下基礎，日後在整個中古時期一路繁榮。[16]他們的上等棉花有些出自馬爾他島，該島由西西里國王統治。熱那亞的文獻在西元一一六四年已經有從馬爾他島進口棉花的記載了。[17]此後，西西里島的貿易逐漸轉向，歷來和北非密切的貿易改向和北義大利有密切的往來。西西里島就這樣在諾曼人的統治之下，一腳踏進了歐洲的經濟網路。在那時期，西西里島依然算是異域，商人在到那裡找到的不僅是穀物而已，還有糖、槐藍。（製造靛青染料的）槐藍是伊斯蘭地中海領地的傳統農產品，於西元一二〇〇年後褪了流行，島上種槐藍的穆斯林人數減少，改種小麥的農地愈來愈多。熱那亞商人為了支付購買小麥、棉花暨其他貨物的費用，南下往西西里島輸入的義大利羊毛布匹、甚至法蘭德斯轉運來的羊毛布匹，數量愈來愈大，義大利南、北之間的紐帶就這樣拴得愈來愈緊密，南、北互通有無的關係也跟著建立起來。在南邊的西西里島提供原物料和糧產，義大利北部則提供製作完成的產品。西西里島的君主既然是號令西西里島廣大穀物農場的主子，在他治下不太起眼但是攸關命脈的資源，也就為他累積了鉅富。[18]

之後，「賢君」威廉二世對大範圍的地中海事務就很關心了，也善用他規模龐大、實力堅強的艦隊。

他對外擴張，橫跨亞得里亞海，將達爾馬提亞地區的小鎮拉古薩（Ragusa）置入保護傘下——拉古薩那時才剛開始嶄露頭角。[19]不過，他的目光可遠遠超過亞得里亞海域。西元一一七四年，威廉二世對埃及的亞歷山卓發動大規模的攻勢；一一八二年又派艦隊進攻馬約卡；只是，他的艦隊並無斬獲。三年後，拜占庭帝國成為他的目標。他過世之前，才正在計劃要對幾處腹背受敵的十字軍國家提供軍援。他自命為基督的精兵，身負對抗穆斯林和希臘人的使命。他發動的征伐，以一一八五年率領西西里艦隊深入拜占庭帝國為最大的壯舉。這一回他指望得到義大利商人的支持，因為〔就在三年前的〕一一八二年，拜占庭的新任皇帝安德洛尼可斯一世（Adronikos I Komnenos）公開煽動民眾，引發兇殘的暴動，導致僑居君士坦丁堡內的大批拉丁人慘遭大屠殺。消息傳開來時，一艘威尼斯船隻正好駛進愛琴海域，在〔伯羅奔尼撒半島東南端〕馬里阿角（Cape Malea）外海遇見另一艘威尼斯的船，船上的水手對駛進愛琴海的船隻大喊，「你們停在那裡幹什麼？再不走你們全都會沒命，我們以及所有的拉丁人，全都從君士坦丁堡被趕出來了！」[20]但其實死難者以比薩人和熱那亞人佔大多數——因為威尼斯和君士坦丁堡本來就長年爭執不斷，當時又生齟齬，從各種跡象來看，事件爆發時在城內的威尼斯人並不多。

到了一一八五年，威廉二世得到了他要的出兵名目：有流浪漢來到他的宮中，自稱是被罷黜的拜占庭皇帝。威廉二世馬上扛起崇高的使命，要擁立這一位不像真的廢帝重登拜占庭皇帝寶座。[21]當行動時機一到，他的艦隊師法百年之前諾曼人羅伯・季斯卡立下的範例，先拿下杜爾拉勤，大軍登陸，深入到帖薩羅尼迦，再和繞過伯羅奔尼撒半島來會合的海軍聯手攻下帖薩羅尼迦，大肆洗劫。拜占庭帝國第二大城竟然淪陷敵手，希臘人群情憤慨。[22]西西里王國的軍隊縱使攻下了帖薩羅尼迦，後來終究沒能守住，而且還因為這場戰爭導致拜占庭和西方結怨更深。[23]威廉二世的野心遍及地中海各地，只是，勝利的果實未能持久。在這一點，義大利北部的城邦，顯然就比他厲害。

二

西元十二世紀末到十三世紀初，一連串翻江搗海的政治劇變，導致地中海的政治版圖就此改頭換面，即使義大利的航海共和城邦趁機擴張勢力，鞏固航道的控制權，地中海的面目也還是永遠不復往昔容貌。一一六九年，耶路撒冷國王阿莫里（Amaury）嚴重失算，和拜占庭的曼努耶里一世結盟，企圖攻擊埃及的法蒂瑪王朝。曼努耶里一世這邊可以提供龐大的拜占庭艦隊支援——可見拜占庭帝國只要有心，還是有辦法徵集出壯盛的海軍陣容。阿莫里這邊則可以召來法蘭克王國的陸上兵力相助，和拜占庭聯手進攻尼羅河三角洲和開羅一帶。兩邊的聯軍攻勢是將法蘭克王國來的大軍送到了開羅，可是，阿莫里接下來準備在開羅扶植起傀儡政權，就掀起了民心反撲。埃及的法蒂瑪王朝瓦解，埃及不但沒有成為臣服的盟邦，反而變成對抗拉丁王國的大本營。過沒多久，阿尤比王朝新任的蘇丹，庫德族出身的遜尼派穆斯林薩拉丁就看出，爭奪伊斯蘭第三大聖城會是團結中東穆斯林對抗法蘭克人的重要號召。[25]等到薩拉丁不只統治穆斯林的敘利亞，也將埃及納入掌握之後，法蘭克人歷來挑撥敘利亞、法蒂瑪兩雄相爭的手法，這時候就玩不轉了，法蘭克人統治的耶路撒冷面對的威脅，也就比以前更加嚴峻。阿莫里的法蘭克大軍於一一八七年在提比利亞附近的哈丁角（Horns of Hattin）因指揮失當而一敗塗地，耶路撒冷也因此失守，不僅巴勒斯坦海岸淪陷，連大海港阿卡也沒能保住；僅存泰爾城。

西方面對這樣的發展，反應相當果決，但是卻未能穩固地完成目標。第三次十字軍東征發動於西元一一八九年，戰力放在海上的比重極大，馬賽還派船協助運送英格蘭國王兼諾曼第公爵理查一世率領的軍隊，取道西西里島前往黎凡特。理查插這一腳（大半和他另有不良居心有關係，他要取回妻子的嫁妝；他妻子的前一任夫婿便是已經身故的西西里島國王威廉二世）搞得天翻地覆，希臘人和拉丁人還在墨西拿開打。理查一世也確實是有戰果；他從拜占庭帝國科穆寧王朝叛離的王公手中奪下了塞浦路斯島，也將阿卡收復，外加現今以色列和黎巴嫩沿線海岸長長的一條地區——不過，他就是沒能收復耶路撒冷。阿卡的街頭巷尾擠滿了義大利那邊來的水手和商人，比先前任何時候都要多；由於他們極需海上支援，法蘭克來的君主便拿阿卡、泰爾兩座大城的通商特權像散花一樣灑向外國商人——像是來自馬賽、蒙佩利爾、巴塞隆那等地的商人就獲賜泰爾一座建築「綠宮」（Greem Palace），作為他們在泰爾的通商基地，外加關稅減免。[26]

阿卡就這樣變成多頭馬車，同時要聽好幾個主子號令，個個都極力主張自己的權利，城裡有威尼斯人和比薩人的自治區，兩區都離港口很近。熱那亞人的自治區就很大，塞在威尼斯和比薩自治區的腹地。到了十三世紀中葉，威尼斯人的自治區已經蓋起了圍牆。牆內有奉獻給聖馬可和聖德默特琉（St. Demetrius）的教堂，有自治區邑長（bailli）的華宅，有蓄水池，外加一座大商館，地面層總計有十六家店舖，倉庫總計有三層樓，還有提供給聖馬可大殿的司鐸居住的宿舍。義大利商人的幾處自治區都很擁擠——熱那亞人那一塊說不定就有多達六十棟的屋舍[27]。自治區之間還會爆發武裝衝突：「聖撒巴之戰」（War of St Sabas, 1256 — 61）起自熱那亞區和威尼斯區兩邊為了劃界一事吵架，結果一發不可收拾，最後導致熱那亞人全數撤出阿卡，把總部搬到泰爾去。原本在泰爾就較具優勢的威尼斯人，進而把阿卡守得更緊。威尼斯和熱那亞這兩處共和城邦拚得你死我活的蠻勁，像著魔一樣，連耶路撒冷王國還有穆斯林大敵就在身側虎視眈眈，他們也好像視而不見。不過，真要說的話，法蘭克的貴族在東邊的拉丁領土吵得不可開交的態勢，跟他們一比也是半斤八兩。至於「聖殿騎士團」和（聖約翰）「醫院騎士團」這兩支武裝教團，在阿卡一樣各擁專屬的大塊特區，也一樣堅守各自的政治自治權。[28]有了這些，再將耶路撒冷宗主教還有其他王公的領地也扣除，剩下來留給法蘭克人國王統治的阿卡土地，範圍實在不大。不過，耶路撒冷國王倒是因為貿易蓬勃發展而得以坐擁暴增的稅收——即使享有減稅優惠的商人也要和內陸的商人作生意，內陸的商人就必須繳交全額的稅金了；其中包括一種基本稅，稅率很怪，百分之十一又二十四分之五。中古時期地中海一帶的君主可是深諳減稅可以刺激貿易的道理，減稅之後，他們金庫的收入反而增加而不是減少。[29]

薩拉丁也愛招徠義大利商人，心意之熱切不下於敵營的法蘭克君主。這些人對國庫的收入極為重要，在武備方面也同樣寶貴——這必須掩人耳目。[30]埃及買的歐洲貨物愈來愈多，尤其是倫巴底和法蘭德斯製造的精細布料。這一帶的市場需求變大，不僅在於（對埃及人算是）異國風的華貴服飾一般採用英格蘭最精細、最柔軟的羊毛布料，加上昂貴的東方槐藍或是西班牙的「格拉納」（*grana*）染料——「格拉納」是類似「胭紅」（cochineal）的紅色染料——在當地風行一時。中東當地的製造業衰退，何以如此，原因並不明朗。伊斯蘭的地中海區在那時候，都市化的發展依然蓬勃，開羅、大馬士革和亞歷山卓都擁有大量人口的。然而，義大利人佔有商業上的優勢，倒是不爭的事實。

比薩也為托斯卡尼來的商人當起掌門人，只要他們接受比薩仲裁官的裁判權，和比薩居民一樣繳納該繳的稅金，便可以在海外的比薩特區落戶居住，等同於比薩公民，享有各地區的君主授與比薩的各項豁免權。有一處城市便坐擁過人的條件可以和東方作生意——位在托斯卡尼內陸，塔樓遍佈的聖吉米尼亞諾（San Gimignano），堪稱西方世界最大的番紅花粉產地。番紅花粉是採摘番紅花嬌貴的雄蕊柱頭加工製成的，是各色香料當中難得在西方生產而且品質勝過東方的一樣。用途有當作染料、調味料、藥物等多種，生產過程極費人力，所以價格極為高昂。[31]聖吉米尼亞諾的商人將產品帶到阿卡，越境進入穆斯林領土，最遠可達阿勒坡（Aleppo）。所以，熱那亞、比薩、威尼斯帶頭掀起的商業革命，在這時連距離地中海岸很遠的城鎮居民也涵蓋在內了。佛羅倫斯的表現也不同凡響，他們的商人先是拿他們在作坊加工之後的法蘭西、法蘭德斯的精美布料對外叫賣，之後，開始自己生產精美的仿製品。佛羅倫斯商人經由他們在突尼斯、阿卡等地的貿易，累積下大量的黃金，憑藉的不只是布料的買賣而已，他們也經營黃金兌換白銀的交易；白銀比黃金更適合用來支付中價位的貨款，但在伊斯蘭世界極為短缺。一二五二年，熱那亞和佛羅倫斯兩地的商人攢聚的黃金數量之大，已經足以讓他們開始鑄造自己的金幣；這還是查理曼時代之後西歐首度有城市自行鑄造金幣的（西西里島、義大利南部、西班牙部份地區不算在內的話）。[32]到了一三〇〇年，佛羅倫斯的佛羅林幣（florin）在地中海不論哪一處的角落都看得到，這展現了義大利人在當時無人能及的地位；「大海」在他們手裡日漸整合為一大貿易區。

三

埃及法蒂瑪王朝的滅亡固然是劇變，但是，諾曼人的西西里王國滅亡，天翻地覆的動盪比起埃及有過之而無不及。薩拉丁興兵拿下埃及，還能維繫古老的政府體制，包括由朝廷壟斷暴利的幾類專賣權。諾曼人的西西里王國崩塌之後，西西里島和義大利南部在一一九〇年代便成了好爭奪的眾家公侯爭食的嘴上肉，這導致地中海中部極大的不穩定。日耳曼皇帝，霍亨索倫的亨利六世（Henry VI of Hohenstaufen），面對諸多公侯悍然對抗他，其中以西西里島最為嚴重，亨利主張他擁有西西里王國的王位繼承權（他娶的是西西里國王羅傑二世的遺腹女），亨利藉此出兵西西里王國，比薩和熱那亞兩地也見風轉舵，出動船艦相助。[33]。亨利雖然拿下了西西里島，但亨有這果實也僅僅三年（1194-97）；並且，在這三年的期間，亨利忙著籌劃十字軍東征、以及準備與君士坦丁堡〔意指東羅馬帝國〕開戰。亨利六世死後，王后康思坦絲（Constance of Sicily）試圖——她在隔年辭世——將西西里王國導回正軌，恢復原先勢均力敵的持衡狀態，但分崩離析的趨勢已經開始：穆斯林在西西里島西部起事叛變，而且一亂就長達四分之一世紀。王后康思坦絲死後，留下幼子腓特烈二世（Frederick II）淪為巴勒摩多支內鬥派系擺佈的玩偶。義大利南部的多位公侯、主教見狀，便趁機佔領王室土地割據自立，而且沒有遇到多少抵抗。

西西里島海域的通行權就這樣落入義大利北部海盜的手中。皇帝亨利六世生前為了要誘使熱那亞和比薩結盟、出兵相助，曾經作出過許諾，到這時候，熱那亞與比薩他們就想要將當年慷慨的承諾化為事實了。亨利當時答應要將敘拉古分給熱那亞，因此西元一二〇四年，熱那亞就有一名海盜阿拉曼農・達・柯斯塔（Alamanno da Costa），率眾佔領敘拉古，自立為「敘拉古伯爵」（count of Syracuse）。比薩的船隻航行到西西里島的海域，本來就備受熱那亞海盜襲擊之苦；而熱那亞出身的海盜橫行海上，可是有熱那亞的「公社」在默許撐腰的。[34]同一段期間，阿拉曼農的熱那亞同袍安利柯・佩斯卡托拉（Enrico Pescatore：Pescatore於義大利文意為「漁夫」）也在馬爾他島自立為「馬爾他伯爵」。這一位「馬爾他伯爵亨利」（Henry,count of Malta），在當時橫行公海的武裝民船當中是最危險的其中一支。他有自己的小型艦隊，野心也不小——西元一二〇五年，他派出兩艘加列艦和三百名熱那亞、馬爾他的水手，突擊希臘海域，搶到了兩艘前往君士坦丁的威尼斯人商船，船上滿載錢財、武器以及二百捆歐洲布料。他們先是這樣子鬧出國際糾紛之後，再南下遠航到黎巴嫩的的黎波里，圍困的黎波里，直到城內的基督徒伯爵不得不讓步，答應給與熱那亞商人貿易權，交換他們軍援對抗敘利亞的穆斯林。[35]著名的〔法蘭西〕吟遊詩人佩爾・維達（Peire Vidal）正好就在他的隨從行列，曾經吟詩讚美亨利的豐功偉業：

> 其人慷慨，無畏，豪骨俠情，熱那亞的閃耀之星，所到之處，無論海面、陸地，敵人無不喪膽戰慄……我親愛的子弟，亨利伯爵，消滅天下勁敵，庇護親朋好友，任誰有求於他皆可來往，無所疑慮，無所懼怕。[36]

這些熱那亞的海盜在爭逐一己私利之餘，也不忘為母邦略盡棉薄之力；畢竟只要母邦的人覺得他們是在為他們的共和城邦爭取利益，母邦就不會棄他們於不顧。

「馬爾他伯爵」亨利接下來的壯舉，征服克里特島，就在地中海另一強權瓦解之後啟動。一一八〇年，拜占庭皇帝曼努耶里一世去逝後繼位的爭奪，耗掉拜占庭貴族不少政治元氣。土耳其軍隊四年前在小亞細亞的密米奧凱法隆（Myriokephalon）大勝拜占庭，更教拜占庭力蹙勢窮，在這一次交戰中，曼努耶里一世還是在千鈞一髮之際才僥倖逃生的。[37]來自義大利半島的海盜原本就已經在愛琴海奪下了幾處據點；科孚島接著也落入一名熱那亞海盜頭子掌握，害得威尼斯船隻通行亞得利亞海出口被任意搶奪。[38]比薩和熱那亞兩地對於他們的公民一一八二年在君士坦丁堡慘遭大屠殺——本章前文已經提過——都急著要拿希臘人開刀，好好報仇雪恨。[39]歷次凶殘的洩憤報復，有一件便是熱那亞海盜「大胖子」古利耶摩（Guglielmo Grasso）犯下的慘案。他和比薩海盜佛地斯（Fortis）是一夥的。兩人率領徒眾先在一一八七年襲擊羅德島，十分順利，之後攻擊了一艘威尼斯人的船隻。該船是穆斯林蘇丹薩拉丁派出來的，準備前往拜占庭皇帝以撒•安傑羅二世（Isaac II Angelos）朝中。船上有薩拉丁的使節團，攜帶大批野生動物、精緻木料、貴重金屬，還有蘇丹致贈拜占庭皇帝的禮物：聖髑「真十字架」（true cross）——據傳為當年釘上耶穌的十字架。海盜將船上人員盡數殺光，只有幾位比薩和熱那亞商人倖存。聖髑「真十字架」被佛地斯搶到手後，遠渡重洋送到博尼法席歐（Bonifacio）鎮上供奉；博尼法席歐位居科西嘉島南端。奇岩環拱，那時期屬於他的同胞比薩人所有。熱那亞人那邊卻覺得他們的條件要強過比薩，真十字架應該歸他們所有，因此突襲博尼法席歐，既拿到了聖髑也攻下了小鎮，據為己有，進而以博尼法席歐作為他們在薩丁尼亞北部進行貿易的根據地。[40]西方少有人對薩拉丁使節團遇襲覺得惋惜，因為由薩拉丁派使節團到拜占庭，證實拜占庭帝國和阿尤比王朝串通好要一起對付耶路撒冷王國。

拜占庭帝國當時正陷於腹背受敵的窘境。東南歐有保加利亞和塞爾維亞的軍閥在挑戰拜占庭的權力。〔一一八五年被以撒二世安傑羅推翻的〕科穆寧家族在失去拜占庭皇帝大位之後，回頭在黑海邊的特拉佩祖（Trebizond）和塞浦路斯島上獨立建國。所以，拜占庭帝國早在亡國之前便已四分五裂。一二〇二年西方準備要對東方發動新的十字軍東征，據稱目標便是要拿下薩拉丁的經濟大本營亞歷山卓。亞歷山卓要是拿得下來，就可以此為籌碼交換耶路撒冷王國幾處淪陷的城市，或是當作摧毀阿尤比王朝的前進指揮所。第四次十字軍東征的事蹟，史上傳頌不已。十字軍在威尼斯雇船，但付不出船家要求的費用，威尼斯如何出面說動大家，要是他們出力協助威尼斯拿下達爾馬提亞海岸的扎拉（扎達）城，可以抵銷部份費用；十字軍於是同意朝君士坦丁堡開拔，但是暗地打算趁勢要將阿列修斯四世安傑羅

（Alexios IV Angelos）重新送上皇帝的寶座，阿列修斯四世（偕同其父以撒二世被叔父罷逐而流亡到日耳曼）當時由十字軍保護。十字軍和希臘人的關係卻因為希臘人對（一二〇三年重回皇帝寶座的）阿列修斯四世敵意日深，而在一二〇三年間生變，嫌隙日深。阿列修斯四世被推翻，十字軍因此揮軍攻向君士坦丁堡，在一二〇四年四月翻過君士坦丁堡的高大城牆，原本牢不可破的君士坦丁堡就此陷落，數日之內被劫掠一空。[41]威尼斯城內聖馬可大殿的寶庫，就這樣塞滿了鑲嵌寶石的金盆銀碗、水晶壺、鍍金、上釉的書籍封皮、聖人的遺物等等琳瑯滿目，都是從拜占庭的皇宮和城裡的大教堂搶回來的奇珍異寶。許多現今依然收藏在聖馬可大殿裡面，特別是他們從君士坦丁堡競技場拖回來實體大小的青銅馬，格外搶眼。聖馬可之城現在成了新的君士坦丁堡、新的亞歷山卓。[42]

君士坦丁堡淪陷，獲利最大的一方，顯而易見應該就是威尼斯人，因為威尼斯人控制了拜占庭的貿易路線，這讓他們可以隨心所欲地排除競爭對手。拜占庭帝國則淪為各方霸主割據稱雄的亂局。帖薩羅尼迦以及克里特島的所有權被十字軍領袖拿下，也就是出身義大利西北部的貴族蒙費拉人波尼法（Boniface of Montferrat）。君士坦丁堡的皇帝冠冕，則被法蘭德斯伯爵鮑德溫九世（Baldwin IX Count of Flanders）戴在頭上。希臘的皇裔王公流落，負隅頑抗，有的在小亞細亞的尼凱亞（Nikaia），有的在巴爾幹半島西部的伊庇魯斯。鮑德溫九世耗費很多時間去打保加利亞人，而且能夠動用的資源還不多。希臘幾處殘餘政權不屈不撓地反攻，一心要收復拜占庭的核心地區。「君士坦丁堡拉丁帝國」（Latin Empire of Constantinople）民生凋敝，最後被立足於尼凱亞自立的米凱伊八世・帕雷歐羅哥斯（Michael VIII Palaiologos）收拾了——一二六一年收復君士坦丁堡。[43]另一邊的威尼斯宣佈他是「羅馬尼亞帝國四分之一再加上八分之一土地的領主」——這裡的「羅馬尼亞」就是指拜占庭帝國。威尼斯應得的份額後來往上加了一些，至少在理論上如此；波尼法所承受的壓力不下於皇帝鮑德溫一世，因而決定將克里特島以一千馬克（mark）銀幣的價錢賣給威尼斯。由於克里特島並沒有真的地由波尼法在統治，所以威尼斯這邊還要自己出兵去把那裡拿下來。威尼斯也有大好理由這樣子勞師動眾，因為克里特島橫跨西方通往東方的多條路線，而且盛產穀物、橄欖油、葡萄酒，這些優點威尼斯商人早早就心知肚明。

不過，在威尼斯人動手之前，馬爾他伯爵亨利就搶先對克里特島發動海戰，打算將該島納為己有。熱那亞由於遭到排擠，無緣參與第四次十字軍東征這場搶奪，便在暗地裡替亨利撐腰。一二〇六年，亨利攻佔坎第亞，拿下島上十四處要塞。之後，他厚顏派出特使晉見教皇英諾森三世（Innocent III），要求即位為克里特國王，未獲教皇首肯。對於亨利的稱霸，熱那亞表面裝作無涉，但是從一二〇八年起開始直接參與，公然提供他船艦、人手、食物，沒多久便獲亨利承諾在克里特島上多處城鎮授與倉庫、爐灶、澡堂、教堂等等的所有權。威尼斯起步較慢，但之後也迅速加派人馬、軍備，還指派顯赫的提耶波羅（Tiepolo）家族中人擔任克里特公爵——這樣的職銜一般便是威尼斯總督的見習人選。熱那亞無意和威尼斯人打長期的消耗戰，便在一二一二年和威尼斯簽下條約，只是，之後再花了六年的時間，熱那亞的馬爾他伯爵和敘拉古伯爵才真的將海盜勢力鎮壓下去。[44]此後，馬爾他伯爵亨利甘心樂意供當時的西西里島國王腓特烈二世差遣，成為腓特烈麾下的海軍總司令。而腓特烈二世在一二二〇年又當上了神聖羅馬帝國皇帝，亨利從強盜變成官兵了。

這一次的衝突雖然為時不長，但是意義之重大不可小覷。這是熱那亞和威尼斯兩座城邦第一次大衝突，兩地在地中海往阿卡的幾條通商路線都是較勁的對手；如前所述，一二五六至一二六一年間，兩邊的人馬就鬥得你死我活。熱那亞痛恨先前拜占庭帝國的貿易落入威尼斯的掌握，所以，米凱伊八世於一二六一年收復君士坦丁堡時，熱那亞出動海軍相助就不教人意外，而且還因此要到了豐厚的回饋。不過，克里特島於一二一二年落入威尼斯人手中之後，威尼斯人就發覺他們雖然貴為島上希臘族群的主子，島上的人口卻不愛戴他們的共和城邦（一三六三年就爆發過大叛亂）。雖然如此，威尼斯還是將地中海東部的供輸線要到了手，慢慢地，威尼斯人和希臘人學會了相互合作，隨著外來的威尼斯人和克里特島本土的人口通婚，克里特島進而發展出混合型文化，連天主教和東正教兩邊涇渭分明的界線，也開始消泯。[45]

四

雖然克里特島上看得到地區性的文化交流，但是，在拉丁人治理下的東方或是在地中海全境的文化發展，義大利半島流寓在外的僑民佔有多重要的地位，卻很難評估。有幾份流傳下來的彩繪抄本已經確認屬於耶路撒冷王國十三世紀的產物，由抄本可見東方的畫家借鑒拜占庭藝術的意象和手法，近似托斯卡尼、西西里島畫師的作法。西元一二〇四年，君士坦丁堡城破，許多拜占庭器物流落到西方，對義大利藝術的影響隨之加重，也為威尼斯城內有興趣鑽研古典時代經籍的人，開闢出取得和研究的途徑。[46] 伊斯蘭主題在他們那邊以作裝飾為主，散見威尼斯和義大利南部的建築。但是，義大利半島對於孕生這類裝飾的文化，卻並無多少好奇心。他們要是真的對東邊的文化有興趣，也多半出於實用的目的。君士坦丁堡在十二世紀是有一、兩位比薩來的譯者，但是他們迻譯希臘哲學的工作應該不是他們的主業——他們的主業應該是將官方文書譯成西邊的文字或是拉丁文。比薩人雅各（Jacob the Pisan）一一九四年就在拜占庭皇帝以撒・二世安傑羅的朝中擔任翻譯官。[47]比薩人還有個叫邁莫（Maimon）的，說是威廉之子，在比薩和北非的阿勒摩哈德王朝談判時也居中協助；而由他的名字來看〔邁莫是猶太人的姓氏〕，他的父母應該是異族通婚。比薩的書記和阿勒摩哈德王朝互通文書，用的也是阿拉伯文。比薩人甚至還從北非學到了幾樣很有用的會計手法。比薩商人李奧納多・費波納齊在布吉住過一陣子，於十三世紀初寫下一篇著名論文，討論阿拉伯數字。[48]不過，公證人依他們保守的天性來看，應該還是使用算起來累死人的拉丁數字作算術。

地中海的一條條貿易路線說不定也傳送了另一套很不一樣的思想，而在一二〇九年後在法蘭西南部帶起了一股熱潮，維持達好幾十年。西元十一世紀期間，拜占庭幾位皇帝先後大力鎮壓波格米勒（Bogomil）異端信仰。波格米勒教派是採宇宙二元論（dualism）的主場，主張性靈界有一良善的主，和主宰肉慾界的撒旦（Satan）對抗。有些歷史學家認為波格米勒教派會傳播到歐洲，有可能是在歐洲發動第一次、第二次十字軍東征期間，大隊人馬穿過君士坦丁堡因而接觸到的，也有可能是義大利半島如比薩等城市的商人出外經商，接觸到波格米勒教派，而將該教派的信仰帶回到歐洲的，進而於十二世紀在〔法國南部〕隆格多克發展出「淨化派」（Catharism）異端信仰。[49]義大利半島的淨化派信徒，觀點一般偏向溫和，從巴爾幹半島異端信仰來的影響似乎不小；巴爾幹半島的異端信仰則是經過拉古薩暨周邊鄰近的地區，由亞得里亞海渡海傳進義大利半島的。不過，假設這些思想是經由航海貿易的幹道傳進西歐，說不通的地方在於這些思想並未在港市留下形跡：〔法國〕蒙佩利爾堪稱地中海貿易的重鎮，一般卻認為蒙佩利爾沒有異端的蹤跡。在熱那亞也很難找得到信奉淨化教派的人。熱那亞和威尼斯這兩處地方，哪有人會信奉〔主張禁慾苦修的〕淨化教派。熱那亞的人滿腦子只知道賺錢，只想沈浸在肉慾的世界裡面樂而忘返，不就有人說「生為熱那亞人，注定成為商人」（Genuensis, ergo Mercator）。

第七章

商人傭兵傳教士

西元一二二〇年—西元一三〇〇年

一

地中海中部、東部有帝國土崩瓦解，西邊也不落人後，〔西班牙境內的〕阿勒摩哈德霸權一樣分崩離析。阿勒摩哈德王朝先後幾位哈里發對於阿勒摩哈德教派極端的教義同樣都熱忱不再，而被冠上背棄信仰的罪名。一二一二年，阿勒摩哈德哈里發在拉斯・納瓦斯德・托羅沙（Las Navas de Tolosa）被幾位西班牙境內的基督教國王聯手打敗之後，據說哈里發就被身邊的一名奴隸勒死。阿勒摩哈德王朝在西班牙和突尼西亞的領土，分別由幾位新一代的地方土豪割地稱王，而他們一個個對阿勒摩哈德教派的信仰也純屬口惠而無實質。在突尼斯據地稱王的哈夫斯王朝（Hafsids）統治者自稱是阿勒摩哈德哈里發的嫡系繼承人，但祭出這樣的說法應該主要是為了宣告政權的正統性，而不是真的對阿勒摩哈德教派有虔敬的信仰。柏柏人的馬林王朝（Marinids）在十三世紀中葉歷經漫長的艱苦纏鬥，終於擊潰阿勒摩哈德在摩洛哥的勢力。同一時期，納瑟王朝（Nasrids）在格拉納達站穩腳跟，政權延續至西元一四九二年方才告終，這王朝謹守的信仰是伊斯蘭遜尼派，而不是阿勒摩哈德教派。地中海西部的基督徒世界在西元十三世紀，同樣發生了翻天覆地的劇變：比薩和熱那亞為了爭奪科西嘉島、薩丁尼亞島周圍水域而打的擂台賽，打到後來是一二八四年比薩在〔利佛諾外海處的〕梅洛里亞（Meloria）一戰當中落敗，失去富藏鐵礦的艾爾巴島。[1]雖然比薩尚未失去他們在薩丁尼亞島上握有的大片領土，甚至後來還收復了艾爾巴島，卻已經有新的勁放嶄露頭角，而且，這一次不再是哪一處的航海共和城邦，而是一批城邦，由巴塞隆納領軍，背後還有勢力愈來愈強大的亞拉崗國王兼巴塞隆納伯爵「征服者」詹姆斯一世在撐腰。

亞拉崗幾位國王在地中海區能夠締造什麼功業，在西元十三世紀之前並不明朗。不過是小小的山地王國君主，才剛在一一一八年打倒薩拉戈薩（Saragosa）的穆斯林大公國，之後，力氣多半耗在干涉卡斯提爾（Castile）和納瓦拉（Navarre）兩地基督教王國的內政。不過到了一一三四年，亞拉崗國王「戰士」阿豐索去逝，未留下子嗣，害得他出家當修士的弟弟被迫還俗生下一女。這位公主後來下嫁巴塞隆納伯爵，巴塞隆納伯爵屬地和亞拉崗王國因而於十二世紀中葉起合而為一〔成為亞拉崗聯合王國Crown of Aragon〕。只是，兩國合併純屬私事，僅及於君主其人；在加泰隆尼亞地區這邊的頭銜叫作公爵，在名義上必須奉法蘭西國王為宗主，在高原區的亞拉崗才可以叫作國王。再者，巴塞隆納公爵還因為身陷加泰隆尼亞的區域衝突而分身乏術，管不了其他；巴塞隆納伯爵在加泰隆尼亞地區，充其量也只是諸侯中的佼佼者而已。不過，由於伯爵在庇里牛斯山北邊的隆格多克（Languedoc）和魯西雍（Roussillon）兩地都有盟邦和藩屬，因此勢力也算得上超出加泰隆尼亞境外吧。一二〇九年，亞拉崗暨加泰隆尼亞伯爵國王（一般都用這頭銜叫他）因為涉入法蘭西南部的內政，而被捲進十字軍的聖戰。當時教皇疾呼教徒應對淨化派異端發動大聖戰，也就是史稱「阿爾比十字軍」（Albigensian Crusade）的戰事。當時，亞拉崗暨加泰隆尼亞伯爵國王在法國南部有幾位藩屬被控庇護異端，甚至本身就是異端份子。當時在位的伯爵國

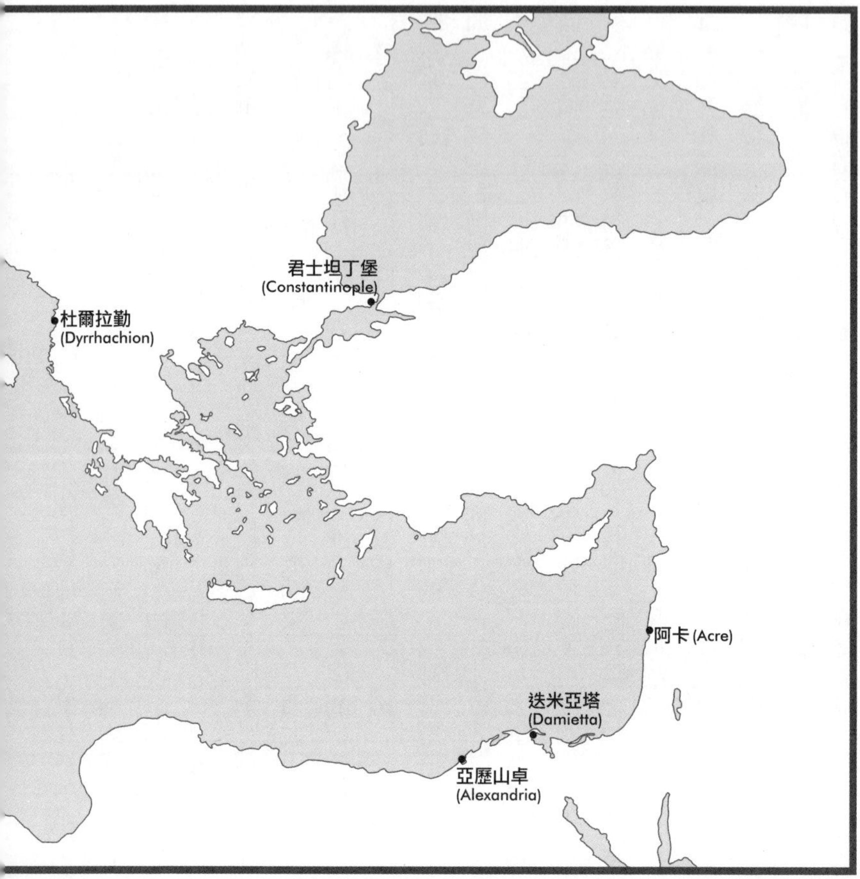

王彼得二世，把宗主的責任擺在第一，出兵馳援藩屬，一起對抗法國貴族西蒙・德・蒙福特（Simon de Montfort）自法蘭西北部揮兵南下的攻勢。結果彼得二世於一二一三年在土魯斯（Toulouse）附近的繆雷（Muret）一役陣亡，留下王位繼承人幼子詹姆斯（後來的「征服者」詹姆斯一世），流落在蒙佩利爾。事態演變至此，只教加泰隆尼亞更加動盪。[2]

巴塞隆納在杜德拉人本雅明生前還是「小巧而美麗的城市」，但本雅明堅持巴塞隆納在西元一一六〇年前後，就已經看得到來自義大利半島和地中海各地的商人穿梭的身影

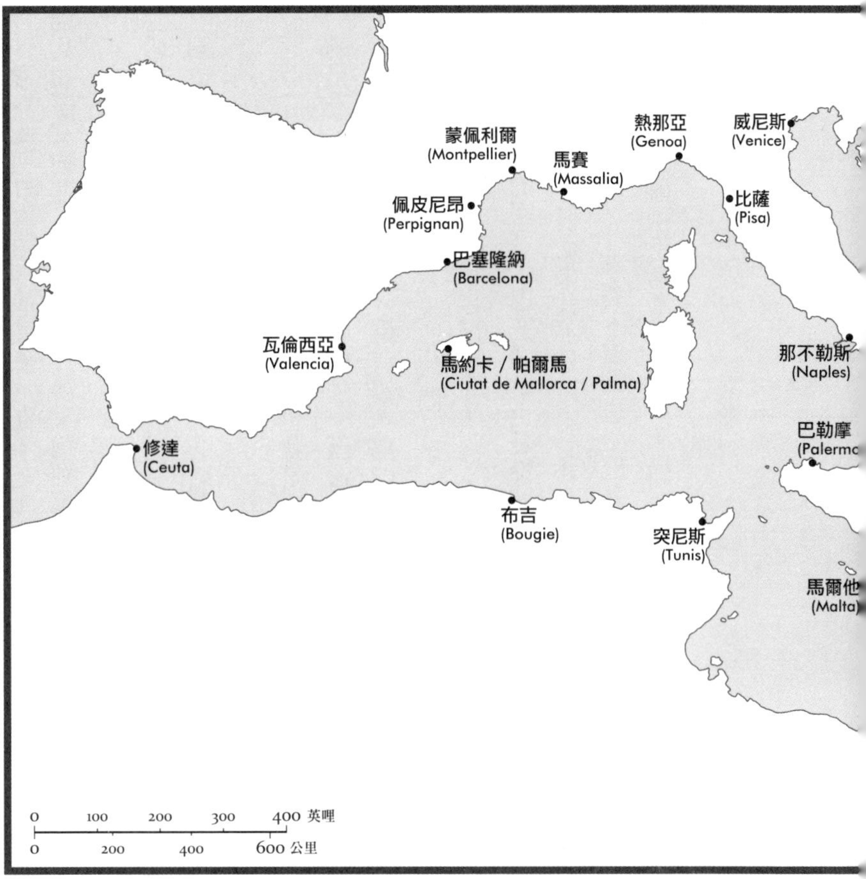

了。[3]不過，這樣的時期應該算是巴塞隆納運勢的低點，因為，西班牙一帶的地中海岸要說有哪一座城市在十一世紀即將崛起，非基督徒的巴塞隆納莫屬。[4]巴塞隆納在幾位精力旺盛兼又好戰的伯爵統治之下，對於散佈西班牙南部的幾處穆斯林王國不是威脅就是突擊，成效卓著，大批、大批的貢物湧入伯爵朝中，為巴塞隆納的經濟挹注黃金，源源不絕，以致像生意作得很發達的大商人，如李卡德・紀連（Ricart Guillem），也在巴塞隆納西邊外緣（緊鄰巴塞隆納現在的蘭布拉斯大道Ramblas）經營起葡萄園、果園等多種產業。

李卡德・紀連出生在卡斯提爾，但在巴塞隆納崛起，鋒芒畢露：先是在一〇九〇年率眾對抗興兵作亂的傭兵頭子艾勒熙（El Cid），然後又跑到穆斯林人的薩拉戈薩去作白銀換黃金的買賣。不過，巴塞隆納早年的榮景只是曇花一現，短短一陣時期過後便陷入了漫漫的經濟寒冬，等到了十一世紀末，穆斯林阿勒摩哈德王朝在西班牙南部站穩了腳跟，朝貢的收入就算是枯竭了。[5]再之後，比薩和熱那亞興起，巴塞隆納也就只能靠邊站，因為義大利的船隻前往當時熱門的幾處港灣如修達、布吉等地所走的路線，依巴塞隆納的地理位置，距離都略嫌遠了一些。義大利船隻一般偏愛掠過馬約卡島（Majorca）和伊維薩，從德尼亞登陸伊比利半島的海岸，也就是瓦倫西亞略往南邊靠的那一塊突出來的小地岬。巴塞隆納沒有天然的良港，現今巴塞隆納有的那一座優良港口，是現代的產物。加泰隆尼亞在一一四八年舉兵進攻托爾托薩（Tortosa）的時候，還有賴熱那亞派出海軍支援。不過，加泰隆尼亞也開始在打造他們的小型艦隊，在巴塞隆納的瑞戈米亞城門（Regomir Gate）成立了造船廠。瑞戈米亞城門就在巴塞隆納城南的大門，從大教堂一路往下走的馬路直衝海灘——這裡在現代已經退到城內一段距離有了，也就是「哥德區」（Barri Gòtic）的南邊。巴塞隆納也是都城，伯爵國王的宮殿雄踞城內的東北角。巴塞隆納雖然有管理相當良好的政府，但從來就不是自由的共和城邦，城內的父老沒有比薩和熱那亞他們有的那些可以施展身手和謀略的自由。[7]不過，這卻也是巴塞隆納繁榮興盛的重要原因。西元十三世紀期間，巴塞隆納貴族關心的事和伯爵國王漸漸合流。他們同樣開始看出進行海外貿易，派出海軍橫渡地中海進行遠征，能有哪些好處了。

二

詹姆斯一世小小年紀便流落在他母后出身的蒙佩利爾，未能返國即位。加泰隆尼亞朝中長年無主，看守的王公大臣吵架拌嘴，爭執不斷。儘管如此，王室的繼承權卻未因此而消蝕，因為，朝中力挺詹姆斯一世的臣子，例如魯西雍伯爵這般位高權重的大公，都理解捍衛王權才能鞏固自己的地位。到了一二二〇年代，少主已經迫不及待要率軍出征打聖戰，以英雄的姿態建立他的威信和人望。他的王國想要攻下穆斯林馬約卡島的計劃行之有年，先人拉蒙・貝蘭格爾三世（Ramon Berenguer III）在位的時候，便在一一一四年因為有比薩出動海軍奧援，而推動過一陣子戰事，但為時不久。詹姆斯一世這一次提出攻打馬約卡島的計劃，卻表示要改由自己子民組成的艦隊來進行。作這樣的打算也沒錯，熱那亞和比薩他們窩在馬約卡過得實在太安逸，各有各的貿易站可以依靠，所以對詹姆斯一世的野心並無興趣。[8]詹姆斯一世啟動計劃的步驟，是先在塔拉哥納舉辦一場盛大的宴會，向臣民徵詢。宴會由國內的富豪船主培拉・馬泰爾（Pere Martell）出資舉辦。他認為這次的計畫，既正當、也有利：

尚祈陛下惠察，吾等認為陛下征服該島有兩大理由可恃：其一，陛下暨吾等之權勢必可因之大增，其二，聽聞陛下攻克該島，世人無不欽慕陛下開創此等奇蹟，既於陸地稱王，兼於海上立國，所在天主自有安排。[9]

自此開始，顯而易見國王陛下和紅頂商人同利合流。

詹姆斯叫得動的除了加泰隆尼亞的船艦，還有馬賽那邊，因為普羅旺斯的幾位伯爵也都是巴塞隆納王室的旁系子嗣。一二二九年五月，詹姆斯在無數小船之外，總計集合到一百五十艘大型船隻，信誓旦旦指稱「艦隊陣容之壯盛，海面蓋滿了船帆，變成全白。」[10]歷經一段驚險的海上航程之後，詹姆斯一世的加泰隆尼亞暨盟邦的聯軍終於登陸，到了年底，他們已經從穆斯林手中拿下了他們的都城麥地納梅尤卡（Madina Mayurqa）——這地方，加泰隆尼亞人叫作修達馬約卡（Ciutat de Mallorca），也就是現在的帕爾馬（Palma）。加入征伐行列的加泰隆尼亞各城市暨馬賽和蒙佩利爾，都分到了城市的產業以及城牆外的土地作為出兵相助的報酬。詹姆斯知道熱那亞和比薩對於這樣的事有多敏感，所以，縱使熱那亞和比薩先前都反對他出兵的壯舉，他還是賜與身在馬約卡的義大利商人多項貿易優惠。這樣一來，也為修達馬約卡的商業擴張打下了基礎。不過，馬約卡島還要再過幾個月才算完全平定下來。西元一二三一年，詹姆斯一世還用欺敵戰術，虛晃一招就把梅諾卡嚇得投降。他將軍隊集結在馬約卡島東部，從梅諾卡島遙望就看得到。入夜之後，每一位士兵分到兩支火把點起火來，梅諾卡島上的穆斯林遠遠看到火光，誤信是敵人的大軍已經攻到，迫在眉睫，便急忙派人送信輸誠投降。梅諾卡島上的穆斯林以每年進貢換取自治以及信奉伊斯蘭的權利。[11]一二三五年，伊維薩（Eivissa,Ibiza）也跟進淪陷，不過，是由詹姆斯一世授權塔拉哥納宗主教代勞，由他組織民間遠征軍去攻下來的。

從攻下塔拉哥納的後續發展，可以看到詹姆斯對於直接治理這幾座島嶼不太有興趣。馬約卡島的統治權，他就樂於交給伊比利半島的一位王公，葡萄牙人佩多羅（Pedro of Portugal），交換來佩多羅在庇里牛斯山脈擁有的幾處寶貴的戰略要地。詹姆斯一世在這時期關注的方向還是陸地這邊多過海上。不過，由於他在馬約卡島一役大勝，巴利亞利群島剎時就變成了基督徒海軍前進的基地，詹姆斯還寫下自傳為自己的功業留下紀念，這也是中古時期首度有這樣君主的作品存世。這一部自傳以加泰隆尼亞語寫成，這時候的作生意的商人、攻城掠地的將領，出海沿著西班牙海岸南下到馬約卡島，一路攜帶的就是這一語言，等到了一二三八年，詹姆斯攻下瓦倫西亞，加泰隆尼亞語便又再傳播到另一處新的基督徒領土去了。詹姆斯一世過世之前尚有二子在世，他覺得亞拉崗、加泰隆尼亞和瓦倫西亞應該要分給大兒子彼得三世才對，但他也沒忘記要為小兒子詹姆斯二世打點未來，所以為他準備好了馬約卡王國，還將版圖擴大許多。這一處新的馬約卡王國，起迄年代為一二七六至一三四三年，涵蓋詹姆斯一世在庇里牛斯山脈北麓握有的寶貴領地：魯西雍、塞達涅（Cerdagne）、蒙佩利爾，蒙佩利爾是地中海通往法蘭西北部的貿易路線要地。所以，不論有意還是無意，詹姆斯打造的馬約卡王國靠海吃飯也行。

詹姆斯四處征伐，留下的一大問題就是該拿穆斯林人口怎麼辦。詹姆斯一世將穆斯林視作經濟資產。馬約卡島上的穆斯林人口有許多選擇留下，臣服於基督徒領主。不過，穆斯林族群終究還是漸漸散失，有的外移，有的改宗。島上倒沒有因此就為之一空，因為換成基督徒跨海移入，有從加泰隆尼亞來的，有從普羅旺斯來的，島上的人口特性因此轉變得很快，到了西元一三〇〇年，穆斯林人口在馬約卡島上已經淪為少數族群，四周圍都是基督徒。[12]反之於瓦倫西亞，詹姆斯一世則試圖以基督徒國王的立場君臨穆斯林。瓦倫西亞城中的穆斯林人口雖然人去樓空，城郊倒是出現繁榮的穆斯林區，瓦倫西亞的老穆斯林王國境內原有的穆斯林族群也獲准奉行伊斯蘭的律法和信仰，不受干涉，朝廷甚至下令禁止基督徒和猶太人在穆斯林的小鎮、村莊落腳定居（梅諾卡一樣有此禁令）。他們也有幾處重要的產業中心，多半專門生產阿拉伯人早年隨伊斯蘭征服歐洲的腳步而引進西方的物產，例如陶瓷、穀物（包括稻米）、乾果、精美布匹等等，而在陸上或是地中海的越洋貿易，則為國王和貴族大地主帶來優渥的貿易稅收。[13]

他們和穆斯林簽訂的投降協議，有的措辭甚至不像穆斯林是落敗的一方，反而頗像是平等的雙方簽下的合約。[14]不過，這倒不失為維持穩定的良方，起碼直到瓦倫西亞的穆斯林鬧起叛亂之前都算是吧，也因此〔穆斯林叛變之後〕在一二六〇年代，穆斯林面對的生活條件就比較嚴苛了。王室的寬容是真有誠意，但不是沒有條件，也並非一成不變。

雖然巴塞隆納龐大的猶太族群對於越洋貿易沒有多大興趣（或者是對於借錢給別人沒有多大興趣，正好和表面的刻板印象相反），詹姆斯一世卻還是在猶太人身上看到了他人所無的長處[15]，而力邀加泰隆尼亞、普羅旺斯、北非等地的猶太人移居馬約卡島。塞希爾馬薩（Sijilmasa）鎮上有一位猶太人還特別得到他的青睞；塞希爾馬薩位於〔現今摩洛哥〕撒哈拉沙漠北端，是諸多駱駝商隊從尼日河（Niger）大轉彎處運送黃金北上的目的地。這位猶太人叫作所羅門・本・阿瑪爾（Solomon ben Ammar），於一二四〇年前後從事貿易和金融，在修達馬約卡也有產業。這樣的人輕易便可打入北非的市場，有助於將馬約卡島打造成加泰隆尼亞通往伊斯蘭地中海的橋樑。阿瑪爾和許多流寓西班牙的猶太人一樣，講了一口流利的阿拉伯話。所以，到了下一世紀，馬約卡島上就有猶太人和改信基督教的猶太人開起了地圖畫坊，利用穆斯林和基督徒詳盡的地理知識，畫出著名的「波特蘭航海圖」（portolan chart），不論地中海或是外圍海域的海岸線，勾畫之精細準確，至今依然教人歎為觀止。[16]

在西班牙境內相遇的三支「亞伯拉罕信仰」〔猶太教、基督教、伊斯蘭〕，套上的外衣並不相同。托利多（Toledo）深處卡斯提爾內陸，那裡的國王阿豐索十世（Alfonso X）就支持由猶太人作中介進行阿拉伯文獻的翻譯（包括譯成阿拉伯文的希臘著作）。但在地中海沿岸，這樣的事情就比較少見了。盤旋在亞拉崗詹姆斯一世腦中的最大課題，是來自實際的考量：如何維持控制他所統治的瓦倫西亞等地，這些地方的穆斯林族群，潛伏著躁動。宗教同樣也是一大難題：是不是該給他的猶太人、穆斯林子民一點機會去改宗皈依基督教呢？又該怎麼給呢？由於他可以向猶太人和穆斯林課徵特別稅，因此，他也跟征服地中海沿岸的早年穆斯林征服者一樣，這題目的兩難需要考慮：改宗皈依基督教的人數太多，反而會侵蝕他的稅基。所以，雖然他下令國境之內的猶太子民一定要進猶太會堂聽〔基督教的〕傳教修士講道，而猶太人寧願以繳交特別稅來取得國王敕令的豁免權，他私底下竊喜。不過，他還是在公開場合宣示支持修士的立場。在「道明會」（Dominican Order）會長拉蒙・德・潘亞佛（Ramon de Penyafort）的心中，向加泰隆尼亞的猶太人、北非的穆斯林傳教，是他們工作的優先事項。他的重大成就便是成立語言學校，供傳教士攻讀阿拉伯和猶太語言，鑽研猶太教的《塔木德》和伊斯蘭的《聖訓》（*hadith*），務求精通，以便可以站在猶太教拉比、伊斯蘭伊瑪目的立足點和對手辯論。[17] 西元一二六三年，國王詹姆斯還在巴塞隆納一場公開辯論會上親自擔任主持人，由來自吉羅納（Girona）的著名猶太拉比納赫曼尼德斯（Nahmanides），對上改宗皈依基督教的猶太人保羅，激烈爭辯彌賽亞是否真的來過世間。兩邊同都自稱獲勝，但是納赫曼尼德斯心裡也知道，這樣子一來，他準會成為眾矢之的，在加泰隆尼亞應該待不了多久了。而他在逃往阿卡途中，還在海灘搞丟了他的戒璽。這一只戒璽現在已經尋獲，就陳列在耶路撒冷的以色列博物館中。[18]

不同信仰的族群在日常的往來狀況到底如何，可以由加泰隆尼亞辦的第二場宗教辯論會的存世記載，一窺端倪。這一場辯論會的辯士沒有前一場耀眼，是由一位猶太人和一位出身熱那亞的著名商人因蓋托・孔達托（Ingheto Contardo）上場辯論，一二八六年假馬約卡島上的熱那亞貨倉舉行。當地有一位猶太拉比常到熱那亞商館的交易廳找熟識的熱那亞人爭辯。孔達托沒把那位拉比當作是敵人，而看作是朋友，需要開導和拯救。他說要是他遇見猶太人快凍死了，要他把一支木頭十字架拆下來當柴燒來取暖，他也不會遲疑。[19]猶太人對手拿這問題奚落孔達托：假如彌賽亞真的降臨人間，為什麼世上還會有戰爭？為什麼你們這些熱那亞人還和比薩人打得那麼兇？當時有卡巴拉學者亞伯拉罕・阿布拉菲雅（Abraham ben Samuel Abulafia）極富號召力，不時來往地中海兩岸，深諳基督教和穆斯林神祕論；可以由這些年的劇烈衝突作為背景來理解其人其事。[20]阿布拉菲雅，希伯來曆五〇〇〇年（西元一二三九—四〇年）生於薩拉戈薩（Saragossa），鑽研經籍著重在末世來臨的說法——彌賽亞即將降臨人世，在一二六三年的巴塞隆納宗教大辯論當中就已經提出來過了——來到教皇面前。[21]他在地中海各地旅行，四面八方都走遍了；從義大利半島南部開始，一二六〇年一度想要深入到阿卡內陸，但是才剛要穿過聖地前往以色列失落的十部族（譯註16）傳說所在的「安息日河」（Sambatyon），卻因為法蘭克人、穆斯林和蒙古人在打仗而受阻。阿布拉菲雅回到巴塞隆納，居停未久便又驛馬星動，在一二七〇年代重新踏上旅程，既遠行到希臘的帕特拉斯（Patras）、底比斯去講學，也回頭到義大利半島南部的特拉尼（Trani）去招惹城內的猶太人，搞得群情激憤。他前往教皇的朝廷，打算向世人揭露他的彌賽亞使命。期間，縱使他僕僕風塵也始終未曾荒廢筆耕，一部又一部玄學作品陸續推出。他在著作當中獨樹一幟，提出玄之又玄的卡巴拉論，特點在於他認為希伯來字母經由複雜的組合，可以舖起通往神的靈性道路。他自認有能力指點性靈遁入沈思冥想而脫離肉身的軀殼，見證天主妙不可言的榮光。他還算幸運，教皇趕在他提議要去晉見的前幾天就先行蒙主寵召。他先在大牢裡蹲了一個月，期間創下的事功，就搞得抓他去關的方濟會修士愈來愈困惑。從牢裡放出來後，他回到義大利半島南部和西西里島，身邊還有忠心的信徒簇擁隨行。他在世間最後的身影出現在科米諾島（Comino），時間是一二九一年；科米諾島夾在馬爾他島和戈佐島

（Gozo）之間，那年頭住在那一帶，日子絕對難得安穩。

由阿布拉菲雅的生平可以勾勒出當時偏激的宗教思想，不論是由首倡的人還是追隨的人攜帶著，在地中海四下流佈的軌跡。由他的生平另也可以一窺當時已知的各支宗教在神祕論這一邊的思想，對於通往神的道路都有所互通和交流。加泰隆尼亞便有著述豐富的傳教士拉蒙・柳利（Ramon Llull）想將猶太人、基督徒、穆斯林還有他自創的神祕論「三一神學」（Trinitarian theology）共通的信念綰合起來，所以提出了一套作法或說是「技藝」（Art）吧，帶著在地中海四處傳揚，企圖心絕不小於亞伯拉罕・阿布拉菲雅。柳利出身巴塞隆納望族移居馬約卡島的支系，原先在馬約卡新興的社會入朝為官，平步青雲，未久卻認定他的生活盡是罪惡，耽溺於酒色財氣。一二七四年，他在馬約卡的蘭達山（Mount Randa）出現神祕體驗，因而認定他一定要將天份用在勸服不信神的人皈依他的天主才對。[22]他開始學阿拉伯和希伯來的語文，也在馬約卡山間的米拉瑪（Miramar）為傳教士成立語言學校。他寫下好幾百本著作，也去過北非數次（但因為指責〔伊斯蘭〕先知而被驅逐），只是，他是不是勸服過誰人皈依他的天主，到現在還找不到證據。說不定他的「技藝」太過複雜，除了他小圈圈內的一小撮門徒之外，其他人大概束手無策吧。不過，他的「技藝」倒可以這樣子來看：他把萬事萬物全都分門別類，逐一拆解類別之間的關係。所以，他歸納出九大「絕對」（absoloute）（只是這數目在他的著作當中並不一定），包括良善、偉大、權力、智慧等等，還有九大「相對」（relative），例如起始、中間、結尾。他用的代碼、圖表、符號，繁複又龐雜，以致於有的著作乍看之下，簡直就像天書。但他也拿勸服皈依為主題寫過幾本中篇小說，設定的讀

譯註16：失落的十部族——原文作失落的十二部族，有誤，古傳以色列有十二部族，但在古以色列王國亡國之後被逐，以致十二支部族當中有十支不知所蹤，但會在彌賽亞降臨人世的時候重新現蹤，回到以色列。

者群就偏向一般大眾了。[23]

拉蒙・柳利在基督教傳教士當中與眾不同的一點，在於他堅持猶太人、基督徒、穆斯林信奉的是同一位主上；對於當時將基督信徒的敵對陣營打為撒旦的風氣愈來愈猖獗，他也膽敢獨排眾議，挺身對抗。他在著作《論外邦人暨三位聖者》（*Book of the Gentile and the Three Wise Men*），對猶太教、基督教和伊斯蘭信仰所作的說明，大體皆屬中肯、通達，還假想他和一名猶太人對答，由猶太人來證明天主真的存在。他在書中主張，「既然我們有的是一個上帝、同一個造物者、同一個天主，我們當然也就只有一種信仰，一支宗教，一門教派，以同樣的方式愛上帝、榮耀上帝，所以我們應該彼此友愛，互助才對」。[24]他也下工夫將他講的化為實際的行動，而寫下一本小冊子，供行商到亞歷山卓暨其他穆斯林領土去時可以參考。小冊子中詳列出他們和當地居民討論基督教、伊斯蘭優劣時的指南。只是，商人興趣比較大的還是拿胡椒來討價還價，也很清楚拿伊斯蘭來批評指教，包準被抓、被趕甚至送命。柳利在一二九三年首度要從熱那亞南下到北非就未能成行，因為連他自己也臨陣脫逃。書籍、行李等等都已經打包好送上船了，他卻怕得舉步維艱，不肯答應船隻開航，看得被他崇高的號召感動得不能自已的人不勝氣憤。不過，沒多久他還是真的出海前往突尼斯了，還在該地向穆斯林宣告：只要有人說得動他去相信伊斯蘭的真理，他願意改信伊斯蘭——他玩這一招是要激穆斯林跟他辯論。幾番舌戰下來，連蘇丹也被他招惹來了，結果就是他被押上一艘熱那亞人的船隻送走，嚴令他絕對不可以回來，否則死刑伺候。對傳教士發出這樣的威脅，一般都會讓他們想到殉道。[25]柳利被趕出去後，先後在那不勒斯、塞浦路斯島講道一陣子，後來在一三〇七年重返北非。這一次他在布吉落腳，往人家的市集廣場一站，就開始非難伊斯蘭。被捕時，他對官方說：「只要是基督真正的僕人，體驗過天主信仰的真理，肉身縱使死亡，卻可以因此為非信徒的性靈贏得神恩，過屬靈的生活，他才不會害怕」。不過，拉蒙・柳利在熱那亞和加泰隆尼亞的商人當中畢竟有些魅力，他們在穆斯林宮中也略有些影響力，便出面保住他的性命。他在一三一四年重返突尼斯；那時機，正逢蘇丹又玩起了他們歷史悠久的把戲：尋求加泰隆尼亞人的支持以增強他對抗敵人的實力，所以街頭巷尾一時耳語轟傳，指蘇丹有意要皈依基督教。既然如此，他們自然歡迎柳利入境，但他已經年屆耄耋，很可能是在一三一六年春返航馬約卡島的途中死於船上。[26]

讓蘇丹感興趣的是傭兵勝於傳教士。加泰隆尼亞民兵幫助了馬格里布（Maghrib）蘇丹的統治地位，他們出現在北非，亞拉崗國王們也給予高度評價：因為有他們，確保了北非的蘇丹們不致於捲進激烈的敵對——如後文所述，西地中海的基督教君侯們在十三世紀末年和十四世紀初年的惡鬥。有的傭兵，例如卡斯提爾的親王亨利（Henry of Castile；卡斯提爾王國阿豐索十世之弟），就是在歐洲搶不到領地才會改到海外闖盪的。[27]傭兵不是新的現象。西元十一世紀晚期，教皇葛利果七世（Gregory VII）便寫信給北非的穆斯林酋長們，綏靖他們，希望能為穆斯林軍中的基督徒士兵提供宗教慰藉。在西班牙，同樣看得到基督徒加入穆斯林的部隊，穆斯林加入基督徒的部隊。到了一三〇〇年，傭兵已經是歐洲大範圍戰略當中的一環，所以北非一些地區得到亞拉崗—加泰隆尼亞王國的實質保護。

三

加泰隆尼亞還有另一特長——航海。到了西元十三世紀末，加泰隆尼亞的船艦已經打下了安全可靠的名聲。商人想找船來載貨，像是巴勒摩這樣的地方，就知道選加泰隆尼亞的船準沒錯，例如瑪帖奧・

奧利維達（Mateu Oliverdar）擁有的大船〈聖方濟號〉（*Sanctus Franciscus*），一二九八年正好就在巴勒摩。[28]熱那亞人喜歡把船隻的所有權分散，加泰隆尼亞人一般卻愛一人完整地擁有一艘大船，再將船上的艙位出租給托斯卡尼的小麥商人、奴隸販子等等，或者是去找有錢的大商人承租一整艘船或是局部。[29]以前一直由義大利半島稱霸的地方，巴塞隆納、馬約卡的船主以及商人在這時期也有辦法連哄帶騙硬是插上一腳。一二七〇年代，巴塞隆納出身的中產階級寡婦，瑪麗亞・德・馬里亞（Maria de Malla），生意還作到了君士坦丁堡、愛琴海那一帶去，由她出口精美的布料到東邊，法蘭西北部夏隆（Châlons）生產的亞麻布料也在內，再由她幾個兒子遠行帶回「乳香脂」（mastic）——乳香脂是當時極為珍貴的「口香糖」。德・馬里亞家族的一大專長項目是毛皮買賣，連野狼、狐狸的毛皮都賣。[30]加泰隆尼亞人在突尼斯、布吉等等多處北非城鎮都享有特許權，可以設立自己的商館，自己派人當領事（consul）進行管理。而海外的領事館可是重要的獲利來源。〔亞拉岡國王〕詹姆斯一世在一二五九年發現突尼斯的加泰隆尼亞領事付給他的租金極低，大為震怒，馬上將金額調成三倍。[31]亞歷山卓是加泰隆尼亞人另一個集中力量的目標；德・馬里亞家族一二九〇年代就會派人到亞歷山卓尋找亞麻和胡椒貨源。十四世紀期間，亞拉崗的詹姆斯二世曾經想說服埃及蘇丹同意他對巴勒斯坦的基督教聖地施行保護權，蘇丹也答應詹姆斯二世要是國王派出「滿載貨物的一艘艘大船」，他就送上「耶穌受難」（Christ's Passion）的遺物。[32]得到亞拉崗國王表面上假裝支持的教皇，嘗試對加泰隆尼亞、義大利半島和埃及之間活絡的貿易下禁令，明訂凡是和敵人穆斯林通商的人一律逐出教會。但是，手中有兩位加泰隆尼亞修道院院長的亞拉崗國王，向眾人保證：任何違反教皇諭令和埃及通商的人，一定能由院長赦免罪愆，只要付出鉅額罰款即可。這樣的罰款後來演變成貿易稅，為王室帶來大筆收入。一三〇二年，加泰隆尼亞繳交國王財庫收入的帳目當中，有將近一半是來自與亞歷山卓的貿易罰款。所以，亞拉崗國王不僅沒有打壓過與穆斯林的貿易，甚至與商人共謀串通。[33]

自然而然，加泰隆尼亞企圖挑戰由義大利商人壟斷的與東方的香料貿易。只是他們真正的實力還是在地中海西部建立起來的貿易網。突尼斯寬敞的外僑區，只見街頭巷尾都是加泰隆尼亞人、比薩人、熱那亞人，摩肩擦踵，這算是租界區，商館、客棧、教堂林立。只要打得進北非的港口，就等於連上了穿越撒哈拉沙漠的運金路線。加泰隆尼亞人便帶著法蘭德斯和法蘭西北部生產的亞麻、羊毛布料，深入這一帶各地。後來在一三〇〇年後，他們家鄉的紡織產業也興盛了起來，巴塞隆納和雷伊達（Lleida）生產的精美布匹也跟著加入他們的販售項目。他們也賣鹽。加泰隆尼亞的伊維薩便盛產鹽，薩丁尼亞島的南部和西西里島的西部也是很大的鹽產地。但在北非再往南去的沙漠地帶，鹽可就不容易找了，有時甚至被沙漠的部族拿來當通貨使用。巴塞隆納進入十三世紀之後日益興盛，自然需要為城市愈來愈多的人口找到不會斷糧的保障。他們早先是以西西里島為小麥的交易中心，運用船腹圓凸的笨重大船運送，而且早在一二六〇年代便已經可以從西西里島運送小麥供應地中海的其他地區了。例如突尼斯；北非的鄉間在十一世紀慘遭阿拉伯部族蹂躪之後，始終未能恢復農耕的元氣。還有熱那亞和比薩；他們原本應該可以自己打理糧食供應才對。普羅旺斯的城市也在他們供應之列。[34]一二八〇年代有一份買賣合同流傳下來，簡單寫道〈幸運號〉（*Bonaventura*）才剛進巴勒摩港未久，要出海行駛到阿格里真托，「載運小麥，滿載達該船的最大載運量」。

加泰隆尼亞人另有一宗獨門的重要生意：奴隸買賣。這些奴隸有的描述是「黑皮膚」、有說是「橄欖色」、也有說是「白皮膚」的，但一般以北非抓來的穆斯林俘虜為多；抓到後就往北送到馬約卡島、巴勒摩、瓦倫西亞販賣給加泰隆尼亞、義大利半島的人家作家奴。一二八七年，亞拉崗國王判定梅諾卡人變節通敵，暗藏禍心，便宣佈一二三一年簽訂的條約作廢，而後興兵進攻梅諾卡島，將島上人口盡數俘虜為奴，發配到地中海各地——搞得有一陣子奴隸市場供過於求。[35]運氣好的、關係好的奴隸，可以由教友出錢贖身——穆斯林、猶太人、基督徒都會撥出一點錢來作基金，以備教友需要贖身的時候可以支用。兩個宗教組織——「三一會」（Trinitarians）和「贖虜會」（Mercedarians），在加泰隆尼亞和普羅旺斯就派有人手，專門為落入穆斯林手裡的基督徒贖身。[36]穆斯林的薩拉森強盜從法蘭西南部海岸強行擄走年輕婦女，在中古時代的騎士傳奇是司空見慣的題材了；不過，加泰隆尼亞人倒也十分樂意以其人之道還治其人之身，他們以正當的生意、也以海盜的勾當硬是插手地中海的貿易網。

在這期間，從馬約卡島出海駛向北非和西班牙的船隻依然繹不絕。有一批存世的許可證特別值得一提，都是一二八四年發給馬約卡島出海的水手的。由這一批許可證看得出來，當時從年頭到年尾，幾乎天天都有船隻從馬約卡島出海，即使是一月隆冬的壞天氣也不例外，終年沒有停航，只是較暖和的月份比較多就是了。有的船是小型的「三桅帆船」（barque），人手不必十二人就夠了，輕易即可飛快乘風破浪朝西班牙本土駛去，出海的頻率不小。但更常見的船型是大一點的「列尼」（leny）船，字面的意思就是「木頭」。這樣的「列尼」船最適合渡海南下到北非的較長航線使用。[37]馬約卡人也勇於開拓。一二八一年，兩艘熱那亞船和一艘馬約卡船抵達倫敦的港口，馬約卡的船隻返航時裝載了二百六十七袋的上等英格蘭羊毛。馬約卡往返英格蘭之間固定的貿易關係，一直維持到十四世紀。腓尼基人當年駕船穿過直布羅陀海峽開到塔提索什（Tartessos），從來就沒多大的困難；不過，中古時代的船隻就必須突破大西洋灌進地中海的海流，還有在直布羅陀海峽和修達之間流竄的迷霧和逆風，才有辦法出去。他們另外也要打得過隔海相望的兩地穆斯林君主——真的打得過——因為摩洛哥這邊有馬林王朝的柏柏人，西班牙南部那邊有格拉那達的納瑟王朝。這幾處水域都不算友好，從地中海往外開闢航線，不僅要航海技術辦得到，外交也同樣要吃得開才行。這樣一來，羊毛原料和法蘭德斯紡織品便可以較便宜的成本，直接從北邊往南載運到地中海區，送進佛羅倫斯、巴塞隆納等城市的作坊，要是羊毛原料便作加工，布匹便裁製為成品。作定色劑用的明礬，於當時以佛吉亞和小亞細亞海岸是最方便的貨源所在，到了這時候，也就可以往北運到布魯日（Bruges）、根特（Ghent）、伊普爾（Ypres）等地，不必再耗時、費力加上付出高昂的成本，去走陸地、河流的貨運路線，迤邐穿行法蘭西或是日耳曼東部了。地中海和大西洋的航運就此開始逐漸合流，即使難關不斷，加泰隆尼亞還經常必須出動戰艦巡行直布羅陀海峽，但也未能絆住大勢之所趨。到了十四世紀早期，地中海的造船廠已經開始仿製北歐船腹寬廣圓凸的「柯克船」（cog）了；在波羅的海和北海逐浪疾馳的大型貨船，便是這一型——地中海這邊連名字也從他們那裡照抄過來用，就叫作「柯卡」（cocka）船。加泰隆尼亞和熱那亞的商船往南在摩洛哥海岸一樣找到作買賣的好市場，既有他們極為需要的穀物，也有很想要買義大利半島、加泰隆尼亞紡織品的居民。到了一三四〇年代，他們的商船甚至南下遠達〔非洲西北邊外海〕加納利群島（Canary Islands），馬約卡還一度想要攻下該地但是沒有得手。[38]

從西元一二七六年之後，馬約卡島上的商人有了自己的國王——馬約卡國王，可以預見〔炮製別處的作法〕也想要有自己的領事和商館。這也是引發亞拉崗國王和馬約卡國王衝突的導火線之一；征服者詹姆斯一世逝世之後，亞拉崗聯合王國由他兩個兒子，亞拉崗國王彼得三世和弟弟馬約卡國王詹姆斯二世瓜分。眼見宮廷裡有兄弟鬩牆，水手和商人也跟著不安份，爭相藉機牟利。一二九九年，有個叫佩拉・德・葛勞（Pere de Grau）的惡棍，名下有船。他在西西里島西部港口特拉帕尼被一名熱那亞木匠指控偷了他的工具箱。葛勞以牙還牙，也指控該木匠偷了他一艘大艇。兩造鬧上加泰隆尼亞領事那裡，領事卻遭佩拉・德・葛勞尖刻反駁：「這位領事才沒有權力管馬約卡的人民，他只能管亞拉崗國王統治的人民」。[39] 加泰隆尼亞的貿易網在地中海擴張的速度快歸快，卻也有支離破碎的危險。

四

支離破碎的趨勢，遍及地中海全區。西元十三世紀中葉，政治又再出現劇變，扭轉了區域權力的平衡。幾次十字軍東征都說是為了捍衛自稱耶路撒冷王國，也就是以阿卡為權力中心的那一長條勢力單薄的狹窄海岸，卻一次次都徒勞無功。而耶路撒冷王國的領土愈小，幾位男爵的派系在那裡就搶得就愈兇。王國的朝廷人單勢孤，爭食勢力大餅的各路人馬，勢力卻十分強大：諸如義大利半島的幾處公社城邦（commune），還有「聖殿騎士團」、「醫院騎士團」這兩支武裝修士組織。西邊的君主十分清楚埃及對耶路撒冷王國的威脅有多大，也接連派船運送十字軍進兵埃及。第五次十字軍東征在一二一九至二一年間一度佔據尼羅河三角洲的迭米亞塔（Damietta）。法蘭西的路易九世國王也在一二四八年投入十字軍東征〔第七次；一二四八—五四〕，攻擊迭米亞塔，結果以慘敗收場。這兩次東征，十字軍都希望以在埃及的斬獲，拿來交換耶路撒冷，甚至同時握有埃及和聖地，只是結果徒勞無功。不過，基督教君主也日漸因為眼前的糾紛，分身乏術，無力再多關注十字軍東征的事，例如爭奪西西里島的戰事，本章於後文便會討論到。那時期號召十字軍東征的辭令依然不時可聞，小型海上長征也偶而得見，但是，一二四八年之後，十字軍浩浩蕩蕩朝聖地邁進的東征年代已告結束。[40]奴兵軍團出身的將領奪下阿尤比王朝大權稱王，握有埃及、敘利亞，自一二五〇年起至一五一七年止。這一支由馬木路克（Mamluk）建立的政權對於前朝埃及政府和義大利商人簽署的通商協議，依然費心維繫，但是對於耶路撒冷的拉丁王國，他們就決心要從地圖抹去。阿卡於一二九一年為馬木路克王朝攻陷，慘遭恐怖大屠殺，但有不少難民還是擠上了最後幾艘出海的船隻，安全抵達塞浦路斯島。阿卡古城就此消失，不再是國際貿易重鎮，拉丁人在東方統治的區域也僅剩下塞浦路斯這一塊了。

先前已經談過第四次十字軍東征的一大遺緒，就是君士坦丁堡有一個虛弱的法蘭克人政權。尼凱亞的希臘人能在一二六一年收復君士坦丁堡，有賴於熱那亞出力協助，熱那亞因此從希臘人那裡要到優渥的貿易特權作為報酬，黑海的穀物、奴隸、蠟、毛皮等等貨物貿易都包括在內。西西里島也有劇變，腓特烈二世在島上重建諾曼人的政府機構，中興的氣象大振。他的另一大功業則是重建西西里艦隊，還在一二三五年派出去到北非攻打杰爾巴島。[41]腓特烈二世身兼日耳曼、西西里島、義大利北部多處領地的君主，但是教廷對此表示反對，他便拿他的西西里艦隊好好發揮一下功用，而在一二四一年將一支教廷代表團全員俘虜。這代表團是由樞機主教和主教組成，分乘熱那亞人的幾艘船隻準備前往羅馬參加教廷的宗教大會。[42]不過，腓特烈二世的海軍總司令竟然是熱那亞人安薩多・德馬利（Ansaldo de'Mari），堪稱諷刺。這是因為熱那亞還是和以前一樣愛鬧內鬨，對於是否支持腓特烈二世，莫衷一是。腓特烈二世和教廷鬥得你死我活，雖然不盡然屬於地中海區的歷史，但是，腓特烈二世在一二五〇年逝世之後數年，地中海全區卻因此掀起滔天巨浪。一二六六至六八年間，腓特烈二世在西西里島和義大利半島南部的幾位繼承人紛紛被擁護教廷的安茹查理一世（Charles I of Anjou）擊敗與消滅；這位查理是安茹暨普羅旺斯伯爵，也是法國率十字軍東征的國王路易九世的弟弟。

安茹的查理企圖打造一個地中海帝國，這不僅是為了他個人的威望名聲，也在為他的繼承人奠基立業。他設想以西西里島和義大利半島南部的王國為中心，在周邊拉起一圈海上警戒線（*cordon sanitaire*），於西護住西西里島和北非之間的水域，於東護住義大利半島南部和東邊的阿爾巴尼亞、西邊的薩丁尼亞島之間的水域。因為他娶了普羅旺斯伯爵爵位的女繼承人，因此年紀輕輕就從亞拉崗王國手中搶下了普羅旺斯；經他勵精圖治，造反的馬賽貴族也不得不臣服於他，馬賽的港口也變成了他的大兵工廠。[43] 一二六九年，在他的謀畫下，力抗亞拉崗國王詹姆斯一世的反對，讓兒子菲力普當選為薩丁尼亞國王。[44] 一二七七年，他花錢從安提阿的瑪麗亞公主手中，把領土縮減很多的耶路撒冷王國王位繼承權買了下來，也不管當時的人大多認同塞浦路斯國王才是正主。查理一世視自己為對抗穆斯林的十字軍，無論是在突尼斯或東方，但他對東方最關心的，還是先前的拜占庭帝國。他說（日耳曼人的）霍亨索倫王朝在阿爾巴尼亞拿下的領土應該歸他所有，所以先是強行搶下杜爾拉勤，之後在幾位阿爾巴尼亞當地軍閥贊成下，僭越自封為「阿爾巴尼亞國王」。[45] 君士坦丁堡重回希臘人的懷抱之後，他夢想法蘭克人能再度坐上皇帝寶座，這一度在第四次十字軍東征由法蘭克人搶下的皇冠，並且安排他的女兒嫁給（君士坦丁堡的）法蘭克人皇帝。他認定當時的希臘皇帝米凱伊八世・帕雷歐羅哥斯，並沒有認真打算將希臘、拉丁兩邊的基督教會統一在羅馬教皇的號令之下，因此，讓分裂出去的希臘人重新回到羅馬治下唯一的可行之道，便是動武。

查理計劃派遣一支大型艦隊，和威尼斯一起聯手攻打君士坦丁堡；杜爾拉勤正好可以作為進攻的基地，讓他們的大軍沿著伊格納提亞大道一路深入拜占庭帝國。西西里島的君主羅伯・季斯卡和賢君威廉二世當年用過的戰略，從塵封的抽屜拿出來撣灰再次啟用。查理把他極為豐厚的歲入拿出一半，用來打造他的大艦隊，總計是五十五或六十艘加列戰艦，加上大概是三十艘的輔助船。他們的加列戰艦氣派十分雄偉，體積龐大，構造堅固，據信擋得住強風大浪不易沈沒。[46]維持這樣一支艦隊，花費起碼至少是三萬二千盎斯的黃金，說不定高達五萬盎斯。[47]當他的人民稅負已經極為沈重，卻認定人民能夠忍受額外供給這樣一支艦隊，實在是嚴重的誤判。所以，壓力鍋就這樣子爆開了。〔義大利半島〕拉丁人口早在十一世紀末年就開始朝巴勒摩移民了，他們的後代便在一二八二年三月將滿腹怨氣衝著查理一世的安茹士兵宣洩，因而爆發了史上所謂的「西西里島晚禱起義」（Sicilian Vespers）。[48]他們大聲呼喊：「法國佬去死！」不過，他們怒氣發洩的另一大焦點，則是阿瑪菲和那不勒斯灣過來的一群官僚——這些人被熱那亞和比薩人趕出地中海區的貿易後，現在以會計技能為腓特烈二世以及接著的查理一世效命。[49]這般每一分錢都不放過的稅制，只是讓島上的菁英倒向敵方的陣營。亂軍很快便拿下西西里島，希望能建立自由共和政體的聯邦。亂軍太天真了，竟然向查理一世的大盟友教皇求援，自然遭到峻拒，才轉而向腓特烈二世孫女的夫婿求援，也就是霍亨索倫王朝最後一位子嗣、也是征服者詹姆斯的長子——亞拉崗國王彼得三世。

一二八二年八月，彼得三世和他的艦隊由於攻打北非城鎮阿柯勒（Alcol），進行彼得說得義正辭嚴的聖戰，因此，當時剛好就在西西里島附近。至於這是不是煙幕，也就是彼得三世本來就在圖謀不軌，想要拿下西西里島，史上爭論頗多。在巴勒摩點燃的起義，是從法國士兵對西西里少婦毛手毛腳引發眾怒後，引發了暴動、甚至是混亂，看不出有預謀的步驟，彼得三世九月率軍抵達西西里島的時候，他或者應該說是他的王后〔原本就是西西里島公主的〕康思坦絲（Constance）馬上贏得島上多數西西里人菁英的擁護。彼得三世來到西西里島，就是要為他的王后伸張她對西西里島的權利，假如從義大利南部移居西西里的人也加入叛亂，假如他的軍力足以打敗安茹的查理一世軍費充裕的大軍——佛羅倫斯錢莊借了一大筆錢給查理一世，為佛羅倫斯愈來愈興盛的城市交換到阿普利亞（Apulian）穀物供應的保證——那麼他連義大利南部也會一併拿下。[50]安茹這一邊說動法國國王在一二八三年入侵亞拉崗作牽制（但結果是法國自討苦吃）。義大利半島的托斯卡尼和倫巴底一帶，諸多城市分成親安茹派的教皇黨（Guelf）、親亞拉崗派的保皇黨（Ghibelline）兩邊，纏鬥不休，而亞拉崗支持義大利半島的反教皇派，就像是在他們當中打入一根楔子。[51]結局還是相持不下：到了一二八五年，彼得三世和查理一世雙雙過世的時候，亞拉崗國王握有西西里島，安茹王朝這邊握有義大利南部，但是兩邊都稱自己是「西西里國王」。（義大利半島上的王國，一般為了方便都叫作「那不勒斯王國」）。教皇從一三〇二年起於數年之間雖然幾度試圖調解，安茹和亞拉崗在整個十四世紀的持續敵對，只是讓兩邊消耗了珍貴的財源，以及偶爾出現的軍事衝突。

雙方的衝突不僅在海面上打，也在陸地上打。安茹的查理大概把規模較小的加泰隆尼亞艦隊看作是小不點的對手吧！他錯了，尤其在亞拉崗的彼得三世指派來自卡拉布里亞（Calabia）的貴族羅傑・德・羅里亞（Roger de Lauria）出任艦隊總司令之後。羅里亞是地中海史上數一數二偉大的海軍將領，堪稱呂山德（Lysander）再世。[52]加泰隆尼亞艦隊小巧精良，管理完善。相形之下，查理一世的海軍雖然裝備精良，但人員缺了凝聚力，這支部隊由分別來自義大利南部、比薩、普羅旺斯的水兵混雜組成。一二八二年十月，羅傑・德・羅里亞率軍在卡拉布里亞外海的尼科泰拉（Nicotera），技壓查理一世艦隊，擄獲二十艘安茹和兩艘比薩的加列戰艦，逼得查理一世退回義大利本土南部轉攻為守。[53]而且，查理一世假如要再收復西西里島，還必須拿下橫亙在西西里島和北非海岸之間的海峽。他在這裡同樣又被羅傑・

德・羅里亞阻撓。這一次的戰場是馬爾他島四周的水域，安茹的特遣隊和亞拉崗南下的軍力在此交戰。一二八三年六月，一支十八艘加列戰艦的普羅旺斯艦隊開拔到馬爾他島的「大港」（Grand Harbour），遭遇尾隨而來的追兵——由羅里亞率領總計二十一艘加列戰艦的艦隊。兩方的海軍纏鬥竟日，打到入夜，安茹的船艦有許多被迫投降，另一些則是自行破壞擊沈。安茹這邊的人員死傷同樣慘重，說不定有三千五百名水兵被殺害，數百人淪為亞拉崗海軍的俘虜，其中有貴族。多數的遇難者可能來自馬賽；在這場戰鬥，馬賽損失了將近人口總數的五分之一。[54] 一二八三年，法國揮軍進犯加泰隆尼亞之時，加泰隆尼亞的艦隊也在附近，在羅澤斯（Roses）外海擄獲半數的法國艦隊。羅傑・德・羅里亞揚言，「沒有一艘加列戰艦，沒有一艘船，我相信甚至沒有一條魚，沒戴著亞拉崗王國的徽章還能在海上走的。」[55]

此刻的安茹，已經無力抵擋加泰隆尼亞人接二連三對義大利半島南部海岸的襲擊，到了一二八四年六月，很清楚地他們連提雷尼亞海的制海權都丟了。當時，安茹查理一世的兒子薩雷諾王子查理（Charles, prince of Salerno）魯莽地親自領兵，在那不勒斯外海向羅傑・德・羅里亞的船隻開戰。許多那不勒斯水手知道，千萬不要和加泰隆尼亞人在海上交手，卻在刀尖下被迫出征。這一次的災厄和先前不同，那不勒斯的艦隊並未覆沒，只有幾艘普羅旺斯的加列戰艦被俘，其中一艘有薩雷諾親王查理身在船上。[56] 查理落入亞拉崗人的手裡，直到一二八九年才獲釋放，雖然他的父親早在一二八五年過世，而由他繼任登基為西西里國王、那不勒斯國王和普羅旺斯伯爵查理二世（至少在安茹朝廷眼中）。在這之後，加泰隆尼亞的艦隊穿梭在地中海各地，肆無忌憚地橫行，襲擊凱法隆尼亞島（這裡是那不勒斯王國的屬地）、基克拉德群島、希俄斯島等地，突尼西亞外海的杰爾巴島、卡爾肯納（Kerkennah）兩地，重回西西里島掌握。羅傑・德・羅里亞無人可擋，連戰皆捷，確保了西西里島依然在亞拉崗的手中。

在馬約卡島這邊就另當別論了。〔亞拉崗國王〕彼得三世打從一開始就不滿他父王將國土一分為二，切成亞拉崗王國和馬約卡國王兩塊。當他弟弟馬約卡國王詹姆斯二世背叛，倒向安茹，他便發兵攻打魯西雍，長驅直入，〔一二八五年〕攻進了佩皮雍（Perpignan）的皇宮，發現他被鎖在弟弟寢宮的門外。他以鐵鎚破門，但沒成功，弟弟趁機從骯髒的下水道人孔逃出。直到一二九八年，他在教皇調停下拿回馬約卡的王位。[57]然而，彼得三世拿下西西里島後，作出的決定卻和他父親當年的作為相似，把剛到手的西西里島從亞拉崗王國切出來，獨立分封給次子。這也等於是在向尷尬的現實低頭：西西里島的人不會為巴塞隆納的王室而戰，他們只為日耳曼人的霍亨索倫王朝戰鬥。而且，西西里島離巴塞隆納太遠，巴塞隆納對此難以或者不可能掌控。然而，西西里島畢竟是眾人垂涎的寶地。早在島上出現晚禱起義之前，加泰隆尼亞商人便成群結隊奔赴巴勒摩、特拉帕尼等多處港口，尋找穀物和棉花貨源。無論如何，彼得三世出兵西西里島的目標是為妻子奪回她王室的權利，並非為了捍衛加泰隆尼亞商人的權益。彼得三世死後，三位出身亞拉崗王室的國王，亞拉崗—加泰隆尼亞、馬約卡、西西里島三地的君主在島上傾軋，加泰隆尼亞商人在島上的商機因而削弱不少。

儘管政治分裂，儘管亞拉崗—加泰隆尼亞偶爾會下封鎖令，西西里島上的加泰隆尼亞人依然在此取得一席之地，足以和島上的義大利人平起平坐。他們進入這場為主宰地中海的爭鬥時機很好：當巴塞隆納開始加入競爭的時候，通往北非、西西里島、東方等等航道尚未完全落入熱那亞、比薩、威尼斯三地商人的掌控。加泰隆尼亞人擁有令人佩服的航海技藝，繪製地圖便是其中的一項。他們還有一項優勢是其他對手完全沒有的：他們在亞拉崗國王保護下，輕易就可以打通突尼斯、特連森（Tlemcen）、亞歷山卓宮中的門路。在後代眼中，征服者詹姆斯一世和彼得三世在位期間成為加泰隆尼亞武功赫赫的盛世。

第七章　商人傭兵傳教士
Merchants, Mercenaries and Missionaries, 1220-1300

第八章 閉門不納自為王

西元一二九一年—西元一三五〇年

一

一二九一年阿卡的陷落震撼了西歐世界，然而事實上，過去幾十年來西歐也幾乎未曾認真保護這一座城市。阿卡滅亡，歐洲出現呼籲要進行新的遠征，其中最熱心的便是那不勒斯國王查理二世（前文中的安茹薩雷諾王子查理），當時已經被加泰隆尼亞那邊放了出來。但一切都是紙上談兵，查理二世滿腦子都是打敗亞拉崗的事，無心發起十字軍東征，他也沒資源進行。[1]義大利半島的商人無法像過去那樣經由阿卡而失去了東方絲綢、香料的貨源，不得不分散經營以作因應。當熱那亞人一二六一年在君士坦丁堡建立起僑民區、開始把注意力集中放在愛琴海和黑海的散裝貨買賣的同時，威尼斯就漸漸在埃及取到領先的地位。但是，拜占庭的皇帝對熱那亞人並不放心。所以也對威尼斯人示惠，雖然給的優惠不如熱那亞，但他就是要熱那亞人明白他們在這一帶絕不可以放肆。米凱伊八世以及繼承人安德洛尼科什二世（Andronikos II Palaiologos），將熱那亞人的聚居區限定在金角灣北邊的高地區，叫作「培拉」（Pera）或是「戛拉塔」（Galata）。那裡現在還有一座熱那亞人當年建起來的一座巨塔，巍峨矗立在現今伊斯坦

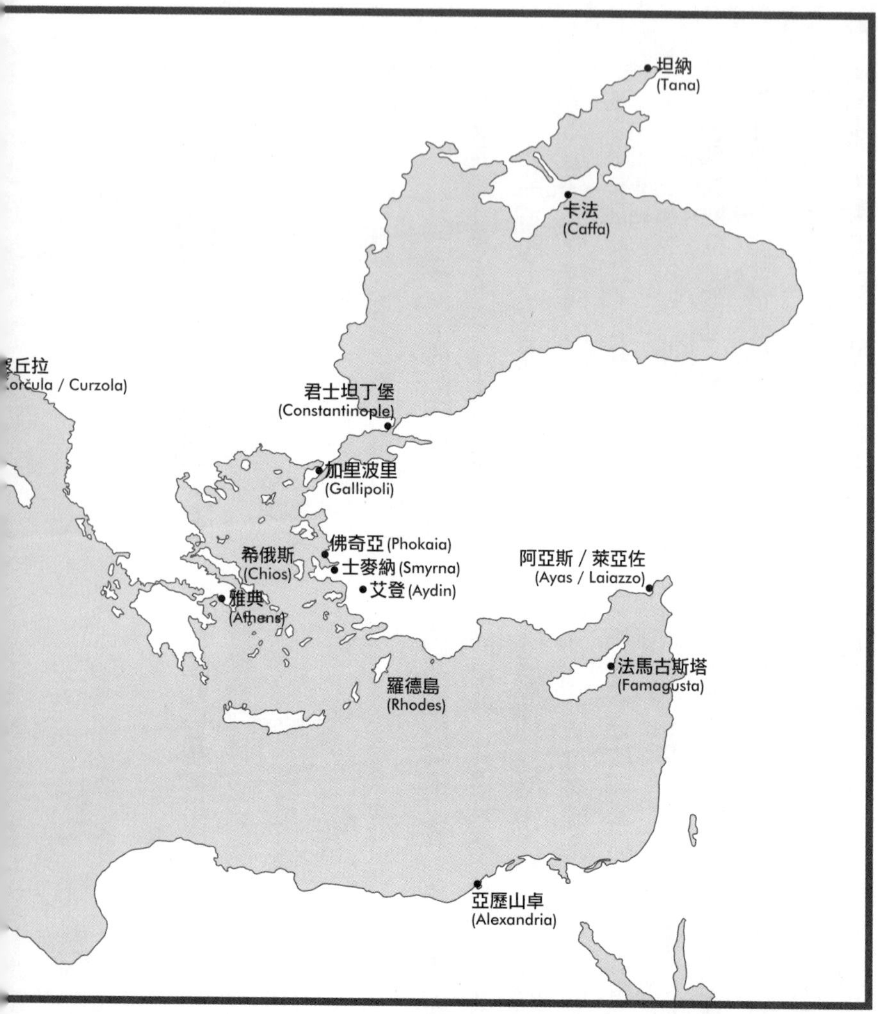

堡的北方天際。而且熱那亞人獲准自治，熱那亞人這一塊聚居區發展得很快，沒多久就必須向外擴張。到了十四世紀中葉，熱那亞人培拉的貿易營收，已經教希臘人的君士坦丁堡望塵莫及，差距高達七比一。米凱伊八世麾下由大約八十艘船艦組成的海軍，到了兒子手中被解散了，可以說君士坦丁堡的皇帝等於是將愛琴海和黑海的控制權交給了熱那亞人了。由於君士坦丁堡怎樣都不答應讓聖潔的正教會和不聖潔的天主教會統一起來，他們認為天

主會因此而保護君士坦丁堡，作為他們的獎賞。[2]

熱那亞人對於死對頭威尼斯人一般都採行忍受的立場，畢竟戰火會破壞貿易，也會消耗寶貴的資源。不過，偶爾還是因為其中一方扮起海盜打劫商船而引爆危機，導致兩邊真的開打，例如在一二九八年所發生的事件。當年的寇丘拉（Curzola;Korčula）之戰，熱那亞人以八十艘加列戰艦力拚威尼斯人超過九十艘的艦隊。威尼斯人這邊算是在自家的院子裡打仗，因為就在深入亞得里亞海北邊的地方。但是，熱那亞人的堅持讓他們在這一天獲勝，數百名威尼斯人被虜走，（據說）馬可波羅便在俘虜之列。他就是在熱那亞的牢裡，將他走遍中國、東方的不凡經歷講給同一牢房的的比薩吟遊詩人聽的。[3]波羅家族的真實事蹟可不只是勇敢或者魯莽，威尼斯珠寶商人從阿卡出發前往遠東，還帶了小小馬可同行。蒙古帝國在十三世紀的興起，引發橫貫亞洲的貿易路線有了新的面貌，也打通了一條把東方絲綢送到黑海岸邊的新路線。不過，通過印度洋和紅海的航運路線，繼續將東印度群島的香料送到亞歷山卓和地中海。熱那亞和威尼斯在一二六〇年代抵達黑海之後，當然就想分霑從遙遠國度穿越亞洲大陸而來自的珍奇商品貿易。一如既往，威尼斯人對昂貴奢侈品的興趣較大，熱那亞人則是專心作奴隸、穀物、乾果、黑海沿岸地方農產品的買賣。上等蠟的市場需求也很大，西歐各地的教堂和宮殿無不需要照明。熱那亞人在克里米亞半島的卡法（Caffa）設立起貿易據點，生意十分興旺。威尼斯人則是以亞述海的坦納（Tana）為據點。熱那亞人弄來數以千計的奴隸，絕大多數是徹克西亞人（Circassians）和韃靼人（Tartar），送到卡法販賣，賣到義大利的城市作家僕，或是賣到埃及的馬木路克王朝，充當蘇丹的衛隊。熱那亞人竟然為穆斯林敵人供應精兵，可想而知，這樣的景象當然惹得教皇朝廷又驚又氣。

熱那亞人遠遠超過君士坦丁堡深入東邊，從黑海一帶把穀物運回西邊；重現了古代雅典的黑海穀物貿易。義大利半島的城市愈興盛，他們引進穀物的產地就拉得愈遠：摩洛哥、保加利亞和羅馬尼亞沿海地區、克里米亞半島、烏克蘭等等。這些地區的生產成本比義大利北部要低廉許多，所以即使把運輸成本算進去，從這些地區遠道運來的穀物，到了義大利半島的市場，售價依然沒有高過西西里島或是薩丁尼亞島的進口價格。西西里島和薩丁尼亞島的穀物在當時還是相當搶手。熱那亞把這些穀物運往地中海各地：例如他們和加泰隆尼亞人一樣，往南供應突尼斯那裡所需的糧食；把西西里島的穀物運到義大利北部[4]，這裡有一個城市持續有糧食的需求：佛羅倫斯。佛羅倫斯那時才剛崛起成為經濟發展的引擎，是布料加工、生產的重鎮。佛羅倫斯的地理位置雖然深處內陸，卻十分依賴地中海區供應羊毛和糧食。佛羅倫斯擁有的土地很小，穀物產量只能供給佛羅倫斯一年所需的五個月用量而已。托斯卡尼的土壤普遍比較貧瘠，穀物的品質遠不如海外進口的硬粒小麥。威尼斯的對策，便是常常借錢給他們的盟邦那不勒斯的安茹國王——准許威尼斯向糧食堆得滿坑滿谷的阿普利亞購買。[5]

這樣的發展，反映了地中海周邊的社會、經濟有大規模的變化。到了一二八〇年或一三〇〇年，由於人口增加，穀價也同步攀升。區域性饑荒跟著時有所聞，各地的城鎮必須到更遠的地方找尋食物供應所需。歐洲的商業革命帶動爆炸性的都市成長，因為城鎮就業的前景吸引了鄉間的勞動人口。城市開始主宰西歐地中海區的經濟，這是史上前所未見的情況，像瓦倫西亞、馬約卡、巴塞隆納、佩皮雍、馬賽、熱那亞、比薩、佛羅倫斯、納布恩（Narbonne）、蒙佩利爾、艾格莫爾特（Aigues-Mortes）、薩伏納（Savona）；佛羅倫斯的佛羅林金幣廣為流通、到處被仿製。這些還只是從加泰隆尼亞往托斯卡尼拉過去的一條大弧線上的幾座大城而已。像艾格莫爾特這地方鹽產豐富，建城則在一二四〇年代，是當時的法蘭克王國通往地中海的商業門戶——法蘭克王國才剛將隆格多克納入直接的掌握——其外觀自十四世紀之後就少有變化。國王路易九世眼見蒙佩利爾欣欣向榮，已經是重要的貿易、金融、製造中心，卻因為封建制度的複雜安排而奉亞拉崗國王為領主。他希望生意可以轉到他在產鹽的潟湖區闢建的新港。路易九世在一二四八年發動那場結果慘敗的十字軍東征，就是從這一座新港出發的。結果，艾格莫爾特沒多久就成了蒙佩利爾的外港，但是蒙佩利爾到了下一個世紀還是從法蘭克王室的手中溜走。[6]威尼斯對於城內十萬人口要怎麼填飽肚皮，也自有一套獨特的對策來解決問題。威尼斯嘗試引導所有運往「上亞得里亞海」城市的穀物一律先送到威尼斯，由威尼斯優先選擇，剩下的才分配給周邊饑餓的鄰居，例如拉文納（Ravenna）、費拉拉（Ferrara）、里米尼（Rimini）。他們一心要把亞得里亞海變成所謂的「威尼斯灣」（Veneteian Gulf）。威尼斯先後和安茹伯爵查理一世以及之後的繼承人們費力協商，想要取得阿普利亞小麥，甚至準備為查理一世對抗君士坦丁堡提供支援——一二八二年，查理一世原訂要出兵君士坦丁堡，只是該年爆發了西西里島晚禱起義。

熱那亞和威尼斯的凸肚圓腹大貨船除了運糧，也從小亞細亞載運明礬到西方。熱那亞還在盛產明礬的地區邊緣圈下多處飛地作為據點，最早是在小亞細亞海岸，只是維時短暫——熱那亞的冒險家貝內迪托‧扎卡利亞（Benedetto Zaccaria）在一二九七年嘗試在那裡建立「亞細亞王國」，過沒多久又在附近的希俄斯島再度圖謀，希俄斯島則在一三四六年為熱那亞幾支富商家族組成的聯盟奪取（由他們持有直到一五六六年為止）。希俄斯島不僅是取得佛奇亞明礬的門戶，也是乾果和乳香脂的產地。地位比希俄斯島還重要的是塞浦路斯島的法馬古斯塔，因為法馬古斯塔填補了阿卡陷落後留下的缺口。塞浦路斯島當時是由來自法國的盧吉雍（Lusignan）家族統治，不過島上的居民以拜占庭希臘人居多。塞浦路斯島的盧吉雍統治者長年陷於派系內鬥，但因為和周邊地區始終維持緊密的貿易往來，締造出塞浦路斯繁榮的盛景，因而該政權能在島上維持了兩百多年。[7]異邦來的商人大批湧入塞浦路斯島落戶：法馬古斯塔便是威尼斯、熱那亞、巴塞隆納、安科納、納布恩、墨西拿、蒙佩利爾、馬賽以及其它地區商人的基地。城內到現在還看得到多處哥德式教堂的廢墟，足見當年外商在城內累積起多大的財富。[8]

從塞浦路斯島開始向外開拓的貿易路線，也延伸到另一個基督教王國那裡——現今土耳其東南部海岸的「奇里奇亞亞美尼亞」（Cilician Armenia）王國。西邊來的商人經由塞浦路斯島供應小麥到亞美尼亞，也以亞美尼亞作為進入異國貿易路線的門戶，從那裡離開了地中海區踏上艱險的旅途，深入波斯的塔布里茲（Tabriz）的絲綢市場以及更遠的地方。塞浦路斯和貝魯特的來往十分密切，安科納和威尼斯的商人在貝魯特以敘利亞的基督徒商人作中間人，供應他們大量棉花運回義大利甚至德意志地區加工做成布料。由此，清楚可見地中海區已經整合為單一的經濟體，橫跨基督教、伊斯蘭兩邊的疆界。從這裡運出去的棉花所製成的衣料有的會運回東方，在埃及和敘利亞的市場販售。貿易和政治交織在塞浦路斯盧吉雍君主們的腦中。塞浦路斯島國王彼得一世在一三六五年發動一次野心勃勃的十字軍、攻打亞歷山卓，他的計畫是在安納托利亞半島南部的幾處港口（當時已經有兩處港口在他手裡了）和敘利亞建立他的基督教盟主地位。但是他並無充足的資源支撐在埃及的一系列軍事行動；這場出征變成洗劫亞歷山卓，並無益於聖戰，也證實宣稱的「聖戰」，其動機只是出於謀財。這位到處樹敵的國王彼得一世，回到塞浦路斯島後很快地就遭人暗殺了。[9]

二

義大利半島和加泰隆尼亞的商人之所以稱雄地中海的貿易，憑藉的是他們海軍的壓倒性優勢。凸腹圓肚的大型風帆商船可以暢行無阻，穿梭於基督徒、穆斯林兩邊的海岸，端賴於海面有狹長的划槳加列艦四處巡航。加列艦的長度大約是寬度的八倍，結合風帆和划槳作為航行的動力；划槳的配置是由四或六人並肩坐成一排，二或三人共划一槳。這樣的船若是供作貨船使用，最適合載運小量、高價的貨品，例如香料，因為可供載貨的艙位不多。加列艦的航速快，操縱靈活，但是浪頭一高還是很可能會進水。

法蘭德斯（Flanders）的通商航線發展起來後，航行大西洋的船隻船體就建得愈來愈長、愈來愈寬，也愈來愈高（這才是最重要的一點）。所以，這類新式的「大加列艦」頂得住〔西班牙北岸〕比斯開灣的海風和海流。[10]這類圓身的商船之中，有幾艘威尼斯和熱那亞的船隻體積大到像〈海上堡壘號〉（*Roccaforte*）那樣。〈海上堡壘號〉建造於一二六〇年代，體積龐大，噸位約五百噸，是當時大多數圓身貨船排水量的兩倍有餘。[11]

當時一些船隊，特別是從威尼斯駛向黎凡特或是法蘭德斯的船隻，會有艦隊護航或是武裝保護（威尼斯人叫作 *muda*；護航艦隊）。即使如此，猖獗的穆斯林或基督徒海盜的劫掠，可能中斷海上貿易一段很長的時間。一二九七年，熱那亞一支由格里瑪蒂（Grimaldi）家族成員之一率領的叛黨，拿下熱那亞最西邊的領地——摩納哥岩（Rock of Monaco）。格里瑪蒂家的這人綽號叫作「僧侶」（the Monk），據說是因為他愛戴兜帽——其實「Monaco」的名稱來自上古時代佛吉亞人移居至此落戶而得到的古名「Monoikos」，和義大利文的「僧侶」恰巧是「monaco」沒有關係。落腳在摩納哥的這些水手擺出姿態，擁戴那不勒斯的安茹國王「英明」羅伯（Robert the Wise）——羅伯自一三一八年起是熱那亞的領主，危害這一帶幾十年。例如一三三六年，兩艘從法蘭德斯載滿商品返航的加列艦，就被摩納哥海盜搶下，逼得〔熱那亞的〕元老院認為必須將法蘭德斯航線全部停駛，這一停就是二十年。格里瑪蒂家不改惹事生非的行徑，始終安居摩納哥統治者的寶座。不過，他們後來還是逐漸找到比海盜更體面的行當來賺錢。[12]

當貿易創造了一個成功商人的階級，卻也鞏固了豪門世族的權勢。在威尼斯，最有利可圖的貿易路線是由貴族支配，留下穀物、食鹽、葡萄酒之類的生意給中產階級的商人以他們的圓身貨船來載運。至於哪些人可以歸類為貴族，並沒有簡單明瞭的準則，雖有幾支歷史悠久的古老家族，例如丹多羅家，便在威尼斯的社會階級維持最頂層歷時幾世紀。應該要問的其實是在繁榮昌盛的年代，哪些人才有資格沿著社會階級的梯子往上爬。因為在這樣的年代，許多新貴坐擁鉅富，這時他們要求有權力決定，像是護航的加列艦隊應該行駛到哪一處海域、應該和哪一位外國君主訂立條約等等原先（在十四世紀早期）由貴族的元老院決定的事情。對此，解決辦法就是在一二九七年提出的議案，限定「大議會」（Great Council）的參與資格為既有的成員暨其後裔，總計約二百支家族，許多都是貿易起家的豪門巨富，例如提耶波羅家。元老院以及再上一級的委員會，是由「大議會」當中挑選出來的。這一「關門」（Serrata）原本打算就此永閉不納了，只不過多年下來，還是有幾支家族走後門而擠進貴族的行列。[13]所以，他們搞這「關門」，算是藉機重申貴族在政治、貿易、社會等方面至高的地位。

三

加泰隆尼亞在西元十四世紀初期仍然享有他們成功的果實。西西里島晚禱起義的戰事在一三〇二年正式結束，加泰隆尼亞通往西西里島、馬約卡島、巴塞隆納的貿易路線重新開放。不過，這時期最重要的事還是亞拉崗國王決定要伸張他對薩丁尼亞島的權利。教皇先前已經在一二九七年將同意亞拉崗國王詹姆斯二世拿西西里交換薩丁尼亞。[14]可是詹姆士的弟弟腓特烈二世（Frederick II）的反應卻很強硬，硬是佔據西西里島不放，自立為君主。直到一三二三年，亞拉崗國王阿豐索四世才出兵薩丁尼亞島。阿豐索出兵的動機主要是以王朝的疆土為重，看在加泰隆尼亞商界的眼中，薩丁尼亞島上穀物、食鹽、乳略、皮革，還有——這是最重要的一項——白銀等等物產如此豐富，若是能拿下來，必有厚利可圖。[15]只是，這些自詡征服者的人就是沒估計到薩丁尼亞當地的居民不願意由外人統治。移居薩丁尼亞島的加泰隆尼亞人多數都是窩居在沿海市鎮之內（阿爾蓋羅現在依然有他們講加泰隆尼亞語的後代），把薩丁尼亞島的本土族群阻擋在城牆之外。而且，比薩和熱那亞認為阿豐索四世興兵進犯薩丁尼亞島侵犯了他們在島上的領主權。雖然比薩人最終還是獲准保留他們在薩丁尼亞南部的莊園，但是，比薩那時已屬日落黃昏——不久前，他們甚至自願歸順亞拉崗的詹姆斯二世。熱那亞的問題就比較棘手，他們以對加攻擊泰隆尼亞的船隻作為回應，下手毫不留情，加泰隆尼亞的還擊一樣兇殘。薩丁尼亞島四周的水域變得十分危險，這一座島嶼成了多方交戰的戰場，侵略者對上了歷史悠久的本土居民，外來勢力也彼此相互對抗。西元十四世紀末年，本土族群的反抗勢力幾經戰鬥，終於建立起自己的王國，以位居島嶼西岸中部的阿爾博雷亞（Arborea）作為都城，女王艾麗奧諾拉（Eleonora）以所立的法律備受稱頌。[16]

亞拉崗王國由個頭小、野心大的「拘禮」彼得四世（Peter the Ceremonious; Peter IV）在一三三七年繼位之後，朝中開始擘劃可以稱之為「帝國戰略」的國策。彼得四世一登基便決心處理他堂哥在馬約卡島搞的花樣。馬約卡國王詹姆斯三世（James III）的行徑給人精神不太穩定的感覺。詹姆斯三世憎恨彼得四世堅持馬約卡國王是亞拉崗國王的陪臣，卻親自前往巴塞隆納，商討彼此緊張的關係。他搭乘的船隻停靠在濱海的皇宮牆邊，堅持皇宮趕緊差人搭一座有頂蓋的便橋從船上連通到皇宮。之後，他企圖引誘彼得四世上船。根據流傳的說法，詹姆士瘋狂的計畫是要綁架彼得四世。馬約卡的商界卻覺得自家的國王搞這些花樣實在很受不了。他們想要的、他們需要的，就是好好維繫他們和巴塞隆納對手那邊的緊密關係。所以，一三四三年，亞拉崗國王彼得四世宣佈馬約卡國王詹姆斯三世抗命，將馬約卡島收歸亞拉崗王國所有，大家全都鬆了一口氣。從加泰隆尼亞出動的艦隊多達一百一十六艘船隻，其中二十二艘為加列戰艦。[17]詹姆斯企圖收復失土，但沒多久便死去。彼得的壽命長，在位長達五十年，晚年時還想藉由聯姻，把西西里島收回到亞拉崗王國的直轄之內。他的帝國夢開始成為現實，至少加泰隆尼亞加上亞拉崗而形成的「帝國」已見雛形，加泰隆尼亞的商人無不摩拳擦掌，準備搶食貿易的厚利。一三八〇年，彼得解釋貫穿地中海的聯繫有多重要時，論及何以非保薩丁尼亞島不可，這塊飽經戰火蹂躪的土地：

只要失去薩丁尼亞島，馬約卡島就保不住，因為馬約卡島習慣從西西里島和薩丁尼亞島來的糧源就會斷絕，導致島上人口流失，自然就保不住了。[18]

也就是有一張貿易網正在開始將西西里島、薩丁尼亞、馬約卡島、加泰隆尼亞四地牢牢聯繫起來，而由義大利的群島作為馬約卡島和巴塞隆納兩邊的固定糧源。

供養艦隊也很頭痛。十三世紀期間，巴塞隆納建造了一座大兵工廠，其原址是今天的巴塞隆納海洋博物館。造船工人在廠房的屋頂底下工作，拱頂有龐大的鐵環垂掛下來，讓他們可以用滑車拉起船殼。只是興建一座能放進二十五艘加列戰艦的兵工廠，依某位王室顧問的估計，成本是黃金二千盎斯，這超出了亞拉崗國王們的負擔。這數字可還沒算到船隻維護，水手伙食、武器暨其他設備的成本。加泰隆尼亞加列戰艦上面的水手，吃的千篇一律都是船上專用口糧的硬餅乾、鹽醃肉、乳酪、豆子、油、酒，還有鷹嘴豆、蠶豆。他們的伙食和熱那亞、威尼斯、那不勒斯的水手，唯一的差別在於均衡。威尼斯那邊吃的餅乾、乳酪較少，醃肉較多。那不勒斯的水手在艦上就有免費的酒（這一點能否說明為何他們打起仗來那麼差勁？）。[19]在船上借助大蒜、洋蔥、香料，應該調配得出來還算可口的抹醬，可以搭配硬餅乾下肚；而且，大蒜和洋蔥也有保健的功效，例如預防壞血病。所謂的「餅乾」（biscuit）呢，的確名實相符。「biscoctus」意思是回鍋再烤，真的是又乾又硬，但重量輕便於保存又富營養。[20]不過，沒有鹽醃魚這一味倒是不尋常，鹹魚在巴塞隆納是當地飲食很重要的一部份。當地盛產鯷魚，也有大西洋的魚獲，特別是在四旬齋（Lent；封齋期），這段期間基督徒不准吃獸肉。但是話說回來，船隻龍骨底下多的是魚，國王當然沒有理由再花錢買魚上船。何況鹽醃食物吃多了，水就喝得多，而船上的飲水原本就是頭痛的問題。一般人每天至少要喝八公升的水，在大熱天划槳更只多不少。船上載的飲水可達五千公升以上，由於容易髒，還必須加薑淨化添味。無論如何，總有需要補給的時候，在那時代便和上古一樣，解決的方法便是常常要靠岸登陸。[21]身為海軍司令要處理的雜事，就包括解決補給的問題。所謂海軍司令可不只是在海上號令官兵而已。

地中海西部也有一些地區算是非請莫入。一三四〇年代前後，就有熱那亞、加泰隆尼亞、摩洛哥的馬林王朝三方勢力在搶奪直布羅陀海峽的控制權；[22]這問題和擔心摩洛哥會北上入侵西班牙南部有關。西元十一和十二世紀，摩洛哥的侵犯對伊比利半島幾處基督教王國造成了威脅，此刻威脅再度出現。先前，格拉納達那一帶的幾位穆斯林國王一般也和基督教國家同樣不樂見（摩洛哥）馬林王朝的勢力坐大，但是到了一三三〇年代末期，他們和摩洛哥結盟，直布羅陀海峽的航道出現了巨大的危機。卡斯提爾國王（阿豐索十一世）再度出手，出兵包圍直布羅陀，想拿下海峽的控制，卻反遭穆林斯軍隊圍困，最後不得不撤退。[23]一三四〇年，卡斯提爾國王的艦隊在直布羅陀海峽外面被重振聲勢的摩洛哥艦隊打敗，損失三十二艘戰艦。〔眼看基督教同胞被穆斯林嚴重挫敗〕亞拉崗國王放下他們和卡斯提爾長年的爭執，談和修好。亞拉崗國王打算裝備至少六十艘加列戰艦，但是必須先向他們稱作「Corts」的議會懇求提撥經費。瓦倫西亞這邊則由議會同意撥款興建二十艘加列戰艦，連好爭吵的馬約卡也提供了十五艘戰艦。這時，摩洛哥馬林王朝的部隊在西班牙長驅直入，但是卡斯提爾這一次有葡萄牙出兵相助，一三四〇年十月在西班牙南部的薩拉多（Salado）一役，擊潰摩洛哥軍隊。他們奪下的幾面摩洛哥旌旗現在還能在托利多大教堂（Toledo Cathedral）的倉庫看到。不過，打贏薩拉多戰役並未就此結束戰事，〔卡斯提爾只能不斷地派遣〕十或二十艘加列戰艦組成的小艦隊，巡航直布羅陀海峽，這相較於摩洛哥相差遠甚。一三四〇年，摩洛哥就有辦法出動二百五十艘船隻，其中有六十艘是加列戰艦。[24]戰爭在一三四四年結束，這一年，卡斯提爾國王阿豐索十一世率軍進入阿赫西拉斯（Algeciras），結果，一位基督教國王掌控了直布羅陀海峽北邊的陸地，雖然緊鄰的直布羅陀依然未能攻下。[25]

穆斯林海軍再度出現在地中海東部。某種程度這是回應基督徒在土耳其外海的成功。「醫院騎士團」被趕出阿卡將近二十年後，於一三一〇年從他們當時在塞浦路斯島的基地出發，奪下羅德島，羅德島已有好些年備受土耳其人劫掠，雖然拜占庭是它的宗主國。[26]。醫院騎士團奪下羅德島後，把根據地搬到這個島，建起大型艦隊，也積極幹起海盜的勾當。他們還不停和西方君主聯繫——法蘭西、那不勒斯等等多處地區的國王——希望取得幫忙，一起組成大規模的十字軍東征艦隊。但是，這支艦隊的目標不只是聖地、統治埃及與敘利亞的馬木路克王朝，突厥人也漸漸受到關注。突厥人抵達到小亞細亞海岸一帶，就改變了大家的遊戲規則，因為這表示過去拜占庭帝國長久以來能將突厥人圍堵在安納托利亞高原的防線已經遭到突破，並且就像醫院騎士團適應了海洋，突厥人開始借助希臘皇家海軍的人力在海上活動。一二八四年，米凱伊八世為了樽節，解散了拜占庭的艦隊（譯註17），他相信義大利幾個城邦的海軍應該會保護他，安茹王朝的查理正被西西里島的叛亂困住而無法為難他。小亞細亞海岸地帶卻興起了幾個小型的突厥公國，其中以毗鄰愛琴海的艾登（Aydin）大公國為最重要。對基督徒而言，幸運的是這幾處突厥人的公國耗在內鬥的時間，不亞於對基督徒領土的劫掠。即使如此，到了一三一八年，艾登已經是基督教鄰邦的心腹之患，因為艾登的大公烏穆爾帕夏（Umur Pasha）和一批加泰隆尼亞傭兵結成聯盟。這一批加泰隆尼亞傭兵幾年前拿下了雅典，於名義奉亞拉崗王朝支系的西西里島國王為領主。[27]加泰隆尼亞人和艾登的突厥人兩者這奇怪的盟約，搞得威尼斯如坐針氈，桑多里尼島（Santorini）當時是威尼斯一名貴族的封建領地，先前已經挨過兩次打了，威尼斯人擔心這盟軍接下來將威脅克里特島。[28]

面對土耳其的威脅，對策似乎有賴於醫院騎士團、義大利城邦的海軍、那不勒斯王國的安茹王朝、再加上法國，共同合組一支裝備完整、經費充裕的十字軍艦隊，建立起對愛琴海的完全支配。只是，這一番大計卻因為威尼斯和熱那亞兩地別有居心而打了折扣。威尼斯和熱那亞首先關心的是保護他們愛琴海的貿易路線以及幾處屬地的領主權。威尼斯也終究靠攏過來與西方各國海軍組成了一支「神聖聯盟」（Holy League），一三三四年，一度將愛琴海的海盜掃盪一空。問題依然沒有解決，在教皇熱切推動下的另一次十字軍東征，在一三四四年將士麥納從烏穆爾帕夏的手中搶了過來。不過，十字軍在士麥納的成功只是表面上而已。基督徒只湊到大約三十艘的戰艦，西方世界慷慨激昂的呼聲，理論多於實際。[30]十字軍拿下了士麥納這座城堡，而且一直堅守到一四〇二年才被蒙古大汗帖木兒（Timur）奪下，這一點堪稱出色。但是，他們始終沒辦法進一步向內陸征服，使得一座有價值的貿易重鎮就此淪為腹背受敵的駐軍要塞。事實上，這一回的十字軍根本是在左支右絀的窘境下勉強出征。當時的君主，例如那不勒斯的安茹國王「英明」羅伯，老早就為了十字軍徵收新稅，甚至整建十字軍艦隊，後來卻莫名其妙地拐彎，全被羅伯派去攻打熱那亞的保皇黨或是西西里島的亞拉崗王室。

這一帶的動盪，因為熱那亞勢力增強而更顯不安，因為有一家熱那亞人組成的聯合股份公司在一三四六年將希俄斯島攻佔下來；該島的所有權就由各投資股東分割持有，而由該公司「摩阿納」（Mahona）統籌管理。他們獲利的主要來源是自明礬、乳香脂和乾果的貿易；對西方艦隊更進一步的冒險，他們並不熱心。甚至連醫院騎士團也失去對十字軍的熱勁兒，心思轉到善用羅德島得天獨厚的貿易要衝優勢。毗連的東邊，先前艾登的大公國吞下敗績，在安納托利亞半島留下的權力真空，是被一支僻處西北角、最近剛崛起的土耳其人填補上。這一支奧斯曼（Osmanli）土耳其人也稱作鄂圖曼（Ottoman）土耳其人，熱烈支持穆斯林對拜占庭帝國進行「聖戰」（拜占庭帝國在一三三一年征服了尼凱亞），但也和那時期所有土耳其人一樣，願意為基督教君主提供傭兵服務。正是希臘皇帝約翰六世・康達庫齊諾什（John VI Kantakouzenos）准許鄂圖曼土耳其人在達達尼爾海峽歐洲這一邊的加里波里落戶定居，讓他們在巴爾幹半島建立起第一座橋頭堡的。

基督徒的艦隊因此無法依然不受到挑戰，其權勢最多只保持到十四世紀中葉。加泰隆尼亞想要壓制穆斯林爭奪直布羅陀海峽的威脅，卻連所需的戰艦數量都不太湊得齊全。即使如此，亞拉崗國王和加泰隆尼亞商人組成聯盟，織起了縝密完備的貿易網，足以供應地中海西部陸地的民生必需品暨奢侈品。雖然威尼斯和熱那亞偶爾爆發小衝突，凶險的時刻更是在所多有，但是在一二九九年到一三五〇年，這

譯註17：米凱伊八世的兒子為了替國庫省錢，在一二八五年解散拜占庭帝國的艦隊——原文作：「米凱伊八世為了替國庫省錢，在一二八四年解散拜占庭帝國的艦隊」，但因有誤，故於譯文直接改正。

兩座城邦還是維持和平共處。熱那亞的海軍總司令若想替人打仗的話，不愁找不到對象的。他們在十三世紀就為〔西西里島國王〕腓特烈二世效過犬馬之勞了；到了一三〇〇年，則是來到卡斯提爾，傳授他們如何在地中海和大西洋調度艦隊；他們也為葡萄牙的艦隊打下基礎。然而，七、八百年之後重新出現在地中海的另一支窮凶惡極侵略者，就不再是他們擋得下來的了。

四

有時候，黑死病被人看作是歐洲暨地中海沿岸在中古時代鼎盛時期，因為經濟發展過熱而自然出現的抑制。由於人口增加的太多、太快，農地生產力承受的壓力過重，超出負荷，結果逼得穀物價格上揚，高價的糧產例如蛋類和雞隻，也就跟著被擠出了生產之列。產量貧瘠的「邊際耕地」也不得不開墾出來作為農地使用；沒有一株麥禾少得了的。饑荒出現的頻率愈來愈高，尤其是在高度都市化的地區，例如托斯卡尼，不過，糧食短缺卻是以北歐還要嚴重許多，特別是一三一五年開始的大饑荒，阿爾卑斯山脈以南幾乎未見影響。[31]但也不是沒有樂觀一點的畫面可看。到了一三四〇年時，人口又再回到高點，至少在西歐和拜占庭帝國是如此。一三二九至一三四三年間，馬約卡島的都市人口縮減了百分之二十三，普羅旺斯和其他地方的市鎮大概也是類似的數字。[32]產業分工更細，激發貿易網內的活力，將基本民生用品送進城市，交換工商產品。早在一二八〇年，比薩就已經將亞諾河口不算良田的農地廢耕，改拿來作養綿羊用，再以羊皮、羊肉、乳酪、羊毛和海外交換穀物：綿羊身上幾乎沒有哪一部位不是可以好好利用的。托斯卡尼的小小山城聖吉米尼亞諾，專門生產商業作物，例如番紅花和葡萄酒，在二十世紀以前，不管那裡的人口多稠密，他們都養得起。聖吉米尼亞諾的商業網甚至伸進地中海；如前所述，行走地中海的商人可是有辦法把番紅花賣到阿勒坡那麼遠的地方去。這一波「商業化」的潮流，在北歐也看得到，也為黑死病之後的發展開創了先河。

不論經濟是否在一三四〇年左右從危局當中脫困，黑死病確實將歐洲和伊斯蘭世界打得踉蹌顛躓。地中海區周邊陸地的人口總數被黑死病砍掉一半，對於地中海民族的社會、經濟、宗教、政治一定都有劇烈的影響。而且，心理的打擊不下於經濟的打擊。[33]不過，這一次的大瘟疫並未帶來漫長的黑暗時代，不像上古青銅時代結束或是地中海的羅馬大一統瓦解之後，緊接著就陷入慘澹凋敝的年歲那樣。瘟疫大流行突顯出羅馬帝國晚期的困境，也絆住了復甦的腳步，但是，瘟疫橫行並不是造成當時經濟普遍大衰退的唯一因素。無論如何，十四世紀地中海地區暨周邊陸地改頭換面，進而發展出新的秩序，黑死病確實是主要的觸媒。

黑死病傳遍地中海，熱那亞是在自己不知情的情形下當上禍首的。腺鼠疫（Bubonic plague）之所以傳入他們在克里米亞半島卡法的貿易據點，不是由商人帶進去的，而是蒙古大軍。卡法在一三四七年遭蒙古大軍圍困。[34]幾艘義大利的船隻僥倖從克里米亞半島的戰火逃出，開往君士坦丁堡。他們船上的難民即使沒有感染到腺鼠疫，一些偷渡客倒是有——也就是亞洲黑鼠。黑海船隊滿載的貨物當中多的是黑鼠愛吃的穀物，貨艙中一捆捆的布匹也是黑鼠身上的疫蚤最愛的安樂窩。到了一三四七年九月，腺鼠疫在拜占庭首都已經蔓延開來，像是野火燎原，居民紛紛向外逃難，再將傳染源往外傳播。例如有一艘從黑海駛向亞歷山卓的奴隸船，船上載了三百人，依阿拉伯史家阿勒馬吉里齊（Muhammad al-Maqrizi）的記載，船隻抵達埃及的時候，船上只剩四十五人還活著，而且，抵達之後沒多久也盡數喪命。[35]亞歷山卓接下來會成為腺鼠疫在地中海東部的傳播中心，也就不奇怪了；加薩便在一三四八年春淪陷。腺鼠疫傳染到地中海西部的第一站是港口墨西拿。西西里島一名史家把疫情傳到該地的罪責，怪在熱那亞從東邊倉皇往西逃竄的十二艘加列艦；這一批船在一三四七年十月抵達墨西拿港。墨西拿港的居民又帶著病菌在島上四處逃難，導致疫情跨過海峽也傳到了〔義大利半島西岸卡拉布里亞的〕雷吉奧（Reggio，雷吉翁），之後在一三四八年五月傳到那不勒斯。[36]到了一三四八年春，馬約卡島已經牢牢落入黑死病的魔掌，疫情再由馬約卡島循傳統的的貿易路線，傳遍加泰隆尼亞各地，佩皮雍、巴塞隆納、瓦倫西亞率皆難以倖免，以及南下到達格拉納達的穆斯林王國，於一三四八年五月之前便已傳染到了〔安達魯西亞〕阿勒梅里亞（Almeria）。同一月份，巴塞隆納的居民高舉城內供奉的聖髑和聖像作大遊行，祈求天主施恩，消滅瘟疫；只不過這樣的大遊行當然是傳播瘟疫的功效遠大於消滅瘟疫。[38]北非突尼斯在一三四八年四月傳出疫情，以西西里島傳過去的機會為最大，若是把禍首再推得遠一點，應該是加泰隆尼亞的船隻從馬約卡島出海南下到摩洛哥和阿爾及利亞等地的港口。[39]西元十二世紀到十四世紀都市的迅速增長，表示地中海西岸地區瘟疫大流行的機會，不下於地中海東部人口稠密擁擠的城市。瘟疫所到之處，無不將大批人口一掃而空，三分之一到二分之一的人口因此而喪命，地中海西部一些地區說不定還高達人口總數的百分之六十或是七十，例如加泰隆尼亞。[40]腺鼠疫一路擴散，毒性隨之增強，而致轉變成一種肺鼠疫，經由空氣傳播，感染之後幾小時便會送命。

歐洲和地中海區失去近半的人口，對於經濟往來自然有劇烈的影響。糧食的市場需求巨幅萎縮，即使瘟疫已經掃過，但像西西里島等諸多糧產地，因為勞動人口不是喪命就是外逃，農地無人耕作，以致即使有許多人在挨餓，糧食的需求依然銳減。各地通商大城的人口數一律大幅縮減，像熱那亞、威尼斯等等貿易重鎮，疾病很容易經由巷弄、運河四處流竄。[41]黑死病也不是爆發過一次就可以免疫了事的：十四世紀晚期就因為疫情多次復發，將掙扎中逐漸恢復的人口，又打趴了。新的疫情對年輕一輩的打擊特別重，因為老一輩過了多年瘟疫肆虐的生活，多少練就出一些抵抗力。西西里島晚禱起義之後，島上的人口於百年之間大概折損了百之六十，從八十五萬降到三十五萬；造成這樣局面的，就以這兩件事為首要的因素：一三四七年在島上爆發的瘟疫和一三六六年復發的瘟疫。[42]黑死病過後，歷經浩劫的破壞和驚恐，一切不復以往形貌。黑死病就算改變了地中海的形貌，並未造成持久的經濟衰退。古老的機構依然屹立不搖，例如商人活動的商館，熱那亞、威尼斯、加泰隆尼亞等地的人照樣冷不防要彼此射一下暗箭；基督徒也還是在籌謀詳細的計劃，準備再次發動十字軍去打北非的馬木路克王朝，而馬木路克王朝的權勢一時之間還是不動如山。在這些表相下的底層，舊貿易網卻有了幽微但是重要的變化。最早的徵兆便是在直布羅陀海峽外面興起了新的貿易區，成為舊貿易網的競爭對手。地中海區域在黑死病橫行肆虐過後，出現了復原的跡象，第四代地中海誕生於十四世紀末。

第四部

第四代地中海世界

The Fourth Mediterranean,

1350 — 1830

第一章

爭逐羅馬帝國的大統

西元一三五〇年—西元一四八〇年

一

瘟疫肆虐，人口銳減，地中海區糧食供應的壓力自然跟著減輕，但不表示地中海先前的穀物貿易因此萎縮。事實上，地中海的穀物貿易反而更加暢旺，因為這麼一番折騰下來，產量不佳的農地就此廢耕，轉作牧地，另有一些地區的農地則改為專門生產蔗糖和染料所需的作物。「大海」周邊陸地的經濟活動因此變得更加多樣化。專精的現象愈來愈興盛，刺激了各色各類商品的交易。地中海的經濟開始出現新的風貌。區域貿易嶄露頭角。像是木材之類的產物沿加泰隆尼亞海岸南下運送；羊毛則從阿普利亞橫渡亞得里亞海運送至（克羅埃西亞西岸的）達爾馬提亞，供應該地欣欣向榮的市鎮；（以綿羊出名的）梅諾卡生產的羊毛運往托斯卡尼。一四〇〇年前後那一陣子，托斯卡尼一帶人稱「普拉多富商」（Merchant of Prato）的法蘭契斯柯・迪・馬可・達第尼（Francesco di Marco Datini），執著於把他買賣過的每一捆布料都留下紀錄，將他收發的每一封商業文書都保存下來，多達十五萬封，大為造福後代的史家。[1]他在伊維薩有一名代理商寫信跟他訴苦：「這裡真不衛生，麵包難以下肚，酒也難以入口——天

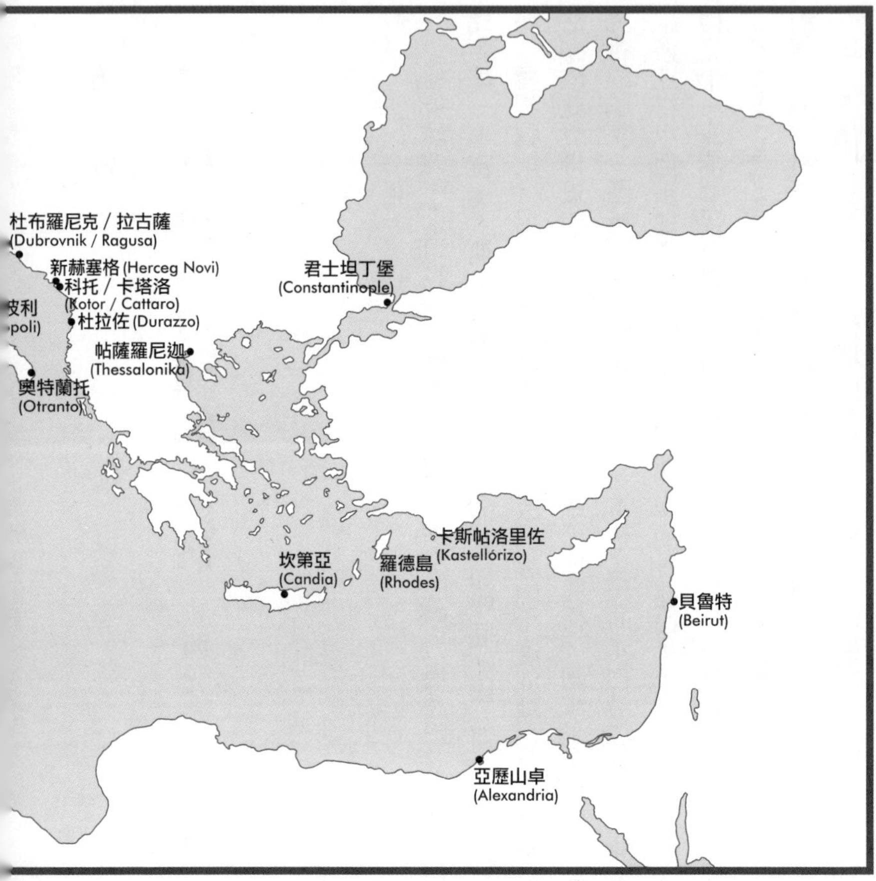

可憐見，沒一樣好的！就怕我會死在這裡。」[2]不過啊，作生意優先於過好日子。

這一位「普拉托富商」也派了一名托斯卡尼代理商到西班牙海岸的聖瑪帖奧（San Mateu），蒐羅那一帶最好的亞拉崗羊毛；當時，綿羊佔據了西班牙內陸的高原，千百萬頭綿羊夏天在高原吃草，冬天在平原避寒。達第尼的貿易網西達〔非洲西北角〕馬格里布，往東遠到巴爾幹半島以及黑海。一三九〇年代，達第尼還插手奴隸買賣；在那時期，黑海一帶的徹克西亞奴隸和北非的柏柏奴隸，都會送到馬約卡島和西西里島的奴隸市場作交

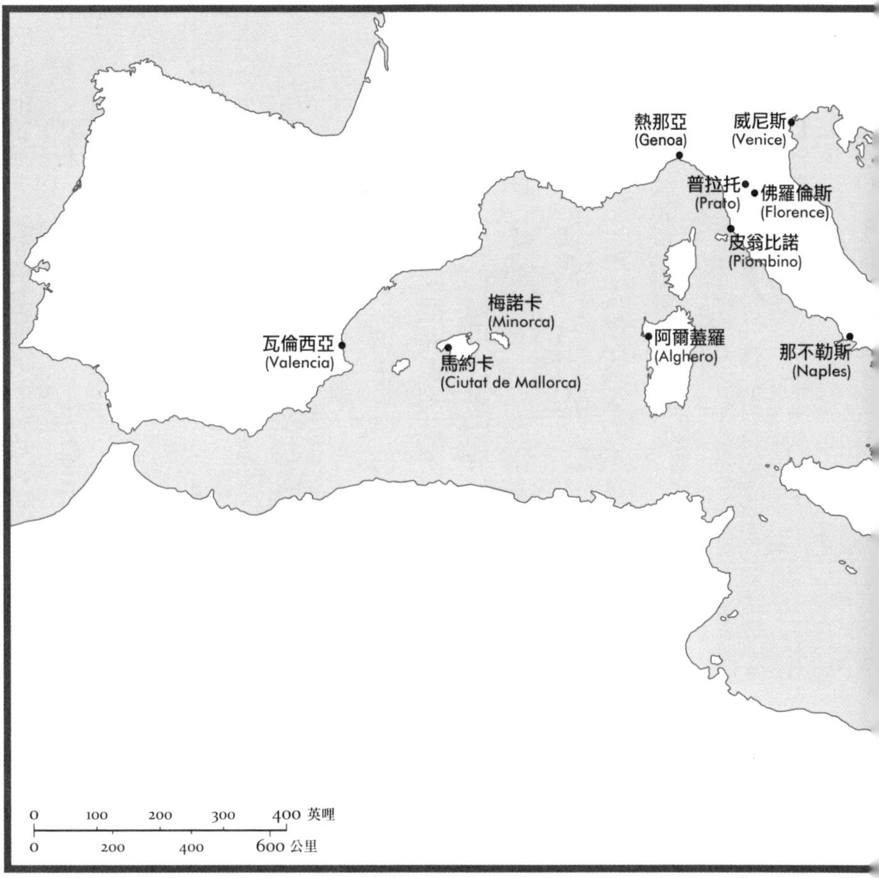

易。[3]他也從地中海以東的東亞大陸進口槐藍、蘇木、胡椒、蘆薈、薑黃（zedoary）、南薑（galingale）；從「大海」一帶進口棉花、乳香脂還有細糖；至於西班牙和摩洛哥，除了大量羊毛原料之外，他也進口駱駝皮革、象牙、稻米、杏仁和椰棗。他向瓦倫西亞的作坊訂製過一套餐具，依照慣例上面自然裝飾了他的家徽，幾年後，他再訂製一套，發現對方並未保留他們家徽的圖樣，大為光火。[4]

達第尼經營的可說是寡佔的生意，這在十四世紀末期的商界不算典型，但他的事業提供了極佳的例證說明那年頭活力充沛的遠洋貿易和商品流通。環境再險惡，他還是有能耐作他的生意，就連米蘭大公〔吉安・戛里亞佐・維斯康提，Gian Galeazzo Visconti〕一四〇二年在托斯卡尼四處尋覓獵物〔打造他的王國〕，除了佛羅倫斯之外的大城無不被他掃進手掌之中，也牽連不到他的生意。地中海的商人向來懂得戰時的烽火一如太平歲月，都有賺錢的機會。不過，這時期還是有很大的變化。十四世紀早期，佛羅倫斯的三大銀行，巴第（Bardi）、佩魯齊（Peruzzi）、阿齊艾奧里（Acciaiuoli），和那不勒斯國王、移師羅德島的醫院騎士團以及歐洲內陸多位君主，都有密切的關係；他們對銀行的貸款依賴很深。只不過，幾家銀行累積的有毒債務太大，三家硬撐到後來再也遮擋不住（尤以借給英格蘭國王的錢為甚），終於在黑死病爆發前夕一一破產。國際銀行代之而起之後，便小心謹慎，經營上不過於擴張；梅第奇銀行背後的梅第奇家族，雖然擁有政治勢力和名聲，也深諳這一層道理。[5]營運小心為上，獲利自然比較穩定。即使有心，也會留意要適可而止；加泰隆尼亞派到法蘭德斯和英格蘭去的加列艦，數量就少多了，一度是貿易重鎮的馬賽，也明顯萎縮。新的態度，組織起了新的秩序。[6]都市生活不僅因為專業分工愈來愈多得到刺激——反應在工匠行會的應運而生——還因為鄉間的人口遷居到城鎮而更為壯大，鄉村人力也為之短缺。埃及因為廢耕，維繫尼羅河三角洲生態平衡的灌溉工程遭到廢弛，三角洲的土壤因而貧瘠，農耕的工資也下降。反之，歐洲沿海一帶因為人力不足而工資上揚。[7]無論如何，城市人口增加，許多地方到了一四〇〇年還已經恢復到黑死病之前的水準，也鼓勵熱那亞、威尼斯、加泰隆尼亞的商人繼續在地中海和黑海地區尋覓糧源。

就算黑死病橫行逼得基督徒覺得應該要認罪悔改才對，他們的罪顯然並不包括內鬥。一三五〇至五五間，威尼斯和熱那亞就拼得你死我活，到了一三七八至八一年，舊事又再重演，而有了「奇奧賈之戰」

（War of Chioggia）。兩次衝突的導火線，都是雙方對於愛琴海通往黑海的航路發生爭執。第一次衝突時，威尼斯和亞拉崗國王結盟；亞拉崗國王那時正在和熱那亞爭奪薩丁尼亞島。威尼斯派出艦隊往前地中海西部海域，於一三五三年在薩丁尼亞島北部的阿爾蓋羅（Alghero）打敗熱那亞，取得勝利。而加泰隆尼亞派遣遠赴博斯普魯斯海峽的艦隊，卻吃下了敗仗，還在戰火中損失他們的海軍總指揮。不過，這一場仗打下來，雙方同蒙其害：威尼斯不得不將持有達三百五十年的達爾馬提亞公國拱手讓給匈牙利，熱那亞則是陷入內亂——城邦落入米蘭的維斯康提大公（Giavanni Visconti）手中，大公判斷熱那亞打仗的本錢耗盡了，而在一三五五和同樣精疲力竭的威尼斯媾和。[8]

到了一三七八年，雙方又再爆發戰事，一開始的焦點是泰內多什（Tenedos）這一座小島。當時認為誰拿下這一座小島，就等於是支配了通往達達尼爾海峽的航路。在這之前兩年，拜占庭帝國篡位的皇帝〔巴列奧略王朝的安德尼洛卡四世，Andronikos IV Palaiologos〕將小島送給了熱那亞人，交換熱那亞出力相助。威尼斯則從爭奪帝位的另一方那裡得到保證，小島會交給威尼斯。[9]熱那亞和威尼斯竟然願意動武，放在這樣的時節格外教人意外，因為黑死病肆虐已經導致人力大量損失，威尼斯還必須從達爾馬提亞調集大批人力來充當艦隊的划槳手。當時還有其他嚴重的麻煩。兩次戰爭之間，威尼斯在一三六三年還在克里特島遇上叛亂，不僅克里島本土的希臘人被牽連進去，威尼斯城邦那邊也有幾位貴族牽涉在內，例如歷史悠久的貴族豪門格拉德尼哥（Gradenigo）家。[10]克里特島出現叛亂，教人不禁擔憂威尼斯的供應網，因為克里特島以穀物、葡萄酒、橄欖油等糧產，是威尼斯極需善加利用的地方——由這些事情來看，可說是備受盤剝——以彌補他們在義大利東北沒有廣大腹地的缺點。在這兩次戰爭之間，威尼斯還有別的嚴重危機，情況不同但更危險：熱那亞和威尼斯在亞得里亞海爆發衝突；而亞得里亞海原本可是熱那亞海軍不太敢開進去的海域。一三七八至八〇年，由於亞得里亞海東邊這一側已經落入匈牙利國王的手中，威尼斯已暴露在危險之中。威尼斯唯有將附近的幾處海域都牢牢地納入共和城邦的掌控，他們在東地中海的帝國才能確保，這下子威尼斯有了一個持久的難題。

由於熱那亞竟然請到匈牙利國王（路易一世），還有鄰近威尼斯的帕多瓦的卡拉拉大公（Francesco I da Carrara）出力相助，威尼斯發覺自己陷入腹背受敵。一三七九年，熱那亞燒掉威尼斯沿著里多（Lido）沙洲上的一長列村子，也會同盟軍撲向威尼斯潟湖南端的小鎮奇奧賈。熱那亞的聯軍放話，沒騎上佇立在聖馬可大殿正門柱廊的那四匹青銅駿馬，絕不停下腳步。自西元九世紀初法蘭克人加洛林王朝圍困威尼斯的潟湖區以來，他們遇上的威脅就屬這一次最嚴重。威尼斯身陷重圍，負隅頑抗，到後來反而是熱那亞人這邊因為補給即將耗盡而有被困住的感覺。捱到了一三八〇年六月，熱那亞看出他們再也支撐不下去，便與威尼斯談和。這一次的衝突有十分突出的一點，就是威尼斯人大量使用火藥，利用裝在船首樓（forecaslte）的大砲砲轟敵艦。熱那亞的司令官皮耶托羅・多利亞（Pietro Doria），就是因為艦上的塔樓被砲彈擊中倒下壓在他身上而陣亡的。[11]

威尼斯的史家當然樂於把奇奧賈之戰劃歸為威尼斯的勝利，但是，熱那亞的軍隊踏上里多的沙洲，這對威尼斯是奇恥大辱。威尼斯失去了泰內多什小島，未能收復達爾馬提亞，還被迫承認熱那亞擁有塞浦路斯的主權（也因此讓熱那亞人在食糖貿易當中搶下一席之地），甚至還必須將他們在義大利本土的藩屬特雷維佐（Treviso）割讓給奧地利大公，也就失去了他們在義大利半島東北部的穀物產地——哈布斯堡王朝的陰影此後便籠罩義大利東北部，直到第一次世界大戰結束。[12] 一三五〇年和一三七八年這兩次戰爭，威尼斯的戰果，不論領土還是威望，都得不償失。但是，話說回來，儘管兩邊的戰爭打得激烈，戲劇性的中斷雙方多半相當平和的關係，兩座共和城邦的船隻在愛琴海向來能夠並肩一起作生意，一起行經君士坦丁堡航向克里米亞半島的糧產地。一三八一年後，兩地都不想再去招惹對方了，便劃分各自的貿易圈和商業地盤。威尼斯保有他們在黎凡特貿易的中樞地位，派遣加列艦到亞歷山卓和貝魯特尋找香料貨源。熱那亞則把重心放在用他們的圓肚貨船運送散裝貨，如明礬、穀物和乾果，活躍在小亞細亞、希臘、黑海等地；如小黑無籽葡萄的名稱「currant」，和產地科林斯（Corinth）有關係；位於黑海南岸的獨立希臘國家特拉佩祖（Trebizond）則是其他地方都比不上的榛果產地。以前他們冒險地開拓商務，熱那亞和威尼斯的旅人深入到波斯，甚至遠達中國，到了一三〇〇年前後，他們已經不再繼續如此，兩地的商人決定集中精力振興他們在地中海的貿易命脈。[13]

威尼斯的造船業是支撐他們地位的條件之一；造船業是威尼斯城內規模最大的產業，或許還是地中海全區組織最為整飭的產業。「兵工廠」（Arsenal）毗鄰城內的大索具作坊「塔納」（Tana），在十四世紀初期已經相當完備，但在但丁耳中，幽暗的工廠深處，傳來的是地獄的回聲。

> 威尼斯人的船廠裡，冬天熬著黏糊糊的瀝青，來塗抹已經損壞的船隻，因為他們不能去航海了——代替航海這份工作，有的正給自己造新船，有的正用麻屑填塞已經航行多次的船隻兩側的縫隙；有的正在船頭，有的正在船尾釘釘子，有的正在造船槳，有的正在製船索，有的正在縫補前桅的帆，有的正在縫補主桅的帆……[14]

威尼斯的兵工廠有一處船塢可容十二艘加列艦的舊廠，也有一處面積是舊廠三倍的新廠。迄至十四世紀末年，工廠已經在一名海軍司令帶領下，發展出效能極高的製程，一年可以建出約三艘大型的商用加列艦，數量看似不多，不過自一三四〇年代開始，加列艦體也加大了許多，因為開往黎凡特和法蘭德斯的航線變得更加頻繁。這類大型加列艦用的是大型三角帆，三列槳座，載貨量可達一百五十噸，需要的船員也多，水手可能就有二百名。只有威尼斯公民才可以利用他們的船艦載貨，船隻進行運輸時，通常有小型的武裝加列艦隨行，一路上的航線事先經過元老院仔細審核。威尼斯城內的居民必須住滿二十五年才有資格取得公民權，如前所述，獲利最豐厚的航線，也就是絲綢和香料貿易，一概是威尼斯貴族的投資在主導。比較便宜的貨物，威尼斯人就以圓腹、方形帆的商用柯克船載運，這樣的船隻是由民營的造船廠製造，設計方面的法規限制較少。後世所知十五世紀最大的柯克船長達近三十公尺，排水量是七百二十噸。[15]有了造船的技術，還需要有航海技術兩相配合。威尼斯人繪製地圖的功力，足以和熱那亞、馬約卡島並列為繪圖重鎮。威尼斯的水手對於地中海沿岸握有豐富而且準確的知識，再者，由於指南針用得愈來愈普遍，出航更有把握，航海季幾乎延長到終年不斷。[16]

二

當時的水手們因為一項熱門生意而忙碌——載運朝聖客前往聖地。基督徒在巴勒斯坦的最後一處據點雖然失守，朝聖卻未因此終止，所謂聖地的基督教聖殿保護權，還是各方爭逐的目標，亞拉崗的國王也不落人後。馬木路克王朝的蘇丹也知道當和西方君主談判政治、商業協議的時候，拿聖地這一張牌來討價還價，好用得很。朝聖是一件費體力的事，按理說也應該要費體力才對。菲利克斯・法布里（Felix

Fabri）是道明會（Dominican）的修士，一四八〇年便從德意志遠行到聖地一趟，留下了生動的記載：海的氣味、不適和髒亂；肉食生蛆爬得滿滿都是，飲水難以入口，寄生蟲無處不在。從亞歷山卓出發的回程，因為不是適航期，害他飽嚐狂風巨浪打擊，像早先伊本・朱巴耶吃過的苦頭那樣。但他也學到一件事：在船上找地方睡覺，以避開眾人耳目為佳，像是躺在硬硬的幾捆香料麻袋上面。[17]不過，當時朝聖的面貌正在改變，至少對少數學究型的人而言是如此。一三五八年，佩脫拉克接獲朋友喬凡尼・曼德里（Giovanni Mandelli）邀約，和他一起去聖墓（Holy Sepulchre）旅行。基於安全的考量，佩脫拉克決定還是留在家裡，但贊助好友一本小書。他在書裡描寫橫渡地中海的一條條路線，註明尤里西斯到過的每一處地方，指出義大利南端的克羅托內（Crotone）有女神朱諾（Juno Lacinia）的神廟，認為龐培是在奇里奇亞打敗多支海盜的，也費了一點篇幅稍微想了想基督釘十字架的地方（「若非可以親眼目睹……先前心眼已經遍覽的一事一物，原本毋須勞師動眾作此一遊」）；不過，他最後要帶曼德里去的地方不是耶路撒冷，而是亞歷山卓，不是偎在一袋袋香料當中，而是佇立在亞歷山大的墓前，佇立在龐培的骨灰罈前。[18]周遊古代遺址的文化巡禮，這樣的風氣即將開始。由佩脫拉克傳世的四十多卷《旅遊指南》（*Itinerary*），可知當時這樣的風氣十分興盛，尤其是在十五世紀那不勒斯那一帶，因為，佩脫拉克告知曼德里有關義大利南部沿海許多古代遺址的資訊，而佩脫拉克的著作正是在這一點招徠讀者的（這比到聖地有趣）。

在一四二〇年代，佩脫拉克的古代遺址巡禮有安科納一名商人化作事實，他遊遍了古代遺址，先是在他的家鄉，後來遍及地中海各地，各處的古蹟每每讓他看得出神。這一位安科納人，奇里亞克（Cyriac of Ancona）的旅遊其實還有政治目的：鄂圖曼帝國蘇丹也知道這個人，只是蘇丹不曉得奇里亞克的目的之一——藉機蒐集情報，好提供給十字軍用來攻打土耳其人。不過，他對古代留下來的遺蹟倒是真心喜愛。他在一四三六年去過德爾斐——驚訝於當地居民人數增長太快——花了六天，在他誤認為大神廟、劇場、競技場的地方興奮得抄下一段段銘文，描畫建築圖形。[19]雖然對古代有興趣的人大多仍然舒服地窩在安樂椅上面，就像佩脫拉克，但從奇里亞克的遊歷，還是可以看出地中海旅遊的魅力，不再侷限於宗教或是商業。

當時遊歷四方的旅人，也有極少數會走向「同化」，而徹底融入地中海對岸當地的宗教和習俗。安瑟摩・杜梅達（Anselmo Turmeda）就是那「極少數」的其中之一，他是馬約卡島上的修士，在波隆那接觸到伊斯蘭教義，便遠行到北非，皈依伊斯蘭，改名為「阿布達拉・阿達朱曼」（Abdallah at-Tarjuman），成為十五世紀早期著名的穆斯林學者。他的墓地現在還保留在突尼斯。百年之後，學者、外交官阿勒哈桑・伊本・穆罕默德・阿勒瓦贊（al-Hasan ibn Muhammad al-Wazzan）或稱「利奧・阿弗利卡努斯」（Leo Africanus）出生於格拉納達，被基督徒海盜俘獲，帶到羅馬，得到教皇李奧十世（Leo X）提拔，寫下一本非洲地理誌，這一位便為西方讀者介紹了地中海沿岸之外的伊斯蘭世界的地理。他還從伊斯蘭改宗基督教又再回頭皈依伊斯蘭。[20]

三

亞拉崗國王的運勢，還有亞拉崗國王治下諸多領地的運勢，堪稱了解十四世紀晚期暨十五世紀期間地中海一帶運勢的最好指標。加泰隆尼亞的影響力穿透地中海，朝四面八方伸展，遠達亞歷山卓、羅德島的市集，到了世紀末年，亞拉崗國王不論在伊比利半島還是大範圍的歐洲政治，都是舉足輕重的要角。亞拉崗國王馬丁的兒子暨王儲小馬丁（Martin the Younger）迎娶的是西西里島的王位繼承人，但在她嫁入亞拉崗王室之前，曾經〔因為政爭〕被人綁架到西班牙軟禁，一三九二年，小馬丁也就有了充足的理由發兵攻打西西里島〔替妻子奪回治權〕。西西里島〔因王室繼承問題〕於十五世紀是由總督治理，總督向島上的國會負責。亞拉崗王室的分支在西西里島的無能甚至到最終失勢。承平歲月對西西里島民眾顯然大有助益，對於想購買島上穀物的加泰隆尼亞貴族同樣大有助益。加泰隆尼亞貴族開始在西西里島購置大片莊園，落戶定居。[21]小馬丁在薩丁尼亞島被瘧疾打倒之前，最後的成就是恢復「加泰隆尼亞—亞拉崗」治權對島上大片地區的控制，之後，加泰隆尼亞的文化在島上便獨擅勝場，藝術便是一例。[22]

亞拉崗君主前所未有的霸氣，在阿豐索五世（Alfonso V the Magnanimous）身上展露得最為強烈。他在一四一六年登基為王，一生的事功躋身十五世紀偉大君主之列。[23]巴塞隆納王室的男性子嗣這時已經絕後，阿豐索五世出身卡斯提爾王室。儘管如此，他的眼光遠大，注視著地中海，繞著整個地中海地區規劃方案。他跟所有的亞拉崗國王一樣，也有綽號，他的綽號「宏量」（the Magnanimous），十足透露出他渴望被視為有器度的明君，塞內卡（Seneca）著作當中的君王美德他都有；塞內卡是古羅馬皇帝身旁的哲學家，和他一樣出身西班牙。阿豐索五世嗜讀古典經籍，對古代戰史的英雄豪傑有強烈的興趣。他知道羅馬帝國最英明的皇帝其中兩位——圖拉真和哈德良，便是出身西班牙。[24]阿豐索五世眼看土耳其的威脅愈來愈大，有志要在地中海重建羅馬帝國。即位之初，就出兵攻打科西嘉島，科西嘉島原本早在一二九七年便和薩丁尼亞島一起由教皇分給了亞拉崗國王〔詹姆斯二世〕統治的。這回出兵除了攻下卡勒維（Calvi）要塞，沒能再往前推進，但是，這一次戰役顯示他的雄心絕不止於他從西班牙繼承來的領土為限。為了實現他的羅馬帝國夢想，他將眼光投向義大利半島，向治國無方的那不勒斯女王喬安娜二世（Joanna II）表示願意效勞，甚至取得喬安娜指定他為王儲的承諾（喬安娜的宮闈生活雖然多采多姿，卻沒能生下兒子）。不巧，她也答應過安茹公爵暨普羅旺斯伯爵安茹荷內（Renéof Anjou），要把她國事愈來愈紊亂的王國留給他繼承。安茹荷內有「賢君荷內」（Le bon roi René）的稱號，他和阿豐索五世一樣熱愛騎士文化，雅好藝術，也都希望聚積領土。只不過，他在一四八〇年撒手人寰的時候，什麼也沒留下，相較之下，阿豐索五世在一四五八年過世時，手上卻還握有六或七處王國外加一處公國。[25]阿豐索五世和安茹荷內為了爭奪義大利南部的治權，斷斷續續打了二十多年的仗，耗盡了王室的財力，畢竟維持強大的艦隊花費格外昂貴。朝廷的財政儲備已是危險的低，阿豐索不得不向議會低頭，給與機會為了得到他們最想要的特權和他談判。[26]幸好，安茹荷內比阿豐索五世還要窮，只是他還是有辦法弄到熱那亞的艦隊來幫他撐腰。熱那亞對加泰隆尼亞這邊的敵意，打從一百年前加泰隆尼亞入侵薩丁尼亞島以來，始終未見消退。

阿豐索五世的治權也曾數度淪於風雨飄搖。一四三五年，他率艦隊在蓬扎島（Ponzo）外海和熱那亞艦隊作戰失利，落敗遇俘，還被押送回熱那亞。只是，熱那亞緊接著不得不聽命將手上的人犯交給他們的領主，也就是米蘭公爵菲力波・馬利亞・維斯康提（Filippo Maria Visconti）。結果，米蘭公爵不敵阿豐索五世的翩翩手采和文化素養，被阿豐索五世打動，決定和他結盟，而把情勢逆轉過來。米蘭公爵甚至考慮身後要將他的公國遺贈給阿豐索五世；當時阿豐索五世忙著稱霸義大利半島，反而無心照顧伊比利半島。阿豐索五世和安茹荷內兩邊耗時又花錢的戰事，打到最後是一四四二年阿豐索五世用挖地道的方式突破那不勒斯的城牆，而攻下了那不勒斯。安茹荷內始終認為那不勒斯是他的王國，即使被阿豐索五世趕了出去，他對亞拉崗王室這一邊施壓的力道始終未減，熱那亞也一直是他派艦隊遠征義大利南部的據點，直到一四六〇年代。[27]在義大利半島上開打的戰爭，並未因為那不勒斯淪陷而告一段落。一四四八年，阿豐索五世的軍隊開拔到皮翁比諾（Piombino）的城門前了。皮翁比諾是很小的獨立國家，但是位居極為重要的戰略要衝，富含鐵礦的艾爾巴島也在轄內，擁有艦隊，貿易、搶劫的範圍遠到突尼斯。[28]阿豐索五世要是拿下皮翁比諾，輕易便可控制來往熱那亞到那不勒斯的船隻動向，皮翁比諾還可以供作入侵托斯卡尼的跳板。只是，皮翁比諾卻是很難入口的燙手山芋。皮翁比諾的君主也相當精明，開始年年進貢，以一盞金盃換取阿豐索五世的善意。不過，艾爾巴島兩側海岸的軍事據點，幾年下來一一落入亞拉崗的手中，到了十六世紀就是西班牙的了。[29]迄至十五世紀中葉，義大利半島的土地大多由五大強權割據：米蘭，佛羅倫斯，威尼斯，教皇國以及亞拉崗王國。雖然義大利半島幾塊較大的領地都在亞拉崗國王的手中（即使義大利的兩大島加起來都還比不過），他卻被迫放棄君臨義大利半島的帝國夢，因為其他四大強權團結在一四五四年的〈羅蒂和約〉（*Peace of Lodi*），阿豐索五世在隔年初也就加上了他的簽名。這一和約保障此後五十年義大利半島享有和平（只有幾次比較明顯的破壞），主要的目標之一在於讓簽約國可以把力氣用在更緊急的事情上面——對抗鄂圖曼土耳其人。

君士坦丁堡在〈羅蒂和約〉簽訂前一年，便已落入鄂圖曼蘇丹「征服者」穆罕默德二世（Mehmet II the Conqueror）手中。歐洲先前對抗鄂圖曼土耳其人的夸夸其言，一事無成，事實上在這期間，鄂圖曼土耳其人以前所未有的高昂士氣橫掃巴爾幹半島。先前，一四四七年，阿豐索答應過要出兵協助匈牙利國王約翰・渾亞第（John Hunyadi）。只是，阿豐索雖然招募到了原先答應的大軍，卻中途轉向，把部隊送往托斯卡尼打仗。然而，不能因此全然認為阿豐索對十字軍對抗土耳其的大旗有所不滿。[30]阿豐索五世不僅自命為救贖的君王，基督的精兵——像是嘉樂海德（Galahad）再世（譯註18），在那不勒斯興建的凱旋門上，壯觀的雕刻就是以這為主題。阿豐索熱心支持史坎德培（Scanderbeg）——反抗土耳其人的優秀阿爾巴尼亞人，因為一旦阿爾巴尼亞落入鄂圖曼帝國手裡，鄂圖曼的艦隊和大軍就會出現在義大利南部的視線之內。[31]阿豐索的野心延伸之廣，遠達卡斯帖洛里佐（Kastellórizo）——羅德島東邊的小島，以這裡為基地，亞拉岡海軍得以深入到東地中海（卡斯帖洛里佐現在是希臘最邊陲的土地）。[32]君士坦丁堡被鄂圖曼土耳其人攻陷之前不久，阿豐索五世才和希臘親王狄米提里歐斯・帕雷歐羅哥斯（Demetrios Palaiologos）謀劃，要從拜占庭最後一位皇帝君士坦丁十一世（Constantine XI Dragases Palaiologos）手中奪下帝位，一旦成功，阿豐索將在伯羅奔尼撒半島派駐自己的總督。打敗土耳其人、收復東地中海的誇大企圖，在阿豐索死後都由袞安納・馬爾托雷里（Joanot Martorell）寫進生動的小說《白騎士蒂朗》（*Tirant lo Blanc*）中，以資紀念。[33]小說中浪跡江湖的主人翁蒂朗騎士，正是阿豐索五世的寫照，或者是阿豐索五世嚮往的寫照，全書（其中經常出現露骨的情愛場景）充斥著針對打敗土耳其人以及熱那亞人的上策提出建議，阿豐索一直認定熱那亞和鄂圖曼暗通款曲，祕密結盟。[34]熱那亞在《白騎士蒂朗》當中，就暗中破壞醫院騎士團保衛羅德島、抵抗土耳其人的戰事：

> 你們的領主應該要知道，我們修會裡有兩名熱那亞的修士背叛了我們，惡毒的熱那亞人就因為有他們暗傳情報，所以船艦傾巢而出，載的以士兵為多，幾乎沒有貨物。我們城堡裡的叛徒也暗中動手腳，偷偷把十字弓的槽口換成肥皂和乳酪。[36]

一四五三年，君士坦丁堡圍城之戰的最後關頭，熱那亞的行徑就教人心生類似的猜疑。[36]

四

一四五三年，鄂圖曼帝國挾優異的治理能力，加上對聖戰（jihad）的熱衷，已經將小亞細亞海岸一線突厥人的小國掃盪乾淨，還包括艾登一地的海盜據點。鄂圖曼帝國雖然曾在一四二〇年慘敗於中亞大軍閥帖木兒的手下，但是恢復得很快，到了一四二〇年代，又再度於巴爾幹半島活躍起來。拜占庭皇帝於一四二三年將帖薩羅尼迦賣給威尼斯。威尼斯花了那麼久的時間才終於將帖薩羅尼迦給盼到，卻只擁有七年就被鄂圖曼蘇丹穆拉德二世（Murad II）的軍隊搶了過去。年紀輕輕就即位為鄂圖曼帝國蘇丹的穆罕默德二世，解決了朝中穩健和進取兩派的爭執。以穩健為尚的謀臣反對帝國擴張過速，唯恐力有未逮。勇於冒險的進取派則認為穆罕默德二世可以成為羅馬帝國中興的明君，由穆斯林土耳其人治理羅馬帝國，而將羅馬—拜占庭、土耳其、伊斯蘭的統治概念綰結於一身。穆罕默德二世志在復興羅馬帝國，實行羅馬帝國的統治，不是摧毀羅馬帝國。朝中的希臘文書發佈文件也為他加上「皇帝」（Basileus）的頭銜，稱呼他為「羅馬人的皇帝與獨裁官」，這是拜占庭帝國皇帝慣用的頭銜。[37]不過，穆罕默德二世的帝國夢，不以攻下「新羅馬」君士坦丁堡為終點；他還要稱霸「古羅馬」。政治現實也引起他對西方事務的注意。史坎德培（Scanderbeg）在阿爾巴尼亞的叛亂，就教這位蘇丹明瞭傳統政策的作法，允許

譯註18：嘉樂海德（Galahad）再世——嘉樂海德是歐洲中古時代亞瑟王傳奇中的武士，是圓桌武士陣中性情最高尚、最正直的一位，最後也是由他追尋到聖盃（Holy Grail）。

基督徒陪臣獨立統治巴爾幹半島，有其缺點。連史坎德培這樣的人物，曾在鄂圖曼朝中如同穆斯林受到栽培，到頭來還是會變節。因此，鄂圖曼的權威必須直接施加在統領的土地上，鄂圖曼勢力的前沿已經抵達亞得里亞海岸。史坎德培在一四六八年過世之後，阿爾巴尼亞的叛亂便慢慢地結束了。到了一四七八年，穆罕默德二世拿下阿爾巴尼亞海岸的瓦羅納（Valona；瓦羅雷Vlorë）。接下來數月，他又從威尼斯人手中搶下羅扎法（Rozafa）山丘堡壘下的斯庫泰里（Scutari；斯科迭爾 Shkodër）。[38]杜拉佐（Durazzo），古代的杜爾拉勤，依然在威尼斯人手裡，直到下個世紀初。科托港（Kotor；卡塔洛Cattaro）由於位居蒙地內哥羅（Montenegro）峽灣深處，受到威尼斯的保護，但是威尼斯人在亞得里亞海這一帶的其他版圖，就一塊接一塊被挖走了。[39]

威尼斯對史坎德培起義舉事，態度並不熱心，因為他們擔心對叛軍的支援將危及他們在君士坦丁堡的貿易地位。只不過失去阿爾巴尼亞海岸的領土，讓他們也付出慘重的代價，不單是這一帶是重要的食鹽產地，也在於威尼斯人的船艦要出海亞得里亞海，必定行經阿爾巴尼亞的海岸。從海岸通往內陸的路線一樣很寶貴，因為，循著路線可以取得巴爾幹半島內陸山區的銀礦、奴隸暨其他產物。鄂圖曼土耳其人攻擊威尼斯在愛琴海的海軍基地，林諾什（Lemnos）和內哥羅龐第（Negroponte）落入鄂圖曼人手裡，更教威尼斯的窘境雪上加霜。「崇門」（Sublime Porte）——鄂圖曼朝廷的外號——依然授與威尼斯貿易特權，一個明智的決定。他們的意思很清楚：鄂圖曼帝國承襲地中海各地穆斯林君主幾百年的慣例，包容來自海外的基督徒商人，但要是威尼斯或是熱那亞在「白色海」（Akdeniz）握有領土，那就期期以為不可了。[40]

穆罕默德二世在位末年，決心正視地中海基督徒勢力的問題。鄂圖曼土耳其人關注的重心，顯然就是「醫院騎士團」設在羅德島上的總部。該騎士團自一三一〇年起便據有這一座島嶼，以這裡為根據地對穆斯林船隻發動海盜式突擊，也取得小亞細亞沿海的幾處據點，其中最為重要的是波德倫（Bodrum）。醫院騎士團在那裡建的城堡，用的還是「哈利卡納索斯陵墓」（Mausoleum of Halikarnassos）的石塊。羅德島吸引穆罕默德二世注意，也因為它是古代世界的著名城市。[41]有一位薩克森大砲鑄造工吉約格師傅（Meister Georg）曾經定居在伊斯坦堡，提供土耳其人不少羅德島要塞設計的珍貴資料。不過，一四八〇年鄂圖曼土耳其人這邊終於領教到了羅德島的防禦有多麼堅固，在最厲害的專家鑄造出來的加農砲大量轟擊下，也奈何不了它。交戰的雙方下手都極為殘忍：醫院騎士團在夜間派人潛入敵營，砍下頭顱，帶回城裡遊行示眾，以鼓舞守軍的士氣。騎士團頑強抵抗，土耳其人的攻勢失敗，不得不和騎士團談和，騎士團則是答應不再騷擾土耳其人的船隻。[42]蘇丹並未將這一次失利置之度外，接下來的四十二年，羅德島依然握在聖約翰醫院騎士團的手中。西歐各國也沒忘記在羅德島發生的事，當土耳其的威脅如此凶險的時期，羅德島的和局足以讓他們受到鼓舞。羅德島的戰事剛結束，立即就有木刻版的圍城戰紀問世，在威尼斯、文姆（Ulm）、撒拉曼卡（Salamanca）、巴黎、布魯日、倫敦等地風行一時，成了早年的暢銷書。

同一時期，土耳其人的艦隊正威脅著西方。義大利南部當然首當其衝，一來是因為那裡鄰近阿爾巴尼亞，二來是一旦鄂圖曼控制亞得里亞海出入口的兩邊，就能迫使威尼斯聽命於蘇丹。而威尼斯這邊也不想要被視為與土耳其人為敵。一四八〇年，鄂圖曼攻打奧特蘭托（otranto），便有威尼斯船隻載運土耳其的軍隊，從阿爾巴尼亞渡海到義大利半島，只是威尼斯官方表態不同意就是了。總計一百四十艘的鄂圖曼船隻載運了一萬八千名士兵跨過海峽，其中包括四十艘加列艦。奧特蘭托居民拒絕投降後，土耳其將領蓋迪克・阿赫梅・帕夏（Gedik Ahmet Pasha）明白地讓城內居民了解戰後倖存的人會有什麼下場，這座城市也將被碾碎。奧特蘭托城的防禦薄弱，也沒有大砲，戰事的結果可想而知。阿赫梅帕夏攻陷奧特蘭托之後，將城內的成年男子一律殺光，原先的二萬二千名居民只剩一萬名，其中八千人淪為奴隸，渡海被押送到阿爾巴尼亞。年邁的總主教被打倒在奧特蘭托主教座堂的祭壇上。拿下奧特蘭托城後，土耳其人四散開來，遍佈阿普利亞地區，劫掠鄰近的城鎮。那不勒斯國王費蘭特一世（Ferrante I of Naples），阿豐索五世的兒子，當時把部隊派到托斯卡尼去了。不過，等到他的海、陸軍力佈署就緒，發動了一次成功的反擊。土耳其人即使撤退，仍然表明他們會再回來將阿普利亞一帶的港口一一收拾。結果謠言被誇大成土耳其人大軍已經要從阿爾巴尼亞進攻義大利半島和西西里島。[43]

奧特蘭托的圍城之戰，震撼西歐各國。地中海地區的每一個基督教國家無不出力協助奧特蘭托抗敵，特別是當時的亞拉崗國王斐迪南二世（Ferdinand II of Aragon），他是那不勒斯國王費蘭特一世的堂弟。不過，竟然有人缺席這就十分顯眼了，便是威尼斯。威尼斯聲明他們和蘇丹的海、陸大軍打了幾十年，兵疲馬困，無力再戰。鄂圖曼土耳其派出去的多支突擊隊已經開始深入弗利烏利（Friuli）。弗利烏利位於義大利半島東北角，有一部份是威尼斯的領土，海上與陸上土耳其人的威脅日益逼近，威尼斯人的對策以綏靖為要。[44]威尼斯派駐阿普利亞的領事就接獲命令，指示他向那不勒斯國王表達他對基督徒的勝利十分欣慰的時候，口頭說說就好，千萬不可見諸文字。白紙黑字一旦寫下來，如果被間諜偷走。「至尊共和國」（Serenissima Republicadi Venezia；威尼斯正式國名）擔心他們的賀函萬一落到鄂圖曼蘇丹手上，會責怪威尼斯在玩兩面手法。

一四八一年五月，隨著鄂圖曼蘇丹穆罕默德二世的過世，解除了義大利南部再次遭到攻擊的立即危險。穆罕默德二世得年僅四十九歲。他死後那一陣子，西方的君主，例如法蘭西國王查理八世（Charles VIII）和亞拉崗國王斐迪南二世，都以打倒土耳其人作為施政的核心。兩位統治者都認為要是拿下義大利半島南部，就可以將發動十字軍大規模東征所需的資源也弄到手，屆時，也就可以拿阿普利亞作跳板，有利於發兵進攻鄂圖曼土耳其人的領土；鄂圖曼土耳其人的領土那時已經擴張到緊貼到隔壁了。還有，這兩位國王也各自聲稱擁有那不勒斯王位的繼承權，雖然那不勒斯那時已經有出身亞拉崗王室支系的王朝在位。法蘭西的查理八世在一四九四至九五年間，揮軍入侵義大利南部，一度攻佔那不勒斯，卻無法長期據守，很快就不得不撤軍了。然而，這一來就教威尼斯覺得他們四面楚歌，無處沒有威脅。而且，十字軍攻打鄂圖曼土耳其人，只會教鄂圖曼治下的阿爾巴尼亞周邊水域的海上交通更顯風聲鶴唳，危機重重。所以，十五世紀末年，威尼斯出兵拿下了阿普利亞地區幾處港口，以便保障他們的船隻於海峽可以暢行無阻。[45]一四九五年，威尼斯出兵，以殘酷的血腥屠殺和野蠻殘暴，從法國人手中搶下莫諾波利（Monopoli）。之後，他們再說動那不勒斯國王費蘭特二世（Ferrante II）將特拉尼（Trani）、布林迪西（Brindisi）和奧特蘭托割讓給他們，兵不血刃便將這幾處地方納入治下直到一五〇九年。那不勒斯國王需要盟邦，也需要阿普利亞地區生產的農作物，這樣才有穀物、葡萄酒、食鹽、橄欖油、蔬菜、硝石可以出口，換取軍備所需的大砲。[46]不過，一五〇二年鄂圖曼土耳其人攻下了杜拉佐，海峽位於阿爾巴尼亞海岸那一側最重要的一處偵察前哨站，就這樣從威尼斯人的手中被人搶去。他們在那裡才剛建好新的堡壘；今天依然屹立原地。地中海就這樣一分為二，一半是鄂圖曼據有的東邊，另一半是基督徒據有的西邊。這樣的情勢擺出來的問題，明白就是：東、西哪一邊會在擂台上面勝出。但是，另一問題便是：基督徒這一邊會是由哪一支強權出頭，主宰地中海西半部的水域。

五

地中海東、西兩個世界還是建立了幾座連絡彼此的橋樑。鄂圖曼的朝廷被西方文化所吸引；他們既然聲明說要繼承古羅馬帝國的大統，這樣鄂圖曼的朝廷對西方文化的心態就能理解。西歐這邊同樣也想多了解一點土耳其人，也繼續買進遠從東亞運來的異國商品。[47]畫家簡提雷・貝里尼（Gentile Bellini）還（奉威尼斯元老院之命）從威尼斯赴君士坦丁堡，為穆罕默德一世畫了一幅畫像，十分著名，現在還掛在英國倫敦的國家畫廊。[48]西方這邊承受的壓力，罕有減輕的時候（若有減輕的時候，多數出於鄂圖曼蘇丹把注意力轉向波斯）。不過，鄂圖曼朝廷也還懂得應該要在他們的領土和西歐之間劃出一塊中立區，供商人來往於西方的基督教世界和民風迥異的土耳其人之間。這塊中立區便是面積不大但經商很活躍的杜布羅尼克（Dubrovnik）共和國——西歐這一邊叫它拉古薩（Ragusa）。拉古薩這城市的起源一如威尼斯和阿瑪菲，同樣起自（西元七世紀）一群被蠻族入侵逼得往外逃命的難民，在（現今克羅埃西亞西岸）達爾馬提亞南部的崎嶇岬角找到了棲身之地，因為那裡有陡峭的山壁，形如天然屏障，能為他們抵擋斯拉夫人的侵襲。拉丁民族的拉古薩人沒多久就混入了一批斯拉夫族群，到了十二世紀末年，這小鎮已經是雙語世界，有的講斯拉夫的南部方言，有的講達爾馬提亞語；達爾馬提亞語是和義大利語言十分相近的羅曼語族語言。拉古薩的居民在斯拉夫語叫作「dubrovcani」，意思是「樹林裡的人」。拉古薩人雖然和塞爾維亞、波士尼亞的幾位霸道王公簽訂了條約，但還是需要保護者。他們先後在西西里島的諸曼國王和威尼斯找到靠山；威尼斯在第四次十字軍東征（一二〇二至一二〇四年）之後，在達爾馬提亞南部鞏固起他們的勢力。[49]

匈牙利國王（路易一世）介入一三五〇年威尼斯和熱那亞兩方的戰爭之後，便將達爾馬提亞從威尼斯的手中搶走，拉古薩（自一三五八年起）也落入匈牙利王國轄下，奉匈牙利為宗主國，[50]拉古薩因此得以在沒有太多外力的干預下，發展自己的體制和商業網。由於拉古薩擁有通往波士尼亞內陸的交通優勢，利於掌握那裡的銀礦和奴隸貨源，拉古薩城內因而出現專門從事經商的貴族階級。拉古薩也是該地區食鹽的交易中樞。[51]東地中海對銀的需求向來很高，而由於當地少有銀礦，拉古薩的商人便能夠深入東邊的拜占庭和土耳其人的領域。[52]黑死病過後的新商機，也教拉古薩佔盡了好處。地方貿易大為繁榮——其實，要不是有小麥、橄欖油、醃肉、葡萄酒、水果、蔬菜等等不停從阿普利亞地區運往達爾馬提亞，不論是拉古薩還是周邊的地區，應該都無法生存下去；他們連魚類也要從義大利南部進口，這在靠海為生的城市實在不可思議。[53]拉古薩找不到有哪裡的土地適合耕種作物的，不管哪一種作物都不行。十五世紀就有文人菲利波斯・德・狄維西斯（Philippus de Diversis）描寫過家鄉拉古薩最主要的特色：

> 拉古薩既因為土地貧瘠，再加上人口眾多，以致居民生活僅能糊口，除非另有財源，沒人有辦法養家活口，也就是因此原因，大家必須經商。[54]

他對拉古薩城內的貴族竟然作起生意覺得十分丟臉，因為他很清楚古羅馬貴族對於經商可是避之唯恐不及的。不過，當地天然資源貧乏，反倒也刺激起幾門重要的產業興起：從義大利南部和西班牙進口的羊毛原料在城內的作坊加工製作成羊毛布匹；到了十六世紀中葉，拉古薩儼然已有紡織重鎮的地位。

橫渡亞得里亞海通往義大利南部城鎮的聯繫，在當時像他們的命脈一樣。拉古薩將鄂圖曼帝國境內的寶貴情報提供給那不勒斯國王作參考，那不勒斯國王便投桃報李，出兵幫助鎮壓亞得里亞海域的海盜，也免去拉古薩人的港口稅。[55]那不勒斯國王還聽任拉古薩的船隻稱霸阿普利亞外海的水域。拉古薩茁壯成為擁有地中海地區船隻數量名列前茅的商船。英文的這一個字「argosy」（龐大商船隊），就是「Ragusa」（拉古薩）這一個字走音而變出來的——「argosy」這一個字是出自杜布羅尼克，而不是伊阿宋那一幫「阿爾戈水手」（Argonauts）。拉古薩還有一名貴族，本尼迪托・寇特魯里（Benedetto Cotrugli），或叫作寇特魯里耶維契（Kotruljević），在那不勒斯當過鑄幣廠長，但最有名的是寫過一本談貿易技巧的小論文，列出經商必勝的絕技。他提出來的經商智慧寶鑑，有一條是戒賭，還有戒打牌，也不可酗酒、暴食。[56]

有這麼一處航海共和城邦就在近處，離斯拉夫大公的領地就在步行的距離之內，當然逃不過他們的目光，企圖干涉，正因為如此，拉古薩的人寧願到距離遠一點的地方去找靠山——即使是土耳其人。到了十五世紀中葉，拉古薩人的麻煩暴增，幾支斯拉夫、土耳其人分別從好幾個方向朝他們進逼——而拉古薩座擁雄偉的城牆是很牢固的依靠；城牆至今猶在。多方進逼的敵人當中，有一支由史蒂芬・維克契奇（Stjepan Vukcic）帶頭；他是握拉古薩後方大片土地的領主，他們叫作「herceg」（大公），那一帶後來因此得名，就叫作「赫塞哥維納」（Hercegovina）。史蒂芬・維克契奇的大公頭銜雖然獲鄂圖曼朝廷承認，但是這個人桀驁不馴，把臣服於「朝廷」只看作是買保險，他手中的治權不應該因此而減損分毫。他還決定興建一處貿易聚落，開闢他的財源，而希望他在科托灣入口建起的新城鎮新赫塞格（Herceg Novi），可以趕上拉古薩。新赫塞格的財源並不在東方進口的異國商品，而是鹽，杜布羅尼克一直是鹽產的大貿易中心。[57]拉古薩城也不是沒有開疆拓土的野心。他們當然也想拿下新赫塞格，甚至一併連塞爾維亞的特雷比涅（Trebinje）都拿下也不錯；特雷比涅的位置偏向赫塞哥維納的內陸。一四五一年，拉古薩的傳令官發佈消息，凡是暗殺大公〔史蒂芬・維克契奇〕有功者（大公另有崇拜異端的嫌疑），皆可獲賞一萬五千枚杜卡（ducat）金幣，外加晉身為拉古薩的貴族。

暗殺的威脅雖然嚇得維克契奇從拉古薩人的領土撤軍，拉古薩卻馬上又要面對新一波的威脅，因為征服者穆罕默德二世揚威巴爾幹半島，拿下了幾處公國，納入治下。所以，一四五八年，拉古薩派出大使僕僕風塵，兼程趕到〔現今馬其頓共和國〕史戈比耶（Skopje），晉見鄂圖曼蘇丹，輸誠，希望以臣服交換蘇丹承認他們已有的商業特權。雙方當然要討價還價一番，不過，到了一四七二年，拉古薩已經每年要進貢一萬杜卡金幣給鄂圖曼朝廷——之後，還一路往上漲。[58]定期進貢得到的安全保障，可是強過又厚又高的城牆。只是，又出現新的狀況了。拉古薩人到鄂圖曼治下的地界作生意，卻又支持土耳其人的敵人。例如史坎德培，史坎德培率部眾從阿爾巴尼亞轉進到義大利南部，被包圍的那不勒斯國王費蘭特一世，就曾經借道拉古薩。還有史蒂芬・維克契奇，他被鄂圖曼土耳其人圍剿到一無所有的時候，也受到拉古薩人多加照顧，顯然拉古薩忘了先前一度昭告天下要取他的性命。然而，鄂圖曼朝廷卻不太出手打壓拉古薩，認為拉古薩扮演商業中間人的角色，既供應「崇門」商品，也年年進貢，對他們較為有利。一五〇〇年前後，威尼斯想要擋下鄂圖曼沿阿爾巴尼亞海岸推進的軍力，卻狼狽收場，而教拉古薩漁翁得利。威尼斯再也無法和君士坦丁堡作生意，拉古薩人的船隻卻可以升旗揚帆在鄂圖曼帝國的水域暢行無阻，載運貨物來往於東西兩邊。拉古薩人把年年必須向鄂圖曼蘇丹奉上貢品的事情拋到腦後，拿他們的「自由」神話自吹自擂，還標舉這一個字「LIBERTAS」〔自由〕，作為他們的座右銘。

第二章

地中海變出新的面貌

西元一三九一年—西元一五〇〇年

一

拉古薩人憑藉著向鄂圖曼輸誠的特殊關係從中獲利，而熱那亞和威尼斯兩地對於與鄂圖曼宮廷建立關係就謹慎些。鄂圖曼蘇丹雖然小心地不想把他們逼走，但熱那亞與威尼斯也看到東地中海的情勢愈來愈險峻。威尼斯和埃及馬木路克王朝又偶爾會起爭執，因為馬木路克王朝為了支撐政權，稅加得愈來愈重。馬木路克王朝當時仍然是區域性的一大威脅。一四二四至二六年間，他們入侵塞浦路斯島，抓走國王雅努斯（Janus of Cyprus），俘虜六千島民。雅努斯後來以二十萬杜卡金幣的贖金獲釋，復位，不過，據說此後他再也沒有笑過。一四四四年，馬木路克王朝圍困羅德島。一四六年，有人宣稱擁有塞浦路斯王位繼承權而且得到馬木路克支持，派遣八十艘船艦攻打塞浦路斯島，基督教世界為之震駭，沒人搞得懂為何盧吉雍人詹姆斯（James of Lusignan），一位私生子，居然能獲得埃及的同情、援助，幫他去搶他根本就無權擁有的王位。[1]

當鄂圖曼和馬木路克兩者在這區域的威脅已經變得無法承受，熱那亞與幾個競爭對手都把目光漸漸

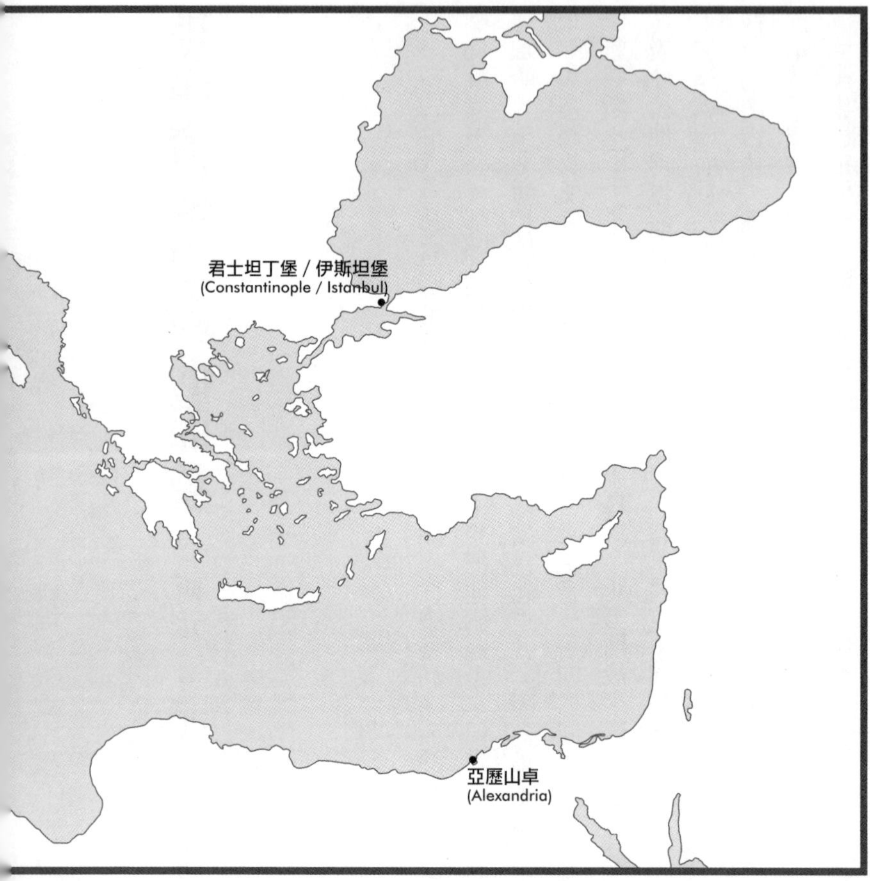

轉向西邊，向西西里島、西班牙買糖，向西西里島和摩洛哥買穀物。十五世紀中葉，熱那亞的經濟確實呈現復興的走勢，雖然乍看之下，他們似乎天時地利人和全無：熱那亞的內憂始終未斷，但是，城內大多數人都從貿易和投資發財，因此該城欣欣向榮。特別是成立新開辦的公眾銀行股份，尤其教人矚目，這一家「聖喬治銀行」（Banco di San Giorgio）後來連科西嘉島的主權也買了下來。[2]熱那亞在失去原先可以輕易取得明礬的小亞細亞佛吉亞（Phokaia）明礬礦場後，一四六四年就在羅馬的大門口，也就是多爾法（Tolfa）這

小鎮發現明礬礦藏，而得以補上缺口。教皇庇護二世（Pius II）形容這一發現為「我們對抗土耳其人最大的勝利」。因為這樣一來，西方對「土耳其」的依賴就減輕很多，不過，對熱那亞的依賴倒是未減。熱那亞人也改將注意力放在義大利中部，在那一帶建立起新的明礬貿易壟斷權。製糖技術從東邊往西邊傳播，是走在商人貿易的腳步之前的，當時東邊的蔗糖業已經開始衰落。[3]西西里島則建起了精密的蔗糖作坊，叫作「煉糖磨坊」（trappeto）。瓦倫西亞是北部甘蔗耕作的極限，不少生意人也在那裡開闢大片農場，栽種甘蔗，連遠從德意志地區來的人都有。粗糖加工需要用到陶瓷器皿，也連帶刺激當地興起製陶業，而為瓦倫西亞再打下陶瓷製造的名氣，瓦倫西亞生產的「西班牙摩爾式」（Hispano-Moresque）陶瓷，現在於許多博物館都看得到。[4]從地中海東邊往西邊走的動力，大到連直布羅陀海峽也攔不住，商人穿過海峽，而在一四二〇年代抵達〔北非西北角〕馬代拉群島，之後再往西推進到〔大西洋中央〕亞速群島（Azores），一路南下到加納利群島（Canaries）、維德角（Cape Verde）群島、聖多美（São Tomé）等等群島，這些島嶼大多是葡萄牙的領地，但是經營的資金和技術卻出自熱那亞人，馬代拉群島第一株批甘蔗母株，據說就是從西西里島引進的。[5]

所以，從地中海向西直到大西洋的中途站，就此變得重要起來。格拉納達是熱那亞、佛羅倫斯、加泰隆尼亞等地商人經營貿易的重要據點，雖然一四九二年之前一直是個穆斯林國家。這些商人時常前往〔安達魯西亞〕阿勒梅里亞和馬拉加採購絲綢、乾果、陶瓷器物。要是有人說格拉納達的納瑟王朝蘇丹沒有基督徒商人在財政上的支持，一樣可以維繫政權（或者說蓋得起阿蘭布拉宮Alhambra palaces），實在很難看得出來怎麼可能。納瑟王朝老愛說是因為他們有堅定的伊斯蘭信仰，團結了格拉納達，但是，外國人現金挹注的重要性絕對不下於他們的信仰。[6]卡斯提爾國王可觀的貢物偶而能成功的使格拉納達的蘇丹更加地中立。卡斯提爾和格拉納達兩方的邊界戰爭不曾消停，但是時間久了就比較像是在進行比武大會，具體的成果也是以刺激時人的靈感，寫下西班牙歌謠稱讚美麗的摩爾人公主，要大於真的攻佔下哪一塊地方了。

這一帶原本就脆弱的穩定局面在一四一五年八月出現了危機，葡萄牙派出一百艘艦駛向〔直布羅陀對面的〕修達，短短一陣圍城之後，拿下了修達的城池，葡萄牙國王的兒子亨利，後來人稱「航海家」

（Henry the Navigator），就是因為這一仗而贏得名聲。這場勝仗打得十分出色，葡萄牙人對直布羅陀海峽複雜的洋流幾乎一無所知，被夏季暴風雨吹的七零八落，一些船隻還被吹得倒退回西班牙的方向。因此給了修達的總督一些時間向摩洛哥召集兵力增援，但過沒多久卻做出蠢事，取消了增援的要求。葡萄牙人這邊對於他們是要按照原先的計畫去打修達，還是轉個方向去打格拉納達的領土直布羅陀，也一時沒拿定主意。直布羅陀從許多方面來看都是不貳之選，因為直布羅陀巨巖在一四一〇年爆發叛亂之後，直布羅陀這一帶便一直在〔摩洛哥地區〕費茲王國（Kingdom of Fez;8th — 19th Centuries）和格拉納達王國兩邊之間扔過來又扔過去。不過，修達那裡佔地比較大，比較富有，地理位置也沒那麼險峻，橫跨在窄窄的半島上面，連接起低矮的哈丘山（Monte Hacho）和非洲大陸。葡萄牙人攻佔修達，震驚了當時的歐洲人。沒人想得透葡萄牙朝廷心裡的盤算。而當時歐洲各方會那麼驚愕，還因為葡萄牙人的守口如瓶。眾人皆知他們在造艦隊，也在向外國調集船隻；只是一般認為他們的計劃應該是要攻打格拉納達的領土，雖然卡斯提爾一直堅持格拉那達的領土只有卡斯提爾才有權力攻打。[7]

所以，葡萄牙來到直布羅陀海峽，等於是在摩洛哥的馬林王朝、格拉納達的納瑟王朝和卡斯提爾王國三強之間，當起不受歡迎的第四強。不過，就算葡萄牙人覬覦修達的財富，他們也沒真的得手：穆斯林商人此後對修達避之唯恐不及，害得修達淪為人去樓空的死城，居民不外是一支葡萄牙的衛戍部隊外加被官府流放到該地作為懲罰的罪犯。葡萄牙人原先大概以為拿下修達，可以打開通往摩洛哥在大西洋海岸小麥產地的門戶，只是一場仗打下來適得其反。始料未及，修達變成葡萄牙的大累贅。但是，他們又過於自負，不肯放手，甚至還想進一步攻佔更多摩洛哥的土地。一四三七年，葡萄牙出兵丹吉爾，但遭逢屈辱的挫敗（過後很久的一四七一年，他們才攻佔了丹吉爾）。亨利王子的小弟費南多（Fernando the Holy

Prince），還因此被送到費茲王國去當人質，等葡萄牙人交還修達才會獲釋。亨利先是答應，後來反悔不肯交出修達，造成弟弟被關在費茲的牢裡死去，此事教他悔恨終生。[8]亨利這一反悔，結果是修達一直由葡萄牙統治，直到一六六八年才落入西班牙人手中。[9]十六世紀期間，葡萄牙詩人路易・德・卡默伊什（Luis de Camões）將葡萄牙擴張的事蹟寫成偉大史詩《盧濟亞達記》（*Lusiads*），之後，征服修達一役被視為葡萄牙沿非洲海岸擴張勢力的第一步：

如上千飛鳥泅游，展翅
鼓脹羽翼迎向風去，
劈開洶湧的滔滔白浪，
航向赫丘力士樹立的石柱。[10]

事實上，當時的葡萄牙人並未設想繞行非洲大陸而闢出前往印度的貿易路線（譯註19）——從大西洋航向印度洋，在克勞狄烏斯・托勒密〔西元二世紀期間〕寫他的《地理誌》（*Geography*）時，可是費盡筆墨去否定其可能性的。

當時葡萄牙水手眼下的目標就是地中海，不是遠在天邊的大洋。[11]地中海地區在黑死病肆虐過後，重組的形態有一特點便是出現新的貿易中心和新的貿易群體。從大西洋轉進地中海的訪客，例如葡萄牙人，變得比較常見。這一線的貿易活動侷限在短程、固定的航路，往返的頻率極為密集。葡萄牙人、巴斯克人（Basque）、坎塔布里亞人（Cantabrian）、加利西亞人（Galician）經由海運，將家鄉的醃魚送到瓦倫西亞和巴塞隆納這一帶來。[12]當然，那時也有企圖更大的長程貿易航線。一四一二年的文獻就記載過一艘從英格蘭來的船隻，開進了伊維薩港口；一四六八年，那不勒斯國王費蘭特一世也和英格蘭國王愛德華四世（Edward IV）簽下了商約。[13]英格蘭出海長征的壯舉，最大膽的首推布里斯托（Bristol）的商人。一四五七年，羅伯・史托密（Robert Sturmy）乘船隨同另外二艘船遠航到黎凡特，不過，回程途中在馬爾他島外海遭遇熱那亞海盜攻擊，有兩艘船被擊沈。他們被打劫的消息傳回英格蘭，群情激憤，紛紛痛斥熱那亞人蓄意阻撓北邊的歐洲人加入地中海貿易的競爭行列。〔英格蘭南方海岸〕南安普頓的市長還乾脆馬上把城裡找得到的熱那亞人全抓起來。[14]英格蘭和地中海建立的關係有個凶暴的開頭，這將改變隨後數百年地中海的風貌。

無需訝異，法國商船想與亞歷山卓建立直接的香料貿易，因此從他們地中海岸的幾處港口派遣船隻。[15]出身布爾日（Bourges）的商人賈克・柯爾（Jacques Coeur）是毛皮富商之子，一四三二年從納布恩出海前往亞歷山卓和大馬士革一趟，就此割捨不下黎凡特區的商機。他先加入朝廷為王室工作，過人的幹才很快贏得賞識。他在法王查理七世（Charles VII）朝中是擔任「物資官」（argentier），負責朝廷的物資供應等等事務，奢侈品也包括在內。到了一四四〇和五〇年代，他著手將夢想付諸實現，開始來往於法國和埃及、北非之間建立貿易的關係。他可以調度的船隻少說也有四艘加列艦，依照當時的人寫下的記載，他是「當時法國人之中，第一個在加列艦上配備武力的人，而以武裝加列艦滿載羊毛衣物暨法國其他作坊的產品，來來往往於非洲和東方各地。」[16]他也看出艾格莫爾特那地方雖然塞在蒙佩利爾附

譯註19：葡萄牙探險家瓦斯科・達伽馬（Vasco da Gama；c. 1460s — 1524）於一四九七至一四九九年史上首度繞行非洲大陸南端穿過印度洋，抵達印度西南部海岸。

近動不了的幾灣水潭當中，但是，要他選一處地方實現他興建造船廠的壯志，非此地莫屬。當時巴塞隆納的市議會很擔心他有能耐把香料貿易轉移到那裡，以及幫助法國王室拿下香料貿易的壟斷。當時擁有法國加列艦的正主到底是法國國王，還是他御前這一位很有野心的物資官？並不全然清楚；或許也無關緊要，反正國王和幫他賺錢的人同蒙其利就好。賈克・柯爾取得埃及馬木路克王朝蘇丹的青睞，讓他以優惠的條件進行貿易，支撐起他旗下的代理商網路。一般認為重商主義（mercantilism）的雛形就以他這人為代表，懂得在活躍的地中海貿易方針之中調和了政治利益，兩者的分寸拿捏得恰到好處。[17]他的成功引來了嫉妒，而且和外國強權的聯繫，既有馬木路克王朝的蘇丹，也有安茹王室統治普羅旺斯的伯爵荷內，似乎顯現出正在執行他自已的外交政策。一四五一年，他的政敵交相出手。他以侵吞公款和叛國的罪名被捕，備受刑求後遭到流放。他的貿易網在他入獄之後雖然就此解體；但是，有企圖心的生意人在十五世紀中葉的地中海地區可能掌握的新契機，他一生的事蹟便是充份詳實的寫照。

二

凡是要通過直布羅陀海峽，就得先行通過直布羅陀巨巖這一關才行。卡斯提爾的冒險家一心要收復那一處小鎮——西元四世紀時，這裡一度屬於他們同胞所有。一四三六年，聶布拉二世伯爵（2nd Count of Niebla; Enrique Pérez de Guzmán）進攻直布羅陀失敗，撤退時和四十人一起淪為波臣，遺體還被敵人塞在藤編的簍子（bacina）當中懸掛示眾，備受羞辱。直布羅陀有一座城門〔叫作「巴奇納」Barcina Gate〕名稱就是這樣子來的。到最後還是在一四六二年，由梅第納席多尼亞（Medina Sidonia）的公爵，利用鎮上的權貴全都出遠門到格拉納達去晉見蘇丹，趁虛而入，方才攻下直布羅陀巨巖的。梅第納席多尼亞公爵這一支家族權勢盛極一時，本來就有自家的艦隊，在拿下巨巖之後，也自認有權為所欲為，連地方的居民也被公爵全數換新。一四七四年，四千三百五十名皈依派「孔貝索」（converso），也就是改宗皈依基督教的猶太人，就遷移到直布羅陀來了。他們遠道遷徙，為的是要逃避家鄉哥多華對他們的迫害，還主動提議由他們出錢維持鎮上一支駐軍。只是沒多久，梅第納席多尼亞公爵認定這些皈依派猶太人會拿小鎮去獻給亞拉崗國王〔斐迪南二世〕和卡斯提爾女王〔伊莎貝拉一世〕——當時一般認為國王和女王對皈依派頗為友善。當時公爵雖然原本正在計劃要遠征葡萄牙人攻下來的修達（他就是這樣子友愛他的基督徒鄰人），為此臨時要他的艦隊轉向，改為攻打直布羅陀巨巖，輕易地再度把直布羅陀巨巖又拿了回來。這一回，被迫離開的人就輪到皈依派猶太人了。此後，直布羅陀巨巖便一直由梅第納席多尼亞公爵家族佔有，直到一五一〇年，該年卡斯提爾女王伊莎貝拉一世堅持戰略地位這麼重要的據點，不握在王室手裡不行。[18]

卡斯提爾濱臨地中海的海岸線不算長，之前是穆斯林穆西亞（Taifa of Murcia）的領地，在十三世紀期間被卡斯提爾王國征服了。十五世紀期間，卡斯提爾和亞拉崗兩處王國同都出現嚴重內亂，演變到最後是卡斯提爾女王伊莎貝拉一世在一四七〇年代和葡萄牙國王爭奪「卡斯提爾王國」（Crown of Castile）的王座。那時，伊莎貝拉一世已經下嫁亞拉崗暨西西里國王斐迪南二世。「亞拉崗王國」（Crown of Aragon）和卡斯提爾一樣，都是打過一陣子內戰之後在那時候方才剛冒出來的。亞拉崗王國的阿豐索五世一四五八年死於那不勒斯，生前他將他在義大利半島南部的王國看作是動產，送給了非婚生子費蘭特〔那不勒斯國王費蘭特一世〕。其餘的領土——西班牙本土的領地、巴利亞利群島、薩丁尼亞島和西西里島——就由阿豐索五世的弟弟約翰二世〔John II of Aragon,the Faithless〕繼承。那時，約翰二世已經藉由聯姻〔娶進納瓦拉公主〕當上納瓦拉（Navarre）國王。約翰二世不肯將納瓦拉王國讓給眾望所歸的王儲，比亞納親王查理（Charles，Prince of Viana）。納瓦拉境內支持查理繼位的民眾奉他為英雄，之後加泰隆尼亞也加入支持的行列；但後來查理暴斃，死因可疑，可能遭到毒殺。納瓦拉掀起了內戰，也為加泰隆尼亞的內戰拉開序幕。這一番衝突的近因，在於城鄉之間的對立，對立的遠因，則是黑死病帶來的經濟劇變。[19]

在巴塞隆納那邊，這時也出現一支民氣很盛的派系叫作「布斯卡」（Busca），主張政府減稅，開放人民參與市政，約束律師、醫生收費的額度，外國布匹進口以及使用外國船隻都要設限等等。[20]他們的主張（其實是說給手頭拮据的君主聽的），可以總結為一個詞「redreç」——譯作「經濟復甦」為最佳。布斯卡派雖然在市議會奪得大權，卻無力解決巴塞隆納的問題。到了阿豐索五世執政的時期，布斯卡派和畢加派（Biga）在市議會就不時上演角力戰，爭權奪利——巴塞隆納的「畢加派」是一群老貴族世家組成的鬆散聯盟。一四六二年加泰隆尼亞內戰爆發的時候，巴塞隆納城內依然是兩派對立的分裂狀態。馬約卡島同樣也是個分裂的社會。十五世紀期間，島上三番兩次爆發激烈的政爭，首府城內的居民對上城外的島民——他們叫作「forense」，也就是外人——纏鬥不休。阿豐索五世御駕不在西班牙領土的期間，內鬥的衝突也愈演愈烈，馬約卡城甚至遭「外人」圍困。而且瘟疫還在島上肆虐，十五世紀後半葉連番爆發疫情，看不到盡頭（一四六七、一四八一、一四九三年）。[21]

不過，實際的景象未必真的像這些事情那般悽慘。馬約卡島上的富豪照樣向藝術家訂購氣派雄偉的作品。這時期在馬約卡、瓦倫西亞、巴塞隆納、佩皮雍，都有不少人蓋起了壯觀的拱廊，高聳的大交易廳「llotja」，也就是「loggia」，作為商業仲裁法庭的辦公處所，當時叫作「大海領事館」（Consulate of the Sea），負責處理各式各類的商業事務——海外航運保險合同註冊登記，債券買賣，通貨交易等等。[22]馬約卡的大交易廳建於一四三〇年代，便是出自加泰隆尼亞名聞遐邇的建築師紀連・塞格雷拉（Guillem Sagrera）之手。亞拉崗國王阿豐索五世在那不勒斯興建的要塞「新堡」（Castelnuovo）同樣出自他的設計，流露出當時盛行地中海各地的西班牙哥德式晚期風格。他為馬約卡交易廳所作的設計，上竄的大廳立柱氣勢逼人；培拉・孔達（Pere Compte）在一四八三至一四九八年間為瓦倫西亞設計的交易廳，氣勢一樣磅礴，就有取法馬約卡交易廳之處。瓦倫西亞的交易廳在內壁頂端還刻了一圈拉丁文的銘文，寫道：

> 耗費十五年歲月，建我此等富麗華廈。汝輩同胞啊歡喜慶祝，只要言不失信，與鄰守義，不欺不罔，不剝削厚利，且看通商貿易收益之鉅。但凡從商守此正道，必定財源滾進，最終也得永生。

依當時的情況，初步看來亞拉崗王國的疆土似乎無法「財源滾進」[23]。一三八〇年代金融業破產，澆熄了投資的熱度，義大利資金之前幾十年在西班牙一帶受到很大的阻撓，這時候開始在西班牙海岸地帶的貿易稱雄[24]。巴塞隆納的商業菁英開始對貿易厭倦——貿易的風險又多又高——因此轉而注意到債券，只要有堪稱穩當的獲利他們便改投資債券。後來有了新的公共銀行「陶拉德坎維」（Taula de Canvi），字面的意思是「交易桌」，於一四〇一年在緊鄰水岸的巴塞隆納大交易廳內成立。尤有甚者，阿豐索五世在地中海四處攻城掠地，所費不貲，耗盡了他西班牙領土的財力。不過，也不是一絲好消息也沒有。亞拉崗王國的商業網並未因此而解體；若有不一樣的地方，也是注入了新的活水。從一四〇四年至一四六四年，巴塞隆納幾乎年年都有船隻出海遠航到東地中海，而且大多是加泰隆尼亞的船隻，而不是外籍船隻。一四一一年，開到黎凡特區的加泰隆尼亞船隻總計是十一艘，一四三二年是七艘，一四五三年是八艘。數量看似很少，但都是去載運高價產品的船隻，例如香料這類產品都是作少量交易的。加泰隆尼亞幾十年來小心經營他們和黎凡特的貿易，在黎凡特大貿易圈中位居第三，排名只在威尼斯人和熱那亞人之後。他們以貝魯特作為貿易基地，在大馬士革也設立一處「大海領事館」。[25]巴塞隆納另外也有固定的貨運航班前往法蘭德斯和英格蘭（以外籍船隻為主）。[26]

這些航線算是尊榮級的，由大型的加列艦行駛；不過，凸肚圓腹、體型壯碩的柯克船，載運穀物、乾果、橄欖油、食鹽、奴隸的生意卻特別興隆。由存世的文獻可見一四二八年至一四九三年間，從巴塞隆納開出去的貨運航次，總計將近二萬，其中約有四分之一開往西西里島，再有百分之十五左右開往薩丁尼亞島，超過百分之十開往義大利南部——換句話說，開往亞拉崗聯合王國在義大利半島的領地。羅德島也是大批加泰隆尼亞船隻前往的目的地（這一時期總計為一百二十九航次），因為羅德島不僅是醫院騎士團的要塞，也是通往土耳其、埃及、敘利亞的貿易集散樞紐。[27]加泰隆尼亞商人之所以能將義大利半島南部的紡織貿易納入掌控，很大一部份要歸因於國王阿豐索五世對他們的照顧。阿豐索五世於一四四二年拿下那不勒斯之後，將安茹王室統治時期稱霸城內商業的佛羅倫斯商人大舉驅逐出境，加泰隆尼亞的商人見機不可失，取而代之。到了一四五七年，亞拉崗王室統治的那不勒斯城內已經舉目所見盡是加泰隆尼亞來的商人，人數超過其他外來客商。[28]他們便宜的羊毛布匹大量出口到義大利半島南部，成功地打下市場，近乎泛濫，那不勒斯國王費蘭特一世雖是當時亞拉崗國王的侄子，也不得不冒大不諱在一四六五年下令他們禁止進口。[29]

加泰隆尼亞貿易的特性，在十五世紀還有其他不太明顯但很重要的變化。組織整飭的地區貿易網變得愈來愈重要，船隻一般較少長途航線，而改在便於來往的近處尋找貨源為主。〔西班牙東北角海岸〕小鎮托薩（人口大概只有三百）和巴塞隆納之間的貨運往來頻繁，大批加泰隆尼亞森林砍下來的木材，循此運送到巴塞隆納。[30]另一更重要的木材貨源是〔西班牙東北角海岸〕馬塔羅（Mataró）這地方，那裡的教堂保存了一具漂亮的圓腹船模型。這類型的船他們叫作「瑙烏」（nau）；模型如今收藏在鹿特丹〔海洋博物館〕。這一具模型堪稱十五世紀加泰隆尼亞造船技術獨一無二的見證。[31]另一線十分活絡的貿易雖然寒酸一點，卻很重要——魚貨。依一四三四年的稅務紀錄來看，四旬期間從比斯開灣運到巴塞隆納的鹽醃沙丁魚貨數量便極大。巴塞隆納人也很愛吃鱈魚、鮪魚、鰻魚。橄欖油、蜂蜜、木材、金屬、皮革、皮貨、染料等等，同樣一路順著西班牙海岸運送——各色地方產品一應俱全，這便是黑死病肆虐過後他們經濟復甦的基礎。[32]

一四六二年後的十年，巴塞隆納的貿易卻因為加泰隆尼亞的內戰而備受摧殘。不過，一四七二年後，復甦的走勢卻出乎意料，極為快速。[33]一四七〇年代，地中海各地大大小小的港口，都派任了領事負責管理加泰隆尼亞的通商事務，濱臨亞得里亞海的拉古薩、威尼斯，西西里王國的特拉帕尼、敘拉古、馬爾他島等地都有他們的領事。德意志和薩伏伊公國（Savoyard）的商人也紛紛前進巴塞隆納。[34]商機再度處處湧現。馬約卡島的發展一樣出乎意料，他們雖然有內亂，卻能維持蓬勃的活力不墜。從馬約卡島出發的船隻分別朝四面八方駛去，北非、巴塞隆納、瓦倫西亞、那不勒斯、薩丁尼亞，甚至偶爾還會遠行到羅德島和亞歷山卓。十五世紀前半葉，依文獻記載，馬約卡到北非的四百航次當中，有百分八十都是馬約卡自家的船隻。馬約卡島當時一如先前幾百年，依然是加泰隆尼亞和北非貿易的輻湊點，北非由於擁有黃金貨源，因此是極為搶手的市場。馬約卡島有一名猶太商人埃斯杜魯克・席比利（Astruch Xibili），做的是保險經紀，生意十分興隆，和西班牙本土、法蘭西南部、北非都有來往。[35]馬約卡這裡和巴塞隆納一樣，大家愈來愈重視海事保險，反映出當時的幾件現實：一是穆斯林海盜拿基督徒的船隻作靶子，再來是基督教國家交相互鬥，大城小鎮屢見動亂。儘管如此，那年頭穿梭在地中海各地作生意的商人，他們展現的韌性——其實應該說是樂觀——始終未減，確實十分難得。

亞拉崗聯合王國境內有一座城市，確實是十分繁榮的市鎮——瓦倫西亞。著名的英國史家約翰・艾略特（John Elliott）便寫道：「十五世紀堪稱瓦倫西亞的黃金盛世」，如果以瓦倫西亞的金幣來看，稱為「黃金」盛世算是名至實歸，因為瓦倫西亞的金幣在十五世紀期間「穩定不下於陀螺儀（gyroscope）」。[36]在亞拉崗王國的阿豐索五世放手西班牙而把心力投注在義大利半島之前，瓦倫西亞這市鎮一直是他最愛住的地方，這一點也反映在城內的大量藝術作品和壯觀的建築工程。瓦倫西亞在商業體制的演進也有卓著的貢獻。多位海洋領事齊集富麗堂皇的交易廳，由這些具有「皇家大法官」（royal judge）地位的領事共同裁定海事和通商法律的相關案件。這樣的領事是由商界當中遴選「最高明、最能幹、最老練」的人出任，仲裁必須俐落、不事繁文縟節，無關貧富差別但求公平公正。不過，一般還是建議庭外和解，因為和氣生財比激化對立更有助於社會和諧。[37]瓦倫西亞的海上領事一職還因為後來出版的一部極為完備的法典，而格外出名，該法典於一四九四年在瓦倫西亞城問世，流傳極廣。

他們這一部法典，處理的都是歷史悠久的海事法律問題：

要是有財產或是商品於船上因鼠患而受損，船長也未能在船上養貓驅鼠，船長便必須賠償損失。然而，這樣卻未能說明要是船貨裝運上船的時候，船上確實養貓，只是在船隻航行於海上途中，所養之貓死去，以致在船隻抵港供船長另買他貓補充之前，鼠患已致貨物受損。假如船長在船隻啟程的港口買得到貓也已經購貓養在船上，那麼，船長便不應該為貨物受損而負責，因為，貨物受損並非出於船長疏忽的緣故。[38]

航行途中遇到暴風雨，船長要是認為不將部份貨物丟棄入海船隻恐怕會沈，船長便有責任召集船上所有貨主，作出如下的宣佈：

「各位通商的貴客，假如不將船貨減輕一些，恐怕不僅危及我們的性命，船上其他人士也一概會有危險，至於貨物和商品還有個人的財物當然也全部都保不住。所以，各位貴客要是同意我們減輕船上貨物的重量，加上天主保佑，我們才有機會保住全船人員的性命以及大部份的貨物……」寧可扔掉一些貨物，也比犧牲人命、船隻、以及全部的貨物要來得合理。[39]

海洋領事立下的一條條細密的法則背後，透著一條大原則：責任一定要劃分清楚，協議中的各方都必須獲得保障。船長如果已經告知有意搭船的乘客啟程出海的日期，後來卻未能如期出海，便必須退還全數旅費，連帶而來的損害也必須負責賠償。乘客搭船也有該盡的責任，遵守習俗和規定當然不在話下。[40]由於瓦倫西亞出口的貨品包括精緻的陶瓷——像是英格蘭國王愛德華四世（Edward IV）和佛羅倫斯的梅第奇家族訂製的餐具組——理所當然會特別留意要雇用技巧老練、熟悉搬運陶瓷器具上船訣竅的碼頭工人。要是搬運全程順利，但是陶瓷依然出現破損，就應由身為貨主的商人負責，而非船長。[41]水手在船上每逢禮拜天、禮拜二、禮拜四，保證當天必有肉類可吃，其他日子則換成燉湯；每天晚上都會分到船用口糧餅乾搭配乳酪、洋蔥、沙丁魚或是其他魚類。船上的酒也有配額，而且可能是直接就在船上以葡萄乾甚至無花果釀造（泡在水裡，經過發酵便成為泥巴色的甜酒）。[42]

瓦倫西亞從巴塞隆納的災厄中得到好處——巴塞隆納的金融危機、畢加派和布斯卡派捉對廝殺的政爭，尤其是巴塞隆納的貴族動輒要把城內的外來金融業者全都驅逐出境。[43]瓦倫西亞也在義大利北部往大西洋去的貿易路線當中，據有較好的地理位置，而佔得不少獲利的機先。[44]熱那亞和佛羅倫斯的加列艦，出海的路線可以南下經過伊維薩，繞過巴塞隆納，在瓦倫西亞停靠入港，將高檔的農產品裝載上船；瓦倫西亞的大果園（horta），也就是他們的鄉下，依然有眾多穆斯林專門生產乾果、食糖、稻米這些作物，英格蘭的宮中特別喜愛他們特產的稻米，他們將米加進雞絞肉、糖，混合調製成白色的「牛奶凍」（blancmange）。[45]外來的資金灌進瓦倫西亞，刺激瓦倫西亞經濟成長，擴大瓦倫西亞領先巴塞隆納的優勢。而巴塞隆納城內向來也比瓦倫西亞仇外。瓦倫西亞城內有熱那亞人、米蘭人、威尼斯人、托斯卡尼人、法蘭德斯人、日耳曼人，無不活力旺盛，以瓦倫西亞作為他們經營地中海西部貿易的基地。[46]米蘭人以進口武器和其他金屬貨物為主。從〔法國〕隆格多克來的商人，興趣則在大宗羊毛貿易；羊毛是從卡斯提爾高原南運，不少是由托利多的猶太人在主導。[47]瓦倫西亞的穆斯林商人則和格拉納達的納瑟王朝作生意。[48]亞拉崗國王斐迪南國王二世想多弄一點錢進國庫，幾次調高瓦倫西亞的稅賦，在十五世紀末年確實絆住了該地經濟成長的速度。[49]不過，亞拉崗境內的損益報表加加減減算一算，還是有相當亮麗的盈餘，假如再將義大利半島領地復甦的景氣也算進去，數字就更漂亮了，因為西西里島盛產小麥和蔗糖，薩丁尼亞島盛產小麥和食鹽。「加泰隆尼亞—亞拉崗國協」（Catalan-Aragonese commonwealth）如此欣欣向榮，是因為經過黑死病肆虐後經濟結構脫胎換骨，善用機會方才造就這樣的榮景。

三

瓦倫西亞的輝煌榮景當中，有一件事不尋常：猶太教徒的缺席。十五世紀伊比利半島的幾個王國相較於西歐其他國家，絕無僅有的一大特色就是每一處都是基督徒、猶太教徒、穆斯林同時並存。猶太人、基督徒、穆斯林在西班牙境內日常相處有時堪稱融洽，基督徒會去參加穆斯林、猶太人的婚禮，穆斯林和基督徒在瓦倫西亞合開作坊等等。但是到了十四世紀晚期，和睦（convivencia）已被猜忌的氣氛取代。像是黑死病擴散，基督徒就怪在猶太人頭上，導致巴塞隆納等多處地方的猶太人居住區遭到暴民攻擊。[51]黑死病橫行的重要效應，便是新的中產階級興起。這一批人有時就會將猶太人視作生意上的勁敵。十四世紀晚期，西班牙南部埃西哈（Ecija）城的總執事（archdeacon）法蘭·馬丁內茲（Ferran Martínez）就以激昂的宣道煽動基督徒仇視猶太人，掀起暴動，搗毀猶太會堂，搶走猶太人的經卷和書籍。卡斯提爾國王的朝廷卻無力節制馬丁內茲煽動起來的暴力；一三九一年，這位總執事鼓動起來的動亂最先在塞維耶（Seville）爆發，之後朝北、朝東擴散到亞拉崗王國境內其他地區。暴民殺害眾多猶太人，逼迫猶太人集體改宗基督教。

反猶的暴力像傳染病在地中海西部蔓延，一三九二年，亞拉崗王室統治的西西里島也出現群起攻擊猶太人的暴動。[52]瓦倫西亞城的猶太人區甚至就此消失，因為城內尚未離開的二千五百名猶太人，只有二百名「認信猶太人」（confessing Jew）逃過死劫或是被迫改宗的命運。巴塞隆納掀起的震撼一樣強大，猶太人自八世紀起便長居城內，他們叫作「卡里」（Call）的巴塞隆納舊城西北角猶太區，被暴民攻入，大肆破壞。馬約卡島上鄉間反抗代理總督的情勢也失控，農民由於未能攻進馬約卡城外的貝利瓦城堡（Bellver Castle），便轉向猶太人的「卡里」，攻進去見人就殺，導致死傷慘重。之後，在一四一三年至一四一四年間，亞拉崗的斐迪南一世（Ferdinand I of Aragon）和教皇本篤十三世（Benedict XIII）共同舉辦猶太教徒和基督徒的公開大辯論，由上而下加在猶太人身上的壓力又添了一層。他們辦的宗教辯論並不是立足點平等的辯論，而是要藉機脅迫眾多猶太民間領袖改宗皈依基督教。[53]亞拉崗王國境內，認信猶太人的人數大幅減少，只是許多改信基督教的猶太人關起門來照樣舉行他們古老的宗教儀式就是了。到了一四八〇年代，就更加隱密了，因為該年西班牙的幾處王國再一次將「宗教裁判所」（Inquisition）搬出來了。猶太人在亞拉崗王國的生活看似已到了終點，倒不是因為集體驅逐的關係，而是因為伊比利半島的壓力大到他們再也無法承受。

一三九一年以及一四一三至一四一四年間的集體改宗，似乎顯示在逼不得已的情況下猶太人大多還是改宗。一四七九年，當斐迪南二世繼承亞拉崗的王位，政策就漸漸朝他同名的祖父當年推行的強硬路線靠攏。為了處理改宗猶太人背地依舊舉行猶太教儀式的問題（這樣的猶太人一般叫作馬拉諾人「Marrano」），斐迪南二世重新開啟亞拉崗的宗教裁判所，而且擴大到西班牙各地，連「老基督徒」（譯註20）的大家族也認為國王是拿裁判所當工具在檢視忠誠[54]。宗教裁判所的人出自道明會，道明會修士說服斐迪南：既然無法徹底分辨哪些人是皈依基督教的猶太人，哪些是猶太教徒，乾脆全數驅離。[55]斐迪南二世很希望大多數的猶太教徒可以改宗皈依基督教，而不是就此離去；他對猶太人沒有敵意，甚至欣賞真心改宗皈依派的「孔貝索」。只是國王的敕令一發佈，造成的結果是猶太人集體大遷徙。眾多猶太人拋下西班牙遠赴他鄉，人數可能多達七萬五千。由於加泰隆尼亞和亞拉崗地區在一三九一年的大動亂之後，眾多猶太社區就此盪然無存，因此，當時集體大遷移的應該是以卡斯提爾的猶太人佔絕大多數。不過，此刻西班牙猶太人——不論是來自亞拉崗還是卡斯提爾——都是從亞拉崗王國轄下的港口出發尋找避難之地的。

出逃的難民有的境遇還不錯，有的就教人心痛了：傳聞有船長、水手把一整艘船的猶太人全扔進海裡，而這樣的事情目前找不到理由不去相信。[56]摩洛哥的蘇丹不會接納他們，所以，距離最近的穆斯林領土不算好選擇。雖然搭載猶太人的船隻有不少是熱那亞人經營的，但熱那亞同樣不會歡迎他們，熱那亞從來就不願意猶太人到他們城內定居，因此選擇落腳熱那亞的猶太人，就全被熱那亞趕到一塊滿是棄置岩塊、瓦礫的海灣去住；住在那裡，嚴冬難捱，許多人都會忍不住想要皈依基督教算了。[57]所以，看來看去，往義大利半島南部去開闢新天地還比較可行；亞拉崗斐迪南二世的堂哥〔那不勒斯國王〕費蘭特一世（Ferrante I），就敞開雙臂歡迎他們，嚴令朝中官員務必調查清楚每一位入境的猶太人各人的特長，像是工藝還是經商，也須仁慈相待（humanamente）。幾個月後，費蘭特迎進第二波從亞拉崗王室統治的西西里島外移的猶太人。他們同樣被一紙命令趕出西西里島，雖然巴勒摩市議會擔心經濟會受影響

譯註20：「老基督徒」（Old Christian）——伊比利半島於十五、十六世紀進行宗教迫害的分類依據，「老基督徒」是實際得以證明其人為血統純正——因而信仰也就純正——的西班牙人、葡萄牙人及後裔。

而反對，但擋不下驅逐令。[58]斐迪南在地中海區四處征伐，在攻佔的土地照樣賣力驅逐猶太人——一五〇九年在奧蘭（oran）驅逐猶太人，一五一〇年在那不勒斯驅逐猶太人。[59]驅逐猶太人的影響，人數眾多還在其次，更重要的是猶太人四散流亡，對大片地中海區帶來的衝擊。猶太人先是穿過義大利南部，之後因為再度被逐，又朝四面八方散去：有的往北邊去，來到費拉拉和曼托瓦（Mantna），這一帶的大公比較友善。有的遠行到鄂圖曼帝國蘇丹的領土，蘇丹不敢相信怎麼運氣這麼好，一大批手藝精湛、能力過人的紡織工人、商人、醫生不請自來。十六世紀期間，鄂圖曼宮中有一位法國來的代理商便寫過他們那裡的猶太人：

各行各業的手藝人、工匠都找得到，還是最高明的，尤其是最近才被西班牙和葡萄牙趕出來的馬拉諾人，這對基督教世界可是莫大的傷害和損失啊，因為他們把學問都教給了土耳其人，形形色色的新發明，打仗的技巧、機械，怎樣做大砲，火繩槍（hardquebus），砲彈火藥，子彈等等各類武器軍備；他們連印刷機都做出來了，這可是這一帶以前從沒見過的新鮮玩意兒，他們便用漂亮的字體印出各類書籍，各種語言都有，希臘文、拉丁文、義大利文、西班牙文，還有他們本來就有的希伯來文。[60]

疆域廣闊的鄂圖曼帝國，穆斯林在其中只佔少數，他們對於猶太人的遷入顯得自在，只要「第米」順民應該遵守的規定都做到，就沒有問題。薩洛尼迦（帖薩羅尼迦）則是猶太人特別愛去的移民地點。西班牙大舉驅逐猶太人，在許多四散流離的猶太人眼中並非以色列承受的苦難又再增加，而是即將結束的徵兆，因為他們即將由彌賽亞帶領而得到拯救。有了這樣的信念，有些猶太人選擇前往早先祖先生活過的土地，在加利利（Galilee）群山之間的采法（Safed）定居。他們一樣勤勉工作，經營紡織作坊和其他生意，鑽研卡巴拉經文，寫下「祈禱詩」（piyyut/piyyutim），傳揚到地中海內外各地。他們有一位拉比，雅各・畢拉夫（Jacob Berab），從〔西班牙〕托利多附近的馬奎達（Maqueda）出走，先是到了〔北非摩洛哥〕費茲，後來轉進埃及，最後落腳采法。他嚮往要在采法重新建立賢達組成的古老猶太「公會」（Sanhedrin）〔猶太最高議會〕，作為末世「彌賽亞時代」（Messianic Age）來臨的序幕。[61]眾多猶太人從伊比利半島出亡，朝東方流徙，他們心中長存的老西班牙，或說是希伯來文說的「西法拉」（Sepharad）也隨之東傳。這些西法拉猶太人有許多流亡到遠地之後，講的語言始終是十五世紀的西班牙語，傳承好幾百年未曾中斷，散播到鄂圖曼帝國、北非的土地，一般叫這語言「拉蒂諾」（Ladino），這一支猶太人西班牙語也會摻雜其他語言，例如土耳其語。地中海區的猶太人流行講拉蒂諾語，也算是「文化霸權」這因素在作祟，西法拉人（Sephardim）在希臘、北非、義大利大半地區，都要求其他猶太人也要遵行他們的教儀和習俗，因為他們自認是猶太人中的「貴紳」（hidalgo），是來自西班牙的猶太貴族，過著尊貴的生活——先知俄巴底亞（Obadiah）不是說過：「耶路撒冷流亡在外的人在西法拉。」〔《聖經》書約〈俄巴底亞書〉，1：20〕

一四九二年也是穆斯林在西班牙的治權終於徹底結束的時候。該年一月二日，〔納瑟王朝〕格拉納達國王布阿布迪勒（Boabdil）在歷經長期而且艱難的戰爭之後，最終向斐迪南二世和伊莎貝拉一世投降，交出格拉納達城。伊莎貝拉一世自稱有權繼承卡斯提爾王位，原本還有疑義，這時候也因此而鞏固下來。布阿布迪勒國王投降的條約，保障穆斯林有權留下來定居；但是如果想離開，船費將由國王和女王負責。格拉納達和卡斯提爾境內的穆斯林盡數被逐，是後來一五二〇年的事，起因是三年之前，格拉納達的內華達山（Sierra Nevada）爆發穆斯林的阿勒普哈拉叛變〔rebellion of Alpujarra,1499 — 1501〕。在亞拉崗境內倒是沒有類似的狀況，這一帶的穆斯林人口集中在瓦倫西亞和亞拉崗南部。瓦倫西亞境內的人口在十五世紀約有三分之一是穆斯林，後來因為基督徒陸續遷入，穆斯林也慢慢改宗皈依主流信仰，此消彼長，穆斯林的人口也就漸次遞減。瓦倫西亞著名的「用水法庭」（water tribunal，tribunal de las Aguas）每逢禮拜四〔中午〕依然在瓦倫西亞大教堂的大門外面召開，針對城外農田灌溉用水的分配問題進行仲裁，法庭遵循的原則和方式，有一些是源自中古時代穆斯林農民的。[62]只是亞拉崗和瓦倫西亞的穆斯林，一來隔絕在穆斯林世界之外，二來失去了族群中的菁英，以致於要保住伊斯蘭知識並不容易，有些地區連保住阿拉伯語言都有困難。[63]斐迪南二世是一位精明的君主，他心裡很清楚驅逐穆斯林勢必造成他治下的幾處王國人口流失、經濟混亂，他父親在位期間的內戰已經搞得景氣岌岌可危了。因此，亞拉崗王國一直等到一五二五年，也就是斐迪南二世死後九年，才出手要求境內的每一位西班牙穆斯林都皈依基督教，直到一六〇九年，這些「摩里斯科」（Morisco; Little Moor，小摩爾人），也就是皈依基督教的穆斯林——西班牙那時候為他們冠上的稱呼——遭到西班牙政府毫不留情地集體驅逐。[64]

四

斐迪南二世在卡斯提爾和格拉納達兩地，和妻子伊莎貝拉一世的地位大致相當，然而，伊莎貝拉一世在亞拉崗只是斐迪南二世的王后，不是女王。但是，伊莎貝拉一世在一五〇四年過世之後，卡斯提爾宮中一連幾年不肯承認斐迪南二世的攝政資格，促使他把心力移轉到地中海這邊，復興他伯父阿豐索五世的地中海帝國夢。他這一轉向，牽動了亞拉崗王國的國運。他認為卡斯提爾和亞拉崗在他死後勢必再度分離。崗薩雷斯・費南多・德・哥多華（Gonzalo Fernández de Córdoba），人稱「大將軍」（El gran capitán）的西班牙名將，斐迪南二世便是在他襄助之下，於一五〇三年自法蘭西手中收復那不勒斯，納入直接統治。法蘭西的勢力在國王路易十二（Louis XII）在位時期一度重返義大利半島。打敗土耳其人倒在其次，路易十二主要的目的其實是要落實他自稱米蘭公國應該由他繼承的權利。[65] 和伯父阿豐索五世當年一樣，那不勒斯並非終點，斐迪南的政治經常有強烈的彌賽亞色彩，他的志向是要率領十字軍東征，打敗土耳其人，收復耶路撒冷聖地，他是派出幾支遠征軍向東進發，例如大將軍崗薩雷斯・德・哥多華便率領小型艦隊去打過凱法隆尼亞（Kephalonia）——老實說，那裡離義大利半島的腳跟也沒多遠。[66] 斐迪南二世的春秋大夢更被一個怪里怪氣的熱那亞水手激化：克里斯多福・哥倫布說他可以在東印度群島找到足夠的黃金，供斐迪南二世完成心願。[67]

斐迪南二世更想看到的其實還是子民的船隻行駛在地中海各地，而不是大西洋。他和伯父阿豐索五世一樣，懷抱的夢想是在地中海建立起加泰隆尼亞共同市場，涵蓋西西里島、薩丁尼亞島、那不勒斯、馬約卡島，外加他們新近拿下來的北非領地。梅第納席多尼亞公爵在一四九七年已經向斐迪南二世示範過拿下摩洛哥海岸的梅利利亞（Melilla）輕而易舉——梅利利亞至今依然是西班牙的領土。斐迪南二世由權傾一時的天主教樞機希斯內羅（Cardinal Francisco Jiménez de Cisneros）協助，在一五〇九年將奧蘭拿下。開戰時刻，年邁的希斯內羅還騎著一頭驢子，手中揮舞著銀十字架走在西班牙大軍之前，激勵眾人士氣為基督奮戰到底。他亢奮的熱情沒有因為格拉納達遞上降書而降溫；他在格拉納達將他對伊斯蘭的輕蔑付諸熊熊的烈火——他把城內的阿拉伯文書籍全部搜出來燒個痛快，結果，人類因他逞一時之快，就這樣失去了豐富的知識寶藏。在拿下奧蘭之後，布吉和的黎波里在一五一一年也被斐迪南二世的軍隊攻陷。[68]西班牙的守軍沿北非海岸佈防，遠達利比亞一帶，基督教世界在地中海西部、中部的掌控得更為牢固，但也因此激起多方宿敵穆斯林的怒火，堅定要從西班牙手中收復伊斯蘭失地的決心。斐迪南二世雖然樂於見到他對抗伊斯蘭的聖戰一路攻城掠地，大有斬獲，但他揮軍北非也是有實際考量的。他要是拿下馬格里布一帶的海岸線，有助於保護加泰隆尼亞和其他地區前往東方的航線。倒不是說歐洲的船隻會順著北非的海岸線航行，而是因為有西班牙軍隊在這一帶出沒，可以嚇阻穆斯林海盜。

斐迪南二世在伊莎貝拉一世死後，選擇在那不勒斯居停，一連數月，整頓義大利半島南部這一處備受戰火荼毒的疆域，鞏固其統治，也就說明了地中海在他的思考佔據了重要的地位。伊莎貝拉一世死後，他娶了來自庇里牛斯山的福瓦公主潔曼（Germaine of Foix）。公主精明幹練、教養出眾，斐迪南二世希望新的王后能夠為亞拉崗聯合王國生下王儲[69]。但是天不從人願，他一生的雄圖和霸業全因為他這一房絕後而告失色。斐迪南二世和伊莎貝拉一世所生的王子胡安（Infante Juan）在父母離世之前就已早夭。續弦再娶的福瓦公主潔曼所生的兒子也沒活多久。所以，卡斯提爾和亞拉崗的兩座王位便跳過斐迪南二世精神失常的女兒胡安娜，改由胡安娜的兒子哈布斯堡根特王子查理（Charles of Ghent）繼承，是為查理一世。[70]西班牙在查理一世治下，權力重心從亞拉崗徹底轉移到卡斯提爾。卡斯提爾在通往新世界的貿易航路建立起來之後，大為繁榮，尤其是塞維耶，同一時間，加泰隆尼亞在地中海的貿易網落入衰退。亞拉崗在義大利半島的傳統利益並未有所折損，只不過曾經是巴塞隆納和瓦倫西亞主導的地中海帝國，逐漸由卡斯提爾的人承擔起來。[71]

第三章 神聖聯盟與邪惡聯盟

西元一五〇〇年—西元一五五〇年

一

地中海地區在黑死病肆虐過之後，重整的步伐是一個緩慢的過程。除了地中海之內的政治變遷，特別是鄂圖曼帝國勢力大幅擴張與發生在直布羅陀海峽之外的事件，長期下來將深刻影響地中海岸邊暨群島居民的生活。打通大西洋和地中海之間的聯繫，早在黑死病來臨之前十年便已展開；當時已有遠航的船隻沿著非洲海岸南下抵達加納利群島（Canary Islands）。之後，葡萄牙人在十五世紀初期發現了馬代拉群島（Madeira）和亞速群島（Azores），開始遷入定居。[1]馬代拉群島的甘蔗園開發日盛之後，這一項高成本的農產品原先必須從地中海之內取得貨源，此時也就可以改由大西洋的海路直接供應法蘭德斯和北歐地區了。一四八二年，葡萄牙人在西非赤道偏北一點的聖喬治礦場（São Jorge da Mina）——簡稱「礦場」（Mina）——建立堡壘，黃金便可以直接送達歐洲，既不必再穿越撒哈拉的漫漫黃沙，更不用取道馬格里布幾處穆斯林控制的港口。修達經營起來入不敷出，教葡萄牙大失所望，這時開拓出幾內亞（Guinea）這一線貿易，正好替葡萄牙人補上缺口。大西洋也成為地中海奴隸主子的重要貨源：有加納利

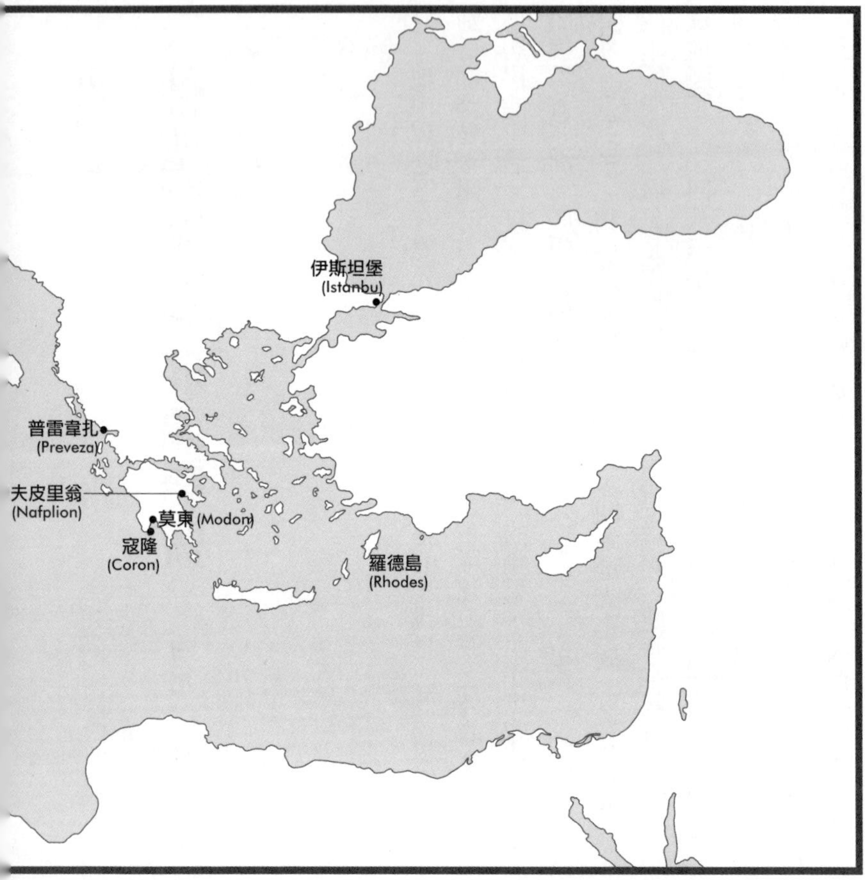

群島的居民，有非洲對岸的柏柏人，而從「礦場」往北運送的黑人奴隸也愈來愈多。許多被俘為奴的人經由里斯本轉運，最後送達的地點是瓦倫西亞、馬約卡島及地中海的其他港口。[2]

等到哥倫布終於在一四九二年十月闖進加勒比海群島，卡斯提爾因此取得一種貴重金屬的礦源，得以大肆剝削，他們殘酷地敕令當地的印地安人以黃金支付重稅——雖然那些印地安人按理說算是王室的自由子民才對。熱那亞雖然在西班牙並不受歡迎，硬是落腳塞維耶，並且得到了王室的許可，經營起橫跨大西洋的貿

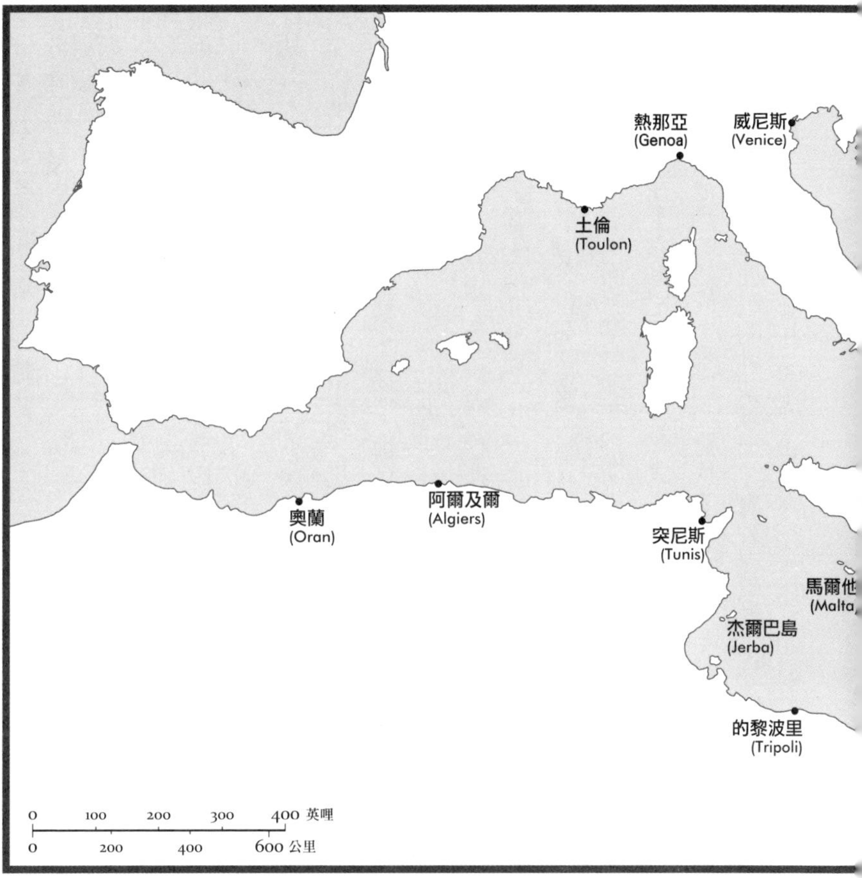

易。同一時間，他們也開始涉足金融。熱那亞人在東地中海的領地，來自土耳其人的壓力正在增加，因此他們和西班牙深化結盟，〔當時的西方世界〕西班牙似乎最有能力抵擋土耳其人。有鑑於地中海的航程愈來愈危險，威尼斯也開始思考新的對策。到了十五世紀中葉，威尼斯在總督法蘭契斯科・佛斯卡利（Francesco Foscari）主政期間，拿下了鄰近的歐陸大片領土，遠遠超過百年之前握有的那小小一截土地，也為此捲進了義大利文藝復興時期複雜的政治生態當中。威尼斯發出來的的令狀，往西最遠可達貝加莫（Bergamo），聖馬可的獅子就這樣和米蘭的巨蛇有了摩擦（譯註21）。威尼斯並非就此放棄他們在地中海的生意，只是至尊共和國也開始在「大陸」（Domini di Terraferma）買地就是了，也就是義大利半島銜接歐洲大陸那一塊地方。威尼斯在東地中海的藩屬陸續被鄂圖曼搶去之後，他們在十六和十七世紀被迫轉向。[3]當時威尼斯也察覺到他們已經陷入孤立，城邦的領袖們也很清楚這是因為他們一直不太不願意動用海軍去對付鄂圖曼，這讓他們成為西歐國家眼中偽善的投機份子。

意識到大海變得愈來愈不安全，這可不是錯覺。從十五世紀末年起，海盜的足跡遍佈地中海各地，打劫海上的船隻和海岸、島嶼的陸上居民，每年擄走數以千計的人口賣作奴隸。[4]穆斯林海盜為禍的基督徒土地以卡拉布里亞、西西里島、馬約卡島等最為嚴重；在西元九、十世紀穆斯林撒拉森海盜作亂之前，這些地方還未曾遭遇過海盜。海盜成了風土病，過去這些海域長久以來由義大利、加泰隆尼亞商人掌握的局面只剩追憶。海盜群中穆斯林、基督徒都有，基督徒海盜又以羅德島的聖約翰醫院騎士團最為猖獗。這一支騎士團依然高舉對抗穆斯林的聖戰大旗，在西歐又有不少產業，有足夠的本錢維持他們旗下大約六艘裝備精良的加列艦。另一邊的穆斯林則有巴巴里海盜死纏爛打，是基督教世界三百年揮之不去的威脅。巴巴里海盜有鄂圖曼朝廷當靠山，在北非擁有幾處安全可靠的根據地，他們由精力充沛也深富謀略的頭目領導，而將基督徒和穆斯林的戰爭深植於地中海西部。[5]

東地中海在十六世紀前二十五年成為鄂圖曼帝國的內陸湖。鄂圖曼帝國之所以渴望擴張，顯而易見地是為了傳播他們的信仰。鄂圖曼歷代的蘇丹從來不曾忘記先人是力抗拜占庭帝國的「加齊」（ghazi），也就是為伊斯蘭信仰而戰的神聖戰士。對於巴爾幹半島的子民，鄂圖曼蘇丹寧可聽任大多數人繼續當基督徒或猶太教徒，原因和中古時代早期的哈里發差不多，「有經的人」是可貴的課稅對象。他們對於貿易也善加保護，一來是他們有華麗的宮廷、有人口稠密的都城，既需要絲綢、珠寶、黃金等等奢侈品，也需要日常的民生物資例如穀物；再來是他們也懂得暢通的貿易路線是重要的收益財源——因此，他們願意保護拉古薩人，願意和威尼斯人、熱那亞人簽訂通商合約。[6]但在別的事情上，他們就要貫徹他們的意志了。一五一六年，鄂圖曼的大軍在敘利亞把馬木路克部隊打得落花流水，埃及因此門戶洞開，鄂圖曼大軍長驅直入，很快便將埃及全境輕鬆拿下。此刻，在東地中海只剩幾座島嶼還在基督徒手中，而且零零落落四散各處。像愛琴海的群島，形形色色出身義大利半島的領主（本身往往便是海盜頭子），隨後數十年之內終究被土耳其人一一剷除。塞浦路斯島是還在威尼斯人手中，希俄斯島也還在熱那亞人手中。可是羅德島就在一五二二年陷入漫長艱苦的圍城戰。這一場圍城戰，對剛登基的鄂圖曼蘇丹蘇萊曼而言，正是可以證明他治軍作戰長才的大好機會，因此他御駕親征，要為帝國在一四八〇年羅德島之敗一雪前恥。醫院騎士團預測鄂圖曼會打圍城戰，先行加強了要塞防禦工事。只是島上實際可以投入戰事的人數寥寥可數——騎士只有三百人，不過，基層的兵卒倒還是很多。蘇萊曼堅持圍城作戰，即使天候變壞也毫不鬆手，最後終於打得羅德島不得不低頭。一五二二年十二月，騎士團向蘇萊曼投降，蘇萊曼也回報以寬厚的投降條件。鄂圖曼人對於奮戰不屈的敵人，有的時候也不失敬意。[7]

現在已無家可歸的醫院騎士團，依然決心要再發起對抗穆斯林的聖戰。幸運地，神聖羅馬帝國皇帝查理五世、亞拉崗聯合王國（包括西西里島）的君主，對騎士團的處境都有回應。查理五世在一五三〇年三月頒發給醫院騎士團一份慷慨的特許權狀，權狀當中指出騎士團「流離失所已有數年之久」，有意尋

譯註21：聖馬可（聖馬爾谷）的有翅飛天雄獅，是聖馬可的標幟，也是威尼斯的市徽。米蘭的巨蛇是指藍色龍頭蛇，原是米蘭大公維斯康提家族的家徽，後來也成為米蘭的市徽。

找「固定居所」，他願意安排幾處西西里王國的屬地——位於北非海岸的黎波里，還有馬爾他島和戈佐（Gozo）兩地——贈與騎士團。騎士團只須每年在萬聖節這一天以一頭獵鷹回贈西西里島總督，表示承認西西里島的主權即可。亞拉崗的斐迪南二世早在一五一〇年便已經在的黎波里派駐西班牙軍隊戍守，只是有柏柏人分從陸地兩邊夾攻的黎波里，這一座小城很難守得住。[8]對查理五世而言，掌控的黎波里事關重大，但是的黎波里還是在一五五一年失守；在的黎波里失守之後，接下來顯然就必須保住馬爾他島了。這跟之前力求保住的黎波里同樣重要。

巴巴里海盜乍看之下，和醫院騎士團整飭的紀律簡直是天壤之別。不過，巴巴里海盜是身經百戰建立名聲的。其中有一些人是希臘人的後裔，是放棄基督信仰的叛教者。還有一些人是卡拉布里亞人、阿爾巴尼亞人、猶太人、熱那亞人，甚至匈牙利人的後代。[9]這些海盜並非全然都是四海為家的不安份子只求一逞個人的私慾和享樂。他們當中也有精明幹練的航海家，著名者如皮里船長（Piri Reis）（譯註22），他畫的地中海以及其他地區的地圖翔實周全，在「地理大發現」的年代提供了鄂圖曼帝國所需的準確訊息。[10]不過，巴巴里海盜群中以「紅鬍子」（Barbarossa）最為知名——西方人因為他臉上的紅色鬍子而替他取了這樣的外號。其實這個「他」不是一個人，而是兩位——奧魯吉（Uruj, or oruc）和他弟弟赫澤（Hizr, or Khizr）。當時，圍繞著這兄弟二人發展出一系列故事流傳後世，到如今已經分不清虛實真假，有如傳奇。一般倒還同意兩兄弟是「征服者」穆罕默德二世在位時期出生在列斯佛斯島；當時，穆罕默德二世已經從義大利公爵尼科洛・朱斯迪尼亞尼（Niccolò Giustiniani）手中拿下了列斯佛斯島。兩人的父親可能是基督徒出身，加入了鄂圖曼的軍隊、在穆斯林禁衛軍（janissary）中任職，娶了基督徒妻子落戶定居，周遊愛琴海各地作陶瓷買賣，最遠說不定往北去過君士坦丁堡。他出外作買賣，經常也把兩個兒子帶在身邊。紅鬍子兄弟就這樣跟著父親四處跑江湖，而磨練出一身航海的本事。有一次，奧魯吉到安納托利亞的海岸去收木材，卻發現後有追兵；來船是醫院騎士團從羅德島出海的〈聖母始胎號〉（*our Lady of the Conception*）。奧魯吉不敵，被騎士團抓回去送上加列艦做苦工，當奴隸划槳手。大約兩年之後，他被贖回。這在當時並不罕見，但卻從此傳出他從敵人魔掌英勇脫逃的故事。奧魯吉幸運重回海上，和弟弟赫澤一起往返西班牙和馬格里布之間，據說在一四九二年還曾經出航，載猶太人和穆斯林難民離開西班牙。[11]

紅鬍子兄弟的海盜事業是以輕型加列艦起家的，成員約一百名左右，都是志願上船追名逐利的。到了一五〇二年前後，他們的根據地已經移到杰爾巴島。那裡有很長的時間一直是海盜的巢穴，也常上演基督徒進攻、穆斯林防守的混戰。兩兄弟和突尼斯的朝廷拉上關係，徵得哈夫斯朝蘇丹的許可，幹起海盜的營生。一五〇四年，兩人駕船朝艾爾巴島駛去——〔義大利半島中部西岸外海〕艾爾巴島有很多山凹間的小海灣，是海盜最愛藏身的處所——先是擄獲兩艘加列艦，結果發現是教皇儒略二世（Julius II）的船，後來再擄獲一艘西班牙的船艦，船上載了三百名士兵和六十位亞拉岡貴族準備前往那不勒斯。西方的大型加列艦，他們輕易就手到擒來，在突尼斯當地取得了英雄的名聲，在羅馬則是人人聞之色變的大敵。到了一五六〇年，他們旗下有八艘船了，不算多，但是他們以成果贏得了名氣，鄂圖曼的蘇丹還賜與他們榮銜「海亞丁」（khayr-ad-din），意思是「信仰的護法」，突厥語叫作「海雷廷」（Hayrettin）。穆斯林海盜和他們的基督徒死對頭打起了消耗戰。基督徒這邊不僅有熱那亞和加泰隆尼亞的水手（不論他們

譯註22：李斯（Reis）是鄂圖曼帝國的海軍職銜，等於captain，也就是船長、艦長。和Pasha一樣，從頭銜逐漸變成姓氏。

是正當商人還是海盜），也還有葡萄牙人和西班牙人，葡萄牙、西班牙對於摩洛哥在地中海和大西洋兩邊海岸的濱海要塞，他們堅定地要將之奪下。西班牙在梅利利亞和奧蘭雖然大有斬獲，但在阿爾及爾這裡最好的成績也不過是攻下拱衛港口外圍的幾塊孤立的大巖石罷了。一五一〇年，西班牙人在巖石上面安裝大砲，但這絕對無法和拿下阿爾及爾相提並論。[12]

基督徒和穆斯林在這一帶爆發的衝突中，其實穆斯林享有一大優勢：他們可以獲得摩洛哥腹地締頭萬（Tetuan）周邊好戰酋長的支援。他們每逢夏天都耗在海上，朝西班牙的方向沿路打劫，擄走數以千計的人作奴隸，押到締頭萬建防禦工事。赫澤號稱單單一個月就擄獲了二十一艘商船，三千八百名基督徒奴隸（婦孺也算在內）。兩兄弟一路朝馬約卡島、梅諾卡島、薩丁尼亞島、西西里島的航線劫掠，下手從不留情。面對他們燒殺擄掠的衝擊，地中海西邊各島嶼上的城鎮和村莊也只能紛紛從暴露在危險之中的濱海地帶向內陸遷移數英里重建[13]。奧魯吉流傳在外的形象是徹底嗜血的殘酷大盜，會像馬士提夫獒犬（mastiff）一樣一口咬斷別人的喉頭。但他其實有精明的一面，利用傳出去的名聲達成政治目標，還以阿爾及利亞海岸的吉傑里（Jijelli）鎮為起點，打造了自己的勢力範圍。吉傑里鎮上的居民正遭逢糧荒，當他搶來一艘滿載小麥的西西里加列艦來到的時候，吉傑里的倉稟早已所剩無幾。居民便擁戴他出面帶領眾人，沒多久，他就在阿爾及爾發動政變。特連森（Tlemcen）是離海岸有一小段距離的重要城市，他趁特連森出現繼承危機，於一五一七年自立為特連森的統治者。這樣的發展，看在握有奧蘭的西班牙人不敢小覷；他們先前便下了不少工夫，一直和當地的各酋長拉交情。[14]西班牙新的國王——哈布斯堡的查理五世，理解到他必需調動北非各領地的部隊來處理特連森的問題不可了。但幸好特連森的麻煩由當地居民自己先解決了。他們認為奧魯吉是鄂圖曼帝國暗助的傀儡，趕他離開，奧魯吉沒多久落入了西班牙部隊的圈套遭到圍攻，最後死於交戰之中。

第二位紅鬍子赫澤比較為人所知的是外號「海雷廷」，現在的名聲比他的哥哥奧魯吉更教人畏懼。他為了強調他和人稱「紅鬍子」的哥哥有兄終弟及的關係，便把自己的鬍子也染得通紅。他鞏固了濱海城鎮馬格里布的根據地之後，一五二九年，將通往阿爾及爾入口幾座島上的堡壘，硬是從西班牙人的手中搶了下來。[15]同年，赫澤在巴利亞利群島（Baleric）的佛蒙特拉（Formentera）外海打敗西班牙一支小型艦隊；現在，巴利亞利就落在他們的航程之內，往來十分方便，他率領著七艘加列艦與七名船長執行任務；只是某回七位船長惹他不高興，被他下令拿尖刀碎屍萬段。[16]紅鬍子以阿爾及爾為都城割據一方，但沒忘記向鄂圖曼的蘇丹尋求保護。以他離君士坦丁堡距離之遠，這麼做無損於他的自主性，而且以他的價值，也足以讓鄂圖曼朝廷給予他實質支援。當時鄂圖曼蘇丹的心思必須從地中海移轉到巴爾幹半島、波斯等地；特別是他們和東邊薩法朝（Safavid）的沙阿的較量，已無法放太多心力思在地中海這邊。如果有紅鬍子海雷廷當打手，這樣蘇丹就不必分兵多處了。紅鬍子被正式任命為阿爾及爾的埃米爾，他喜歡自稱為「kapudan pasha」（captain general）——總司令。蘇丹塞利姆一世（Selim I）賜給他一面鄂圖曼土耳其的旌旗、幾尊大砲、彈藥，外加二千名禁衛軍。

到了一五三〇年代初，海雷廷已經贏得塞利姆繼承人的信任，也就是蘇萊曼。蘇萊曼曾經召他到君士坦丁堡進宮，針對地中海西部的戰略徵詢他的意見——當時一大課題就是他們應該保持多大的壓力施加在對手西班牙的身上。據說蘇萊曼朝中的首相易卜拉欣・帕夏（Ibrahim Pasha）還慫恿紅鬍子對義大利西岸羅馬南邊的封第（Fondi）發動攻擊，並將該地領主的美麗妻子茱麗亞・龔札加（Giulia Gonzaga）擄走。傳聞說，土耳其人撞擊封第的城門時，茱麗亞這才倉皇半裸逃生，但其實那一晚她根本就不在城內。[17]那不勒斯總督對這樣的局勢憂心忡忡，唯恐義大利南部會淪為新的羅德島——成為土耳其人領土西端的邊界哨站。[18]一五三四年，鄂圖曼蘇丹下令艦隊開向突尼斯，不意外地領軍的是海雷廷。當時鄂圖曼之所以派軍前往突尼斯，是因為突尼斯向來對土耳其人不放心的哈夫斯朝統治者過世，爆發了繼位者的內鬥。紅鬍子率軍攻下突尼斯。〔神聖羅馬帝國皇帝〕查理五世揮軍反擊，也不理會紅鬍子要將突尼斯城內的二萬名基督徒奴隸全部殺光的威脅，步步進逼。一五三五年，查理奪下突尼斯後，務實地挑中先王最小的兒子，把該城交還給他，但是必須付出沉重的贖金：一萬二千枚金幣，十二頭獵鷹，六匹作戰良駒。[19]然而，假如查理五世認為他在突尼斯的勝利，值得臣民大加慶賀，那很快地他就會認清他太樂觀了。沒過幾個月，一支小型艦隊悄悄從阿爾及爾出海，航向梅諾卡島，紅鬍子的人馬還堂而皇之在桅杆掛起西班牙的旗子，就這樣大剌剌開進了梅諾卡島的天然良港瑪翁，在城內大肆搜刮財物，也擄走了一千八百人作奴隸。[20]

二

基督徒對於鄂圖曼的勢力擴張到地中海西部的反應可分成兩大類型。一是與之對抗。一是順應。法國國王法蘭西斯一世的對策是和土耳其人合作，也就惹來基督教世界內部對手交相指責。西班牙就不一樣，在他們眼中與鄂圖曼的戰鬥是基督徒長久以來對抗摩爾人這偉大的十字軍的傳承與更大的使命。查理五世「向造物主尋求協助和指點」，希望在神的幫助下找到「對抗紅鬍子最有效的計策」[21]。在熱那亞出身的海軍總司令安德烈亞・多利亞（Andrea Doria）率領下，基督徒展開反撲。[22]此前數百年，熱那亞的多利亞家族已經出了許多不凡的海軍將領，安德烈亞・多利亞有這樣的家世背景絕不會乖乖聽從指揮，法國國王法蘭西斯一世在一五二八年出兵那不勒斯的那一仗，他就沒有披掛上陣加入戰事，此人自行其事的性格可見一斑，後來他還從法蘭西斯一世的陣營跳槽到神聖羅馬帝國皇帝查理五世那邊。不過，他跳槽到查理五世這邊，錢的誘惑可能甚於道義原則。雖然他使用祖國（熱那亞）的造船廠，但是他親自打理旗下的艦隊。招募自願的水手，加上一批亂七八糟的罪犯，他經營艦隊的成效讓他得到自願者的擁戴，即使他訂下道德規範，嚴禁瀆神。[23]他在許多方面都像是紅鬍子海雷廷的翻版，自行其是但也願意響應號召。一五三二年，多利亞率兵攻打希臘，他突破了土耳其人的防禦線，率兵登陸，嚇得敵軍驚慌失措，以高明的戰術漂亮地拿下了伯羅奔尼撒半島南端的寇隆（Coron）海軍基地，對新主子證明了他的價值。寇隆和莫東（Modon）兩地於極盛時期夙有「威尼斯帝國雙眼」的盛名，守護著愛奧尼亞海向東走的貿易路線。從土耳其人手中收復了寇隆，是極為重大的戰略勝利。蘇萊曼隨後派出六十艘加列艦想奪回寇隆，但是被多利亞擊退。[24]

一五三七年，蘇萊曼派了二萬五千人、交由海雷廷帶領攻打科孚島，這升高了西方的憂慮。土耳其軍隊圍困科孚島對西方的威脅再明顯不過：鄂圖曼可以拿科孚島當跳板進攻義大利半島，控制亞得里亞海的交通。在教皇的支持下，西方各國在尼斯組成「神聖聯盟」（Holy League），多利亞、西班牙人、威尼斯人都與會——威尼斯對於鄂圖曼朝廷的事情向來都是小心又小心的。一五三八年初，海雷廷衝著神聖聯盟成立，對東地中海的幾處威尼斯據點發動連番襲擊，其中包括伯羅奔尼撒半島的納夫皮里翁（Nafplion）和摩內瓦細亞（Monemvasia）兩地。鄂圖曼這一輪的進攻，不單是以牙還牙的報復而已：威尼斯擁有的島嶼和海岸據點，可是西方物資的供輸線，也是西方航運的保護網。鄂圖曼宣稱他們從威尼斯人手中拿下了二十五座島嶼，有的慘遭劫掠一空，有的則是強徵貢物。[25]神聖聯盟的軍容壯盛——總計三十六艘教皇的加列艦，十艘醫院騎士團的戰艦，五十艘葡萄牙戰艦，還有多達六十一艘的熱那亞戰艦——於一五三八年九月二十八日在科孚島外海的普雷韋扎（Preveza）一役，對上海雷廷率領的鄂圖曼艦隊。在這一次的海上交戰中將多利亞自行其是的性格表露無遺。當多利亞看到西方艦隊快要頂不住的時候，他選擇退出戰線而非繼續戰鬥。身為熱那亞人，他才沒興趣保護威尼斯人的利益，雖然他很清楚蘇萊曼和海雷廷的威脅有多嚴重，但他優先考量的是保護地中海西部。當時便有法國人將多利亞拿來和紅鬍子海雷廷作比較，說兩人同為狼狽，不會相殘，或者是像烏鴉「不會互啄雙眼」。[27]

三

如何應付土耳其人這問題，法國國王給了不一樣的解決方案。法蘭西斯一世和查理五世對於義大利半島部份土地的主權，依歷史傳承到底是屬於哪一方起了爭執，相持不下。其中一處是米蘭公國；法蘭西斯一世之前的路易十二擁有米蘭公國的權利。另一處則是那不勒斯王國，在那之前，法國國王查理八世和路易十二世早已經連番入侵過了。不論查理五世是不是將路易在一四九五年攻下那不勒斯看作是十字軍攻下君士坦丁堡和耶路撒冷的第一步，一四九八年至一五一五年在位的法王路易十二追求的利益目標比較小。路易十二確實發動過一次針對列斯佛斯的海上遠征，結果慘敗，這讓他打消了對東地中海曾經有過的企圖。一五〇七年，熱那亞的動亂鬧到前所未見的地步，路易十二開始插手，鎮壓城內的亂事。不過，他的目的還是鞏固法國在義大利西北部的掌控，而不在發動對抗鄂圖曼的大業。他低估了亞拉崗的斐迪南在義大利北部策動反對勢力的能耐。一五一一年在諾瓦拉（Novara）落敗，迫使路易退出義大利半島（譯註23）。法蘭西斯一世（於一五一五年）繼任之後，決心為法國湔雪前恥，向哈布斯堡王朝復仇。他以收復米蘭作起點，隨即展開更大的企圖，最終在一五二五年的帕維亞（Pavia）大戰中慘敗被俘。[28]法蘭西斯一世（一五二六年簽下〈馬德里條約〉）從馬德里獲釋返國，很快地就把法國和哈布斯堡鄰邦和平相處的承諾拋諸腦後，因為法國四周環伺的鄰邦各以不同程度與（神聖羅馬帝國皇帝）查理五世結盟。其實，這些鄰邦有幾處對查理五世並不效忠，法蘭西斯擔心被包圍並無充足的理由，這多半是出於自己的想像。但是，他知道要在義大利實現他的帝國夢，就必須繼續與哈布斯堡王朝對抗。[29]

法蘭西斯一世對於他在西歐遭遇到的困境（出於想像自己被哈布斯堡包圍），解決的辦法是插手西班牙人和土耳其人在地中海的幾場海戰。[30]基本上，他試著與鄂圖曼結盟，並不是為了和平而是要攪局。一五二〇年，他派出一支特使團到突尼斯，慫恿盤據當地的海盜「盡量在那不勒斯王國給皇帝添麻煩」。這個計畫顯示他沒有把義大利南部居民的福祉放在心上，他卻一心想當他們的君主呢。[31]剛開始，法國和鄂圖曼兩者的結盟是秘密進行；法國的間諜在巴爾幹半島暗地裡煽動基督徒軍閥與土耳其人攜手侵吞哈布斯堡王朝的領土。到了一五二九年，法蘭西斯一世派出大使晉見蘇萊曼，急切地要對安德烈亞・多利亞變節（投入查理五世懷抱）報一箭之仇。同年。法國提供大砲給鄂圖曼，讓他們用來砲轟阿爾及爾港口入口處的西班牙堡壘。七年後，查理五世聽到臣子報告法國和鄂圖曼朝廷雙方約定好同時入侵哈布斯堡王朝的領土。查理五世呼籲成立對抗土耳其人的神聖聯盟，藉此把法國逼到牆角，因為一

譯註23：一五一三年，法王路易十二的軍隊在諾瓦拉（Novara）落敗，被迫撤守義大利——原文作：「一五一一年，法國路易十二的軍隊在拉文納落敗，被迫撤守義大利」，有誤，直接更正。

且神聖聯盟成立，法國國王就必須公開表態，是加入基督徒大團結的陣營或是保住與鄂圖曼的結盟。法蘭西斯一世關心的是權力平衡，他認為他可以操弄鄂圖曼作為籌碼來牽制哈布斯堡王朝。[32]要是蘇萊曼在一五二九年真的把維也納打下來了，不知道法蘭西斯一世將作何感想。一五三二年，法蘭西斯一世派去晉見鄂圖曼蘇丹的使節就把法國國王心中輕重緩急的考量全盤托出：敦請蘇萊曼把重心放在義大利，而非匈牙利和奧地利。法蘭西斯一世自以為蘇萊曼的大軍可以把哈布斯堡的勢力趕出義大利半島，空出這地方讓他高舉基督的大旗，以受天之命的拯救者姿態君臨義大利。不過，鄂圖曼和東邊波斯沙阿的衝突，卻漸漸把蘇萊曼的注意力拉到那一邊去，而把地中海的戰事留給北非的紅鬍子海雷廷去處理。法國國王這邊自然是忿恨不已。到了一五三三年，法國和鄂圖曼結盟一事不再是祕密了：法國公開接待海雷廷派出的使節。幾個月後，十一艘土耳其人的精良加列艦抵達法國，載來了鄂圖曼蘇丹派出的特使團。兩邊協商出一份貿易合約——協議書（Capitulations）——作為政治結盟的掩護。[33]

法國毫不避諱地支持鄂圖曼土耳其。一五三七年，法國就派出十二艘加列艦為土耳其的一百艘船送去補給，也在地中海中部四處找尋海雷廷艦隊的蹤跡，還留心避開馬爾他島醫院騎士團的船隻。一五四三年，一名法國的大使陪同海雷廷的艦隊在義大利南部沿海肆虐，還擄走了雷吉歐總督的女兒。蘇丹甚至提議可以出借紅鬍子艦隊給法國國王。因此，紅鬍子的艦隊可是大張旗鼓地開進馬賽港，法國人也以盛大的儀式相迎。法蘭西斯開心地舉辦盛大的宴會來收買土耳其海軍將士的好感，也替海雷廷的戰艦進行補給，這樣「他就可以稱霸大海」。土耳其海軍接下來就沿著海岸線向東一路打劫，當作消遣娛樂，尼斯（Nice）被圍，昂蒂布（Antibes）的修女成群被擄為奴。那一帶不屬於法國，而是薩伏伊大公的領地；薩伏伊大公是〔神聖羅馬帝國〕皇帝旗下的諸侯。

法國和鄂圖曼帝國這一段怪異的結盟史，就在這時候出現了最離奇的一幕。法蘭西斯一世開放土倫港供土耳其船隻停泊，並且邀請海雷廷那一幫人馬上岸過冬。法蘭西斯準備了時鐘和銀盤作為送給紅鬍子的見面禮，三萬名土耳其人分散在土倫城裡城外，土倫大教堂被改造成清真寺。連奴隸市場也冒出來了，因為土耳其人持續地在附近鄉下擄人，搶來不少男男女女，有些男子還被押上加列艦當划槳手。土耳其的錢幣取代了法國貨幣而通行市面。土倫市議會不得不訴苦，指土耳其士兵吃太多橄欖，糧食、燃油也短缺了——當地本來就不是天然資源豐富的區域。紅鬍子對於他們在法國引發的風風雨雨心裡當然有數，對於糧食短缺也很擔心。他說服了國王給他八十萬枚金盾幣（écu），而在一五四四年五月率眾登船出海。紅鬍子離開土倫的時候，還說動了法國的艦隊加入他的海盜陣營，托斯卡尼海岸的塔拉莫內（Talamone）被洗劫，伊斯基亞島因為拒絕交付錢財、少男和少女，而慘遭破壞殆盡。目睹這一幕幕的法蘭西斯特使勒寶蘭（le Paulin）尷尬無比[34]。法蘭西斯在一五四四年稍後厚著臉皮找查理五世談和，答應和西班牙一起聯手對抗土耳其人，但其實法國國王法蘭西斯一世和繼任的亨利二世（譯註24）對於和土耳其人的艦隊合作，包括巴巴里海盜，並不覺得良心有何不安，只要打劫的是共同敵人哈布斯堡王朝的領土。

查理五世的治國原則其實也並不嚴謹，偶爾和地中海一帶的穆斯林君主攜手合作未嘗不可，尤其是和突尼斯。威尼斯也一樣，為了保有商業利益，歷來對鄂圖曼土耳其的政策便是討好。拉古薩共和國的中立地位也因為向鄂圖曼宮廷進貢而得到了保障。不過，法蘭西斯國王為追求自己的利益，比起基督教

譯註24：亨利二世——原書作亨利三世，有誤，應該是二世。

世界的其他對手，手段更加釋無忌憚，此人覬覦著義大利的土地，也想為自己掙得戰場指揮官的榮耀。查理五世的性格較為穩重，籌謀策略也比較謹慎，而且以被動反應為主。他注意到伊斯蘭在地中海擴張勢力的同一時間，基督新教（Protestantism）也在歐洲大陸傳播迅速，他也察覺法國正在挑戰他治下的神聖羅馬帝國至高無上的地位與西班牙王國。查理五世的政治激情展現在他和鄂圖曼蘇萊曼大帝的正面對決，他和馬丁・路德及其傳人的正面對決。查理五世於一五五六年棄世之前不久先行退位，當時，地中海的權力平衡依然脆弱。此後的十六年發生了三件大事——馬爾他島圍城戰，鄂圖曼帝國征服塞浦路斯島，雷龐多（Lepanto）之役——確定了「大海」就此一分為二：一邊是由一部份的基督徒構成的西半部，另一邊是以穆斯林為主的東半部。

四

瞥一眼十六世紀地中海海軍力量的部署，顯示了鄂圖曼人的到來打造出一個新的秩序，不免令人想起伊斯蘭早年的模樣。現在，穆斯林帝國再度在海上與陸地朝各個方向擴張勢力，由穆斯林統率的海軍控制了東地中海的水域；至於地中海西部，則交由代理人——統治巴巴里海岸（Barbary Coast）的君主們——向基督教海軍進行挑戰。這個變局非比尋常。過去數百年來穆斯林的海軍始終只出現在伊斯蘭領土鄰近的水域，例如埃及和敘利亞外海的馬木路克艦隊，最西邊的摩洛哥船隻，愛琴海內的突厥將領。但是此刻，穆斯林的海上力量已經大舉向外拓展。[35]君士坦丁堡有一隻大艦隊的的指揮中心，這跟拜占庭時代有很大的不同；當年拜占庭帝國的海軍逐步落入熱那亞和威尼斯手中。穆斯林幹練的海軍將領變成精通海戰的專家。穆斯林的海軍不只是從事作戰，蘇丹們也極為重視首都的物資供應，需要麥子餵養這裡不停地成長的人口，也因為帝國的宮殿需要奢侈品來裝飾。[36]同一時間，西邊的西班牙海軍則需要義大利的資源來支撐。即將在下一章談到參與了馬爾他島和雷龐多海戰的大部份西班牙船艦，其物資就是由西班牙人統治下的那不勒斯和西西里島供應的。[37]墨西拿（Messina）的兵工廠已運行幾百年了，但是，自從〔法蘭克人〕安茹王室的查理一世在十三世紀嘗試打造海權帝國之後，西西里島和義大利南部在地中海的海權爭霸戰中，還從沒這麼重要過。

地中海除了變動，也有保守恆常的一面。加列艦之長壽在地中海的歷史中就是極其特殊的一項。加列艦確實不像古羅馬人的大型運糧船那麼耐用，特別是當鄂圖曼土耳其人拿「未風乾」的木材，也就是「生」（green）木材來打造加列艦。但是，加列艦的基本設計幾乎沒有多少改變——假如不把威尼斯做出來的巨無霸「加列埃斯」（galleasse）艦算進去的話。威尼斯人造的這一型「加列埃斯」戰艦，又慢又笨重，還必須靠別的船來拖才進得了基地；這是他們從中古時代末期用在法蘭德斯和黎凡特兩大貿易線的大型商用加列貨船演變出來的。[38]西班牙加列艦的長度可能長達四十公尺，寬度只有五或六公尺，所以長、寬比大致是八比一。船上有一列挑高的甲板從船頭貫穿到船尾，和古代戰艦一樣，槳座放在底下的那一層甲板。這麼大的船，兩邊各需要二十五條槳座，每條槳座一般坐五名划槳手。[39]風向適合的話，也會用上風帆的動力，地中海西部的船比威尼斯和鄂圖曼帝國這邊更愛用大型帆。這情況可能和地中海西部的水域比較廣大空曠有關；因為在亞得里亞海、愛奧尼亞海、愛琴海那幾處水域，加列艦每每必須在一座又一座島嶼之間跳來跳去，沿著水灣山凹犬牙交錯的海岸線航行——鄂圖曼治下的愛琴海，就有加列艦交織起來的通訊網，網絡相當緊密。[40]用上風帆的話，船速說不定可達十節甚至十二節，要是單靠划槳，一般航速就只有三節，當必須緊急加速，例如追逐或是逃脫，航速可以加快一倍多。單靠人力，高速航行當然無法維持多久，以每一分鐘划槳二十六下的速度計算，大概也只能維持二十分鐘。而且，老問題還是沒解決：一來船舷太低，浪頭一高，打下來馬上淹水，二來划槳手也需要充份進食、飲水以維持體力，因此不時就必須暫停一下。[41]天候不佳這問題，對策就是出海不要離岸太遠，陸地務必留在視線之內。加列艦還是必須沿岸航行才行。再者，加列艦在操控方面有它的優點：不必完全仰賴說變就變的地中海風向，以及即使在狹隘的水道，訓練有素的船員還是能操控自如。

船上的水手一般是奴隸加自由人的組合。管理水手的竅門，當然就是要在水手的心裡注入團隊合作的精神。划槳手通常是自由人和非自由人並肩而坐，自由人划槳手的待遇比較好，也可以負責監督鄰座的非自由人划槳手，非自由人划槳手一般還要上腳鐐。不過，鄂圖曼帝國的艦隊，人手的組成就比較雜；有的船配置的是奴隸，有的船是志願上船的水手。十六世紀有一份文獻記載有一支艦隊總計一百三十艘船艦，其中四十艘是由奴隸負責划槳；六十艘由徵召來的穆斯林自由人負責划槳，領有薪餉；有四十艘則是基督徒志願人員，同樣有薪餉。該文獻還強調遇到戰時，就會特別召募穆斯林自由人上船，因為戰時唯有他們才可以充分信任。各地的村莊還會分配到徵召的名額，他們在船上的開銷也由村莊負責——大約是每二十至三十戶人家要派一名划槳手上船。[42]威尼斯也有他們的「海上民兵隊」（Milizia da Mar）；這是成立於一五四五年的政府機構，專門負責威尼斯以及藩屬國的徵召工作。威尼斯的行會與慈善機關也必須負責供應划槳手，負擔名額將近四千人，划槳手的徵召名冊人數隨時都保持都在一萬人以上，加列艦需要人手的時候，就從名冊當中抽籤選出。[43]自由與非自由的划槳手，都必須遵守嚴格的紀律，不論他們是在基督徒或穆斯林的船隻。划槳手必須有節奏感有力氣划得動沈重的大槳，這兩項顯然會是必要條件（有的船艦是一人一槳，但有許多船艦是五列槳座的船，也就是說五個人一起划動一支非常粗重的大木槳）。船艦出海行駛途中，生活條件就會很差——划槳手還只能就座便溺。不過，明理的司令官倒會注意每隔兩天要將甲板上的屎尿還有其他垃圾清洗乾淨。這期間，船上瀰漫著惡臭。槳座長椅下方還有通道的下方，都有小小的空位可以存放物品，也供人入夜縮在裡面入睡。上了腳鐐的奴隸遇到甲板淹水或是船隻下沈的時候，就根本沒有機會逃生。一五七一年雷龐多附近的那一場大海戰，交戰雙方都有為數極多的划槳手落入這結局。船隻出航時，許多划槳手甚至身無寸縷；地中海於溽暑期間，人員脫水是個問題，有些划槳手甚至就死在槳座上面。但是，船長只要還有點大腦，就知道承受不起划槳手的損失。採用輪班制就能讓划槳手有時間恢復體力。懂得合作的人有機會晉升到船艦的管理階級去，或是負責控制划槳的節奏，或是調去做其他重要的事，而從甲板下面枯燥、污濁的生活環境解脫出來。所以，加列艦上的悲慘畫面不是不可以略加修飾得好一點，但是要將奴隸或甚至是志願上船的划槳手在船上的日子想得舒服宜人，設施週到，同樣不對。鐵的紀律決定一切。

鄂圖曼帝國加列艦上的划槳奴，一律要剃光頭髮作為區別，但是穆斯林身份的奴隸，就會留一小撮頭髮垂下來。奴隸有一隻腳一定銬著鐵環，作為身為俘虜的標幟。因此，他們上岸之後也很容易辨識；而划槳奴一年有大半的時間其實都是在岸上過的。雖然冬天的航程沒多罕見（冬天他們照樣要載使節渡海或是作閃電式突襲等等），加列艦的划槳奴於入冬之後絕大多數都會先行遣散，也通常又是再受雇去做別的和航海沒有一點關係的事，例如到菜園或是作坊去打零工。有的甚至自己做一點小生意——嚴格說起來是違法的（起碼在威尼斯違法），但是，他們若是想要存錢替自己贖身，這就很重要了。即使是在航海季，他們大半的時間還是待在岸上等出海的命令下來，岸上也會劃出來一塊地方，叫作「班紐」（bagno），通常是在城牆挖出深洞或小室供他們居住，成為專區，有專屬的商店和市集。班紐區的生活條件並不一致，從勉強可以住到住得很痛苦都有，同性強暴時有所聞。但是，班紐區通常也有祈禱區，像利佛諾的班紐區就有一所清真寺，阿爾及爾的班紐區也有房間專供基督徒作禮拜。包容不同宗教信仰的習慣，後來在有些地區卻因為出現了新的通行作法而被抵銷了，像北非就可以用改變宗教信仰來換取自由。巴巴里的艦隊當中，叛教改宗的基督徒就佔有重要的地位，往往還往上爬到指揮的要職。[44]

划槳手在船上的伙食一般看似不錯，免得他們沒有體力扛起重任，也因此船艦出海就必須不時登陸，進行補給。不同的艦隊供應的伙食也不相同，先前幾百年便一直是如此：一五三八年，西班牙海軍裡的西西里加列艦上，每一位划槳手，也就是「丘馬」（ciurma，水手），伙食的配給是每天二十六盎斯的船用口糧硬餅乾，每一禮拜有三天再加四盎斯的肉類，其餘四天換成燉湯（以蔬菜為主）。十六世紀時，從西班牙出海的船隻愛用鷹嘴豆，肉類的配給也變少。在這期間，加列艦的尺寸愈做愈大，西歐的糧產卻愈來愈貴。也就表示到了十六世紀末期，加列艦的補給已供應不起了：「地中海加列艦的胃口，就像暴龍一樣，長得太大，超乎環境的負荷」。[45]土耳其人在巴爾幹半島和波斯打的地面戰爭，耗費龐大。西班牙在尼德蘭打的地面作戰，也是如此——尼德蘭在查理五世的兒子，性格冷峻的腓力二世繼位〔西班牙國王兼任尼德蘭〕期間，叛亂紛起。依這樣的情勢，兩者能挹注在地中海的船艦的資金自然不多，雙方的對峙也就成了相持不下的僵局。

第四章
白色海的混亂爭奪戰
西元一五五〇年—西元一五七一年

一

尚・德・瓦雷特（Jean de Valette）是聖約翰醫院騎士團的騎士。聖約翰醫院騎士團先前總部還設在羅德島時，他領導著搶救〔基督徒〕奴隸的工作。在他〔一五二二年〕親眼見證騎士團有條件地向鄂圖曼帝國〔蘇萊曼大帝〕投降，撤出羅德島幾年之後，他獲指派出任的黎波里總督〔一五三七年〕，的黎波里當時和馬爾他島〔由神聖羅馬帝國皇帝查理五世〕一起賜與騎士團作領地。再後來，一五四一年，他的加列艦〈聖喬凡尼號〉（*San Giovanni*）和土耳其海盜起了爭執，他落得被土耳其人抓去當加列艦的划槳奴隸，那時他（依當時的標準）已經是老大不小的四十七歲了。他苦熬了一年，等到馬爾他騎士團和土耳其人談好換俘。待他重返馬爾他島，在教團中的地位節節高升。遠近皆知他這人偶爾會大發脾氣，但他也以勇氣、擔當而備受擁戴。鄂圖曼土耳其人的勢力朝馬爾他島甚至西西里島步步進逼的時候，擔綱出任騎士團抵禦強敵的領袖，他是不貳人選。一五四六年，圖魯古（Turgut），也叫作德拉古（Dragut），鄂圖曼數一數二的海軍將領，攻下了突尼西亞海岸的馬赫迪耶（Mahdia）；不過，到了一五五〇年就被

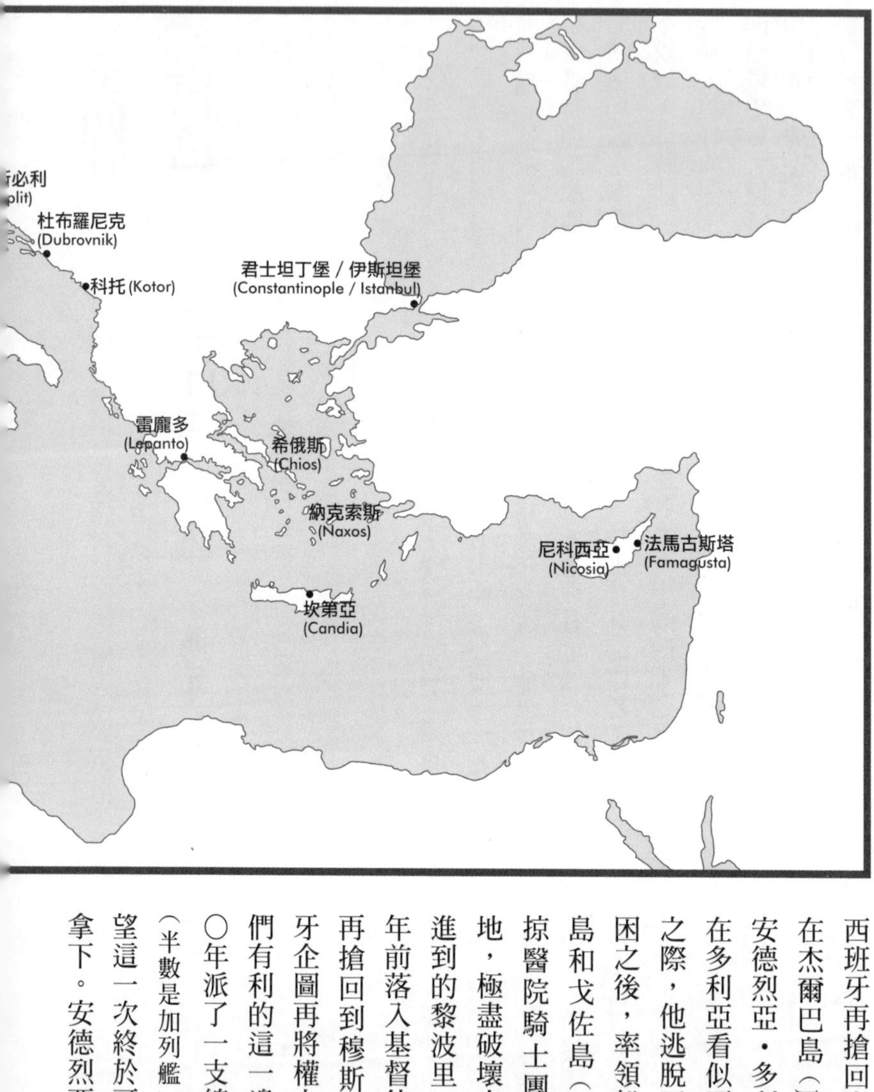

西班牙再搶回去了。圖魯古曾在杰爾巴島（Jerba）外海遇到安德烈亞・多利亞的艦隊，就在多利亞看似要將他團團圍住之際，他逃脫了。圖魯古在脫困之後，率領船隊駛向馬爾他島和戈佐島（Gozo），大肆劫掠醫院騎士團落腳為家的領地，極盡破壞之能事，之後挺進到的黎波里，大勝，將四十年前落入基督徒手裡的城市又再搶回到穆斯林手中。[1] 西班牙企圖再將權力天平拉回對他們有利的這一邊，便於一五六○年派了一支總計約一百艘船（半數是加列艦）的艦隊，希望這一次終於可以將杰爾巴島拿下。安德烈亞・多利亞這時

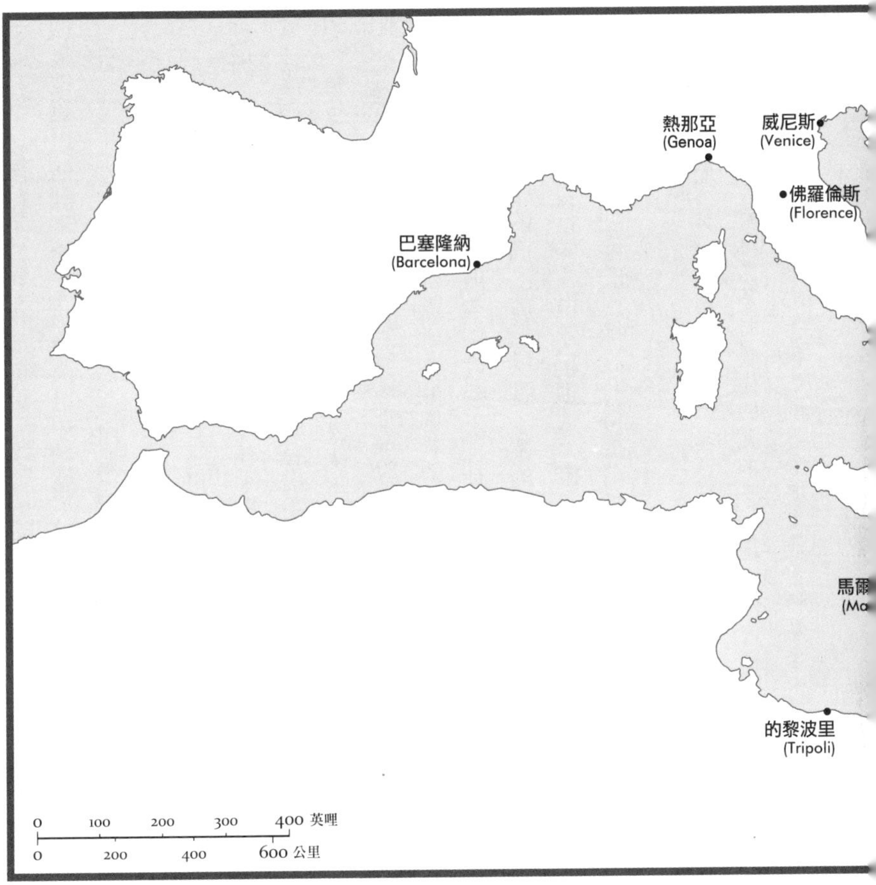

年紀已經很大了，有了私心，將統帥權交給他的侄孫繼承，也就是吉安・安德烈亞・多利亞（Gian Andrea Doria）。鄂圖曼土耳其的海軍由皮亞雷（Piyale Pasha）率領。皮亞雷是基督徒後裔，將才出眾，年紀輕輕就當上鄂圖曼的海軍司令。西班牙這邊接棒的吉安・安德烈亞・多利亞卻無力使旗下的艦長貫徹嚴格的紀律頂住防線的軍令。據說皮亞雷下令撐起船帆直接撞向西班牙的艦隊，堪稱「海軍古往今來的戰史當中，數一數二的果敢決定」。[2]沒幾艘西班牙加列艦能在杰爾巴島的戰場逃出敵方的毒手。[3]西西里島和教皇的艦隊在這之後花了好些年才從這一次慘敗恢復元氣。西班牙這邊折損的不僅是數量眾多的船艦，人才的損失也難以估計，除了諸多西班牙和義大利的將領之外，技術專精的水手、工藝匠人（箍桶匠、水手長、陸戰士兵）——西班牙在此一役一口氣損失的菁英高達六百人。[4]杰爾巴島之役大勝，鄂圖曼土耳其人信心大振，這下子他們大有理由覺得他們已經來到突破僵局的關口。

在這當口，賭上的是地中海全區的控制權。凡是要把地中海東、西兩邊連通的航路控制在手中，就一定要將西西里島週邊海峽牢牢握在手裡。的黎波里已經失陷落入穆斯林手中，突尼西亞也岌岌可危，守住馬爾他島對基督教世界顯然就益發重要了。土耳其的文獻就有多人寫過他們對那一塊「該死的大石頭」有多麼難以忍受，懇請蘇丹盡快將它拿下，這樣馬格里布（Maghrib）和愛琴海之間才可以暢通無阻。[5]隨著醫院騎士團的艦隊接連發動海盜式攻擊，敦促拿下馬爾他島的呼聲就更強烈了。馬爾他旗下的海軍指揮官當中，最讓敵人聞風喪膽的就屬羅梅嘉斯（Mathurin Romegas）。一五六四年六月初，羅梅嘉斯在希臘西岸的外海率隊攻擊土耳其人開往威尼斯的一艘大型蓋倫船〈蘇丹皇后號〉（*Sultana*），價值達八萬杜卡金幣的商品就這樣進了羅梅嘉斯的口袋。之後，他還抓走了開羅和亞歷山卓兩地的總督，外加蘇丹後宮女眷當中一位年紀很大、備受敬愛的奶媽，奶媽據說當時有一百零七歲了。對於馬爾他這一座島嶼，蘇萊曼把他的目標設訂得很清楚：

> 我決定征服馬爾他島，我指派穆斯塔法・帕夏（Lala Kara Mustafa Pasha）擔任此次戰役的統帥。馬爾他島是非教徒的大本營。馬爾他人已經阻礙穆斯林朝聖客和商人行駛白海東部前往埃及的路線。我已經下令要皮亞雷帕夏率帝國海軍加入此次戰役。[6]

一五六五年三月三十日，一支鄂圖曼大艦隊從君士坦丁堡出發，信心滿滿地認為通往地中海西部的大門很快將會打開。總計一百七十艘戰艦，超過二百艘的運輸艦，搭載了三萬名將士，在五月十八日浩浩蕩蕩進入馬爾他島眾人的視線。[7]這麼壯盛的軍容，看起來應該所向披靡；船帆蔽日，海面都變成了白色。[8]後面還有船艦將從的黎波里趕到，領軍的是年長的圖魯古。這一回鄂圖曼的大箝子一定會將馬爾他島牢牢箝住，壓碎。

只是，事與願違。一半的原因出在土耳其人這邊接連做出錯誤的決策，另一半的原因是馬爾他島上的百姓與新來的醫院騎士團領主同一陣線，戮力同心。馬爾他島當地的貴族面對強敵，急著躲進古都姆第納（Mdina）的石砌宮殿，深居不出；姆第納也正好位處在島嶼的正中央。不過，島上的百姓，則熱切響應基督教這邊的號召，自告奮勇充當斥侯，甚至游泳橫渡危險的水域替受困的守軍報訊。雙方大軍的戰火集中在馬爾他島的「大港」和附近的小海灣。現代的馬爾他首府瓦雷塔，是在馬爾他島此番圍城戰後才建的。瓦雷塔現今所在的地點，當年有一塊崎嶇的岬角席貝拉斯山（Mount Sciberras），岬角最外圍的出海口處有聖艾爾摩（St. Elmo）要塞，由一列較低的城牆拱衛。聖約翰醫院騎士團的總部就設在聖艾爾摩對面的維托里奧薩（Vittoriosa），這是馬爾他的舊港，現在的地名叫畢爾古（Birgu）。騎士團在這裡重建了他們原本在羅德島的生活，為每一分部興建廳舍，而騎士團所謂的分部叫作「語言」（langue），因為騎士團是以語言來區別分部的（英格蘭的這一支分部由信奉新教的女王領銜，只來了一位騎士）。維托里奧薩北端再過去就是巨大的城堡聖安傑羅（St. Angelo），昂然矗立，捍衛港口。聖安傑羅對面則是城郊桑格里亞（Senglea），兩地由一條窄窄的水灣隔開。這幾處地方大多有堅強的防禦工事，也就難怪鄂圖曼土耳其人要往這邊過來。當時在馬爾他島協助作戰的一名義大利士兵法蘭契斯科・巴爾比・迪・柯瑞丘

（Francisco Balbi di Correggio），寫過一部圍城戰記回憶錄，描述敵方兩位將領作過的討論——負責統帥鄂圖曼土耳其地面兵力的穆斯塔法・帕夏，和負責海上作戰的年輕皮亞雷——下筆顯然還相當準確。巴爾比直言表示，當時穆斯塔法曾經建議鄂圖曼軍隊應該要攻下姆第納，穆斯林那邊要是採用穆斯塔法的意見，那麼「我們一定會輸，因為我們的救援補給一概要經過姆第納才過得來。只是，全能的天主沒讓他們去攻姆第納；因為，天主要兩位帕夏相互猜忌，意見相左，互不相讓——我們從他們的逃兵那裡聽來的消息就是這樣」。[9]結果，鄂圖曼土耳其最後的決定是去攻打聖艾爾摩，理由是拿下聖艾爾摩，就可以突破騎士團部署在「大港」的兵力，也可以打進馬薩穆謝托（Marsamuscetto）北邊的小海灣；馬薩穆謝托是隔開現代瓦雷塔和斯列瑪（Sliema）的那一條水道；穆斯林軍隊希望能把大多數船隻停進那小海灣。穆斯林那一邊信心滿滿，認定十天左右，聖艾爾摩就是他們的囊中物了。

鄂圖曼土耳其人低估了對手的決心，並且被眼前的荒涼景象嚇呆了，崎嶇不平、滿是岩塊的島嶼，樹木都砍光了，他們的大軍要進行補給會十分吃力。聖艾爾摩要塞部署了八百名守軍，糧食充裕，多的是肉類（要塞內連活生生的牛群都有）、餅乾、葡萄酒、乳酪。[10]穆斯林軍隊輪番猛攻，絲毫不鬆手。面對鄂圖曼土耳其人朝要塞強攻，騎士團的對策就是祭出火圈陣，把火光熊熊的火圈滾進穆斯林陣中。土耳其人這下子看出來馬爾他島比他們想的可要難纏太多。聖艾爾摩要塞苦苦撐到六月二十三日才被穆斯林人攻下。這有一部份要歸功騎士團對於一心捍衛的基督教信仰有決心，身陷教人恐懼的殺戮之中，他們也力戰至死。巴爾比證實了馬爾他的「大港」被血染成腥紅。八十九名騎士團的騎士死在這場圍城血戰，這只是這批部隊之中的精英階層：其他還有一千五百名法蘭西、義大利、西班牙士兵隨他們浴血奮戰力戰至死。鄂圖曼土耳其的死傷比他們還要慘重：土耳其士兵的死亡人數是西歐這邊的四倍。[11]尚・

德・瓦雷特這時已經升任為騎士團的總團長，身影無所不在到處鼓舞士氣，絲毫不懈怠。基督徒這邊從西西里島來的救援船隻一直未能發揮多少功效，不過，到了七月初，馳援的兵力終究還是有七百人進入了維托里奧薩。假如要把鄂圖曼土耳其人從島上趕走，那就需要更多的援兵才行；只是，歐洲各國宮廷逐漸才理解到一旦鄂圖曼土耳其人在馬爾他島取得勝利，後果有多嚴重。德・瓦雷特不斷向西西里島報訊，要求盡速馳援，可是，西班牙國王腓力二世擔心他的艦隊出海作戰又會損失慘重；先前在杰爾巴島已經有過一回經驗。所以，縱使腓力二世全心相信把鄂圖曼土耳其的勢力逼回到東地中海是他的責任，他有的時候看這一場戰鬥就像會計人員一樣實在目光如豆。無論如何，腓力二世終於批准同意西西里島總督賈西亞・德・托利多（DoGarcía de Toledo）提出來的奏請派出一支大艦隊馳援馬爾他島。只是，馬德里和巴勒摩的通訊太差，又再導致馳援延宕，西西里島可用的加列艦短缺的問題，同樣也在這時候插上一腳（賈西亞在六月下旬只有辦法調集到二十五艘，兩個月後才再調集到一百艘）。[12]

土耳其人打下聖艾爾摩後，就能發動他們被耽擱許久的攻勢了：朝騎士團在桑格里亞和維托里奧薩的要塞進攻，穆斯塔法帕夏也已經把加農砲拖到兩處要塞後方的高地準備妥當了。緊接著一連數星期猛烈的砲轟、兇殘的屠殺。就像他們自己所說的，守軍要不是福大命大，蒙天主保佑救了他們還有馬爾他島。八月初，在此艱難時刻，馬爾他守軍對土耳其駐紮在桑格里亞（Senglea）附近的營地展開報復。營地裡被殺的都是傷病在身無力作戰的土耳其士兵。可是，這麼一鬧，鄂圖曼這邊誤以為他們就是島上守軍先前苦候許久、從西西里島趕來的援軍。其實這是一支從姆第納出發的馬爾他分遣隊，經過一場戰鬥後，回到原來的地方姆第納。土耳其人派了分遣隊到姆第納去一探虛實，發現姆第納這都城雖然古老，防禦卻相當堅強，不免驚訝。依據巴爾比的記載，一連串事件加起來就害得皮亞雷和穆斯塔法兩位帕夏的心結更深，加劇了爭執。皮亞雷堅持他早就聽說有大批基督徒援軍已經到了，「真是如此的話，那他就覺得他有責任要搶救艦隊。他說，『艦隊在蘇丹心裡的份量，可比你帶的這樣一支陸軍要重得多了。』說完轉身就走。」[13]無情的殺戮又持續一個月之久，土耳其人就是要把維托里奧薩轟得片瓦不留，夷為平地。穆斯塔法接到蘇萊曼大帝來信關切圍困馬爾他島的戰果，每每不勝尷尬。蘇丹認為到了此刻，圍城戰應該勝利了。

曾有短暫時刻看似好運將眷顧土耳其這邊：夏季近末了時，從西西里島出發馳援的艦隊被暴風雨狂掃，從敘拉古吹得繞過潘泰雷里亞島，劃出一道大弧線來到特拉帕尼。所以，西西里島的艦隊好不容易才得以朝戈佐島前進，而在一五六五年九月六月抵達馬爾他島。西西里島的援軍登陸的消息一傳開來，穆斯塔法帕夏和皮亞雷的嫌隙和爭執就更深了：

> 兩人吵得不可開交，場面火爆，久久停不下來。後來，穆斯塔法便說，依他的看法，既然確實有強大的援軍已經登陸，那麼為今之計，最好走為上策。可是皮亞雷說，「那麼，請問閣下您啊，穆斯塔法大人，要拿什麼藉口去跟蘇丹說呢？您要是連和敵軍打個照面都沒有，蘇丹不會砍了你的腦袋？您要是連敵軍也沒見過，您哪能跟蘇丹說您躲的是那一支軍隊！」[14]

所以，穆斯塔法只好答應留下來應戰，只是他手下的士兵可沒跟他有志一同：西西里島來的一萬名援兵在姆第納附近把穆斯塔法的陸上大軍打得落花流水，爭相往皮亞雷的船逃命。到了九月十二日，只要還有一口氣的土耳其人全都逃得不見蹤影。此外，有數以千計的屍首被扔下，草草下葬在席貝拉斯山。依巴爾比記載，這一場圍城戰打下來，土耳其的軍隊戰死的人數是三萬五千人，數目比土耳其剛開始入侵的兵力還多。[15]

馬爾他島圍城戰，對西方世界士氣的影響不可低估。土耳其人落敗的消息在一個禮拜左右傳到教廷。教皇在一次公開場合中宣佈馬爾他島圍城戰的勝利，是由天主和馬爾他騎士團打下來的，功勞與西班牙國王腓力二世無關。[16]蘇萊曼大帝和巴巴里海盜攻無不克的一長串紀錄——基督徒先是在羅德島失守，繼而普雷韋扎之役，再來是杰爾巴島難堪的慘敗——經馬爾他一役，就此打住。西班牙那邊同樣士氣大振，宛若回春，並且開始在加泰隆尼亞、義大利南部、西西里島建造新的艦隊，因為西班牙相信鄂圖曼土耳其一定會捲土重來；如果土耳其人反擊，現在他們已有了力量和信心與之一搏，不再閃躲。鄂圖曼這邊似乎把馬爾他戰敗看作只不過是一時的逆境，並不把這視為他們在地中海稱霸的句點。蘇丹依然有龐大的儲備人力可動用。他的艦隊事實上並未折損，皮亞雷和穆斯塔法帕夏的項上人頭也都還在，穆斯塔法帕夏只是被摘除了司令一職而已。但是，打破所有人的眼鏡，聖約翰騎士團關鍵性地阻擋了鄂圖曼的勢力進入到西地中海地區。當然，土耳其在西地中海不是沒有盟友，巴巴里海岸幾位大公便承認鄂圖曼的宗主權。鄂圖曼也想在西班牙每一寸土地上找到盟友，在被迫改宗基督教的穆斯林（所謂的「摩里斯科人」）之中尋找，他們許多人仍然堅守伊斯蘭，對於官府頻頻打壓他們信仰和日常生活的「摩爾人習俗」極為忿恨。一五六八年，摩里斯科人便爆發叛亂，和西班牙官方血腥纏鬥兩年才告落敗。期間，巴巴里的〔穆斯林〕國家便提供過援助——而且十分容易，因為「這期間的西班牙根本沒有加列艦可用，因為國王的兵力全都派到多處遙遠的地區去了」。[17]鄂圖曼要是真的在這海域有所突破，那麼不管有沒有穆斯林海盜，將迫使西班牙在這片他們依然認為是他們的海域採取守勢。只是，鄂圖曼把注意力轉向東地中海，糾結於那一帶三大最重要的島嶼仍然還在熱那亞和威尼斯人的手中，希俄斯島、塞浦路斯島、克里特島。

二

馬爾他騎士團和他們統治的人民，關係並不親密。騎士團中的騎士不是出身法蘭西就是西班牙、義大利的貴族，在檯面上無論如何都不會生兒育女；而且顯而易見地，即使他們最低階騎士的份量，都比馬爾他最高階的貴族重要[18]。一五六五年的圍城戰後，各方交相讚譽他們是基督教世界的救星，他們在困厄重重、凶險萬分的處境中展現出的堅韌和決心，贏得了世人的敬重，威名遠抵新教歐洲的地區；甚至君士坦丁堡的鄂圖曼朝廷也承認這一點，雖然心理上不大情願。不過，馬爾他島在地中海位處戰略要衝，有這樣的重要地位不只是從成為鄂圖曼海陸兩軍進攻目標這一件事得到確認，更是在其他方面。醫院騎士團來到島上，而且選中維托里奧薩而不是姆第納作為他們中央機關的所在，為原本只是小漁港的維托里奧薩注入了強大的活力。醫院騎士團早在根據地還在羅德島的時代，就以當海盜作為主要的財源，但他們也會鼓勵馬爾他島的船長去申請武裝民船的執照；這樣他們就可以掛騎士團的旗幟（紅底白十字架），搶來的錢財必須繳交百分之十給騎士團總團長。不過，船上的武裝必須包括精良的大砲，這可就十分花錢了。一支海盜的小型艦隊大概是由總團長所屬的船艦和地方海盜的船隻組合出來的。[19]像羅梅嘉斯這樣的海盜頭子，一般會把俘擄的船隻弄到馬爾他島，公開拍賣。[20]他們在海上四處出擊搶回來的戰利品，最貴重的每每就是奴隸，要是男性，就可以送到騎士團的加列艦去當划槳手。十六世紀晚期，馬爾他島還有一處規模很大的奴隸市場。隨著維托里奧薩港發展成橫越地中海航程的重要中途停靠站，基督教世界的航海家也日漸開始依賴島上的奴隸市場來幫他們補充船上所需的人手，畢竟抓來當奴隸的俘虜可能在前一段航程途中死亡或是逃跑。而且，一如先前幾百年的情況，有些奴隸在家鄉說不定還有親友願意出錢替他們贖身，而這也是他們另一條賺錢的途徑。[21]

在還算承平的時期，馬爾他島的居民和周邊的海域都有貿易往來，一般以西西里島居多。一五六四年——馬爾他島圍城大戰前夕——到一六〇〇年間，馬爾他島的對外航運有百分之八十是前往西西里島的。這數字是將近四千七百航次，全都是前往西西里島的，由此可見兩地往來之頻繁。不過，文獻記載當中也有近三百航次是前往〔法國南部海岸的〕馬賽，二百五十航次前往那不勒斯，偶爾也有前往埃及、敘利亞、利比亞、君士坦丁堡、阿爾及爾、達爾馬提亞，甚至走出地中海遠行到北海的英格蘭、法蘭德斯等地。此外，騎士團落腳馬爾他，也讓這小島像磁鐵一般吸引了來自地中海各地的移民遷入。例如羅德島的希臘商人便跟隨騎士團外移的腳步一起來到馬爾他。再往下推，也還有馬爾他島上的生意人，他們在國際事務上算不上角色，但是大機器裡的一顆顆小齒輪，推動糧產朝地中海四面八方運送。內陸的小村，例如納薩爾（Naxxar）、塞布哲（Zebbug）還有其他地方，居民會投資小額黃金進行跨海貿易，將西西里島的穀物輸入到馬爾他島。馬爾他島另一樣短缺得很嚴重的物產便是木材。醫院騎士團駐防島上，帶動了木材的需求，馬爾他這一支騎士團最重要的是他們可是海上強權。[22]騎士團在島上一直有辦法維持木材供應無虞，由德・瓦雷特在島上發起推動大型建築工程最令人印象深刻；現今馬爾他島上的「大港」，就是發端於德・瓦雷特當年的成果。馬爾他騎士團既然早先是「耶路撒冷聖約翰醫院騎士團」的傳人，自然不會忘記成立教團救護病苦的初衷。他們興建的醫院有現代歐洲初期最大的大堂。為了救護病人，產自異國，一般還很昂貴的香料就必須維持穩定的供應量才行，甚至屬於奢侈品的金屬也在內，以銀盤供餐不是過於奢侈，而是銀器比陶器衛生。

十六世紀的地中海中部經濟大為繁榮的地方，不只是馬爾他島。義大利半島兩側海岸便是在這時期興起了「自由港」。那時的自由港可以分為兩類。一類是不論所屬宗教、所屬族裔都可以前往，享有免於宗教裁判的自由。另一類便是現代說的自由港，以關稅減免的手法來促進貿易。亞得里亞海西岸的港口安科納位在教皇國內，便是前一類自由港很好的例子。[23]安科納的貿易雖然集中在跨亞得里亞海的生意，尤其是和杜布羅尼克（Dubrovnik）的往來，在中古時代晚期，他們同樣有辦法進行跨地中海的貿易，規模雖不大，卻還是惹得壟斷當時地中海長途貿易的威尼斯人大為眼紅，幸好他們有教皇當領主保護。安科納於一五〇〇年前後每年派兩到三艘船到黎凡特運回生絲、棉花還有香料，再從安科納和杜布羅尼克轉運出去。從安科納運往東方的貨物則有肥皂、橄欖油、葡萄酒等等，不過，循陸路從佛羅倫斯、西恩納（Siena）送達安科納的布匹也會裝船運走，另外還有一樣是紡織工業很有名的副產品「法布里亞諾紙」（Fabriano paper；纖維紙），是義大利人利用他們從東邊學來的技術而用碎布料做出來的——足見到了一五〇〇年這時候西歐這方面的技術，已經取代了東方。[24]佛羅倫斯在這時期運往東方的布匹，也集中在安科納進行轉運。安科納運往東的布料不僅是佛羅倫斯製造的絲綢和呢絨，還包括佛羅倫斯商人遠從西歐那邊買進的各類商品，例如〔法國東北部〕杭斯（Rheims）的亞麻布，遠從杭斯循陸路和河流南下先送到里昂（Lyons）。里昂在那時候已經是銜接北歐、南歐的重要商業中心，十分興盛。安科納的貿易主要在供應君士坦丁堡和鄂圖曼帝國幾處富有的市場。佛羅倫斯人從一五二〇年代起也可以和他們在巴爾幹半島的客戶拉近一點距離了，因為土耳其、拉古薩、希臘和猶太商人當時都齊集在安科納，很快就把安科納推升為繁華的自由港，包容盡納各色民族和信仰。在安科納活動的猶太商人有兩類。一支叫作「波南提諾」（Ponentino；西風），這是指地中海西部的西法拉猶太人（大多是馬拉諾皈依派〔Marrano〕的後代，其中有一部份還被貼上模棱兩可的標籤：「葡萄牙人」，名義上還算是天主教徒）。另一支叫作「黎凡特提諾」（Levantino；黎凡特來的），指的是定居鄂圖曼帝國而在君士坦丁堡、薩洛尼迦和士麥納作生意的西法拉猶太人。一支偏向同化於西歐的生活型態，另一支則是土耳其人的型態。

從巴爾幹半島運到這裡的皮革數量極大，隨著安科納發展愈來愈興盛，他們也不得不向義大利（中部）「馬爾凱區以外的地方搜購穀物；拉古薩人自然十分樂意拿他們在西西里島、義大利半島南部、愛琴海、阿爾巴尼亞（盛產玉蜀黍）等地的糧源供應他們。[25]穀物供應在十六世紀晚期日漸吃緊；由於義大利半島和伊比利半島的人口日減，反應在現有耕地上便是種植葡萄、橄欖的面積愈來愈大，不可避免地農莊生產的穀物只能供應當地所需，對國際市場並無興趣。由於有些城市所需的糧食唯有從地中海其他過剩的地方進口才得以支應。這棘手的問題只是當時地中海區面臨的諸多難題之一，而且這個問題不僅改變了「大海」的貿易特性，也在改變地中海沿岸農地耕作的特性。[26]十六世紀晚期義大利中部出現政治鬥爭，導致佛羅倫斯運往安科納的布料供應日漸減少，安科納便將觸角朝歐洲大陸伸過去，深入腹地，進口羊毛布料，貨源甚至來自倫敦。布料先送到安科納後再經由杜布羅尼克、新赫塞格（Herceg Novi）和科托（Kotor），分送到巴爾幹的市場。[27]所以，安科納的崛起並不單是義大利半島一塊小角落的現象而已。安科納人所織起的一張四通八達的連通網，以亞得里亞海域最繁密，但是涵蓋面遠遠超出亞得里亞海域之外。安科納可以說是伊斯蘭、基督教兩世界銜接的「真正邊疆」，各族裔、各國家的商人匯聚在此面對面作生意。[28]

安科納的生意夥伴杜布羅尼克就是在這時期運勢臻至鼎盛，即使鄂圖曼和西班牙關係日趨緊張，杜布羅尼克元老院就是有辦法在敵對的雙方靈巧游走。拉古薩定期向鄂圖曼的朝廷進貢，但是在一五八八年，對於西班牙出動「無敵艦隊」（Armada）進攻英格蘭，拉古薩的船艦也樂於響應，雖然結果證實這是一場災難式的企圖。在蘇格蘭找到的「托柏莫利船骸」（Tobermory wreck），據信就是杜布羅尼克的船。[29]其領土主要就是一座人口稠密、高牆圍繞的城市的共和國，在一五三〇年便能維持有一百八十艘船的大型艦隊，成就確實不凡。杜布羅尼克在一五八〇年代擁有的船艦，運量總和據估計為四十萬噸。[30]杜布羅尼克充份利用既是天主教城市，又是鄂圖曼帝國藩屬這樣的條件在兩邊獲利。但它也開始敞開大門歡迎非基督徒的商人。該城領導人一開始有意要禁止猶太人遷入；城內的猶太人在一五〇〇年左右被西班牙和義大利南部驅逐出境，導致城內的猶太人愈來愈多。後來，到了一五三二年，他們看出猶太商人是與安科納極為重要的連結，改為大力鼓勵猶太人到此定居。現任領導人特別降低猶太商人的關稅，希望多帶來一點生意。湧入拉古薩的西法拉猶太移民當中，有一些醫生。一五四六年，設置了一小塊猶太區（ghetto），這區塊並非座落在髒亂、偏遠的地區，這大不同於威尼斯的猶太區：這裡的猶太區就位在史彭薩宮（Sponza Palace）附近，史彭薩宮是當時海關的辦公大樓，就在杜布羅尼克主要大街的史特拉東（Stradun；或普拉卡Placa）旁邊。雖然經過一六六七年的大地震後，這地區大部份都重建過，但現在依然找得到當年的猶太區和它的古老猶太會堂。[31]

杜布羅尼克成了國際都會。這時期，此地文化百花齊放，不僅研讀拉丁文獻，克羅埃西亞文學也蓬勃發展——劇作家馬林・德若茲奇（Marin Držić）的作品不僅深受古羅馬劇作家普勞圖斯影響，也備受後人矚目，不只是高舉民族主義大旗的克羅埃西亞人喜愛，連狄托派（Titoist）南斯拉夫人也奉他為社會主義的先驅。城內的方濟會和道明會的修士收集了眾多藏書，傳世至今；藝術風格流露濃重的義大利馬爾凱區（Marches）和威尼斯的色彩，可見這地方除了有克羅埃西亞文化，義大利文化的影響也極為深遠。[32]事實上，義大利語言一直是拉古薩政府機關通用的語言。東、西兩方文化就在亞得里亞海岸沿邊的多處港市，包括威尼斯在內，如此交會碰撞，迸現繽紛燦爛的火花。

杜布羅尼克的眼光既眺望海平面，也眺望地平面。陸地這邊有毛皮從波士尼亞內陸運來，從附近的城鎮特雷比涅（Trebinje）進口皮革；再往內陸前進，莫斯塔（Mostar）和新帕扎（Novi Pazar）也是重要的貨源。不過拉古薩人也會從保加利亞海岸經由馬爾馬拉海（Sea of Marmara）、愛琴海、愛奧尼亞海引進皮革。[33]拉古薩人在十六世紀早期是歐洲羊毛布匹貿易數一數二的行家（他們取材巴爾幹半島羊毛而生產的自家毛織品也在貿易之列），但在十六世紀後半葉，他們發覺他們不得不把更多的羊毛貿易改走穿越巴爾半島的路線。其中一部份是與威尼斯競爭所導致，因為威尼斯人將他們的生意從杜布羅尼克轉移到他們在斯必利（Split）新設的貿易據點——新據點對威尼斯距離更短。另一問題就是拉古薩和威尼斯同都遇到了新的競爭對手——遠從北海來的荷蘭人和英格蘭人，這一點稍後再談。[34]十六世紀後半葉，因為西地中海的航路風險愈來愈高，讓原本在倫敦的拉古薩人聚居區開始凋零，拉古薩縱使有中立國的地位，也無法讓他們免除海上保費。[35]杜布羅尼克同胞的克羅埃西亞海盜，稱之為「烏斯寇」（Uskok），藏身在杜布羅尼克往北過去一點的多處狹長小水灣和島嶼，對這一帶的航運一直是個威脅。

不過，十六世紀的航運本來就呈現衰退的走勢，由越來越重要的陸運取代。[36]費南德・布勞岱爾認為這大半是十六世紀晚期才有的發展，但是，衰退的趨勢其實開始得相當早，安科納、杜布羅尼克以及幾處貿易重鎮夾在鄂圖曼帝國和西歐世界之間，身處兩方的接點，東西兩邊即使忙著打仗，還是依然渴望另一邊的物資。布勞岱爾堅持海運衰退有一大原因是塞浦路斯、安達魯西亞、那不勒斯以及其他地方開始大量養驢，但這觀點（姑且拿比喻來搗亂一下）未免就把驢子擺在驢車後面，本末倒置。為什麼當時的人會覺得驢子會是比船隻更好的的選擇呢？其中一個原因是海運的安全性愈來愈低，因此過去一直被認為又慢又貴的陸運，這時候比起海運反而較為有利。例如十六世紀末生絲從那不勒斯運到利佛諾（Livorno）後，走陸路往北運送到日耳曼和法蘭德斯。所以，拉古薩人對於取道波士尼亞—赫塞哥維納和巴爾幹半島作生意，涉足愈來愈深，對於遠航和英格蘭、黑海、黎凡特區貿易，興趣愈來愈低。[37]連地中海岸出現新的貿易中心，也被布勞岱爾看作是陸路貿易比海路貿易昌盛的證據：例如士麥納（Smyrna）在十七世紀初年興起，穿越安納托利亞通往富裕的波斯；還有威尼斯嘗試發展和科托貿易，並且藉此打開橫越蒙地內哥羅「黑山」（black mountains）的通商。丹尼爾・羅德里奎斯（Daniel Rodriguez）這一位馬拉諾人的提議最特別，他認為威尼斯應該拿斯必利作為他們在亞得里亞海東岸的通商重鎮，斯必利這座古城因此獲得重建，在一六〇〇年之前便已成為極為繁榮的貿易中心，專營東方產品的貿易，例如絲綢、地毯、蠟等等。[38]鄂圖曼帝國也支持這些發展，在巴爾幹半島的路途沿線派兵保護。這時候威尼斯的大型加列艦走的航程就不遠了，南下到亞得里亞海三分之一的地方就抵達斯必利，不必像之前那樣必須出亞得里亞海遠行亞歷山卓或英格蘭（南端）的南安普頓（Southampton）。但即使這時候的航程那麼短，還是很容易被克羅埃西亞海盜阻斷。[39]在黑死病過後，海運已開始改走比較短、區域性的路線（先前已經提過西班牙那邊的例子了）。遠洋路線的沒落是個漸進的過程；地中海航線在交通運輸的重要地位已經開始衰微。[40]

大西洋由於少有戰爭、海盜作梗，開拓大西洋的路線便為北歐各地的經濟注入了新的活力；波羅的

41. **廊柱客棧，阿卡，以色列**
商館（fonduk）一般都是兩層樓的柱廊式建築，環繞中央一塊四方形的大天井。西方十字軍在阿卡興建的皇家商館，如今叫作「廊柱客棧」（Khan al-'Umdan），是當年官方收貨物稅的機關所在，後來由鄂圖曼土耳其人重建，不過，早年的建築樣式保留得很完整。義大利人在阿卡（Acre）城內其他地方另有他們專有的商館。

42. **威尼斯四馬戰車**（quadriga）
古希臘工匠打造的四匹駿馬，原本雄踞君士坦丁堡的競技場，但在第四次十字軍東征之時，被攻入君士坦丁堡的威尼斯人搶去當戰利品，擺在聖馬可大殿的大門處睥睨世人，直到後開始風化而受損才移走。

43. 中古時代晚期地圖，摹自艾德里西地圖

出身修達的穆斯林貴族學者艾德里西，曾在西西里島的諾曼人國王朝中擔任御前地理學家。他在十二世紀製作的地圖雖然未能傳世，但是這一幅中古時代晚期的地圖很可能臨摹自艾德里西親手畫的一張地圖。地圖中的南方是在頂端，所以，地中海是在右下角那一塊，亞得里亞海則深深切入歐洲大陸。

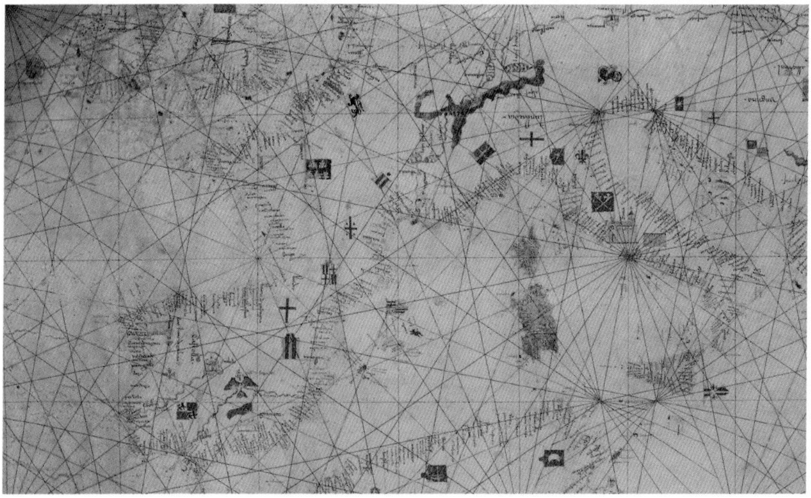

44. 波特蘭海圖（portolan chart）**，十四世紀早期**

十四世紀早期在馬約卡畫成的一幅海圖細部。薩丁尼亞島在中央，馬約卡島則是多出一面加泰隆尼亞國王的旌旗作為標示，趾高氣昂。海岸沿線的地名密密排列。

45. **壁畫，一二二九年馬約卡城淪陷**

這一面十三世紀的壁畫畫的是一二二九年馬約卡城被亞拉崗國王詹姆斯一世的大軍攻陷的情景。這些事蹟在詹姆斯一世以加泰隆尼亞文寫的《行誼錄》當中，自然要大吹大擂一下。他寫於中古時代的《行誼錄》，是史上第一本君主自傳。

46. **艾格莫爾特，卡瑪居，法國**

艾格莫爾特（Aigues-Mortes），原義是是「死水」，建於卡馬格（Camargue）城邊，作為法國和地中海區通商的據點，也是十字軍東征的出發點。城內保存良好的建築，年代大多可以回溯到剛進入十四世紀的時候，艾格莫爾特在那時是先前的貿易對手蒙佩利爾（Montpellier）的外港，蒙普里耶在那時又是由馬約卡統治。

47. **熱那亞，取自哈特曼・席德一四九三年繪著之《紐倫堡編年史》**
熱那亞擠在利古里亞阿爾卑斯山脈和大海之間，哈特曼・席德一四九三年印行的《紐倫堡編年史》將叢簇的建築、塔樓、教堂擠在港邊的景況表達得相當傳神，（最上面正中央）那一座巍峨矗立的城門，是十二世紀中葉日耳曼皇帝紅鬍子腓特烈發兵攻打過來時蓋起來的。

48. **拉古薩／杜布羅尼克**（Ragusa／Dubrovnik）
從東南角看過去的拉古薩／杜布羅尼克城，十五世紀興建的雄偉城牆鮮明在目。港口只大概看得出來，位在另一頭，右邊高大的建築當中有一棟是穀倉。城內由一條大街切成兩半，街名叫作普拉卡（Place），也叫史特拉敦（Stadun），大街往右走到底緊接的是史彭扎宮，也是以前的過秤所，現在是城裡的文獻中心，收藏了豐富的檔案。城內的猶太區位在皇宮的左邊。

49.**馬尼西斯大盌**

瓦倫西亞內陸的馬尼西斯（Manises）在十五世紀是上釉陶瓷的一大生產中心，以裝飾富麗著稱。這一只大盌有佛羅倫斯德里阿格利（degli Agli）家族的家徽；義大利的貴族人家都愛買這類西班牙融合摩爾風格的器皿去用。基督徒陶匠借鑑摩爾人的技術，而得以稱霸陶瓷產業。不過，還是有穆斯林和基督徒合開作坊，並肩工作的。

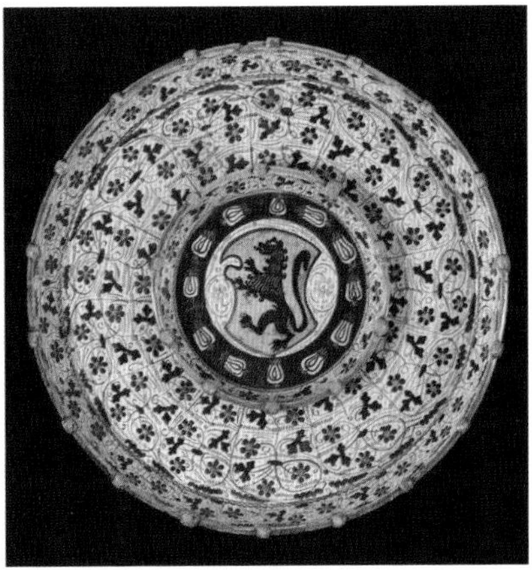

50.**奉獻用貨船模型，一四二〇年左右**

這一奉獻用的貨船模型是中古時代傳世獨一無二的古物，原本是擺在加泰隆尼亞馬塔羅（Mataró）鎮的一座教堂內。全長約120公分，寬度超過50公分，時代約為西元一四二〇年，製作材料有一部份是地中海區生產的桑木，船體是用木板搭的平甲板建成的「planks laid flush」，這是地中海的樣式。

51. **瓦倫西亞的交易廳**
瓦倫西亞華麗的交易廳（Exchange；llotja），建於一四八三至一四九八年間。圖中立柱竄升的大廳是供商業交易使用，另一廳則是瓦倫西亞稅務總局商業法庭的所在。沿邊的飛檐一路都刻著長串銘文，頌揚誠實交易。

52. **海事法《海上領事》的早期手抄繪本**
《海上領事》（*Consulate of the Sea*）是一部海事法典，瓦倫西亞的商人、加泰隆尼亞在海外的商人所要遵守的法律，就由這一部法典決定。一四九四年出版了印刷本。這一份早期手抄繪本，圖中畫的是亞拉岡國王阿豐索五世，身邊朝臣簇擁；反映當時國王和商界通力合作要在地中海打造出政治、商業帝國。

53. 穆罕默德二世畫像，喬凡尼・貝里尼繪

鄂圖曼帝國蘇丹穆罕默德二世，因為拿下了拜占庭帝國的君士坦丁堡，而博得了Fatih的美名，也就是「征服者」。他對義大利文化相當著迷，召來了義大利畫家喬凡尼・貝里尼到宮中為他畫了這一幅肖像，不久他就於一四八一年過世。

54. 法國鉛丹畫，羅德島圍城戰（細部）

穆罕默德二世過世前不久，一種他稱霸的雄心，對拉丁基督教世界發動多次遠征，曾派艦隊攻打義大利南部的奧特蘭托（Otranto），佔領該地，但是，一四八〇年的羅德島圍城戰，卻攻敗垂成。這一幅法國畫家畫的鉛丹畫（miniature），就是在紀念鄂圖曼土耳其人落敗，被迫和醫院騎士團談和，醫院騎士團的軍旗在城牆還有濱海的高大堡壘都看得到。

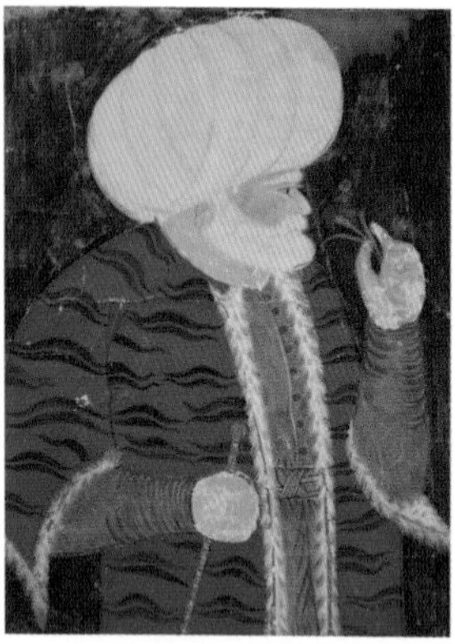

55 & 56. （左圖）**海亞丁上將**（Admiral Khair-ed-din）**畫像，一五四〇年，安德烈亞・多利亞畫像**（右圖）

赫澤（Hiz），也叫作「海雷廷」（Hayrettin）或是「紅鬍子」（Barbarossa），是巴巴里海盜最兇狠無情的一位。他以阿爾及爾為基地，對梅諾卡和義大利半島發動突擊行搶，還應法國國王法蘭西斯一世之邀，到土倫過冬。這一幅肖像是納凱・瑞斯・海伊達（Nakkep Reis Haydar）畫的，他也是出海討生活的人。安德烈亞・多利亞（Andrea Doria）（右）出身熱諾亞最顯赫的權貴世家，先是到法國國王那邊入朝為官，後來在一五二八年棄法國而去，改投入西班牙查理五世的朝廷作官。他是紅鬍子海雷廷的強勁對手，狠狠打敗過紅鬍子海雷廷幾次，例如一五三二年收復希臘南部的寇隆。

57. **西班牙攻佔戈列塔，壁毯圖樣草稿**

突尼斯在一五三四年爆發王位繼承權爭奪戰後，紅鬍子海雷廷奉命率領鄂圖曼的艦隊前往突尼斯。西班牙的查理五世出手干預，在一五三五年奪回突尼斯，之後在戈列塔（Goleta）附近的突尼斯湖（Lac de Tunis）建起一座堡壘，堡壘於今猶在。這是以西班牙攻佔哥列塔為主題的多面壁毯的草稿之一。

海稞麥成為北方貿易的大宗商品。這時期的西班牙和西歐為通貨膨脹所苦，有人歸咎於美洲生產的銀子大量湧入所致。[41]第四代地中海不僅因為哈布斯堡王朝和鄂圖曼帝國的衝突而扯得支離破碎，也因為大西洋經濟的強力擴張而被擠到牆角去。然而，當時地中海的景象未必都這麼黯淡。例如巴塞隆納就還屹立在當時的貿易地圖上，儘管寫歷史的人對巴塞隆納曾經在中世紀出現的輝煌盛世過去之後，對這城市失去了興趣。巴塞隆納的造船合約依然很多，當時歐洲人還需要出動艦隊與鄂圖曼土耳其人和巴巴里海盜對抗。加泰隆尼亞的布匹在新世界也找到了新市場。因此，巴塞隆納的貿易在十六世紀應該是成長才對，只是越加偏向西班牙內陸，不再像以前那般專注在海上罷了；這一點也符合當時普遍從海運轉向陸運的大趨向。在海上，則由熱那亞和法國南部的商人逐漸取代了巴塞隆納；西地中海各島嶼的貿易落入熱那亞人的掌握，此前三百年，這一直是由加泰隆尼亞商人拔得頭籌。一五九一年，巴塞隆納甚至出現驅逐熱那亞人的呼聲，不過，西班牙仇視義大利商人也不是什麼新鮮事。反過來，卻有大批來自法蘭西的人遷居巴塞隆納，一六三七年有人估計巴塞隆納的人口有百分之十是法裔。[42]義大利南部的長途貿易由熱那亞人掌握，西班牙王室統治的那不勒斯也由熱那亞人在替他們管理財政。[43]事實上，熱那亞成了西班牙帝國的銀行，西班牙王室的財政很仰賴向他們借錢來支撐，西班牙王室則以美洲銀礦的預期收入作擔保。[44]

三

一些人在地中海的波瀾找到了新的職業，其中包括了被西班牙和葡萄牙驅逐出境的猶太人。有兩人闖出了跨國的名聲，還直接插手幾樁大事，最後導致塞浦路斯島的失守、落入鄂圖曼手中，外加雷龐多這一場大海戰。碧翠絲・曼德斯・德・魯納（Beatrice Mendes de Luna）在一五一〇年前後生於葡萄牙，此時已是一四九七年葡萄牙猶太人被迫集體改宗皈依基督教之後數年。她住在法蘭德斯期間，由於當時法蘭德斯和西班牙的君主是同一人，也就是〔神聖羅馬帝國皇帝〕查理五世，雖然家族當中有好幾人和皇室聯姻，卻還是蒙上了異端的嫌疑。太有錢的麻煩便是就此居安誤以為不必思危——不論理由神聖不神聖，富有的馬拉諾人容易成為靶子。[45]查理五世認定所有改信基督教的猶太人跟基督新教在他治下的日耳曼境內的蔓延脫不了關係。一五四五年，碧翠絲・德・魯納和幾位近侍火速離開法蘭德斯逃到威尼斯，但在那裡還是避不開信奉猶太教的嫌疑，隨後到了費拉拉，才算是找到比較安全的避難所。統治費拉拉的艾特帖（Este）王公，對於〔改信天主教的西法拉猶太人和摩爾人〕所謂的「新基督徒」（譯註25）移民，態度比較寬厚，樂見他們為繁華的城市帶來財富、醫療技術和優美的音樂。碧翠絲・德・魯納落腳費拉拉，重建財富，也蛻變為另一個人或說是恢復原本的那一個人——葛拉西雅・納西（Gracia Nasi）大方地以猶太人的身份周旋於權貴之間，也協助馬拉諾難民免於宗教裁判所的迫害。希伯來《聖經》首度譯成西班牙文，人稱「拉蒂諾費拉拉聖經」（Ladino Bible of Ferrara），印刷問世之時就是題獻給她的，設定的讀者不僅是猶太人，也包括基督徒。[46]但是到了一五五二年，她又因為招徠過多矚目，惹得義大利的宗教裁判所不快，她不放心便又再度上路，前往君士坦丁堡，這一次的離開其作風派頭挺高調的，隨從當中就有多達四十位騎馬的護衛，陪同她在巴爾幹半島翻山越嶺。拉古薩政府不失先見之明地對她竭誠歡迎，她的大批人馬一抵達君士坦丁堡，她在拉古薩的幾位代理商馬上就為這城市帶來大筆的生意。[47]而君士坦丁堡的蘇丹也特准她，還有她身邊的隨從，可以繼續穿著威尼斯的服飾，而不強行要求他們改穿依規定猶太人在君士坦丁堡必須穿戴的服飾。不過，她雖然來到東邊，卻不等於背棄西邊，葛拉西雅夫人對義大利半島、對地中海的關注始終如常，並且公開表示她決心要保護相同信仰的人。

她的決心有多強，由教皇推動的宗教裁判風潮在一五五五年掃到安科納時，就突顯出來。該年，安科納城內大舉搜捕上百名在城內作生意的「葡萄牙人」，他們可都是當年安科納特別招攬遷居的對象。迫害馬拉諾人，是教皇保祿四世（Paul IV）的政策轉趨兇惡的徵兆，羅馬城內的猶太人也被保祿四世隔絕在狹長的猶太區內。在他轄下竟然有貿易城市出現他心目中屬於「不信神」（unbelief）的人數在蔓延，這教保祿大為震驚。他的打手當然仰承上意，大肆搜捕這些「葡萄牙人」，沒收他們的財物（據說金額高達三十萬杜卡金幣），還把二十六人送上木樁活活燒死。葛拉西雅夫人的投訴蒙蘇丹垂聽，一五五六年三月，蘇萊曼大帝讓他的盟友法國國王派駐君士坦丁堡的大使，轉送了一封義正辭嚴的信給教皇保祿四世，要求教皇逮捕的猶太人凡屬鄂圖曼帝國的子民，必須一概釋放，還鄭重表示他的國庫已經蒙受四十萬杜卡金幣的損失。不過，蘇萊曼還算客氣，自稱是「諸多皇帝中之大帝」，對教皇有所讓步，稱呼教皇為「耶穌彌賽亞同輩高貴大能的主」。[48] 教皇回信表示鄂圖曼子民的生命財產他一定出手相救，但是，其他「新基督徒」將繼續處以火刑。教皇還爭辯說他對於未改宗的猶太教徒可是始終以善意相待的，像他在安科納為猶太人特別設立的猶太區便是明證（保祿四世此言絕對沒有諷刺譏嘲的意思）。消息一傳到君士坦丁堡，葛拉西雅夫人的圈子便開始組織起來抵制安科納的貿易。一些馬拉諾人也朝北方逃到佩薩羅（Pesaro）港，那裡是烏比諾（Urbino）公爵的領地。這一來教安科納人火冒三丈，他們港口在過去

譯註25：「新基督徒」（New Christians）——伊比利半島於十五、十六世紀進行宗教迫害的分類依據，「新基督徒」是指改信基督徒的混血或是純正猶太人及後裔。

的五十年貿易始終這麼興隆，這下子一大批人都跑光了，轉到先前無足輕重的對手那裡去發展。[49]

只不過佩薩羅的港口設施終究要差得多了，而還留在安科納的非馬拉諾猶太人，也很擔心鄂圖曼的抵制會害他們和基督徒街坊一起遭受損失。鄂圖曼帝國那邊也出現了爭端，西法拉人的拉比拒絕由一位富有、盛氣凌人的女子指揮，況且這女子原本還是葡萄牙基督徒的出身。他們不認為葛拉西雅夫人是以斯帖在世（譯註26），是真心願意保護拯救猶太商人，儘管她那麼慷慨在鄂圖曼各地設立多處猶太會堂和學校。抵制的事終究是雷聲大雨點小，無疾而終。安科納逃過一劫。一名女子是沒辦法扼殺安科納；可是，安科納的領導人也理解由西法拉商人發起的鄂圖曼抵制這樣的事，安科納的繁榮一定會被終結。他們認識到了這一批世故的人動用起關係，威力能有多大——他們有辦法跨越政治、文化、宗教的藩籬，儘管爆發的地區性迫害可能讓他們受困其中。從西班牙和葡萄牙出逃的猶太人是朝東走——也有一些人是朝北走，到了低地國（Low Countries）——但他們此番大流徙，不只是遠離伊比利半島另覓新天地落腳而已。這一番大流徙還拉開了一張海上貿易網，鼎盛的時期甚至一端遠遠抵達巴西和西印度群島，另一端到了〔印度南部阿拉伯海岸邊的〕果阿（Goa）和卡利科（Calicut；科希科Kozhikode）。[50]他們行走的貿易世界，遠比五百年前的前輩——也就是書閣商人——都還要廣大。對於被從西班牙驅逐的猶太人而言，這段經歷誠屬悲劇災厄，然而，他們的下一代轉禍為福，從瓦礫堆中新生。

葛拉西雅夫人在君士坦丁堡的親人，有一位是外甥兼女婿儒翁・米蓋斯（João Miguez）；他〔原本是馬拉諾人〕在行過割禮後改名為約瑟・納西（Joseph Nasi），這名字有「王公」的意思但不顯招搖。他一生的事蹟比姨媽葛拉西雅夫人還要精采。蘇萊曼大帝一五六六年過世之後，鄂圖曼的朝廷出現政爭，他運氣不錯，在政爭當中選對了邊，支持的這一方贏了，因而成為繼任者蘇丹塞利姆二世（Selim II）的親信；新任蘇丹有「酒鬼塞利姆」（Selim the Sot）的外號，因為據說他酷愛杯中的黃湯遠勝過戰場的黃沙。[51]約瑟・納西便是因為美酒而賺到大錢，只是，他的主子也因為美酒而提早結束了一生。蘇萊曼大帝雖然明令君士坦丁堡內不准賣酒，但是依照伊斯蘭律法，約瑟・納西拿到了從威尼斯的克里特島取道君士坦丁堡將酒運到摩達維亞（Moldavia；摩多瓦Moldova）的獨佔權。他這生意每年為帝國政府貢獻二千杜卡金幣的豐厚稅金。後來，帝國首都的禁酒令稍微放鬆，以便猶太人和基督徒可以買賣酒類，此後，酒氣當然就漸漸滲入了大經濟體去，納西運酒的收益便又再往上攀升——蘇丹的托普卡匹宮（Topkapi Palace）中老早就酒氣沖天了。[52]基克拉德群島當中酒神狄奧尼修斯的小島納克索斯，在上古的古典文獻當中以出產美酒而備受稱頌，塞利姆二世登基的時候，冊封約瑟・納西為納克索斯公爵，自然再恰當不過。納克索斯島的主權直到一五三六年之前名義上隸屬於威尼斯，之後歸鄂圖曼所有，但准許原有的拉丁領主以進貢來保住領地。不過，納克索斯島上的希臘正教徒卻對「朝廷」投訴領主治理不當，塞利姆想到指派猶太教徒擔任納克索斯公爵，並不比天主教公爵差。但其實，納克索斯島上的人不管是誰來管他們，只要是外人一概不歡迎；不過，約瑟・納西住在君士坦丁堡的時間比較多，過的是極為豪華氣派的生活，對他的頭銜極為滿意。

約瑟・納西目光超出了愛琴海。他策動猶太人移民到加利利的提比里亞（Tiberias）建立聚落。[53]提比里亞附近的采法特（Safed）已有西法拉猶太人移入，這一批傾心神祕思想的的西法拉人雖然做過紡織甚至印刷等等行業，但始終欠缺固定的收入來源。納西這位納克索斯公爵認為絲綢救得了他們，便提議

譯註26：以斯帖（Esther）——以斯帖是《聖經》當中被選入波斯皇帝封后的猶太女子，在宮中大臣企圖消滅猶太人的危急關頭，冒險出面拯救。

他們栽種桑樹。他也安排了西班牙羊毛跨越地中海運送到提比里亞，想要像威尼斯發展布匹產業一樣刺激提比里亞發展出自家的羊毛產業。[54]當教皇國掀起一波新的宗教迫害，迫使數百名猶太人出走前往東方較為寬容的鄂圖曼境內，約瑟・納西希望藉機吸收遠在義大利半島的猶太人遷入提比里亞。地中海區的猶太人社區流傳過一封信，以慷慨激昂的辭令寫道：

> 吾人聽聞海角一隅傳來了榮耀的歌聲，頌揚公義的能人，納西（「王公」）；前述主公，慷慨自掏費用，於諸多地方，例如威尼斯和安科納，安排船隻協助吾人遷徙，以求受俘的苦難呻吟有終止之日。[55]

要抵達提比里亞並不容易。一艘移民船就被聖約翰騎士團擄獲，乘客全數淪為奴隸。猶太人重返巴勒斯坦的幾處古老聖地定居，是希望可以加快彌賽亞的降臨，不論猶太移民還是約瑟・納西都沒有建立猶太國家或是公國的想法。移民提比里亞這一件事到頭來落得無疾而終，畢竟那一帶依然不安全，此後就要等到十八世紀中葉，猶太移民才再度回到這地區，而且，這一回遷入便定居下來，不再離去。[56]

四

納克索斯公爵在鄂圖曼宮中頗有呼風喚雨的本事。一五六八年，他經過幾番折騰始終未能拿回他在法國被沒收的大筆財產和金錢，不勝氣惱，便向塞利姆告狀，說動蘇丹發佈敕令，將法國船上的三分之一貨物充公，直到滿足他的要求為止。這一道敕令的目標是鎖定在亞歷山卓的黎凡特貿易的，卻因為埃及的稅務官員誤以為這一道敕令也適用於來自威尼斯和拉古薩的船貨，擦槍走火，而出現始料未及的亂子。此刻，法國朝廷震驚了！鄂圖曼竟然因為一個人（還是猶太人）宣稱受委屈，單單為了此人的利益，就破壞雙方長久以來的盟友關係。後來，法國國王和鄂圖曼蘇丹的關係雖然逐漸修好，約瑟夫・納西也沒能把他要的全數拿回來。[57]然而，一五六九年鄂圖曼計劃要入侵塞浦路斯島時，蘇丹再度聽取他的意見。同年九月，威尼斯兵工廠發生大爆炸，炸光了廠內堆放的火藥外加四艘加列艦，各種謠言隨之傳出，但都說此事並非意外，而且是納克索斯公爵這個猶太人的陰謀。當年威尼斯對他那位有名聲的姨媽那麼壞，到了今日依然讓他怨恨未解，而且還想要搶走他在基克拉德群島的地盤。傳聞塞利姆二世那酒鬼三杯黃湯下肚便又答應要給納西夢寐以求的大禮：塞浦路斯國王的王冠，所以，鄂圖曼決定要把王冠從威尼斯人手中搶過來，傳言還編得天花亂墜，說納西已經訂製了一頂王冠，準備在王位手到擒來的時候派上用場，還要人製作一面旗子，繡上「塞浦路斯國王約瑟納西」幾個大字。不過，比較確實的情況還是威尼斯那邊認為約瑟・納西在催促蘇丹出兵攻打塞浦路斯島，只是礙於宰相索寇魯・穆罕默德（Sokollu Mehmet）的反對。[58]鄂圖曼朝廷的政策向來如此，一概要花點時間才有辦法形成，主戰和主和兩方的爭辯也向來滔滔不絕。即使如此，到了一五六六年一月，鄂圖曼要出兵塞浦路斯島的傳聞已經甚囂塵上，因為，那時威尼斯派駐君士坦丁堡負責管理威尼斯事務的特使（bailo）已經發出報告，指鄂圖曼帝國已經擬妥進攻計劃。一五六八年九月，鄂圖曼一支六十四艘加列艦的艦隊，以親善訪問之名抵達塞浦路斯島，更教威尼斯人緊張。鄂圖曼人還堂而皇之地到他們後來想要攻下的兩座城市去參觀防禦工事。一處是內陸的尼科西亞（Nicosia），一是東岸的法馬古斯塔。納克索斯公爵就在參觀者之中。[59]

塞浦路斯島是個顯著的目標；一個基督徒的島嶼，卻又遠離基督徒世界而孤懸在東地中海的角落。熱那亞在愛琴海的最後一處據點希俄斯島，才剛被鄂圖曼土耳其人拿下（西元一五六六年）並且把島上的熱那亞人全部趕走。基督徒在那一帶還佔了幾塊地方不走，搞得鄂圖曼心煩意亂，讓他們未能專心在更迫切的問題，例如對抗波斯的薩法王朝，還有護住印度洋的水域，免得被新興的競爭對手分一杯羹——像是葡萄牙的印度艦隊。塞浦路斯島還是一些打劫糧船的基督徒海盜的棲身庇護所，當穀物產量下降的時候，通往君士坦丁堡和其他重鎮的運糧航道自然必須加以保護。穿越這一帶海域前往阿拉伯半島的伊斯蘭聖地的海上交通，被基督徒海盜阻斷，也是另一個必須正視的民怨。替戰爭辯護的穆斯林極力主張塞浦路斯島先前便曾數度由穆斯林統治或是佔領，或者至少有進貢的屬邦地位；而依伊斯蘭的律法，一度屬於「伊斯蘭領地」（dar al-Islam），失去之後務必盡力收復，這是根本原則。的確，威尼斯人眼看鄂圖曼朝塞浦路斯步步進逼，向鄂圖曼朝廷表達抗議，索寇魯回應說這件事得由「大穆夫提」（Grand Mufti）領軍的伊斯蘭律法專家作決定，並不會因為鄂圖曼和威尼斯幾十年來雙方建立的良好關係而有所動搖。[60]無論如何，此刻鄂圖曼對威尼斯發出了最後通牒，如果威尼斯不想開戰，就交出塞浦路斯島。

鄂圖曼帝國的態度轉趨強硬，西班牙國王腓力二世也一樣，只是，他還是跟以前一樣要擔心從哪裡弄到錢來籌組艦隊。他的部隊先前已經派到法蘭德斯去打新教徒與反西班牙皇室的造反者，正卡在那裡動彈不得。腓力二世的打算是希望教皇可以為這一場仗出錢，他這邊可以付一半的軍費，威尼斯付四分之一。[61]討價還價就此開始，沒完沒了，爭的不只是錢，也包括指揮權。等到阿爾瓦公爵（Duke of Alva/Alba,Fernando Álvarez de Toledo Y Pimentel）殘酷地壓制低地國的亂事，至少表面上平靜後，腓力二世這才有心力專注在其他事情上。[62]西班牙境內的摩里斯科人有許多依然固守古老的信仰，時有叛變，也耗盡了西班牙的資源，絆住腓力二世，導致未能及早回應教皇成立「神聖聯盟」的號召。這也彰顯成立神聖聯盟更為迫切，因為鄂圖曼帝國有可能聯合巴巴里的王公，和摩里斯科人裡應外合攻向西班牙的危險，西班牙開始擔心伊斯蘭大軍即將重返伊比利半島。

這舉棋不定，讓鄂圖曼可以放心出兵，撲向塞浦路斯島。一五七〇年七月初，鄂圖曼帝國出動大約十萬名左右的大軍，以總計四百艘船隻的艦隊運送，其中一百六十艘是加列艦。[63]鄂圖曼決定首要目標是位居內陸的尼科西亞，雖然威尼斯人先前修復和擴建防禦工事、城牆。尼科西亞苦撐了一陣子，後來鄂圖曼軍隊破城，守方拚命地戰鬥但仍然不敵。齷齪的戰利品終於到了手：屠殺、強暴、搶劫城內居民。這時候，西方的強權們依然爭執不休，對塞浦路斯島上的情勢完全無動於衷。到了九月中旬，西方終於派出一支二百艘的艦隊朝塞浦路斯開拔，還在向東行駛的途中，就聽到了尼科西亞淪陷的消息。接下來該如何，讓腓力二世麾下的海軍司令吉安・安德烈亞・多利亞和教皇旗下的海軍司令瑪坎托尼歐・科隆納（Marcantonio Colonna）這兩人又爭論不休。對於尼科西亞的淪陷，西方完全沒有作為。而且也算明智吧，因為多利亞說的沒錯，沒有規模龐大的陸軍兵力加上規模更大的海軍兵力，任誰也沒那能耐去把內陸的尼科西亞奪回來。馬爾他島的圍城戰，戰事集中在小島的外圍；塞浦路斯的情況完全是另外一回事。[64]還有一絲希望的是法馬古斯塔，那時還沒被鄂圖曼拿下，因為它有堅固的防線，依理還有辦法從海上進行補給。一五七一年冬，機會似乎出現，鄂圖曼的艦隊大半都撤出了法馬古斯塔週邊的水域；威尼斯人有一支分遣隊突破土耳其人薄弱的防線離去，只留下一千三百一十九名士兵留守島上，連同原來的守軍，加起來也只有八千一百人。索寇魯・穆罕默德在君士坦丁堡盯衡情勢，盤算這時候應該是和威尼斯談和的大好機會，當然，要威尼斯人交出法馬古斯塔才行。他看不出來對方還有什麼能耐或是意志再打下去。[65]然而，威尼斯人這邊卻是頑強又樂觀——他們在十六世紀初弄丟了杜拉佐（Durazzo），後來不是被他們搶回去了嗎？杜拉佐對威尼斯的戰略價值如同塞浦路斯島對鄂圖曼的戰略價值。威尼斯人拒絕了鄂圖曼的提議——威尼斯割讓塞浦路斯全島，鄂圖曼開放法馬古斯塔作為威尼斯的貿易站。但是，另一邊事情談出結果了。「神聖聯盟」組織起來，由教皇、威尼斯、西班牙組成一支十字軍，並且定下極具企圖的目標，腓力二世還贏得一項協議，將他最想要達成的幾項目標——特別是在非洲西北部的戰爭——列為聯盟的永久目標。[66]聯軍的總司令一職由〔神聖羅馬帝國皇帝〕查理五世年紀尚輕、充滿活力的私生子約翰爵爺（Don John of Austria）出任。

神聖聯盟打造大艦隊需要時間，在這段期間法馬古斯塔只能堅守。鄂圖曼派出一支艦隊，途經威尼斯人的克里特島，先是大肆搶劫一番，再循愛奧尼亞海和亞得里亞海南部的航線前進，分散威尼斯海軍的注意力。那時剛被土耳其軍隊拿下的幾處沿海要塞，有一座是在烏齊尼（Ulcini），就在現代蒙地內哥羅和阿爾巴尼亞交界偏北一點的地方。鄂圖曼軍隊一路追趕對敵人，往北走，最遠打到寇丘拉和拉古薩去（不過，拉古薩人始終保持中立，交戰的雙方對此也一直用心維護）。[67]隨後，鄂圖曼軍隊逼進到亞得里亞海北部的扎達（Zadar），危險就近在威尼斯的眼前，這想必勾起了威尼斯人一百八十年前奇奧賈之戰的往事。只是這回鄂圖曼的目的在於恫嚇威尼斯，逼它就範，不是要毀滅它——讓威尼斯人認清威尼斯帝國的脆弱，妄圖對抗鄂圖曼只是徒勞。連續被砲轟了幾個月的法馬古斯塔，只剩斷垣殘壁，打算要投降了。八月初，威尼斯的司令官馬可・布萊加迪納（Marco Antonio Bragadin）來到鄂圖曼司令官拉拉・穆斯塔法・帕夏（Lala Mustafa Pasha）帳前求見。當穆斯塔法得知威尼斯人把關在牢中的五十名穆斯林朝聖客處決，氣氛丕變。穆斯塔法從不悅變成震怒，不僅將布萊加迪納的隨扈當場全數殺死，還削去布萊加迪納的耳鼻，十天之後，再將他活活剝皮致死，並且將剝下來的人皮做成人偶，在塞浦路斯島上遊街示眾，然後再送到君士坦丁堡。[68]拉拉・穆斯塔法做出這麼慘無人道的事，不僅是做給威尼斯人看的，也是在做給君士坦丁堡朝廷看的，特別是給索寇魯・穆罕默德看——讓朝中那些還想和威尼斯談和的人就此死心。[69]其實他無需以這麼兇殘的手法來作文章。那時，神聖聯盟的艦隊已經準備就緒，即將啟程。後來，基督徒的海上大軍行駛到科孚島外海，接到了消息——法馬古斯塔已經失守。這個消息，只會更加堅定基督徒作戰的決心。[70]

緊接著，雙方在科林斯灣入口的雷龐多展開海上大戰。這一場戰役歷來被視為古往今來有數的關鍵海戰之一。費迪南・布勞岱爾就說這是「十六世紀地中海的戰事當中，最壯烈的一場」，布勞岱爾鑽研腓力二世時期的地中海世界，就以這一場海戰為精心力作。布勞岱爾說，「在此一役，約翰爵爺無疑是命運的棋子」，說得簡潔又費解。在亞得里亞海口附近決一死戰，涵意迥異於在西西里島周邊海峽打圍城大戰。土耳其人早在這一場戰役之前數月便已透露他們一定要拿下亞得里亞海的決心。他們的海上兵力一路往北方前進，同時地面部隊從波士尼亞出動，對亞得里亞海北端威尼斯的屬地進行攻擊。鄂圖曼這次的出擊，不單是為了擴張帝國版圖或伊斯蘭統治的野心。到了後文會再提到，鄂圖曼朝這方向過來，也是被斯拉夫人的基督徒海盜和達爾馬提亞北部的強盜激怒而來的，也就是當時參與十字軍戰役的烏斯寇。

交戰的雙方算是勢均力敵。基督徒、穆斯林兩邊艦隊搭載的士兵數目大致相當，都在三萬人上下。不過，鄂圖曼水兵的作戰經驗可能好一點。[71]鄂圖曼的戰艦數量比基督徒這邊多：基督徒只有二百艘，鄂圖曼大概是三百艘。鄂圖曼的海軍司令穆埃辛扎德・阿里（Müezzinzâde Ali Pasha）將旗下三百艘戰艦排成半月形的陣式，計畫先把基督徒海軍圍住，再由中央陣線切入將對手打散，一個個吃掉。[72]不過，西方的船艦堅固耐用，鄂圖曼的艦隊卻有一部份是用「生」木材造成的，原本就沒有經久耐用的考慮——也就是用個一兩年就要汰舊換新了。鄂圖曼的艦隊以輕型加列艦為主，吃水線低，不耐久戰，但是在近海水深較淺的地方操縱起來比較靈活，他們希望藉此包夾笨重的基督徒船隻——威尼斯人也愛用比較輕的加列艦。[73]基督徒艦隊裝備的大砲數量是土耳其人那邊的兩倍，可是土耳其人帶來的弓箭手就多得多了；大砲的殺傷力很強，但是裝火藥很花時間；弓箭手的箭則是隨射隨裝，不花時間。[74]兩邊都使用火繩槍，這一種手持式火槍準確性不高，但是重填的速度還算快，在當時已經取代了中古時代晚期一發就能斃命的十字弓。[75]西班牙的旗艦〈皇家號〉上面就有四百名薩丁尼亞島的火繩槍手。鄂圖曼的旗艦〈蘇丹皇后號〉，火繩槍手的數目只有對方的一半。[76]除此之外，伊薩卡東邊的庫佐拉里斯群島（Kurzolaris islands；就是伊奇納德斯列島the Echinades）（譯註27）太貼近伊薩卡，海道狹隘，不利於基督徒的加列艦快速佈陣。[77]

在這樣的情況下，交戰雙方死傷極為慘重自不在話外。神聖聯盟這一邊咸信基督徒抵禦土耳其人已到了關鍵時刻，成敗在此一役，當面對猛烈的砲火，將士無不用命，犧牲人數極為眾多。威尼斯將領阿戈斯蒂諾・巴爾巴里戈（Agostino Barbarigo）為了擋下進逼的鄂圖曼加列艦，全然不顧安危，指揮他的旗艦〈至尊共和國號〉（*Serenissima Repubblica*）直接衝向敵方的艦隊。威尼斯的艦長，一個接一個力戰身亡——出身奎里尼（Querini）、康塔里尼（Contarini）等等威尼斯豪門世家的將領都在陣亡的名單之列。巴爾巴里戈不顧一切，依然指揮艦隊直搗敵艦陣營。只是他一時失察，竟然在敵方箭如雨下之際，將頭盔的面甲掀開，不幸一隻眼睛就此中箭，之後未久便傷重不治。不過，教皇國和那不勒斯的加列艦緊跟在威尼斯的分遣隊後面，接力再戰，不屈不撓，一步步將鄂圖曼土耳其人的艦隊逼退。[78]威尼斯的巨無霸加列埃斯戰艦安裝在船頭的大砲連番轟擊，把鄂圖曼一艘艘船打得四分五裂，被腳鐐銬在槳座上的眾多划槳奴隸就這樣活生生被粉碎的船骸拖到海底而滅頂。大砲的火藥不停發射，揚起的煙霧縈繞不散，也阻礙了鄂圖曼弓箭手的視線。雙方纏鬥激烈，殺紅了眼，下手同都兇狠無比。[79]最後，基督徒的士兵登上穆埃辛扎德．阿里所在的旗艦，阿里奮勇作戰至力竭身亡，他的首級高掛在矛頭，極大鼓舞了基督徒的士氣。[80]兩邊的戰鬥還沒結束，因為阿爾及利亞派來的戰艦也加入了戰局。不過，一待薄暮降臨，神聖聯盟的艦隊便從被血染紅的水域撤退，借暴風雨掩至，趁機喘一口氣。翌日，天色大白之後，視線所及盡是死傷和船骸，顯然神聖聯盟不僅贏得大勝，甚至鄂圖曼戰死的人數已數不清。鄂圖曼戰死的人數或許多達二萬五千甚至三萬五千人，不僅包括銬在船上的划槳奴，多位艦長、指揮官也在陣亡之列。基督徒這邊的死傷人數雖然可觀，但相比之下少了許多：八千人戰死，受傷的人數更多（其中又有四千人沒多久就告不治）。死傷中約有三分之二是威尼斯人，這對威尼斯的技術人力是重大的打擊，教威尼斯一時元氣大傷。不過，有一萬二千名基督徒從鄂圖曼的加列艦隊上獲釋。[81]

海戰勝利的消息傳回威尼斯城內，雖然死傷人數眾多，但還是抵銷了不少威尼斯失去塞浦路斯島的沮喪。後來，一艘船從雷龐多出發開到威尼斯，船上高高掛起落敗敵軍的旌旗，威尼斯人這才知道基督徒不僅戰勝，而且是大捷，威尼斯、羅馬、義大利半島、西班牙各地無不歡天喜地，大肆慶祝，四處燃

譯註27：庫佐拉里斯群島（Curzolaris islands）——原文作者用的是Kurzolaris islands，但是在他引用的著作當中，用的是Curzolaris islands，這是義大利人用的名稱，這群島在希臘當地叫作伊奇納德斯（Echinades），由於作者Kurzolaris islands的用法，只在他這一本著作看得到，未免讀者困惑，故於譯本循原始出處，改作Curzolaris islands。

起篝火，連日狂歡，還在威尼斯總督府暨其他公共場所以大片、大片的壁畫和油畫留下永久的紀念。[82]不過，基督徒雖然在雷龐多取得大捷，但就戰略而言，頂多只能算是和穆斯林打成平手，因為往後數年雙方都沒有人力、木材及物資，可以打造同等規模的艦隊，甚至連發動幾場大型海戰也負荷不了。[83]奧地利的約翰爵爺志得意滿，想要直搗黃龍，殺向鄂圖曼帝國的君士坦丁堡。但是腓力二世行事向來謹慎，認為僅剩的艦隊最好留在義大利過冬。[84]布勞岱爾說的沒錯，雷龐多大捷確實保護了義大利和西西里不會再遭到鄂圖曼另一次的攻擊，但是，馬爾他島圍城戰獲勝，早就已經保住基督徒在西西里水域的控制權。地中海的政治版圖早在一五七一年十月七日之前幾年、前幾星期，就已經重畫底定。法馬古斯塔已經淪陷，威尼斯已不抱希望能收復塞浦路斯島。馬爾他島則屹立不搖，鄂圖曼土耳其人雖然重返這一帶水域，也在一五七四年拿下了突尼斯作為據點，但是，如果他們想要進攻馬爾他的要塞，勢必三思。不過，布勞岱爾認為重點在於「鄂圖曼帝國不敗的魔咒已經被打破」。[85]雷龐多大捷，只是將原本便已生成的趨勢鞏固得更堅實就是了：地中海一分為二，由兩大海上強權分割。東邊是鄂圖曼的，東地中海所有重要的海岸和島嶼全數在他們的手上，唯獨威尼斯的克里特島除外。西邊是西班牙人的，有馬爾他島和義大利的艦隊撐腰幫襯。

第五章 地中海闖入不速之客

西元一五七一年—西元一六五〇年

一

從雷龐多海戰到十七世紀中葉期間，地中海還算是局勢穩定。巴巴里海盜依然故我——事實上，他們搶劫的行徑還更囂張，因為鄂圖曼這時期也放手隨他們去搞，畢竟鄂圖曼朝廷已經不再指望將治權直接伸入西地中海這邊了。[1]地中海西部的基督徒海盜同樣猖獗，橫行各地——而且在馬爾他島的騎士團之外，還多出來一支「聖斯德望騎士團」（Knights of Santo Stefano）。「聖斯德望騎士團」是托斯卡尼公爵，梅第奇家族的柯西莫一世（Cosimo I de' Mecidi）在一五六二年糾集托斯卡尼一帶的海盜和十字軍騎士，組織起來的武裝教團。他們和威尼斯人一樣，也從雷龐多海戰擄獲幾面鄂圖曼的旌旗。現在這幾面旗子依然懸掛在他們擁有的大教堂內，舉行天主教儀式的時候，就夾在薰香裊裊的輕煙當中展示伊斯蘭信仰之物，十分凝眼。在這裡要是和俗論那樣，拿基督徒的馬爾他騎士團或是聖斯德望騎士團打擊巴巴里海盜締造多麼輝煌的成績，傳頌個不休，就嫌囉嗦了。這當中最不幸的犧牲者，其實是商船遇劫被俘或是在義大利半島、西班牙、北非等地海岸被俘，淪為奴隸的那些人（法國人因為和鄂圖曼宮廷的關係不

錯，比較容易躲得過穆斯林海盜的魔掌）。西西里島外海雖然有加列艦在巡航，保護西班牙國王在義大利的領地，免得被海盜搶劫，只不過以加列艦進行大規模海戰，已成往事，原因不僅在於新型的船隻航行的效能比較好，也因為加列艦建造和維護的費用太高昂，不堪負荷。儘管如此，鄂圖曼在雷龐多大敗之後，還是立即重建了艦隊。西方也不時有人拉警報，堅信鄂圖曼一定會再發動大軍瞄準某一塊基督徒的土地。

但是，鄂圖曼朝廷對海上大戰已經沒有興趣，把地中海留給了西班牙人。他們回頭對

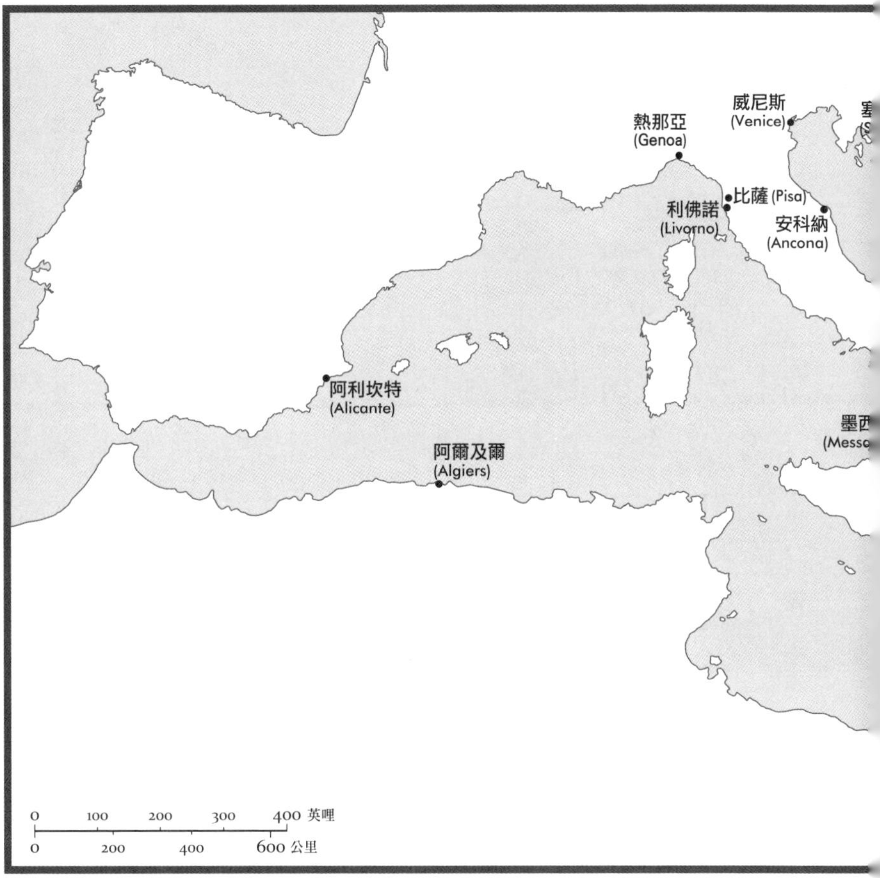

付歷來的競爭者波斯什葉派君主。這個轉向的時機也很湊巧，因為西班牙的注意力正好離開了地中海；此刻腓力二世的宏大心願是要將遍布歐洲北方的新異教徒，也就是基督新教信徒，徹底打倒。腓力二世於是忙著征戰——英格蘭女王伊麗莎白一世和低地區臣民的反叛。他不僅把鄂圖曼帝國請了出去，也連同摩里斯科人一併送走；摩里斯科人在安達魯西亞原本的聚居地就此人去樓空，淪為荒城。[2]不止如此，他還發了一筆橫財：葡萄牙暨其海外的帝國屬地。葡萄牙的年輕國王賽巴斯提安一世（Sebastian I）少年氣盛，滿腔十字軍聖戰的熱血，出兵北非。卻在一五七八年慘敗於摩洛哥，身後所留下的王位由葡萄牙阿維茲（Aviz）王室最後一人，亨利樞機繼承。兩年後，亨利樞機在一五八〇年過世，沒有子嗣，葡萄牙的王位就落入西班牙的腓力手中，不過，葡萄牙一直征服摩洛哥的古老夢想，腓力並未放在心上。[3]腓力二世治下的領地橫越舊世界、新世界，雜湊出來的幅員極其遼闊，相形之下地中海顯得不怎麼大了。義大利有鑽研政治理論的學者喬凡尼・波帖洛（Giovanni Botero），一五八九年出版了一部著作《治國的理性》（*Della ragion di Stato*），在西班牙特別風行。他認為「分散式國家」（dispersed state）原本就屬先天不良的體質，但是西班牙人懂得靈活運用手中的艦隊，克服先天不良之處。在西班牙帝國的轄下，「有了海軍，就沒有一片土地算得上遙遠」，所以，加泰隆尼亞、巴斯克、葡萄牙等地方的水手，可以將伊比利半島、腓力國王的義大利領土，甚至「低地國」，組成一個單元：「這樣的帝國即使看似分散多處，難以統御，但是，只要這些人手上有海軍，也稱得上是統整、紮紮實實的國家」。[4]

地中海的風雲漸趨平靜，建立在鄂圖曼和西班牙心照不宣的默契。然而，一待西班牙將他們艦隊的巡航任務限定在義大利半島南部、西西里島、西班牙一帶的沿岸水域之後，飄洋渡海就變得格外危險了。猶太人和穆斯林的商人在這時期動不動就只有眼睜睜看著自家的貨物被基督徒海盜搶走。新的海上破壞勢力侵入地中海水域，只教航運的風險往上攀升。大西洋的經濟發展日趨蓬勃，荷蘭、日耳曼、英格蘭出身的水手開始深入地中海這一塊水域，作買賣或者當海盜。到後來，地中海、大西洋兩處的穀物和香料運輸大半都由歐洲北方的商人拿下後，兩處大洋在西元一三〇〇年之前便已建立的聯繫，就變得更加緊密。這一批外來的人，後文會再談及。不過，在他們之外，還有一批不速之客，他們出身地中海，對歷來稱霸地中海航運的強權是嚴重的威脅。來自〔克羅埃西亞西岸〕陝沂（Senji）的烏斯寇，大本營在達爾馬提亞北部的小島、小灣當中，以塞雷斯（Cres）、柯克（Krk）、拉布（Rab）等較大的島嶼當掩護。當今世人眼中風光明媚的海岸線，在十六世紀晚期當時可是人人聞之喪膽。這一帶的東邊是鄂圖曼帝國在巴爾幹半島的領土，西邊是哈布斯堡王朝在現今斯洛文尼亞和克羅埃西亞北部的疆域，兩強在這裡交界，更別提威尼斯在亞得里亞海海岸沿線握有多處領地了。有這樣的地理條件，任誰只要有心還有獨立自主的性格，拿這裡當巢穴幹起土匪、海盜的營生，一帆風順、大發利市不是難事，尤其是打著基督徒十字軍對抗鄂圖曼土耳其人的旗幟，可就是為基督教世界和奧地利的哈布斯堡王朝打前鋒的尖兵。[5]

烏斯寇幫海盜就這樣成了克羅埃西亞民間傳說的「羅賓漢」。他們的人數雖然寥寥可數，用的也是小型的船隻，卻照樣把威尼斯人堵在亞得里亞海的角落動彈不得，在現代的南斯拉夫先被民族主義份子、後來被社會歷史學家奉為民族英雄。[6]不過，對於這一幫烏斯寇，不宜塗抹得太浪漫。他們還是有權貴在當頭目，和大海沿邊的基督徒或穆斯林海岸出沒的海盜或是強盜，沒有多大的差別。「烏斯寇」一詞的意思是「難民」，而他們也和巴巴里海盜一樣，族裔五花八門，差異不小，有從威尼斯在亞得里亞海、拉古薩、阿爾巴尼亞的領土招募來的，也有義大利水手，連穆斯林的背教叛徒偶爾也看得到。有的出生於哈布斯堡帝國境內，有的是鄂圖曼，再有的是威尼斯的子民。他們的背景也隨時間推移而略有變化，到了一五九〇年代，成員當中以出身扎達（Zadar）、斯必利（Split）、達爾馬提亞內陸地區的人佔大多數。那一帶深陷鄂圖曼帝國、哈布斯堡王朝長年的領土爭奪戰，人民夾在兩強的衝突當中，承受極大的壓力。[7]但從威尼斯的角度來看，烏斯寇海盜便是「原本是鄂圖曼帝國的百姓，因為受不了地方官的暴政，而逃難到陝沂」。[8]陝沂似乎為他們帶來新生的契機：「原先鋤地耕田、衣著襤褸、光著赤腳，過不了多久就變得肥胖、口袋滿滿」。[9]

陝沂沒有天然的良港。一般人叫作「布拉風」（*bora*）的強風一起，船隻就必須拖到岸上牢牢綁住，免得被狂風吹壞。不過，陝沂鎮上卻有險峻的山崖峭壁和後方濃密的森林作屏障。[10]烏斯寇海盜在他們鋒頭最健的時期也就是在（一五七一年）雷龐多大捷到一六一〇年之間，甚至一度在遠離陝沂的地方設立哨站，最遠到達南邊的內雷特瓦（Neretva）河口，那裡距離拉古薩就不算遠了。[11]烏斯寇海盜堪稱一幫無可救藥的亡命之徒。就算奧地利官方（哈布斯堡王朝）和敵人談和了，也無法阻擋他們去打劫威尼斯或鄂圖曼的船隻，只要逮到機會，他們是不會跟自己過不去。[12]一五九〇年代，威尼斯並不把烏斯寇看作是逃離鄂圖曼暴政的基督徒難民，而是把他們視為危險的江洋大盜，出兵圍堵陝沂，抓了許多人處死（一五九六年陝沂鎮上有武裝的人大約一千人左右，多半只有六百人左右）。[13]逼得陝沂的人不得不承諾棄暗投明，不再為非作歹，忠心為「至尊共和國」的加列艦效勞；唯有這樣，威尼斯人才容得下他們。[14]

早在一五二〇年代，烏斯寇海盜從陝沂出海打劫，對鄂圖曼行駛在亞得里亞海的船隻已經是個威脅了。威尼斯也是他們喜歡下手的肥羊，因為威尼斯一直和鄂圖曼朝廷簽訂條約，也因為威尼斯和斯洛維尼亞邊界的哈布斯堡王朝不時起摩擦。烏斯寇海盜早年從地方小船搶到魚獲、葡萄酒、橄欖油、乳酪等等東西就很滿足了，但沒多久就晉級，轉為攻擊前往拉古薩和安科納的大型圓肚商船，危及托斯卡尼一路到君士坦丁堡的陸路暨海路交通路線。[15]一五九九年，威尼斯對烏斯寇海盜忍無可忍，還派了一艘船，滿載毒酒開進烏斯寇海盜出沒的水域，不經抵抗地被俘，然後滿心期待會聽到消息指烏斯寇海盜全部中毒身亡。只是海上的烏斯寇海盜依然生龍活虎，可見的威尼斯的計謀沒能得逞。烏斯寇海盜和拉古薩的關係也隱藏著危險。以基督徒的角度來看，拉古薩人通敵土耳其人，拉古薩的長老們知道土耳其人絕對不會坐視拉古薩和烏斯寇海盜交好。拉古薩人有一次還處死多名烏斯寇海盜，把砍下來的一顆顆頭顱高掛在城門上，明顯在向烏斯寇還有鄂圖曼傳達訊息。結果可想而知，拉古薩有一份報告說，「他們怎麼看土耳其人，就怎麼看我們」。[16]

當然，烏斯寇海盜一般而言對於猶太人和穆斯林船貨的興趣，要大於基督徒的船，有的時候他們登船單純只是要把「異教徒」的東西充公。也因此，當時猶太商人申請保險理賠的機率是基督徒的七倍。穆斯林的遭遇也一樣慘。佩拉斯特（Perast）是科托灣一處很繁榮的港口，那裡有一位船長在一五八一年遇到烏斯寇海盜登船行搶。船長安撫船上的穆斯林乘客，保證他會照顧大家，結果他把船開到陝沂和烏斯寇海盜把酒言歡，他載的乘客都被帶走充當奴隸。[17]所以，猶太和穆斯林商人到義大利半島作生意，會採用多種障眼法。在船貨上畫十字，說不定太明顯了；但在假帳簿之外另外作一份祕密帳簿，就是可用的另一招了。陝沂的主教也樂意向基督徒商人保證，凡是和鄂圖曼土耳其人合作，尤其是作軍火交易，絕對會以「破門令」伺候，逐出教會——但要是換個方向，要是陝沂來的「聖戰武士」搶了土耳其人的貨物，不會有人反對。

二

這樣的發展，證實了威尼斯自十五世紀中葉起就出現的政治、經濟趨勢：從黎凡特貿易撤退，改為融入義大利北部。海盜的影響姑且不論，光是葡萄牙在一四九七年打開前往東方的新航路，威尼斯就必須應付這衝擊。威尼斯人在君士坦丁堡依然相當活躍，一五六〇年在城內有十二家商號，但是比起中古時代巔峰的盛況，數量減少了很多。[18]除了歷來掌控威尼斯的黎凡特貿易的貴族，其他商人也很活躍，特別是十六世紀遷居威尼斯的猶太人。威尼斯城內的猶太族群，混雜了日耳曼猶太人和義大利猶太人，專門作當舖的生意，領有威尼斯政府開立的許可證，依規定必須住在「新鐵工廠」內，也就是「新猶太區」（譯註28），等於是被趕到威尼斯北邊。他們的鄰居以地中海貿易主，尤其是經由巴爾幹半島通往薩洛尼迦和君士坦丁堡的陸路貿易。西法拉猶太人在這裡也像安科納那裡一樣，有兩種來源，一個是鄂圖曼帝國來的「黎凡特派」（Levantine），另一個是「波南派」（Ponentine），也就是「西部人」，主要是指葡萄牙的馬拉諾猶太人，一般他們大半過的像是基督徒，起碼表面如此。由於威尼斯也有宗教裁判所，可能會對波南派猶太人進行宗教審查，所幸威尼斯政府需要黎凡特貿易的顧慮，還是壓過了基督教正統的大旗。[19]威尼斯政府施政講究務實的作風，從他們准許興建希臘正教教堂「希臘聖喬治教堂」（San Giorgio dei Greci）也可見一斑。直到當時，義大利地區的希臘教堂還全是「合併派」（Uniate）的，這一支教派還承認羅馬教宗的權柄〔主張東正教會應該與羅馬教會合併〕。[20]

「威尼斯衰落」的說法，如果僅憑威尼斯海上霸權的衰落就作出這樣的論斷，未免輕率。[21]其實，威尼斯在十六世紀調整適應的表現相當出色。這一段時期，西歐大陸的經濟發展得極快，激增的收益威尼斯也在其中佔有一份。威尼斯的古老產業，例如玻璃業，便隨之擴張，羊毛布匹產業更是大幅成長。一五一六年，威尼斯每年生產的布匹不到二千，到了一五六五年，威尼斯布匹的產量已超過十倍之多。[22]佛羅倫斯同類布匹的產量減少，西班牙羊毛原料供應又很穩定，都教威尼斯獲益。威尼斯的貿易路線也因此偏重在西方這一邊，循陸路還有海路經由倫巴底輸入的貨物源源不絕，然而，他們還是必須從愛奧尼亞群島、克里特島等等威尼斯的海外屬地取得穀物、葡萄酒、橄欖油，供應威尼斯民生所需才行。

失去塞浦路斯島，威尼斯人的航運是因此而縮小了沒錯，不過，和鄂圖曼重修舊好，再度媾和，為威尼斯人爭取到繼續統治克里特島的保障——威尼斯在當地最大的威脅，不是土耳其人，而是島上倔強不馴的當地居民。

威尼斯的轉型（這說法比「衰落」要合適一點）給了其他競爭對手空間打進黎凡特貿易。威尼斯撤出黎凡特貿易，希臘人的商業活動趁勢復甦，為鄂圖曼帝國在愛琴海的貿易效勞，希臘人也來往於小亞細亞、埃及之間。[23]另一方面，西班牙國王對陣英格蘭女王，也就是天主教君主和新教死對頭誓不兩立的僵局，也製造出副產品：英格蘭商人來也。英格蘭女王伊麗莎白一世有意和鄂圖曼朝廷接觸，一來有政治考量，因為她覺得「土耳其人」應該會站在她那一邊共同對付西班牙的腓力二世，再者是通商的動機。一五七八年，伊麗莎白一世的大臣沃辛漢爵士（Sir Francis Walsingham）寫了一篇短論，表示英格蘭「與土耳其通商」時機應該已經成熟，請朝廷派出「高人」帶著伊麗莎白女王的信函，祕密前去晉見鄂圖曼的蘇丹。一五八〇年，英格蘭成立了「土耳其公司」（Turkey Company），負責推動英格蘭和鄂圖曼帝國之間的貿易。[24]這也表示英格蘭的商人已經不同以往，開始有了冒險進取的雄心。原先由義大利商人主宰的市場——例如英格蘭的異國商品，長久以來便一直是由義大利人負責供應——英格蘭商人這時也想要搶進瓜分了。雖然女王在一五八二年將與威尼斯舊有的商約續約，威尼斯的加列翁大帆船絡繹不絕開到英格蘭來，直到她辭世都還是如此，但是女王還是特別針對威尼斯商船暨所運貨物提高關稅，就明白表示她有意支持英格蘭本土商人進行與地中海的貿易。[25]英格蘭的通商目標，有一處是摩洛哥。英

譯註28：「新鐵工廠」內，也就是「新猶太區」（Ghetto Nuovo）——「ghetto」一字起自威尼斯人的說法，至於義大利文「ghetto」的字源，學界有多種說法，其中之一便認為和「鐵工廠」有關係。

格蘭成立的「巴巴里公司」（Barbary Company），早在伊麗莎白於一五五八年登基之前，他們的商人便已在摩洛哥四處穿梭了。從英格蘭出口的商品包括軍械兵器；英格蘭商人可是樂於看到他們賣出去的兵器，說不定會被拿去打西班牙和葡萄牙呢。[26]

英格蘭商人也未曾因此疏忽於開拓其他路線，所以他們有了跳過地中海，從「北—西」或「北—東」運送香料到歐洲北方的通道。這樣的路線是冷了一點，但應該會比繞行非洲的葡萄牙路線要快。英格蘭也因此和莫斯科公國的貿易搭上了線。只是，這邊的貿易路線得不到他們中意的香料，他們便又回頭到地中海水域來，利用海盜加商業的相乘效益——英格蘭的武裝民船在伊麗莎白時代就以這行當的名聲最響。許多和「土耳其公司」有關係的商人（土耳其公司沒多久就改名為「黎凡特公司」Levant Company），在「莫斯科公司」（Muscovy Company；一五五五年成立）也有投資。[27]威尼斯眼看英格蘭人的通商觸角伸得又快又遠，心裡很不是滋味。英格蘭的貿易商船深入土耳其人的水域後，原本由威尼斯居中，由威尼斯轉運到鄂圖曼境內的英格蘭布匹，這筆收入等於是被英格蘭人從威尼斯手中搶走。英格蘭女王和鄂圖曼蘇丹簽訂了條約，對威尼斯更是噩耗。威尼斯對於英國女王的宗教政策也難以苟同。威尼斯絕對不算全心全意支持教皇，但也一直無意正式派遣使節到英格蘭，這項政策直到一六〇三年伊莉莎白去世才打破。[28]不過，其實也有對「至尊共和國」還算有利的發展。英格的貨船開始長途航行到威尼斯之後，北方生產的民生必需品也就可以進口到威尼斯來，進而日漸成為威尼斯的民生命脈所在，尤其是穀物。地中海地區的糧食產地廢耕的面積愈來愈大，再加上一連串饑荒，糧食短缺的情勢愈來愈嚴峻，從北方進口穀物的貿易量也就大幅增加——早在一五八七年，地中海的饑荒便讓這一帶的人感到吃緊。從大西洋來的魚乾和鹹魚也是長年暢銷的貨品——鱈魚乾（stoccafisso）還躍居為威尼斯人熱門餐點必不可少的食材。

英格蘭人和荷蘭人到地中海，既來買，也來賣。[29]英格蘭商人一開始的重心並不在胡椒或是黃薑這類的香料貿易，而是在威尼斯人統治下的島嶼所生產的農產品，像是愛奧尼亞群島中的桑帖（Zante；札金索斯Zakinthos）和凱法隆尼亞（Kephalonia）這兩處。英格蘭人自中古時代晚期就迷上了無籽小黑葡萄、葡萄乾、白葡萄乾，也就開始和威尼斯人去搶義大利人說的葡萄乾貨源，惹出許多難看的爭端。英格蘭商人打進愛奧尼亞群島的攻勢相當凌厲，沒多久就搶下愛奧尼亞群島乾果一半以上的市場。威尼斯政府當然出手阻擋，不准治下的島民和外國商人作生意。島民對這樣的禁令怨聲載道，威尼斯政府多半充耳不聞。[30]

於此同時，英格蘭人這邊對於攻擊威尼斯船隻也理直氣壯，了無愧色，尤其是和西班牙作生意的船隻，這類船隻一般載運西班牙紡織業所需的羊毛原料。一五八九年十月，科孚島的港口有英格蘭船長和威尼斯船長起了衝突，義大利人便向英格蘭人挑戰決鬥，還罵英格蘭船長是野狗。後來，威尼斯的船隻偷溜出港，英格蘭船長不顧一切開船就追。兩艘船相互開砲一下子後，義大利船長覺得鬧夠了，不想奉陪，就棄船逃跑。英格蘭船長不想善罷干休，又再開船追著義大利船長改搭的大艇跑，追到半途，眼看大艇開回科孚島的港口才悻悻然作罷。這些海盜啊，一個個目中無人！一五九一年，阿爾及爾港口還算歡迎的海盜，那裡就有英格蘭籍的海盜在巴利亞利群島和巴塞隆納之間的海峽，搶了一艘從利佛諾朝西行駛的拉古薩船。北非的君主向來願意讓海盜使用他們的港口——只要海盜將戰利品分給巴巴里君主就好。海盜船上的水手，很可能一半是穆斯林，一半是英格蘭人。[31]有一名英格蘭的亡命之徒約翰・華德，麾下就有三百名人手。一六〇七年，他率眾把一艘威尼斯運送香料的大加列翁船的船長嚇到投降，一整艘船的貨品被他弄到突尼斯以七萬克朗（crown）銀幣賣掉，緊接著又出動，搶下四十萬克朗銀幣的貨物。[32]英格蘭海盜對於新教徒落入天主教皇教裁判所的遭遇十分氣憤，因此也會故意破壞威尼斯治下島嶼的天主教堂。[33]

這些英格蘭海盜橫行地中海的威力，大半要歸功於新發明的技術。他們把一種高舷帆船引進地中海，義大利人叫這種船「貝托尼」（bertoni）。貝托尼船看起來像似加列翁船，加列翁船當時才在西班牙和威尼斯海軍開始流行起來。但是貝托尼船的龍骨很深、很堅固，裝上三面四角帆，航行的效能極好。貝托尼的船體未必特別大，所需船員約六十人，大概每三人配置一門大砲。英格蘭海盜在地中海的競爭對手要是搶得到這樣的船，自然物盡其用。他們甚至向英格蘭和荷蘭船長買這樣的船來用。但很奇怪，威尼斯人在這方面竟然很守舊。威尼斯建立的貿易和帝國，幾百年來一直由三角帆的加列艦（槳帆船）護衛，雖然有人極力遊說威尼斯政府，告訴他們這一類新型船艦是保衛共和國不可或缺的配備，威尼斯政府就是充耳不聞。威尼斯的上流階級不懂何以十三世紀效能那麼好的船艦，到了十七世紀就不適用了。所以，後來要等到十七世紀初，威尼斯央求英格蘭和荷蘭出兵支援他們對抗奧地利的哈布斯堡王朝，貝托尼戰艦才開始在威尼斯一帶出沒。到了一六一九年，威尼斯海軍旗下除了五十艘加列艦，已經另有五十艘貝托尼艦。不過，威尼斯的船長駕駛貝托尼艦，技術總是沒有北方來的水手那般高超。一六〇三年，威尼斯一艘貝托尼艦〈聖母恩寵號〉（*Santa Maria della Grazia*），前往亞歷山卓途中在克里特島外海被俘——那裡可是威尼斯治下的領土。之後雖然獲釋，但是，重獲自由之後才剛入夜，馬上又在亞得里亞海上再度遭到擄俘，船上的大砲還被搶光。義大利人這時期在海上再也稱不上所向無敵了。

而北方人一樣會打北方人。英格蘭和荷蘭兩邊的關係，於十六世紀晚期和十七世紀初期在敵、友之間擺盪得十分厲害。一六〇三年，湯瑪斯・舍利（Thomas Sherley）率領英格蘭、義大利、希臘等地水手組成的雜牌軍，攻擊從基克拉德群島載運穀物前往熱那亞的兩艘荷蘭商船。舍利還以托斯卡尼公爵梅第奇的代表自居，認為他帶的那一幫人是對抗鄂圖曼土耳其人的十字軍，洋洋自得——只是攻打荷蘭人的商船，要怎麼放進他洋洋自得的角色裡去，就是天大的謎團了。所以，到後來舍利還不得不寫信向公爵梅第奇作一番解釋，顯然他自己清楚幹的有些過頭了。梅第奇公爵倒是樂意買下英格蘭的貝托尼艦，雇用英格蘭的水手。公爵甚至連大砲用的火藥也是從英格蘭那裡買過來的。所以，他也在考慮要是把這個約翰・華德弄過來在他手下當差，不知好是不好——約翰・華德看起來像是很能幹的海盜。而薩伏伊大公，他名下的領土一路往南伸到尼斯，一樣樂於將他的旌旗還有法蘭克城（Villefranche）這港口出借給水手去用，至於他們是不是做了什麼不太乾淨的營生，就不歸他管了。[34]這就像學者阿爾貝托・泰年提（Alberto Tenenti）說的「地中海在十六世紀末了確實有了變化，遍及心理、海軍、以及商業等方面」；十字軍的嚴肅精神被輕慢侮弄取代，雖然聖戰的辭令偶爾還是會拿來作一下幌子，但是和鄂圖曼土耳其或是摩爾人合作，他們也來者不拒，就硬生生戳破了他們的掩飾。[35]例如聖斯德望騎士團就是最好的寫照，他們到了十七世紀便因為托斯卡尼公爵梅第奇家族對他們大方讓步，當海盜當得財源廣進。

北方人則發現討海人在十七世紀過得艱苦生活——發臭的飲水、爬滿象鼻蟲的硬餅乾、嚴苛的紀律——到了地中海這邊的水域都會減輕一點。約翰・巴薩（John Baltharpe）是英格蘭的水手，曾將他在一六七〇年前後周遊地中海的航程，以打油詩寫成遊記。所以，像他們在墨西拿進港之後，「每天都在船上開市」，買得到：

絲襪地毯白蘭地佳釀，

絲領巾啊一樣非常漂亮；
包心菜紅蘿蔔蕪菁核桃，
最後一樣男子找蕩婦就吃得到
檸檬橘子甜美的無花果乾，
敘拉古的美酒，新鮮的蛋。

巴薩在利佛諾（Livorno）還嚐到鮮美的魚，很高興，「在義大利菜中算是出色的一道」，而在「卡里」（Cales），也就是〔薩丁尼亞島的〕卡格里亞利（Cagliari），「什麼都不缺」。即使到了阿利坎特（Alicante），肉類比較稀罕，「沒有英格蘭的乳酪，奶油，我們分到了一點油；天知道可能還會更慘」，還好有大量紅酒，差堪安慰——「牛血一樣腥紅……清甜，可口，誘人，沒多久就喝個精光」。[36]往未來看過去，納爾遜勳爵（Lord Nelson）在一八〇〇年前後也下過工夫要為麾下的兵馬弄來西西里島生產的檸檬汁——一年三萬加侖，不列顛海軍人人都有份——因為這樣他的將士在地中海等地的海域，才不致罹患壞血病。[37]

十六世紀的生活水準愈來愈高，由北方人對地中海的興趣愈來愈濃厚突顯了出來。這樣的走勢在十七世紀雖然略顯遲滯，但在雷龐多大捷之後，北方人的身影在地中海已經司空見慣了。他們的身份有很多種。像是「漢撒聯盟」（Hanseatic League）來的日耳曼人，他們算是走在最前面的先驅，在一五八七年地中海糧食欠收的時候就來了，但是聲勢不大。至於所謂的「法蘭德斯人」（Flemish），則是以西班牙治下的尼德蘭（Netherlands）鬧叛變的北部幾省來的新教徒荷蘭人愈來愈多，而不是法蘭德斯本土的天主教徒。[38]荷蘭海軍崛起，是因為安特衛普躍居葡萄牙的東方香料貿易樞紐而帶動起來的。荷蘭的繁榮基礎，固然是在大西洋和印度洋進行貿易運輸的收益，但是，他們在地中海從事貿易兼營海盜，兩邊同步擴張而拿下的利潤，份量可不下於前者。[39]等到荷蘭人〔於一五八一年〕成立「聯合七省共和國」（Republic of the Seven United Provinces），逕自脫離西班牙統治而實質獨立，他們的商業就漸漸朝荷蘭的造船廠偏移。地中海在這時期也出現了幾家合作社（cooperation）組織。最早是法國商人，他們在北非早已開始大肆拓展通商的版圖，偶爾也同意荷蘭船隻懸掛法國國旗——掛法國國旗可以保障船隻在鄂圖曼帝國的水域安全無虞。[40]所以，掛「方便旗」（flag of convenience）這樣的說法格外貼切：那時的船長來來回回換旗子掛，看船隻走到了地中海的哪一座島嶼或是哪一區的海岸，有哪一國家的君主可以出面保護，便把那國家的旗子掛出來示眾。

三

在這一片水域來來去去的人，以「葡萄牙民族」（Portuguese nation）最惹人側目；所謂「葡萄牙民族」，大多就是馬拉諾人（Marranos）。葡萄牙在一四九七年開始大舉鎮壓猶太教，之後，葡萄牙的宗教裁判所（依皇家命令）對於他們說的「新基督徒」就不再多所迫害。但是，到了一五四七年，葡萄牙的宗教裁判所又開始對付起猶太人，逼得眾多猶太人開始朝外遷移，轉進到比較友善的地區。波南派猶太人由於身份模稜兩可，也成為一些王公喜歡好好利用的對象，例如托斯卡尼地區的幾位公爵，不管是哪裡人，只是要商人，能幫他們財源廣進，他們一概竭誠歡迎。雖說托斯卡尼的公爵一樣展臂歡迎「葡萄牙人」，但也沒有意思放任猶太人分散到公國各處，所以，移入佛羅倫斯的猶太人就在一五七〇年全被趕到一處猶太人聚居區隔離開來。[41]然而，他們終究還是漸漸看出來建立開放自由的港口，不僅讓宗教信仰曖昧不明的馬拉諾人可以利用定居的權利和特別的稅則來經營貿易，其他如黎凡特猶太人、穆斯林、北歐來的商人也一概納入，對他們反而才有好處。逝世於一五七四年的托斯卡尼公爵，梅第奇家族的柯西莫一世，生前就是這樣，而將利佛諾從死氣沈沈的小漁村改造成地中海的貿易重鎮。在他過世之前，利佛諾的港口設施作過大幅改善，還開鑿出一條運河從城內連到亞諾河，以便貨物可以來往運送於比薩和佛羅倫斯。利佛諾在繼任的法蘭契斯科一世（Francesco I de' Medici）統治時期，周邊蓋起了雄偉的五角形城牆，牆內闢建古羅馬式的方格街道，展現文藝復興時期都市設計最高明的法則。[42]城內的人口日漸增加，一六〇一年，居民近五千人，其中七百六十二名是駐軍，一百一十四名是猶太人，七十六名是年輕的娼妓——最後這一類人，就是地中海每一處港口必備的性服務業殘存的可悲遺緒了。自此之後，港口的基礎設施逐步擴展，城市跟著欣欣向榮。[43]

外人定居利佛諾的權利，由城內頒佈的一系列優惠措施給與法源基礎，他們叫作〈利佛諾憲法〉（Leggi Livornine）。此後，梅第奇政府和轄下非天主教子民的關係，便由〈利佛諾憲法〉決定，歷時長達兩百年。城內頒佈的優惠措施，最有名的當屬一五九三年發佈，公爵「歡迎各民族的商人，不論黎凡特、波南、西班牙、葡萄牙、希臘、日耳曼、義大利、猶太、土耳其、摩爾、亞美尼亞、波斯，暨其他人等，一概在列」。[44]特別突出的一點是義大利人在名單當中還排在相當後面，利佛諾可是義大利人的城市。文獻當中另有一點也特別值得注意，文中數度表示歡迎馬拉諾猶太人：提及波南時一次，伊比利半島又一次，猶太人再一次。波南派猶太商人即使皈依基督教作為掩護，也必須明白宣示自己是猶太人，這樣才有保障，免得遭宗教裁判所迫害——也就表示他們的身份必須換來換去，尤其是他們和西班牙、葡萄牙等地的貿易往來若是十分頻繁的話，不過，他們對此已經很內行嫻熟了。[45]他們在這裡的經濟活動幾乎沒有限制——他們也唯有在義大利，才獲官府准許有權購置房地產。雖然他們一般住在猶太會堂附近——利佛諾到了十八世紀，已經有了一棟富麗堂皇的猶太會堂——不過城內沒有官訂的猶太區。城內也有一棟教堂專供東地中海來的亞美尼亞商人作禮拜。專供加列艦划槳奴住的「班紐區」，也有三座清真寺；不過，到利佛諾來作生意的穆斯林自由人當然也愈來愈多。公爵也特准城內開闢穆斯林墓園。[46]

這些在在反映利佛諾和伊斯蘭世界的貿易開展得愈來愈興旺。一五九〇年前後，便有亞歷山卓來的商船抵達利佛諾的港口。然而，利佛諾真正的成就還是在一五七三至一五九三年間打通了來往於北非的貿易路線。在這期間，依布勞岱爾和羅曼諾（Ruggiero Romano）兩人的考證，從摩洛哥的拉臘什（Larache）到突尼西亞這一大片地區，總計有四十四航次的船隻開到利佛諾來。這些貿易往來，要不是有西法拉商人進行投資，要不是巴巴里和梅第奇兩邊的君主也都樂觀其成，根本不可能成真。荷蘭人也在這當中插上一腳，提供保險和額外的船貨運量等等服務。利佛諾的貿易航線，攸關托斯卡尼民生物資補給的命脈，他們的小麥便是來自北非，蠟、皮革、羊毛、食糖也都是如此。[47]其他基本物資例如錫、松子、鮪魚、鯷魚，則是從西班牙和葡萄牙進口來的，運送的商船一般是從法國南部的港口出發。然而，西班牙貿易的地理分佈在這時候已有變化。巴塞隆納和利佛諾的來往少之又少，瓦倫西亞只算小角色；反倒是阿利坎特這裡，由於既擁有出色的良港，又有良好的道路通往西班牙內陸的農產地，因此成為西班牙地中海海岸地區眾所青睞的港口。阿利坎特除了當地特產的橄欖油皂還有葡萄酒之外，幾乎沒有別的物產；「直到現代都還散發殖民地工廠的氣味，像是在亞洲或是非洲昏昏欲睡的內陸看得到的那種工廠」。[48]沿阿利坎特到利佛諾之間的路線（還有阿利坎特到熱那亞那一條競爭路線），以拉古薩人是最勢力最大的中間商，運來「胭紅」和「胭脂」（kerme）——這是從小蟲（胭脂蟲）萃取出來的紅色染料——還有米、絲綢、蜂蜜、食糖，尤其是羊毛。猶太商人在這一帶的商業也是要角，只不過他們在西班牙王國的境內不准舉行他們的宗教儀式。[49]

利佛諾也和直布羅陀海峽之外的地區建立起貿易的往來——例如卡地斯（古代的卡地斯），那時日漸崛起成為西班牙在大西洋海岸的貿易重鎮，另外還有里斯本和北海一帶的陸地。荷蘭人就像蜜峰聞到花蜜一樣蜂擁而來。雖然〈利佛諾憲法〉沒有條款明白歡迎基督新教信徒移居該地，荷蘭商人卻發現他們在利佛諾只需要稍加留神，便可以過得很平靜。利佛諾是荷蘭在地中海貿易網的輻湊點，也是許多荷蘭船隻從大西洋水域返航的目的地。托斯卡尼和北非的貿易往來雖然愈來愈密集，本土的農業偶爾也有豐收的時候，但是他們對於波羅的海穀物的需求依然十分殷切。波羅的海穀物的品質，一般認為高於產自地中海地區的穀物，而且通常還比較便宜——即使把運輸的成本算進去也還是便宜。所以便如前文所述，地中海沿邊海岸的農耕在這時期因此而衰落。義大利人也偏愛北邊生產的裸麥，一六二〇年，荷蘭運送穀物到利佛諾的商船，五艘當中就有一艘載的全是裸麥。梅第奇公爵在荷蘭談到了好價錢，所以公爵的子民買得起足量的糧食裹腹。地中海區的糧產要是豐足的話，就還可以去換煙燻鯡魚、乾鯡魚、沙丁魚、鱈魚，甚至魚子醬。[50]荷蘭商人運來這些穀物，不僅是載運商品來往於地中海和北歐而已。他們還插手地中海的運輸業務，船艙載得下就會去搶義大利南部的穀物、食鹽的生意來做，運送到義大利北部。北歐要是有饑荒，例如一六三〇年那時候，荷蘭船長也願意代利佛諾到愛琴海去載運補給物資，才不管鄂圖曼帝國有令，凡是有人違法輸出穀物，一律要綁在木樁上面活活餓死。地中海的穀物要是供應充裕，他們就會將餘糧向外兜售，像是運到阿利坎特去載羊毛和食鹽回來，運到愛奧尼亞群島去載葡萄酒和乾果回來，運到愛琴海去載絲綢回來，諸如此類。他們也和黎凡特的大貿易中心拓展關係——阿勒坡當時就壯大成為敘利亞的重要現貨交易中心，荷蘭在那裡還派駐領事，不僅主管當地貿易，也要兼顧巴勒斯坦和塞浦路斯島。由於阿勒坡位處內陸，船隻必須停靠在「小亞歷山卓」（Alexandretta），船貨卸下之後再改循陸路運送到阿勒坡。貨物當中包括遠從異地來的槐藍和大黃，大黃因為可以入藥而特顯珍貴。[51]

一六〇八年，托斯卡尼公爵斐迪南一世（Ferdinand I de'Medici）准許「法蘭德斯—日耳曼民族」建一座天主教禮拜堂獻給聖母，禮拜堂內還有地窖供法蘭德斯和日耳曼商人身後埋骨的地方。許多新教徒想當然是寧願埋在天主教區外面的，所以，他們也獲准用私家花園進行墓葬。不過，這一支「法蘭德斯—日耳曼民族」當中，也有一些顯貴要人是虔誠的天主教徒，像柏納德・范登布洛克（Bernard van den Broecke），他便是聖母禮拜堂的司庫（treasurer），他在城內的大街也有佔地很大的豪宅，是他作生意的大本營。他的豪宅內有十間臥室，一間大客廳掛了幾十幅畫作，養了一隻鸚鵡關在籠子裡，一張雙陸棋盤桌，精美的家具等等。屋外的大花園有噴泉，寬敞的溫室。范登布洛克從利佛諾經營起的貿易網，涵蓋廣闊，托斯卡尼公爵、那不勒斯、西西里島、威尼斯等地的宮廷都囊括在內，北歐一帶也沒漏掉。一六二四年，范登布洛克甚至籌劃要開拓新的貿易路線，把鱈魚從紐芬蘭（Newfoundland）直接運到那不勒斯。但因為英格蘭從中作梗而功敗垂成——因為英格蘭國王又和西班牙開戰，害他的鱈魚被英格蘭扣押，因為那不勒斯是西班牙在統治的地方。即使如此，英格蘭人和荷蘭人（范登布洛克也在內）偶爾也會合作一下，拿托斯卡尼的旗子作「方便旗」，去西班牙作生意。范登布洛克對於插手地中海的奴隸貿易也沒有顧忌，不過他插手奴隸貿易的目的，主要在向身家優渥、人脈良好的俘虜家人勒索贖金。他對家裡的奴隸向來也照顧得不錯，讓奴隸贖身之後也可以光鮮返鄉，他就說過奴隸一定要「吃得好，穿得好，不要慣壞就好」。[52]范登布洛克的商行生意一直十分興隆，直到一六三〇年代才因為義大利、西班牙的政治鬥爭，英格蘭商人的競爭以及傳染病大流行，而開始艱困起來。不過，利佛諾在地中海貿易首屈一指的地位始終維持不墜，特別是城內的西法拉猶太人借助他們和其他地區的西法拉人重鎮，例如阿勒坡、薩洛尼迦還有後來愈來愈重要的士麥納，來往始終不輟，都是他們可以好好利用的人脈。

四

利佛諾繁華的榮景，在當時並非特例。熱那亞人在十七世紀也想打造他們的自由港。他們自一五九〇年開始免去糧產的關稅，到了一六〇九年，再將免稅項目擴及所有的商品。熱那亞人的自由港相較於利佛諾的自由港是不同的類型。熱那亞的自由港強調的是商品免稅通關。利佛諾的自由港偏重的是商人在此享有自由居住、經商的權利，不受限制，以之招徠商客。熱那亞的城市性格和商業活動，在他們開始和比薩、威尼斯、巴塞隆納爭奪地中海以來，一路有極大的變化。熱那亞從汲汲營求貿易利益的行商，蛻變成西班牙王室的金融理財顧問，在熱那亞社會上上下下都有深遠的影響，連為西班牙王室提供借貸服務的人，也出身熱那亞權貴世家。再到了一五六〇年代，熱那亞人對船運已經興趣全無。[53]熱那亞的商船在開進熱那亞港口的船隻當中，退居為少數。從一五九六年起，通過熱那亞的船隻有百分之七十都是外籍船舶。而拉古薩那邊可想而知就反而特別忙碌了，漢撒聯盟從日耳曼和低地國開過來的船隻也是如此，荷蘭人的地位到了十七世紀還更加重要。[54]十六世紀晚期，熱那亞的商人常向拉古薩的船運買股份，但這反而強調出熱那亞的變化有多劇烈。所以，亞得里亞海岸有一處小小的共和國，竟然就這樣壓過了「不可一世」（la Superba）共和國——這是趾高氣昂的熱那亞共和國贏來的諢名——放在兩百年前，這可是不值一哂的天大笑話呢。

熱那亞自奉為西班牙王室的盟友；西班牙國王卻只把他們當作是王室的子民，死扣住這一點不放，而把熱那亞對他們和西班牙結盟的熱忱一點一滴消磨掉了。西班牙王室為了要熱那亞看清楚他們到底是什麼身份，在一六〇六年和一六一一年，兩度把同屬進貢藩屬的馬爾他騎士團於戰鬥中的位階，排在熱那亞之前，熱那亞那邊自然心裡有數，知道西班牙看他們是附庸。兩方為此衍生的爭執，有的時候鬧到熱那亞和馬爾他島兩邊的加列艦即使在海上都已經排好了作戰的陣式，也作勢威脅將砲口轉向，要彼此互轟，搞得西班牙的海軍司令還要居中調解，逼他們各退一步。只不過西班牙的財政對熱那亞的依賴極重，熱那亞的加列艦在一六〇〇年至一六四〇年間從西班牙載回熱那亞的金條，價值高達七千萬枚八里爾幣（piece of eight/peso）。熱那亞貸款給西班牙王室，基本作法是貸款可以用新世界運送回西班牙的黃金、白銀來償還。[55]熱那亞還有其他加列艦專門從墨西拿運送生絲，這是很賺錢的生意。生絲在百年之前，便是熱那亞振興經濟的基礎之一，也代表熱那亞和西班牙剪不斷、理還亂的關係，因為熱那亞的生絲來自西西里島，和他們需要的穀物一樣，而西西里島是西班牙的屬地，西班牙政府課的稅又極重——西班牙政府恨不得把商人荷包裡的銀子全搾得一乾二淨。[56]

熱那亞和威尼斯一樣，對於以前的輝煌盛世無限懷念——以前熱那亞派出威風凜凜的加列艦行駛地中海各地，甚至遠達地中海外的水域，所向披靡，開創他們的輝煌盛世。熱那亞就有貴族安東尼奧・沙列（Antonio Guilio Brignole Sale），在一六四二年寫過論文，針對建造一支新加列艦隊正反兩方的論辯，細細推敲。熱那亞的父老希望打造新艦隊可以重振熱那亞的國運。沙列認為地中海正是熱那亞人大顯身手的的理想舞台，因為「省區數量較多，較為分明，許多都有港口，所以都比較容易找到差事去做」。而打造艦隊，就有機會重振「古老的黎凡特貿易」，黎凡特貿易又是「熱那亞人掙得財富和榮耀的特別舞台」。他雖然堅持這一點，但也不得不承認反對他這構想的人說地中海已經不復以往，遠非中古時代的模樣，所言不虛。重建中世紀的艦隊，也未能將失去的世界再找回來。[57]

地中海於十六世紀晚期和十七世紀期間，各式各類的混亂失序無不遍嚐。雖然有熱那亞人力圖重建黎凡特貿易，地中海終究守不住優勢，而將西歐的航運大權旁落到行走大西洋的商人手裡。在行走大西洋的商人眼中，地中海只是諸多商機所在之一，還未必是他們最有興趣或最重要的一處；他們逡巡的眼光，可是從荷蘭一路拉到巴西、東印度群島，從英格蘭拉到紐芬蘭和莫斯科公國去的。[58]十五世紀和十六世紀初期初現端倪的契機，可還沒能充份發揮呢。

第六章 哀哀無告四下大流徙

西元一五六〇年—西元一七〇〇年

一

鄂圖曼蘇丹和西班牙國王，連同他們政府中的財稅官員，對於橫渡兩邊轄下地中海水域的眾人信奉何種宗教，都強烈地關注。在基督徒帝國和穆斯林帝國衝突對峙的年代，地中海看似因這兩支宗教而一分為二，涇渭分明。不過，鄂圖曼帝國對於他們治下很多領地的人口是以基督徒佔大多數，長久以來都不引以為忤；至於另一族群，則游走（比喻義）於不同的宗教之間，見風轉舵以求棲身求生。西法拉猶太人前文已經提過了，見識到他們有驚人的功力，一腳踏進地中海西班牙海岸港口，就能變身為有名無實的基督徒「葡萄牙人」。命懸一線，擺盪在不同的世界，這樣的運途，十七世紀在他們之間拉扯，以致眾多西法拉人擁戴士麥納一名妄想的猶太人〔夏伯台・茨維；Sabbetai Zevi〕自稱彌賽亞時，自家同胞的關係也繃得很緊張。留在西班牙尚未出走的穆斯林餘眾，也看得到類似兄弟反目成仇的狀況。摩里斯科人走過的悲慘歷史，從一五二五年最後一批公開禮拜的穆斯林改宗皈依基督教，到一六〇九年終究還是全體被驅逐出境，大半不在地中海的範圍。摩里斯科人（Moriscos）就因為隔絕在伊斯蘭世界之外，才

塑造出他們特異的身份，而同樣擺盪在兩支宗教之間。

摩里斯科人居住的世界，比起另一支皈依派孔貝索所在的地區，也就是猶太後裔的地區，有很不一樣的地方。雖然有一些摩里斯科人還是被拖到宗教裁判所去受審，但是，西班牙官方一開始對境內依然有人進行伊斯蘭禮拜，是以睜一隻眼、閉一隻眼來應付的。有的時候拿一點什麼去「伺候」一下王室，也可能從宗教裁判所那裡換來豁免權。只不過西班牙王室後來發現即使沒收所有穆斯林嫌疑人的財產，也沒辦法墊高王室的收入，就覺得不僅沒有裡子也失了面子。[1]

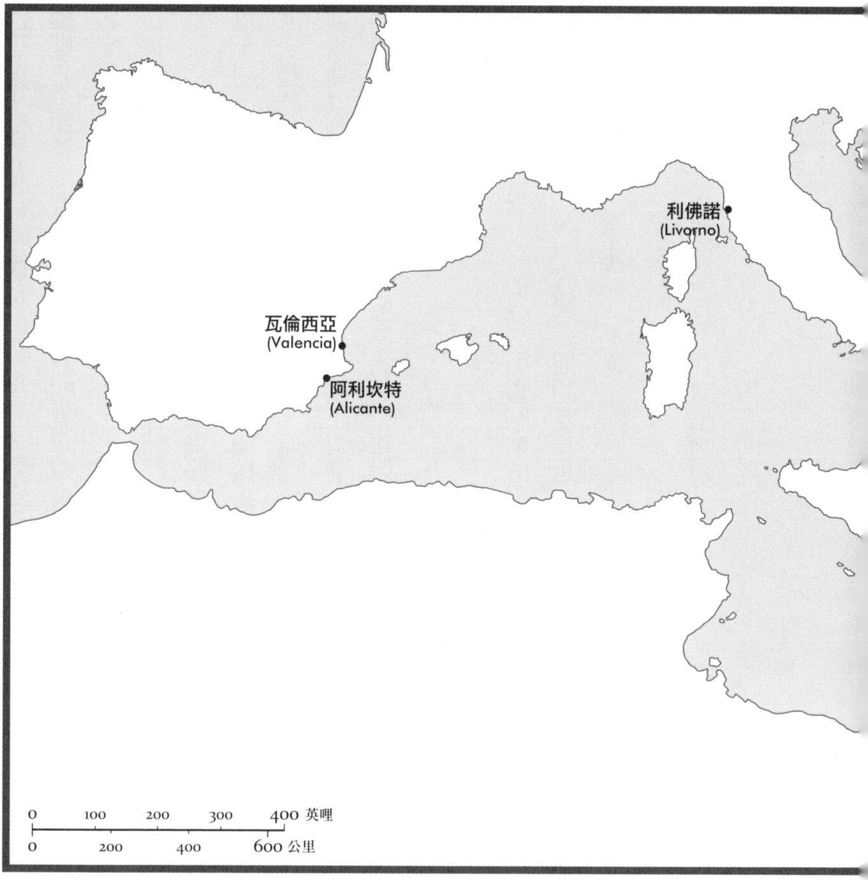

許多摩里斯科人的聚居區根本就找不到基督教士，所以，他們依然在舉行伊斯蘭禮拜，不是多大的意外。即使在同化於基督教的地區，有時冒出來的也是伊斯蘭化的基督教，這從格拉納達城外聖山（Sacromonte）出土的幾塊鉛版〔Lead Books of Sacromonte〕看得很清楚。鉛版上面刻的預言指「末日來到之時，有助於宗教者是阿拉伯人」，還有神祕的句子提到一名信基督的哈里發就是（耶穌，而非穆罕默德的）傳人。[2]西班牙國王的主要考慮從諸多方面來看都著重在政治，而非宗教：有西班牙基督徒寫過，格拉納達的摩里斯科首領偷偷和巴巴里一帶的幾位穆斯林大公還有鄂圖曼帝國聯絡，想要自立建國，而由他們出面保護。只是，這念頭純屬癡心妄想，因為他們既沒有船艦也沒有補給。再者，西班牙在北非海岸有多處哨站，擋在巴巴里大公和摩里斯科人之間也像半屏高牆，而「阿爾及爾的海盜四處搶劫、沿岸作生意的功夫，比上岸打艱苦的長征要高明得多」。[3]即使如此，西班牙官方也沒本錢掉以輕心。西班牙的天主教國王（腓力二世）率領海、陸大軍遠征海外的時候，摩里斯科人為了支持鄂圖曼帝國的蘇丹，說不定會在西班牙製造事端作為牽制——國王遠征不僅是雷龐多或馬爾他島這樣的地方，也包括尼德蘭。腓力二世就像他父親查理五世，對於「不信神」這樣的問題，偏向以非黑即白的二分法來看待。在腓力二世眼中，西班牙境內有不乖乖聽話的摩里斯科人，和他治下最北邊的地區有不乖乖話的喀爾文教派信徒（Calvinist），怎麼看都是同樣的問題。腓力二世便寫過，「我對天主、對世人有明明白白的責任一定要扛起來，因為要是讓異端信徒贏了（我當然希望天主不會任由這樣的事情出現），就很可能會打開大門迎進更嚴重的傷害和危險，導致連祖國也燃起戰火」。[4]

這些顧慮到了一五六八年底似乎也坐實成真了。那時期，格拉納達的摩里斯科人因為西班牙政府和宗教裁判所一次又一次硬逼他們要真的改信基督教，不勝其擾，終於爆發動亂。西班牙政府下令摩里斯科人必須講卡斯提爾語，不准講阿拉伯語，不准穿「他們自以為豪的摩爾長袍」，女子不准蒙面紗，一定要露出臉來，摩里斯科人也不准在公共澡堂聚集，婚禮以及其他喜慶場合一概不准跳摩爾舞蹈。[5]官府和摩里斯科人兩邊都有堅不退讓的勢力，以致兇殘血腥的惡戰一打就是兩年。而鄂圖曼土耳其人和柏柏人也確實像西班牙官方原先擔心的那樣，從北非給叛亂者提供支援；鄂圖曼帝國的「朝廷」和北非的幾位君主也建立起外交關係。[6]只是他們的外援始終未足以動搖西班牙軍隊的決心。西班牙這邊由奧地利的約翰爵爺率領，作戰殺敵的手段冷血無情，未幾便替他要到了雷龐多基督徒海上聯軍統帥的殊榮。摩里斯科人這邊的問題在於「不想靠自己的力量，反而（枉顧一切跡象）一直騙自己巴巴里那裡就要有大軍從陸上浩浩蕩蕩來支援他們了，等不到，就再想巴巴里那裡就要有艦隊從海上浩浩盪盪來支援他們；到時候就會像大顯神蹟一樣，他們、他們的家人、他們的財產，都會一股腦兒像吹氣一樣從我們的掌中灰飛煙滅」。[7]事實是鄂圖曼帝國宮中研判西班牙遠在他們掌握之外，所以改將注意力轉移到比較容易到達、比較容易到手的獵物：塞浦路斯島。[8]摩里斯科人陷入的麻煩還因為另一件事情而變得更棘手，他們叛變的亂事都集中在阿普哈拉斯（Alpujarras）山脈和格拉納達一帶，離海岸線太遠了。摩里斯科人被西班牙軍隊打敗之後，在卡斯提爾境內四下星散，以致於到了後來還能找得到穆斯林人數較集中的地方，就只剩下瓦倫西亞王國一地了。[9]不過，西班牙這邊怎麼看都覺得這不是長久之計。所以，腓力二世在一五八〇年登上葡萄牙的王座之後，就覺得在伊比利半島全境推行徹底的宗教統一，此其時矣。當時官方還考慮過要把摩里斯科人全押上船隻送走，然後半途鑿洞沈船，因為沒有理由平白無故送這麼一大批人去壯大北非敵國的人口。塞戈維（Segorbe）主教提出的議建更教人髮指，他說乾脆把摩里斯科人全都發配到紐芬蘭，這樣「他們就會全都死在那裡」，特別是男性全先去勢，女性全先絕育。[10]所以，集體驅逐的方案，早在一五八〇年代就已經放在檯面上討論了，也就是終於付諸行動之前近三十年。討論的還不是應不應該驅逐摩里斯科人，而是要用什麼方式來做。顯然，這表示他們將境內的每一個摩里斯科人都看作是潛在的叛徒，看作是基督教於政治、於信仰這兩方面的敵人，而不管摩里斯科人還有許多已經早改宗皈依基督教，融入了基督教的社會（還有人甚至當上基督教士）；也沒人考慮到西班牙當時經濟的難題愈來愈多，這樣子做又會有什麼不良的效應，尤其是對瓦倫西亞王國的心臟地帶，那裡在當時是摩里斯科人聚居的大本營。瓦倫西亞城那時候衰敗的跡象已經十分明顯，絲織和製糖產業的狀況確實教人憂心，灌溉系統也可能瓦解，城內必須依賴城外鄉下供應的民生物資，原本就不夠了，屆時再驅逐摩里斯科人，恐怕就會完全斷絕了。[11]瓦倫西亞的議會確信集體驅逐摩里斯科人一定會毀了瓦倫西亞的地主階級，教會和修道院也包括在內，瓦倫西亞還派出特使到國王御前請命，向國王指陳西班牙海岸守軍所需的經費屆時恐怕都收不到了。只是種種努力皆告失敗——等到一六〇九年瓦倫西亞特使再度晉見西班牙國王腓力三世（Philip III）的時候，驅逐的敕令已經在該年八月發出去了。[12]

集體驅逐摩里斯科人一事討論到最後，由趕到北非這一方獲勝，因為這樣子簡單一點。國王的驅逐令一開始也一再強調摩里斯科人和巴巴里、鄂圖曼的君主互通訊息，有叛國之心。[13]雖然國王明令摩里斯科人必須立即肅清，全數押送到國王提供的船隻，但是，實際執行起來當然慢得多了，一直執行到一六一四年。而且，反對驅逐那一方提出來的經濟考量，國王也不是一概置之不理：每一百名摩里斯科人可以留下六人，但以務農而且證明對基督教確實友好為條件；留下來的摩里斯科人也要「向接收產業的人示範製糖、灌溉等等多種工作」。驅逐令也針對驅逐對象的類別作出十分詳盡的說明——現代人讀起來會覺得很像納粹在柏林召開的「萬湖會議」，因為其中也有混血家族，父母要是有一位是「老基督徒」（Old Christian），子女應該屬於哪一邊，就是問題了（譯註29）。[14]驅逐摩里斯科人出境所用的港口也經過仔細安排，阿利坎特、瓦倫西亞和托爾托薩都包括在內。宣傳大隊也發動攻勢，四處宣揚摩里斯科人即將把鄂圖曼帝國的艦隊帶到西班牙來個裡應外合，還答應會提供十五萬人協助鄂圖曼土耳其人。摩里斯科人原想奮力一搏，但是看到西班牙官方出動那麼多人手來將他們趕出家鄉，就打消了念頭，不再有所期待。摩里斯科人甚至開會決議誰也不可以加入留下來的特別名單，免得還要去教基督徒怎麼利用他們的耕地。摩里斯科人當時之團結，教人佩服。瓦倫西亞王國境內的甘第亞（Gandía）公爵得知沒一個摩里斯科人要留下來幫他種甘蔗園，氣極敗壞；這情況在他這邊和摩里斯科人那邊一樣，都是大難臨頭。一六〇九年十月二日，近四千名摩里斯科人在德尼亞上船，有多艘船隻是那不勒斯派來的加列艦，專程要將他們送到北非的巴巴里海岸；登船的人數迅速暴增，沒多久就已經有二萬八千人被發配到北非去了。西班牙船隻把人留在北非並不困難，第一批人是送到奧蘭，奧蘭那時依然是西班牙的領地，摩里斯科人到達之後，便和特連森的君主商量，取得定居在穆斯林領土的權利。也有摩里斯科難民不屑搭乘西班牙官方提供的免費船隻，自行安排自己的出路：有一萬四千五百人便在瓦倫西亞城登船，由城內基督徒居民目送離去——基督徒居民蜂擁而來，是要以賤價買他們的絲綢和蕾絲，港口那裡想當然暫時就變成了「巨無霸跳蚤市場」。[15]有些摩里斯科人還鄭重表明他們此番出走，是出之於追求解脫，而非遭受迫害：巴巴里的王公「會讓我們活得像摩爾人，而不是奴隸，我們這裡的主公待我們就像奴隸」。

依目前的證據，當時出亡的摩里斯科人數超過十五萬人，不過，當時作的估計，有的就低於此數。瓦倫西亞宗教裁判所提出來的數字是十萬零六百五十六人，其中一萬七千七百六十六人在瓦倫西亞港口出海，其中又有三千二百六十九人的年齡小於十二歲，一千三百三十九人是未斷奶的嬰兒。[16]沒多久官方就把驅逐行動移到古老的亞拉崗王國去了，總計有七萬四千名摩里斯科人離開亞拉崗，從加泰隆尼亞出亡的人數就要少了一點。許多是經由托爾托薩（Tortosa）走海路離開的，但也有人選擇陸路，穿越庇里牛斯山進入法國境內，只是要熬得過艱苦的路程才行。可是，法國國王亨利四世（Henry IV）堅決不

譯註29：「萬湖會議」（Wannsee Conference）——一九四二年一月在德國柏林郊區萬湖召開的會議，會中納粹高階官員針對「徹底解決猶太問題的方案」，將歐洲各地的猶太人依年齡、國籍、血統等等分門別類，詳訂「解決」的方式。

讓入境的摩里斯科人留下，幾乎全數都在法國再押送上船，運到北非去。[17]法國和鄂圖曼帝國雖然算是盟邦，但這一層關係並未擴展到保護西班牙籍穆斯林身上。而且，新教徒和天主教徒幾番慘烈的廝殺，亨利四世是勝利的一方，他好不容易才以放棄新教信仰贏下了王國，他可不太願意又再為他的領土添加另一層宗教紛歧。[18]不過，法國人眼看大批摩里斯科人流離失所，依然十分驚駭。樞機李希留（Cardinal Richelieu）後來形容這樣的事情是「人類有史以來最莫名其妙，最野蠻的行徑」，不過，李希留的興趣恐怕偏重在譴責西班牙基督徒，而不在捍衛西班牙的穆斯林。[19]但這期間，西班牙國王又再將驅逐的矛頭對準了卡斯提爾。到了一六一四年初，卡斯提爾的國務院（Council of State）向西班牙國王腓力三世報告，驅逐摩里斯科人的工作已經完成。[20]幾處西班牙王國加起來，驅逐出境的摩里斯科人總數說不定達三十萬人。[21]

從西班牙基督徒的觀點來看，驅逐摩里斯科人只是在對抗不信神的人，雖然有一些穆斯林後代皈依了基督教，完全同化為基督徒，官方也保證過他們只要願意領聖體就可以留下來不走，卻還是照樣被人不分青紅皂白地趕了出去。西班牙國王殘酷的手段，結成的果實很奇怪，因為，他們硬就是在巴巴里海岸製造出一大批混合族群，一個個不管族裔同都痛恨西班牙的政策，巴巴里海盜因此平白從摩里斯科人那裡得到了大批生力軍，沿西班牙海岸線打劫，如虎添翼。但是，他們除了復仇心切，對於過往的浪漫回憶一樣眷戀不捨。安達魯斯的音樂便分由兩路流傳下去，一路是摩里斯科人，另一路便是先前早一步出亡的人——也就是因為格拉納達暨其他地區的動亂而搶先外移，落腳在北非大城小鎮的難民。然而，北非的當地居民也不像他們想的那般友善。摩里斯科人歷經數十年基督徒掃蕩「摩爾人習俗」的攻勢，有好多不論在語言、衣著、習俗，相較於西班牙人簡直沒兩樣。他們流落馬格里布族群，卻自認高人一等。這些摩里斯科人即使落腳在突尼西亞，定居下來，大多還是講西班牙語，許多甚至還在用西班牙的名字。連美洲水果也由他們引進了北非，例如仙人掌果（prickly pear），便是他們在一四九二年和一六〇九年在西班牙接觸到的。[22]他們要是想到志同道合的人，想找到了解他們的人，有的時候恐怕還覺得西法拉猶太人才比較搞得懂他們，畢竟西法拉猶太人和他們一樣懷念以前三支宗教並存的老西班牙。流徙到北非西法拉猶太人，同樣和當地原有的猶太社群保持距離，同樣還是在講卡斯提爾的西班牙方言。西法拉猶太人和安達魯西亞穆斯林就這樣在北非因為流亡，而產生了患難兄弟的感情。

二

西法拉猶太人在十七世紀後來也遇到嚴重的危機。危機起自士麥納這一座城市——後來土耳其叫士麥納「伊茲密爾」。士麥納和利佛諾像是一組搭檔，將義大利連接到鄂圖曼土耳其人的世界。[23]兩地在十六世紀初期都還沒躍上歷史舞台。不過，〔法國外交官〕庫穆南男爵路易・狄耶（Baron de Courmenin, Louis des Hayes）一六二一年去過士麥納，寫道：

> 目前伊茲密爾的羊毛、蜂蠟、棉花、絲料的運輸極為暢旺，亞美尼亞人把這些貨物運到這裡，不是阿勒坡。他們運到伊茲密爾比較有利，因為不用付那麼多稅。伊茲密爾的商人很多，法國人比威尼斯、英格蘭或是荷蘭人都要多，過的日子逍遙自在。[24]

愛奧尼亞群島是以乾果招徠外地的商人，士麥納也一樣是以當地的農產品招徠外地的商人。當時也有商人注意到波斯的絲織品運到士麥納的數量愈來愈大，這是亞美尼亞人越過安納托利亞半島運送進來的。歐洲的絲織品商人來到鄂圖曼土耳其人這裡，但要是尋找穀物和水果貨源的歐洲商人，就不一樣了，因為君士坦丁堡對穀物和水果的需求也很殷切。

一五六六年後，由於熱那亞失去了他們在東地中海那一帶的最後一處據點——希俄斯島，歐洲和愛琴海的貿易頓時就亂了章法。熱那亞在海外不再有強大的據點之後，士麥納開始揚眉吐氣，蓬勃發展，提供當地生產的棉花和比較新奇的商品例如菸草。鄂圖曼的「朝廷」對於生產菸草倒是有一點顧忌，倒不是因為他們一般都不喜歡菸草的煙，而是因為士麥納那一帶生產的菸草愈多，糧產就會愈少；鄂圖曼帝國的首都可是一直都很需要糧食供應必須維持穩定的。[25]熱那亞一失去希俄斯島，法國國王查理九世幾乎馬上就為法國商人要到了士麥納的貿易權（一五六九）。英格蘭女王伊麗莎白一世後來也在一五八〇年為英格蘭要到了那裡的貿易優惠特許權，這一特許權也成為英格蘭「黎凡特公司」的禁臠。再後來是一六一二年由荷蘭人要到了優惠權。[26]歐洲來的外國商人相當欣賞士麥納的地理位置。士麥納深處海灣之內，也就有天然屏障幫他們擋下巴巴里海盜的奇襲，而有外國商人的往來，進而再為士麥納招徠無以計數的猶太人、希臘人、阿拉伯人和亞美尼亞人。[27]一六七五年有旅人寫過士麥納的猶太人數為一萬五千人，只是實在難以盡信，說不定應該往下修到兩千人左右才對。這些猶太人來自地中海內外：有西法拉猶太人，出身黎凡特和葡萄牙的都有；也有東歐來的羅馬尼歐人（Romaniote；希臘猶太人）和阿胥肯納吉（Ashkenazim）猶太人。葡萄牙猶太人在這邊的法律地位先後不太一致，因為他們以尋求有利可圖的稅負減免為第一目標。所以，十七世紀末了他們一度由英格蘭保護（丹麥人和威尼斯人也是），後來轉向拉古薩人，最後是鄂圖曼蘇丹出面將他們納入保護，但是，有許多稅負減免優惠蘇丹都不肯給，落得猶太人的競爭對手撫掌稱快——〔英格蘭的〕黎凡特公司在一六九五年就認定「我們在士麥納最大的對手就是猶太人」。[28]

士麥納在十七世紀瀰漫特殊的風情，港口水岸區的「法蘭克街」(Calle de Francos)展現得特別突出。這裡看得到歐洲人住的一棟棟豪宅，妝點得優美雅致，後院的花園可以直通碼頭，也是運貨的通道；由露台則可以往上通達歐洲商人倉庫的屋頂。[29]有法國旅人在一七〇〇年寫下所見所聞：

> 法蘭克街幾乎看不到土耳其人，法蘭克街可是從城頭一路走到城尾的。站在這一條街上，感覺就像在基督教世界，滿耳盡是義大利語、法語、英語或是荷蘭語，聽不到別的語言。大家見面一定脫帽打招呼。

不過，法蘭克街上聽得到的語言，最普遍的是馬賽商人講的普羅旺斯語，「因為那裡就以普羅旺斯來的人最多」。基督徒可以自由經營酒館，而且經營的手法相當隨性，全天候不論日、夜都不關門。另一點也很突出的就是基督徒在這裡可以自由作禮拜，「他們在教堂公開唱聖歌，不管是唱讚美詩、講道、行聖禮，一概不會有人找麻煩」。[30]功能齊全的港市就此成形，貿易的需求將穆斯林、猶太人、多支基督教派糾集在一起，肩並肩共同生活。士麥納城內有三座西歐基督教作禮拜的教堂，兩座希臘正教徒的教堂，一座亞美尼亞人作禮拜的教堂，猶太會堂也有幾座。只不過，正是在「葡萄牙人」的會堂出的事，而在一六六〇年代導致猶太人的世界燃起熊熊的烈火；火焰的熱度不僅燒得猶太人深受其害，基督徒和穆斯林也感同身受。

不同的族裔和宗教團體在士麥納，通力合作進行貿易從來不是問題。英格蘭黎凡特公司的商人通常雇用猶太人作代理商，其中有一位年紀很大又痛風纏身的猶太掮客，叫墨笛該・茨維（Mordecai Zevi；一般拼作Sevi，Tzvi或Sebi）。他是希臘猶太人，早年做的是不起眼的小生意，賣雞蛋。[31]他有三個兒子，兩個跟著他一起作掮客，剩下的一個，夏伯台・茨維卻開始自覺能夠見人所未見，而一頭栽進了猶太學術偏向深奧難解的部份，無法自拔。猶太人熱衷卡巴拉玄學研究，發展得十分蓬勃，已經有很久的歷史了，最早是在西班牙的猶太人當中流行，到了一四九二年後，就轉移到巴勒斯坦采法德一地的西法拉族群當中了。猶太拉比一般認為年紀未到四十便研究卡巴拉經是很危險的事，因為一般人要活到四十歲，方才能夠匯聚足夠的背景知識和成熟的人生歷練。但是，這樣的看法沒能擋下夏伯台・茨維。他在很年輕的時候便開始自學卡巴拉經，「他什麼都是自己學來的，因為，古往今來僅有四人無師也能自通造物主的知識，他便是其中之一」，另外三人是「我父亞伯拉罕」（patriarch Abraham），猶太王國國王希西家（Hezekiaho），還有約伯。[32]依文獻所載夏伯台・茨維的言行舉止，以及他情緒變化突兀、劇烈來看，說他有「雙極性人格」（bi-polar personality），大概沒有疑問。他會前一下子憂疑怯懦，深思自省，後一下子狂亂亢奮、妄想誇大。當他高聲朗誦以賽亞說的「我要爬上雲端，在那裡跟至高者共比高」（以賽亞書，14：14），心裡想的是他真的爬上了雲端，還要幾位朋友見證他確實飄了起來，他的朋友否認他飄了起來，他便怪他們：「你們都沒有資格見證這榮耀的一刻，因為你們都沒像我一樣完全洗淨了罪孽」。[33]

而這時期正好也像是以色列人民獲得拯救的時刻應該就要到來才對。一六四〇年代哥薩克人

（Cossacks）在東歐大肆屠殺猶太人，在猶太族群當中引發深重的危機感，瀰漫之廣，連地中海也未得免，因為逃難的猶太人輾轉流離，在鄂圖曼帝國找到庇護的棲身之地，轉述了遠地的慘況。生死交關在此一刻，危急不下於一四九二年——當年西班牙的一紙驅逐令，一樣掀起一波彌賽亞降臨的熱潮。夏伯台・茨維這時正逢二十郎噹的年歲，也開始以彌賽亞式人物自居，只是他到底自命為誰，卻不是十分清楚。他把幾百年的慣例撇到一旁不管，開始在猶太會堂用「四字母名」（tetragrammaton）〔YHWH：耶和華〕稱呼他們的神——猶太人向來是用「阿多奈」（Adonai）來取代，意思是「我主／上帝」——連《妥拉經》（Torah）當中明列的誡命，他也膽敢公然牴觸。例如經書當中明白表示動物包覆在腎臟周圍的脂肪，必須保留作神廟祭祀之時使用，信徒不得食用。他大啖教規明指不得食用的不潔食物之後，還這樣子祈禱：「當稱讚創造宇宙萬物統管萬有的主我們的上帝，感謝你教禁食之物存在」。他的私生活也一團混亂，妻子撒拉（Sarah）說穿了原本是從娼的，藉著替人算命存了一點小錢，但這也不過是在重現《聖經》當中先知何西阿（Hoseas）的生平罷了，因為何西阿娶的也是妓女。[34]夏伯台・茨維在薩洛尼迦待了一陣子之後，開始號召信徒跟隨，不少人對他的預言技巧和自得自滿頗為信服。他的行腳遍及東地中海，顯然希望博得巴勒斯坦眾家拉比稱許，猶太世界無不以他們的意見為尊。他的徒眾當中最突出的一位是出身加薩的大聲公猶太人，叫作拿單（Nathan of Gaza），極力為他宣傳，不懈不怠。只是，太不幸了，夏伯台・茨維始終不肯行奇蹟，即使為他在希伯侖的徒眾小露一手也不肯。所以，希伯侖首屈一指的西法拉人拉比，哈因・阿布拉菲雅才會說，「我不相信彌賽亞會這樣子降臨」。[35]到頭來夏伯台・茨維終究少了系出大衛王的那麼一點憑據。

夏伯台・茨維回到士麥納後，率領「夏伯台派」（Sabbatian）在一六六五年十二月十二日闖進士麥納的「葡萄牙人」猶太會堂，把舊有的教會領袖趕出去。他和信徒一有了活動的根據地，馬上著手汰舊換新，制訂新的節日，取消舊的節日——特別是夏天為了紀念耶路撒冷聖殿被毀而進行的齋戒（埃波月第九日，聖殿被毀日），猶太人一直在祈禱的救贖既然近在眉睫，何苦再禁食了呢。他找婦女朗讀《妥拉經》，這在那時算是破天荒的創舉。他甚至當著會眾的面，朗讀一部猶太西班牙文的色情傳奇文學，《梅莉賽妲》（*Meliselda*）。皇帝的美麗公主遇見一名男子，兩情相悅，魚水纏綿：「她的臉龐煥發劍氣的光華，雙唇如珊瑚緋紅晶瑩，肌膚如奶酪一般白細柔嫩」。[36]倒不是說沒人提過，但這一首詩明顯是寓言，暗喻彌賽亞和《妥拉經》牢不可破的關係，《妥拉經》則是「神性臨在」（Divine Presence）的代表。彌賽亞理當是真正的君王，不僅是宗教領袖而已，所以，夏伯台自認也有帝王的權柄，而開始挑選信眾分封到葡萄牙、鄂圖曼土耳其、羅馬等等地方去當國王或是皇帝（土耳其、羅馬兩地保留給他的兩個哥哥）；不消說，皇帝的豪華排場在他一應俱全，供他歡歡喜喜執行起他「猶太君王」的執掌；他的功業——假如算得上是功業的話——甚至隨西法拉猶太商人和基督徒商人的信函傳到荷蘭的阿姆斯特丹。[37]而他的行徑卻未引發眾怒，反而在他的信徒心中印證他確實便是上主應允他們的彌賽亞。

這些事情，基督徒一一看在眼裡，但在他們眼中的意義卻大相逕庭：「唯有上帝才知道他是不是真的是帶領硬頸世代（譯註30）皈依的那一個人」。[38]對於東地中海的猶太族群之間騷亂蠢蠢欲動（很快就會蔓延到義大利去了），基督徒商人何以那麼關切，回溯一下夏伯台熱燃起的源頭，就比較容易理解了。夏伯台．茨維以彌賽亞自居，自認擁有能力也有權力將一些古有的猶太律法擱置不用，頗有〔新約〕四福音書中拿撒勒人耶穌的遺風。夏伯台年輕時因為父親生意的關係，和士麥納的英格蘭以及其他地方來的基督徒商人有所來往。天啟末日（apocalyptic）的思想當時在這些商人當中早已經傳播開來了，因為英格蘭在一六四〇年代一樣是宗教思想浮盪騷動的地區，一支支狂熱的基督新教派系宛如春筍並起，競相爭奪一席之地。有的也拱出他們的「彌賽亞說」——就連奧利佛・克倫威爾（Oliver Cromwell）這樣的人也未能免俗。這樣的教派愛拿《舊約聖經》來細細推敲經文當中有關「基督復臨」（Second Coming of Christ）的預言。「第五王國子民」（Fifth Monarchy Men）便是其中一支，他們算是基督教「公誼會」（Quakers）的先驅，創教的起源便在末日天啟的嚮往。[39]另一影響基督徒商人以致間接影響到夏伯台・茨維的新宗教思潮是「玫瑰十字開悟」（Rosicrucian enlightenment）。這是一套玄奧的思想，像煉金術便包括在內，於十七世紀早期因幾份印刷文稿而開始傳播開來。[40]這思潮起自備受三十年戰爭摧殘的日耳曼，所標舉的教義招徠眾多北歐鑽研科學的人士青睞。所以，從士麥納運送棉花到英格蘭的貿易路線，回程也帶來了祕教的玄想。

不過，夏伯台・茨維的活動是以鄂圖曼帝國轄下的地中海為主，既然如此，他的名聲會傳到鄂圖曼蘇丹的耳中，也是理所當然的事。所以，鄂圖曼蘇丹自然發現他的子民當中，竟然有個猶太佬封自己的哥哥作「土耳其國王」，他的信徒在猶太會堂作禮拜也不乖乖遵循舊法古禮為皇帝向神祈福，逕自改成在為「我們的彌賽亞，受膏的約瑟、天獅、天鹿之神，公義的彌賽亞，眾王之王，蘇丹夏伯台・茨維」祈福。[41]蘇丹朝中的宰相法澤・阿赫梅・帕夏（Köprülü Fazıl Ahmet Pasha），追隨伊斯蘭一支純粹派，把別的宗教一概視若糞土；所以，他原先忙著在和克里特島的威尼斯人打仗，這時也回過頭來，要蘇丹多多注意這一位興風作浪的先知身上。[42]夏伯台・茨維也自有盤算，結果就走到法澤・阿赫梅附近的地方

譯註30：硬頸世代（stiff necked generation）——「硬頸」（stiff necked）一說，參見《聖經》舊約〈使徒行傳〉，第七章第五十一節：「你們這硬著頸項、心與耳未受割禮的人，常時抗拒聖靈！你們的祖先怎樣，你們也怎樣。」（和合本）

來了。一六六五年十二月三十日，夏伯台・茨維率信眾搭船從士麥納出發前往君士坦丁堡，準備在那裡建立他的王國。他竟然選在非適航季出海，十分危險，即使只在愛琴海內行駛短短一段航程也嫌莽撞；不過，《聖經》〈詩篇〉第一百零七首有句子，足以教他們遇到的狂風暴雨平靜下來：「他使風暴止息，使浪濤平靜」。他們出海近四十天，鄂圖曼帝國的猶太人群集鵠候，浩大相迎。不過，鄂圖曼帝國官方一樣擺出陣仗相迎，只是，他們準備要將他關進大牢。而夏伯台・茨維即使被捕，他的信眾也還是一路相送，依然像是盛大的遊行。他在牢中也照樣上朝處理他的國事。當時，鄂圖曼帝國的蘇丹穆罕默德四世（Mehmet IV），御駕還停留在阿德里安堡（Adrianople；現名愛第尼 Edirne），準備前往巴爾幹半島，所以，要把先知押解到到皇帝御前，也花了一點時間。等到先知被押送到了鄂圖曼皇帝御前，就面對兩大抉擇了。一是變出奇蹟，證明他確實就是彌賽亞，另一選項便是皈依伊斯蘭。鄂圖曼皇帝要他變出來的奇蹟，是要他脫光衣服，任由一群突厥弓箭手朝他射箭，就在亂箭齊發之際，奇蹟一定要出現，而教一支支箭射穿他的身體，但他毫髮無傷。夏伯台・茨維對此敬謝不敏。他寧願「變成突厥人」，而且二話不說，說變就變，十分乾脆。[43]

夏伯台・茨維這一變節叛教，還因為當時阿德里安堡來了眾多猶太人，懷抱極高的期待，準備看先知在蘇丹御前大展身手，結果看到的反而像是他把信徒棄如敝屣，造成的震撼更大。他接受蘇丹授與「宮門鎮守」的榮譽職銜，也獲賜「穆罕默德・艾凡迪」（Mehmet Effendi）的名號（Effendi；「宗師」義）。鄂圖曼土耳其、義大利半島等等，眾多地區的猶太人無不震駭莫名。有的人被這樣的發展打得洩氣又頹喪，認為這樣的事情除了證明他是冒牌貨之外，別無其他解釋。有的人卻認為其中必定另有深意，例如他是在為現身的下一步舖路——說不定彌賽亞要先變成突厥人，之後才能驗明正身。所以，有一些他的信徒便依樣畫葫蘆，跟著皈依伊斯蘭，但背地裡繼續奉行猶太教儀式。結果，一支新的教派，「東楣」（Dönme；改宗派），就此成形，直到現今，土耳其部份地區依然找得到。雖然有耶穌會教士寫文章堅稱夏伯台・茨維數次長期禁食都暗藏成堆餅乾充饑，補充體力，但也沒有十足的理由來指責他是卑鄙的神棍。他是自欺欺人，他是自大狂，他是昏瞶愚昧，都沒錯；但即使如此，連反對他的人也不得不承認，他還有四處吹捧他是彌賽亞的加薩人拿單，都不是不學無術、招搖撞騙之徒。[44]只是，〔奧斯卡・王爾德說過〕「一知半解最危險」（a little learning is a dangerous thing），尤以《卡巴拉經》的玄學奧義為然。無論如何，由他四方遊走的行蹤，由他所創宗教熱潮的流向，可以勾畫出當時連接地中海各地港口的航路網內的幾大切面：他的宗教思想從士麥納這一處貿易重鎮滲透到薩洛尼迦、利佛諾，之後傳進巴爾幹半島和義大利半島內陸。他的宗教思想不單是從猶太教的土壤長出來的，另外還有從英格蘭、荷蘭、中歐來的基督新教商人傳入他們熱切擁戴的末日天啟觀念，澆灌入新的活水。地中海因為北方人來到，不僅商業地圖重畫，宗教版圖也有所變動。

三

十七世紀的地中海有變節的海盜，有流離失所的摩里斯科人，有夏伯台派的猶太穆斯林，有「葡萄牙」商人，五花八門加起來，以致信仰歸屬在這一帶時遭扭曲，不停在改。這一帶的基督徒其實也承受強大的壓力，克里特島的狀況便是明證。威尼斯人在克里特島為了保住他們海外的最後一處領地，深陷艱苦的漫長爭扎。克里特島日漸成為威尼斯沈重的財務負擔；共和國城邦心頭揮之不去的問題，不是要不要派龐大的艦隊去打土耳其人，保住克里特島，而是什麼時候不得不派出艦隊去打土耳其人，因為鄂圖曼帝國在一五七一年拿下了塞浦路斯島，之後勢必再接再厲把矛頭對準克里特島。而且，這問題不是威尼斯對抗鄂圖曼土耳其人這麼簡單。克里特島上的住民——既有希臘人，也有威尼斯人和希臘人通婚的後代——在十六世紀後期眼看葡萄酒、橄欖油的商機大開，抓住機會在島上各地大量種植葡萄樹和橄欖樹。到了十七世紀中葉，橄欖油已經躍居克里特島的大宗出口商品。至於克里特島的葡萄酒，在鄂圖曼治下的愛琴海和尼羅河三角洲等地，也是消費者大宴小酌都要灌下的杯中物。克里特島上的穀物耕作產量因此而銳減，後來，島上的糧產連自給自足都有困難。由於克里特島長久以來一直是威尼斯主要的小麥糧源出處，這樣的變化格外教威尼斯人震驚。由於克里特島也開始從鄂圖曼帝國領土買進所需的糧食，所以，只要威尼斯人還在對鄂圖曼蘇丹討好賣乖，只要蘇丹覺得自家帝國境內的糧食供應不虞匱乏，那麼，這樣的作法就不成問題。因此，克里特島和鄂圖曼世界的關係，早在十七世紀中葉鄂圖曼土耳其拿下克里特島之前，就已經拴得愈來愈緊了。[45]鄂圖曼土耳其人對於克里特島還握在威尼斯人手裡，之所以願意忍下這一口氣，唯一理由就在於他們還想要維持威尼斯和鄂圖曼的商業來往可以順暢如常。只是，等到後來威尼斯的貿易重心漸漸從黎凡特貿易這一塊挪到別處，鄂圖曼的「朝廷」也就不必再用心維護他們和「至尊共和國」的特殊關係了。鄂圖曼土耳其人這邊也發覺歐洲那裡一個個國王都忙著捉對廝殺，進行割喉大戰——也就是後來說的「三十年戰爭」——如果鄂圖曼趁機攻向克里特島，要團結基督徒一致對抗鄂圖曼土耳其人，機會應該不大。再者，鄂圖曼那時正好也不用再分心去處理波斯那邊的麻煩了。一六二四年至一六三九年間，波斯那邊的問題確實消耗了鄂圖曼帝國的力氣，教他們無暇他顧。

「克里特島戰爭」（Creatan War）打得很久，開戰的原因是一六四四年底有一艘土耳其人的船隻遇劫。船上載了蘇丹後宮的大太監以及派赴麥加的新任法官，由君士坦丁堡出港，前往羅德島之後轉赴埃及的途中遇劫。劫船的海盜來自馬爾他島。他們殺了大太監，囚禁法官為俘虜，當然也搶到大量的戰利品。這一次船隻被打劫雖然和威尼斯沒有關係，但是，鄂圖曼朝廷認定馬爾他海盜一直在用威尼斯人在克里特島和凱法隆尼亞的幾處港口作為出沒的據點。因此，一六四五年六月底，鄂圖曼帝國已經有一支龐大的的艦隊在克里特島外海下錨了。[47]地中海西部的基督徒國家照常調動海軍出發，盡到該盡的責任，所以，那不勒斯、馬爾他島、教皇國是派出了一些戰艦，威尼斯當然也動員艦隊，整裝待發，還指派八十高齡的總督出任總司令。只是，凡此種種，全屬徒勞。接下來幾個月，土耳其人又拿下了克里特島上第二暨第三大城，哈尼亞（Chania）和瑞希農（Rethymnon），外加大片內陸地區。[48]威尼斯人還算幸運，克里特島的首都坎第亞有壕溝、城牆、堡壘、半月堡（ravelin）拱衛，防禦十分堅固，在當時算是軍事建築登峰造極的力作，不管鄂圖曼的軍隊拿什麼來攻，一概擋得下來。基督徒聯軍擬訂的戰略，大方向是要把鄂圖曼的海軍吸引到遠離克里特島的地方、靠近鄂圖曼帝國心臟地帶，再交戰。達達尼爾海峽就成了早期的戰事引爆點，從一六五四年開始，威尼斯為了阻擋鄂圖曼艦隊進入愛琴海支援他們在克里特島上的戰事，而和鄂圖曼帝國打過幾場海上惡戰。[49]不過，坎第亞的情勢依然吃緊，到了一六六九年更急轉直下，十分危急。西班牙答應威尼斯要提供軍援，威尼斯人卻始終看不到西班牙援軍的身影，因為，那時西班牙朝廷更擔心法國會出兵攻打他們，鄂圖曼土耳其這邊的問題就先擱著。法國國王倒是真的派出海軍馳援，但是艦隊的戰力不敵鄂圖曼海軍。鄂圖曼土耳其人速戰速決，輕鬆奪得大勝，打得基督徒聯軍落花流水匆匆敗逃，留獨坎第亞孤立無援，任人宰割。一六六九年九月六日，威尼斯投降，交出坎第亞，承認鄂圖曼帝國在克里特島擁有統治權。然而，威尼斯人不改本色，還是趁這機會和鄂圖曼帝國談條件、簽和約。[50]威尼斯人心裡有數，在他們城邦的歷史，從十三世紀起便統治克里特島的輝煌年代已告結束。威尼斯人依照談定的條件投降時，特使團還聲明：「吾等交付之城堡，舉世無匹，誠乃無價明珠，未見蘇丹寶藏有過此等收藏」。聲明過後幾小時，鄂圖曼蘇丹笑納此等收藏。

鄂圖曼進駐克里特島，並未給當地帶來翻天覆地的劇變。[51]坎第亞躍居那一帶區域貿易網的中樞；哈尼亞（Chania）由於位在西邊，也成為國際通商偏愛進出的港口。以前由威尼斯商人獨霸的貿易，法國人迫不急待要接手——畢竟他們和鄂圖曼朝廷過往的關係交情匪淺，應該好好利用一番。連克里特島上的釀酒業也沒有因為伊斯蘭信仰在島上傳播而戛然告終。法國人和克里特島的商人從島上外送馬姆西（Malmsey）白葡萄甜酒、橄欖油、乾果、乳酪、蜂蜜、蜂蠟等產物，偶爾也外銷一下小麥，特別是隔海對面的北非海岸鬧饑荒的時候。法國有人在一六九九年到克里特島一遊，寫過阿爾卡迪（Arkadi）修道院的修士釀的醇酒，「豐潤、鮮嗆、濃郁、暗沈」，散發出眾的酒香。克里特島在這時期也培養出喝咖啡的雅好，此後始終未減。他們喝的咖啡是從葉門（Yeman）取道鄂圖曼帝國轄下的埃及，輾轉進口來的，自此而後，埃及便是克里特島農產品的主要市場所在。另一項打擊是克里特島本土商人崛起。他們原先在威尼斯人統治時期，一直被威尼斯人打壓，難以出頭，但在鄂圖曼土耳其人攻下克里特島前夕，他們已經開始和威尼斯人分庭抗禮。也就是說，鄂圖曼土耳其人奪下克里特島之時，島上的本土商人已經磨練出一身紮實的經商本領，幹練地為鄂圖曼帝國的領地供應島上的物產。[52]

希臘來的水手、商人在克里特島上出沒的身影愈來愈常見，但在鄂圖曼帝國征服的坎第亞，倒是以穆斯林商人佔大多數。由這一點，極易推論坎第亞的人口應該有過一番大換血。但是，坎第亞城內的穆斯林商人其實大多是克里特島土生土長的居民，他們只是換了信仰，沒換別的。到了一七五一年，坎第亞商船的船隊，總計四十八艘船隻幾近乎全數都屬穆斯林所有。[53]克里特島不論大城還是小鎮，對伊斯蘭信仰普遍樂於皈依，這一點相當特出。不過，島上的本土居民也會費心保存歷史的傳承不致抹煞：島上的通用語是希臘語，而不是土耳其語；不論穆斯林還是希臘正教徒，講的是同一種語言。這時期，克里特島居民和拉丁教會歷來的交往已經斬斷。早先在威尼斯統治克里特島期間，島上的教會組織是控制在拉丁教會手裡的。威尼斯官方禁止正教會主教踏上克里特島一步，但是正教會的教堂和修道院在島上並未被廢，官方還會保護。出身克里特島的修士遠赴海外，頗受時人稱道，還有幾人當過西奈半島的聖凱薩琳修道院（St. Catherine's Monastery）院長。鄂圖曼帝國也懂得趁機在正教信徒當中爭取民心。他們趕在拿下坎第亞之前，便先指派了克里特島的總主教。[54]伊斯蘭信仰在克里特島擴散，固然是十分重大的發展；但是，希臘正教重振聲勢，在島上並未投身新宗教的居民當中再度站上首要的地位，一樣是重大的歷史發展。克里特島由於和西奈半島的關係密切，就此成為希臘正教在東地中海復興的重鎮。

四

地中海各處港口、海岸、島嶼的居民散居四面八方卻又像是個大家庭，這樣的感覺因為有共通的語言而益發強烈——也就是所謂的「lingua franca」（通用語）或「法蘭克人說的話」（Frankish speech）。[55]地中海一帶的居民隔著大片汪洋也能語言互通，早從遠古時代就已開始，先有布尼克語、希臘語，到後來是中古拉丁語，相繼在地中海大片地區流通。[56]一定還有許多人講的是粗糙的「洋涇濱」（pidgin），比手畫腳的份量不比出聲講話要少。西法拉猶太人當中講猶太西班牙語的比例相當高，足以教黎凡特到摩洛哥一帶的商人、朝聖客、旅人輕易便能溝通。後來，連原本講希臘語的羅馬尼歐猶太人也跟進，講起了猶太西班牙語。大家講的語言要是同屬羅曼語系，一般溝通不會有大問題（任誰只要去西班牙開會，會中也有講義大利話的人，都可以作證）。但是，講的是從拉丁語演變出來的語言（羅曼語系語言），要聽得懂穆斯林世界的阿拉伯語或是土耳其語，壁壘可就比較高了。土耳其人在近代早期從義大利和希臘的語言借用了許多航海術語，從這一點，大概也可以推知他們是從哪裡抄襲他們造的船隻和設備了。[57]水手和商人當然有溝通的必要，奴隸主同樣有這必要，他們當然想要抓來當奴隸的俘虜聽得懂他們在下什麼命令。所以，可想而知，這時期在「班紐」這樣的奴隸特區大概聽得到土耳其人或是歐洲人大聲吆喝，用的就是這類奇奇怪怪嫁接起來的混合語。不過，不管怎麼混，他們接枝的主幹，一般不脫義大利語加西班牙語。突尼西亞的通用語比較貼近義大利語，阿爾及爾的通用語就比較貼近西班牙語——位置相鄰加上政治因素這兩項條件，決定了這兩處地方通用語有何差別。[58]據記載指證，十八世紀有一名阿爾及爾的帕夏「能聽、能講通用語，但覺得和基督徒自由人講通用語有失他的身份」。通用語一般以變節投向伊斯蘭的海盜比較常用，因為有的人未必能將土耳其語和阿拉伯語學得流利。通用語中的辭彙會有語源變形的情況，所以，出自義大利語的「forti」，傳到土耳其人那裡，意思就不是「強烈」，反而是「輕軟」；「todo mangiado」的意思也不再只是「全吃光了」，而擴展為「消失不見」。[59]還有，要是以為通用語有正式的規則、通行的辭彙，那可就想錯了。其實，地中海區在近代早期那年代，族群歸屬流動不定居的情況，體現得最清楚的就是通用語不確定、容易變的特性。

第七章 就為了激勵其他的人

西元一六五〇年—西元一七八〇年

一

歐洲各國的關係在十七世紀出現天翻地覆的變化，連帶在地中海掀起翻江搗海的震盪。「三十年戰爭」在一六四八年終於結束之前，天主教、新教兩邊廝殺慘烈；歐洲各國攻伐的號召，以「宣信歸屬」（confessional identity）凌駕一切。但是過了一六四八年，政治務實——或說是冷靜的計算吧——開始介入。不出數年，英格蘭的頭號新教徒，奧利佛・克倫威爾，願意和西班牙的〔天主教徒〕國王合作，英格蘭對〔同屬新教〕荷蘭的猜忌，反而導致兩國在北海爆發衝突。英格蘭在地中海的活動也有了變化：皇家的艦隊插上一腳，英格蘭（一七〇七年和蘇格蘭合併後，稱作不列顛Britain）開始在地中海西部尋找持久的據點。最先是丹吉爾，再來是直布羅陀、梅諾卡，後來在一八〇〇年就是馬爾他島了。所以，從一六四八年到拿破崙戰爭（Napoleonic Wars; 1803—1815），英格蘭在這期間的一大特點便是動輒就來個一百八十度大拐彎，結盟的對象在西班牙和法國兩邊換來換去。西班牙王位繼承權的整個問題，也導致歐洲各國意見相左，立場分裂，但也見獵心喜——因為西班牙在地中海區國力日衰，開啟了各國瓜分勢力範圍

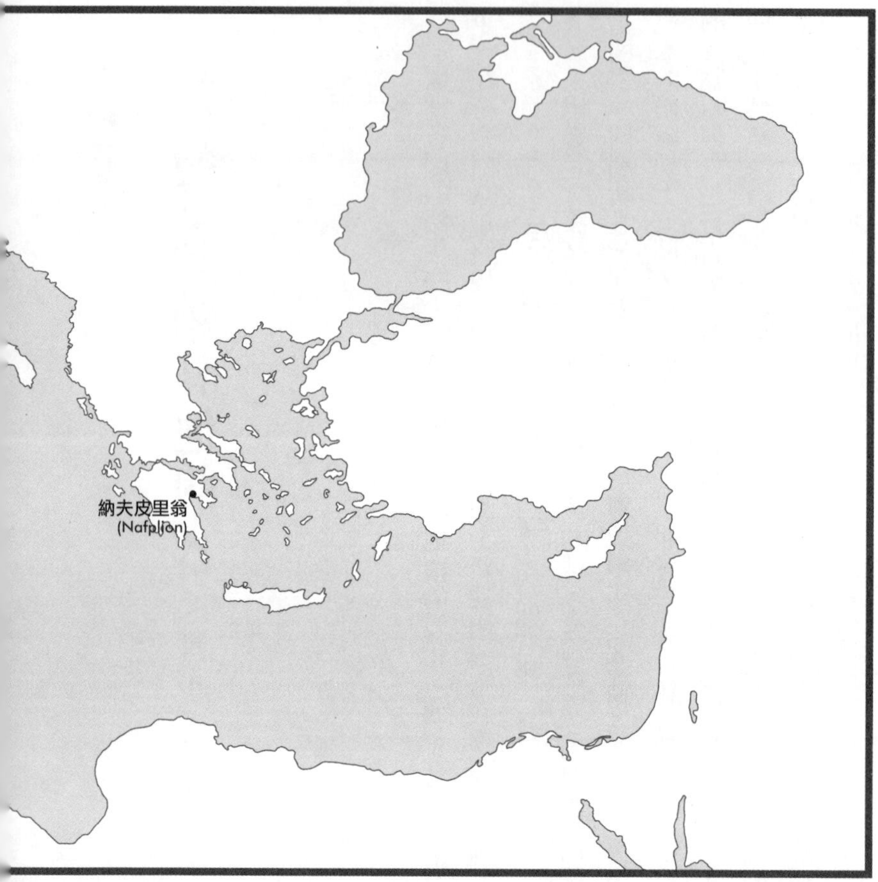

的機會。這時期西班牙的難關明顯易見，倒是當時世人還沒那麼容易察覺到鄂圖曼的國力已經過了巔峰盛期。一六八三年鄂圖曼帝國圍困維也納功虧一簣，但是在地中海的鄂圖曼的加列艦隊對基督教各國依然是嚴重的威脅。海上爆發戰事，鄂圖曼在巴巴里海岸的盟友，也還是他們可以尋求支援的可靠對象。

即使如此，摩雷亞半島（Morea）〔中古時代和近代早期的名稱〕——也就是伯羅奔尼撒半島——還是落入了威尼斯人的手中好幾年，而且，有意思的是此刻發動侵略的變成了威尼斯人。相較於先前那麼

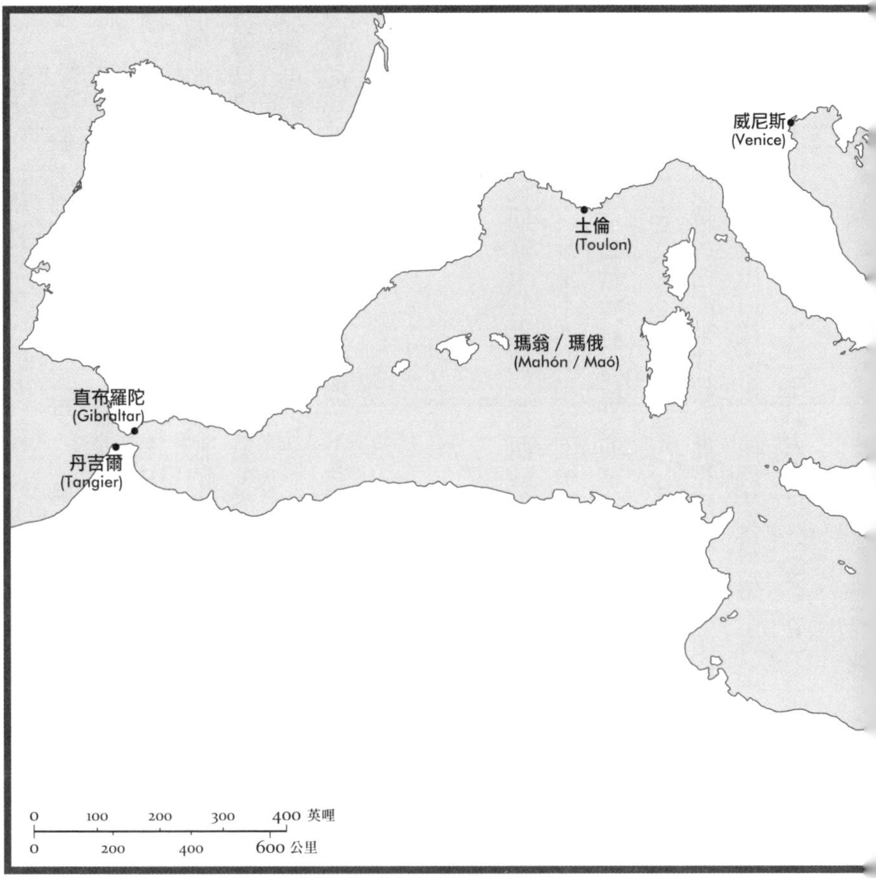

長的時期，他們在這時候變得大膽了許多，矛頭對準毗連他們航海路線的地帶，摩拳擦掌，準備突破鄂圖曼霸權的鐵腕。一六八五和一六八六年，威尼斯攻下摩雷亞半島東西兩岸幾處鄂圖曼帝國的堡壘，搗毀夷平，最後在一六八六年八月三十月拿下納夫皮里翁。這一波攻勢還只是序曲，之後，威尼斯人開始掃蕩鄂圖曼土耳其人在達爾馬提亞的勢力。第一個目標鎖定鄂圖曼在新赫塞格的據點，而在一六八七年九月攻佔下來。鄂圖曼帝國在一六九八年不得不向現實低頭，認可威尼斯對於達爾馬提亞和摩雷亞半島的控制。不過，兩邊的和平未能維持長久，因為到了一七一八年七月，威尼斯的艦隊在希臘外海的瑪塔潘角（Cape Matapan）對上鄂圖曼的海上大軍，一場仗打下來，威尼斯治下的摩雷亞地區大多又告失守。這一次大戰，雙方折損的戰力都很嚴重。鄂圖曼這邊知道再怎麼打也無法確實佔據上風，因此撤退。威尼斯和鄂圖曼帝國又簽下五十年的新和約，正中威尼斯所需，因為在那時候，威尼斯的實力和威望都在下滑。威尼斯的首要課題已經不再是保護他們的黎凡特貿易了。畢竟地中海外的競爭對手搶進這一帶後，在黎凡特貿易已佔有吃重的角色，早就不是吳下阿蒙。所以，威尼斯的目的主要還是在保護共和國在達爾馬提亞地區的統治權。不過，「至尊共和國」還是拿這一場海戰證明他們餘威猶在，絕非氣數已盡。土耳其人要從威尼斯人手裡拿下一吋地，不費盡九牛二虎之力絕不可得。[1]

二

十七世紀晚期暨十八世紀，往西的方向，遠在天邊出的事在地中海一樣掀起波瀾，先是英格蘭和西班牙爆發衝突，之後是不列顛和法國爆發衝突。一六五五年，英格蘭攻下〔加勒比海的〕牙買加。牙買加原是西班牙在哥倫布西航發現美洲大陸之後佔下的領地，落入英格蘭的手中，就把西班牙對當時的「國協護國公」（Lord Protector of the Commonwealth）〔奧利佛・克倫威爾〕原有的友誼打成反目成仇；事關西班牙〔橫越大西洋來往於歐洲和西班牙美洲領地的〕「財寶船隊」（treasure fleet）的安危，〔英格蘭的〕護國公竟然做出這樣的事，西班牙當然怒不可遏。戰雲就此聚集，愈來愈濃，英格蘭海軍派出船隻南下到卡地斯刺探西班牙國王腓力四世（Philip IV）海軍的軍情。英格蘭這邊擔心兩件事，一是西班牙國王會派出龐大的艦隊去收復牙買加，一是西班牙會出兵切斷英格蘭商船進出地中海的航線。英格蘭要是能在地中海出入口建立起據點，就可以握有幾大戰略優勢。奧利佛・克倫威爾派出的間諜蒙塔古（Edward Montague）回報護國公，英格蘭出兵爭奪的首選，除了直布羅陀看不出來還會是哪裡；只是直布羅陀的防禦極為堅固，所以，改將目標放在巴巴里海岸一帶，說不定更有道理。他認為借助「十二或是十五艘輕巧靈便的三桅快速艦（frigate）」，加上握有一處堡壘，應該足以維護英格蘭進出直布羅陀海峽的通商航路。其他可以去搶的幾處目標還包括當時在西班牙人手上的修達；另外一處就是丹吉爾，當時葡萄牙在此駐兵。但是，克倫威爾還是鍾情直布羅陀，一心就是要拿下那裡。那時還沒當上英國海軍大臣的薩繆爾・皮普斯（Samuel Pepys）依然堅持派一艘船到直布羅陀海峽，船上滿載手推車和鐵鏟，目的是要挖斷連通直布羅陀巨巖和內陸的那一道地峽，結果，船被活逮。[2]

後來，英格蘭即使到了〔一六六〇年〕國王查理二世（Charles II）復辟，回到君主制度，還是念念不忘地中海出入口應該要插上一面英格蘭國旗才對。大好的機會說來就來，一六六一年，英格蘭和葡萄牙重拾古老的結盟關係；葡萄牙先前〔一六四〇年〕已經從西班牙統治獨立出來。結果，葡萄牙不僅把布拉崗薩凱薩琳（Catherine of Braganza）送到英格蘭當查理二世的王后，還把孟買和丹吉爾也放進她的嫁妝，送給了英格蘭。英格蘭就這樣不費一槍一彈就有了一處據點，只是葡萄牙的總督奉命要把丹吉爾交給英格蘭，十分生氣，認為這樣有辱先人；丹吉爾自一四七一年起就一直是由他們的家族在治理。[3] 外國也有不少人看得又驚又氣。法國國王路易十四去信給他們派駐倫敦的大使發牢騷，指英格蘭是不是有意要搶直布羅陀海峽——路易十四甚至認為英格蘭說不定會向進出海峽的船隻課稅，像丹麥人在波羅的海搞的那一套一樣。[4]

但在英格蘭這邊，他們看到丹吉爾城破敗的情況失望透頂，也很擔心水源供應是否充足。薩繆爾・皮普斯就寫道：「這時候除了流泉堡（Fountain Fort）之外都找不到水，要是摩爾人知道了，說不定會不准我們用〔流泉堡的水〕，這可能性很大」。[5]英格蘭那邊誤以為有了丹吉爾，等於是在查理二世的王冠再添一顆璀璨的寶石。然而，城內和人去樓空差不多，必需找到人進駐。有人提議的作法，還是幾百年前葡萄牙人拿下修達時就用過的——也就是把罪犯發配到那裡。其他人的提議就奇怪多了：把蘇格蘭三分之一的人口全扔到那裡去。英格蘭也以為拿到丹吉爾對他們和摩洛哥大西洋岸的這一邊，還有地中海內的巴巴里國家，進行貿易應該會有助益。[6]然而，要做到這一點，他們和丹吉爾城外那一帶的統治者就一定要打點好關係才行。這一位統治者是阿布杜拉・蓋蘭（Abdallah Ghaylan），英國人管他叫「Gayland」。他的統治涵蓋平原區的四支阿拉伯部落和山區的十八支柏柏人部落。據說他那人身形臃腫，性情狡滑，縱慾好色，「思慮縝密卻又放浪無度：性格矛盾」。[7]所以，他的立場也在敵友——至少算是答應為友吧——之間擺盪，例如英格蘭要求他准許他們在丹吉爾外圍收集木柴作燃料使用，就被他拒絕。他不清不楚的態度，逼得英格蘭總督不得不百般遷就讓步；英格蘭總督可不想新的殖民地還沒鞏固好就先得罪他，被朝廷怪罪下來。但是蓋蘭得寸進尺，到後來提出的要求就太過離譜了（他竟然要求英方提供五十大桶火藥，也要讓他使用英格蘭的船隻），而且，沒多久摩洛哥的士兵還開始偷英方的牛隻，和英格蘭士兵爆發小衝突，雙方多次交火，導致總計六百名的英格蘭士兵死於戰事，連英格蘭派駐那裡的總督，泰維奧勳爵（Lord Teviot; Andrew Rutherford）也遇害。在這之後，風向才再改變，蓋蘭和英格蘭又化敵為友了。[8]

英格蘭統治的丹吉爾到後來發展為十分蓬勃的港市。原先的空城，雖然看得第一任總督目瞪口呆，但很快便重現鼎沸的人聲，而且人口來自天南地北，形形色色：除了一千二百至二千名駐防的守軍之外，還有約六百名平民，外加不時流入的荷蘭商人、葡萄牙修士、穆斯林奴隸，歐洲和北非來的猶太人等等。猶太人在丹吉爾頗受猜忌，因為他們和穆斯林的來往十分頻繁，雙方有密切的貿易關係。薩繆爾・皮普斯〔在他傳世的日記〕就寫過一件事，「有一名倒楣的猶太人和妻子為了躲避宗教裁判而從西班牙逃到這裡」，英格蘭守軍的司令官卻一點同情心也沒有，「怒斥『天殺的猶太人，早該燒死才對！』，夫婦倆就被送進宗教裁判所燒死」。[9]別的地方來的旅人，他們就歡迎得多了。皮普斯也寫過土耳其或是亞美尼亞商人遠從士麥納來到丹吉爾的情景，寫他們把貨品堆在沙灘，「由他們運到費茲（Fez）去賣」。[10]商人要是在找避風港以求安心作生意，看見丹吉爾城邊新建的防禦工事，應該會大喜過望；那裡的防波堤也很壯觀，儘管克里斯多福・雷恩（Christopher Wren）婉拒為之作設計。[11]

英格蘭本土對於丹吉爾有何用處，看法不一。不過，一六六五年貝勒西斯勳爵（Lord Belasyse, John Belasyse）抵達丹吉爾接手泰維奧的總督遺缺時，就堅持丹吉爾有其優勢：

> 只要國王陛下聽聞此處海峽發展的前途勝過西班牙，有穿行此處的船隻，有非洲物產豐富的山林，有馥郁的花香，罕見的果物、青蔬、新鮮的空氣、肉類、美酒等等，都是這裡極可能供應或說是即將供應者，國王陛下對此處之看重，必定勝過領土其他地方。[12]

他看得太樂觀了。英格蘭和荷蘭開戰的陰影日漸逼進，荷蘭正在集結一支地中海艦隊，英格蘭立即反擊，加強他們和突尼斯、的黎波里的政治、貿易來往。之後，英格蘭運送補給到丹吉爾應急的一支小型船隊被荷蘭擊沈，幾個月後，一六六六年初，法國國王路易十四決定支持信奉喀爾文教派的荷蘭對抗英格蘭。路易十四朝中備受重用的〔財政〕大臣，寇爾貝（Jean-Baptiste Cobert），在亟力推展法國貿易、產業之餘，也派出船艦到地中海去打英格蘭的艦隊。不過，英格蘭這邊的「丹吉爾」海盜打起法國、荷蘭的艦隊，戰果卻十分輝煌，擄獲的船艦和船貨都被他們帶到丹吉爾，放進市場公開販賣。[13]英格蘭在丹吉爾的這塊殖民地，展現了不小的韌性。丹吉爾在許多方面最大的問題是在倫敦那邊，反倒不在直布羅陀海峽這一帶。英格蘭經營丹吉爾的成本，一直是英格蘭朝廷放不下的掛慮，畢竟他們可是同時有好幾條戰線都需要照應。然而，只要丹吉爾對英格蘭、荷蘭的戰爭還有貢獻，英格蘭經營那裡就還說得過去。丹吉爾顯然也可以作為英格蘭和巴巴里一帶的君主打交道、談合作的根據地，尤其是對阿爾及爾那邊。至於巴巴里的海盜要是罔顧他們和英格蘭簽訂的條約，恣意打劫，那麼丹吉爾一樣也可以作為英格蘭打擊海盜的根據地。只是倫敦那邊未必人人都認為英格蘭在地中海的大門口應該要有根據地才好，尤其是有蓋蘭那樣反覆無常的人在作鄰居，害得駐防該地的英軍必須耗費軍備和人力去應付他；這些軍備人力，有人認為原本大可用在別的地方的。

就是因為考慮到這些因素，英格蘭國王查理二世才會在一六八三年重新考慮他的策略。英格蘭到了那時候，財政已經需要曾為敵人的法王路易十四支持才撐得下去。路易十四長久以來一直把英格蘭的丹吉爾殖民地當作肉中刺，而查理二世也無力再繼續討伐作亂的摩洛哥人。丹吉爾的英格蘭守軍，是查理二世自掏腰包出錢在維持的，一年要花掉他七萬英鎊之多，前前後後加起來已經高達一百六十萬英鎊。他心裡清楚依他的財力，不可能無止無休這樣下去。[14]所以，查理二世朝中討論過幾項對策，像是把丹吉爾還給葡萄牙人算了（葡萄牙人和眾多英格蘭商人一樣，堅持丹吉爾之於打擊海盜，有其價值），或者是把丹吉爾讓給查理二世新交上的法國盟友（法國人的艦隊那時已經大到不得了——一六八三年多達二百七十六艘船艦）。不過，最後英格蘭還是在一六八三派出達特茅斯勳爵（Lord Dartmouth, Admiral George Legge）出任丹吉爾最後一任總督，明白指示他要夷平城池，搗毀防波堤。一六八四年，英格蘭終於撤出丹吉爾，但是留下遍地斷垣殘壁。[15]不過，英格蘭要拿下直布羅陀海峽控制權的心願倒是屹立不搖。查理二世對於棄守丹吉爾十分後悔，英格蘭還要再等上二十年才會拿下直布羅陀這一處地中海城鎮，樹立起不列顛的國旗，至今依然飄揚。

三

不過，英格蘭拿下直布羅陀，並非出自是精心籌謀要實現他們在地中海出入口擁有據點而得出來的結果。英格蘭會買下直布羅陀，再借用一下約翰・席利爵士的名句，應該是「一時失神」（in a fit of absence of mind）。西班牙的王位繼承危機鬧到了一六九〇年代，明顯看得出來應該不至於會將西班牙扯得四分五裂。哈布斯堡王朝在西班牙的最後一位國王，查理二世（死於一七〇〇年），身後未留子嗣可以繼承王位，而生前也被看作是白癡；哈布斯堡王室先前兩百多年大作近親聯姻，對後代的健康有害無利。西班牙的查理二世留下遺囑，提名腓力・德・波旁（Philip de Bourbon），也就是當時的安茹公爵（Philip of Anjou）、法國國王路易十四的孫子，繼承他的王位。法國的幾處鄰邦對於西班牙橫跨歐洲、地中海、美洲的龐大帝國將由法國的王子繼承王位，可想而知，當然期期以為不可。因為這樣一來，他們等於是大難臨頭，法國絕對因此而躍居世界首要強權，連西班牙鼎盛時期的國力都還瞠乎其後。所以，替代的方案便是要哈布斯堡王朝把血脈留在西班牙，那就要從哈布斯堡王朝在奧地利的那一支宗室，找人來當西班牙的國王。由於當時的英格蘭國王威廉三世，是出身荷蘭的親王奧蘭治威廉（William of Orange），荷蘭和英格蘭在這一件事，利益便有了交集，只不過英格蘭始終表示他們的「動機單純只考慮到通商和通航的利益而已」，荷蘭人那邊的說法大概也差不多。萬一有法國王子當上西班牙國王，「地中海貿易隨時可能徹底失守，全看法國國王高興怎樣；因為，屆時西班牙國王在法國協助或是支持之下，就會主宰直布羅陀海峽、主宰地中海每一國家、每一港口的霸主」。[16] 英王威廉三世進一步申論：

> 關於地中海貿易，巴巴里海岸地帶的港口是不可或缺的條件，例如修達（Ceuta）或是奧蘭（Oran），西班牙海岸的港口也是，例如梅諾卡島上的瑪翁（Mahoʼn）據說就是非常優異的良港。我們說不定要拿下一整座島嶼，才比較有把握擁有該處港口。

不過，法王路易十四十分堅定，堅持西班牙的領土如修達、奧蘭、梅諾卡等地絕對不能落入英格蘭的手裡；西班牙的傳統領地，英格蘭再怎樣也無權分一杯羹。梅諾卡，不用說，當然不在伊比利半島上面，可是有了梅諾卡，「就可以讓他們成為地中海商業的霸主，也可以將其他國家徹底排擠出去」，荷蘭除外。英格蘭或是荷蘭拿下瑪翁，可以削弱土倫在法國海軍充當指揮所的地位。這問題在這時候格外重要，因為寇爾貝這時已經過世，法國海軍的管理未若以前精良。[17]

出身波旁王室的安茹公爵腓力（腓力五世），對上奧地利哈布斯堡王室推出來的查理三世，這兩邊在打的「西班牙繼承戰爭」（War of the Spanish Succession, 1701 — 1714），在英格蘭眼中是他們趁機漁翁得利的大好機會：加勒比海群島這下子可以任由他們攻佔，西班牙的財寶船也可以任由他們去搶了。英格蘭朝中拿不定主意要攻打卡地斯還是直布羅陀比較好，不過，他們出手攻擊，打斷西班牙在大西洋的聯絡網路這動機不下於他們大肆張揚的名目：保護英格蘭在地中海的貿易。卡地斯這一座城比較大，比較富裕；直布羅陀這一座城就很小了，但是戰略要衝的誘惑力卻更大。[18]一七〇四年七月，英格蘭海軍司令魯克（George Rooke）在他的旗艦召開軍事會議，決定由海瑟—達姆施塔特的喬治・路易親王（George Louis of Hessen-Darmstadt）率軍直搗直布羅陀，目的在「逼它向西班牙國王稱臣」，而不在為英格蘭征服直布羅陀。[19]而這裡說的「西班牙國王」，指的不是別人，絕對只限奧地利這邊推出來的人選。直布羅陀城內的居民收到一封冠冕堂皇的皇室公函，請他們奉查理三世為王。直布羅陀的居民非常客氣也非常堅決，認定他們是法國推出的西班牙國王人選「腓力五世（Philip V）忠心不貳的子民」，最後還恭祝喬治路易親王萬壽無疆。直布羅陀有多重城牆，還有多門上好的大砲，固若金湯。不過，守方少的，同時也是攻方有的，就是人力。所以，直布羅陀的戰事進行到城內的婦孺被進攻的一方困在避難地，也就是直布羅陀巨巖南端的「歐羅巴聖母教堂」（Our Lady Of Europa），城內的議會和軍方的總督便一致認為「國王陛下一定樂見我們有條件投降，而不是作無謂的頑抗，平白犧牲他在城內眾多的人民以及諸侯」。[20]這時候他們說的國王陛下，還是〔法國那邊推出來的〕腓力五世，不是〔奧利地推出來的〕查理三世。所以，直布羅陀就這樣投降了，也得到了保證：征服者絕對不會強迫他們改信基督新教——英軍畢竟是拿一名信天主教的國王作藉口，出兵攻打直布羅陀的。城內的本土居民集體朝內陸方向撤退到近處的聖羅凱（San Roque）。這一座小鎮至今依然自認是直布羅陀原始居民的家鄉。[21]

事後，對於直布羅陀巨巖應該由誰來管，相關的討論就一再明確聽到此次征伐是英格蘭軍隊為西班牙名正言順的王位繼承人而進行的代理戰爭：「英格蘭絕對不願自稱此次征伐」是為了英格蘭。[22]。喬治・路易親王提議以直布羅陀作為直搗西班牙的大門，從直布羅陀出兵渡海進攻加泰隆尼亞，他這軍事計劃通過之後，查理三世還御駕親征到直布羅陀指揮戰事。只是命運捉弄人，查理三世才剛拿下幾吋他名下的西班牙領土沒多久，直布羅陀就從他的指縫間溜走，（於一七一三年）落入英格蘭女王安妮的手中，以後再也要不回來了。這麼一換手，大家爭論直布羅陀政策的話鋒跟著一轉，變成直布羅陀「無力保護艦隊抵禦更強的軍力，但是保護單艘船隻或是四、五艘軍艦就還派得上用場，單是這樣對我們的貿易就有很大的好處了」。[23]英格蘭這時也開始看出他們拿下直布羅陀，能為他們開打門戶，提高他們拿下地中海西部控制權的機會。英格蘭駐里斯本的大使約翰・麥修恩（John Methuen）便提醒英方，萬一（他們支持的）查理三世未能登上西班牙王座，「英格蘭也絕對不能放掉直布羅陀，直布羅陀永遠都是我們在西班牙進行通商、要到優惠的籌碼」。英格蘭本土的宣傳也大肆吹捧直布羅陀的優點，「宛如落在我們商業的中樞，雄踞海峽的出入口，俯瞰兩岸，來往於法國東部到卡地斯的船艦見此氣勢無不懾服」。[24]不誇張未足以稱王：直布羅陀在那時候根本就是小小一座荒城，碼頭甚至還沒在蓋。

一七一一年，神聖羅馬帝國皇帝，也是查理三世的兄長約瑟夫一世（Joseph I）駕崩，權力的天平又再劇烈擺盪。查理三世有望獲選登上神聖羅馬帝國皇位的大統，屆時，以哈布斯堡王室在東邊的領地，他能動用的本錢就多得多了，有助於他打西班牙的繼承戰爭。可是，沒人想要回到以前神聖羅馬帝國皇帝查理五世一人腳跨（西班牙和神聖羅馬帝國）兩大帝國皇位的情況。而要引誘不列顛政府作交易，接受（法國）腓力五世登基為西班牙國王，並非難事，只要西班牙南端這一小塊無足輕重的峽口（從巴黎那一頭看過來是這樣沒錯），還在英格蘭的手裡就可以。爭論無止無休，論點錯綜複雜。法國一度代腓力五世拒絕將西班牙「小到不能再小的一塊地」割讓給外人，不管是誰；後來，爭論轉到所謂割讓直布羅陀到底是在說什麼——把範圍縮到最小的這一派，主張割讓的地區僅限於直布羅陀的城堡、小鎮、港口，絕對不可以擴及周邊的土地，連直布羅陀巨巖也不算在內。[25]所以，這問題就變成了：「直布羅陀」到底是指哪裡？

一七一三年四月十一日簽訂的〈烏特列支和約〉，想來是把這些問題都解決了。和約中第十條明載腓力五世已獲不列顛正式承認為西班牙國王，而必須將直布羅陀鎮暨直布羅陀城堡完整的所有權完全交出，附屬之港口、軍事工事、堡壘盡數在內，上述所有權他一概放棄，絕對不再擁有、不再行使任何權利，毫無保留、毫無條件。

天主教徒在直布羅陀城內依然可以自由舉行禮拜，但是，不列顛女王答應腓力五世的請求，同意禁止猶太人、摩爾人定居在城內，但是摩洛哥來的商船可以停靠碼頭。[26]只是，這一道禁令充其量也是直布羅陀的新宗主國可以打破的承諾而已。從一七〇四年直布羅陀投降到一七一三年簽訂〈烏特列支和約〉期間，猶太中間商在這短短的空檔已經從摩洛哥來到直布羅陀落腳作生意了，也因為供應海軍所需的軍糧和軍備，而漸漸受到器重。即使如此，直布羅陀的潛力還要再花上好幾十年才會發揮出來，贏得注目。在這段期間，只聽到不列顛怨聲載道，指這一塊大石頭店家既不多，修船所需的設施也不足。等到進入十八世紀之後，直布羅陀的猶太商人當中插進來不少熱那亞人，而且人數有增無減。城內色彩獨特的社會開始有了雛形，大多是中間商、叫賣的小販和船具店家。不過，直布羅陀城內的居民還是以流動人口佔絕大多數，也就是多達五千名的水手，城內的平民許多住的地方只能以骯髒、邋遢來形容。[27]

四

烏特列支和約（Treaty of Utrecht）還將另一塊西班牙領土也割讓給了大不列顛：梅諾卡島。一六七〇年代，不列顛在西班牙同意下使用梅諾卡島作為補給站，船艦多次和巴巴里海盜爆發小衝突。但是，那裡的設施十分簡陋——倉庫一間也沒有，老鼠倒是太多，不過「麵包、母雞、雞蛋、不管什麼都很便宜，一枚八里爾幣就可以買一頭綿羊」。[28]一七〇八年，不列顛佔領梅諾卡島，但是不列顛的盟友（哈布斯堡王朝的）查理三世，卻不肯把梅諾卡島的主權出讓給不列顛。然而，等到不列顛這邊決定要轉向，改和腓力五世談條件的時候，這一位（法國）波旁王室推出來的西班牙王位繼承人，卻同意把梅諾卡島割讓給不列顛，也不管這一割讓對法國有多不利，而且，割讓沒多久他就後悔得要命。[29]不列顛的馬爾博羅公爵（1st Duke Of Marlborough, General John Churchill）就很清楚梅諾卡這一座島嶼有多重要，也知道直布羅陀加進來就可以作為中途站——為不列顛在地中海建立永久根據地的大戰略，就此開始醞釀。[30]不過，梅諾卡島的天然資源不足，馬上就成為問題了。他們的大軍才剛在岸邊紮營，就發現梅諾卡島養不活大家，因為梅諾卡島上的糧產也只能勉強填飽原本居民的肚皮而已，豢養的牲畜供應的肉品還難以下嚥。島上不少地區光禿一片，沒有樹木，所以木材也很難找。連為軍隊找柴火都有困難。[31]在梅諾卡島這麼炎熱、乾燥的不毛之地當兵，自然被看作是嚴酷的試煉。但在瑪翁，梅諾卡卻有堪稱地中海最好的天然良港：長三哩，有些地方寬達半哩，出入口寬度則約二百公尺，所以，敵艦很難開進港內進行攻擊、破壞。港的出入口還有一座很堅固的聖斐理伯堡壘（Fort St. Philip's）在保護。瑪翁港的戰略價值同樣重要，因為這一處基地距離法國南部很近，駐紮在土倫的法國艦隊就在瑪翁東北方二百二十英里處。不列顛駐紮在西班牙的軍隊司令，詹姆斯・史坦霍普（James Stanhope, 1st Earl Stanhope）就寫過「英格蘭一定要將這一座島牢牢抓在掌心才行，不論承平或戰時，這一座島都是號令一方的中樞」，還強調梅諾卡島也是牽制法國的重要籌碼——不列顛拿到敦克爾克，為的是要壓制法國在英吉利海峽的氣燄。而在地中海這裡也一樣，不列顛一定要握有梅諾卡島，才有辦法壓制法國在地中海的氣燄。[32]

不列顛既然把梅諾卡島拿在手中，自然也開始思量這一座島是不是還有什麼潛力可以開發。有瑪翁這麼優良的港口，梅諾卡島理當可以作為地中海貿易的轉口站。要是多多促進通商，梅諾卡島上的居民大有機會「富庶、繁榮」起來。[33]理查・肯恩（Richard Kane）是梅諾卡歷任總督中最能幹的一位，他就推動多項重要的政務，帶起島上繁榮的氣象。他抽乾沼澤地的水，改作果園使用（島上有一種李子叫作quen，發音就是Kane，現今依然是島上的重要作物），從北非引進牛隻，改進島上畜牧的質和量。十八世紀英格蘭的發明家群起帶動農業革命，肯恩遠在梅諾卡島，也在發揚祖國發明家的精神。到了一七一九年，島上已經修築好一條馬路，連通瑪翁和丘達德拉（Ciutadella）兩地——築路的工程耗時兩年，到現在這一條路還是叫作「肯恩老爺路」（Camí d'En Kane）。[34]新的首府設在瑪翁，取代西岸的競爭對手丘達德拉（古名為哈莫納；Jamona）。這樣一來卻導致島上原有的住民，尤其是島上的權貴階級和不列顛官方的嫌隙加深；而不列顛官方又常將島民看作是不懂得感恩、合作的刁民。有一位總督詹姆斯・莫瑞（James Murray），在寫給島上幾位保安官（jurat）的公函內，質問他們是不是急著要看宗教裁判所或是巴巴里海盜重回到島上來，那時可沒人再幫他們擋下這些威脅，而且不列顛還讓他們擺脫了從自古以來的貧窮。

[35]瑪翁一地也是不列顛官方用心改善的重點所在：興建了幾處碼頭，城內修築的筆直街道，至今依然是瑪翁的特色。英格蘭式建築的烙印，在現今當地屋舍依然慣用的「直拉窗」（sash window），便清晰可見。這樣的建築形式流露的是英格蘭南部濱海小鎮的風情，和西班牙沒有一點關係。

只是這些施政的智慧和魄力，並未將梅諾卡島推上地中海貿易港的第一列；梅諾卡島主要還是作海軍基地使用。英—法（還有英—荷）捉對廝殺，不僅在戰場的黃沙，也在貿易的商場，雖然不列顛在地中海的貿易成績始終相當穩定，但是，十八世紀大部分時間市場是由法國一馬當先。法國生產的布料在黎凡特一帶的市場比較吃得開，因為質地較為輕軟，色彩較為鮮艷，比較符合土耳其人的喜好和氣候。英格蘭和土耳其人的貿易，在十七世紀的風光過後，進入十八世紀就大幅萎縮了，出口值在一七〇〇年到一七七四年間從二十三萬三百英鎊銳減為七萬九千英鎊。十八世紀士麥納的貿易量，以法國人佔去絕大部份。法國人利用馬賽將士麥納變成鄂圖曼和西方世界通商的首要貿易中心。不過，法國人敘利亞、塞浦路斯島、亞歷山卓、薩洛尼迦、巴巴里攝政國（Barbary rengencies）和君士坦丁堡等多處地方，一樣十分忙碌（但不是沒有中斷的時候，例如一七二〇年馬賽爆發嚴重腺鼠疫那時期）。不列顛和地中海的貿易，整體而言，在這時期依然算是成長的，只是速度不像他們在美洲、非洲、亞洲那麼快。還有，不列顛在地中海的貿易也會因為他們和法國或西班牙爆發衝突而致受阻。所以，他們空有出色的政策，像是將梅諾卡島打造成地中海西部的穀倉，或是推動地方的棉花產業、開闢鹽田等等，卻始終做不出多耀眼的成績。[36]

不列顛在梅諾卡島上的推動商業作為，給島上的社會帶來了其他重要的影響。從不列顛佔領梅諾卡島開始，基督新教信徒、猶太人、希臘人就在這島上找到了棲身之處。不列顛向來就懷疑天主教徒終究會背叛不列顛的王權，不過，就算這樣的猜忌始終未從他們心頭消除，但是他們還是答應維護天主教會的權利（話說回來，不列顛軍隊當中愛爾蘭籍的天主教徒士兵為數眾多）。儘管如此，對於不列顛官方堅持天主教會一些歷史悠久的機關，例如宗教裁判所，在不列顛統治的領土絕對沒有立足之地，天主教會依然忿恨。梅諾卡總督肯恩在一七一五年和一七二一年，先後兩次發佈敕令，禁止外國的天主教士留在島上，也對教會法庭設下限制。後來，肯恩覺得在梅諾卡島建立〔英國國教〕聖公會（Anglican）的時機已經成熟，也明白指出梅諾卡島是地中海內最早建立聖公教會的地方。不像他們在直布羅陀那樣，不列顛始終未曾鬆口要將猶太人和摩爾人從梅諾卡島趕出去。到了一七八一年，梅諾卡島上已經有猶太社區成形，人數約五百人，還蓋起了自已的猶太會堂。梅諾卡島上族裔和文化雜處的現象，在約二百名希臘人移入之後，更顯繽紛，不過，他們也不是從多遠的地方來的；科西嘉島上本來就有希臘難民聚居。希臘人獲准在島上可以蓋一座他們的教堂，可是，敵視他們的天主教徒一開始卻不肯賣地讓他們蓋教堂，雖然島上的天主教領袖是「合併派」希臘人，也就是承認教皇的的領導權但是行希臘正教的儀式。歷經數百年宗教裁判的折騰，梅諾卡島的本土居民對於不同的教儀沒了耐心，在不列顛政府努力捍衛崇拜自由下，還是避免不了出現新的緊張。[37]

梅諾卡的上流階級分屬幾支「會社」（universitat），始終把不列顛官方看作是敗壞道德的佔領軍，島上的貴族甚至嚴禁女兒和不列顛軍官有任何接觸——他們有些人的習性很討人厭，專愛到女修院去找漂亮的修女聊天。一七四九年就有三名修女因為嚮往談情說愛，從丘達德拉的女修院偷跑，躲進一名不列顛軍官住處。三人改信聖公會，全嫁給不列顛籍的軍官。梅諾卡當地的保安官怒不可遏，可是總督卻只是發佈一紙命令，要他的屬下不可以和島上的修女作朋友。[38]除此之外，島上的本土居民和殖民人士之間少有社會混雜的情況。不過，不列顛在島上佔領的時間不算短，是足以留下印記（真的有「印」，從倫敦弄到梅諾卡來的東西，有一樣便是印刷機）。梅諾卡人講的加泰隆尼亞語也攙入了一些造船廠用的行話：像「móguini」就是「mahogany」（桃花心木），「escrú」是「screw」（螺栓），「rul」是「ruler」（尺）。梅諾卡人連吃的東西也沾染上英格蘭的風味，出現「grevi」，就是「gravy」（肉汁），也喝一款用倫敦杜松子酒（gin）作底調出來的杜松味烈酒。梅諾卡兒童遊戲時喊的「faitim」！就是英語的「fight him」！[39]

英國人沒有因為梅諾卡島有天險作屏障，就認為此地的防衛可以高枕無憂。聖斐理伯堡壘算得上是不列顛帝國轄下最堅固的堡壘之一，底下還挖了很深的地道，縱橫交錯，可供人員躲藏，或是貯存物資維持乾燥。不過，他們還是有一道棘手的難題，唯有遠在倫敦的政府才有辦法解決：兵員短缺。[40]這一點，加上海軍支援不足，後來就成了不列顛在梅諾卡島保住治權的致命要害（最後也成了海軍司令的致命要害）：一七五六年，不列顛的海軍司令約翰・賓恩（John Byng）面對法國大軍進犯，才赫然發現他救不了梅諾卡島。之後，海軍司令賓恩被押送軍法審判，遭到處決，梅諾卡之所以落入法國手中的來龍去脈，就這樣被掩蓋掉了。「七年戰爭」（1755—64）的起因其實不在地中海這裡，而是遠在北美大陸的俄亥俄河。法國要在那裡打造出一串堡壘，從南邊的路易斯安那串連到北邊的大湖區。堡壘一串連起來，等於是把不列顛轄下的十三處殖民地圍在北美東岸一帶無法再向外擴張。法國在地中海這邊一樣在動腦筋要把不列顛綁死，所以就開始注意土倫外海的水域；土倫是當時法國地中海艦隊的總部所在。法國正在土倫打造十六或十七艘戰艦的消息傳到倫敦，不列顛派駐〔西班牙〕卡塔赫納的領事似乎知道是怎麼回事：

> 我收到情報，指大軍朝〔庇里牛斯山北麓〕魯西雍（Roussillon）急行前進，總計為一百營的兵力，這一批軍隊的目標是要攻打梅諾卡島，預備由現在停泊在馬賽港的商船運送到梅諾卡島，土倫的戰艦則負責護送。[41]

所以，「七年戰爭」一開始的時候，地中海這一帶只是次要的舞台。但是，不列顛想要利用梅諾卡島作為基地，干擾法國的黎凡特貿易，這樣的盤算很快就看得很明顯了。

對於法軍進犯的威脅，不列顛政府由於缺乏軍費等多項因素，回應起來有氣無力的。賓恩絕對是足堪賦與司令重任的將領，但是，待他發現他只分派到一支小小的分遣艦隊，總計十艘戰艦而已，所需人手短少七百二十二人，他就知道這一場仗根本沒辦法打。接著，又因為別的戰艦都派到大西洋去出任務，出兵遭到延宕。賓恩的任務是要去探察梅諾卡島是否已遭法軍佔領，若是已遭法軍佔領，便要替該島解圍，若否，則要圍堵土倫的海港。[42]一七五六年四月，他率隊出發前往地中海，艦隊才出樸茨茅斯（Portsmouth）港口，法國艦隊便已由戛利索尼耶侯爵（Roland-Michel Barrin de la Galissonnière）和李希留公爵（Louis-François-Armand de Vignerot de Plessis de Richelieu）率領，登陸梅諾卡島。這一位李希留公爵，是法國路易十三世朝中那一位機智過人、目中無人的樞機李希留（Armand Jean du Plessis de Richelieu, Cardinal de Richelieu）的侄孫。戛利索尼耶侯爵是很精幹的海軍將領，只是軍旅的官運不算亨通，晉升得很慢（大概因為他身形矮小兼又駝背的關係吧）。法國這邊的戛利索尼耶就有辦法把進攻所需的艦隊數量全要到手：他總計率領了一百六十三艘運輸艦，載運一萬五千名將士出征。法軍戰列艦有一艘〈霹靂號〉（*Foudroyant*），裝配了八十四門大砲，不列顛這邊的那一支分遣隊（這時候增加到十四艘船艦了），根本沒得比，連旗艦〈拉米利號〉（*Ramillies*）也望塵莫及。[43]法軍不費吹灰之力就登陸丘達德拉，贏得梅諾卡島的民心——他們迫不及待要擺脫信奉新教的不列顛人。島上還有一條修得很好的馬路，早年由副總督肯恩建的，想來應該可以讓法國大軍以破竹之勢往東前進瑪翁。然而不列顛派出一隊猶太人和希臘人，把得之不易的路面挖得亂七八糟，害得陣中有重砲隨行的法軍推進變成步履維艱。即使如此，不出數天，不列顛軍隊手中的據點只剩聖斐理伯堡壘一地。[44]

所以，等到賓恩在一七五六五月終於率領艦隊出航，來到巴利亞利群島外海，他的任務便是替聖斐理伯堡壘解圍了。他和麾下的高級軍官開軍事會議，席中列出關鍵的幾大問題來歸納他的分遣隊應該使用什麼戰略：攻擊法國艦隊，有機會替梅諾卡解圍嗎？顯而易見，沒有。即使這一帶的水域一艘法國戰艦也沒有，他們有沒有辦法從法國軍隊手中把梅諾卡島再搶回來？還是同樣的話，他們覺得沒有。不過，要是他們落敗，直布羅陀會不會也有危險？沒錯，會有危險。所以，開會的結論便是：「我們一致同意艦隊應該立即轉往直布羅陀」。[45]他們留下總督威廉・布雷克尼（William Blakeney）來保衛聖斐里伯堡壘，總督也英勇奮戰，力撐到最後一刻（才投降）。至於賓恩，不列顛政府拖拖拉拉、七折八扣的政策，就拿他作代罪羔羊了。他被推出來面對群情激憤的大眾，說明何以不列顛在地中海的領土會落入死對頭的手裡。在軍事法庭上，雖然經他義正辭嚴力駁控方指控他不戰而逃，而且句句在理，但他還是被判了罪，在一七五七年三月十四日遭到處死。梅諾卡島失守之過，當然不應該套在他的頭上。[46]當時便有有多人替他求情，李希留公爵雖是敵方，但是不失俠義精神，也是求情的人士之一。蟄居英格蘭的李希留公爵筆友伏爾泰（Voltaire,François-Marie Arouet），在他最有名的傑作《憨第德》（*Candide*），描述主人翁憨第德來到樸茨茅斯，親眼目睹不列顛的海軍司令遭到處決，還聽人說：「在我們這國家啊，不時拉一個海軍司令來殺一殺，算是好事，這樣才能激勵其他的人」。

法國就算拿下了梅諾卡島，也只留在手裡幾年而已。法國和英格蘭簽訂和約，而教不列顛在一七六三年至一七八二年間重拾梅諾卡島的統治權。之後，梅諾卡一度落入西班牙的手中，但是維時短暫，不過從一七九八至一八〇二年而已。之後，因為「拿破崙戰爭」的緣故，梅諾卡戰略要衝的地位再度恢復。不過，即使不列顛很清楚擁有梅諾卡島作為他們在西地中海的基地的戰略利益，但是他們統治這一座島嶼從來就不順心。部份緣故，在於這一座島嶼是又乾又荒的不毛之地，雖然鄰近法國、西班牙、北非，卻又不知何故總感覺地理位置十分偏僻（幾百年前，梅諾卡島的主教塞維路斯就抱怨過這一點了）。另一部份也在於他們一直盤算要拿梅諾卡島作誘餌，必要時就割讓給他們想要結盟的對象，以此鞏固他們和其他地中海強權的友好關係。[47]這樣的討論在一七八〇年就已經擺到檯面上來了，指向的對象是俄羅斯。至於俄羅斯為什麼忽然間變成地中海的強權，這就需要將時間倒回去幾年來看。

第八章

俄羅斯人用上三稜鏡

西元一七六〇年—西元一八〇五年

一

鄂圖曼帝國的國力衰落日甚，就把俄羅斯沙皇的目光朝地中海這一區吸引過來了。自十七世紀末年開始，俄羅斯的勢力南下朝亞述海和高加索地區擴張。俄羅斯的彼得大帝磨刀霍霍朝波斯帝國揮舞，教統治克里米亞半島的鄂圖曼帝國同樣備感威脅。[1]彼得大帝在這時期必須分神處理俄羅斯和瑞典爭奪波羅的海的衝突，但也沒有鬆手不管俄羅斯自由出入黑海的問題。他推行的這些計劃，既有他要改革的老俄羅斯濃重的氣味，也有他要開創的新俄羅斯技術官僚的氣象。先前俄羅斯沙皇自命為拜占庭皇帝在宗教上甚至政治血脈的後裔，以莫斯科公國為「第三羅馬」，這樣的觀念在彼得大帝遷都波羅的海岸，闢建聖彼得堡之後，並未掃除。而且，這時候他們還可以誇口他們已經擁有數百艘船艦，足堪挑戰鄂圖曼帝國在黑海的霸權。只是以俄羅斯那時船艦的戰力，要發動全面海戰還差得遠了。而且他們船艦也造得很差，儘管彼得大帝有過那麼一次史上著名的微服出訪，頂著彼得・米海奧羅維奇（Pyotr Mikhailovich）的化名私訪西歐多處造船廠。總而言之，他這一支艦隊「紀律不良，訓練不佳，士氣消沈，駕船無方，

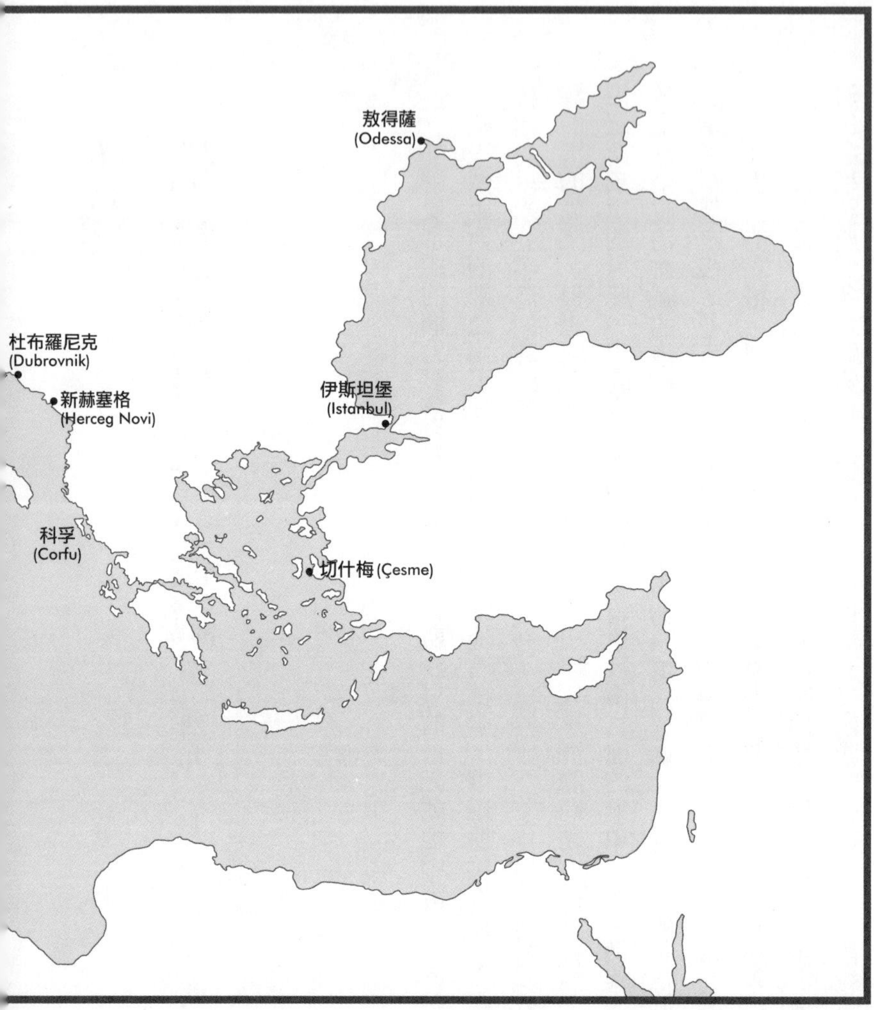

管理拙劣，裝備不足」；當時有人就說，「再也找不到哪裡的管理會比俄羅斯海軍那裡還要糟糕的了」，因為俄羅斯皇家海軍的軍需庫，不管是麻繩、瀝青還是鐵釘一概缺貨。所以，俄羅斯便向蘇格蘭借將，雇用他們的海軍將領來帶兵，希望建立符合現代標準的指揮體系，也向不列顛的海軍軍需庫取經。這樣的關係因為不列顛和俄羅斯的貿易來往轉趨頻繁而更加牢固。不列顛和俄羅斯的貿易在十八世紀期間始終十分蓬勃，英格蘭的黎凡特

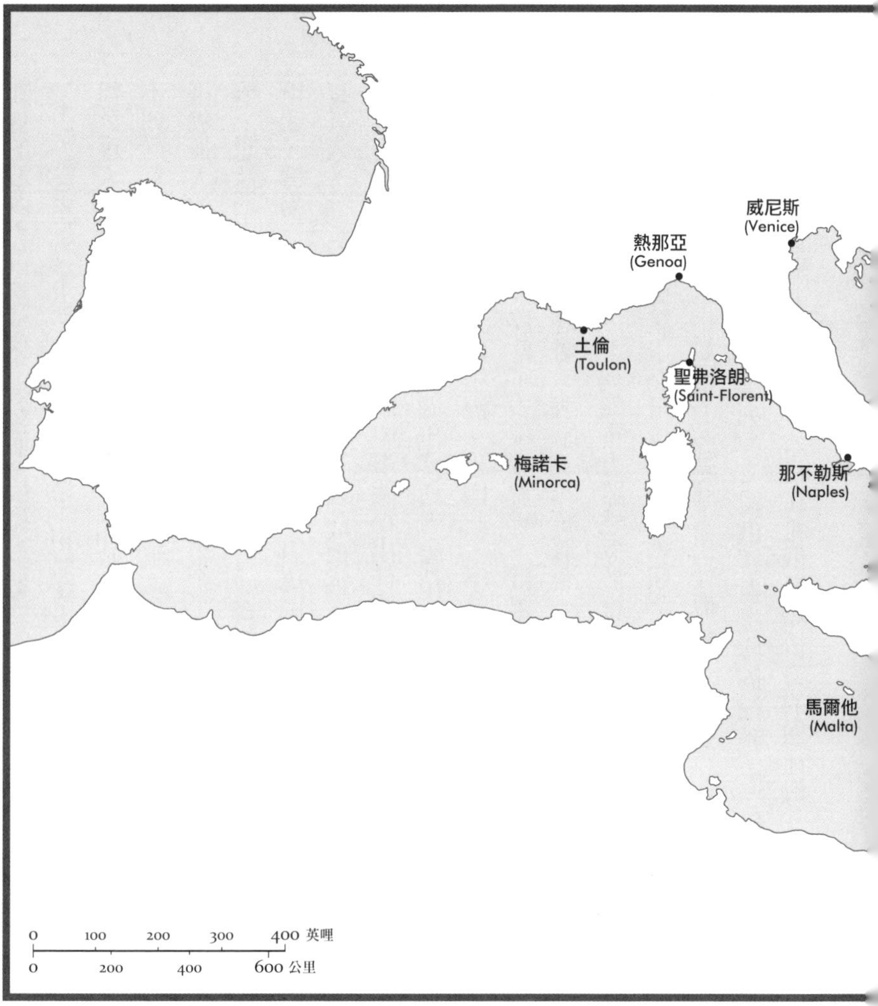

貿易卻益形萎縮。十八世紀最後三十多年，不列顛前往黎凡特的商船每年最多也只有二十七航次，前往俄羅斯的商船卻多達七百航次。[2]波羅的海和大西洋對北海經濟的貢獻不斷上升，地中海相形之下就像一潭死水了。

所以，俄羅斯海軍之所以開進地中海，起因不在地中海出的事情，甚至和黑海也沒有關係，也就不奇怪了。遠在歐洲的東北角，俄羅斯的女皇凱薩琳大帝（Catherine the Great）先是〔一七六四年〕強行將她屬意的人選拱上多方競逐的波蘭王位，之後，俄羅斯鎮壓反對勢力的戰事蔓延到鄂圖曼帝國的領土，導致一七六八年爆發第一次「土俄戰爭」。[3]不列顛在一七六六年和凱薩琳大帝簽訂通商條約，以為他們只要手法細膩一點，一定能從凱薩琳大帝這邊弄到許多油水。不列顛政府認為俄羅斯擴張海上勢力，會因此而更加依賴不列顛，因為沒有不列顛幫忙，俄羅斯並沒有本錢進行擴張。不列顛政府也認為要是俄羅斯攻打鄂圖曼的戰爭沒打贏，沒有了俄羅斯人的牽制，法國商人的勢力到頭來一定會打入黑海一帶。所以，不列顛開始大作代理戰爭的政治春夢，想像地中海區凡是對不列顛的利益有威脅的，一概會被俄羅斯的艦隊肅清乾淨。法王路易十五朝中的大臣德・博易（Victor-François de Broglie）對這問題也有相同的看法，他就指出俄羅斯海軍要是打贏了鄂圖曼土耳其人，一定對法國的黎凡特貿易造成傷害。[4]

不管怎樣，俄羅斯在地中海闖得出什麼名堂來，機會怎麼看都很小。俄羅斯的黑海艦隊應該過不了鄂圖曼帝國首都那一關而闖出博斯普魯斯海峽。所以，俄羅斯決定改派出五支分遣艦隊，從波羅的海繞道直布羅陀海峽進入地中海。也因此，不論在北海還是地中海，俄羅斯的艦隊需要友邦的海軍設施供他們使用，就是必要條件了——老實說，俄羅斯有的船艦狀況不是很好，無法出海一連多月不必靠岸，像是他們才行駛到英格蘭（南岸）的赫爾港（Hull），就有兩艘大型船艦必須大修，之後，其中一艘又在英格蘭南方海岸擱淺。不列顛官方雖然急於維護他們自命中立的地位，海軍部還是發佈命令准許俄羅斯船艦在直布羅陀和梅諾卡島可以購買船艦所需的一切。一七七〇年一月，四艘俄羅斯戰艦便停靠在瑪翁進行整備，俄羅斯也指派一名希臘商人出任梅諾卡的領事。[5]

鄂圖曼眼睜睜看著不列顛支援俄羅斯艦隊的補給，一肚子怨氣。俄羅斯艦隊在地中海一路朝東推進，終於在一七七〇年七月六日在希俄斯島後方的徹什梅（Çesme）外海，和鄂圖曼土耳其海軍交手。

戰事才剛開始，俄羅斯艦隊便遇上了麻煩。鄂圖曼有一艘戰艦的桅杆起火，倒在俄羅斯這邊的一艘船上，俄羅斯的船竟然因此爆炸。不過，戰事進展到最後，俄羅斯就開始走運：海上吹起了強勁的西風，有利於他們在希俄斯島和鄂圖曼土耳其本土之間的海峽使用縱火船，土耳其的多艘戰艦就因為火攻而沈船入海。奧地利的皇帝〔法蘭西斯一世，Francis I, Holy Roman Emnperor〕對這樣的戰局，既看重又擔心：「這些人要動用全歐洲才堵得住，土耳其人跟他們比，根本就一無是處」。[6]只是俄羅斯雖然在海上搶下了一勝，要說贏得了海上的主導權也可以，但下一步該怎麼走，他們卻沒有一點主意。無論如何，他們就此建立起了幾處補給站，往後數年，他們在愛琴海屢屢進行前哨戰或是突襲戰，最遠打到迭米亞塔去，逮到了大馬士革的總督。不過，就像不列顛拿下梅諾卡島而領悟到的一樣，真正可貴的是擁有位居戰略要衝的大型良港，這一點，俄羅斯可就沒有了。

即使如此，當時西方世界還是覺得地中海的權力天平出現了意想不到的震盪。鄂圖曼帝的霸權日衰，威尼斯也告沒落，地中海因此出現一塊權力真空。也因此，不僅是俄羅斯想要搶進，丹麥、瑞典到最後連美國也紛紛插腳到地中海來，儘管他們的利益主要都在別處——這一部份後文會再論及。其實，這問題有一部份也就是在這裡：當時各方的勢力——威尼斯和拉古薩不算，他們算是這裡的老前輩了——無不認為那時有很多政治、商業勢力範圍，不插腳進去施展身手不行，地中海便是其中之一；就連巴巴里海盜也往大西洋海域去行搶，而且沒人覺得奇怪。不列顛對俄羅斯進行反威脅，法國毫無反應，更像是給了俄羅斯免死金牌，任他們在東地中海為所欲為。[7]其實，到了一七七四年，海上幾乎不見戰火，因為俄羅斯的海軍縱使無人看好卻還是在黎凡特的水域獨霸一方。然而，他們在愛琴海倒真的是一直拿不下重要的大島，像是利姆諾斯和應伯斯（Imbros；今名格恰達Gökçeada）這樣的島嶼，這兩座島嶼可是緊握達達尼爾海峽的出入門戶。而且，俄羅斯要是一直只能從北方圍著歐洲北部繞一大圈，從直布羅陀海峽進入地中海，就實在很難看出他們的艦隊有什麼辦法可以在地中海長久待下去不走。[8]俄羅斯對於他們待在地中海到底能要到什麼好處，也還需要再想一想：拿下東地中海的控制權不會是他們的目的，這一點從俄羅斯在一七七四年和鄂圖曼土耳其人簽訂和約，顯而易見。依他們簽下的〈庫卻克凱納卡和約〉（Treaty of Küçük Kaynarca），鄂圖曼帝國首度承認俄羅斯擁有黑海沿岸部份土地的主權。俄羅斯依和約也拿下商船自由通行博斯普魯斯海峽進入地中海的權利；這樣一來，古代從黑海北岸到地中海的貿易路線就有重新連通的希望了。凱薩琳二世這時也開始思考俄羅斯正教會對東歐的基督教信徒應該善盡何種使命，特別是對希臘的正教信徒。俄羅斯一七七〇年在摩雷亞半島煽動希臘人掀起了一場叛亂，動亂十分嚴重，但是白忙一場。俄羅斯出面在鄂圖曼帝國的希臘地區義助受到壓迫的正教徒，這時也注入了更崇高的目標——他們要為基督教世界的正教會收復君士坦丁堡；這般〔重建拜占庭帝國的〕「大業」（Megali Idea），此後就會盤據在俄羅斯沙皇的腦中，讓他們想上好長一陣子。[9]

二

俄羅斯朝廷在愛琴海初嚐了幾年勝績，馬上胃口大開，想要再顯身手，在地中海乘勝追擊。而他們歷次施展手腳，共同的特點便是起因都在地中海外。一七八〇年，不列顛政府因為他們在北美的殖民地鬧叛亂，而被平亂的戰事纏得分身乏術，再加上法國和西班牙支持美利堅合眾國而更顯危殆。從一七七九年到一七八三年，直布羅陀再度被西班牙出兵圍堵，到後來還慘遭狂轟濫炸，幸賴駐守城內的不列顛總督喬治・艾略特（George Augustus Eliott）率隊英勇頑抗，方才保住城池[10]。不列顛面對排山倒海接踵而來的壓力，找盟友助陣就是很重要的課題了，最好還是擁有艦隊的盟友。俄羅斯就在這時浮上檯面，成為首選。只不過友誼也不是憑空就要得到的。不列顛朝中大臣史托蒙子爵大衛・莫瑞（David Murray, Viscount Stormont），想要遊說凱薩琳大帝和不列顛共同出兵攻打馬約卡島，力主「憑這港口的地理位置，俄羅斯要是拿得下來，擁有的優勢再明顯不過了，根本不會猶豫」，還說「彼得大帝一定想也不想就會同意」，不列顛政府也樂見俄羅斯拿下馬約卡島。由於那時流言四起，指不列顛的敵國在拿〔加勒比海的〕波多黎各（Puerto Ricio）或是千里達（Trinidad）為誘餌想把俄羅斯拉到他們的陣營去，這教史托蒙子爵十分擔心。不列顛當然了解地中海這一片水域對俄羅斯就是有莫名的吸引力。俄羅斯對於加勒比海群島那邊的大禮，不管是西班牙或不列顛雙手奉上，回應都很尖刻。凱薩琳二世朝中的大臣帕提雍金（Grigory Potyomkin）憑他傲人的身高往下看，對不列顛派往聖彼得的特使詹姆斯・哈里斯（James Harris, 1st Earl of Malmesbury）說，「你們拿遠在天邊的殖民地來送我們，不是要我們找死嗎？你們難道看不出來我們的船連波羅的海都不太出得去，你們是要我們怎麼橫渡大西洋？」所以，詹姆斯・哈里斯走的時候心裡有數，明白不列顛政府「要女皇當盟友，唯一可以拿來打動她的就是梅諾卡島」；梅諾卡島就是「女皇挺立的榮耀之柱」（a column of the empress's glory）。不過，贏得梅諾卡的民心，帕提雍金倒是沒那眼光把這一點算計進去：因為，他想的是當時島上的居民悉數要驅逐出境，再讓大批希臘人遷居過去。他們要把梅諾卡島變成基督正教在西地中海的大堡壘，變成俄羅斯對抗鄂圖曼的前進指揮所。

詹姆斯・哈里斯遇到的麻煩在於拿梅諾卡島作大禮，純屬他個人對於帕提雍金和他的政府表達關切，不列顛政府並沒有授權哈里斯作出這樣提議。俄羅斯也很高興，他們終於有機會在鬧分裂的歐洲當起左右權力天平的要角了。凱薩琳二世雖然真的很想要將梅諾卡島拿到手，但也知道不列顛一定會要俄羅斯投桃報李，也就是俄羅斯必須出動海軍作支援。她也知道西班牙和法國要是對梅諾卡島發動突擊，梅諾卡島也不易守住。她有一次就說，「他們休想要我，搞什麼引君入甕。」她決定俄羅斯這邊的使命就是當調人，要交戰的各方和好，而不是跑到大西洋、地中海去蹚渾水，搞得衝突愈演愈烈。而她實事求是、遵循常理的精神贏了；她務實的判斷不出一年便證明為相當精準，因為西班牙很快便回過頭來盯上了梅諾卡島，而在一七八二年二月把梅諾卡島從不列顛的手中搶了過去。[11]不列顛官方刺探俄羅斯女沙皇意向所用的手法，在當時曾有佚名作者寫過扼要的評論（可能出自愛德蒙・柏克）：

> 英格蘭有的是時間可以好整以暇細細思量，也有的是理由去責備自家荒謬、盲目的政策，英格蘭因此政策而從〔芬蘭和瑞典中間的〕波的尼亞灣（Bothnic Gulf）南面弄來了一個立場搖擺不定的盟邦，一個始終不該相信的友人，還奢望能在地中海和愛琴佩拉哥什（Archipelago；愛琴海）打造起新的海上帝國。」[12]

這一段話是事後幾年才寫下來的，那時，不列顛已經開始後悔先前為何要站到俄羅斯那邊去。到了一七八八年，不列顛政府想的可就是法國國王路易十六不知有沒有興趣和他們聯手堵住英吉利海峽，不讓俄羅斯的船艦進入地中海。[13]

雖然俄羅斯的凱薩琳二世沒有接受不列顛割讓梅諾卡島的提議，雖然由雙方的談判加上後來不列顛對俄羅斯一頭熱的態度冷卻，但至少證明俄羅斯在地中海的戰事和外交都已經搶到了舉足輕重的地位；

之後，他們當然想要保持下去。俄羅斯先是在一七八三年併吞克里米亞半島，之後又沿著黑海海岸擴張俄羅斯勢力——奧德薩（odessa）就是這樣子建起來的——都將激勵俄羅斯圖謀地中海霸權的野心，因為女沙皇此刻有了根據地，可以朝達達尼爾海峽推動通商和海軍大業。不過，許多事情還是要看他們和土耳其人的關係。一七八九年，凱薩琳二世在和鄂圖曼的朝廷打仗的時候，拿俄羅斯執照的希臘海盜就在亞得里亞海和愛琴海上追著土耳其人的船隻打劫。俄羅斯也得到了威尼斯的支持；威尼斯那時還在為共和國獨立的地位進行最後的努力。所以，當時就有希臘船長卡佐尼（Lambros Katzones）取得威尼斯官方同意，借用威尼斯統治的科孚島作為基地，搞得俄羅斯也開始幻想科孚島是不是可以拿來作為他們在地中海的有利據點。卡佐尼搞得土耳其人很不好受：他不僅拿下了科托灣內的新赫塞格城堡，搶劫的範圍還拉到塞浦路斯島那麼遠的地方。到了一七八九年，已經有三支掛俄羅斯旗幟「無法無天、散漫無章、半海盜的小型艦隊」，教鄂圖曼頭痛萬分。[14]有這樣一幫人明目張膽地橫行海上四處打劫，把地中海動盪難靖的局勢清楚地呈現出來。

而要平定動盪，方法一樣簡單明瞭：起碼在短期可以用和約來治標，消弭因為爭奪領土而積下來的怨氣，讓商船有安全的航路可走。所以，一待俄羅斯和鄂圖曼土耳其人在一七九二年簽下和約，俄羅斯在地中海的貿易就開始擴張——部份原因就在於奧德薩的地理位置太優越，全年大多不會結冰，前往烏克蘭和波蘭南部的開闊地帶，交通暢行無阻。奧德薩於一七九六年正式奠基的時候，港內已經停了四十九艘鄂圖曼土耳其的船隻、三十四艘俄羅斯的船隻、三艘奧地利的船隻，招徠的移民遍及希臘、阿爾巴尼亞、斯拉夫地區南部。從科孚島、那不勒斯、熱那亞、的黎波里來的商人絡繹於途。時間再往未來推進，到了一八〇二至〇三年間，奧德薩從希臘、義大利、西班牙進口的橄欖油、葡萄酒、乾果、羊毛，數量極大，主要由希臘和義大利的船隻進行運送，但是掛鄂圖曼、俄羅斯、奧地利的方便旗。從這一處黑海岸邊的港口出口的穀物，總值幾近乎進口的兩倍——一八〇五年，奧德薩穀物出口的總值其實高達五百七十萬盧布（roubles），數字驚人。[15]若非船隻可以自由通行博斯普魯斯海峽和達達尼爾海峽，奧德薩根本無從締造這樣的商業榮景，而奧德薩的船隻要享有通行自由，就唯有仰賴鄂圖曼和俄羅斯簽訂一紙和平條約了，要不然，俄羅斯就只有改走風險較大的途徑，也就是出兵打敗鄂圖曼帝國，把君士坦丁堡從土耳其人手中搶回來，還給原先所屬的基督正教主人。

俄羅斯的的凱薩琳二世在奧德薩奠基的那一年，傳位給兒子保羅一世。沙皇保羅一世即位之後，野心馬上超越他的母后，只是他的母后頭腦還是清醒的，清楚俄羅斯的斤兩。保羅早在一七八二年便走訪過地中海，以化名「北方來的伯爵」（the count of the North）微服出訪，走遍了那不勒斯、威尼斯、熱那亞等地，進行壯遊。這一番遊歷的經驗激起了他的興趣，想要在地中海為俄羅斯建立一處據點。[16]他在位雖然只有短短五年，但是，這期間的俄羅斯再度被他推上爭奪地中海的核心。俄羅斯那時在地中海還在尋尋覓覓，看有哪一座島嶼適合作基地，沙皇保羅的眼睛卻越過了梅諾卡島向東眺望，盯上了馬爾他島。只是這一次還是和以前一樣，逼得俄羅斯跑到這裡來管閒事的起因，又是源於地中海之外的地方，而保羅一開始關心的也不是馬爾他這一座島，而是島上的那一批騎士。馬爾他騎士團和俄羅斯的關係可以往回推很多年。彼得大帝在位的時候，派過麾下的大將波利斯・謝瑞米托夫（Boris Cheremetov）於一六九七年前往馬爾他島，向騎士團提議合力進攻鄂圖曼。黑海的鄂圖曼海軍交由俄羅斯的艦船負責，馬爾他騎士團小而精良的艦隊就去對付愛琴海的鄂圖曼艦隊。只是馬爾他騎士團的總團長不願貿然把他的人馬拉去和當時鮮為人知的俄羅斯帝國作夥，況且，俄羅斯帝國是基督正教的大本營。儘管如此，謝瑞米托夫還是教騎士團眾人大為感動，因為島上舉行五旬節（Pentecost）禮拜，在將聖若望施洗者（St. John the Baptist）的聖髑手臂迎進瓦雷塔（Valletta）壯麗的聖若望主座教堂時，謝瑞米托夫竟然跟著大家含淚敬拜；謝瑞米托夫可是從另一個基督教世界來的人呢，居然也進他們的教堂作禮拜，讓騎士團個個看的出神。[17]

凱薩琳二世主政時期，俄羅斯宮廷和馬爾他騎士團當然也有糾紛。這些事情和波蘭一名貴族留下來的功蹟有關：他在俄羅斯治下的波蘭地區建了一座醫院騎士團的小修道院。[18]所以，凱薩琳大帝就想她說不定可以利用馬爾他騎士團來對付她在波蘭的敵手，因而於一七六九年在宮中接見了一位義大利籍的馬爾他騎士。她知道該騎士帶了騎士團總團長和天主教教皇的口信；教皇當然也想要在俄羅斯帝國境內建立天主教機構。只不過凱薩琳二世派出她的心腹，心術不正、裝腔作勢的義大利〔威尼斯〕貴族卡瓦爾卡波（George de Cavalcabó, marquis）擔任她的代表到馬爾他島，卻遇到宗教問題冒出來攪局。卡瓦爾卡波剛到馬爾他島就出師不利：騎士團不肯和非天主教國家派出來的「代辦」（chargé d'affaires）交手，而且，騎士團覺得卡瓦爾卡波此人居心叵測，懷疑他和騎士團內強大的親法派聯手要圖謀不軌。馬爾他騎士團內有許多法國籍的騎士，教團在法國也擁有龐大的房地產業。[19]卡瓦爾卡波出使的目的是要為俄羅斯艦隊爭取使用馬爾他島的權力——這時候俄羅斯的艦隊還在東地中海四處流浪。到了一七七五年，俄羅斯女沙皇的代表由於諸事不順，已經在和馬爾他島歷史悠久的古老貴族世家密商，妄想要由貴族出面帶頭起義抗暴，推翻專制獨裁的騎士團領主，再將馬爾他島獻給俄羅斯的女皇凱薩琳二世；馬爾他島的貴族長期被騎士團排除在權力圈外，積怨已久。騎士團眼看凱薩琳二世的代表在島上的行跡鬼祟怪異，愈來愈感不耐，終於對他在瓦雷塔郊區佛洛里安納（Floriana）的寓所進行突擊，結果發現屋內都是武器。卡瓦爾卡波馬上被趕出馬爾他島，躲到法國，在羞辱的心情下度過餘生，又生怕為了詐欺被問罪而提心吊膽。[20]

所以，保羅當上沙皇之後對馬爾他騎士團的作法，就全然不意外了。[21]保羅年輕時研究過騎士團的歷史，對騎士團懷有遐想，認為馬爾他騎士團可能會是抵禦革命浪潮的堡壘：馬爾他這裡有血統純正的貴族，秉持基督徒擁戴信仰的共同熱忱團結起來，超越當時歐洲各國瑣碎的小歧見。至於馬爾他騎士團隸屬天主教，他才不擔心，也從沒想過憑他堂堂基督正教最高君主怎麼會沒辦法和騎士團密切合作。[22]依他想來，馬爾他騎士團在這兩方面應該都會支持他：一是成立一所波蘭—俄羅斯修道院，在東歐大陸出錢、出力對抗鄂圖曼土耳其人，一是由馬爾他島上本部的騎士團和俄羅斯分遣艦隊合作，一起壓縮土耳其人在地中海的勢力。這樣一來，沒多久，基督正教的統治在先前拜占庭的領土便可以復興。然而，他這夢想偉大歸偉大，卻有一道障礙無法跨越。這一道障礙還有個名字叫作拿破崙•波拿巴（Napoleon Bonaparte）。

三

法國革命戰爭（1792-1802）以及之後的拿破崙戰爭（1803-1815），震波遍及地中海各處。一七九三年，法國的革命政府向不列顛宣戰未久，不列顛的艦隊一時看似還沒有實力擋下法國海軍，不讓法國海軍沾到地中海的水域。但是，隨著法國既有外憂：他們對抗幾處鄰邦的戰事加劇，又有內患：雅各賓（Jacobin）黨的偏激派殘酷鎮壓反對陣營，導致地方省區紛紛爆發叛亂。像在法國南岸的土倫，起義的市民便拔除了雅各賓黨人的公職，眼見革命軍往南步步進逼，他們向不列顛求救，要求不列顛出兵拯救他們。難民如潮水湧入土倫城內，民生物資出現短缺。幸好不列顛那時正好就有艦隊由胡德勳爵（Lord Samuel Hood）率領，已經部署在土倫外海進行封鎖，但卻因此導致土倫城內物資短缺的情況變得更為嚴重。八月二十三日，胡德同意只要土倫的居民承認法國王位的繼承人是路易十七世，他便出面執掌土倫的治權。土倫市民硬是吞下一口氣，同意胡德提出來的條件。土倫市民既害怕雅各賓黨人，對君主制度也不支持，但這時他們也只能兩害相權取其輕。胡德這一佔領土倫，法國的艦隊就有將近半數落入不列顛的掌握。不過，胡德空有海軍，地面部隊的支援卻太少，一待法國的革命軍在拿破崙・波拿巴率領下（一七九三年十二月十七日）攻下土倫海港入口處的堡壘「小直布羅陀」（Petit Gibraltar），胡德就知道守不下去了。不列顛的軍隊臨走之前，還將法國九艘戰列艦和三艘三桅快速艦擊沈，炸毀庫存的木材，就是要日後法國艦隊無法再造新船。他們另外也拖走十二艘船去給不列顛和西班牙海軍用。[23]

在拿破崙戰爭期間，法國海軍蒙受過幾次重大的打擊，這是其中之一；打擊之嚴重不下於（一八〇五年）法國艦隊在特拉法加（Trafalgar）一役折損之慘烈。不過，土倫從不列顛手中得而復失，像造山一樣替他們堆了好大、好多的問題。打從拿破崙崛起開始，不列顛在地中海的每一位海軍將領便虎伺眈眈，緊盯著土倫不放。[24]到了這時候，不列顛海軍將領就必須另闢蹊徑來對付法國在這裡的艦隊了。而他們的對策之一便是收復梅諾卡島；所以，一七九八年不列顛就重新佔領了梅諾卡島，以此作為逼近法國南部的前進跳板。不過，在收復梅諾卡島前，不列顛還遇到另一機會自動送上門來，很教他們心動。一七六八年，法國王室從熱那亞人手中取得了科西嘉島；但其實熱那亞在島上的控制權在此之前，早就因為口才便給、富英雄氣概的巴斯夸雷・帕歐里（Pasquale Paoli）在島上掀起民族主義而告失守。後來，在法國〔一七九三年〕對不列顛宣戰之前，利佛諾還有小道消息四處流竄，指法國新成立的革命政府對科西嘉島沒興趣，有意求售。俄羅斯據說就急欲當熱那亞政府的金主，由熱那亞政府出面把科西嘉島標售到手，俄羅斯認為科西嘉島可以當作他們在西地中海的據點。[25]這些流言惹得不列顛對科西嘉島也很心動，等到大不列顛也捲入了對抗法國戰局，他們想要科西嘉的意願就更強了。

土倫還在不列顛海軍的手裡時，巴斯夸雷・帕歐里對於科西嘉島和不列顛結盟的興趣愈來愈大，也曉得失去土倫對不列顛的打擊有多大，他說：「拿下土倫算是幸事，這樣子英格蘭人就不得不來解救我們了。」帕歐里失算的地方，在於他高估了科西嘉島的用處。科西嘉島在本書所佔的份量遠不及薩丁尼亞島、馬約卡島、克里特島或是塞浦路斯島，原因就在於科西嘉島有助於跨地中海航運的條件比別的島嶼都要少，島上的物產一樣比別的島嶼要貧乏許多。科西嘉島上以巴拉涅（Balagne）一帶為他們的穀物產地，這裡位在島嶼的北部，早在十二世紀科西嘉島落入比薩手裡的時候就已經在開發了。只是科西嘉島是自閉的社會，孤立，守舊，內陸交通又極不方便。因此，熱那亞最後會放手不想再苦守這一座島嶼，也不奇怪。[26]不過，不列顛卻開始幻想科西嘉島要是當作他們的海軍基地，應該還有豐富的潛力尚未挖掘出來。還有人竟然天馬行空大發議論說阿雅克肖（Ajaccio）大有前途，那裡的港口有朝一日說不定可以和利佛諾一較高下，科西嘉島也有望躍居為「重要的現貨交易中樞，號令地中海和黎凡特區各處的市場」。一七九四年，不列顛針對巴拉涅（Balagne）的聖弗洛朗（Saint-Florent）發動奇襲，不出幾個禮拜，科西嘉島的議會便投票通過加入大不列顛；科西嘉島也就成為大不列顛國王喬治三世轄下的自治區。科西嘉島還有權自訂旗幟，以摩爾人的頭像和不列顛王室徽章並列，再加上格言「Amici e non di ventura」——友誼絕非浪得。[27]

然而，不列顛和科西嘉島後來終究還是失和：帕歐里幻想破滅，革命委員會變得愈來愈活躍，（出身科西嘉島的）拿破崙也派運動份子滲透進家鄉滋事。一七九六年，英國首相小威廉・皮特（William Pitt the Younger）的政府判斷科西嘉島不是不列顛守得住的據點，科西嘉島和不列顛國協的關係終止，不列顛的軍隊也從島上撤出。不列顛原本對科西嘉島寄與厚望，未幾便轉成了大失所望。皮特那時還巴望俄羅斯的凱薩琳二世可以接收科西嘉島，再以頒發不列顛船隻在島上享有特殊待遇作為回報。皮特準備用來打動她的說辭是她單靠六千人的兵力以及科西嘉議會的善意，便輕而易舉可以守住該島。只是不列顛的提議還沒送到俄羅斯凱薩琳二世眼前，她就先行棄世。所以，俄羅斯在地中海活動的身影，當時在不列顛眼中大概就是用處不小的大傻瓜，可以隨不列顛擺佈，在一旁幫他們打雜，而讓不列顛可以將大部份的心力和財力拿來對抗鬧革命的法國，還有之後的拿破崙。

不列顛想要從法國手中把地中海的霸權要到手，之後就成為納爾遜勳爵他那一批能征善戰的海軍同袍——胡德、柯林伍德（Cuthbert Collingwood）、卓布里奇（Sir Thomas Troubridge）等人肩上的重任了。他們要做的重要工作便是務必擋下拿破崙，不可以讓他在埃及為法國建立基地，否則拿破崙便可以從埃及干擾不列顛帝國往東在印度建立霸業的大計了；不列顛從十八世紀中葉開始便在印度耕耘帝國的勢力。不列顛攔截到一封法國官方的文書，信中就論及法國進行埃及遠征背後的思考：

> 政府已經將眼光轉向埃及和敘利亞；那裡的國家依氣候、優點和肥沃的土壤，應該可以成為法國商業的糧倉，成為法國取之不盡的彈藥庫，假以時日，又會再成為取得印度財富的庫房；所以，拿下這些地方，作好完善的組織，我們無疑便可以將眼光拉得更遠，

> 到最後還可以摧毀英格蘭在東印度群島的商業，改由我們從中獲利，建立我們在該地、還有非洲、亞洲等地的統治權。這些考量加起來，就促成了我們的政府決定要朝埃及進行遠征。[28]

納爾遜帶兵有非凡的才智，但是將不列顛和法蘭西的戰火拉到地中海的，倒是他的對手拿破崙。而在此，這時期出的事情一樣又是拿俄羅斯和馬爾他島的角度來看，會有更為透徹但是不同於正統的看法。

拿破崙從一開始就看出馬爾他島是值得一奪的戰利品。一七九七年，他還供職於法國革命督政府的時候，就寫信給他的上司說，「馬爾他這一座島嶼對我們有重要的利益」，指法國應該在那裡扶植親法的騎士團總團長才好。以他看來，這一件事還滿容易安排，至少五十萬法朗就辦得成了。當時的總團長中風始終未癒，未能視事，繼任的人選想來應該就是日耳曼人馮・洪佩什（Ferdinand von Hompessch zu Bolheim）：

> 瓦雷塔有三萬七千人，民心都是倒向法國這邊的，地中海再也看不到英國的船隻了，所以，我們的艦隊或是西班牙的艦隊，為什麼不在開往大西洋之前，先行駛到瓦雷塔去把那裡攻佔下來呢？他們只有五百名騎士，騎士團的士兵也只有六百多人。我們不去拿下馬爾他，那裡就會落入那不勒斯國王的掌握。那一座小島值得我們不計代價去拿下來的。[29]

雖然他高估了馬爾他島作物資補給站的價值，因為島上的木材和水源都嫌匱乏，但他這一番話，還是非常犀利的評論。瓦雷塔宏偉的堡壘不過是個幌子，掩蓋的是教團空有捍衛這一座島嶼之名，實則戰力不足，教團裡的騎士不管怎樣都要過錦衣玉食的好日子——縱使那時馬爾他島的海盜還是以打倒異教土耳其人為固定的目標，但是早年醫院騎士團激昂甚至狂熱擁護理想的澎湃熱血，在那時已經極為淡薄了。[30]再者，萬一拿破崙拿下了馬爾他島，引發的危機可不止於區域而已。後來成為「兩西西里」（Kingdom of the Two Sicilies）國王的斐迪南一世和納爾遜勳爵、不列顛的關係都很密切，他便依歷史傳承，自命為馬爾他列島最高的領主，也獲得馬爾他騎士團承認，而由騎士團總團長年年進奉一隻獵鷹作為貢物。

馮・洪佩什於一七九七年七月正式當選為馬爾他騎士團的總團長。他認為俄羅斯沙皇應該是他的盟友，雙方合力建立波蘭—俄羅斯修道院，應該有助於重振騎士團的聲勢。不過，他也希望博得奧地利皇帝支持，畢竟他本人是出生在奧地利皇帝治下的領土。至於騎士團中的法籍騎士，他一樣希望他們可以和他同心協力，法籍騎士對於法國革命的亂象十分震驚，馬爾他騎士團在法國也擁有大片土地。[31]馮・洪佩什認為拿破崙真正關心的並不在馬爾他島，這一點他看的沒錯。只是，拿破崙卻也相信要達到他在東地中海設定的目標，就必須先將馬爾他島置於掌心。一七九八年五月，龐大的法國艦隊從土倫出發，預定取道馬爾他島前往埃及。馮・洪佩什在這時候卻還是對俄羅斯和奧地利寄與厚望，好像俄羅斯和奧地利兩方的立場是真的會鼎力協助他似的。杜布列（Pierre Jean Louis ovide Doublet）是前任總團長的祕書長，就說「馬爾他島附近水域的船艦多到無以計數，前所未見」，而馬爾他島上的本土居民也覺得真是命運作弄，怎麼這時候在外海嚴陣以待，準備要將他們的島嶼從馬爾他騎士團手中搶走的，竟然是西歐來的軍隊而不是土耳其的海軍，好大的諷刺。[32]法國的艦隊來到馬爾他島岸邊之後，馮・洪佩什處理得格外謹慎，堅持法國艦隊入港一次只限四艘，氣得拿破崙的使者忍不住抱怨：「這樣子是要耗上多久的時間，才有辦法讓五百到六百艘船，把所需的飲水和其他亟需的補給都裝備完全呢？」這使者的抱怨還沒完，他還說起前不久馬爾他島對不列顛的待遇可是好太多了。[33]不過，這發展正是拿破崙想要的，這下子他就有藉口派出一萬五千名兵力去把馬爾他島拿下。馮・洪佩什心裡有數，對方人多勢眾，軍力強過他們太多，騎士團這邊絕對抵擋不住。六月十三日，他束手投降，拿破崙將騎士團逐出馬爾他島。拿破崙將騎士團擁有的大量銀盤沒入，也沒收他們的檔案文獻，不是要拿去讀，而是當時的彈藥筒一般都要塞紙。馬爾他騎士團就這樣失去了教團的地位，淪落到基督教強權國家手中，任人宰割，回到往昔阿卡和羅德島淪陷時的處境。教團的存亡絕續再一次深陷風雨飄搖的未定之天。

馬爾他島落入法國手中，只教俄羅斯沙皇保羅更堅持他一定要將俄羅斯海軍帶回地中海。不可否認，保羅確實把馬爾他島供應木材和水源的價值看得太高了，但他也知道拿下馬爾他島之後，一定要再轉向其他更實在的征服目標。[34]他的第一步便是說服馬爾他教團的俄羅斯修道院，將馮・洪佩什解職，而在一七九七年十一月另外票選沙皇作他們新任的總團長。[35]之後，保羅指派多位俄羅斯正教貴族出任馬爾他騎士，他自己也天天穿著威武的騎士服，要眾人覺得他對他（不無可議的）總團長職銜引以為豪，在他心中的份量不下於俄羅斯沙皇的身份。他自認是騎士風範的完美典型，惹得奧利地朝中有大臣感慨說道，「這時候啊，沙皇一心一意都懸在馬爾他島。」[36]

沙皇保羅出手不時會嚇人一跳，其中有一次便是和鄂圖曼結盟。這是在不列顛的大將納爾遜勳爵，一七九八年夏天在亞歷山卓附近的阿布基爾灣（Aboukir Bay）大敗拿破崙艦隊（史稱「尼羅河之役」the

Battle of the Nile）之後的事。因為有這一次大勝，不列顛之後才有辦法將法國大軍從埃及趕出去，只不過還是給了拿破崙充裕的時間去將埃及眾多古代文物搶回法國。[37]鄂圖曼朝廷這邊從十六世紀開始，對於他們和法國的結盟關係大體都還滿意。可是，法國大軍竟然攻進鄂圖曼治下的埃及，這可就是可忍孰不可忍了。此外，巴爾幹半島也有頭痛人物在製造麻煩，看似還對法國頗為傾心，恐有危險，特別是阿爾巴尼亞的大軍閥伊奧阿里納（Ioannina）的領主阿里・帕夏（Ali Pasha）。現在，顯然是鄂圖曼蘇丹對法國出手的時候了。法國在黎凡特展現的野心已經超出鄂圖曼容忍的極限，而且，拿破崙的海、陸大軍也暴露不少弱點，這些弱點是連注意時局的人也沒料想到。土俄兩國在阿布基爾戰事過後沒幾個禮拜簽下俄土聯盟的初步協議，最重要的一點是依協議，俄羅斯海軍可以通過博斯普魯斯海峽進入地中海。[38]湊巧，土耳其人和俄羅斯人那時找得到兩邊共同的目標：愛奧尼亞群島，拿破崙沒多久前才剛拿下。拿破崙一七九七年五月攻下威尼斯之後，一路搜刮威尼斯帝國殘存的領地，愛奧尼亞群島就在其中。土耳其人懷疑法國要拿安科納作跳板入侵巴爾幹半島，因而認定拿下科孚島暨鄰近島嶼是圍堵亞得里亞海的必要步驟。鄂圖曼和俄羅斯兩邊為了顧全新結交到的盟邦，都努力將強烈的猜疑暫時擱在一邊。所以，連烏夏科夫（Fyodor Fyodorovich Ushakov）這樣只會講母語、性格粗鄙的俄羅斯海軍將領，也把他的嫉羨全留下來指向不列顛的納爾遜勳爵——他才不甘心這一位不列顛名將竟然佔盡了一切光環。而納爾遜這邊也下定決心，一定要為不列顛攻下馬爾他島和科孚島，把鄂圖曼、俄羅斯這一對門不當、戶不對的絕配堵在東地中海。納爾遜寫過，「我討厭俄羅斯」，還形容烏夏科夫是「流氓」。[39]鄂圖曼有一支建造精良的艦隊，用的全是現代的法國船艦，只是艦上的水兵有許多其實是希臘人，訓練不精、紀律不良。俄羅斯他們在黑海的造船廠則沒有能力建造耐用的船隻，承受不住長期離港出海的航程。[40]不過，鄂圖曼和俄羅斯兩方合起來的戰力依然足以在一七九九年三月初拿下愛奧尼亞群島。俄羅斯沙皇照例沒忘記聖約翰醫院騎士團，授勳烏夏科夫的時候，封他作馬爾他騎士，以資紀念。愛奧尼亞群島組織政府的條件十分特別。七座島嶼組成貴族制的「七島共和國」（Septinsular Rebpulic），奉鄂圖曼土耳其為宗主國，但是，俄羅斯有權以保護國的地位行使特別的權力。[41]

不列顛的納爾遜勳爵雖然對俄羅斯艦隊的續航力、對艦隊的司令，有很重的疑慮，但還是致函烏夏科夫，提議兩邊不妨組成聯軍一起進攻馬爾他島；既然這時俄羅斯的陸軍已經南下朝杜林（Turin）推進，兩邊聯手進攻馬爾他島的前景自然就有勝算了。納爾遜卻也擔心騎虎難下，到後來演變成俄羅斯由不列顛支持進行侵略。所以，他堅持：「雖然一方在島上的兵力是可以略多於另一方數人，但是，不可多達凌駕之勢。法國國旗一旦拿下，就要立即升起馬爾他騎士團的旗幟，而且只限此旗。」[42]有一名史家認為，「一七九九年十月，俄羅斯在地中海前途之光明，前所未見」。烏沙科夫也知道這一點，因此，當十二月他接到皇家敕令（ukaz），通知他沙皇改變主意時，大吃一驚。沙皇命他接令之後就要即刻離開地中海，率領全體俄羅斯艦隊撤退到黑海；俄羅斯在科孚島的據點直接交給土耳其人，這樣鄂圖曼蘇丹才願意特准一支俄羅斯艦隊從愛琴海駛進黑海。撤退令來得不早不晚。俄羅斯插手愛奧尼亞群島，可能會牴觸哈布斯堡王朝在亞得里亞海的控制權。當時，奧地利才剛開始放心把威尼斯收在掌握當中——威尼斯是拿破崙拿來當糖果送給奧地利的。沙皇保羅那時候的盤算和現實完全脫節，他對於勉強組成的反拿破崙聯軍在革命戰爭過後要如何瓜分歐洲，竟然自已畫了一張藍圖，還堂而皇之給神聖羅馬帝國皇帝出題目，要奧地利在威尼斯和低地國二者當中選一處保留。[43]

俄羅斯沙皇保羅的雄圖脫離現實有多遠，由另一件事可見一斑：烏夏科夫發現他率領的老朽艦隊出海竟然回不了東地中海，而必須先在科孚島過冬。不列顛大軍圍困馬爾他島，俄羅斯也無能加入，只有袖手旁觀的份兒，在科孚島一直枯等到一八〇〇年七月才出港返航黑海。拿破崙其實也不指望法軍守得住馬爾他島，便想乾脆「扔一顆是非果（apple of discord）給敵人去搶好了」，所以，他向沙皇保羅提議馬爾他島可以送給俄羅斯。保羅馬上中計，接受此議，卻在一八〇〇年十一月赫然發現馬爾他島早在兩個月前就被不列顛拿下了。[44]不列顛拿下馬爾他島之後，馬上決定要把先前恢復馬爾他騎士團的誓約拋到腦後，他們攻佔瓦雷塔的時候，也懶得代替聯軍升旗，所以，不管是俄羅斯沙皇兼騎士團總團長的旗旗、聖約翰騎士團的旌旗，還是〔兩西西里王國之一〕那不勒斯國王的旗號——那不勒斯國王自古便是馬爾他島的領主——全看不到。不列顛遠在倫敦的外交部對於他們的軍隊在島上破壞規矩的事，以最圓滑的外交作風含糊作出聲明，表達對「公認的總團長」（太誇張了）也就是俄羅斯沙皇有所不敬，深感惶恐。不過，遠在馬爾他島的不列顛海、陸大軍，才不管這一套。[45]不列顛的國旗此後就在馬爾他島上飄揚超過一百五十年。接下來的發展，拿破崙大概會以為是他在作夢：俄羅斯沙皇竟然組織起了〔第二〕「武裝中立聯盟」（League of Armed Neutrality，1800-1801），還有丹麥、瑞典、普魯士幫腔助勢，不讓不列顛的船隻靠岸。之後，拿破崙的一場夢想急轉直下，成了噩夢。波羅的海和北海爆發衝突；一八〇一年四月，哥本哈根一役，納爾遜雖然名義上是二當家的，過人的將才卻又再將他推上輝煌大捷的巔峰，丹麥的艦隊被打得七零八落。[46]在這之前約一個禮拜，一群積怨已久的俄羅斯軍官闖進沙皇保羅的寢宮將他勒斃。不列顛得知他們行事反反覆覆的盟友落得這般下場，鬆了好大一口氣；拿破崙這邊，感受得出來保羅和他是同一種人，也就是自大狂，物傷其類之餘，認定沙皇遇刺背後一定有不列顛在搞鬼。只是啊，沙皇保羅純粹是自尋死路。

四

繼保羅之後登基的沙皇亞歷山大一世，起步就小心得多了。一八〇二年泛歐洲和法國簽訂和約〔〈亞眠和約〉〕，要在馬爾他島重整騎士團，建立自治政府，俄羅斯也被推舉為馬爾他自治的保證國，但為新任沙皇婉拒：兩西西里的國王是馬爾他島的領主，除了他，還有誰有資格當馬爾他島的自治保證國？[47]不過，亞歷山大一世倒是急著要重回愛奧尼亞群島，再度經營俄羅斯的勢力，尤其是鄂圖曼帝國好像踉踉蹌蹌了（只是他們會踉蹌很久）。沙皇的國師查托瑞斯基（Adam Jerzy Czartoryski）說鄂圖曼土耳其的「重要器官、要害無不敗壞、腐爛」。[48]要是鄂圖曼帝國瓦解，依查托瑞斯基所設想，土耳其人在歐洲的領土應該由羅曼諾夫王朝和哈布斯堡王朝瓜分，愛琴海、小亞細亞、北非部份則由不列顛和法蘭西瓜分，希臘人則獨立。達爾馬提亞由哈布斯堡王朝的皇帝取得，拉古薩也在內；俄羅斯則可以拿下科托和科孚島，當然還有君士坦丁堡。俄羅斯也有實際行動：由於法軍就在義大利南部蠢蠢欲動，他們便加強愛奧尼亞群島的防衛，也派出領事到多處城鎮，例如科托，希望爭取民心支持，變成親俄派。[49]但是，〈亞眠和約〉在一八〇三年作廢（不列顛不肯放棄馬爾他島是原因之一），之後沒多久，拿破崙就會自立為法國皇帝，在歐陸本土又開始摩拳擦掌準備再展身手。[50]這樣的事態，促使俄羅斯的亞歷山大一世決定再度出動海軍揮師地中海。一八〇五年十月二十一日，不列顛的納爾遜勳爵在緊臨地中海出口處的特拉法加贏得「輝煌的勝利」，俄羅斯海軍重回地中海的路程也就變得比較好走。此役之後，反法勢力的船隻航行地中海變得安全一點，但是殉國的英雄納爾遜〔於特拉法加海戰戰歿〕再也無法提醒世人俄羅斯有多麼不可靠；俄羅斯當時一直在勵精圖治，提升他們戰艦的航行效能。

俄羅斯在亞歷山大一世在位期間，和先前幾位沙皇一樣，之所以插足地中海和他們心向信仰正教的斯拉夫民族有密切的關聯，沙皇一心想將他們納入保護。就是因為這一層緣故，俄羅斯才會派出船艦到科托灣。科托灣緊扼蒙地內哥羅公國的出入口。信奉正教、群山環繞的蒙地內哥羅，從來就不是鄂圖曼帝國費心要完全納入掌握的地方。蒙地內哥羅對俄羅斯之所以重要，是在思想，和實際的利益無關——雖然據說科托擁有四百艘商船，只不過其中一定有不少沒比小艇要大上多少。[52]俄羅斯處理拉古薩，一樣著重在宗教的問題。拉古薩對塞爾維亞人十分忌憚，在他們窄窄的國界內對正教會歷來傾向壓制。一八〇三年，拉古薩的元老院甚至下令關閉俄羅斯領事館的小教堂。一八〇六年三月，法國大軍沿達爾馬提亞海岸南下推進，拉古薩政府迫於無奈只好同意萬一法國兵臨城下，俄羅斯可以出動兵員防守拉古薩。但是，到了五月底，法軍攻進拉古薩的領土，拉古薩城內的元老院卻又覺得倒向天主教法國那邊，還是強過依靠正教徒俄羅斯，結果法軍和俄軍的戰火就在他們頭上打來打去；俄軍這邊還有蒙地內哥羅的斯拉夫人助陣。俄羅斯的勢力雖然一度沿達爾馬提亞海岸擴張，但是拉古薩始終是法軍的據點。到了一八〇八年，拉古薩的共和政府一聲不吭步上了威尼斯共和國的後塵；法軍將領馬恩蒙（Auguste de Marmont）的代表〔於元老院中〕宣布，「各位議員閣下，拉古薩共和國暨政府此時正式解散，另外成立新的政府。」拉古薩就這樣先歸拿破崙治下的義大利統治，後來劃入新成立的伊里利亞省（Illyria）。馬恩蒙還受封為「拉古薩公爵」（duc de Raguse），這是先前未有的新頭銜。[53]拉古薩共和國撐不下去不僅和政治現實有關，也因為拉古薩在一八〇六年雖然還有二百七十七艘船隻可以出海，到了一八一〇年，卻只剩下四十九艘還堪使用。[54]拉古薩共和國那時期深陷各方交戰的戰火，對他們只有百害而無一利。

鄂圖曼帝國日薄西山，此刻，拉古薩人的處境已經不像以前有土耳其人的政府維護他們中立的地位和安全。他們曾向鄂圖曼尋求支援，未果，因為鄂圖曼在這時期大多也要看法國的臉色行事。[55]拉古薩共和國向來樂觀治世，還標舉「LIBERTAS」為國家的座右銘，最後還是落得亡國的下場，著實屈辱。

俄羅斯介入地中海的局勢，也開始被迫要縮回來了。那時，俄羅斯要在離聖彼得堡那麼遠的地方進行軍事行動，還是鞭長莫及，頗為吃力。一八〇六年末，由於俄羅斯、土耳其兩方對於瓦雷奇亞（Wallachia；現今羅馬尼亞境內）公國的歧見過深，導致俄土協定破裂，俄羅斯承受的牽制更加嚴重。到後來俄羅斯和鄂圖曼土耳其甚至開戰〔俄土戰爭，一八〇六—一二〕，雙方都沒意料到會走到這一步。大不列顛雖然不放心俄羅斯人，但還是給與俄羅斯些許支援。不過，一八〇七年六月末到七月初，拿破崙戰爭期間有數的一場大海戰，卻是由俄羅斯海軍獨力在〔愛琴海北端〕阿索斯山外打出來的。俄羅斯的目的是要幫自己打通達達尼爾海峽的出入口。[56]這一場海戰雖說是由俄羅斯這邊打贏了，但鄂圖曼土耳其人的艦隊實際上還是有辦法堵住達達尼爾海峽，而沙皇這邊已經吃不消了。黑海通往地中海的貿易利潤再豐厚，到了這時候也已經因為連年戰火而枯竭；在歐洲那邊，一八〇七年，亞歷山大一世終於在提爾西特（Tilsit）和拿破崙談和，放棄他的地中海雄圖。他在地中海的艦隊一樣跟著棄守。俄羅斯的船艦等於卡在地中海進退不得；幾艘僥倖逃脫開進了大西洋，也輕易地落入不列顛手裡。有幾艘船是撐到了提耶斯塔、威尼斯、科孚島，但是到最後同樣一無所有，結果不是投降就是棄船，甚至鑿洞沈船，也有船隻開到土倫加入法國海軍。拿破崙和俄羅斯談和，原本就是盤算雙方和談的好處就在於可以藉此將俄羅斯的艦隊弄到手。法國的軍官也十萬火急趕到科孚島去把俄羅斯的國旗換成法國國旗。[57]俄羅斯插手地中海，耗費鉅資，到頭來落個竹籃子打水。

第九章 管它戴伊貝伊或巴蕭

西元一八〇〇年—西元一八三〇年

一

特拉法加一役，為不列顛清除了障礙，讓他們的船艦得以在地中海暢行無阻，但不等於大不列顛在地中海各條航線都有壓倒性的優勢。支持那不勒斯〔兼兩西西里王國〕國王斐迪南一世的不列顛軍隊，對上了支持繆拉元帥（Marshal Joachim Murat）推翻那不勒斯國王的拿破崙大軍，兩方為了爭奪西西里島和義大利半島南部而爆發惡戰，打到一八〇六年七月，戰火在瑪伊達（Maida）一役燒到白熱（瑪伊達位在卡拉布里亞內陸，此役由不列顛獲勝）。[1]瑪伊達一役證明拿破崙也有愚蠢的時候，竟然讓那麼多兵力深陷險境，而且離他最想要拿下的義大利北部、中部那麼遠。拿破崙先前夢想要以塔蘭托作為跳板，拿下義大利南部暨亞得里亞海和愛奧尼亞海的出入口，吃下這一場敗仗之後都化為烏有。[2]然而，不列顛雖然是獲勝的一方，但其實戰力吃緊的程度，遠較戰勝的表相要嚴重許多。不列顛必須維持馬爾他島到提耶斯塔的通訊路線暢通，因為拿破崙的軍隊堵住了日耳曼那邊的補給線，結果提耶斯塔在這時候就變成不列顛軍隊從奧地利帝國進行補給的重鎮了。[3]到了一八〇八年，法國重建了土倫的艦隊，看似一步步又

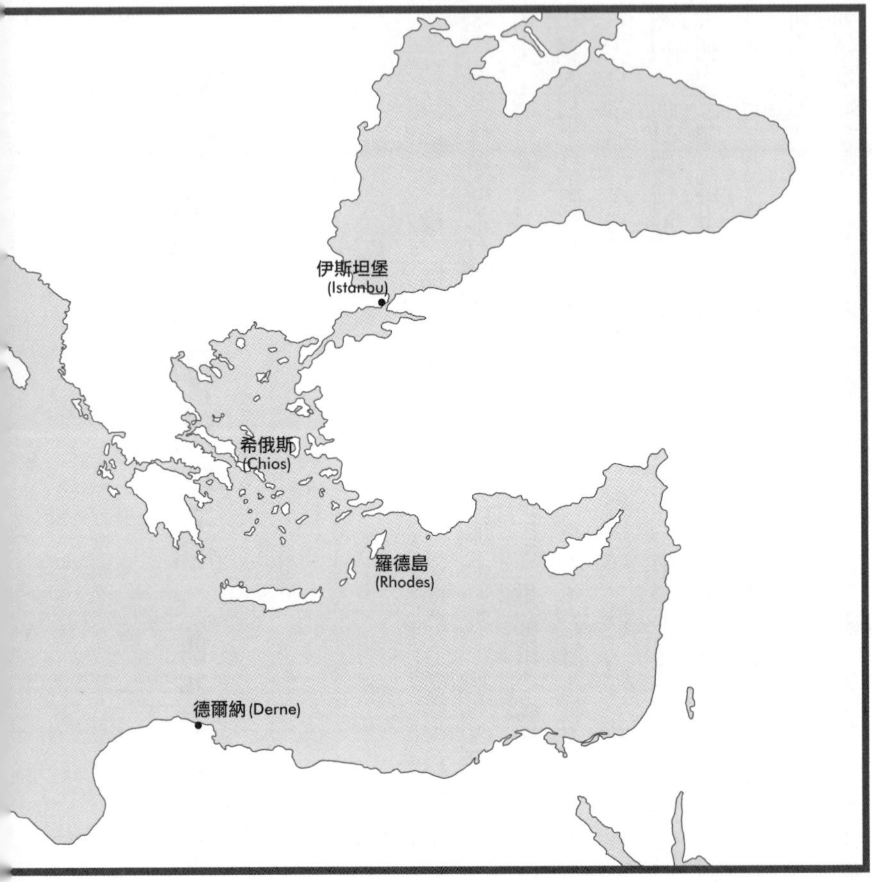

把地中海的控制權要了回來，那不勒斯和西西里島便又開始擔心海上會有大軍來襲了。

不列顛政府不得不重新思考地中海的戰事再打下去有何意義。其他考慮也跟隨著而來：法國又開始在打西班牙的主意了，〔拿破崙對上西班牙、不列顛、葡萄牙三國聯軍打的〕「半島戰爭」（AD Peninsular War, 1807-1814）爆發，把不列顛的注意力吸引到伊比利半島，去打艱苦的陸上作戰。當時不列顛的處境有多艱難，由不列顛派出去的艦隊規模就看得出來——不列顛的艦隊當時還有許多雜務要處理，像英格蘭附近還有加勒比亞海等等地區。一

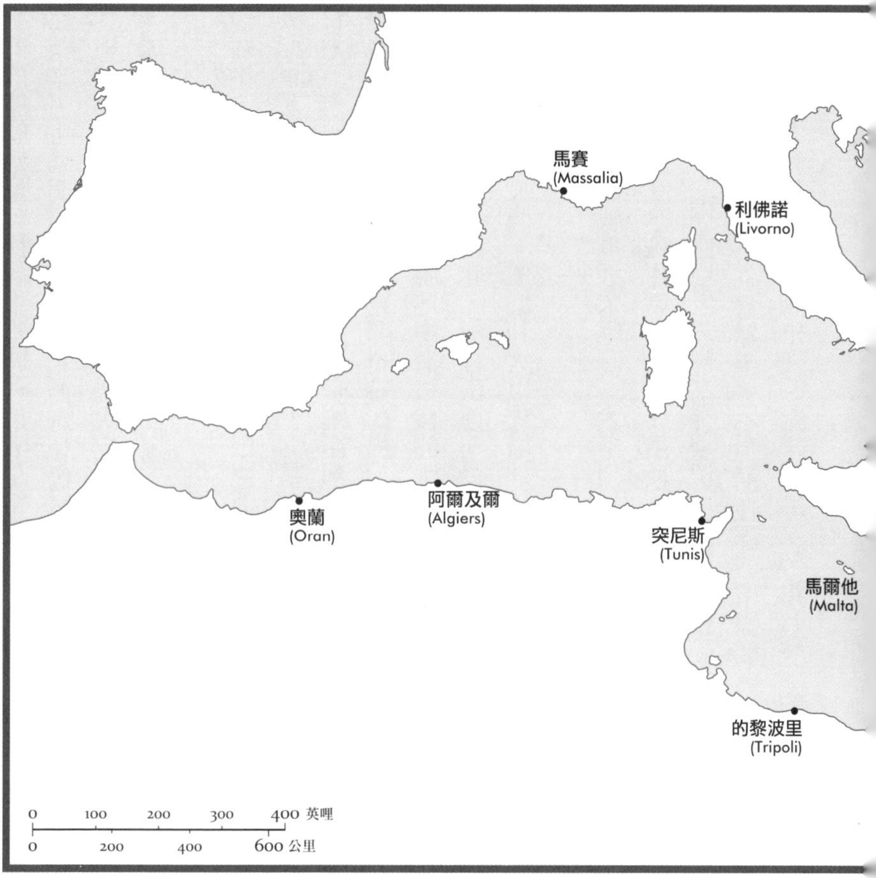

八〇八年三月八日，接手納爾遜遺缺的海軍名將柯林伍德帶的船艦是十五艘戰列戰；敘拉古一艘、墨西拿一艘、科孚島外海一艘，另外十二艘則是駐防在卡地斯外海。這些大型戰艦駛進地中海域，還有另外三十八艘三桅快速艦、單桅縱帆船（sloop）、雙桅橫帆船（brig）、臼砲艇（bomb-vesell）作支援，這些支援的船艦大多從事巡洋、偵察的任務，最遠可達土耳其和亞得里亞海那邊。拿破崙戰爭初期，不列顛的海軍實力甚至還要更小：一八〇三年七月，他們的戰列艦是十一艘，一八〇五年七月，十艘。

[4]十九世紀初，各國在海上較

勁的的船艦數量，比起上古時代或者是雷龐多之役那時代，顯得很少。但是，不列顛船艦的性能真的打起仗來，可就明顯要比法國和西班牙優越許多了，尤其是火砲的威力。[5]不列顛政府動輒必須決定集中手中的兵力於何處，而且，這些決定還是在時、地都和地中海艦隊有很大距離的地方做出的，圍堵托斯卡尼、那不勒斯、拉古薩等等地方的多項戰略，都像是在天馬行空的境界裡擘劃的。[6]

不列顛也需要盟邦幫襯。所以，俄羅斯有爭霸的心，在提供海軍助力方面就足堪不列顛一用。一八〇九年，不列顛一度想要收編阿爾巴尼亞的軍閥阿里・帕夏，指望他能為不列顛拿下愛奧尼亞群島。不列顛也想爭取希臘叛軍，支持他們對抗鄂圖曼土耳其，可是希臘叛軍不由分說一定把阿里・帕夏當敵人看。不列顛政府也擔心鄂圖曼帝國西部的國土要是過於動亂，削弱了鄂圖曼，可能導致鄂圖曼土耳其的解體。不列顛政府此時不樂見鄂圖曼瓦解，畢竟在和拿破崙打仗的時候，聯合王國的存亡繫於鄂圖曼帝國的存續。不列顛要想擺脫地中海這樣的困境，唯一可行的對策，就是攻佔愛奧尼亞群島，把七島共和國納入不列顛的保護。因此，柯林伍德司令就帶了人馬登陸愛奧尼亞群島，雖然只有二千人，但是足以嚇得島上法國軍隊投降。奧地利大臣史塔迪昂（Johann Philipp Stadion）認為不列顛那時已然是「亞得里亞海的霸主」。[7]

到了拿破崙戰爭近末尾時，大不列顛搶在手中的戰利品已經不少了——馬爾他島、科孚島、西西里島。西西里島在拿破崙戰爭的最後階段，也就是一八〇六至一八一五年間，怎麼看都已經算是不列顛保護的屬國了。〔兩西西里王國〕斐迪南一世國王雖然痛恨西西里島必須仰承不列顛鼻息，可是不列顛將西西里島握得很緊，不肯鬆手：不列顛在那一帶需要有海軍基地，也需要為艦隊取得必要的補給。[8]而西西里島上有不列顛軍隊出沒，對繆拉的攻勢也有嚇阻的作用。一八一〇年，拿破崙下令繆拉攻向西西里島，繆拉的軍隊浩浩盪盪開到了墨西拿海峽，卻不敢真的攻進去。[9]不列顛那邊了解他們在地中海應該要有長久的據點，這樣才擋得下法國，尤其是要將法國擋在埃及之外、擋在通往印度的航線之外的話。地中海的貿易雖然整體都在走下坡，重商的心理卻也在發揮作用，所以，要是不列顛和地中海通商的管道暢通無阻，地中海各地市場的吸引力就有增無減了。拿破崙戰爭也帶來其他劇變。威尼斯共和國在一七九七年滅亡於拿破崙的大軍，歐洲各地卻未見多少悼亡的哀音。拿破崙落敗之後，拉古薩人也未能勸服任何一方重新再給他們貿易的優惠。地中海的舊商業強權，在地圖已不復得見。

二

威尼斯、拉古薩這兩大商業霸權殞落，為地中海外其他國家的商船留下了眾多大好機會。當時的貿易雖然走下坡，商機卻沒有不見，依然眾多。西西里島長久以來一直是地中海全區的大穀倉，不過，他們這歷史悠久的地位在這時期倒是真的失去了。西西里島上的人口在十八世紀增加近半，主要集中在城市，尤以巴勒摩為多。在這期間，島上的穀物生產卻不增反減，一來是因為沒有用心提高產能，二來是因為土地廢耕太多。西西里島在十七世紀每年穀物輸出量達四萬噸，不過，氣候條件也開始變壞，雨量變多，人稱「小冰河季」（Little Ice Age），但這只是因素之一，因為地中海的農產品那時也開始有波羅的海等大農產地崛起，成為勁敵。[10]十九世紀，不列顛來的實業家，例如伍德豪斯（Woodhouse）家族〔John Woodhouse〕和惠塔克（Whitaker）家族〔Joseph Whitaker〕，便在西西里島西部推動葡萄農耕，釀造風味濃郁的馬沙拉酒（Marsala）。當時依然有一些商品還是在地中海最容易買到——薩丁尼亞島和北非來的珊瑚，希臘和土耳其出產的乾果，經由鄂圖曼帝國領地外銷的咖啡等等。丹麥、挪威、瑞典等國的商人因北方貿易獲利豐厚，也揣著重金翩然蒞臨北非海岸，也就是人稱「巴巴里攝政國」那一帶（之所以叫作「攝政國」，是因為該地的君主，不論叫作「戴伊」〔dey〕、「貝伊」〔bey〕、「巴蕭」〔bashaw〕還是「帕夏」，在名義上都是替鄂圖曼帝國蘇丹代行治理權的王公）。丹麥人從一七六九年起便向阿爾及爾的戴伊送「禮」，交換戴伊保護他們的船隻。不過，戴伊一時興起，也會決定他要的禮應該要更大一點才對，而拿斯堪地那維亞半島來的船隻開刀，以致於到了一八〇〇年前後，因為戴伊需索無度，惹得丹麥和阿爾及爾兩邊走到了戰爭邊緣。於此期間，突尼斯的貝伊卻覺得他們在一八〇〇年五月從幾艘丹麥船上搶來的禮品不夠貴重，有失身份，便在下一個月派人去把丹麥領事館的旗桿給砍了，引爆短短一陣戰火，但到最後丹麥人還是發覺他們多半只有任由貝伊宰割的份兒——沒多久，瑞典也會有同樣的領悟。[11]

這些麻煩還是要靠外交來解決。戴伊、貝伊都要厚禮，這樣他們的財政才不會滅頂。依美國國會得到的情報，他們用的手法就是招徠各國到地中海，和他們簽訂新的通商條約，然後，「盡可能多多和各國打壞關係」。[12]巴巴里攝政國和歐洲各國簽的條約要是太多，反而會害他們從外國船隻搶船貨、俘虜的機會大減。俘虜不僅可以幫他們弄到贖金，還可以當作外交籌碼使用，取得他們索求的厚禮。俘虜即使關在巴巴里又臭又髒的牢中，還可以當免費的勞工。要是軍官階級，一般待遇會好得多。士兵入夜則要用鐵鍊銬在地板上。關在的黎波里的俘虜，每天分到的口糧是一塊大麥和豆子做的硬餅乾，雜質很多，外加些許山羊肉、油和水。受俘為奴的人要是發配去蓋的黎波里的城牆，很可能要光著頭在烈日下工作，任憑被人叫罵「基督教走狗」，還會挨鞭子。[13]北非的君主當然曉得基督教國家會竭盡所能救出這些俘虜；他們從薩丁尼亞島、西西里島、巴利里亞群島海岸擄來的婦女也是一樣。

當時有一國家甫問世，他們的船隻就提供巴巴里君主嶄新的勒索良機：美利堅合眾國。美國和的黎波里爆發軍事衝突，是這一羽翼未豐的新國家第一次和外國打仗，還因此建立起他們的海軍。[14]美國人於筆下將北非的人寫成是未開化的「蠻子」（barbarian）；這樣子罵人也不必他們多用腦筋，因為當時馬格里布的俗名就叫作「巴巴里」（Barbary）。[15]美國派駐突尼斯還有其他地方的領事送回美國的報告都證實，不管是叫作「貝伊」、「戴伊」還是「巴蕭」，全是粗野不馴的暴君，他們的治理方式由美國使節親眼目睹的砍頭、砍手等等事情可見一斑。喬治・華盛頓一七八六年在寫給拉法葉侯爵（Marquis de Lafayette）的信中，就對巴巴里海盜極為不滿：

> 都已經是那麼開明、那麼自由的時代了，怎麼還會有歐洲的海上強權年年要向巴巴里那幾處小小的海盜國家進貢的？要是我們有海軍把這些敵人好好整出個人模人樣，或是消滅得一乾二淨，那就好了。[16]

不過，喬治・華盛頓萬沒想到美國沒多久就會加入歐洲各國的行列，一起向巴巴里攝政國進貢。有幾位史家認為美國攻打巴巴里國家，說不定可以看作是基督教對抗伊斯蘭「蠻子」的戰爭，然而衡諸史實，找不到證據支持。法蘭克・蘭伯特（Frank T. Lambert）就說，「巴巴里戰爭主要是為貿易而打的，和思想無關」；美國和的黎波里在一七九七年簽下的條約，就明文寫道美國依其憲法並非基督教國家，當時的美國總統詹姆斯・麥迪遜認為作這樣的聲明，把宗教問題從當時的爭端當中排除，可以減輕美國和北非穆斯林的摩擦。[17]因為巴巴里戰爭並非聖戰，而是美國獨立戰爭外溢的波瀾。[18]按理，美國的獨立戰爭算是在一七八三年結束，因為該年不列顛承認北美十三州不受不列顛王權統治，但實際上還留下了許多沒解決的小尾巴，特別是美國船隻自由航行大西洋和地中海進行貿易的權利。新國家的人民來到外國的港口，理應享有舊世界的歐陸國家人民都有的同等待遇——這樣的原則是美國願意奮戰到底去維護的。大不列顛在北美的殖民地，原本是他們封閉的殖民體系當中不可或缺的一環；不列顛橫跨大西洋兩岸的領土既可以供應不列顛所需的原料，也可以吸收不列顛產業愈來愈多的產品。不列顛的殖民體系全由一張商業稅的大網罩住作為保護；他們的商業稅也是十八世紀重商思想的標準產物。北美那邊的反對立場，一七七三年著名的波士頓茶黨事件便說得很清楚。所以，兩邊要從這樣的關係掙脫出來，一直不太容易。一七六六年，距離美國爆發革命還有十年，《賓夕凡尼亞公報》（*Pennsylvania Gazette*）報導費城一家咖啡屋前有人點火燒掉不列顛官方核准發售的「一張地中海通行證債券」（譯註31），以示鄙棄。

19 美國人進行地中海貿易會遇到兩類問題，而且這兩類問題夾纏不清。即使過了一七八三年（英美簽署〈巴黎和約〉，美國獨立戰爭正式結束），不列顛轄下的港口例如直布羅陀，依然不太願意讓美國船隻進港。不列顛的船長逮到機會便扣押美國船隻——不列顛船長特別喜歡押美籍船員到不列顛船上跑海，尤其是在不列顛和法國作戰期間。不列顛政界人士，例如雪菲爾勳爵（Lord Sheffield）就把美國人看作是不列顛潛在的貿易勁敵，擔心美國會削弱不列顛商業霸主的地位；但他也不忘指出因為有巴巴里海盜作祟，美國人要在地中海貿易攻城掠地，機會其實不大。再者，第二類問題便是美國人和北非君主的關係：美國人當然會向他們爭取自由出入港口的權利，也希望他們可以保證阿爾及爾、突尼斯、的黎波里的海盜不會在公海攻擊美國船隻。湯瑪斯・傑佛遜眼看地中海貿易早已是歐洲商人的天下，美國人再怎樣也只能從窄窄的海峽鑽進去，但是在海峽，海盜「愛查什麼就查什麼」，所以對雪菲爾動爵的看法無論如何也只能心有戚戚焉。[20]

所以，顯而易見，美國在地中海的貿易量絕對無法和歐洲既有強權一較高下，特別是法國；十八世紀末年，地中海的商業是由法國稱雄的。儘管如此，美國插足地中海貿易還是為巴巴里國家帶來極大的震盪，以致於他們和非穆斯林海上強權的關係隨之重組。由〔美國和巴巴里攝政國打的兩次〕「巴巴里戰爭」（Barbary Wars; 1801-05, 1815）開始，之後一連串風波，演進到最後就是法國在一八三〇年攻下阿爾及爾，此後，一直據為己有。這時期叱吒風雲的要角當中，便有巴克里（Bacri）家族。他們是以阿爾及爾為大本營的猶太金融家，也是〔阿爾及爾〕戴伊的金主，和利佛諾有貿易往來，和不列顛轄下的直布羅陀、梅諾卡一帶同門教派的鄉親也一直維持密切的商業關係。他們在戴伊朝中呼風喚雨的勢力格外教人側目，因為當時連美國人都說猶太人在阿爾及爾的待遇很差。不過，戴伊知道他可以利用猶太金融家作中間人和歐洲人交涉，而猶太人再怎樣也還是只有任他宰割的份兒。像戴伊就在一八一一年將巴克里家的大衛・柯恩・巴克里（David Coen Bacri）處決，因為巴克里家族的生意勁敵，另一位猶太領袖大衛・杜蘭（David Duran）冷血指控巴克里通敵叛國；大衛・杜蘭的家族是在馬約卡島一三九一年爆發屠殺猶太人的動亂時，逃難到阿爾及爾落戶的。大衛・杜蘭原本希望這樣一來，就換他坐上大衛・巴克里留下的高位，結果，沒多久他也步上大衛・巴克里的後塵。

所以，阿爾及爾朝中是有一小撮擠進戴伊身邊的小小權力圈的猶太菁英，他們有能耐，也偶爾惹來

譯註31：地中海通行證（Mediterranean Pass）——十八、十九世紀，要是國家的政府和巴巴里國家簽有條約，便可核發通行證給國家旗下的船隻，證明該船有條約保護，有權安全行駛，不受騷擾。

冷嘲熱諷，例如美國派駐突尼斯的領事威廉・伊頓（William Eaton）。[21]一八〇五年，伊頓在處理的黎波里居民的陳情案時，對陳情的眾人明說美國人支持的是當時〔的黎波里〕巴蕭的勁敵——被罷黜的前任巴蕭哈邁特・卡拉曼里（Hamet Karamelli），也是當時巴蕭的哥哥——這一位勁敵當時也在爭奪巴蕭大位。他懇請眾人明白美國涵蓋世間「每一民族、每一語言、每一信仰」，落腳在「西方最遠之處」。他說現任的巴蕭，尤蘇夫・卡拉曼里（Yussuf Karamanli）是「卑鄙、說謊的叛徒，指派的海軍司令是變節的醉鬼，宰相是貪得無饜的猶太人」。卡拉曼里的海軍司令穆拉德・李斯（Murad Reis）是個大反美派，為人心狠手辣，來到阿爾及爾時的身份是彼得・萊爾（Peter Lisle），一個嗜酒貪杯的蘇格蘭人，改信伊斯蘭後娶了巴蕭的女兒，卻始終沒放下手中的烈酒。[22]伊頓寫道，「請放心，美國人信奉的主和伊斯蘭的主是同一位，同一位全能的真主」。[23]他覺得突尼斯暨鄰近地區是十分排外的地方。但要說是教人大有感悟的地方也可以。當他看到北非的穆斯林世界隨處可見白人、黑人奴隸，不禁〔在寫給妻子的信中〕感慨歎道：

> 我一想到這樣的情況不正是複製我在自己國家親眼所見的野蠻行為，內疚不禁湧上心頭。我們卻自誇擁有自由和自然正義（natural justice）。[24]

伊頓指出突尼斯和阿爾及爾同樣有猶太商人出沒，而且還是貿易的霸主。他寫過一家猶太貿易商行「吉歐納達」（Giornata），每年拿六萬皮亞斯塔幣（piastre）進貢給突尼斯的貝伊，另外在利佛諾還有一家「廠房」，也就是倉庫。他指突尼斯每年出口二十五萬張獸皮，外加大量的蠟。其他如油、小麥、大麥、豆子、海棗、鹽、牲口（包括馬匹）則外銷歐洲。在法國和英國戰事打得火熱的時候，拉古薩人還當起了搬伕，藉拉古薩亡國前幾年還享有鄂圖曼「朝廷」進貢屬國的特殊地位，大發利市。在這期間，突尼斯的露天市場對於美國人運送到北非的貨品，胃口很大：舉凡「印花棉布、原料，精緻布料，鐵，咖啡，糖，胡椒，各類香料，白蠟燭，洋紅、魚乾、木材」，他們都要。伊頓預言這些貨品在突尼斯應該可以賣到美國價錢的三倍。[25]由他寫下的諸多看法，可以看出他心裡想的不僅是美國和北非之間進行直接貿易，也包括美國應該可以在地中海和大西洋之間從事運輸業。由他寫下的記遊，證實突尼斯、阿爾及爾、的黎波里在當時還看不到製造業，雖然他們外銷的蠟數量極大，當地卻連蠟燭都要靠進口才行。然而，優質的木材在北非十分難找，始終是嚴重的問題，特別是有幾處地方還有自家的海盜船隊需要維持。當然，向外國買船或是打劫搶船是可以解決一些問題。只是，巴巴里一帶的艦隊從十七世紀晚期開始，因為不列顛和荷蘭不斷施壓，數量一路下滑；到了一八〇〇年，巴巴里要是有哪一國一次可以召集到十幾艘海盜船出海，就算萬幸了。而美國人要在北非進行貿易，以及地中海其他角落的貿易，就必須和巴巴里攝政國維持和平的關係才行。湯瑪斯・傑佛遜的記載當中寫過美國有大量的小麥和麵粉外銷到地中海，另外如稻米和醃魚或是魚乾也在外銷之列，數量多到每年裝滿一百艘船。不過，「我們的商人心裡也很清楚，勇闖地中海作生意，隨時都有被巴巴里海岸的海盜國家盯上行搶的風險。」[26]

三

美國自獨立開始，便一直下工夫要解決巴巴里海盜的問題。一七八四年五月，美國國會投票通過議案，准許美國政府和巴巴里海盜談判。摩洛哥的蘇丹是率先承認美國獨立的北非國家。美國在一七八六至一七九七年陸續和摩洛哥、阿爾及爾、的黎波里、突尼斯簽署協議。美國在一七九四年十二月和阿爾及爾簽訂的協議，承諾先付六十四萬二千五百美金給戴伊，之後每年再給與二萬一千六百美元的海軍物資，包括火藥、彈藥、松木桅杆、櫟木甲板等等。美國另也送了戴伊一組黃金茶具。這和戴伊最早提出來的條件差距十分明顯；戴伊最早要的是二百二十四萬七千美元的現金，兩艘三桅快速艦，而且船身要加裝銅製船殼。即使如此，兩邊還是麻煩不斷，當戴伊抱怨該給他的錢他沒收到時，美國必須再加送他別的大禮「一艘全新的美國戰艦，有二十門大砲，航速應該很快，送給他的女兒」，但到頭來戴伊硬要到手的是一艘三十六門大砲的戰艦。[27]北非的君主老是指責美國、歐洲送的禮，品質不佳，數量不足。所以，基督教國家一樣會走旁門左道，只是他們把北非君主的需索看作是毫不遮掩的公然索賄罷了。

一八〇〇年，美國拿東印度公司的貨船改裝成的笨重大戰艦〈喬治華盛頓號〉（*George Washington*）駛達阿爾及爾港，載來阿爾及爾戴伊滿心期待的厚禮，外加糖、咖啡、鯡魚等貨品。戴伊照例抱怨美國送禮又拖拖拉拉的，之後馬上要船長出海到君士坦丁堡一趟，並且將阿爾及爾的特使團一起載過去。美國船長怕得不敢不答應。結果，他這一趟出海載的貨物實在很奇怪，被人戲稱「諾亞方舟」；因為船貨不僅有馬匹、牛群、一百五十頭綿羊，還有四頭獅子、四頭老虎、四頭羚羊、十二隻鸚鵡；他還載了一百名黑人奴隸，準備送到鄂圖曼蘇丹御前作為貢品。特使團的隨員同樣有一百名，陣容浩大。船長奉命要掛阿爾及爾的旗幟，不過，出海沒多久他就擅自換回美國的國旗；據說船員還拿伊斯蘭來捉弄，在穆斯林祈禱的時候，故意將船大迴轉，害得祈禱的穆斯林搞不清楚麥加到底是在哪個方向。[28]美國人在自家報紙看到他們的船隻受此屈辱，固然大為難堪，但是，他們和阿爾及爾戴伊的關係終究還是在瀕臨破裂之前保全了下來。美國和阿爾及爾的關係雖然看似在海面載浮載沈，但還不算滅頂。不過，他們和的黎波里的關係就因為巴蕭要求美國額外再加貢品而惡化。的黎波里的巴蕭等不到他要的東西，就派人到美國的領事館去砍斷館內的旗桿，美國的星條旗還掛在旗桿上呢。之後，巴蕭還派船出海搜尋可以打劫的船貨，也俘獲到一艘瑞典的船回來。巴蕭派出去的海盜小隊中，有一艘船就是波士頓的〈貝西號〉（*Betsy*），幾年前他們從美國人手中搶了過來，改名為〈梅修達號〉（*Meshuda*）。[29]

一八〇一年十月至一八〇三年五月，這期間法國和大不列顛休兵談和，沒有硝煙戰火，美國人和北歐人就趕忙要要好好利用地中海難得有這麼平靜的歲月，而且，單純是為了通商。只是巴巴里國家還是屢屢擋路，搞得美國立國以來第一次覺得被逼上對外開戰的邊緣了。一八〇二年，瑞典那邊由於一樣積了一肚子火氣需要發洩，欣然加入美國的陣營一起圍堵的黎波里。兩造的衝突原本就在擴大，到了這時當然進一步朝外蔓延，摩洛哥的蘇丹〔Mulay Slimane or Suleiman〕由於美國不肯保障他的運糧船可以安全開到的黎波里，憤而對美國宣戰。[30]接著，一八〇三年十月，美國的三桅快速艦〈費城號〉（*Philadelphia*）在封鎖的黎波里時，因為追逐一艘的黎波里的船隻而擱淺，結果被的黎波里巴蕭的人馬活逮，船上三〇七人全數被俘。巴蕭認為這一次弄到的戰利品可以讓他要到四十五萬美元的贖金。美國艦隊司令普瑞伯（Edward Preble）依然致力於軍事解決，也相信〈費城號〉落入敵手，會讓敵方取得他們亟需的海上優勢；即使在和平時期，的黎波里那裡也可以拿〈費城號〉作海盜船用或是作為斡旋的籌碼，從美國人或是歐洲人身上榨出更多油水來。所以，〈費城號〉要是搶得回來最好，若否，則必須摧毀。普瑞伯他們便擬出大膽的計劃，趁夜色掩護對〈費城號〉發動奇襲。他們在二月十六日入夜之後派出雙桅船〈無畏號〉（*Intrepid*），由海軍上尉史蒂芬・狄凱特（Stephen Decatur）率領駛向的黎波里，他們還堂而皇之掛上不列顛的國旗，只靠一點口舌就開進了黎波里港口——他們用「通用語」喚來領港人，告訴對方他們是來送補給品的。這時，的黎波里的艦隊還在睡夢中，渾然不知敵方已經兵臨城下。狄凱特在這一仗身先士卒，將他自己送進美國傳奇英雄的行列。由於敵軍大多倉促驚醒，急著逃生，狄凱特這一仗打得格外順利。打贏的美軍搶下了〈費城號〉，卻發現他們沒有辦法將船開回美方的戰線，便決定一把火燒了船，那時他們才搶回戰船不出一刻鐘。燒船的熊熊火光，據說把的黎波里全城照得大亮[31]。一八〇四年八月美軍進攻的黎波里港口一役，狄凱特原本已經大噪的聲名，因為之後出的事情還更加響亮；據說他搜出了當天殺死他弟弟的一名突厥馬木路克人。此人是個彪形大漢，但他不顧這人體型特別壯碩，和他近身肉搏，儘管手上的短彎刀都砍斷了，還是搏命廝殺，終於（在一位水手奮不顧身，擋開對方對狄凱特使出的致命一擊，捨身相救之後）在近身的距離將這突厥人射殺。他的英勇事蹟傳回美國，舉國稱頌，散見各地的繪畫、版畫作品，傳揚美國將士以勇氣勝過蠻力——身形矮小但是自由、堅定的狄凱特，力搏黝黑、醜惡的馬木路克奴隸。的黎波里這一次的勝利雖然沒多大，美國人自信心提升的幅度卻大得不得了。[32]

即使如此，美國還是未足以打敗的黎波里巴蕭的意志，美國的政策也只好來個大轉彎，改採威廉・伊頓長年一直賣力鼓吹的方案。伊頓搭船到亞歷山卓去找哈邁特・卡拉曼里。卡拉曼里自稱的黎波里的巴蕭寶座理應歸他所有，只是數年前被他弟弟尤蘇夫奪去。之後的發展，便是伊頓帶領一隊人馬（阿拉伯人佔大多數）循陸路從埃及艱苦拔涉朝的黎波里前進。他們花了六個禮拜，行軍四百英里，遠達德爾納（Derne）。德爾納是濱海城市，伊頓他們認為那裡的人可能願意迎立哈邁特・卡拉曼里為王。美國迎哈邁特・卡拉曼里回的黎波里即位的主意最後雖然未能如願，不過，單單是卡拉曼里可能重返大位，就逼得的黎波里的巴蕭乖乖和美方談判，接受還過得去的條件——六萬美元的贖金——比起北非別的君主勒索到手的，算是小巫見大巫了。[33]

四

阿爾及爾那裡桀驁難馴的程度就更高了。一八一二年，阿爾及爾的戴伊得知美國和大不列顛開戰，便決定對美國進一步施壓；畢竟美國在這當口應該沒辦法再在地中海調集到一支艦隊了。戴伊堅持美國裝上〈艾勒蓋尼號〉（*Allegheny*）的貢禮不對：例如他指名要的是二十七捆粗繩索，卻只收到四捆。因此他要美方拿出二萬七千美元來給他，美方的人員拒絕了，他便將美方的人員驅逐出境，而且，美方還是要支付二萬七千美元，分文不少才行，逼得美國駐阿爾及爾的領事托拜亞斯·李爾（Tobias Lear）不得不以百分之二十五的高額利息向巴克里家族借錢。[34]阿爾及爾這時也把他們擄獲的美國雙桅橫帆船〈愛德文號〉（*Edwin*）拖回阿爾及爾；〈愛德文號〉那時涉嫌在直布羅陀海峽運送物資支援西班牙那裡的不列顛軍隊，算是從事違禁貿易——船上的人不知道英、美關係已經嚴重惡化。〈愛德文號〉就這樣連船帶人被扣押在阿爾及爾。當時美國政府必須專心對付他們在大西洋海岸和加拿大的戰事，分身乏術，便決議派特使到馬格里布，希望談判這一招還是有用。莫德凱·諾亞（Mordecai Manuel Noah）臨危受命，出使突尼斯出任領事。諾亞是個出色人物，也急欲向他的猶太同胞證明猶太人在美國社會也能爭到一席之地，同時呼籲「希伯來民族」多多將他們的資金從大西洋對岸的舊世界送到新世界來，俾益於美國大眾。美國政府對於巴克里家族瞭若指掌，諾亞也可能透過同門信徒居中聯絡，為美國和戴伊拉起寶貴的關係。一八一四年冬，諾亞穿梭於直布羅陀海峽，在直布羅陀運作他的猶太人脈，也從一名猶太領袖那裡取得引薦到巴克里家的信函。但是，雖經他百般努力，終究只能替幾名美國俘虜爭取到自由而已。[35]

當時的美國總統麥迪遜絕非戰爭販子，只是美國出兵對抗的黎波里算是嚐到了甜頭，因而覺得若是要徹底斷絕巴巴里君主需索無度的惡習，應該出兵攻打阿爾及爾，這便是雙方交手的第二階段。一八一五年二月十七日，美國和大不列顛談和，一個禮拜後，麥迪遜要求美國國會對阿爾及爾宣戰，美國也集結起他們史上空前未有的龐大艦隊——為數不過十艘的戰艦。已經是國家英雄的史蒂芬・狄凱特奉命出掌遠征的兵符。[36]他不負眾望，艦隊還沒抵達阿爾及爾就先搶下了幾艘阿爾及爾的船艦，算是佔盡先機，擁有絕佳的立場讓戴伊乖乖聽命。當時阿爾及爾的戴伊是上任未久的新手（前兩任都遭刺殺身亡）。戴伊派特使向狄凱特要求多給一點時間考慮美方要求的和約條件，狄凱特回答：「一分鐘也別想！」[37]阿吉爾爾簽下和約之後，突尼斯和的黎波里兩地也很快跟進，簽下了和約。阿爾及爾的和約明訂他們必須釋放美籍俘虜，也明訂美國領事在阿爾及爾的權責。不過，這一份和約對地中海歷史關係最重大的在第二條：爾後對北非君主再也不必送禮或是進貢了。狄凱特遠征最大的成就正是在這一點。美國立下這樣的先例有多重要，歐洲各國心知肚明，對美國的敬意也比以前提高許多。美國當然得意萬分——約翰・昆西・亞當斯（John Quincy Adams）就寫道：「我們在地中海進行的海上征戰，輝煌的戰績大概不下於我們立國以來的任何事功。」雖然美國在這裡的戰功輝煌不了多久，但是因此戰功而為美國打造出嶄新的海上大軍，才最難得可貴。[38]美國出兵打敗巴巴里那一幫人，是美國這名號孕育成形的轉捩點。

五

東地中海一樣開始浮現新秩序。鄂圖曼蘇丹到了一八〇〇年已經注意到他在埃及和希臘的子民變得很難管。那裡〔埃及〕的軍頭穆罕默德・阿里（Muhammad Ali Pasha）利用拿破崙遠征埃及一進一出造成的亂局，趁機推翻鄂圖曼派駐埃及的馬木路克官員，在一八〇五年自立為君主。他雖然承認鄂圖曼的宗主權，正式的頭銜也只是總督，但是誰的命令他幾乎都不服。他是阿爾巴尼亞人，講阿爾巴尼亞語和土耳其語，反倒不會說阿拉伯語。他治國的眼光也不以鄂圖曼世界為限，西歐的知識和科技同樣是他取經的對象，特別是法國那邊——他在埃及的地位，就像彼得大帝在俄羅斯的地位。他一心要將埃及的土地收歸國有，也要為埃及打造一支作戰艦隊，而這些目標是否得以達成，便以改善經濟為成功的關鍵。而他的政策竟然和二千年前托勒密王朝在古埃及推出來的政策幾乎如出一轍，也頗不可思議。他在埃及推動新的農業計劃，灌溉工程便包括在內，因為他看出西歐對精織棉的需求有多大。但他也急於要建立基礎工業，因為這樣埃及才能擺脫單純外銷原料步上富裕國家的地位。[39]眼見十九世紀初年歐洲因為經濟發展而改頭換面，他也有雄心，要替埃及分一杯羹，將歐洲經濟發展的利益也引進到埃及來。亞歷山卓在當時淪落到多貧困的境地，他就看得很清楚：城區的土地面積和人口總數全都大幅縮減，在他那時代應該只算得上是村莊罷了；港口的遠洋貿易佔比也不大。亞歷山卓走上復興的道路，就是在穆罕默德・阿里治下打開了門戶，招徠東地中海各地的移民，土耳其人、希臘人、猶太人、敘利亞人，絡繹不絕。[40]

穆罕默德・阿里愈來愈強悍的自信，到了一八二〇年代推進到他要為他在克里特島和敘利亞的治權爭取國際承認。假如他想要將埃及帶進現代海上強權之林，他這一位總督就必須找到供應無虞的木材貨源，也就是說他的處境和之前千年埃及的君主一樣，必須要有森林區牢牢在掌握當中。他在一八二〇年代遇到的難題，就是鄂圖曼帝國在他們歐洲的領地難以施展治權的困境，比在非洲的領地這邊還要嚴重。一八二一年，摩雷亞半島爆發希臘叛亂〔希臘獨立戰爭，Greek Independence War; 1821—1832〕，由於地理形勢還有利於叛軍，叛軍很快便攻下了鄉間地區，只剩納夫皮里翁、莫東、寇隆等處的海軍基地還在鄂圖曼土耳其人手中。即使如此，鄂圖曼在海上也未能維持主宰的優勢。像伊德拉（Hydra）和薩摩斯這些島嶼就成了希臘反抗勢力集中的據點。希臘商界自從十七世紀開始，活動力愈來愈強，他們拼拼湊湊，拿商船裝上大砲，照樣弄出了一支作戰艦隊。有一支希臘人的艦隊就有三十七艘船，另一支是十二艘船，兩支同樣都由出身伊德拉的司令領軍。所以，到了一八二一年四月下旬，這一批老經驗的水手雜牌軍已經攻佔四艘土耳其戰艦，有兩艘還是軍艦。希臘人從此士氣大振信心大增，膽敢巡航愛琴海，在通往達達尼爾海峽的航道和鄂圖曼的艦隊單挑。希臘的艦隊對上鄂圖曼的艦隊雖然沒有勝算，不過多半還能全身而退，沒有多大的損失。到了一八二二年，鄂圖曼政府對希臘艦隊出沒轄下水域突襲打劫，已經忍無可忍，便從巴巴里國家調動戰艦作為主力，組成陣容擴充許多的龐大艦隊，於四月攻向希俄斯島。希臘的遠征軍那時正在島上圍攻堡壘，想要拿下。鄂圖曼的大軍將希臘的武力趕走之後，在島上大肆屠殺，喪命的民眾極多。鄂圖曼血洗希俄斯島的戰事，可想而知當然會在希臘人反抗鄂圖曼土耳其人暴政的英勇歷史當中留下一筆，也成為尤金・德拉夸（Eugène Delacroix）筆下動人的題材。[41]希臘人以牙還牙，五個半月之後，他們在摩雷亞半島屠殺的黎波里來的猶太人和穆斯林。那一帶歷經數百年民族交融，多的是希臘人改信伊斯蘭，也多的是土耳其人同化成希臘人。所以，希臘人和土耳其人捉對廝殺，俟後長達一百五十年的屠殺和種族肅清，根源不過是兩邊都不願意接受希臘人和土耳其人在東地中海其實擁有共同的傳承，何其悲哀！

殘酷的屠殺未能減損大不列顛、法國、日耳曼不少文人對希臘抗暴的禮讚，他們在這樣的希臘人身上看到了古典時代的希臘縮影，古典時代的希臘歷史、哲學、文學都是他們在學校攻讀的經典。至於各國的政府對於支持希臘叛軍，態度就審慎得多了。不列顛政府就很實際，想的是鄂圖曼帝國在這時候瓦解真的好嗎？穆罕默德・阿里也有這樣的想法。只是，當時沒有誰想得到鄂圖曼帝國還可以苟延殘喘很久。他們躊躇思索的問題在於巴爾幹半島要是分裂，就會改寫歐洲權力的分佈圖——也就是拿破崙在滑鐵盧落敗終於無法再起之後，歐洲各國合縱連橫所用的精巧手法：「歐洲協調」（the Concert of Europe）。當時歐洲憂心的重點有一處是奧地利。奧地利為了維護商機，在東地中海部署了龐大的作戰艦隊（二十二艘），規模超過大不列顛。由於奧地利願意和鄂圖曼土耳其人作生意，讓他們在希臘人的眼裡不怎麼保險，雖然奧地利人他們做的不過是很久以前他們就一直在做的事了——透過拉古薩那一帶的幾處城市居間和達爾馬提亞和東地中海作貿易。[42]歐洲強權也一直拖到一八二七年才對希臘叛軍做出實質的援助。在此期間，穆罕默德・阿里也把希臘人鬧叛亂看作是趁火打劫的天賜良機，多的是現成的果實可撿，因而在一八二五年初派出一支艦隊朝希臘駛去。他的目的是要拿下克里特島、塞浦路斯島、敘利亞和摩雷亞等地，建立他自己的帝國。他也以為只要他將希臘人悉數驅逐出去，再弄來一大堆埃及的農民遷移到希臘南部定居，希臘就牢牢在他掌握當中了。所以，他的目的等於是要將東地中海幾乎全部納入他的統治之下。他也不計花費，派出六十二艘船艦前進克里特島東邊的水域，希望一舉將希臘人的海上勢力從愛琴海南部掃蕩乾淨。[43]

一八二七年十月，逐鹿的歐洲各方〔針對希臘抗暴爭取獨立〕已經在談判的時候，一支駐守納瓦里諾灣（Navarino；古希臘名為Pylos，皮洛斯）外海的艦隊，總計十二艘不列顛、八艘俄羅斯、七艘法國船艦，幾乎算是意外擦槍走火，和一支鄂圖曼的艦隊爆發衝突。鄂圖曼的艦隊約有六十艘從土耳其、埃及、突尼斯等地調集來的船艦，其中三艘是大型戰艦（他們的對手那邊，大型戰艦倒是有十艘）。雖然先前已經有過停火的協議，鄂圖曼這邊卻不肯讓歐洲的聯軍艦隊進入納瓦里諾灣。聯軍艦隊研判情勢，必須展示一下火力，結果就在海灣裡面演變成全面開戰。鄂圖曼的艦隊被打得潰不成軍。有幾艘鄂圖曼的船隻朝亞歷山卓逃竄，其他的就自行鑿洞沈船。聯軍的艦隊也折損不少，尤其是不列顛、俄羅斯和法國的旗艦，戰死的人數有一百八十二人。聯軍這邊即使打贏了也不知如何是好——鄂圖曼蘇丹立即還以顏色，宣佈對不信神的人發動聖戰。不列顛和法國知道希臘叛軍之間有內鬨，鬥得烏煙瘴氣，有幾位自行其是的船長一直讓眾人恨得牙癢癢的；兩國便派船艦去攻打希臘叛軍當中的搗亂份子。[44]無論如何，歐洲聯軍在納瓦里諾一役戰勝，算是臨門一腳促成了鄂圖曼帝國在一八二八年終於接受〔前一年談成的〈倫敦和約〉Treaty of London〕條約，承認希臘南部獨立，而鄂圖曼帝國只保留名義上的宗主權。事已至此，埃及的阿里這時也明瞭為了將來著想，他最保險的一條路便是回頭以亞歷山卓為槓桿，重振他們和不列顛、法國的貿易。接下來幾年，他開始改良造船廠，好好利用連通亞歷山卓到尼羅河三角洲的瑪哈穆迪亞（Mahmudiya）運河。這一條運河十年之前就開鑿好了。[45]到了這時候，也應該要讓它好好發揮功效了。

六

法國入侵阿爾及利亞，一樣是從偶發的意外演變出來的結果，而且追根究柢，源頭還和一般人推想的不一樣，不是巴巴里海盜，而是巴克里這大金融世家。法國人對於他們積欠阿爾及爾穀物的款項，從來就沒心思去管；法國軍隊從革命戰爭起就一直靠阿爾及爾出口的穀物作軍糧。到了一八二七年，巴克里家族因為手頭的現金吃緊，便堅持要阿爾及爾政府在法國償付欠款之前，要代墊法國的欠款。阿爾及爾的戴伊便認定巴克里家族一定和法國那邊串通好了，聯手要從他的金庫挖錢。[46]不過，依先前的歷史來看，向來都是戴伊他們比較熱心要從別人那裡挖錢才對。這戴伊也懷疑法國不安好心，因為法國在阿爾及利亞的三處貿易站，這時有兩處開始在加強防禦工事了。一八二七年四月二十九日，阿爾及爾的戴伊和法國領事起了爭執，吵架的當口，戴伊氣急攻心，竟然拿蒼蠅拍打人，正中法國領事臉部。法國的反應是要求戴伊對法國國旗以禮砲致敬作為賠罪。即使法方要求的不過是象徵性的賠禮，戴伊還是不考慮照辦，直接發動武裝民船去打法國人的船。到了一八二九年夏天，法國已經將阿爾及爾港口封鎖。不過，就算是這樣，法國還是覺得攻下阿爾及利亞未必就能解決問題；一開始，他們考慮到埃及那邊的穆罕默德・阿里向來有親法的傾向，讓穆罕默德・阿里主掌這一帶可能才是上策。

馬賽商界卻提出幾則商業的考量，力主法國出兵攻下阿爾及爾才是上策：法軍封鎖阿爾及爾期間，他們和阿爾及利亞的貿易受創，希臘反抗鄂圖曼的戰爭也危及法國人在黎凡特的商業利益。馬賽商界需要的是安穩可靠的貿易夥伴，而且要在法國的掌握中才好。阿爾及爾位在馬賽正南方，顯然就是首選。法國出兵征服阿爾及爾也證明是易如反掌。阿爾及爾的戴伊在一八三〇年七月出亡那不勒斯，流寓該地，而且他的金銀財寶絕大部份還來不及帶走，必須扔下。阿爾及利亞攝政國的次大城市奧蘭和君士坦丁，就分配給幾位向來對法國友好的突尼西亞王公——奧蘭是在西班牙佔領近三百年後，終於覺得守住奧蘭的成本太高不值得，而在一七九二年出價賣給了穆斯林。[47]然而，法國就算把阿爾及利亞攻佔下來了，卻還是摸不清楚到底要拿阿爾及爾怎麼辦。而且，阿爾及爾在東邊和西邊都有地方他們必須再出兵去打：像君士坦丁的王公便有自己的打算，認為他統治的地方應該發展為那一帶和歐洲通商的貿易中心。而阿爾及爾東邊的安納巴（Annaba）也有麻煩。結果，一八三〇年代，法國在阿爾及爾愈陷愈深，超乎他們預料。而北非的君主向鄂圖曼帝國求助，鄂圖曼也不願安撫一下，他們本身物力、人力、意志力都不足，也是原因之一。不過，儘管阿爾及利亞這裡有好幾省都有動亂，法國和西班牙卻還是慕名要來殖民；單單是一八四七年就有近十一萬人移入定居，而且，不單是選擇到城市，以前舊政權的國有土地開放民間私有而劃出來的莊園，也是許多人想買的目標。[48]接下來，幾座城市土木大興，一連幾十年未止。阿爾及爾就這樣蛻變成新馬賽，一條條街道寬闊通暢，一棟棟建築牢固豪華。法國攻下阿爾及爾算是歐洲殖民征服風潮的第一階段，此後，地中海諸多戰略要衝經過一連串殖民征服戰爭，就由法國、大不列顛、西班牙還有後來的義大利瓜分了（不過，義大利這國家在一八三〇年時還未誕生）。

「第四代地中海」的歷史起自威尼斯、熱那亞、加泰隆尼亞的加列艦在地中海乘風破浪，航向亞歷山大的城市，止於埃及蛻變成西方通往東方的門戶，千古君主唯有夢中得見的盛景於焉實現。再到最後一具挖泥船結束工作，蘇伊士運河開通，不僅帆船暢行，也有汽船通行，地中海的歷史就此展開新的世紀：「第五代地中海」孕生成形。

第五部

第五代地中海世界

THE FIFTH MEDITERRANEAN,

1830 — 2014

第一章

東西相會永無期嗎

西元一八三〇年—西元一九〇〇年

一

英格蘭夙有「帝國詩人」之稱的作家拉迪爾・吉卜林（Rudyard Kipling），寫下名句「東是東，西是西，東西相會永無期」（East is East and West is West，and never the twain shall meet），此後眾口傳頌。不過，就算二十世紀初年在歐洲真還有人覺得東方西方於心理、生活都有大得不得了的差別，在十九世紀卻絕對不是這樣。十九世紀歐洲的理想是東西方交會。實地有所交會：由蘇伊士運河連接起來。文化一樣有所交會：那時期近東（Near East）的異邦文化風靡西歐各地，近東地區的君主，也就是鄂圖曼帝國的蘇丹和他們在埃及近乎獨立的幾位總督，都欣然向法國和大英國取經，想要找到可以取法的範式將他們凋敝的經濟振興起來。所以，在那時代，東西兩方的關係是有來有往的，交相作用的。縱使有的學者認為西方帝國主義展示的東方文化都夾帶著他們的「東方論」（orientalism），地中海東部的君主卻是主動向西方伸手，進行文化交流，自認同樣胸懷歐洲、地中海，和西方君主志同道合。[1] 一八六三年至一八七九年擔任埃及總督的伊斯麥・帕夏（Ismail Pasha），便一直愛穿歐洲的服飾，只不過偶爾會拿（土

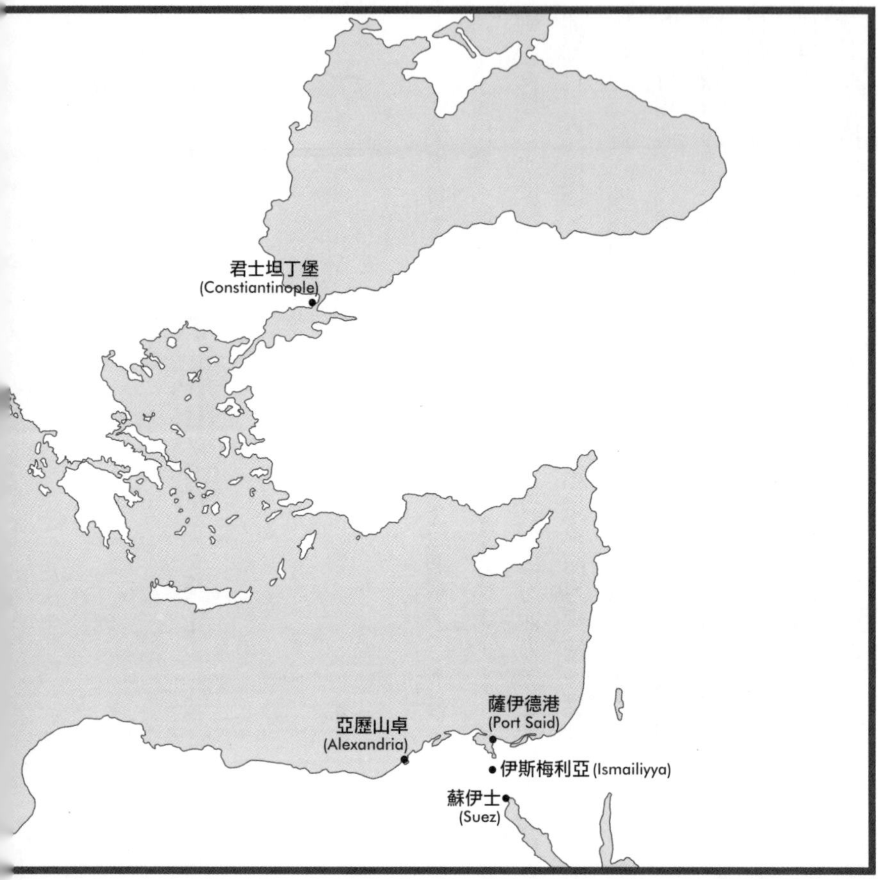

耳其傳統的〕費茲帽（fez）搭配一身歐式長禮服加肩章罷了。而他講的語言也不是阿拉伯語而是土耳其語。鄂圖曼帝國的蘇丹本人一樣常作西式裝扮，特別是他們的朝臣；伊斯麥・帕夏就是其中一位，而且他們一般以出身阿爾巴尼亞的人為多。他們對於西方的思想當然有取有捨，不會照單全收。埃及那邊的總督樂於在子民之中挑選聰明的人赴法國巴黎留學，進「綜合理工學院」（École Polytechnique）讀書，這可是拿破崙成立的學校；但也叮嚀他們留學巴黎的學生不可以到沙龍和法國人廝混。他們是要引進最進步的的思想沒

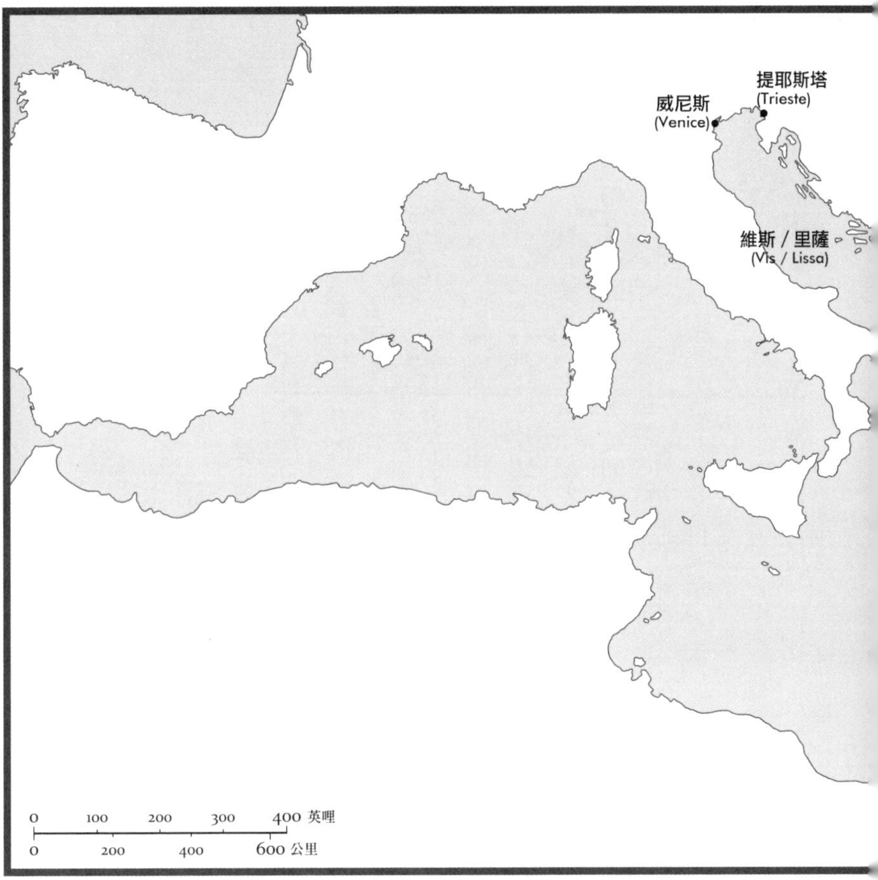

錯，但是只在科學技術方面，不在政治管理。鄂圖曼帝國原本是執掌伊斯蘭信仰大旗四處征伐的戰士，這個理想到了十九世紀初年幾乎已成絕響。鄂圖曼一度在東地中海擁有軍事和海上優勢，喪失之後，他們就不再是歐洲聞風喪膽的強敵，而是歐洲人迷戀傾心的對象。像德拉夸這樣的的西方藝術家，相中的是他們古老的生活情調；其他人，特別是斐迪南・德・雷賽布（Ferdinand de Lesseps）這樣的人，他是建起蘇伊士運河的人，看上的就是到人家那裡去推動現代化。埃及的領袖本身也迫不及待要將埃及帶進歐洲世界。他們不覺得埃及位處黎凡特在非洲的一角，和他們追求歐洲召命會有牴觸的地方：在那時（現在依然），歐洲是理念是嚮往，而不是一處地方。[2]

拿破崙朝東方數度遠行征戰，早已經在法國掀起埃及熱的狂潮；古埃及曾是世上最輝煌、最富庶的帝國，現代的法國也一樣，在歐洲、地中海還有之外更廣大的世界，摩拳擦掌準備攫掌同樣的殊榮。在這當中作襯底的基本觀念是「文明」；即使時至今日，法國人看待他們在世界的地位，以「文明」為根柢依然牢不可破。法國人瘋魔古埃及文明，起自拿破崙軍中的繪圖師將埃及的古老建築、石碑一一仔細描摹，保存下來。這絕對不是有錢有閒找樂子，而是在傳達法國遠征東地中海的宗旨：法國圖謀的霸業是要將他們的傳承回溯到古代埃及的法老和托勒密王朝建立的古老帝國。即使拿破崙家的第一位霸主身故，埃及的母題依然魅力未失。一八四八年至一八七〇年，法國由拿破崙的侄子拿破崙三世統治，史稱「第二帝國風格」的法國建築樣式就將埃及的裝飾奉為典律，安插在優雅的陳設裝潢和建築結構的細節當中。他們和古埃及人的精神世界不容易建立聯繫，在於他們看不懂古埃及的文字。但是，後來他們連這問題也解決了。〔一七九九年〕法國軍隊在〔埃及尼羅河三角洲〕港埠羅塞塔（Rosetta；埃及稱作拉希德Rashid）挖出一具石碑，碑上有埃及象形文、僧侶體文字（hieratics）和希臘文——石碑當然被拿破崙據為己有，但現今收藏於倫敦大英博物館。法國一名天才年輕學者，尚—佛杭蘇瓦・商博良（Jean-François Champollion），在一八二二年破譯古埃及文字，法國通往古埃及世界的門戶就此洞開。這一件事對法國之重要，不下於數年之後法國攻下阿爾及爾，法國人相信他們在地中海臣屬鄂圖曼的土地上，肩負著重大的使命。

當時流行的東方熱，有人還迷得不可自拔。約在一八三〇年前後，法國人巴特黎米—普拉斯佩爾・

翁馮坦（Barthélemy-Prosper Enfantin）便自命是一門思想〔聖西蒙主義Saint-Simonianism〕的先知，奉獻於打通地中海和紅海的工程。這件事關係的不僅是貿易和工程的問題。東、西兩邊打破地理的阻隔，相會交流，在翁馮坦眼中等於是創造出嶄新的世界秩序。男性之道由西方的理性心智作代表，女性之道由東方神祕的生命力作代表，男、女兩性之道即可在這新秩序當中結合：「以地中海作為東方、西方大婚的床笫，以開鑿運河打通蘇伊士地峽作為洞房的交合」。東、西經此結合，就可以孕生世界大同，半神半人的翁馮坦也就此躋身為聖保祿（St. Paul）的傳人，從而也是摩西、耶穌、穆罕默德的傳人就更不在話下。他的思想在當時惹人側目，這還只是其中一端。其他像是他堅持〔男女平等〕男性對待女性應該給與該有的尊重，在君士坦丁堡和開羅就搞得眾人莫名其妙。他穿的奇裝異服：怪里怪氣的天藍色外套〔聖西蒙裝，Saint-Simonian costume〕搭配喇叭狀的寬鬆長褲，在巴黎當然是眾人取樂的笑柄；但他依然是進出巴黎沙龍的常客。他在勘察過地中海和蘇伊士地峽之間的地形後，晉見埃及的君主，穆罕默德・阿里・帕夏。阿里對他相當禮遇，耐心聽他陳述鑿通運河連接東方、西方的計劃。[3]埃及這一位總督對於改善當地經濟，當然和一般人一樣聽了就興奮，但是聽到要挖一條運河穿過沙漠，就覺得根本是漏財，才不是聚財。他覺得挖鑿運河，搞不好反而會把穿過埃及心臟地帶的貿易轉移到別處去，對亞歷山卓或是開羅有害而無利——開羅當時已經有一條瑪哈穆迪亞運河連到尼羅河去了——新運河只是便宜了西歐商人，讓法國或是英格蘭通往印度的貿易可以坐享暴利。

翁馮坦回到祖國法蘭西，大家對他奇奇怪怪的思想和行徑倒是見怪不怪，因為他搞的那一套，不過是在表達當時在法國正開始要引領風騷的一門社會、經濟思潮，只是手法偏於花梢。翁馮坦和當時法國的知識界，因為聖西蒙伯爵（Comte de Saint-Simon）著作的影響，而主張他們那時代不論物質條件還是精神條件都必須進步。歐洲的經濟因為新技術問世，像是鐵路、汽船等等，已經開始在改頭換面，但是工業化的黑暗面在英格蘭也很快就浮現出來。當時巴黎的藝文沙龍還是以立論說理獨擅勝場，還是以法國大革命的精神作為孕育思想的沃土。進步是大家標舉的理想。而且還有很重要的一點，便是穆罕默德・阿里在埃及那裡擁戴進步的熱忱，不下於法國國王路易—腓力一世（Louis-Philippe I）。而在埃及將進步的理想化作事實，體現於蘇伊士運河，就是斐迪南・德・雷賽布（Ferdinand de Lesseps）的貢獻。他既有廣博的外交經驗，心思又細膩縝密，二者都是開創運河公司必要的條件，兩相結合賣出了不少股份（但也沒多到哪裡去），然後——這才最為重要——不屈不撓，挺過一重又一重反對的難關。他不倦不怠地搭乘汽船在法國和黎凡特之間往返穿梭，也去到西班牙、英格蘭等地，連奧德薩那麼遠的地方也去，都是為了掌握各地的動態，維繫推動運河工程的龐雜網路；網路涵蓋諸多政界、商界、工程界人士是蘇伊士運河工程成敗之所繫。他手中的一大本錢，是他的家族和路易・拿破崙有關係。路易・拿破崙於一八四八年起是法國第二共和的總統，一八五二年至一八七〇年改制稱皇帝〔拿破崙三世〕；而路易・拿破崙的母親便是雷賽布的表親。

有許多人都說興建蘇伊士運河是他們的創見，不過，西奈半島西部滿佈石塊的岩漠還是留有遺跡，看得出來古代這一帶確實建過幾條運河打通地中海和紅海。西元前三世紀，托勒密二世費勒代佛斯（Philadelphos）便將西元前五〇〇年前後波斯人挖鑿出來的一條運河殘存的河道予以加長。尼羅河通往紅海的幾條水道，縱使偶爾會有斷航的時候，但是直到阿拉伯人統治早期，始終都還算暢通。然而，古代開鑿這些水道的目標不大：〔西元六四〇年〕征服埃及的阿拉伯阿穆什・伊本・阿勒阿斯（`Amr ibn al-`As），只是利用埃及的運河網運送小麥到麥加。[4]十九世紀之前，始終沒人認真提起要開鑿一條運河，將地中海的貿易路線連到印度洋去，理由簡單明瞭：埃及這地方等同於尼羅河水域，另外開鑿一條水道穿過沙漠，只會害得埃及的君主減少大筆稅收，不論是托勒密王朝、法蒂瑪王朝還是馬木路克王朝全都少不了這一大筆稅收的。

怎樣連起地中海到印度洋的貿易路線，當然有人提過別的建議。一八二〇年代，英格蘭年輕的實業家湯瑪斯・華格洪（Thomas Fletcher Waghorn）注意到從印度發信到英格蘭，往往會數度延宕，拖上很長的時間，因而看出孟買直通蘇伊士這樣的路線有多大的潛力，之後可以用駱駝商隊一類的交通工具載送旅客從紅海穿越沙漠到尼羅河——只要乘客願意忍受路程的炎熱和不適應該就沒問題。抵達尼羅河當然鬆了一口氣，但之後可又有苦頭要吃了，載運旅客沿尼羅河北上的汽船、帆船，那可是老鼠、蟑螂、蒼蠅、跳蚤肆虐，人人聞之色變的。熬過這一段，前往英格蘭的旅程就算得上輕鬆了，因為一個月會有一班汽船從亞歷山卓出發，取道馬爾他島，前往康瓦爾郡（Cornwall）的法爾茅斯（Falmouth）——這一路的汽船航運後文會再提及。[5]德・雷賽布見過華格洪之後，覺得這人十分了得，寫道華格洪這人「足堪作為楷模」——不僅有冒險犯難、開拓創新的精神，也在於他看出連通紅海和地中海有其必要。[6]英國在這方面的立場一直是以尼羅河的航道為重。帕默斯頓勳爵（Lord Palmerston）出任首相期間，就亟力反對德・雷賽布開鑿運河的計劃。開鑿運河的工程有一些技術難題，是不管作多少次陸上勘探、測量都沒辦法好好解決的。像是紅海的海平面高度和地中海一樣嗎？他們要挖的可是運河，不是瀑布。還有，沿線地質分成好幾類：有多沙的沙漠，有多石的岩漠，有多水的沼澤——又再為施工添加變數，更形複雜。不過，帕默斯頓勳爵反對的理由不全在技術的考慮。因為萬一運河真的建成了，法國就有航路通達印度，法國在埃及的聲威又會往上拉高不知多少，英國在地中海和印度洋的利益反而受損。

鄂圖曼蘇丹對於是不是要建一條運河直通紅海，同樣離被說服還遠得很。這中間有政治問題夾在裡面。德・雷賽布便力勸鄂圖曼治下的幾位總督自己作主，是否興建運河，不用理會一些人說的運河興建要徵得鄂圖曼蘇丹同意。德・雷賽布的計劃，第一位上鉤的總督是穆罕默德・薩伊德（Muhammad Sa'īd Pasha），他是穆罕默德・阿里的胖兒子，對義大利通心麵酷愛成癡，搞得他爸爸一點辦法也沒有。不過，薩伊德搞起政治卻十分精明，他就願意進行地質調查，大手筆入股德・雷賽布的公司，甚至出錢替蘇伊士運河公司出版報紙。薩伊德當然也有意志搖擺的時候，只是他陷得愈深，就愈明白萬一運河公司垮台，他的損失也會壓垮他。資金當然是很大的問題，特別是一八五六年德・雷賽布和詹姆斯・羅斯柴爾德（James Jacob de Rothschild）沒談攏生意，情況就更加危急了。[7]德・雷賽布便改弦更張，提出另一套募資的作法，宣佈全面開放募股，但只有埃及總督和法國那邊反應還算熱烈。德・雷賽布把賣不出去的股份一股腦兒全倒到薩伊德這邊來，薩伊德不得不承認德・雷賽布這人的說服力還真強。不過，薩伊德也不是沒撈到好處：運河北端新建的港口就叫作薩伊德港（Port Said）。雖然一開始薩伊德港只是一片亂七八糟的簡易工寮，但在運河工程一路推進之際，港口也建得很快，等到啟用時，港口已經建好了一條壯觀的防波堤，由一塊塊大水泥塊投入岸邊堆砌出來。到了穆罕默德・薩伊德於一八六三年一月逝世的時候，運河的工程已經有了長足的進展，只是預定於一八六九年完工的目標是不是做得到，根本沒人說得準：到處都有挖出來的成堆土山要移走，預定的河道沿邊地勢較高的地方也還要再打通。在那時候，他們能用的對策就是由薩伊德下令，徵調強制勞工，這是埃及遠從以色列子民還流落在埃及的古代就一直都有的強迫勞役制度。不過，歐洲人對於埃及強制勞役的作法，卻不太過意得去，因為看起來像奴工，效率也差，因為強制徵調的勞工必須一直在尼羅河和運河之間運過來再運過去。

這些事情在新任總督，穆罕默德・薩伊德的侄子、精明強幹的伊斯麥・帕夏就任後，便迎刃而解了。伊斯麥原先並不贊成興建運河，因為他本人是大地主，不喜歡為了興建運河而動用強迫勞役，搞得大批農民必須放下他的田地不管而去挖運河，時間往往還挑在田地需人孔急的農忙時期。他畢業自（法國）聖席爾（St. Cyr）軍校，熟知西方思想。他並沒有意思要為埃及的君主制度引進民主，但（和俄羅斯沙皇亞歷山大一世差不多）覺得都已經是現代社會了，竟然還有強迫勞役的制度，簡直是時代倒錯。「埃及必須加入歐洲！」，這句話就是他說出來的。[8]而他暫停埃及的強迫勞役制，卻害得德・雷賽布有了大麻煩，十萬火急，必須另覓勞力來源，竟然連中國那麼遠的地方都去募工，只是人數寥寥無幾。他在無計可施之餘，能用的對策就是機械化了，而且對於講求現代化的人而言也是最好的對策。所以，一八六三年年底，法國公司「波海爾拉瓦萊公司」（Borel, Lavalley and Company）針對運河沿線各類不同的地質，著手設計適用的機器。為了興建運河而挖掉的泥土，有四分之三便是由他們設計出來的各式機器代為處理，而且大多集中在運河峻工前兩年，也就是一八六七至一八六九年間。只是世事難料，就在施工的最後一天，他們竟然發現有一塊巨石塞在運河的河道中央，擋得幾乎沒有船過得去，還得用炸藥炸個精光才告了事。[9]動用機器導致興建的成本加倍，可是，要不是動用機器，蘇伊士運河絕不可能如期完工；而要贏得埃及的總督、鄂圖曼帝國的蘇丹還有法國的皇帝首肯，盡速完工就是首要條件。

伊斯麥・帕夏認為他應該可以動用埃及出口棉花的高額營收來支付他那一邊的運河營建費用。埃及在一八六〇年代遇上大好時機，從世界各地對棉花的需求好好賺上一筆，因為那時大西洋對岸的傳統棉花供應大戶美國，正在打內戰，埃及的棉花因此供不應求。不過，時光接下來，前景就不像伊斯麥・帕夏想的那麼光明了。只是伊斯麥・帕夏不脫政治人物泰半都有的通病，老以為繁華的榮景不會有破滅的一天。結果，不過才一八六六年，他就遇上現金短缺的問題，德・雷賽布替他在巴黎弄到一筆貸款，利息高得不得了，卻沒事先問過他的意思。所以，到了運河峻工的時候，伊斯麥・帕夏已經付出二億四千萬法朗的工程款了，依當時的匯率換算，幾近一千萬英鎊。[10]伊斯麥・帕夏那時在政治也走到了險境，必須小心周旋。他說動鄂圖曼朝廷授與他新的頭銜，連帶因而有權行長子繼承制；他還進而認為——不是沒有道理——這樣一來，也就等於鄂圖曼朝廷承認他在各方面都算是獨立自治的君主。鄂圖曼的朝廷勉強找出古代波斯用過的頭銜「赫迪夫」（khedive）讓他去戴，只是這頭銜的意思沒有誰真的搞得清楚，反正可以襯托出王者氣派就好了。但是回頭來看，伊斯麥・帕夏也有十足的理由，對於蘇伊士運河公司勢力坐大不能掉以輕心；蘇伊士運河公司那架式簡直像是自治政府，起碼對運河區的歐洲移民是如此。埃及政府在運河區的權力大幅削弱是不爭的事實。

所以，一八六九年十一月蘇伊士運河舉行啟用典禮，赫迪夫就把他要和歐洲君主平起平坐的意願表達得一清二楚。與會的貴賓有搭乘明輪船〈雷格爾號〉（*L'Aigle*）前來的法國尤金妮皇后（Empress Eugénie），有奧地利皇帝法蘭茲・約瑟夫（Franz Josef），有普魯士和尼德蘭來的親王。啟用典禮也舉行教儀，穆斯林和基督教儀式都有。尤吉妮皇后的告解神父舉行儀式的時候，還宣告：「今天，兩處世界合而為一」；「今天，全體人類普天同慶」。神父標舉四海一家的精神，翁馮坦當然舉手贊成，也正是埃及的伊斯麥・帕夏所要宣揚的理想。神父宣讀了一篇稱讚德・雷賽布的頌辭，將他比作〔發現新大陸的〕克里斯多福・哥倫布。德・雷賽布認為穆斯林和基督徒聯合舉行禮拜儀式，應該前所未見。[11]十一月十七日，陣容壯盛的船隊，總計三十多艘船隻浩浩盪盪從薩伊德港出發，沿著運河進行首航。途中，與會的貴賓不時要暫停一下，舉行豪華的宴飲，觀賞餘興節目。法國皇后尤吉妮搭乘的明輪船在十一月二十日抵達紅海，獲二十一響禮砲相迎。《泰晤士報》（*The Times*）的報導還寫道，「德・雷賽布將非洲變成島嶼」。[12]

運河開通之後，就要看運量來定成敗了。當上「赫迪夫」的伊斯麥十分樂觀，認為應該會為他帶來大筆進帳。運河營收的利潤，他有權分得百分之十五。只是可想而知，航運公司和貿易公司還需要幾年的時間來適應新開通的這一條航運路線往東方去的時間特別短。一八七〇年，行經蘇伊士運河的貨運量是四十萬噸，航次近五百艘船。一八七一年，運量上升到七十五萬噸。只是，赫迪夫依先前取得的資料，認為他每年應該可以從五百噸的運量分到營收，這樣的數字卻還要過一陣子才會出現。運河還在興建的時候，薩伊德港便已經招徠了許多法國的汽船出入（六十四艘），埃及本地的汽船也有不少，土耳其來的帆船更多。奧地利的帆船從英格蘭威爾斯（Wales）和法國南部運煤過來，從科西嘉島和〔亞得里亞海東北角〕伊斯特里亞半島運木材過來，也從普羅旺斯運葡萄酒，一饗困居西奈半島荒地的歐洲移民肚中酒蟲。[13]拿這些粗略的數字和運河啟用頭幾年的數字相比，就抓得到運河連通之後帶動起怎樣的變化。再將時間拉長來看，蘇伊士運河運量上升的幅度就很大了：一八七〇年有四百八十六艘船行經蘇伊士運河，一八七一年是七百六十五艘，之後一直到一八七〇年代末了，這數字都維持在一千四百艘上下。進入一八八〇年後，這數字衝破二千大關，一八八五年更往上竄升，衝破三千六百艘。之後，數字雖然有所下降但是不多。英國官方對於蘇伊士運河工程的態度雖然冷淡，英國的商界利用運河通商的手腳卻十分快速。到了一八七〇年，蘇伊士運河的運輸量有三分之二是英國商人的投資。從一八七〇年起的二十年間，英國商界在蘇伊士運河的聲勢愈來愈強，以致到了一八八九年，蘇伊士運河總計六百八十萬噸的運量有超過五百萬噸的貨物是「大不列顛暨愛爾蘭聯合王國」（United Kingdom of Great Britain and

Ireland）所有；法國反而只佔小小一部份（三十六萬二千噸）；剩下的就是日耳曼加義大利加奧地利（以提耶斯塔為主）了。倫敦的「商業理事會」（Board of Trade）斷言：「歐洲經由蘇伊士運河和東方通商的流量愈來愈大，英國的旗幟在這當中覆蓋的比重也愈來愈大。」[14]

這樣的前景看起來當然大好，只是在一八七〇年時，蘇伊士運河公司的股東對此只能懷抱希望，而運河公司發不出股利更加深他們心中的疑慮。當時就有一份法國傳單大肆宣揚：「蘇伊士運河大難臨頭——利潤，零——接下來，倒！」[15]德・雷賽布卻決定要把心思改放在另一件運河工程上面，也就是巴拿馬（只是，這一條運河遠非他的技術、資金所及了）。法國皇帝則因為（一八七〇年）普法戰爭落敗，被迫流亡，巴黎落入「公社」（commune）黨人之手。等到法國的亂事落幕，巴黎重建秩序，法國的「第三共和」政府馬上宣佈他們堅定支持蘇伊士運河，只是無力協助倒楣的投資者。伊斯麥那時差不多算是眾叛親離了，在一八七二年迫於彈盡援絕，不得不貸款八億法朗（折合為三千二百萬英鎊）；到了一八七五年，他的巨額債務逼近一億英鎊，單單是每年約五百萬英鎊的利息，消耗掉的財力就比他累積資產的速度要快很多——一八六三年，埃及政府的稅收總額全部拿去付利息都還不夠。而他還能找到金主願意借錢，靠的是他拿得出來的擔保品——他擁有的蘇伊士運河股份極多，當年外國投資者不願意買的那些股份，被德・雷賽布拿來全倒在他頭上。他在埃及勵精圖治，爭取到大幅度的政治獨立，但是，財政支出的大洞卻很可能危及他苦心經營的政治獨立。因此，一八七五年，他唯一的出路似乎就是出脫他手中的蘇伊士運河股權。法國的買家摩拳擦掌，隨時要一湧而上，爭奪埃及政府要脫手的股份。英國政府那邊則是由首相班傑明・狄斯雷利（Benjamin Disraeli）接獲情報，了解埃及那邊的狀況，看出英國官方只要掏出四百萬英鎊就有機會拿下地中海通往印度地區航線的部份控制權。他向英國的維多利亞女王進言，說買下股份只要「花個幾百萬」，「擁有股份的人，在蘇伊士運河的經營管理便能發揮極大的影響力，壓下其他勢力就更不在話下。陛下的威望、權勢在這重要關頭，就由這一件事決定，蘇伊士運河應該要屬於英格蘭才行。」所以，到了一八七五年底，英國官方已經擁有蘇伊士運河百分之四十四的股權，是當時最大的股東。狄斯雷利這時再向女王報告說的就是：「剛搞定，是陛下您的啦」。[16]

這一次買賣對埃及、對地中海都有極為重大的影響。「英—法雙邊監察委員會」（Anglo-French Dual Control Commissions）就此成立，負責監督埃及政府的財政，管理赫迪夫・伊斯麥的預算；大英國介入埃及政治的影響力，就此增加不知多少。然而，委員會卻批准歸赫迪夫所有的運河營收當中百分之十五的所有權，可以賤價賣給一家法國銀行；這可絕對沒辦法幫赫迪夫撐起地位。鄂圖曼蘇丹認為核准這樣一筆交易，是英、法兩國準備接管埃及的前兆，而且他這麼想不是沒有道理。伊斯麥對外國借款的依賴太深了，可能會危及赫迪夫每年要上呈給君士坦丁堡的歲貢。伊斯麥進而妄想他往南推進，在蘇丹國（Sudan）那裡說不定挖得到什麼寶貝，但是要派兵往南邊去，花費不小，他付不起。伊斯麥的處境就這樣愈來愈孤立。一八七九年，鄂圖曼蘇丹拔掉他的官位。不過，他也算身逢吉時吧，落在比較祥和的年代，蘇丹對他的懲罰不過就是流放到那不勒斯灣。只是鄂圖曼蘇丹雖然名為主動罷黜伊斯麥，實則等於是向「英—法雙邊監察委員會」的壓力低頭。之後繼位的是伊斯麥的兒子穆罕默德・泰菲奇・帕夏（Muhammed Tewfik Pasha）。他和歐洲各國的關係本來就很親近，繼位後，原本就陷在英國羅網中的埃及，也就愈陷愈深。到了一八八二年，泰菲奇在國內陷入極大的壓力：軍隊發動政變，成立阿拉伯人領導的政府，仇視舊有的「土耳其—阿爾巴尼亞」菁英階級。亞歷山卓於政變後，外國人慘遭大屠殺，教歐洲大為震怒；一八八二年夏末，駐防埃及的英國軍隊，在英格蘭開拔過來的援助之下砲轟亞歷山卓。

英國軍隊拿下蘇伊士運河，接著朝開羅推進，擺明了要將泰菲克送回王座。[17]這樣子，埃及怎麼看都像是英國保護的屬國，雖然英國還是容許復位的泰菲克・赫迪夫（還有後繼的君主，號稱埃及國王）擁有不小的自治權。鄂圖曼蘇丹當初罷黜伊斯麥，沒想到一連串後續效應接踵而來，最後反而害得鄂圖曼帝國丟了埃及這一塊屬地。但是，真要追究起來，這一連串後續效應早在德・雷賽布（一八五九年）率領工人挖下第一剷蘇伊士運河的泥土時，就已經啟動了。

二

地中海在十九世紀中葉還有其他的變化，其中一樣便是汽船（輪船）問世，之後又有裝甲船航行於海上。早在一七八〇年代，美國和法國便有人在研究建造汽船。汽船的新特點主要在快速、可靠、規律。論起速度，其實也沒快到哪裡去，八節的航速算是快的。儘管如此，一八三七年從提耶斯塔開通前往君士坦丁堡的汽船航線，航程只需要兩個禮拜的時間，帆船需要一個月、甚至四十天了。到了十九世紀末，體積更大、有鐵殼裝甲、螺旋槳的汽船，不到一個禮拜就可以開到君士坦丁堡。汽船遇到逆風不必轉向因應，一年四季都可以穿行地中海。有了汽船，航運也就不必再受制於以往的航道；以往的航道必須顧及盛行風和洋流等等因素，汽船不必。換言之，航運起迄之間的路線，可以拉得比較直，船期多久也比以前容易作精準一點的預測。但反過來，汽船卻很貴，而且——帆船在船底沒有笨重的機械——汽船的船底卻載了燃料（那時用的是煤），更別提還有發動機和很大的鍋爐，佔據船體中段最重要的部位；而船員和乘客使用的艙位，也是集中在這一段。汽船也會附帶桅帆，看情況當作輔助動力或是替代蒸汽動力使用。所以，當時便有文件明指：「汽船在現在、在未來都沒有辦法當作貨船使用」，因為汽船的航運優點在快速，沒辦法像帆船一樣在港口當中停靠太久，悠閒等待裝貨、卸貨。[18]

所以，汽船當時最大的用處顯然就是傳送郵件，包括銀行的匯票。換句話說，汽船在遠洋貿易可以發揮極為重要的輔助功能，像是加快帳款支付、商業情報和資訊傳播的速度，也供乘客搭乘；蒸汽動力的郵輪一般搭乘起來是比較舒適。法國政府早在一八三一年初就已經在籌劃郵輪的航線，那時有汽船定期從馬賽開往義大利南部。[19]船期的時刻表在這時也容易安排：一八三七年，奧地利政府和位在提耶斯塔的「奧地利勞合公司」（Austrian Lloyd Company）簽約，一個月安排兩個班航從提耶斯塔開往君士坦丁堡和亞歷山卓，途中停靠科孚島、帕特拉斯、雅典、克里特島、士麥納，載運錢幣、郵件和乘客。[20]四年前，提耶斯塔有一群保險商成立了一家公司，叫作「奧地利勞合」（Lloyd Austriaco），名稱取自倫敦一家咖啡廳。十八世紀那裡有一批保險商就在倫敦一家咖啡廳成立起類似的合作社組織。一八三五年，「奧地利勞合」體認到他們要是有辦法及早取得最新的消息，對他們保險業務會有極大的助益，因此又再成立一家汽船公司。「奧地利勞合」的股份有百分之六十被維也納的羅斯柴爾德家族搶下，所需的船隻和引擎也由羅斯柴爾德銀行在倫敦的分行負責供應。[21]一八三八年，「奧地利勞合」的船隊總計有十艘汽船，最大的一艘船名就耐人尋味，〈瑪哈穆迪號〉（*Mahmudié*）取自連接亞歷山卓到尼羅河的運河，排水量達四百一十噸，引擎的馬力達一百二十匹。英國派駐提耶斯塔的領事形容「奧地利勞合」的船隊是「建造精良、裝備精良、人員精良」。[22]

「半島蒸汽航運公司」（Peninsular Steam Navigation Company）則在地中海外的水域經營英格蘭通行直布羅陀海峽的航運，他們先前就已在經營英格蘭到伊比利半島的郵輪業務了；這一家公司後來改名叫作「半島東方航運公司」（Peninsular and Oriental；P & Q），前面的「半島」就是這樣子來的。他們的旗幟用的也是當時西班牙國旗的紅色、金色加上葡萄牙國旗的藍色和白色。「半島東方」和「奧地利勞合」兩方較勁，當然會有麻煩。一八四五年，英國的「半島東方」開了一條航線，直接穿過地中海進入黑海，遠達特拉佩祖——只要進了黑海，「半島東方」勢必和「奧地利勞合」的商業利益有更大的衝突。「奧地利勞合」的船隻散見多瑙河流域和黑海沿岸。[23]汽船航運的發展蒸蒸日上，一帆風順，歐洲強權在一條條貿易航線較勁爭雄。不過，大家搶得再兇還是一派和氣，這一點倒很特別。十九世紀中葉在地中海是爆發過幾場海上衝突，不過，美國和法國相繼在巴巴里海岸打贏幾場仗後，地中海的海盜威脅大減，武裝艦隊爆發衝突在希臘獨立戰爭（1821-1832）之後就很罕見了。

唯一的例外是奧地利和義大利爆發衝突，最後演變成奧地利海軍於一八六六年七月在達爾馬提亞西岸外海里薩（Lissa），打贏義大利成立未久的艦隊，里薩現在（於克羅埃西亞）改叫維茲（Vis）。奧地利在拿破崙戰爭之後拿下威尼斯，威尼斯的艦隊也就被奧地利納入他們的指揮體系。奧地利有一陣子也將托斯卡尼的艦隊納入掌下，因為托斯卡尼曾由哈布斯堡王朝統治過，只是維持不長——一八四八年以前，哈布斯堡王朝治下的海軍還是以義大利語為指揮語言，因為艦上的水手以義大利人居多。但是到了一八六六年，就變成日耳曼人居多了，約佔人力的百分之六十。[24]哈布斯堡王朝的艦隊管理相當精良，哈布斯堡皇帝〔法蘭茲・約瑟夫〕的弟弟斐迪南・麥克西米連（Ferdinand Maximilian）——就是後來跑到墨西哥去當麥克西米連皇帝而落得慘死的那一位——在一八五四年至一八六四年間是奧地利海軍總司令，不僅深諳蒸氣動力的優點，也知道以鐵殼作艦體裝甲的好處。他帶的艦隊就是由帆船外加幾艘明輪船組成的。他訂製了幾艘螺旋槳縱帆船（schooner），之後又訂製裝甲的三桅快速艦，這一型船艦造價特別貴——奧地利的鐵工廠在一八六一年替船隻鑄造鐵甲的速度慢，產量也少，不敷所需，所以他們需要的鐵甲必須向法國羅亞爾河谷（Loire Valley）那一帶訂購，再從馬賽以最高機密偷偷運送出法國國境。船艦所用的引擎，倒是在提耶斯塔新設的一家工廠建造，工廠資本其中有皇帝本人投入的錢。奧地利皇帝對弟弟十分放心；弟弟覺得應該要花的，皇帝都不計較金額。[25]

哈布斯堡皇帝因為統治義大利北部，而和追隨薩伏伊王室追求義大利統一的地方勢力發生衝突。普魯士和義大利王國結盟，對奧地利在威尼斯和義大利東北部的治權也形成了威脅。奧地利和義大利的艦隊（一八六六年）在克羅埃西亞海岸的里薩外海交戰的時候，奧地利艦隊的數量其實不敵義大利艦隊——義大利總計有十二艘裝甲汽船，奧地利這一方只調集到七艘。義大利這邊無裝甲的汽船數量也比奧地利要多一點。反過來，義大利這邊顯然沒有多想兩方交火時，他們應該擺出什麼陣式。裝甲船的海上大戰在當時算是十分新奇，奧地利這邊研判正確的戰術應該是去衝撞敵艦（好像回頭使用古代希臘海戰的作法）。雖然撞船的戰術對奧地利這一邊的船艦也沒好處，但他們還是真的撞沈了兩艘義大利人的裝甲船。奧地利的司令也承認：「打得亂七八糟……我們這邊居然一艘船也沒損失，算是叨天之幸。」奧地利逆勢奮戰險中求勝，打贏了這一場海戰。[26]但是，奧地利打贏這一仗不等於保住威尼斯，他們手裡的威尼斯（在一八六六年）還是併入了義大利王國。無論如何，這一場海戰確實是擋下了義大利王國拿下達爾馬提亞海岸的攻勢（不少所謂的「奧地利」水手都是出身達爾馬提亞海岸地區的人）。[27]真要說影響的話，哈布斯堡王朝打贏里薩海戰卻丟了威尼斯，將使提耶斯塔位居哈布斯堡帝國通往地中海的門戶這樣的地位襯得益發重要。

提耶斯塔（Trieste）在哈布斯堡王室治下繁榮鼎盛。蘇伊士運河尚未開鑿前三十年，有派駐維也納的美國外交官致函華府的美國國務卿：

> 提耶斯塔是很漂亮而且大半還屬新建的城市——就和一般新建的城市一樣，活力旺盛，商業蓬勃。提耶斯塔的港口十分優良，水深不管多大的船都進得去。城內的居民有五萬之數，絕大多數經商為生，據說不僅獲利豐厚，而且急速往上攀升。港口的進口額約達五千萬佛羅林幣之譜〔換算下來，超過一億美元〕，出口額約達四千萬。[28]

提耶斯塔眼前的挑戰很多：從哈布斯堡王朝在維也納、布拉格周邊一帶腹地南下運送的貨物，品質沒有特別好，導致提耶斯塔要將奧地利的商品賣到地中海並不容易，他們通往奧地利心臟地帶的交通又有阿爾卑斯山脈擋住。但反過來，提耶斯塔是自由港，標準的商業稅在提耶斯塔減免的額度都很高。早在一七一七年，提耶斯塔就由奧地利的皇帝查理六世授與通商特許權，在這些背後，他們在亞得里亞海內的貿易歷史還要更為悠久——早在一五一八年，〔神聖羅馬帝國皇帝〕查理五世就授與提耶斯塔商人在義大利南部經商的特別權利。此前幾百年，提耶斯塔始終是小小一塊地方，罩在威尼斯的陰影之下不見天日——提耶斯塔原是威尼斯保護的屬地，十四世紀才掙脫威尼斯的政治勢力。但是，提耶斯塔要掙脫威尼斯的經濟宰制，耗費的時間就長得多了：十八世紀末年，提耶斯塔還是威尼斯商人轉運貨物的中途站；他們利用提耶斯塔是自由港的優惠，再多賺上一筆。十八世紀末年，提耶斯塔又從奧地利女皇瑪麗亞・德麗莎（Maria Theresa）那裡獲賜更多的優惠，外加一套海事法。威尼斯在一七九七年亡國之後，提耶斯塔原有的優勢更可以大大發揮，一八〇五年就有五百三十七艘船隻在提耶斯塔註冊，其中絕大多數的船主還是威尼斯人。[29]

提耶斯塔另有一面也是獨樹一幟。查理六世眼見利佛諾繁榮昌盛，便在提耶斯塔特地闢出一塊地區，專供各支信仰的商人可以安心定居，致力貿易。後來，約瑟夫二世在一七八〇年代頒佈了兩份容教詔令（Edicts of Toleration），猶太人和其他族裔就此獲得安全保障。[30]提耶斯塔的猶太人原本是擠在城堡下的一塊山麓區的，也在一七八五年廢除。提耶斯塔有猶太文人以利亞・莫普戈（Elia Morpurgo），他是絲綢商人，就讚美皇后瑪麗亞・德麗莎是舊約《聖經》〈箴言〉（Book of Proverbs）〔第三十一章第十節〕中寫的「有才德的婦人」，因為她懂得提倡商業，造福子民：「闢建港口，道路修整得便利好走，路程縮短，海上揚起旗幟也備受禮遇保護」。提耶斯塔還有別的宗教團體，如亞美尼亞人希臘正教會，路德教會（Lutheran），喀爾文教派，塞爾維亞正教會等等。每一支團體都組成「民族區」（nazione），負責審查新移民定居的資格；為了維護大家的福祉，新移民必須有能力造福城內的經濟，而不是浪人游民。而在宗教信仰的標籤後面，其實什麼族裔的人都有，特別是鄰近地區來的斯洛維尼亞人（Slovene）、克羅埃西亞人，但也有日耳曼、荷蘭、英格蘭、土耳其來的移民或是旅人；也就是所謂的「駁雜混亂」（guazzabuglia），民族、語言五花八門，不過，公共場合的通用語就是以義大利語和日耳曼語為主。[31]

義大利猶太裔作家伊塔洛・斯維洛（Italo Svevo）出身的提耶斯塔這座城市，城內的猶太社群特別知名。城內的猶太人在一八三〇年代早已融入提耶斯塔的大家庭，卻依然得以保留他們自有的學校和組織。猶太拉比甚至還忙得很，既有宗教儀式必須善加維護，也看看誰打破安息日的教規、看誰對猶太人飲食戒律遵守得不夠嚴格，這些都需要拉比去管。[32]猶太族群的人口增加很多，一七三五年不過一百人出頭——那時提耶斯塔的人口總計也不到四千——到了一八一八年，提耶斯塔的人口增加到三萬三千人，猶太人口也多達二千四百人。猶太人在提耶斯塔，比起哈布斯堡王朝其他地區過得都要自由許多，對於提耶斯塔經濟發展的貢獻，也比其他地區要大的多。他們不僅精於經濟實務，也重視經濟理論。如波拉費奧（G. V. Bolaffio）就寫了一本專論談貨幣交換，薩繆爾・維塔爾（Samuel Vital）寫的則是保險。幾十年後，提耶斯塔的猶太人在會計學、經濟學、商業法等領域的學術研究，已有輝煌的成就。猶太人在義大利股票交易市場（Borsa）也是要角。「奧地利勞合」成立，他們也有份。「奧地利勞合」的創始人有猶太人羅德里奎・達・柯斯塔（Rodrigues da Costa）和柯亨（Kohen），希臘人阿波斯托保爾（Apostopoul），斯拉夫人伏卻提希（Vučetić）、來自萊茵蘭（Rhindland）的柏羅克（Bruck），以及利古里亞人薩托里奧（Sartorio），後兩人還甚得〔奧地利〕皇帝歡心，受封為貴族。[33]形形色色的族裔混雜一處，也激發文化活力。到了十九世紀末，提耶斯塔的藝文咖啡館已經遠近馳名，最早的一家是「鏡中咖啡屋」（Caffè degli Specchi），創立於一八三七年。而在十九世紀末，提耶斯塔知識界政治界最大的話題，便是提耶斯塔到底是屬於義大利這邊還是奧地利那邊，但這忽略了城內還有一批斯洛維尼亞人，他們的民族自覺也愈來愈強。[34]

當時，維也納也是多支民族雜處的城市，城內的各族群關係雖然不失緊張但還能夠和平相處。從維也納那邊的方向看過來，提耶斯塔是他們通往東方最好的大門。提耶斯塔港口於一八三〇年後的三十年期間，貨運量一直往上攀升，數量不止倍增，汽船的數量一樣一路遞增，帆船則是一路遞減，可見汽船也漸漸在貨運界攻城掠地。一八五二年，提耶斯塔港口的貨物有百分之八十是由帆船載運，但是到了一八五七年，比例就下降到只剩三分之二。提耶斯塔當時最重要的貿易夥伴是鄂圖曼帝國，在一八六〇年代約佔出口量的三分之一，不過，美國、巴西、埃及、英格蘭、希臘也都和提耶斯塔有頻繁的貿易往來。提耶斯塔的船運在亞歷山卓的商務佔第三位，排名在大英國和法國後面，但在土耳其和義大利前面，即使到了十九世紀晚期，提耶斯塔的商業也沒有衰落的跡象。提耶斯塔進出的貨物，羅列出來頗為可觀，不過以轉運到維也納和哈布斯堡領土的心臟地帶佔絕大多數：咖啡、茶，可可，大量的胡椒、米、棉花。[35]在蘇伊士運河通航〔一八六九年〕到一八九九年間，提耶斯塔的貨運量幾乎增加到四倍。[36]

由提耶斯塔和「奧地利勞合」的歷史可以一瞥十九世紀的人在地中海的新情勢下，能有怎樣的機會，又遇到了怎樣的挫折。地中海的航運在這期間改頭換面，完全不復往昔風貌：「大海」在這時候已經變成通往印度洋的走廊。而打造出這一條走廊，是古往今來史所未有的經驗；通郵的網絡一條條組織起來，傳訊即能往返穿梭，海運之平靜、安全，也是羅馬帝國盛期以來前所未見。不過，這時候在地中海呼風喚雨的，卻不是奧地利人，不是土耳其人，甚至不是法國人，而是英國的帝國。

第二章

希臘人或非希臘人

西元一八三〇年—西元一九二〇年

一

「第五代地中海」有一大特色，就是發現「第一代地中海」，重現「第二代地中海」。荷馬史詩所述青銅時代的英雄豪傑，駕著戰車風馳電掣，在這時期加入了希臘世界；羅馬世界也在鮮為時人所知的伊特魯利亞人當中挖出了歷史根源。所以，十九世紀暨二十世紀初年，地中海的歷史打開了全新的視野。最早的線索之一，便是世人對古埃及的興趣愈來愈濃而拉出來的，這一點在前一章已經談過；不過，這一條線索也和傳統的《聖經》研究有密切的關係。十八世紀，「壯遊」的風氣將北歐小有資財的旅人往羅馬、西西里島吹送，巡訪古典時代的遺跡。英格蘭人也覺得這是耗在牛津、劍橋之餘，教人心動的另一選擇；身在牛津、劍橋的學子稍微有心向學的話，浸淫的大概是古代的文獻為多而非古代的文物。[1] 此外，十八世紀末年，歐洲也又再掀起愛好古代藝術的風氣。日耳曼史家溫克曼（Johann Joachim Winckelmann）一馬當先，辛勤帶領時人欣賞希臘藝術的美感，宣揚希臘人專注於表現美的奉獻——相較之下，羅馬人就沒做到這一點。溫克曼寫的《古代藝術史》（*Geschichte der Kunstdes Alterthums*）一七六四年

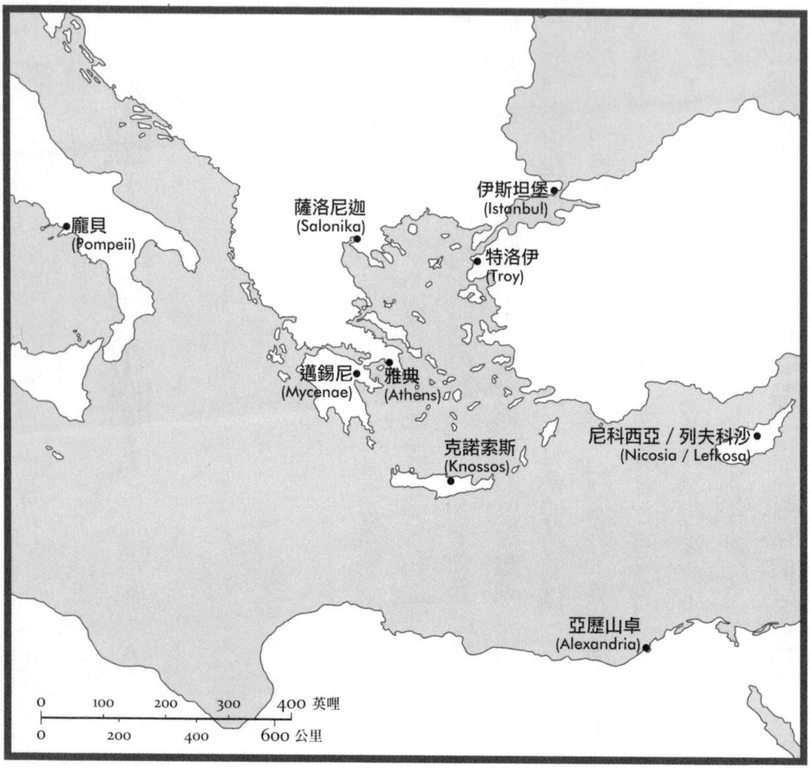

以日耳曼語出版，很快就有法文版問世，投下了極大的影響。

接下來幾十年，先是有龐貝和赫庫拉紐（Hwrculaneum）的考古挖掘——因為寄寓他家的英國名將納爾遜勳爵而戴上綠帽的威廉・漢彌爾頓爵士（Sir William Hamilton）與這幾處地方的考古挖掘有很深的關係——之後是伊特魯利亞一帶，而將歐洲北部追逐古代藝術的熱潮燒得更旺，為室內設計引進豐富的圖樣，為收藏家帶來大量的戰利品，當時說的「伊特魯斯坎瓶子」，其實幾乎全是希臘的瓶子，在伊特魯斯坎一帶的墳墓一具具開挖之後紛紛外流，運出義大利半島。那時要是在希臘進行考古挖掘，那就必須事先向鄂圖曼帝國官府購買許可證，挖掘出來的物品也必須向官府呈報。當時的考古文物落入歐洲北部博物館收藏，最有名的一件是十九世紀初年的「帕特農大理石雕」（Parthenon marbles）〔於大英博物館〕，之後陸續又有多件，如「帕加馬祭壇」（Pergamon Altar）流入柏林，邁錫尼的「阿特雷烏斯寶庫」（Treasury of Atreus）的楣飾被拆下來送到大英博物館，不一而足。那麼多男男女女的上古裸像流傳後世，既掀起審美思潮也勾起色情熱潮。這個時候，也就可以進行替代型旅遊了，只要走進英格蘭、法國和日耳曼等地的大博物館閒閒逛上一圈，就等於是親炙地中海的各處古蹟。博物館的古物收藏也秉持溫克曼標舉的原則：了解古典藝術，要點在於欣賞其美。[2]英格蘭有畫家如勞倫斯・艾爾瑪—塔德瑪（Lawrence Alma-Tadema）和約翰・華特豪斯（John William Waterhouse）等人以想像力重新勾描古典時代的風貌，將地中海世界帶入歐洲北部。艾爾瑪—塔德瑪提筆之前都會先作周詳的研究，再以近乎照相的細膩手法重建古代風情，在當時風靡得不得了。而他有幾幅油畫，想當然也不能免俗，真的把年輕裸女給畫了進去。[3]

依當時流行的看法，親自踏上古希臘的土地未必重要。特洛伊的傳奇故事講的是根本就不存在的眾神和英雄神話，但在希臘人掙脫了鄂圖曼帝國的掌控獨立建國之後，歐洲對希臘和希臘人的浪漫遐想更加浮想聯翩。這當中最有名的旗手便是拜倫勳爵（Lord Byron）。他親自跑到希臘，義助希臘人打獨立戰爭，推翻鄂圖曼帝國的統治，結果在一八二四年感染風寒，高燒不退而致一病不起。拜倫早在十年之前便已浸淫古典藝文，壯遊的行腳涵蓋地中海北岸大半地區，走遍了義大利半島、阿爾巴尼亞和希臘。然而，要說拜倫關心希臘主要是因為他對希臘古典歷史有難以割捨的懷想，而和他對自由浪漫的信仰沒有關係，恐怕不太說得過去。其實，英國那邊的人對於希臘也有很不浪漫的時候。一八四八年至一八五〇年間，時任英國外交大臣的帕默斯頓勳爵雖然先前在一八二四年支持過希臘獨立，但此刻卻因為一名直布羅陀猶太人帕西菲柯先生（David Pacifico）由於一八四七年發生的希臘雅典暴民作亂而蒙受財產損失，希臘政府卻未能賠償而震怒，出動皇家海軍封鎖雅典，直到希臘政府屈服才肯罷休。結果換成法國和俄羅斯政府震怒，他們和大英國都是有責任維護希臘獨立的保證國。可是帕默斯頓也是學富五車的人；他就振振有辭拿古典時期為先例，駁斥而非讚美希臘人幹的好事：

> 羅馬人在古代不會甘願受辱，他會大聲說「civis Romanus sum」（我是羅馬公民），英國的子民也是如此，不論身在何處，都應該相信英格蘭警醒的雙眼、強壯的臂膀，會保護他，不讓他蒙受不公不義和冤屈。

古希臘的精神應該還有些什麼殘存在希臘人對自由的愛，但到了十九世紀初年，在伯利克里斯和柏拉圖的後人身上卻不太看得出來。還有，如果有人在找道地的羅馬人，只需到英國那裡去找。

二

當時頗有些人相信特洛伊的故事都是真的。青銅時代的愛琴海文明之得以重見天日，就是因為有人死守直白的字義，如癡如狂——像是海因利希・施里曼（Heinrich Schliemann）。他在一八六八年初次到特洛伊旅遊，五年後挖出他說的「普萊姆寶藏」。施里曼那時代還沒有地層學（stratigraphy）、斷代等等原則，因此，施里曼要判別他挖出來了什麼，樂於單憑直覺。他到伊薩加（Ithaka）走一趟，就從地底挖出幾十件古甕。他要解決的問題不在這些古甕是不是奧德修斯家的骨灰甕，而在於哪一具骨灰甕是奧德修斯家哪一人的骨灰甕。[4]一八七六年，他已經來到邁錫尼進行考古挖掘。那裡的情況就比特洛伊容易判別，因為邁錫尼堡壘的大門「獅子門」（Lion Gate）歷經千年時光依然看得見一部份。可想而知，他就在那裡找到了阿伽曼儂還有他家人的墓地。他關心的是證實荷馬確有其人，甚於他的考古發現會掀起的政治波瀾。只是，人種理論家見獵心喜，馬上拿他的發現大作文章，指稱最早的希臘文明是金髮碧眼的亞利安人（Aryan）創立出來的，推而演之，歐洲的高級文化自然也是。[5]然而，學術圈倒是還要再過好長一段時間——八十年——才終於有人相信邁錫尼人和後世的希臘人有密切的關係，邁錫尼人講的甚至是早期的希臘語。這時，學術的論戰就轉到希臘和克里特島開始挖掘出來的特殊文字了。小小的象形文字，正合亞瑟・埃文斯爵士（Sir Arthur Evans）的近視眼去看。埃文斯到克里特島作進一步的考古挖掘，而重建出他說的「克諾索斯的米諾斯宮殿」。

埃文斯在克里特島的考古成就必須放在十九世紀末年至二十世紀初年克里特島的政治、社會變局當中審視才能透徹理解。克里特島在一九〇〇年時，人口約有百分之三十是穆斯林，而且以講希臘語的希臘裔穆斯林佔絕大多數。穆斯林當中有島上的大地主，商人也佔很大的比例，穆斯林人口也以集中在城鎮為多，東正教徒反而一直以散居鄉間為多。[6]克里特島上的東正教徒眼看希臘本島的希臘人爭取到獨立，得以建國，不禁燃起希望想要加入新建的王國。他們的目標是「合併」（enosis）。克里特島上的希臘人在一八二一年發起叛亂，反抗鄂圖曼的統治，歷時九年，之後，瀕臨爆發衝突的麻煩不斷，直到〔十九〕世紀末。希臘史家指克里特島〔島上的東正教徒〕殘忍的報復土耳其人——雖然雙方都沾滿血腥——導致克里特島東部的穆斯林在世紀末年備受荼毒。歐洲強權認為不是讓克里特島併入希臘王國這麼簡單；在徵得鄂圖曼同意下，克里特島交給了埃及穆罕默德・阿里統治。一八三〇年起的十年，克里特島便由埃及那邊在管（之後歸還給鄂圖曼帝國）。島上由希臘人組成的委員會原本決議要把克里特島交給英國代管，只是英國沒有意願統治克里特島，也不想在東地中海打亂時局。[7]。鄂圖曼帝國也十分清楚妥協的必要，從一八六八年起便開始給與克里特島居民更大的自治權，但是推動「合併」運動的人士並不滿意，到了一八九七年，他們為「合併」運動召募來的志士來自斯堪地那維亞半島、英國、俄羅斯都有。

一八九八年，備受動亂撕裂的克里特島終於獲准完全自治，由希臘的喬治親王（Prince George of Greece and Denmark）出任「委員會主席」（High Commissioner）主政，法國、義大利和英國三國則是保護國，但是名義上的領袖依然是君士坦丁堡的鄂圖曼蘇丹，因為他絕對不能放棄他名下的領土，遑論受惠的還以希臘正教徒居多。克里特島上的政府由穆斯林與正教徒組成，全心全力要振興經濟。只是和平雖然終於到來，克里特島上的穆斯林卻紛紛拔腿離開，之前更有許多早在內戰方酣之時就先逃之夭夭。所以，重建經濟在當時也等於是重建克里特島人民的歸屬感。亞瑟・埃文斯在一八九八年向希臘政府要求派發眾多人手，協助他在克諾索斯進行考古挖掘。克里特島的新政府甫上任的幾件事，就包括快馬加鞭通過一連串法案，鼓勵外國在境內進行考古挖掘，甚至准許古代文物出口。[8]克里特島將這樣的政策視為經營公共關係，希望藉由幾處保護國的博物館展出克里特島的古往歷史，而有機會吸引世人注意到現今的克里特島。

克里特島在達成和平之際，正好有埃文斯的人馬在克里特島挖出了克諾索斯，埃文斯在試著理解廢墟遺跡後，給了我們一幅愛好和平的克里特島想像。埃文斯的古克里特島是一個王國，由他認為叫作米諾斯的國王統治。埃文斯的說法，既反映他對古老克里特島的假想，也反映他對今世克里特島深切的期許。他心目中的克里特米諾斯文明是氣質溫文、愛好大自然的母系社會，連國王的男性朝臣也偏向女性化：追逐時尚，和宮中的婦女一樣愛在埃文斯認定是「舞蹈廳」的大堂踮腳跳舞。他還讓手下的工人跳舞給他看，看看是不是能夠將古克里特米諾斯文明的魔力重新召喚出來。[9]他由米諾斯宮殿存世的一小片、一小片壁畫殘面，重組出一屏屏豪邁的大畫，描繪愛好和平的王公和絮叨閒談的貴婦。他以豐富的想像力重建起來的克諾索斯宮殿，成了現代人獻祭給和平的神廟。

三

塞浦路斯島的歷史在許多方面都像是克里特島的鏡像。和克里特島一樣，鄂圖曼發現他們統治的壓力愈來愈大，雖然塞浦路斯島的穆斯林在總人口所佔的比例始終比克里特島略低一點。希臘本島的情勢變化對塞浦路斯島的影響十分強烈：一八二一年起，希臘裔的塞浦路斯人開始不安份，鄂圖曼的總督下令禁止非穆斯林攜帶武器。一八三〇年代，塞浦路斯島上總計有多達二萬五千人移居希臘，希望取得希臘公民的資格再回塞浦路斯島來，因為以希臘國王子民的身份居留島上，享有英國、俄羅斯、法國領事的保護，這三國是希臘獨立的保證國；鄂圖曼官府對此當然十分不悅。[10]即使如此，塞浦路斯島上信奉正教的信徒到底有多「希臘」，也不宜看得太重。畢竟要求塞浦路斯島併入希臘祖國的呼聲，希臘本島那邊喊得比塞浦路斯島上要大聲。塞浦路斯島上跨越族群的關係長期以來一直相當和睦。英國派駐塞浦路斯島的領事也和鄂圖曼官方合作，不想讓希臘本土推動「合併」的聲浪蔓延失控。例如一八五四年，英國的領事便曾向鄂圖曼總督透露，說有一份叛國的傳單是尼科西亞一所希臘高中校長所寫。英國領事和鄂圖曼總督的融洽關係，由一份請柬也可見一斑。一八六四年鄂圖曼總督邀請英國領事參加總督兒子的割禮儀式：「竭誠邀請您全程參加禮拜一至禮拜四的喜慶，暨四天的晚宴。」[11]由於塞浦路斯島位於安納托利亞半島、敘利亞、埃及三方輻湊的中心，因此，塞浦路斯島俱備戰略要衝的地位。塞浦路斯島上民生所需的農產品，除了自用還有不少剩餘，像是他們生產的大麥就外銷敘利亞，長角豆也外銷亞歷山卓，不過，塞浦路斯島上的生活水準不高，借用十八世紀晚期一名旅人說過的話，「進口的商品都不甚重要，因為，塞浦路斯島進口商品，足敷島上稀少人口所需即可」，不過，是些許精美布料加上錫鐵、胡椒、染料，如此而已。[12]但是到了十九世紀末，島上倒是為進口的染料找到了很好的用途，帶動了當地產業發展——他們從貝魯特輸入英格蘭白棉布，在當地作坊加工染色，絲織業也相當蓬勃。塞浦路斯對外的關係，以東地中海的區域網為主，和國際的來往不多。[13]後來因為歐洲對古代文物的興趣日增，促使塞浦路斯島興起了新的貿易，泰半還屬於非法走私。從一八六五年至一八七五年，美國駐塞浦路斯島的領事路易・帕瑪・迪・切斯諾拉（Louis Palma di Cesnola）就是島上數一數二的大收藏家，孜孜矻矻蒐羅他說的「我的寶貝」。他從壯觀的庫里翁（Kourion）遺址搶到手的寶藏，大多送進了美國紐約大都會博物館（Metropolitan Museum）。[14]

英國官方在一八七八年施壓鄂圖曼蘇丹，逼他將塞浦路斯島的治權讓給英國，突顯了鄂圖曼在東地中海的勢力前所未有的明顯衰退。當時的鄂圖曼蘇丹阿卜杜勒—哈米德二世（Abdülhamid II）知道他要是想壓下俄羅斯的氣燄，就需要英國作靠山。當時俄羅斯依然想在地中海奪取永久的據點，而要達到目標，俄羅斯必須先拿到博斯普魯斯海峽和達達尼爾海峽的自由通行權才可以。然而，亞美尼亞人連同其他反抗土耳其人統治的民族遭鄂圖曼官方迫害屠殺的消息傳到英國，英國官方對鄂圖曼帝國的支持開始消退。英國官方對於流落在獨立的希臘王國境外的希臘人，也始終十分關切他們的處境。[15]所以，塞浦路斯島當時在鄂圖曼官方眼中，就當作是為了攏絡英國繼續當他們友邦，而不得不支付的頭期款了。君士坦丁堡的朝廷循鄂圖曼帝國的慣例，將塞浦路斯島名義的主權留在手中，以及英國可以將他們統治該島獲得的利潤留用，扣下不給君士坦丁堡（直到第一次世界大戰，英國和土耳其分別站在交戰的前線兩邊，大英國才將塞浦路斯併吞，後來要等到一九二五年，塞浦路斯島才正式成為英國的直轄殖民地）。英國對塞浦路斯島的興趣全在戰略考量，因為英國在一八七五年拿下了蘇伊士運河龐大的股權，之後在一八八二年又進一步將埃及納入臣屬，塞浦路斯島對英國的戰略價值就跟著水漲船高了。英國握有塞浦路斯島後，從直布羅陀經過馬爾他島到黎凡特，一路便都有據點串連起來。不過，英國像是弄到了燙手山芋，因為兩支信仰在塞浦路斯島上的對立不僅未見緩和，反而因為變成活在第三方的統治之下而變本加厲。島上的希臘人就此更加堅持塞浦路斯島的命運繫於希臘本島，島上的土耳其人卻擔心克里特島土耳其裔的遭遇在此重演。進入二十世紀之後，塞浦路斯島上的土耳其人對鄂圖曼帝國境內「青年土耳其黨人」（Young Turks）掀起的改革運動十分關心，密切注意情勢的發展，民族歸屬的感情也開始滋生，加上與希臘民族主義的競爭更進一步強化。[16]鄂圖曼帝國日薄西山的頹勢，連帶促使境內的民族歸屬感表達得愈來愈堅決，以致原本不同族裔、不同信仰的群體還可以和睦相處的社會，就這樣有了撕裂的危險。

四

鄂圖曼國境內開始出現民族歸屬問題的地區，都是族裔和信仰零散分佈、交相雜處的地區。而族裔和信仰最雜的地區是地中海的港市如薩洛尼迦、亞歷山卓和士麥納等地方也不奇怪。尤其是薩洛尼迦，還變成了土耳其人、斯拉夫人、希臘人交火的戰場，雖然一九一二年薩洛尼迦人數最多的族群其實是猶太人，那裡的猶太碼頭工人數目還多到每逢禮拜六碼頭都要公休。[17]馬克・馬佐爾（Mark Mazower）就指出薩洛尼迦通行的文字有四大類，曆法有四大類，在薩洛尼迦要是問這問題，「今天正午是什麼時候？」不是沒有道理。[18]薩洛尼迦城內最多人講的語言是猶太西班牙語，是一四九二年後由大流徙的西法拉猶太人帶進這裡來的。城內幾座猶太會堂的名稱便始終帶著薩洛尼迦猶太人早年出身地的影子，一直未曾消失：有加泰隆尼亞人的會堂，有薩拉戈薩人的會堂（其實就是西西里島上的敘拉古），還有一座會堂的諢名叫作「馬卡龍」（Macarron），因為會眾以來自義大利半島東側阿普利亞的猶太人為多，一般也就以為他們應該和義大利人一樣愛吃通心麵（macaroni）。[19]

但要是就此將薩洛尼迦罩上浪漫的色彩可就錯了。一九一一年，有拉蒂諾語的報紙，《勞工團結報》（*La Solidad Ovradera*），就直指：

> 薩洛尼迦算不上是城市，頂多是幾座小村子併在一起罷了，有猶太人，土耳其人，東楣人（就是夏伯台・茨維信徒的後人），希臘人，保加利亞人，西方人，吉普賽人；每一支在現在都可以叫作「民族」，相互的關係都以敬而遠之為原則，活像生怕會傳染到疾病。[20]

這一家報紙既然叫作《勞工團結報》，對族群關係提出來的看法想當然未必講究客觀，反倒想要超

58. 驅逐摩里斯科人，一六一三年，佩拉・歐洛米（Pere Oromig）**、法蘭西斯科・佩拉爾他(FranciscoPeralta）合繪**

一六〇九年至一六一四年間，約有十五萬名穆斯林後代西班牙人，也就是摩里斯科（Morisco）人，遭官方集體驅逐，即使有不少人表明是虔誠的基督徒也難以倖免。這一幅畫畫的就是摩里斯科人從維納羅斯（Vinaròs）乘船出亡的情景。維納羅斯是瓦倫西亞城北邊的興隆港口。

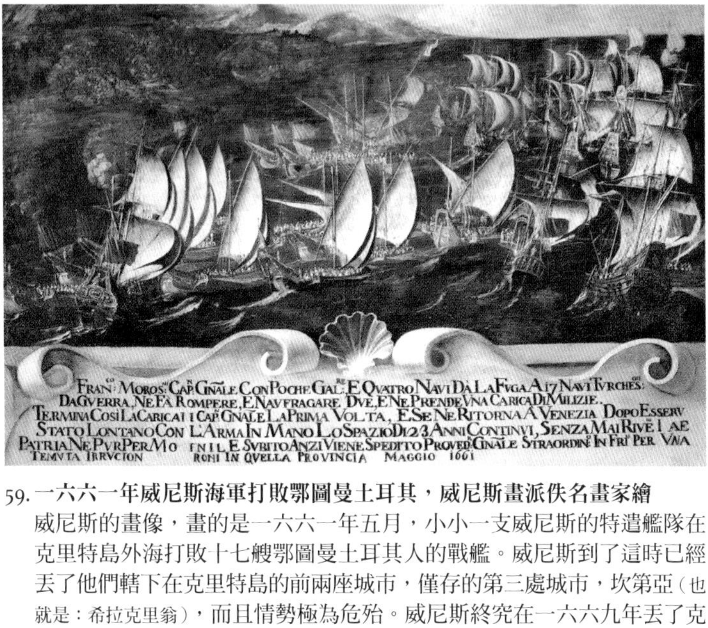

59. 一六六一年威尼斯海軍打敗鄂圖曼土耳其，威尼斯畫派佚名畫家繪

威尼斯的畫像，畫的是一六六一年五月，小小一支威尼斯的特遣艦隊在克里特島外海打敗十七艘鄂圖曼土耳其人的戰艦。威尼斯到了這時已經丟了他們轄下在克里特島的前兩座城市，僅存的第三處城市，坎第亞（也就是：希拉克里翁），而且情勢極為危殆。威尼斯終究在一六六九年丟了克里特島。

60.進攻瑪翁，一七五六年，法國佚名畫家

一七五六年法軍進攻不列顛屬地梅諾卡島的瑪翁（Mahón）。瑪翁是地中海最大的天然良港口，入口處有聖斐理伯堡壘作守衛，出現在畫中的前景。法國認為不列顛在離土倫這麼近的地方出沒，對他們的地中海艦隊是直接的威脅。

61. 處決不列顛海軍司令約翰・賓恩，不列顛畫派

一七五〇年不列顛海軍司令約翰・賓恩（Admiral Byng）在皇家海軍〈帝王號〉（Monarch）的後甲板遭到處決。但賓恩其實是不列顛政府和海軍部的代罪羔羊，上級不給他足夠的船艦、兵力就要他去解救梅諾卡，去打注定戰敗的一仗。就像法國作家伏爾泰說的，為了「激勵其他的人」，必須要處死他。

62. 海軍上將費奧多・烏夏科夫畫像，十九世紀佚名畫家

海軍上將費奧多・烏夏科夫（Admiral Fyodor Ushakov）是俄羅斯地中海艦隊的司令，從法國手中搶下愛奧尼亞群島。二〇〇〇年，他還晉升為俄羅斯海軍的主保聖人（paton saint）

63. 薩繆爾・胡德上將畫像，一七八四年，詹姆斯・諾斯寇特（James Northcote）繪

胡德子爵（Viscount Hood）從一七九三年起擔任不列顛地中海艦隊的司令，他和尼爾遜勳爵（Lord Nelson）一樣，也是教士之子。不列顛海軍由他率領攻下了法國的土倫，也把科西嘉島納入不列顛帝國治下。

64. 斐迪南・馮・洪佩什畫像，安東尼奧・薛雷（Antonio Xuereb）繪（據傳）

日耳曼貴族斐迪南・馮・洪佩什（Ferdinand von Hompesch）是馬爾他騎士團，或叫作「聖若望騎士團」，最後一任統治馬爾他島的總團長，他在一七九七年七月當選總團長，但只統治馬爾他島一年的時間，馬爾他島便被拿破崙攻下。

65. 史蒂芬・狄凱特畫像，湯瑪斯・索利（Thomas Sully）繪

史蒂芬・狄凱特（Stephen Decatur）是美國史上第一位海軍英雄，至今依然留名於美國軍艦。一八〇三年和一八〇四年，他兩度率艦攻打利比亞的的黎波里港，戰功彪炳，英勇過人，成為美國人懂得以膽識壓倒巴巴里海盜蠻力的象徵。

66.**薩伊德港，一八八〇年**

薩伊德港（Port Said）是為了蘇伊士運河的營運需要要新建的城市。這一幀照片攝於一八八〇年，拍下船隻等待進入。中央靠左的那一艘船是結合帆船和汽船的裝甲船。

67.**勞合**（Lloyd）**碼頭，提耶斯塔,一八九〇年左右**

提耶斯塔（Trieste）是混合型城市，有講德語的族群，也有講義大利語和斯拉夫語言的族群，有基督徒，也有猶太人，也是奧匈帝國進出地中海的門戶。這一張照片攝於一八九〇年左右，拍的是「奧地利勞合公司」（Austrian Lloyd Company）擁有的碼頭。奧地利勞合公司是提耶斯塔首屈一指的海運公司，公司的大股東也是形形色色，分屬多支族裔。

68.亞歷山卓的「大廣場」，也叫作「穆罕默德阿里廣場」，一九一五年左右

照片中是一九一〇年代的亞歷山卓「大廣場」（Grand Square），也叫作「穆罕默德阿里廣場」（Place Mehmet Ali）。建這樣一座廣場，明明白白寫的是要把亞歷山卓打造成緊貼在非洲旁邊的歐洲城市。亞歷山卓處理國際商業案件的多國會審法庭就在這裡，納瑟上校一九五六年對埃及民眾發表慷慨激昂的演說，將蘇伊士運河收歸國有，也是在這裡。

69.義大利佔領利比亞，一九一一年

義大利想要將佔領鄂圖曼帝國領地利比亞視作是歐洲對外推廣文明的使命，當時的圖畫也常作呼應，例如一九一一年十月法國雜誌刊載的這一幅插畫。單單是義大利軍官追隨手舉自由火炬的女神帶領，就足可以把膽小如鼠的當地居民嚇得望風而逃了。

70. **阿爾及利亞奧蘭巨港，法國軍艦遭到攻擊，一九四〇年十月**
法國海軍既不肯被不列顛艦隊納入旗下，也不肯撤到中立水域，導致英國首相邱吉爾在一九四〇年十月下令攻擊法國停泊在奧蘭巨港（Mers el-Kebir）軍艦。此舉不僅氣得法國和不列顛就此反目，斬斷殘存的一絲外交關係，落敗的法國和大不列顛在第二次世界大戰期間，也始終未能修好。

71. **不列顛軍隊登陸西西里島，一九四三年**
一九四三年七月，不列顛軍隊登陸西西里島，展開盟軍反攻義大利的第一階段戰役，此後，盟軍的攻勢會再慢慢沿著義大利半島往北推進。盟軍佯攻薩丁尼亞，害得德軍低估盟軍真正要打的目標是西西里島。

72. **猶太難民船，海法，一九四七年**

一艘難民船載了4500名從中歐和東歐出亡的猶太難民，被不列顛官方扣押，於一九四七年十月七日為人拍下停泊在海法（Haifa）的景象。船上的難民有許多原本要到巴勒斯坦的，結果卻被送進塞浦路斯上的難民營。

73. **戴高樂於阿爾及利亞，一九五八年**

戴高樂在第二次世界大戰期間率領法國自由軍（Free French）抗暴，一九五八年趁法國的第三共和受困於阿爾及利亞治權的難局，奪取政權。他於奪權之初，向法國人民保證過要保住阿爾及利亞，也於一九五八年六月巡視過阿爾及利亞，教該地的法國移民大為開心。

74. **海灘風景，濱海羅雷**

西班牙自一九六〇年代起，利用套裝旅遊興起，大力推廣觀光，但是有些發展卻教他們後悔不迭：海岸沿線一棟棟鋼筋水泥蓋的旅館，餐廳、酒吧林立，海灘戲水的人潮擁擠不堪，例如這一張加泰隆尼亞的濱海羅雷（Lloret de Mar）拍到的照片。這樣的景象在法國、義大利、希臘、塞浦路斯、以色列的度假勝地屢見不鮮。

75. **非洲非法移民企圖登陸西班牙海岸**

歐盟所屬的地中海岸地帶到了二十世紀結束之時，已經變成防守嚴密的邊界，嚴格管制從非洲和亞洲流入的非法移民。圖中是一批從非洲來的非法移民正要登陸直布羅陀海峽附近的西班牙領土。

越民族感情，希望創造單一的無產階級社會。所以，猶太人在薩洛尼迦城內和土耳其人暨其他民族日常來往的親切和睦，可以從里昂・席亞基（Leon Sciaky）回憶他十九世紀末年在薩洛尼迦度過的童年來揣摩一下。一戶猶太富家在薩洛尼迦和保加利亞農人相處融洽，席亞基的父親從保加利亞農戶那裡買進穀物作貿易。小席亞基身在薩洛尼迦，街坊鄰居的穆斯林、基督徒等等對他都十分和善。城內出現暴動，他們也不吝惜對其他族群伸手援手。[21]

西法拉猶太人對於周遭的異族文化，心胸向來比東歐的阿胥肯納吉猶太人更加開放，阿胥肯納吉猶太人奉行的教規比較嚴格狹隘。等到西歐的影響力在鄂圖曼帝國境內日益強大之後，鄂圖曼境內的猶太上流社會，舉止言語也日趨西化。至於西法拉猶太人的身份歸屬就有一點腳踏兩條船的樣子。上焉者，大概就是在西方的精明世故當中摻入些許東方的古怪離奇吧，狄斯雷利在英國那邊就是這樣的看法。里昂・席亞基小的時候穿的是西式服裝，明確指出了他們家族的社經地位以及文化嚮往。薩洛尼迦猶太人最富有的阿拉蒂尼（Allatini）家族，居住的華宅就匯集了東西兩方最精美的裝潢和陳設。[22]到了一八七三年，法語借由「成立於法國巴黎」「以色列世界聯合會」（Alliance Israélite Universelle）廣設的新學校，開始在薩洛尼迦猶太人當中遍及，西法拉猶太人講的拉蒂諾語（Ladino）被擠到邊緣，不少人覺得拉蒂諾語是底層社會講的語言；亞歷山卓也一樣，法語躍居猶太上流社會的「時髦語言」（de mode），甚至是「必備的禮節」（de rigueur）。一九一二年，「以色列世界聯合會」旗下已經有四千多名學生，過半就讀於薩尼迦城內的猶太學校。[23]薩洛尼迦和亞歷山卓對於法國文化霸權入侵，並不憂心，甚至甘心臣服。鄂圖曼帝國境內不僅猶太人如此，大城市的居民幾乎人人都以法語為地位高人一等的徽章。

鄂圖曼帝國統治時期，薩洛尼迦城內的土耳其人雖然居於少數，但是自認還是位居上風。席亞基就寫過一八七六年有一位保加利亞人向城內幾國外國領事陳情，要求他們出面擋下他的女兒嫁給土耳其人的婚事，結果引發暴動。法國和德國領事千不該萬不該，在群情激憤的時刻進入清真寺，結果被暴民私刑打死。[24]之後，迄至一九〇〇年，薩洛尼迦城內的族群暴動愈演愈烈。城內的希臘人因為教育普及的關係，民族情感日趨狂熱；他們已經有像樣的學校在教孩子自己的語言，他們也開始往南邊看，知道他們的同胞在希臘本島建立了獨立的王國。斯拉夫的民心一樣躁動不安。一八九〇年代，一群偏激的的馬其頓斯拉夫人——他們講的語言是一支保加利亞方言——組織起了「馬其頓內部革命組織」（Internal Macedonian Revolutionary Organization；IMRO），要為薩洛尼迦到史高比耶（Skopje）那一大片地區裡的幾處鄂圖曼省份爭取獨立，而且認定薩洛尼迦是建都的不二選擇，決心要將這一片土地打造成保加利亞的文化沃土。薩洛尼迦的希臘人當然嚥不下這一口氣，因此，他們要是得到「馬其頓內部革命組織」任何風吹草動，會馬上向鄂圖曼官方通風報信。[25]過沒多久，「馬其頓內部革命組織」認為採用激烈手段的時候到了。一九〇三年一月，他們的密探買下鄂圖曼銀行（Ottoman Bank）對面一家小貨店，派了一名保加利亞人去看店。這人的樣子死氣沈沈的，店裡陳列的商品寥寥無幾，他卻還不太願意賣。但是，一待入夜，小店馬上活了過來，「馬其頓內部革命組織」的人馬鑽進地下，挖進鄂圖曼銀行富麗堂皇的大樓去埋地雷。挖地道的人馬還差一點被逮，因為有一條下水道正好穿過他們正在挖的地道，他們把下水道堵住，結果附近的「可倫坡大飯店」（Hotel Colombo）抱怨他們的水管不通。四月二十八日，「馬其頓內部革命組織」引爆他們埋設的炸彈，炸毀了鄂圖曼銀行和鄰接的數棟建築。[26]

土耳其政府的劇變引發強烈的震波掃遍薩洛尼迦。青年土耳其黨人的聲勢愈來愈強，政治改革如箭在弦。薩洛尼迦居民的生計也因為地中海的政治動盪而失去了依憑。義大利軍隊在一九一一年入侵當時鄂圖曼的屬地（現今利比亞）的黎波塔尼亞（Tripolitania），義大利的貨物因此遭到抵制；奧地利攻佔波士尼亞，引發軒然大波，也導致提耶斯塔的貿易遭到抵制。薩洛尼迦城內的富豪阿拉蒂尼家族面對這樣的困境不願意再苦撐下去，舉家遷移到義大利。鄂圖曼帝國這時瓦解之快，甚於以往。希臘人在一九一二年兵不血刃進入薩洛尼迦城，宣佈為希臘祖國收復失土，就不算太教人意外的發展。不過，事有不巧，保加利亞的軍隊也在這時候趕到，而且一來就賴著不走。後來，保加利亞軍隊雖然還是聽勸離城，卻在城牆外面和希臘軍隊爆發小型衝突。所以，希臘人雖然是拿下了薩洛尼迦城，但保加利亞的威脅卻也如影隨形。薩洛尼迦也這樣失去了往昔坐擁的肥沃腹地、里昂‧席亞基的父親當年作穀物貿易的貨源所在。一九一三年，薩洛尼迦城內還有近四萬六千名穆斯林，超過六萬一千名猶太人，另外還有四萬名基督正教信徒。只是希臘的民族運動人士動輒就讓穆斯林、猶太人覺得他們待在城裡必受排擠。[27]墓地被破壞，商店被洗劫。當時的希臘首相維內澤洛士（Eleftherios Kyriakou Venizelos）原本就是克里特島革命英雄出身，堅決主張希臘境內的人民必須以信仰正教的希臘人為限。這樣子的話，猶太人還有哪裡可以容身，可就很難說；維內澤洛士本人對猶太人的猜忌本來就很深。一九一七年八月，一場無名大火燒光薩洛尼迦城內大片地區，猶太區和穆斯林區破壞得十分嚴重。大火這樣一燒，加上猶太人和穆斯林外移的人口愈來愈多，自然給了希臘官方大好機會，按照他們的心意去將薩洛尼迦重建為希臘人的城市，住的是希臘的人民。他們的目標非常明確：薩洛尼迦會再度變成聖德默特琉（譯註32）的基督教城市。他們要薩洛尼迦重生為帖薩洛尼基（Thessaloniki）。

譯註32：聖德默特琉（Saint Demetrios，二七〇－三〇六）是基督正教極為重要的武士聖人，出生於帖薩洛尼基（Thessaloniki），是帖薩洛尼基和士兵的主保聖人。帖薩洛尼基便是薩洛尼迦的古名。

第三章

鄂圖曼下台一鞠躬

西元一九〇〇年—西元一九一八年

一

地中海在本書所述的歷史當中，於經濟、於政治，無論多還是少，一直是當成整合一體的一大片地區。但是到了「第五代地中海」這時期，這一點就有變化了。地中海變成一條大動脈，貨物、戰艦、移民、旅人經由這一條動脈從大西洋輸送到印度洋。地中海周邊陸地由於生產力下降，加上大宗貨物貿易開始啟動，像是加拿大的穀物或是美國的菸草（只是略舉兩則例子），導致地中海世界在商人眼中魅力不再。即使埃及的棉花貿易復甦，也因為印度和美國南部的棉花大舉外銷而遇上強勁的挑戰。一九〇〇年前後，輪船公司從熱那亞出發穿越西地中海進入大西洋，送出成千上萬的移民進入新世界，落腳紐約、芝加哥、布宜諾斯艾利斯、聖保羅（São Paulo），還有北美、南美其他繁榮大城。義大利外移的人口以南部居多，因為義大利南部的鄉鎮居民，生活水準遠不如北部；義大利北部像米蘭這的大城，則因為生活水準提高在改頭換面。

在法國人這邊，出外另覓天地、創造新生活的機會，卻是在地中海內就找得到：阿爾及利亞成為法

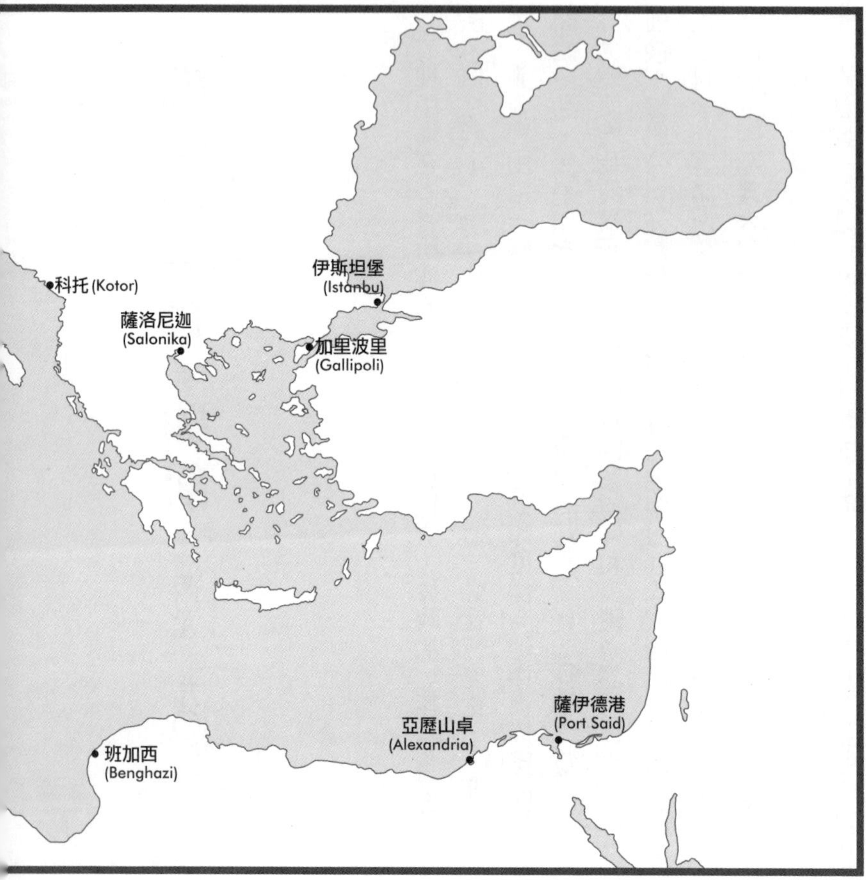

國移民匯聚之處，因為法國人的理想是要在北非的海岸打造出一處新法蘭西，至於偏向蠻荒的內陸，就還是留著作殖民統治比較好。法國這樣的政策，有兩件事便是例證。一是阿爾及爾大片的區域重建成歐洲樣式的城市。另一是在一八七〇年法國政府一口氣授與阿爾及爾三萬五千名猶太人法國公民權。阿爾及爾的猶太人在他們眼裡算是「開化」(évolué)，因為他們懂得抓住法國統治該地而創造出來的機會，經由「以色列世界聯合會」支持，成立現代化的學校——「以色列世界聯合會」成立的宗旨在以歐洲的模式推動猶太

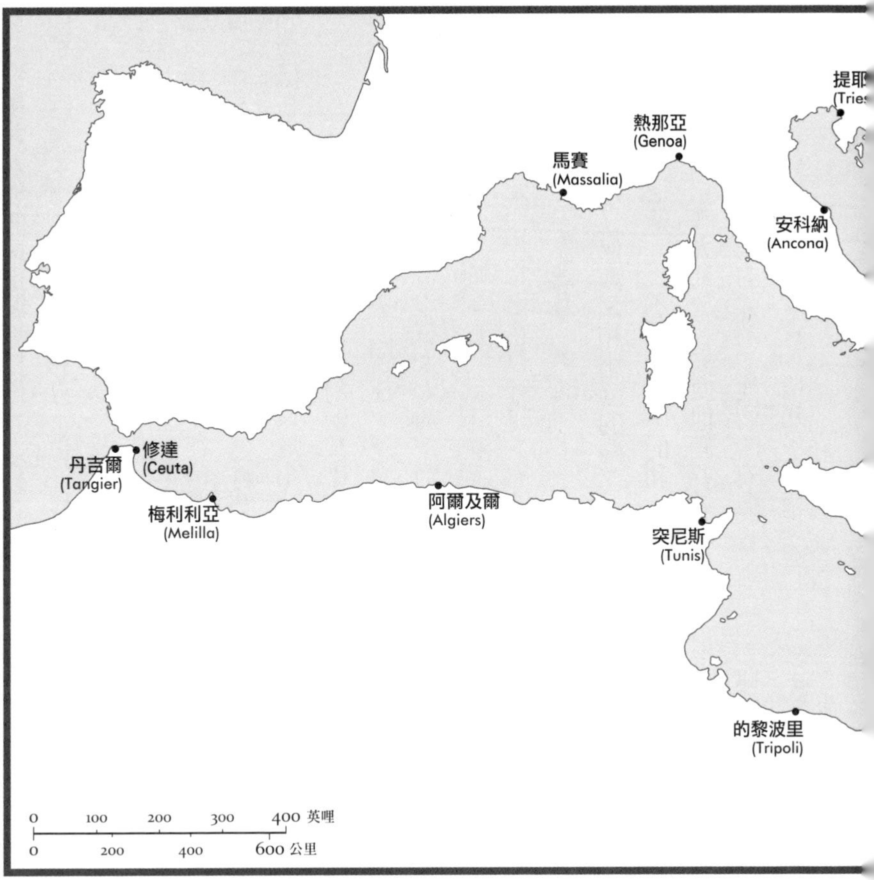

人教育——將他們改造成新的專業階級。[1]突尼西亞在落入法國手中之後，自一八八〇年代起也招徠不少法國人進行殖民，只是腳步沒那麼快；到了一九〇〇年代，移民到突尼西亞的人，來自義大利來的多過法國。義大利王國那邊的眼光一樣落在北非這一帶，他們的政治領袖覺得義大利在地中海內有機會比照法國成為殖民強權。義大利當時還說不出「Mare Nostrum」（我們的海）這幾個字，他們還要到一九三〇年代班尼托・墨索里尼（Benito Mussolini）執政時期才說得出來。當時稱霸地中海的顯然是英國。但是義大利一般的民意和義大利的民主派都相信義大利有在地中海建立帝國的天命。他們的論點部份和道義有關：拿法國統治阿爾及爾為例，義大利人不也一樣可以將歐洲的文明引進那一帶？那裡的民族依當時歐洲人的看法，可是被他們輕蔑地貼上「後落」的標籤的。他們的論點，另一部份則和政治有關：義大利要是再不把握機會證明他們有能耐成就大事，在歐洲可就沒了講話的份量。不過，更大一部份的關係是落在經濟：義大利這國家的實力，端賴於經濟發展，而義大利唯有善加利用殖民領地供應的原料，才有機會發展經濟。西班牙到了一九〇四年已經將勢力拓展到摩洛哥海岸，得土安、修達和梅利利亞的腹地都被他們囊括在內，而西班牙在當時還只是小號的競爭對手呢。[2]

一八六〇年代，突尼斯政府財政破產，法國和義大利就有了施展身手的良機。突尼斯的貝伊還有他的政府若是無法履行該盡的責任，就會有一大批法國債權人要蒙受損失了。突尼斯的情況和埃及的薩伊德、伊斯麥這兩位總督沒有太大的差別。歐洲為此成立了國際財務委員會，法國也擺明了要拿下委員會的主導權。義大利政府對此可就不樂意了，義大利在突尼斯那一帶的經濟涉入極深。義大利人數眾多的移民也敦促義大利政府務必要針對突尼斯經濟體幾個領域，出面爭取到全面的主導權，例如菸草生產暨出口、鐵路經營等等權力。然而到了一八八三年，法國已經將主導的地位牢牢握在掌心，突尼斯的貝伊也同意和法國建立保護國和屬國的關係。[3]義大利政府被迫轉個方向，很快便看出附近有另一處地方的機會不亞於突尼斯——鄂圖曼治下的利比亞。到了一九〇二年，法國和英國兩者縱使有意瓜分地中海，也終於勉強同意義大利放手去做他們要做的事——這是為了安撫義大利，希望義大利加入他們的大政治聯盟，共同對抗未來的強敵。他們的安撫有了效果，而他們要面對的強敵是誰也很快揭曉了——德國的銀行開始在利比亞地區投資，搶起了「羅馬銀行」（Banco di Roma）的生意。一九一一年，是德國人而不是義大利人，獲准在鄂圖曼治下的利比亞購置土地。羅馬和君士坦丁堡出現緊張關係，土耳其人想給與幾項貿易優惠搞定義大利。但是，為時已晚。義大利若要擠身歐洲強國之列，下決心進行帝國擴張就是不可或缺的一環。鄂圖曼帝國國力衰落日甚一日，十分明顯，在邊陲的省份尤其嚴重。一九一一年九月末，義大利政府對鄂圖曼宣戰，到了十月底，義大利的艦隊已經順利運送六萬名佔領軍進入的黎波里、班加西和其他大城，這些是簡單的部份。義大利軍隊進駐之後，當地群起反抗，義大利的傷亡數字跟著堆高，最後逼得義大利政府不得不同意和君士坦丁堡謀和。鄂圖曼蘇丹還是老樣子，照例不肯放棄鄂圖曼之前屬地名義上的主權。義大利入侵的一年後，鄂圖曼蘇丹承認義大利對於名為鄂圖曼利比亞地區的治理。[4]義大利人無力控制內陸地區。不過，就像在阿爾及爾那裡一樣，義大利決定將支配下的地區改造成歐洲的風貌，也開始重建的黎波里為現代的義大利城市。

此後直到第一次世界大戰爆發，從西邊的修達到東邊的薩伊德港，這一整條線上的城鎮都是西班牙、法國、義大利和英國保護的屬國或殖民地。德國皇帝威廉二世在一九〇五年訪問過丹吉爾，對於法國在摩洛哥的勢力日漸壯大頗有怨言，但是德國在摩洛哥就是找不到立足的地方，跟他們在利比亞的情況差不多。其實，丹吉爾有一點像是特區，摩洛哥蘇丹在這特區和外國領事共享治權。其中特別重要的人物是警察總長，他算是摩洛哥蘇丹和各國領事之間的聯絡官，而這樣的職務也變成瑞士在地中海難得一見的亮相機會，因為依這職務的工作，務必找個立場確實「中立」的人才好。鄂圖曼帝國在北非僅剩的治權也丟了；德國人在這裡則找不到立足之處。奧地利依然限於提耶斯塔和達爾馬提亞海岸那一帶，未曾加入北非的爭奪戰。直布羅陀到蘇伊士運河之間的航道被大英國牢牢握在手裡。

二

義大利另還額外弄到了寶貴的戰利品：羅德島和多德卡尼斯群島（Dodecanese）。這幾座島上的居民以希臘人為多。他們原先就想掙脫鄂圖曼的統治，成立像是「多德卡尼斯聯邦」（Federation of the Dodecanese Islands），前景看似不錯；這些島嶼位居貿易路線要衝，當地的希臘人和猶太人生意做得十分發達。義大利人看出這一帶的島嶼離鄂圖曼帝國的權力中樞那麼近，擁有戰略價值，便趁他們在利比亞和鄂圖曼打仗的機會，在一九一二年出兵奪下了群島。義大利在剛到手的殖民地賣力推動經濟。義大利在多德卡尼斯群島上面對的課題，和利比亞大不相同，和他們想在阿比西尼亞（Abyssinia）打造帝國也不相同。義大利人更願意承認多德卡尼斯群島的居民與他們自命的文化水準有著相同水平。[5]義大利攻下多德卡尼斯這一帶的島嶼，標誌著歐洲強權終於要動手支解鄂圖曼帝國的第一階段。這過程中列強彼此並沒有協調，事實上這過程的源頭是來自鄂圖曼帝國的領地發動的，甚至連歷來對君士坦丁堡忠心耿耿的阿爾巴尼亞這樣的屬地，到了一九一二年也已民心思變。第一次世界大戰只是加快鄂圖曼帝國治下省份求去的大勢。鄂圖曼倒向德國，絕非勢所必然。歐洲戰雲四合、風雨欲來之際，鄂圖曼表現出渴望和英國洽談新約；鄂圖曼一直都把英國看成是對抗俄羅斯的最大盟友，抵擋俄羅斯從黑海殺入「白色海」的企圖。鄂圖曼朝中也很清楚希臘冒險躁進的作風，國王喬治一世親自帶軍遠征到薩洛尼迦那麼遠的地方，這對鄂圖曼的首都可是不小的威脅；維內澤洛士提出來的「大業」（Megalé Idea），可是明擺著要拿下君士坦丁堡，取代雅典作為希臘的首都的。不過，一九一四年八月，地中海的情勢最突出的一點是政治形勢詭譎劇變：英國會和鄂圖曼土耳其談成條約？還是和沙皇俄羅斯？將對希臘產生什麼衝擊？鄂圖曼蘇丹好像落入德國皇帝威廉二世編織的網；但是沒有一件事情是篤定的。一九一四年八月十日，德國有兩艘戰艦獲准進入君士坦丁堡金角灣，鄂圖曼政府還表示英國的船艦要是膽敢追著德國戰艦一起進來，鄂圖曼戰艦將對英國船艦開砲。同一時間，英國的造船廠正在替鄂圖曼艦隊打造的兩艘船，造價為七百五十萬英鎊，落得被英國皇家海軍沒入，氣得土耳其人的報紙對英國猛烈撻伐。[6]

英國政界中堅決反土耳其人的，有一位是溫斯頓・邱吉爾（Winston Churchill），他當時的職務是「第一海軍大臣」（First Lord of the Admiralty）。時任首相的阿斯奎斯（Herbert Henry Asquith）在〔一九一四年〕八月二十一日明指邱吉爾「激烈反土」。不過，邱吉爾的反土辭令之下，打的是獨特而且大膽的策略。打贏鄂圖曼帝國，不僅有助於保障大英帝國在地中海的利益，也可以保障帝國在印度洋的利益。波斯當時正以油源大國之姿崛起，英國航隻將通過蘇伊士運河。俄羅斯一旦加入對抗德國的戰爭，達達尼爾海峽就會變成重要的命脈，俄羅斯需要經由達達尼爾海峽運送軍備補給回到俄羅斯，也需要經由達達尼爾海峽外銷烏克蘭的穀物，這一點對於俄羅斯財政的收支極為重要。[7]一九一五年三月，英國政府唯恐俄羅斯和德國談和休兵，便同意俄羅斯控制君士坦丁堡、達達尼爾海峽、色雷斯南部和毗鄰達達尼爾海峽的愛琴海島嶼。[8]

邱吉爾疾呼出兵突破達達尼爾海峽，因而推演出地中海在第一次世界大戰期間最重要的一場海上攻勢。這場海戰不同於第二次世界大戰，在地中海內打的戰事不多，後文還會提及。奧地利的艦隊也不太越過亞得里亞海；奧地利堅持他們一定要守住亞得里亞海。不過，地中海周邊的陸地角落，反倒是打起了幾場重要的陸上戰役，特別是在巴勒斯坦和義大利的東北角。鄂圖曼單單是作勢要打蘇伊士運河，就足以教英國政府急急推出他們的埃及赫迪夫人選，正式將埃及納入英國保護——埃及、塞浦路斯島原本在蘇丹統治傘下的假相從此蕩然無存。[9]那時期地中海面算得上是水波不興吧，雖然水面下潛伏著（德國的）潛水艇，數量還愈來愈多。潛水艦對英國皇家海軍為害之烈要在大西洋這邊更看得清楚。地中海這邊還算比較平靜，有部份原因在於英國和德國的船艦必須拉到北邊的海域去進行更重要的任務。

唯一的例外是加里波里（Gallipoli）的這一場戰役，而且動靜鬧得很大。一九一五年一月，英國「第一海務大臣」（First Sea Lord）約翰・費雪（John Fisher）對同僚傑利科勳爵（Lord Jellicoe）發牢騷：

> 內閣已經決定只派海軍去拿下達達尼爾海峽，總計是十五艘戰艦和三十二艘其他船艦，還要把三艘戰鬥巡洋艦（battlecruiser）和一支驅逐艦的小艦隊也擺那邊——全都是我們關鍵戰區少不了的戰力！現在我只有一條出路，那就是辭職！結果你說「不宜！」，這不就像是我明明不同意的事，你卻逼著我去當共犯。這裡沒有哪一步，我會同意！[10]

即使後來費雪勉與同意，他還是送信給邱吉爾明白表示：「遠征達達尼爾海峽一役，我愈想就愈難以苟同！」[11]費雪堅信兩邊的海戰必須在北海這邊解決。加里波里之役，後世最記得的就是土耳其俯瞰達達尼爾海峽歐洲水域的那一長條陸地上，把英國、澳洲、紐西蘭的軍隊打得十分慘烈。原先的作戰計劃是讓英國船艦在法國支援下打通達達尼爾海峽的通道。當這條路顯然行不通，決定改成載運五萬人的軍隊到穆德羅斯（Mudros）灣。穆德羅斯灣是很大的天然良港，位在利姆諾斯的南邊，離加里波里半島正好很近。可是穆德羅斯灣沒有英國皇家海軍所需的港口設施，水源也不敷大軍所需，更沒有地方供人員住宿。由於大軍在二月抵達，眾人還必須忍受寒冬的惡劣氣候。[12]一九一五年三月十八日，英國海軍進攻達達尼爾海峽入口，結果，英國這邊折損三艘戰艦；雖然鄂圖曼這邊連番砲轟英軍艦隊耗盡了彈藥，但是，海峽中的水雷其實危險更大。[13]英國原本指望俄羅斯的黑海艦隊可以載來四萬七千名兵力到君士坦丁堡，結果，俄羅斯做的頂多是遠遠隔著一段安全距離朝博斯普魯斯海峽出口砲轟土耳其的陣地罷了。為基督正教收復君士坦丁堡，俄羅斯看出時機未到。[14]之後，連番失利的戰局，終於教邱吉爾丟了海軍大臣的官職，但是此刻的大英帝國部隊已經深陷困境：

> 崎嶇不平的海岸，於邊緣盡處
> 但見一塊野地，僅剩荒禿枯瘠
> 滿眼的墓碣，浸透人身的血污
> 時間映上光華，記憶奉祀獻祭
> 滿地塵骨，盡皆豪傑英靈殉難
> 無名烈火熊熊焚身，青年英烈
> 為自由而奮戰，力勝如雨鉛彈
> 英名長存不朽，靈魂永生不滅。[15]

英國、大英帝國、法國這邊總計折損二十六萬五千名兵力，鄂圖曼這邊大概是三十萬人。不過，鄂圖曼這邊縱使死傷更慘，堅守不退的是他們，歷經九個月的苦戰，進攻的一方終於撤退。加里波里一役在英國這邊來看也不是全然沒有正面的效果：鄂圖曼為了打這一仗，不得不從巴勒斯坦將他們最精良的軍隊調走一部份，減輕了英國在埃及和蘇伊士運河承受的壓力。[16]

三

第一次世界大戰期間，地中海大半地區都算平靜。開戰前夕，英法原本打算要把西班牙國王阿豐索十三世，拉到協約國（Allied）這邊。英國海軍部還相中修達，認為那裡適合當潛水艇和魚雷艦的基地，法國則是希望巴里亞利群島可以用做協約國大軍從法屬北非轉運的中途站。要不是西班牙國王冒失提議要協約國把正在鬧內亂的葡萄牙共和國交給西班牙，交換他站到英法國那邊，雙方的協商或許就談妥了。[17]不管怎樣，西班牙終歸是維持中立，各國船隻通行西班牙所屬水域也安全無虞。第一次世界大戰的海戰主要集中在亞得里亞海；奧地利的艦隊就駐防在那裡。義大利的「光復派」（irredentism）虎視耽耽，饑渴的目光盯著伊斯特里亞半島和達爾馬提亞一帶。奧地利也知道科托是他們不可或缺的海軍基地；他們是不是守得住亞得里亞海東岸，全看科托。一九一八年二月，奧地利軍隊在科托發生兵變，顯示奧地利官方早該為派駐該地的水兵多多設想一下他們過的日子。水兵埋怨軍官過得風光又逍遙，多半還有妻子或是情婦相隨。有一名水兵還說他為了幫船長的狗洗澡，害他配給的肥皂全用光了。這還不是最慘的，依他們分到的配給，穿的是破爛衣服，吃的是腐敗的肉和偷工減料的麵包；軍官們穿好吃好，上等的肉類、蔬果一應俱全。由於飛機在當時還是非常新鮮的玩意兒，所以，有軍官為了討好護士，竟然帶護士去搭飛機，也不足為奇了。他們的水上飛機偶爾還要出勤，搭載軍官到拉古薩的高級妓院去玩。奧地利把兵變鎮壓下來後，官方只判處幾名顯然是帶頭的士兵死刑；他們心裡清楚，他們的海軍必須大刀闊斧整頓才行。這工作便由新近升官的奧匈帝國海軍司令霍爾蒂（Miklós Horthy de Nagybánya）負責，後來他即使貴為內陸國匈牙利的「攝政王」，還是以他海軍司令的官銜自豪，始終沒拿下來。[18]

戰事剛開始時，科托的情況沒有這麼糟。科托的港口僻處在峽灣深處，船艦要先擠過卡塔洛海口（Bocche di Cattaro）的狹隘水道才到得了；背後還有陡峭的蒙地內哥羅山脈作依傍。為了要有最大的安全保障，奧地利也必須先收服蒙地內哥羅。蒙地內哥羅的君主出於塞爾維亞人的同胞愛，在奧匈帝國王儲法蘭茲・斐迪南大公（Franz Ferdinand）一九一四年於塞爾維亞的薩拉耶佛（Sarajevo）遇刺身亡不久，便對奧匈帝國宣戰了。一九一四年夏末，奧地利的海軍開始砲轟蒙地內哥羅〔南端〕的港口巴爾（Bar），法國也出兵回應，從馬爾他島派出規模不小的艦隊迎敵，總計是十四艘戰艦外加幾艘小型的船艦。法國的艦隊將奧地利部隊趕出巴爾港，也砲轟卡塔洛海口的外圍堡壘，但未殃及科托。不過，情勢對法國十分危險：義大利於一九一五年五月對奧匈帝國宣戰之前，法軍在地中海除了英屬馬爾他島，沒有距離再近一點的海軍基地可用；而且，法軍在法國北部馬恩（Marne）的戰事吃緊，必須全力投入，也絆住了他們的兵力。[19]所以，奧地利軍隊之後開始放膽攻擊義大利海岸沿線的城鎮，像是塞尼加里亞（Senigallia）、里米尼、安科納等地，極盡破壞，摧毀鐵路車站、煤、油的庫房，搗毀數棟公共建築，有一家還是醫院；總計造成六十八死。不過，對於塔蘭托，奧地利軍隊卻是避而不入；塔蘭托是義大利的重要海軍基地。奧地利那邊並不想掀起大海戰。義大利對奧地利的反擊便是從阿普利亞派出海軍，前往達爾馬提亞南部，破壞拉古薩通往科托的鐵路線。這一番你來我往、以牙還牙的戰局，接下來變成德軍以他們的U型潛水艇對義大利船隻發射魚雷。由於義大利當時尚未正式對德國宣戰，只對奧匈帝國，為此，德軍潛水艇還厚臉皮掛上了奧匈帝國的國旗。一九一五年年十一月，德軍鬼祟的行徑終於釀成慘劇：德軍一艘潛水艇在北非外海擊沈了義大利郵輪〈安科納號〉（*Ancona*），船上人員死傷慘重。〈安科納號〉是要從西西里島前往紐約的。美國總統對此向奧地利嚴正抗議，奧地利當然急著撇清，全推到德國頭上。[20]之後，奧地利重整他們攻打蒙地內哥羅的陣式，改從海上進行砲轟，大軍終於一九一六年初登山涉嶺進入蒙地內哥羅，攻下他們的首都策提涅（Cetinje）。[21]

這在當時不過是爭奪地中海一塊小角落的戰爭。一九一七年春，戰事集中在義大利東南海岸奧特蘭多到阿爾巴尼亞之間的那一條窄窄海上通道。奧地利那時已經攻下阿爾巴尼亞境內的杜拉佐。舉凡當時弄得到手的新科技，一概被交戰國派上用場，施展到極致。兩邊各自動員水上飛機朝敵船投射炸彈，只是未能造成明顯的破壞。英國還在奧特蘭多附近的布林迪西為水上飛機建立新的基地。協約國也針對奧地利和德國的潛水艇佈下攔截網，只是攔截網就算攔得下潛水艇，也攔不下魚雷。英國、義大利、法國還有增援的兵到來：遠在東方的日本派出了十四艘驅逐艦和一艘巡洋艦來也。日本的馳援對於打敗德國潛水艇，貢獻特別大。澳洲也派來了六艘巡洋艦。希臘雖然拖拖拉拉，直到一九一七年七月才加入戰事，但是，希臘才剛伸腳進來，就馬上有一支像模像樣的艦隊可以派上用場。[22]協約國和奧匈帝國打的戰事雖然不算大，但戰事之重要，就在於兩邊都用上了最新的作戰手法來爭奪海上的控制權。一是飛機；飛機當時在戰場上的用處還有待驗證。另一是潛水艇；潛水艇倒是很快就證明了它的用處。海上立即可見出現了新式的危機，商船變成敵方潛水艇的靶子。不過，到了一九一七年，英法國也已經想出有效的對策，他們出動護航艦隊隨同船隻從直布羅陀往東行駛。[23]地中海世界在過了近百年相對平靜的歲月後，在這次的戰爭中出現了比巴巴里海盜更加難以防範的敵人：來無影去無蹤，一擊致命，橫行肆虐，連打劫財貨擄人掠奴的海盜也瞠乎其後。

第四章

四城記事外再加半

西元一九〇〇年—西元一九五〇年

一

以地中海為中心來看，第一次世界大戰只算是鄂圖曼帝國垂死掙扎的連串危局之一而已；先是接連丟失塞浦路斯島、埃及、利比亞、多德卡尼斯群島，再來是第一次世界大戰，巴勒斯坦落入英國統治，沒多久，連敘利亞也成為法國轄下的託管地。這些變局當然都有後果，對於不同族裔和宗教群體混居雜處幾百年平靜無波的幾處港市，有時簡直就像翻天覆地，特別是薩洛尼迦、士麥納、亞歷山卓、雅法等地。第一次世界大戰末了，鄂圖曼帝國的心臟地帶已經被打贏的幾國瓜分，連君士坦丁堡觸目所及也盡是英國士兵。[1]鄂圖曼蘇丹在政治已屬癱瘓失能，土耳其激進份子因此多的是機會可以伸展手腳，特別是穆斯塔法・凱末爾・阿塔圖克（Mustafa Kemal Atatürk），他在加里波里一役為自己打下了響亮的名聲。協約國對土耳其人原本就不放心，民意的走向還加進來攪和搞得更複雜。一九一五年春夏，亞美尼亞人被鄂圖曼官方集體驅逐，美國派駐君士坦丁堡和士麥納的外交官大為震驚。大批亞美尼亞人頂著酷熱走過安納托利亞半島的高地，備受押解士兵的凌虐，眾多男女老少中暑昏厥死亡，士兵甚至開槍殺人

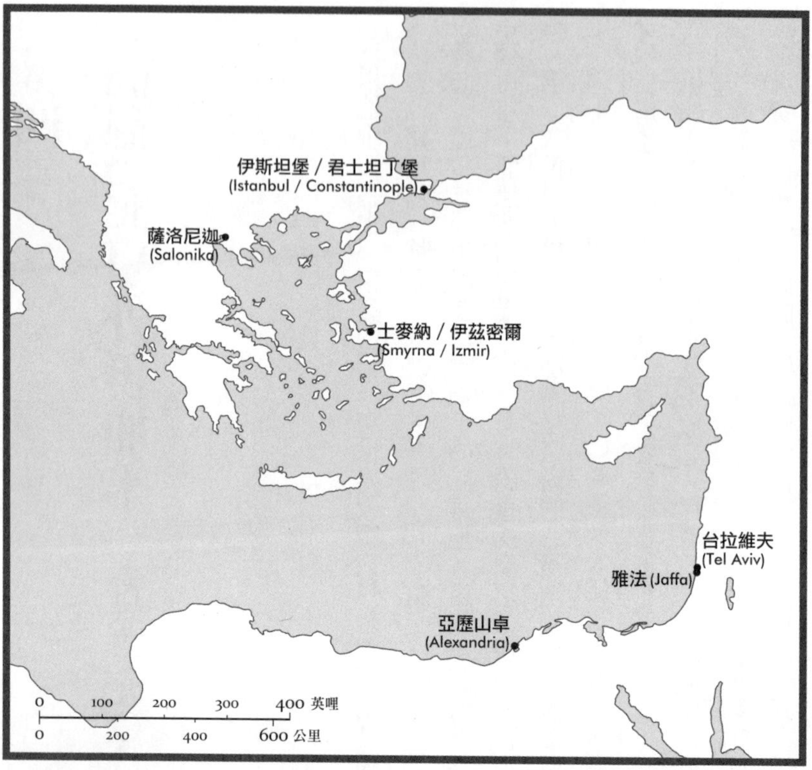

取樂。鄂圖曼政府同時開始吵吵嚷嚷，舉出他們說的種種跡象，指證密謀叛國在亞美尼亞人當中蔓延得十分嚴重。鄂圖曼官方的目的就是要「消滅五十歲以下的男性」。[2]希臘人、猶太人還有外籍商人都很擔心鄂圖曼官方「肅清」安納托利亞半島的目的不以迫害亞美尼亞人為限。鄂圖曼帝國到了垂死掙扎的最後時日，竟然背棄他們和平共存的古老理想。在土耳其一帶也是如此，偏激的青年土耳其黨人也常以強烈的民族主義，壓過自古以來兼容並蓄的傳統。

士麥納熬過第一次世界大戰，毫髮無傷，城內的人也大多逃過迫害，部份原因在於他們的總督（vali）拉合米・貝伊（Rahmi Bey），先前對土耳其人和德國、奧地利結盟原本就很不放心，也深知他這一座城市昌盛的基礎就在於兼容並蓄，舉凡希臘人、亞美尼亞人、猶太人、歐洲商人、土耳其人，在他治下皆能和衷共濟共謀繁榮。[3]當他接到鄂圖曼官方的命令要他交出城內的亞美尼亞人，他的對策就是以拖待變——他迫於無奈，最後還是交出了近百位「不良份子」，讓他們步向未知的命運，作為給鄂圖曼官方的交代。[4]士麥納的人口以希臘人佔多數，這些希臘人也一直堅守原本的基督正教信仰，他們的信仰在城內的希臘學校和公共慶典都有重要的地位；從希臘本土流傳過來的民族主義也開始滲透到希臘社群當中。希臘人的乾果貿易做得十分發達，每逢無花果的收成從內陸運送到士麥納的港口，在碼頭都是喜慶大事。講拉蒂諾語的猶太社群在士麥納的地位，顯赫不及薩洛尼迦的同胞，但是西式風尚在這兩地的猶太人當中同樣生根。士麥納的總督曾經到「以色列世界聯合會」的學校參觀，有感而發說他倒希望猶太人戴費茲帽而不是他們那時流行的西式帽子。「你們又不是在法國或德國，你們是在土耳其，你們是蘇丹陛下的子民。」[5]

士麥納有優越的海港，從十八世紀晚期開始便一路繁榮發展，鄂圖曼帝國的其他海港在同一時期，生意卻一路萎縮。一八〇〇年前後，鄂圖曼和歐洲的貿易來往由法國稱霸，士麥納城內的居民循此管道，不僅買得到歐洲的布匹，連歐洲遠在海外的殖民地生產的貨品，例如糖、咖啡、洋紅、槐藍等等，他們也買得到。士麥納土耳其人戴的費茲帽還是法國本土製造的的外銷貨。[6]寄寓士麥納的歐洲族群當中，以出身英國、法國、義大利的富商世家最為活躍。十九世紀期間，士麥納的經濟就是靠他們維持源源不絕的活力，像是原籍英格蘭的惠陀（Whittall）家族是水果大出口商，原籍法國的季侯（Giraud）家族經營的地毯工廠雇工多達十五萬人。這樣的富商巨賈便是士麥納經濟的主宰。美國人在士麥納算是新貴，主要是拿士麥納作為美國紐澤西州「標準石油公司」（Standard Oil Company）運油的中途站。[7]這一批黎凡特幫富家在寬闊的城郊蓋起一棟棟豪華的大宅，例如名字取得很巧妙的「天堂居」（Paradise），就在士麥納城外幾英里處，循鐵路支線或是搭船都可直達士麥納城中心。[8]即使身在大戰的硝煙當中，這一批人稱「黎凡特幫」（Levantines）的富商，就是有辦法照樣安逸度日，因為拉合米・貝伊看不出來他為什麼要把轄下的外籍商人看作是外國敵人——他們大多在士麥納出生，連他們持有護照所屬的國家都沒去過呢。

回到倫敦這一邊，打贏大戰的英國政府就像是眼無珠，看不出遠在士麥納的黎凡特幫商人對他們有多大的用處。對土耳其人的敵意既深且重，當時外相寇曾勳爵（Lord Curzon）便形容鄂圖曼帝國是全地球「最狠毒的萬惡淵藪」。首相勞合・喬治（Lloyd George）多年來對古希臘文明的崇高成就一直十分景仰，當然覺得鄂圖曼土耳其人相形之下遠遠瞠乎其後，可悲可歎——他還把凱末爾貶成「在市場賣地毯的小販」，有眼無珠莫此為甚。他因此擁護〔希臘首相〕維內澤洛士宣揚的大業：循古代模式重建希臘政權，不僅統一愛琴海地區，還要擴張出去連小亞細亞海岸地帶也涵蓋進去。古愛奧尼亞這片土地，在維內澤洛士心中便是希臘文明的中心，他認為住在這裡的希臘人「屬於最純粹的希臘種族」，也樂觀估計人數為八十萬之譜。[9]希臘於一九一九年出兵加入西方〔協約國〕的陣營，在俄羅斯進行反布爾什維克革命黨人的戰事；他們出人出力，英國十分重視，對於這一批希臘的自由鬥士當然需要投桃報李。英國政府欣然將士麥納及其腹地移交給希臘，雖然一九一九年正在巴黎參加和平會談的美國暨其他歐陸強權對於此事沒那麼確定。士麥納的惠陀家族也領銜出示證據，說明士麥納的居民並不想給希臘政府統治，因為士麥納的全體居民，不論希臘人、土耳其人、猶太人還是亞美尼亞人，只想要地方自治。勞合・喬治說服大多數盟邦應該將士麥納及其腹地移交給維內澤洛士，同時督促維內澤洛士立即派船趕赴士麥納，佔領愛奧尼亞海岸地帶。對於這樣的情勢，極力反對移交的人士當中，有一位是美國派駐君士坦丁堡的特命全權大使海軍少將布里斯托（Mark Lambert Bristol），只是他的成見讓他難以達成任務：他指稱「亞美尼亞人這種族就跟猶太人一樣，民族精神少之又少甚至沒有，品性也差」，但他更氣英國，因為他不相信勞合・喬治出於高尚的動機——不過是要搶油源罷了。[10]

一九一九年五月，一萬三千名希臘大軍抵達士麥納。繼剛開始的順利後，便衝突不斷，愈演愈烈：多處土耳其人的村莊遭到洗劫，單單在士麥納一地便有四百名土耳其人和一百名希臘人遇害。新任的希臘總督亞里斯狄斯・史特吉亞狄斯（Aristides Sterghiades）性格孤高冷傲，不肯和士麥納的上流社會廝混，寧可以高人一等的姿態作壁上觀。他主政力求公正，希臘人和土耳其人起了爭執，他每每偏向土耳其人這方，結果付出的代價是備受希臘人輕賤；以希臘人當時成王敗寇的心態，士麥納獨有的特質大概會被他們棄若敝屣。不過，史特吉亞狄斯施政的方針倒是在推動貿易朝士麥納回流。只是士麥納的腹地一帶情勢卻十分危殆；紅十字會握有證據指希臘人在土耳其人聚居區進行種族肅清。紅十字會人員問一名希臘軍官為何放任手下殺害土耳其人，該名軍官回答：「我看了高興」。但其實水火不容的希臘人和土耳其人都以暴虐著稱。無論如何，穆斯塔法・凱末爾一直在集結軍力，到了一九二一年，希臘揮軍深入士麥納東邊的高地，想要在安納托利亞高原西半部劃出希臘和土耳其的邊界。希臘軍隊一開始雖然勢如破竹，未幾卻遭土耳其人迎頭痛擊——希臘軍隊過於深入安納托利亞高地。土耳其人乘勝追擊，希臘軍隊循原路折返，一路像是領著土耳其軍隊，如大水沖刷，掃過一處接一處希臘據點，直搗士麥納。土耳其軍隊在一九二二年九月九日攻入士麥納，不過，之前一敗塗地的希臘士兵總計有五萬人，加上從內陸外撤的十五萬希臘人，已經朝士麥納集結。

大難於焉開始，而且此後深深烙在希臘人的集體記憶中，無法抹去。雖然率先進入士麥納的土耳其軍隊是騎兵隊，紀律堪稱良好，但是，隊伍後面卻跟來了一批「切特」（chette）——土耳其的非正規軍，早先在安納托利亞西部追擊希臘人的時候手上已經滿佈希臘人的鮮血。希臘難民蜂擁擠進士麥納，屠殺、強暴、擄掠接踵而來，像是人人心照不宣的例行公事，下手的以土耳其「切特」居多，但不只是他們而已。首當其衝的犧牲品是土耳其人最愛找麻煩的對象——不是希臘人而是亞美尼亞人。不論是土耳其新派任的總督，還是後來親自出馬來到士麥納的凱末爾，一概不把這些殘害異己的慘劇放在心上，認為這些不過是打仗都會發生的事罷了。顯然在土耳其人即將成立的新國家，希臘人和亞美尼亞人已無立足之地。士麥納城中的亞美尼亞區遭洗劫後暴亂蔓延到全城，唯獨土耳其人的聚居區得以保全。黎凡特幫商人在城郊的豪華別墅紛紛被搶，大多落得一無所有（要是僥倖保住一命），他們的貿易公司也停擺。最後，士麥納的街道、房舍還被澆上汽油（又是從亞美尼亞人的聚居區開始），九月十三日士麥納全城陷入一片火海。這下子難民人數劇增，一下子攀升到七十萬人，因為士麥納的希臘人、亞美尼亞人無不被迫往碼頭狂奔逃命。到了碼頭，盡入眼簾的壯觀景象，讓避難的群眾心頭湧起希望：英國、法國、義大利、美國的戰艦一艘艘停在港內，都急著要保護祖國的利益。火勢離碼頭愈來愈近，吞噬一棟棟大貿易公司的倉庫、辦事處；城中心早已經燒成灰燼。碼頭擠滿走投無路的民眾，許多已經因傷勢、饑渴、體力透支而在死亡邊緣，只能在心裡祈求早日解脫。

當時的大國擺出來的嘴臉可以叫作鐵石心腸了。美國的海軍少將布里斯托先前早就明令兩名美國記者不得發文報導土耳其人的暴行。法國和義大利堅持他們必須維護「中立」的立場，不可以收容難民上船——連已經跳入水中朝戰艦游去的人也視若無睹，任憑他們淪為波臣。美國船上有人發現船隻附近水面有一名男孩、一名女孩載浮載沈，但是船上的水兵告訴〔美國牧師〕艾薩・簡寧斯（Asa Jennings），他們雖然很想救人，但只要出手救人便等於抗命，會害美國違反中立原則。艾薩・簡寧斯當時受雇於「基督教青年會」（Young Men's Christian Association, YMCA），城內情勢危急之時，他四處奔走想要撤離大批難民。簡寧斯聽了水兵的說法，當然不依——兩個孩子終於被救上船，發現是一對小兄妹。[14]而在英國的幾艘戰艦上面，儘管岸上眾人性命危在旦夕，軍官卻照樣用餐，還下令船上樂隊大聲演奏水手小調（sea shanty）以喧嘩蓋過幾百碼外的碼頭傳來的驚惶尖叫。最後，英國艦隊司令在簡寧斯急切懇求下讓步；鍥而不捨的簡寧斯另外也要到駐防在附近列斯佛斯島上的希臘海軍出手救援。協約國的船隻就這樣救下了二萬名難民；簡寧斯從希臘人那邊弄來的小船隊，撤出的難民為數還要更多。即使如此，在士麥納暨其腹地遇難的人數仍然高達十萬；此外，至少還有十萬人被驅逐到安納托利亞內陸，而且絕大多數從此下落不明。

由士麥納灣區的多國艦隊司令麻木不仁的表現，君士坦丁堡的美國海軍少將布里斯托徹底鄙棄的反應，可見當時對人道救援的想法，迥異於二十一世紀初年這時候。「中立」在那時的看法是站到一旁袖手不管，而不是以最好的立足點對種族動亂導致流離失所、垂危待救的大眾伸出援手。他們原本就遲遲不肯出手干預，又得知勞合・喬治支持維內澤洛士引發一連串連鎖效應，超出了希臘或是英國的掌握，變得棘手。士麥納已經近乎空城，再經大火一燒，等於蕩然無存。土耳其後來新建起的伊茲密爾（Izmir）也始終未能重振士麥納往日歷久不衰的極盛榮景。希臘人、亞美尼亞人逃光之後留下的缺口，就由克里特島和希臘北部遭到驅逐出境，蜂擁回到土耳其的土耳其人填補。演變到最後就是希臘和土耳其依一九二三年簽下的〈洛桑和約〉，進行人口大交換——單單是克里特島就有三萬名穆斯林遷出。鄂圖曼帝國的最後一位蘇丹在一九二二年十一月自伊斯坦堡出亡，最後一道極為單薄的障礙就此完全坍塌，土耳其正式立國、親西方、建立新都、頒佈新字母、頒行新的世俗憲法。而在希臘這邊，原先喊得震天價響的「大業」此刻已經夭折。土耳其原先於帝國時代多元民族共榮的特質，被他們拋到了腦後。鄂圖曼帝國治下，不同的民族、宗教之間雖然有緊張對峙甚至仇視的時刻，帝國政府也動輒拿各形各色的財稅和社交障礙套在基督徒和猶太人的身上，給他們顏色瞧。但無論如何，鄂圖曼帝國的制度還是能夠將不同的民族、宗教維繫於統治之下，不致於分崩離析，數百年來始終如此。鄂圖曼帝國滅亡之後，代之而起的幾處國家，治國的領袖一個個疾聲宣揚刺耳的國族主義（nationalism），境內也容不下在此刻被他們貼上「外人」標籤的人——土耳其境內是希臘人和亞美尼亞人，希臘境內是猶太人和穆斯林。

二

另有一處港埠的埃及亞歷山卓也是文化交會混雜之地。亞歷山卓在十九世紀末、二十世紀初開始孕生現代形貌，一條優雅的濱海大道沿著新闢的水岸修築起來，寬闊的大街沿邊也有成排的公寓住宅和辦公大樓陸續竄出。夾在其間有一棟是仿科普特樣式的聖公會教堂，早在一八五〇年代便已建成；也有建築師亞歷山德羅・洛里亞（Alessandro Loria）設計的建築，獨樹一格。洛里亞生於埃及，在義大利攻讀建築，一九二〇年代在亞歷山卓成名。他設計的「埃及國家銀行」外觀近似威尼斯宮殿建築。他也為猶太人和義大利人設計醫院，這在他是天經地義的事，因為他有猶太人和義大利人的血統。他設計的建築作品以著名的「塞西爾酒店」（Cecil Hotel）出入的名流最多，是邱吉爾和勞倫斯・杜瑞爾（Lawrence Durrell）最愛流連的旅棧，連杜瑞爾在《亞歷山卓四部曲》寫出來的潔思婷（Justine）也不例外。[12]亞歷山卓的居民，不論希臘人、猶太人、義大利人、科普特人、土耳其人，一概以身在亞歷山卓為莫大的榮耀，也將古典時代流傳下來的亞歷山卓名稱「Alexandria ad Aegyptum」解釋成埃及外的歐洲城市，而非埃及的歐洲城市。[13]美國人傑斯柏・布林頓（Jasper Yeates Brinton），二十世紀初年在埃及的「會審法庭」（Mixed Court）擔任上訴法院法官，極為熱愛亞歷山卓這地方，說這裡「輝煌，精緻，遠遠超過地中海任一城市」；愛好音樂的市民在城裡的大戲院一樣欣賞得到義大利指揮家托斯卡尼尼（Arturo Toscanini）、俄國芭蕾伶倫安娜・帕芙洛娃（Anna Pavlova）、義大利史卡拉劇院（La Scala）最優越的聲樂家等人為他們演出。[14]據說當時街道之乾淨，可以任人把食物放在地下吃掉——當然，現在絕對不要嘗試。

國際都會的這一面，當然不等於亞歷山卓的每一面；上流階級過的日子，不等於沿著北岸散居的大多數希臘人、義大利人、猶太人、科普特人過的日子。又長又窄的亞歷山卓市南岸，在十九世紀末葉的地圖寫的標記是「Ville arabe」（阿拉伯人住宅區）。這一區的人和亞歷山卓的中產階級絕少往來，唯獨為他們提供廚子、女僕、電車駕駛罷了。歐洲人在城內只佔總人口數的百分之十五，卻擁有絕大的經濟勢力。一九二七年，亞歷山卓的人口約有四萬九千名希臘人，其中三萬七千人有希臘公民權；義大利人有二萬四千人，馬爾他人有四千七百人。其他形形色色的族群包括二萬五千名猶太人（其中近五千人拿的是義大利護照，然而許多人依然無國籍）。也有許多希臘人拿的也是非希臘護照，有的維持原本塞浦路斯人的身份（算是英國公民），有的維持羅德島人的身份（算是義大利公民），有的在一九二三年之後算是土耳其共和國的國民。[15]亞歷山卓城內連王室在內的穆斯林權貴，原籍遍及土耳其、阿爾巴尼亞、敘利亞或者是黎巴嫩。埃及當時雖然是英國的保護屬國，但是法國人的勢力照樣遍佈，和他們在薩洛尼迦、士麥納的情形一樣。有亞歷山卓流亡海外的人就老實招認他的阿拉伯語文能力只有讀菜單和報紙標題的程度：「我向來把英語法語看作是我的母語。」他的妻子則是另一種狀況：「我母親只懂法語，我父親只懂義大利話，我也不懂他們怎麼聽得懂對方在講什麼，反正他們聽得懂就是了。」[16]即使講得出來幾句結結巴巴的阿拉伯話，主要還是講給僕人聽的——這樣也就夠了。但在國族主義氣燄高漲的年代，他們排斥的「東方」認同，到最後証明將是這些群體生存的致命傷。

安德烈・艾席蒙（André Aciman）有一本寫成小說的回憶錄，就點出了諸多亞歷山大城內居民的思考方向。艾席蒙的家族在一九〇五年從鄂圖曼的君士坦丁堡移居到埃及的亞歷山卓，但是他的維里叔公（Vili）（譯註33）心中投靠的卻是亞歷山卓和歐洲：

但凡世紀末生於土耳其的人，大多對於鄂圖曼文化，就算只是沾染到一點邊兒，一概棄如敝屣，反而渴求西方的一切；維里也不例外，最後走上土耳其境內大多數猶太人都在走的「義大利」路線：自稱祖上連得到利佛諾那裡去。利佛諾是鄰近比薩的一處港市，也就是十六世紀從西班牙出亡的猶太人落腳定居的地方。[17]

建築師洛里亞就愛一家人都穿得一身黑，像義大利法西斯黨人。亞歷山卓興建猶太會堂，他也是出資捐獻的大金主。亞歷山卓勢力最大的猶太家族是菲力克斯・德・蒙奈斯男爵（Baron Félix de Menasce），他擁有奧地利冊封的皇家爵位，他的祖父生於開羅，因為替伊斯麥・赫迪夫打理金融事務而為家族創下鉅富。菲力克斯在世的時候，蒙奈斯顯赫的家業仰賴的已不只是金融，還有他們和提耶斯塔的商業往來。蒙奈斯男爵在亞歷山卓設立學校、醫院，甚至還建了一棟他們家專用的猶太會堂和墓園，因為他和那一棟在內比但以理街（Nebi Daniel Street）新蓋的宏偉大會堂的幾位宗教領袖失了和氣。雖然他過的是世俗生活，不太理會猶太教的規矩儀式，但是聽到遠在巴黎讀書的兒子尚・德・蒙奈斯（Jean de Menasce）受洗為天主教徒，他還是大為惱火。接下來更慘，他的兒子就在他的眼皮底下加入天主教的道明會，返回亞歷山卓傳教。菲力克斯・德・蒙奈斯和「錫安復國運動」（Zionism）領袖，漢姆・魏茲曼（Chaim Weizmann）有極深厚的交情。魏茲曼一九一八年三月曾赴亞歷山卓一遊，就住在蒙奈斯家富麗堂皇的大宅。有一件事情也十分有趣，菲力克斯男爵曾想利用他在巴勒斯坦阿拉伯人中的人脈，拉攏猶太人和阿拉伯人就巴勒斯坦的將來進行談判，擬出一份雙方同意的協定，只是那時握有巴勒斯坦治權的英國興趣缺缺而無疾而終。[18]

這樣一張關係網也成為勞倫斯・杜瑞爾創作的靈感泉源，在筆下創造出亞歷山卓的一位金融鉅子奈森（Nessim），只是杜瑞爾把奈森擺在科普特人那邊，而不是猶太人。杜瑞爾寫《亞歷山卓四部曲》（*Alexandria Quartet*）的第一部時，是一九五〇年代在塞浦路斯島上的「美靜村」（Bellapais）寫的，但他因為第二任妻子伊芙・柯亨（Eve Cohen）的關係和亞歷山卓的猶太族群有密切的往來，再到後來他娶的第三任妻子克勞黛・文森登（Claude Vincendon）和亞歷山卓的關係又拉得更近了，因為克勞黛是菲力克斯・德・蒙奈斯的外孫女。[19]蒙奈斯家族的社交圈當中有另一亞歷山卓的權貴世家佐格（Zogheb）。他們是從敘利亞移入的梅凱特（Melkite）派基督徒；這一批族群有許多發達的商人從事絲綢、木材、水

譯註33：維里叔公——作者原文作：uncle，然而艾席蒙的原著《也是出埃及記》（Out of Egypt），寫的則是great uncle，所以直接改為叔公。

果、菸草等等貿易。[20]士麥納的黎凡特幫過的上流生活（haut bourgeois），比起亞歷山卓蒙奈斯家還有他們交遊圈子的豪華生活，無法相提並論，特別是亞歷山卓的上流階級可是可以直達埃及君主天聽的，尤其是奧瑪・圖遜（Omar Toussoun），埃及王室備受敬重的一員，他便深諳周遊亞歷山卓各支族群廣結善緣有多重要。所以，猶太學校的頒獎典禮看得到他，維多利亞學院（Victoria College）的亞歷山卓權貴子女上台領獎也看得到他；維多利亞學院是仿英格蘭公學（也就是私立貴族學校）制度而於一九〇二年創立的學校。他是「科普特考古學會」（Coptic Archaeological Socity）的名譽會長，也大手筆捐款興建科普特醫院。他極為關心地方經濟的發展，下足了工夫穩定市面的棉花價格。[21]

亞歷山卓外僑的日常生活以商業和咖啡館為中心在打轉，城內的咖啡館以希臘人開的最為知名，尤其是〔希臘旅行家巴斯特勞烏狄斯於一九二三年開設的〕「巴斯特勞烏狄斯咖啡館」（Café Pastroudis），常見希臘知識份子出入，最出名的是詩人卡瓦菲（Constantine P. Cavafy）。英格蘭小說家佛斯特（E. M. Forster）於第一次世界大戰期間也大多待在亞歷山卓（而且愛上一位電車司機），向亞歷山卓城外推廣卡瓦菲的詩作。詩人自己也一再回頭以故土作為創作的主題。只是問題在於他魂牽夢繫的故土，是古老的亞歷山卓，而不是當時那座現代的城市。現代的亞歷山卓召喚不起他一半縷的詩心。[23]鄂圖曼帝國瓦解後，政治劇變的滔天風浪捲過地中海東岸的一座座港市，其中就以亞歷山卓承受的打擊最少，因為亞歷山卓之所以氣象中興，主要在先前埃及掌政的幾位赫迪夫推動的政策吸引來眾多外國移民，而和〔鄂圖曼帝國瓦解後成為英國保護屬國而推舉的〕蘇丹沒有關係。

三

亞歷山卓在當時是新近重建的城市。而離亞歷山卓不遠、巴勒斯坦那一帶，則有在荒地上全新打起的嶄新城市。英國在巴勒斯坦的政治處境和埃及大不相同。第一次世界大戰期間，阿拉伯人起義〔1916-1918〕，部份出自T. E.勞倫斯（Thomas Edward Lawrence）的煽動，勞倫斯為英國弄到了一些寶貴的盟友一起對抗鄂圖曼土耳其人。這期間，錫安復國運動號召猶太復國，卻也導致巴勒斯坦地區的猶太人和阿拉伯人的關係日趨緊張，尤其是英國政府於一九一七年發表〈巴爾福聲明〉（Balfour Declaration）之後，英國政府於聲明中表示贊成建立「猶太民族家園」（Jewish National Home）。猶太人的憧憬就寫在他們返回故土的腳步，中歐、東歐猶太人懷抱美好的理想紛紛外移回到巴勒斯坦，建立起農耕聚落——「基布茨」（Kibbutz）集體農場運動的宗旨就在於將猶太人從城市帶進空氣新鮮的鄉野——不過，錫安復國運動另有一派主張他們最重要的工作是要在巴勒斯坦建立西化的城市供猶太人居住。一九〇九年，一群歐洲阿胥肯納吉猶太人佔大多數的猶太移民，取得雅法古港北邊一英里開外沙丘地的所有權。他們將那一片沙丘地劃分為六十六塊，以抽籤作分配——這是他們表達理想的方法，因為抽籤的方式保證一視同仁，不論貧富都要毗鄰而居。[24]他們的目的是要建立寬敞的花園城市，或者說是花園城郊，因為他們一開始根本不准店家進駐。他們認為雅法城就在他們南邊，居民有何需要，大可出門到雅法買。為了幫聚落取名字，大家想遍了各種名稱，從硬梆梆的「錫安派赫佐鎮」（Zionist Herzliya）到輕快動聽的「雅菲芙亞」（Yefefia；意思「最美」）。最後，勝出的人是席奧多・赫佐（Theodor Herzl），因為他以重建錫安（Zion）為主題而寫的小說《新故土》（*Altneuland*），希伯來文的書名就叫作《台拉維夫》（*Tev Aviv*）。「tel」的意思是「古丘」，瓦礫堆，古老的遺址，提醒遊客幾千年前猶太人的形跡猶在；「aviv」，小麥收成的初萌新芽，衍申義就是春天。[25]

所以，台拉維夫小城就此誕生壯大，成為中古世紀以來，繼突尼斯建城取代迦太基、威尼斯從潟湖當中孕生，地中海岸首度建立起來的重要城市。台拉維夫建城也闢出了另一不同的角度、從地中海來看的角度，可以觀照以色列建國的崎嶇歷程。小城周邊的阿拉伯人對這裡憑空冒出一座猶太人的新城反應十分激烈——至今阿拉伯國家印製的中東地圖，有許多還是找不到台拉維夫這地方。[26]台拉維夫的建城元老心裡十分清楚，他們要的是猶太聚落，而且具備歐洲的性格，有別於雅法；雅法在他們眼裡「東方」的氣味太重，受不了。追求現代的歐洲性格，在雅法也不是前所未聞的新鮮事。一八八〇年代便有一支叫作「聖殿會」（Temple Society）的基督新教教派，以日耳曼人一板一眼的規矩在雅法城外建起了兩處整飭的聚落：「有寬敞的街道，優雅的屋舍，走在其間，教人渾然忘卻身處荒郊野地，還以為是在歐洲文明的城市」。[17]雅法有點錢的阿拉伯人也在城郊建起他們舒適的別墅。台拉維夫也不是雅法城郊的第一處猶太聚落。像是出身阿爾及爾的猶太富商阿哈隆・謝洛許（Aharon Chelouche），一八三八年起便定居在巴勒斯坦，一八八〇年代出資買下雅法城郊的一大塊地，蓋起了「公義莊」（Neve Tzedek：內維塞德）。凡是到公義莊一遊的人，看到整潔又寬闊的市容、一棟棟屋舍堪稱雅法最漂亮的建築，無不稱羨。[28]公義莊招徠的移民來自各地——除了來自北非的謝洛許家族外，還有從中歐來的阿胥肯納吉猶太人，當上公義莊市長的所羅門・阿布拉菲雅（Solomon Abulafia）則是從沒多遠的提比利亞（Tiberias）遷入。他帶著阿胥肯納吉猶太人出身的妻子呂貝卡・費里曼（Rebecca Freimann），在一九〇九年從公義莊拔營出走，加入台拉維夫建城元老的陣營。而他在相片中的留影，大禮服、領巾、條紋長褲，都是當時現代化的標籤，自不奇怪，也都是他在雅法的同輩，不論是土耳其人還是阿拉伯人都愛作的裝束。[29]以色列作家、諾貝爾文學獎得主阿格農（Shmuel Hosef Agnon），曾在阿布拉菲雅位於公義莊的宅邸住過一陣子；在台拉維夫壯大成為希伯來文化之都以前，公義莊便是作家、藝術家群集的聚落。

雅法那時也在茁壯，既是巴勒斯坦的重要港口，也是耶路撒冷主要的出海口，只是那時候稍為大一點的船隻靠不了岸就是了，旅客必須換搭駁船先接駁到岸邊，再由雅法的腳伕一一揹上岸。鄂圖曼蘇丹也為雅法蓋了一記現代化的戳記，相當醒目；他蓋了一座鐘樓，屹立至今。第一次世界大戰前夕，雅法的居民超過四萬人，穆斯林、基督徒、猶太人都有，猶太人約佔總人口數四分之一。後來在戰爭期間，鄂圖曼蘇丹下令清空雅法城內的阿拉伯人和猶太人，因為英國軍隊步步進逼，鄂圖曼的蘇丹懷疑雅法的居民和英國軍隊暗中勾結圖謀不軌。不過，土耳其人倒沒有因此而洗劫雅法和城郊的猶太人聚落（澳洲軍隊的破壞還比較大，他們在雅法的空城住過一陣子霸王屋），而且，之後雅法馬上重振聲勢。[30]從雅法的火車站上車往北可達貝魯特，往南轉西就會到開羅——甚至到得了喀土木（Khartoum）。雅法居民的收入不僅來自地中海通往內陸的貿易，也在當地生產的柑橘。那裡的柑橘品質極為優良，銷售遍及鄂圖曼境內和西歐。巴勒斯坦首要的文化中心也是雅法，而不是耶路撒冷。那裡的阿拉伯族群對於身份歸屬的自覺日漸強烈，由當地一家報社，老闆是基督徒（東正教信徒）但是報紙叫作《費拉斯丁》（*Falastin*），可以一窺端倪，「費拉斯丁」也就是阿拉伯語的「巴勒斯坦」。[31]這不是在說雅法繁盛的文化足以和亞歷山卓匹敵。撇開死氣沈沈的德國新教徒不論，雅法通行的語言是阿拉伯語，謝洛許家族和阿拉伯友朋、鄰人也相處的十分融洽。[32]但是一待台拉維夫興起，就帶出了新的緊張關係。一九二〇年代，雅法的基督徒和穆斯林都愛到新建的台拉維夫去——那裡有不少地方教人流連忘返，像「伊甸電影院」（Eden Cinema），才剛開始冒出來的賭場、妓院等等更不在話下。但是從一九二一年起，猶太人和阿拉伯人兩邊數度爆發動亂，破壞了雙方原本和睦的關係。第一場暴動之所以爆發，是雅法的阿拉伯人和猶太人兩邊的關係本來就日趨緊張，結果，阿拉伯人又將猶太共產黨人五一勞動節在台拉維夫舉行示威活動，誤以為是暴民要進攻雅法，擦槍走火引發暴動，導致四十九名猶太人遇害，城郊作家群居的莊園〔公義莊〕也有數人罹難。[33]

追根究柢，雙方關係緊張的原因在於一船又一船的猶太移民橫渡地中海遷入這一帶。一九一九年底就有一艘俄羅斯籍的「雄獅號」（*Ruslan*）從敖得薩開到雅法，載來六百七十名乘客。就算阿胥肯納吉猶太人蜂擁而來，也未必能改變老雅法的精神氣質，因為這些人大多選擇台拉維夫或是巴勒斯坦內陸定居。但是雅法、台拉維夫之間的權力天平出現擺動，不僅明顯可見，而且十分快速。一九二三年，台拉維夫已經有二萬人口，幾乎全是猶太人。之後，台拉維夫的人口開始超越雅法城區。一年後，台拉維夫的人口數是四萬六千，一九三〇年是十五萬，再到一九四八年以色列建國，人數已達二十四萬四千人。台拉維夫也逐步從雅法自治區脫離出去，自一九二一年開始擁有市政自治權，後來在吸收雅法市區邊緣的幾處猶太區，例如公義莊，而在一九三四年獨立為自治區。[34]台拉維夫早年的重要發展是建了一所學校「赫佐高中」（Herzliya Gymnasium），莊嚴宏偉的現代校舍是城內重要的文化中心（現在已遭剷平，改建成醜得要命的高聳大塔樓）。[35]只是，這樣一來也等於把猶太學童從雅法的混合型學校拉出來；雅法的學校通常由修女主掌校務，招收猶太人、基督徒、穆斯林學生，在校內一視同仁一起上課。

台拉維夫的重大發展之一，是建起了自用的港口。台拉維夫先前一直借用雅法的港口，直到一九三六年爆發另一波更嚴重的動亂為止。那時，阿拉伯人抵制猶太店家，猶太人抵制阿拉伯店家，互不相讓。台拉維夫的市議會便向英國官方陳情，指他們的城市擴張快速，有必要在城北建一座港口以應所需。城內的猶太領袖大衛・本・古里昂（David Ben Gurion）說：「我要開一面猶太人的海，作為巴勒斯坦延伸出去的海。」雅法很快就感受到港口競爭的壓力：一九三五年，雅法進口的貨物總值是七百七十萬英鎊，翌年，銳減為三百二十萬英鎊，台拉維夫搶到的貨物總值則為六十萬二千英鎊。但是到了一九三九年，雅法進口的貨物總值只剩一百三十萬英鎊，台拉維夫卻增加到四百一十萬英鎊。由於台拉維夫在一九三六年的大動亂期間沒有阿拉伯勞工可用，所以港口的人力是從薩洛尼迦招募來的。薩洛尼迦本來就以猶太裔的碼頭工人著稱。[36]多屆的「黎凡特商展」（Levant Fairs）也為台拉維夫招來大筆財富。「黎凡特商展」首度舉行是在一九二四年，規模小可，隨後一步步拓展，一九三二年，規模已達八百三十一家外國公司參展。當時主打的號召是以台拉維夫作為地中海和中東交會的十字路口，招徠敘利亞、埃及和成立未久的王國「外約旦」（Transjordan）商家參展（也證明他們標榜的口號說不定有機會成真）。[37]

商展規模一路擴大，台拉維夫也一路茁壯，開始真的有城市的模樣了。然而，台拉維夫和雅法的疆界老是不清不楚，以致兩邊對此始終吵個不休。台拉維夫市內的建築既有民間各自為政蓋起來的，也有官方統籌規劃興建的——但也足以闢出一條寬闊的林蔭大道，拿羅斯柴爾德家族的姓氏為名（看看能不能就此要到更多的資金投入）。一九三〇年代，蘇格蘭建築師派屈克・蓋德斯（Patrick Geddes）為台拉維夫草擬了一份都市計劃大綱，將市區和綿長的海岸地帶綁得更緊密。市中心幾座醒目的包浩斯（Bauhaus）建築，便像在宣示城內的富家是現代西方文化的傳播媒介；他們因此建起眾多白色建築於城內林立，出色奪目，博得「白色城市」之名，多年後於二〇〇三年為「聯合國教科文組織」（UNESCO）指定為世界文化遺產。其他像是「大戲台」（Habima Theatre），還有文學、美術、音樂，一樣流露台拉維夫居民追求西方、歐洲歸屬的嚮往。亞歷山卓、薩洛尼迦、貝魯特，還有雅法，同樣看得到類似的趨勢。但也常有人指出，台拉維夫這裡不太一樣的地方是他們比較像東歐城市，如敖得薩和維也納，而不是地中海的歐洲城市像那不勒斯、馬賽。

雅法居民面對愈來愈緊張的時局，對於近在咫尺而且同為猶太人的鄰居，始終搞不懂他們為什麼會這樣。一九三六年，雅法的阿拉伯語報紙《費拉斯丁》刊登出一則漫畫（對頁），便可以看作兩邊隔閡的寫照。漫畫畫了一位聖公會大主教高踞講壇，指著一名腦滿腸肥〔代表英國〕的約翰牛（John Bull）厲色訓斥。這約翰牛竟然娶了兩名老婆，先是端莊嫻雅的巴勒斯坦阿拉伯女子，臉龐、頭髮雖然都沒遮掩，穿的卻是傳統的巴勒斯坦服飾，手提鳥籠，關了一隻鴿子在裡面。再一位妻子則是長腿的猶太前衛女子，裙子很短，上衣很緊，竟然還抽菸。約翰牛說這全要怪大戰的壓力太大了，才害他討了兩個老婆。但是大主教堅決要他休了猶太妻子。這中間的政治寓意，暗示得十分明白，但是，雅法對於新來的猶太移民不解又不安的情緒，同樣表達得十分清楚。[38]當年謝洛許家族建起公義莊時，猶太人、阿拉伯人往來的熟悉親切，已經消失無蹤了。台拉維夫的建城元老太過堅持建城的初衷，務求迥異於雅法，和雅法完全劃清界限。公義莊於建城之初單純只求現代化，到後來蜂擁而至的移民卻覺得公義莊的東方氣味和他們格格不入。中歐、東歐成千上萬的猶太人為了逃避迫害，湧入台拉維夫，匯聚的壓力自然而然在台拉維夫逼出了變化。在這期間，幾位錫安復國運動的領袖大力宣揚建立猶太城市的好處——依他們的說法，一千九百年來第一座全猶太人的城市。只是，就在猶太人奮起建城之際，歐洲迫害猶太人的風潮變本加厲，前所未見，東歐有多處城市猶太人口佔城市總人口近半或是過半的，就此橫遭摧毀。其中之一，便是薩洛尼迦。

約翰牛：庭上，我先娶了阿拉伯人為妻，後來又娶了猶太人為妻，十六年下來，家裡幾無寧日……
大主教：你怎麼會娶了兩房妻室？你不是信基督的嗎？
約翰牛：庭上，都是大戰害的啊！
大主教：唉，我說你這兔崽子，你要是真心想要家裡有平靜的一天，那就一定要休掉第二房太太，因為你娶她是違法的。……

四

前文已經談過鄂圖曼帝國瓦解，薩洛尼迦想不到他們會跟著遭殃。到了一九一五年後，英國和法國軍隊開到，支援維爾維亞軍隊攻打奧匈帝國，薩洛尼迦再度變成作戰的前線（但沒多久英法兩國就放棄這個打算了）。協約國的大軍在薩洛尼迦暨周邊地帶紮營，英國還為那一區取了個諢名叫作「鳥籠」（因為那裡到處都是鐵絲網）。協約國的軍隊進駐，導致那一帶的政治益發不安：英法利用當時希臘政治分裂，見縫插針，支持維內澤洛士對抗希臘國王——維內澤洛士於一九一六年來到薩洛尼迦，引發薩洛尼迦的保皇派和維內澤洛士派開火交戰，協約國的軍隊還擄獲數艘希臘皇家海軍的船艦。[39]其後，一九一七年薩洛尼迦遇上大火焚城，一戰結束，薩洛尼迦依然招徠希臘和土耳其兩國政府矚目，因為薩洛尼迦的穆斯林人口依然很多：一九二三年七月，尚有一萬八千名穆斯林還住在薩洛尼迦城內。但這時卻有上百萬名正教徒從土耳其出亡，抵達希臘——先是被士麥納滅城的戰火逼得往外逃難的人群，之後是依據〈洛桑和約〉交換人口的條款而成群驅逐出境的人群。其中便有九萬二千人落腳在薩洛尼迦。薩洛尼迦城區和周邊鄉野的穆斯林全遭肅清，從小亞細亞出走的正教徒進佔土耳其人留下的空屋、土地還有大火之後重建的地區。然而，許多遷入薩洛尼迦的安納托利亞難民講的是土耳其語，他們的身份標籤是希臘正教而不是希臘語，他們的習俗和薩洛尼迦城內住了長達九百年的土耳其穆斯林也幾無二致，都教薩洛尼迦當地人啼笑皆非。[40]

薩洛尼迦仍然有七萬名猶太人。希臘政府為了促進他們同化於希臘，特別在學校推廣希臘語教學。有時族群的關係反而因此而變得緊張，例如希臘政府以「狹隘的宗教觀念」為由，撤銷猶太店家可以在禮拜六公休、禮拜天營業的法規。[41]可是猶太教的「贖罪日」（Yom Kipuur；Day of Atonement）在薩洛尼迦一直是公共的節日；薩洛尼迦的經濟穩定，端賴希臘人和猶太人懂得和衷共濟，這在薩洛尼迦也是人盡皆知的道理。猶太人移民到法國、義大利和美國；猶太碼頭工人在海法和台拉維夫也很搶手。不過，猶太人普遍認為政治雖然有大變動，但對他們還不構成威脅。假使有的話，因為希臘、土耳其、保加利亞、南斯拉夫等國的疆界已經劃清，威脅現在也都退潮了。

到了第二次世界大戰期間，他們的看法顯然大錯特錯。德軍在一九四一年四月佔領薩洛尼迦。德軍的措施雖然偶爾會引發眾怒，例如沒收珍貴的猶太經卷、文物，但在德軍佔領該地之後近兩年，猶太人在那裡的遭遇比希特勒帝國其他地區的同胞算是好過許多的。部份原因在於薩洛尼迦的經濟已在破產邊緣，食物短缺的情況十分嚴重，德國不想再節外生枝，打亂岌岌可危的經濟。[42]只是，講西班牙語的西法拉猶太在納粹眼中，畢竟和中歐、東歐的阿胥肯納吉猶太人沒有差別。納粹一旦決定要對猶太人下毒手，出手就快準狠——納粹種種措施背後，都看得到阿道夫・艾希曼（Otto Adolf Eichmann）此人泯滅人性的手。一九四三年二月，德軍下令猶太人不得走出猶太區，也散播流言說德國官方要把猶太人發配到〔現今波蘭南部〕克拉科夫（Cracow）的橡膠工廠做工。同年三月十五日，第一列火車塞滿了犧牲者開往波蘭。到了八月，薩洛尼迦已經近乎徹底除猶（Judenrein）——這是當時德國人的用語。不過幾個禮拜的工夫，四萬三千八百五十名薩洛尼迦猶太人橫遭處死，大多是一抵達奧許維茲（Auschwitz）等地的集中營立即被送進毒氣室。[43]義大利駐薩洛尼迦的領事勉力救下一些人，也有個別希臘人盡力相助，包括神職人員。由於西法拉猶太人長久以來在西班牙官方眼中一直是西班牙的同胞，他們有時願意伸出援手。儘管如此，納粹還是大舉剷除了希臘境內百分之八十五的猶太人口。

所以，古老的薩洛尼迦走過三百五十年的風霜，就這樣退下了歷史的舞台。士麥納是地中海區最早落入納粹魔掌的大港市。士麥納淪陷，造成死亡的人數約十萬。薩洛尼迦的遭遇，還多了一層工業化殺人機器的殘忍。東地中海港埠消亡的命運，在第二次世界大戰之後並未終止，只是沒死這麼多人。各地的港埠還陸續發展出各自獨有的歸屬，成為希臘城市、或土耳其城市、或猶太城市、或埃及城市。西邊也是如此，往昔不同文化不同宗教薈萃共榮的港市，日趨沒落。利佛諾搶在這樣的趨勢啟動之前，早早就加入一八六一年統一的義大利；利佛諾的上流社會（不論血統）在十九世紀中葉同都自認屬於「Italia」。利佛諾加入義大利王國後失去了通商特權，主宰貿易的優勢也拱手讓給了熱那亞暨其他競爭對手，他們便把心思轉向專業暨非商業的領域。[44]第一次世界大戰之後，提耶斯塔脫離奧匈帝國，併入義大利，原本的地理位置就從優點變成進退失據的兩難，夾在新成立的「塞爾維亞克羅埃西亞暨斯洛維尼亞王國」（Kingdom of Serbs, Croats and Slovenes；後來稱作南斯拉夫Yugoslavia）和奧地利之間；奧地利這時已經淪為阿爾卑斯山脈北邊無足輕重的蕞爾小國，還拿不定自身的文化和政治歸屬。等到第二次世界大戰結束後，提耶斯塔就成了義大利和南斯拉夫爭搶的骨頭，一九四七年以「自由市」（Free City）的地位維持到一九五四年為止（切成兩半的提耶斯塔正式分別劃歸義大利和南斯拉夫）。提耶斯塔獨樹一幟的文化歸屬，或者應該說是「多」幟齊樹的文化歸屬，身處政治經濟劇變的風浪當中，顯然禁不起摧折。

雅法的蛻變就來得比較突然了——雖然台拉維夫壯大為獨立的非阿拉伯城市之時，雅法的多元歸屬就已經消失無存。一九四八年春，以色列建國前夕，短短幾個禮拜，雅法的阿拉伯人就有數萬名循海路或是陸路落荒逃向加薩、貝魯特等等外地尋求避難。當時，聯合國已經將雅法劃分出來作為巴勒斯坦阿拉伯人建國議案的飛地，和猶太人建立的國家並存。四月末，猶太人軍隊砲轟雅法，雅法的人口大幅度流失。雅法城內的阿拉伯領袖眼見阿拉伯人口只剩五千人左右，終於在五月十三日投降，交出雅法城。隔天，以色列在台拉維夫的羅斯柴爾德大道（Rothschild Avenue）宣佈建國。[45]此後，雅法成為台拉維夫的郊區，只見少數阿拉伯人，相較於四十年前的情勢幾近逆轉；先前倉皇離鄉逃難的人發現已找不到歸鄉之路。至於亞歷山卓，他們挨最後一擊的時間就直到一九五六年才來。該年，埃及宣佈將蘇伊士運河收歸國有，執政的賈邁爾・阿布德・納瑟（Gamal Abdel Nasser）隨即下令，針對義大利人、猶太人等外籍人士沒入財產，驅逐人員。亞歷山卓重建成佔地廣大的穆斯林阿拉伯城市，可是經濟暴跌。還是留下一些老亞歷山卓城區，但主要都在是墓園——希臘人、天主教徒、猶太人、科普特人。至於薩洛尼迦的公墓，大量猶太人的墳墓和其他，早被納粹搶奪一空，位置是在今天的「帖薩羅尼基亞理斯多德大學」（Aristotle University of Thessaloniki）廣闊校園地下：「有人在此，不過沒人記得」（and some there be,which have no memorial）。[46]

第五章

吾海又再揚聲八方

西元一九一八年—西元一九四五年

一

第一次世界大戰期間，地中海域的海戰大多集中在東邊和亞得里亞海一帶，也就是分崩離析的鄂圖曼帝國和奧匈帝國領土沿邊的水域。戰後，從一九一八年至一九三九年，整個地中海成了歐洲爭逐霸權的舞臺。[1]班尼托・墨索里尼在一九二二年贏得了義大利的執政權（成為義大利總理）之後，在墨索里尼的雄心裡，達成對地中海的控制是他爭鬥的核心。墨索里尼對地中海的態度時有搖擺。有時他夢想的是建立義大利帝國，幅員遍及「各大海洋」，將義大利拱上「榮光的寶座」。墨索里尼一九三五年出兵攻打阿比西尼亞（Abyssinia）〔衣索匹亞帝國，Etehiopian Empire〕，就是想要實現這樣的大夢。墨索里尼攻下阿比西尼亞，戰役之艱辛姑且不論，在政治上是場災難，他這一仗打下來，把英法兩國此前對他百般的包容全都打掉了。但是，墨索里尼的心思有的時候卻又限定在地中海內，說義大利是「只和地中海契合的一座島」，只是「法西斯機要委員會」（Grand Council of Fascism）卻也承認這樣的一座島像是困在牢裡，聽起來不太吉利：「這一座牢的鐵柵欄是科西嘉島、突尼西亞、馬爾他島和塞浦路斯島。這一

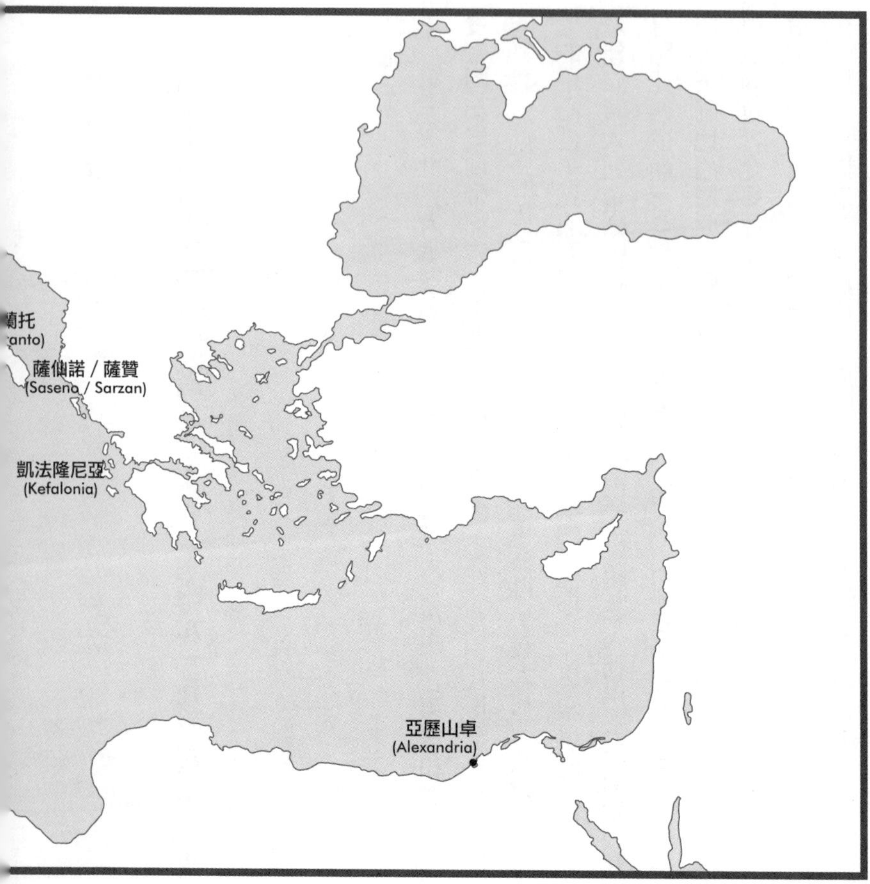

座牢的警衛是直布羅陀海峽和蘇伊士運河。」[2]

義大利的野心是被一戰結束後簽下的幾份和約餵養大的。義大利不僅因此保住了多德卡尼斯群島，奧地利的國界後退到義大利半島的東北邊。「義大利淪陷區」（Italia irredenta）泰半收復，提耶斯塔、伊斯特里亞半島，還有達爾馬提亞海岸的扎拉（扎達）等等全都重回義大利的懷抱，扎拉日後還因為盧薩多（Luxardo）家族釀造的櫻桃白蘭地酒品質出眾而聲名大噪。伊斯特里亞半島上的費尤美（Fiume；克羅埃西亞：里耶卡 Rijeka）在一九一九年被國族主義詩人鄧南遮（Gabriele

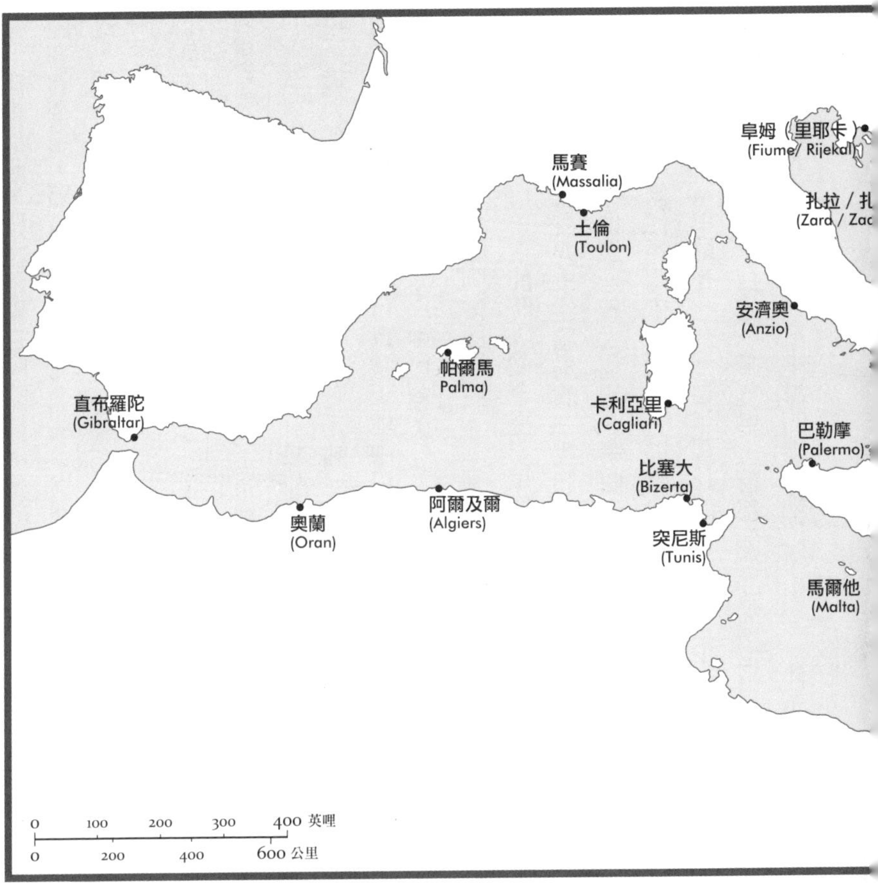

d'Annunzio）率領的雜牌義勇軍攻下，逕行宣佈費尤美是他成立的「義大利卡爾納羅攝政國」（Italian Regency of Carnaro, 1919-1920）的首府。之後，義大利法西斯政府不顧國際反對，在一九二四年正式併吞該地，納入義大利祖國。義大利半島的過往歷史在法西斯的大夢有多重的份量，由一件怪事可見一斑：他們特別成立機構負責推動科西嘉島、馬爾他島、達爾馬提亞等地的歷史研究（暨其義大利性格italianità）。只要在古羅馬城中心，沿著「羅馬廣場」邊緣劃出來供古羅馬人舉行儀式用的那一條大道（Via Sacra）走上一遭，穿過古羅馬的心臟，任誰都會讚歎古羅馬帝國開闢出來的版圖何其遼闊，從帕拉蒂尼山丘一處小小聚落開始壯大成為圖拉真的帝國，幅員涵蓋地中海全境、周邊海岸加內陸深處。阿爾巴尼亞於一九一三年建國，但是立足不穩，這引來了義大利的注意。阿爾巴尼亞的中央銀行就設在羅馬，甫就位的國王佐古一世（Zog I; 1925-39）亟需義大利在財務和政治給與支援。這樣的麻煩，終於被耐不住的義大利政府出手解決了。一九三九年四月，義大利出兵侵略阿爾巴尼亞。不過，義大利早在正式出兵之前，就已經在薩仙諾（Saseno；阿爾巴尼亞叫作薩贊Sazan）為義大利海軍建起重要的潛水艇基地了；薩仙諾是阿爾巴尼亞外海的一座小島。義大利政府認為他們日後要在地中海建立霸業，挑戰大英國主宰的優勢，潛水艇是關鍵。一九三五年，義大利陸軍將領，巴多里奧元帥（Pietro Badoglio）力主義大利軍隊不需要用到龐大笨重的軍艦，改用較為現代的軍備一樣可以拿下地中海的主宰權。但其實義大利的海軍艦隊本來就無甚可觀之處：「於海軍戰力的每一項目幾乎全不及格，技術落後，操作不穩，統御死板」。[3]

義大利一來侵略阿爾巴尼亞，二來鎮壓利比亞叛亂始終不肯鬆手，證明墨索里尼說的地中海帝國絕非虛聲恫嚇而已，縱使時人愛拿墨索里尼取笑，當他是半喜劇的漫畫角色，老是翹起戽斗下巴吐出慷慨激昂的宣言，矢言要重建羅馬的「我們的海」。義大利拿下利比亞，等於是拉起一道南北向的軸線，貫穿地中海，北非也像是義大利的「第四面海岸」。從西西里島到「第四面海岸」之間的航路咽喉，則是握在英屬的馬爾他島手中，因此，馬爾他島在義大利眼裡不僅是害他們繞遠路的麻煩而已，它還是擋路的大石頭。墨索里尼在一九三七年親赴的黎波里，舉行盛大的凱旋儀式，慶祝利比亞興建第一條合格的公路，沿利比亞海岸長達一千英里，首都部份區塊也重新改建成為現代的歐式城市。[4]義大利法西斯千方百計要篡奪大英帝國在地中海的霸主地位，由另一件事情也表現得十分清楚。義大利對外的金援甚至延伸到耶路撒冷的伊斯蘭大教法官〔穆罕默德・阿敏・胡賽因，Mohammed Amin al-Husseini〕——其人是個大禍害，利用一九三六年巴勒斯坦阿拉伯人大暴動的時機，以巴勒斯坦遜尼派穆斯林宗教領袖的身份一逞私慾，擴張個人的勢力。埃及境內跟著成立起了法西斯民兵組織——「綠衫軍」（Green Shirts）（埃及青年黨 Young Egypt Party）、「藍衫軍」（Blue Shirts）（埃及國民黨 Wafd 旗下的民兵組織）（兩邊當然誓不兩立）——僑居亞歷山卓的義大利人早就有許多是「黑衫軍」（Black Shirts）。[5]

後來在一九三六年，義大利政府又對西班牙的「長槍黨」（Falangist）軍隊主動提供協助。長槍黨由佛朗哥將軍（Francisco Franco）帶領，此人冷血無情、不孚眾望，但指揮能力堪稱高強。義大利法西斯政府除了出動五萬名兵力，還提供空中和海上支援，在西班牙共和黨人企圖收復馬約卡島的巴利亞利群島戰役中成為主角。墨索里尼無意佔領西班牙本土，但是，巴利亞利群島就另當別論。義大利軍隊登陸馬約卡島，一路窮追猛打，到了一九三六年九月已經將西班牙的共和派趕出馬約卡島，還以共產黨同路人的罪名處死約三千名馬約卡人。接下來兩年，義大利便以馬約卡島當空軍基地，對西班牙本土的重要共和派據點，例如瓦倫西亞、巴賽隆納，進行猛烈的空襲。墨索里尼可能想將馬約卡島牢牢抓著，不過，一場仗打下來，他要的都已經到手了：在西地中海有一處作戰指揮中心，地理位置離法國的土倫和奧蘭不遠，對法國兩地的海軍艦隊算得上是嚴重的警訊，雖然墨索里尼依然惦記的主要是英國皇家海軍。不過，義大利〔撤走之前〕還是在馬約卡島上留下了到此一戰的紀念：馬約卡島首府帕勒瑪城中最重要的一條大街就被義大利改名為「羅馬大道」（Via Roma），還在入口豎起幾座雕像，一個個青年肩頭停著羅馬鷹（Roman eagle, Aquila：古羅馬軍團的軍徽）。[6]走過一千五百個年頭之後，「我們的海」再一次從義大利擴張到西班牙的水域來了。

英國對於他們要拿地中海怎麼辦，還拿捏不定。一九三九年時，英國的進口貿易只有百分之九通過蘇伊士運河，馬爾他島對英國也不算是特別有用的供應站，馬爾他的港口雖然壯觀，但因為當地缺乏天然資源（從淡水這一項開始算起），也就表示他們不時要靠別的地方來補給。不過，對於穿越地中海的長途飛機而言，直布羅陀到亞歷山卓的航線，馬爾他島倒是很有用的中途站。馬爾他島除了十六世紀建成的堡壘還算堅固，就別無其他良好的防禦工事可言。第二次世界大戰剛開始的時候，負責保衛馬爾他島的是三架單引擎雙翼飛機，分別叫作「信」（Faith）、「望」（Hope）、「愛」（Charity），機上的作戰裝備就是一挺點三〇三口徑的輕機槍。[7]馬爾他島到西西里島只有幾分鐘的飛行距離，於戰略有利也有不利之處。馬爾他島沒有天然的屏障，難以保衛，但由於緊扼地中海中央航路的咽喉，以這樣的地理位置，英國不會輕言放棄。然而，英國還是選擇亞歷山卓作為他們地中海艦隊的基地，雖然這港口不如（馬爾他島上的）瓦雷塔。[8]至於英國在地中海的其他屬地，例如東邊的塞浦路斯島，在他們從鄂圖曼帝國手中拿下來後便很少作為海軍基地使用，至於（巴勒斯坦海岸）海法的海灣則有特殊的戰略價值，因為那裡是伊拉克輸油管線的終點。即使英國與德國爆發戰爭後，直布羅陀也因為西班牙的關係沒出什麼麻煩，不像英國政府原先想的那樣；希特勒雖然要佛朗哥出兵相助，佛朗哥卻拒不相從，氣得希特勒七竅生煙。佛朗哥不願參戰，一大因素便是擔心英國藉機堂而皇之佔領加納利群島。希特勒怒斥佛朗哥不懂得知恩圖報，畢竟先前在西班牙內戰，德國給了佛朗哥多年的支持，甚至暗示佛朗哥準是有猶太血統才會這樣。[9]英國要的不過就是由西往東的通路順暢無阻就好，特別是前往蘇伊士運河的航道。

即使當一九三九年九月，英法兩國對納粹德國宣戰，料想不到一場保衛波蘭的戰爭有何道理會將地中海捲入。參戰的各國大多以為這場戰事不過是第一次世界大戰重演，把當年在法蘭德斯艱苦的慘烈陸戰再打一回就是了。墨索里尼對於義大利是否加入希特勒陣營三緘其口，他的宣傳部則是照常大放厥辭，信口胡謅：一九四〇年四月二十一日，他們的發言人宣稱「地中海全境已經盡在義大利海空兩軍的控制下，英國要是膽敢興兵來犯，絕對立遭擊退」。[10]墨索里尼一直拖到眼看法國即將淪陷到德軍手中，才作出投機的決定，在六月十日趁亂加入戰局而撈到了一點好處，從淪陷的法國切走一小塊地，可惜不是他垂涎已久的港口尼斯。

二

英國在〔二戰期間〕地中海第一次遇到問題，跟義大利沒有關係，而是法國。大部份法國將領因戰敗而大受打擊，把拯救國家的希望放在貝當元帥（Phillippe Pétain）和希特勒簽下喪權辱國的停火協議。他們用狂熱的愛國情緒壓下深切的屈辱，而且用來發洩的對象是英國多過德國，他們認為要不是英國出兵太少，「祖國」（la Patrie）不會輸掉這場仗？也因此，雖然義大利的海軍已經開始對英國的護航艦隊形成威脅，但是，在英國海軍和義大利海軍捉對廝殺之前，必須先搞清楚他們和法國艦隊的關係到底是敵是友。法國的艦隊有一支就停泊在亞歷山卓，掛的番號是「X特遣隊」（Force X）。亞歷山卓那時其實形同英國的領地，但是法國將領就是不肯逕行將艦隊交給英國指揮，但是同意封存不動，所以，縱使法國水兵公開宣示效忠法國在維琪（Vichy）的貝當政府，和英國那邊倒是沒出多少麻煩。[11]不過，法國最自豪的艦隊駐紮在〔阿爾及利亞北岸的〕奧蘭，多半在「巨港」（Mers el-Kebir），當時世上裝備最好的戰鬥巡洋艦有兩艘便停泊在此：〈敦克爾克號〉（*Dunkerque*）和〈史特拉斯堡號〉（*Strasbourg*）。法國海軍上將弗朗索瓦・達爾朗（François Darlan）當時對於捍衛他所理解的法國權益十分堅定——他對維琪政府的忠誠，還要過些年才會動搖〔於一九四二年底和同盟國合作〕。英國政府給達爾朗幾個選項，率領艦隊加入英國海軍，或是率領艦隊遠遠走避到加勒比海並且戰爭期間絕不動員。達爾朗認為生為法國人死為法國魂。英國清楚了解到留給英國皇家海軍的選擇只有動手了。一九四〇年七月三日，英國海軍在沒有照會下，對奧蘭「巨港」的法國艦隊開戰。雖然讓〈史特拉斯堡號〉逃出，英國完成了他們主要的作戰目標：摧毀法國船艦，只是讓一千三百名法國士兵跟著陪葬。[12]不過，英國付出了政治代價：他們和維琪政府僅存的一絲薄弱外交關係，就此中斷。達爾朗對英國的憎惡這下子得到充份的證實。希特勒也跟著放心了，法國駐防在北非和法屬敘利亞的海軍陸軍部隊，在法國將領們帶領下依然會對維琪政府牢牢效忠。利用他們去對付英國，可能有些用處，只是法軍這把刀的刀鋒不怎麼利：法國認為他們已經退出戰局。希特勒認為他應該把戰事集中在北非，奧蘭「巨港」一役證明了他的判斷。所以，墨索里尼要在地中海分一杯羹，隨他去好了——唯獨突尼西亞絕不可以。德國認為北非還是交在俯耳聽命的法國維琪政府手中比較安全；當德國聽到義大利外交部長齊亞諾（Gian Galleazzo Ciano）索要尼斯、科西嘉島、馬爾他島、突尼西亞以及部份的阿爾及利亞，不禁失笑。[13]

因此，英國在地中海的下一個交戰對象便是義大利。義大利在一九四〇年一度搶下了埃及西部邊境的西地巴拉尼（Sidi Barrani），只是維持不長。一九四〇年十一月，英國打贏了塔蘭托一仗，軍心大振，他們從航空母艦〈輝煌號〉（*Illustrious*）甲板起飛的戰機空襲義大利海軍最精良的船艦〈利托里奧號〉（*Littorio*），把〈利托里奧號〉轟出大洞，軍艦〈卡富爾號〉（*Cavour*）則被擊沈。[14]這次英國贏得快速又輕而易舉，打得義大利不敢再輕啟海戰，而且更重要的是證明了空中武力不用太強也可以重挫敵軍艦隊的銳氣。接下來的問題是空襲能否有助於攻下島嶼。馬爾他島從英國和義大利開戰伊始，便備嚐義大利空軍空襲之苦，島上只靠三架小飛機，「信」、「望」、「愛」，借助新發明的雷達盡力對抗義大利的「皇家空軍」（Regia Aeronautica）。不過，效果倒是出人意料地好，他們就這樣苦苦撐到一小隊現代的颶風（Hurricane）戰鬥機到來，為島上的英國空防打了一劑強心針。一九四一年初，英國的〈輝煌號〉從直布羅陀開拔，往東行駛，遭德國和義大利的軍機空襲而受損，但還是歪歪斜斜地撐到了馬爾他島的「大港」。[15]德軍對馬爾他島的空襲愈來愈猛烈，幾無寧日，不僅炸得瓦雷塔和「大港」對面的三座城市滿目瘡痍，數以百計的馬爾他民眾也因此喪命。馬爾他島的民眾連同駐防的英國軍隊，也必須面對食物暨其他民生必需品不時短缺的困境。到了一九四一年十二月，情勢就更加危殆。那時，地中海在德國眼裡已經比之前重要許多。德國狂熱的將領凱塞林（Albert Kesselring）受命出掌地中海兵符，指揮調度軍力，摧毀英軍開往馬爾他島的護航艦隊。德軍在地中海的攻勢雖然漸趨凌厲，但在納粹德國和蘇聯開戰後，來自其他方向的壓力也開始加重。到了一九四一年秋，英國已經有辦法對西西里島和北非進行空襲，也有潛水艇以義大利和德國替北非軸心國軍隊進行補給的船隊為目標發動攻擊。德國和義大利對此情勢十分惱怒，甚至還向軸心國的第三大勢力日本討教，徵詢攻下島嶼的良策，日本在太平洋已有豐富的作戰經驗。日本的建議，有一計是斷糧。[16]

馬爾他島的「大港」，那時候入目盡是船艦殘骸、水兵浮屍、沈船漏油（隨時可能起火）。島上守軍的戰果之一便是保住島上空軍與潛水艇基地的運作，讓英國還可以不時出手刺一下敵軍，打亂敵方在北非一帶的軍力部署和補給。這是馬爾他島史上第二回大圍城戰，在馬爾他民眾心中烙印之深，可想而知，必定不下於一五六五年第一回的圍城戰。[17]邱吉爾擔心島上的危急，說不定軸心國根本不必動用一兵一卒就可以拿下這座島嶼，因為軸心國單憑空襲就可以把馬爾他島炸到不戰而降。英國的護航艦隊來到馬約卡島南邊的水域，即使挺過了德國潛水艇的莫大風險，再要通過突尼斯的航道，也要面對義大利巡洋艦和德國、義大利戰機的嚴重威脅——一九四二年八月，一隊總計十四艘船隻的護航船隊從直布羅陀出發，只有五艘船安然抵達馬爾他島的港口下錨。[18]幸好，德國一直拿不定主意是否要拿下馬爾他島，尤其是他們若真要攻下馬爾他島，就必須和義大利陸軍進行聯合作戰，但依義大利剛剛在北非有過的〈落敗〉經驗，德國對義大利軍隊可是愈來愈不敢恭維。墨索里尼卻還以為只要捱到英國放棄各前線，只要他開口，馬爾他島就是他的了。[19]也幸好德國對他們在北非的戰事愈來愈執迷，隆美爾（Erwin Rommel）揮軍一路向東進逼利比亞東北角的港口托布魯克（Tobruk），日子來到一九四二年五月，馬爾他島在戰局中成了無關緊要。軸心國認定地中海的戰事要在陸地上打贏，而不在於出兵攻佔小小一座到處是岩石的島嶼。英軍將領也覺得「失去馬爾他島總比失去埃及好」。[20]不過，保住馬爾他島的，也包括島民擁有頑強不屈的意志，堅決不向持續不斷的空襲、長達數月的饑餓低頭；英王喬治六世於一九四二年頒發「喬治十字動章」（George Cross）給全島民眾，就彰顯出這一點。這一塊動章現今依然高懸在馬爾他島的國旗上面，紀念小島英勇抗暴的歷史：島上總計有三十萬棟建築在空襲下，不是全毀就是半毀，一千三百名平民喪命。[21]

小小的馬爾他島挺過了圍困的戰火，英軍卻在一九四一年兵敗克里特島，雖然德軍對於拿下克里特島有什麼戰略價值也不大確定。[22]德國的「最高指揮中心」對於地中海的重要性，看法相當零亂。德國人是從巴爾幹半島的角度看待地中海（Mittelmeer）。穿行地中海的航路到頭來落入誰的掌控，在他們眼中是義大利和英國之間的問題。德軍在北非和義大利並肩作戰是要為軸心國穩住貫穿地中海的南北向補給路線。只是他們的「元首」（Führer）選用的方案引發爭論。希特勒決定派他們的U型潛水艇到地中海——冒得風險不小，因為這表示將通過直布羅陀海峽。德國海軍上將雷塔（Erich Johann Albert Raeder）極力勸阻，指出這樣可能危害德軍在大西洋的戰事。軸心國知道地中海是他們經由蘇伊士運河取得中東石油供應的管道，只是寄望快快打通這一條路線就不切實際了。然而，軸心國的石油庫存已經不足。到了一九四二年夏天，義大利艦隊甚至因為沒有油料而動彈不得，德國考量到他們另有要務也不肯供油解危。因此，希特勒指向另一條通往油源的道路——穿過俄羅斯空曠的平原野地，直達波斯，既然德俄兩國已經在一九四一年交戰，在希特勒看來，走這條路線取得石油比較合理。所以，希特勒的軍隊一路挺進到史達林格勒，卻在這裡被蘇軍絆住，後來還吞下大敗仗。出乎德國的意料，地中海對他們變得愈來愈重要了。到了一九四二年十一月，同盟國有美國加入陣營，出動聯軍登陸一八三〇年法軍入侵阿爾及利亞走過的同一片沙灘，地中海到底是哪裡重要，可就比以前要清楚得多了。

同盟國聯軍這一次進攻阿爾及利亞（代號「火炬行動」，Operation Torch），還進行協同作戰：登陸摩洛哥、向東朝突尼西亞推進。德軍的攻勢於一九四二年七月在阿拉曼（El Alamein）被擋下，到了十一月，英國將領蒙哥馬利（Bernard Law Montgomery）率領的「沙漠之鼠」大軍再將德軍逼退，而將戰事推進到轉捩點。然而，北非的維琪政府將領卻教情勢變得大為複雜，特別是達爾朗。達爾朗只關心誰贏面大就站到那一邊。他自命是貝當元帥的接班人，但他還是願意和同盟國談判，雖然同盟國這邊對他極為不屑，認為他不過是個苟且偷生的叛國賊。只是，他也擔心萬一同盟國敗走，他可就會變成千夫所指的牆頭草了。一九四二年十一月，艾森豪將軍在阿爾及爾和達爾朗會面——達爾朗上將在阿爾及爾過的日子可是挺奢華。艾森豪想要說服達爾朗把法國本土的艦隊從土倫調到北非來和美軍共同作戰。達爾朗咕咕噥噥暗示同意，但是心裡清楚土倫那邊帶兵的艦隊司令是他長年的死對頭，才不會讓艦隊來到阿爾及爾。連停泊在亞歷山卓的法國艦隊雖然和英國軍方的關係不錯，但對於加入同盟國的提議同樣推託。即使如此，達爾朗還是靠著亂七八糟的利益交換，得以留在北非繼續擔任貝當的代表，英美兩國都掀起眾怒，罵他是賣國賊、反猶份子。「哥倫比亞廣播公司」（CBS）的新聞主播愛德華·孟若（Edward R. Murrow）問道：「我們這是在和納粹打仗還是上床？」達爾朗兩面不是人的窘境倒是有人出面替他解套。耶誕夜，一名狂熱保皇派潛入阿爾及爾的官署，等候達爾朗宴饗盡興歸來，將這一位自以為是的海軍上將槍殺。[24]

地中海的霸權爭奪戰愈演愈烈，同盟國這邊佔了上風，不過，還沒到定局。一九四二年十二月，維琪政府在突尼西亞的將領把法國在突尼西亞東北角畢薩特（Bizerta）設施優良的海軍基地交給軸心國。之前，希特勒已經在十一月決定，法國分裂的狀況到此為止，將維琪政府治下的地區一併吞下，也聽任墨索里尼拿下尼斯作為戰利品。為了保險起見，墨索里尼還派了幾支特遣隊跨海前進科西嘉島，島上掛起了義大利國旗。維琪政府的將領在地中海的戰爭、政治，扮演的角色十分曖昧，由於維琪政府未正式對哪一方宣戰，可以說是妾身不明，這些將領便利用這一點，周旋於交戰的兩方。一九四二年為了推動「火炬行動」的攻勢，同盟國從維琪治下的法國地區將一名法國將領用潛水艇偷偷送到阿爾及爾，想拱他當北非法軍的統師，卻發現這一位名氣不大的亨利·季侯（Henri Honoré Giraud）傲氣和偏見一點也不輸達爾朗——他才不當同盟國懷中乖巧的獅子狗，也無意廢除反猶的法律，甚至背著同盟國耳目搜捕「可疑人士」關進集中營。他最大的希望是領導一場大規模突襲，從德國佔領的恥辱下解放祖國。[25]可見敵我的界線在大西洋或是太平洋，可遠比地中海要清楚得多。

三

地中海的政治亂象在進入一九四三年後有增無減。同盟國的軍隊於三月在突尼西亞東南方內陸的梅第寧（Medenine）擊潰德軍，隆美爾率部撤出突尼西亞。五月八日，北岸的突尼斯和畢薩特落入盟軍手中，俘獲的義大利和德國軍隊人數達二十五萬。突尼西亞被同盟國拿下，表示此後同盟國的船隻航行地中海就安全多了，也因此，這時艦隊護航的大型船隊可以一口氣多達上百艘，集體順利通過馬爾他島來到直布羅陀或是亞歷山卓——地中海絕大部份都在英國的掌握之下，感覺好像再度統一了，即使不算恢復到先前的狀態。一九四三年六月，英王喬治六世搭乘軍艦從的黎波里穿過公海來到馬爾他島，馬爾他島上的民眾夾道熱烈歡迎。喬治六世此行的目的不僅在激勵馬爾他島的民心士氣，也在向英國帝國各地的子民宣示，大英帝國正在大踏步邁向最後的勝利，勢如破竹，銳不可當。[26]

軸心國這邊的噩耗可不止於此。希臘陷入內戰，抗暴軍在南斯拉夫境內集結的勢力愈來愈大。[27]軸心國也逐漸懷疑同盟國說不定鎖定了薩丁尼亞島，拿該地作為盟軍的集結地點，取道法國南部，大舉反攻歐洲。島上的卡格里亞利（Cagliari）因為盟軍為了故佈疑陣，教德軍摸不清楚他們進攻西西里島或薩丁尼亞島，於一九四三年二月遭盟軍猛烈空襲而付出慘重的代價，盟軍轟炸的遺跡至今依然在目。這真正的問題是法國還是義大利的地中海岸地帶，何者是軸心國的「軟肋」（用邱吉爾的說法）。一九四三年六月，同盟國終於搶下了義大利的第一塊地：馬爾他島西邊的潘泰雷里亞島（Pantelleria），很小，但是位處戰略要衝。此役，島上一萬二千名義大利軍隊士氣消沈，被盟軍猛烈的空襲砲火炸得舉手投降。[28]到了七月，盟軍登陸西西里島，出乎軸心國原先的預料薩丁尼亞島，這一擾亂，搞得義大利的「法西斯機要委員會」召開特別會議拿墨索里尼開刀。會後，墨索里尼晉見義大利國王維克多・伊曼紐三世（Victor Emmanuel III），國王沒有要求他辭職，但告訴他，職務已陸軍元帥巴多里奧接手。然而，墨索里尼才剛踏出奎里納雷宮（Quirinale Palace），就被硬塞入一輛警車，遭到拘留。接手的巴多里奧政府走向不明朗，德國已開始在義大利培植自己的勢力，等待同盟國部隊穿越大陸反攻的這一天到來。七月二十二日，巴勒摩（Palermo）被美國巴頓將軍（George Smith Patton,Jr.）率領的美軍佔領。八月十七日，盟軍打到墨西拿（Messina），墨西拿全城只見斷瓦殘垣，六萬名德軍和七萬五千名義大利軍隊已經逃走。由此可見，義大利軍隊已經無心戀戰；這樣的心理狀態已是全國皆然。九月初，主政的巴多里奧在同盟國的勸誘下，簽署了停戰協議。當德軍飛機空襲義大利軍艦〈羅馬號〉（*Roma*），炸死艦上眾多官兵，義大利海軍就把他們自豪的艦隊開到馬爾他島交給英國。最大的軍港塔蘭托有意交由盟軍。另一方面，地中海的島嶼情勢更混亂。英國的軍隊費了一番工夫終於攻下多德卡尼斯群島中幾座小島，德軍在凱法隆尼亞島恣意濫殺，六千名義大利官兵喪命，科西嘉島亂成一團，德國、義大利、法國自由軍、科西嘉反抗軍，各自聲稱佔領島上一塊地。[29]所以，義大利有條件投降就這樣在地中海各地投下眾多新變數。

一九四三年底，同盟國首度出兵義大利半島本土取得立足點，大批盟軍在羅馬南邊的安齊奧（Anzio）奇襲登陸奏效。此後，盟軍必須逐步向半島其餘的部分推進，然而，義大利的政治情勢在墨索里尼（於一九四三年九月）出逃，在德國納扶持下於北義大利成立「義大利社會主義共和國」（Italian Social Republic）而複雜了起來。同盟國這邊雖然推進緩慢，但是法國自由軍（可想而知）和美軍依然急著登陸法國南部，呼應一九四四年六月盟軍在法國北部的諾曼第登陸：八月二十六日，土倫落入盟軍手中，比盟軍預期拿得下來的時間要早。如此一來，便能騰出人手分兵攻打馬賽，八月二十八日，馬賽也落入了盟軍的手中。[30]

沒多久，同盟國開始思考地中海在德國戰敗之後的前景。眼前的問題包括巴勒斯坦、南斯拉夫和希臘；共產黨叛亂已經在撕裂希臘這國家。一九四四年十月，邱吉爾在莫斯科向史達林說明英國的立場：「地中海的老大，絕對是英國」。史達林領會這一點，對於英國橫渡地中海的運輸路線不時遭到德軍妨礙的種種難題表達同情，他甚至向邱吉爾保證蘇聯絕對不會在義大利搗亂。這是因為史達林關心的重點在於爭取到英國默許，希望英國對蘇聯在斯拉夫歐洲地區稱霸——塞爾維亞也在內——睜一隻眼、閉一隻眼就好。[31]俄羅斯想要在地中海稱霸，時機還不成熟。

第六章

支離破碎的地中海

西元一九四五年—西元一九九〇年

一

同盟國在第二次世界大戰打敗德國之後，和第一次大戰一樣，留下一個不平靜的地中海。希臘打完了內戰，成立親西方的新政府，塞浦路斯島上騷動的喧嘩就更大聲了，要求「合併」的呼聲又再開始高昂起來——合併到希臘。正因為希臘站在西方這一邊，也因為土耳其在第二次世界大戰期間沒蹚渾水，所以，美國在一九四〇年代晚期開始把地中海看作是對抗蘇聯擴張的新一輪戰鬥中，可以利用的前進陣地。他們公開宣示的基調是捍衛西方的民主，對抗共產黨的暴政。[1]史達林依他務實的精神，並未支持希臘的共產黨起義，而是急於找門路，取得能自由通過達達尼爾海峽出入地中海。倫敦與華府，有人擔心蘇聯的盟邦會在地中海岸坐穩一席之地，因為，南斯拉夫游擊隊領袖狄托（Josip Broz Tito）在二戰末期打對了牌，甚至贏得了英國的支持。再者，義大利失去了扎達、科托海軍基地，以及戰時在達爾馬提亞一帶拿下的佔領地。阿爾巴尼亞在先後被義大利、德國佔領，終於在曾留學巴黎的共產黨領袖安維爾・霍查（Enver Hoxha）領導下重新恢復獨立的地位，但霍查毫不讓步的立場，讓阿爾巴尼亞陷入了前

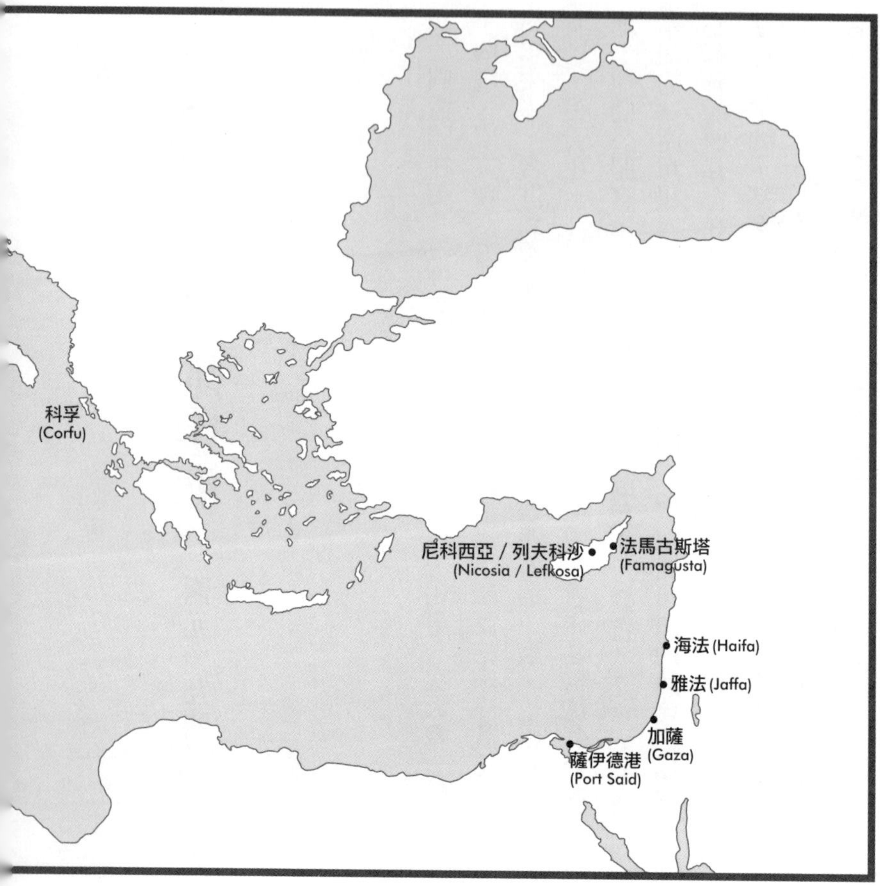

所未有的孤立。

霍查執政之初，認為他的國家應該可以聯合狄托中興的南斯拉夫以及蘇聯，一起組成社會主義的兄弟之邦。阿爾巴尼亞和南斯拉夫簽署經濟協議，建立起密切的關係；由協議可以看到狄托希望把阿爾巴尼亞拉進南斯拉夫聯邦裡去。霍查則另有所圖，從他的觀點來看，阿爾巴尼亞有權捍衛每一寸國土，連同水域；科孚海峽被佈雷，防範外國侵略，然而這海峽歷來是希臘通往亞得里亞海的航道。英國吞不下去這一口氣，決定派軍艦到科孚海峽走一遭，行使英國代世界各國巡防地中海的警察權。一

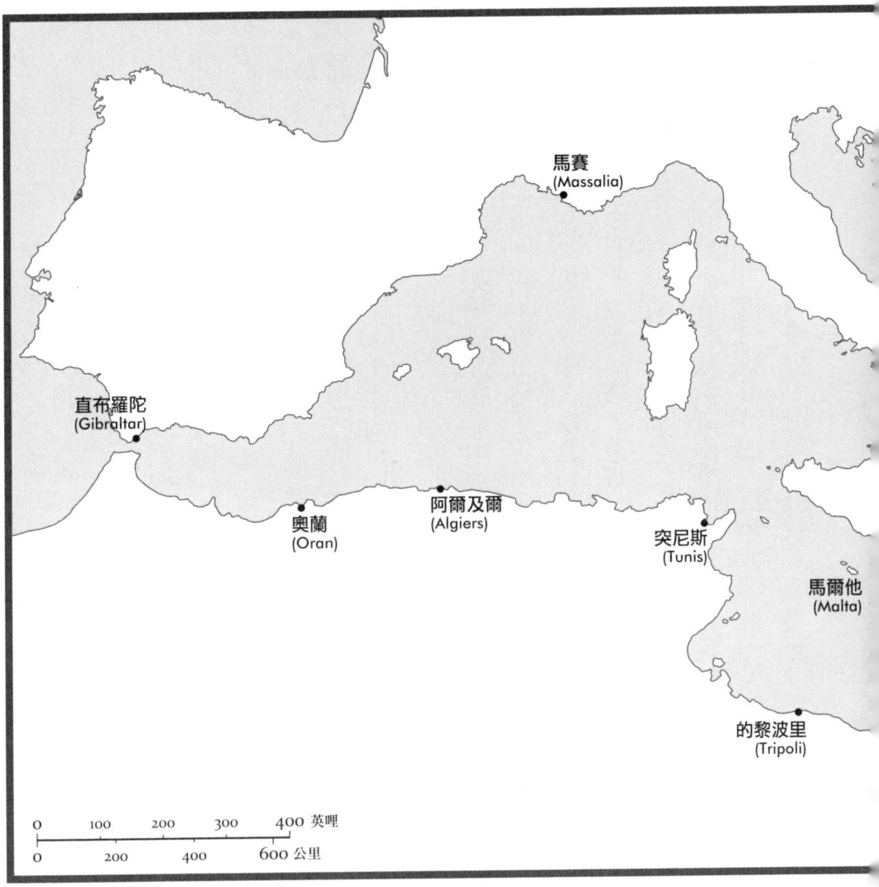

九四六年十月二十二日，兩艘英國軍艦行經薩蘭達（Sarande）附近水域，誤觸水雷，艦上四十四名水兵身亡——薩蘭達是阿爾巴尼亞位在科孚島東北方的海港。[2]只是水雷到底誰屬，各方吵成一團。事後海峽經過一番掃雷，發現海中的未爆彈雖然不算全新，但都還沒生鏽，剛上過油，這些水雷是由〔南斯拉夫的〕狄托的海軍代霍查佈署在海峽中的嫌疑最重。當時阿爾巴尼亞的海軍沒有任何一艘船有佈雷的能力。[3]霍查對此不表歉意，還直指希臘為禍首，然而，希臘是最不可能做這件事的。英國和霍查主政的阿爾巴尼亞原本要建立外交關係，就此打住。另外，蘇聯把南斯拉夫當衛星國看待，把狄托搞火了，蘇聯渴望在達爾馬提亞弄一處海軍基地，狄托偏偏不給。

如果從表面來看，英國在地中海的勢力依然強大。利比亞已經脫離義大利，劃歸英國的託管，只是英國因為二戰打得民生凋敝，百廢待舉，所以急著要擺脫利比亞。而美國獲准使用的黎波里郊外「惠勒斯機場」（Wheelus Field）的空軍基地，表示當時美國從利比亞要到的好處反而多過於英國——開採石油還要等到一九五〇年代末期才會開始。[4]英國其實已經無力為地中海打造未來，這在巴勒斯坦便曝露無遺，這裡的英國託管政府已無力約束當地猶太人阿拉伯人雙方的暴力，連英國的軍隊也越來越成了極端派系恐攻的目標。[5]時任美國國防部長詹姆斯・佛瑞斯托（James Forrestal）執著於拿地中海作為對抗蘇聯的前進陣地，對巴勒斯坦的問題，也就是猶太人的問題也是如此，他認為美國猶太人促使杜魯門總統支持在巴勒斯坦建立一個猶太人國家，對於美國在地中海的利益必然帶來傷害。佛瑞斯托認為這麼做會離間阿拉伯國家，假如美國想在地中海設立海軍基地，阿拉伯國家的合作意願將是關鍵。史達林利用巴勒斯坦的情勢從中漁利，也是昭然若揭的事。蘇聯先是在巴勒斯坦煽動叛亂，然後於一九四八年五月和美國比賽搶著承認以色列立國，以色列也馬上從史達林的衛星國捷克斯洛伐克那裡取得武器。諸如此類的問題佛瑞斯托老是唱反調，終於惹惱了總統，在一九四九年拔掉佛瑞斯托國防部長的職位，沒多久，原本就罹患憂鬱症的佛瑞斯托自殺身亡。[6]

我們分別從人口組成和政治這兩方面來理解以色列這國家在地中海的環境下，為何重要。前文已經提過巴勒斯坦最大的阿拉伯城市雅法，早在被猶太「民兵」（Haganah）——也就是以色列國防軍的前身——攻下來前就已經分崩離析。巴勒斯坦另一重要港口海法，是阿拉伯人和猶太人混居的城市，一九四八年初，阿拉伯居民的人數有七萬。等到「獨立戰爭」結束（一九四八年的以巴戰爭，以色列稱之為獨立戰爭），最多只剩下四千名阿拉伯人還留在城內。情勢不可避免十分混亂：有的阿拉伯領袖就放棄戰鬥，在一九四八年六月逃離，這讓留下來的人士氣低落。成立於一九三六年，由大教法官胡賽因領導的「阿拉伯高等指揮中心」（Arab Higher Command）似乎要阿拉伯人離開，因為等到五月英國官方勢力最終撤出巴勒斯坦，擔心留下來的阿拉伯人會淪為人質。猶太民兵砲轟海法，製造驚恐與逃亡潮——在砲火下逃向阿卡和貝魯特。猶太民兵砲轟的目的在逼海法城內的阿拉伯領袖盡快投降。猶太領袖並非個個贊成使出這麼強硬的手段，這些反對的人認為海法的未來繫於猶太人和阿拉伯人兩邊懂得協力合作——猶太人還還派代表到海法城內的阿拉伯區，呼籲阿拉伯民眾毋須棄城逃難。英軍情報單位也指出「猶太人下了很大的工夫，免得城內出現阿拉伯大逃亡潮，但是他們的宣傳顯然效果不大」。[7]阿拉伯人大舉撤離疏散的消息傳開了，面臨猶太民兵進逼的其他地區阿拉伯人也跟進出逃，尤以雅法為多，內陸像加利利一帶也不例外。猶太民兵有一份報告指出當時有「逃亡恐慌症」（psychosis of flight），還因為傳出內陸村莊大舉驅逐阿拉伯人的消息而變得更嚴重。[8]

二十世紀初，猶太移民回歸巴勒斯坦，懷抱的是錫安復國運動的理想，後來的新移民，也就是納粹迫害猶太人之前、期間、隨後回歸巴勒斯坦的猶太人，則大多是尋求避難。英國自一九三八年起在巴勒斯坦實施的移民限制令，是由堅決反對猶太移民的阿拉伯領袖制定的，而將巴勒斯坦變成猶太人難以到達的庇護地。阿拉伯人激烈反對猶太人建國不僅限於巴勒斯坦一地的阿拉伯人而已，但卻出現奇怪的結果：以色列的人口反而激增，猶太人在一九四八年加快了離開阿拉伯人土地的步伐，猶如一場新的出埃及記。只花了十二年的時間，地中海地區的猶太人已大半在以色列落腳了。以色列建國在北非引發反猶暴動，又導致成千上萬的猶太人大舉從摩洛哥、阿爾及利亞、突尼西亞、利比亞出走；只不過比較有錢比較西化的家庭往往棄中東而選擇移居法國或義大利。因此，猶太人的流動路線有南北向，也有東西向。到了一九六七年，以色列之外的地中海地區只剩下一處猶太人的大聚居區在法國南部，這是從北非外移的結果。猶太人在地中海一千九百年的大流徙，此刻，突然走上了反方向。

英國、法國、義大利在地中海東部、南部的領地，這時候也開始丟失。黎巴嫩從一九四三年起就已經動亂不斷，要求自法國獨立（但是挑的不是時候），一九四六年制定出一部奇奇怪怪的憲法開始實施，基督徒和穆斯林的權利同獲保障。黎巴嫩獨立帶來經濟繁榮，貝魯特以西化的市容和民情，成為阿拉伯黎凡特的重要港埠和金融中心。在埃及這邊，他們掙脫過往歷史所用的手法就大不相同了。一九五二年，由阿拉伯軍官組成的陰謀集團發動政變奪得政權〔史稱：一九五二年革命〕，法魯克國王（Muhammad Farouk）去國流亡，也將亞歷山卓的混合型社會推到解體的第一階段；法魯克治下的亞歷山卓，極盡奢華。法屬摩洛哥和西屬摩洛哥、法屬阿爾及利亞、法屬突尼西亞等地動亂頻傳，給了各殖民強權更進一步的壓力，英國直接統治的範圍也朝內收縮到直布羅陀連到馬爾他島、塞浦路斯島和蘇伊士運河這一條線。這時候殖民國家的退縮，影響所及要比戰時歲月來得小了，印度在戰爭結束後兩年獨立建國。遠在東方的馬來亞、新加坡、香港雖然都還是英國的屬地，但是蘇伊士運河在軍事與政治的重要地位已經滑落。這些加起來，就表示邱吉爾想重建英國在地中海的霸權願望已無關緊要，唯獨有一條但書：無論如何，不能讓蘇聯在地中海找到盟邦。但是，此事到了一九五六年，〔蘇聯〕就如願以償。

二

革命推翻了埃及國王法魯克，帶來了新的隱憂。埃及新領導人賈邁爾・阿布杜勒・納瑟開始向阿拉伯世界宣示他能為阿拉伯國家重建自尊，外加一再重申的標準口號——大家最終都是泛阿拉伯大家庭的一份子。一九五四年，納瑟雖然支持和以色列進行幕後對話，然而雙方互不信任，和解之路走得躊躇遲疑，到後來落個反目。[9]在一九五四年，英國和法國兩國同意從〔蘇伊士〕運河區撤軍，到了一九五六年六月，納瑟於亞歷山卓公開演講宣佈將蘇伊士運河收歸國有，英國和法國對此應該不會過於意外。或許他們最擔心的是納瑟在演講時，猛烈抨擊殖民霸權的遣辭用字。英國首相安東尼・艾登認為他遇到的是個「尼羅河的希特勒」。在這些隱憂背後，還有其他攸關全球的隱憂：美國撤銷他們支持亞斯文水壩的興建計劃——一般認為興建水壩有助於埃及經濟繁榮。納瑟憤而轉投蘇聯懷抱。不能忽視這項危險——納瑟可能在地中海提供海軍基地給新盟友使用。

英法認為埃及獨力經營蘇伊士運河將是一場混亂。以色列這邊對於埃及砲轟以色列內蓋夫（Negev）屯墾區，並且從埃及佔領的加薩地區出動阿拉伯「敢死隊」（fedayin）對以色列進行突襲，已經無法忍耐。一九五六年十月，納瑟派兵進駐加薩地區，也以嚴厲的言辭抨擊以色列，威脅要把以色列從世界地圖完全抹去——納瑟的人望因此在阿拉伯世界扶搖直上。[10]一九五六年十月，時任以色列總理的大衛・本・古里安（David Ben Gurion）在巴黎和英法兩國舉行祕密會談，商討共同對抗埃及。會中古里安還針對重新穩定中東時局提出幾點奇想，像是將黎巴嫩建立為友善的基督教國家，半自治的〔約旦河〕西岸劃歸以色列保護，約旦和伊拉克交由英國控制等等。英國外相塞爾文・勞埃（Selwyn Lloyd）覺得這些作法都太不切實際；他認為唇槍舌劍還是強過真槍實彈，只要納瑟願意聽。反過來，要是決定開戰，那麼他堅持開戰的目的務必是「佔領運河區，毀滅納瑟」。以色列要是出兵攻打埃及，英法也會出兵干預保護蘇伊士運河，這樣就有機會重新佔領先前他們所丟失的，但是，要他們公開站在以色列那邊，殆無可能。[11]

一場盛大演出的慘敗劇碼〔一九五六年的蘇伊士運河危機〕就這樣佈置好了，向世人宣告英法兩國在地中海霸業的落幕。以色列出兵攻打埃及，很快就拿下了加薩和西奈半島。英國和法國的軍隊也登陸運河區，原意是要保護蘇伊士運河，隔開交戰的以埃雙方。可是美國總統艾森豪不同意，導致戰事提早結束，以色列被要求撤出西奈半島。以色列忙了這麼一場，頂多要到各方承諾以色列得以自由出入紅海到達紅海北端的伊拉特（Eilat）——但是不可以走蘇伊士運河——以及默契上同意受埃及慫恿的阿拉伯敢死隊突擊必須停止。這麼一鬧，納瑟的聲勢比以前更強，短短幾個月後伊登就丟了首相寶座。歐洲原先擔心的蘇伊士運河營運，也證實為毫無根據。這一次的危機把地中海的強權老前輩嚇得脊樑發麻。[12]接下來的十一年，蘇聯在埃及的影響力大幅攀升，在敘利亞也是如此；敘利亞一度還和埃及聯手成立「阿拉伯聯合共和國」（United Arab Republic, 1958-1961）。蘇聯派遣「顧問」赴埃及協助納瑟，埃及抨擊以色列的言辭益發不堪，包括國營的刊物登出一系列反猶漫畫。

納瑟的反猶辭令，確實有助於他在阿拉伯世界樹立威望；但是，整個中東民眾群起擁護，跟著痛斥以色列，卻讓他得意忘形。到了一九六七年初春，埃及宣佈要對以色列進行海上封鎖，只是，納瑟選的是紅海，不是地中海。[13]以色列便在六月五日先發制人出兵攻打埃及，只用了六天，便佔領了加薩、西奈半島、戈蘭高地以及約旦於巴勒斯坦的領土——約日國王胡笙一世誤判情勢，也在這場「六日戰爭」（Six Day War）參一腳，為埃及助拳。結果，蘇伊士運河因此封鎖長達十年，成為以色列埃及兩方軍隊駁火的前線；之後，雙方就沿著運河兩岸打消耗戰，直到埃及在一九七三年十月發動奇襲——「贖罪日戰爭」（Yom Kippur War）——這一次埃及的目標不再是「把以色列扔進大海」，變得比較實際，收復西奈半島就好。雖然一開始埃及軍隊得手，但最後還是被以色列擊退，撤回到運河的另一邊。又再花上四年的時間，直到埃及總統沙達特（Anwar el-Sadat）作出勇敢的決定，親赴敵營，到以色列國會演講，以埃雙方才認真坐下來開啟和平談判——但是沒多久，沙達特便為此付出生命，一九八一年橫遭暗殺。「贖罪日戰爭」之後，蘇伊士運河在一九七五年向所有的國家重新開放供船隻通行，包括以色列。不過，「六日戰爭」另一結果，就是蘇聯對以色列的態度轉趨強硬。六日戰爭期間，蘇維埃集團終於和以色列斷絕外交關係——羅馬尼亞除外，這國家行事向來難以捉摸。蘇維埃集團和以色列斷交，背後的盤算就是要贏得阿拉伯世界青睞，強調以色列的友邦都是布爾喬亞資本主義強權，像是英國、法國他們，尤其是美國。而且，「贖罪日戰爭」確實有一點代理戰爭的樣子，蘇聯和美國在背後過招。蘇聯為埃及和敘利亞提供了大量武器，美國也經由他們在亞述群島的軍事基地為以色列運送武器。蘇聯以支持巴勒斯坦境內的暴力偏激份子進一步在巴勒斯坦攪局，其中一些人，像是「巴勒斯坦人民解放陣線」（Popular Front for the Liberation of Palestine）就安安穩穩地藏匿在大馬士革，還自稱信奉馬克思主義。

三

蘇聯涉足地中海政治並非一帆風順。史達林早就接受義大利和希臘會留在西方陣營。一九五二年，希臘和土耳其同時加入美國、英國、法國三年前建立的新聯盟「北大西洋公約組織」（North Atlantic Treaty Organization, NATO）。不過，這組織的成員有了義大利的加入，這名稱就不太對勁了。不管怎樣，北約把地中海視為對抗蘇聯擴張的最前線；北約的法國在北非有大片領地，英國在直布羅陀、馬爾他島、塞浦路斯島也都有軍事基地，兩國算是地中海強權。利比亞的惠勒斯機場依然是美軍的軍事基地，對於捍衛地中海、擋下蘇聯染指地中海的野心，美國自有想法。一九五二年，美軍第六艦隊一口氣走遍西班牙八處港口進行訪問，巴賽隆納、帕勒瑪德馬約卡都包括在內，讓西班牙的大元帥（Generalissimo）佛朗哥臉上增光不少，雖然佛朗哥那時依然大肆搜撲殺反政府的民眾。雖然西班牙加入北約必須等到獨裁者佛朗哥於一九七五年逝世之後，美國卻早已在西班牙境內建立空軍基地了。

一九五〇年代，法國的注意力已經開始從地中海往外轉移。其中部份原因在於歐洲這時期的重心是落在歐洲北部一帶，偏移之顯著前所未見。歐洲於一九五七年成立「歐洲經濟共同體」（European Economic Community, EEC）目的不僅在促進歐洲各國的經濟合作，也是防範法德兩國爆發新衝突的手段。義大利加入「歐洲經濟共同體」，給了這組織地中海的面向，但也不應誇大：義大利有資格加入「歐洲經濟共同體」，完全是拜米蘭和杜林（Turin）所賜，兩處遠離地中海的工業城市。「歐洲經濟共同體」成立後的前十五年，義大利一直是共同體中最窮的國家；義大利南部本來就比北部貧困許多，又因為教育程度低、農耕落伍、工業化低而雪上加霜。[14]從地中海出走的動向，進一步的證據可以由法國殖民的棘手過程看到。法屬摩洛哥和突尼西亞動亂頻仍，逼得法國先是給予自治權，隨後放手讓兩地獨立。之後，法國妄想保住阿爾及利亞，當時北部海岸早已合併成「法國本土」（metropolitan France）。法國軍隊和阿爾及利亞國族主義的「民族解放陣線」（Front de Libération Nationale, FLN）兩邊的戰爭極為慘烈，又因為「祕密軍事組織」（Organisation de l'armée secrete, OAS；法國極右派民兵組織）的積極介入而更形複雜。「祕密軍事組織」左打阿爾及利亞的國族主義份子，右打法國政府，捍衛他們認為的法國在阿爾及利亞的利益。阿爾及利亞問題搞得法國的輿情和政治都像犯了羊癲瘋。一九五八年，阿爾及利亞的法國移民反對阿爾及利亞獨立，攻佔阿爾及爾的公署，法國幾位將領發動政變推翻法國的「第四共和」（Fourth Republic, 1946-58），將戴高樂將軍拱出來再度掌權，隨即下令法國部隊空降科西嘉島。戴高樂復出掌權之初，聲明法國絕不放棄阿爾及利亞，但沒多久就不得不承認這不可能，追隨者之中幾位將領認定他背棄了當初的目標，密謀要推翻他。戴高樂無懼威脅，還是在一九六二年放手讓阿爾及利亞獨立。結果可想而知，另一場人口大遷徙。原本留在阿爾及利亞沒走的歐洲人，受到一九六二年七月五日的「奧蘭大屠殺」的刺激決定離開——阿爾及利亞獨立當天，阿爾及利亞的國族主義份子襲擊奧蘭城內的歐洲區，造成多人死亡，死亡人數眾說紛紜（最低的估計約在一百上下），但已嚇得幾十萬名歐洲人倉皇出走。當時依然駐守奧蘭的法軍奉命保持中立，而對屠殺袖手旁觀。阿爾及利亞獨立前後數月，出走的法裔阿爾及利亞人大概多達九十萬，包括移民的後代以及阿爾及利亞猶太人，這些人大多數落腳法國南部。緊跟著，連阿爾及利亞本土居民也掀起一波移民潮；摩洛哥和突尼西亞那邊也不落人後，人口跟著大舉外移；馬賽等多處城市的人心跟著開始轉變。蜂擁而來的北非居民打開了南法潛藏的醜陋、仇外心理，已非「共存」這麼簡單，而「民族解放陣線」幹過的恐怖暴行更是火上加油。

英國也正面對其地中海屬地強烈要求獨立的呼聲。馬爾他島有三種選擇：第一是併入義大利，這在二戰之前是相當普遍的看法，但在吃過圍城的苦頭後就別想了。第二是併入大不列顛，強化與宗主國的紐帶。第三是爭取獨立。第二條路普遍得到支持，但是，在英國減少它在地中海的份量下，馬爾他島的碼頭對皇家海軍顯然用處就愈來愈小。所以，到了一九六四年，獨立運動已經勝出，雖然接下來有十年的時間，馬爾他島依然奉女王伊麗莎白二世為國家領袖，也留在大英國協（Commonwealth）之中未曾退出。後來，馬爾他島在敏多夫（DomMintoff）擔任總理的社會主義政府時期〔一九七一至一九八四年〕，以不結盟的立場自豪，而開始在地中海為馬爾他島尋找盟友，連行事難以預料、在一九六九年奪取政權的利比亞格達費上校（Colonel Gaddafi, 1942-2011）也是對象之一。不過，馬爾他島倒是沒將歷史留下來的異國遺跡大掃除，像炸魚薯條、焦糖麵包、英國英語便始終與他們常相左右，只是退居次要就是了。然而，有一樣歷史遺緒倒是歷屆的馬爾他政府始終都很頭痛的：英國的艦隊撤離之後，島上「大港」的設施要怎樣利用，發揮最好的功效，他們一直找不著頭緒。馬爾他島既然站的是不結盟的立場，就表示蘇聯的艦隊一樣不必期待他們能從馬爾他島那裡撈到多大好處。不過，在中國和蘇聯的關係惡化，兩邊都拿意識型態互相批判時，中國在馬爾他看到了機會。小小的馬爾他島和龐大的中華人民共和國鄭重地建立了邦交，中國也出資改善馬爾他島的乾船塢。另一方面，中國直到一九七〇年代末期之前，也始終能使用阿爾巴尼亞的海軍設施。阿爾巴尼亞是中國在歐洲的親密盟友，樂得拒絕讓莫斯科那一幫「修正派社會法西斯黨徒」（revisionist social Fascists）使用他們的港口設備。[15]

馬爾他島在英國眼中是討厭的蚊子，塞浦路斯島卻是碩大的馬蜂窩。塞浦路斯島上的希臘裔居民要求併入希臘，希裔、土裔兩邊的裂痕愈來愈大，結果可想而知：土耳其政府堅持塞浦路斯島要是落入希臘手中，對於土耳其南部水域是一大戰略威脅。不過，島上反的不單是對立的陣營；殖民政權也是希臘國族主義暴力份子的箭靶，而且還有愈來愈多激進的中學生加入他們的陣營。他們自認是在重演希臘掙脫鄂圖曼帝國鐵腕的獨立戰爭，有一些人甚至加入當時成員上千的「塞浦路斯民族鬥士組織」（National Organisation of Cypriot Fighters,Ethniki Organôsis Kypriôn Agonistôn; EOKA）。該組織的青年軍派系要求成員以「三一真神」（Trinity）之名立誓，矢言「盡全力將塞浦路斯從英國的枷鎖當中解放出來，犧牲性命在所不惜」。[16]但，這絕非兒戲。「塞浦路斯民族鬥士組織」的領袖喬治・葛里瓦斯（Georgios Grivas），狂熱信奉國族主義，對敵人沒有絲毫的慈悲。情勢最危急的時期，尼科西亞天天看得到遇害的英國軍人（總計超過百人）與土耳其人曝屍街頭，希裔、土裔居民各據一方避難，不是用鐵絲網隔開各自的據點，就是有武裝義勇軍守衛。[17]

勞倫斯・杜瑞爾當時先是在尼科西亞的希臘高中任教，後來在塞浦路斯島上擔任英國的新聞官。他寫過塞浦路斯動亂剛起之時，英國殖民政府舉棋不定的狀況：

> 這時候的作法，例如是不是應該拿希臘人作希臘人看呢？希臘獨立紀念日當天，是不是應該播放希臘國歌，而不管他們一直在廣播惡意詆毀、煽動的言論，鼓動希臘人抗暴起義呢？對這一點，看來好像找不到明確的界線，因此眼下的我，被迫走在不清不楚的友好和責難之間。[18]

「塞浦路斯民族鬥士組織」的成員立誓的時候要奉「三一真神」之名，就標舉出希臘正教在「合併」運動當中佔據的角色，因為希臘正教縱使不是伯里克里斯的後人，卻是希臘認同的核心——土耳其人就沒把伊斯蘭扣得那緊。塞浦路斯東正教自主教會總主教馬卡里歐斯三世（Archbishop Makarios III）在塞浦路斯等於是希臘人的領袖，形同當地的「總督」（Ethnarch）——不過，他在一九五六年被英國官方弄出塞浦路斯島，送到非洲東岸外海的塞昔爾島（Seychelles）拘留長達三年。馬卡里歐斯堅定支持「解殖」（decolonization），繼而大力推動合併。土耳其人的回應是力言若想減緩土耳其人與希臘人的緊張，唯一的可能便是將塞浦路斯一分為二。只是很難想得出來該怎麼做才好，因為土耳其人散居在島上。再者，島上漸漸由希臘人佔據經濟主宰地位；在混居的村落中，土耳其人普遍較為窮困。

塞浦路斯共和國在一九六〇年成立，由總主教馬卡里歐斯出任總統，但是亟需小心呵護。希臘、土耳其、英國這三國是塞浦路斯獨立的保證國，一旦塞浦路斯遭遇威脅，這三國有權介入，進行保護。英國保留兩處形狀不規則的軍事基地在手中，德凱利亞（Dhekelia；在塞浦路斯南岸）和阿克羅提里（Akrotiri；在桑多里尼島）兩地面積加起來近一百平方英里（二百五十平方公里），屬於英國的主權領土，北約也在這裡設立了偵測中東的雷達站。土耳其裔在塞浦路斯共和國依憲法有權佔有一位副總統的名額，依希臘裔的看法這讓土耳其裔擁有的政治影響力超乎他們實際人數的比例。不過，這部憲法的目的還是在杜絕島上希臘裔拽著塞浦路斯這座島嶼去和希臘合併。雖然馬卡里歐斯在一九六〇年已經接受塞浦路斯注定是單獨存在的共和國，但是即使一九六七年希臘政權落入一批手段殘暴的極端民族主義將領手中，併入希臘依然是塞浦路斯希臘裔的議題。一九七四年夏天，駐防塞浦路斯島的希臘軍官變成島上的亂源——馬卡里歐在一場軍事政變下被推翻。看來希臘的這些「上校」（譯註34）有意以武力強行進行合併。土耳其政府於七月底出手干預，主張他們是在履行塞浦路斯共和國獨立保證國的責任。土耳其的三萬人部隊登陸塞浦路斯島，佔領了北部三分之一地區，雅典的軍事執政團（junta）眾叛親離，失勢下台。這樣一來一往，塞浦路斯島上百姓承受的影響可想而知。多達十九萬名塞浦路斯希臘裔從卡利尼亞（Kyrenia）、法馬古斯塔暨其他小鎮、村莊往南逃難，躲到希臘控制的地區；塞浦路斯土耳其裔同樣有數萬人倉皇北走，尋求土耳其軍隊保護。塞浦路斯島因此最終以族裔為界一分為二，可是留下的傷痕也很深，肉體的、精神的都有。例如鄰近土耳其的前線，法馬古斯塔在濱海一帶旅棧林立，是希臘裔當年趁獨立建國後相對平靜的年歲建造的，這時成了人煙絕跡的鬼城，像是在襯托古老的法馬古斯塔——法馬古斯塔在四百年前慘遭鄂圖曼土耳其砲轟後，也只剩下哥德式教堂的斷垣殘壁。塞浦路斯島上一條條長長的無人地帶橫貫而過，由聯合國監管將希臘人與土耳其人隔離。尼科西亞早在一九六三年就已經劃分成土耳其區和希臘區兩塊，土耳其裔集中住在由拒馬隔出來的地區內。[19]土耳其區和希臘區的交界處，就從舊城區中央一切而過。這樣一直要到二〇〇八年四月，古城尼科西亞才開放一處通道，供城內的土耳其裔與希臘裔兩邊往來。

土耳其裔接下來便針對希臘人喊的「合併」運動，推出他們一貫主張的對策。一九八三年，土耳其裔在塞浦路斯島成立「北塞浦路斯土耳其共和國」（Turkish Republic of North Cyprus），只是除了土耳其之外，國際上沒有任何國家承認。土耳其在塞浦路斯島上一直有大批軍隊駐防，也鼓勵安納托利亞半島的土耳其人盡量前往土耳其治下的塞浦路斯地區追求新生活，人數多達數萬。塞浦路斯島上的政治氣候變化，可以從地名的變動、禮拜處所先是閒置然後棄用，當然還有隨目可見的國旗等等來作判斷，土耳其共和國的國旗（紅底白色弦月一星），在北塞浦路斯就和北塞浦路斯土耳其共和國的國旗——土耳其國旗的變體，白底紅色弦月（一星）——並排迎風飄揚。但在塞浦路斯島南部，就成了希臘國旗陪著塞浦路斯共和國的國旗一起飄揚。就實際而言，塞浦路斯島等於是由四大各自分立的官府在統治的：希臘裔的塞浦路斯共和國，土耳其裔的塞浦路斯共和國，英國和聯合國。親希臘的塞浦路斯共和國於二〇〇四年加入「歐洲聯盟」（European Union, EU），當然也想要順帶彌合一下各方的嫌隙。歐盟既然以親希臘

譯註34：「上校」——希臘軍方的一群上校軍官於一九六七年發動軍事政變，成立軍事執政團（military junta），於一九六七至一九七四年間統治希臘，這一段時期的政權也叫作「上校政權」（Regime of the Colonels）。

的塞浦路斯共和國為統治塞浦路斯全島的合法政府，歐盟在島上的投資，土耳其手中的尼科西亞、卡利尼亞暨北塞浦路斯其他地區自然可以雨露均霑一下。而塞浦路斯加入歐盟是由希臘大力促成，自然不足為奇，因為這樣一來，希臘就可以藉機在歐盟的會議桌弄到一個站在希臘這邊的發言權；這樣又可以將歐盟捲入希臘和土耳其的較勁，而將分裂的塞浦路斯島送上國際的角力場。[20]塞浦路斯島上的土耳其裔大體樂見塞浦路斯統一為聯邦，但是，島上的希臘裔可就不甘心他們在北塞浦路斯的產業就此付諸流水，只不過，他們希望這些問題在塞浦路斯加入歐盟之後有機會或是有辦法解決也看得太過樂觀了。無論如何，逼得土耳其人的北塞浦路斯朝和解邁進，最重要的因素就是他們得不到國際承認以致經濟十分艱困，對土耳其的經濟支援依賴過大，軍事支援就更不在話下。[21]

至於英國在地中海第三處也是最小一處的領地，可就沒機會談解殖了，其實他們連解殖的意願也沒有。第二次世界大戰結束之初，直布羅陀在英國眼中依然是他們不可或缺的海軍基地，但後來英國在地中海投注的心力日減，直布羅陀的地位隨之日衰。美國一和西班牙軍事強人佛朗哥簽約，得以使用西班牙南部的海軍基地，直布羅陀在他們便也一樣找不到什麼用處了。佛朗哥接著開始妄想，只要他多吵鬧一下，直布羅陀就會是他的囊中寶物。不過，英國在一九五〇年前後對於要和西班牙的佛朗哥政府培養親善的關係，沒有多大的興趣，畢竟西班牙的獨裁政府手中的迫害紀錄，是極大的污點。西班牙在聯合國一時也吵不起來，因為西班牙直到一九五五年才獲准加入。[22]西班牙加入聯合國前一年，英國新登基的女王伊麗莎白二世，進行長達六個月的環球訪問之旅，最後一站便是直布羅陀。佛朗哥這下子就有藉口發動馬德里的民眾上街抗議了。西班牙官方的申辯是西班牙有權索回他們每一寸的國土，指斥直布羅陀居民有許多根本就是和英國一樣的外人，認為道地的直布羅陀人，要到聖羅凱小鎮的居民當中才找得到；直布羅陀北邊靠近內陸的聖羅凱是直布羅陀附近的西班牙小鎮，直布羅陀巨巖的原有居民在一七〇四年被英國進犯的軍隊逼得往內陸撤退的時候，就是退到聖羅凱鎮上定居的。[23]西班牙的主張不同於一般的解殖論，他們講的問題不在於居民的自治權，而是在劃出一條比較符合歷史傳統的天然國界；不過，西班牙的主張要是被摩洛哥人拿去，用來主張西班牙在修達和梅利利亞的多處前哨站也應該奉還給摩洛哥，西班牙要怎麼解套就不得而知了。英國女王訪問過後，佛朗哥政府對於西班牙和直布羅陀之間的交通往來，管制日趨嚴格。就有當年在美國空軍當過飛官的人寫過：

> 我在七〇年代晚期、八〇年代初期，從那不勒斯和西西里島飛到直布羅陀幾次，那幾次可以說是我飛行生涯當中進場最難的幾次，因為西班牙的飛航管制針對從東邊降落的路線，設定的進場走廊窄得不得了。[24]

英國對這直布羅陀的問題一直猶豫不決。他們覺得直布羅陀在這時候的用處，比起英國皇家海軍的全盛期已經大不如前，但又因為直布羅陀居民不斷宣示他們對英國忠心不貳，而深覺不捨。[25]所以，英國的主張便是堅持直布羅陀問題的重點，不在國家的領土完整，而在直布羅陀居民的意願。一九六九年五月，英國政府明白表示「女王陛下的政府絕對不會罔顧直布羅陀人民以自由、民主程序表達出來的意願，而逕自和他國進行協議，將直布羅陀人民交付另一國家主權治下。」[26]佛朗哥沮喪之餘，老羞成怒，發揮他始終未減分毫的暴戾本性，將西班牙和直布羅陀之間的邊界完全封鎖。這一封鎖就是十三年的時間，直到西班牙已經進入民主時代有好一陣子了才略作開放；至於完全開放，則又要再等到一九八六年西班牙加入歐盟的時候了。在邊界封鎖期間，原本在直布羅陀工作的西班牙人就丟了工作，直布羅陀人要是想到西班牙去，唯有繞道丹吉爾拐一大圈才有辦法。西班牙對直布羅陀回歸一事的敏感神經，還一度被挑撥到歇斯底里的地步：一九六五年，西班牙甚至威脅世界小姐（Miss World）選美大會，要是有直布羅陀小姐參選，西班牙就要抵制。可是，西班牙外交部千方百計要達到目的卻始終未能如願；直布羅陀居民幾乎盡數不願斷絕他們和英國的關係。[27]直布羅陀混居的族群眾多，英國、西班牙、熱那亞、馬爾他、猶太、印度，到後來連穆斯林都共處一地；這原本算是地中海普遍的現象，也就是「地中海型港市」，但如今，直布羅陀卻是僅存的碩果。

第七章
地中海的最後一幕
西元一九五〇年—西元二〇一四年

一

地中海在史上有過數次人口大遷徙，二十世紀晚期便有過一次。北非地區的人口大舉出走，以色列的人口一進一出，前一章都已經討論過了。西西里島和義大利南部人口大舉遷出的歷史，還可以遠遠回溯到十九世紀晚期，遷徙的方向大半指向北美和南美。後來在一九五〇年代和六〇年代，西西里島和義大利南部人口遷徙的方向，轉向義大利北部的大城小鎮。義大利南部的農業原本就因為政府忽視、吝於投資而疲敝不振，這時又因為人口大舉外流、廢村，而衰落得更為嚴重。其他地區的人口大遷徙則和殖民有重要的關係。例如英國統治塞浦路斯島，就帶動大批希臘人、土耳其人流入倫敦市北區落腳。遷徙潮帶入的不僅是人口，還有他們的飲食特色：例如披薩一九七〇年代便在倫敦流行起來；英國境內的希臘餐廳也別有塞浦路斯風味。從義大利流傳到海外的飲食，可想而知是以義大利南部的菜餚遙遙領先義大利其他地區。熱那亞廚師發明的無上美味，「青醬麵」（trenette al pesto），一九七〇年代以前就算在義大利也鮮為人知，甚至可以說出了利古里亞就不為人所知。不過，地中海飲食在歐洲北部地區引發人心

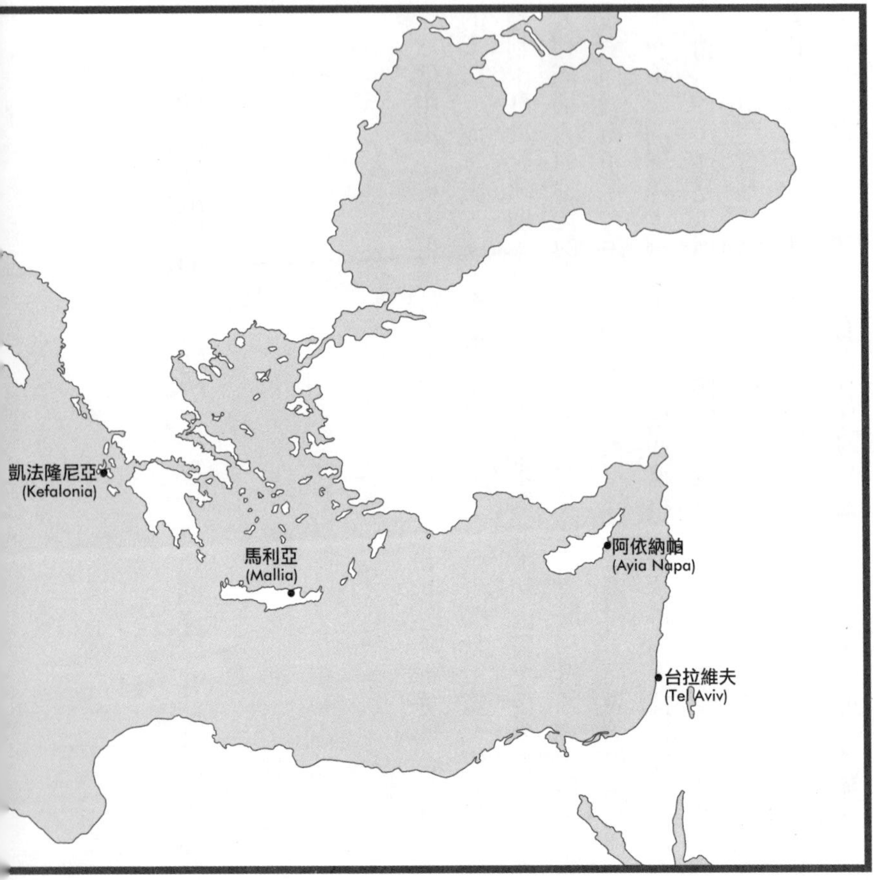

悸動，早在一九五〇年就初次感受到了，這一年英國美食家伊麗莎白・大衛（Elizabeth David）寫的《地中海料理》（*Book of Mediterranean Food*）出版問世。這一本書是她周遊地中海各地，三番兩次闖過驚心動魄的關口，走過第二次世界大戰卻總能在敵軍槍口的面前一步留下性命，方才焠煉出來的結晶。書籍上市後，一開始引發的只是心中的憧憬，倒沒有實際的成果。那時英國戰後糧食配給還沒解除，連橄欖油這樣的食材也是遍尋無著的。等到歐洲北部繁榮漸起，陌生的地中海產品市場才開始擴大，最後則要到一九六五年，大衛

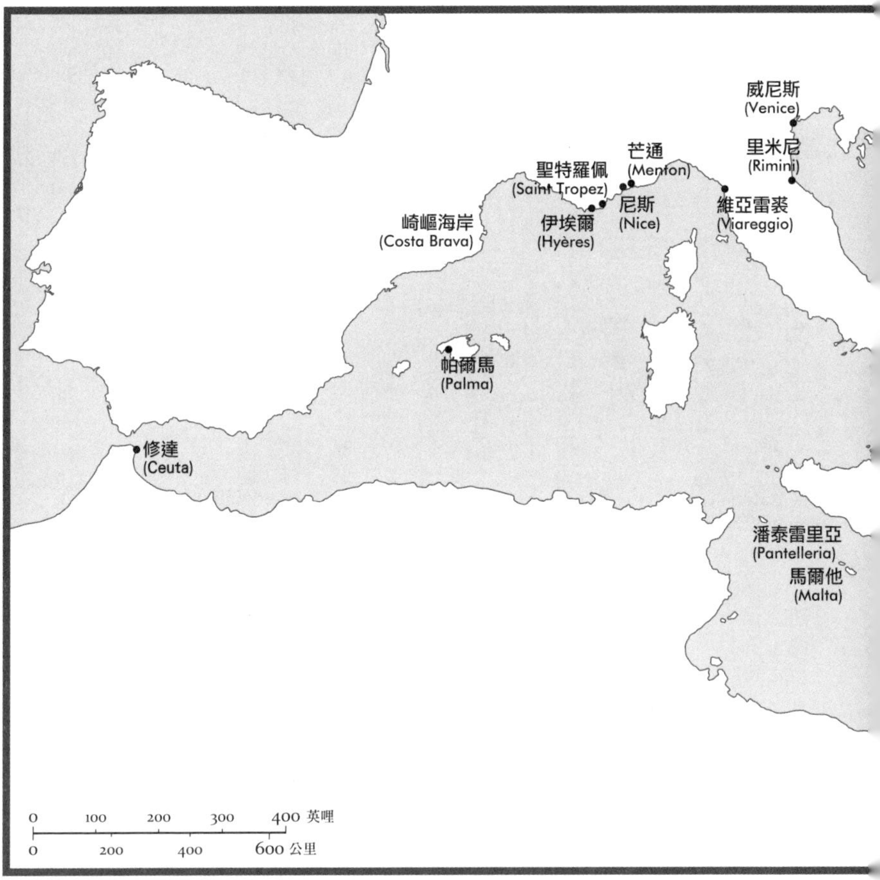

女士才有信心自行開店賣起烹調器皿（譯註35）。到了一九七〇年，像茄子這樣的食材在英國、德國、荷蘭的雜貨店都找得到了；時間來到二〇〇〇年，以魚、橄欖油、蔬菜為主要材料的地中海菜餚，遠比豬肉、豬油當道的歐洲北部傳統菜餚要健康得多的看法已經深植人心。地中海的地方菜風靡歐洲和北美——而且不限於義大利飲食，還有古羅馬的飲食，不只是古羅馬的飲食，還有古羅馬時代的猶太飲食等

譯註35：原書寫伊麗莎白・大衛開店賣食品，但是大衛的商店不賣食品、食材，而是賣鍋具還有當時倫敦不易買到的烹調器皿。

等。[2]美國加州的葡萄農作發展得極為興盛、精密，也帶動起地中海區的葡萄酒日趨流行，連往南推到阿普利亞、阿利坎特那一帶的葡萄酒也不例外。克羅埃西亞海岸一帶或是土耳其海岸一帶也不時傳出新闢葡萄園區，前景十分看好，至於黎巴嫩東部的貝卡山谷（Bekaa Velley）和戈蘭高地那一帶，古老或是新闢的葡萄園區更不在話下。歐洲北部清淡無味的菜餚（法國和比利時不算）就此淪為陳跡。而且，飲食的變化不宜看作是逸趣小事，一笑置之：地中海飲食風行全球，等於劃分族裔的界線也被打破。

所以，地中海到了這時候說是世界各地人人都有的文化財產也可以。不過，在地中海岸之外很遠的地方啟動的人口流動，對地中海一樣有長遠、重大的政治暨社會衝擊。新一批從地中海外流入的人口湧入地中海的城市，或是暫時棲身，或是永久定居，再要不就是流入鄉間充當廉價勞工。二〇〇〇年前後落腳地中海區的非洲或是亞洲流動人口，大多數的目標就是先踏上歐洲大陸的土地就好，之後再朝北方推進，像是到法國、德國或是英格蘭，雖然義大利的大城市也算得上是磁鐵。然而，無論人流是要往哪裡去，首當其衝的都是歐盟的地中海會員國，因為洶湧流入的人潮不管怎樣都必須由他們處理。除了修達之外，夾在西西里島和北非之間的幾處小島——蘭佩杜薩、潘泰雷里亞、馬爾他島——都是熱門的入口。義大利於二〇〇九年五月將多艘滿載難民的船隻遣返利比亞，遭聯合國處理難民事務的機構「聯合國難民總署」（UNHCR）嚴辭斥責。單單是二〇〇八年便有三萬六千九百名難民抵達義大利尋求政治庇護，比二〇〇〇年多出百分之七十五。二〇〇八年抵達馬爾他島的難民人數為二千七百七十五人，等於每一百四八十名馬爾他島人要迎進一名移入的人口。從二〇〇二年到二〇一〇年的九年難民潮，就以二〇〇八年的這一數字為高峰。二〇一〇年，難民湧入馬爾他島的人數確實暴跌，這是因為利比亞和義大利談好的庇護協議澤及馬爾他島——義大利才是許多難民取道馬爾他島想要前往的目的地——也可能是歐洲深陷經濟危機的谷底，吸引力大減的緣故吧。[3]難民問題不是只有地中海西部的國家才會遇到，多德卡尼斯群島也是亞洲難民經由土耳其前往歐洲的熱門入口。

這一波新難民潮有一點十分突出，也就是以穆斯林佔絕大多數，導致興建清真寺的爭論再起，源遠流長的敏感神經或說是古老的偏見吧，在安達魯西亞和西西里島依然很強的；偶爾還被嚴重挑撥，因為會有極端份子冒出來疾呼穆斯林應該收復以前屬於伊斯蘭的土地，安達魯斯自然包括在內，重建哈里發王國。不論情勢如何，有一條人口遷徙的鐵律始終不變：歐洲西部的生活條件一往上走，純勞力的工作就會下放到流動人口身上，像是旅館的清潔婦、侍者或是清潔工，還有興建這些旅館的建築工等等。地中海的經濟在第二次世界大戰之後格外繁榮、前所未見的一片新興領域便是旅遊業，隨之創造出來的工作機會同樣大量湧現。

二

地中海在二十世紀後半葉雖然已經不再是國際爭逐商業或是海上霸權不可缺席的場所，但還是找到了足以吸引人潮匯流的新號召：大眾旅遊。[4]大眾旅遊最早便是起自地中海，如今每年招徠二億三千萬以上的遊客。[5]千千萬萬從歐洲北部、美國、日本暫時移棲的人潮湧入地中海，不是要尋找陽光就是要尋找文化，或者是陽光加文化。和這一路平行匯流的另一路是永久移居的人潮，德國、英國、斯堪地那維亞半島的退休人口希望能在西班牙海岸，或是馬約卡島、馬爾他島、塞浦路斯島上，找一處公寓別墅終老餘生。這一批移居的人潮匯聚成特殊的社區，自有俱樂部、小酒館、啤酒窖，甚至在馬約卡島都出現了德國人成立的政黨。[6]不過，屋舍是違建或是所有權有糾紛，這樣的爭端跟著層出不窮，以致於到地中海過退休生活的人未必真能大享清福，尤其是西班牙的官方機構有時氣起來還乾脆直接把屋子拆掉了事。這樣的南遷潮，對於環境生態也帶來了嚴重的惡果，水源能源本來就不豐裕的地方因此更顯困窘（尤以塞浦路斯島最為嚴重），原本山邊水涯一覽無遺的勝景也被一片片設計粗糙、千篇一律的白色水泥屋子破壞殆盡（特別是西班牙）。

若要了解地中海的旅遊業是如何一飛沖天，必須回頭去看早在第二次世界大戰開打之前便已經推進相當久的發展。先前「壯遊」的年代，英格蘭、日耳曼來的旅人走訪那不勒斯灣區暨地中海其他古蹟（還有名勝），算是小眾的菁英需求。後來，橫越法國的鐵路通車，英國的維多利亞女王還在十九世紀晚期把法國的芒通（Menton）和耶荷（Hyères）變成流行的避寒勝地，地中海區的旅遊就變得平易近人。尼斯和坎城一條條林蔭大道沿線蓋起一棟棟豪華雄偉的旅館，還有一小截地中海岸，蔚藍海岸（Côte d'Azur），不論寒冬盛夏都是富豪的遊樂場——蒙地卡羅（Monte Carlo）的崛起還需要一點時日，也就是要等到摩納哥的親王成立「濱海度假酒店集團」（Société des Bains de Mer）才開始。不過，摩納哥親王成立這樣的事業集團，重心以賭場要大於海水浴場。英國人對海水浴場極為熱衷，認為有益健康。[7]義大利的水療館（spa）也開始在內陸的卡蒂尼山（Montecatini）、阿巴諾（Abano），還有里米尼的海岸等地推展，在浩蕩來襲的英國觀光潮當中擠出地方為義大利常客提供服務。英格蘭作家佛斯特（Edward Morgan Forster）寫的幾部小說就描寫過這樣的盛景：來到佛羅倫斯，找公寓一住就是好幾個月，只是「大海」尚未成為他們慕名前來的招牌。[8]到了二十世紀晚期，來到地中海遊歷的旅客相較於以前，變化最劇烈的便是人數、目的，加上交通便捷，輕易便可來往於地中海的各個角落。這時候，遊客取代了旅人。

旅遊風潮擴散，是由三大因素領軍。地中海地區的政府，不論國家、地方政府區，還是省市，都看出旅遊業是吸納外幣、促進地方產業繁榮的良方。例如以色列就分別在一九七六年、一九八七年、一九九六年擬出一份份計劃綱領，希望推廣以色列的觀光產業。以色列這國家擁有四大旅遊族群並具的優勢：猶太裔遊客，基督徒朝聖客，國內觀光客，以及慕名來到以色列海灘和名勝古蹟一遊的國外度假旅客。到了二〇〇〇年，台拉維夫的濱海地帶從雅法城邊往北邊看過去，一棟棟宏偉的新建大型旅館一路林立，不是四星等級就是五星，只是很難找到有哪一棟可以說是漂亮就是了。[9] 像「湯遜假期」（Thomson Holidays）和「哈帕勞合」（Hapag Lloyd）便向地中海之外的地方賣力推銷地中海旅遊，沿西班牙、義大利、希臘和突尼西亞海岸廣派業務代表蒐羅旅館資料，以便吸引英格蘭、德國這些地區的旅客。最後一點，和前兩點一樣重要，這便是旅客，他們在一九五〇和六〇年代覺得在地中海的岸邊徜徉兩個禮拜，有助於他們掙脫歐洲北部揮之不去的灰暗陰沈——有許多人要的不過是在海灘或旅館的游泳池畔有一張日光浴的躺椅就好；那時不少人對於當地人擺在他們面前的餐點，甚至都沒把握是不是要張口吃下肚。英國來的遊客在希屬塞浦路斯輕易就可以找到吉百利（Cadbury）巧克力和英國切片麵包。[10] 荷蘭的度假旅客還以隨身攜帶一袋袋的荷蘭馬鈴薯而聞名。法國人自家就有一截地中海岸線，比北邊來的歐洲鄰居要多一點創意。「地中海俱樂部」（Club Méditerranée；Club Med）首創「全包式假期」（all-inclusive holidays）的旅遊業務。他們於一九五〇年成立之初，只有馬約卡島上的幾座海灘小屋而已，本意是要營造荒島的浪漫情調。他們開拓出來的地中海旅遊景點，有許多都是旅遊人潮幾乎未曾踏足的地方，像是摩洛哥的地中海岸；創新的經營手法還包括直銷；不過，他們的盛期是在一九九〇年以前。之後，經濟環境不佳加上公司經營問題，大大削弱了「地中海俱樂部」的實力。[11]

歐洲北部蜂擁入侵的觀光客，一開始還算客氣。里米尼早在一九三八年就有機場了。那時期，里米尼招徠的是有錢人，畢竟航空運輸在那時還是很貴的。只是未幾第二次世界大戰爆發，原本也只是涓滴細流的外國觀光客源就這樣斷了。大戰結束之後，里米尼改走平民路線。[12]航空、鐵路、公路交通愈來愈便宜、愈來愈便利，里米尼和其他地方的觀光業隨之蓬勃發展，極為興盛。一九五〇年代，一批又一批德國和英國的遊客搭乘鐵路來到里米尼（Rimini），周邊的衛星城市跟著成長，到後來像里喬內（Riccione）、濱海米蘭（Milano Marittima）等等城市都可以和里米尼一爭長短。這一帶的標誌就是一列又一列、密密麻麻的日光浴躺椅加遮陽傘，劃出一棟棟鋼筋水泥旅館的地盤。附近的比薩也看得到類似的發展，那一帶的維亞雷裘（Viareggio）就茁壯成托斯卡尼旅遊運輸的中樞，熙來攘往的洶湧人潮，興趣顯然偏重在海濱假期，而非佛羅倫斯和托斯卡尼其他城鎮的豐富藝術寶藏（唯獨會挪出一天到比薩去看斜塔，張口結舌一下）。大眾旅遊，加上因此帶動起來的新建旅館以及其他基礎建設，就這樣成為義大利、西班牙、希臘經濟復興的重要骨幹。

不過，真正帶來改變的還是飛機。[13]便宜、安全、迅速的空中交通要花一點時間才能問世，這方面是以英格蘭為先驅，因為英格蘭沒有直通地中海的鐵路，十分不便。英國是航空產業的重要中心，他們利用第二次世界大戰期間研發出來的新航空科技，在一九五〇年代晚期和一九六〇年代初期建造出性能優越、航行平穩的大型客機，例如「維克斯子爵」（Vickers Viscount）、「大不列顛」（Britannia）。所以，大英的子民就這樣直上青雲了。德國和斯堪地那維亞半島的人民隨後跟進。一九五〇年代，「湯遜度假」首創定期飛往馬約卡島的航班，馬約卡島就此成為密集航空旅遊業進攻的第一個目標。要是不搭飛機，到馬約卡島一趟可是又慢又累人的，要搭火車、坐船，再搭火車換火車（西班牙的軌距是比較寬的那一種），最後再坐一次船。[14]到了一九六〇年代末期，速度更快更平穩的噴射客機問世，例如BAC I—II，馬約卡島空中交通發展的更加迅速，島上帕爾馬的機場也一直名列歐洲最繁忙的機場之列，至少在夏季一定名列前矛。一九六〇年到一九七三年，馬約卡島的遊客人數暴增，從六十萬人陡地跳升到三百六十萬人。[15]進入二十一世紀，馬約卡島的經濟有百分八十四仰賴旅遊業。島上像新帕爾馬（Palma Nova）這城市，便是專門為了旅遊產業而特地建起來的鋼筋水泥市鎮。不過，馬約卡島的繁榮盛景，要回溯到佛朗哥掌權的時代。一九六七年英國民眾海外度假，百分之二十五選擇馬約卡和西班牙本土（加納利群島不算），一九七二年佔百分之三十六，到義大利度假的比例則從百分之十六下降到百分之十一。[16]西班牙在這方面遙遙領先，這正是佛朗哥政權要的：一九五九年，佛朗哥政府為西班牙經濟擬出一份新的「穩定計劃」，勾劃的前景不太像能穩定什麼，反倒像是要大力拓展西班牙地中海海岸地帶、巴利亞利群島、加納利群島的旅遊業。[17]西班牙海岸因此有大片大片地區冒出水泥森林，雖說是為地區帶來了繁榮，但也顯示當局幾乎將崎嶇海岸（Costa Brava）的天然美景以及西班牙地中海岸其他地區置之不理。那時期，西班牙燦爛奪目的文化資產——托利多、塞戈維亞（Segovia）、哥多華、格拉納達——全都讓位給海岸線。西班牙官方闢建公路以利交通，增設路燈提高照明，加上其他必要的改善措施，在在有利於海岸沿線的旅遊發展，只是他們的鐵路還是慢得要命，久久未見改進。

旅遊在這時代不僅全球化，也平民化。從英國到西班牙旅遊，由於套裝旅遊問世的推波助瀾，吸引力廣朝各色人等擴散。這時的觀光客不必再像探險家那樣在地中海的大城小鎮、鄉野郊外逶行，尋幽探勝，因為，這時候大家可以安安穩穩坐在英國或德國家中客廳，看目錄挑擇航班、旅館、餐點、甚至一日遊的行程等等，心裡知道隨行的導遊一來和自己講一樣的語言，二來在旅遊地點要是和當地人有了麻煩，也會出面代為解決。這時候的遊客要的是「裝配線假期」（holiday from the assembly line）。[18]而且，要是有人覺得出遠門跑到外國好像有些擔心，這裡有許多例子可以教人寬心；連當地人也都願意包涵外地人奇奇怪怪的要求，例如英格蘭來的遊客非要吃炸魚薯條，德國來的遊客非要吃到油煎香腸（Bratwurst），等等。

有幸到地中海度假的人，也忙不迭要將度假一事昭告天下；從西班牙或是義大利玩過一趟回家，一定曬成一身古銅色作搭配才算數。一九四七年時，法國推銷蔚藍海岸旅遊的宣傳小冊，便已經把重點放在海灘的玩樂。[19]曬成古銅色，像是炫耀財富健康的徽章，因為那時大家只知道維他命D的好處，還不清楚長波紫外線和戶外紫外線的壞處。一臉蒼白在那時候還是和肺癆患者還有坐辦公桌的小職員連在一起的。主宰時尚品味的霸主可可・香奈兒（Coco Chanel）於一九二〇年代到地中海，有過一趟航行之旅後，就決定要拿她曬黑的膚色當作時尚的配件，而為之後好幾代的仕女立下了追求的標竿。不過，傾心於古銅色的肌膚，也和道德標準轉變脫不了關係。[20]即使在第二次世界大戰之前，一般在公共場合要包得緊緊的人身部位，有些地方到了海灘是可以露出來的。女性（還有男性）身軀可以露出來的部位當然也漸漸開始變多。一九四六年，「比基尼」泳裝——名稱來自太平洋用作核爆測試場的一塊環礁——甚至登上巴黎時裝展的伸展台。只不過，縱使設計出這般海灘裝束的人，原本指望反對陣營看了會有核爆一級的反應，比基尼泳裝還是要再過個一、二十年才會普及起來。到後來，比基比愈露愈大膽，原先蓋住的肚臍終究免不了要出來見人。[21]當時一般認為比基尼泳裝敗德，以致於義大利和西班牙在一九四八年同都對比基尼泳裝下了禁令（梵諦岡教廷也發言表示支持禁令）。可是，禁令歸禁令，卻禁不了蜂擁入境的外國遊客，結果形同虛設。比基尼風靡的魅力和所用的材料有一點關係，到了一九六〇年代，比基尼的材料用的都是「氨綸」（Spandex）或叫作「萊卡」（Lycra）的彈性纖維了，這是人造纖維和天然纖維合成的布料，不會吸水。萊卡的布料即使做成一件式連身泳裝，由於密合貼身，顯露出來的女性曲線遠較保守人士想的為多。一般人穿泳衣，展示便是重要的目的，游泳池畔每每就是靜靜盯著看的人才多，戲水反而稀罕。[22]飛機和比基尼，作夢也拉不到一起的兩大科技新發明，反而聯袂在二十世紀後半葉改寫了地中海和歐洲北部地區的關係。[23]

大批外地遊客來到地中海就是要曬得一身黑回去，理所當然就教地中海當地居民大惑不解，因為，地中海正午的豔陽，他們可是避之唯恐不及的。至於，這些遊客的行徑他們就更搞不懂了：男男女女從不避諱作肢體接觸，尤其是身上穿的還沒多少的時候，可是看得希臘、突尼西亞這些地方的民眾瞠目結舌。西方遊客的行為，在共產黨統治的阿爾巴尼亞眼中就是西方墮落的徵兆。安維爾・霍查就發過牢騷，說西方觀光客在他們鄰國搞得那些「有褲子或是連褲子也沒有」的什麼名堂。不管他在指什麼（說不定是指桑罵槐，矛頭對準的是他看不順眼的南斯拉夫自由派），他確實是施展出鐵腕，搞得除了「馬克思—列寧—毛澤東」主義的陣營之外，幾乎沒幾個西方觀光客進得了他的地盤。北方歐洲追逐逸樂、放縱無度的態度，特別是一九六〇年代以來的風氣，地中海的當地居民接觸到了自然有所感染，其中以年輕人首當其衝，對於看到的一切，無不覺得新奇又迷人。[24]到了一九八〇年代，文化衝突益發明顯，因為這時女性在海灘袒胸露乳已經十分稀鬆平常。法國人有崇拜外在美的信仰，加上龐大的化妝產業助陣，聖特羅佩（Saint-Tropez）注定要在這方面當起衝鋒陷陣的先驅。義大利和西班牙的度假村隨後跟進。有些人覺得大解放的事，卻讓其他人左右為難，反應形形色色。威尼斯聖馬可大殿就派了一名修女負責監督遊客的服裝儀容，若有不整，有權禁止遊客入內。只是，她幹這差事的壓力太大，最後精神崩潰。至於西班牙的伊維薩（Ibiza），則成為著名的同性戀旅遊勝地——西班牙在佛朗哥時代之後一路飛躍趕進度，能走多遠由此可見端倪。眼見旅遊風氣旺盛，趁機大撈旅遊財並且成果豐碩的另一國家，就是南斯拉夫。南斯拉夫以規劃良好的廉價住宿度假酒店為基礎，堅定打造出他們的旅遊名聲，特別博得德國人青睞。南斯拉夫的一大特色旅遊是天體營。狄托政權提倡天體營是相當聰明的一招，懂得天體營對於德國、斯堪地那維亞半島「天體文化」（Frei-Körper-Kulture）（譯註36）的忠貞信徒一定格外有吸引力，這些人講究的是通體曬黑，無一寸放過。

不過，搭飛機便宜、喝酒便宜，也會毀掉觀光業的。克里特島上的馬利亞（Mallia））和希屬塞浦路斯的阿依納帕（Ayia Napa），就因此落得聲名狼籍。搞臭他們名聲的，以英國來的年輕人責任最大。他們遠道而來，對當地的文化才沒有興趣，要的只是「有機會在最短的時間之內玩得最瘋，家鄉找不到的」。而他們玩的，主要就是性和酒這兩件事。二〇〇三年，英國的新聞媒體就明指「十八—三〇俱樂部」（譯註37）的導遊大力向年輕人推銷這兩件事。所以，馬約卡島會想要朝高價位的市場發展也不教人意外，雖然朝高價位市場發展表示旅遊的人數會減少，但是，富有的旅客每人的平均花費也比較高。有些地方，例如阿普利亞和薩丁尼亞島部份地區，還特地打出「高級」旅遊作號召，精品旅舍也開始從大型酒店搶走客源。原先生產力不佳的貧困地區因旅遊業而漸趨富庶，但是自然環境付出的代價也很高。水資源吃緊，空調系統增加碳排放量，飛機的問題，再者，旅館集團對附近海域的污染就更別提了，在在對地中海的生態環境有害而無利。地方上的傳統也備受打擊，慶典淪為商業儀式，威尼斯的古老嘉年華會（carnival）原本沈寂良久，這時也翻了出來重新包裝，作為威尼斯年度的盛事大肆宣傳——而且還塞在威尼斯的年度旅遊淡季，會挑中以前幾乎看不到觀光客的時節來辦嘉年華會。英國小說家路易・德・貝尼耶（Louis de Bernières）寫的暢銷小說《柯瑞里上尉的曼陀林》（*Captain Corelli's Mandolin*），一九九四年出版後，利用「媒體隨選服務」（Media on Demand；MOD）大力促銷而引發的衝擊，在凱法隆尼亞便明白可見〔故事背景設在凱法隆尼亞〕，二〇〇八年美國電影《媽媽咪呀》（*Mamma Mia*）大賣座，同樣對希臘群島產生影響。[26]

夏季旅遊風潮興盛的利益，長久以來一直由地中海獨佔，外加葡萄牙和加納利群島也分一杯羹吧。這情形一直到了一九九〇年代，才有遠赴古巴、佛羅里達或是多明尼加共和國（Dominican Republic）度假的長途旅遊，開始和大眾旅遊市場分庭抗禮。短程旅遊在一九九〇年代晚期也大幅擴張，冠上「城市自由行」（city break）的名號，航空公司為此大打價格戰，刺激廉價航空問世，而且是由英國和愛爾蘭的企業家一馬當先，搶得先機。愛爾蘭的「瑞安航空」（Ryanair）在英國、比利時、德國和義大利都建立起了樞紐機場，壯大為歐洲最大的航空公司。廉價航空招徠的乘客不僅是重視價格的消費者，還包括在法國南部、托斯卡尼或是西班牙擁有度假別墅的人。除了航空，海上旅遊也開始蓬勃發展，因為輪船公司宣傳搭乘遊輪比搭乘飛機對環境比較友善——雖然這樣的說辭有時十分諷刺。古名叫作拉古薩的杜布羅尼克還因為蜂擁而來的遊輪觀光客太多，招架不住，以致在旅遊旺季的時候還要出動交通警察協助疏導舊城的觀光團。

譯註36：「天體文化」——原書寫作Frei-Korps-Kultur，Frei-Korps是「自由軍團」民兵組織，起自十八世紀的日耳曼迄至二十世紀的德國。衡諸文意，作者想寫的應該是Frei-Körper-Kultur（FKK），也就是「天體文化」。

譯註37：「十八—三十俱樂部」（Club 18—30）——英國旅行社，專營十八歲至三十五歲客層的旅遊。

地中海的旅遊當然不是歐洲人獨享。兩支遠地來的觀光大軍「入侵」同樣搶眼：美國人和日本人。第二次世界大戰之前，地中海區可以大宴小酌的公共場所，美國人就已經不是新鮮的面孔了（英國作家D. H.勞倫斯就帶著一名美國友人一起去探訪托斯卡尼古墓）。但是，把義大利、希臘、法國南部和埃及的歷史古蹟加進美日觀光客的旅遊行程當中，又再一次反映交通便捷的發展；低廉的票價和繁密的航線網，教大西洋另一頭的人也輕易就可經由航空運輸來到地中海周遊各地。日本人走訪歐洲的文化和歷史，倒也能為西歐經濟何以如此繁榮找到解釋；而且，日本旅客流連歐洲，還教日本原本便已的西化腳步變得更快。不過，日本遊客湧向地中海的人潮，隨日本經濟發展的起落而有增減。旅遊業會遇上的另一道限制，便是政治動亂：達爾馬提亞美麗的海岸，原本極為繁華的一處處度假勝地，在一九九〇年代南斯拉夫解體的期間，營運便遭重挫，之後的復甦之路也走得很慢。不過，觀光客在現代的地中海走的度假路線，就像中古時代的貿易路線那樣：要是克羅埃西亞或是以色列時局不靖，那就是其他地方趁亂搶佔上風的大好機會，例如塞浦路斯、馬爾他島、土耳其等等。

三

共產主義失勢，蘇聯瓦解，為地中海去除了些許緊張，因為莫斯科這時不再處心積慮要在敘利亞、利比亞等等盟邦之間建立強烈反美的集團了，只不過這些國家一般還是與以色列為敵就是了。而以色列呢，他們對於媾和看起來就不像甘心樂意的了，棄守他們在西岸的屯墾區也是百般不願，雖然他們在二〇〇五年還是撤出了加薩；以色列撤出加薩後，加薩就由伊斯蘭政教派（Islamist）哈瑪斯組織統治。土耳其和以色列原有強固的軍事和政治關係，在二〇一〇年也告決裂，名義上是因為加薩遭以色列嚴密封鎖，運送救援物資前往加薩的船隻又遭以色列攻擊；但是，這也表示土耳其正在中東地區尋找新的天命，有些人將土耳其此舉稱作「新鄂圖曼主義」（new Ottomanism），而且之所以如此，和歐盟給土耳其臉色看，對他們閉門不納，有部份關係；歐盟當中有一些強國始終反對土耳其加入歐盟，而且對於塞浦路斯的問題，也沒有哪一國拿得出讓土耳其滿意的解決方案。

地中海區維持穩定的對策，也漸漸從政治較勁轉向生態課題，而在生態課題這方面，唯有待各地中海國家同都願意放下政治歧見同心協力，才有機會處理。二十一世紀初年出現的一連串提議，能否有所建樹，端看各方是否願意為經濟發展劃下限度，為後世子孫維護地中海的自然環境。歐盟自一九九五年的〈巴塞隆納進程〉（Barcelona Process）開始，便在想辦法拉攏地中海各國一起朝共同的政治、經濟、文化目標邁進。從一九九五年的協議巴塞隆納宣言（Barcelona Declaration）開始，推進到二〇〇八年，就孕育出了「地中海聯盟」（*Union pour la Méditerranée*），歐盟全體會員國以及地中海每一國家，無不加入這一組織。雖然大家首要的目標政治穩定，看似因為緊張的局勢始終未能紓解而受阻，特別是以色列和鄰邦之間的關係；但是，以色列、巴勒斯坦自治政府、敘利亞、黎巴嫩同在地中海聯盟之內，就是要為對立的各方建立起共處的平台，試試看能否看出大家共同的利益何在，而非緊抓著歧異不放。而在諸多經濟目標當中，建立「泛地中海自由貿易區」的構想，也像是重新喚起了古羅馬時代的盛景，或是伊斯蘭世界早期縱橫地中海的貿易網。地中海聯盟主要的缺點，就是未能加入歐盟的地中海國家，都把這聯盟看作是歐盟會員資格的差勁安慰獎，尤其是土耳其。歐洲政界有幾位領袖反對土耳其加入歐盟，例如時任法國總統的薩柯齊（Nicolas Sarkozy），就明顯看得出來對地中海聯盟特別熱衷。其他人則是嚮往歐盟有朝一日可以壯大為「歐洲地中海聯盟」，涵蓋地中海沿邊每一國家；只是單單在地中海這裡，有待解決的政治對立和經濟歧異等等問題多的是，有關歐洲未來的問題就更不在話下，以至於「歐洲地中海聯盟」的理想聽起來像是遙不可及的烏托邦大夢——二〇一〇年初就出現了麻煩，而為歐洲追求整合的腳步走得太快，敲響一記警鐘：希臘政府開始演出財務破產、高潮迭起的大戲。希臘是「歐元區」（Eurozone）的一員，但是官方施政隨便，寅吃卯糧，超支過度。希臘經濟危機帶來的後果之一，便是中國政府後來在該年趁機買下了雅典南方的皮雷艾斯港（Peiraieus）的一座碼頭，就這樣為他們的工業產品拿到了進出地中海的方便門路——由此可見中國從當年夢想要在霍查統治的阿爾巴尼亞弄到一處海軍基地使用到現在，變化有多大。其他一樣非常重要的目標，包括太陽能計劃和清理各地的海域。污染和開發過度已經在地中海造成了極大的破壞，例如鮪魚捕撈產業，地中海捕撈的鮪魚有四分之三落入日本漁船手中。然而，二〇一〇年三月，聯合國在卡達首都多哈（Doha）舉行的「瀕危野生動植物國際貿易公約」（Convention on International Trade in Endangered Species of Wild Fuana and Flora：CITES）締約國大會，卻拒絕對此有所行動，縱使事實明明就擺在眼前，漁撈濫捕，不論是地中海內或地中海外，已經導致藍鰭鮪魚瀕臨滅絕了。

在文化這一條陣線，結果倒是比較容易看到。「歐洲地中海大學」（Euro-Mediterranean Univerisy；EMUNI）於二〇〇八年在斯洛維尼亞創校，以利加強地中海各國作文化交流。立校的宗旨當然就是要打破藩籬，循嶄新的模式重建古來的「大一統」地中海世界，重拾猶太人、基督徒、穆斯林三方失落的「和平共存」。不過，地中海聯盟最特出的一點，是會員國大多離地中海很遠，像是芬蘭、愛沙尼亞、斯洛伐克、荷蘭、愛爾蘭。雖然在二十一世紀初，有幾國離地中海比較近但也全都很小的國家加入了歐盟，但是，歐洲的重心依然是落在北部一帶。要是說地中海古來雄踞西方世界中心的地位早已失去，這樣的印象就由這一點牢牢坐實了。地中海沒落的歷程早在一四九二年便已啟動，那時大西洋處處都是新的商機在發出召喚。到了二十一世紀，未來最大的經濟發電機非中國莫屬已是明顯可見的事。放眼二十一世紀的全球經濟，地中海縱使大一統，發揮的也是區域而非全球的效應。當今聯絡不僅便捷，而且無遠弗屆——循航空運輸作實質聯絡，循網際網路作虛擬接觸——這表示在極短的時間，即可跨越遙遠的距離，進行政治、商業、文化等等的往來。從這個角度來看的話，當今的世界也可以說是一片浩瀚無涯的地中海；所以，以「大海」為中心在旋轉的地中海世界，也等於是以「第五代地中海」作謝幕了。

跋：飄洋又渡海

走筆至此，一般人大概會很想要為地中海的歷史歸納出幾樣共有的特性，或是為「地中海個性」歸納定義，或是堅持地中海世界有一些地理特徵塑造了該地區人類的經驗（布勞岱爾就堅決作此主張）。[1]只不過，只要克制不了想要歸納基本共相的衝動，就表示對住在地中海岸邊、島嶼或是來往於地中海面的人是如何看待地中海的，有所誤解。在這裡，該找的不應該是同一共相，而是分殊多樣。地中海世界於人的這一面，分殊多樣的族裔、語言、宗教、政治慣常受制於對岸跨海而來的外力影響，因此也始終是流變不居的狀態。本書從一開始的幾章描述西西里島最早落腳定居的人群，到西班牙各處海岸沿邊的帶狀發展，地中海周邊海岸都像是交會點，來自天南地北、形形色色的人群落腳定居，有直接就地開發地方資源的，也有學會從天然條件比較好的地方將物產運到天然條件比較差的地區，以此作為營生的。地中海的水域有魚產、有鹽產，有這兩樣原料就有了古羅馬的熱門貿易商品「嘉露」魚醬（garum），也為地中海數一數二的偉大城市威尼斯，奠下了早年興盛的基礎。序文早已先行預告，漁人在本書當中搶不到多少篇幅，一來是因為漁人的活動即使留下蛛絲馬跡也太過稀薄，二來也因為漁人要的，原本就要到水面之下去找，要他們到對岸去和他人來往的機會自然較少。這一大例外便是馬爾他島附近幾條窄窄的海峽。西元一五四〇年至一七四二年間，熱那亞人在那一帶的突尼西亞海岸選定塔巴卡（Tabarka）建起殖民地，專門從事珊瑚捕撈，那裡的突尼西亞漁民也加入西西里島的漁撈船隊一起進行「大宰祭」（matanza），也就是一年一度的鮪魚季大宰殺。但在地中海的水面上運來送去的物產，長久以來都以穀物為大宗，遠遠多過水面下的魚類；魚類唯有先經曬乾、鹽醃才有辦法保存作長途運輸。這些遠洋貿易的穀物，一開始是以地中海四面海岸生產的為主，或是從黑海南運過來。不過，到了十七世紀，歐洲北部生產的穀物也日漸增多。地中海周邊的城市要是能確保基本民生物資或是其他重要物產，就有機會壯大，上古時期不論科林斯、雅典或是羅馬，中古時期不論熱那亞、威尼斯還是巴塞隆納，無不如此。但是，這些城市（和許多其他城市一樣）萬一遭到敵人封鎖，得不到基本的民生物資，可就會像是活遭扼殺了。小麥、木材、羊毛的貿易雖然不像香料貿易那般出名、光鮮，還有豐富的記載，卻是十分牢靠的商業基礎，為進一步開拓絲綢、黃金、胡椒買賣打開機會；絲綢、黃金、胡椒等等的產地，一般都離地中海岸很遠。為了取得這些商品，每每引發血腥的衝突。愈多滿載高價貨物的船隻穿梭往返於地中海面，惹來海盜覬覦的機會也就愈大，像是古代的伊特魯利亞海盜或是近代早期的巴巴里海盜、烏斯寇海盜。

維護海域安全因此成了政府重要的職責。像古羅馬人用的手法，便是發動一連串戰役，極力壓制海盜的勢力，然後巡行海域維持治安。要是沒有哪一方有實力在大片水域稱雄，商船就必須有武裝船隊的護航，像威尼斯人的「護航艦隊」。巴巴里暨其他地區的海盜國家也會是各方爭相談判拉攏的對象，以求這些國家的君主可以保證簽約國人民於海上通行安全無虞。要不然就是對海盜給與迎頭痛擊，像美國在十九世紀初年選擇的作法，效果也很出色。除了海盜，海運另有其他更大的風險，像是陸上的大型帝國擴張到了地中海岸邊，開始干預海面的航運的話。上古的波斯就是這樣，十四世紀以降的鄂圖曼土耳其人以及十八世紀的俄羅斯人都是如此（只是俄羅斯想要取得永久海軍基地未能如願）。帝國將勢力朝地中海區擴張的事例，最特殊的恐怕就是英國了，他們這王國可是連地中海的岸邊都沾不上的，卻因為手中握有從直布羅陀到蘇伊士運河，掌握到不少控制權，惹得幾處真正擁有地中海岸的國家又恨又妒，尤其是法國。所以，這一本書談的既是衝突的歷史，也是交流的歷史。

所謂擁有地中海的控制權，說的是擁有穿行過地中海的重要航道控制權。要握有這樣的控制權，就一定要建立幾處基地，既供船隻有地方可以補給新鮮的飲水和食物，也供巡航的戰艦有地方駐防可以出海追擊海盜暨其他闖入海域的外船。所以，外海島嶼的聚落從很久以前開始就是商人不可或缺的中途站，以利他們冒險深入地中海的水域。同樣的道理，失去海岸線的控制權，建造作戰艦隊或是商船所需的木材暨其他原料跟著就斷了來路，埃及的君主正好就有過這一番痛悟。地中海的各處海岸以及島嶼要是分由不同強權主宰，互相較勁，維持航路控制權就會特別困難了。地中海在古羅馬時期是落在單一治權的掌握當中，而匯合為單一的經濟區。但這是僅此唯一的孤例。

地中海的歷史也是周邊港市的歷史。各處的港市政治效忠的對象形形色色，在所多有；聚居、往來的商旅和民眾，也來自地中海內外，四面八方。有一座港市，在書中便一次又一次成為要角：埃及的亞歷山卓。亞歷山卓從建城之初，有的便是薈萃雜處的性格，而且始終如此，直到二十世紀後半葉才告消失，因為這時國族主義勃興，摧毀了地中海世界的國際大家庭。地中海的各處港市也形同思想傳播的媒介，宗教信仰也包括在內，所以希臘的神祇因此得以來到伊特魯利亞的塔奎尼亞（Etrusan Tarquinia）；之後很久，又再變成猶太教、基督教、伊斯蘭向外傳播的中心，而教這三支宗教同在地中海周邊陸地的諸多社會，留下格外深刻的烙印。

也有人是以個人的身份在扭轉地中海世界的面貌，其中有人就獨有遠見，能識人所不能，例如亞歷山大大帝或是聖保羅，只是這兩人南轅北轍，迥然不同。但顯而易見，這些人全是男性。像我們這樣的時代，性別在那麼多歷史爭論都佔據焦點的位置，有人可能忍不住要問上一句：地中海男性獨大的情形有多嚴重？坐商（sedentary merchant）有可能是女性，像十一世紀埃及地區的猶太人，十二世紀熱那亞的基督徒便是這樣的情形。在那年代，最起碼妻子是不跟著夫婿出遠門作長途貿易的，遑論要孤身出遠門作生意了。只是，女性是否插足商業事務，猶太人、基督徒、穆斯林對此的態度並不一樣。十三世紀後期，熱那亞在突尼斯的商業殖民地是找得到幾位歐洲女性，不過，她們主要是為當地的基督徒商界提供性服務便是了。女性是否也投身海上戰役？這在二十一世紀是看得到，但在地中海就連測風向、試水溫也沒見過。不過，在流動人口當中，不論是聖奧斯丁時代入侵非洲的阿蘭人和汪達爾人，還是一四九二年被西班牙大舉驅逐的西法拉猶太人，陣中就算不是一定也常常會有大批女性人口——連早期十字軍東征也有貴族婦女和一幫幫妓女隨行。早在羅馬帝國以基督教為國教的頭幾年，文獻記載就已經看得到女性朝聖客了。西元四世紀晚期的一份文獻殘篇，就記載一位叫作伊潔莉亞（Egeria；Aetheria 伊緹莉亞）的女子，不是從高盧（Gaul）就是從西班牙上路勇闖朝聖的長途，跋涉到達聖地。至於青銅時代人稱「海民」的強盜前進敘利亞、巴勒斯坦暨其他地區落腳定居的時候，陣中是不是女性相隨，就沒那麼清楚了。其實，外移的非力士人（Philistines）那麼快就放棄他們的愛琴海文化，有一可能的解釋便是他們和迦南當地的民族通婚，改信他們的神祇，改講他們的語言。不過，有一批女性在地中海的歷史倒是格外重要：女奴。她們的命運可能天差地別，有的得以在鄂圖曼帝國的後宮發揮呼風喚雨的威力，有的卻因為身為性玩物，或是在古羅馬權貴豪門的別墅充任底層的僕傭，而備受剝削、欺壓。這類奴隸在中古時期有男有女，有許多都是從黑海那邊買回來的。但是在巴巴里海盜橫行的年代（還有許多別的時期也是），生在地中海岸的人一樣深切了解海盜打劫有多可怕，因為他們也會從海岸地帶強擄民眾——從義大利、法國、西班牙的海岸擄走基督徒，從摩洛哥、阿爾及利亞、突尼西亞海岸擄走穆斯林——販賣為奴。法國的國王法蘭西斯一世於一五四三年特准鄂圖曼土耳其人造訪馬賽，放任他們霸佔土倫，結果，這一幫土耳其人從昂提布（Antibes）擄走多人，其中不乏修女。然而，縱橫穿行地中海面的人以男性居多，這一點依然值得細究一番，義大利人使用陽性定冠詞將地中海說成是「il mare」，看起來抓得滿準的，和法國人使用陰性定冠詞說的「la mare」相反，和拉丁文用的中性「mare」也大相逕庭。希臘、伊特魯利亞、羅馬神話當中大海的主神，如波塞頓（Poseidon）、涅屯（Fufluns; Nethuns）（譯註38），尼普頓（Neptune）等等，也都是男性。

穿梭往返地中海面的眾人當中，以商旅傳世的蹤跡最多，箇中的緣故有好幾項。其中之一單純就是腓尼基商人帶著字母向外發展，表音文字傳遍地中海之後，行走各地的商人便不忘交易一定要留紀錄。所以，不論是古羅馬在那不勒斯的殖民地波佐利，還是中古時代的熱那亞和威尼斯，甚或是現代的士麥納和利佛諾，後人對他們所知因此甚多。不過，勇闖地中海拓荒的行商先驅，嚴格追究幾乎盡是「外人」，他們跨越文化和地理的疆界，遇到前所未知的神祇，聽到前所未聞的語言，來到異邦尋找家鄉所無的物品，卻愕然發覺他（也可能是她，但是應該少得多）這個人，在異邦人士的眼中很可能是應該要嚴辭抨擊的人。把歡迎來到的商人罩上曖昧不明的光暈，在史上傳世最早的文獻便已經看得到了。前文已經談過荷馬講起商人心頭就不舒坦，對於腓尼基商人汲汲於營利相當不屑，認為他們只知耍詐，都是小人，但是自相矛盾，說到奧德修斯耍的詐卻大加讚揚。作買賣會弄髒手的偽善觀念，到了羅馬時代，在愛讀荷馬的貴族群中依然相當流行。然而，勇於冒險犯難，航程遠達西班牙南部而建立起殖民地的卻是腓尼基人。他們在地中海西部建立起多處殖民地，和當地族群比鄰而居——不過每每還是會拉開一點距離以策安全；一般選在外海的島嶼，這樣容易防守，畢竟誰也抓不準他們和鄰近城鎮的和諧關係能夠維持多久。後來，腓尼基人的迦太基殖民地日漸壯大為經濟、政治的強權之後，繁榮的迦太基就晉身為四通八達的聯絡中樞，成為黎凡特和北非的文化匯流的世界都會，來自天南地北的多支文化在城內相會交融，縱使城內的菁英階級還是自稱「泰爾人」，但這裡應該可以說是淬煉出了新天地的性格。希臘文化也在迦太基牢牢站穩腳跟，城內的居民將腓尼基信奉的梅勒夸特神（Melqart）和希拉克里斯神（Herakles）合而為一，眾多男女神祇如同商人，穿梭在古地中海面。再者，腓尼基人、希臘人甚至現蹤義大利海岸，一個個身具鮮明新異的文化屬性，發揮酵母菌似的效應，將伊特魯利亞鄉野的村落變成市鎮。市鎮的居民因為比較富有，對異邦的強烈嚮往也就像無底洞般填也填不滿：他們要希臘的瓶罐，要腓尼基的銀盌，要薩丁尼亞的青銅小人像。來到義大利半島尋找鐵礦貨源的商人當中，很快就看得出有工匠夾在當中。他們乘船西行，落腳在柏柏人（barbaroi）的土地定居下來，有把握憑他們的技術在異鄉掙得的名望，應該會比家鄉要多；留在老家只怕永遠埋沒在眾多工匠當中找不到出頭之日。

之後幾百年，舊事重演，十分類似。異域來的商人在中古時代的地中海世界隨目可見，而且出現教人稱奇的現象：限居猶太區的商人隨意進出伊斯蘭或是拜占庭的領土，而伊斯蘭或拜占庭的領土又是劃

譯註38：涅屯（Nethuns）——原文寫作Fufluns（夫富倫斯），也作Phuphluns，但是Fufluns是主掌植物、萬物欣欣向榮的神祇，羅馬神話主掌井水、泉水，而可以引申到大海的神祇，是Nethuns。

定在一家小客棧或商館當中，這樣的客棧或是商館，同時也充當他們的倉庫、教堂、烘焙作坊、澡堂，每一支人多勢眾的「民族」各有自己的客棧：熱那亞人、威尼斯人、加泰隆尼亞人，依以類推。由於埃及還是會擔心異邦來的商人可能污染在地的宗教信仰，進行政治顛覆，所以，入夜便鎖上這類客棧的門戶，不准進出（鑰匙交由外面的穆斯林保管）。這樣卻只教這一群商人同病相憐的感覺更加強烈、更加團結，同時卻也襯托出分別來自義大利、加泰隆尼亞各地的一支支族群，彼此分歧的地方；他們所在之處，對立為敵的幾位穆斯林大公競相爭雄，但他們有一身周旋游走的功力，自然也就左右逢源。十二世紀期間，拜占庭一樣把城內的義大利來的商人集中在一處大宅院，建起高牆圍住，再加上煽動仇外情緒，終至於引爆醜陋的反拉丁人大屠殺。既然將特定的族群隔離在高牆之內不是新鮮的事，亞拉崗國王在西元一三〇〇年前後首度將馬約卡島的猶太人和其他居民隔離開來，也就不算破天荒了。到了一五一六年，威尼斯官方將猶太人隔離在新猶太區（ghetto nuovo）的時候，甚至算是相當有面子的事。這樣的社區為猶太區提供了很有用的模範。住在高牆圍起來的區域裡面，不論是猶太人還是歐洲商人都是有一些特權的，像是自治權、宗教禮拜的自由權、稅賦減免等等；不過，還是會因為有束縛而抵銷掉不少，例如自由行動受限，必須仰賴好惡多變的官府保護等等。

而談起猶太人，談的就是天賦異稟的商人了。他們有能耐跨越文化的壁壘，不論是伊斯蘭歷史的早期，還是開羅的書閣猶太人呼風喚雨，橫渡地中海、遠達內陸的時期，或是在加泰隆尼亞商業擴張的年代，他們利用家族、同門教友建立起來的關係，將生意做到撒哈拉沙漠，尋找黃金、鴕鳥羽毛暨別的非洲物產；同一時間，他們的基督徒同業可還是卡在各自聚居的大宅院內拿不到這些貨源呢。身為少數族群，有這樣的機動力和顯赫的地位，確實教人嘖嘖稱奇。這些猶太商人也將遠在地中海港口之外的相關知識，帶回到地中海，留下記載，而製作出馬約卡島在中古時期繪製出來的精準波特蘭航海圖（portolan charts）和世界地圖，傳播到地中海沿邊的歐洲海岸暨內陸。商人四處行走，世界的地理知識便跟著他們傳播。

要是把地中海說成是「信徒之海」（faithful sea）——借用新近出版的文集書名——就必須考慮地中海的水面穿行的人群不僅是貧窮、無名的朝聖客而已，另外也有傳教士，渾身散發強烈的感召力。例如拉蒙・柳利（Ramon Lull）在一三一六年逝世之前寫下好幾百本書籍、小冊，向世人說明帶領穆斯林、猶太人、希臘人皈依真正的信仰應該用怎樣的手法——在此必須一提，他生前其實沒有真的讓誰皈依天主教的基督信仰的。[2]不過，柳利的生平事蹟倒可以提醒我們，宗教的摩擦和衝突只是全貌的枝節。他學伊斯蘭蘇非（Sufi）教派的詩歌寫文章，也不避諱和猶太教卡巴拉學者把酒言歡。他一度熱衷傳教，也亟力傳揚老派的伊比利「和平共存」（convivencia）思想，認為三支亞伯拉罕宗教猶太教、基督教、伊斯蘭信奉的是同一位神。西班牙為了鞏固國家的天主教性格，境內的異教徒自一四九二年起大舉遭到驅逐或是強迫改宗，這些人——馬拉諾人、摩里斯科人、猶太人、穆斯林——他們心裡的「和平共存」可就是不同的意思了；他們於外最好要有信奉天主教的樣子，但於內，卻也未必一定信奉祖上傳下來的宗教。西法拉猶太人於現代初期在地中海縱橫天下，在好幾方面都教眾人自歎弗如：他們可以拿「身份」作變裝，要穿要脫隨心所欲，以「葡萄牙」的身份到伊比利半島，以猶太人的身份定居利佛諾或是安科納；他們跨過文化、宗教、政治界線的能耐，恰似六百年前開羅的老祖先，書閣商人。在廣大的地中海世界，這般多重身份算是極端的情況：有的地方是不同文化在交會融合，有的人是不同的身分認同在交會融合——往往很掙扎。

地中海幾處文化交會融合的輻湊點容易被人塗上浪漫的色彩，這一點雖然能理解，但是縱橫地中海的聯絡網（例如）於近代初期比較黑暗的那一面也不可以就此置諸腦後：十五世紀到十九世紀初期便有巴巴里海盜在地中海橫行霸道，海盜打劫和貿易往來也有緊密的交集。在巴巴里海盜的氣燄終於被壓制得差不多之前，地中海先前也只有古羅馬帝國統治時期，才真的有過一段風平浪靜的歲月，少有海盜的威脅；這是因為羅馬的治權多少可以說是遍及地中海內外的島嶼和海岸。不過，在海盜身上卻看得到最奇特的混血身份：巴巴里海盜當中有人是遠從蘇格蘭、英格蘭南下入幫的，對外擺出來的樣子是皈依伊斯蘭，卻拿老家來的船隻開刀。地中海歷史的黑暗面，也涵蓋前文提過被海盜押著在海上南來北往的人：男奴，女奴，俘虜。只是，他們也像（在羅馬當過人質的）希臘史家波利比烏斯那樣，有機會在地中海兩岸的文化接觸扮演起要角。

所以，所謂地中海歷史的共相，說也矛盾，就在翻江搗海的變化，就在商人、流民的大流徙，就在海面航行的旅人無不急著走完航程，愈快愈好，沒人想要在海上多加逗留，尤其是入冬時節出海可是十分危險的，伊本・朱巴耶和菲利克斯・法布里兩人吃盡苦頭的朝聖之旅便是明證。地中海遙對的兩岸距離不算太長，輕易即可往來，但又隔得夠遠，各地的社會縱使有來自內陸的影響，有彼此之間的影響，依然足以各自發展出獨樹一幟的個性。穿梭在地中海來往的人，經常成為他們作為出身地的代表。他們出海時就算不是外人，待他們飄洋渡海來到別人的社會，不論是商人、奴隸還是朝聖客，他們在當地人眼中都成了外人。不過，他們這些外人在外邦異域的社會，一樣會帶來變化，而將一塊大陸的文化引進另一大陸——至少沾染到大陸的邊緣吧。因此，在我們這地球表面，不同社會交流最為活潑的地區，或許就是地中海；這一片大海在人類文明史扮演的角色，遠非其他大海所能企及。

延伸閱讀

為這樣一本書開立閱讀書目，一定又多又亂。下面這一段短短的附錄記的只是幾本著眼地中海全區的論著，但是多半還是偏重在周邊的陸地而不在大海。Peregrine Horden和Nicholas Purcell寫的*The CorruptingSea: a Study of Mediterranean History*（Oxford, 2000）是一部有宏大企圖、組織綿密豐厚的地中海史論的第一篇，重點在地中海周邊地域暨其間的互動。論述的焦點放在上古到中古早期。William Harris編的重要論文選集，*Rethinking the Mediterranean*（Oxford,2005），則是廣邀學者重新思索他們研究所得的結論。Fernand Braudel寫的*The Mediterranean and the MediterraneanWorld in the Age of Philip II*, 2 vols.（London,1972–3），Siân Reynolds英譯，可不僅是塑造了一整世代有關地中海中古晚期和近代早期的研究而已。E. Paris寫的 *La genèse intellectuelle del'oeuvre de Fernand Braudel: 'La Méditerranée et le monde méditerranéenà l'époque de Philippe II'*（1923–1947）（Athens, 1999），則就Braudel的思想世界作了很好的析解。S. Guarracino寫的*Mediterraneo: immagini, storie e teorie da Omero aBraudel*（Milan, 2007），針對地中海歷史學有另一番見地。F. Tabak寫的*The Waning of the Mediterranean 1550–1870: a eohistorical Approach*（Baltimore, MD, 2008），就地中海於一三五〇年至一九〇〇年的經濟和生態變化，有豐富的研究——只是書名標示的時間把他論及的時代剪去了一截。關於地中海的生態環境，A. Grove和 O. Rackham寫的*The Nature of Mediterranean Europe: an Ecological History*（New Haven, CT, 2001）發人深省，特別值得細讀深思。J. Pryor寫的*Geography, Technology, and War: Studies in theMaritime History of the Mediterranean 649–1571*

（Cambridge, 1988），是走布勞岱爾傳統、短小精悍的重要著作。

有幾本論文選集也有必要加到Harris編的論文選集旁邊。我自己的：*The Mediterranean in History*（London and New York, 2003，also French, Spanish, Turkish and Greek editions），收錄了Torelli、Balard、Greene還有多人所寫的出色論文。J. Carpentierand F. Lebrun合著的*Histoire de la Méditerranée*（Paris, 1998），偏重在現代的時期，但有一些生動的原始材料。關於宗教背景，請見A. Husain和K. Fleming編的論文集，*A Faithful Sea: the Religious Cultures of the Mediterranean,1200–1700*（Oxford, 2007）。比較專門的著作，有A. Cowan的*Mediterranean Urban Culture 1400–1700*（Exeter, 2000），收錄了Sakellariou、Arbel、Amelang等多人的出色論文；另還有*Trade andCulturalExchange in the Early Modern Mediterranean*，edited byM. Fusaro, C. Heywood and M.-S. Omri（London, 2010）。有一本出色的英譯史料集，由miriamcooke（原本就是全用小寫）、E. Göknar、G. Parker合編：*Mediterranean Passages:Readings from Dido to Derrida*（Chapel Hill, NC, 2008）。

比較通俗的地中海史著作，通常附有精美的插圖，有Sarah Arenson, *The Encircled Sea: the Mediterranean Maritime Civilisation*（London, 1990），充份利用海洋考古的資料；還有David Attenborough, *The First Eden: the Mediterranean World andMan*（London, 1987），真正可看之處在於插圖。這兩本都是從電視節目改寫而成。P. Matvejevi´c寫的*Mediterranean: a CulturalLandscape*（Berkeley and Los Angeles, CA, 1999），對地中海的思考讀來教人神往。John Julius Norwich寫的*The Middle Sea: a History of the Mediterranean*（London, 2006），從地中海岸地帶往外飄得滿遠的，他的著作當中，這一本算不上是我最欣賞的。P. Mansel寫的*Levant: Splendour andCatastropheon the Mediterranean*（London, 2010），重點在士

麥納、亞歷山卓和貝魯特，時代放在民族、宗教尚能共存的時候。

關於環遊地中海的記遊，有Paul Theroux以他向來很好讀的文筆寫下了*The Pillars of Hercules: a Grand Tour of the Mediterranean*（London, 1995），還有Eric Newby寫的*On the Shores of the Mediterranean*（London, 1984），Robert Fox寫的*The Inner Sea: the Mediterranean and its People*（London, 1991）。最後，只要是愛地中海的人，就不會忽略Elizabeth David寫的*A Book of Mediterranean Food*（London, 1950），還有時間比較近的地中海飲食著作，Claudia Roden寫的*Mediterranean Cookery*（London, 1987）。

圖片出處

1. Mnajdra, Malta (akg-images/Rainer Hackenberg)
2. The 'Sleeping Lady' (National Archaeological Museum, Valletta, Malta. Photograph: akg-images/Erich Lessing)
3. Cycladic figure, c. 2700 BC, Greek private collection (Heini Schneebeli/The Bridgeman Art Library)
4. Female head, Early Cycladic II Period, c. 2700-2400 BC (Musee du Louvre, Paris. Photograph: Giraudon/The Bridgeman Art Library)
5. Octopus vase from Knossos, c. 1500 BC (Archaeological Museum of Heraklion, Grete, Greece. Photograph: Bernard Cox/The Bridgeman Art Library)
6. Fresco c. 1420 BC from the tomb of Pharaoh's vizier Rekhmire, Upper Egypt (Mary Evans/Interfoto)
7. Akrotiri fresco, Thera, sixteenth century BC (akg-images/Erich Lessing)
8. Gold death mask from Mycenae, c. 1500 BC (National Archaeological Museum, Athens. Photograph: akg-images/Erich Lessing)
9. Early Philistine clay face from a sarcophagus, Beth She'an, northern Israel (Israel Museum (IDAM), Jerusalem. Photograph: akg-images/Erich Lessing)
10. Twelfth-century BC Warrior Vase, Mycenae (National Archaeological Museum, Athens. Photograph: akg-images)
11. Frieze from the temple of Madinat Habu in Upper Egypt (akg-images/Erich Lessing)
12. Phoenician inscription, Nora, Southern Sardinia (Roger-Viollet/Topfoto)
13. Stele, Carthage, c. 400 BC (Roger Wood/Corbis)
14. Model of a Phoenician ship (National Archaeological Museum, Beirut. Photograph: Philippe Maillard/akg-images)
15. Phoenician silver coin (National Archaeological Museum, Beirut. Photograph: akg-images/Erich Lessing)
16. Chigi Vase, found near Veii, c. 650 BC (Museo Nazionale di Villa Giulia, Rome. Photograph: akg-images/Nimatallah)
17. Panel from the bronze gates of the Assyrian royal palace, Balawat, c. ninth century BC (Musee du Louvre, Paris. Photograph: akg-images/Erich Lessing)
18. Dionysos *krater*, late sixth century BC (Staatiliche Antikensammlung & Glypothek, Munich. Photograph: akg-images)

19. Fresco from Tarquinia, late sixth century BC (akg-images/Nimatallah)
20. Marsiliana *abecedarium*, Etruria, seventh century BC (Florence Archaeological Museum. Photograph: akg-images/Album/Oronoz)
21. Gold tablet, Pyrgoi, late sixth century BC (Museo Nazionale di Villa Giulia, Rome. Photograph: akg-image/Nimatallah)
22. Etruscan pot helmet (The Trustees of the British Museum)
23. Tower of Orolo, Sardinia (akg-images/Rainer Hackenberg)
24. Sard bronze boat, c. 600 BC (Museo Arhceologico Nazionale, Cagliari. Photo: akg-images/Electra)
25. Bust of Periandros (Vatican Museum)
26. Bust of Alexander the Great (Print Collector/Heritage-Images/Imagestate)
27. The 'Dama de Elche' (ullstein bild – United Archives)
28. Bust of Sarapis (akg-images/ullstein bild)
29. Carthaginian Melqart coin (The Trustees of the British Museum)
30. Bronze Nero coin (The Trustees of the British Museum)
31. Cleopatra coin (The Trustees of the British Museum. Photograph: akg-images/Erich Lessing)
32. Nero coin marking the completion of the harbour at Ostia (The Trustees of the British Museum)
33. Relief of Roman quinquireme, Praeneste, now Palestrina (akg-images/Peter Connolly)
34. Fresco of a harbour near Naples, possibly Puteoli (Museo Nazionale Archeologico, Naples. Photograph: akg images/Erich Lessing)
35. Sixth-century mosaic of the Byzantine fleet at Classis, from the basilica of Sant'Apollinare, Ravenna (akg-images/Cameraphoto)
36. Cornice from the synagogue at Ostia, second century (Photograph: Setreset/Wikimedia Commons)
37. Inscription from the synagogue at Ostia (akg-images)
38. Panel from the Pala d'Oro, St Mark's Basilica, Venice (akg-images/Cameraphoto)
39. View of Amalfi, 1885 (Archiv fur Kunst und Geschichte, Berlin. Photograph: akg images)
40. Majorcan *bacino* (Museo Nazionale di San Matteo, Pisa)
41. Khan al-'Umdan, Acre, Israel (Photograph: Ariel Palmon/Wikimedia Commons)
42. The Venice quadriga (Mimmo Jodice/CORBIS)
43. Late-medieval map, after Idrisi (Wikimedia Commons)

66. Port Said, 1880 (Wikimedia Commons)
67. Lloyd's quay, Trieste, c. 1890 (adoc-photos)
68. The Grand Square, or Place Mehmet Ali, Alexandria, c. 1915 (Werner Forman Archive/Musees Royaux, Brussels/Heritage-Images/Imagestate)
69. The Italian occupation of Libya, 1911 (akg-images)
70. The attack on the French warships moored at Mers el-Kebir, October 1940 (Photograph: Bettmann/Corbis)
71. British troops land in Sicily, 1943 (Imperial War Museum, London, A17918)
72. Ship carrying Jewish refugees, Haifa, 1947 (akg-images/Israelimages)
73. Charles de Gaulle in Algeria, 1958 (akg-images/Erich Lessing)
74. Beach scene, Lloret de Mar (Frank Lukasseck/Corbis)
75. Illegal migrants from Africa trying to land on Spanish soil (EFE/J. Ragel)

註釋

導論：一片大海，眾稱紛紜

1. F. Braudel, *The Mediterranean and the Mediterranean World in the Ageof Philip II*, trans. S. Reynolds, 2 vols. (London, 1972-3), vol. 2, p. 1244; P. Horden and N. Purcell, *The Corrupting Sea: a Study of MediterraneanHistory* (oxford, 2000) , p. 36.
2. E. Paris, *La genèse intellectuelle de l'oeuvre de Fernand Braudel: 'La Méditerranéeet le monde méditerranéen à l'époque de Philippe II'* (1923-1947) (Athens, 1999) , pp. 64, 316.
3. J. Pryor, *Geography, Technology, and War: Studies in the Maritime History ofthe Mediterranean* 649-1571 (Cambridge, 1988) , pp. 7, 21-4; Horden andPurcell, *Corrupting Sea*, pp. 138-9.
4. Pryor, *Geography, Technology, and War*, pp. 12-13.
5. Ibid., p. 14, fig. 2.
6. Ibid., p. 19.
7. Ibid., pp. 12-24; C. Delano Smith, *Western Mediterranean Europe: a Historical Geography of Italy, Spain and Southern France since the Neolithic* (London,1979) .
8. See F. Tabak, *The Waning of the Mediterranean 1550-1870: a GeohistoricalApproach* (Baltimore, MD, 2008) , and Braudel, *Mediterranean*, vol. 1, pp.267-75; C. Vita-Finzi, *The Mediterranean Valleys: Geological Change in HistoricalTimes* (Cambridge, 1969) .
9. A. Grove and o. Rackham, *The Nature of Mediterranean Europe: an EcologicalHistory* (New Haven, CT, 2001) ; o. Rackham, 'The physical setting',in D. Abulafia (ed.), *The Mediterranean in History* (London and New York,2003) , pp. 32-61.
10. Pryor, *Geography, Technology, and War*, pp. 75-86.
11. S. orvietani Busch, *Medieval Mediterranean Ports: the Catalan and TuscanCoasts, 1100-1235* (Leiden, 2001) .

第一部：第一代地中海　西元前二二〇〇〇年—西元前一〇〇〇年

第一章：孤立和隔絕　西元前二二〇〇〇年—西元前三〇〇〇年

1. D. Trump, *The Prehistory of the Mediterranean* (Harmondsworth, 1980), pp. 12-13.
2. E. Panagopoulou and T. Strasser in *Hesperia*, vol. 79 (2010) .
3. C. Finlayson, *The Humans Who Went Extinct: Why Neanderthals Died outand We Survived* (oxford, 2009), pp. 143-55.
4. L. Bernabò Brea, *Sicily before the Greeks* (London, 1957), pp. 23-36: R. Leighton, *Sicily before History: an Archaeological Survey from the Palaeolithicto the Iron Age* (London, 1999) .
5. Trump, *Prehistory of the Mediterranean*, p. 19.
6. Ibid., p. 20.
7. S. Wachsmann, 'Paddled and oared ships before the Iron Age', in J. Morrison (ed.), *The Age of the Galley* (London, 1995), p. 10: C. Perlès, *The EarlyNeolithicin Greece: the First Farming Communities in Europe* (Cambridge,2001), p. 36: R. Torrence, *Production and Exchange of Stone Tools: Prehistoricobsidian in the Aegean* (Cambridge, 1986), p. 96: C. Broodbank, *AnIsland Archaeology of the Early Cyclades* (Cambridge, 2000), pp. 114-15.
8. W. F. Albright, *The Archaeology of Palestine* (Harmondsworth, 1949), pp. 38,62: Trump, *Prehistory of the Mediterranean*, pp. 24-6.
9. C. F. Macdonald, *Knossos* (London, 2005), p. 3.
10. Torrence, *Production and Exchange*, pp. 96, 140-63.
11. C. Renfrew, in *Malta before History: the World's oldest Freestanding StoneArchitecture*, ed. D. Cilia (Sliema, 2004), p. 10.
12. A. Pace, 'The building of Megalithic Malta', in Cilia, *Malta before History*,pp. 19-40.
13. J. Evans, *Malta* (Ancient Peoples and Places, London, 1959), pp. 90-91.
14. A. Pace, 'The sites', and A. Bonanno, 'Rituals of life and rituals of death', in*Cilia, Malta before History*, pp. 72-4, 82-3, 272-9.
15. Evans, *Malta*, p. 158.
16. D. Trump, 'Prehistoric pottery', in *Cilia, Malta before History*, pp. 243-7.
17. Bernabò Brea, *Sicily*, pp. 38-57: Leighton, *Sicily before History*, pp. 51-85.
18. Leighton, *Sicily before History*, p. 65.

19. Trump, *Prehistory of the Mediterranean*, p. 80.
20. Wachsmann, 'Paddled and oared ships', p. 10: C. Broodbank and T. Strasser,'Migrant farmers and the Neolithic colonization of Crete', *Antiquity*, vol. 65 (1991), pp. 233-45: Broodbank, *Island Archaeology*, pp. 96-105.
21. Trump, *Prehistory of the Mediterranean*, pp. 55-6.

第二章：紅銅和青銅　西元前三〇〇〇年—西元前一五〇〇年

1. R. L. N. Barber, *The Cyclades in the Bronze Age* (London, 1987), pp. 26-33.
2. C. Broodbank, *An Island Archaeology of the Early Cyclades* (Cambridge,2000), pp. 301-6: Barber, *Cyclades*, pp. 136-7.
3. C. Renfrew, *The Cycladic Spirit* (London, 1991), p. 18: J. L. Fitton, *CycladicArt* (London, 1989) .
4. F. Matz, *Crete and Early Greece* (London, 1962), p. 62.
5. Broodbank, *Island Archaeology*, pp. 99–102: Renfrew, *Cycladic Spirit*, p. 62.
6. C. Moorehead, *The Lost Treasures of Troy* (London, 1994), pp. 84-6: J. Latacz,*Troy and Homer: Towards a Solution of an old Mystery* (oxford, 2004) .
7. C. Blegen, 'Troy', *Cambridge Ancient History*, vols. 1 and 2, rev. edn, preprintfascicle (Cambridge, 1961), p. 4.
8. D. Easton, 'Introduction', in C. Blegen, *Troy* (2nd edn, London, 2005), p. xxii.
9. Blegen, Troy, pp. 25–41: T. Bryce, *The Trojans and Their Neighbours* (London,2006), pp. 39-40.
10. Blegen, *Troy*, p. 40: Bryce, *Trojans*, p. 40: Matz, *Crete and Early Greece*,p. 37: L. Bernabò Brea, *Poliochni, città preistorica nell'isola di Lemnos*, 2 vols. (Rome, 1964-71): S. Tiné, *Poliochni, the Earliest Town in Europe* (Athens,2001) .
11. Latacz, *Troy and Homer*, p. 41.
12. Blegen, *Troy*, pp. 47-8, 55.
13. Ibid.
14. Moorehead, *Lost Treasures*, pp. 128-30.
15. Bryce, *Trojans*, pp. 51-6: Blegen, *Troy*, pp. 56-61, 77-84, 特別注意Easton的評論, ibid., p. xvii.
16. Thucydides 1:4.
17. Matz, *Crete and Early Greece*, pp. 57-8, 69.
18. A. Morpurgo Davies, 'The linguistic evidence: is there any?' in *The End of theEarly*

Bronze Age in the Aegean, ed. G. Cadogan (Leiden, 1986), pp. 93-123.
19. R. Castleden, *Minoans: Life in Bronze Age Crete* (London, 1990), pp. 4-7: C. F. Macdonald, *Knossos* (London, 2005), pp. 25-30.
20. Matz, *Crete and Early Greece*, p. 57: Castleden, *Minoans*, p. 29: Macdonald,*Knossos*, pp. 43-7.
21. Macdonald, *Knossos*, pp. 50-2: Castleden, *Minoans*, p. 69, fig. 18 (plan ofGournia), p. 112.
22. Reported in *Archaeology* (Archeological Institute of America), vol. 63 (2010), pp. 44-7.
23. Macdonald, *Knossos*, pp. 58-9, 87-8: Castleden, *Minoans*, pp. 169-72.
24. C. Gere, *Knossos and the Prophets of Modernism* (Chicago, IL, 2009), 以及part 5, chap. 2 below.
25. Macdonald, *Knossos*, pp. 134, 173: Castleden, *Minoans*, p. 12.
26. Morpurgo Davies, 'The linguistic evidence': L. R. Palmer, *Mycenaeans andMinoans: Aegean Prehistory in the Light of the Linear B Tablets* (2nd edn,London, 1965) .
27. L. Casson, 'Bronze Age ships: the evidence of the Thera wall-paintings', *InterNationalJournal ofArchaeology*, vol. 4 (1975), pp. 3-10: Barber, *Cyclades*,pp. 159-78, 193, 196-9.
28. Barber, *Cyclades*, pp. 209–18.
29. Macdonald, *Knossos*, pp. 171-2, 192.

第三章：商人和豪傑　西元前一五〇〇年—西元前一二五〇年

1. W. D. Taylour, *The Mycenaeans* (London, 1964), p. 76.
2. Homer, *Iliad*, 2: 494-760.
3. J. Chadwick, *The Decipherment of Linear B* (Cambridge, 1958) .
4. F. Matz, *Crete and Early Greece* (London, 1962), p. 134, plate 32: Taylour,*Mycenaeans*, plates3-4.
5. Taylour, *Mycenaeans*, pp. 139-48.
6. Ibid., p. 100.
7. T. Bryce, *The Trojans and Their Neighbours* (London, 2006), pp. 100-102: J. Latacz, *Troy and Homer: Towards a Solution of an old Mystery* (oxford,2004), p. 123: cf. o. R. Gurney, *The Hittites* (London, 1952), pp. 46-58: A.Yasur-Landau, *The Philistines and Aegean Migration and the End of the LateBronze Age* (Cambridge, 2010), p. 180.
8. G. F. Bass, 'Cape Gelidonya: a Bronze Age shipwreck', *Transactions of theAmerican*

Philosophical Society, vol. 57, part 8 (1967): G. F. Bass, 'A BronzeAge shipwreck at Ulu Burun (Kas): 1984 campaign', *American Journal ofArcheology*, 90 (1986), pp. 269-96.

9. R. Leighton, *Sicily before History: an Archaeological Survey from the Palaeolithicto the Iron Age* (London, 1999), pp. 141, 144, 147-8: cf. L. BernabòBrea, *Sicily before the Greeks* (London, 1957), pp. 103-8.
10. Taylour, *Mycenaeans*, pp. 152-3.
11. W. D. Taylour, *Mycenean Pottery in Italy and Adjacent Areas* (Cambridge,1958): R. Holloway, *Italy and the Aegean 3000-700 BC* (Louvain-la-Neuve,1981) .
12. Bernabò Brea, *Sicily*, pp. 138-9: cf. Holloway, *Italy and the Aegean*, pp. 71-4.
13. Holloway, *Italy and the Aegean*, pp. 87, 95.
14. Taylour, *Mycenean Pottery: Holloway, Italy and the Aegean*, pp. 85-6.
15. Holloway, *Italy and the Aegean*, pp. 67, 87-9.
16. F. Stubbings, *Mycenaean Pottery from the Levant* (Cambridge, 1951) .
17. W. Culican, *The First Merchant Venturers: the Ancient Levant in History andCommerce* (London, 1966), pp. 46-9.
18. Ibid., pp. 41-2, 49-50: W. F. Albright, *The Archaeology of Palestine* (Harmondsworth,1949), pp. 101-4.
19. Taylour, *Mycenaeans*, pp. 131, 159.
20. D. Fabre, *Seafaring in Ancient Egypt* (London, 2004-5), pp. 39-42.
21. A. Gardiner, *Egypt of the Pharaohs: an Introduction* (oxford, 1961), pp. 151-8.
22. Fabre, *Seafaring in Ancient Egypt*, pp. 158-73.
23. Ibid., pp. 12-13.
24. Ibid., pp. 65-70.
25. Bryce, *Trojans*, p. 89.
26. H. Goedicke, *The Report of Wenamun* (Baltimore, MD, 1975) .
27. Ibid., pp. 175-83.
28. Ibid., p. 51.
29. Ibid., p. 58.
30. Ibid., pp. 76, 84, 87.
31. Ibid., p. 94.
32. Ibid., p. 126.
33. Gardiner, *Egypt*, pp. 252-7: Gurney, *Hittites*, p. 110: N. Sandars, *The SeaPeoples: Warriors of the Ancient Mediterranean* 1250-1150 BC (London,1978), pp. 29-32: R. Drews, *The End of the Bronze Age: Changes in Warfareand the Catastrophe ca. 1200 BC*

(Princeton, NJ, 1993), pp. 130-34.

第四章：海民和陸民　西元前一二五〇年—西元前一一〇〇年

1. C. Blegen, *Troy* (2nd edn, London, 2005), pp. 92-4: T. Bryce, *The Trojansand Their Neighbours* (London,2006), pp. 58-61.
2. J. Latacz, *Troy and Homer: Towards a Solution to an old Mystery* (London,2004), pp. 20-37: cf. Bryce, *Trojans*, pp. 62-4.
3. Bryce, *Trojans*, p. 117.
4. Latacz, *Troy and Homer*, pp. 49-51, 69.
5. Ibid., pp. 46-7, fig. 10 (map of trade routes) .
6. Bryce, *Trojans*, pp. 104, 111.
7. o. R. Gurney, *The Hittites* (London, 1952), pp. 49-50: Bryce, *Trojans*,pp. 110-11.
8. Gurney, *Hittites*, pp. 51-2: Bryce, *Trojans*, p. 100.
9. Latacz, *Troy and Homer*, pp. 92-100.
10. Blegen, *Troy*, pp. 124-8.
11. For an argument favouring subsidence as a major cause of damage,seeM.Wood, *In Search of the Trojan War* (2nd edn, London, 1996), pp. 203-11.
12. V. R. d'A. Desborough and N. G. L. Hammond, 'The end of Mycenaean civilisationand the Dark Age', *Cambridge Ancient History*, vols. 1 and 2, revisededn, pre-print fascicle (Cambridge, 1964), p. 4: N. Sandars, *The Sea Peoples:Warriors of the Ancient Mediterranean 1250-1150 BC* (London, 1978), p. 180.
13. Sandars, *Sea Peoples*, pp. 142-4: R. Drews, *The End of the Bronze Age: Changesin Warfare and the Catastrophe ca. 1200 BC* (Princeton, NJ, 1993), pp. 13-15.
14. L. Woolley, *A Forgotten Kingdom* (Harmondsworth, 1953), pp. 163-4, 170-73.
15. Blegen, *Troy*, p. 142.
16. Sandars, *Sea Peoples*, p. 133: also A. Gardiner, *Egypt of the Pharaohs: anIntroduction* (oxford, 1961), pp. 284, 288: A. R. Burn, *Minoans, Philistines,and Greeks BC 1400-900* (2nd edn, London, 1968) .
17. Sandars, *Sea Peoples*, pp. 106-7.
18. Ibid., pp. 50-51: Gardiner, *Egypt*, p. 198: B. Isserlin, *The Israelites* (London,1998), p. 55.
19. Sandars, *Sea Peoples*, p. 105: Gardiner, *Egypt*, pp. 265-6.
20. Drews, *End of the Bronze Age*, p. 20: A. Yasur-Landau, *The Philistines andAegean*

Migration and the End of the Late Bronze Age (Cambridge, 2010), p. 180.

21. Sandars, *Sea Peoples*, p. 114: Gardiner, Egypt, p. 266: Isserlin, *Israelites*, p.56, and plate 34 opposite p. 81.
22. Drews, *End of the Bronze Age*, p. 21.
23. T. and M. Dothan, *People of the Sea: the Search for the Philistines* (NewYork, 1992), p. 95: cf. Sandars, *Sea Peoples*, pp. 134-5.
24. Sandars, *Sea Peoples*, p. 119: Gardiner, *Egypt*, pp. 276-7.
25. Sandars, *Sea Peoples*.
26. Ibid., pp. 124, 134-5, 165, 178, plate 119: p. 189, plate 124: F. Matz, *Creteand Early Greece* (London, 1962), supplementary plate 22: W. D. Taylour,*The Mycenaeans* (London, 1964), plate 7.
27. Gurney, *Hittites*, p. 54.
28. Joshua 18:1 and 19:40-48: Judges 5: Dothan, *People of the Sea*, pp. 215-18: Sandars, *Sea Peoples*, pp. 163-4.
29. Dothan, *People of the Sea*, p. 215.
30. Sandars, *Sea Peoples*, pp. 111-12, 200: Yasur-Landau, *Philistines and AegeanMigration*, pp. 180, 182: cf. Gardiner, *Egypt*, p. 264.
31. C. Whitman, *Homer and the Heroic Tradition* (Cambridge, MA, 1958), pp. 51-2.
32. Desborough and Hammond,'End of Mycenaean Civilisation', p. 5: also V. R.d'A. Desborough, *The Last Mycenaeans and Their Successors* (oxford, 1964) .
33. Desborough and Hammond, 'End of Mycenaean Civilisation', p. 12.
34. L. Bernabò Brea, *Sicily before the Greeks* (London, 1967), p. 136.
35. R. Leighton, *Sicily before History: an Archaeological Survey from the Palaeolithicto the Iron Age* (London, 1999), p. 149: also R. Holloway, *Italy and theAegean 3000-700 BC* (Louvain-la-Neuve, 1981), p. 95.
36. Dothan, *People of the Sea*, pp. 211-13.
37. W. Culican, *The First Merchant Venturers: the Ancient Levant in History andCommerce* (London, 1966), pp. 66-70.
38. Dothan, *People of the Sea*, plates 5 and 6, and pp. 37-9, 53.
39. Yasur-Landau, *Philistines and Aegean Migration*, pp. 334-45.
40. I Samuel 17:5-7.
41. Yasur-Landau, *Philistines and Aegean Migration*, pp. 305-6.
42. Dothan, *People of the Sea*, pp. 8, 239-54.
43. Amos 9:7.

44. Exodus 15:1-18: Isserlin, *Israelites*, p. 206.
45. Isserlin, *Israelites*, p. 57.
46. Drews, *End of the Bronze Age*, p. 3.

第二部：第二代地中海　西元前一〇〇〇年—西元六〇〇年

第一章：販賣紫色的行商　西元前一〇〇〇年—西元前七〇〇年

1. L. Bernabò Brea, *Sicily before the Greeks* (London, 1957), pp. 136-43.
2. M. E. Aubet, *The Phoenicians and the West: Politics, Colonies, and Trade* (2nd edn, Cambridge, 2001), p. 128: S. Moscati, 'Who were the Phoenicians?',in S. Moscati (ed.), *The Phoenicians* (New York, 1999), pp. 17-19.
3. G. Markoe, *The Phoenicians* (2nd edn, London, 2005), p. xviii.
4. D. B. Harden, *The Phoenicians* (2nd edn, Harmondsworth, 1971), p. 20.
5. S. Filippo Bondì, 'The origins in the East', in Moscati, *Phoenicians* , pp. 23-9.
6. Aubet, *Phoenicians in the West*, pp. 23-5.
7. Leviticus 18:22.
8. Markoe, *Phoenicians* , pp. 38-45, 121.
9. B. Isserlin, *The Israelites* (London, 1998), pp. 149-59, for Israelite agriculture。
10. Aubet, *Phoenicians and the West*, pp. 48-9, and fig. 19.
11. I Kings 9:11-14: S. Moscati, *The World of the Phoenicians* (London, 1968), p. 33.
12. Markoe, *Phoenicians* , p. xx, but missing the importance of grain。
13. Ibid., p. 37 (King Ithobaal,early ninth century): Moscati, *World of thePhoenicians* ,p. 35.
14. Harden, *Phoenicians* , p. 25: cf. Tyre: Markoe, *Phoenicians* , p. 73.
15. Aubet, *Phoenicians and the West*, pp. 34-5: Markoe, *Phoenicians* , p. 73.
16. Ezekiel 27.
17. Markoe, *Phoenicians* , pp. 15-28.
18. M. L. Uberti, 'Ivory and bone carving', in Moscati, *Phoenicians* , pp. 456-71.
19. Harden, *Phoenicians* , p. 49 and plate 48.
20. Moscati, *World of the Phoenicians* , p. 36: Aubet, *Phoenicians and the West*,p. 91, fig. 27,a late bas-relief from Nimrud showing two monkeys。
21. I Kings 9:26-8: I Kings 10:22, 10:49: Markoe, *Phoenicians* , pp. 31-4: Isserlin,*Israelites*, pp. 188-9.
22. Markoe, *Phoenicians* , p. 122.

23. Genesis 44:2.
24. Aubet, *Phoenicians and the West*, pp. 80-84.
25. Moscati, *World of the Phoenicians*, pp. 137-45.
26. V. Karageorghis, 'Cyprus', in Moscati, *Phoenicians*, pp. 185-9.
27. Ibid., p. 191: Markoe, *Phoenicians*, pp. 41-2.
28. Harden, *Phoenicians*, p. 49 and plate 51: Moscati, *World of the Phoenicians*,pp. 40-41.
29. Cf.Ezekiel's account of Tyre: Ezekiel 27: Isserlin, *Israelites*, p. 163.
30. Aubet, *Phoenicians and the West*, pp. 166-72, 182-91: P. Bartoloni, 'Shipsand navigation', in Moscati, *Phoenicians*, pp. 84-5.
31. Markoe, *Phoenicians*, pp. 116-17: R. D. Ballard and M. McOnnell, *Adventuresin Ocean Exploration* (Washington, DC, 2001) .
32. Markoe, *Phoenicians*, p. 117: cf. Aubet, *Phoenicians and the West*, p. 174.
33. Bartoloni, 'Ships and navigation', pp. 86-7: Markoe, *Phoenicians*, p. 116.
34. Aubet, *Phoenicians and the West*, pp. 173-4.
35. Markoe, *Phoenicians*, pp. 118-19.
36. Ibid., p. xxi.
37. Bartoloni, 'Ships and navigation', pp. 87-9: Aubet, *Phoenicians and the West*,pp. 174-8.
38. S. Ribichini, 'Beliefs and religious life', in Moscati, *Phoenicians*, p. 137.
39. Aubet, *Phoenicians and the West*, pp. 215-16: R. Miles, *Carthage Must BeDestroyed: the Rise and Fall of an Ancient Civilization* (London, 2010), pp. 58-9.
40. Aubet, *Phoenicians and the West*, pp. 221-6, and figs. 49 and 51.
41. Miles, *Carthage Must Be Destroyed*, p. 81.
42. Aubet, *Phoenicians and the West*, p. 232.
43. Harden, *Phoenicians*, pp. 35-6, figs. 6-7: Markoe, *Phoenicians*, pp. 81-3: popularaccount: G. Servadio, *Motya: Unearthing a Lost Civilization* (London,2000) .
44. Aubet, *Phoenicians and the West*, p. 238.
45. Ibid., pp. 311, 325: also Miles, *Carthage Must Be Destroyed*, pp. 49-54.
46. Aubet, *Phoenicians and the West*, p. 279.
47. Ibid., pp. 279-81, 288-9.
48. Jonah 1: Isaiah 23:1: cf. 23:6, 23:14.
49. G. Garbini, 'The question of the alphabet', in Moscati, *Phoenicians*, pp. 101-119: Markoe, *Phoenicians*, pp. 141-3: Moscati, *World of the Phoenicians*,pp. 120-26.
50. Harden, *Phoenicians*, p. 108 and fig. 34: also plates 15 and 38: Markoe,*Phoenicians*,pp. 143-7.

51. Markoe, *Phoenicians* , pp. 173-9: Aubet, *Phoenicians and the West*, pp. 245-56 (though the biblical references there are confused): Miles, *Carthage MustBe Destroyed*, pp. 69-73.
52. Aubet, *Phoenicians and the West*, p. 249: Harden, *Phoenicians* , plate 35: Ribichini,'Beliefs and religious life', in Moscati, *Phoenicians* , pp. 139-41: Miles, *Carthage Must Be Destroyed*, p. 70.

第二章：奧德修斯的後人　西元前八〇〇年—西元前五五〇年

1. I. Malkin, *The Returns ofOdysseus: Colonisation and Ethnicity* (Berkeleyand Los Angeles, CA, 1998), p. 17.
2. Ibid., p. 22: also D. Briquel, *Les Pélasges en Italie: recherches sur l'histoire dela légende* (Rome, 1984): R. Lane Fox, *Travelling Heroes: Greeks and TheirMyths in the Epic Age of Homer* (London, 2008) .
3. *Odyssey* 1:20, 5:291, 5:366, in the translation of Roger Dawe.
4. Malkin, *Returns ofOdysseus*, pp. 4, 8.
5. Notably in the works of the FArench Homer scholars，Victor Bérard 和Jean Bérard 的作品： J. Bérard, *La colonisation grecque de l'Italie méridionale etde la Sicile dans l'antiquité* (Paris, 1957), pp. viii, 304-9.
6. Malkin, *Returns ofOdysseus*, p. 186.
7. Ibid., p. 41: M. Scherer, *The Legends of Troy in Art and Literature* (NewYork, 1963) .
8. Malkin, *Returns ofOdysseus*, pp. 68-72.
9. Ibid., pp. 68-9, 94-8: Lane Fox, *Travelling Heroes*, pp. 181-2.
10. *Odyssey* 14:289: 15:416, trans. Dawe.
11. M. Finley, *The World ofOdysseus* (2nd edn, London, 1964) .
12. *Odyssey* 1:180-85, trans. Dawe.
13. Ibid., 9:105-115.
14. Ibid., 9:275.
15. Ibid. 9:125-9.
16. Ibid. 1:280.
17. D. Ridgway, *The First Western Greeks* (Cambridge, 1992) (revised edn of*L'alba della Magna Grecia*, Milan, 1984) 。Subsequent Literature on thewestern Greeks: G. Pugliese Carratelli (ed.), *The Western Greeks* (London, 1996): V. M. Manfredi and L. Braccesi, *I Greci d'occidente* (Milan, 1996): D. Puligaand S. Panichi, *Un'altra Grecia: le colonie*

d'occidente tra mito, arte e memoria (Turin, 2005): also Lane Fox, *Travelling Heroes*.

18. Lane Fox, *Travelling Heroes*, p. 160.
19. Cited by Ridgway, *First Western Greeks*, p. 99.
20. Lane Fox, *Travelling Heroes*, pp. 52-69.
21. Ibid., p. 159.
22. Ridgway, *First Western Greeks*, p. 17: Lane Fox, *Travelling Heroes*, pp. 55-9.
23. L. Woolley, *A Forgotten Kingdom* (Harmondsworth, 1953), pp. 172-88.
24. Ridgway, *First Western Greeks*, pp. 22-4.
25. Lane Fox, *Travelling Heroes*, pp. 138-49.
26. Ridgway, *First Western Greeks*, pp. 55-6, figs. 8-9: Lane Fox, *Travelling Heroes*,pp. 157-8.
27. *Odyssey* 3:54, trans. Dawe.
28. Ridgway, *First Western Greeks*, pp. 57-9, 115.
29. Ibid., pp. 111-13, and fig. 29, p. 112.
30. Lane Fox, *Travelling Heroes*, pp. 169-70.
31. *Iliad* 2:570 - cf. *Thucydides* 1:13.5: J. B. Salmon, *Wealthy C☒rinth: a Historyof the City to 338 BC* (Oxford, 1984), p. 1: M. L. Z. Munn, 'Corinthian tradewith the West in the classical period' (Ph.D. thesis, Bryn Mawr College, UniversityMicrofilms, Ann Arbor, MI, 1983-4), p. 1.
32. Pindar, *OlympianOde* 13: C. M. Bowra (trans.), *The Odes of Pindar* (HarmOndswOrth,1969), p. 170.
33. *Thucydides* 1:13.
34. Salmon, *Wealthy Corinth*, pp. 84-5, 89.
35. Ridgway, *First Western Greeks*, p. 89.
36. Aristophanes, *Thesmophoriazousai*, ll. 647-8.
37. L. J. Siegel, 'Corinthian trade in the ninth through sixth centuries BC', 2 vols. (Ph.D. thesis, Yale University, University Microfilms, Ann Arbor, MI, 1978),vol. 1, pp. 64-84, 242-57.
38. *Thucydides* 1:13: Siegel, Corinthian Trade, p. 173.
39. *Herodotos* 1:18.20 and 5:92: A. Andrewes, *The Greek Tyrants* (London,1956), pp. 50-51: Siegel, Corinthian Trade, pp. 176-8: also M. M. Austin,*Greece and Egypt in the Archaic Age* (supplements to *Proceedings of theCambridge Philological Society*, no. 2, Cambridge, 1970), especially p. 37.
40. Salmon, *Wealthy Corinth*, pp. 105-6, 109-10.

41. Munn, *Corinthian Trade*, pp. 6-7: Salmon, *Wealthy Corinth*, pp. 101-5, 119.
42. Woolley, *Forgotten Kingdom* pp. 183-7.
43. Salmon, *Wealthy Corinth*, pp. 99, 120.
44. Munn, *Corinthian Trade*, pp. 263-7, 323-5.
45. Salmon, *Wealthy Corinth*, p. 136.
46. K. Greene, 'Technological innovation and economic progress in the ancientworld: M. I. Finley reconsidered', *Economic History Review*, vol. 53 (2000), pp. 29-59, especially 29-34.
47. Munn, *Corinthian Trade*, pp. 78, 84, 95-6, 111: cf. M. Finley, *The AncientEconomy* (London, 1973) .
48. Andrewes, *Greek Tyrants*, pp. 45-9.
49. *Herodotos* 5:92: Aristotle, *Politics*, 1313a35-37: Salmon, *Wealthy Corinth*,p. 197: also Andrewes, *Greek Tyrants*, pp. 50-53.
50. Salmon, *Wealthy Corinth*, pp. 199-204.
51. C. Riva, *The Urbanisation of Etruria: Funerary Practices and Social Change,700-600 BC* (Cambridge, 2010), pp. 70-71: A. Carandini, *Re Tarquinio e ildivino bastardo* (Milan, 2010) .
52. A. J. Graham, *Colony and Mother City in Ancient Greece* (Manchester, 1964), p. 220.
53. *Diodoros the Sicilian* 15:13.1: Munn, *Corinthian Trade*, p. 35.
54. Graham,*Colony and Mother* City,pp.218-23.

第三章：提雷尼亞人稱霸　西元前八〇〇年—西元前四〇〇年

1. J. Boardman, *Pre-classical: from Crete to Archaic Greece* (Harmondsworth, 1967), p. 169.
2. D. Briquel, *Origine lydienne des Étrusques: histoire de la doctrine dansl'antiquité* (Rome, 1991) .
3. *Herodotos* 1:94.
4. Tacitus, *Annals* 4:55: R. Drews, 'Herodotos I. 94, the drought ca. 1200 BC,and the origin of the Etruscans', *Historia*, vol. 41 (1992), p. 17.
5. D. Briquel, *Tyrrhènes, peuple des tours: Denys d'Halicarnasse et l'autochtoniedes Étrusques* (Rome, 1993) .
6. *Dionysios of Halikarnassos* 1:30.
7. M. Pallottino, *The Etruscans* (2nd edn, London, 1975), pp. 78-81: but the point

about Tarhun is mine.

8. Beginning with *Ciba Foundation Symposium on Medical Biology and Etruscanorigins*, ed. G. E. W. Wolstenholme and C. M. O'Connor (London, 1958) .
9. G. Barbujani et al.,'The Etruscans: a population-genetic study', *American Journal of Human Genetics*, vol. 74 (2004), pp. 694-704: A. Piazza, A. Torroniet al., 'Mitochondrial DNA variation of modern Tuscans supports theNear Eastern origin of Etruscans', *American Journal of Human Genetics*, vol.80 (2007), pp. 759-68.
10. C. Dougherty, 'The Aristonothos krater: competing stories of conflict and collaboration',in C. Dougherty and L. Kurke (eds.), *The Cultures within AncientGreek Culture: Contact, Conflict, Collaboration* (Cambridge, 2003), pp. 35-56.
11. C. Riva, *The Urbanisation of Etruria: Funerary Practices and Social Change,700-600 BC* (Cambridge, 2010), pp. 142-6: R. Lane Fox, *Travelling Heroes:Greeks and Their Myths in the Epic Age of Homer* (London, 2008), pp. 142-6.
12. *Homeric Hymn* no. 8, to Dionysos: see also M. Iuffrida Gentile, *La pirateriatirrenica: momenti e fortuna, Supplementi a Kókalos*, no. 6 (Rome and Palermo,1983), pp. 33-47.
13. M. Cristofani, *Gli Etruschi del mare* (Milan, 1983), pp. 57-8 and plate 37 -cf. plate 68 (late 4th c.): G. Pettena, *Gli Etruschi e il mare (Turin, 2002): IuffridaGentile, Pirateria tirrenica*, p. 37.
14. M. Torelli, 'The battle for the sea-routes, 1000-300 BC', in D. Abulafia (ed.),*The Mediterranean in History* (London and New York, 2003), pp. 101-3.
15. *Herodotos* 1:57: also 4:145, 5:26: *Thucydides* 4:14.
16. M. Gras, *Trafics tyrrhéniens archaïques* (Rome, 1985), pp. 648-9: cf. IuffridaGentile, *Pirateria tirrenica*, p. 47.
17. *Dionysios of Halikarnassos* 1:30: they called themselves *Rasna*.
18. Gras, *Trafics tyrrhéniens*, p. 629: Lemnian *aviz* =Etruscan *avils*,'years'.
19. Ibid., generally, and pp. 628, 637, 650: Il commercio etrusco arcaico (*Quadernidel Centro di Studio per l'Archeologia etrusco-italica*, vol. 9, Rome, 1985): G. M. della Fina (ed.), *Gli Etruschi e il Mediterraneo: commercio e politica* (Annali della Fondazione per il Museo Claudio Faina, vol. 13, Orvieto andRome, 2006): cf. Cristofani, *Etruschi del Mare*, pp. 56-60.
20. Gras, *Trafics tyrrhéniens*, p. 615.
21. Riva, *Urbanisation of Etruria*, p. 67: H. Hencken, *Tarquinia and Etruscanorigins* (London, 1968), pp. 78-84.
22. Pallottino, *Etruscans*, pp. 91-4.

23. Hencken, *Tarquinia and Etruscan Origins*, p. 99 and plates 54, 90-93.
24. R. Leighton, *Tarquinia: an Etruscan City* (London, 2004), pp. 56-7: Hencken,*Tarquinia and Etruscan Origins*, pp. 66-73.
25. Hencken, *Tarquinia and Etruscan Origins*, plates 139-41.
26. Ibid., p. 72, fig. 31c, and p. 119.
27. Dougherty, 'Aristonothos krater', pp. 36-7: Hencken, *Tarquinia and Etruscan Origins*, pp. 116, 230, and plates 76-7.
28. Cristofani, *Etruschi del Mare*, pp. 28-9 and plate 15.
29. Hencken, *Tarquinia and Etruscan Origins*, p. 122, and plate 138.
30. Ibid., p. 123.
31. G. Camporeale et al., *The Etruscans outside Etruria* (Los Angeles, CA, 2004), p. 29.
32. S. Bruni, *Pisa Etrusca: anatomia di una città scomparsa* (Milan, 1998), pp. 86-113.
33. Camporeale et al., *Etruscans outside Etruria*, p. 37: also Riva, *UrbanisationofEtruria*, p. 51 (Bronze Age contact) .
34. Gras, *Trafics tyrrhéniens*, pp. 254-390.
35. Cristofani, *Etruschi del Mare*, p. 30.
36. Hencken, *Tarquinia and Etruscan Origins*, pp. 137-41.
37. E.g. *Pallottino, Etruscans*, plate 11.
38. D. Diringer, 'La tavoletta di Marsiliana d'Albegna', *Studi in onore di Luisa Banti* (Rome, 1965), pp. 139-42: Lane Fox, Travelling Heroes, p. 159.
39. A. Mullen, 'Gallia Trilinguis: the multiple voices of south-eastern Gaul' (Ph. D.dissertation, Cambridge University, 2008), p. 90: H. Rodríguez Somolinos,'The commercial transaction of the Pech Maho lead: a new interpretation',*Zeitschrift für Papyrologie und Epigraphik*, vol. 111 (1996), pp. 74-6: Camporealeet al., *Etruscans outside Etruria*, p. 89.
40. E. Acquaro, 'Phoenicians and Etruscans', in S. Moscati (ed.), *The Phoenicians* (New York, 1999), p. 613: Pallottino, *Etruscans*, p. 221.
41. Pallottino, *Etruscans*, p. 112 and plate 11 (original in Museo Nazionale Etrusco,Tarquinia): Herodotos 4:152.
42. Gras, *Trafics tyrrhéniens*, pp. 523-5.
43. Announced in *Corriere della Sera*, 5 August 2010: *La Stampa*, 6 August 2010.
44. J. D. Beazley, *Etruscan Vase-Painting* (Oxford, 1947), p. 1.
45. Ibid., p. 3.
46. So named by J. D. Beazley, *Attic Red-figure Vase-Painters* (2nd edn, Oxford,1964) .

47. Cristofani, *Etruschi del Mare*, p. 30 and plate 13.
48. Gras, *Trafics tyrrhéniens*, pp. 393-475: Torelli, 'Battle for the sea-routes', p. 117.
49. *Herodotos* 1:165-7.
50. Cristofani, *Etruschi del Mare*, p. 83 and plates 54, 58: cf. O. W. von Vacano,*The Etruscans in the Ancient World* (London, 1960), p. 121.
51. L. Donati,'The Etruscans and Corsica',in Camporeale et al.,*Etruscans outsideEtruria*, pp. 274-9.
52. Cristofani, *Etruschi del Mare*, pp. 70, 84.
53. A. G. Woodhead, *The Greeks in the West* (London, 1962), p. 78.
54. Pindar, *Pythian Odes*, 1:72-4, trans. M. Bowra.
55. C. and G. Picard, *The Life and Death of Carthage* (London, 1968), p. 81.
56. Gras, *Trafics tyrrhéniens*, pp. 514-22.
57. *Diodoros the Sicilian* 11:88.4-5: Cristofani, *Etruschi del Mare*, pp. 114-15.
58. *Thucydides* 6:88.6.
59. *Thucydides* 7:57.11.
60. Leighton, *Tarquinia*, p. 133 and fig. 56, p. 140: Gras, *Trafics tyrrhéniens*, pp.521, 686: Cristofani, *Etruschi del Mare*, p. 115.
61. Cf. T. J. Dunbabin, *The Western Greeks: the History of Sicily and South Italy from the Foundation of the Greek Colonies to 480 BC* (Oxford, 1968), p. 207.
62. Cited by J. Heurgon, *Daily Life of the Etruscans* (London, 1964), p. 33.
63. Cristofani, *Etruschi del Mare*, p. 95.
64. C. Riva, 'The archaeology of Picenum', in G. Bradley, E. Isayev and C. Riva (eds.), *Ancient Italy: Regions without Boundaries* (Exeter, 2007), pp. 96-100 (for Matelica) .
65. Cristofani, *Etruschi del Mare*, p. 93.
66. Ibid., p. 101 and plate 66, p. 103, pp. 128-9: Heurgon, *Daily Life*, p. 140: cf.J. Boardman, *The Greeks Overseas: their Early Colonies and Trade* (2nd edn,London, 1980), pp. 228-9: Cristofani, *Etruschi del Mare*, pp. 103, 129.
67. Cristofani, *Etruschi del Mare*, p. 128.

第四章：海絲佩莉迪花園　西元前一〇〇〇年—西元前四〇〇年

1. M. Guido, *Sardinia* (Ancient Peoples and Places, London, 1963), pp. 59-60: cf. M. Gras, *Trafics tyrrhéniens archaïques* (Rome, 1985), pp. 87-91.
2. M. Pallottino, *La Sardegna nuragica* (2nd edn, with an introduction by G.

Lilliu,Nuoro, 2000), pp. 109-14.

3. Ibid., pp. 91-102.
4. Ibid., p. 162: Guido, *Sardinia*, pp. 106-7, 142.
5. Guido, *Sardinia*, p. 156.
6. Ibid., pp. 112-18: Pallottino, *Sardegna nuragica*, pp. 141-7.
7. Gras, *Trafics tyrrhéniens*, pp. 113-15, and fig, 19, p. 114, also pp. 164-7,figs. 29-30, and pp. 185-6.
8. Guido, Sardinia, pp. 172-7: Gras, *Trafics tyrrhéniens*, p. 145 (伏勒奇) .
9. Guido, *Sardinia*, plates 56-7: Gras, *Trafics tyrrhéniens*, pp. 115-19, 123-40: *Bible Lands Museum, Jerusalem, Guide to the Collection* (3rd edn, Jerusalem,2002), p. 84.
10. V. M. Manfredi and L. Braccesi, *I Greci d'Occidente* (Milan, 1966), pp. 184-9: D. Puliga and S. Panichi, *Un'altra Grecia: le colonie d'Occidente tra mito,arte a memoria* (Turin, 2005), pp. 203-14.
11. Gras, *Trafics tyrrhéniens*, p. 402.
12. *Herodotos* 1.163-7: A. J. Graham, *Colony and Mother City in AncientGreece* (Manchester, 1964), pp. 111-12: M. Sakellariou, 'The metropolises ofthe western Greeks', in G. Pugliese Carratelli (ed.), *The Western Greeks* (London,1996), pp. 187-8: Manfredi and Braccesi, *Greci d'Occidente*, pp. 179-81,184-5: Puliga and Panichi, *Un'altra Grecia*, pp. 203-4.
13. G. Pugliese Carratelli, 'An outline of the political history of the Greeks in theWest', in Pugliese Carratelli, *Western Greeks*, pp. 154-5.
14. M. Bats, 'The Greeks in Gaul and Corsica', in Pugliese Carratelli, *WesternGreeks*, pp. 578-80, and plate, p. 579: V. Kruta, 'The Greek and Celticworlds: a meeting of two cultures', in Pugliese Carratelli, *Western Greeks*, pp.585-90: Puliga and Panichi, *Un'altra Grecia*, pp. 206-7.
15. J. Boardman, *The Greeks Overseas: their Early Colonies and Trade* (2nd edn,London, 1980), pp. 216-17: Manfredi and Braccesi, *Greci d'Occidente*,p. 187.
16. Justin, *Epitome of Pompeius Trogus*, 43:4: BOardman, *Greeks Overseas*,p. 218: Manfredi and Braccesi, *Greci d'Occidente*, p. 186.
17. L. Foxhall, *Olive Cultivation in Ancient Greece: Seeking the Ancient Economy* (Oxford, 2007), and other studies by the same author.
18. Boardman, *Greeks Overseas*, p. 219.
19. Ibid., p. 224.
20. Kruta and Bats in Pugliese Carratelli, *Western Greeks*, pp. 580-83: Boardman,*Greeks*

Overseas, p. 224.
21. P. Dixon, *The Iberians of Spain and Their Relations with the Aegean World* (Oxford, 1940), p. 38.
22. Ibid., pp. 35-6.
23. A. Arribas, *The Iberians* (London, 1963), pp. 56-7.
24. B. Cunliffe, *The Extraordinary Voyage of Pytheas the Greek* (London, 2001) .
25. Avienus, *Ora Maritima*, ed. J. P. Murphy (Chicago, IL, 1977): L. Antonelli, *IlPeriplo nascosto: lettura stratigrafica e commento storico-archeologico del'Ora Maritima di Avieno* (Padua, 1998) (with edition): F. J. González Ponce,*Avieno y el Periplo* (Ecija, 1995) .
26. Avienus ll. 267-74.
27. Ibid. ll. 80-332, especially ll. 85, 113-16, 254, 308, 290-98.
28. Ibid. ll. 309-12, 375-80, 438-48, 459-60.
29. Cunliffe, *Extraordinary Voyage*, pp. 42-8: Dixon, *Iberians of Spain*, pp. 39-40.
30. Avienus ll. 481-2, 485-9, 496-7, 519-22.
31. Dixon, *Iberians of Spain: Arribas, Iberians*: A. Ruiz and M. Molinos, *TheArchaeology of the Iberians* (Cambridge, 1998) .
32. Avienus l. 133.
33. Arribas, *Iberians*, pp. 89, 93, 95, figs. 24, 27, 28, and pp. 102-4, 120, bearing in mind Foxhall, *Olive Cultivation*.
34. Arribas, *Iberians*, pp. 146-9.
35. Ibid., plates 35-8, 52-4.
36. Ibid., p. 160: also plates 22-3: Dixon, *Iberians of Spain*, pp. 106-7, 113-15and frontispiece.
37. Dixon, *Iberians of Spain*, p. 107.
38. Ibid., p. 82 and plate 12b.
39. Arribas, *Iberians*, p. 131 and plate 21: also Dixon, *Iberians of Spain*, p. 11.
40. Dixon, *Iberians of Spain*, pp. 85-8, plates 10, 11a and b.41. Ibid., pp. 54-60: Arribas, *Iberians*, pp. 73-87.
41. Ibid., pp. 54-60; Arribas, *Iberians*, pp. 73-87.

第五章：海上爭逐定霸權　西元前五五〇年—西元前四〇〇年

1. N. G. L. Hammond, *A History of Greece to 322 BC* (Oxford, 1959), p. 226.
2. *Thucydides* 1:5.
3. Aeschylus, *The Persians* (*Persae*), trans. Gilbert Murray (London, 1939), ll.230-34, p.

30.
4. A. R. Burn, *The Pelican History of Greece* (Harmondsworth, 1966), pp. 146,159: Hammond, *History of Greece*, pp. 176, 202: J. Morrison and J. Oates,*The Athenian Trireme: the History and Reconstruction of an Ancient GreekWarship* (Cambridge, 1986) .
5. *Thucydides* 1:21: *Herodotos* 3:122: C. Constantakopolou, *The Dance of theIslands: Insularity, Networks, the Athenian Empire and the Aegean World* (Oxford, 2007), p. 94.
6. *Herodotos* 5:31.
7. Burn, *Pelican History*, p. 158.
8. P. Cartledge, *The Spartans: an Epic History* (London, 2002), pp. 101-17.
9. Burn, *Pelican History*, p. 174 - cf. Hammond, *History of Greece*, p. 202.
10. On numbers: W. Rodgers, *Greek and Roman Naval Warfare* (Annapolis,MD, 1937), pp. 80-95.
11. Ibid., p. 86.
12. Aeschylus, *Persians*, ll. 399-405, p. 39.
13. J. Hale, *Lords of the Sea: the Triumph and Tragedy of Ancient Athens* (London,2010) .
14. *Thucydides* 1:14.
15. Ibid. 1:13 and 3:104: Constantakopolou, *Dance of the Islands*, pp. 47-8.
16. Thucydides. 3.104 (trans. Rex Warner): cf. Homeric Hymn to Delian Apollo,ll. 144-55.
17. Constantakopolou, *Dance of the Islands*, p. 70.
18. Displayed on the modern doors of the library that commemorates his name in the History Faculty,Cambridge University.
19. A. Moreno, *Feeding the Democracy: the Athenian Grain Supply in the Fifthand Fourth Centuries BC* (Oxford, 2007), pp. 28-31.
20. Aristophanes, *Horai*, fragment 581, cited in Moreno, *Feeding the Democracy*,p. 75.
21. Cf. P. Garnsey, *Famine and Food Supply in the Graeco-Roman World:Responses to Risk and Crisis* (Cambridge, 1988), and M. Finley, *The Ancient Economy* (London, 1973) .
22. Isokrates 4:107-9, cited in Moreno, *Feeding the Democracy*, p. 77.
23. Moreno, *Feeding the Democracy*, p. 100.
24. *Thucydides* 8:96: cf. Moreno, *Feeding the Democracy*, p. 126.
25. *Herodotos* 7:147.
26. R. Meiggs, *The Athenian Empire* (Oxford, 1972), pp. 121-3, 530: Moreno,*Feeding the*

Democracy, p. 318.
27. Moreno, *Feeding the Democracy*, p. 319: cf. P. Horden and N. Purcell, *The Corrupting Sea: a Study of Mediterranean History* (Oxford, 2000), p. 121.
28. P. J. Rhodes, *The Athenian Empire* (*Greece and Rome, New Surveys in theClassics*, no. 17) (Oxford, 1985) .
29. *Thucydides* 1 (trans. Rex Warner) .
30. Ibid. 1:2: J. Wilson, *Athens and Corcyra: Strategy and Tactics in the PeloponnesianWar* (Bristol, 1987): D. Kagan, *The Peloponnesian War: Athens andSparta in Savage Conflict 431-404 BC* (London, 2003), p. 25.
31. Thucydides 1:2 (adapted from version by Rex Warner) .
32. Kagan, *Peloponnesian War*, p. 27.
33. *Thucydides* 1:3.
34. Ibid.
35. *Thucydides* 1:4: Kagan, *Peloponnesian War*, pp. 34-6, and map 8, p. 35.
36. *Thucydides* 1:67.2: Kagan, *Peloponnesian War*, p. 41, n.1.
37. *Thucydides* 1:6.
38. Kagan, *Peloponnesian War*, pp. 100-101: Constantakopolou, *Dance of theIslands*, pp. 239-42.
39. Thucydides 3:13.
40. Ibid. 4:1.
41. Kagan, *Peloponnesian War*, pp. 142-7.
42. *Thucydides* 4:2.
43. Ibid. 3:86.4.
44. Ibid. 6:6.1: Kagan, *Peloponnesian War*, pp. 118-20.
45. Cf. *Thucydides* 6:6.1.
46. Ibid. 6:46.3.
47. W. M. Ellis, *Alcibiades* (London, 1989), p. 54.
48. Kagan, *Peloponnesian War*, p. 280.
49. Rodgers, *Greek and Roman Naval Warfare*, pp. 159-67.
50. Kagan, *Peloponnesian War*, p. 321.
51. Ibid., pp. 402-14.
52. Ibid., pp. 331-2.
53. Xenophon, *Hellenika*, 2:1: Cartledge, *Spartans*, pp. 192-202.
54. Xenophon, *Hellenika*, 3:2, 3:5, 4:2, 4:3, 4:4, 4:5, 4:7, 4:8, 4:9, etc.

第六章：地中海角大燈塔　西元前三五〇年—西元前一〇〇年

1. R. Lane Fox, *Alexander the Great* (3rd edn, Harmondsworth, 1986), pp. 181-91.
2. Serious account: P. M. Fraser, *Ptolemaic Alexandria*, 3 vols. (Oxford, 1972),vol. I, p. 3: popular account: J. Pollard and H. Reid, *The Rise and Fall ofAlexandria, Birthplace of the Modern Mind* (New York, 2006), pp. 6-7.
3. Lane Fox, *Alexander the Great*, p. 198.
4. Pollard and Reid, *Rise and Fall of Alexandria*, pp. 2-3.
5. Strabo, *Geography*, 17:8: J.-Y. Empereur, *Alexandria: Past, Present andFuture* (London, 2002), p. 23.
6. Lane Fox, *Alexander the Great*, pp. 461-72.
7. S.-A. Ashton, 'Ptolemaic Alexandria and the Egyptian tradition', in A. Hirstand M. Silk (eds.), *Alexandria Real and Imagined* (2nd edn, Cairo, 2006), pp. 15-40.
8. J. Carleton Paget, 'Jews and Christians in ancient Alexandria from the Ptolemiesto Caracalla', in Hirst and Silk, *Alexandria Real and Imagined*, pp.146-9.
9. Fraser, *Ptolemaic Alexandria*, vol. i, p. 255: Empereur, *Alexandria*, pp. 24-5.
10. Fraser, *Ptolemaic Alexandria*, vol. i, p. 252: also pp. 116-17.
11. Ibid., p. 259.
12. Strabo, *Geography*, 17:7: cf. Fraser, *Ptolemaic Alexandria*, vol. i, pp. 132, 143.
13. M. Rostovtzeff, *The Social and Economic History of the Hellenistic World*, 3vols. (Oxford, 1941), vol. I, p. 29.
14. L. Casson, *The Ancient Mariners: Seafarers and Sea Fighters of the Mediterraneanin Ancient Times* (2nd edn, Princeton, NJ, 1991), pp. 131-3.
15. Ibid., p. 130.
16. Ibid., p. 135, and pl. 32.
17. Rostovtzeff, *Social and Economic History*, vol. 1, pp. 367, 387: Fraser, *PtolemaicAlexandria*, vol. i, pp. 137-9.
18. Rostovtzeff, *Social and Economic History*, vol. 1, pp. 395-6.
19. Casson, *Ancient Mariners*, p. 160: cf. Rostoovtzeff, *Social and Economic History*,vol. I, pp. 226-9.
20. Fraser, *Ptolemaic Alexandria*, vol. I, p. 150.
21. Ibid., pp. 176, 178-81.
22. Empereur, *Alexandria*, p. 35.
23. Bosphoran grain: G. J. Oliver, *War, Food, and Politics in Early HellenisticAthens* (Oxford, 2007), pp. 22-30.

24. Rostovtzeff, *Social and Economic History*, vol. 1, pp. 359-60, 363.
25. *Diodoros the Sicilian* 1:34.
26. Fraser, *Ptolemaic Alexandria*, vol. I, p. 315: H. Maehler, 'Alexandria, the Mouseion, and cultural identity', in Hirst and Silk, *Alexandria Real andImagined*, pp. 1-14.
27. Irenaeus, cited in M. El-Abbadi, 'The Alexandria Library in History', in Hirstand Silk, *Alexandria Real and Imagined*, p. 167.
28. El-Abbadi, 'The Alexandria Library in History', p. 172: Fraser, *PtolemaicAlexandria*, vol. I, p. 329.
29. Empereur, *Alexandria*, pp. 38-9.
30. Maehler, 'Alexandria, the Mouseion, and cultural identity', pp. 9-10.
31. Comments by E. V. Rieu in his translation of Apollonius of Rhodes, *The VoyageofArgo* (Harmondsworth, 1959), pp. 25-7: cf. Fraser, *PtolemaicAlexandria*, vol. I, p. 627.
32. Pollard and Reid, *Rise and Fall of Alexandria*, p. 79.
33. Empereur, *Alexandria*, p. 43.
34. El-Abbadi, 'The Alexandria Library in History', p. 174.
35. N. Collins, *The Library in Alexandria and the Bible in Greek* (Leiden, 2000), p. 45:Philo, Josephus (Jewish authors): *Justin, Tertullian* (Christian authors - also Irenaeusand Clement of Alexandria, attributing the work to the reign of Ptolemy I) .
36. Carleton Paget, 'Jews and Christians', pp. 149-51.
37. Fraser, *Ptolemaic Alexandria*, vol. I, pp. 331, 338-76, 387-9.
38. Pollard and Reid, *Rise and Fall of Alexandria*, pp. 133-7.
39. N. K. Rauh, Merchants, *Sailors and Pirates in the Roman World* (Stroud,2003), pp. 65-7.
40. P. de Souza, *Piracy in the Graeco-Roman World* (Cambridge, 1999), pp. 80-84.
41. Casson, *Ancient Mariners*, pp. 138-40.
42. Rauh, *Merchants*, p. 66.
43. *Diodoros the Sicilian* 22；81.4, cited by Rauh, *Merchants*, p. 66.
44. Rauh, *Merchants*, p. 68.
45. Casson, *Ancient Mariners*, p. 163.
46. Rostovtzeff, *Social and Economic History*, vol. 1, pp. 230-32: for its early development,see G. Reger, *Regionalism and Change in the Economy ofIndependentDelos, 314-167 BC* (Berkeley, CA, 1994): later developments in: N. Rauh, *The Sacred Bonds of Commerce: Religion, Economy, and Trade Society at Hellenistic-Roman Delos, 166-87 BC* (Amsterdam, 1993) .
47. Rauh, *Merchants*, pp. 53-65, 73-4: Casson, *Ancient Mariners*, p. 165.

第七章：迦太基非滅不可　西元前四〇〇年—西元前一四六年

1. B. H. Warmington, *Carthage* (London, 1960), pp. 74-5, 77: R. Miles, *CarthageMust Be Destroyed: the Rise and Fall of an Ancient Civilization* (London,2010), pp. 121-3.
2. Xenophon, *Hellenika*, 1:1.
3. A. Andrewes, *The Greek Tyrants* (London, 1956), p. 137: Miles, *CarthageMust Be Destroyed*, pp. 123-4.
4. Warmington, *Carthage*, p. 80.
5. M. Finley, *Ancient Sicily* (London, 1968), p. 71: Andrewes, *Greek Tyrants*, p.129: Miles, *Carthage Must Be Destroyed*, p. 126 (for a Carthaginian inscription commemorating the fall of Akragas) .
6. Warmington, *Carthage*, pp. 83, 87: Finley, *Ancient Sicily*, pp. 71-2, 91-3.
7. Warmington, *Carthage*, p. 91: Miles, *Carthage Must Be Destroyed*, pp. 127-8.
8. Warmington, *Carthage*, pp. 93-5: Finley, *Ancient Sicily*, pp. 76, 78, 80, 82.
9. Warmington, *Carthage*, p. 94.
10. Plutarch, *ParallelLives*, 'Timoleon': Finley, *Ancient Sicily*, p. 96.
11. Warmington, *Carthage*, pp. 102-3: Miles, *Carthage Must Be Destroyed*,pp. 136-7.
12. R. J. A. Talbert, *Timoleon and the Revival of Greek Sicily, 344-317 BC* (Cambridge,1974), pp. 151-2: Finley, *Ancient Sicily*, p. 99.
13. Plutarch,'Timoleon': Talbert,*Timoleon*, pp. 156-7, 161-5: Finley, *AncientSicily*, p. 99.
14. Finley, *Ancient Sicily*, p. 104: Warmington, *Carthage*, p. 107.
15. Warmington, *Carthage*, p. 113.
16. Finley, *Ancient Sicily*, p. 105.
17. J. Serrati,'The Coming of the Romans: Sicily from the fourth to the first centuriesBC', in *Sicily from Aeneas to Augustus: New Approaches in Archaeologyand History*, ed. C. Smith and J. Serrati (Edinburgh, 2000), pp. 109-10.
18. *Livy* 2:34.4: B. D. Hoyos, *Unplanned Wars: the Origins of the First and Second Punic Wars* (Berlin, 1998), p. 28: G. Rickman, *The Corn Supply ofAncient Rome* (Oxford, 1980), p. 31.
19. R. Cowan, *Roman Conquests: Italy* (London, 2009), pp. 8-11, 21-5.
20. R. Meiggs, *Roman Ostia* (2nd edn, Oxford, 1973), p. 24.
21. Rickman, *Corn Supply*, p. 32.
22. K. Lomas, *Rome and the Western Greeks 350 BC-AD 200* (London, 1993), p. 50.
23. *Livy* 9:30.4.

24. Disagreeing with Lomas, *Rome and the Western Greeks*, p. 51.
25. Lomas, *Rome and the Western Greeks*, p. 56.
26. Hoyos, *Unplanned Wars*, pp. 19-20.
27. J. F. Lazenby, *The First Punic War: a Military History* (London, 1996), p. 34: Miles, *Carthage Must Be Destroyed*, pp. 162-5.
28. Miles, *Carthage Must Be Destroyed*, pp. 107-11, 160-61.
29. E.g. A. Goldsworthy, *The Fall of Carthage* (London, 2000), pp. 16, 65, 322.
30. Hoyos, *Unplanned Wars*, pp. 1-4: Goldsworthy, *Fall of Carthage*, pp. 19-20.
31. *Polybios* 1:63: Hoyos, *Unplanned Wars*, p. 1: on devastation: Goldsworthy,*Fall of Carthage*, pp. 363-4.
32. J. Serrati,'Garrisons and grain: Sicily between the Punic Wars', in *Sicily fromAeneas to Augustus*, ed. Smith and Serrati, pp. 116-19.
33. Lazenby, *First Punic War*, pp. 35-9: Goldsworthy, *Fall of Carthage*, pp. 66-8: Miles, *Carthage Must Be Destroyed*, pp. 171-3.
34. *Polybios* 10:3: Lazenby, *First Punic War*, p. 37: Hoyos, *Unplanned Wars*,pp. 33-66.
35. *Polybios* 20:14: Lazenby, *First Punic War*, p. 48: Miles, *Carthage Must BeDestroyed*, p. 174.
36. *Diodoros* 23:2.1.
37. Lazenby, *First Punic War*, pp. 51, 55.
38. *Polybios* 20:1-2: Hoyos, *Unplanned Wars*, p. 113: Lazenby, *First Punic War*,p. 60: Goldsworthy, *Fall of Carthage*, p. 81.
39. Cf. though Miles, *Carthage Must Be Destroyed*, p. 175.
40. *Polybios* 20:9: Lazenby, *First Punic War*, pp. 62-3.
41. *Polybios* 20:9-12.
42. Ibid. 22:2.
43. Lazenby, *First Punic War*, pp. 64, 66 and 69, fig. 5.1: Miles, *Carthage MustBe Destroyed*, pp. 181-3.
44. J. H. Thiel, *Studies on the History of Roman Sea-power in Republican Times* (Amsterdam, 1946), p. 19: Goldsworthy, *Fall of Carthage*, pp. 109-15: alsoLazenby, *First Punic War*, pp. 83, 86-7.
45. Cf. Lazenby, *First Punic War*, p. 94.
46. J. Morrison, *Greek and Roman Oared Warships, 339-30 BC* (Oxford, 1996), pp. 46-50.
47. Goldsworthy, *Fall of Carthage*, p. 115.
48. *Polybios* 37:3: Lazenby, *First Punic War*, p. 111: Miles, *Carthage Must BeDestroyed*, p. 181.

49. *Polybios* 62:8-63.3: Lazenby, *First Punic War*, p. 158.
50. Warmington, *Carthage*, pp. 167-8: Hoyos, *Unplanned Wars*, pp. 131-43.
51. M. Guido, *Sardinia* (*Ancient Peoples and Places*, London, 1963), p. 209.
52. B.D.Hoyos,*Hannibal's Dynasty:Power and Politics in the Western Mediterranean,247-183 BC* (London, 2003), pp. 50-52, 72, 74-6: Miles, *CarthageMust Be Destroyed*, pp. 214-22.
53. Hoyos, *Hannibal's Dynasty*, p. 53.
54. Ibid., pp. 55, 63-7, 79-80: Miles,*Carthage Must Be Destroyed*, p. 224, citing*Polybios* 10:10.
55. Hoyos, *Unplanned Wars*, pp. 150-95, especially p. 177 and p. 208.
56. Goldsworthy, *Fall of Carthage*, pp. 253-60.
57. Serrati, 'Garrisons and grain', pp. 115-33.
58. Finley, *Ancient Sicily*, pp. 117-18: Goldsworthy, *Fall of Carthage*, p. 261.
59. Thiel, *Studies on the History of Roman Sea-power*, pp. 79-86: Goldsworthy,*Fall of Carthage*, pp. 263, 266.
60. Finley, *Ancient Sicily*, p. 119.
61. Goldsworthy, *Fall of Carthage*, p. 308.
62. Thiel, *Studies on the History of Roman Sea-power*, pp. 255-372.
63. Goldsworthy, *Fall of Carthage*, p. 331.
64. Warmington, *Carthage*, pp. 201-2.
65. Goldsworthy, *Fall of Carthage*, pp. 338-9.
66. Rauh, *Merchants*, pp. 38-53.
67. Virgil, *Aeneid*, 4:667-71，in Dryden's translation.

第八章： 古往今來一吾海　西元前一四六年—西元一五〇

1. N. K. Rauh, *Merchants, Sailors and Pirates in the RomanWorld* (Stroud,2003), pp. 136-41.
2. Lucan, *Pharsalia*, 7:400-407, trans. Robert Graves.
3. R. Syme, *The Roman Revolution* (Oxford, 1939), pp. 78, 83-8.
4. P. de Souza, *Piracy in the Graeco-RomanWorld* (Cambridge, 1999), pp. 92-6.
5. L. Casson, *The Ancient Mariners: Seafarers and Sea Fighters of the Mediterraneanin Ancient Times* (2nd edn, Princeton, NJ, 1991), p. 191: de Souza,*Piracy*, pp. 140-41, 162, 164.

6. Cited in de Souza, *Piracy*, pp. 50-51.
7. *Livy* 34:32.17-20: *Polybios* 13:6.1-2: both cited in de Souza, *Piracy*, pp. 84-5.
8. de Souza, *Piracy*, pp. 185-95.
9. Rauh, *Merchants*, pp. 177, 184: but maybe these *tyrannoi*(and not Etruscans)were the *Tyrrhenoi* active near Rhodes-an easy etymological confusion.
10. Strabo, *Geography*, 14.3.2: Rauh, *Merchants*, pp. 171-2.
11. Plutarch, *Parallel Lives*, 'Pompey', 24.1-3, trans. John Dryden.
12. de Souza, *Piracy*, pp. 165-6.
13. Plutarch, *Parallel Lives*, 'Pompey', 25:1, trans. John Dryden.
14. Syme, *Roman Revolution*, p. 28.
15. Cicero, *Pro Lege Manilia*, 34: G. Rickman, *The Corn Supply of AncientRome* (Oxford, 1980), pp. 51-2.
16. de Souza, *Piracy*, pp. 169-70.
17. Rickman, *Corn Supply*, p. 51: Syme, *Roman Revolution*, p. 29.
18. Plutarch, *Parallel Lives*, 'Pompey', 28:3: de Souza, *Piracy*, pp. 170-71, 175-6.
19. Syme, *Roman Revolution*, p. 30.
20. *Hoc voluerunt: Suetonius, Twelve Caesars, 'Divus Julius'*, 30:4.
21. Syme, *Roman Revolution*, p. 260.
22. F. Adcock in *Cambridge Ancient History*, 12 vols. (Cambridge, 1923-39),vol. 9, *The Roman Republic, 133-44 BC*, p. 724: Syme, *Roman Revolution*,pp. 53-60.
23. Syme, *Roman Revolution*, pp. 260, 270.
24. Ibid., pp. 294-7: C. G. Starr, *The Roman Imperial Navy 31 BC-AD 324* (Ithaca,NY, 1941), pp. 7-8: J. Morrison, *Greek and RomanOared Warships*,339-30 BC (Oxford, 1996), pp. 157-75.
25. Virgil, *Aeneid*, 8:678-80, 685-8, in Dryden's rather loose version.
26. Syme, *Roman Revolution*, pp. 298-300: Rickman, *Corn Supply*, pp. 61, 70.
27. *Res Gestae Divi Augusti*, ed. P. A. Brunt and J. M. Moore (Oxford, 1967), 15:2.
28. Rickman, *Corn Supply*, pp. 176-7, 187, 197, 205-8.
29. Ibid., p. 12.
30. Rauh, *Merchants*, pp. 93-4.
31. Plutarch, *Parallel Lives*, 'Cato the Elder',21.6: Rauh, *Merchants*, p. 104.
32. Rauh, *Merchants*, p. 105.
33. Rickman, *Corn Supply*, pp. 16, 121.
34. Ibid., pp. 6-7: also P. Erdkamp, *The Grain Market in the Roman Empire: aSocial and*

Political Study (Cambridge, 2005): P. Garnsey, *Famine and FoodSupply in the Graeco-RomanWorld: Responses to Risk and Crisis* (Cambridge,1988) .

35. Rickman, *Corn Supply*, p. 16.
36. Museu de la Ciutat de Barcelona, Roman section.
37. Rickman, *Corn Supply*, pp. 15, 128.
38. *Acts of the Apostles*, 27 and 28.
39. Rickman, *Corn Supply*, pp. 17, 65.
40. Josephus, *Jewish War*, 2:383-5: Rickman, *Corn Supply*, pp. 68, 232.
41. Rickman, *Corn Supply*, pp. 61, 123.
42. Ibid., pp. 108-12: S. Raven, *Rome in Africa* (2nd edn, Harlow, 1984), pp.84-105. Other soures included Sicily:Rickman, *Corn Supply*, pp. 104-6: Sardinia: ibid., pp. 106-7: Spain:ibid., pp. 107-8.
43. Rickman, *Corn Supply*, pp. 67, 69.
44. Raven, *Rome in Africa*, p. 94.
45. Pliny the Elder, *Natural History*, 18:35: Rickman, *Corn Supply*, p. 111.
46. Raven, *Rome in Africa*, pp. 86, 93.
47. Ibid., p. 95.
48. Ibid., pp. 95, 100-102.
49. Rickman, *Corn Supply*, pp. 69-70 and Appendix 4, pp. 231-5.
50. Ibid., p. 115 (AD 99) .
51. Ibid., pp. 76-7, and Appendix 11, pp. 256-67.
52. Seneca, *Letters*, 77:1-3, cited in D. Jones, *The Bankers of Puteoli: Finance,Trade and Industry in the RomanWorld* (Stroud, 2006), p. 26.
53. Jones, *Bankers of Puteoli*, p. 28.
54. Ibid., pp. 23-4: and Strabo, *Geography*, 5:4.6.
55. Jones, *Bankers of Puteoli*, p. 33.
56. Cited in R. Meiggs, *RomanOstia* (Oxford, 1960), p. 60.
57. Jones, *Bankers of Puteoli*, p. 34.
58. Petronius, *Satyricon*, 76: Jones, *Bankers of Puteoli*, p. 43.
59. Jones, *Bankers of Puteoli*, p. 11.
60. Ibid., pp. 102-17.
61. Ibid., Appendix 9, p. 255.
62. Rickman, *Corn Supply*, pp. 21-4, 134-43: G. Rickman, *Roman Granariesand St☒re Buildings* (Cambridge, 1971) .

63. Rickman, *Corn Supply*, p. 23: Rickman, *Roman Granaries*, pp. 97-104.
64. Meiggs, *Roman Ostia*, pp. 16-17, 41-5, 57-9, 74, 77.
65. M. Reddé, *Mare Nostrum⊠les infrastructures, le dispositif et l'histoire de lamarine militaire sous l'empire romain* (Rome, 1986) .
66. Tacitus, *Histories*, 3:8: Starr, *Roman Imperial Navy*, pp. 181, 183, 185, 189: Rickman, *Corn Supply*, p. 67.
67. Starr, *Roman Imperial Navy*, p. 188.
68. Ibid., p. 67.
69. Cited ibid., p. 78.
70. Aelius Aristides, cited ibid., p. 87.
71. Oxyrhynchus papyrus cited ibid., p. 79.
72. Ibid., pp. 84-5.
73. Reddé, *Mare Nostrum*, p. 402.
74. Raven, *Rome in Africa*, pp. 75-6: Reddé, *Mare Nostrum*, pp. 244-8.
75. Reddé, *Mare Nostrum*, pp. 139, 607, and more generally pp. 11-141.
76. Tacitus, *Annals*, 4:5: Suetonius, *Lives of the Caesars*, 'Augustus', 49: Reddé,*Mare Nostrum*, p. 472.
77. Reddé, *Mare Nostrum*, pp. 186-97: Starr, *Roman Imperial Navy*, pp. 13-21.
78. Reddé, *Mare Nostrum*, pp. 177-86: Starr, *Roman Imperial Navy*, pp. 21-4.

第九章：信仰新興與舊有　西元元年—西元四五〇年

1. B. de Breffny, *The Synagogue* (London, 1978), pp. 30-32, 37.
2. R. Meiggs, *RomanOstia* (Oxford, 1960), pp. 355-66, 368-76.
3. R. Lane Fox, *Pagans and Christians in the Mediterranean World from the SecondCentury AD to the Conversion ofConstantine* (London, 1986), pp. 428,438, 453.
4. M. Goodman, *Rome and Jerusalem: the Clash of Ancient Civilisations* (London,2007), pp. 26-8, 421, 440-43.
5. Ibid., pp. 469-70: coinsinscribed FISCI IVDAICI CALVMNIA SVBLATA.
6. Ibid., pp. 480, 484-91.
7. S. Sand, *The Invention of the Jewish People* (London, 2009), pp. 130-46,seriously underestimates the scale of this diaspora。
8. Lane Fox, *Pagans and Christians*, pp. 450, 482.

9. Ibid., p. 487.
10. Sand, *Invention*, pp. 171-2.
11. Lane Fox, *Pagans and Christians*, p. 492.
12. A. S. Abulafia, *Christian-Jewish Relations, 1000-1300: Jews in the Service ofChristians* (Harlow, 2011), pp. 4-8, 15-16.
13. R. Patai, *The Children of Noah: Jewish Seafaring in Ancient Times* (Princeton,NJ, 1998), pp. 137-42.
14. Ibid., pp. 70-71, 85-100.
15. Lane Fox, *Pagans and Christians*, pp. 609-62.
16. G. Bowersock, *Julian the Apostate* (London, 1978), pp. 89-90, 120-22: P. Athanassiadi, *Julian the Apostate: an Intellectual Biography* (London,1992), pp. 163-5.
17. Bowersock, *Julian*, pp. 79-93: R. Smith, *Julian's Gods: Religion and Philosophyin the Thought and Action of Julian the Apostate* (London, 1995) .
18. Lane Fox, *Pagans and Christians*, p. 31.
19. G. Downey, *Gaza in the Early Sixth Century* (Norman, oK, 1963), pp. 33-59--much of this book is the most dreadful waffle。
20. Lane Fox, *Pagans and Christians*, p. 270.
21. Downey, *Gaza*, pp. 17-26, 20-21, 25-9.
22. For his career,see Mark the Deacon, *Life of Porphyry Bishop of Gaza*, ed. G.F. Hill (Oxford, 1913): Marc le Diacre, *Vie de Porphyre, évêque de Gaza*, ed.H. Grégoire and M.-A. Kugener (Paris, 1930) .
23. Sand, *Invention*, pp. 166-78, though overstated。
24. Severus of Minorca, *Letter on the Conversion of the Jews*, ed. S. Bradbury (Oxford, 1996), editor's introduction, pp. 54-5: J. Amengual i Batle, *Judíos,Católicos y herejes: el microcosmos balear y tarraconense de Seuerus deMenorca, Consentius yorosius (413-421)* (Granada, 2008), pp. 69-201.
25. C. Ginzburg, 'The conversion of Minorcan Jews (417-418): an experiment inHistory of historiography', in S. Waugh and P. Diehl (eds.), *Christendom andits Discontents: Exclusion, Persecution, and Rebellion, 1000-1500* (Cambridge,1996), pp. 207-19.
26. Severus of Minorca, *Letter*, pp. 80-85.
27. Bradbury, ibid., pp. 34-6.
28. Severus of Minorca, *Letter*, pp. 84-5.
29. Ibid., pp. 82-3.
30. Bishop John II of Jerusalem, ibid., p. 18: also Bradbury's comments, pp. 16-25.

31. Ginzburg, 'Conversion', pp. 213-15: Bradbury in Severus of Minorca, *Letter*,pp. 19, 53.
32. Severus of Minorca, *Letter*, pp. 124-5.
33. Ibid., pp. 94-101.
34. Ibid., pp. 116-19.
35. Ibid., pp. 92-3: but cf.Bradbursy's comment,p. 32.
36. Bradbury, ibid., pp. 41-2.

第十章：合久而後又再分　西元四〇〇年—西元六〇〇年

1. B. Ward-Perkins, *The Fall of Rome and the End of Civilisation* (Oxford, 2005), p. 32.
2. Ibid., pp. 1-10: P. Heather, *The Fall of the Roman Empire: a New History* (London,2005), p. xii.
3. C. Wickham, *The Inheritance of Rome: a History of Europe from 400 to 1000* (London, 2009) .
4. Heather, *Fall of the Roman Empire*, p. 130.
5. G. Rickman, *The Corn Supply of Ancient Rome* (Oxford, 1980), pp. 69, 118.
6. B. H. Warmington, *The North African Provinces from Diocletian to the Vandal Conquest* (Cambridge, 1954), pp. 64-5, 113.
7. Ward-Perkins, *Fall of Rome*, pp. 103, 131.
8. Heather, *Fall of the Roman Empire*, pp. 277-80.
9. Warmington, *North African Provinces*, p. 112: S. Raven, *Rome in Africa* (2nd ed, Harl〇w, 1984), p. 207.
10. H. Castritius, *Die Vandalen: Etappen einer Spurensuche* (Stuttgart, 2007), pp. 15-33: A. Merrills and R. Miles, *The Vandals* (Oxford, 2010) .
11. Raven, *Rome in Africa*, p. 171.
12. C. Courtois, *Les Vandales et l'Afrique* (Paris, 1955), p. 157.
13. Ibid., p. 160: cf. H. J. Diesner, *Das Vandelenreich: Aufstieg und Untergang* (Leipzig, 1966), p. 51 for lower estimates.
14. Courtois, *Vandales*, pp. 159-63: Castritius, *Vandalen*, pp. 76-8.
15. Courtois, *Vandales*, pp. 110, 170: Wickham, *Inheritance of Rome*, p. 77.
16. A. Schwarcz, 'The settlement of the Vandals in North Africa', in A. Merrills (ed.), *Vandals, Romans and Berbers: New Perspectives on Late Antique NorthAfrica* (Aldershot, 2004), pp. 49-57.
17. Courtois,*Vandales*, p. 173; A. Merrills,'Vandals, Romans and Berbers:understanding

late antique North Africa',in Merrills (ed.),*Vandals, Romansand Berbers*, pp. 4-5.

18. Merrills,'Vandals, Romans and Berbers', pp. 10-11.
19. R. Hodges and D. Whitehouse, *Mohammed, Charlemagne and the Origins ofEurope* (London, 1983), pp. 27-8: also Wickham, *Inheritance of Rome*, p.78:'the Carthage-Rome tax spine ended'.
20. J. George, 'Vandal poets in their context', in Merrills (ed.), *Vandals, Romansand Berbers*, pp. 133-4: D. Bright, *The Miniature Epic in Vandal NorthAfrica* (Norman, OK, 1987) .
21. Merrills, 'Vandals, Romans and Berbers', p. 13.
22. Diesner, *Vandalenreich*, p. 125.
23. Courtois, *Vandales*, p. 208.
24. Ibid., p. 186.
25. Heather, *Fall of the Roman Empire*, p. 373.
26. Castritius, *Vandalen*, pp. 105-6.
27. Courtois, *Vandales*, pp. 186-93, 212.

28.Some authors reject the bubonic explanation;see W. Rosen, *Justinian's Flea:Plague, Empire and the Birth of Europe* (London, 2007) .

29. A. Laiou and C. Morrisson, *The Byzantine Economy* (Cambridge, 2007), p. 38: C. Morrisson and J.-P. Sodini, 'The sixth-century Economy', in A. Laiou (ed.), *Economic History of Byzantium from the Seventh through the Fifteenth Century*, 3 vols. (Washington, DC, 2002), vol. 1, p. 193.
30. C. Vita-Finzi, *The Mediterranean Valleys: Geological Change in HistoricalTimes* (Cambridge, 1969): Hodges and Whitehouse, *Mohammed, Charlemagne*,pp. 57-9.
31. C. Delano Smith, *Western Mediterranean Europe: a Historical Geography ofItaly, Spain and Southern France since the Neolithic* (London, 1979), pp. 328-92.
32. Morrisson and Sodini, 'Sixth-century Economy', p. 209: P. Arthur, *Naples:from Roman Town to City-state (Archaeological Monographs of the British School at Rome*, vol. 12, London, 2002), pp. 15, 35: H. Ahrweiler, *Byzance etla mer* (Paris, 1966), p. 411: J. Pryor and E. Jeffreys, *The Age of the Dromwn:the Byzantine Navy ca 500-1204* (Leiden, 2006) .
33. Morrisson and Sodini, 'Sixth-century Economy', p. 173.
34. Arthur, *Naples*, p. 12.
35. Morrisson and Sodini, 'Sixth-century Economy', pp. 173-4: G. D. R. Sanders,'Corinth', in Laiou (ed.), *Economic History of Byzantium*, vol. 2, pp. 647-8.
36. Hodges and Whitehouse, *Mohammed, Charlemagne*, p. 28.

37. Morrisson and Sodini, 'Sixth-century Economy', pp. 174, 190-91: C. Foss,*Ephesus after Antiquity: a Late Antique, Byzantine and Turkish City* (Cambridge,1979): M. Kazanaki-Lappa,'Medieval Athens', in Laiou (ed.), *EconomicHistory of Byzantium*, vol. 2, pp. 639-41: Hodges and Whitehouse,*Mohammed,Charlemagne*, p. 60.
38. W. Ashburner, *The Rhodian Sea-law* (Oxford, 1909) .
39. C. Foss and J. Ayer Scott, 'Sardis', in Laiou (ed.), *Economic History of Byzantium*,vol. 2, p. 615: K. Rheidt, 'The urban Economy of Pergamon', in Laiou (ed.), *Economic History of Byzantium*, vol. 2, p. 624.
40. Hodges and Whitehouse, *Mohammed, Charlemagne*, p. 38: J. W. Hayes, *Late Roman Pottery* (Supplementary Monograph of the British School at Rome,London, 1972) and *Supplement to Late Roman Pottery* (London, 1980): C. Wickham, *Framing the Early Middle Ages: Europe and the Mediterranean,400-800* (Oxford, 2005), pp. 720-28.
41. Arthur, *Naples*, p. 141: Morrisson and Sodini, 'Sixth-century Economy',p. 191.
42. Hodges and Whitehouse, *Mohammed, Charlemagne*, p. 72.
43. Morrisson and Sodini, 'Sixth-century Economy', p. 211.
44. F. van Doorninck, Jr, 'Byzantine shipwrecks', in Laiou (ed.), *Economic Historyof Byzantium*, vol. 2, p. 899: A. J. Parker, *Ancient Shipwrecks of theMediterranean and the Roman Provinces* (British Archaeological Reports,International series, vol. 580, Oxford, 1992), no. 782, p. 301.
45. Parker, *Ancient Shipwrecks*, no. 1001, pp. 372-3.
46. Van Doorninck, 'Byzantine shipwrecks', p. 899.
47. Parker, *Ancient Shipwrecks*, no. 1239, pp. 454-5.
48. Van Doorninck, 'Byzantine shipwrecks', p. 899.
49. Parker, *Ancient shipwrecks*, no. 518, p. 217.

第三部：第三代地中海　西元六〇〇年—西元一三五〇年

第一章：地中海的大水槽　西元六〇〇年—西元九〇〇年

1. H. Pirenne, *Mohammed and Charlemagne* (London, 1939) - cf. R. Hodgesand D. Whitehouse, *Mohammed, Charlemagne and the Origins of Europe* (London, 1983):R. Latouche, *The Birth of the Western Economy: EconomicAspects of the Dark Ages* (London, 1961) .

2. M. McCormick, *The Origins of the European Economy: Communicationsand Commerce AD 300-900* (Cambridge, 2001), pp.778-98.
3. A. Laiou and C. Morrisson, *The Byzantine Economy* (Cambridge, 2007), p.63.
4. T. Khalidi, *The Muslim Jesus: Sayings and Stories in Islamic Literature* (Cambridge,MA, 2001) .
5. Hodges and Whitehouse, *Mohammed, Charlemagne*, pp.68-9:D. Pringle,*The Defence of Byzantine Africa from Justinian to the Arab Conquest* (BritishArchaeological Reports, International series, vol.99, Oxford, 1981): on Byzantine ships: J. Pryor and E. Jeffreys, *The Age of the Dromwn: The ByzantineNavy ca 500-1204* (Leiden, 2006) .
6. X. de Planhol, *Minorités en Islam: géographie politique et sociale* (Paris,1997), pp.95-107.
7. S. Sand, *The Invention of the Jewish People* (London, 2009), pp.202-7.
8. Pirenne, *Mohammed and Charlemagne* ; A. Lewis, *Naval Power and Tradein the Mediterranean a.d. 500-1100* (Princeton, NJ, 1951):McCormick,*Origins*, p.118:P. Horden and N. Purcell, *The Corrupting Sea: a Study ofMediterranean History* (Oxford, 2000), pp.153-72 (p.154 for 'the merest trickle':also C. Wickham, *Framing the Early Middle Ages: Europe and theMediterranean*, 400-800 (Oxford, 2005), pp.821-3.
9. McCormick, *Origins*, p.65 ; Horden and Purcell, *Corrupting Sea*, p.164.
10. Horden and Purcell, *Corrupting Sea*, p.163.
11. Ibid., pp.164-5:S. Loseby, 'Marseille: a late Roman success story?' *Journalof Roman Studies*, vol.82 (1992), pp.165-85.
12. E. Ashtor, 'Aperçus sur les Radhanites', *Revue suisse d'histoire*, vol.27 (1977), pp.245-75:Y. Rotman, *Byzantine Slavery and the Mediterranean World* (Cambridge, MA, 2009), pp.66-8, 74.
13. Cf. J. Pryor, Geography, *Technology, and War: Studies in the Maritime Historyof the Mediterranean 649-1571* (Cambridge, 1988), p.138.
14. M. Lombard, *The Golden Age of Islam* (Amsterdam, 1987), p.212: Rotman,*Byzantine Slavery*, pp.66-7.
15. D. Abulafia, 'Asia, Africa and the trade of medieval Europe', *Cambridge EconomicHistory of Europe*, vol.2, *Trade and Industry in the Middle Ages*, ed.M. M. Postan, E. Miller and C. Postan (2nd edn, Cambridge, 1987), p.417.
16. McCormick, *Origins*, pp.668, 675:Rotman, *Byzantine Slavery*, p.73.
17. P.Sénac, *Provence et piraterie sarrasine* (Paris, 1982), p.52.

18. Pryor, Geography, *Technology*, pp.102-3.
19. J. Haywood, *Dark Age Naval Power: a Reassessment of Frankish and Anglo-Saxon Seafaring Activity* (London, 1991), p.113.
20. Ibid., pp.114-15.
21. G. Musca, *L'emirato di Bari*, 847-871 (Bari, 1964):Haywood, *Dark AgeNaval Power*, p.116.
22. Sénac, *Provence et piraterie*, pp.35-48:J. Lacam, *Les Sarrasins dans le hautmoyen âge français* (Paris, 1965) .
23. Pryor and Jeffreys, *Age of the Dromwn*, pp.446-7.
24. J. Pryor, 'Byzantium and the sea: Byzantine fleets and the history of the empirein the age of the Macedonian emperors, c.900-1025 CE', in J. Hattendorf andR. Unger (eds.), *War at Sea in the Middle Ages and Renaissance (*Woodbridge,2003), pp.83-104:Pryor and Jeffreys, *Age of the Dromwn*, p.354: Pryor, Geography, *Technology*, pp.108-9.
25. Pryor and Jeffreys, *Age of the Dromwn*, pp.333-78.
26. Haywood, *Dark Age Naval Power*, p.110.
27. McCormick, *Origins*, pp.69-73, 559-60.
28. M. G. Bartoli, *Il Dalmatico*, ed. A. Duro (Rome, 2000) .
29. F. C. Lane, *Venice: a Maritime Republic* (Baltimore, MD, 1973), pp.3-4.
30. Wickham, *Framing the Early Middle Ages*, pp.690, 732-3:McCormick,*Origins*, pp.529-30.
31. Lane, *Venice*, pp.4-5.
32. Sources in Haywood, *Dark Age Naval Power*, pp.195, nn. 88-94.
33. Wickham, *Framing the Early Middle Ages*, p.690.
34. Lane, *Venice*, p.4.
35. Cf. Wickham, *Framing the Early Middle Ages*, pp.73, 75.
36. McCormick, *Origins*, pp.361-9, 523-31.
37. P.Geary, *Furta Sacra: Thefts of Relics in the Central Middle Ages* (Princeton,NJ, 1978) .
38. D. Howard, *Venice and the East: the Impact of the Islamic World on VenetianArchitecture 1100-1500* (New Haven, CT, 2000), pp.65-7.
39. McCormick, *Origins*, pp.433-8.
40. Cf. Lewis, *Naval Power and Trade in the Mediterranean*, pp.45-6.
41. McCormick, *Origins*, pp.436, 440, 816-51.

第二章：跨越宗教的壁壘　西元九〇〇年—西元一〇五〇年

1. S. Reif, *A Jewish Archive from Old Cairo: the History of Cambridge University'sGenizah Collection* (Richmond, Surrey, 2000), p.2 and fig. 1, p.3.
2. S. D. Goitein, *A Mediterranean Society: the Jewish Communities of the ArabWorld as Portrayed in the Documents of the Cairo Geniza*, vol.1, EconomicFoundations (Berkeley, CA, 1967), p.7:cf. the puzzling title of Reif's *JewishArchive*.
3. S. Shaked, *A Tentative Bibliography of Geniza Documents* (Paris and TheHague, 1964) .
4. Reif, *Jewish Archive*, pp.72-95.
5. On Byzantium: J. Holo, *Byzantine Jewry in the Mediterranean Economy* (Cambridge, 2009) .
6. R. Patai, *The Children of Noah: Jewish Seafaring in Ancient Times* (Princeton,NJ, 1998), pp.93-6:Goitein, *Mediterranean Society*, vol.1, pp.280-81.
7. Shaked, *Tentative Bibliography*, no. 337.
8. D. Abulafia, 'Asia, Africa and the trade of medieval Europe', *Cambridge EconomicHistory of Europe*, vol.2, *Trade and Industry in the Middle Ages*, ed. M.M. Postan, E. Miller and C. Postan (2nd edn, Cambridge, 1987), pp.421-3.
9. 貿易的來往：Holo, *Byzantine Jewry*, pp.201-2.
10. Goitein, *Mediterranean Society*, vol.1, p.429.
11. Shaked, *Tentative Bibliography*, nos. 22, 243 (wheat), 248, 254, 279, 281,339, etc., etc.
12. Goitein, *Mediterranean Society*, vol.1, pp.229-48, 257-8.
13. S. Goitein, 'Sicily and southern Italy in the Cairo Geniza documents', *Archiviostorico per la Sicilia orientale*, vol.67 (1971), p.14.
14. Abulafia, 'Asia, Africa', p.431:Goitein, *Mediterranean Society*, vol.1, p.102.
15. O. R. Constable, *Trade and Traders in Muslim Spain: the Commercial Realignmentof the Iberian Peninsula 900-1500* (Cambridge, 1994), pp.91-2.
16. Ibid., p.92.
17. Goitein, 'Sicily and southern Italy', pp.10, 14, 16.
18. Goitein, *Mediterranean Society*, vol.1, p.111:Goitein, 'Sicily and southernItaly', p.31.
19. Goitein, 'Sicily and southern Italy', pp.20-23.
20. Goitein, *Mediterranean Society*, vol.1, pp.311-12, 314, 317, 325-6:Goitein,'Sicily and southern Italy', pp.28-30.
21. Goitein, *Mediterranean Society*, vol.1, pp.315-16.

22. Ibid., pp.319-22.
23. Reif, *Jewish Archive*, p.167.
24. P.Arthur, *Naples: from Roman Town to City-state* (Archaeological Monographsof the British School at Rome, vol.12, London, 2002), pp.149-51.
25. D. Abulafia, 'Southern Italy, Sicily and Sardinia in the medieval Mediterraneaneconomy', in D. Abulafia, *Commerce and Conquest in the Mediterranean,1100-1500* (Aldershot, 1993), essay i, pp.8-9:B. Kreutz, 'The ecology ofmaritime success: the puzzling case of Amalfi', *Mediterranean HistoricalReview*, vol.3 (1988), pp.103-13.
26. Kreutz, 'Ecology', p.107.
27. M. del Treppo and A. Leone, *Amalfi medioevale* (Naples, 1977), the views being those of del Treppo.
28. G. Imperato, *Amalfi e il suo commercio* (Salerno, 1980), pp.38, 44.
29. C. Wickham, *Early Medieval Italy: Central Power and Local Society 400-1000* (London, 1981), p.150:on Gaeta: P.Skinner, *Family Power in SouthernItaly: the Duchy of Gaeta and its Neighbours, 850-1139* (Cambridge, 1995),especially pp.27-42 and p.288.
30. Imperato, *Amalfi*, p.71.
31. H. Willard, *Abbot Desiderius of Montecassino and the Ties between Montecassinoand Amalfi in the Eleventh Century* (Miscellanea Cassinese, vol.37,Montecassino, 1973) .
32. Abulafia, 'Southern Italy, Sicily and Sardinia', p.12.
33. Anna Komnene, *Alexiad*, 6:1.1.
34. J. Riley-Smith, *The Knights of St John in Jerusalem and Cyprus, 1050-1310* (London, 1967), pp.36-7.
35. C. Cahen, 'Un texte peu connu relative au commerce orientale d'Amalfi au Xesiècle', *Archivio storico per le province napoletane*, vol.34 (1953-4), pp.61-7.
36. A. Citarella, *Il commercio di Amalfi nell'alto medioevo* (Salerno, 1977) .

第三章：翻江搗海的巨變　西元一〇〇〇年—西元一一〇〇年

1. S. A. Epstein, *Genoa and the Genoese, 958-1528* (Chapel Hill, NC, 1996), p.14.
2. Ibid., pp.10-11 (with a rather more positiveview of its harbour) .
3. Ibid., pp.22-3.
4. D. Abulafia, 'Southern Italy, Sicily and Sardinia in the medieval Mediterraneaneconomy', in D. Abulafia, *Commerce and Conquest in the*

Mediterranean,1100-1500 (Aldershot, 1993), essay i, p.24.

5. Ibid., pp.25-6.
6. J. Day, *La Sardegna sotto la dominazione pisano-genovese* (Turin, 1986:J.Day, 'La Sardegna e i suoi dominatori dal secolo XI al secolo XIV', in J. Day,B. Anatra and L. Scaraffia, *La Sardegna medioevale e moderna, Storia d'ItaliaUTET*, ed. G. Galasso, Turin, 1984), pp.3-186:F. Artizzu, L'Opera di S.*Maria di Pisa e la Sardegna* (Padua, 1974) .
7. Epstein, *Genoa*, pp.33-6.
8. Cf. A. Greif, *Institutions and the Path to the Modern Economy: Lessons fromMedieval Trade* (Cambridge, 2006), p.229:also L. R. Taylor, *Party Politics inthe Age of Caesar* (Berkeley, CA, 1949) .
9. Epstein, *Genoa*, pp.19-22, 41:Greif, *Institutions*, p.230.
10. G. Rösch, *Venedig und das Reich: Handels- und Verkehrspolitische Beziehungenin der deutschen Kaiserzeit* (Tübingen, 1982) .
11. S. A. Epstein, *Wills and Wealth in Medieval Genoa, 1150-1250* (Cambridge,MA, 1984) .
12. D. Abulafia, *The Two Italies: Economic Relations between the Norman Kingdomof Sicily and the Northern Communes* (Cambridge, 1977), pp.11-22.
13. Q. van Dosselaere, *Commercial Agreements and Social Dynamics in MedievalGenoa* (Cambridge, 2009) .
14. D. Abulafia, 'Gli italiani fuori d'Italia', in *Storia dell'economia italiana*, ed. R.Romano (Turin, 1990), vol.1, p.268:repr. in D. Abulafia, *Commerce and Conquestin the Mediterranean, 1100-1500* (Aldershot, 1993):D. Nicol, *Byzantiumand Venice: a Study in Diplomatic and Cultural Relations* (Cambridge, 1988), pp.33, 41.
15. Abulafia, *Two Italies*, p.52.
16. H. E. J. Cowdrey, 'The Mahdia campaign of 1087', *English Historical Review*,vol.92 (1977), pp.1-29, repr. in H. E. J. Cowdrey, Popes, *Monks and Crusaders* (London, 1984), essay xii.
17. S. D. Goitein, *A Mediterranean Society: the Jewish Communities of the ArabWorld as Portrayed in the Documents of the Cairo Geniza*, vol.1, EconomicFoundations (Berkeley, CA, 1967), pp.196-200, 204-5.
18. Cowdrey, 'Mahdia campaign', p.8.
19. D. Abulafia, 'Asia, Africa and the trade of medieval Europe', *Cambridge EconomicHistory of Europe*, vol.2, *Trade and Industry in the Middle Ages*, ed. M.M. Postan, E. Miller and C. Postan (2nd edn, Cambridge, 1987), pp.464-5.

20. Abulafia, *Two Italies*, p.40.
21. Cowdrey, 'Mahdia campaign', pp.18, 22.
22. D. Abulafia, 'The Pisan bacini and the medieval Mediterranean economy: ahistorian's viewpoint', Papers in *Italian Archaeology, IV: the CambridgeConference, part iv, Classical and Medieval Archaeology*, ed. C. Malone andS. Stoddart (*British Archaeological Reports, International Series*, vol.246,Oxford, 1985), pp.290, repr. in D. Abulafia, *Italy, Sicily and the Mediterranean,1100-1400* (London, 1987), essay xiii.
23. Cowdrey, 'Mahdia campaign', p.28, verse 68:also p.21.
24. G. Berti, P.Torre et al., *Arte islamica in Italia: i bacini delle chiese pisane* (catalogue of an exhibition at the Museo Nazionale d'Arte Orientale, Rome: Pisa, 1983) .
25. Abulafia, 'Pisan bacini', p.289.
26. Ibid., pp.290-91:J. Pryor and S. Bellabarba, 'The medieval Muslim ships ofthe Pisan bacini', *Mariner's Mirror*, vol.76 (1990), pp.99-113:G. Berti,J. Pastor Quijada and G. Rosselló Bordoy, *Naves andalusíes en cerámicasmallorquinas* (Palma de Mallorca, 1993) .
27. Goitein, *Mediterranean Society*, vol.1, p.306.
28. Pastor Quijada in *Naves andalusíes en cerámicas mallorquinas*, pp.24-5.
29. Goitein, *Mediterranean Society*, vol.1, pp.305-6.
30. D. Abulafia, 'The Crown and the economy under Roger II and his successors',*Dumbarton Oaks Papers*, vol.37 (1981), p.12:repr. in Abulafia, *Italy,Sicily and the Mediterranean*.
31. Anna Komnene, *Alexiad*, 3:12.
32. Ibid., 4:1-5:1.
33. R.-J. Lilie, *Handel und Politik zwischen dem byzantinischen Reich und denitalienischen Kommunen Venedig, Pisa und Genua in der Epoche derKomnenen und der Angeloi (1081-1204),* (Amsterdam, 1984), pp.9-16: Abulafia, *Two Italies*, pp.54-5:Abulafia, 'Italiani fuori d'Italia', pp.268-9.
34. J. Holo, *Byzantine Jewry in the Mediterranean Economy* (Cambridge, 2009), pp.183-6.
35. Abulafia, 'Italiani fuori d'Italia', p.270.
36. D. Howard, *Venice and the East: the Impact of the Islamic World on VenetianArchitecture 1100-1500* (New Haven, CT, 2000), pp.65-109.

第四章：賺得皆上主所賜　西元一一〇〇年—西元一二〇〇年

1. Forearlier plans,see H. E. J. Cowdrey,'Pope Gregory VII's crusading plans',in Outremer: *Studies in the History of the Crusading Kingdom of JerusalemPresented to Joshua Prawer*, ed. R. C. Smail, H. E. Mayer and B. Z. Kedar (Jerusalem, 1982), pp.27-40, repr. in H. E. J. Cowdrey, *Popes, Monks andCrusaders* (London, 1984), essay x.
2. J. Prawer, *Histoire du royaume latin de Jérusalem*, 2 vols. (Paris, 1969), vol.1, pp.177-238.
3. S. A. Epstein, *Genoa and the Genoese, 958-1528* (Chapel Hill, NC, 1996), pp.28-9.
4. Ibid., p.29.
5. L. Woolley, *A Forgotten Kingdom* (Harmondsworth, 1953), pp.190-91,plate 23.
6. M.-L. Favreau-Lilie, *Die Italiener im Heiligen Land vom ersten Kreuzzug bis zumTode Heinrichs von Champagne* (1098-1197), (Amsterdam, 1989), pp.43-8.
7. Epstein, *Genoa*, p.30.
8. Prawer, *Histoire*, vol.1, pp.254,257.
9. Favreau-Lilie, *Italiener im Heiligen Land*, pp.94-5.
10. R. Barber, *The Holy Grail: Imagination and Belief* (London, 2004), p.168.
11. Favreau-Lilie, *Italiener im Heiligen Land*, pp.88-9,106.
12. Epstein, *Genoa*, p.32.
13. D. Abulafia, 'Trade and crusade 1050-1250', in *Cultural Convergences in theCrusader Period,* ed. M. Goodich, S. Menache and S. Schein (New York,1995), pp.10-11:repr. in D. Abulafia, *Mediterranean Encounters: Economic,Religious, Political, 1100-1550* (Aldershot, 2000):J. Pryor, *Geography, Technology,and War: Studies in the Maritime History of the Mediterranean649-1571* (Cambridge, 1988), pp.122, 124.
14. Favreau-Lilie, *Italiener im Heiligen Land*, pp.51-61: Prawer, *Histoire*, vol.1,p.258.
15. Abulafia,'Trade and crusade', pp.10-11.
16. Prawer, *Histoire*, vol.1, pp.258-9.
17. R. C. Smail, *The Crusaders in Syria and the Holy Land* (Ancient Peoples andPlaces, London, 1973), p.17: R. C. Smail, *Crusading Warfare* (1097-1193), (Cambridge, 1956), pp.94-6.
18. Pryor, *Geography, Technology, and War*, p.115.
19. J. Prawer, *Crusader Institutions* (Oxford, 1980), pp.221-6:J. Richard, *Leroyaume latin de Jérusalem* (Paris, 1953), p.218.
20. Pryor, *Geography, Technology, and War*, pp.115-16.
21. R.-J. Lilie, *Handel und Politik zwischen dem byzantinischen Reich und denitalienischen*

Kommunen Venedig, Pisa und Genua in der Epoche der Komnenenund der Angeloi (1081-1204), (Amsterdam, 1984), pp.17-22.

22. J. Holo, *Byzantine Jewry in the Mediterranean Economy* (Cambridge, 2009), pp.183-6.
23. Abulafia, 'Italiani fuori d'Italia', pp.207-10.
24. A. Citarella, *Il commercio di Amalfi nell'alto medioevo* (Salerno, 1977) .
25. D. Abulafia, *The Two Italies: Economic Relations between the Norman Kingdomof Sicily and the Northern Communes* (Cambridge, 1977), pp.59-61.
26. G. Imperato, *Amalfi e il suo commercio* (Salerno, 1980), pp.179-235.
27. D. Abulafia,'Southern Italy, Sicily and Sardinia in the medieval Mediterraneaneconomy',inD.Abulafia,*Commerce and Conquest in the Mediterranean,1100-1500* (Aldershot, 1993), essay i, pp.10-14.
28. M. del Treppo and A. Leone, *Amalfi medioevale* (Naples, 1977) .
29. J. Caskey, *Art and Patronage in the Medieval Mediterranean: Merchant Culturein the Region of Amalfi* (Cambridge, 2004) .
30. S. D. Goitein, *A Mediterranean Society: the Jewish Communities of the ArabWorld as Portrayed in the Documents of the Cairo Geniza*, vol.1, *EconomicFoundations* (Berkeley, CA, 1967), pp.18-19.
31. D. Corcos,'The nature of the Almohad rulers'treatment of the Jews',*Journalof Medieval Iberian Studies*, vol.2 (2010), pp.259-85.
32. Benjamin of Tudela, *The Itinerary of Benjamin of Tudela*, ed. M. N. Adler (London, 1907), p.5: Abulafia, *Two Italies*, p.238.
33. D. Abulafia,'Asia,Africa and the trade of medieval Europe',*Cambridge EconomicHistory of Europe*, vol.2, *Trade and Industry in the Middle Ages*, ed.M. M. Postan, E. Miller and C. Postan (2nd edn, Cambridge, 1987) pp.437-43:cf. the misconceptions in Holo, *Byzantine Jewry*, p.203.
34. H. Rabie, *The Financial System of Egypt, AH 564-741/AD 1169-1341* (Londonand Oxford, 1972), pp.91-2.
35. Abulafia, 'Asia, Africa and the trade of medieval Europe', p.436.
36. C. Cahen, *Makhzu¯miyya¯t: études sur l'histoire économique et financière del'*Égypte médiévale (Leiden, 1977) .
37. C. Cahen, *Orient et occident au temps des croisades* (Paris, 1983), pp.132-3,176.
38. K.-H. Allmendinger, *Die Beziehungen zwischen der Kommune Pisa undÄgypten im hohen Mittelalter: eine rechts- und wirtschaftshistorischeUntersuchung* (Wiesbaden, 1967), pp.45-54:Cahen, *Orient et occident*,p.125.

39. Cahen, *Orient et occident*, p.131.
40. L. de Mas Latrie, *Traités de paix et de commerce et documents divers concernantles relations des Chrétiens avec les arabes de l'Afrique septentrionale auMoyen Âge* (Paris, 1966) .
41. D. Abulafia, 'Christian merchants in the Almohad cities', *Journal of MedievalIberian Studies*, vol.2 (2010), pp.251-7:Corcos, 'The nature of the Almohadrulers' treatment of the Jews', pp.259-85.
42. O. R. Constable, *Housing the Stranger in the Mediterranean World: Lodging,Trade, and Travel in Late Antiquity and the Middle Ages* (Cambridge, 2003), p.278.
43. Abulafia, *Two Italies*, pp.50-51.
44. D. O. Hughes,'Urban growth and family structure in medieval Genoa', *Pastand Present*, no.66 (1975), pp.3-28.
45. R. Heynen, *Zur Entstehung des Kapitalismus in Venedig* (Stuttgart, 1905):J.and F. Gies, *Merchants and Moneymen: the Commercial Revolution, 1000-1500* (London, 1972), pp.51-8.
46. D. Jacoby,'Byzantine trade with Egypt from the mid-tenth century to theFourth Crusade', *Thesaurismata*, vol.30 (2000), pp.25-77, repr. in D. Jacoby,*Commercial Exchange across the Mediterranean: Byzantium, the CrusaderLevant, Egypt and Italy* (Aldershot, 2005), essay i.
47. D. Abulafia,'Ancona, Byzantium and the Adriatic, 1155-1173', *Papers of theBritish School at Rome*, vol.52 (1984), p.208, repr. in D. Abulafia, *Italy, Sicilyand the Mediterranean, 1100-1400* (London, 1987), essay ix.
48. Gies, *Merchants and Moneymen*, pp.57-8.
49. Abulafia,*Two Italies*, pp.237-54, showinghe wasnot a Jew: cf.E.H. Byrne,'Easterners in Genoa', *Journal of the American Oriental Society*, vol.38 (1918), pp.176-87:and V. Slessarev,'Die sogennanten Orientalen im mittelalterlichenGenua.Einwänderer aus Südfrankreich in der ligurischen Metropole', *Vierteljahrschriftfür Sozial- und Wirtschaftsgeschichte*, vol.51 (1964), pp.22-65.
50. Abulafia, *Two Italies*, pp.102-3, 240.
51. Ibid., p.244.
52. Ibn Jubayr, *The Travels of ibn Jubayr*, trans. R. Broadhurst (London, 1952), pp.358-9:Abulafia, *Two Italies*, pp.247-51 - in the Genoese documents he appears as'Caitus Bulcassem'.

第五章：飄洋渡海的營生　西元一一六〇年—西元一一八五年

1. Benjamin of Tudela,*The Itinerary of Benjamin of Tudela*, ed. M. N. Adler (London, 1907):also *The Itinerary of Benjamin of Tudela*, ed. M. Signer (Malibu, CA, 1983): references here are to the original Adleredition。
2. J. Prawer, *The History of the Jews in the Latin Kingdom of Jerusalem* (Oxford,1988), especially pp.191-206.
3. Benjamin of Tudela, *Itinerary*, p.□
4. Ibid., p.2.
5. Ibid.,p.3:cf.H.E.Mayer,*MarseillesLevantehandelund ein akkonensisches Fälscheratelier des xiii . Jahrhunderts* (Tübingen, 1972), pp.62-5.
6. Cf. M. Soifer,' "You say that the Messiah has come . . ." : the Ceuta Disputation (1179) and its place in the Christian anti-Jewish polemics of the highMiddle Ages', *Journal of Medieval History*, vol.31 (2005), pp.287-307.
7. Benjamin of Tudela, *Itinerary*, p.3.
8. Ibid., p.9.
9. Ibid., pp.14-15.
10. Ibid., pp.17-18.
11. Ibid., p.76, n. 1: twenty-eightgroups in one MS,forty in another.
12. Ibid., pp.75-6.
13. Ibn Jubayr, *The Travels of ibn Jubayr*, trans. R. Broadhurst (London, 1952) .
14. Broadhurst, ibid., p.15.
15. Ibn Jubayr, *Travels*, p.26.
16. Ibid., p.27.
17. Ibid., p.28.
18. Roger of Howden, cited in J. Pryor, *Geography, Technology, and War: Studies inthe Maritime History of the Mediterranean 649-1571* (Cambridge, 1988), p.37.
19. Pryor, *Geography, Technology, and War*, pp.16-19, and p.17, figs. 3a-b.
20. Ibn Jubayr, *Travels*, p.29.
21. Ibid., pp.346-7:also J. Riley-Smith, 'Government in Latin Syria and thecommercial privileges of foreign merchants', in *Relations between East andWest in the Middle Ages*, ed. D. Baker (Edinburgh, 1973), p.112.
22. Ibn Jubayr, Travels, pp.31-2.
23. Ibid., pp.32-5.
24. Ibid., p.316.

25. R. C. Smail, *The Crusaders in Syria and the Holy Land* (*Ancient Peoples andPlaces*, London, 1973), p.75.
26. Ibn Jubayr, *Travels*, pp.317-18.
27. Ibid., pp.318, 320.
28. Usamah ibn Munqidh, *Memoirs of an Arab-Syrian Gentleman or an ArabKnight in the Crusades*, ed. and trans. P.Hitti (2nd edn, Beirut, 1964), p.161.
29. Ibn Jubayr, *Travels*, pp.320-22.
30. Ibid., pp.325-8.
31. Koran, 27:44.
32. Ibn Jubayr, *Travels*, p.328.
33. Ibid., p.329.
34. Ibid., pp.330-31.
35. Ibid., p.332.
36. Ibid., p.333.
37. Ibid., p.334:Pryor, *Geography, Technology, and War*, p.36.
38. Ibn Jubayr, *Travels*, pp.336-8.
39. Ibid., p.339.
40. Ibid., pp.353, 356.
41. Ibid., pp.360-65.
42. H. Krueger, *Navi e proprietà navale a Genova: seconda metà del secolo xii* (= *Atti della Società ligure di storia patria*, vol.25, fasc. 1, Genoa, 1985) .
43. Ibid., pp.148-9, 160-61.
44. J. Pryor and E. Jeffreys, *The Age of the Dromwn: the Byzantine Navy ca500-1204* (Leiden, 2006), pp.423-44.
45. Pryor, Geography, *Technology, and War*, p.64:Krueger, Navi, p.26.46. Krueger, *Navi*, pp.24-7.
47. Pryor, *Geography, Technology, and War*, pp.29-32:R. Unger, *The Ship in theMedieval Economy, 600-1600* (London, 1980), pp.123-7.
48. D. Abulafia, 'Marseilles, Acre and the Mediterranean, 1200-1291', in *Coinagein the Latin East: the Fourth Oxford Symposium on Coinage andMonetary History*, ed. P.Edbury and D. M. Metcalf (British ArchaeologicalReports, Oxford, 1980), pp.20-21, repr. in D. Abulafia, *Italy, Sicily and theMediterranean, 1100-1400* (London, 1987), essay x.
49. Unger, *Ship in the Medieval Economy*, p.126.

第六章：帝國有衰也有興　西元一一三〇年—西元一二六〇年

1. Ibn Jubayr, *The Travels of ibn Jubayr*, trans. R. Broadhurst (London, 1952), p.338:D. Abulafia, *The Two Italies: Economic Relations between the NormanKingdom of Sicily and the Northern Communes* (Cambridge, 1977), pp.116-19.
2. D. Abulafia, 'The Crown and the economy under Roger II and his successors',*Dumbarton Oaks Papers*, vol.37 (1981), p.12:repr. in D. Abulafia, *Italy, Sicilyand the Mediterranean, 1100-1400* (London, 1987), essay i.
3. H.Wieruszowski,'Roger of Sicily, Rex-Tyrannus,in twelfth-centurypoliticalthought', *Speculum*, vol.38 (1963), pp.46-78,repr.inH. Wieruszowski,*Politicsand Culture in Medieval Spain and Italy* (Rome, 1971) .
4. Niketas Choniates, cited in Abulafia, *Two Italies*, p.81.
5. D. Nicol, *Byzantium and Venice: a Study in Diplomatic and Cultural Relations* (Cambridge, 1988), p.87.
6. D. Abulafia, 'The Norman Kingdom of Africa and the Norman expeditions toMajorca and the Muslim Mediterranean', *Anglo-Norman Studies*, vol.7 (1985), pp.26-41, repr. in D. Abulafia, *Italy, Sicily and the Mediterranean,1100-1400* (London, 1987), essay xii.
7. Ibn al-Athir, in ibid., p.34.
8. Abulafia, 'Norman Kingdom of Africa', pp.36-8.
9. C. Dalli, *Malta: the Medieval Millennium* (Malta, 2006), pp.66-79.
10. C. Stanton,'Norman naval power in the Mediterranean in the eleventh andtwelfth centuries' (Ph.D. thesis, Cambridge University, 2008) .
11. L.-R. Ménager, *Amiratus-'Amhra'V: l'*Émirat et les origines de l'*Amirauté* (Paris, 1960):L. Mott, *Sea Power in the Medieval Mediterranean: the Catalan-Aragonese Fleet in the War of the Sicilian Vespers* (Gainesville, FL, 2003), pp.59-60.
12. Abulafia, 'Norman Kingdom of Africa', pp.41-3.
13. Caffaro, in Abulafia, *Two Italies*, p.97.
14. Cf. G. Day, *Genoa's Response to Byzantium, 1155-1204: CommercialExpansion and Factionalism in a Medieval City* (Urbana, IL, 1988) .
15. Abulafia, *Two Italies*, pp.90-98.
16. M. Mazzaoui, *The Italian Cotton Industry in the Later Middle Ages, 1100-1600* (Cambridge, 1981) .
17. Abulafia, *Two Italies*, p.218:Dalli, Malta, p.84.

18. See Abulafia, *Two Italies*, pp.255-6, 283-4:D. Abulafia, 'Southern Italy, Sicilyand Sardinia in the medieval Mediterranean economy', in D. Abulafia, *Commerceand Conquest in the Mediterranean, 1100-1500* (Aldershot, 1993),essay i, pp.1-32:colonialeconomy: H. Bresc, *Un monde méditerranéen: économieet société en Sicile, 1300-1450*, 2 vols. (Rome and Palermo, 1986):another view in S. R. Epstein, *An Island for Itself: Economic Development andSocial Change in Late Medieval Sicily* (Cambridge, 1992) .
19. D. Abulafia, 'Dalmatian Ragusa and the Norman Kingdom of Sicily', *Slavonicand East European Review*, vol.54 (1976), pp.412-28, repr. in D. Abulafia,*Italy, Sicily and the Mediterranean, 1100-1400* (London, 1987), essay x.
20. C. M. Brand, *Byzantium Confronts the West 1180-1204* (Cambridge, MA,1968), pp.41-2, 195-6.
21. Ibid., p.161.
22. Eustathios of Thessalonika, *The Capture of Thessaloniki*, ed. and trans. J. R.Melville-Jones (Canberra, 1988) .
23. Brand, *Byzantium Confronts the West*, p.175.
24. G. Schlumberger, *Les campagnes du roi Amaury Ier de Jérusalem en Égypte auXIIe siècle* (Paris, 1906) .
25. E. Sivan, *L'Islam et la Croisade: idéologie et propagande dans les réactionsmusulmanes aux Croisades* (Paris, 1968) .
26. D. Abulafia, 'Marseilles, Acre and the Mediterranean 1200-1291', in *Coinagein the Latin East: the Fourth Oxford Symposium on Coinage and MonetaryHistory*, ed. P.Edbury and D. M. Metcalf (British Archaeological Reports,Oxford, 1980), p.20, repr. in D. Abulafia, *Italy, Sicily and the Mediterranean,1100-1400* (London, 1987), essay xv.
27. J. Prawer, *Crusader Institutions* (Oxford, 1980), pp.230-37, 241.
28. R. C. Smail, *The Crusaders in Syria and the Holy Land* (Ancient Peoples andPlaces, London, 1973), pp.74-5 (with map):M. Benvenisti, *The Crusaders inthe Holy Land* (Jerusalem, 1970), pp.97-102:*Prawer, Crusader Institutions*,pp.229-41:P.Pierotti, *Pisa e Accon: l'insediamento pisano nella città crociata.Il porto. Il* fondaco (Pisa, 1987) .
29. J. Riley-Smith, 'Government in Latin Syria and the commercial privileges offoreign merchants', in *Relations between East and West in the Middle Ages*,ed. D. Baker (Edinburgh, 1973), pp.109-32.
30. C. Cahen, *Orient et occident au temps des croisades* (Paris, 1983), p.139.
31. D. Abulafia,'Crocuses and crusaders: San Gimignano, Pisa and the kingdomof

Jerusalem', in *Outremer: Studies in the History of the Crusading Kingdomof Jerusalem Presented to Joshua Prawer,* ed. R. C. Smail, H. E. Mayer and B.Z. Kedar (Jerusalem, 1982), pp.227-43, repr. in *Abulafia, Italy, Sicily and theMediterranean*, essay xiv.

32. D. Abulafia, 'Maometto e Carlo Magno: le due aree monetarie dell'oro e dell'argento',*Economia Naturale, Economia Monetaria*, ed. R. Romano and U.Tucci, *Storia d'Italia, Annali*, vol.6 (Turin, 1983), pp.223-70.
33. Abulafia, *Two Italies*, pp.172-3, 190-92.
34. D. Abulafia, 'Henry count of Malta and his Mediterranean activities: 1203-1230',in *Medieval Malta: Studies on Malta before the Knights*, ed. A. Luttrell (London,1975), p.111, repr. in Abulafia, *Italy, Sicily and the Mediterranean*, essay iii.
35. Ibid., pp.112-13.
36. Cited in ibid., pp.113-14, nn. 43, 46.
37. Brand, *Byzantium Confronts the West*, p.16.
38. Abulafia, 'Henry count of Malta', p.106.
39. Brand, *Byzantium Confronts the West*, p.209.
40. Ibid., pp.210-11:Abulafia, 'Henry count of Malta', p.108.
41. J. Phillips, *The Fourth Crusade and the Sack of Constantinople* (London,2004):J. Godfrey, *1204: the Unholy Crusade* (Oxford, 1980):D. Queller andT. Madden, *The Fourth Crusade: the Conquest of Constantinople* (2nd edn,Philadelphia, PA, 1997) .
42. D. Howard, *Venice and the East: the Impact of the Islamic World on VenetianArchitecture 1100-1500* (New Haven, CT, 2000), pp.103, 108.
43. J. Longnon, *L'Empire latin de Constantinople et la principauté de Morée* (Paris, 1949):D. Nicol, *The Despotate of Epiros (Oxford, 1957):*M. Angold,*A Byzantine Government in Exile: Government and Society under the LaskaridsofNicaea (1204-1261)* (Oxford, 1975) .
44. Abulafia, 'Henry count of Malta', pp.115-19.
45. S. McKee, *Uncommon Dominion: Venetian Crete and the Myth of EthnicPurity* (Philadelphia, PA, 2000) .
46. Howard, *Venice and the East*, p.93.
47. Brand, *Byzantium Confronts the West*, p.213.
48. *Leonardo Fibonacci: il tempo, le opere, l'eredità scientifica*, ed. M. Morelliand M. Tangheroni (Pisa, 1994) .
49. C. Thouzellier, *Hérésie et hérétiques: vaudois, cathares, patarins, albigeois* (Paris, 1969) .

第七章：商人傭兵傳教士　西元一二二〇年—西元一三〇〇年

1. D. Herlihy, *Pisa in the Early Renaissance* (New Haven, CT, 1958), pp.131-3.
2. D. Abulafia, *The Western Mediterranean Kingdoms 1200-1500: the Strugglefor Dominion* (London, 1997), pp.35-7.
3. Benjamin of Tudela, *The Itinerary of Benjamin of Tudela*, ed. M. N. Adler (London, 1907), p.2.
4. S. Bensch, *Barcelona and its Rulers, 1096-1291* (Cambridge, 1995) .
5. J.-E. Ruiz-Domènec, *Ricard Guillem: un sogno per Barcellona*, with an appendix of documents edited by R. Conde y Delgado de Molina (Naples, 1999): but cf.Bensch, Barcelona, pp.85-121, 154-5.
6. S. Orvietani Busch, *Medieval Mediterranean Ports: the Catalan and TuscanCoasts, 1100-1235* (Leiden, 2001) .
7. Abulafia, *Western Mediterranean Kingdoms*, p.52.
8. Bernat Desclot, *Llibre del rey En Pere*, in *Les quatre grans cròniques*, ed. F.Soldevila (Barcelona, 1971), chap.14:D. Abulafia, *A Mediterranean Emporium:the Catalan Kingdom of Majorca* (Cambridge, 1994), pp.7-8.
9. *James I, Llibre dels Feyts*, in *Les quatre grans cròniques*, ed. F. Soldevila (Barcelona,1971), chap.47, cited here with modifications from the translation ofJ. Forster, *Chronicle of James I of Aragon*,2 vols. (London, 1883):Abulafia,*Mediterranean Emporium*, p.7.
10. *James I, Llibre dels Feyts*, chaps. 54, 56.
11. Abulafia, *Mediterranean Emporium*, pp.78-9, 65-8.
12. Ibid., pp.56-64.
13. See A. Watson, *Agricultural Innovation in the Early Islamic World: the Diffusionof Crops and Farming Techniques, 700-1100* (Cambridge, 1983) .
14. R. Burns and P.Chevedden, *Negotiating Cultures: Bilingual Surrender Treatieson the Crusader-Muslim Frontier under James the Conqueror* (Leiden, 1999) .
15. L. Berner,'On the western shores: the Jews of Barcelona during the reign ofJaume I, "el Conqueridor", 1213-1276' (Ph.D. thesis, University of California,Los Angeles, 1986) .
16. Abulafia, *Mediterranean Emporium*, pp.78-9, 204-8:A. Hernando et al.,*Cartogràfia mallorquina* (Barcelona, 1995) .
17. R. Vose, *Dominicans, Muslims and Jews in the Medieval Crown of Aragon* (Cambridge,

2009) .

18. R. Chazan, *Barcelona and Beyond: the Disputation of 1263 and its Aftermath* (Berkeley, CA, 1992) .
19. 最好的版本: O. Limor, *Die Disputationen zu Ceuta (1179) und Mallorca (1286): zwei antijüdische Schriften aus dem mittelalterlichen Genua* (MonumentaGermaniae Historica, Munich, 1994), pp.169-300.
20. H. Hames, *Like Angels on Jacob's Ladder: Abraham Abulafia, the Franciscans,and Joachimism* (Albany, NY, 2007) .
21. Ibid., pp.33-4.
22. H. Hames, *The Art of Conversion: Christianity and Kabbalah in the ThirteenthCentury* (Leiden, 2000):D. Urvoy, *Penser l'Islam: les présupposésislamiques de l'"art" de Lull* (Paris, 1980) .
23. D. Abulafia, 'The apostolic imperative: religious conversion in Llull'sBlaquerna', in *Religion, Text and Society in Medieval Spain and NorthernEurope: Essays in Honour of J. N. Hillgarth*, ed. L. Shopkow et al. (Toronto,2002), pp.105-21.
24. Ramon Llull, 'Book of the Gentile and the three wise men', in A. Bonner,*Doctor Illuminatus: a Ramon Llull Reader* (Princeton, NJ, 1993), p.168.
25. 'Vita coetanea', in Bonner, *Doctor Illuminatus*, pp.24-5, 28-30.
26. Bonner, *Doctor Illuminatus*, p.43.
27. C.-E. Dufourcq, *L'Espagne catalane et le Maghrib au xiii e et xiv e siècles* (Paris, 1966), pp.514-20.
28. D. Abulafia, 'Catalan merchants and the western Mediterranean, 1236-1300:studies in the notarial acts of Barcelona and Sicily', *Viator: Medieval andRenaissance Studies*, vol.16 (1985), pp.232-5, repr. in D. Abulafia, *Italy,Sicilyand the Mediterranean, 1100-1400* (London, 1987), essay viii.
29. Ibid., pp.235, 237.
30. Ibid., pp.220-21.
31. A. Hibbert, 'Catalan consulates in the thirteenth century', *Cambridge HistoricalJournal*, vol.9 (1949), pp.352-8:Dufourcq, *L'Espagne catalane et le Maghrib*,pp.133-56.
32. J. Hillgarth, *The Problem of a Catalan Mediterranean Empire 1229-1327* (*English Historical Review*, supplement no. 8, London, 1975), p.41:A. Atiya,*Egypt and Aragon* (Leipzig, 1938), pp.57-60.
33. Hillgarth, *Problem*, p.41:J. Trenchs Odena, 'De alexandrinis (el comercioprohibido con los musulmanes y el papado de Aviñón durante la primeramitad del siglo XIV) ',

Anuario de estudios medievales, vol.10 (1980), pp.237-320.

34. Abulafia, 'Catalan merchants', p.222.
35. Ibid., pp.230-31.
36. J. Brodman, *Ransoming Captives in Crusader Spain: the Order of Merced onthe Christian-Islamic Frontier* (Philadelphia, PA, 1986):J. Rodriguez, *Captivesand Their Saviors in the Medieval Crown of Aragon* (Washington, DC,2007) .
37. Abulafia, *Mediterranean Emporium*, pp.130-39.
38. Ibid., pp.188-215:A. Ortega Villoslada, *El reino de Mallorca y el mundoatlántico: evolución político-mercantil* (1230-1349) (Madrid, 2008):alsoDufourcq, *L'Espagne catalane et le Maghrib*, pp.208-37.
39. Abulafia, 'Catalan merchants', pp.237-8.
40. N. Housley, *The Later Crusades: from Lyons to Alcázar 1274-1580* (Oxford,1992), pp.7-17.
41. D. Abulafia, *Frederick II: a Medieval Emperor* (London, 1988), pp.164-201.
42. Ibid., pp.346-7.
43. G. Lesage, *Marseille angevine* (Paris, 1950) .
44. Abulafia, *Mediterranean Emporium*, pp.240-45.
45. P.Xhufi, *Dilemat e Arbërit: studime mbi Shqipërinë mesjetare* (Tirana, 2006), pp.89-172.
46. J. Pryor, 'The galleys of Charles I of Anjou, king of Sicily, ca. 1269-1284',*Studies in Medieval and Renaissance History*, vol.14 (1993), pp.35-103.
47. L. Mott, *Sea Power in the Medieval Mediterranean: the Catalan-AragoneseFleet in the War of the Sicilian Vespers* (Gainesville, FL, 2003), p.15.
48. Abulafia, *Western Mediterranean Kingdoms*, pp.66-76:S. Runciman,*The Sicilian Vespers: a History of the Mediterranean World in the ThirteenthCentury* (Cambridge, 1958) .
49. H. Bresc, '1282: classes sociales et révolution nationale', *XI Congresso distoria della Corona d'Aragona* (Palermo, 1983-4), vol.2, pp.241-58, repr. InH. Bresc, *Politique et société en Sicile, XIIe-XVe siècles* (Aldershot, 1990) .
50. D. Abulafia, 'Southern Italy and the Florentine economy, 1265-1370', *EconomicHistory Review, ser.* 2, 33 (1981), pp.377-88, repr. in Abulafia, *Italy,Sicily and the Mediterranean*, essay vi.
51. Abulafia, *Western Mediterranean Kingdoms*, pp.107-71.
52. J. Pryor, 'The naval battles of Roger de Lauria', *Journal of Medieval History*,vol.9 (1983), pp.179-216.
53. Mott, *Sea Power*, pp.29-30.

54. Ibid., pp.31-2.
55. From the chronicle of Bernat Desclot: see ibid., pp.39-40.
56. Mott, *Sea Power*, pp.33-4.
57. Abulafia, *Mediterranean Emporium*, pp.10-12.

第八章：閉門不納自為王　西元一二九一年—西元一三五〇年

1. S. Schein, *Fideles Cruces: the Papacy, the West and the Recovery of the HolyLand, 1274-1314* (Oxford, 1991) .
2. A. Laiou, *Constantinople and the Latins: the Foreign Policy of Andronicus II1282-1328* (Cambridge, MA, 1972), pp.68-76, 147-57.
3. F. C. Lane, *Venice: a Maritime Republic* (Baltimore, MD, 1973), p.84.
4. D. Abulafia, 'Sul commercio del grano siciliano nel tardo Duecento', *XioCongresso della Corona d'Aragona*, 4 vols. (Palermo, 1983-4), vol.2, pp.5-22,repr. in D. Abulafia, *Italy, Sicily and the Mediterranean, 1100-1400* (London,1987), essay vii.
5. D. Abulafia,'Southern Italy and the Florentine economy,1265-1370', *EconomicHistory Review*,ser.2,33 (1981), pp.377-88, repr. in Abulafia, *Italy,Sicily and the Mediterranean*, essay vi.
6. G. Jehel, *Aigues-mortes, un port pour un roi: les Capétiens et la Méditerranée* (Roanne, 1985):K. Reyerson, *Business, Banking and Finance in MedievalMontpellier* (Toronto, 1985) .
7. P.Edbury, *The Kingdom of Cyprus and the Crusades 1191-1374* (Cambridge,1991):very useful studies in B. Arbel, Cyprus, *the Franks and Venice,13th-16th Centuries* (Aldershot, 2000) .
8. D. Abulafia, 'The Levant trade of the minor cities in the thirteenth and fourteenthcenturies: strengths and weaknesses', in *The Medieval Levant. Studiesin Memory of Eliyahu Ashtor (1914-1984),* ed. B. Z. Kedar and A. Udovitch,*Asian and African Studies*, vol.22 (1988), pp.183-202.
9. P.Edbury, 'The crusading policy of King Peter I of Cyprus, 1359-1369', in P.Holt (ed.), *The Eastern Mediterranean Lands in the Period of the Crusades* (Warminster, 1977), pp.90-105:Edbury, *Kingdom of Cyprus*, pp.147-79.
10. R. Unger, *The Ship in the Medieval Economy, 600-1600* (London, 1980), pp.176-9:J. Robson, 'The Catalan fleet and Moorish sea-power (1337-1344) ',*English Historical Review*, vol.74 (1959), p.391.

11. Lane, *Venice*, p.46.
12. D. Abulafia, 'Venice and the kingdom of Naples in the last years of Robertthe Wise, 1332-1343', *Papers of the British School at Rome*, vol.48 (1980), pp.196-9.
13. S. Chojnacki, 'In search of the Venetian patriciate: families and faction in thefourteenth century', in *Renaissance Venice*, ed. J. R. Hale (London, 1973), pp.47-90.
14. Another projectinvolvedan exchange with Albania:D. Abulafia, 'TheAragonese Kingdom of Albania: an Angevin project of 1311-16', *MediterraneanHistorical Review*, vol.10 (1995), pp.1-13
15. M. Tangheroni, *Aspetti del commercio dei cereali nei paesi della Coronad'Aragona*, 1: La Sardegna (Pisa and Cagliari, 1981):C. Manca, *Aspettidell'espansione economica catalano-aragonese nel Mediterraneo occidentale:il commercio internazionale del sale* (Milan, 1966):M. Tangheroni, *Cittàdell'argento: Iglesias dalle origini alla fine del Medioevo* (Naples, 1985) .
16. F. C. Casula, *La Sardegna aragonese*, 2 vols. (Sassari, 1990-91):B. Pitzorno,*Vita di Eleanora d'Arborea, principessa medioevale di Sardegna* (Milan,2010) .
17. D. Abulafia, *A Mediterranean Emporium: the Catalan Kingdom of Majorca* (Cambridge, 1994), pp.15-17, 54.
18. Ibid., pp.14, 248.
19. L. Mott, *Sea Power in the Medieval Mediterranean: the Catalan-AragoneseFleet in the War of the Sicilian Vespers* (Gainesville, FL, 2003), p.216, table2, and p.217:J. Pryor, 'The galleys of Charles I of Anjou, king of Sicily, ca.1269-1284', *Studies in Medieval and Renaissance History*, vol.14 (1993), p.86.
20. Mott, *Sea Power*, pp.211-24.
21. Tangheroni, *Aspetti del commercio*, pp.72-8.
22. Robson, 'Catalan fleet', p.386.
23. G. Hills, *Rock of Contention: a History of Gibraltar* (London, 1974), pp.60-72:M. Harvey, *Gibraltar: a History* (2nd edn, Staplehurst, Kent,2000), pp.37-40.
24. Robson, 'Catalan fleet', pp.389-91, 394, 398.
25. Harvey, *Gibraltar*, pp.44-5.
26. J. Riley-Smith, *The Knights of St John in Jerusalem and Cyprus, 1050-1310* (London, 1967), p.225:Edbury, *Kingdom of Cyprus*, p.123.
27. K. Setton, *The Catalan Domination of Athens, 1311-1388* (2nd edn, London,1975) .
28. E. Zachariadou, *Trade and Crusade: Venetian Crete and the Emirates ofMenteshe and Aydın (1300-1415)* (Venice, 1983), pp.13-14.

29. Ibid., pp.27-37.
30. N. Housley, *The Later Crusades: from Lyons to Alcázar 1274-1580* (Oxford,1992), pp.59-60:Zachariadou, *Trade and Crusade*, pp.49--51.
31. W. C. Jordan, *The Great Famine: Northern Europe in the Early FourteenthCentury* (Princeton, NJ, 1966):cf. D. Abulafia, 'Un'economia in crisi？L'Europa alla vigilia della Peste Nera', *Archivio storico del Sannio*, vol.3 (1998), pp.5-24.
32. O. Benedictow, *The Black Death 1346-1353: the Complete History* (Woodbridge,2004), p.281.
33. B. Kedar, *Merchants in Crisis: Genoese and Venetian Men of Affairs and theFourteenth-century Depression* (New Haven, CT, 1976) .
34. M. Dols, *The Black Death in the Middle East* (Princeton, NJ, 1977):Benedictow,*Black Death*, pp.60-64, 69:for the view that it was not bubonic and pneumonic plague, see B. Gummer, *The Scourging Angel: the Black Death inthe British Isles* (London, 2009) .
35. S. Borsch, *The Black Death in Egypt and England: a Comparative Study* (Cairo, 2005), pp.1-2.
36. Benedictow, *Black Death*, pp.70-71, 93-4.
37. Ibid., pp.77-82, 89-90, 278-81.
38. Ibid., pp.82-3.
39. Ibid., pp.65-6.
40. Ibid., pp.380-84.
41. D. Abulafia, 'Carestia, peste, economia', *Le epidemie nei secoli XIV-XVII* (Nuova Scuola Medica Salernitana, Salerno, 2006) .
42. S. R. Epstein, *An Island for Itself: Economic Development and Social Changein Late Medieval Sicily* (Cambridge, 1992) .

第四部：第四代地中海　西元一三五〇年—西元一八三〇年

第一章：爭逐羅馬帝國的大統　西元一三五〇年—西元一四八〇年

1. D. Abulafia, *A Mediterranean Emporium: the Catalan Kingdom of Majorca* (Cambridge, 1994), pp. 217-21: F. Melis, *Aspetti della vita economica medievale (studi nell'Archivio Datini di Prato)* (Siena and Florence, 1962): I.origo, *The Merchant of Prato* (2nd edn, Harmondsworth, 1963) .

2. origo, *Merchant of Prato*, p. 128.
3. I. Houssaye Michienzi, 'Réseaux et stratégies marchandes ; le commerce de lacompagnie Datini avec le Maghrib (fin XIVe-début XVe siècle) ', (doctoraldissertation, European University Institute, Florence, 2010) .
4. origo, *Merchant of Prato*, pp. 97-8.
5. R. de Roover, *The Rise and Decline of the Medici Bank 1397-1494* (Cambridge,MA, 1963) .
6. B. Kedar, *Merchants in Crisis: Genoese and Venetian Men of Affairs and theFourteenth-century Depression* (New Haven, CT, 1976) , arguing that a supposed economic depressing wasmatched by psychological depression among merchants.
7. o. Benedictow, *The Black Death 1346-1353: the Complete History* (Woodbridge,2004), pp. 118-33.
8. F. C. Lane, *Venice: a Maritime Republic* (Baltimore, MD, 1973), pp. 176-9: S. A. Epstein, Genoa and the Genoese, 958-1528 (Chapel Hill, NC, 1996), pp. 220-21.
9. Lane, *Venice*, p. 186: Epstein, *Genoa*, pp. 219-20.
10. S. McKee, *Uncommon Dominion: Venetian Crete and the Myth of EthnicPurity* (Philadelphia, PA, 2000), pp. 145-61.
11. Lane, *Venice*, pp. 189-201: Epstein, *Genoa*, pp. 237-42.
12. Lane, *Venice*, p. 196.
13. Cf. Kedar, *Merchants in Crisis*.
14. Dante Alighieri, *Divina Commedia*, 'Inferno', 21:7-15: Lane, *Venice*, p. 163.
15. Lane, *Venice*, pp. 122-3, 163-4: F. C. Lane, *Venetian Ships and Shipbuildersof the Renaissance* (Baltimore, MD, 1934) .
16. Lane, *Venice*, p. 120.
17. H. Prescott, *Jerusalem Journey: Pilgrimage to the Holy Land in the FifteenthCentury* (London, 1954): H. Prescott, *once to Sinai: the Further Pilgrimageof Friar Felix Fabri* (London, 1957) .
18. *Petrarch's Guide to the Holy Land: Itinerary to the Sepulcher of our LordJesus Christ*, ed. T. Cachey (Notre Dame, IN, 2002) .
19. Cyriac of Ancona, *Later Travels*, ed. E. Bodnar (Cambridge, MA, 2003): M.Belozerskaya, *To Wake the Dead: a Renaissance Merchant and the Birth ofArchaeology* (New York, 2009): B. Ashmole, 'Cyriac of Ancona', in *Art andPolitics in Renaissance Italy*, ed. G. Holmes (oxford, 1993), pp. 41-57.
20. N. Z. Davis, *Trickster Travels: a Sixteenth-century Muslim between Worlds* (New York,

2006) .

21. P. Corrao, *Governare un regno: potere, società e istituzioni in Sicilia fra Trecentoe Quattrocento* (Naples, 1991) .
22. J. Carbonell and F. Manconi (eds.), *I Catalani in Sardegna* (Milan, 1994): G. Goddard King, *Pittura sarda del Quattro-Cinquecento* (2nd edn, Nuoro,2000) .
23. A. Ryder, *Alfonso the Magnanimous, King of Aragon, Naples, and Sicily,1396-1458* (oxford, 1990) .
24. P. Stacey, *Roman Monarchy and the Renaissance Prince* (Cambridge, 2007) .
25. J. Favier, *Le roi René* (Paris, 2009): M. Kekewich, *The Good King: René ofAnjou and Fifteenth-century Europe* (Basingstoke, 2008) .
26. W. Küchler, *Die Finanzen der Krone Aragon während des 15. Jahrhunderts (Alfons V. und Johann II.)* (Münster, 1983): L. Sánchez Aragonés, *Cortes,monarquía y ciudades en Aragón, durante el reinado de Alfonso el Magnánimo* (Saragossa, 1994) .
27. A. Gallo, *Commentarius de Genuensium maritima classe in Barchinonensesexpedita, anno MCCCCLXVI*, ed. C. Fossati (*Fonti per la storia dell'Italiamedievale, Rerum italicarum scriptores*, ser. 3, vol. 8, Rome, 2010): andC. Fossati, *Genovesi e Catalani: guerra sul mare. Relazione di Antonio Gallo* (1466) (Genoa, 2008) .
28. D. Abulafia, 'From Tunis to Piombino: piracy and trade in the Tyrrhenian Sea,1397-1472', in *The Experience of Crusading*, vol. 2: *Defining the CrusaderKingdom*, ed. P. Edbury and J. Phillips (Cambridge, 2003), pp. 275-97.
29. D. Abulafia, 'The mouse and the elephant: relations between the kings ofNaples and the lordship of Piombino in the fifteenth century', in J. Law andB. Paton (eds.), *Communes and Despots: Essays in Memory of Philip Jones* (Aldershot, 2010), pp. 145-60: G. Forte, *Di Castiglione di Pescaia presidioaragonese dal 1447 al 1460* (Grosseto, 1935: also published in *Bollettinodella società storica maremmana*, 1934-5) .
30. M. Navarro Sorní, *Calixto II Borja y Alfonso el Magnánimo frente a lacruzada* (Valencia, 2003): cf. A. Ryder, 'The eastern policy of Alfonso theMagnanimous', *Atti dell'Accademia Pontaniana*, vol. 27 (1979), pp. 7-27.
31. D. Abulafia, 'Scanderbeg: a hero and his reputation', introduction to H.Hodgkinson, *Scanderbeg* (London, 1999), pp. ix-xv: o. J. Schmitt, *Skënderbeu* (Tirana, 2008: German edn: *Skanderbeg: der neue Alexander auf demBalkan*, Regensburg, 2009): F. Babinger, *Mehmed the Conqueror and hisTime*, ed. W. Hickman (Princeton, NJ, 1979), pp. 390-96.
32. D. Duran i Duelt, *Kastellórizo, una isla griega bajo dominio de Alfonso elMagnánimo*

(1450-1458), colección documental (Barcelona, 2003): C. Marinescu,*La politique orientale d'Alfonse V d'Aragon, roi de Naples* (1416-1458) (*Institut d'Estudis Catalans, Memòries de la Secció Històrico-Arqueològica*,vol. 46, Barcelona, 1994), pp. 203-34.

33. D. Abulafia, 'Genoese, Turks and Catalans in the age of Mehmet II and Tirantlo Blanc', in *Quel mar che la terra inghirlanda. Studi sul Mediterraneo medievalein ricordo di Marco Tangheroni*, 2 vols. (Pisa, 2007), vol. 1, pp. 49-58: English translations: C. R. La Fontaine, *Tirant lo Blanc: the Complete Translation* (New York, 1993), a full literal translations, and D. Rosenthal, trans.*Tirant lo Blanc* (London, 1984), an abridged version.
34. E. Aylward, *Martorell's Tirant lo Blanch: a Program for Military and SocialReform in Fifteenth-century Christendom* (Chapel Hill, NC, 1985) .
35. *Tirant lo Blanc*, chapter 99.
36. Doukas, *Decline and Fall of Byzantium to the ottoman Turks by Doukas: anAnnotated Translation of Historia Turco-Byzantina*, ed. H. Magoulias (Detroit, 1976), chap. 38:5, p. 212.
37. H. Inalcık, *The ottoman Empire: the Classical Age* 1300-1600 (London,1973) .
38. Babinger, *Mehmed the Conqueror*, pp. 359-66.
39. P. Butorac, *Kotor za samovlade* (1355-1420) (Perast, 1999), pp. 75-115.
40. L. Malltezi, *Qytetet e bregdetit shqiptar gjatë sundemit Venedikas (aspekte tejetës së tyre)* (Tirana, 1988), pp. 229-41 (French summary): o. J. Schmitt,*Das venezianische Albanien* (1392-1479) (Munich, 2001) .
41. L. Butler, *The Siege of Rhodes 1480* (*order of St John Historical Pamphlets*,no. 10, London, 1970), pp. 1-24: E. Brockman, *The Two Sieges of Rhodes1480-1522* (London, 1969): Babinger, *Mehmed the Conqueror*, pp. 396-9.
42. Butler, *Siege of Rhodes*, pp. 11, 22.
43. H. Houben (ed.), *La conquista turca di otranto (1480) tra storia e mito*, 2vols. (Galatina, 2008): Babinger, *Mehmed the Conqueror*, pp. 390-91, 395.
44. Babinger, *Mehmed the Conqueror*, pp. 390-96.
45. C. Kidwell, 'Venice, the French invasion and the Apulian ports', in *The FrenchDescent into Renaissance Italy 1494-1495: Antecedents and Effects*, ed.D. Abulafia (Aldershot, 1995), pp. 295-308.
46. Ibid., p. 300.
47. N. Bisaha, *Creating East and West: Renaissance Humanism and the ottomanTurks* (Philadelphia, PA, 2004): R. Mack, *Bazaar to Piazza: Islamic Tradeand Italian Art,*

1300-1600 (Berkeley, CA, 2002) .

48. C. Campbell, A. Chong, D. Howard and M. Rogers, *Bellini and the East* (National Gallery, London, 2006) .
49. D. Abulafia, 'Dalmatian Ragusa and the Norman Kingdom of Sicily', *Slavonicand East European Review*, vol. 54 (1976), pp. 412-28, repr. in D. Abulafia,*Italy, Sicily and the Mediterranean, 1100-1400* (London, 1987), essay x.
50. R. Harris, *Dubrovnik: a History* (London, 2003), pp. 58-63.
51. F. Carter, 'Balkan exports through Dubrovnik 1358-1500: a geographicalanalysis', *Journal of Croatian Studies*, vols. 9-10 (1968-9), pp. 133-59, repr.in F. Carter's strange *Dubrovnik (Ragusa): a Classic City-state* (London,1972), pp. 214-92, much of the rest of whichis an unattributed reprint of L. Villari, *The Republic of Ragusa* (London, 1904) 。
52. B. Krekic′, *Dubrovnik (Raguse) et le Levant au Moyen Âge* (Paris, 1961) .
53. B. Krekic′, 'Four Florentine commercial companies in Dubrovnik (Ragusa) inthe first half of the fourteenth century', in *The Medieval City*, ed. D. Herlihy,H. Miskimin and A. Udovitch (New Haven, CT, 1977), pp. 25-41: D. Abulafia,'Grain traffic out of the Apulian ports on behalf of Lorenzo de' Medici,1486-7', Karissime Gotifride: *Historical Essays Presented to Professor GodfreyWettinger on his Seventieth Birthday*, ed. P. Xuereb (Malta, 1999), pp.25-36, repr. in D. Abulafia, *Mediterranean Encounters: Economic, Religious,Political, 1100-1550* (Aldershot, 2000), essay ix: M. Spremic′, *Dubrovnik IAragonci (1442-1495)* (Belgrade, 1971), p. 210.
54. *Filip de Diversis, opis slavnogo grada Dubrovnika*, ed. Z. Janekovic′-Römer (Zagreb, 2004), p. 156: B. Krekic′, *Dubrovnik in the Fourteenth and FifteenthCenturies: a City between East and West* (Norman, oK, 1972), p. 35.
55. Spremic′, *Dubrovnik i Aragonci*, pp. 207-11 (Italian summary) .
56. B. Cotrugli, *Il libro dell'arte di mercatura*, ed. U. Tucci (Venice, 1990): B.Kotruljevic′, *Knjiga o umijec′u trgovanja* (Zagreb, 2005): also,on winds, waves and navigation: B. Kotruljevic′, *De Navigatione - o plovidbi*, ed. D.Salopek (Zagreb, 2005) .
57. Harris, *Dubrovnik*, pp. 88-90.
58. Ibid., pp. 93, 95: N. Biegman, *The Turco-Ragusan Relationship according tothe firma¯ns of Mura¯d III* (1575-1595) *extant in the State Archives of Dubrovnik* (The Hague and Paris, 1967) .

第二章：地中海變出新的面貌　西元一三九一年—西元一五〇〇年

1. N. Housley, *The Later Crusades: from Lyons to Alca'zar 1274-1580* (oxford,1992), pp. 196-7.
2. J. Heers, *Gênes au XVe siècle: civilisation méditerranéenne, grand capitalisme,et capitalisme populaire* (Paris, 1971) .
3. E. Ashtor, 'Levantine sugar industry in the late Middle Ages: a case of technologicaldecline', *The Islamic Middle East, 700-1900*, ed. A. L. Udovitch (Princeton, NJ, 1981), pp. 91-132.
4. Wallace Collection (London) , Hispanic Society ofAmerica (New York) , Israel Museum (Jerusalem) 。
5. D. Abulafia, 'Sugar in Spain', *European Review*, vol. 16 (2008), pp 191-210: M. ouerfelli, *Le sucre: production, commercialisation et usages dans laMéditerranée médiévale* (Leiden, 2007) .
6. A. Fábregas Garcia, *Producción y comercio de azúcar en el Mediterráneomedieval: el ejemplo del reino de Granada* (Granada, 2000): J. Heers, 'Leroyaume de Grenade et la politique marchande de Gênes en occident (Xvesiècle) ', *Le Moyen Âge*, vol. 63 (1957), p. 109, repr. in J. Heers, *Société etéconomie à Gênes* (XIVe-XVe siècles) (London, 1979), essay vii: F. Melis,'Málaga nel sistema economico del XIV e XV secolo', *Economia e Storia*,vol. 3 (1956), pp. 19-59, 139-63, repr. in F. Melis, *Mercaderes italianos enEspaña (investigaciones sobre su correspondencia y su contabilidad)* (Seville,1976), pp. 3-65: R. Salicrú i Lluch, 'The Catalano-Aragonese commercialpresence in the sultanate of Granada during the reign of Alfonso the Magnanimous',*Journal of Medieval History*, vol. 27 (2001), pp. 289-312.
7. P. Russell, *Prince Henry 'the Navigator': a Life* (New Haven, CT, 2000), pp. 29-58.
8. Ibid., pp. 182-93.
9. B. Rogerson, *The Last Crusaders: the Hundred-year Battle for the Centre ofthe World* (London, 2009), especially pp. 399-422.
10. Luis Vaz de Camões, *The Lusiads*, trans. L.White (oxford, 1997),canto4:49, p.86.
11. F.Themudo Barata,*Navegação,comércio e relações políticas: os portuguesesno Mediterrâneo ocidental* (1385-1466) (Lisbon, 1998): J.Heers, 'L'expansionmaritime portugaise à la fin du Moyen-Âge: la Méditerranée',*Actas do IIIColóquio internacional de estudios luso-brasileiros*, vol.2 (Lisbon, 1960), pp.138-47, repr. in Heers, *Société et économie*, essay iii.
12. R. Salicrú i Lluch, *El tràfic de mercaderies a Barcelona segons els comptes dela Lleuda de Mediona* (febrer de 1434) (*Anuario de estudios medievales*,annex no. 30, Barcelona, 1995) .

13. D. Abulafia, 'The Crown and the economy under Ferrante I of Naples (1458-94) ', in T. Dean and C. Wickham (eds.),*City and Countryside in LateMedieval and Renaissance Italy: Essays Presented to Philip Jones* (London,1990), pp.135,140,repr.in D. Abulafia, *Commerce and Conquest in theMediterranean, 1100-1500* (Aldershot, 1993) .
14. A. Ruddock, *Italian Merchants and Shipping in Southampton 1270-1600* (Southampton, 1951), pp. 173-7.
15. K. Reyerson, *Jacques Coeur: Entrepreneur and King's Bursar* (New York, 2005), pp. 3, 90-91: J. Heers,*Jacques Coeur1400-1456* (Paris, 1997) , taking a different view from M. Mollat,*Jacques Coeur ou l'esprit de l'entreprise au XVe siècle* (Paris,1988) and C. Poulain, *Jacques Coeur ou les rêves concrétisés* (Paris, 1982) .
16. Cited by Reyerson, *Jacques Coeur*, p. 87.
17. Ibid., pp.90,92,162: Mollat, *Jacques Coeur*, pp.168-80.
18. D. Lamelas, *The Sale of Gibraltar in 1474 to the New Christians of Cordova*,ed. S. Benady (Gibraltar and Grendon, Northants, 1992): M. Harvey, *Gibraltar:a History* (2nd edn, Staplehurst, Kent, 2000), pp.48-53.
19. P. Wolff, 'The 1391 pogrom in Spain: social crisis or not?', *Past & Present*, no.50 (1971), pp. 4-18.
20. C. Carrère, *Barcelone: centre économique à l'époque des difficultés, 1380-1462*, 2 vols. (Paris and The Hague, 1967): C. Batlle, *Barcelona a mediadosdel siglo XV: historia de una crisis urbana* (Barcelona, 1976) .
21. J. M. Quadrado, *Forenses y Ciudadanos* (*Biblioteca Balear*, vol. 1, Palma deMallorca, 1986, repr. of 2nd edn, Palma, 1895) ;plague:M.Barceló Crespi,*Ciutat de Mallorca en el Trànsit a la Modernitat* (Palma de Mallorca, 1988) .
22. R. Piña Homs, *El Consolat de Mar: Mallorca 1326-1800* (Palma de Mallorca,1985): R. Smith, *The Spanish Guild Merchant: a History of theConsulado*, 1250-1700 (Durham, NC, 1972), pp. 3-33.
23. Classic negative views in: J. Elliott,*Imperial Spain 1469-1714* (London,1963), pp. 24, 30-31: P. Vilar, 'Le déclin catalan au bas Moyen Âge', *Estudiosde Historia Moderna*, vol. 6 (1956-9), pp. 1-68: J. Vicens Vives, *An EconomicHistory of Spain* (Princeton, NJ, 1969), with relevant sectionsrepublished in R. Highfield (ed.), *Spain in the Fifteenth Century 1369-1516* (London, 1972), pp. 31-57, 248-75.
24. A.P.Usher,*The Early History of Deposit Banking in Mediterranean Europe* (Cambridge, MA, 1943) .
25. D. Coulon,*Barcelone et le grand commerce d'orient au Moyen Âge: un sièclede relations avec*

l'Égypte et la Syrie-Palestine, ca. 1330-ca. 1430 (Madridand Barcelona,2004) .

26. M.del Treppo, *I Mercanti Catalani e l'Espansione della Corona d'Aragonanel Secolo XV* (Naples, 1972), figure facing p. 16: D. Pifarré Torres, *El comerçinternacional de Barcelona i el mar del Nord (Bruges) al final del segle XIV* (Barcelona and Montserrat, 2002) .
27. There were 154 voyages from Barcelona to Rhodes between1390 and 1493:del Treppo, *Mercanti Catalani*, p. 59.
28. Del Treppo, *Mercanti Catalani*, pp.211,213,231-44.
29. Abulafia,'The Crown and the economy under Ferrante', pp.142-3.
30. D. Abulafia,'L'economia mercantile nel Mediterraneo occidentale (1390ca.-1460ca.): commercio locale e a lunga distanza nell'età di Alfonso il Magnanimo',*Schola Salernitana. Dipartimento di Latinità e Medioevo, Università degliStudi di Salerno*, Annali, vol. 2 (1997), pp. 28-30, repr. in D. Abulafia, *MediterraneanEncounters: Economic, Religious, Political, 1100-1550* (Aldershot,2000), essay viii: M. Zucchitello, *El comerç maritime de Tossa a través del portbarceloni (1357-1553)* (Quaderns d'estudis tossencs, Tossa de Mar, 1982) .
31. H. Winter, *Die katalanische Nao von 1450 nach dem Modell im Maritiem MuseumPrins Hendrik in Rotterdam* (Burg bez. Magdeburg, 1956): *Het Mataró-Model:een bijzondere Aanwist* (Maritiem Museum Prins Hendrik, Rotterdam, 1982) .
32. Salicrú, *Tràfic de mercaderies.*
33. M. Peláez, *Catalunya després de le Guerra Civil del segle XV* (Barcelona,1981), p. 140: cf. del Treppo, *Mercanti catalani*, pp. 586-7.
34. Peláez, *Catalunya*, pp. 145, 153-9.
35. P. Macaire, *Majorque et le commerce international (1400-1450 environ)* (Lille, 1986), pp. 81-91, 411: o. Vaquer Bennasar, *El comerç marítim deMallorca, 1448-1531* (Palma de Mallorca, 2001) .
36. Elliott, *Imperial Spain*, p. 24: 'gyroscope',cited from E. Hamilton, *Money,Prices and Wages in Valencia, Aragon and Navarre 1351-1500* (Cambridge,MA, 1936), pp. 55-9.
37. S. Jados (ed. and trans.), *Consulate of the Sea and Related Documents* (Tuscaloosa,AL, 1975), pp. 3-18: Smith, *Spanish Guild Merchant*, pp. 20-25.
38. Jados, *Consulate of the Sea*, p. 38: also pp. 35-8, 54-7, 204-8.
39. Ibid., pp. 56-7: o. R. Constable, 'The problem of jettison in medieval Mediterraneanmaritime law', *Journal of Medieval History*, vol. 20 (1994), pp. 207-20.
40. Jados, *Consulate of the Sea*, pp. 65, 68-9.
41. Ibid.,pp.135-7: on ceramics:Valenza-Napoli: *rotte mediterranee dellaceramica/València-*

Nàpols: les rutes mediterrànies de la ceramica (Valencia,1997) .

42. Jados, *Consulate of the Sea*, p. 79.
43. M. Teresa Ferrer i Mallol, 'Els italians a terres catalanes (segles XII-XV) ',*Anuario de Estudios Medievales*, vol. 19 (1980), pp. 393-467.
44. J. Guiral-Hadziiossif, *Valence, port méditerranéen au XVe siècle (1410-1525)* (Publications de la Sorbonne, Paris, 1986), pp. 281-6: D. Igual Luis, *Valenciay Italia en el siglo XV: rutas, mercados y hombres de negocios en el espacioeconómico del Mediterráneo occidental* (Bancaixa Fundació Caixa Castelló,Castellón, 1998) .
45. P. Iradiel, 'Valencia y la expansión económica de la Corona de Aragón', in D.Abulafia and B. Garí (eds.), *En las costas del Mediterráneo occidental: las ciudadesde la Peninsula Ibérica y del reino de Mallorca y el comercio mediterráneoen la Edad Media* (Barcelona, 1997), pp. 155-69: E. Cruselles, *Los mercaderesde Valencia en la Edad Media, 1380-1450* (Lleidà, 2001): E. Cruselles,*Los comerciantes valencianos del siglo XV y sus libros de cuentas* (Castellóde la Plana, 2007) .
46. See the studiesby P. Mainoni, V. Mora, C. Verlinden collectedin A.Furió (ed.),*València, mercat medieval* (Valencia, 1985), pp. 83-156, 159-73, 267-75.
47. E.g. Gentino Abulafia: G. Romestan, 'Els mercaders llenguadocians en el regnede València durant la primera meitat del segle XIV', in Furió, *València*, p. 217.
48. Salicrú, 'Catalano-Aragonese commercial presence', pp. 289-312.
49. E. Belenguer Cebrià, *València en la crisi del segle XV* (Barcelona, 1976) .50. S. R. Epstein, *An Island for Itself: Economic Development and Social Changein Late Medieval Sicily* (Cambridge, 1992): C. Zedda, *Cagliari: un portocommerciale nel Mediterraneo del Quattrocento* (Naples, 2001) .
51. o. Benedictow, *The Black Death 1346-1353: the Complete History* (Woodbridge,2004), p. 281.
52. Wolff, '1391 pogrom', pp. 4-18.
53. H. Maccoby, *Judaism on Trial: Jewish-Christian Disputations in the MiddleAges* (Rutherford, NJ, 1982), pp. 168-215.
54. A. Y. d'Abrera, *The Tribunal of Zaragoza and Crypto-Judaism, 1484-1515* (Turnhout, 2008) .
55. R. Conde y Delgado de Molina, *La Expulsión de los Judíos de la Corona deAragón: documentos para su estudio* (Saragossa, 1991), doc. §1, pp. 41-4.
56. Samuel Usque, *Consolation for the Tribulations of Israel* (Consolaçam asTribulaçoens de Israel), ed. M. Cohen (Philadelphia, PA, 1964): Joseph Hacohenand the Anonymous

Corrector, *The Vale of Tears* (Emek Habacha), ed.H. May (The Hague, 1971) .

57. G. N. Zazzu, *Sepharad addio - 1492: I profughi ebrei della Spagna al 'ghetto'di Genova* (Genoa, 1991) .
58. N. Zeldes,'Sefardi and Sicilian exiles in the Kingdom of Naples: settlement,community formation and crisis',*Hispania Judaica Bulletin*, vol. 6 (5769/2008), pp. 237-66: D. Abulafia, 'Aragonese kings of Naples and the Jews', in B. Garvinand B. Cooperman (eds.),*The Jews of Italy: Memory and Identity* (Bethesda,MD, 2000), pp. 82-106.
59. D. Abulafia, 'Insediamenti, diaspora e tradizione ebraica: gli Ebrei del Regnodi Napoli da Ferdinando il Cattolico a Carlo V',*Convegno internazionaleCarlo V, Napoli e il Mediterraneo = Archivio storico per le province napoletane*,vol. 119 (2001), pp. 171-200.
60. Cited in M. Mazower, *Salonica, City of Ghosts: Christians, Muslims andJews 1430-1950* (London, 2004), p. 48;Maranes signifies Marranos，a term more often used for *conversos*。
61. A. David, *To Come to the Land: Immigration and Settlement in SixteenthcenturyEretz-Israel* (Tuscaloosa, AL, 1999) .
62. T. Glick, *Irrigation and Society in Medieval Valencia* (Cambridge, MA, 1970) .
63. L. P. Harvey, *Islamic Spain 1250 to 1500* (Chicago, 1990) .
64. M. Meyerson, *The Muslims of Valencia in the Age of Fernando and Isabel:between Coexistence and Crusade* (Berkeley, CA, 1991): L. P. Harvey, *Muslimsin Spain, 1500 to 1614* (Chicago, IL, 2005) .
65. J.-E. Ruiz-Domènec, *El Gran Capitán: retrato de una época* (Barcelona,2002): C. J. Hernando Sánchez, *El Reino de Nápoles en el imperio de CarlosV: la consolidación de la conquista* (Madrid, 2001): D. Abulafia, 'Ferdinandthe Catholic and the kingdom of Naples', in *Italy and the European Powers:the Impact of War, 1503-1530*, ed. Christine Shaw (Leiden, 2006), pp. 129-58: F. Baumgartner, *Louis XII* (Stroud, 1994) .
66. J. M. Doussinague, *La política internacional de Fernando el Católico* (Madrid,1944), pp. 91-106.
67. D. Abulafia, *The Discovery of Mankind: Atlantic Encounters in the Age ofColumbus* (New Haven, CT, 2008): M. A. Ladero Quesada, *El primer oro deAmérica: los comienzos de la Casa de la Contratación de las Yndias, 1503-1511* (Madrid, 2002) .
68. A. Hess, *The Forgotten Frontier: a History of the Sixteenth-century Ibero-African Frontier* (Chicago, IL, 1978), pp. 37-42: Doussinague, *Políticainternacional*, pp. 194-209, 212-28, 346-52: R. Gutiérrez Cruz, *Los presidiosespañoles del Norte de África en tiempo de los Reyes Católicos* (Melilla, 1998) .

69. R. Ríos Lloret, *Germana de Foix, una mujer, una reina, una corte* (Valencia, 2003) .
70. B. Aram, *Juana the Mad: Sovereignty and Dynasty in Renaissance Europe* (Baltimore, MD, 2005) .
71. T. Dandelet and J. Marino (eds.), *Spain in Italy: Politics, Society, and Religion,1500-1700* (Leiden, 2007): T. Dandelet, *Spanish Rome, 1500-1700* (New Haven, CT, 2001) .

第三章：神聖聯盟與邪惡聯盟　西元一五〇〇年—西元一五五〇年

1. D. Abulafia, *The Discovery of Mankind: Atlantic Encounters in the Age ofColumbus* (New Haven, CT, 2008), pp. 33-44, 82-6.
2. D. Blumenthal, *Enemies and Familiars: Slavery and Mastery in FifteenthcenturyValencia* (Ithaca, NY, 2009) .
3. B. Pullan (ed.), *Crisis and Change in the Venetian Economy in the Sixteenthand Seventeenth Centuries* (London, 1968) .
4. F. Braudel, *The Mediterranean and the Mediterranean World in the Age ofPhilip II*, trans. S. Reynolds, 2 vols. (London, 1972-3), vol. 2, p. 880 所訂的年代太晚。
5. J. Heers, *The Barbary Corsairs: Warfare in the Mediterranean, 1480-1580* (London, 2003): G. Fisher, *Barbary Legend: Trade and Piracy in North Africa1415-1830* (oxford, 1957): also J. Wolf, *The Barbary Coast: Algiers underthe Turks, 1500 to 1830* (New York, 1979) .
6. P. Brummett, *ottoman Seapower and Levantine Diplomacy in the Age ofDiscovery* (Albany, NY, 1994), pp. 123-41.
7. Lively accounts in R. Crowley, *Empires of the Sea: the Final Battle for theMediterranean 1521-1580* (London, 2008), pp. 11-27: and B. Rogerson, *TheLast Crusaders: the Hundred-year Battle for the Centre of the World* (London,2009), pp. 261-5.
8. A. Hess, *The Forgotten Frontier: a History of the Sixteenth-century Ibero-African Frontier* (Chicago, IL, 1978), pp. 21, 42, 75-6.
9. Ö. Kumrular, *El Duelo entre Carlos V y Solimán el Magnífico (1520-1535)* (Istanbul, 2005), p. 126.
10. M. Özen, *Pirî Reis and his Charts* (2nd edn, Istanbul, 2006), pp. 4, 8-9.
11. Fisher, *Barbary Legend*, p. 42: Heers, *Barbary Corsairs*, p. 61: Özen, *PirîReis*, p. 4: Rogerson, *Last Crusaders*, p. 156.
12. Heers, *Barbary Corsairs*, p. 63: Rogerson, *Last Crusaders*, pp. 160-63: Hess,*Forgotten*

Frontier, pp. 63-4.

13. R. Davis, *Christian Slaves, Muslim Masters: White Slavery in the Mediterranean,the Barbary Coast and Italy, 1500-1800* (Basingstoke, 2003): Crowley,*Empires of the Sea*, p. 34.
14. Heers, *Barbary Corsairs*, pp. 64-5.
15. Kumrular, *El Duelo*, p. 119: also Ö. Kumrular, *Las Relaciones entre el Imperiootomano y la Monarquía Católica entre los Años 1520-1535 y el Papelde los Estados Satellites* (Istanbul, 2003) .
16. Heers, *Barbary Corsairs*, p. 68.
17. Ibid., pp. 70-71.
18. Kumrular, *El Duelo*, p. 119.
19. Heers, *Barbary Corsairs*, p. 71.
20. Crowley, *Empires of the Sea*, p. 63.
21. Wolf, *Barbary Coast*, p. 20 (1535) .
22. P. Lingua, *Andrea Doria: Principe e Pirata nell'Italia del '500* (Genoa, 2006) .
23. Crowley, Empires of the Sea, p. 49: Heers, Barbary Corsairs, p. 69.
24. Crowley, *Empires of the Sea*, p. 55: Rogerson, *Last Crusaders*, p. 288.
25. Crowley, *Empires of the Sea*, p. 69.
26. Lingua, *Andrea Doria*, pp. 94-101.
27. Wolf, *Barbary Coast*, p. 20.
28. D. Abulafia, 'La politica italiana della monarchia francese da Carlo VIII aFrancesco I', in *El reino de Nápoles y la monarquía de España: entre agregacióny conquista*, ed. G. Galasso and C. Hernando Sánchez (Madrid, 2004) .
29. Heers, *Barbary Corsairs*, pp. 73-4.
30. R. Knecht, *Renaissance Warrior and Patron: the Reign of Francis I* (Cambridge,1994), p. 296: J. Luis Castellano, 'Estudio preliminar', in J. Sánchez Montes,*Franceses, Protestantes, Turcos: los Españoles ante la política internacional deCarlos V* (2nd edn, Granada, 1995), pp. ix-xlvi.
31. Heers, *Barbary Corsairs*, p. 73.
32. Hess, *Forgotten Frontier*, p. 73: Sánchez Montes, *Franceses, Protestantes,Turcos*, p. 52.
33. Knecht, *Renaissance Warrior*, pp. 296, 299, 329.
34. Ibid., p. 489: Heers, *Barbary Corsairs*, pp. 83-90: Hess, *Forgotten Frontier*, p. 75.
35. Brummett, *ottoman Seapower*, pp. 89-121.
36. Ibid., pp. 131-41.

37. G. Hanlon, *The Twilight of a Military Tradition: Italian Aristocrats and EuropeanConflicts, 1560-1800* (London, 1998), pp. 29-30: D. Goodman, *Spanish NavalPower, 1589-1665: Reconstruction and Defeat* (Cambridge, 1997), pp. 13, 132.
38. J. Guilmartin, *Gunpowder and Galleys: Changing Technology and MediterraneanWarfare at Sea in the 16th Century* (2nd edn, London, 2003), pp. 245-7.
39. N. Capponi, *Victory of the West: the Story of the Battle of Lepanto* (London,2006), pp. 179-81: Guilmartin, *Gunpowder and Galleys*, pp. 209-34: H. Bicheno, *Crescent and Cross: the Battle of Lepanto 1571* (London, 2003), p. 73 (plan of galley) .
40. Capponi, *Victory of the West*, pp. 183-4.
41. Guilmartin, *Gunpowder and Galleys*, pp. 78-9, 211-20: J. Pryor, *Geography,Technology, and War: Studies in the Maritime History of the Mediterranean649-1571* (Cambridge, 1988), p. 85.
42. Guilmartin, *Gunpowder and Galleys*, pp. 125-6.
43. Capponi, *Victory of the West*, pp. 198-9.
44. Davis, *Christian Slaves, Muslim Masters*, pp. 42-3 (renegades), 115-29 (*bagni*) .
45. Guilmartin, *Gunpowder and Galleys*, pp. 237-9

第四章：白色海的混亂爭奪戰　西元一五五〇年—西元一五七〇年

1. F. Braudel, *The Mediterranean and the Mediterranean World in the Age ofPhilip II*, trans. S. Reynolds, 2 vols. (London, 1972-3), vol. 2, pp. 919-20.
2. J. Guilmartin, *Gunpowder and Galleys: Changing Technology and MediterraneanWarfare at Sea in the 16th Century* (2nd edn, London, 2003), p. 143.
3. Braudel, *Mediterranean*, vol. 2, pp. 973-87.
4. Guilmartin, *Gunpowder and Galleys*, pp. 137-47.
5. E. Bradford, *The Great Siege: Malta 1565* (2nd edn, Harmondsworth, 1964), p. 14.
6. A. Cassola, 'The Great Siege of Malta (1565) and the Istanbul State Archives',in A. Cassola, I. Bostan and T. Scheben, *The 1565 ottoman /Malta CampaignRegister* (Malta, 1998), p. 19.
7. Braudel, *Mediterranean*, vol. 2, pp. 1014-17.
8. R. Crowley, *Empires of the Sea: the Final Battle for the Mediterranean 1521-1580* (London, 2008), p. 114.
9. F. Balbi di Correggio, *The Siege of Malta 1565*, trans. E. Bradford (London,1965), pp. 51-3.

10. Ibid., pp. 55, 61-4.
11. Ibid., p. 91.
12. Braudel, *Mediterranean*, vol. 2, p. 1018: Crowley, *Empires of the Sea*, pp. 155-6, 165-6.
13. Balbi, *Siege of Malta*, pp. 145-7, 149-50: Crowley, *Empires of the Sea*,pp. 176-7.
14. Balbi, *Siege of Malta*, p. 182.
15. Ibid., p. 187.
16. Braudel, *Mediterranean*, vol. 2, p. 1020.
17. D. Hurtado de Mendoza, *The War in Granada*, trans. M. Shuttleworth (London,1982), p. 58.
18. R. Cavaliero, *The Last of the Crusaders: the Knights of St John and Malta inthe Eighteenth Century* (2nd edn, London, 2009), p. 23.
19. J. Abela, 'Port Activities in Sixteenth-century Malta' (MA thesis, Universityof Malta), pp. 151-2, 155.
20. Ibid., pp. 161, 163.
21. G. Wettinger, *Slavery in the Islands of Malta and Gozo* (Malta, 2002) .
22. Abela, 'Port Activities', pp. 104, 114, 122, 139-42.
23. P. Earle, 'The commercial development of Ancona, 1479-1551', *EconomicHistory Review*, 2nd ser., vol. 22 (1969), pp. 28-44.
24. E. Ashtor, 'Il commercio levantino di Ancona nel basso medioevo', *Rivistastorica italiana*, vol. 88 (1976), pp. 213-53.
25. R. Harris, *Dubrovnik: a History* (London, 2003), p. 162.
26. F. Tabak, *The Waning of the Mediterranean 1550-1870: a GeohistoricalApproach* (Baltimore, MD, 2008), p. 127.
27. Earle, 'Commercial development of Ancona', pp. 35-7: M. Aymard, *Venise,Raguse et le commerce du blé pendant la second moitié du XVIe siècle* (Paris,1966) .
28. Earle, 'Commercial development of Ancona', p. 40.
29. V. Kostic´, *Dubrovnik i Engleska 1300-1650* (Belgrade, 1975) .
30. Harris, *Dubrovnik*, pp. 163-4: F. Carter, 'The commerce of the Dubrovnik Republic,1500-1700', *Economic History Review*, 2nd ser., vol. 24 (1971), p. 390.
31. V. Miovic´, *The Jewish Ghetto in the Dubrovnik Republic (1546-1808)* (Zagreb and Dubrovnik, 2005) .
32. Harris, *Dubrovnik*, pp. 252-60, 271-84.
33. Carter, 'Commerce of the Dubrovnik Republic', pp. 369-94: rept. In his unsatisfactory *Dubrovnik (Ragusa): a Classic City-state* (London, 1972), pp. 349-404: Harris,

Dubrovnik, p. 160.

34. Carter, 'Commerce of the Dubrovnik Republic', pp. 386-7.
35. Harris, *Dubrovnik*, p. 270.
36. Braudel, *Mediterranean*, vol. 1, pp. 284-90.
37. Ibid., p. 285.
38. Harris, *Dubrovnik*, p. 172.
39. Braudel, *Mediterranean*, vol. 1, pp. 286-7: A. Tenenti, *Piracy and the Declineof Venice 1580-1615* (London, 1967), pp. 3-15.
40. Tabak, *Waning of the Mediterranean*, pp. 173-85.
41. E. Hamilton, *American Treasure and the Price Revolution in Spain, 1501-1650* (Cambridge, MA, 1934) .
42. J. Amelang, *Honored Citizens of Barcelona: Patrician Culture and Class Relations,1490-1714* (Princeton, NJ, 1986), pp. 13-14: A. García Espuche, *Unsiglo decisivo: Barcelona y Cataluña 1550-1640* (Madrid, 1998),generally； pp. 62-8 forFrench settlers。
43. A. Musi, *I mercanti genovesi nel Regno di Napoli* (Naples, 1996): G. Brancaccio,*'Nazione genovese': consoli e colonia nella Napoli moderna* (Naples,2001), pp. 43-74.
44. R. Carande, *Carlos V y sus banqueros*, 3 vols. (4th edn, Barcelona, 1990): R.Canosa, *Banchieri genovesi e sovrani spagnoli tra Cinquecento e Seicento* (Rome, 1998): Braudel, *Mediterranean*, vol. 1, pp. 500-504.
45. C. Roth, *Doña Gracia of the House of Nasi* (Philadelphia, PA, 1948), pp. 21-49.
46. M. Lazar (ed.), *The Ladino Bible of Ferrara* (Culver City, CA, 1992): Roth,*Doña Gracia*, pp. 73-4.
47. Miovic´, *Jewish Ghetto*, p. 27.
48. Roth, *Doña Gracia*, pp. 138-46, 150-51.
49. Ibid., pp. 154-8.
50. D. Studnicki-Gizbert, *A Nation upon the ocean Sea: Portugal's AtlanticDiaspora and the Crisis of the Spanish Empire 1492-1640* (oxford and NewYork, 2007) .
51. C. Roth, *The House of Nasi: the Duke of Naxos* (Philadelphia, PA, 1948), pp. 39-40.
52. Ibid., pp. 46-7.
53. Ibid., pp. 75-137.
54. J. ha-Cohen, *The Vale of Tears*, cited ibid., p. 137.
55. Roth, *Duke of Naxos*, p. 128.
56. Under the leadership of Haim Abulafia: J. Barnai, *The Jews of Palestine in theEighteenth*

Century under the Patronage of the Committee of officials forPalestine (Tuscaloosa, AL, 1992), pp. 152-3.

57. Roth, *Duke of Naxos*, pp. 62-74.
58. Ibid., pp. 138-42: N. Capponi, *Victory of the West: the Story of the Battle ofLepanto* (London, 2006), p. 127.
59. Capponi, *Victory of the West*, pp. 119-23.
60. Ibid., pp. 121, 124-5.
61. Ibid., pp. 128-30.
62. Braudel, *Mediterranean*, vol. 2, p. 1105.
63. Capponi, *Victory of the West*, p. 137: A. Gaziogˇlu, *The Turks in Cyprus: aProvince of the ottoman Empire* (1571-1878) (London and Nicosia, 1990), pp. 28-35.
64. Capponi, *Victory of the West*, pp. 150-54: Gaziogˇlu, *Turks in Cyprus*,pp. 36-48.
65. Capponi, *Victory of the West*, pp. 160-61.
66. Ibid., p. 170.
67. Ibid., pp. 229-31.
68. H. Bicheno, *Crescent and Cross: the Battle of Lepanto 1571* (London, 2003), p. 208: Gaziogˇlu, *Turks in Cyprus*, pp. 61-6.
69. Capponi, *Victory of the West*, pp. 233-6.
70. Guilmartin, *Gunpowder and Galleys*, p. 252.
71. Capponi, *Victory of the West*, pp. 263-4: Bicheno, *Crescent and Cross*,pp. 300-308.
72. Capponi, *Victory of the West*, pp. 259-60: Bicheno, *Crescent and Cross*, pp.252, 260 (plan of deployment and opening stages) .
73. Guilmartin, *Gunpowder and Galleys*, pp. 253, 255, 257.
74. Crowley, *Empires of the Sea*, p. 272.
75. Guilmartin, *Gunpowder and Galleys*, pp. 158-60.
76. Crowley, *Empires of the Sea*, p. 279.
77. Capponi, *Victory of the West*, p. 256.
78. Ibid., pp. 268-71: Bicheno, *Crescent and Cross*, p. 263.
79. Crowley, *Empires of the Sea*, pp. 284-5.
80. Capponi, *Victory of the West*, p. 279.
81. Bicheno, *Crescent and Cross*, pp. 319-21: Capponi, *Victory of the West*,pp. 289-91.
82. Bicheno, *Crescent and Cross*, plates 6a, 6b, 7.
83. Guilmartin, *Gunpowder and Galleys*, pp. 247-8.
84. Braudel, *Mediterranean*, vol. 2, p. 1103.

85. Ibid., pp. 1088-9.

第五章：地中海闖入不速之客　西元一五七一年—西元一六五〇年

1. G. Hanlon, *The Twilight of a Military Tradition: Italian Aristocrats andEuropean Conflicts, 1560-1800* (London, 1998), pp. 26-7.
2. D. Hurtado de Mendoza, *The War in Granada*, trans. M. Shuttleworth (London,1982), p. 259.
3. B. Rogerson, *The Last Crusaders: the Hundred-year Battle for the Centre ofthe World* (London, 2009), pp. 399-422.
4. G. Botero, *The Reason of State*, trans. D. and P. Waley (London, 1956), p. 12: D. Goodman, *Spanish Naval Power, 1589-1665: Reconstruction and Defeat* (Cambridge, 1997), pp. 9-10.
5. C. W. Bracewell, *The Uskoks of Senj: Piracy, Banditry, and Holy War in theSixteenth-century Adriatic* (Ithaca, NY, 1992), p. 8: A. Tenenti, *Piracy and theDecline of Venice 1580-1615* (London, 1967), pp. 3-15.
6. E. Hobsbawm, *Primitive Rebels* (Manchester, 1959), and Bandits (London,1969): cf. T. Judt, *Reappraisals: Reflections on the Forgotten Twentieth Century* (London, 2008): Bracewell, *Uskoks of Senj*, pp. 10-11.
7. Bracewell, *Uskoks of Senj*, pp. 51-2, 56-62, 67-8, 72-4.
8. Ibid., p. 70, n. 43 (1558) .
9. Venetian report cited in ibid., p. 83.
10. Bracewell, *The Uskoks of Senj*, p. 2: Tenenti, *Piracy and the Decline of Venice*,p. 3.
11. Tenenti, *Piracy and the Decline of Venice*, p. 6.
12. Bracewell, *Uskoks of Senj*, p. 8: Tenenti, *Piracy and the Decline of Venice*,p. 8.
13. Tenenti, *Piracy and the Decline of Venice*, p. 10.
14. Bracewell, *Uskoks of Senj*, pp. 63-4: Tenenti, *Piracy and the Decline of Venice*,p. 10.
15. Bracewell, *Uskoks of Senj*, pp. 103-4: Tenenti, *Piracy and the Decline ofVenice*, p. 8.
16. Bracewell, *Uskoks of Senj*, pp. 202-3.
17. Ibid., pp. 210, n. 109, 211-12.
18. E. Dursteler, *Venetians in Constantinople: Nation, Identity and Coexistencein the Early Modern Mediterranean* (Baltimore, MD, 2006), p. 24.
19. B. Pullan, *The Jews of Europe and the Inquisition of Venice, 1550-1670* (oxford, 1983), especially pp. 201-312: R. Calimani, *The GhettoofVenice* (New York, 1987) .

20. D. Geanakoplos, *Byzantine East and Latin West: Two Worlds of Christendomin Middle Ages and Renaissance, Studies in Ecclesiastical and CulturalHistory* (oxford, 1966) .
21. E.g. Tenenti, *Piracy and the Decline of Venice*, p. 56: cf. R. Rapp, 'The unmakingof the Mediterranean trade hegemony: international trade rivalry and thecommercial revolution', *Journal of Economic History*, vol. 35 (1975), pp.499-525.
22. F. C. Lane, *Venice: a Maritime Republic* (Baltimore, MD, 1973), pp. 309-10.
23. M. Greene, 'Beyond northern invasions: the Mediterranean in the seventeenthcentury', *Past and Present*, no. 174 (2002), pp. 40-72.
24. J. Mather, *Pashas: Traders and Travellers in the Islamic World* (New Haven,CT, 2009), pp. 28-32: M. Fusaro, *Uva passa: una guerra commerciale traVenezia e l'Inghilterra* (1540-1640) (Venice, 1996), pp. 23-4.
25. Tenenti, *Piracy and the Decline of Venice*, pp. 59-60.
26. T. S. Willan, *Studies in Elizabethan Foreign Trade* (Manchester, 1959), pp. 92-312.
27. Fusaro, *Uva passa*, p. 24.
28. Tenenti, *Piracy and the Decline of Venice*, pp. 60, 72.
29. Rapp, 'Unmaking of the Mediterranean trade hegemony', pp. 509-12.
30. Fusaro, *Uva passa*, pp. 25-6, 48-55: Tenenti, *Piracy and the Decline ofVenice*,p. 61.
31. Tenenti, *Piracy and the Decline of Venice*, pp. 74-5.
32. Ibid., pp. 77-8: C. Lloyd, *English Corsairs on the Barbary Coast* (London,1981), pp. 48-53: A. Tinniswood, *Pirates of Barbary: Corsairs, Conquestsand Captivity in the Seventeenth-century Mediterranean* (London, 2010), pp. 19-25, 30-42.
33. Tenenti, *Piracy and the Decline of Venice*, pp. 63-4.
34. Ibid., pp. 64-5, 70-71, 74, 85, 138-43.
35. Ibid., p. 82.
36. J. Baltharpe, *The Straights Voyage or St David's Poem*, ed. J. S. Bromley (LuttrellSociety, oxford, 1959), pp. 35, 45, 58-9, 68-9: N. A. M. Rodger, *TheCommand of the ocean: a Naval History of Britain, 1649-1815* (London,2004), pp. 132-3.
37. Rodger, *Command of the ocean*, p. 486.
38. M.C. Engels, *Merchants, Interlopers, Seamen and Corsairs: the 'Flemish' Communityin Livorno and Genoa (1615-1635)* (Hilversum, 1997), pp. 47-50.
39. Rapp, 'Unmaking of the Mediterranean trade hegemony', pp. 500-502.
40. Engels, *Merchants, Interlopers*, pp. 50-51.
41. S. Siegmund, *The Medici State and the Ghettoof Florence: the Constructionof an Early Modern Jewish* Community (Stanford, CA, 2006) .

42. F. Trivellato, *The Familiarity of Strangers: the Sephardic Diaspora, Livorno,and Cross Cultural Trade in the Early Modern Period* (New Haven, CT,2009), p. 74: L. Frattarelli Fischer, 'La città medicea', in o. Vaccari et al.,*Storia illustrata di Livorno* (Pisa, 2006), pp. 57-109: more generally: D. Calabi,*La città del primo Rinascimento* (Bari and Rome, 2001) .
43. F. Braudel and R. Romano, *Navires et merchandises à l'entrée du port deLivourne* (*Ports, Routes, Trafics*, vol. 1, Paris, 1951), p. 21: Engels, *Merchants,Interlopers*, p. 41.
44. Trivellato, *Familiarity of Strangers*, p. 76: Engels, *Merchants, Interlopers*, p. 40.
45. Y. Yovel, *The other Within: the Marranos, Split Identity and Emerging Modernity* (Princeton, NJ, 2009) .
46. Trivellato, *Familiarity of Strangers*, pp. 78, 82.
47. Braudel and Romano, *Navires et merchandises*, p. 45: Engels, *Merchants,Interlopers*, p. 180.
48. Braudel and Romano, *Navires et merchandises*, p. 46: J. Casey, *The Kingdomof Valencia in the Seventeenth Century* (Cambridge, 1979), pp. 80-82.
49. Braudel and Romano, *Navires et merchandises*, p. 47.
50. Engels, *Merchants, Interlopers*, pp. 67, 91-9, 206-13: K. Persson, *Grain Marketsin Europe 1500-1900: Integration and Deregulation* (Cambridge, 1999) .
51. Engels, *Merchants, Interlopers*, pp. 65, 67-73, 96: on Aleppo: Mather, *Pashas*,pp. 17-102.
52. Engels, Merchants, Interlopers, pp. 179, 191, 195, 201.
53. T. Kirk, *Genoa and the Sea: Policy and Power in an Early Modern MaritimeRepublic, 1559-1684* (Baltimore, MD, 2005), pp. 45, 193-4: E. Grendi, *Larepubblica aristocratica dei genovesi* (Bologna, 1987), p. 332.
54. Grendi, *Repubblica aristocratica*, pp. 339-43, 356-7.
55. Kirk, *Genoa and the Sea*, pp. 34-5, 84-7, 91-6.
56. Grendi, *Repubblica aristocratica*, p. 207.
57. Kirk, *Genoa and the Sea*, pp. 119-23.
58. F. Tabak, *The Waning of the Mediterranean 1550-1870: a GeohistoricalApproach* (Baltimore, MD, 2008), pp. 1-29.

第六章：哀哀無告四下大流徙　西元一五六〇年—西元一七〇〇年

1. L. P. Harvey, *Muslims in Spain, 1500 to 1614* (Chicago, IL, 2005), pp. 206-7: M.

Carr, *Blood and Faith: the Purging of Muslim Spain, 1492-1614* (London,2009), pp. 109-17.

2. 引文出自 Harvey, *Muslims in Spain*, pp. 382-98.
3. D. Hurtado de Mendoza, *The War in Granada*, trans. M. Shuttleworth (London,1982), p. 42.
4. Cited in G. Parker, *Empire, War and Faith in Early Modern Europe* (London,2002), p. 33.
5. Hurtado de Mendoza, *War in Granada*, p. 41: Carr, *Blood and Faith*, pp. 153-8.
6. Hurtado de Mendoza, *War in Granada*, pp. 150-51, 217-18, etc.: Harvey,*Muslims in Spain*, pp. 337-40: Carr, *Blood and Faith*, pp. 159-79.
7. Hurtado de Mendoza, *War in Granada*, p. 218 (with emendations) .
8. Harvey, *Muslims in Spain*, p. 339.
9. Carr, *Blood and Faith*, p. 182.
10. Harvey, *Muslims in Spain*, pp. 295-6, revising H. C. Lea, *The Moriscos ofSpain: their Conversion and Expulsion* (Philadelphia, PA, 1901), p. 296.
11. J. Casey, *The Kingdom of Valencia in the Seventeenth Century* (Cambridge,1979), pp. 79-100.
12. Lea, *Moriscos*, pp. 318-19: Casey, *Kingdom of Valencia*, pp. 228-9, 234: Carr, *Blood and Faith*, p. 256.
13. Lea, *Moriscos*, p. 320: partial text in Harvey, *Muslims in Spain*, pp. 310-11.
14. Lea, *Moriscos*, pp. 322-5, n. 1.
15. Carr, *Blood and Faith*, p. 263.
16. Lea, *Moriscos*, pp. 326-33 (figures: p. 332, n. 1): Harvey, *Muslims in Spain*,pp. 314-16.
17. Harvey, *Muslims in Spain*, p. 317: Carr, *Blood and Faith*, p. 286.
18. Lea, *Moriscos*, pp. 340-41.
19. Cited in J. Casey, 'Moriscos and the depopulation of Valencia', *Past and Present*,no. 50 (1971), p. 19.
20. Harvey, *Muslims in Spain*, pp. 320-31.
21. M. García Arenal, *La diaspora des Andalousiens* (Aix-en-Provence, 2003), p. 103.
22. Ibid., pp. 123, 137, 139.
23. M. Greene, 'Beyond northern invasions: the Mediterranean in the seventeenthcentury', *Past and Present*, no. 174 (2002), pp. 40-72.
24. Cited in D. Goffman, *Izmir and the Levantine World, 1550-1650* (Seattle,WA, 1990), p. 52.

25. Ibid., pp. 61-4, 74-5.
26. E. Frangakis-Syrett, *The Commerce of Smyrna in the Eighteenth Century,1700-1820* (Athens, 1992), pp. 74-9.
27. Goffman, *Izmir*, pp. 67, 77.
28. Ibid., pp. 81-4: Frangakis-Syrett, *Commerce of Smyrna*, pp. 80-81, 106.
29. Frangakis-Syrett, *Commerce of Smyrna*, p. 35.
30. Passages cited in Goffman, Izmir, p. 137: also J. Mather, *Pashas: Traders andTravellers in the Islamic World* (New Haven, CT, 2009), pp. 94, 213.
31. G. Scholem, *Sabbatai Sevi, the Mystical Messiah 1626-1676* (London, 1973), pp. 106-7, 109, n. 17: and the often inaccurate J. Freely, *The Lost Messiah:in Search of Sabbatai Sevi* (London, 2001), pp. 14-15.
32. Moses Pinheiroof Smyrna,cited by Scholem, *Sabbatai Sevi*, p. 115.
33. Scholem, *Sabbatai Sevi*, pp. 126-7.
34. Freely, *Lost Messiah*, pp. 50, 61.
35. Scholem, *Sabbatai Sevi*, pp. 358-9: Freely, *Lost Messiah*, p. 76.
36. Scholem, *Sabbatai Sevi*, pp. 396-401: Freely, *Lost Messiah*, p. 85.
37. Scholem, *Sabbatai Sevi*, pp. 374-5: Freely, *Lost Messiah*, p. 84.
38. Letter to England, cited Scholem, *Sabbatai Sevi*, p. 383.
39. Scholem, *Sabbatai Sevi*, p. 101.
40. F. Yates, *The Rosicrucian Enlightenment* (London, 1972) .
41. Freely, *Lost Messiah*, p. 93.
42. Ibid., pp. 133-4.
43. Scholem, *Sabbatai Sevi*, pp. 673-86.
44. Haim Abulafia, ibid., p. 359.
45. M. Greene, *A Shared World: Christians and Muslims in the Early ModernMediterranean* (Princeton, NJ, 2000), pp. 62-7, 110-19.
46. Ibid., p. 17.
47. Ibid., p. 14: R. C. Anderson, *Naval Wars in the Levant 1559-1853* (Liverpool,1951), pp. 121-2.
48. Anderson, *Naval Wars in the Levant*, pp. 122-5.
49. Ibid., pp. 148-67.
50. Ibid., pp. 181-4: Greene, *Shared World*, pp. 18, 56.
51. Greene, *Shared World*, p. 121.
52. Ibid., pp. 122-40, 141-54: Greene, 'Beyond northern invasions'.

53. Greene, *Shared World*, p. 155.
54. Ibid., pp. 175-81.
55. J. Dakhlia, *Lingua franca: histoire d'une langue métisse en Méditerranée* (Arles,2008) .
56. J. Wansborough, *Lingua Franca in the Mediterranean* (Richmond, Surrey, 1996) .57. H. and R. Kahane and A. Tietze, *The Lingua Franca in the Levant: TurkishNautical Terms of Italian and Greek origin* (Urbana, IL, 1958) .
58. G. Cifoletti, *La lingua franca mediterranea* (Quaderni patavini di linguistica,monografie, no. 5, Padua, 1989), p. 74: *Dictionnaire de la langue franque oupetit mauresque* (Marseilles, 1830), p. 6, repr. in Cifoletti, *Lingua franca*, pp.72-84.
59. R. Davis, *Christian Slaves, Muslim Masters: White Slavery in the Mediterranean,the Barbary Coast and Italy, 1500-1800* (Basingstoke, 2003), pp. 25,57, 114-15: A. Tinniswood, *Pirates of Barbary: Corsairs, Conquests and Captivityin the Seventeenth-century Mediterranean* (London, 2010), pp. 58-61: Cifoletti, *Lingua franca*, p. 108.

第七章：就為了激勵其他的人 西元一六五〇年—西元一七八〇年

1. R. C. Anderson, *Naval Wars in the Levant 1559-1853* (Liverpool, 1951), pp. 194-211, 236, 264-70.
2. G. Hills, *Rock of Contention: a History of Gibraltar* (London, 1974), pp. 142-6.
3. E. Routh, *Tangier: England's Lost Atlantic outpost 1661-1684* (London,1912), p. 10: A. Tinniswood, *Pirates of Barbary: Corsairs, Conquests and Captivityin the Seventeenth-century Mediterranean* (London, 2010), p. 204.4. Routh, *Tangier*, p. 27.
5. S. Pepys, *The Tangier Papers of Samuel Pepys*, ed. E. Chappell (Navy RecordsSociety, vol. 73, London, 1935), p. 88: A. Smithers, *The Tangier Campaign:the Birth of the British Army* (Stroud, 2003), pp. 31-2.
6. Routh, *Tangier*, pp. 21, 28.
7. Cited in ibid., pp. 23-4: Bromley in J. Baltharpe, *The Straights Voyage or StDavid's Poem*, ed. J. S. Bromley (Luttrell Society, oxford, 1959), pp. xxvii-viii.
8. Routh, *Tangier*, pp. 66-9: Smithers, *Tangier Campaign*, pp. 49-53.
9. Pepys, *Tangier Papers*, p. 97: Routh, *Tangier*, pp. 272-6.
1o. Pepys, *Tangier Papers*, p. 41.
11. Tinniswood, *Pirates of Barbary*, pp. 211-15.
12. Routh, *Tangier*, p. 81: also Sir Henry Sheres's opinion in Tinniswood, *Piratesof Barbary*, p. 2o5.

13. Routh, *Tangier*, pp. 82-6.

14. Pepys, *Tangier Papers*, p. 77: *Hills, Rock of Contention*, p. 150: Routh, *Tangier*,pp. 242-4.

15. Pepys, *Tangier Papers*, p. 65: Routh, *Tangier*, pp. 247-66: also plate facingp. 266: Smithers, *Tangier Campaign*, pp. 142-9: Tinniswood, *Pirates of Barbary*,pp. 242-53.

16. Earl of Portland, cited by Hills, *Rock of Contention*, pp. 157-8: M. Alexander,*Gibraltar: Conquered by No Enemy* (Stroud, 2008), p. 45.

17. Hills, *Rock of Contention*, pp. 158-9.

18. S. Conn, *Gibraltar in British Diplomacy in the Eighteenth Century* (NewHaven, CT, 1942), p. 5.

19. Hills, *Rock of Contention*, pp. 167-9, and appendix A, pp. 475-7: M. Harvey,*Gibraltar: a History* (2nd edn, Staplehurst, Kent, 2ooo), p. 65: S. Constantine,*Community and Identity: the Making of Modern Gibraltar since 1704* (Manchester, 2009), p. 12.

2o. Cited in Hills, *Rock of Contention*, p. 174 from council minutes.

21. Ibid., pp. 176-7.

22. Ibid., pp. 183, 195.

23. Cited in Conn, *Gibraltar in British Diplomacy*, p. 6.

24. Passages cited in Hills, *Rock of Contention*, pp. 204-5.

25. Ibid., p. 219.

26. Utrecht clauses, ibid., pp. 222-3: Conn, *Gibraltar in British Diplomacy*, pp.18-22, 25-6.

27. Constantine, *Community and Identity*, pp. 14-34.

28. Baltharpe, *Straights Voyage*, pp. xxv, 61.

29. D. Gregory, *Minorca, the Illusory Prize: a history of the British occupationsof Minorca between 17o8 and 18o2* (Rutherford, NJ, 1990), pp. 206-7: Conn, *Gibraltar in British Diplomacy*, pp. 28-111: M. Mata, *Conquests andReconquests of Menorca* (Barcelona, 1984), pp. 129-60.

3o. Gregory, *Minorca*, p. 26.

31. J. Sloss, *A Small Affair: the French occupation of Menorca during the SevenYears War* (Tetbury, 2ooo), pp. 4o-43: Gregory, *Minorca*, pp. 35-6, 144-6.

32. Cited by Gregory, *Minorca*, p. 26.

33. Mata, *Conquests and Reconquests*, p. 160.

34. Ibid., p. 163: J. Sloss, *Richard Kane Governor of Minorca* (Tetbury, 1995), p.224: Gregory, *Minorca*, pp. 59-60, 151.

35. Gregory, *Minorca*, pp. 90, 156: Mata, *Conquests and Reconquests*, p. 164.

36. E. Frangakis-Syrett, *The Commerce of Smyrna in the Eighteenth Century,1700-1820* (Athens, 1992), pp. 119-21, 131: Gregory, *Minorca*, pp. 144,149-55, and p. 247, n. 1, summarizing figures from R. Davis, *The Rise of theEnglish Shipping Industry in the Seventeenth and Eighteenth Centuries* (Newton Abbot, 1962), p. 256: R. Davis, 'English foreign trade', in W. Minchinton (ed.), *The Growth of English overseas Trade in the Seventeenth andEighteenth Centuries* (London, 1969), p. 1o8 and table opposite p. 118: Gregory,*Minorca*, pp. 144, 149-55.
37. Sloss, Richard Kane, p. 210: *Gregory, Minorca*, pp. 71, 119, 122, 132-4.
38. Gregory, *Minorca*, pp. 126-7: Mata, *Conquests and Reconquests*, p. 164.
39. Mata, *Conquests and Reconquests*, pp. 237-8.
4o. Sloss, *Small Affair*, pp. 2-4.
41. Mr Consul Banks, in H. W. Richmond (ed.), *Papers Relating to the Loss ofMinorca in 1756* (Navy Records Society, London, 1913), vol. 42, p. 34, andsee also pp. 38, 50: B. Tunstall, *Admiral Byng and the Loss of Minorca* (London,1928), pp. 22, 32, 39: D. Pope, *At 12 Mr Byng Was Shot* (London, 1962), pp. 36, 38 and p. 315, n. 6.
42. Pope, *At 12 Mr Byng Was Shot*, pp. 59-60, 65.
43. Tunstall, *Admiral Byng*, p. 103.
44. Sloss, *Small Affair*, pp. 7-16.
45. Text in Pope, *At 12 Mr Byng Was Shot*, appendix v, p. 311: Tunstall, *AdmiralByng*, pp. 137-9.
46. Pope, *At 12 Mr Byng Was Shot*, pp. 294-302.
47. I. de Madariaga, *Britain, Russia, and the Armed Neutrality of 1780: Sir JamesHarris's Mission to St Petersburg during the American Revolution* (NewHaven, CT and London, 1962), pp. 239-63, 295-300.

第八章：俄羅斯人用上三稜鏡　西元一七六〇年—西元一八〇五年

1. R. C. Anderson, *Naval Wars in the Levant 1559-1853* (Liverpool, 1951), pp. 237-42, 270-76.
2. M. S. Anderson, 'Great Britain and the Russian fleet, 1769-70', *Slavonic andEast European Review*, vol. 31 (1952), pp. 148-50, 152, 154.
3. N. Saul, *Russia and the Mediterranean 1797-1807* (Chicago, IL, 1970), p. 4.
4. Anderson, 'Great Britain and the Russian fleet', p. 150: M. S. Anderson,'Great Britain and the Russo-Turkish war of 1768-74', *English HistoricalReview*, vol. 69

(1954), pp. 39-58.

5. Anderson, 'Great Britain and the Russian fleet', pp. 153, 155-6, 158-9: Anderson, 'Great Britain and the Russo-Turkish war', pp. 44-5: Anderson,*Naval Wars in the Levant*, p. 281: D. Gregory, *Minorca, the Illusory Prize: aHistory of the British occupations ofMinorca between 1708 and 1802* (Rutherford, NJ, 1990), p. 141.
6. Anderson, *Naval Wars in the Levant*, pp. 286-91: E. V. Tarlé, *Chesmenskiiboy i pervaya russkaya ekspeditsiya v Arkhipelag 1769-1774* (Moscow,1945), p. 105, n. 1: F. S. Krinitsyn, *Chesmenskoye srazhenye* (Moscow, 1962), pp. 32-4 (maps) .
7. Anderson, 'Great Britain and the Russo-Turkish war', pp. 56-7.
8. Anderson, *Naval Wars in the Levant*, pp. 286-305.
9. Saul, *Russia and the Mediterranean*, pp. 7-8: Anderson, 'Great Britain andthe Russo-Turkish war', p. 46.
10. S. Conn, *Gibraltar in British Diplomacy in the Eighteenth Century* (NewHaven, CT, 1942), pp. 174-6, 189-98: T. H. McGuffie, *The Siege of Gibraltar1779-1783* (London, 1965): M. Alexander, *Gibraltar: Conquered by NoEnemy* (Stroud, 2008), pp. 92-114.
11. I. de Madariaga, *Britain, Russia and the Armed Neutrality of 1780: Sir JamesHarris's Mission to St Petersburg during the American Revolution* (NewHaven, CT and London, 1962), pp. 240-44, 250-52, 258, 263, 298-9: Gregory,*Minorca*, pp. 187-99.
12. Cited by Saul, *Russia and the Mediterranean*, p. 12, from *Annual Register of1788, or a View of the History, Politics, and Literature for the Year 1788* (London, 1789), p. 59.
13. M. S. Anderson, 'Russia in the Mediterranean, 1788-1791: a little-knownchapter in the history of naval warfare and privateering', *Mariner's Mirror*,vol. 45 (1959), p. 26.
14. Ibid., pp. 27-31.
15. Saul, *Russia and the Mediterranean*, pp. 178-9.
16. Ibid., p. 27.
17. R. Cavaliero, *The Last of the Crusaders: the Knights of St John and Malta inthe Eighteenth Century* (2nd edn, London, 2009), p. 103.
18. Ibid., pp. 144-9.
19. Ibid., pp. 181-201.
20. D. Gregory, *Malta, Britain, and the European Powers, 1793-1815* (Cranbury,NJ, 1996), p. 105: Cavaliero, *Last of the Crusaders*, pp. 155, 158.
21. Cf. Saul, *Russia and the Mediterranean*, p. 35.
22. Gregory, *Malta, Britain*, p. 106: Saul, *Russia and the Mediterranean*, pp. 36-8.
23. M. Crook, *Toulon in War and Revolution: from the Ancien Régime to theRestoration, 1750-*

1820 (Manchester, 1991), pp. 139-48: D. Gregory, *TheUngovernable Rock: a History of the Anglo-Corsican Kingdom and its Rolein Britain's Mediterranean Strategy during the Revolutionary War (1793-1797)* (Madison, WI, 1985), pp. 52-7: N. A. M. Rodger, *The Command ofthe ocean: a Naval History of Britain 1649-1815* (London, 2004), p. 429.

24. P. Mackesy, *The War in the Mediterranean 1803-1810* (London, 1957), pp. 5,7, 13.
25. Gregory, *Ungovernable Rock*, pp. 30-31, 47.
26. D. Carrington, *Granite Island: a Portrait of Corsica* (London, 1971) .
27. Gregory, *Ungovernable Rock*, pp. 63, 73, 80-84.
28. Huntingdon Record office, Sismey papers 3658/E4 (e) .
29. Cited by Saul, *Russia and the Mediterranean*, p. 39, from J. E. Howard,*Lettersand Documents of Napoleon*, vol. 1, *The Rise to Power* (London,1961), p. 191.
30. Cavaliero, *Last of the Crusaders*, pp. 9-101.
31. Saul, *Russia and the Mediterranean*, pp. 39-40.
32. Cavaliero, *Last of the Crusaders*, pp. 223, 226.
33. Ibid., pp. 223-4: Saul, *Russia and the Mediterranean*, pp. 41-2.
34. Cf. Saul, *Russia and the Mediterranean*, p. 45.
35. Cavaliero, *Last of the Crusaders*, pp. 236, 238, 242.
36. Count Philip Cobenzl, cited ibid., p. 238: Gregory, *Malta, Britain*, p. 108.
37. R. Knight, *The Pursuit of Victory: the Life and Achievement of HoratioNelson* (London, 2005), pp. 288-303: P. Padfield, *Maritime Power and theStruggle for Freedom: Naval Campaigns That Shaped the Modern World1788-1851* (London, 2003), pp. 147-71.
38. Saul, *Russia and the Mediterranean*, p. 65.
39. Knight, *Pursuit of Victory*, p. 675.
40. Saul, *Russia and the Mediterranean*, pp. 79, 87: Gregory, *Malta, Britain*, p. 109.
41. Saul, *Russia and the Mediterranean*, p. 99.
42. Cited ibid., pp. 124-9.
43. Ibid., p. 128.
44. Gregory, *Malta, Britain*, pp. 113, 115.
45. Saul, *Russia and the Mediterranean*, pp. 145-6.
46. Knight, *Pursuit of Victory*, pp. 362-84.
47. Saul, *Russia and the Mediterranean*, pp. 162-3: Gregory, *Malta, Britain*,pp. 116-40.
48. Cited by Saul, *Russia and the Mediterranean*, p. 185.
49. Ibid., p. 186.
50. Knight, *Pursuit of Victory*, pp. 437-50.

51. Ibid., pp. 501-24.
52. Saul, *Russia and the Mediterranean*, p. 198.
53. R. Harris, *Dubrovnik: a History* (London, 2003), pp. 397-401.
54. Anderson, *Naval Wars in the Levant*, pp. 431-7: Saul, *Russia and the Mediterranean*,pp. 198-206.
55. Harris, *Dubrovnik*, p. 397.
56. Anderson, *Naval Wars in the Levant*, pp. 449-53.
57. Anderson, *Naval Wars in the Levant*, pp. 457-8: Mackesy, *War in the Mediterranean*,p. 211: Saul, *Russia and the Mediterranean*, pp. 216-20, 222: L.Sondhaus, *The Habsburg Empire and the Sea: Austrian Naval Policy 1797-1866* (West Lafayette, IN, 1989), p. 19.

第九章：管它戴伊貝伊或巴蕭　西元一八〇〇年—西元一八三〇年

1. P. Mackesy, *The War in the Mediterranean 1803-1810* (London, 1957), pp. 121-53.
2. In 1803: ibid., p. 21.
3. Ibid., pp. 98, 319.
4. Ibid., appendices 1 and 5, pp. 398, 403-4.
5. R. Knight, *The Pursuit of Victory: the Life and Achievement of HoratioNelson* (London, 2005), p. 555.
6. Mackesy, *War in the Mediterranean*, p. 229.
7. Ibid., pp. 352-5: L. Sondhaus, *The Habsburg Empire and the Sea: AustrianNaval Policy 1797-1866* (West Lafayette, IN, 1989), p. 42: M. Pratt, *Britain'sGreek Empire: Reflections on the History of the Ionian Islands from theFall of Byzantium* (London, 1978) .
8. D. Gregory, *Sicily, the Insecure Base: a History of the British occupation ofSicily,1806-1815* (Madison, WI, 1988): Knight, *Pursuit of Victory*, pp. 307-27.
9. Mackesy, *War in the Mediterranean*, p. 375.
10. F. Tabak, *The Waning of the Mediterranean 1550-1870: a Geohistorical Approach* (Baltimore, MD, 2008), pp. 221-5: D. Mack Smith, *A History of Sicily,vol. 3, Modern Sicily after 1713* (London, 1968), pp. 272-4: Gregory, *Sicily*, p. 37.
11. L. Wright and J. Macleod, *The First Americans in North Africa: WilliamEaton's Struggle for a Vigorous Policy against the Barbary Pirates, 1799-1805* (Princeton, NJ, 1945), pp. 66-8: F. Lambert, *The Barbary Wars: AmericanIndependence in the Atlantic World* (New York, 2005), p. 91: R. C. Anderson,*Naval Wars in the Levant 1559-1853* (Liverpool,

1951), pp. 394-5.

12. Lambert, *Barbary Wars*, p. 90.

13. Testimony of Elijah Shaw in M. Kitzen, *Tripoli and the United States at War:a History of American Relations with the Barbary States, 1785-1805* (Jefferson,NC, 1993), pp. 97-101.

14. J. London, *Victory in Tripoli: How America's War with the Barbary PiratesEstablished the U.S. Navy and Shaped a Nation* (Hoboken, NJ, 2005) .

15. J. Wheelan, *Jefferson's War: America's First War on Terror 1801-1805* (NewYork, 2003), pp. xxiii, 1, 7, etc.: Lambert, *Barbary Wars*, pp. 106-7.

16. F. Leiner, *The End of Barbary Terror: America's 1815 War against the Piratesof North Africa* (New York, 2006), p. ix.

17. Lambert, *Barbary Wars*, p. 118.

18. Ibid., p. 8: also pp. 109-13.

19. Ibid., pp. 9, 11, 23.

20. Ibid., pp. 47, 50, 76.

21. Wright and Macleod, *First Americans*, p. 48.

22. Kitzen, *Tripoli*, pp. 49-50.

23. Cited *in extensor*in R. Zacks, *The Pirate Coast: Thomas Jefferson, the FirstMarines, and the Secret Mission of 1805* (New York, 2005), pp. 189-90.

24. Leiner, *End of Barbary Terror*, p. 19.

25. Wright and Macleod, *First Americans*, pp. 54-5: Lambert, *Barbary Wars*, p. 31.

26. Lambert, *Barbary Wars*, pp. 30, 34.

27. Kitzen, *Tripoli*, pp. 19-20: Lambert, *Barbary Wars*, p. 87.

28. Lambert, *Barbary Wars*, pp. 100-103: Kitzen, *Tripoli*, pp. 40-42: Wheelan,*Jefferson's War*, pp. 96-7: Anderson, *Naval Wars in the Levant*, p. 396.

29. Lambert, *Barbary Wars*, p. 101: Anderson, *Naval Wars in the Levant*, pp. 397,403.

30. Lambert, *Barbary Wars*, pp. 133-4: Anderson, *Naval Wars in the Levant*, p. 407.

31. Lambert, *Barbary Wars*, pp. 140-44: Kitzen, *Tripoli*, pp. 93-113.

32. Lambert, *Barbary Wars*, pp. 146-8: Kitzen, *Tripoli*, p. 122, and plates onpp. 123-4.

33. Lambert, *Barbary Wars*, pp. 130-54: Kitzen, *Tripoli*, pp. 135-76.

34. Leiner, *End of Barbary Terror*, p. 23.

35. Ibid., pp. 26-36.

36. Navy orders to Decatur: ibid., appendix i, pp. 183-6.

37. Lambert, *Barbary Wars*, pp. 189-93: Leiner, *End of Barbary Terror*, pp. 87-122,and

appendix iii, pp. 189-94 : for the Algiers treaty.

38. Leiner, *End of Barbary Terror, appendix iii, pp. 189-94* (p. 189 for article 2): Lambert, *Barbary Wars*, p. 195.
39. G. Contis, 'Environment, health and disease in Alexandria and the Nile Delta',in A. Hirst and M. Silk (eds.), *Alexandria, Real and Imagined* (2nd edn,Cairo, 2006), p. 229.
40. o. Abdel-Aziz omar, 'Alexandria during the period of the ottoman conquestto the end of the reign of Ismail', in *The History and Civilisation of Alexandriaacross the Ages* (2nd edn, Alexandria, 2000), pp. 154, 158-9.
41. Anderson, *Naval Wars in the Levant*, pp. 483, 486-7.
42. Ibid., p. 508: Sondhaus, *Habsburg Empire and the Sea*, p. 63.
43. Anderson, *Naval Wars in the Levant*, pp. 492-3.44. Ibid., pp. 523-36.
45. K. Fahmy, 'Towards a social history of modern Alexandria', in Hirst and Silk (eds.), *Alexandria, Real and Imagined*, pp. 283-4.
46. J. Abun-Nasr, *A History of the Maghrib in the Islamic Period* (Cambridge,1987), p. 249.
47. Ibid., pp. 164, 166, 251, 254.
48. Ibid., p. 261.

第五部：第五代地中海　西元一八三〇年—西元二〇一〇年

第一章：東西相會永無期嗎　西元一八三〇年—西元一九〇〇年

1. Cf. E. Said's tendentious *Orientalism* (London, 1978) .
2. Z. Karabell, *Parting the Desert: the Creation of the Suez Canal* (London,2003), pp. 147, 183.
3. Ibid., pp. 28-37: J. Marlowe, *The Making of the Suez Canal* (London, 1964), pp. 44-5.
4. Marlowe, *Making of the Suez Canal*, pp. 1-3.
5. Karabell, *Parting the Desert*, pp. 56-7: Lord Kinross, *Between Two Seas: theCreation of the Suez Canal* (London, 1968), pp. 20-30.
6. Kinross, *Between Two Seas*, pp. 32-3: R. Coons, *Steamships, Statesmen, andBureaucrats: Austrian Policy towards the Steam Navigation Company of theAustrian Lloyd 1836-1848* (Wiesbaden, 1975), pp. 148-61.
7. Karabell, *Parting the Desert*, pp. 131-2: Kinross, *Between Two Seas*, pp. 98-9.

8. Karabell, *Parting the Desert*, p. 183.
9. Ibid., pp. 208-11: Kinross, *Between Two Seas*, pp. 222-5.
10. Marlowe, *Making of the Suez Canal*, pp. 227, 231.
11. Karabell, *Parting the Desert*, p. 254: Kinross, *Between Two Seas*, p. 246.
12. Kinross, *Between Two Seas*, p. 253.
13. G. Lo Giudice, *L'Austria, Trieste ed il Canale di Suez* (2nd edn of *Trieste,l'Austria ed il Canale di Suez, Catania,* 1979) (Catania, 1981), pp. 163-7, 180-81: Kinross, *Between Two Seas*, p. 287: Karabell, *Parting the Desert*, p. 269.
14. Lo Giudice, *Austria, Trieste*, p. 180, table 20: p. 181, graph 7: Broad of Trade report cited in Marlowe, *Making of the Suez Canal*, p. 260.
15. Karabell, *Parting the Desert*, p. 260: Kinross, *Between Two Seas*, p. 287.
16. Marlowe, *Making of the Suez Canal*, pp. 255-75: Karabell, *Parting the Desert*,pp. 262-5: R. Blake, *Disraeli* (London, 1966), pp. 581-7.
17. Marlowe, *Making of the Suez Canal*, pp. 255-75, 313-20: Kinross, *BetweenTwo Seas*, pp. 293-309, 313-14: Karabell, *Parting the Desert*, pp. 262-5.
18. Cited in Coons, *Steamships, Statesmen*, p. 55: 'Dämpschiffe warden und könnenniemals Frachtschiffe seyn'.
19. Ibid., pp. 26-7, 35, 63.
20. Ibid., p. 61.
21. L. Sondhaus, *The Habsburg Empire and the Sea: Austrian Naval Policy1797-1866* (West Lafayette, IN, 1989), p. 95.
22. Cited by Coons, *Steamships, Statesmen*, p. 63.
23. U. Cova, *Commercio e navigazione a Trieste e nella monarchia asburgica daMaria Teresa al 1915* (Civiltà del Risorgimento, vol. 45, Udine, 1992), p. 171,n. 13: Coons, *Steamships, Statesmen*, pp. 129-32.
24. Sondhaus, *Habsburg Empire and the Sea*, pp. 5-7, 13, 36.
25. Ibid., pp. 184-7, 209-13.
26. Ibid., pp. 252-9, 273 (battle diagram) .
27. Ibid., pp. 36-8, 129, 151, 178-9, 259: L. Sondhaus, *The Naval Policy ofAustria-Hungary, 186-1918* (West Lafayette, IN, 1994), pp. 6-7.
28. Cited in Coons, *Steamships, Statesmen*, p. 3: see also Lo Giudice, *Austria,Trieste*, p. 221.
29. Cova, *Commercio e navigazione*, pp. 10, 28-9, 74-5: Sondhaus, *HabsburgEmpire and the Sea*, pp. 2-3, 12-13.
30. L. Dubin, *The Port Jews of Habsburg Trieste: Absolutist Politics and EnlightenmentCulture*

(Stanford, CA, 1999), pp. 44-5.
31. Ibid., pp. 3-4, 10-17, 43.
32. Ibid., pp. 164-73.
33. Ibid., p. 32: Coons, *Steamships, Statesmen*, p. 9: Cova, *Commercio e navigazione*,p. 153.
34. C. Russell, 'Italo Svevo's Trieste', *Italica*, vol. 52 (1975), pp. 3-36: A. J. P.Taylor, *The Habsburg Monarchy 1809-1918: a History of the AustrianEmpire and Austria-Hungary* (London, 1948), pp. 201-3.
35. Lo Giudice, *Austria, Trieste*, pp. 135, 137, 142, 145-6, tables 8, 9, 10, 14, 16.
36. Ibid., pp. 205-6, table 29 and graph 13.

第二章：希臘人或非希臘人　西元一八三〇年—西元一九二〇年

1. J. Black, *The British Abroad: the Grand Tour in the Eighteenth Century* (Stroud, 1992) .
2. R. Jenkyns, *The Victorians and Ancient Greece* (Oxford, 1980), pp. 133-9.
3. Ibid., pp. 313-15, 318-24: C. Wood, *Olympian Dreamers: Victorian ClassicalPainters 1860-1914* (London, 1983), pp. 106-30: J. W. Waterhouse: *theModern Pre-Raphaelite* (Royal Academy of Arts, London, 2009) .
4. C. Gere, *Knossos and the Prophets of Modernism* (Chicago, IL, 2009), p. 20.
5. Ibid., pp. 38-44.
6. T. Detorakis, *History of Crete* (Iraklion, 1994), pp. 368-72.
7. Ibid., pp. 295-6, 320-26, 349 (very biased) .
8. Gere, *Knossos*, p. 73.
9. Ibid., pp. 67, 82-5.
10. A. Gaziogˇlu, *The Turks in Cyprus: a Province of the Ottoman Empire (1571-1878)* (London and Nicosia, 1990), pp. 220, 242-8.
11. Ibid., pp. 216-17.
12. Giovanni Mariti (1769), cited ibid., p. 155.
13. Archduke Louis Salvator of Austria, ibid., pp. 164-5.
14. Ibid., pp. 225-34.
15. R. Rhodes James, *Gallipoli* (2nd edn, London, 2004), p. 4.
16. A. Nevzat, *Nationalism amongst the Turks of Cyprus: the First Wave* (ActaUniversitatis Ouluensis, Humaniora, Oulu, 2005) .
17. M. Mazower, *Salonica, City of Ghosts: Christians,Muslims and Jews 1430-1950* (London,

2004), p. 6.

18. Ibid., p. 194.
19. Ibid., p. 242.
20. Ibid., p. 253.
21. L. Sciaky, *Farewell to Ottoman Salonica* (Istanbul, 2000), p. 37 (another edition,as *Farewell to Salonica: a City at the Crossroads*, London, 2007) .
22. R. Patai, *Vanished Worlds of Jewry* (London, 1981), pp. 90-91: Mazower,*Salonica*, p. 237.
23. Mazower, *Salonica*, p. 234: also Sciaky, *Farewell to Ottoman Salonica*, pp. 92-3.
24. Sciaky, *Farewell to Ottoman Salonica*, p. 37.
25. Mazower, *Salonica*, pp. 264-5: Sciaky, *Farewell to Ottoman Salonica*,pp. 73-4.
26. Mazower, *Salonica*, pp. 266-8: Sciaky, *Farewell to Ottoman Salonica*,pp. 75-81.
27. Mazower, *Salonica*, p. 303.

第三章：鄂圖曼下台一鞠躬　西元一九〇〇年—西元一九一八年

1. R. Patai, *Vanished Worlds of Jewry* (London, 1981), p. 120.
2. J. Abun-Nasr, *A History of the Maghrib in the Islamic Period* (Cambridge,1987), pp. 309, 376-81.
3. Ibid., pp. 281-93.
4. Ibid., pp. 319-23.
5. N. Doumanis, *Myth and Memory in the Mediterranean: Remembering Fascism'sEmpire* (Basingstoke, 1997) .
6. R. Rhodes James, *Gallipoli* (2nd edn, London, 2004), pp. 9-11: P. Halpern,*The Mediterranean Naval Situation 1908-1914* (Cambridge, MA, 1971), pp.357-8: M. Hickey, *The First World War*, vol. 4: *The Mediterranean Front1914-1923* (Botley, Oxon, 2002), pp. 33-4.
7. Hickey, *Mediterranean Front*, p. 36.
8. Rhodes James, *Gallipoli*, pp. 23, 33-7.
9. Ibid., pp. 16-17: P. Halpern, *A Naval History of World War I* (London, 1994), pp. 106-9.
10. Cited by Rhodes James, *Gallipoli*, p. 33.
11. Ibid., p. 38.
12. Ibid., pp. 40-41: Halpern, *Naval History*, pp. 112, 118.

13. Rhodes James, *Gallipoli*, pp. 61-4: Halpern, *Naval History*, p. 115.
14. Halpern, *Naval History*, p. 113.
15. J. W. Streets, 'Gallipoli', in L. Macdonald (ed.), *Anthem for Doomed Youth:Poets of the Great War* (London, 2000), p. 45.
16. Rhodes James, *Gallipoli*, p. 348: Halpern, *Naval History*, pp. 106-9.
17. Halpern, *Mediterranean Naval Situation*, pp. 287-90.
18. L. Sondhaus, *The Naval Policy of Austria-Hungary, 1867-1918* (West Lafayette,IN, 1994), pp. 318-24.
19. Ibid., pp. 258-9: Halpern, *Mediterranean Naval Situation*, p. 365: Halpern,*Naval History*, pp. 142-3.
20. Sondhaus, *Naval Policy of Austria-Hungary*, pp. 275-9, 286: Halpern, *NavalHistory*, pp. 148, 381-5: P. Halpern, *The Naval War in the Mediterranean,1914-1918* (London, 1987), pp. 107-19, 132-3.
21. Sondhaus, *Naval Policy of Austria-Hungary*, pp. 285-6.
22. Halpern, *Mediterranean Naval Situation*, pp. 329-30, 337-42: Sondhaus,*Naval Policy of Austria-Hungary*, pp. 307-8: Halpern, *Naval History*, p. 393: Halpern, *Naval War*, p. 344.
23. Halpern, *Naval History*, p. 396: Halpern, *Naval War*, pp. 386-94.

第四章：四城記事外再加半　西元一九〇〇年—西元一九五〇年

1. M. Housepian, *Smyrna 1922* (London, 1972), p. 83.
2. G. Milton, *Paradise Lost - Smyrna 1922: the Destruction of Islam's City ofTolerance* (London, 2008), pp. 84-8.
3. H. Georgelin, *La fin de Smyrne: du cosmopolitisme aux nationalismes* (Paris,2005): M.-C. Smyrnelis (ed.), *Smyrne: la ville oubliée? Mémoires d'un grandport ottoman, 1830-1930* (Paris, 2006) .
4. Milton, *Paradise Lost - Smyrna 1922*, pp. 86-7, 98-9: Housepian, *Smyrna1922*, pp. 124-5.
5. H. Nahum, 'En regardant une photographie: une famille juive de Smyrne en1900', in Smyrnelis, *Smyrne: la ville oubliée?*, p. 103.
6. E. Frangakis-Syrett, *The Commerce of Smyrna in the Eighteenth Century, 1700-1820* (Athens, 1992), pp. 121, 207-14: E. Frangakis-Syrett, 'Le développementd'un port méditerranéen d'importance internationale: Smyrne (1700-1914) ', inSmyrnelis,

Smyrne: la ville oubliée?, pp. 23, 37, 45-9: and in the same volume, O.Schmitt, 'Levantins, Européens et jeux d'identité', pp. 106-19.

7. Milton, *Paradise Lost - Smyrna 1922*, pp. 16-19: Frangakis-Syrett, 'Développementd'un port', p. 41.
8. Georgelin, *Fin de Smyrne*, pp. 44-50.
9. Milton, *Paradise Lost — Smyrna 1922*, pp. 36-8, 121, 127-8, 155, 178.
10. Ibid., pp. 128-34: Housepian, *Smyrna 1922*, pp. 63-4, 76.
11. Milton, *Paradise Lost-Smyrna 1922*, pp. 176, 322, 332, 354: Housepian,*Smyrna 1922*, pp. 191-2.
12. M. Haag, *Alexandria Illustrated* (2nd edn, Cairo, 2004), pp. 8-20: M. Haag,*Alexandria, City of Memory* (New Haven, CT, 2004), pp. 150-51.
13. Haag, *Alexandria, City of Memory*, p. 17: E. Breccia, *Alexandria ad Aegyptum:a Guide to the Ancient and Modern Town and to its Graeco-Roman Museum* (Bergamo and Alexandria, 1922): K. Fahmy, 'Towards a social history ofmodern Alexandria', in A. Hirst and M. Silk (eds.), *Alexandria Real andImagined* (2nd edn, Cairo, 2006), p. 282.
14. Haag, *Alexandria, City of Memory*, pp. 136-7.
15. R. Mabro, 'Alexandria 1860-1960: the cosmopolitan identity', in Hirst andSilk, *Alexandria Real and Imagined*, pp. 254-7.
16. J. Mawas and N. Mawas (née Pinto) speaking in M. Awad and S. Hamouda,*Voices from Cosmopolitan Alexandria* (Alexandria, 2006), p. 41.
17. A. Aciman, *Out of Egypt* (London, 1996), p. 4: K. Fahmy, 'For Cavafy, withlove and squalor: some critical notes on the history and historiography ofmodern Alexandria', in Hirst and Silk, *Alexandria Real and Imagined*,pp. 274-7.
18. Haag, Alexandria, *City of Memory*, pp. 139-50.
19. L. Durrell,*Justine* (London, 1957): also his *Bitter Lemons of Cyprus* (London,1957) .
20. M. Awad and S. Hamouda (eds.), *The Zoghebs: an Alexandrian Saga* (*Alexandriaand Mediterranean Research Center monographs*, vol. 2, *Alexandria*,2005), p. xxxix.
21. S. Hamouda, *Omar Toussoun Prince of Alexandria* (*Alexandria and MediterraneanResearch Center monographs*, vol. 1, *Alexandria*, 2005), pp. 11, 27, 35.
22. Cited by M. Allott in E. M. Forster, *Alexandria: a History and Guide andPharos and Pharillon*, ed. M. Allott (London, 2004), p. xv.
23. Cavafy's 'The gods abandon Antony', trans. D. Ricks, 'Cavafy's Alexandrianism',in Hirst and Silk, *Alexandria Real and Imagined*, p. 346: E. Keeley,*Cavafy's Alexandria* (2nd edn, Princeton, NJ, 1996), p. 6: Fahmy, 'ForCavafy', p. 274: also N. Woodsworth, *The*

Liquid Continent: a MediterraneanTrilogy, vol. 1, *Alexandria* (London, 2009), p. 175.

24. Y. Shavit, *Tel Aviv: naissance d'une ville (1909-1936)* (Paris, 2004), pp. 9, 44-6.
25. J. Schlör, *Tel Aviv: from Dream to City* (London, 1999), pp. 43-4: M. LeVine,*Overthrowing Geography: Jaffa, Tel Aviv, and the Struggle for Palestine,1880-1948* (Berkeley and Los Angeles, CA, 2005), pp. 60, 72.
26. Schlör, *Tel Aviv*, p. 211.
27. Cited in A. LeBor, *City of Oranges: Arabs and Jews in Jaffa* (London, 2006), p. 30: Shavit, *Tel Aviv*, p. 31.
28. LeVine, *Overthrowing Geography*, p. 285, n. 2.
29. *Bare Feet on Golden Sands: the Abulafia Family's Story* (Hebrew) (Tel Aviv,2006), pp. 18-21.
30. Shavit, *Tel Aviv*, pp. 81-4.
31. LeBor, *City of Oranges*, pp. 12-13: LeVine, *Overthrowing Geography*, pp. 33-4.
32. LeBor, *City of Oranges*, pp. 38-41: Schlör, *Tel Aviv*, p. 208.
33. Shavit, *Tel Aviv*, pp. 90-91.
34. Ibid., pp. 9, 34.
35. Ibid., pp. 55—6.
36. LeVine, *Overthrowing Geography*, p. 88: LeBor, *City of Oranges*, pp. 46-7: Schlör, *Tel Aviv*, pp. 180, 183-5.
37. Schlör, *Tel Aviv*, pp. 191-9.
38. LeVine, *Overthrowing Geography*, p. 138, fig. 8.
39. P. Halpern, *The Naval War in the Mediterranean, 1914-1918* (London,1987), pp. 295-300: M. Hickey, *The First World War*, vol. 4: *The MediterraneanFront 1914-1923* (Botley, Oxon, 2002), pp. 65-9.
40. M. Mazower, Salonica, *City of Ghosts: Christians, Muslims and Jews 1430–1950* (London, 2004), pp. 345, 359-60.
41. Ibid., pp. 402-8.
42. Ibid., pp. 423-4.
43. R. Patai, *Vanished Worlds of Jewry* (London, 1981), p. 97.
44. C. Ferrara degli Uberti, 'The "Jewish nation" of Livorno: a port Jewry on theroad to emancipation', in D. Cesarani and G. Romain (eds.), *Jews and PortCities 1590-1990: Commerce, Community and Cosmopolitanism* (London,2006), p. 165: D. LoRomer, *Merchants and Reform in Livorno, 1814-1868* (Berkeley and Los Angeles, CA, 1987), p. 15.

45. LeBor, *City of Oranges*, pp. 2, 125-35: B. Morris, *The Birth of the PalestinianRefugee Problem, 1917-1949* (Cambridge, 1997), pp. 95-7, 101.

46. *Ecclesiasticus* 44:9.

第五章：吾海又再揚聲八方　西元一九一八年—西元一九四五年

1. D. Porch, *Hitler's Mediterranean Gamble: the North African and the MediterraneanCampaigns in World War II* (London, 2004), pp. xi, 5, 661: S. Ball,*The Bitter Sea: the Struggle for Mastery in the Mediterranean, 1935-1949* (London, 2009), p. xxxiii.
2. Cited by Ball, *Bitter Sea*, pp. 10-11.
3. Porch, *Hitler's Mediterranean Gamble*, p. 48.
4. Ball, *Bitter Sea*, pp. 7, 18-19.
5. Ibid., pp. 20-23: M. Haag, *Alexandria, City of Memory* (New Haven, CT,2004), p. 151.
6. H. Thomas, *The Spanish Civil War* (London, 1961), p. 279 and n. 2.
7. T. Spooner, *Supreme Gallantry: Malta's Role in the Allied Victory 1939-1945* (London, 1996), p. 14: C. Boffa, *The Second Great Siege: Malta*, 1940-1943 (Malta, 1992) .
8. Porch, *Hitler's Mediterranean Gamble*, pp. 12-16, 40-46.
9. Ibid., pp. 59-60: C. Smith, *England's Last War against France: Fighting Vichy1940⊠1942* (London, 2009), p. 142.
10. Cited in Ball, *Bitter Sea*, p. 41.
11. Porch, *Hitler's Mediterranean Gamble*, p. 63: Ball, *Bitter Sea*, pp. 48, 50.
12. Smith, *England's Last War*, pp. 57-94: Porch, *Hitler's Mediterranean Gamble*,pp. 62-9.
13. Ball, *Bitter Sea*, p. 51: Porch, *Hitler's Mediterranean Gamble*, p. 358.
14. Porch, *Hitler's Mediterranean Gamble*, pp. 93-5: Ball, *Bitter Sea*, pp. 56-63.
15. Ball, *Bitter Sea*, p. 68.
16. Spooner, *Supreme Gallantry*, pp. 27, 40-42, 92, 187-205.
17. See e.g. Admiral of the FleetLord Lewin in Spooner, *Supreme Gallantry*,pp. xv-xvi.
18. Ball, *Bitter Sea*, p. 149.
19. Spooner, *Supreme Gallantry*, p. 17.
20. Porch, *Hitler's Mediterranean Gamble*, pp. 259-65: Ball, *Bitter Sea*, p. 133.
21. Spooner, *Supreme Gallantry*, p. 11.
22. Porch, *Hitler's Mediterranean Gamble*, pp. 158-76.

23. Ball, *Bitter Sea*, pp. 109, 148-9: Porch, *Hitler's Mediterranean Gamble*, pp. 348-51.
24. Porch, *Hitler's Mediterranean Gamble*, pp. 360-62: Ball, *Bitter Sea*, pp. 170-73: Smith, *England's Last War*, pp. 246-7, 424-5.
25. Ball, *Bitter Sea*, pp. 160-61, 167, 178, 186-7: Smith, *England's Last War*, pp.350-51, 361-2, 366, 372-3, 402, 416.
26. Spooner, *Supreme Gallantry*, p. 281: Ball, *Bitter Sea*, p. 261.
27. Ball, *Bitter Sea*, pp. 200-209: Porch, *Hitler's Mediterranean Gamble*, p. 566.
28. Ball, *Bitter Sea*, p. 220: Porch, *Hitler's Mediterranean Gamble*, pp. 424, 429.
29. Ball, *Bitter Sea*, pp. 219-33, 239-40: Porch, *Hitler's Mediterranean Gamble*,pp. 430-52.
30. Porch, *Hitler's Mediterranean Gamble*, p. 597.
31. Ball, *Bitter Sea*, pp. 272-7, and for Moscow meeting, p. 280.

第六章：支離破碎的地中海　西元一九四五年—西元一九九〇年

1. S. Ball, *The Bitter Sea: the Struggle for Mastery in the Mediterranean, 1935-1949* (London, 2009), pp. 303-6.
2. E. Leggett, *The Corfu Incident* (2nd edn, London, 1976), pp. 28-100.
3. Ibid., pp. 113, 128-30.
4. Ball, *Bitter Sea*, pp. 309, 323.
5. See, e.g., N. Bethell, *The Palestine Triangle: the Struggle between the British,the Jews and the Arabs 1935-48* (London, 1979): M. Gilbert, *Israel: a History* (London, 1998), pp. 153-250: A. Shlaim, *The Politics of Partition: KingAbdullah, the Zionists and Palestine 1921-1951* (Oxford, 1990: 2nd edn ofhis *Collusion across the Jordan*, Oxford, 1988) .
6. Ball, *Bitter Sea*, pp. 295, 305-14.
7. Cited by B. Morris, *The Birth of the Palestinian Refugee Problem, 1917-1949* (Cambridge, 1997), p. 87.
8. A. LeBor, *City of Oranges: Arabs and Jews in Jaffa* (London, 2006), p. 122.
9. A. Shlaim, *The Iron Wall: Israel and the Arab World* (London, 2000), pp. 118-19: Gilbert, *Israel*, pp. 306-11: see also Shlaim, *Politics of Partition*, p. 172.
10. Gilbert, *Israel*, pp. 297-8, 311-12, 317.
11. Shlaim, *Iron Wall*, pp. 172-3.
12. H. Thomas, *The Suez Affair* (London, 1967): Shlaim, *Iron Wall*, p. 184.
13. M. Oren, *Six Days of War: June 1967 and the Making of the Modern MiddleEast* (London,

2002), pp. 60-116.
14. G. Schachter, *The Italian South: Economic Development in MediterraneanEurope* (New York, 1965) .
15. H. Frendo, *Malta's Quest for Independence: Reflections on the Course ofMaltese History* (Malta, 1989): B. Blouet, *The Story of Malta* (3rd edn,Malta, 1987), pp. 211-22.
16. L. Durrell, *Bitter Lemons of Cyprus* (London, 1957), pp. 193-4.
17. J. Ker-Lindsay, *Britain and the Cyprus Crisis 1963-1964* (Peleus: *Studien zurArchäologie und Geschichte Griechenlands und Zyperns*, vol. 27, Mannheimand Möhnesee, 2004), pp. 21, 51-65.
18. Durrell, *Bitter Lemons*, p. 159.
19. Ker-Lindsay, *Britain and the Cyprus Crisis*, p. 37.
20. M. Gruel-Dieudé, *Chypre et l'Union Européenne: mutations diplomatiqueset politiques* (Paris, 2007), pp. 160, 165-6.
21. D. Ioannides, 'The dynamics and effects of tourism evolution in Cyprus', inY. Apostolopoulos, P. Loukissas and L. Leontidou (eds.), *Mediterranean Tourism:Facets of Socioeconomic Development and Change* (London, 2001), p. 123.
22. M. Harvey, *Gibraltar: a History* (2nd edn, Staplehurst, Kent, 2000), pp. 167-8.
23. M. Alexander, *Gibraltar: Conquered by No Enemy* (Stroud, 2008), p. 237.
24. Private communication from Dr Charles Stanton.
25. Note the ambiguities in the approach of G. Hills, *Rock of Contention: a Historyof Gibraltar* (London, 1974) .
26. Alexander, *Gibraltar*, p. 241.
27. S. Constantine, *Community and Identity: the Making of Modern Gibraltarsince 1704* (Manchester, 2009), pp. 414-15.

第七章：地中海的最後一幕　西元一九五〇年—西元二〇一四年

1. E. David, *A Book of Mediterranean Food* (London, 1950) .
2. C. Roden, *Mediterranean Cookery* (London, 1987): J. Goldstein, *CucinaEbraica: Flavors of the Italian Jewish Kitchen* (San Francisco, 1998) .
3. Information kindly supplied by Dr V. A. Cremona,Maltese ambassador in Tunis,and by Julian Metcalf ,Ministry of Justice and Home Affairs,Valletta.
4. L. Segreto, C. Manera and M. Pohl (eds.), *Europe at the Seaside: the EconomicHistory of Mass Tourism in the Mediterranean* (London, 2009): Y. Apostolopoulos, P.

Loukissas and L. Leontidou (eds.), *MediterraneanTourism:Facets of Socioeconomic Development and Change* (London, 2001): P. Obrador Pons, M. Craig and P. Travlou (eds.), *Cultures of Mass Tourism:Doing the Mediterranean in the Age of Banal Mobilities* (Aldershot, 2009): N. Theuma, *Le tourisme en Méditerranée: une perspective socio-culturelle* (*Encyclopédie de la Méditerranée*, vol. 37, Malta and Aix-en-Provence, 2005) .

5. P. Obrador Pons, M. Craig and P. Travlou, 'Corrupted seas: the Mediterraneanin an age of mass mobility', in Obrador Pons et al. (eds.), *Cultures ofMass Tourism*, pp. 163, 167.
6. K. O'Reilly, 'Hosts and guests, guests and hosts: British residential tourism in theCosta del Sol', in Obrador Pons et al. (eds.), *Cultures of Mass Tourism*, pp. 129-42.
7. M. Boyer, 'Tourism in the French Mediterranean: history and transformation',in Apostolopoulos et al. (eds.), *Mediterranean Tourism*, p. 47.
8. P. Battilani, 'Rimini: an original mix of Italian style and foreign models', inSegreto et al. (eds.), *Europe at the Seaside*, p. 106.
9. Y. Mansfeld, 'Acquired tourism deficiency syndrome: planning and developing tourismin Israel', in Apostolopoulos et al. (eds.), *Mediterranean Tourism*, pp. 166-8.
10. P. Obrador Pons, 'The Mediterranean pool: cultivating hospitality in the coastalhotel', in Obrador Pons et al. (eds.), *Cultures of Mass Tourism*, pp. 98, 105 (fig.5.3): D. Knox, 'Mobile practice and youth tourism', in the same volume, p. 150.
11. E. Furlough, 'Club Méditerranée, 1950-2002', in Segreto et al. (eds.), *Europeat the Seaside*, pp. 174-7.
12. Battilani, 'Rimini', pp. 107-9.
13. P. Blyth, 'The growth of British air package tours, 1945-1975', in Segreto etal. (eds.), *Europe at the Seaside*, pp. 11-30.
14. C. Manera and J. Garau-Taberner, 'The transformation of the economicmodel of the Balearic islands: the pioneers of mass tourism', in Segreto et al. (eds.), *Europe at the Seaside*, p. 36.
15. Ibid., p. 32.
16. Blyth, 'Growth of British air package tours', p. 13.
17. V. Monfort Mir and J. Ivars Baidal, 'Towards a sustained competitiveness of Spanishtourism', in Apostolopoulos et al. (eds.), *Mediterranean Tourism*, pp. 18, 27-30.
18. Blyth, 'Growth of British air package tours', pp. 12-13.

19. P. Alac, *The Bikini: a Cultural History* (New York, 2002), p. 38.
20. I. Littlewood, *Sultry Climates: Travel and Sex since the Grand Tour* (London,2001), pp. 189-215.
21. C. Probert, *Swimwear in Vogue since 1910* (London, 1981): Alac, *Bikini*, p. 21.
22. Alac, *Bikini*, pp. 54, 94: Obrador Pons, 'Mediterranean pool', p. 103.
23. D. Abulafia, 'The Mediterranean globalized', in D. Abulafia (ed.), *The Mediterraneanin History* (London and New York, 2003), p. 312.
24. Theuma, *Tourisme en Méditerranée*, p. 43.
25. Knox, 'Mobile practice', pp. 150-51.
26. M. Crang and P. Travlou, 'The island that was not there: producing Corelli'sisland, staging Kefalonia', in Obrador Pons et al. (eds.), *Cultures ofMassTourism*, pp. 75-89.

跋：飄洋又渡海

1. E. Paris, *La genèse intellectuelle de l'oeuvre de Fernand Braudel: 'La Méditerranéeet le monde méditerranéen à l'époque de Philippe II' (1921-1947)* (Athens, 1999), pp. 315-16, 323.
2. A. Husain and K. Fleming (eds.), *A Faithful Sea: The Religious Cultures ofthe Mediterranean, 1200-1700* (Oxford, 2007) .

大洋 001

偉大的海
地中海世界人文史

The GREAT SEA
THE HUMAN HISTORY OF THE MEDITERRANEAN

作者｜大衛・阿布拉菲雅（David Abulafia）
譯者｜宋偉航

廣場出版　總編輯｜簡欣彥　責任編輯｜簡欣彥

出版｜廣場出版／遠足文化事業股份有限公司
發行｜遠足文化事業股份有限公司（讀書共和國出版集團）
地址｜ 231 新北市新店區民權路 108-2 號 9 樓
電話｜ 02-22181417　傳真｜ 02-22188057　Email ｜ service@bookrep.com.tw
郵撥帳號｜ 19504465 遠足文化事業股份有限公司
客服專線｜ 0800-221-029　網址｜ http://www.bookrep.com.tw
法律顧問｜華洋法律事務所　蘇文生律師
印製｜呈靖彩藝有限公司
二版 1 刷｜ 2023 年 12 月　定價｜ 850 元
ISBN ｜ 978-986-06936-9-0 ／ 9789860693683 (EPUB) ／ 9789860693676(PDF)

This edition is published by arrangement with PENGUIN BOOKS LTD through Andrew Nurnberg Associates International Limited.

國家圖書館出版品預行編目 (CIP) 資料

偉大的海 : 地中海世界人文史 / 大衛 . 阿布拉菲雅 (David Abulafia) 著 ; 宋偉航譯 . -- 二版 . -- 新北市 : 遠足文化事業股份有限公司廣場出版 , 遠足文化事業股份有限公司 , 2023.12　面；　公分 . -- (大洋 ; 1)
譯自 : The great sea : a human history of the Mediterranean.
ISBN 978-986-06936-9-0(平裝)
1.CST: 歷史 2.CST: 文明史 3.CST: 文化交流 4.CST: 地中海
726.01 112020613